AF557381

Veit

# Geschichte der Textilherstellung

Dieter Veit

# Geschichte der Textilherstellung

Technologien, Erfindungen, Handel, Mode –
von der Steinzeit bis heute

HANSER

Über den Autor:
*Dr.-Ing. Dieter Veit* ist Akademischer Direktor und stellvertretender Institutsleiter am Lehrstuhl für Textilmaschinenbau und Institut für Textiltechnik an der RWTH Aachen.

Print-ISBN: 978-3-446-47 953-1
E-Book-ISBN: 978-3-446-48 035-3
EPUB-ISBN: 978-3-446-48 145-9



Bibliografische Information der Deutschen Nationalbibliothek:
Die Deutsche Nationalbibliothek verzeichnet diese Publikation in der Deutschen Nationalbibliografie; detaillierte bibliografische Daten sind im Internet unter *http://dnb.d-nb.de* abrufbar.


Kolbergerstraße 22 | 81679 München | info@hanser.de
*www.hanser-fachbuch.de*
Lektorat: Dr. Philippa Söldenwagner-Koch
Herstellung: Melanie Zinsler
Covergestaltung: Max Kostopoulos
Titelmotiv: © gettyimages.de/Ukususha, GOLDsquirrel und Pakin Songmor;
shutterstock.com/balwanrai; Fortuna und Ursem, 2007; Kohl, 1889
Satz: le-tex publishing services, Leipzig
Druck: Druckerei Hubert & Co. GmbH und Co. KG BuchPartner, Göttingen
Printed in Germany

# Inhalt

Der Verlag und die Autoren haben sich mit der Problematik einer gendergerechten Sprache intensiv beschäftigt. Um eine optimale Lesbarkeit und Verständlichkeit sicherzustellen, wird in diesem Werk auf Gendersternchen und sonstige Varianten verzichtet; diese Entscheidung basiert auf der Empfehlung des Rates für deutsche Rechtschreibung. Grundsätzlich respektieren der Verlag und die Autoren alle Menschen unabhängig von ihrem Geschlecht, ihrer Sexualität, ihrer Hautfarbe, ihrer Herkunft und ihrer nationalen Zugehörigkeit.

# Vorwort

Gab es in der Steinzeit schon „Mode“? Seit wann tragen wir überhaupt Bekleidung aus Textilien? Warum galten Hosen bis ins Mittelalter als barbarisch? Und warum trugen Männer bis ins 19. Jh. Röcke und Strumpfhosen? Warum heißt die wichtigste Faser Baumwolle, obwohl sie doch gar nicht auf einem Baum wächst? Was machten die Schönfärber und was sind Schlechtfärber? Was sind Schamkapseln und warum haben Frauen „die Hosen an“, auch wenn sie nur eine einzige tragen? Und warum war ihnen das in Paris bis 2013 verboten? Weshalb begann die Industrialisierung ausgerechnet in England und mit der Herstellung von Textilien? Was wurde aus den Spinnereien und Webereien in unseren Städten? Wie erfand ein 15-jähriges Mädchen die wichtigste Herstellungstechnik für Teppiche? Und warum kommen unsere Textilien heute meistens aus Asien und was ist Industrie 4.0?

Auf diese und viele weitere Fragen gibt dieses Buch eine Antwort.

Sie brauchen keine „textilen“ Vorkenntnisse, um alles zu verstehen; wir beginnen tatsächlich bei „Adam und Eva“, die in Bild 1 dargestellt sind. Während Adam auf dem Feld arbeitet, unterhält Eva ihre Zwillinge Kain und Abel und spinnt gleichzeitig mit der Handspindel ein Garn. Hier sehen wir die über Jahrtausende gültige Arbeitsteilung: Die Frau ist für die Garn- und Textilproduktion zuständig und kümmert sich um die Kinder, der Mann macht die Feldarbeit.

In jedem Kapitel sehen wir uns zunächst die jeweils wichtigen Faserrohstoffe an, danach beschäftigen wir uns mit den Technologien und Maschinen zur Herstellung von Garnen und Textilien. Mit neuen Materialien und Techniken änderte sich oft die Mode, auch sie betrachten wir für jedes Zeitalter. Die Herstellung von Textilien war zunächst Heimarbeit. Schon im Altertum und vor allem ab dem Mittelalter und in der frühen Neuzeit entwickelten sich daraus zahlreiche textile Handwerksberufe. Im 19. Jh., zur Zeit der Industrialisierung, führte das zu einer nie zuvor da gewesenen Veränderung der sozialen Struktur der Gesellschaft in der ganzen Welt. Auch diese Entwicklung ist Teil des Buchs.

**Bild 1** Adam bei der Feldarbeit und Eva beim Spinnen (von Kastav, 1475)

Die Herstellung von Textilien erfordert eine Vielzahl von Prozessen. Damit es übersichtlich und verständlich bleibt, konzentrieren wir uns auf die relevanten Verfahren der Garnherstellung, die wichtigsten Prozesse der Textilproduktion und typische Verfahren der Veredlung. Zu allen Kapiteln des Buchs gibt es Literaturempfehlungen für die vertiefende Lektüre.

Geografisch konzentrieren wir uns auf Europa, allerdings behandeln wir auch die Entwicklungen bei unseren Nachbarn im Mittelmeerraum und im Nahen Osten, wenn sie wichtig waren für die Geschichte Europas. Viele textile Rohstoffe kamen und kommen aus Asien, z. B. die Baumwolle aus Indien, und auch manche technologischen Neuerungen wurden dort erfunden, etwa das Spinnrad in China. Auch Japan und Nord-, Mittel- und Südamerika werden behandelt, um die Unterschiede zu zeigen, und auch, wenn sie mit der technischen Entwicklung in Europa in Verbindung stehen.

Die Herstellung von Textilien war ein wesentlicher Teil des täglichen Lebens für viele Menschen für Tausende von Jahren. Daraus entstanden viele textile Redensarten und werden oft bis heute benutzt. Eine Übersicht finden Sie ebenso in den hinteren Kapiteln des Buchs wie eine Liste von interessanten Museen zur Textilgeschichte, sowohl in Deutschland als auch weltweit.

Ich wünsche Ihnen viel Spaß bei der Lektüre, verhaspeln Sie sich nicht, lassen Sie nicht locker und verlieren Sie nicht den roten Faden!

Aachen, im Januar 2024

## Literatur und Bildquellen

*von Kastav, J.* (1475), *https://commons.wikimedia.org/wiki/File:Hrastovlje_Fresken_-_Genesis_9.jpg?uselang=de*, CC BY-SA 4.0

# 1 Einleitung

Textilien begleiten uns ein Leben lang. Von der ersten Windel bis zum Leichentuch nutzen wir Textilien, um uns zu schützen, zu schmücken und als technische Hilfsmittel. Die ältesten erhaltenen Reste von Textilien datieren in die Zeit um ca. 40 000 v. Chr. Seither, vielleicht schon viel länger, begleiten sie uns und machen uns ein Leben in unterschiedlichen Klimazonen erst möglich. Textilien sind seit der späten Steinzeit allgegenwärtig und wurden zunächst vor allem zu Hause und von jeder Familie selbst hergestellt. Seither bestimmen sie unsere Gesellschaft und die Formen unseres Zusammenlebens und spielen auch in der darstellenden Kunst schon immer eine herausragende Rolle. Einige der ältesten bildlichen Darstellungen, die wir kennen, zeigen die Produktion von Garnen und Geweben. Schon früh entstand eine Arbeitsteilung zwischen Frauen und Männern, die in vielen Bereichen bis heute anhält.

E. J. Wayland Barber erforschte als eine der Ersten die Rolle der Frauen bei der Textilherstellung. Sie kommt zu dem Schluss, dass „die Textilindustrie älter ist als die Töpferei und vielleicht sogar als Ackerbau und Viehzucht. Weil sie sehr aufwändig war, verbrauchte die Erzeugung von Textilien wahrscheinlich in den gemäßigten Klimazonen weit mehr Stunden pro Jahr als die Töpferei und Nahrungsmittelproduktion zusammengenommen. Bis zur industriellen Revolution, und bis weit ins 20. Jh. hinein verbrachten Frauen in vielen bäuerlichen Gesellschaften jede verfügbare Zeit mit Spinnen, Weben und Nähen, während die Männer ihnen dabei halfen (in Europa Schafe scheren, Flachs häckseln, gelegentlich auch beim Spinnen und Weben). Die Frauen spannen, während sie die Herden hüteten, Wasser holten oder zum Markt gingen; sie webten während sie sich um den Ofen, die Kinder und den Kochtopf kümmerten. Die Männer konnten sich ausruhen, wenn die Ernte eingebracht war. Weil aber das Weben vor allem von Frauen betrieben wurde, war die Arbeit der Frauen nie erledigt. Als die homerischen Griechen plünderten, so heißt es, töteten sie alle Männer, brachten aber die Frauen als Gefangene nach Hause, um beim Spinnen und Weben zu helfen. So arbeiteten die Frauen deutlich länger als die Männer und stellten deutlich mehr als die Hälfte der Arbeitskräfte in vielen Gesellschaften. Es war die industrielle Revolution, die dies änderte mit dem mechanischen Webstuhl, der Spinning Jenny und den großen Tuchfabriken. Heute, nur wenige Generationen später, haben wir vergessen, dass die Textilproduktion einst die zeitaufwändigste einzelne Industrie war.“ (Barber, 1990)

Diese von Barber postulierte Arbeitsteilung ist nur indirekt belegbar, zieht sich aber buchstäblich wie ein roter Faden durch die Kunstgeschichte, wie zahlreiche Abbildungen in diesem Buch zeigen. Interessanterweise war nicht nur die Textilherstellung bis in die Neuzeit vor allem Aufgabe von Frauen, auch die Erforschung der Geschichte der Textilherstellung wird heute überwiegend von Frauen betrieben. Eine sehr gute Übersicht zu ganz unterschiedlichen Ansätzen einer Vielzahl von Wissenschaftsdisziplinen bei der Erforschung historischer Textilien gibt (Strand et al., 2010).

Textilien sind spätestens seit dem Altertum auch ein Spiegelbild der sozialen Position der jeweiligen Trägerinnen und Träger. Sie sind daher enorm wichtig für unsere „Selbstdarstellung". Die Art und Weise, wie dies zum Ausdruck gebracht wird, ist dabei einem steten Wandel unterworfen. Die „Mode" änderte sich bis ins Mittelalter zum Teil über Jahrhunderte nur wenig, erst in der frühen Neuzeit begannen die heute immer kürzeren Modezyklen. Die Mode früherer Zeiten unterscheidet sich dabei oft fundamental von dem, was wir heute als „modern" ansehen: Im Altertum trugen nur „Barbaren" Hosen, und bis ins 17. Jh. hatten Männer kurze Röcke und mussten ihre Beine zeigen. Frauen trugen lange Kleider, und das Tragen von Hosen war ihnen bis ins 20. Jh. sogar verboten.

Werfen wir zunächst einen kurzen Blick auf die wichtigsten Entwicklungen der in diesem Buch beschriebenen Epochen.

## 1.1 Steinzeit

Etwa um 12 000 v. Chr. wurden die Menschen sesshaft, und damit hatten sie auch die Zeit und Muße, sich mit der Herstellung von Textilien zu beschäftigen. Die ältesten Funde stammen aus dieser Epoche. Als Fasermaterialien wurden – den Funden nach – vor allem Bastfasern (z. B. Flachs, Hanf) und Wolle verwendet. Vermutlich gab es damals bereits eine geschlechterspezifische Arbeitsteilung, die aber nicht so starr war wie lange Zeit angenommen: Die Frauen blieben tendenziell eher „zu Hause" und stellten Textilien her, die Männer gingen auf die Jagd oder zur Feldarbeit.

In manchen Zivilisationen, z. B. im alten Ägypten, gab es bereits eine vorindustrielle Produktion in größeren Einheiten für die Versorgung des pharaonischen Hofs. Auf Wandmalereien werden Frauen meist beim Spinnen und Männer oft beim Weben gezeigt, allerdings war die Zuordnung der Geschlechter zu diesen Tätigkeiten noch nicht so festgelegt wie in späteren Zeiten, wie Bild 1.1 zeigt. Die hergestellten Textilien waren sowohl grob als auch außerordentlich fein, die edelsten Stoffe wurden als „gewebter Wind" bezeichnet, weil man durch sie hindurchsehen konnte.

**Bild 1.1** Textilherstellung bei den Ägyptern (de Garis Davies, 1930)

## 1.2 Altertum

Die Arbeitsteilung, dass Frauen spinnen und Männer weben, setzte sich im Altertum allmählich durch und blieb lange bestehen. In Darstellungen der Textilproduktion auf Vasen (Griechenland) und Grabmälern (Römer) werden daher Frauen meist beim Spinnen und Männer in der Regel beim Weben dargestellt, bei den Griechen webten allerdings auch die Frauen (Bild 1.2).

Obwohl die Infrastruktur für den Transport von Waren ausgebaut und die Dampfmaschine als mögliche Energiequelle bekannt war (Heron von Alexandria), gab es keine industrielle Produktion.

**Bild 1.2** Griechinnen beim Spinnen und Weben (Pharos, 2017)

## 1.3 Mittelalter und frühe Neuzeit

Das Spinnen war bis zur Mechanisierung im 18. Jh., trotz einiger technischer Verbesserungen (z. B. Spinnrad), ein langwieriger Prozess. Es wurde weiterhin vor allem von Frauen wegen des gestiegenen Bedarfs an Garn an jedem Ort und ständig durchgeführt, sogar auf Reisen. Nicht nur die Zuschauerin, sondern auch die Frau im Hintergrund in der Bildmitte spinnt (Bild 1.3), während ihr Esel hinter ihr hertrottet.

Frauen aller Gesellschaftsschichten nutzten jede freie Minute, um zu spinnen (Bild 1.4, links). Nur so konnte der große Garnbedarf gedeckt werden. Im Mittelalter bildeten sich durch die zunehmende Verstädterung viele textile Handwerksberufe, z. B. Weber und Färber. Beide waren nahezu ausschließlich den Männern vorbehalten (Bild 1.4, rechts).

**Bild 1.3** Frauen spinnen auch unterwegs (Valvasor, 1689)

**Bild 1.4** Spinnende Kurfürstin Elisabeth Auguste von der Pfalz im 18. Jh. (Ziesenis, 1753) und Weberwerkstatt im 17. Jh. (Decker, 1659)

Im 12. Jh. gründeten sich die ersten Weberzünfte in ganz Europa, die die Herstellung, die Qualität und den Verkauf der Gewebe regelten. Bis zur Industrialisierung blieb das Weben ein Kleingewerbe. Aus dieser Zeit stammen eine Vielzahl der heutigen Nachnamen, die sich auf Textilberufe beziehen. Dazu zählen z. B. Weber, Ferber und Schröder (Schneider). Den Namen „Spinner" gibt es nicht, weil die Garnerzeugung ausschließlich Frauenarbeit war und zu Hause durchgeführt wurde, ein Handwerksberuf des „Spinners" entstand nie.

Auch das Stricken von Hand war eine Tätigkeit, die gelegentlich dargestellt wurde (Bild 1.5). Sie war immer Frauensache und wurde schon von Mädchen durchgeführt. Erst ab dem 16. Jh. gab es mechanische Wirkmaschinen.

**Bild 1.5** Strickende Maria wird vom Engel besucht (Bertram, 1400) und strickendes Mädchen im 19. Jh. (Anker, 1884)

## 1.4 Industrialisierung im 18. Jahrhundert

Ab dem 16. Jh. eroberten viele europäische Länder von ihnen neu entdeckte Gebiete in Amerika, Asien und Afrika und richteten dort Kolonien ein. So konnten sie Rohstoffe billig und in großen Mengen importieren. Damit war die Basis für eine Massenproduktion von Textilien geschaffen.

Die Erfindung der Spinning Jenny in England durch James Hargreaves im Jahr 1764 läutete die Industrialisierung im Bereich der Textilerzeugung ein. Erstmals konnten Garne in großen Mengen mit wenigen Arbeitskräften hergestellt werden. Bald folgten weitere Verbesserungen an den Spinnmaschinen, und die Garnherstellung wanderte vom häuslichen Umfeld in die neuen Spinnereifabriken (Bild 1.6). Dennoch wurde weiterhin für den eigenen Bedarf zu Hause mit dem Spinnrad und zum Teil sogar noch mit der Handspindel gesponnen.

**Bild 1.6** Spinnerei mit Spinning Mules

Mit der Erfindung der Spinnmaschine mit Wasserradantrieb durch Richard Arkwright im Jahr 1767 war die technische Grundlage für die Mechanisierung der Textilherstellung geschaffen. Durch die Weiterentwicklung der Dampfmaschine bis zum Ende des 18. Jh. stand eine günstige Energiequelle zur Verfügung, und so begann zunächst die Industrialisierung der Gewebeherstellung, später auch der Garnerzeugung. Innerhalb weniger Jahrzehnte wurde das Handwerk des Webers von großen Webereien verdrängt. Dieser Prozess begann in England und setzte sich in Frankreich, Deutschland und anderen europäischen Ländern fort. Viele professionelle Weber wurden arbeitslos und dazu gezwungen, in den neuen Textilfabriken ihr Geld zu verdienen. Weil die Löhne oft sehr gering waren, mussten auch Frauen in den Fabriken arbeiten (Bild 1.7), zusätzlich zu ihren Aufgaben im Haushalt und bei der Kindererziehung. Schon damals wurden sie meist schlechter bezahlt als ihre männlichen Kollegen.

**Bild 1.7** Weberei im 19. Jh. mit Kraftwebstühlen

## 1.5 Neuzeit

Die meist sehr schlechten Arbeitsbedingungen in den großen Textilfabriken führten im 19. Jh. zu zahlreichen Unruhen und Aufständen der Arbeiter und Arbeiterinnen. Es bildeten sich erste Gewerkschaften, die für ihre Rechte kämpften, und so verbesserte sich die Situation zumindest in vielen europäischen Ländern allmählich.

Neben den Naturfasern wurden ab dem Ende des 19. Jh. die ersten zellulosischen Chemiefasern entwickelt und ab den 1930er-Jahren auch synthetische Fasern aus Erdöl hergestellt. Sie dominieren heute den Textilmarkt mit einem Anteil von rund 70 % an allen Faserstoffen, wobei Polyester mit rund 30 % an allen Fasern die wichtigste ist. Im 20. Jh. wurden neben Bekleidung auch verstärkt sogenannte technische Textilien hergestellt, z. B. Schutzbekleidung und Implantate. Durch die Verstärkung von Kunststoffen mit Textilien entstand eine neue Klasse von Werkstoffen, die Faserverbundmaterialien. Sie sind von großer Bedeutung im Leichtbau, z. B. in der Luft- und Raumfahrt und im Automobilbau (Bild 1.8).

**Bild 1.8** Flugzeug aus Faserverbundwerkstoff (ENAC, 2006) und Türverkleidung eines Autos aus naturfaserverstärktem Kunststoff (Gahle, 2007)

Ab den 1950er-Jahren wurden in großen Mengen Vliesstoffe hergestellt, die nicht aus Garnen, sondern nur aus miteinander verfestigten Fasern bestehen. Die wichtigsten Produkte sind Filter aller Art und Windeln.

Durch die steigenden Löhne wurde schon ab dem 19. Jh. die Textilproduktion zunehmend in Länder außerhalb Europas verlagert, vor allem nach Asien, z. B. nach Japan und Korea. Dieser Prozess beschleunigte sich im 20. Jh., und heute wird ein Großteil der Textilien dort hergestellt, vor allem in China und anderen ostasiatischen Ländern. Die Arbeitsbedingungen sind oft noch schlecht, aber auch hier sind Verbesserungen erkennbar.

## 1.6 Zukunft

In Europa spielt seit den 1980er-Jahren der Umweltschutz eine immer größere Rolle und für viele Verbraucher und Verbraucherinnen ist mittlerweile eine nachhaltige Textilproduktion von Bedeutung. Dies beginnt bei der Gewinnung der Fasern und reicht bis zur Konfektionierung der fertigen Bekleidung. Daher werden neue Werkstoffe entwickelt, die nicht auf Erdöl basieren, sondern auf Zellulose oder Eiweiß. Und seit einigen Jahren hält die Digitalisierung, auch als Industrie 4.0 bezeichnet, Einzug in die Textilherstellung. Maschinen werden miteinander vernetzt und Daten zwischen den einzelnen Prozessstufen ausgetauscht, sogar zwischen Kontinenten.

Die Herstellung von Textilien ist heute eine der größten Branchen der Welt und Arbeitgeber für mehrere Hundert Millionen Menschen. Sie bestimmt immer noch unser Leben, wie seit 40 000 Jahren.

### Literatur und Bildquellen

*Anker, A.* (1884), *https://commons.wikimedia.org/wiki/File:Anker_Strickendes_M%C3%A4dchen_1884.jpg*

*Baines, E.* (1835), The history of cotton manufacture in Great Britain. Fisher, Fisher & Jackson, London.

*Barber, E.J.W.* (1990), Prehistoric textiles. Princeton University Press, Princeton.

*Bertram, M.* (1400), *https://commons.wikimedia.org/wiki/File:KnittingMadonna.jpg*

*Decker, C.G.* (1659), *https://commons.wikimedia.org/wiki/File:Cornelis_Gerritsz._Decker_004.jpg*

*De Garis Davies, N.* (1930), *https://commons.wikimedia.org/wiki/File:Weavers,_Tomb_of_Khnumhotep_MET_DT204 509.jpg*

ENAC (2006), *https://commons.wikimedia.org/wiki/File:A_380_meeting.jpg*

*Gahle, C.* (2007), *https://commons.wikimedia.org/wiki/File:T%C3%BCrinnenverkleidung_Hanf-PP_nova.jpg*, CC BY-SA 3.0

*Grips, C.J.* (1866), *https://commons.wikimedia.org/wiki/File:Charles_Joseph_Grips_-_The_Spinner%27s_Favorite,_1866.jpg*

*Nguyen, M.-L.* (2007), *https://commons.wikimedia.org/wiki/File:Woman_spinning_BM_VaseD13.jpg?uselang=de*, CC BY 2.5

*Petrarcha, F.* (1332). Von der Artzney bayder Glück, des guten und widerwertigen: unnd weß sich ain yeder inn Gelück und Unglück halten sol, fol. 193.

*Pharos* (2017), *https://commons.wikimedia.org/wiki/File:Terracotta_lekythos_%28oil_flask%29_MET_DT264.jpg*, CC0 1.0

*Raddato, C.* (2014), *https://commons.wikimedia.org/wiki/File:Front_of_the_sarcophagus_of_Titus_Flavius_Trophimas_with_scenes_of_craftsmen_at_work,_a_shoemaker_and_a_rope-maker,_found_in_Ostia,_National_Museum_of_Rome,_Baths_of_Diocletian_(13 271 306 584).jpg*, CC BY-SA 2.0

*Schnorr von Carolsfeld, J.* (1822), *https://commons.wikimedia.org/wiki/File:Schnorr_von_Carolsfeld,_Vittoria_Caldoni_with_a_spindle.jpg?uselang=de*

*Strand, E.A., Frei, K.M. et al.*, (2010), „Old Textiles – New Possibilities", European Journal of Archaeology 13 (2), S. 149–173, SAGE Publishing, Thousand Oaks.

*Tiergärtner* (2011a), *https://commons.wikimedia.org/wiki/File:Mendel_I_004_v.jpg*

*Valvasor, J.V.* (1689), *https://commons.wikimedia.org/wiki/File:Re%C4%8Dani-Valvasor.jpg?uselang=de*

*von Kastav, J.* (1475), *https://commons.wikimedia.org/wiki/File:Hrastovlje_Fresken_-_Genesis_9.jpg?uselang=de*, CC BY-SA 4.0

*Wilkinson, J.G.* (1887), The ancient Egyptians. John Murray, London.

*Ziesenis, J.G.* (1753), *https://commons.wikimedia.org/wiki/File:M_Elisabeth_Auguste_Pfalz_by_Ziesenis.jpg*

# 2 Steinzeit bis frühe Bronzezeit

Wann Menschen begannen, textile Kleidung herzustellen, ist unbekannt. Weil organisches Material normalerweise spurlos biologisch abgebaut wird, gibt es aus der Frühzeit des Menschen keine entsprechenden Funde, auch wenn schon Textilien hergestellt worden sein sollten. Der Fund eines Steinschabers mit anhaftenden Resten von Eichengerbsud zeigt, dass bereits vor rund 200 000 Jahren Felle gegerbt und vermutlich für Bekleidung eingesetzt wurden (Pötsch, 2006). Möglicherweise haben also schon die Neandertaler zu dieser Zeit Kleidung hergestellt (Bild 2.1).

**Bild 2.1** Neandertaler (links, Fährtenleser, 2021) und moderner Homo sapiens mit Fellkleidung (Pxhere, 2022)

Funde aus Marokko deuten darauf hin, dass dort vor rund 120 000 Jahre Menschen Bekleidung erzeugten, vermutlich ebenfalls aus Fellen und Häuten (Hallett et al., 2021). Die Untersuchung des Genoms der Kleiderlaus ist ein Hinweis darauf, dass Menschen vor ca. 72 000 ± 42 000 Jahren begannen, Kleidung aus Textilien zu tragen (Kittler et al., 2003), was zum einen mit diesen Funden und zum anderen mit dem Auftreten der ersten bekleideten Figurinen übereinstimmt (Bild 2.2). Es wird angenommen, dass Textilien vor allem von Frauen hergestellt wurden (Barber, 1994), sicher nachweisbar ist dies aber nicht.

## 2.1 Älteste Darstellungen von Bekleidung

Wesentlich älter als die frühesten Funde von Textilien sind Darstellungen von Bekleidung auf Statuetten. Besonders hervorzuheben sind hier die sogenannten Venus-Figurinen, die in ganz Europa gefunden wurden und aus dem Gravettien stammen (25 000–14 000 v. Chr., Wiki, 2022). So ist z. B. auf der Venus von Lespugue ein Schnurrock mit elf Schnüren, vermutlich aus Bastfasern, dargestellt, der ein besonders betontes Hinterteil bedeckt (Soffer et al., 2000). Auch die Venus von Gagarino aus dem heutigen Russland (ca. 25 000 v. Chr.) trägt einen Schnurrock, was die weite und frühe Verbreitung dieser Art von Kleidung zeigt (Svoboda, 2017).

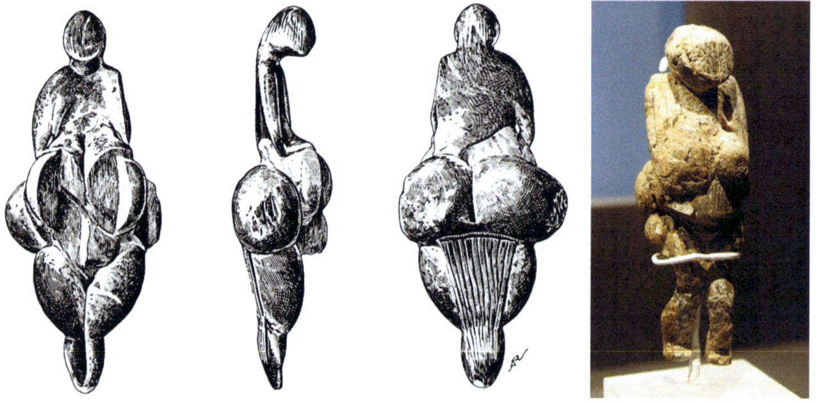

**Bild 2.2** Venus von Lespugue (links; Hitchcock, 2021) und von Gagarine (rechts; Franzkowiak, 2017) mit Schnurrock

Dieses Bekleidungsstück war offenbar in ganz Europa und mindestens bis in die Bronzezeit verbreitet, wie der Fund des Grabs des Mädchens von Estved zeigt (Bild 2.13). Man kann also von einer frühen „Mode" sprechen.

Die rund 29 000 Jahre alte Venus von Willendorf (Bild 2.3) trägt möglicherweise eine Art gewebter Mütze oder eine geflochtene Kappe, deren Struktur einem Bastkorb ähnelt (Soffer et al., 2000).

Auf vielen figürlichen Frauendarstellungen aus dem Gravettien sind Kopfbedeckungen aus Textilien dargestellt. So zeigt die Venus von Kostenki (ca. 25 000 v. Chr.) eine gewebte Kopfbedeckung und Bänder bzw. Gürtel, die aus schmalen Geweben bestehen (Bild 2.4, links). Die Venus von Brassempouy ist nicht nur eine der ältesten Plastiken mit ausgeprägten Gesichtszügen, sondern zeigt auch eine netzartige Kopfbedeckung (Bild 2.4, rechts), die sehr verbreitet war. In den Grottes des Enfants in Ligurien (Italien) wurde ein 20 000 Jahre altes Skelett gefunden, das eine entsprechende netzartige Kopfbedeckung trug, von der noch die Muschelperlen erhalten sind.

**Bild 2.3** Venus von Willendorf mit textiler Kopfbedeckung (Fotos: Markus Veit)

**Bild 2.4** Venus von Kostenki (Hitchcock, 2019) und Venus von Brassempouy (Berizzi, 2013)

Auffällig ist, dass alle Venus-Statuetten gar nicht oder nur teilweise bekleidet sind. In Anbetracht des in Europa meist kühlen Wetters waren sie also wohl eher Fruchtbarkeitssymbole als Darstellungen von „realen" Frauen und ihrer typischen Bekleidung.

In Sibirien wurden Statuetten aus dem Gravettien mit menschlichen Zügen entdeckt, oft sogar mit ausgearbeiteten Gesichtern (z. B. in Mal'ta). Einige waren am ganzen Körper bekleidet, allerdings wohl meist mit Fellen, eindeutige Hinweise auf Textilien fehlen bisher. Weil typisch weibliche Attribute oft nicht erkennbar sind, wird vermutet, dass es sich teilweise um Darstellungen von Männern handeln könnte.

Auf den meisten neolithischen Felszeichnungen, die üblicherweise Jagdszenen zeigen, sind die dargestellten Menschen unbekleidet. Es gibt allerdings auch wenige Ausnahmen. So sind auf Felszeichnungen in Spanien (Bild 2.5, links) zwei Frauenfiguren zu sehen, die ein Kleid bzw. einen Rock tragen. Rechts daneben ist ein Mann dargestellt, der mit einer Art Kniehose bekleidet ist (Obermaier, 1939). Auch wenn diese Bekleidung nicht aus Stoff bestanden hat, sondern aus Tierfellen, so nimmt sie spätere Formen von Kleidung vorweg. Die Schieferritzzeichnung von vier Frauen, die in Gönnersdorf gefunden wurde, zeigt möglicherweise schematisierte Darstellungen von Bekleidung, vielleicht Röcke und Schulterumhänge (Bild 2.5, rechts).

**Bild 2.5** Felszeichnungen bekleideter Menschen in den Höhlen von Els Secans, Minateda und Cogul, Spanien, ca. 4000–1000 v. Chr., und Venus-Darstellungen von Gönnersdorf, ca. 14 000–11 000 v. Chr. (Foto: Markus Veit)

Auf einer Grabstele aus Sion, Schweiz, aus der Zeit um 3000 v. Chr., sind flächige Textilien und ein Gürtel mit komplexen Mustern dargestellt. Sie werden als hemd- oder rockartige Bekleidung interpretiert (Feldtkeller, Schlichtherle, 1987). Auf der Venus von Vinèa sind textile Strukturen zu erkennen, vermutlich ein geflochtener Rock, für ein Gewebe sind die Abstände zwischen den Fäden zu groß (Bild 2.6).

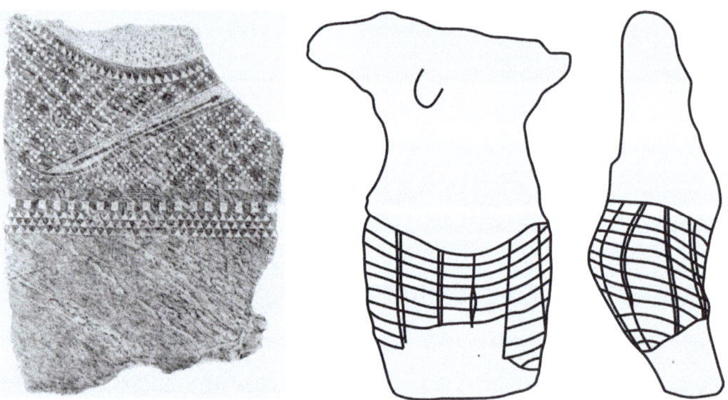

**Bild 2.6** Grabstele von Sion mit eingeritzten textilen Strukturen (Rama, 2010) und Schemazeichnung der Venus von Vinèa (Serbien), ca. 4500 v. Chr.

Neben diesen bildlichen Darstellungen von Textilien gibt es zahlreiche indirekte Nachweise für textile Strukturen, vor allem von Schnüren, Körben und Geweben. So werden auf der ganzen Welt immer wieder Keramikscherben mit Abdrücken textiler Strukturen gefunden, aus denen sich in einigen Fällen die Art der Bindung ableiten lässt (Bild 2.7, links). Die Kultur der Schnurkeramik erhielt davon sogar ihren Namen, weil in die noch feuchte Keramik vor dem Brand Schnüre eingedrückt wurden, um die Gefäße mit entsprechenden Mustern zu verzieren (Bild 2.7, rechts).

**Bild 2.7** Abdrücke von Textilien in Keramikscherben und Gefäße der Schnurkeramiker (Schütze, 2011)

## 2.2 Älteste Funde

Textilien waren vermutlich oft Prestigeobjekte (Soffer et al., 2000). Nur sehr wenige Textilreste sind aus dem Neolithikum erhalten. In trockenen Klimazonen, z. B. in Ägypten, sind vor allem Stoffe aus Leinen konserviert, die in feuchten Gebieten, z. B. in Nordeuropa, meist vergangen sind. Dort sind neben Textilien aus Wolle, die in sauren Mooren oder im Untergrund von Pfahlbausiedlungen überdauert haben, vor allem Gerätschaften zur Herstellung von Garnen und Geweben erhalten geblieben, die in der feuchten Umgebung vor Zerfall durch Mikroorganismen geschützt waren.

Der früheste Nachweis eines Garns wurde in Frankreich in einer Höhle in der Ardeche-Schlucht entdeckt und wird den Neandertalern zugeschrieben (Hardy et al., 2020). Das 6,2 mm lange Stück ist ca. 41 000–52 000 Jahre alt und besteht aus einem dreifach verzwirnten Kiefernrindenbast. Es war um ein Stück Feuerstein gewickelt und möglicherweise ein Teil eines Griffs oder ein Teil eines Netzes, in dem der Feuerstein transportiert wurde. Während die einzelnen Garne S-Drehung besaßen, wurde der Zwirn in Z-Drehung hergestellt (Bild 2.8).

Anhand von Funden aus der Aghitu-3-Höhle in Armenien wurden mithilfe von DNA-Analysen Reste von Pflanzen aus der Zeit von 37 000–22 000 v. Chr. bestimmt, die für die Herstellung von Textilien und Farbstoffen geeignet sind. Dazu zählen u. a. Pollen vom Rohrkolben (Typha sp.) und von Weiden (Salix sp.). Ob daraus wirklich Textilien, z. B. Schnüre oder Körbe etc., erzeugt und sogar gefärbt wurden, bleibt Spekulation (ter Schure et al., 2022).

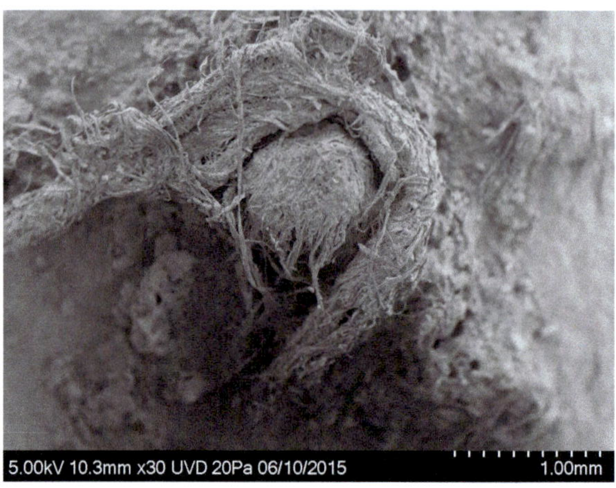


**Bild 2.8** Fadenstück an einem Feuerstein (Foto: Marie-Hélène Moncel)

(Adovasio et al., 2001) analysierten Abdrücke von Geflechten und Geweben in Lehm und schlossen daraus, dass bereits vor rund 25 000 Jahren in Europa Körbe hergestellt wurden. Die textilen Strukturen bestanden aus gezwirnten Baststreifen. In Israel wurden verdrehte Fadenstücke entdeckt, vermutlich aus Bast (Nadel et al., 1994). Für Nordamerika sind entsprechende Funde bis zu 12 000 Jahre alt, für Südamerika ca. 10 000 Jahre. Sie sind damit die ältesten, indirekt nachgewiesenen textilen Strukturen.

Die ältesten bekannten Reste von Bekleidung, Hemden und Hosen aus Leder, stammen aus einem Kindergrab bei Wladimir in Sibirien aus der Zeit um 20 000 v. Chr. Vergleichsweise jung, nämlich 9000 Jahre alt, sind ca. 300 Bastsandalen, die in der Fort Rock-Höhle in den USA entdeckt wurden (Bild 2.9). Sie wurden aus dem Bast des Wüsten-Beifußes hergestellt.

**Bild 2.9** Sandale aus Bastgeflecht, Fort Rock Höhle, USA, ca. 7500 v. Chr.

In der Höhle von Guitarrero (Peru) wurden Reste von Schnüren und einfachen textilen Strukturen aus einer Art von Zwirn entdeckt, die in die Zeit 10 000–9000 v. Chr. datiert werden (Jolie et al., 2011). Sie bestehen aus Fäden, die sich gegenseitig umschlingen und in ihrer Überstruktur Geweben bzw. sogar Drehergeweben ähneln (Bild 2.10). Vermutlich waren sie Teile von Körben oder Säcken. Im Westen der USA wurden geflochtene Körbe und Schnüre gefunden, die ca. 9000 Jahre alt sind (Connolly et al., 2016).

Die ältesten Bekleidungstextilien, die aus Garnen aufgebaut sind, sind ca. 8000 Jahre alt und wurden in Catal Hüyük in der Türkei gefunden. Als Fasermaterial wurden Flachs und Wolle verwendet. Die ältesten Baumwollfunde stammen aus der Zeit um 5500 v. Chr. aus Mexiko (Höhle von Coxcatlan). Der möglicherweise älteste Rock wurde in Armenien gefunden und ist 5900 Jahre alt.

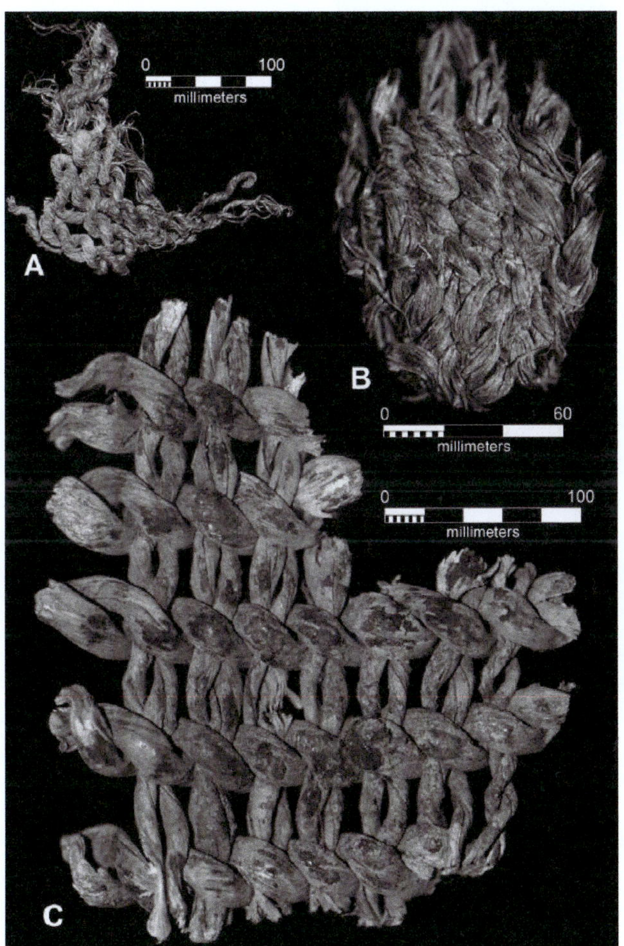


**Bild 2.10** Textile Strukturen aus Peru, ca. 11 000 v. Chr. (Jolie et al., 2011)

Bereits im Magdalénien (18 000–12 000 v. Chr.) wurden Nähnadeln aus Knochen hergestellt (Bild 2.11). Einige sind so fein und damit brüchig, dass davon ausgegangen werden kann, dass mit ihnen nicht Häute und Felle vernäht wurden, sondern dünne Gewebe. Diese sind allerdings nicht erhalten.

**Bild 2.11** Nadeln aus Knochen aus dem Magdalénien (Descouens, 2010)

Aus dem 8. Jt. v. Chr. stammt die Darstellung von fünf menschlichen Figuren, die auf einem Auerochsenknochen eingeritzt sind, der in Ryemarksgard (Dänemark) gefunden wurde. Sie tragen eindeutig Kleidung (Bild 2.12).

**Bild 2.12** Darstellung von fünf bekleideten Figuren (Samlinger, 2007)

Das älteste vollständig erhaltene Textil ist ein Leinenhemd aus der Zeit um 3100 v. Chr., das 1913 von dem britischen Archäologen Flinders Petrie aus einem ägyptischen Grab in der Nähe von Tarkhan geborgen wurde (Bild 2.13, links). Erst 1977 wurde es bei Aufräumarbeiten im Victoria and Albert Museum, London, wiederentdeckt (Stevenson und Dee, 2016). Wie deutlich zu erkennen ist, hat sich die Mode seit dieser Zeit nur unwesentlich verändert. In Bild 2.13 (rechts) ist das Kleid des Mädchens von Egtved, Dänemark, zu sehen (ca. 1400 v. Chr.). Es besteht aus Schafwolle und im unteren Teil aus einem Schnurrock, der auch schon auf mehr als 25 000 Jahre alten sogenannten Venus-Figurinen (z. B. Venus von Lespugue) zu sehen ist (Soffer et al., 2000).

**Bild 2.13** Ägyptisches Hemd, ca. 3100 v. Chr. (Pax Britannica, 2021) und Kleid von Egtved, ca. 1400 v. Chr. (Fortuna und Ursem, 2007)

Andere Funde (ca. 2000 v. Chr.) stammen aus Peru (Huaca Prieta). Sie ähneln in Qualität, Farbe und Art der Verzierung entsprechenden Funden aus Ägypten. Auch aus Indien (Industal) sind Reste von Baumwollgeweben und Geflechten aus Leinen bekannt (ca. 1700 v. Chr.).

In Europa wurden ebenfalls schon sehr früh Textilien hergestellt, wie Funde von Textilresten aus Flachs in den Pfahlbauten am Bodensee (ca. 4000 v. Chr.) sowie in Baumsärgen zeigen. Aus Lindenbast wurden Sandalen in einer Kombination aus Flecht- und Webtechnik gefertigt, wie sie z. B. in Allensbach und Sipplingen am Bodensee aus der Zeit von ca. 3000 v. Chr. gefunden wurden. Der Lindenbast wurde zur Herstellung von Textilien aller Art (z. B. Dolchscheiden) oft verzwirnt.

Der berühmteste Fund von Bekleidung aus der späten Jungsteinzeit (ca. 3200 v. Chr.) wurde 1991 am Similaun-Gletscher, Italien, gemacht. Der als Ötzi bekannte Wanderer, der einem Mordanschlag zum Opfer fiel, war mit mehreren verschiedenen Kleidungsstücken bekleidet, die allerdings fast alle aus Fell bestanden. Einzig eine Art Cape, dessen Funktion umstritten ist, bestand aus einem einfachen Gewebe aus Bast (Bild 2.14). Dieser Fund zeigt, dass in Mitteleuropa zu dieser Zeit Kleidung oft noch aus Fellen bestand und nicht aus gewebten Textilien.

Die erste umfangreiche Schrift zu den Funden neolithischer Textilien wurde 1937 von Emil Vogt publiziert (Vogt, 1937). Weil viele entsprechende Funde schon im 19. Jh. gemacht wurden, vor allem in den Seeufersiedlungen in Deutschland und der Schweiz, ist dieses Werk immer noch lesenswert.

**Bild 2.14** Ötzi mit Fellkleidung und textilem Umhang aus Bast (Sauber, 2012; Melotzi5713, 2022)

## 2.3 Faserstoffe

Die wichtigsten Faserstoffe im Neolithikum waren im Osten und Süden Europas Flachs und Hanf, im Norden wurden Brennnesseln eingesetzt und in einem breiten Streifen vom Osten (Kaspisches Meer) bis zum Westen (Frankreich) wurde Wolle verwendet. In China und den angrenzenden Gebieten wurde daneben außer Ramie auch Seide verarbeitet.

Bei Textilfunden aus dem Neolithikum ist es oft schwierig, das verwendete Fasermaterial eindeutig zu bestimmen. So wird Flachs leicht mit Hanf und anderen Bastfasern verwechselt, auch Wolle ist nicht immer eindeutig identifizierbar und wurde gelegentlich für Flachs gehalten. Zahlreiche Funde aus Europa, die angeblich aus Seide bestehen sollen, wurden tatsächlich aus anderen Fasern, u. a. Flachs, erzeugt, wie heutige chemische Untersuchungen oft zeigen.

Eine weitere Möglichkeit zur Bestimmung des Fasermaterials ist die Untersuchung der zur Faserverarbeitung verwendeten Werkzeuge. So zeigte sich in Untersuchungen von (Cheval, 2021), dass das sogenannte Webschwert, mit dem der Schussfaden an das fertige Gewebe angeschlagen wird, unterschiedliche Abnutzungsspuren aufweist, je nachdem, aus welchem Fasermaterial die Kettfäden bestanden. Garne aus schlecht verarbeiteten, relativ harten Flachsfasern führten zu deutlich mehr Abnutzungsspuren als weiche Wollfäden.

### 2.3.1 Flachs, Hanf und andere Bastfasern

Flachs gehört wie Gerste und Weizen zu den ältesten Kulturpflanzen. Als Stammform wird die schmalblättrige, ausdauernde Wildart Linum angustifolium (Linum bienne) mit aufspringenden Kapseln angesehen (Bild 2.15). Sie kommt in einem Gebiet vor, das sich vom Mittelmeerraum bis nach Südwestasien erstreckt (Zohary und Hopf, 2000). Es ist unklar, ob Flachs zunächst zur Ölgewinnung oder direkt als Faserlieferant genutzt wurde. Oft wird Flachs auch als Leinen bezeichnet.

**Bild 2.15** Linum angustifolium (Lazaregagnidze, 2012)

Bereits um 7000 v. Chr. ist wilder Flachs (Linum bienne) im Gebiet der heutigen Türkei, des Iran und des Irak sowie Syriens bekannt. Der älteste Fund stammt vom Tell Abu Hureyra (Syrien) aus dem 9. Jt. v. Chr. (Hillman, 1975). Vor mehr als 6000 Jahren wurde Flachs von den Ägyptern sowie den Sumerern im heutigen Irak angebaut und kam ab dem 3. Jt. v. Chr. in das südliche Mitteleuropa. Auch in Israel wurden Geflechte aus Flachs gefunden (Bar-Yosef, 1985). In Catal Hüyük (Türkei) ausgegrabene Textilien aus Leinen aus der Zeit vor ca. 8000 Jahren wurden neu untersucht, und es stellte sich heraus, dass sie in Wirklichkeit aus Eichenbast bestehen (Rast-Eicher, 2021). Wohl erst im 5. Jt. v. Chr. wurde der heute meist genutzte Flachs (Linum usitatissimum) gezielt zur Fasergewinnung angebaut (Helbaek, 1959). Entsprechende Funde aus der Zeit von 5000–3000 v. Chr. stammen aus Syrien, Ägypten, Spanien, der Schweiz und Deutschland. In Ägypten wurde dabei eine Sorte mit großen Samen (Ölgewinnung), in den Pfahlbausiedlungen Mitteleuropas eine andere Varietät mit kleinen Samen kultiviert (Barber, 1991). Aus der Frühzeit Ägyptens, ca. 3000 v. Chr., stammen die ältesten Darstellungen von Flachsverarbeitung. In der 3. Dynastie (ca. 2750 v. Chr.) ist bereits ein Flachsdirektor für ganz Ägypten bekannt. Insbesondere Mumienbinden und Bekleidung wurden aus Flachs- bzw. Leinengarnen hergestellt. Manche Garne erreichen dabei Feinheiten von 4 tex (4 g/km). Flachs galt als besonders „rein“, und manche Tempel durften nur in Leinenkleidung betreten werden, nicht in Textilien aus Wolle. Ab ca. 2100 v. Chr. beginnt in Mesopotamien der großflächige Anbau zum Zweck der Textilherstellung. Bild 2.16 zeigt die Flachsernte durch Raufen, bei der die gesamte Pflanze mit den Wurzeln aus dem Boden gerissen wird. Dadurch können zum einen die Fasern in den Wurzeln genutzt und zum anderen kann sowieso nur alle sieben Jahre auf demselben Feld Flachs angebaut werden, weil die Pflanze den Boden auslaugt („Flachsmüdigkeit").

**Bild 2.16** Flachsanbau und -ernte in Ägypten im Totenbuch von Theben und auf einem Leinengewebe

Leinengewebe aus Ägypten waren oft besonders feine Stoffe (Hoskins, 2011). Die Mumienbinden des Pharaos Sethos I (ca. 1300 v. Chr.) bestanden z. B. aus Kett- und Schussfäden mit einer Feinheit von 4 bis 5 tex. Von Ägypten gelangte die Kunst der Flachsverarbeitung in die Levante und von dort nach Vorderasien. Offensichtlich war es damals üblich, Mischgewebe aus Flachs und Wolle herzustellen, denn diese Praxis wird in der Bibel an zwei Stellen explizit verboten (Leviticus 19:19, Deuteronomium 22:11). Für Priester war sie dagegen ausdrücklich erlaubt.

In den Pfahlbausiedlungen am Bodensee und in der Schweiz wurden große Mengen an Flachspollen gefunden. Weil diese vor allem von Insekten und nicht vom Wind verbreitet werden, wurde offenbar in unmittelbarer Nähe der Siedlungen Flachs angebaut. Ob vor allem zur Öl- oder eher zur Fasergewinnung ist unbekannt. Die Fasern wurden in einem Wasserröstprozess gewonnen und zur Herstellung von Textilien eingesetzt, wie experimentelle Untersuchungen zeigen (Leuzinger und Rast-Eicher, 2011). Die Stoffe waren durch Variation der Fadenbindung oft aufwendig gemustert (Bild 2.17).

Das älteste Textil aus Hanf (eine Schnur) wurde in Japan entdeckt und stammt aus der Zeit von ca. 10 000 v. Chr. (Ueda, 2007). In Nordchina wurden ca. 7000 Jahre alte Seile, Schnüre und Netze gefunden (Andersson, 1923), Abdrücke von Geweben stammen aus dem 4. und 5. Jt. v. Chr. In China wurde Hanf zunächst zur Erzeugung von Rauschmitteln und Arzneien eingesetzt, erst später, nachweislich erst im 2. Jt. v. Chr., zur Textilherstellung (Bild 2.18). Auch in Tibet und in Europa gibt es Hinweise auf den Gebrauch von Hanf, vermutlich bereits zur Herstellung von Textilien. Weil Hanf- und Flachsfasern meist nur schlecht erhalten und schwer zu unterscheiden sind, bleibt unklar, ob nicht viele als „Leinen" identifizierte Stoffe in Wirklichkeit aus Hanf bestehen.

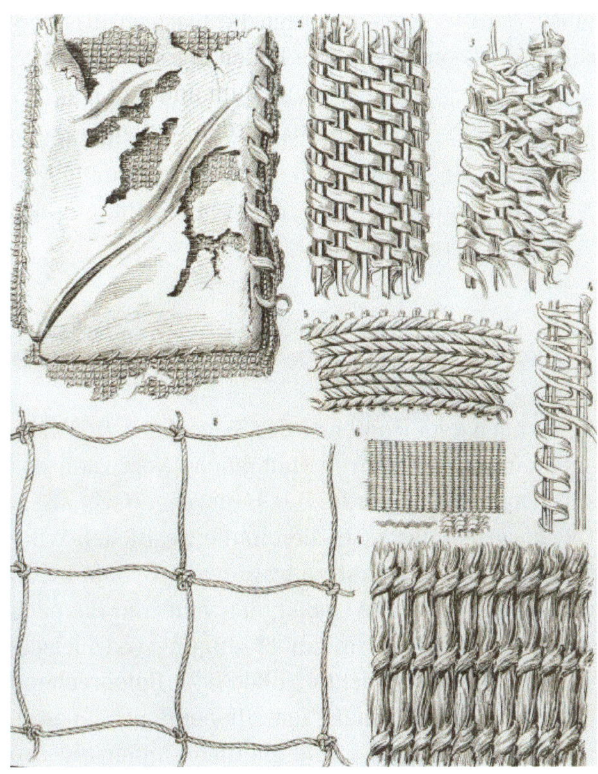

**Bild 2.17** Funde von Flachstextilien in der Pfahlbausiedlung von Robenhausen, Schweiz (Keller, 1863)

**Bild 2.18** Erleuchteter chinesischer Gelehrter mit Hanfpflanze (ca. 2700 v. Chr.)

Ramie wird schon seit mehr als 4500 Jahren als Faserlieferant genutzt. Die ältesten Funde stammen aus Ägypten (Mumienbinden), die erste schriftliche Erwähnung aus China (1797 v. Chr., als mehrjähriger Hanf). Dort wurde er zu Schnüren und Geweben verarbeitet. Jute wiederum wird schon seit einigen Tausend Jahren in Indien zur Fasergewinnung, als Gemüsepflanze und für Heilzwecke angebaut.

Weiden- und Lindenbast aus der Rinde der entsprechenden Bäume wurden vor allem zur Herstellung von Körben und Schuhen verwendet, wie zahlreiche Funde, vor allem aus den Pfahlbausiedlungen im Bodenseeraum, zeigen. Linden hatten im Neolithikum in Mitteleuropa einen Anteil von rund 25% an allen Bäumen. Sie können zur Gewinnung des Bastes beschnitten werden und bilden danach schnell neue Äste.

### 2.3.2 Wolle

Man geht heute davon aus, dass das Schaf nach dem Hund und der Ziege das dritte Wildtier war, das ca. 9000 v. Chr. im sogenannten fruchtbaren Halbmond (Nordosten des Irak, Iran, Anatolien, Süd-Zentralasien) domestiziert wurde. Das Hausschaf (Ovis aries) ist ein Nachkomme der Wildschafe. Diese werden unterschieden in die westlichen Wildschafe (Mufflons) und die Steppenwildschafe (Uriale). Erstere waren vom Balkan bis in die heutige Osttürkei verbreitet, letztere lebten in einem Gebiet, das vom Iran bis nach Nordindien reicht. Wildschafe wurden zunächst vor allem zur Erzeugung von Fleisch, Fett, Milch und Fellen, und erst später von Wolle, gezüchtet (Bild 2.19). Entsprechend entstanden sehr viele verschiedene Phänotypen des Schafs, die wir heute als separate Rassen bezeichnen. Bei fast allen Rassen sind die Tiere heute deutlich kleiner als ihre wilden Vorfahren. Es wurde wohl schon frühzeitig nach der Farbe „Weiß“ selektiert, was die Färbung der Wolle stark erleichtert. Auf Sardinien und Korsika leben heute noch verwilderte Formen dieser ersten domestizierten Schafe, die stark den ursprünglichen Riesenwildschafen ähneln. Mit der Zunahme der Schafhaltung ging eine Veränderung der Landschaft einher (mehr Grasland), was in Deutschland in der Jungsteinzeit begann (Becker et al., 2016).

**Bild 2.19** Riesenwildschaf (Rufus, 2014)

Schafwolle ist möglicherweise der erste textile Rohstoff, der von Menschen zur Herstellung von Bekleidung verwendet wurde, weil er vergleichsweise einfach zu gewinnen ist. Dabei wurden zunächst aus den gerupften oder geschorenen Haaren Filze hergestellt. Durch die Entwicklung der Spinn- und Webtechnik wurden gewebte Stoffe („Tuche") erzeugt. Mit der Schafhaltung zur Wollgewinnung änderte sich die Lebensweise der Menschen, denn Wolle kann über große Entfernungen transportiert werden. Daher können Schafe weit außerhalb von Siedlungen in Gegenden gehalten werden, in denen keine Nahrungsmittel angebaut werden können. Man geht aufgrund von erhaltenen Knochen heute davon aus, dass die Zucht von Schafen zur Wollerzeugung mehrmals zu unterschiedlichen Zeiten und in verschiedenen Gegenden „erfunden" wurde (Schier und Pollock, 2018). Im Laufe der Zeit gelang es dann durch Zucht, die Qualität der Wollfasern erheblich zu verbessern. Während das Haarkleid des Mufflons noch viele grobe Haare aufweist (Durchmesser bis 200 µm), gelang es bis zur Zeitenwende, die groben Haare nahezu komplett zu eliminieren. Dadurch musste die feine Unterwolle nicht mehr durch Zupfen von den groben Haaren getrennt werden. Darüber hinaus gelang es, die Breite der Verteilung der Faserfeinheit erheblich auf einen Mittelwert von ca. 25–40 µm zu verkleinern, je nach Rasse (Bild 2.20).

Nach (Grömer, 2010) ist es denkbar, dass die Erfindung der Schere mit der Wollgewinnung unmittelbar verknüpft ist, weil ab ca. 1000 v. Chr., wohl zuerst in Anatolien (Ryder, 1997), Schafe gezüchtet wurden, die ihre Wolle nicht mehr abwarfen wie die Urschafe, sondern sie kontinuierlich bildeten, was eine Schur erforderlich machte. Die Form der Schere blieb über Jahrtausende unverändert (Bild 2.21).

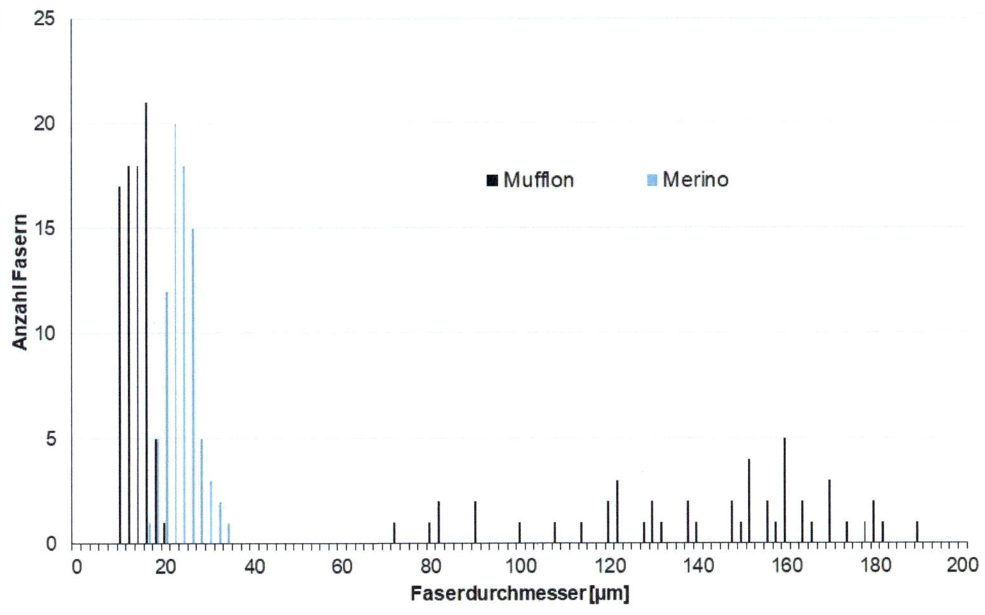


**Bild 2.20** Faserdurchmesserverteilung von Mufflon- und Merinowolle (Daten: Ryder, 1997)

**Bild 2.21** Schafschur mit Schere im 21. Jh. (Yallanish, 2016) und antike Schere aus dem 2. Jh. (Ytrottier, 2006)

Neuesten Forschungsergebnissen zufolge, wurde bereits im ausgehenden 4. Jt. v. Chr. in Mesopotamien Wolle in größeren Mengen verarbeitet. Keilschriften erwähnen für das 3. Jt. Herden von mehreren Tausend Tieren (Becker et al., 2016). Wolle war offenbar zu dieser Zeit das bevorzugte Fasermaterial zur Herstellung von Textilien. Die große Bedeutung, die Kleidung beigemessen wurde, zeigt sich im Gilgamesch-Epos aus dem 2. Jt. v. Chr. Der zunächst unzivilisierte Gefährte des Helden, Enkidu, wird zuerst eingekleidet, und erst danach wird ihm gezeigt, wie man „richtig" isst und trinkt, als er in das städtische Leben eingeführt wird.

Die wichtigsten Textilzentren in Mesopotamien waren Ur, Laggas und Guabba. Nach Berichten auf Keilschrifttafeln waren dort bis zu 15 000 Weberinnen mit der Erzeugung von Wollstoffen für den königlichen Hof beschäftigt. Dazu wurden Überlieferungen zufolge an einem einzigen Tag 2314 Schafe „gerupft" (das „Scheren" wurde erst später erfunden). Die Jahresproduktion belief sich auf rund 500 Tonnen (bei ca. 85 000 Schafen), und der Preis für ein Kilogramm Wolle lag bei 1–4 g Silber, was ca. 0,5–2 € entspricht. Für die Bediensteten am königlichen Hof gab es neben Brot und Bier eine jährliche Wollzuteilung: Männer 1,5–2,0 kg, Frauen 1,0–1,5 kg und Kinder 0,5–1,0 kg (Sallaberger, 2014). Dies führte vermutlich zur Erfindung der Waage, weil Wolle kompressibel und das Gewicht nicht ohne Waage zu bestimmen ist (Büttner, 2018). Auch Steuern wurden zum Teil in Wolle beglichen. Für den Königshof produzierten in eigenen Werkstätten vor allem freie Handwerker, kaum Sklaven. Wollschafe zeigt auch die Friedensseite der Standarte von Ur aus dem 3. Jt. v. Chr. (Bild 2.22), was ihre wirtschaftliche Bedeutung unterstreicht.

Höhlenmalereien in Spanien zeigen, dass dort bereits 3000 v. Chr. Schafe gehalten wurden. Die ältesten Funde von Wollstoffen stammen aus Clairvaux-les-Lacs, Schweiz (2900 v. Chr.), aus Wiesenkathen, Schweiz (2400 v. Chr.) in Form eines verkohlten Gewebes und aus Dänemark, ca. 2300 v. Chr. (Grömer, 2010) und in Form von Wollfäden an einem Feuersteindolch.

In Ägypten ist die Schafhaltung ab der Mitte des 3. Jt. v. Chr. nachweisbar, allerdings wurde auch noch 1000 Jahre später Wolle aus Kleinasien eingeführt und zu Textilien verarbeitet. Schafe galten als heilig, der Gott Amun wurde daher als Widder dargestellt.

Dennoch – oder vielleicht deswegen – durften die Statuen von Göttern nicht mit Wollstoffen, sondern nur mit Leinentüchern bedeckt werden, die wiederum mit der Göttin Isis in Verbindung gebracht wurden und als Symbol für „Reinheit" galten.

In der Frühzeit der archäologischen Forschung an Textilien wurde oft angenommen, dass die Wolle mit anderen, groben Fasern vermischt wurde, um Fäden herzustellen. Dabei wurde übersehen, dass in der Anfangsphase der Schafzucht die Tiere sowohl grobe als auch feine Haare produzierten. Eine Trennung vor dem Verspinnen fand nicht statt, und so gelangten auch grobe Grannenhaare in die Textilien, die oft fälschlich für andere Fasern (z. B. Hanf) gehalten wurden.

**Bild 2.22** Wollschafe auf der Standarte von Ur (Geni, 2013)

## 2.3.3 Baumwolle

Die Baumwollpflanze (lat.: Gossypium) gehört zur Familie der Malvaceen (Malvengewächse). Sie wurde mindestens viermal unabhängig voneinander domestiziert (Renny-Byfield, 2016): zweimal in Amerika (Gossypium hirsutum und Gossypium barbadense), einmal in Asien (Gossypium arboreum) und einmal in Afrika (Gossypium herbaceum). Baumwolle war bereits um 7000 v. Chr. im Industal bekannt, um 5800 v. Chr. in Mexiko (Tehuacan-Tal), wo ebenfalls die Textilherstellung nachgewiesen ist, und um 2500 v. Chr. in Peru und in Chile. Das älteste bisher gefundene Baumwollgewebe der alten Welt stammt aus Dhuweila (Jordanien) und wird auf ca. 3000–4500 v. Chr. datiert (Betts et al., 1994). Für ein Gewebe aus Baumwolle aus Huaca Prieta (Peru), das mit Indigo gefärbt war, wurde ein Alter von 6000 Jahren bestimmt (Bild 2.23). In Harappa (Pakistan) wurden Reste eines Gewebes aus Baumwolle gefunden, das ca. 2000 v. Chr. hergestellt wurde. In Indien wurde um 1500 v. Chr. Baumwolle mit lokaler Wildseide in Garnen kombiniert

(Allchin, 1969). Zwar war die Baumwolle in Ägypten und Nubien bekannt, wie z. B. Darstellungen von Baumwollbüschen am Tempel von Karnak zeigen. Sie wurde aber wohl nicht zur Textilerzeugung eingesetzt, nur die Samen dienten als Tierfutter.

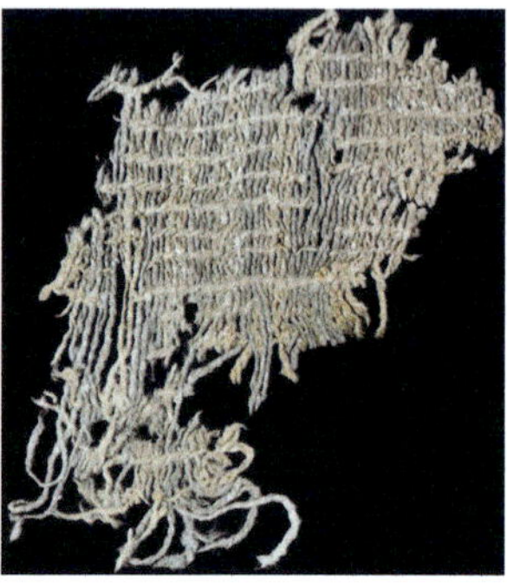

**Bild 2.23** Geweberest aus Baumwolle aus Huaca Prieta (links: ca. 2500 v. Chr., Daderot, 2012) und (rechts) mit Indigo gefärbtes Baumwollgewebe, ca. 4000 v. Chr. (Foto: Lauren Badams, courtesy of the Huaca Prieta Archaeological Project; Splitstoser et al., 2016)

## 2.3.4 Esparto

Espartofasern wurden aus den Blättern des in Spanien und Nordafrika heimischen Halfa- bzw. Alfagrases (Stipa tenacissima) gewonnen und schon im 4. Jt. v. Chr. vor allem zur Herstellung von Matten, Körben und Seilen verwendet. Mit einer Ausbeute von 40–50 % war dieses Gras als Faserlieferant sehr attraktiv, und so wurden auch kleinere Körbe in der Grabausstattung von Pharao Tutanchamun (14. Jh. v. Chr.) aus diesem Material hergestellt. Im Süden Spaniens wurden geflochtene Sandalen sowie gewebte Kopfbedeckungen und sogar Tuniken und Halstücher aus Esparto geborgen (Bild 2.24).

**Bild 2.24** Espartogras (Niehaus, 2005) und Sandalen aus der Höhle von Albunol (Spanien), ca. 4800–5200 v. Chr. (Zaqarbal, 2008)

Espartogras ist bis heute nicht domestiziert, daher wurde das Material nie exportiert und hatte nur in Spanien und Nordafrika lokale Bedeutung.

### 2.3.5 Seide

Die Seide wurde zunächst ausschließlich in China gewonnen. Aus dem 5. Jt. v. Chr. stammt ein Becher aus Elfenbein, in den Seidenraupen eingraviert sind, und in Henan wurden Seidenstoffe aus der gleichen Zeit gefunden (NNA, 2019). Nach einer Sage im chinesischen Geschichtswerk Li-Kin entdeckte Prinzessin Si Ling-chi, die Ehefrau des Kaisers Huangdi, am Anfang des 3. Jt. v. Chr., das Geheimnis der Seidenerzeugung. Danach fiel ihr im Garten ein Kokon in eine heiße Tasse Tee, wobei sich das Serizin, die äußere Schicht des Seidenfadens, löste und die Prinzessin die Seide als Endlosfaden abwickeln konnte, bevor der Seidenspinner ausschlüpfte. Dies war wohl die Voraussetzung, Seide zu verarbeiten, weil Wildseide wegen der Zerstörung des Kokons durch das Ausschlüpfen des Seidenspinners nur aus kurzen Stücken besteht, die sich mit damaligen Werkzeugen nicht verspinnen ließen. Aus derselben Zeit stammt der erste Nachweis der Nutzung von Seide als textiles Rohmaterial in Form eines aufgeschnittenen Kokons. Seidenstoffe wurden von Fronarbeitern produziert und waren ausschließlich dem Adel vorbehalten. Für die Ernährung einer einzigen Raupe werden dabei 23 kg Maulbeerblätter benötigt. Die Puppe wurde – wie auch heute noch – bereits vor dem Schlüpfen getötet. Dadurch konnte aus dem unbeschädigten Kokon ein einziger Faden von ca. 1000 m Länge gewonnen werden. So ließ sich mit der Seide von 100 Raupen ein ca. 25 × 25 cm großes Gewebestück herstellen.

### 2.3.6 Überblick

Die Karte in Bild 2.25 zeigt die Nutzung wichtiger Fasern in Europa und Asien um ca. 3000 v. Chr., bevor Textilien über größere Entfernungen gehandelt wurden. In Mittel- und Nordeuropa waren Flachs, Hanf und Wolle dominierend, letztere vor allem für warme Winterkleidung. In Spanien wurde das nur dort vorkommende Espartogras eingesetzt. In Ägypten wurden vor allem Flachs, das bei hohen Temperaturen eine kühlende Wirkung hat, und – in kleineren Mengen – Ramie verwendet. Die Baumwolle war in Indien ein beliebter Rohstoff, weil sie dort natürlich vorkommt und sehr feine Textilien daraus hergestellt werden können. Die Seide wurde ausschließlich in China und nur von der Oberschicht verwendet, weil nur dort der Seidenspinner kultiviert wurde. Auch Ramie und Hanf waren in China als Fasermaterialien bekannt und wurden vor allem von der ärmeren Bevölkerung genutzt.

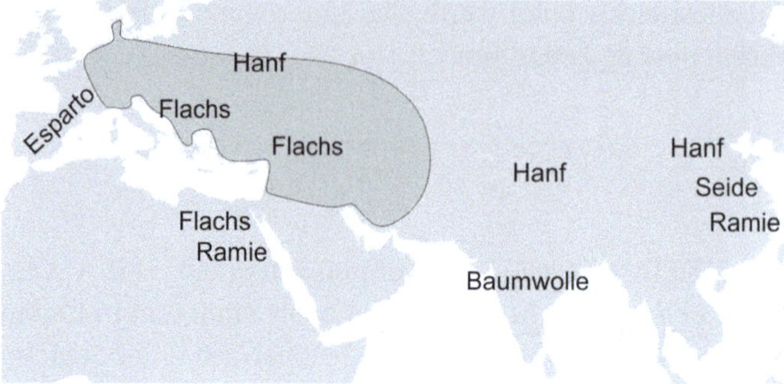


**Bild 2.25** Vorkommen und Nutzung wichtiger Fasern im Neolithikum um ca. 3000 v. Chr. in Europa und Asien (dunkelgrau: Wolle)

## 2.4 Garn- und Zwirnherstellung

Die Forschung geht davon aus, dass das Spinnen eines Fadens in verschiedenen Regionen unabhängig voneinander entwickelt wurde. In Indien wird das erste Garn aus Baumwolle bestanden haben, in Ägypten aus Flachs und in Mesopotamien und Nordeuropa vermutlich aus Wolle. Das Spinnen war bis auf wenige Ausnahmen wohl meistens Frauenarbeit, weil es zu Hause oder auch unterwegs erledigt werden konnte. Bild 2.26 zeigt auf einem Siegel der Uruk-Kultur im rechten Bildteil eine Spinnerin mit Handspindel, bei der der Spinnwirtel oben angeordnet ist.

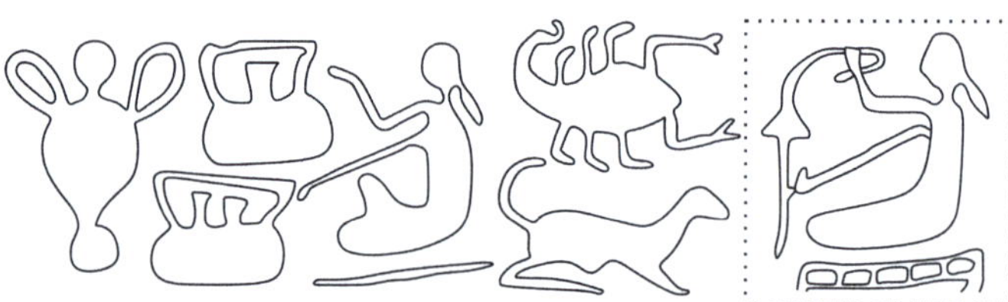

**Bild 2.26** Abwicklung eines Uruk-zeitlichen Siegels aus Chagha Mish (Iran), ca. 3300 v. Chr.

Der bisher älteste erhaltene Zwirn wurde in Israel entdeckt und ist rund 19 000 Jahre alt (Nadel et al., 1994). Vermutlich bestand er aus Bastfasern, die genaue Zusammensetzung lässt sich nicht mehr feststellen. In der Höhle von Lascaux, berühmt für ihre Felsmalereien, wurde ein Stück Zwirn aus Bastfasern aus der Zeit von vor ca. 17 000 Jahren entdeckt (Glory, 1959).

Funde in den Pfahlbausiedlungen am Bodensee und in der Schweiz sowie in Ägypten zeigen, dass dort um ca. 3000 v. Chr. Garne aus Flachsfasern hergestellt wurden. Dabei wurden Faserbündel (nicht einzelne Fasern), vermutlich durch Abrollen zwischen Daumen und Zeigefinger, an das bereits bestehende Garnende angedreht, wie experimentelle Untersuchungen zeigten. Typische Garnfeinheiten lagen im Bereich bis 250 tex. Dieses Verfahren war mühselig, und es bestand ständig die Gefahr, dass sich das gerade gebildete Garn wieder auflöste. Der Prozess war nur einsetzbar, wenn die Fasern eine gewisse Länge hatten, was bei Flachs gegeben war, bei der damaligen Wolle hingegen nicht. In Bild 2.27 (links) ist eine ägyptische Spinnerin dargestellt, die mit dieser Methode einen Faden erzeugt. Bild 2.27 (rechts) zeigt ein entsprechendes Garnknäuel aus Flachs, das auf eine Keramikscherbe aufgewickelt wurde, wodurch der Faden transportiert werden konnte. Diese Art von Garnknäuel wurde auch in Italien gefunden. (Gleba et al., 2018) geben einen Überblick zur Spleißtechnologie, also der Verbindung von zwei Garnen miteinander.

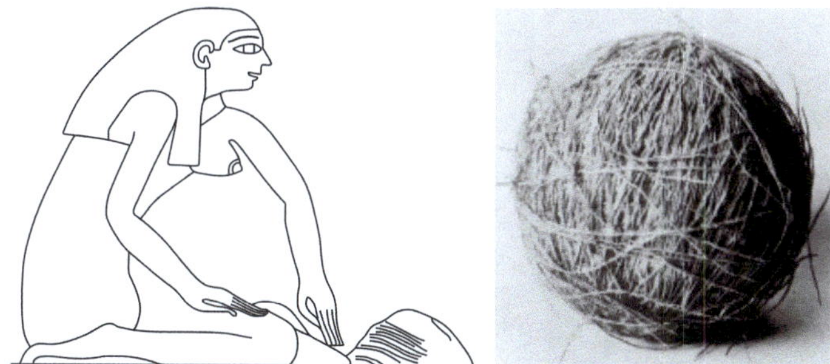

**Bild 2.27** Ägyptische Spinnerin (Spleißmethode, ca. 1900 v. Chr.) und Garnball (ca. 1000 v. Chr.)

Offenbar wurden schon bald rotierende Spindeln eingesetzt, die mit Gewichten beschwert waren, die sogenannten Spinnwirtel. Dadurch wurde der rotierenden Spindel Stabilität verliehen. Diese Technik wurde vermutlich mehrfach und unabhängig voneinander entwickelt, eine Weitergabe dieser Technologie über größere Entfernungen (China, Europa) erscheint unwahrscheinlich. Die ältesten bisher gefundenen Spinnwirtel stammen aus der Zeit von 5800–5200 v. Chr. und wurden in Syrien entdeckt (Rooijakkers, 2012). Durchbohrte Keramikscheiben vom selben Fundort werden auf ca. 7000 v. Chr. datiert und könnten ebenfalls Spinnwirtel darstellen, das ist aber nicht gesichert. In China wurde diese Technik schon um 4500 v. Chr. eingesetzt. Die Spindeln bestanden fast immer aus Holz, in Ausnahmefällen auch aus Metall (Gold, Silber, Bronze). Damit konnten zum einen Fasern an das Garnende einfach angelegt und zum anderen konnte gleichzeitig dem entstehenden Faden Drehung verliehen werden (Bild 2.28, links). Sollten hochgedrehte (feste) Garne erzeugt werden, z. B. als Kettfäden für Gewebe, so wurden dazu kleine Spinnwirtel eingesetzt, die sehr schnell rotieren können. Für weniger hoch gedrehte Fäden (weichere Garne), z. B. als Schussgarne für Gewebe, wurden dagegen breitere Spinnwirtel verwendet, die sich entsprechend langsamer drehen (Bild 2.28, rechts). Der hier verwendete Spinnwirtel aus der Fundstelle Arbon-Bleiche 3 (ca. 3380 v. Chr.) hat ein Gewicht von 21 g und der ersponnene Lindenbastfaden eine Stärke von 0,7 mm (ca. 700 tex).

Je kürzer die Fasern und je feiner das Garn, desto geringer das Gewicht des Spinnwirtels, damit nicht einerseits kurze Fasern wieder aus dem gerade gebildeten Garn herausgezogen werden und andererseits der Faden durch das Gewicht der Spindel nicht reißt. Typische Spindelgewichte für Flachs lagen bei 5 g für feine Fäden und über 100 g für grobe Garne (Bild 2.29). Zur Erzeugung von Wollfäden waren die Spinnwirtel deutlich leichter wegen der geringeren Festigkeit von Wolle. Viele Spinnwirtel wurden kunstvoll verziert. Daher ist es bei kleinen Spinnwirteln oft schwierig, sie von Perlen für Arm- und Halsbänder etc. zu unterscheiden.

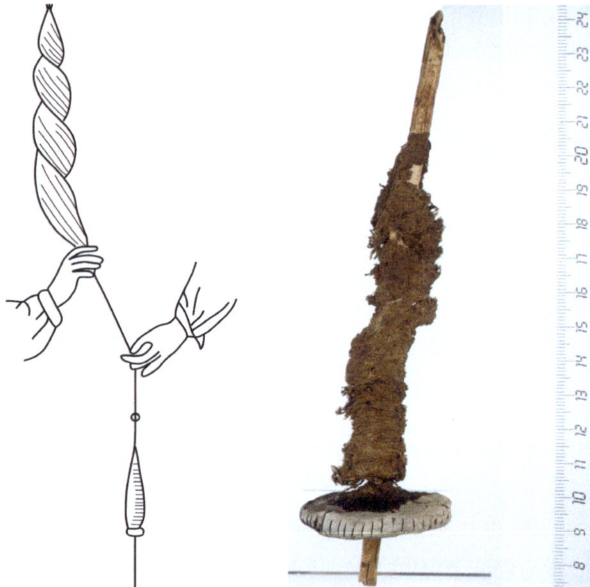

**Bild 2.28** Handspinnprinzip mit Spindel (links) und Spindel mit Garnresten (Foto: Amt für Archäologie Thurgau, Schweiz)

**Bild 2.29** Spinnwirtel (Todd, 2016)

In Europa und Anatolien wurden Garne immer Z-gedreht, in Ägypten dagegen meist in S-Richtung gesponnen (Bild 2.30). Dies liegt vermutlich daran, dass in Ägypten vor allem Flachs verarbeitet wurde und Flachsfasern die Tendenz besitzen, sich in entspanntem Zustand in S-Richtung zu winden. S-gedrehte Flachsgarne sind dadurch wesentlich stabiler als Z-gedrehte (Bellinger, 1950).

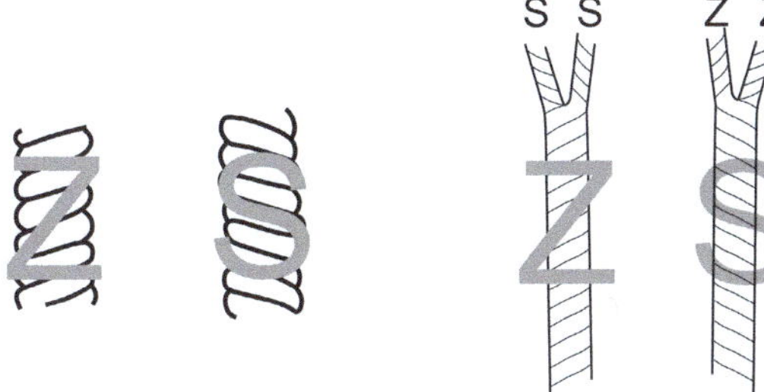


**Bild 2.30** Z- und S-Drehung bei Garnen (links) und Zwirnen (rechts)

In Ägypten wurde die Spindel über die Hüfte abgerollt und so in Drehung versetzt. Dadurch ergibt sich automatisch eine S-Drehung der Spindel, was für Flachs vorteilhaft ist. Entsprechend waren die Spinnwirtel am oberen Ende der Spindel angebracht. In Europa dagegen wurde die Spindel durch Daumen und Zeigefinger in Drehung versetzt, wodurch sie bei Rechtshändern in Z-Richtung rotierte. Dies ist deutlich einfacher als das Abrollen über die Hüfte. Da in diesen Gebieten viel Wolle versponnen wurde, deren Fasern keine bevorzugte Drehrichtung besitzen, setzte sich diese Technik durch, auch zur Verarbeitung von Flachs und anderen Bastfasern. Entsprechend waren in Europa und dem Nahen Osten die Spinnwirtel im unteren Teil der Spindel befestigt (Barber, 1991). Im Grenzgebiet zwischen diesen Regionen wurden vereinzelt Spindeln mit mittig angebrachten Wirteln gefunden. Am jeweils oberen Ende einer Spindel ist oft eine Kerbe angebracht, um das Garn zu führen, wenn die Drehung eingeleitet wird. Daran ist einfach festzustellen, um welche Art von Spindel es sich handelt. In europäischen Museen werden ägyptische Spindeln oft falsch herum präsentiert (Wirtel unten), was so leicht zu erkennen ist.

Bild 2.31 zeigt links eine ägyptische Spinnerin im Grab von Pharao Amenemhet II. (12. Dynastie), rechts eine elamitische Frau knapp 1000 Jahre später, die beide nach der gleichen Methode im Sitzen Garn erzeugen. Die technologische Entwicklung war zu dieser Zeit offenbar eher langsam.

**Bild 2.31** Ägyptische Spinnerin (1850 v. Chr.) und elamitische Spinnerin (1. Jt. v. Chr., Rama, 2016)

Eine Besonderheit in Ägypten war, dass die Fasern nicht wie in Europa aus einem sogenannten Rocken gezogen und bei der Garnbildung gleichzeitig verstreckt und gedreht wurden, sondern zunächst ein grobes Garn gebildet wurde (Bild 2.27). Dieses wurde anschließend weiter verstreckt und so fein ausgesponnen.

Mit der Handspindel konnte auch „unterwegs" gesponnen werden. So berichtet z. B. Herodot vom persischen König Darius, der sich wunderte, als ihm eine Frau in Paeonien entgegenkam, am Arm ein Pferd führend, einen Wasserkrug auf dem Kopf balancierend und gleichzeitig mit der Handspindel ein Garn herstellend. Auch andere Tätigkeiten waren während des Spinnens möglich, wie Bild 2.32 zeigt.

**Bild 2.32** Vielbeschäftigte Spinnerin und Spinnen mit der Handspindel als Nebentätigkeit (Gegenbaur, 2020)

Die Spindel selbst hing entweder frei oder wurde auf den Boden in einen flachen Behälter gestellt und rollte dann auf dessen Boden ab. Damit konnte vermieden werden, dass das Garn verschmutzt, und das Gewicht des Spinnwirtels hatte keinen Einfluss. (Kemp, 2001) vermutet, dass für die Erzeugung besonders feiner Fäden die Garne in diesen Behältern mit einer Schlichte benetzt wurden, z. B. in Ägypten. Diese Methode wurde noch im 16. Jh. bei den Azteken verwendet (Bild 2.33).

**Bild 2.33** Spinnen mit Schale bei den Azteken im Codex Mendoza (1541)

In Bild 2.34 sind drei ägyptische Spinnerinnen dargestellt. Ganz links sieht man vermutlich eine Auszubildende, die etwas erhöht steht. Die mittlere Spinnerin rollt die Spindel gerade an ihrer rechten Hüfte ab, während die andere Spindel frei rotiert. Es ist davon auszugehen, dass die Abrollbewegung abwechselnd rechts und links durchgeführt wurde, wie es auf anderen Darstellungen zu sehen ist. Die rechte Spinnerin zieht gerade die Spindel zu sich heran, um mehr vorbereiteten Faden aus der Schüssel zu ziehen. Alle Spinnerinnen stellen gleichzeitig zwei Fäden her, was offenbar üblich war. Die Schüsseln mit dem vorgefertigten Garn scheinen vor den Frauen zu stehen, was unpraktisch wäre und daher wohl auf die nicht perspektivische Darstellung zurückzuführen ist. In anderen Bildern stehen die Schüsseln mit dem Vorrat an ungedrehtem Garn hinter den Spinnerinnen, und diese ziehen die Fäden über die Schulter daraus ab. Auch Darstellungen mit männlichen Spinnern sind verbreitet, die Garnherstellung lag also zu dieser Zeit in Ägypten nicht allein in Frauenhand.

**Bild 2.34** Garn- und Zwirnherstellung im Grab von Baqt III in Beni Hassan, ca. 2100 v. Chr.

Um besonders reißfeste Fäden herzustellen, wurden oft zwei oder mehr Fäden mit Handspindeln miteinander verzwirnt. Z-Fäden wurden in der Regel in S-Richtung verzwirnt (Leuzinger und Rast-Eicher, 2011), S-gedrehte Garne entsprechend in Z-Richtung, was ihre Kringelneigung verringert (Bild 2.30).

Wie praktische Versuche zeigen, reichte es für geübte Handspinnerinnen aus, wenn sie die Spindel ein- bis zweimal pro Minute andrehten (Linder, 1967). Damit konnten, je nach Fadenfeinheit, 20–200 m Garn pro Stunde hergestellt werden bei Drehzahlen von 1200–3600 U/min, je nach Spinnwirtelgewicht. Mit Wolle erzeugten sogar ungeübte Spinnerinnen bis zu 50 m Garn pro Minute, wie (Nosch und Rahmstorf, 2008) in praktischen Versuchen nachwiesen. Die feinsten Fäden lagen in einem Bereich von 12 bis 50 dtex (g/10 km), wie Funde, u. a. aus Indien und Peru, belegen. Weil die Fasern im Neolithikum vor dem Verspinnen nur wenig parallelisiert wurden, lagen sie im Garn nicht hauptsächlich in Achsrichtung vor wie ab der Bronzezeit, sondern wirr (Grömer, 2010). Das verringerte die Garnfestigkeit bzw. erforderte mehr Fasern im Querschnitt zur Erzielung einer vergleichbaren Festigkeit und führte entsprechend zu gröberen Garnen.

Typische Werte aus einem Spinnversuch mit unterschiedlichen Spindeln zeigt die Tabelle in Bild 2.35. Dabei ist zu berücksichtigen, dass eine Spinnerin nicht ohne Unterbrechung spinnen kann, weil das Garn zwischendurch manchmal reißt oder andere Störungen (z. B. heimkehrender Mann mit Jagdbeute) auftreten.

| Spindelgewicht [g] | 20 | 15 | 15 | 4 | 4 | 4 |
|---|---|---|---|---|---|---|
| Spindeldrehzahl [1/min] | 2100 | 2300 | 2300 | 3000 | 3000 | 3000 |
| | | | | | | |
| Garnfeinheit [g/km] | 58 | 30 | 20 | 15 | 10 | 6 |
| | | | | | | |
| Spinnzeit [s/m] | 10 | 13 | 17 | 16 | 21 | 24 |
| Wickelzeit [s/m] | 7 | 7 | 7 | 8 | 8 | 8 |
| Summe | 17 | 20 | 24 | 24 | 29 | 32 |
| | | | | | | |
| Produktion [m/h] | 208 | 180 | 150 | 153 | 124 | 112 |

**Bild 2.35** Spinnversuche nach (Linder, 1967)

## ■ 2.5 Weben

Vermutlich aus Geflechten wurden die Gewebe entwickelt. Sie können sowohl rein manuell durch rechtwinkliges Verkreuzen von Fäden erzeugt werden als auch mithilfe technischer Geräte unterschiedlicher Komplexität (Bild 2.36). Bei der Herstellung von Geweben werden zwei Fadensysteme unterschieden: die gespannten Kettfäden, die in der Regel eine höhere Festigkeit besitzen, und die Schussfäden, die zwischen die Kettfäden eingetragen werden. Man unterscheidet schmale Bandgewebe, z. B. für Borten und Gürtel, und normale Gewebe, aus denen Bekleidung hergestellt wurde.

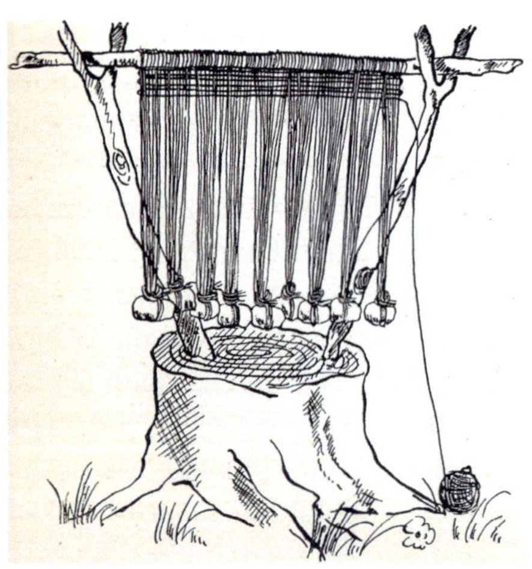

**Bild 2.36** Einfaches Webgerät (Jaumann, 1938)

## 2.5.1 Bandgewebe

Bandgewebe sind vermutlich die Urform aller Gewebe, weil sie mit einfachen Mitteln herzustellen sind und nur wenig Garnmaterial erfordern. Typischerweise sind solche Bänder 2-15 cm breit und dienten als Riemen, Gürtel, Borten oder als Anfangsstücke breiter Gewebe (siehe unten).

Solche Textilien wurden schon vor rund 3500 Jahren mithilfe des Brettchenwebens hergestellt, wie Funde von Brettchen aus Knochen und Holz in Deutschland zeigen. Noch ältere Funde aus der Zeit um 4500 v. Chr. aus Südosteuropa deuten darauf hin, dass diese Technik sogar noch älter ist, allerdings fehlen entsprechende Textilien aus dieser Zeit, um die Annahme zu bestätigen.

Bild 2.37 zeigt das Grundprinzip des Brettchenwebens. Die Fachbildung erfolgt mithilfe von quadratischen Täfelchen aus Knochen oder Holz, die in jeder Ecke ein Loch aufweisen. Dort wird jeweils ein Kettfaden durchgezogen. So entsteht das Webfach, in das der Schussfaden eingetragen wird. Durch eine Vierteldrehung des Täfelchens werden die Kettfäden anschließend nach unten bzw. oben bewegt, und es entsteht ein neues Fach, in das der nächste Schuss eingetragen wird.

Die Kettfäden werden bei diesem Verfahren sehr dicht nebeneinander angeordnet, sodass der Schussfaden nicht zu sehen ist (Bild 2.38).

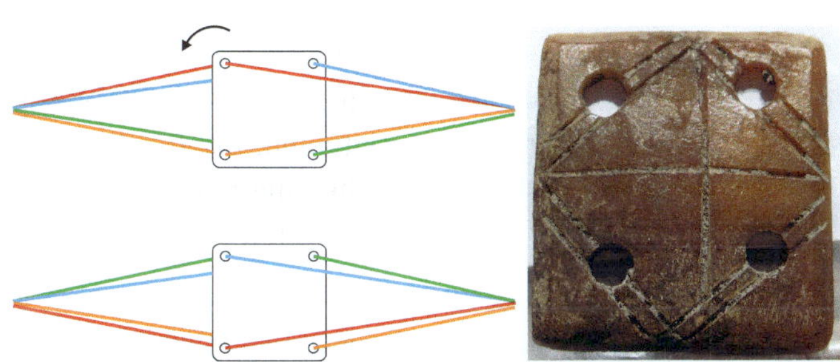

**Bild 2.37** Prinzip der Fachbildung und Musterung beim Brettchenweben (links) und Brettchen (rechts, Mößbauer, 2006)

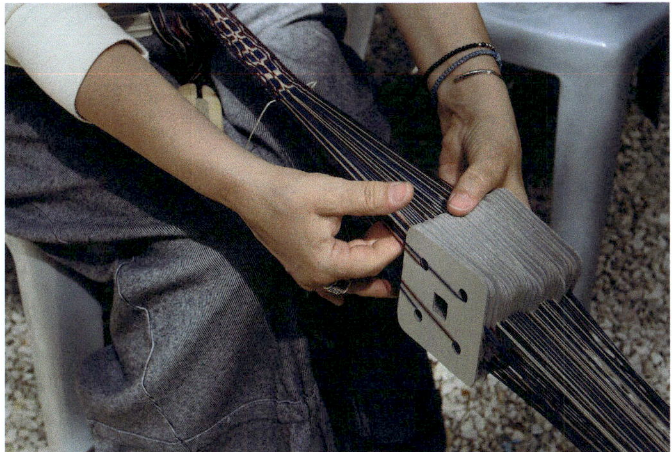

**Bild 2.38** Herstellung eines Brettchengewebes (Tsourinaki, 2020)

Mit einer großen Anzahl von Brettchen können sehr komplexe Muster erzeugt werden. Weil durch die Drehung der Brettchen die Kettfäden verdreht werden, sollte die Drehrichtung regelmäßig geändert werden, um ein Kringeln zu vermeiden. Durch diese Notwendigkeit entstehen die typischen Muster, deren Aufbau sich regelmäßig um 180° ändert (Bild 2.39).

**Bild 2.39** Typische Muster von Brettchengeweben

Beim Brettchenweben werden außer den Brettchen und einem Stock, um den die Kettfäden gewickelt werden, sowie einer Garnspule für den Schuss, keine weiteren Hilfsmittel benötigt (Bild 2.40). Das gesamte Gerät ist leicht transportabel und kann überallhin mitgenommen werden.

**Bild 2.40** Brettchenweben nach (Salvor, 2014)

Dieses Verfahren wurde in nahezu allen Teilen der Welt eingesetzt und wird bis heute verwendet.

Bandgewebe können alternativ mit schmalen Webrahmen erzeugt werden, wie sie im nächsten Kapitel vorgestellt werden. Es ist aber unklar, ob dies schon im Neolithikum erfolgte.

## 2.5.2 Flächige Gewebe

Für die Herstellung flächiger Gewebe sind komplexere Geräte erforderlich als beim Brettchenweben. Die ältesten Funde von flächigen Geweben stammen aus der Zeit um 7000 v. Chr. aus Catal Hüyük in der Türkei. Es ist allerdings unklar, wie sie erzeugt wurden. Vieles spricht für einen horizontalen Webrahmen, allerdings gibt es Hinweise, dass schon einfache vertikale Gewichtswebrahmen existierten. In einer Siedlung in Jarmi (Irak) wurden aus derselben Zeit Abdrücke von Textilien in Tonstücken gefunden. Dabei handelt es sich um Gewebe in Leinwand- bzw. Panamabindung (je zwei Kett- und Schussfäden nebeneinander). Letztere Bindungsart wurde in vielen unterschiedlichen Regionen „erfunden" und häufig als Musterungselement verwendet (Bild 2.41).

**Bild 2.41** Abdrücke von Geweben in Leinwandbindung (links) und Panamabindung (rechts), ca. 7000 v. Chr., Jarmi (Irak)

### 2.5.2.1 Horizontaler Webrahmen

Beim horizontalen Webrahmen, der mit seiner Lage dem Brettchenweben ähnelt und möglicherweise daraus entstanden ist, werden bei schmalen Ausführungen (60–90 cm) die Kettfäden um die webende Person geschlungen und so eine mehr oder weniger definierte Fadenspannung erzeugt (Bild 2.42). Er wird als Gurt- oder Rückenwebstuhl bezeichnet. In China ist diese Technik seit dem 3. Jt. v. Chr. nachgewiesen. Auch in Südamerika war sie in Gebrauch, wie Funde aus der Zeit um 1800 v. Chr. in Huaca Prieta (Peru) zeigen. Die Beduinen der Sahara verwendeten im 20. Jh. horizontale Webrahmen mit einer Gewebelänge von bis zu 8 m (Crawfoot, 1937), was im Freien problemlos möglich ist, solange es nicht regnet. Ob solche Längen schon im Neolithikum erreicht wurden, ist nicht bekannt, aber durchaus denkbar.

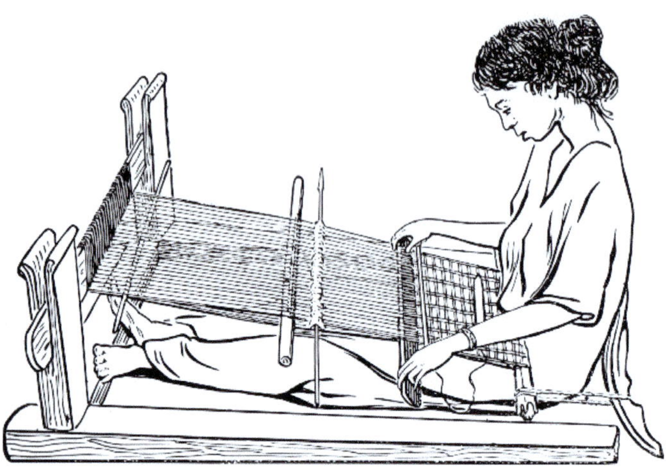

**Bild 2.42** Horizontaler Webrahmen (WWW, 2021)

Der sogenannte Trennstab teilt die Kettfäden in zwei Gruppen. Bei der Fachbildung mit Litzenstab wird durch Anheben des Stabes eine Hälfte der Kettfäden nach oben bewegt, wodurch sich das Fach bildet, in das der Schussfaden eingetragen wird. Der Webkamm ist eine stabilere Version des Litzenstabes, das Funktionsprinzip ist ansonsten identisch (Bild 2.43). Die dargestellte Fachbildeeinheit ist für Leinwandbindung geeignet, d. h., die Kettfäden liegen abwechselnd ober- oder unterhalb des Schussfadens. Für komplexere Bindungen werden entsprechend mehrere Litzenstäbe oder Webkämme benötigt.

**Bild 2.43** Fachbildung mit Litzenstab (links) und Webkamm (rechts) nach (Grömer, 2010)

Um beide Hände für den Eintrag des Schussfadens frei zu haben, konnte der Litzenstab auf zwei Stützen abgelegt werden (Bild 2.44).

Dieses Verfahren war vermutlich weit verbreitet, auch wenn konkrete Funde solcher Webgeräte selten sind, weil sie aus Holz hergestellt waren und entsprechend meist nur in wenigen Resten erhalten sind. Eine der ältesten Darstellungen zeigt die Schale in Bild 2.45. Neben den beiden Rollen, die die Kettfäden spannen, sind Litzen- und Trennstab gezeigt sowie möglicherweise ein Stab für den Eintrag des Schussfadens.

In Bild 2.46 ist ein horizontaler Webrahmen in einer Umzeichnung einer Wandmalerei dargestellt. Gut zu erkennen sind das Leinwandmuster des Gewebes sowie die Fransen zu beiden Seiten.

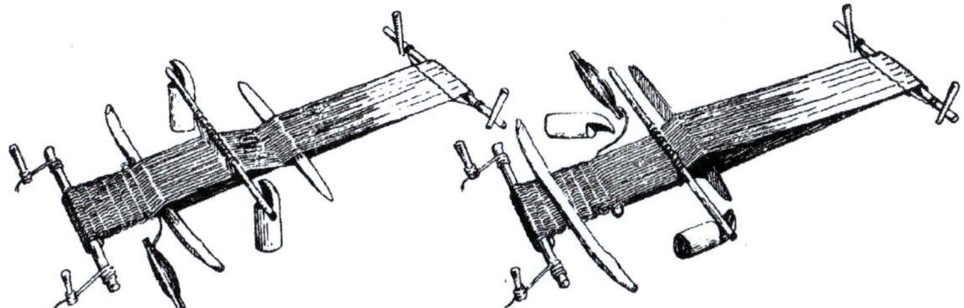

**Bild 2.44** Fachbildung mit Litzenstab beim horizontalen Webrahmen (Winlock, 1922)

**Bild 2.45** Darstellung eines horizontalen Webrahmens, ca. 3600 v. Chr., aus Badari (Foto: Markus Veit)

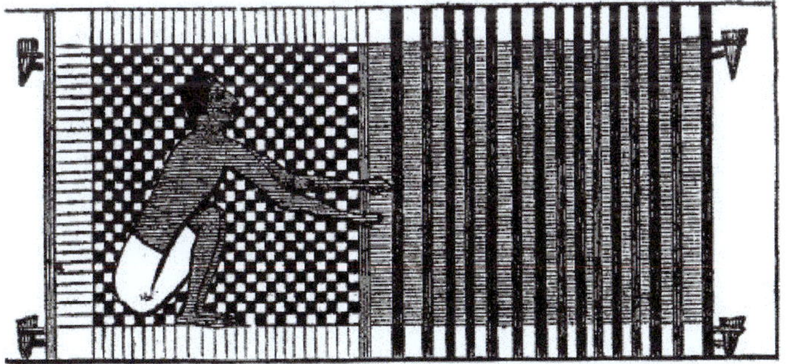

**Bild 2.46** Horizontaler Webrahmen in Ägypten (Wilkinson, 1887)

Im Grab des hohen ägyptischen Beamten Meketre (ca. 2000 v. Chr.) wurden Modelle typischer damaliger Werkstätten gefunden, u.a. von einer Weberei (Bild 2.47). Die Garnherstellung erfolgte direkt neben dem Webrahmen, war also in damaligen Betrieben wohl unter einem Dach, wenigstens bei der „industriellen“ Herstellung von Geweben. Gleiches gilt für die Herstellung der „Kette“.

**Bild 2.47** Webereiwerkstatt im Grab des Meketre (Soutekh, 2014)

In Bild 2.48 ist die arbeitsteilige industrielle Gewebeherstellung dargestellt. Rechts erzeugt ein stehender Mann mit einer Handspindel einen Zwirn für die Kettfäden, links daneben auf dem Boden sitzend stellt eine Frau mit der Spleißtechnik den Schussfaden her. Links ist ein horizontaler Webrahmen dargestellt, an dem zwei Weberinnen gleichzeitig arbeiten. Die Kettfäden sind jeweils an Stöcken befestigt und stehen so unter Spannung. Während eine Weberin den Schussfaden einträgt, schlägt die andere den gerade eingetragenen Faden an das Gewebe an. Dass es sich um einen horizontalen Webrahmen handelt, ist daran erkennbar, dass sowohl ein Gestell, das den „oberen" Gewebebaum tragen könnte, als auch Webgewichte zum Spannen der Kettfäden fehlen. Ägyptische Künstler dieser Zeit konnten noch nicht perspektivisch zeichnen, daher ist die Darstellung für unsere Augen irreführend. In der Mitte der Szene steht der Aufseher, dessen Leibesfülle vom Künstler besonders betont wird.

**Bild 2.48** Horizontaler Webrahmen aus Ägypten, ca. 1900 v. Chr. (de Garis Davies, 1930)

Horizontale Gewichtswebrahmen wurden in Ägypten, Mesopotamien und angrenzenden Gebieten noch lange eingesetzt. In Europa waren sie vermutlich unbekannt, weil entsprechende Funde fehlen. Dies könnte allerdings auch daran liegen, dass das rein organische Material sich nicht erhalten hat, aus dem sie aufgebaut waren.

#### 2.5.2.2 Vertikaler Webrahmen (Gewichtswebrahmen)

Eine Weiterentwicklung ist der vertikale Webrahmen in Bild 2.49 in einer späteren Darstellung. Dabei werden die Kettfäden oben an einem Stab befestigt und hängen senkrecht nach unten. An einer Schar von Kettfäden (10–15) wird jeweils ein Webgewicht befestigt, meist aus Stein oder Ton, sodass die Fäden unter Spannung stehen. Die Webgewichte für die Verarbeitung von Flachs (30–40 g pro Faden bzw. insgesamt meist 500 g–2 kg) waren wesentlich schwerer als die für Wolle (10–20 g), weil Wollgarne eine geringere Festigkeit besitzen und bei zu hoher Belastung reißen (Grömer, 2010).

Eine der ältesten Darstellungen eines Gewichtswebstuhls ist auf einer Scherbe aus Dunartepe (Türkei) zu sehen (Bild 2.50). Neben den Webgewichten ist die Fachbildeeinheit abgebildet. Die Schraffuren im Gewebe sind wohl dekorativ und deuten keine Köperbindung an, die damals noch unbekannt war. Funde von möglichen Webgewichten in Catal Hüyük aus der Zeit von ca. 7000 v. Chr. sind ein Indiz für die lange Tradition, die dieses Webgerät dort hat. Allerdings ist ihre Deutung als Webgewichte umstritten.

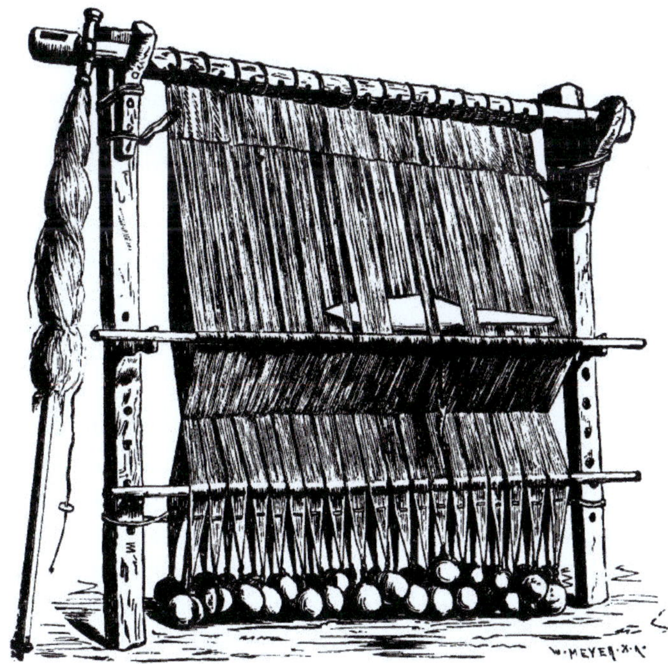

**Bild 2.49** Vertikaler Gewichtswebstuhl aus Skandinavien aus dem Mittelalter (Montelius, 1888)

**Bild 2.50** Darstellung eines Gewichtswebstuhls auf einer Tonscherbe, ca. 3000 v. Chr.

Den Ablauf der Fachbildung in einem vertikalen Webrahmen mithilfe eines Litzenstabes zeigt Bild 2.51. Dabei ist die Hälfte der Kettfäden mit Schnüren mit dem Litzenstab verbunden. Liegt der Litzenstab in der Kehle des Webrahmengestells, so wird das erste Fach gebildet. Weil es sich automatisch durch die Schrägstellung des Webrahmens ergibt, wird es „natürliches Fach" genannt. Wird der Litzenstab vom Webrahmen weggezogen, so werden die hinteren Kettfäden nach vorne gezogen, und es entsteht das zweite Fach („künstliches Fach"). Auf diese einfache Weise können mit einem Litzenstab Gewebe in Leinwand- und mit zwei oder drei Litzenstäben entsprechend in Köperbindung hergestellt werden (vgl. Bild 2.55).

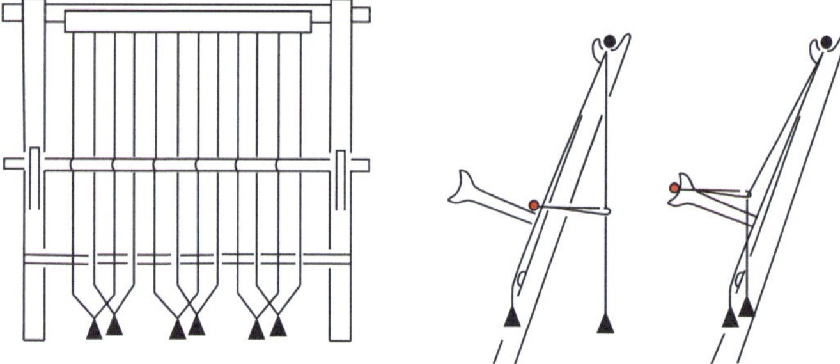

**Bild 2.51** Fachbildung mit Litzenstab am Beispiel des Vertikal-Webrahmens nach (Wild, 1988)

Der Schuss wird entweder mit einer länglichen Spule oder mithilfe eines gekerbten Stabes eingetragen, wie viele bildliche Darstellungen aus späterer Zeit zeigen. Nach dem Eintrag des Schussfadens wird dieser entweder mit der Hand an den Geweberand gedrückt, wodurch weiche und locker aufgebaute Gewebe entstehen, oder er wird mit einem sogenannten Webschwert (aus Holz) kraftvoll an das bereits gebildete Gewebe angeschlagen. So entstehen feste Stoffe mit hoher Schussfadendichte. Durch die Bauart bedingt entspricht die Länge des Gewebes der Höhe des Webrahmens. Kettbäume, auf die die Kettfäden aufgewickelt werden, waren im Neolithikum noch unbekannt. Experimente zeigen, dass je nach Kettfadendichte rund 5–10 cm Gewebe pro Stunde hergestellt werden konnten.

Der Anfang eines solchen Gewebes wurde häufig als Brettchengewebe gestaltet Dabei dienten die späteren Kettfäden im Brettchengewebe als Schussfäden. So ergab sich gleichzeitig eine dekorative Kante im flächigen Gewebe. Am Ende des Webvorgangs wurden die überhängenden Kettfäden oft verflochten oder miteinander verzwirnt, damit sich das Textil später nicht aufribbelt.

### 2.5.2.3 Vertikaler Zweibaumwebstuhl

Wie Bild 2.52 zeigt, wurden in Ägypten neben den weit verbreiteten horizontalen Bauformen auch vertikale Webrahmen eingesetzt. Das hier dargestellte Beispiel links hat eine Breite von ca. 3 m und ist damit wesentlich breiter als konventionelle Webrahmen. Daher sind zwei Weber erforderlich, um ihn zu bedienen. Offenbar wurden in Ägypten sowohl Garne als auch Gewebe von Frauen und von Männern hergestellt, eine eindeutige Geschlechterzuordnung gab es, im Gegensatz zu späteren Zeiten, noch nicht. Einer weit verbreiteten Theorie zufolge wurden in Ägypten zu dieser Zeit Gewebe oft von Männern hergestellt, weil es sich bei den vertikalen Zweibaumwebstühlen um eine neue Technologie gehandelt habe und solche technischen Innovationen oft zuerst von Männern ausprobiert wurden. Dem steht entgegen, dass viele textiltechnische Erfindungen vermutlich von Frauen gemacht wurden, insbesondere im Bereich der Spinnerei, weil die Garnherstellung vor allem von Frauen durchgeführt wurde. Sie waren also genauso „innovativ" wie die Männer.

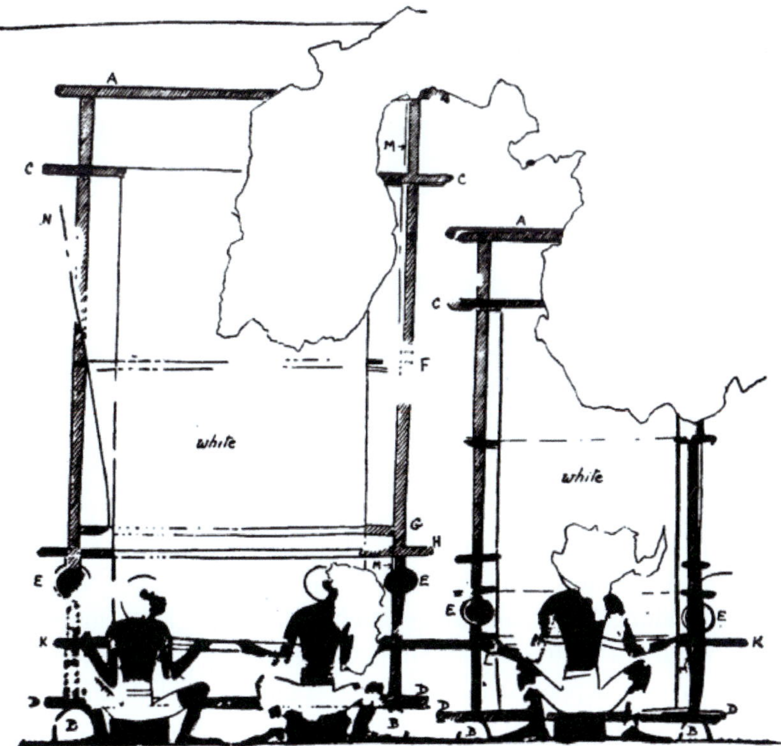


**Bild 2.52** Vertikaler Webrahmen aus dem Grab von Thot-Nefer, ca. 1425 v. Chr.

Die Kettfäden für Zweibaumwebstühle waren mindestens doppelt so lang, wie der Webrahmen hoch war, entsprechend komplizierter war die Herstellung der Kette, die viel Geschick erforderte. In Bild 2.53 ist neben der Garnproduktion (Mitte links) die Herstellung einer Kettfadenschar (Mitte rechts) dargestellt. Zwei Frauen erzeugen die Kette mithilfe einer Vorrichtung, die an der Wand befestigt ist. Im unteren Bildteil wird die Kette in den Webrahmen eingezogen. Links unten stellt eine Arbeiterin aus mehreren Garnen, die sie aus einem Gatter abzieht, ein Seil her.

**Bild 2.53** Darstellung von Textilherstellung im Grab von Djehutihetep (ca. 1900 v. Chr.)

Solche Webstühle standen auch in den Häusern hoher Beamter, wie das Wandbild im Grab des Djehutynefer zeigt (Bild 2.54). Dort arbeiten mehrere Weber im Keller des Hauses, direkt daneben wird Garn gesponnen.

### 2.5.2.4 Musterung

Bild 2.55 zeigt die drei Grundbindungen, die mit dieser Technik hergestellt werden können. Im Neolithikum waren fast nur Leinwand- und Panamabindung üblich, einzelne Funde zeigen auch Köperbindung. Es gab allerdings bereits schuss- und kettbetonte leinwandartige Bindungen, wenn die Schuss- bzw. Kettfäden deutlich dicker waren als das jeweils andere Fadensystem oder doppelt so oft vorhanden (Halb-Panamabindung). Auch wurden durch den gezielten Einsatz von S- und Z-gedrehten Garnen besondere optische Effekte erzielt. Dabei wurden z. B. die Kettgarne S- und die Schussgarne Z-gedreht (oder andersherum) oder abwechselnd S- bzw. Z-gedrehte Kett- bzw. Schussgarne eingesetzt. Durch solche Kombinationen und Variationen konnten komplexe Musterungen erzeugt werden. Wie entsprechende Funde zeigen, ist die Köperbindung seit dem 4. Jt. v.Chr. in der Türkei (Alishar) bekannt und seit dem 3. Jt. v. Chr. in Georgien (Martkopi) in Gebrauch. Da sie schon in der Korbflechterei gängig war, ist anzunehmen, dass sie für Gewebe unabhängig voneinander in verschiedenen Regionen entwickelt wurde. Die früher geäußerte Annahme, sie wäre in Hallstatt (Österreich) von den Kelten erfunden worden, ist nicht mehr haltbar. Die in Bild 2.55 (rechts) gezeigte Atlasbindung ist aus dem Neolithikum bisher nicht bekannt und hier nur der Vollständigkeit halber abgebildet.

**Bild 2.54** Darstellung eines ägyptischen Haushalts um 1425 v. Chr. im Grab des Djehutynefer

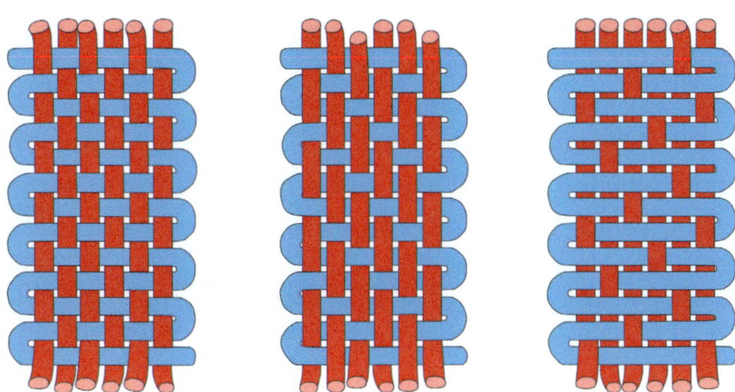

**Bild 2.55** Grundbindungen (von links: Leinwand, kettbetonter Köper, schussbetonter Atlas)

#### 2.5.2.5 Ursprung und Verbreitung

Es wird allgemein angenommen, dass sowohl der horizontale als auch der vertikale Webrahmen aus dem um den Bauch geschlungenen Webgestell entstanden sind (Bild 2.42). In Europa dominierte dabei der vertikale Webrahmen, u. a. weil er nach dem Weben platzsparend an die Wand gestellt werden konnte. Zahlreiche Funde von Webgewichten aller Art bestätigen dies. In Ägypten und anderen warmen Ländern dagegen war der horizontale Webrahmen vorherrschend, weil aufgrund des trockenen Klimas draußen und in Gesellschaft gewebt werden konnte, wo mehr Platz vorhanden war als in einer Hütte. Zahlreiche Funde von breiten Geweben bei gleichzeitiger Abwesenheit von Webgewichten im Fundmaterial scheinen dies zu belegen. In Anatolien und der Levante wurden beide Techniken parallel verwendet. Deshalb nehmen einige Forscher an, dass die beiden Techniken hier entwickelt wurden und sich danach verbreitet hätten. Dagegen spricht, dass die ältesten Funde von Webgewichten aus dem mittleren Donauraum stammen. Beide Webtechniken waren bis ins Mittelalter nahezu unverändert und weltweit in Gebrauch.

### 2.5.3 Textilproduktion und Produktivität

Im Neolithikum wurde die Textilherstellung vermutlich vor allem von Frauen durchgeführt. So gibt es zahlreiche Abbildungen von spinnenden Frauen in vielen Kulturkreisen. In ägyptischen Grabmalereien sind oft weitere Prozessstufen der Textilerzeugung dargestellt. Die Vorbereitung des Fasermaterials, meistens Flachs, wurde danach von Frauen erledigt. Die große Mehrheit der Darstellungen sowohl bei der Garn- als auch bei der Gewebeherstellung zeigt weibliche Arbeitskräfte, nur vereinzelt sind Männer beim Spinnen zu sehen; wobei angenommen wird, dass sie kein Garn, sondern Zwirne oder Seile herstellen, weil bei solchen Darstellungen Webrahmen meist fehlen (Barber, 1991). Häufig werden mehrere Arbeiterinnen zusammen mit einem Aufseher oder – seltener – einer Aufseherin dargestellt. Während die Herstellung von Geweben für Bekleidung fast immer Frauen durchführten, wurden Matten und Netze (z. B. für den Fischfang) von Männern hergestellt, wie die Darstellung im Grab des Khety zeigt (Bild 2.56). Gleiches gilt zum Teil. für besonders große und feine Gewebe für den Pharao, die offenbar ebenfalls meist von Männern produziert wurden. Das Waschen des fertigen Textils war ebenfalls Männersache. In vielen Bildern in ägyptischen Gräbern erfolgt die Textilherstellung „unter einem Dach“, man kann also schon von Textilbetrieben sprechen. Allerdings ist kein größerer Handel mit ägyptischen Textilien aus dieser Zeit bekannt. Im frühen Griechenland scheint es ein ähnliches arbeitsteiliges System gegeben zu haben, wobei als „Verleger“, also Organisator aller Arbeitsschritte, meist der königliche Hof auftrat.

**Bild 2.56** Arbeitsteilige Herstellung von Textilien, ca. 2000 v. Chr., im Grab von Khety

In Mesopotamien gab es schon im 2. Jt. v. Chr. eine entsprechend organisierte Gewebeherstellung. So wird z. B. in neusumerischen Texten von Webereien berichtet, in denen unter der Aufsicht von sieben bis acht Männern zwischen 74 und 406 Weberinnen arbeiteten, meist Kriegsgefangene und Sklavinnen (Müller, 1997).

Aus dem frühen 2. Jt. v. Chr. sind Briefwechsel zwischen assyrischen Händlern in Anatolien und ihren Familien bekannt (Veenhof, 1972). Danach wurden dort Textilien offenbar ausschließlich von Frauen in Heimarbeit erzeugt, sowohl für den eigenen Gebrauch als auch für den Export, wenn dafür noch Zeit war. Von den Frauen der Händler wurden oft entweder lokal weitere Stoffe erworben oder diese, eventuell von Sklaven, im eigenen Produktionsbetrieb hergestellt. Die Textilien wurden offenbar komplett, angefangen vom Rohmaterial bis zur fertigen Ware, erzeugt. Die dazu erforderliche Wolle wurde zum Teil auch aus Anatolien eingeführt, wenn lokal nicht genug vorhanden war. Offenbar waren die Ehemänner und Brüder dieser Frauen nicht automatisch die Besitzer der Stoffe, denn die Frauen erwarteten eine Bezahlung und beschwerten sich, wenn sie nicht pünktlich erfolgte (Barber, 1991). Ab dieser Zeit scheint es somit einen ausgeprägten Handel mit feinen Stoffen, vermutlich aus Wolle, gegeben zu haben.

Die Textilherstellung erfolgte somit fast immer nahezu komplett durch Frauen, weil die Betreuung der Kinder in allen Kulturen in Frauenhand lag. Daher konnten diese nur Tätigkeiten durchführen, die sowohl zu Hause als auch gefahrlos bei Anwesenheit von Kindern erledigt werden konnten. Gleichzeitig konnten das Spinnen und Weben kurzzeitig unterbrochen und danach wiederaufgenommen werden. Die Männer beschäftigten sich dagegen mit Tätigkeiten, die entweder nur außer Haus (z. B. Fischen und Jagen) oder unter größeren Gefahren möglich waren. Die Herstellung von Textilien war also eine typische Tätigkeit für Frauen, was sich in den Grabbeigaben (Spinnwirtel) widerspiegelt.

Eine Ausnahme bilden männliche Weber, die besonders komplexe und wertvolle Stoffe als Handwerker herstellten. Dies ist in vielen Kulturen, z. B. bei den Ägyptern, zu beobachten und zieht sich bis ins Altertum, wo in Griechenland vereinzelt männliche Weber auf bildlichen Darstellungen auftauchen.

Das Weben mit dem Webrahmen war, verglichen mit späteren Webmaschinen, langsam und umständlich. Dennoch war die Produktivität recht hoch, wie das folgende Rechenbeispiel zeigt:

Für das in Bild 2.13 dargestellte Hemd aus Ägypten werden bei einer Länge von 100 cm und einer Breite von 50 cm insgesamt 2 × 0,5 m² Gewebe benötigt (Vorder- und Rückseite). Bei einer angenommenen Kett- und Schussfadendichte von je 45 Fäden/cm werden 4750 m Garn (inklusive Einarbeitung von 5 %) benötigt. Die Spinndauer beträgt bei 120 m/h ca. 40 Stunden und die Webdauer bei rund zwei Schusseinträgen pro Minute ca. 20 Stunden. Somit konnte ein solches Hemd in 60 Stunden (zuzüglich Konfektions- und Nähzeit), also in rund einer Woche, hergestellt werden. Nicht alle Gewebe waren so fein, es gibt auch Funde deutlich gröberer Stoffe mit Fadendichten im Bereich von 15–20/cm.

Bei sehr feinen Geweben betrug die Fadendichte 60/cm und in Ausnahmefällen sogar noch mehr (Cooke et al., 1991). Im Grab des ägyptischen Wesirs Hemaka aus der 1. Dynastie (ca. 2900 v. Chr.) wurden Gewebe mit 64 Kett- und 48 Schussfäden pro Zentimeter gefunden. Entsprechend länger dauerte ihre Herstellung. Zum Vergleich: Feine Hemdenstoffe weisen heute ca. 60 Fäden/cm auf.

Gelegentlich werden in Publikationen Fadendichten von 100/cm und mehr genannt. Das entspräche Garndicken von ca. 100 μm. Wollfasern sind bereits mindestens 30 μm dick, und Garne bestehen aus mindestens sechzig Fasern. Damit sind solche Fadendichten technisch mit Garnen aus Naturfasern nicht möglich und unsinnig.

## 2.6 Farbstoffe

Die Kleidung in Ägypten und anderen Ländern des Nahen Ostens war häufig ungefärbt, weil Leinengewebe eine natürlich helle Farbe besitzen, die die Sonneneinstrahlung gut reflektiert und so für Kühlung sorgt. Insbesondere die bäuerliche Landbevölkerung trug solche Stoffe, wie zahlreiche Wandmalereien zeigen.

Es gab aber, wie z. B. die Wandmalereien in den Tempeln und reichen Gräbern Ägyptens eindrucksvoll zeigen, auch bunte Textilien aus Flachs bzw. Leinen u. a. in Rot-, Gelb- und Blautönen. So wurde z. B. in Ägypten in der 18. Dynastie (ca. 1300 v. Chr.) mit Krapp rot gefärbt, wie Funde entsprechender Textilien im Grab von Pharao Tutanchamun zeigen. Dabei wurden die Fasern mit Alaun vorgebeizt, sodass die Färbung dauerhafter („echter") war.

Es ist anzunehmen, dass es Kleidung aus Wolle in unterschiedlichen Farbtönen entsprechend der Färbung der Schafe gab. Da sich braune und schwarze Wolle nicht färben lassen, ist dies sehr wahrscheinlich. Weiße Wolle war sehr begehrt, weil sie gefärbt werden konnte. Welche Farbstoffe dazu in dieser Zeit verwendet wurden, ist aber nicht bekannt.

Die meisten ursprünglich gefärbten Textilien haben im Laufe der Zeit ihre Farbigkeit verloren und erscheinen uns heute vor allem in verschiedenen Brauntönen. Dies entspricht aber nicht ihrem Erscheinungsbild zur damaligen Zeit, die viel bunter war, als wir es uns heute vorstellen.

## ■ 2.7 Mode

Eine ausführliche Darstellung der bis 1990 gemachten Funde von Textilien aus dem Neolithikum gibt (Barber, 1991). Im Folgenden wird die Mode der damaligen Zeit an ausgewählten Beispielen illustriert. Aufgrund der Erhaltungsbedingungen wurden bisher in Europa keine direkten Nachweise farbiger Textilien aus der Zeit des frühen und mittleren Neolithikums gefunden. Dies bedeutet aber nicht, dass es keine gefärbten Stoffe gab. Sicher nachweisen lassen sich farbige Textilien erst ab ca. 2000 v. Chr.

### 2.7.1 Europa

Die meisten Textilien aus dem Neolithikum sind in Europa, wegen der feuchten Umgebung, die einen Zerfall verhinderte, in Pfahlbausiedlungen erhalten (Bild 2.57). Dazu zählen vor allem die in Süddeutschland und der Schweiz sowie in Norditalien. Die Textilien bestanden in der Regel aus Bastfasern, meistens Flachs. In der frühen Bronzezeit dominierte die Leinwandbindung, später wurden vermehrt Stoffe in Köperbindung hergestellt. Typische Fadenfeinheiten lagen bei 0,3–0,8 mm.

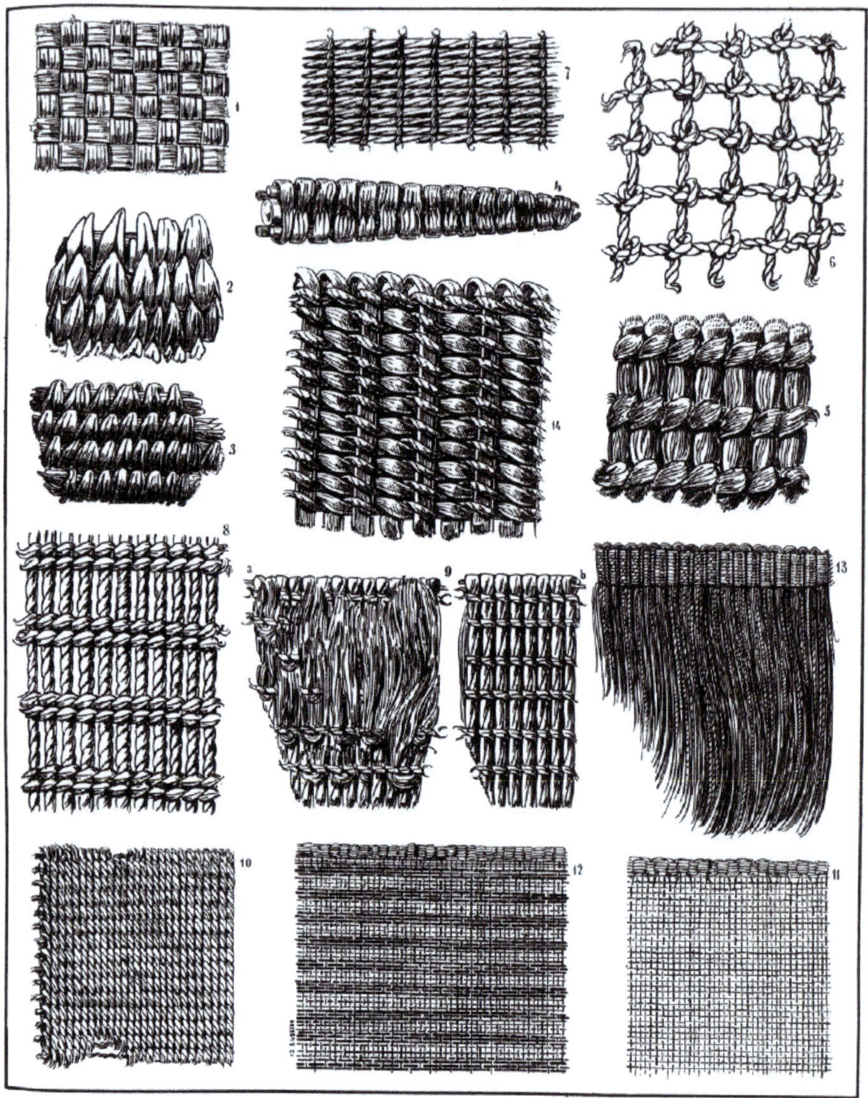

**Bild 2.57** Textilien aus der Pfahlbausiedlung von Wetzikon-Robenhausen (Keller, 1860)

Über die Musterung der Textilien kann meist nur spekuliert werden. (Sarri und Mokdad, 2017) weisen an zahlreichen Beispielen nach, dass die Dekoration von Keramikgefäßen textilen Mustern entsprechen könnte. Dies würde das Spektrum an möglichen Mustern erheblich erweitern, weil die meisten neolithischen Textilien nur in geringen Resten überliefert sind. Bild 2.58 zeigt typische Beispiele.

**Bild 2.58** Dekorationen auf Keramik und gewebte Textilmuster (Sarri und Mokdad, 2017)

Auf den anthropomorphen Stelen von Petit-Chasseur (Sion) aus der Mitte des 3. Jt. v. Chr. sind u.a. Gewebe mit Rhombenmuster zu erkennen in Kombination mit einem Gürtel (Bild 2.59).

**Bild 2.59** Anthropomorphe Stelen von Petit-Chasseur mit Rhombenmuster (Wiki, 2010a; Wiki, 2010b)

(Lillios, 2004) zeigt an zahlreichen Beispielen von figurativen Steinplättchen aus Spanien aus dem frühen 3. Jt. v. Chr. die Vielfalt der textilen Muster typischer Bekleidung. Funde von Zinnoberresten in Gräbern aus der gleichen Zeit in Spanien zeigen, dass Textilien zu dieser Zeit bereits gefärbt wurden (Gleba et al., 2021).

In den kälteren Gebieten Nordeuropas wurden vor allem Textilien aus Wolle getragen, von denen aber keine bildlichen Darstellungen überliefert sind. Auch Bekleidung aus Tierfellen und -häuten war verbreitet, wie die Ausrüstung der Gletschermumie Ötzi zeigt.

### 2.7.2 Orient und Naher Osten

Bild 2.60 zeigt die typische Kleidung der Nachbarvölker Ägyptens in einem Wandgemälde des Pharao Snofru (ca. 2600 v. Chr.). Offensichtlich bestehen die Textilien aus Flachs, die Farbe Weiß dominiert, wie das häufig bei den Ägyptern der Fall ist.

**Bild 2.60** Kleidung der Nachbarvölker Ägyptens, 3. Jt. v. Chr. (Ratzel, 1885)

Auf seiner Alabasterstatue trägt der Vorsteher Ebih-Il aus dem heutigen Syrien einen Rock aus Wolle, der vermutlich mit Federn verziert ist (Bild 2.61, links). Im rechten Bild ist ein Priesterkönig aus dem Industal dargestellt, der eine reich verzierte Robe trägt. Auch lange Mäntel sind bekannt. Ab dem 2. Jt. wurde ein Hemdgewand populär, das sogenannte Kthoneth, das von Frauen und Männern gleichermaßen getragen wurde. Es war der Vorläufer des griechischen Chitons.

In Ägypten wurden wegen des warmen Klimas vor allem robuste weiße Leinenstoffe getragen (Bild 2.62). Diese haben durch den inneren Aufbau der Flachsfasern einen kühlenden Effekt, der auch heute noch für Sommerkleidung genutzt wird. Für Männer war rockartige Kleidung typisch, manchmal in Kombination mit einer sackartigen Tunika, und für Frauen waren es Kleider. Plissierungen waren ab dem neuen Reich üblich.

Wie fein diese Gewebe teilweise waren, zeigt Bild 2.63, wo die Körperkonturen der Musikantinnen deutlich zu erkennen sind, weil die Stoffe nahezu durchsichtig sein konnten. Wohlhabende Ägypter trugen gefärbte Kleidung, beliebt waren Gelb- und Blautöne. Von diesen Textilien sind immer noch bedeutende Reste erhalten. Das älteste bedruckte Textil der Welt stammt aus Gebelein (Ägypten) und wird in die Zeit um 3600 v. Chr. datiert. Es ist ca. 2 × 1 m groß und zeigt Schiffe und Tänzer (Leeman, 2005).

Vom alten bis zum mittleren Reich war der Wickelrock (Bild 2.64) sehr beliebt. Er wurde sowohl von Frauen als auch von Männern und ohne Unterwäsche getragen.

**Bild 2.61** Statue von Ebih-Il (links), ca. 2500 v. Chr. (Yastrow, 2011) und eines Priesterkönigs, ca. 2000 v. Chr. (Mengal, 2006)

**Bild 2.62** Ägypter bei der Ernte aus dem Grab des Nacht, ca. 1400 v. Chr. (Wiki, 2005b)

**Bild 2.63** Musizierende Tänzerinnen mit feiner Kleidung (Ketrin, 2012)

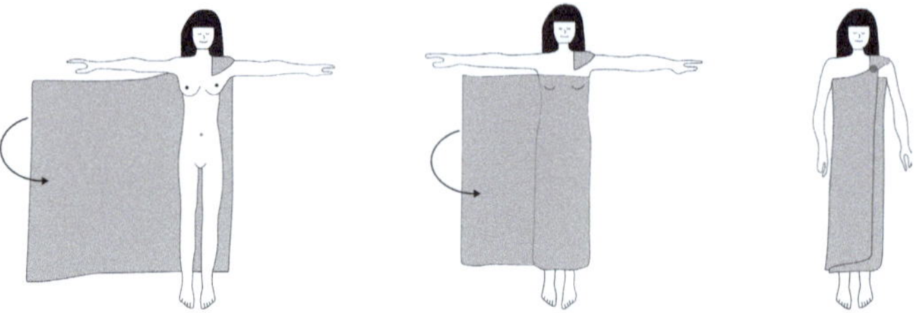

**Bild 2.64** Anlegen eines Wickelrocks nach (Vogelsang-Eastwood, 1993)

Bild 2.65 zeigt eine ägyptische Robe aus Leinen, die nach rund viertausend Jahren immer noch ihre plissierten Falten bewahrt hat, sowie Priestergewänder aus der Zeit um 650 v. Chr. mit Borten, die mit Indigo gefärbt sind.

**Bild 2.65** Plissierte Robe aus dem 2. Jt. v. Chr. aus Assiut (links) und Priestergewänder aus Leinen (rechts) mit indigogefärbten Borten (650 v. Chr.) (Fotos: Markus Veit)

Eine umfassende Übersicht zu den Faserstoffen und Textilien in Ägypten gibt (Spinazzi-Lucchesi, 2018). In (Yenişehirlioğlu et al., 2018) findet sich eine entsprechende Darstellung für Anatolien und den Nahen Osten.

## ■ 2.8 Technische Textilien

Die ersten technischen Textilien waren wahrscheinlich Geflechte, z. B. Seile, Körbe und Kopfbedeckungen. Die vermutlich älteste Darstellung eines geflochtenen Seils ist eine paläo- oder mesolithische Höhlenmalerei in Spanien, die eine Person zeigt, die sich an einer steilen Felswand abseilt, um ein Bienennest zu plündern (Bild 2.66).

**Bild 2.66** Älteste Darstellung eines Seils auf einer neolithischen Höhlenmalerei in Spanien nach (Gilbert, 1954)

In Tell Halula (Syrien) wurden Reste von Geflechten aus der Mitte des 8. Jt. v. Chr. gefunden. Die Fäden waren dabei vor dem Flechten verzwirnt worden (Bild 2.67). Aus Finnland (Korpilathi) sind geflochtene Netze aus dieser Zeit bekannt. Weitere Geflechtfunde aus China, z. B. Schilfmatten aus der Zeit um 4300 v. Chr., und Indien zeigen die weite Verbreitung dieser Technik. Oft gibt es auch Abdrücke von Geflechten auf Keramik. Entweder dienten diese als Verzierung, oder die Gefäße wurden vor dem Brennen auf Flechtmatten abgestellt, wodurch die Abdrücke entstanden.

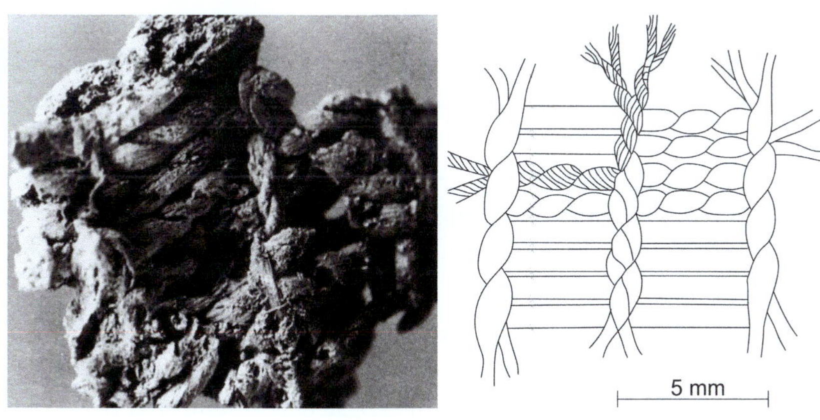


**Bild 2.67** Geflechtreste vom Tell Halula, ca. 7500 v. Chr. (Alfaro Giner, 2012)

Mehr als fünftausend Jahre alt sind geflochtene Körbe aus Espartogras, die in der Höhle Cueva de los Murciélagos in Spanien gefunden wurden. Dort wurden geflochtene Sandalen aus dieser Zeit entdeckt. Die geflochtenen Körbe aus der Oase Al-Fayyum (Ägypten) dienten dem Schutz großer Glasgefäße. Ein Exemplar aus dem Neuen Reich zeigt Bild 2.68.

**Bild 2.68** Geflochtener Korb aus dem Neuen Reich, ca. 1900 v. Chr. (Daderot, 2014)

Aus dem Chicama Valley (Peru) stammen Körbe und Matten aus Schilf und Bast aus dem 3. Jt. v. Chr., und die Pfahlbauern im Bodenseeraum setzten schon zur gleichen Zeit Geflechte zum Fischfang ein.

Zwar sind die ältesten gefundenen Textilien Geflechte, dies bedeutet aber nicht, dass es zu dieser frühen Zeit keine Gewebe gab. Denn Geflechte wurden aus Bast hergestellt, der Lignin enthält, das wesentlich beständiger ist als z. B. reine Flachsgarne, aus denen Gewebe oft bestanden. Dennoch ist anzunehmen, dass zuerst Geflechte hergestellt wurden und erst danach Gewebe, weil für Erstere keine technischen Geräte notwendig waren und die Produktion jederzeit unterbrochen und an einem anderen Ort wiederaufgenommen werden konnte. Auch der römische Dichter Lukrez ist 55 v. Chr. in seinem Werk „Über die Natur der Dinge" dieser Meinung: „Kleider wurden geflochten, bevor es gewebtes Gewand gab."

Textile Strukturen wurden manchmal zur Bewehrung im Bauwesen eingesetzt. Ein typisches Beispiel ist die Zikkurat von Dur-Kurigalzu. Dort wurden beim Bau zwischen den Schichten aus Lehmziegeln Lagen von Reetgeweben eingesetzt, um die Struktur zu verstärken (Bild 2.69).

Geflochtene Seile aus Palm- oder Papyrusfasern wurden in Ägypten gefunden und datieren in das Neue Reich (ca. 1600–1000 v. Chr.). Sie bestehen oft aus drei miteinander verdrehten Strängen, die wiederum aus mehreren Garnen bestehen. Häufig sind Garn- und Seildrehung so miteinander kombiniert, dass die Fasern in Seilrichtung orientiert sind, was die Festigkeit erheblich erhöht (Bild 2.70).

Bild 2.71 zeigt die Herstellung eines Seils in einer Grabmalerei in Theben um 1450 v. Chr. Diese Art der Seilerzeugung war bis in die frühe Neuzeit in vielen Ländern verbreitet.

**Bild 2.69** Zikkurat von Dur-Kurigalzu (Irak) aus dem 14. Jh. v. Chr. (Muhammed Amin, 2011)

**Bild 2.70** Seil aus Ägypten, 1600–1000 v. Chr. (Daderot, 2011)

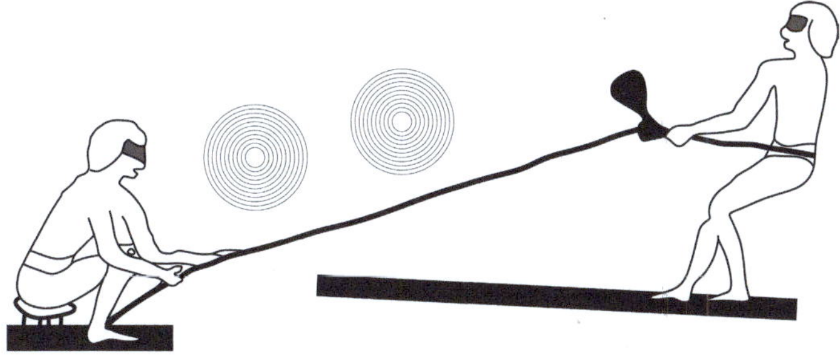

**Bild 2.71** Herstellung eines Seils um 1450 v. Chr. nach (Gilbert, 1954)

Solche Seile wurden zur Befestigung von Masten und gewebten Segeln eingesetzt, wie Bild 2.72 zeigt.

**Bild 2.72** Seile zum Spannen von Segeln und zur Befestigung des Mastes (Wiki, 2005a)

## Literatur und Bildquellen

*Adovasio, J. M., Soffer, O., Hyland, D. C., Svoboda, J., Illingsworth, J.* (2001), „Perishable industries from Dolni Vestonice I: New insights into the nature and origin of the Gravettian", Archaeology, Ethnology & Anthropology of Eurasia 2(6), Elsevier, Amsterdam, S. 48–65.

*Alfaro Giner, C.* (2012), „Textiles from the Pre-Pottery Neolithic Site of Tell Halula", Paléorient 38(1), Lyon, S. 41–54.

*Allchin, F. R.* (1969), „Early cultivated plants in India and Pakistan", in: *Ucko, P. J., Dimbleby, G. W.* (1969), The domestication and exploitation of plants and animals, Taylor and Francis, London.

Amt für Archäologie Thurgau (Schweiz), *https://archaeologie.tg.ch/*

*Andersson, J. G.* (1923), „An early Chinese culture", Bulletin of the Geological Survey of China 5, Peking, S. 1–68.

*Bar-Yosef, Ofer* (1985), A cave in the desert: Nahal Hemar. The Israel Museum, Jerusalem.

*Barber, E. J. W.* (1991), Prehistoric textiles. Princeton University Press, Princeton.

*Barber, E. J. W.* (1994), Women's work – The first 20,000 years. W. W. Norton & Co., New York.

*Becker, C., Benecke, N, et al.* (2016), „The Textile Revolution. Research into the Origin and Spread of Wool Production between the Near East and Central Europe", eTopoi, Journal for Ancient Studies, Berlin.

*Bellinger, L.* (1950), „Textile Analysis: Early Techniques in Egypt and the Near East", The Textile Museum: Workshop Notes (9), Washington.

*Berizzi, J.-G.* (2013), *https://commons.wikimedia.org/wiki/File:Venus_of_Brassempouy.jpg*

*Betts, A., van der Borg, K., de Jong, A., McClintock, C.* (1994), „Early Cotton in North Arabia", Journal of Archaeological Science 21(4), Elsevier, Amsterdam, S. 489–499.

*Büttner, J.* (2018), „Waage und Wandel – wie das Wiegen die Bronzezeit prägt", in: Innovationen der Antike. Verlag Philipp von Zabern, Darmstadt.

*Cheval, C.* (2021), „The Loom Weight, the Spindle Whorl, and the Sword Beater – Evidence of Textile Activity in the Early Neolithic?", Open Archaeology 7, De Gruyter, Berlin, S. 1458–1472.

*Codex Mendoza* (1541), *https://commons.wikimedia.org/wiki/File:Codex_Mendoza_folio_58r.jpg?uselang=de*

*Connolly, T. J., Hattori, E., Jenkins, D.* (2016), „Getting beyond the Point: Textiles of the Terminal Pleistocene/ Early Holocene in the Northwestern Great Basin", American Antiquity 81(3), Washington, S. 490–514.

*Cooke, W. D., El-Gamal, M., Brennan, A.* (1991), „The hand-spinning of ultra-fine yarns, part 2. The spinning of flax". CIETA Bulletin 69, S. 17–23, Lyon.

*Daderot* (2011), *https://commons.wikimedia.org/wiki/File:Rope_of_palm_fiber,_Deir_el-Bahri,_western_Thebes,_Egypt,_New_Kingdom,_1567-1085_BC_-_Royal_Ontario_Museum_-_DSC09 719.JPG*, CC0 1.0

*Daderot* (2012), *https://commons.wikimedia.org/wiki/File:Cloth_fragment,_cotton_and_bast,_c._2500_BC_-_Huaca_Prieta_-_DSC06 148.JPG*, CC0 1.0

*Daderot* (2014), *https://commons.wikimedia.org/wiki/File:Basket,_Egypt,_Middle_Kingdom,_c._1900_BC_-_Oriental_Institute_Museum,_University_of_Chicago_-_DSC07 895.JPG*, CC0 1.0

*De Garis Davies, N.* (1930), *https://commons.wikimedia.org/wiki/File:Weavers,_Tomb_of_Khnumhotep_MET_DT204 509.jpg*

*Descouens, D.* (2010), *https://commons.wikimedia.org/wiki/File:Aiguille_os_246.1_Global.jpg*, CC BY-SA 4.0

*Fährtenleser* (2021), *https://commons.wikimedia.org/wiki/File:Homo_sapiens_neanderthalensis-J%C3 %A4ger.jpg?uselang=de*, CC BY-SA 4.0

*Feldtkeller, A., Schlichtherle* (1987), „Jungsteinzeitliche Kleidungsstücke aus Ufersiedlungen des Bodensees", Archäologische Nachrichten aus Baden, Bd. 38/39, Heidelberg.

*Fortuna, R., Ursem, K.* (2007), *https://commons.wikimedia.org/wiki/File:DO-4368-Egtvedpigens_dragt.jpg*, CC BY-SA 2.5

*Franzkowiak, A.* (2017), *https://commons.wikimedia.org/wiki/File:Venus_2_from_Gagarino_RU.jpg*, CC BY-SA 3.0

*Gegenbaur, J. A., von* (2020), *https://commons.wikimedia.org/wiki/File:Joseph_Anton_von_Gegenbaur_(1800-76)_-_Omphale_and_Hercules_-_RCIN_408922_-_Royal_Collection.jpg?uselang=de*

*Geni* (2013), *https://commons.wikimedia.org/wiki/File:Standard_of_ur_peace_2013.JPG*, CC BY-SA 4.0

*Gilbert, K. R.* (1954), in: *Singer, C., Holmyard, E. J., Hall, A. R.* (editors), A History of Technology Volume 1, S. 452–455, Clarendon Press, Oxford.

*Gleba, M, Harris, S.* (2018), „The first plant bast fibre technology: identifying splicing in archaeological textiles", Archaeological and Anthropological Sciences (11), Springer, Berlin, S. 2329–2346.

*Gleba, M., Bretones-García, D., Cimarelli, C., Vera-Rodríguez, J. C., Martínez-Sánchez, R. M.* (2021), „Multidisciplinary investigation reveals the earliest textiles and cinnabar-coloured cloth in Iberian Peninsula", Scientific Reports, Springer Nature, Berlin.

*Glory, A.* (1959), „Débris de corde paléolithique à la Grotte de Lascaux", Mémoires de la Société Préhistorique Française 5", Nanterre cedex, S. 135–169.

*Grömer, K.* (2010), Prähistorische Textilkunst in Mitteleuropa. Verlag des Naturhistorischen Museums, Wien.

*Hallett, E. Y., Marean, C. W., Steele, T. E.* (2021), „A worked bone assemblage from 120,000–90,000 year old deposits at Contrebandiers Cave, Atlantic Coast, Marocco", iScience.

*Hardy, B. L., Moncel, M.-H., Kerfant, C., Lebon, M., Bellot-Gurlet, L., Mélard, N.* (2020), „Direct evidence of Neanderthal fibre technology and its cognitive and behavioral implications", Nature, Springer, Berlin.

*Helbaek, H.* (1959), „Plant Collecting, dry-farming and irrigation agriculture in prehistoric Deh Luran", in: *Hole, F., Flannery, K. V., Neely, J. A.* (1969), Prehistory and ecology in the Deh Luran Plain", University of Michigan, Ann Arbor.

*Hillman, G.* (1975), „The plant remains from Tell Abu Hureyra: A preliminary report", Proceedings of the Prehistoric Society 41, Cambridge, S. 70–73.

*Hitchcock, D.* (2019), *https://commons.wikimedia.org/wiki/File:Kostenki_I_Venus.jpg?uselang=de*, CC BY-SA 4.0

*Hitchcock, D.* (2021), *https://www.donsmaps.com/images28/lespugeoriginal.jpg*

*Hoskins, N. A.* (2011), „Woven Patterns on Tutankhamun Textiles", Journal of the American Research Center in Egypt, Vol. 47, S. 199–215.

*Jaumann, A.* (1938), Textilkunde. Heinrich Killinger Verlagsgesellschaft m. b.H., Nordhausen, 1938

*Jolie, E.A., Lynch, T.F., Geib, P., Adovasio, J.M.* (2011), „Cordage, Textiles, and the Late Pleistocene Peopling of the Andes", Current Anthropology (52/2), University of Chicago Press, S. 285–296.

*Keller, F.* (1860), „Pfahlbauten – Dritter Bericht", in: Mitteilungen der Antiquarischen Gesellschaft in Zürich, Band 13, Heft 3, Kommissionsverlag S. Höhr, Zürich.

*Keller, F.* (1863), „Pfahlbauten – Fünfter Bericht", in: Mitteilungen der Antiquarischen Gesellschaft in Zürich, Band 14, Heft 6, Kommissionsverlag S. Höhr, Zürich.

*Kemp, B., Vogelsang-Eastwood, G.* (2001), The ancient textile industry at Amarna. Egypt Exploration Society, London

*Ketrin* (2012), *https://www.flickr.com/photos/65 986 072@N00/8 390 438 602*, CC BY 2.0

*Kittler, R., Kayser, M., Stoneking, M.* (2003), „Molecular Evolution of Pediculus humanus and the Origin of Clothing", Current Biology (13), Elsevier, Amsterdam, S. 1414–1417.

*Lazaregagnidze* (2012), *https://commons.wikimedia.org/wiki/File:%E1%83%A1%E1%83%94%E1%83%9A%E1%83%98_%E1%83%95%E1%83%94%E1%83%9A%E1%83%A3%E1%83%A0%E1%83%98_Linum_bienne_Wildlein.JPG*, CC BY-SA 3.0

*Leeman, D.* (2005), „The Gebelein Cloth of Ancient Egypt", *https://www.academia.edu/42 513 620/Tthe_Gebelein_Cloth_of_Ancient_Egypt*

*Leuzinger, U., Rast-Eicher, A.* (2011), „Flax processing in the Neolithic and Bronze Age pile-dwelling settlements of eastern Switzerland", Vegetation History and Archaeobotany, Springer, Berlin.

*Linder, A.* (1967), Spinnen und Weben – einst und jetzt. C.J. Bucher, Luzern.

*Lillios, K.* (2004), „Lives of stone, lives of people: Reviewing the engraved plaques of late Neolithic and copper age iberia", European Journal of Archaeology 7 (2), SAGE Publications, Thousand Oaks, S. 125–158.

*Melotzi5713* (2022), *https://commons.wikimedia.org/wiki/File:Otzi_museo.jpg?uselang=de*, CC BY-SA 4.0

*Mengal, M.* (2006), *https://en.wikipedia.org/wiki/File:Mohenjo-daro_Priesterk%C3%B6nig.jpeg*, CC BY-SA 1.0

*Mößbauer, A.* (2006), *https://commons.wikimedia.org/wiki/File:Webbrettchen.jpg*

*Montelius, O.* (1888), The Civilisation of Sweden in Heathen Times, Macmillan & Co., London.

*Müller, W.* (1997), Textilien. Kulturgeschichte von Stoffen und Farben., ecomed verlagsgesellschaft AG & Co. KG, Landsberg.

*Muhammed Amin, O.S.* (2011), *https://commons.wikimedia.org/wiki/File:1._Layers_of_reed_reinforcement,_detail_of_the_core_of_the_Kassite-era_ziggurat_at_Dur-Kurigalzu_(Aqar-Quf),_western_Baghdad,_Iraq._December_2021.jpg?uselang=de*, CC BY-SA 4.0

*Nadel, D., Danin, Avinoam, Werker, E., Schick, T.* (1994), „19,000 Year Old Twisted Fibers From Ohalo II", Current Anthropology 35(4), University of Chicago Press, Chicago.

*Niehaus, C.* (2005), *https://commons.wikimedia.org/wiki/File:Stipa_tenacissima.jpg*, CC BY-SA 1.2

NNA (2019), News Network Archaeology, *https://archaeonewsnet.com/2019/12/worlds-oldest-silk-fabrics-discovered.html*

*Nosch, M.-L., Rahmstorf, L.* (2008), „New Research on Bronze Age Textile Production", Bulletin of the Institute of Classical Studies 51, Oxford.

*Obermaier, H.* (1939), „Streiflichter in das Leben der späteiszeitlichen Rentierjäger der Urschweiz", Jahrbuch der Schweizerischen Gesellschaft für Urgeschichte, Band 31, S. 123–132, Luzern.

*Pax Britannica* (2021), *https://commons.wikimedia.org/wiki/File:2008-04-05_(London,_Petrie_and_British_Library)_-_078.jpg*, CC BY-SA 2.0

*Pötsch, W.R.*, „Was trugen unsere Vorfahren?", Melliand Textilberichte 1/2006, Deutscher Fachverlag, S. 70f.

*Pxhere* (2022), *https://pxhere.com/en/photo/1 281 950*, CC0 1.0

*Rama* (2010), *https://commons.wikimedia.org/wiki/File:Stone_rubbing_of_anthropomorphic_stele_no_15,_Sion,_Petit-Chasseur-_necropolis_10.jpg*, CC BY-SA 4.0

*Rama* (2016), *https://commons.wikimedia.org/wiki/File:Woman_spinning-Sb_2834-IMG_0921-black.jpg*, CC BY-SA 2.0 FR

*Rast-Eicher, A., Karg, S., Jørgensen, L. B.* (2021), „The use of local fibres for textiles at Neolithic Çatalhöyük“, Antiquity (95/383), Cambridge University Press, S. 1129–1144.

*Ratzel, F.* (1885), *https://commons.wikimedia.org/wiki/File:V%C3%B6lkerkunde_(1885)_(14778786401).jpg?uselang=de*

*Renny-Byfield, S.* (2016), „Independent Domestication of Two Old World Cotton Species", Genome Biology and Evolution 8(6), Oxford Academic, Oxford, S. 1940–1947.

*Rooijakkers C. T.* (2012), „Spinning Animal Fibres at Late Neolithic Tell Sabi Abyad, Syria? in: Paléorient 38(1/2), Lyon, S. 93–109;

*Rufus* (2014), *https://commons.wikimedia.org/wiki/File:Europ%C3%A4ischer_Mufflon_Ovis_orientalis_musimon_Wildpark_Poing-11.jpg*, CC BY-SA 3.0

*Ryder, M. L.* (1997), „Fleece Types and Iron Age Wool Textiles“, Archaeological Textiles Newsletter 25, S. 13–16.

*Sallaberger, W.* (2014). „The Value of Wool in Early Bronze Age Mesopotamia. On the Control of Sheep and the Handling of Wool in the Presargonic to the Ur III Periods (c. 2400–2000 BC). In: *Breniquet, C., Michel, C.* (Ed.), Wool Economy in the Ancient Near East and the Aegean. From the Beginnings of Sheep Husbandry to Institutional Textile Industry (S. 94–114). Oxbow Books, Oxford.

*Salvor* (2014), *https://commons.wikimedia.org/wiki/File:Spjaldvefnadur.png?uselang=de*

*Samlinger* (2007), *https://commons.wikimedia.org/wiki/File:Urokseknoglen_fra_Ryemarksg%C3%A5rd_A38557-_00007.jpg?uselang=de*, CC BY-SA 3.0

*Sarri, K., Mokdad, U.* (2017), „Recreating Neolithic textiles: an exercise on woven patterns“, in: Proceedings of a Workshop in Experimental Archaeology, Dublin.

*Sauber, W.* (2012), *https://commons.wikimedia.org/wiki/File:Archeoparc_-_Museum_%C3%96tzi_Kleidung.jpg*, CC BY-SA 3.0

*Schier, W., Pollock, S.* (2018), „Die textile Revolution“, in: Innovationen der Antike. Verlag Philipp von Zabern, Darmstadt.

*Schütze, E.* (2011), *https://commons.wikimedia.org/wiki/File:Museum_f%C3%BCr_Vor-_und_Fr%C3%BChgeschichte_Berlin_031.jpg?uselang=de*, CC BY-SA 3.0

*Soffer, O., Adovasio, J. M., Hyland, D. C.* (2000), „The „Venus" Figurines: Textiles, Basketry, Gender, and Status in the Upper Paleolithic", Current Anthropology 41 (4), University of Chicago Press, Chicago, S. 511–537.

*Soutekh* (2014), *https://commons.wikimedia.org/wiki/File:Meketre,_maquette.jpg?uselang=de*, CC BY-SA 3.0

*Spinazzi-Lucchesi, C.* (2018), The Unwound Yarn – Birth and Development of Textile Tools Between Levant and Egypt. Edizioni Ca' Foscari – Digital Publishing, Venedig.

*Splitstoser, J. C., Dillehay, T. D., Wouters, J., Clara, A* (2016), „Early pre-Hispanic use of indigo blue in Peru“, Science Advances, Vol. 2, Issue 9.

*Stevenson, A., Dee, M. W.* (2016), *http://antiquity.ac.uk/projgall/stevenson349*

*Stoger, F.* (2017), *https://commons.wikimedia.org/wiki/File:20170309_2597_Ulley-Leh_Urial.jpg*, CC BY-SA 4.0

*Svoboda, Jiří* (2017), „Upper Paleolithic female figurines of Northern Eurasia", In: J Svoboda, The Dolní Věstonice Studies 15, Brno 2008, S. 193–223

*ter Schure, A. T.M., Bruch, A. A., Kandel, A. W., Gasparyan, B., Bussmann, R. W., Brysting, A. K., de Boer, H. J., Boessenkool, S.* (2022), „Sedimentary ancient DNA metabarcoding as a tool for assessing prehistoric plant use at the Upper Paleolithic cave site Aghitu-3, Armenia“, Journal of Human Evolution (172).

*Todd, G.* (2016), *https://commons.wikimedia.org/wiki/File:Ancient_Troy_Early_Bronze_Age_Spindle_Whorls_(28724901106).jpg*, CC0 1.0 Universal (CC0 1.0)

*Tsourinaki, S.* (2020), *https://commons.wikimedia.org/wiki/File:TABLET_WEAVING.jpg*, CC BY-SA 4.0

*Ueda, N.* (2007), *https://www.nara.accu.or.jp/el/textpdf/Conservation_of_Excavated_Fabric_Products_(2007).pdf*

*Vogelsang-Eastwood, G.* (1993), Pharaonic Egyptian Clothing. E.J. Brill, New York.

*Vogt, E.* (1937), Geflechte und Gewebe der Steinzeit. Monographien zur Ur- und Frühgeschichte der Schweiz, Schweizerische Gesellschaft für Urgeschichte, Band 1. Verlag E. Birkhäuser u. Cie., Basel.

*Wiki* (2005a), *https://commons.wikimedia.org/wiki/File:Maler_der_Grabkammer_des_Menna_013.jpg*

*Wiki* (2005b), *https://commons.wikimedia.org/wiki/File:Maler_der_Grabkammer_des_Nacht_002.jpg*

*Wiki* (2010a), *https://de.wikipedia.org/wiki/Datei:Anthropomorphic_stele_no_25,_Sion,_Petit-Chasseur_necropolis_13.jpg*, CC BY-SA 4.0

*Wiki* (2010b), *https://commons.wikimedia.org/wiki/File:Stone_rubbing_of_anthropomorphic_stele_no_20,_Sion,_Petit-Chasseur_necropolis_12.jpg*, CC BY-SA 4.0

*Wiki* (2022), *https://de.wikipedia.org/wiki/Liste_pal%C3%A4olithischer_Venusfigurinen*

*Wild, J. P.* (1988), Textiles in Archaeology. Shire Publications, Aylesbury.

*Wilkinson, J. G.* (1887), The ancient Egyptians. John Murray, London.

*Winlock, H. E.* (1922), „Heddle-jacks of Middle-Kingdom Looms“, Ancient Egypt 5, Manchester, S. 71 – 74.

WWW (2021), *https://freesvg.org/ladywithaloom*, CC0 1.0

*Yallanish* (2016), *https://commons.wikimedia.org/wiki/File:Close_up_of_hand_shearer.jpg*, CC BY-SA 4.0

*Yastrow* (2011), *https://commons.wikimedia.org/wiki/File:Ebih-Il_Louvre_AO17551_n01.jpg*, CC BY 2.5

*Yenişehirlioğlu, F., Yücel, Ç. et al.* (2018), Weaving – the History: Mystery of a City, Sof. Koç University Ankara Studies Research Center, Ankara.

*Ytrottier* (2006), *https://commons.wikimedia.org/wiki/File:Scissors_turkey.jpg*, CC BY-SA 3.0

*Zaqarbal, L. G.* (2008), *https://commons.wikimedia.org/wiki/File:Sandalias_del_Neol%C3%ADtico_de_Albu%C3%B1ol_(M.A.N._Inv._595_y_596)_01.jpg*

*Zohary, D., Hopf, M.* (2000), „Domestication of plants in the Old World“, Oxford University Press, Oxford, S. 125–132.

# 3 Antike

Bereits im 4. Jh. v. Chr. schrieb Plato in seinem Dialog „Republica“ (Plato, 375), dass Textilien nach Nahrung und Unterkunft die dritte Voraussetzung für ein ideales Staatswesen seien. Dies unterstreicht die überragende Bedeutung, die Bekleidung bereits in der Antike beigemessen wurde.

Grundsätzlich wurden Textilien wegen ihrer aufwendigen Herstellung sehr wertgeschätzt. Sie waren daher zum einen begehrte Tauschobjekte, auch über große Entfernungen hinweg (Seidenstraße), und zum anderen wurden sie als Zeichen besonderer Gunst verschenkt, z. B. vom römischen Kaiser an seine Provinzstatthalter. Den Göttern wurden ebenfalls regelmäßig Textilien geopfert oder diese damit jährlich in einer besonderen Zeremonie neu eingekleidet (z. B. Pallas Athene). Die Abgabe von Textilien an den Herrscher diente in vielen Kulturen als eine Form der Steuer. Wegen ihres hohen Wertes, sowohl materiell wie ideell, wurden Textilien über lange Zeiträume getragen, vererbt und wiederverwendet. Das „Secondhand-Prinzip“ war daher schon im Altertum weit verbreitet (Wagner-Hasel, 2019).

Die Garnherstellung wurde fast ausschließlich von Frauen in Heimarbeit durchgeführt. Die Gewebeherstellung war in manchen Regionen ein Handwerksberuf für Männer, und es gab, z. B. in Ägypten, auch eine vorindustrielle Produktion von Textilien.

## 3.1 Faserstoffe

Die wichtigsten Faserstoffe im Altertum waren in Europa und im Mittelmeerraum Wolle und Flachs (Leinen) sowie in geringeren Mengen Baumwolle und Seide. Letztere wurden in Indien und China erzeugt und waren dort weit verbreitet.

### 3.1.1 Flachs

Im Neolithikum enthielten Flachsgarne noch viele grobe Bestandteile der Stängel. Ab der späten Bronzezeit wurden die Flachsfasern vielfach durch einen biologischen Röstprozess in Wasser mithilfe von Mikroorganismen aus den Stängeln herausgelöst und anschließend oft ausgekämmt. So konnten deutlich feinere und weichere Garne erzeugt werden, weil weniger Drehungen zur Erzielung der erforderlichen Festigkeit notwendig waren. Damit einher ging eine gezielte Züchtung der Pflanze, um längere Fasern zu erzeugen, die ein Verspinnen mit der Handspindel erst möglich machten (Leuzinger, 2011). Bild 3.1 zeigt die Ernte von Flachs zur Zeit der Pharaonen, die arbeitsteilig und gut organisiert erfolgte.

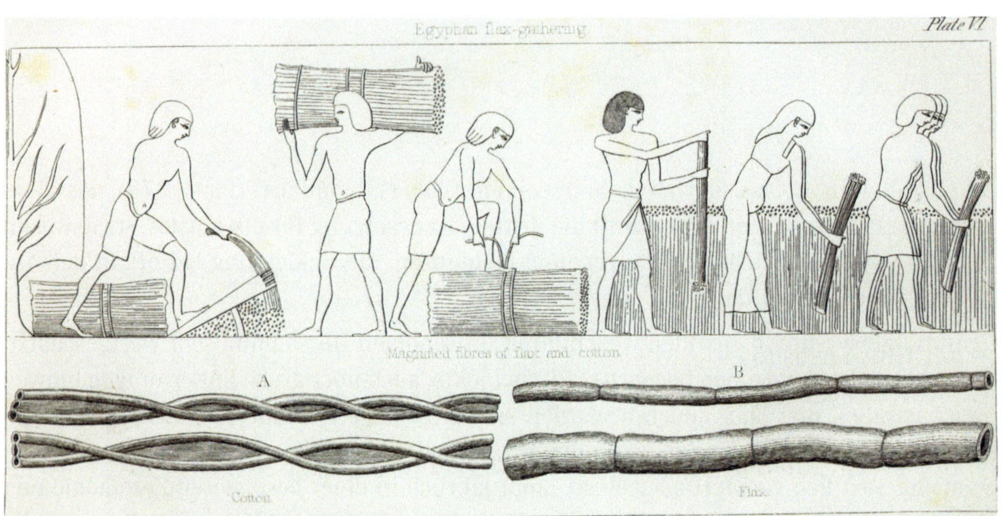


**Bild 3.1** Flachsernte im alten Ägypten (Yates, 1873)

Die Göttin Isis war die Schutzgöttin der Flachsverarbeitung. Leinen galt als Sinnbild des Lichtes und der Reinheit und wurde daher besonders für feine Gewänder verwendet (Bild 3.2). Aus Leinen konnten Garne mit Feinheiten bis zu Nm 200 (200 m pro Gramm) bzw. 5 tex (5 g pro km) hergestellt werden. Daraus konnten so feine Gewebe erzeugt werden, dass man durch sie hindurchsehen konnte („gewebter Wind“). Solche Garnfeinheiten sind selbst mit modernen Spinnmaschinen kaum erreichbar. Weil feine Schnüre, mit deren Hilfe gerade Linien gezogen werden konnten, aus Flachsfasern bestanden, wurde das lateinische Wort für Flachs, „linea“, zum Synonym für gerade Striche und zu unserem heutigen Wort „Linie“ bzw. „Lineal“.

Flachs blieb in Ägypten wegen seiner kühlenden Wirkung auch dann noch dominierend, als er in anderen Ländern bereits von der Wolle als wichtigste Faser verdrängt worden war. Für Segel wurde er ebenfalls eingesetzt, wie z. B. die mit Purpur gefärbten Segel der Schiffe der Königin Kleopatra VII. zeigen, mit denen sie Marcus Antonius bei ihrem ersten Treffen 41 v. Chr. bei Tarsus zu beeindrucken suchte.

In Mesopotamien wurden Keilschrifttexte aus der Zeit um 2100 v. Chr. gefunden, die den Flachsanbau beschreiben. Leinenstoffe wurden in großem Umfang hergestellt und zum Teil exportiert. Im heutigen Israel wurde ein Bauernkalender gefunden, der auf 1000 v. Chr. datiert wird und als siebten Monat einen Monat des „Flachsraufens“ (Flachsernte) nennt. Offenbar wurde Flachs also in großem Stil angebaut.

**Bild 3.2** Flachskleid der Nefertari (ca. 1200 v. Chr.; KoS, 2009) und zwei Hieroglyphen für Flachs

Von Ägypten kam der Flachs über Griechenland und Italien nach Europa. Erstmals erwähnt Titus Livius (59 v. Chr. - 17 n. Chr.) die Gewänder und Körperpanzer der Etrusker aus Flachs. Die Römer führten Leinwand aus dem Orient ein, vor allem aus Ägypten. Ihre Abhängigkeit im 3. Jh. war so groß, dass Kaiser Gallienus wegen einer Revolte in Ägypten der Ausspruch zugeschrieben wird: „Können wir ohne den ägyptischen Flachs auskommen?" Gefärbte und ungefärbte Leinenstoffe wurden auch als Sonnenschutz eingesetzt, z.B. von Kaiser Nero zur Überspannung eines Amphitheaters (Abschnitt 3.12).

In Mitteleuropa, z.B. in den Pfahlbausiedlungen in Süddeutschland und der Schweiz, wurde Flachs in großem Umfang verarbeitet. Der schlechteste Flachs der Antike wuchs nach Strabon in der Nähe von Amporias in Spanien und war fast unbrauchbar. Es galt als Abart des Schilfs (lat. „iuncus"). Das Endprodukt wurde als junkarisches Leinen bezeichnet und entwickelte sich über ein Slangwort der Seeleute für schadhafte Taue und Seile zu engl. „junk" („Müll").

## 3.1.2 Hanf

Hanf ist bereits um 1500-1000 v. Chr. in China und Indien bekannt. Er wurde zunächst zur Herstellung von berauschenden Getränken und von Heilmitteln aus den Früchten verwendet und erst später als Faserpflanze kultiviert (Bild 3.3).

Von Indien aus gelangte die Hanfkultur über die Skythen zunächst nach Südrussland (1000-500 v. Chr.) und von dort nach Norden zu den Slawen und Germanen. Ein südlicher Weg brachte den Hanf von den Schwarzmeerländern über Kleinasien zu den Thrakern, Griechen und Römern. (Plinius d. Ä., 50) erwähnt ihn im 1. Jh. als Faserpflanze und Heilmittel. Von dort gelangte der Hanf bis nach Gallien, und er wird seither in Nordfrankreich und Belgien angebaut.

**Bild 3.3** Chinesisches Schriftzeichen für Hanf (Aleks, 2006) und Hanfpflanze (Dbc334, 2007)

### 3.1.3 Andere Bastfasern

Funde von Stoffen aus Nesselfasern in Dänemark und Österreich aus dem 1. Jt. v. Chr. zeigen, dass auch Brennnesseln zur Fasergewinnung eingesetzt wurden. In Nachuntersuchungen einiger Funde zeigte sich, dass solche Textilien oft als Leinenstoffe interpretiert wurden, sodass die gesicherte Anzahl von Textilien aus Brennnesselfasern relativ gering ist, was vermutlich nicht ihrer Bedeutung entspricht (Barber, 1991). Im Südosten Spaniens wurden aus Espartogras Fasern gewonnen (Alfaro Giner, 1984). Daneben wurden lokal vorkommende Bastfaserpflanzen genutzt, z. B. Jute in Indien und Ramie in Ägypten.

### 3.1.4 Baumwolle

Baumwolle wurde sowohl in Mittel- und Südamerika als auch in Asien (Indien, Pakistan) angebaut. Herodot berichtet um 450 v. Chr., dass die Truppen des Perserkönigs Xerxes Baumwollkleidung trugen. Er schreibt: „Die Inder besitzen einen wild wachsenden Baum, der statt einer Frucht eine Art Wolle hervorbringt, ähnlich der Schafwolle, aber noch feiner und besser als diese. Die Inder machen ihre Kleider daraus." Berühmt waren Baumwollgewebe aus Bengalen, die selbst in sieben Schichten übereinander noch die Konturen des (meist weiblichen) Körpers erkennen ließen und ebenso als „gewebter Wind" bezeichnet wurden wie die feinen Leinenstoffe der Ägypter. Bild 3.4 zeigt ein Beispiel aus späterer Zeit.

Bild 3.5 zeigt ein Baumwollentkörnungsgerät, das in Indien eingesetzt wurde. Es bestand aus zwei kleinen Walzen, von denen die obere mit einer Handkurbel gedreht wurde. Die Baumwollflocken mit dem Samen wurden zwischen die beiden Walzen gesteckt, die untere Walze lief dann über Reibungskräfte mit. Da der Samen nicht durch den Schlitz zwischen den Walzen passt, wurden die Fasern von ihm getrennt und konnten gesammelt werden.

**Bild 3.4** Indisches Paar mit Röcken aus feinen Baumwollstoffen („gewebter Wind") (Sridhar1000, 2012)

**Bild 3.5** Entkörnungsmaschine für Baumwolle in Indien (Churka)

Anschließend wurden die Baumwollfaserflocken mithilfe eines mit einem Hammer angeschlagenen Bogens durch die dabei erzeugten Schwingungen aufgelockert und gleichzeitig Staub und Schmutzpartikel herausgelöst (Bild 3.6). Diese Verfahren waren noch bis in die Neuzeit in Gebrauch.

Im 2. Jh. v. Chr. waren Baumwollstoffe als Luxusartikel in Griechenland bekannt, später auch im Römischen Reich. Man hatte allerdings eine etwas unklare Vorstellung von der Herkunft der Baumwolle, wie Bild 3.7 zeigt. Man nahm bis ins Mittelalter an, dass die Baumwollfasern von schafähnlichen Tieren erzeugt würden, die an Bäumen wachsen und sterben, wenn das Gras unter dem Baum abgefressen ist. Vermutlich ahnten schon einige, dass dies nicht die ganze Wahrheit ist. Dennoch blieb die Herkunft der Baumwollfasern noch für viele Jahrhunderte in Europa ein ungelöstes Rätsel.

**Bild 3.6** Bogen zur Auflockerung der Baumwollfaserflocken und Entfernung von Schmutzpartikeln

**Bild 3.7** Baumwollbaum (Mandeville, 14. Jh.)

Plinius d. Ä. (Plin. nat. 19, 14) erwähnt in seinen Ausführungen über Leinen Baumwollpflanzen: „Der nördliche, gegen Arabien hin liegende Teil Ägyptens bringt einen Strauch hervor, den die meisten Xylon nennen, weshalb das [aus seiner Frucht] hergestellte Leinen das xylische heißt. [Dieser Strauch] ist niedrig und trägt eine der Lambertsnuss ähnliche Frucht, die eine Flocke enthält, aus der sich Wolle spinnen lässt. Kein anderer [Lein] kommt ihr an Weiße und Zartheit gleich. Die aus diesem gefertigten Gewänder sind bei den Priestern Ägyptens sehr geschätzt." Während im 1. und 2. Jh. Ägypten Baumwolle vor allem aus Indien importierte, begann der großflächige lokale Anbau im 4. und 5. Jh., vor allem in Oberägypten.

In Europa wurden noch im 1.–2. Jh. n. Chr. Stoffe aus Baumwolle als Luxus angesehen und zum Teil mit Gold aufgewogen. Größere Mengen wurden daher nicht importiert. Durch Handel gelangte die Baumwolle auch nach Germanien, wie ein Fund in Dillingen (Saarland) aus dem 3. Jh. zeigt (Franke, 1969). Da in dieser Zeit ein Wechsel von der Brand- zur Erdbestattung stattfand, sind zahlreiche Baumwollgewebe erhalten, die als Leichentuch verwendet wurden.

In Südamerika wurden in der Chavinoid-Paracas- sowie in der Nazca-Kultur (beide Peru) ab dem 1. Jt. v. Chr. bunt gemusterte Baumwollgewebe hergestellt (Bild 3.8). Die Stoffe, in die Mumien eingewickelt waren, besaßen eine Breite von bis zu 4 m bei einer Länge von bis zu 20 m.

**Bild 3.8** Baumwollgewebe der Paracas-Kultur aus dem 1. Jh. (Manske, 2009)

### 3.1.5 Wolle

Bei den Völkern des Mittelmeerraums mit Ausnahme Ägyptens war Wolle der dominierende Faserstoff. Kleinasien war bekannt für besonders feine Wollen, dort werden daher die Vorläufer des Merinoschafs vermutet. Im neubabylonischen Reich war Wolle das dominierende Fasermaterial. Im Kodex Hammurabi (18. Jh. v. Chr.) wird Wolle neben Öl und Korn als wichtigstes Erzeugnis des Landes genannt (Bild 3.9). Ab dem 2. Jt. v. Chr. handelten die Phönizier entlang der Mittelmeerküste mit Geweben aus Wolle, z. B. in Tyros und Karthago. Die Wolle war selten weiß, sondern meist noch braun oder sogar schwarz. Die heutigen Soay-Schafe (Bild 3.9, rechts) ähneln diesem Schafstyp. In der Mischna, einer Niederschrift der mündlichen Thora aus dem 2. Jh., wird am Sabbat das Zupfen bzw. Scheren, Bleichen, Spinnen und Weben von Wolle ausdrücklich untersagt.

Männer trugen Wickelröcke aus Wolle, Frauen lange Gewänder (Bild 3.10). Viele Sagen und Märchen rund um die Wolle zeigen die alltägliche Bedeutung, die diese Fasern für die Menschen des Altertums hatten. So beruht die Geschichte vom Goldenen Vlies in der griechischen Mythologie aus dem 8. Jh. v. Chr. auf dem Brauch der Bewohner von Kolchis am Ostrand des Schwarzen Meers, Flussgold mithilfe von Schaffellen zu gewinnen (Bild 3.10).

**Bild 3.9** Teil des Kodex Hammurabi (Jastrow, 2006) und Soay-Schaf (Augustyn, 2007)

**Bild 3.10** Babylonier mit Wollkleidung (Darafsh, 2013) und Jason mit Goldenem Vlies (Ken, 2009)

Der griechische Sagenheld Theseus hätte ohne den Wollfaden, den ihm die Königstochter Ariadne mitgegeben hatte, nicht den Weg aus dem Labyrinth des Minotaurus gefunden (Bild 3.11).

**Bild 3.11** Theseus (Burne-Jones, 1861) mit Wollfaden und Minotaurus (um Ecke lugend)

Im Altaigebirge wurde in einem Kurgan ein Filzzelt entdeckt, zusammen mit einem 30 $m^2$ großen Filzteppich und weiteren Wollteppichen, das ins 5. Jh. v. Chr. datiert wird (vgl. Bild 3.46). Die Phönizier führten feinwollige Schafrassen nach Spanien ein, und durch die Eroberung weiter Teile Vorderasiens durch Alexander den Großen im 4. Jh. v. Chr. wurde die Wollfaser auch in Griechenland populär, und es begann die Zucht von Wollschafen. Durch die Römer kamen Wollschafe nach Gallien, von wo die Wolle wieder nach Italien exportiert wurde. In der römischen Republik wurde Kleidung (Tunika, Toga) fast ausschließlich aus Wolle hergestellt. Dazu wurden rötliche Wolle aus Asien, braune und schwarze Wolle aus Spanien und die besonders wertvolle weiße Wolle aus dem Alpenraum importiert.

Während in Ägypten eher grobe Wollen erzeugt wurden (29–35 µm), gab es in Italien im 1. Jh. Wollen mit Faserdurchmessern von 16–24 µm, was auch heute als fein gelten würde. Die kleinasiatische Stadt Seleukeia war für ihre feinen Textilien aus Wolle besonders bekannt. Eine detaillierte Übersicht zu den Schafrassen der Antike in Mitteleuropa geben (Grömer et al., 2018).

In der Antike war die Schafzucht weit verbreitet, wie die Schriften von Virgil, Varro und Columella aus dem 1. Jh. zeigen. Die Schur wird von (Varro, 36 v. Chr.) ausführlich beschrieben: „Was das Scheren von Schafen betrifft, achte ich zuerst darauf, bevor ich damit beginne, zu sehen, ob die Schafe Schorf oder Wunden haben, damit sie gegebenenfalls behandelt werden können, bevor sie geschoren werden. Die richtige Zeit zum Scheren ist die Zeit von der Frühlings-Tagundnachtgleiche bis zur Sonnenwende [also von März bis Juni]. Frisch geschorene Schafe werden noch am selben Tag mit Wein und Öl eingerieben, dem einige eine Mischung aus weißer Kreide und Schweineschmalz beifügen. Wenn ein Schaf beim Scheren geschnitten wurde, wird die Wunde mit weichem Pech bestrichen. Schafe mit grobem Vlies werden etwa zur Zeit der Gerstenernte oder an anderen Stellen vor dem Heumähen geschoren. Einige scheren ihre Schafe zweimal im Jahr, wie es in Spanien üblich ist. Sie unterziehen sich der doppelten Arbeit in der Annahme, dass durch diese Methode mehr Wolle gesichert wird – das ist das gleiche Motiv, das einige dazu veranlasst, ihre Wiesen zweimal im Jahr zu mähen. Die vorsichtigeren Bauern breiten Tücher aus und scheren die Schafe darüber, um einen Verlust der Wolle zu verhindern. Für diese Arbeit werden ruhige Tage gewählt, an denen etwa von der vierten bis zur neunten Stunde geschoren wird. Das Fell eines Schafes, das bei eher warmer Sonne geschoren wird, wird durch den Schweiß weicher, schwerer und von besserer Farbe. Wenn das Vlies entfernt und aufgerollt ist, wird es von manchen vellus, von anderen velimnum genannt. Daraus kann man ersehen, dass im Falle der Wolle das Rupfen früher entdeckt wurde als das Scheren [evello bedeutet rupfen]. Einige Leute rupfen die Wolle sogar heute noch, und diese halten die Schafe drei Tage vorher ohne Nahrung, da die Wurzeln der Wolle weniger festhalten, wenn die Schafe schwach sind."

Vor dem Ausspinnen wurde die Wolle gewaschen, um das Wollfett zu entfernen, was das Färben erleichterte. Anschließend wurden die Fasern mit Kämmen aus Holz oder – seltener – Metall gekämmt, um die Fasern zu parallelisieren und Verunreinigungen zu entfernen. Alternativ wurde die Wolle geschlagen und durch Zupfen die Fasern parallelisiert.

Aus den so entstandenen Strängen wurde das Garn gesponnen. Ersteres ergab festere Garne (Kette), Letzteres führte zu weicheren Fäden (Schuss). Neben dem Beruf des Wollwäschers und des Wollkämmers bzw. -schlägers gab es bereits spezialisierte Handwerker, die genau diese Wollkämme herstellten, wie Darstellungen auf Grabsteinen zeigen.

### 3.1.6 Feine Tierhaare

Schafe wurden oft zusammen mit Ziegen gehalten, daher wurden auch deren Haare in manchen Gegenden zu Textilien verarbeitet. In Österreich wurden in Leinwand- und Köperbindung gewebte Beinkleider aus dem 8.–6. Jh. v. Chr. gefunden (Bazzanella et al., 2005), die aus vermutlich lokal gewonnenen Ziegenhaaren bestanden. In Frankreich wurden sogar Textilien aus Kaschmir aus der Zeit von ca. 470 v. Chr. geborgen (Landes, 2003). Dies ist ein klarer Hinweis darauf, dass bereits damals schon die Mode in Frankreich größeren Stellenwert hatte als anderswo und es ausgedehnte Handelsbeziehungen, vermutlich über viele Zwischenhändler, gab.

Pferdeschweifhaare sind sehr steif und können daher nicht direkt versponnen werden. Allerdings wurde diese Steifigkeit genutzt, um Gewebe gezielt in Schussrichtung zu verstärken. Insbesondere schmale gewebte Bänder und Gürtel erhalten so zusätzliche Stabilität und kringeln nicht.

Sogar Dachshaare wurden zur Herstellung von Textilien eingesetzt, wie verschiedene Textilfunde im Grab des Keltenfürsten von Hochdorf zeigen. Neben Füllstoffen für Kissen- und Matratzen wurden auch Brettchengewebe aus Dachshaaren hergestellt und mit Hanffasern verziert.

### 3.1.7 Seide

Die Erzeugung von Seide breitete sich in China allmählich von Süden nach Norden aus, und im Jahr 1600 v. Chr. schrieb der chinesische Herrscher K'ang-shi: „An den Rainen und Wegen pflanzt man Maulbeerbäume, daneben aber stehen die Spinnhütten der Raupen. Man wäscht die Kokons und haspelt die Seide ab“ (Müller, 1997). Den bäuerlichen Familien wurde Land zur Verfügung gestellt, um Maulbeerbäume anzupflanzen. Im 13. Jh. v. Chr. beschrieb Lou-Schou in seiner Schrift Keng-tschi-tschou die Aufzucht der Raupen und die Gewinnung des Seidenfadens. Weil die Erzeugung von Seide schwierig war, wurde regelmäßig göttlicher Beistand erfleht und nur für den Herrscher und den höheren Adel produziert (Bild 3.12).

In China konzentrierte sich bis ins 8. Jh. v. Chr. die Seidenherstellung auf die Provinz Shandong. Konfuzius berichtet, dass im Jahr 2357 v. Chr. Schutzdämme gegen Hochwasser entlang des Yao-Flusses erbaut wurden, um die Maulbeerplantagen am Ufer zu schützen. Seidenstoffe wurden in dieser Zeit vor allem für Fahnen und Schirme eingesetzt, um den Status des Besitzers anzuzeigen.

**Bild 3.12** Seidengewinnung in China (Tcheng-Ki-Tong, 1890)

Im Buch Tschuking aus dem Jahr 2200 v. Chr. wird erstmals die Seidenfärberei beschrieben. Gelbe Seide war dem Kaiser vorbehalten, violette Stoffe seinen Nebenfrauen, blaue, rote und schwarze Gewebe kennzeichneten den Adel. Ab dem 12. Jh. v. Chr. verbreitete sich die Seidenproduktion allmählich (Buch der Vorschriften „Tscheu-Li"), und ab dem 8. Jh. v. Chr. wurden Goldbrokate hergestellt. Die Seidenproduktion wurde langsam weiter ausgebaut, und ab dem 4. Jh. v. Chr. erreichte sie auch niedere Volkschichten, sodass Steuern in Form von Seidenstoffen gezahlt werden konnten.

Trotz des Ausfuhrverbots für Eier und Kokons des Seidenspinners gelangte um 200 v. Chr. die Kunst der Seidenraupenzucht durch chinesische Auswanderer nach Korea, um 140 v. Chr. nach Khotan (heute: autonomes Gebiet Xinjiang im Nordwesten Chinas) und später nach Japan (ca. 300 n. Chr.), Indien und Persien. Zwar gab es in den östlichen Teilen Indiens und Persiens schon vorher Seidenraupen. Durch das Abzupfen der Kokons nach dem Ausschlüpfen des Schmetterlings konnte jedoch nur Seide von minderwertiger Qualität gewonnen werden. Da die Seide durch das Schlüpfen der Raupe nicht mehr als ein langer Faden, sondern in Form von Fadenstücken vorlag, musste ein konventioneller Spinnprozess zur Herstellung des eigentlichen Seidengarns verwendet werden. Die Technik des Abwickelns („Abhaspelns") des Seidenfadens war außerhalb von China noch nicht bekannt.

Die persischen Seidenstoffe wurden wegen ihrer aufgestickten Tierdarstellungen schon im 3. Jh. v. Chr. bewundert (Kallixenos von Rhodos), allerdings stammen die ältesten erhaltenen Seidengewebe erst aus der Zeit der Sassaniden (3.–7. Jh.).

Admiral Nearchos, der im Auftrag Alexanders des Großen 326 v. Chr. die Küste von der Indusmündung bis zum Persischen Golf erkundete, berichtete als erster Europäer von chinesischer Seide. Er bezeichnet sie als „Haut der Serer". Der Begriff „ser" geht wahrscheinlich auf die chinesische Bezeichnung der Seide, Si, zurück. Virgil, Plinius und Aristoteles („koische Seide") berichten in ihren Werken von Seide, ohne eine genauere Vorstellung davon zu haben, wie sie gewonnen wurde. Mit Purpur gefärbt (meist in Sidon und Tyros in der Levante) wurden Seidenstoffe von den römischen Kaisern als Zeichen ihrer Macht getragen.

Durch die künstliche Verknappung der Seide seitens der Chinesen wurde ihr Gewicht zum Teil in Gold aufgewogen. Der Handel mit chinesischer Seide und anderen Luxuswaren aus dem Osten im Tausch gegen Gold oder andere Produkte aus dem römischen Reich führte zu einem so großen Handelsdefizit, dass sogar Plinius d. Ä. im 1. Jh. darüber berichtete. Die von ihm genannte Summe von 100 Mio. Sesterzen erscheint zunächst hoch, allerdings entsprach das nur 1 % des römischen Staatshaushalts (Galli, 2017). Ob der römische Kaiser Tiberius tatsächlich das Tragen von Seidenstoffen verbot, um den Staatshaushalt wieder ins Gleichgewicht zu bringen, ist umstritten. Denn schließlich gelangte über die Importzölle, die für Luxuswaren bei 25 % liegen konnten, auch viel Geld in die Staatskasse. Sicher ist, dass mehrere „leges sumptuariae" erlassen wurden, um den Kleiderluxus zu beschränken. Der römische Dichter Martial beklagte jedenfalls im 1. Jh. in einem Epigramm an Flaccus: „Meine Geliebte will kein anderes Kleid als eines, das aus der besten Seide [gewebt] ist", was ihn ein Vermögen kosten würde (Martial, XI. Buch, Epigramm XXVII). Der römische Philosoph Seneca hatte ebenfalls eine eher kritische Einstellung zu Seidenstoffen: „In diese durchsichtigen Lappen, fälschlicherweise als Kleider bezeichnet, hüllen sich sonst achtbare Leute. Unbegreiflicherweise ist ihnen dabei das Gefühl für Anstand abhandengekommen" (Müller, 1997). Ein weiteres Zeichen für die Bedeutung, die die Römer der Seide beimaßen, ist die Tatsache, dass die lateinische Bezeichnung für die Bewohner Chinas, „seres", gleichzeitig den Wortstamm von „sericum" (Seide) bzw. „serica" (Seidenstoffe) bildet. Zwar kam die Seide über Zwischenhändler nach Rom, man hatte aber offenbar doch eine Vorstellung davon, wo sie erzeugt wurde.

Das Design der in China hergestellten Seidenstoffe traf in der Regel nicht den Geschmack der Kundschaft im Römischen Reich. Daher war es üblich, die importieren Stoffe bis zum Garn aufzulösen und die so gewonnenen Fäden neu zu verweben. Dadurch entstanden besonders feine Stoffe, die in Rom als „chinesische Textilien" verkauft wurden. Einige dieser Stoffe wurden wieder nach China exportiert im Austausch für chinesische Seidenstoffe, sodass die Chinesen letztlich ihre eigene Seide zurückkauften (Leslie und Gardiner, 1996). Der Fund eines Seidenschleiers aus dem 3. Jh. in einem Grab in Rom, zusammen mit einem Saphir aus Sri Lanka, wirft ein Schlaglicht auf die weitreichenden Handelsbeziehungen der damaligen Zeit, die sich nicht nur auf Seide beschränkten (Altamura et al., 2013). Allerdings trugen Seidenstoffe auch positiv zum römischen Staatshaushalt in Form von Zöllen bei, wie ein Edikt aus dem 3. Jh. aus Alexandria zeigt, in dem neben Leinenstoffen insbesondere Seide in allen Formen (rohes Garn, Mischgewebe, reine Gewebe) genannt wird (Parker, 2002).

Ab dem 5. Jh. etablierte sich die Seidenerzeugung in Japan. Im 6. Jh. wurde so viel Seide hergestellt, dass darüber in einigen Provinzen die Nahrungsproduktion vernachlässigt wurde und eine Hungersnot drohte. Daher wurde die Produktion von Seidenstoffen auf wenige Gebiete konzentriert und das Tragen von Seidenstoffen auf die Angehörigen des Hofstaats beschränkt und allen anderen verboten. Diese Praxis erinnert an das Vorgehen des römischen Kaisers Tiberius, 500 Jahre zuvor.

Der oströmische Kaiser Justinian versuchte im 6. Jh. hinter das Geheimnis der Seidenproduktion zu kommen. Dazu sandte er Emissäre nach Osten, die aber zunächst nur Samen von Maulbeerbäumen mitbrachten. Im Jahr 554 soll es dann zwei Nestorianer-Mönchen gelungen sein, Eier des Seidenspinners in Bambusstöcken nach Byzanz zu schmuggeln (Bild 3.13). Ab 568 gab es dort eine kaiserliche Seidenstoffproduktion durch Sklaven.

**Bild 3.13** Übergabe der Seidenkokons von den Nestorianer-Mönchen an Kaiser Justinian (van Mallery, 1595)

Neben der chinesischen Seide wurde wahrscheinlich von den Griechen bereits im 4. Jh. v. Chr. auch lokal vorhandene Wildseide als Stapelfaser verarbeitet. Dabei handelte es sich um Faserstücke von 5–10 cm Länge. Entsprechende Hinweise finden sich in den Werken des Aristoteles, der Seidenverarbeitung auf der Insel Kos erwähnt: „Den Kokon, der von diesem Lebewesen stammt, lösen manche Frauen auch auf, indem sie ihn aufwickeln, und weben dann (damit). Als Erste, sagt man, habe Pamphile, die Tochter des Plateus, auf Kos (damit) gewebt." (Aristoteles, hist.an. 5,19. 551b 13 ff.)

### 3.1.8 Muschelseide

In manchen erhaltenen Schriften wird das Fasermaterial „Byssus“ erwähnt, unter dem wir heute die Muschelseide verstehen. Sie wird aus den Haftfäden der Steckmuschel (Pinna nobilis) gewonnen (Bild 3.14). In einzelnen Fällen werden tatsächlich diese Fasern verarbeitet worden sein. In der Mehrzahl handelt es sich aber eher um feines Leinen, Seide oder Baumwolle, die häufig ebenfalls „Byssus“ genannt wurden. (Maeder, 2023) vermutet, dass es sich um einen Übersetzungsfehler aus dem 15. Jh. handelt, der nie korrigiert wurde. Dies erscheint plausibel, denn auch wenn die Steckmuschel neben einer Faserlieferantin in der Antike ebenfalls eine Nahrungsquelle war, so war die schiere Menge an Muscheln, die zur Herstellung von so viel „Byssus“ notwendig gewesen wäre, gar nicht vorhanden.

**Bild 3.14** Pinna nobilis (Hectonichus, 2007) und Muschelseide (Hill, 2008)

### 3.1.9 Asbest

Neben den Fasern aus Zellulose (z. B. Flachs) und Eiweiß (z. B. Wolle) wurden für spezielle Produkte auch mineralische Fasern eingesetzt. Der bekannteste Vertreter ist Asbest, der bis heute verwendet wird.

Das Wort „Asbest” stammt aus dem Griechischen und hat die Bedeutung „unvergänglich“ bzw. „unzerstörbar“. Dies bezieht sich auf die Unbrennbarkeit von Textilien, die aus Asbest hergestellt werden.

Die Eignung von Asbest als Faserstoff ist seit etwa 2500 Jahren bekannt (Kallimachus, 5. Jh. v. Chr.; Plutarch und Pausanias, 1. und 2. Jh. n. Chr.). Plinius d. Ä. schreibt in seiner Naturalis Historia 19 (19–20): „Man hat sogar einen Lein entdeckt, der vom Feuer nicht verzehrt wird. Wir [...] sahen daraus gefertigte Tafeltücher, auf dem Herde brennen, die, nachdem der Schmutz ausgebrannt war, durch das Feuer sauberer wurden, als es durch Wasser hätte geschehen können. [Man fertigt daraus] Totenkleider für die Könige, um die

Asche ihres Körpers von der übrigen Asche zu trennen. [Diese Art Lein] wächst in den von der Sonne verbrannten Wüsten Indiens [...]. Er lässt sich wegen seiner Kürze schwierig verweben."

Im Altertum benutzte man im Mittelmeerraum den „Karpasischen Flachs", „Lithos amiantos" oder „Karystios lithos" verschiedener kleinerer Vorkommen. Dazu gehörten z.B. der Chrysotil von Zypern und der Tremolit-Asbest aus Oberitalien (Bild 3.15). Sie wurden zur Fertigung spezieller Produkte, wie z.B. Leichenverbrennungstücher sowie Matten und Dochte von Tempellampen, verwendet.

Weißasbest (Zimbres, 2006)

Blauasbest (Siim, 2006)

Krokydolith (Lavinsky, 2010)

**Bild 3.15** Wichtige Asbestarten

### 3.1.10 Glasfasern

Bereits 1600 v. Chr. wurden in Ägypten Glasfäden zur Verzierung von Gefäßen eingesetzt. Das Glas wurde dabei mithilfe von Zangen aus der flüssigen Schmelze gezogen und so ein Faden erzeugt (Bild 3.16).

**Bild 3.16** Verzierung von Gefäßen mit Glasfäden in Ägypten, ca. 1600 v. Chr., und Vase mit Glasfadenverzierung (3. Jh.)

### 3.1.11 Metallfasern

Die ersten Metallfasern wurden schon ca. 3000 v. Chr. von den Ägyptern und in der Levante in Form von mit dünnen Goldstreifen umwickelten Fäden, z.B. aus Flachs oder Muschelseide, verwendet. Die Drahtfäden wurden durch Hämmern geschmiedet oder aus dünnen Metallblättchen geschnitten. Im 5. Jh. v. Chr. wurde das Zieheisen entwickelt. Dabei wurde ein geschmiedeter, grober Draht durch eine sich verjüngende Öffnung im Zieheisen gezogen, und der Draht wurde länger und dünner. Die Römer setzten wegen ihrer aseptischen Wirkung Wundauflagen aus Silberfäden ein.

## 3.2 Herstellung von Textilien

Die ältesten Erwähnungen von Textilproduktion in der Literatur befinden sich in der Ilias und der Odyssee von Homer, ca. 800 v. Chr. Homer erwähnt an zahlreichen Stellen unterschiedliche Arten von Textilien und deren Materialien, meist Leinen (Schmitz-Scholemann, 2016). In der Geschichte von Penelope, der Frau von Odysseus, erfahren wir etwas über die damalige Webtechnik. So wehrte sie, 20 Jahre, nachdem Odysseus aufgebrochen war und für tot gehalten wurde, alle Freier ab mit dem Hinweis, sie müsse erst das Leichentuch für ihren gebrechlichen Schwiegervater Laertes fertig weben. Das zog sich allerdings, weil sie tagsüber webte und nachts das Gewebte wieder aufzog und darüber hinaus das Muster sehr komplex war. Schließlich wurde ihre List entdeckt (Bild 3.17), aber glücklicherweise kam genau dann Odysseus nach Hause, und es gab nach einigen Verwicklungen (alle Freier wurden von ihm in den Hades geschickt) ein Happy End. Aus derselben Zeit wurden auf griechischen Vasen erstmals Verfahren der Textilherstellung detailliert dargestellt (vgl. Abschnitt 3.3 und Abschnitt 3.4). Ab der Bronzezeit sind in Europa zahlreiche Funde von Textilien bekannt, vor allem aus römischer Produktion, aber auch die Kelten und Germanen haben uns, vor allem in Mooren, zahlreiche Textilreste hinterlassen.

Die Auswahl der textilen Rohstoffe richtete sich bis in die frühe Antike naturgemäß nach den örtlichen Gegebenheiten. In der Regel waren textile Rohstoffe in genügender Menge vor Ort vorhanden. Die Produktion erfolgte in der Regel manuell und meist in Heimarbeit für den eigenen Bedarf, größere Manufakturen waren die Ausnahme. Zwar gab es vereinzelte Expeditionen in ferne Länder, z.B. die von Pharaonin Hatschepsut im 15. Jh. v. Chr. nach Punt, das vermutlich am Horn von Afrika lag (Bild 3.18). Dies blieben aber Ausnahmeereignisse, einen regelrechten Handel mit Textilien gab es nur in bescheidenem Umfang, wie Einzelfunde belegen. Nur für Seide, die zunächst ausschließlich in China erzeugt wurde, gab es einen Handel über größere Distanzen hinweg bis nach Europa ab der Han-Dynastie gegen Ende des 2. Jh. v. Chr. (Abschnitt 3.10).

**Bild 3.17** Penelope am Webstuhl, griechische Vase, 5. Jh. v. Chr.

**Bild 3.18** Rückkehr der ägyptischen Expedition nach Punt und Präsentation der erhandelten Waren vor der Pharaonin, 15. Jh. v. Chr. (Sokolov, 2018)

## 3.3 Spinnen

Nach (Leuzinger, 2011) wird angenommen, dass gegen 1000 v. Chr. in Mitteleuropa dazu übergegangen wurde, Garne aus Flachs nicht mehr durch die aus dem Neolithikum bekannte Spleißtechnik herzustellen, sondern dass nun vorwiegend Handspindeln eingesetzt wurden (vgl. Abschnitt 2.4). Bild 3.19 zeigt links die Technik des Abrollens der Spindel auf dem Oberschenkel und rechts die Technik mit frei hängender Spindel. Typische Spinnwirtelgewichte lagen bei 5–30 g (für feine bzw. grobe Garne), mit leichteren Spinnwirteln konnte schneller gesponnen werden.

**Bild 3.19** Garnherstellung mit der Handspindel (links: Römer, Raddato, 2014; rechts: Griechin, 490 v. Chr., Nguyen, 2007a)

Für die Erzeugung feiner Garne wurde zunächst ein Vorgarn hergestellt. Dabei wurden die Faserbündel auseinandergezogen (verstreckt), gleichzeitig parallelisiert und auf dem Oberschenkel abgerollt, um sie zu vergleichmäßigen und eine erste leichte Drehung zu erteilen. Dadurch erhielten diese Vorgarne etwas Festigkeit und konnten so transportiert werden (Bild 3.20).

Zur Herstellung des Vorgarns wurde in Griechenland ein sogenanntes Epinetron eingesetzt, das zur Verstärkung der Reibung oft ein Schuppenmuster besaß. Dadurch wurde die Drehungserteilung erleichtert (Bild 3.21).

In keltischen Gräbern, z. B. dem des „Fürsten von Hochdorf“ aus dem 6. Jh. v. Chr., wurden Textilien aus sehr feinen Garnen gefunden. Zunächst wurde vermutet, dass es sich dabei um Importware handelt, weil den Kelten nicht zugetraut wurde, so feine Garne zu erzeugen. Allerdings sind diese Garne immer Z-gedreht, was typisch ist für europäische Garne, und nicht S-gedreht, wie es im mediterranen Raum üblich war. Daher wurden sie wahrscheinlich lokal hergestellt. Generell war es wegen der besseren Faseraufbereitung ab der Bronzezeit nicht mehr nötig, Garne zu fachen (zu kombinieren), um die notwendige Festigkeit zu erzielen, auch dadurch wurden die Fäden dünner und die Textilien feiner.

**Bild 3.20** Herstellung eines Vorgarns durch Abrollen der Fasern auf dem Unterschenkel (Darstellung auf einer griechischen Vase, 5. Jh. v. Chr.)

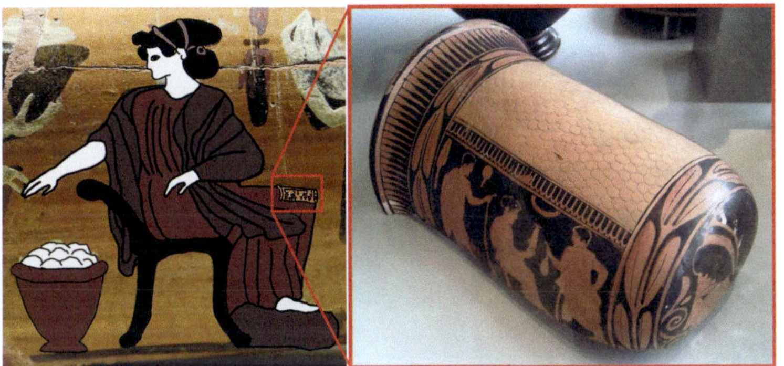

**Bild 3.21** Vorgarnherstellung mit dem Epinetron im 5. Jh. v. Chr. (MM, 2007; Cyron, 2007)

Aus der Form und Verzierung der Spinnwirtel, die für bestimmte Regionen und Zeiträume oft charakteristisch sind, kann auf Migrationsbewegungen der weiblichen Bevölkerung geschlossen werden (Barber, 1991). Auch ist denkbar, dass insbesondere Spindeln mit konischen Spinnwirteln direkt für den Schusseintrag beim Weben verwendet wurden, sodass der Arbeitsschritt des Umspulens entfallen konnte. Dies wäre ein möglicher Grund dafür, dass in manchen Häusern sehr große Mengen von Spinnwirteln gefunden wurden, was ansonsten keinen großen Sinn hätte, wenn sowieso umgespult werden musste. Bild 3.22 zeigt alle für den Spinnprozess erforderlichen Komponenten: Spinnwirtel, Spinnschalen (zur Abstützung der Spindel beim Spinnen) und zwei Garnspulenkörper, auf die das Garn von der Spindel zum Transport umgespult werden konnte.

**Bild 3.22** Spinnwerkzeuge der Kelten aus dem 6. Jh. v. Chr. (Foto: Markus Veit)

Zwar wurden immer wieder größere Anhäufungen von Spinnwirteln in einzelnen Gebäuden von Siedlungen entdeckt, während in anderen Häusern keine gefunden wurden. Allerdings ist es unwahrscheinlich, dass es ein Spinnerei-Handwerk gab, weil die Wertschöpfung bei der Garnherstellung wegen der sehr niedrigen Produktivität des Spinnens mit der Handspindel (30–50 m Garn pro Stunde) sehr gering ist. Möglicherweise trafen sich die Frauen des Dorfes, um gemeinsam zu spinnen, wie es bis in die frühe Neuzeit in vielen Regionen weltweit üblich war.

Die große Bedeutung, die das Spinnen für die Germanen hatte, zeigt sich in Bild 3.23, einer Darstellung aus dem 19. Jh., weil zeitgenössische Abbildungen fehlen. Hier sind die drei Schicksalsgöttinnen dargestellt, von denen eine spinnt, eine das Garn ausmisst und eine den Faden durchschneidet als Symbol für das Ende des Lebens. Dies war vom Mittelalter bis in die Neuzeit ein beliebtes Motiv sowohl für Radierungen und Gemälde als auch für Bildteppiche.

Um aus den Endlosfäden mehrerer Kokons ein Garn herzustellen, wurde in China eine spezielle Aufwickelvorrichtung eingesetzt, die sogenannte Haspel (Bild 3.24, links). Dabei wurden mehrere Endlosfasern miteinander verbunden und leicht verdreht, um ein gleichmäßiges und festes Garn herzustellen. Neben den „endlosen" Filamenten fielen auch kurze Seidenfaserstücke an, aus denen ebenfalls ein Garn gesponnen wurde. Aus beiden Prozessen wurde, vermutlich im 5. Jh. v. Chr., das erste Handspinnrad entwickelt (Bild 3.24, rechts). Auch wenn es keine entsprechenden Funde aus dieser Zeit gibt, so wird angenommen, dass das ab dieser Zeit deutlich geringere Fundaufkommen von Spinnwirteln in China darauf hindeuten, dass eine neue Spinntechnologie verwendet wurde. Der Einsatz des hochproduktiven Trittwebstuhls (Abschnitt 3.4.2.3) ab dem 3. Jh. v. Chr. ist ohne eine entsprechende Garnversorgung nicht denkbar, die durch Handspindeln nicht gegeben war. Durch Drehen der Kurbel, die über einen Riemen mit der

Spindel verbunden war, konnte mit wenig Aufwand die Spindel in schnelle Rotation versetzt werden, und gleichzeitig war es möglich, das gebildete Garn aufzuwickeln. Dies war damit der erste kontinuierliche Spinnprozess, der die Produktivität der Garnherstellung verdreifachte. Es ist anzunehmen, dass diese Erfindung von einer Frau gemacht wurde, denn die Seidenerzeugung lag in China vollständig in Frauenhand. Damit wurde eine Entwicklung vorweggenommen, die in Europa erst im Mittelalter, mehr als 1500 Jahre später, einsetzte.

**Bild 3.23** Die drei Schicksalsgöttinnen von Paul Thumann (Shuishouyue, 2011)

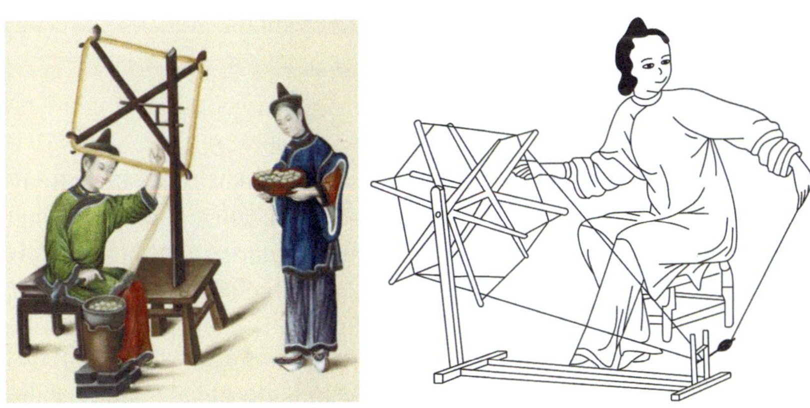

**Bild 3.24** Seidenhaspel (Wiki, 2011a) und Handspinnrad in China

# 3.4 Weben

Bekleidung wurde im Altertum fast ausschließlich aus Geweben hergestellt. Mit steigendem Wohlstand gab es dazu eine immer größere Nachfrage, und so wurden die einfachen Webgeräte aus dem Neolithikum weiterentwickelt.

## 3.4.1 Brettchenweben

Das schon seit Langem verbreitete Brettchenweben wurde in der Bronze- und Eisenzeit weiter verfeinert. So wurden z. B. im Grab des Keltenfürsten von Hochdorf Gewebe geborgen, die mit über 120 Brettchen erzeugt wurden, was hochkomplexe Muster erlaubte. Typische Symbole waren Mäanderrauten, Winkelhaken und Hakenkreuze (Bild 3.25).

**Bild 3.25** Brettchengewebe aus dem Grab des Fürsten von Hochdorf, 6. Jh. v. Chr.

## 3.4.2 Flächige Gewebe

Für die Herstellung flächiger Gewebe sind komplexere Geräte erforderlich als beim Brettchenweben. Bild 3.26 zeigt drei typische Webrahmen, mit denen flächige Gewebe erzeugt wurden. Links oben (a) ist ein vertikaler Gewichtswebrahmen dargestellt, bei dem die Kettfäden, durch Webgewichte beschwert, nach unten gezogen und so gespannt werden. Die Gewebelänge ist beschränkt auf die Höhe des Webrahmens. Rechts oben (b) ist eine Variation des vertikalen Webstuhls zu sehen, der sogenannte Zweibaumwebstuhl. Dabei werden die Kettfäden um einen oberen und einen unteren Baum gewickelt. Dadurch kann ein doppelt so langes Gewebe wie beim Gewichtswebrahmen erzeugt werden. Die Kettfäden werden durch den einstellbaren Abstand der Bäume gespannt. In einer Variation dieses Verfahrens wurden die Kettfäden über einen dritten Baum geleitet, was die Herstellung von noch längeren Stoffbahnen ermöglichte. Unten (c) ist ein horizontaler Webrahmen abgebildet, bei dem die Kettfäden unter Spannung vom rechten Baum (4) abgezogen werden. Diese Form des Webrahmens entstand vermutlich direkt aus der Vorrichtung zum Brettchenweben.

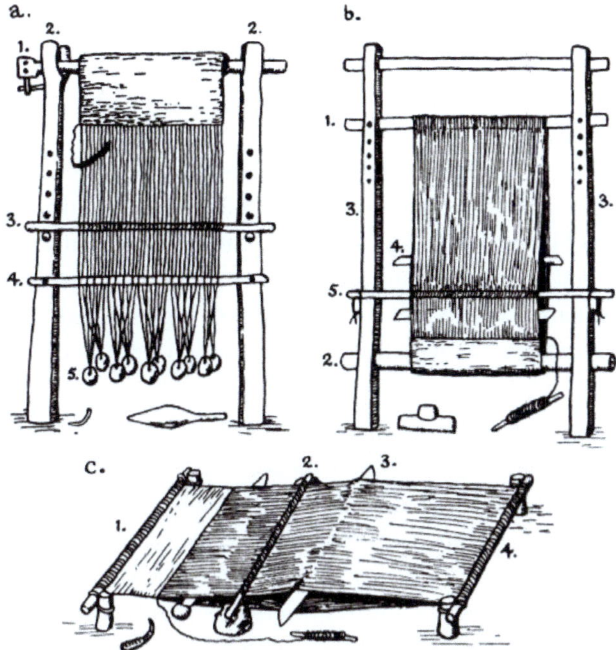


**Bild 3.26** Webrahmen für flächige Gewebe (Crawfoot, 1937)

Diese Webtechniken waren bis ins Mittelalter nahezu unverändert und weltweit in Gebrauch. In Nord- und Mitteleuropa dominierte dabei der vertikale Gewichtswebrahmen, u. a., weil er nach dem Weben platzsparend an die Wand gestellt werden konnte. In Nordeuropa war er bis ins 20. Jh. in Gebrauch. In Ägypten und anderen warmen Ländern war der horizontale Webrahmen noch lange verbreitet, weil aufgrund des trockenen Klimas draußen und in Gesellschaft gewebt werden konnte, wo mehr Platz vorhanden war als in einer Hütte. Der Zweibaum-Webstuhl war von Ägypten bis Asien und auch im Römischen Reich verbreitet, wo er den Gewichtswebrahmen ab dem 2. Jh. weitgehend verdrängte. (Crawfoot, 1937) nimmt an, dass ein wesentlicher Grund für das weitgehende Verschwinden des Gewichtswebrahmens die anstrengende Arbeit am Webgerät war, weil die Weberin bzw. der Weber stehend arbeiten mussten, was auf die Dauer sehr ermüdend war. In der Leinenweberei wurde er allerdings noch bis in die Spätantike häufig verwendet.

#### 3.4.2.1 Horizontaler Webrahmen

Der horizontale Webrahmen wurde bereits in Kapitel 2 ausführlich erläutert. Er wurde nahezu unverändert auch im Altertum eingesetzt.

### 3.4.2.2 Gewichtswebrahmen

Der wahrscheinlich bereits im Neolithikum erfundene Gewichtswebrahmen wurde im Altertum weiterentwickelt. Dabei wurden insbesondere die Musterungsmöglichkeiten erheblich erweitert. Auf Felszeichnungen des Val Camonica in der Lombardei aus der Zeit von ca. 1400 v. Chr. sind sieben Gewichtswebrahmen zu sehen, zum Teil mit mehreren Litzenstäben, sodass auf ihnen auch komplizierte Muster erzeugt werden konnten.

Aus der Hallstattzeit (7. Jh. v. Chr.) stammt eine Urne, die in Sopron (Ungarn) gefunden wurde (Bild 3.27, Bild 3.28). Sie zeigt neben einer Spinnerin und einer Musikantin, die für Unterhaltung sorgte, einen vertikalen Gewichtswebrahmen. Seine Kettfäden hängen in eine Grube. So konnte zum einen ein längeres Gewebe hergestellt werden, und zum anderen gewannen die Kettfäden aus Flachs durch die Feuchtigkeit in der Grube an Festigkeit und waren leichter zu verarbeiten. Diese Szene ist ein Hinweis darauf, dass die Textilherstellung in lockerer Atmosphäre erfolgte und nicht nur gewebt, sondern gleichzeitig auch gesponnen und dabei musiziert wurde. Alle Arbeiten werden in dieser Darstellung von Frauen ausgeführt.

(Schierer, 1987) unternahm bahnbrechende Versuche, um herauszufinden, welche Arten von Webmustern in der spätbronzezeitlichen Siedlung Gars-Thunau, Österreich, hergestellt wurden. Dazu baute sie vertikale Webrahmen inklusive der Webgewichte nach und zerstörte sie anschließend entweder durch Verbrennen oder indem sie die Schnüre durchschnitt, an denen die Webgewichte befestigt waren. Dabei stellte sie fest, dass die Anordnung der Webgewichte auf dem Boden nach der Zerstörung des Webrahmens unterschiedlich ist, je nachdem, ob der Webrahmen für eine Leinwand- oder eine Köperbindung eingerichtet war. Bei einer Leinwandbindung lagen die Webgewichte in zwei parallelen Reihen, bei einer Köperbindung bildeten sich mehrere Reihen oder ein ungeordneter Haufen.

In Bild 3.29 (links) ist ein vertikaler Webrahmen zu sehen, an dem zwei Weberinnen arbeitsteilig ein Gewebe erzeugen. Während die rechte Weberin einen Schussfaden mit einer Spule einträgt, schlägt die andere den gerade eingetragenen Schussfaden mit einem Webschwert oben an das Gewebe an. Tragbare Webrahmen für kleine Gewebe waren ebenfalls verbreitet, wie Bild 3.29 (rechts) zeigt.

Die Webgewichte für die Verarbeitung von Flachs (30–40 g pro Faden nach (Grömer, 2010) bzw. insgesamt meist 500 g–2 kg) waren wesentlich schwerer als die für Wolle, weil Wollgarne eine geringere Festigkeit besitzen und sonst reißen würden. Bild 3.30 zeigt typische Webgewichte. Gegenüber dem älteren Exemplar aus dem Neolithikum links ist im Vergleich rechts deutlich die schmalere Form zu erkennen. Dadurch konnten mehr Gewichte und somit mehr Kettfäden auf demselben Bauraum untergebracht werden, was breitere Gewebe und eine höhere Kettfadendichte möglich machte.

Webgewichte wurden auch in Standardgrößen erzeugt, wie Funde aus einer Ziegelei bei Couladère (Frankreich) zeigen (Manière, 1971). Dies wurde allerdings zum Ende des 1. Jh. aufgegeben, was ein weiteres Indiz dafür ist, dass Gewichtswebrahmen zu dieser Zeit in Gallien allmählich aus der Mode kamen.

**Bild 3.27** Spinn- und Webszene auf der Urne von Sopron mit Lautenspielerin (rechts)

**Bild 3.28** Urne von Sopron: Spinnerin (links) und Weberin (rechts) (Fotos: Markus Veit)

**Bild 3.29** Griechische Weberinnen, ca. 550 v. Chr. (Pharos, 2017b), und tragbarer Webrahmen

**Bild 3.30** Webgewichte, links: ca. 3000 v. Chr., (Roland, 2013); rechts: ca. 1000 v. Chr., (Sauber, 2009)

In der Hallstattkultur waren vor allem drei Webstuhlgrößen verbreitet: 60–90 cm sowie 120–160 cm, die noch von einer Person bedient werden konnten, und besonders breite Webstühle, wie die von Kleinklein, Freundorf und Hafnerbach mit einer Breite bis 3,70 m, für besonders repräsentative Stoffe. Letztgenannte erforderten mehrere Personen, um damit zu weben. Dies wird am Beispiel des Webstuhls von Kleinklein allein dadurch deutlich, dass alle Webgewichte zusammen 118 kg wogen, sodass sie von einer einzelnen Person nicht mehr bewegt werden konnten. Der Eintrag des Schussfadens war bei dieser Breite von einer einzelnen Person ohne Hilfe ebenfalls nicht möglich. Wie an Geweben aus Dänemark nachgewiesen werden konnte, arbeiteten bis zu vier Personen an solchen Webgeräten (Hald, 1980). In der Heuneburg an der Donau deutet der Fund von hundert Webgewichten an einem Ort darauf hin, dass hier im 6. Jh. v. Chr. in größerem Umfang Textilien hergestellt wurden. Als wichtiger Handelsplatz an der Kreuzung mehrerer Handelswege ist dies naheliegend. Eine ausführliche Analyse von frühzeitlichen Webgewichten geben (Martensson et al., 2009).

Gewichtswebrahmen waren in Ägypten mindestens vom 7. Jh. v. Chr. (Funde von Webgewichten in Nekratis) nach der Gründung griechischer Kolonien und bis ins 4. Jh. n. Chr. (Oase Dachla) in Gebrauch, wenn auch in wesentlich geringerem Maße als in Europa. Ab dem 1. Jh. wurden im Römischen Reich nach Ansicht einiger Forscher Gewichtswebrahmen vom Zweibaum-Webstuhl weitgehend verdrängt. Lediglich zur Herstellung besonderer Tücher wurden sie noch eingesetzt, wie aus verschiedenen literarischen Quellen deutlich wird, die zum Teil bis ins 4. Jh. datieren. Darin wird berichtet, dass z. B. Brautkleider und die Tunica recta für Jungen für die Aufnahme in die Gemeinschaft der Erwachsenen auf solchen Geräten erzeugt wurden.

### 3.4.2.3 Webstühle mit Trittvorrichtung zur Fachbildung

In China war diese Art von Webtechnik ebenfalls verbreitet, wie zahlreiche Darstellungen, z. B. auf Steinreliefs der Han-Zeit (3. Jh. v. Chr.), zeigen. Die Fachbildung erfolgte zunächst über Litzenstäbe, spätestens ab dem 1. Jh. v. Chr. auch über Trittvorrichtungen (Bild 3.31, Bild 3.32).

**Bild 3.31** Gewichtswebrahmen mit Trittvorrichtung zur Fachbildung und Spinnräder in einem Webhaus, China, 1. Jh. v. Chr.

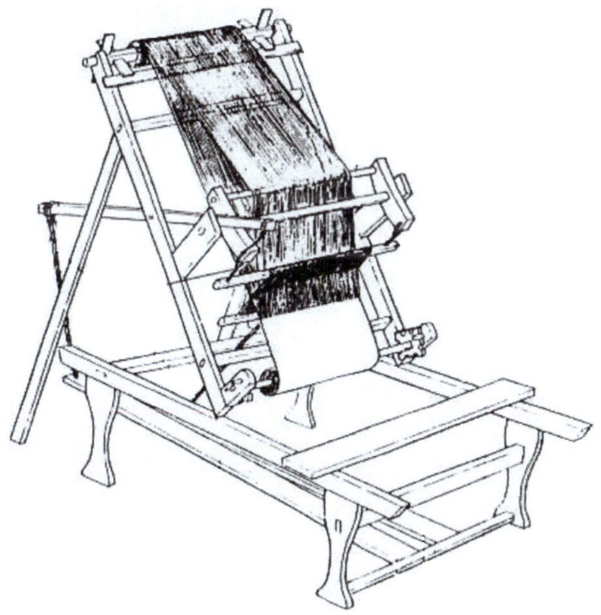

**Bild 3.32** Prinzipieller Aufbau des Trittwebstuhls aus Bild 3.31

Bild 3.33 zeigt die Darstellung eines Zweischaftwebstuhls mit Trittvorrichtung zur Fachbildung aus dem China des 17. Jh. Es wird angenommen, dass diese Art von Webstuhl der entspricht, die in China schon im Altertum eingesetzt wurde. Damit war es einfach möglich, eine Leinwandbindung, sowie deren Abwandlungen, herzustellen. Die entsprechende Technologie wurde in Europa erst im Mittelalter bekannt.

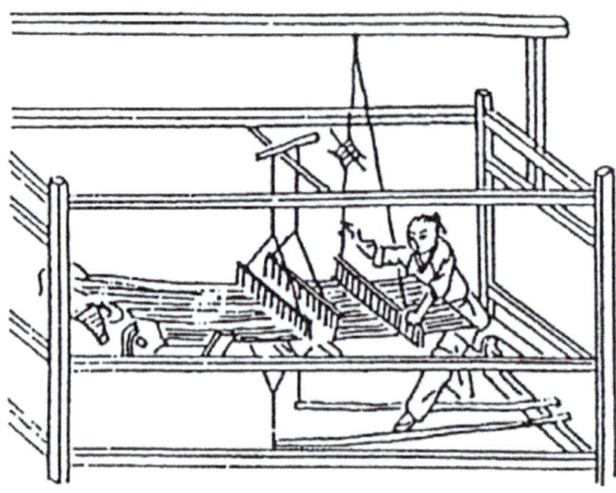

**Bild 3.33** Zweischaftwebstuhl mit Trittvorrichtung zur Fachbildung, China, Darstellung aus dem 17. Jh.

In Bild 3.34 ist ein Multischaftwebstuhl dargestellt, wie er schon vom chinesischen Schriftsteller Ge Hong im 4. Jh. beschrieben wird. Darin wird von einer Webmaschine zur Herstellung feiner Seidenstoffe berichtet, die mit 120 Tritthebeln ausgestattet war (hier sind es nur 24). Damit konnten 120 Gruppen von Kettfäden unabhängig voneinander bewegt werden, was eine sehr große Anzahl unterschiedlicher Musterungen erlaubte. Nach diesem Grundprinzip arbeiten auch heutige Schaftmaschinen.

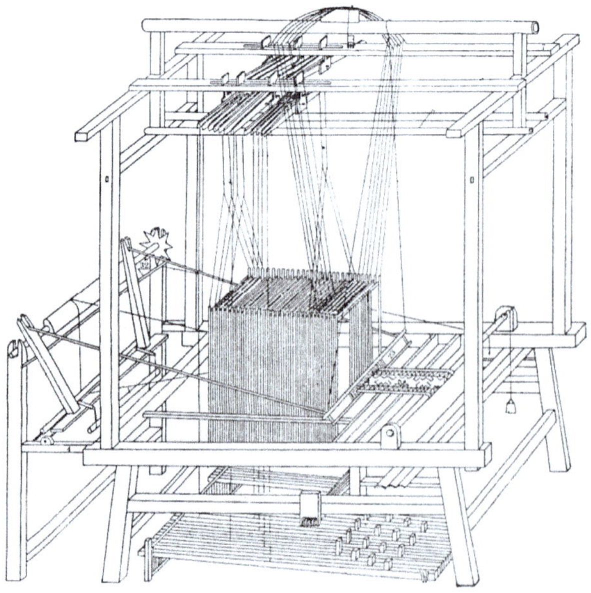

**Bild 3.34** Multischaftwebstuhl mit Trittmechanismus zur Fachbildung, China (Zeichnung aus dem 18. Jh.)

Aus der Zeit der Han-Dynastie (206 v. Chr. bis 220 n. Chr.) gibt es durch das Lied „Die Weberin“ von Wang Yi erste literarische Hinweise auf den Einsatz von später sogenannten Zugwebstühlen. Dabei waren die einzelnen, waagerecht angeordneten Kettfäden mit senkrecht verlaufenden Schnüren verknotet und konnten so individuell bewegt werden. Eine spätere Darstellung einer solchen Webmaschine zeigt Bild 3.35. Sie erforderte mindestens zwei Personen, einen Weber, der über Tritthebel die Grundkette bewegte, und eine weitere, meist kleine Person (Kind), die die Musterkettfäden einzeln anhebt oder senkt. Mit dieser Technik konnten sehr komplexe Muster erzeugt werden. Sie ist der direkte Vorläufer der Jacquardtechnik, die im 18. Jh. in Frankreich erfunden wurde. Im 6. Jh. gelangte diese Webtechnik in den Mittelmeerraum, wo sie vor allem zur Herstellung von Seidenstoffen eingesetzt wurde.

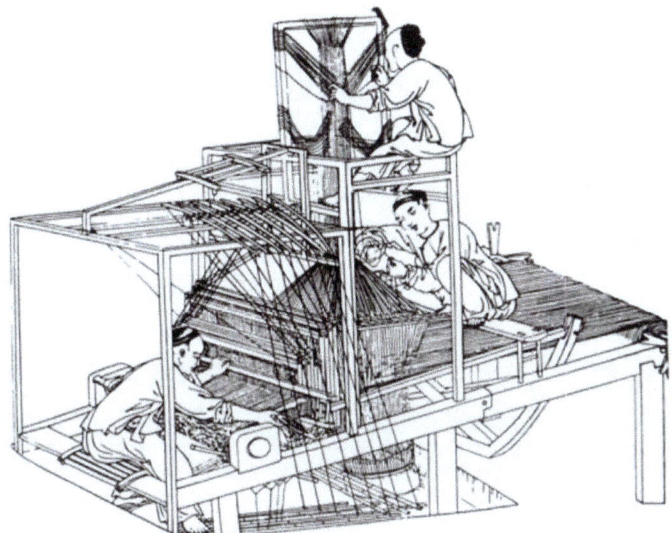

**Bild 3.35** Zugwebstuhl, China

Eine kompakte Darstellung der Entwicklung der chinesischen Webtechniken gibt (Li et al., 2012).

### 3.4.2.4 Zweibaumwebstühle

Spätestens ab dem 5. Jh. v. Chr. war das Weben vor allem Männersache und entwickelte sich zu einem Handwerksberuf. Die körperliche Anstrengung eines Webers wird im Papyrus Anastasi VII aus dem ägyptischen Neuen Reich beschrieben: „Der Weber im Haus ist schlimmer dran als irgendeine Frau. Seine Knie sind an der Stelle seines Herzens [Anm. Verfasser: also saß er und arbeitete an einem Zweibaum-Webstuhl]. Niemals kostet er die frische Luft. Wenn er wenig schafft am Tage seines Webens, wird er geschlagen wie der Lotus im Teich. Er gibt den Türhütern Brot, damit er das Tageslicht sehen darf“ (Müller, 1997).

Einen der frühesten literarischen Nachweise von Zweibaum-Webstühlen gibt Herodot (Hist. II, 35). Auf seiner Reise nach Ägypten im 5. Jh. v. Chr. stellte er überrascht fest, dass dort der Schussfaden nach unten an das Gewebe angeschlagen wird und nicht nach oben, wie das bei griechischen Gewichtswebrahmen üblich war. Die Weber könnten nun im Gegensatz zum Gewichtswebrahmen im Sitzen weben, es handelte sich also um einen echten Web„stuhl". Vermutlich dauerte es aber noch bis zum 1. Jh., bis der Zweibaum-Webstuhl auch in Rom bekannt wurde. Jedenfalls schrieb Seneca in einem Brief an Lucilius im Jahr 63, dass viele Erfindungen nicht Gelehrten zu verdanken seien, sondern Handwerkern und Bauern. Dabei nannte er als ein typisches Beispiel den Zweibaum-Webstuhl im Vergleich zum traditionellen Gewichtswebrahmen. Festus, ein römischer Gelehrter im 2. Jh., erwähnte als Besonderheit das Weben im Stehen zur Herstellung traditioneller Kleidungsstücke. Offenbar war zu dieser Zeit der Gewichtswebrahmen bereits aus der Mode gekommen und vom Zweibaum-Webstuhl ersetzt worden. Im 4. Jh. schließlich erwähnte M. Servius Honoratus in seinem Kommentar zu den Werken des Vergil, dass es früher üblich war, im Stehen zu weben, während das zu seiner Zeit nur noch die Leinenweber täten.

Die früheste bildliche Darstellung eines Zweibaumwebstuhles in Europa zeigt das Fries an der sogenannten Colonnacce an der südöstlichen Seite des Nerva-Forums, das den Wettkampf zwischen Athena und Arachne schildert (Bild 3.36).

**Bild 3.36** Athena und Arachne im Duell mit Zweibaumwebstühlen (Wiki, 2012a)

Falls es sich um eine maßstäbliche Abbildung handelt, ist der Webstuhl ca. 2 m hoch und ebenso breit. Daher wären zwei Weberinnen zur Bedienung erforderlich. Auf einem Fresko der Aurelii in Rom, das die Ankunft von Odysseus auf der Insel der Kirke zeigt, sind ebenfalls Details eines Zweibaumwebstuhls dargestellt. Gezeigt wird die Rückseite des Webstuhls, und hinter dem Gewebe ist der Litzenstab auf der anderen Seite zu erkennen. Auch ein Trennstab ist angedeutet (Bild 3.37).

**Bild 3.37** Zweibaumwebstuhl, ca. 230 n. Chr.

Eine weitere Darstellung befindet sich auf dem Grabstein der Severa Seleuciane, die in das Jahr 279 datiert werden kann. Auch hier sind Litzen- und Trennstäbe zu erkennen.

**Bild 3.38** Zweibaumwebstuhl, 279 n. Chr.

Neben diesen bildlichen Darstellungen sind keine gesicherten Funde eines Zweibaumwebstuhls aus der römischen Zeit bekannt. Möglicherweise wurden 1933 bei Ausgrabungen in Herculaneum im Casa del Telaio Reste eines solchen Apparats entdeckt, diese sind allerdings nicht erhalten und nur unvollständig dokumentiert (Michel, 2018). Daher ist umstritten, ob dieser Typ von Webgerät tatsächlich die Gewichtswebrahmen verdrängt hat oder beide parallel betrieben wurden. Dass Gewichtswebstühle nur noch selten und Zweibaumwebstühle häufig dargestellt wurden, könnte daran liegen, dass auf letzteren wesentlich komplexere Muster, sogenannte Bildwirkereien, hergestellt werden konnten, was prestigeträchtiger war als die eher einfachen Muster eines Gewichtswebrahmens (Michel, 2018).

#### 3.4.2.5 Tapisserie

Diese Webtechnik wurde eingesetzt, um bildhafte Motive zu weben. Sie wird oft als Bildwirkerei bezeichnet, was aber irreführend ist, denn es handelt sich um eine Webtechnik.

Bei der Tapisserie werden die Schussfäden nicht über die gesamte Breite des Webfachs eingetragen, sondern nur als Teilschuss, entweder gestreckt oder in Form einer Schleife. Mehrere Teilschüsse werden also seriell in dasselbe Fach eingetragen und ergeben so das Musterbild. Die ältesten Funde von Tapisseriegeweben stammen aus Ägypten aus der Zeit um 1400 v. Chr., in Stoffe wurden Schriftzeichen eingearbeitet. Homer gibt ebenfalls Hinweise auf Tapisserien in der Ilias und der Odyssee. Aus dem 4. Jh. v. Chr. stammen entsprechende Gewebefunde von Kertch (Krim), einer griechischen Kolonie. Auch im Altai-Gebirge, in Babylonien und in Persien scheint diese Technik im Altertum bekannt gewesen zu sein. Während die Römer kaum solche Gewebe erzeugten, sondern sie lieber importierten, erlebte diese Technik in Ägypten in den ersten nachchristlichen Jahrhunderten eine Blütezeit. Weil häufig religiöse Motive dargestellt waren, wurden diese Stoffe oft als „koptische Gewebe" bezeichnet (Bild 3.39).

**Bild 3.39** Koptische Tapisseriegewebe (links: 3. Jh., rechts: 6./7. Jh.)

In Griechenland feierten die Athener jährlich ein Fest zu Ehren ihrer Stadtgöttin. Dazu wurde die Statue der Athene jeweils neu eingekleidet. Mit der Herstellung dieses Kleids waren zwei Priesterinnen neun Monate lang beschäftigt. Ein Fries des Parthenons zeigt einen Priester, wie er ein entsprechendes Kleid zusammenfaltet, das vermutlich in dieser Technik erzeugt wurde (Bild 3.40).

Eine besondere Form der Tapisseriegewebe sind die sogenannten Kelims. Dabei handelt es sich um Teppiche, bei denen der Schussfaden nicht nur auf der Ober-, sondern auch auf der Unterseite das Muster bildet, sodass zwei „Schauseiten" entstehen.

**Bild 3.40** Priester faltet das Kleid der Athene zusammen (Haklai, 2009)

### 3.4.3 Musterung

Neben den bereits aus dem Neolithikum bekannten Webmustern, also Leinwand, Panama und Halbpanama, kamen nun zahlreiche neue Muster hinzu. Besonders beliebt war die Ripsbindung, bei der mehrere Schussfäden in dasselbe Fach eingetragen werden, wodurch, je nach Fadendichte und Garndicke, die Stoffe entweder kett- oder schussbetont sind (Bild 3.41). Diese Bindungsart war ab dem 1. Jt. v. Chr. von China über Ägypten bis nach Zentraleuropa weit verbreitet und war deutlich schneller herzustellen als andere Muster, weil der Fachwechsel seltener erfolgte.

**Bild 3.41** Leinengewebe, Ägypten, 4. Jh. v. Chr. (Met, 2012) und Ripsbindung

Die Köperbindung wurde ab ca. 750 v. Chr. von den Etruskern eingesetzt, später auch von den Römern, Germanen und Kelten. In Ägypten scheint sie erst ab dem 1. Jh. v. Chr., möglicherweise durch die Römer, bekannt geworden zu sein. Durch Variation der Gratrichtung wurden vielfältige Effekte erzielt (Bild 3.42).

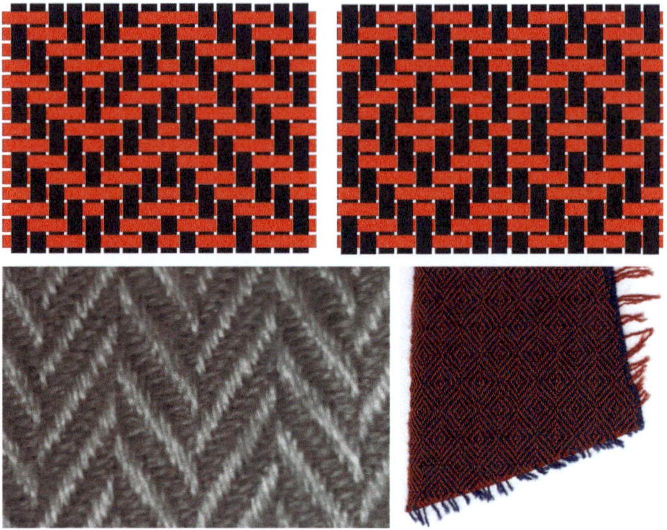

**Bild 3.42** Oben: Spitz- und Rautenköper, unten links: Fischgratköper (Elya, 2005) und unten rechts: Diamantköper (Bullenwächter, 2012b)

Durch eine Kombination von S- und Z-gedrehten Garnen entstehen optische Effekte, die bereits im 8. Jh. v. Chr. nachgewiesen sind (Bustamante-Álvarez et al., 2019).

Bild 3.43 zeigt am Beispiel eines Webstuhls aus dem 8. Jh. v. Chr. aus Zypern, welch komplexe Webmuster damit erzeugt werden konnten. Es wurden bereits sogenannte Brokatstoffe hergestellt, bei denen einzelne silberne und goldene Fäden eingearbeitet wurden.

Bild 3.44 zeigt ein sehr aufwendig gemustertes Gewebe aus dem 2. Jh. v. Chr. (Han-Dynastie). Man nahm lange an, dass solche Stoffe mit einem frühen Zugwebstuhl hergestellt wurden, bei denen die Kettfäden individuell bewegt werden konnten. Dies ist aber nicht der Fall. Vielmehr wurde zunächst mit einem Stab das Musterfach gebildet. Beim Einführen des Stabes durch das Fach wurden die Kettfäden entsprechend dem Muster individuell über oder unter den Stab gelegt. Erst wenn der Stab komplett im Fach lag, wurde der Schuss eingetragen, und der Vorgang begann von vorne. Die Musterrapporte, also die kleineste Wiederholungseinheit eines Musters, waren also genauso breit wie das Gewebe. Weil dieser Vorgang sehr zeitaufwendig war, betrug der Rapport in Kettrichtung meist deutlich weniger Fäden als in Schussrichtung.

Mit der Erfindung des Zugwebstuhls im 3. oder 4. Jh. im Vorderen Orient, vermutlich in Persien, veränderte sich die Musterung. Nun konnten die Kettfäden über sogenannte Harnischschnüre individuell in die mustergerechte Position (Ober- oder Unterfachstellung) gebracht werden, und dann wurde der Schuss eingetragen. Dies war schneller und auch weniger fehleranfällig. Das Muster wiederholte sich nun oft mehrfach in Schussrichtung, wenn mehrere Kettfäden gleichzeitig dieselbe Position einnahmen (z. B. Nr. 1, 401, 801, 1201 für einen Schussrapport von 400), und die Rapporte in Kettrichtung wurden länger. Die ältesten so gemusterten Gewebe wurden im Vorderen Orient gefunden, aus China sind sie erst aus späterer Zeit bekannt. Daher wird heute davon ausgegangen, dass diese Technik von Westen nach Osten wanderte und nicht in China erfunden wurde (Bohnsack, 1993). Allerdings gibt es literarische Hinweise auf eine frühere Nutzung dieses Verfahrens in China (siehe oben), daher könnte sich diese Einschätzung bei entsprechenden Funden auch wieder ändern.

Eine gute Übersicht zur Textilherstellung von der Bronze- bis zur Eisenzeit in Mitteleuropa geben (Štolcová und Grömer, 2010).

**Bild 3.43** Darstellung eines Gewichtswebstuhls mit einem komplexen Webmuster, 8. Jh. v. Chr. aus Zypern (© Akademisches Kunstmuseum Bonn) und Brokatgewebe (Wiki, 2006)

**Bild 3.44** Chinesisches Seidengewebe mit aufwendiger Musterung aus dem 2. Jh. v. Chr. (Ismoon, 2015)

## 3.5 Teppiche

Teppiche werden erstmals in Mesopotamien im 2. Jt. v. Chr. auf Keilschrifttafeln erwähnt. Danach gab es z. B. in einem Palast Teppiche, um Stühle zu bedecken. Wie diese Teppiche hergestellt waren, ob in Knüpftechnik (siehe unten) oder als flache Gewebe, ist unbekannt. Aus anderen Quellen und vereinzelten Funden wird deutlich, dass Teppiche vor allem in Vorderasien hergestellt und verwendet wurden. Über Exporte gelangten einzelne Stücke nach Europa, z. B. nach Griechenland, wo sie von Homer, und nach Italien, wo sie von Plinius d. Ä. erwähnt werden.

Die älteste Darstellung von Teppichen befindet sich auf einer assyrischen Säule aus Nimrud aus dem Jahr 825 v. Chr.: Vier Vasallen überbringen dem assyrischen König verschiedene Teppiche mit Fransen (Bild 3.45).

**Bild 3.45** Vasallen des assyrischen Königs übergeben Teppiche im Jahr 825 v. Chr. (Todd, 2017)

Im Gegensatz zu Geweben sind echte Teppiche meist dreidimensionale Strukturen mit einem Flor. Es wird angenommen, dass die ersten Teppiche Tierfelle imitieren sollten, die ebenfalls einen „Flor“ besitzen und so durch den Lufteinschluss besser vor Kälte schützen. Möglicherweise wurden sie zuerst von Nomaden hergestellt, die sie in ihren Zelten als Bodenunterlage und zum Verschluss des Haupteingangs nutzten. Der älteste bisher gefundene Teppich in Knüpftechnik stammt aus dem 5. Jh. v. Chr. aus dem Altaigebirge (Bild 3.46, links). Es ist unwahrscheinlich, dass er von den dort lebenden Nomaden selbst hergestellt wurde. Vielmehr dürfte es sich um ein Beutestück einer ihrer Auseinandersetzungen mit babylonischen Heeren oder um ein Geschenk eines babylonischen Herrschers handeln. Zwar wurde der Teppich im Grab als Satteldecke für das mitbestattete Pferd benutzt, aber da Gebrauchsspuren weitgehend fehlen, hat er vermutlich nie als Satteldecke gedient. Bei einer Größe von rund 4 m² und 360 000 Knoten/m² hat seine Herstellung wohl ein bis zwei Jahre gedauert (Jettmar,

1963). Möglicherweise diente die Satteldecke ihrem ersten Besitzer als „Spielteppich“, worauf das spezielle Design und die Anordnung der Dekorelemente hindeuten (Wiesner, 1959).

Beim Knüpfen von Teppichen werden zunächst Kettfäden parallel gespannt (vertikal oder horizontal). Dann wird eine Reihe von Knoten eingeknüpft, gefolgt von ein bis zwei Schussfäden, danach kommt wieder eine Reihe mit Knoten usw. (Bild 3.47). Am Ende wird der Teppich geschoren, d.h., alle Knotenfäden werden auf die gleiche Länge abgeschnitten. Die Kettfäden bestanden vermutlich meist aus Baumwolle, seltener aus Wolle und anderen Fasern. Für sehr feine Teppiche wurde vielleicht auch Seide verwendet, wie es heute noch üblich ist.

**Bild 3.46** Teppich von Pazyrik aus dem 5. Jh. v. Chr. und Detail mit Elchen (Schreiber, 2007a, b)

**Bild 3.47** Moderner Teppichknüpfrahmen (Ahmadi, 2014)

Man unterscheidet symmetrische („türkische“) und asymmetrische („persische“) Knoten (Bild 3.48). Typische Knotendichten liegen im Bereich von 100 000–1 000 000 pro $m^2$. In manchen modernen Quellen wird von mehreren Tausend Knoten pro $cm^2$ gesprochen, was nicht stimmen kann, denn dies entspräche 10 Mio. und mehr Knoten pro $m^2$ bzw. mehreren Dutzend Knoten pro $mm^2$, was technisch völlig unmöglich ist.

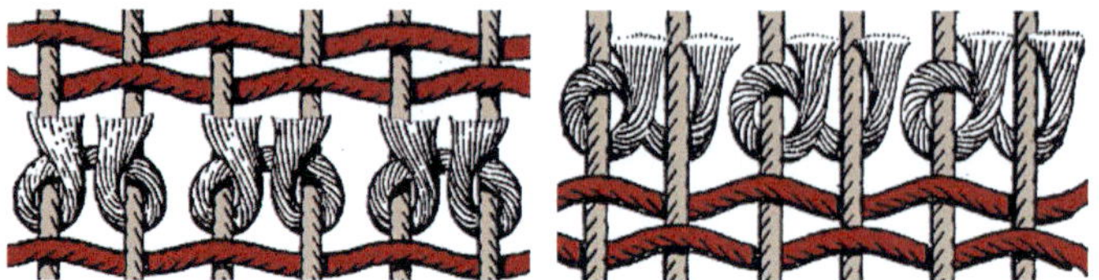

**Bild 3.48** Typische geknüpfte Teppichknoten (links: symmetrisch; rechts: asymmetrisch) (Den Toom, 2008a, b)

Aus der Antike sind keine Teppichknüpfrahmen erhalten, und es gibt auch keine bildlichen Darstellungen. Teppiche sind ebenfalls kaum gefunden worden, daher sind ihre Muster nur indirekt zu erschließen, z. B. in Form von Mosaiken, die Teppiche darstellen (Bild 3.49).

**Bild 3.49** Mosaik mit Teppichmotiv aus dem 4. Jh. v. Chr. (Christaras, 2006)

## 3.6 Maschenwaren

In manchen Übersetzungen antiker Texte wird irreführenderweise von „wirken“ gesprochen, wenn „weben“ gemeint ist. So „wirkt“ gelegentlich Penelope tagsüber an ihrem „Gewebe“, bevor sie es nachts wieder aufzieht, was aus textiltechnischer Sicht natürlich unsinnig ist. Das „Wirken“ ist mit dem Stricken verwandt und ein Prozess der Maschenbildung. Die Wirkerei wird erst im 16. Jh. erfunden.

Die ältesten Maschenwaren wurden nicht, wie häufig fälschlich behauptet wird, durch einen Strickprozess erzeugt, sondern durch das sogenannte Nadelbinden, gelegentlich wird auch von Nalbinding gesprochen. Dabei werden - wie beim Stricken - die Maschen mit einem einzigen Faden gebildet. Der Unterschied besteht darin, dass der gesamte Fadenvorrat durch die gerade gebildete Masche geführt wird, bevor mit der nächsten begonnen wird. Dadurch ist die Fadenlänge automatisch begrenzt und deutlich kürzer als beim Stricken. Vermutlich wurde zur Maschenbildung eine Art von Nähnadel eingesetzt. Das Nalbinding ähnelt dem Knüpfen von Netzen und hat darin wohl seinen Vorläufer (Bild 3.50, links).

Die ältesten Funde derart hergestellter Textilien datieren in das frühe 4. Jt. v. Chr. Dabei handelt es sich um Textilien aus Bast, die in Tybrind Vig und Bolkilde (Dänemark) gefunden wurden. In China wurde eine ähnliche Technik entwickelt, wie Funde aus Machwan (Mashan) aus dem 3. Jh. v. Chr. zeigen.

Später verbreitete sich die Technik im Mittelmeerraum, wie Funde vom Mons Claudius und Oxyrhyncus (beide Ägypten) aus dem 2. Jh. und von Dura-Europos (Syrien) aus dem 3. Jh. bezeugen. In Bild 3.50 (rechts) ist ein Beispiel aus dem 3. bis 5. Jh. aus Ägypten dargestellt, die sogenannten „koptischen Socken“, die lange als älteste Gestricke galten.

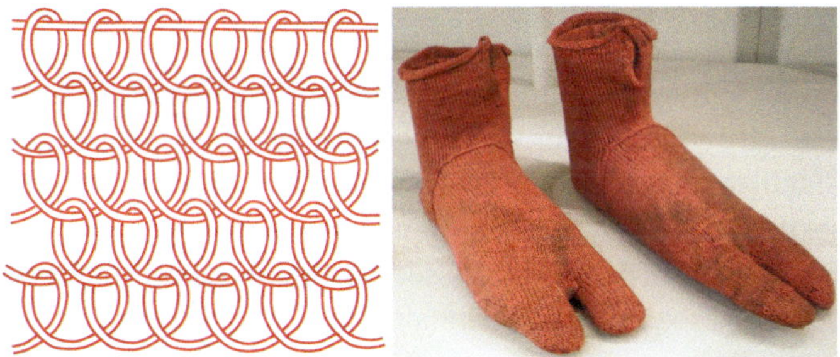

**Bild 3.50** Prinzip einer Nadelbindung und nadelgebundene Socken aus Ägypten, 3.–5. Jh. (Jackson, 2010)

Bild 3.51 zeigt anhand des Maschenbildes dieser Socken, warum lange nicht erkannt wurde, dass es sich nicht um ein Gestrick handelt. Die äußere Struktur ähnelt typischen Maschenstäbchen, und erst bei näherem Hinsehen wird klar, dass es sich nicht um gestrickte Maschen handelt.

Vermutlich entwickelte sich die Stricktechnik aus dem Nalbinding. Weil die entsprechenden Textilien meist nur bruchstückhaft erhalten sind und sich die Maschenbilder ähneln, ist eine Unterscheidung häufig schwierig. Funde aus Nag el-Scheima (Nubien) werden oft als die ersten Gestricke angesehen und stammen aus der Zeit von 550–850 n. Chr. Eine genauere Untersuchung ist aber wegen ihres schlechten Erhaltungszustands kaum möglich. Es wird vermutet, dass die Stricktechnik durch die Araber nach Spanien gelangte und von dort ins nördliche Europa. So gibt es aus Schleswig entsprechende Funde, die in das späte 11. Jh. datiert werden.

**Bild 3.51** Maschenbild der Socken in Nadelbindungstechnik

## 3.7 Veredlung

Wolle muss nach der Schur gewaschen, gekämmt oder auf andere Weise zum Spinnen vorbereitet werden. Die aus den Garnen gewebten Wollstoffe wurden meist gefärbt und danach oft aufgeraut, gewalkt, gefilzt oder anderweitig veredelt, z. B. durch Behandlung mit Schwefel. Das besonders bei den Römern verbreitete Walken war sehr aufwendig und dauerte viele Stunden (Bild 3.52). Es wurde daher viel besser bezahlt als das Färben, wie das Preisedikt des römischen Kaisers Diokletian aus dem Jahr 301 n. Chr. zeigt: Das Walken eines Wollstoffs wurde mit 200 Denaren angesetzt, das Färben einer Tunika dagegen mit nur 10–20 Denaren. Walkereien waren wohl mit erheblichen Geruchsbelästigungen für das Umfeld verbunden und wurden daher meist in speziellen, gut vom Wind durchlüfteten Zonen eingerichtet (Flohr, 2017). Das engl. Verb „to walk“ geht auf diesen Prozess in der Bedeutung „treten“ zurück. Auch das Aufrauen von Wollstoffen war verbreitet, um den Tragekomfort zu erhöhen.

Bild 3.53 zeigt das Firmenschild einer Filzmacherwerkstatt in Pompeji. In der Mitte stellen vier Männer auf einem großen Tisch Filze her, unter dem sich ein beheizter Behälter für warmes Wasser befindet, das zum Filzen benötigt wird. Links kämmt ein Arbeiter die Wolle, rechts zeigt ein anderer das fertige Produkt.

**Bild 3.52** Walken und Waschen (links; SteinsplitterBot, 2016) sowie Aufrauen von Wollstoff mit einer Bürste und Drahtgestell zum Bleichen (rechts; Rieger, 2009b)

**Bild 3.53** Filzmacherwerkstatt in Pompeji, 1. Jh.

Eine ganze andere Art der Veredlung ist in Bild 3.54 zu sehen. Hier sind Frauen beim Bügeln mit einem sogenannten Pfanneneisen dargestellt. Von „bügeln“ kann man eigentlich noch nicht sprechen, weil das Eisen keinen „Bügel“ hat, eher von „plätten“. Das Pfanneneisen war mit glühenden Kohlen gefüllt und wurde vor allem für Seidengewänder eingesetzt.

**Bild 3.54** Chinesische Frauen beim „Bügeln“ in der Han-Dynastie (206 v. Chr.–220 n. Chr.)

## ■ 3.8 Warum keine industrielle Textilproduktion?

Die bisher dargestellten textilen Herstellungsverfahren wurden überwiegend manuell und fast ausschließlich zu Hause oder am königlichen Hof (z.B. bei den Minoern im 14. Jh. v. Chr.) bzw. einem Tempel durchgeführt. Eine Textilproduktion im industriellen Maßstab war fast unbekannt. Dagegen wurden Töpferwaren nur selten selbst hergestellt, sondern oft in großen Manufakturen erzeugt und über weite Strecken transportiert. Wie ist dieser Unterschied zu erklären?

### 3.8.1 Infrastruktur

Auf der Igeler Säule, einem 23 m hohen Grabmal der Secundinier aus dem 3. Jh. bei Trier, sind die wesentlichen Transaktionen beim Tuchhandel dargestellt (Bild 3.55). Tuchballen werden auf von Pferden gezogenen Karren oder auf Schiffen transportiert und die Stoffe dann im Geschäft auf Tischen den Kunden präsentiert. Es wird angenommen, dass die Rohmaterialien und Tuche lokal hergestellt wurden.

**Bild 3.55** Die Igeler Säule (Zahn, 1968)

Bild 3.56 zeigt einen Kunden beim Tuchhändler, der die Qualität des Stoffes, hier: den „Griff", prüft. Das Gewebe hat offensichtlich Fransen, es handelt sich also möglicherweise um eine Art „Teppich" oder einen Umhang.

**Bild 3.56** Prüfung eines Gewebes beim Tuchhändler in Trier, 3. Jh. (© GDKE/Rheinisches Landesmuseum Trier, Foto: Th. Zühmer)

Betrachten wir zunächst die Infrastruktur. So sind z. B. gute Verkehrsverbindungen und eine ausreichende Wasserversorgung Grundvoraussetzungen, um Textilien in großem Maßstab herstellen und mit ihnen überregionalen Handel treiben zu können.

Die Verkehrsverbindungen, z. B. zur Römerzeit, waren hervorragend. Über 80 000 km Straßen mit einer Breite von oft mehr als 5 m verbanden alle Teile Europas miteinander (Bild 3.57). Die meisten dieser Straßen verfielen im Mittelalter, und erst im 19. Jh. wurde ein Straßennetz mit einer so großen Ausdehnung wieder erreicht. Viele dieser Straßen werden heute noch befahren.

Die Wasserversorgung war beispielhaft und hielt einen Standard, der ebenfalls erst wieder in unserer Zeit erreicht wurde. Manche Aquädukte werden sogar noch heute benutzt (Bild 3.58).

Die Infrastruktur war somit vorhanden, sowohl für die Produktion von Textilien (Wasser) als auch für den Handel (Straßen). Daran lag es also nicht.

**Bild 3.57** Römisches Straßensystem im 2. Jh. n. Chr. (Linard, 2019)

**Bild 3.58** Aquädukt Pont du Gard (Song, 2014)

## 3.8.2 Technologie

Eine wichtige Voraussetzung für den Beginn der Industrialisierung in der Neuzeit war die Erfindung der Dampfmaschine als Antriebs- und Energiequelle. Wie sieht es damit aus?

Heron von Alexandria (1. Jh.) erfand u. a. die erste Dampfmaschine, die er Aeolipile nannte. Dabei wurde unter einer Kugel ein Feuer entzündet, die entstehende Hitze erwärmte Wasser, das dann in Form von Dampf aus zwei Düsen austrat und die Kugel in Rotation versetzte. Die maximale Drehzahl einer solchen Maschine beträgt ca. 1500 U/min (Bild 3.59).

**Bild 3.59** Dampfmaschine des Heron v. Alexandria aus dem 1. Jh. (Wiki, 2013; Wiki 2017)

Das Problem dieser Maschine war ihr Wirkungsgrad: Er lag bei nur 1 %. Aber man hätte diese Maschine weiterentwickeln und so eine Energiequelle zum Antrieb großer Maschinen zur Verfügung stellen können. Dies erfolgte jedoch nicht. Auch große Wasserräder (lt.: noria) wurden genutzt, wie eine Darstellung auf einem Mosaik aus dem frühen 4. Jh. zeigt (Bild 3.60). Sie wurden zum Antrieb von Mühlen und Sägen verwendet, aber nicht für Textilmaschinen.

**Bild 3.60** Älteste Darstellung eines römischen Wasserrads aus dem frühen 4. Jh. auf einem Mosaik aus Apamea (Syrien)

Betrachten wir daher einen weiteren wichtigen Gesichtspunkt, nämlich den Markt für Textilien.

### 3.8.3 Markt und Handel

Textilien wurden im Altertum praktisch nur für den eigenen Bedarf hergestellt. Häufig war dies Sklavenarbeit, z.B. bei den Römern. Somit bestand kein Interesse an einer Arbeitserleichterung. Aufgrund der geringen Bevölkerungszahl war der Bedarf an Textilien auch ohne industrielle Produktion einfach und billig zu decken. Eine maschinelle Fertigung hätte weder die Kosten gesenkt noch einen zusätzlichen Bedarf decken können, weil dieser nicht existierte. Besonders feine Stoffe aus oft edlen Materialien wurden auch von Frauen mit hohem gesellschaftlichem Status hergestellt. Aber auch hier gab es keinen echten Bedarf für eine Erleichterung der Arbeit, weil die Textilherstellung sehr mit Traditionen verbunden war, was Innovationen im Wege stand. Das „Streben nach Gewinn" war ebenfalls kaum verbreitet, sodass sich keine Handelsnetze über größere Entfernungen entwickelten.

Nur Luxusgüter, wie z.B. Seidengewebe aus China und Indien, wurden über größere Entfernungen transportiert. Ansonsten wurden nur wenige Textilien über weite Distanzen gehandelt, z.B. spezielle Wollmäntel aus Noricum (Österreich) oder feine Leinenstoffe aus Ägypten. Einzelne Papyrusfunde aus dem 4. Jh. v. Chr. zeigen, dass wohlhabende Bürger speziell für sie angefertigte Textilien bestellten. Dazu wurden sowohl gefärbte Stoffproben versandt als auch gewünschte Muster skizziert. Eine Maßanfertigung war natürlich nicht möglich, aber auch nicht erforderlich, weil Bekleidung nicht körperbetont getragen wurde (Bogensperger, 2016). Funde solcher Papyri sind allerdings selten, daher kann davon ausgegangen werden, dass die meisten Menschen ihre Bekleidung lokal „von der Stange" kauften, je nachdem, was verfügbar war. Im Gegensatz zu heute war daher das Konzept des Handels von Textilien bis ins frühe Mittelalter nur wenig verbreitet. Deshalb gab es kaum einen Anreiz für eine Produktion von Textilien für den Export. Dennoch gab es Importe nach Europa, z.B. von Baumwollstoffen aus Indien, die Plinius d.Ä. im 1. Jh. lamentieren ließen, dass die römische Staatskasse geleert würde, um diese Textilien zu kaufen. Das Handelsvolumen war insgesamt dennoch gering.

Somit waren zwar sowohl die technischen Voraussetzungen als auch die Infrastruktur vorhanden, aber es gab keinen wirtschaftlichen Anreiz für eine mechanisierte Fertigung mit dem Ziel einer industriellen Massenproduktion.

### 3.8.4 Preisedikt von Kaiser Diokletian

Im Jahr 301 n. Chr. erließ Kaiser Diokletian ein Preisedikt für zahlreiche Produkte und Dienstleistungen, in dem er Höchstpreise festsetzte (Bild 3.61). Darin nahmen sowohl Textilien als auch ihre Herstellung breiten Raum ein.

**Bild 3.61** Ausschnitt des Edikts von Diokletian (Kabel, 2007)

Eine direkte Umrechnung in heutige Preise ist schwierig, weil die Inflation damals sehr hoch war. Daher werden in den folgenden Tabellen jeweils Vergleichspreise für andere Güter genannt.

Während die meisten Handwerker pro Tag bezahlt wurden, erhielten Schneider ihren Lohn nach der Anzahl gefertigter Textilien. Je nach Kleidungsstück und Material gab es dabei unterschiedliche Löhne (Bild 3.62).

| | |
|---|---|
| Kleiderwächter im öffentl. Bad pro Gast | 2 |
| Schäfer | 25 |
| Kamel-, Eseltreiber | 25 |
| Farmarbeiter | 25 |
| Schneider (pro Kapuzenmantel) | 20 - 60 |
| Grundschullehrer (pro Monat und Schüler) | 50 |
| Schmied, Bäcker | 50 |
| Steinmetz, Zimmermann | 50 |
| Maler | 75 |
| Anwalt für 1 Plädoyer | 1.000 |

**Bild 3.62** Löhne in Denaren für typische Berufe nach (Kropff, 2016)

In Bild 3.63 sind typische Löhne für textile Berufe zusammengestellt. Weber erhielten 15–40 Denare für ein halbes Kilogramm Gewebe, für die Reinigung eines Kapuzenmantels wurden bis zu 200 Denare angesetzt. Zum Vergleich: 1 Salat kostete 1 Denar, 1 Wurst 2 Denare, 1 Pfund Schweinefleisch 12 Denare und 17,5 l Weizen kosteten 100 Denare.

| | | |
|---|---|---|
| Löhne für Sticker | Je nach Garnmaterial pro Unze | 25 - 300 |
| Löhne für Weber | Weibliche Weber (pro Tag) | 12 - 16 |
| | Wollweber (pro Pfund) | 15 - 40 |
| | Leinenweber (pro Tag) | 20 - 40 |
| Löhne für Wollwalker und Reiniger | Wollwalker (leichter Mantel) | 50 |
| | Kapuzenmantel aus Noricum | 200 |

**Bild 3.63** Löhne in Denaren für Textilberufe nach (Kropff, 2016)

Bild 3.64 zeigt typische Preise für verschiedene Rohmaterialien und Gewebe sowie als Vergleich für Sklaven und ausgewählte Tiere. Danach konnte man für 30 000 Denare entweder einen männlichen Sklaven oder ein Pfund purpurgefärbter Wolle kaufen. Seide wurde buchstäblich „in Gold aufgewogen" (12 000 Denare pro Pfund Seide, 72 000 Denare pro Pfund Gold). Schafe kosteten dagegen nur rund 400 Denare. Indigo war mit 750 Denaren pro Pfund nicht billig, auch wenn man zum Färben von mehreren Kilogramm Stoff nur wenige Gramm benötigte.

| | | |
|---|---|---|
| Seide | Rohseide, weiß (pro Pfund) | 12.000 |
| Purpurtextilien | Rohseide, purpurgefärbt (pro Pfund) | 150.000 |
| | Wolle, purpurgefärbt (pro Pfund) | 10.000 - 50.000 |
| | Wolle, kermesgefärbt (pro Pfund) | 1.500 |
| | Für Spinner von purpurgefärbter Wolle (je Unze) | 24 - 116 |
| Wolle | Gewaschene Wolle (pro Pfund) | 50 - 175 |
| Leinen | Roher Flachs (pro Pfund) | 16 - 24 |
| | Garn aus Flachs (pro Pfund) | 72 - 1.200 |
| | Taschentücher | 80 - 1.300 |
| | Lendentuch | 200 - 1.000 |
| | Schleier | 200 - 3.250 |
| | 1 Stück Gewebe für ein Hemd | 500 - 7.000 |
| | Männer-Dalmatica | 2.000 - 6.000 |
| | Frauen-Dalmatica | 3.000 - 11.000 |
| Hanf | für Seile (pro Pfund) | 6 - 8 |
| Textilien aus Purpur | Dalmatica mit Purpurbändern | 4.000 - 32.000 |
| Farbstoffe | Indigo (pro Pfund) | 750 |
| Gold | 1 Pfund | 72.000 |
| | Spinner von Goldfäden (pro Pfund) | 2.500 |
| Sklaven | männlich, 16 - 40 Jahre alt | 30.000 |
| | weiblich, 16 - 40 Jahre alt | 25.000 |
| Tiere | Schaf | 400 |
| | Strauß | 5.000 |
| | Packesel | 7.000 |
| | Arabisches Kamel | 12.000 |
| | Rennpferd | 100.000 |
| | Löwe | 150.000 |

**Bild 3.64** Preise für Rohmaterialien, Gewebe und anderes nach (Kropff, 2016)

Die Preise von Bekleidung waren sehr unterschiedlich und hingen sowohl vom Fasermaterial als auch von der Feinheit der Stoffe ab. So kostete ein Soldatenmantel aus Wollloden rund 4000 Denare, während ein Bettlaken aus Leinen bereits für 1600 Denare verkauft wurde (Bild 3.65). Unterwäsche aus feinem Leinen konnte schon zur Römerzeit sehr teuer sein (bis 40 000 Denare, also entsprechend dem Gegenwert von 100 Schafen oder einem Sklaven).

| | |
|---|---|
| Soldatenmantel | 4.000 |
| Hemd | 1.250 - 2.000 |
| Bettlaken | 1.600 |
| Strictoria (Unterwäsche) | 6.000 - 40.000 |
| Dalmaticomafortium (Kapuzenmantel mit Ärmeln) | 44.000 - 135.000 |
| Wollmantel | 15.000 |
| Stück Wollstoff | 1.500 - 5.000 |
| Tunika, einfach | 2.000 |
| Kapuzenmantel | 2.000 - 15.000 |

**Bild 3.65** Preise für Bekleidung nach (Kropff, 2016)

Wie diese Preise zeigen, lohnte sich die Herstellung von Textilien selbst in Handarbeit, und somit war auch unter diesem Gesichtspunkt kein Anreiz für eine maschinenunterstützte Produktionsweise gegeben.

## 3.8.5 Vorindustrielle Produktion

Textilien waren nur mit großem Aufwand herzustellen und daher ein wertvolles Gut. Funde von außergewöhnlich breiten Webstühlen, wie z. B. in Kleinklein (Österreich; nomen non est omen), deuten darauf hin, dass nicht nur für den eigenen Gebrauch gewebt wurde, sondern es bereits spezialisierte Handwerksbetriebe gab. Solche breiten Webstühle konnten nicht von nur einer Person bedient werden, sondern erforderten mindestens zwei Weber bzw. Weberinnen. Wegen des hohen Gewichts der Kettgewichte ist in diesem Fall davon auszugehen, dass die Weber tatsächlich Männer waren.

In Mitteleuropa gibt es in vielen Siedlungen eine Konzentration von Webgewichten in wenigen Häusern einer Siedlung. Entweder ist dies ein Hinweis auf Handwerksbetriebe, oder man traf sich in solchen Gebäuden, um gemeinsam und in Gesellschaft zu weben. Die Musikerin auf der Urne von Sopron (Bild 3.27) ist ein Indiz für diese zweite Theorie.

In Griechenland wurden im 5. Jh. v. Chr. Textilien überwiegend im eigenen Haushalt hergestellt, oft von Sklaven. Ab dem 4. Jh. v. Chr. gab es Handwerksbetriebe mit bis zu hundert Mitarbeitern (Sklaven und freie Arbeiter) neben vielen kleinen Familienbetrieben, vor allem in den Städten. In Milet wurden besonders prächtige Stoffe produziert, und in Megara webte man vor allem einfache Kleidung für Sklaven.

Bild 3.66 zeigt die Produktion von Textilien im 6. Jh. v. Chr. vom Garn bis zum fertigen Stoff. Dass es dabei oft fröhlich zuging, zeigen die überlieferten Geschichten, z. B. von Helena, die zurück in Sparta fröhlich Geschichten von Troja erzählte und dabei Garn spann (Odyssee, 4.120 ff.). An anderer Stelle (Odyssee, 10 221 ff und 5.61–62) wird von Kirke und Kalypso berichtet, die ihre eigene Werkstatt betrieben und beim Weben sangen.

**Bild 3.66** Textilproduktion vom Garn bis zum Stoff in Griechenland, ca. 550 v. Chr. (Kcoyle, 2021)

Es war also üblich, dass praktisch in jedem Haushalt gesponnen und oft auch gewebt wurde und somit der eigene Bedarf in der Regel selbst gedeckt werden konnte. Auch die Aussteuer wurde meist selbst von der Braut hergestellt. Das Brautkleid einer Römerin wurde immer von ihr selbst gesponnen und gewoben, um ihre Kunstfertigkeit nachzuweisen, und nur einmal, auf der Hochzeit, getragen. Die Männer heirateten hingegen in ihrer „Alltagskleidung" (Tellenbach et al., 2013). Dieser Brauch hat sich bis in unsere Zeit erhalten, wenn die Braut nicht später ihr meist weißes Hochzeitskleid färbt und so „recycelt".

Wenn Textilien in größeren Mengen hergestellt werden sollten, so wurde dies im Altertum oft arbeitsteilig und im später sogenannten Verlagssystem durchgeführt. Dies zeigen zahlreiche Grabinschriften und erhaltene Geschäftsbriefe, in denen z. B. Weberinnen (textrices, lanificae), Leinenverarbeiterinnen (lintеariae) und Kleiderhändlerinnen (vestiariae) genannt werden (Tellenbach et al., 2013). Zwar werden in Männergräbern immer wieder Spinnwirtel und Hilfsmittel zur Gewebeherstellung gefunden, dies sind aber Ausnahmen. Eine kompakte Betrachtung der Frage, ob die Textilherstellung eher von Frauen oder von Männern durchgeführt wurde, gibt (Grömer, 2009). Ausbildungsverträge des 2. Jh. v. Chr. aus Ägypten zeigen, dass sowohl Jungen als auch Mädchen den Weberberuf erlernen konnten, die Ausbilder waren allerdings meistens Männer (Tellenbach et al., 2013).

Das Rohmaterial wurde entweder von Bauern oder Schäfern gewonnen, die es dann sowohl direkt an die Spinnerinnen als auch an Händler verkauften. Wie zahlreiche verstreute Funde von Spinnwirteln belegen, erfolgte das Spinnen meistens zu Hause, und das Garn wurde dann an einen Händler verkauft, der es an Weberinnen oder – selten – Weber weiterverkaufte, von denen er wiederum das Gewebe erwarb. Ausgehend von einer Kett- und Schussdichte von 20 Fäden/cm (die Schussdichte war meist höher als die Kettdichte, das sei hier vernachlässigt), ergibt sich ein Garnbedarf von insgesamt rund 4 km pro Quadratmeter Gewebe. Bei einer Spinngeschwindigkeit von 50 m/h und einem Arbeitstag von 8 h (= 400 m Garn) waren also somit rund zehn Spinnerinnen nötig, um einen Weber mit ausreichend Garn zu versorgen, wenn er zwei Schussfäden pro Minute eintragen konnte. Für feinere und größere Stoffe waren entsprechend mehr Spinnerinnen erforderlich. Analog waren die weiteren Prozessschritte, z. B. das Walken der Wollstoffe und das Färben, organisiert. Dieses System der Aufteilung der Textilerzeugung in viele Einzelprozesse war in Europa noch bis ins 19. Jh. weit verbreitet. Es gab allerdings vereinzelt schon größere Produktionsstätten, sowohl für Garne als auch für Gewebe, insbesondere an Fürsten- und Königshöfen sowie Tempeln. Bei letzteren war die Textilherstellung oft Teil religiöser Zeremonien.

Für eine Toga von 20 m$^2$ und einer Fadendichte von 20/cm werden rund 40 km Wollgarn benötigt (Postrel, 2021). Bei einer Spinngeschwindigkeit von 40 m/h entspricht dies 1000 Stunden Spinnarbeit. Setzt man 8 h/Tag an, so dauerte alleine die Garnherstellung 125 Tage bzw. rund vier Monate. Die Webdauer betrug dann rund vierzig Tage bei zwei Schusseinträgen pro Minute und ebenfalls 8 h Arbeit pro Tag. Noch wesentlich mehr Aufwand erforderte die Herstellung von Segeln für die römische Flotte. Diese Beispiele machen deutlich, dass die Textilherstellung einen enormen Aufwand erforderte und daher vielen Menschen Arbeit oder wenigstens die Gelegenheit zu einem Nebenverdienst gab.

In England ist im 4. Jh. eine Wollweberei in Winchester belegt, die ausschließlich für den römischen Kaiser produzierte. In Silchester befand sich eine Färberei, und es gab Walkereien in allen größeren Städten des Landes. Nur so war der Bedarf, insbesondere des Militärs, zu decken.

## 3.9 Farbstoffe

Archäologische Textilreste sind meist braun und zeigen nicht mehr ihre ursprünglichen Farben. Zum einen haben sich die meist organischen Farbstoffe schon lange zersetzt, zum anderen wurden sie durch Kontakt mit Grabbeigaben aus Metall oft in Metalloxide umgewandelt. Daher ist eine Analyse der ursprünglichen Farbigkeit solcher Funde schwierig. Es wird davon ausgegangen, dass Textilien zunächst vor allem mit Pigmenten gefärbt wurden und erst später mit organischen Farbstoffen.

In den letzten Jahren ist es mit neuen Methoden gelungen, die Farbstoffe zu ermitteln, mit denen im Altertum gearbeitet wurde. Wie schriftliche Zeugnisse belegen, wurden bei Wolle meist die Fasern gefärbt („in der Flocke“) und nur selten die Garne, bei Flachs (Leinen) war es genau andersherum, falls überhaupt gefärbt und, wegen der schlechten Farbaufnahme von Flachs, nicht nur gebleicht wurde. Die fertigen Textilien wurden so gut wie nie gefärbt. Viele Farbstoffe haften nicht direkt auf den Fasern, daher wurden zur Fixierung verschiedene, natürlich vorkommende Chemikalien verwendet. Dazu zählen Alaun (als Beize), Seifenwurzeln, Kalkbrühe, Weinstein und – besonders für Purpur und Indigo – Urin. Gefärbt wurde nicht zu Hause, weil die dazu erforderlichen Geräte in einem üblichen Haushalt nicht vorhanden waren. Daher gab es bereits früh den Färber als Handwerksberuf für Männer bei den Römern (tinctor, colorator) und entsprechende Innungen, die bei den Griechen ebenfalls bekannt waren.

Nach neuesten Erkenntnissen wurden die ersten farbigen Textilien rot gefärbt, gefolgt von blau und gelb und erst deutlich später grün. Der wesentliche Grund dafür ist vermutlich, dass eine grüne Färbung nur in einem zweistufigen Verfahren erzeugt werden konnte, bei dem zuerst gelb und danach blau gefärbt wurde oder umgekehrt. Mehrfarbige Textilien sind ab dem 3. und 2. Jt. v. Chr. nachweisbar, setzten sich aber erst deutlich später durch. Der Papyrus Graecus Holmiensis aus dem 3. Jh. enthält 154 Rezepte zum Färben, davon 70 für Textilien. Als Färbemittel werden u. a. Safflor, Orseille, Kermes, Krapp und Waid genannt. Auch der Leydener Papyrus aus dem 4. Jh. enthält weitere elf Färberezepte. Die Papyri sind in einfacher Sprache geschrieben und wurden offenbar von einem Färber verfasst. Sie sind die ältesten schriftlichen Dokumente dieser Art. Ein typisches Rezept für die Rotfärbung lautet: „Lösung von Alkanna. Alkanna wird mit Öl, Wasser und Nüssen gelöst. Das beste aller Lösungsmittel ist aber Kamelharn. Denn dieser macht die Alkannafarbe nicht nur fest, sondern auch beständig“ (Johannsen, 1932).

Bild 3.67 zeigt einen Färbestein, der im Tell Beit Mirsim (Israel) gefunden wurde und ins 1. Jt. v. Chr. datiert. Die Färbeflotte befand sich in der Mitte des hohlen Steins, das zu färbende Textil wurde eingetaucht und anschließend auf der Oberseite des Steins ausgepresst. Überschüssige Farbe wurde in einer umlaufenden Rinne aufgefangen und über ein Loch wieder ins Innere geleitet.

**Bild 3.67** Färbestein aus Tell Beit Mirsim um 90° gedreht, ca. 1000 v. Chr. (Wiki, 1920)

### 3.9.1 Rote Farbstoffe

Rot gefärbte Textilien waren oft Ausdruck eines besonderen Status und daher sehr wertvoll. Neben pflanzlichen Farbstoffen wie Krapp und Orseille wurden für intensive und besonders leuchtende Rot- bzw. Violetttöne tierische Farbstoffe eingesetzt, die aus Purpurschnecken oder Cochenilleläusen aufwendig gewonnen wurden. Weniger stark färbende Rottöne wurden aus Labkraut, Färbermeister und Färberdistel (Saflor) gewonnen.

#### 3.9.1.1 Krapp

Krapp wurde zur Rotfärbung eingesetzt. Es gehört zur Familie der Rötegewächse mit über 10 500 Arten (z. B. Kaffee). Die eigentlichen Farbstofflieferanten sind die Arten der Gattung Rubia, die vor allem in Europa, im Mittelmeerraum und in Ostasien gedeiht. Der griechische Geschichtsschreiber Strabon rühmte im 1. Jh. das Wasser von Hierapolis (heutige Türkei), das sich besonders für die Krappfärberei eigne (Müller, 1997).

Neben dem in Europa und dem Mittelmeerraum vor allem verwendeten Rubia tinctorum wurde in China und Indien Rubia cordifolia verwendet. Der im Wurzelstock enthaltene Farbstoff Alizarin wird getrocknet und anschließend zermahlen. Krapp ist ein Beizenfarbstoff und wurde meist mit eisenhaltigem Alaun gelöst, wodurch sich Metallkomplexe bildeten, die sogenannten Farblacke. Je nach Eisengehalt erhält man unterschiedliche Farbtöne von orange- bis zu braunrot (Bild 3.68). Insbesondere Wolle kann so einfach gefärbt werden. Bei pflanzlichen Faserstoffen müssen zusätzliche Gerbstoffe eingesetzt werden, um eine dauerhafte („echte“) Färbung zu erzielen.

**Bild 3.68** Links: Krapppflanze (Zell, 2009); rechts: Krapplack (Almbauer, 2015)

In Indien wurde in Moheno-daro von J. Marshall eine rote Schnur aus Baumwolle aus der Zeit um 2200 v. Chr. gefunden. Sie wird als ältester Beleg für die Krappfärbung angesehen. Im Grab von Tutanchamun (1320 v. Chr.) wurde ein mit Krapp gefärbter Gürtel geborgen. In Mesopotamien datieren mit Krapp gefärbte Textilien ins 7. Jh. v. Chr., und in Palmyra sowie in Vorderasien war Krapp ebenso wie bei den Römern und Griechen in den ersten nachchristlichen Jahrhunderten der dominierende Farbstoff für die Rotfärbung. Im Papyrus Graecus Holmiensis (3. Jh.) wird beschrieben, wie mit Waid gefärbte Wolle mit Krapp überfärbt werden kann (vgl. Abschnitt 3.9.2).

#### 3.9.1.2 Purpur

Purpur ist chemisch verwandt mit Indigo (Bild 3.69), aber, im Gegensatz zu diesem, rein tierischer Herkunft. Der Name leitet sich vom griechischen Wort porphor ab, das „mischen“ bzw. „verrühren“ bedeutet. Damit wird der Farbsaft der Purpurschnecken bezeichnet (Bild 3.72).

Purpur wird von den Schnecken in der Hypobrachialdrüse gebildet, allerdings nicht als Purpur, sondern in einer farblosen Vorform. Sind die Schnecken irritiert, stoßen sie entsprechenden Schleim aus, der vermutlich der Reinigung der Mantelhöhle dient. Unter Sauerstoff- und Lichteinwirkung oxidieren diese Substanzen zum eigentlichen Farbstoff. Es handelt sich also um einen Küpenfarbstoff wie Indigo, bei dem sich die Farbe erst nach einiger Zeit in einem Oxidationsprozess bildet und nicht direkt beim Färben.

Zur Gewinnung des Farbstoffs wurde entweder die Drüse entfernt oder die gesamte Schnecke zermalmt. Noch heute findet man entsprechende Schneckengehäuseberge, z. B. in der Gegend um Troja und Tarent. In Mittelamerika war die Gewinnungsmethode schneckenschonender. Dort wurden die Schnecken nur angestochen, sodass sie das Sekret absonderten und anschließend (lebend) wieder ins Meer geworfen werden konnten.

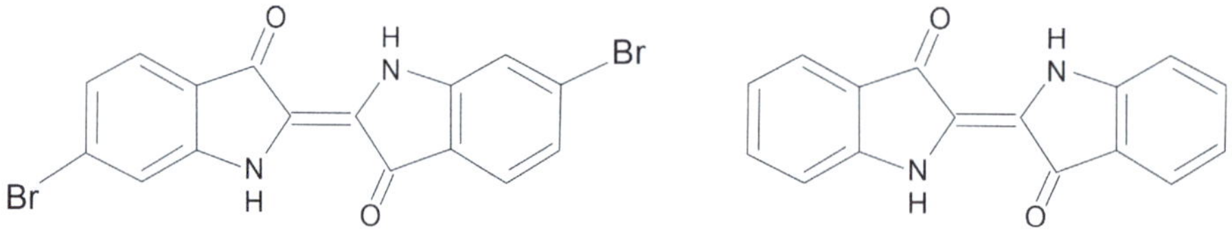

**Bild 3.69** Strukturformeln von Purpur (links) und Indigo (rechts)

Purpur kommt, in Abhängigkeit von der Schneckenart, aus der er gewonnen wird, in drei Farbtönen vor: Hochrot, Blau und Violett.

In der Antike und im Mittelalter war Purpur der kostbarste und am meisten geschätzte Farbstoff, der nur den höchsten weltlichen und geistlichen Würdenträgern vorbehalten war (Bild 3.70, links). Kardinäle und Päpste tragen auch heute noch vor allem Rot bzw. Purpur. Schon in den Linear-B-Texten aus Knossos (Kreta) wird im 13. Jh. v. Chr. von „königlichem Purpur" gesprochen, vermutlich war die Erzeugung des roten Farbstoffs dort schon im 3. Jt. v. Chr. bekannt. Die Gewinnung war extrem aufwendig, weil zur Herstellung von 1 g Purpur ca. 10 000–40 000 Schnecken (je nach Art) benötigt werden.

Purpur war vor allem bei den Völkern des Mittelmeerraums beliebt, weil dort die Purpurschnecken in großer Zahl vorkommen. Funde von großen Haufen von Purpurschneckenhäusern im minoischen Kreta datieren auf 1700–1600 v. Chr. In den sogenannten Amarnabriefen aus dem 14. Jh. v. Chr. wird von der Lieferung von mit Purpur gefärbten Textilien der Mittannier an Pharao Amenophis III. berichtet. Im 13. Jh. v. Chr. schreibt der Gesandte von Ugarit in Karkemiš, Taguhli, an seinen Herrscher: „[Für eine Opferhandlung] möge mein Herrscher mir purpurgefärbte Wolle schicken".

Die ältesten direkten Nachweise der Nutzung von Purpur zur Färbung von Textilien stammen aus der Zeit von 1400–1100 v. Chr. aus dem Nahen Osten, u. a. aus den Königsgrüften von Qatna. Dort wurde Purpur im Boden und in mineralisierten Textilien nachgewiesen. Bei der Herstellung und dem Handel mit Purpur spielten die Phönizier eine entscheidende Rolle. Die Griechen gaben ihnen daher in Anlehnung an das griechische Wort phoínix für

„purpurrot“ ihren Namen. Um die Nachfrage befriedigen zu können, errichteten die Phönizier entlang der gesamten Mittelmeerküste Stützpunkte und gewannen, wo immer möglich, Purpur (Reese, 1980). Wie griechische Inschriften zeigen, waren die Purpurhändler nicht die Hersteller des Purpurs, sondern kauften ihn auf. So trifft z. B. der Apostel Paulus, ein Zeltmacher aus Tarsos, im 1. Jh. in Philippi (Griechenland) die Purpurhändlerin Lydia, die ihm Obdach gewährt und kurze Zeit später Christin wird (Bild 3.70, rechts).

**Bild 3.70** Gruppenbild mit Kaiser Justinian im Purpurmantel (Michleb, 2012) und Purpurhändlerin Lydia im Purpurgewand (Bihn, 2022)

Der Preis für den besten Purpurfarbstoff, den Diabapha-Purpur aus Tyros, lag bei umgerechnet 100 000 € pro Kilogramm. Entsprechend teuer waren damit gefärbte Seidenstoffe, die daher im Römischen Reich dem Kaiser und den Senatoren (als breiter Saum an ihren ansonsten weißen Togen) vorbehalten waren. Die Bedeutung des Purpurfärbens zeigen zahlreiche Grabsteine von „Purpurarii“, also Purpurfärbern, die oft zusammen mit ihrem Handwerkszeug abgebildet werden.

### 3.9.1.3 Orseille und Kermeslaus (Cochenille)

Eine preiswerte Alternative zu Schneckenpurpur war der aus den Flechten der Gattung Rocella gewonnene Farbstoff Orcein (Bild 3.71). Schon Theophrast schrieb im 4. Jh. v. Chr.: „Solange die Farblösung frisch ist, ist die Färbung viel schöner als die des Purpurs.“

**Bild 3.71** Rocella-Flechte (Jymm, 2008) sowie mit Orseille gefärbte Wolle (Carter, 2018)

Eine andere preiswerte Alternative zum Purpur war schon in der Antike die Karminsäure der Kermesläuse Kermococcus vermilio Planchon. Die Kermeslaus lebt als Parasit auf Kermeseichen im Mittelmeerraum. Ihr Farbstoffgehalt ist wesentlich höher als der der europäischen Kermeslaus (Bild 3.72).

**Bild 3.72** Purpurschnecke (Hillewaert, 2008) und Cochenilleläuse auf einem Kaktus (Zyance, 2006)

Die Weibchen der Laus saugen sich an den Zweigen und Blättern fest, während sich die Männchen zu Insekten mit Flügeln entwickeln und nach der Paarung sterben. Die Weibchen nehmen eine kugelige Gestalt an und legen ihre Eier auf die Blätter. Die Körperhüllen der abgestorbenen Weibchen und die Eier enthalten den roten Farbstoff, der aus Karmin- und Kermessäure besteht.

Zum Färben eines Kilogramms Wolle werden ca. 70–100 g getrocknete Läuse benötigt, das entspricht ca. 14 000 Stück. Im Färbebad entwickelt sich eine rote Farbe mit großer Leuchtkraft, die in Mischungen mit Indigo oder Krapp die Farben Orange oder Violett ergibt (Bild 3.73).

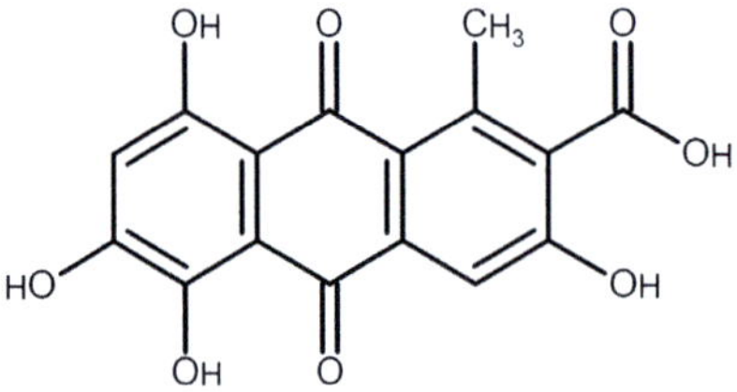

OH O $CH_3$ O OH HO OH OH O

**Bild 3.73** Strukturformel der Kermessäure

Die ersten schriftlichen Hinweise auf die Färbung mit Kermesläusen sind Erwähnungen in babylonischen Keilschrifttexten sowie an verschiedenen Stellen der Bibel. Theophrast bezeichnet im 4. Jh. v. Chr. die Phönizier als die Erfinder der Färberei mit Kermes, was darauf hindeutet, dass in Vorderasien ihr Ursprung zu suchen ist. In Indien wurde die Kermeslaus offenbar noch nicht genutzt, weil alternative Farbstoffe zur Verfügung standen, z. B. von der Lackschildlaus (Lac-dye). In China war dieser unter dem Namen Tzu bekannt.

Bis zur Entdeckung der synthetischen Färbemittel auf Azo- und Anilinbasis war die Kermeslaus neben Krapp das wichtigste Rotfärbemittel. Heutzutage wird es als natürlicher Farbstoff nur noch Campari zugesetzt, in Lippenstiften ist die synthetische Form enthalten.

Im Grab des Fürsten von Hochdorf wurde ein leuchtend roter Prachtmantel aus Wolle entdeckt (Bild 3.74). Er war mit dem Farbstoff der Schildlaus Kermes vermilio gefärbt, die im Mittelmeerraum vorkommt. Die Textilien wurden eindeutig vor Ort hergestellt, also war der Farbstoff importiert und die Gewebe wurden erst von den Kelten gefärbt. Dieser Fund ist bislang für die Keltenzeit einzigartig. In Griechenland waren rote Gewänder insbesondere für die Grabausstattung üblich, daher wird angenommen, dass der Keltenfürst seine engen Beziehungen zu den Griechen betonen wollte.

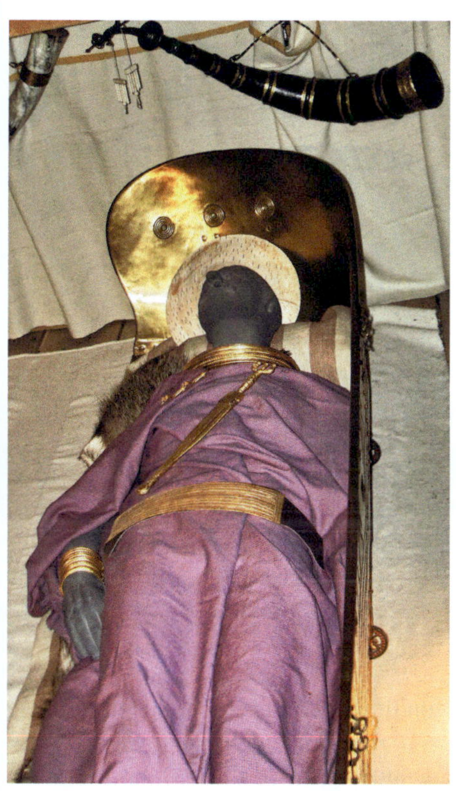

**Bild 3.74** Keltenfürst von Hochdorf mit Prachtmantel, ca. 550 v. Chr. (NobbiP, 2008)

## 3.9.2 Blaue Farbstoffe

Für blaue Farbstoffe wurde neben der Indigopflanze vor allem Färberwaid (Isatis tinctoria) eingesetzt. Beide enthalten das einzige pflanzliche Pigment, das als Färbemittel eingesetzt werden kann, alle anderen färbenden Pigmente sind mineralisch. Ursprünglich in Südosteuropa und Westasien beheimatet, gelangte Färberwaid vielleicht schon im

Neolithikum (Grotte von Adaouste, Frankreich), sicher aber zur Zeit der Kelten nach Mitteleuropa. Da sowohl ihre Gewinnung als auch das Färben mit ihnen schwierig war, galten blau gefärbte Stoffe als besonders kostbar. Der Indigofarbstoff, bzw. seine Vorform, wird jeweils aus den Blättern gewonnen.

Bis zum Ende des 19. Jh. wurde Indigo fast ausschließlich aus Pflanzen gewonnen; zum einen aus über 100 Indigofera-Arten, die zur Familie der Leguminosae (Schmetterlingsblütler) gehören und in den Tropen beheimatet sind. Der wichtigste Vertreter dieser Gruppe ist Indigofera tinctoria, ein Strauch, der vornehmlich in Indien wächst. Zum anderen kann Indigo aus den in den gemäßigteren Breiten wachsenden Isatis-Arten der Familie der Brassicaceae (Kreuzblütler) gewonnen werden. Der wichtigste Vertreter ist der Färberwaid Isatis tinctoria. Dabei handelt es sich um eine wild wachsende, krautartige, ca. 1 m hohe zweijährige Pflanze (Bild 3.75).

**Bild 3.75** Färberwaid (links; Lefnaer, 2014) und Indigopflanze (rechts; Stueber, 2005)

Der Name „Indigo" stammt aus dem Portugiesischen und bedeutet „indische Farbe". Die Färbung mit Indigo ist ein komplexer Vorgang, weil zunächst der Farbstoff löslich gemacht werden muss (Küpenfärbung) und dabei gelblich grün erscheint, dann auf die Faser aufzieht und dort, z. B. unter Einwirkung von Sonnenlicht, oxidiert, wodurch sich erst der blaue Farbton entwickelt. Dieser Prozess dauert mehrere Stunden oder sogar mehrere Tage. Weil aus dem gelblich grünen Stoff allmählich ein blauer Stoff wird, wurde dies als „blaues Wunder" bezeichnet. Dieses Verfahren wurde nachweislich schon im 7.–5. Jh. v. Chr. in Indien durchgeführt, um Baumwolle zu färben. Auch im Arthasastra des Kautilya aus dem 3. Jh. v. Chr. (Indien) wird detailliert beschrieben, wie und für welchen Lohn ein bestimmter Blauton erzeugt werden soll.

Färberwaid wurde schon von den Römern und den Griechen in der Antike kultiviert und von den Ägyptern zum Färben von z. B. Mumienbinden genutzt. Im Grab Alexanders des Großen wurden mit Indigo gefärbte Wollreste gefunden. Die Kelten in Großbritannien bemalten ihre Körper vor dem Kampf mit Indigo, worüber schon Julius Cäsar in „De bello Gallico" (5.14.2) befremdet berichtet: „Alle Britannier hingegen färben sich mit Waid blaugrün, wodurch sie in den Schlachten umso furchtbarer aussehen." In China war die Färbung mit Indigo ebenfalls bekannt, wie entsprechende Erwähnungen, z. B. beim Philosophen Xun Zi aus dem 3. Jh. v. Chr. belegen. Dort wurde, wie in Indien, die Indigopflanze genutzt. So gefärbte Textilien waren ab dem 1. Jh. v. Chr. auch im Römischen Reich bekannt, wie Erwähnungen durch Vitruv („de Architectura") und Plinius („Historia naturalis 35") zeigen. Dass die Römer mit „indischem" Indigo auch selbst färbten, ist fraglich, weil die dazu erforderlichen Kenntnisse der Küpenfärbung wohl nicht vorhanden waren. Das älteste blau gefärbte Textil in Europa stammt aus der Hallstattzeit (Bild 3.76).

**Bild 3.76** Ältestes blau gefärbtes Gewebe in Europa, Hallstatt-Zeit, ca. 1500–1200 v. Chr. (Foto: Markus Veit)

Andere blaue Farbstoffe, wie Färberknöterich und Färberhülse, wurden selten verwendet, weil ihre Farbwirkung deutlich geringer ist.

In Peru wurde mit Indigofera suffruticosa gefärbt, wie Funde von Textilien der Paracas aus dem 3. Jh. v. Chr. belegen. Dort wurden in Kombination mit Gelbtönen auch grüne Färbungen erzielt.

### 3.9.3 Gelbe Farbstoffe

In Mitteleuropa wachsen zahlreiche Pflanzen, aus denen ein gelber Farbstoff gewonnen werden kann. Dazu gehören u.a. Färberwau, Färberdistel, Färberscharte, Färberkamille, Goldrute, Schafgarbe, Tagetes und verschiedene Flechten. Mithilfe von Beizen, die eine Verbindung zwischen den Fasern und den Farbstoffmolekülen herstellen, gelingt eine lichtbeständige Färbung.

Bei Ausgrabungen der Pfahlbausiedlungen in der Schweiz wurden Pollen des Färberwau gefunden, was darauf hindeutet, dass damals bereits damit gefärbt wurde (Bild 3.77). Die Römer und viele Völker Nordeuropas bis hin nach Griechenland nutzten die Pflanze zur Textilfärbung, und bis ins 19. Jh. blieb er in Europa der wichtigste Lieferant des gelben Farbstoffs. Färberwau gehört zur Familie der Resedengewächse, wobei nur die Art Reseda lutuola als Färberpflanze verwendet wird. Sie ist ein- bis zweijährig, wird ca. 60 bis 150 cm hoch und blüht von Juni bis August. Der gelbe Farbstoff ist in allen Pflanzenteilen enthalten, vor allem in den Blütenkapseln. Zur Farbstoffgewinnung wird die gesamte Pflanze geerntet und, nachdem die Wurzeln entfernt wurden, getrocknet. Aus einem Ernteertrag von 1 t erhält man so 100 bis 400 kg Trockenmasse, die zu ca. 2 bis 3 % aus dem Farbstoff Luteolin besteht. Er wird in einem Beizprozess auf die Faser aufgebracht. Auf Seide erhält man die höchste Leuchtkraft und Farbechtheit, auf Baumwolle und Wolle hat Luteolin nur eine geringe Haltbarkeit.

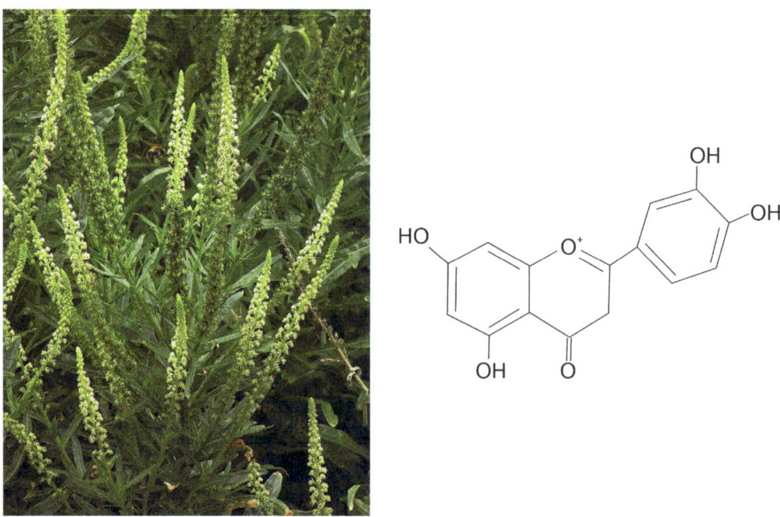


**Bild 3.77** Färberwau (Wiki, 2011b) und Strukturformel des Farbstoffs Luteolin

Färberwau gedeiht überall in warmen bis gemäßigten Klimazonen und wurde daher in fast ganz Europa, im südwestlichen Asien und später im westlichen Nordamerika angebaut. Erst im Laufe des 19. Jh. wurde er durch synthetische Farbstoffe ersetzt. Aber auch heute noch findet man Färberwau an steinigen und sonnigen Standorten, vor allem an Bahndämmen.

Weitere Pflanzen, die sich zur Gelbfärbung eignen, sind der Färbeginster, die Berberitze, die Kreuzbeeren und die Färberscharte. In China wurden die chinesische Gelbbeere und die chinesische Gelbschote eingesetzt.

Eine kostspielige Alternative war Safran, der aber nur selten und in Mesopotamien sowie vielleicht bei den Minoern und nur für besonders kostbare Gewänder eingesetzt wurde. Tatsächlich nachgewiesen wurde er bisher nur an Wolltextilien des 2. Jh. aus Israel.

### 3.9.4 Braun und Schwarz

Braune und schwarze Farbtöne wurden oft nicht durch Färbung erzielt, sondern durch die Verwendung entsprechender Wolle. Eine künstliche Braunfärbung wurde von den Römern z. B. mit den Blättern des Walnussbaums erzielt, wie eine Erwähnung bei Plinius für das Färben von Wolle zeigt. Auch Flechten, z. B. Parmelia und Usnea, wurden vermutlich verwendet.

Schwarz gefärbt wurde wahrscheinlich vor allem mit einer Kombination aus Eisenverbindungen mit Gerbstoffen, z. B. Tannin, Sumach, Granatäpfel, Akazien. Durch die Aufnahme des Gerbstoffs durch die Pflanze entsteht eine Säuregruppe, an die sich eine Eisenverbindung, z. B. Eisenacetat, anlagern und einen Farbkomplex bilden kann. Früheste Belege stammen aus Ägypten (18. Dynastie). Die Germanen nutzten die Schwarzfärbung spätestens ab dem 2. Jh., vielleicht durch Übernahme von den Römern.

Eine schwarze Färbung konnte durch eine Kombination der drei Grundfarben erzielt werden. Wie ein Fund aus einem keltischen Grab des 5. Jh. v. Chr. aus Altrier (Luxemburg) zeigt, war auch eine Kombination von Waid mit brauner Wolle möglich, wobei die beiden fehlenden Farbkomponenten in der Faser bereits vorhanden waren und so zusammen mit dem Blau des Waids einen tiefen Schwarzton ergaben.

### 3.9.5 Färben, bemalen und bedrucken

Während nahezu alle bekannten Textilien aus dem Altertum gefärbt wurden, gibt es nur wenige Funde von bemalten Textilien. So sind z. B. auf einem Leinenfragment aus El Gebelen aus dem 4. Jt. v. Chr. Ruderer mit schwarzer Farbe aufgemalt. Aus späterer Zeit (z. B. 18. Dynastie) wurden Leinengewebe mit aufgemalten Bildern gefunden, die als Wandverkleidung oder zur Innenausstattung von Sarkophagen verwendet wurden. Herodot erwähnt ein am Kaspischen Meer lebendes Volk, das Kleider mit Tierfiguren trug, wobei unklar bleibt, ob diese aufgemalt oder gedruckt waren. Plinius d. Ä. berichtet aus Ägypten von einem Verfahren, das dem Reservedruck ähnelt. Dabei wurde eine Paste auf das Textil gestrichen, dieses in die Farbflotte getaucht, und nach dem Herausziehen waren nur die vorher vorbereiteten Stellen gefärbt. Je nach Konzentration der Paste wurden verschiedene Farbnuancen erreicht. In China wurden ebenfalls Stoffe bemalt (Bild 3.78). In Mawangdui wurden u.a. Gewebe aus dem 2. Jh. v. Chr. entdeckt, die vermutlich mit Modeln bedruckt wurden.

**Bild 3.78** Bemalte Stoffe aus China aus dem 2. Jh. v. Chr. (Wiki, 2020) und (Wiki, 2012b)

## 3.10 Handel

Ab dem 2. Jt. v. Chr. nimmt der Handel mit Textilien über größere Entfernungen allmählich zu. Gleiches gilt für die Verbreitung textiler Technologien, sodass die bis dahin gültige Unterscheidung in Regionen, in denen z.B. horizontal, und anderen, in denen vertikal gewoben wurde, verschwimmt (Bild 3.79). Fasermaterialien werden erst ab dem 2. Jh. v. Chr. gehandelt, z.B. Flachs, Hanf und Wolle. Dennoch wird weiterhin vor allem das lokal vorhandene Fasermaterial verarbeitet.

Neben den Handelswegen über Land wurde ab dem 1. Jh. auch zunehmend der Seeweg genutzt. So sind Handelsverbindungen zwischen Indien und dem Roten Meer bekannt. Bedeutende Häfen waren dort z.B. Berenike und Qusayr al-Qadim, in Indien Goa und Calicut. Auf diesem Weg gelangten neben Seide insbesondere feine Baumwollstoffe in den Mittelmeerraum und nach Europa (Wild et al., 2014). Die Seefracht von Alexandria nach Rom betrug nach dem Preisedikt von Diokletian aus dem Jahr 301 n. Chr. pro 17,51 rund 16 Denare, was umgerechnet rund 1 Denar pro Tag auf See entspricht. Die Frachtkosten bei Transport über Land waren erheblich höher.

**Bild 3.79** Vorherrschende Technologien zur Gewebeherstellung und Fasermaterialien um ca. 2000 v. Chr. in Anlehnung an (Barber, 1991)

Im Periplus Maris Erythraei aus dem 1. Jh. werden die Handelsrouten von und nach Indien bzw. Ägypten ausführlich beschrieben, vermutlich aus der Sicht eines Kaufmanns (Bild 3.80). Eine ausführliche Darstellung aller Handelsbeziehungen des Altertums (und auch späterer Zeiten) gibt (Abulafia, 2021).

Textilien wurden weiterhin zum größten Teil entweder selbst hergestellt, oder es wurden Stoffe von lokalen Händlern gekauft, wie Darstellungen aus römischer Zeit zeigen. In Bild 3.81 sind die aufgerollten Stoffe in einem Tuchladen zu sehen. Unterhalb hängen Stoffmuster für die Kunden, um die Ware vor dem Kauf zu prüfen. Diese Steinplatte wurde in Trier unter dem Chorfußboden des Doms entdeckt.

Im Altertum gab es in Europa vor allem für Seidenstoffe einen überregionalen Handel, weil sie ausschließlich in China erzeugt wurden. Der Handel mit Seide wurde über die Seidenstraße(n) abgewickelt, die damals nicht so genannt wurden, sondern erst seit 1877 so heißen, als der deutsche Geograf Ferdinand von Richthofen sie so bezeichnete (Richthofen, 1877a, b). Chinesischen Händlern war es verboten, das Reich der Mitte zu verlassen. Daher wurde die Seide über viele Zwischenhändler, u. a. von Skythen und Parthern, von China in zwei bis drei Jahren bis nach Europa transportiert. Die Seidenstraße ist damit der älteste globale Handelsweg und wird bis heute für den Transport von Waren genutzt. Aus chinesischer Sicht hätte sie auch „Gold-“, „Silber-“ oder „Glasstraße“ heißen können, weil diese Handelsgüter im Austausch für Seide von West nach Ost transportiert wurden. Genau genommen gab es nicht eine einzige „Seidenstraße“, sondern ein Netz von Handelswegen, zu Land und zu See, über das Seide und andere Güter (z. B. Baumwolle und Farbstoffe) von Asien nach Europa transportiert wurden (Bild 3.82).

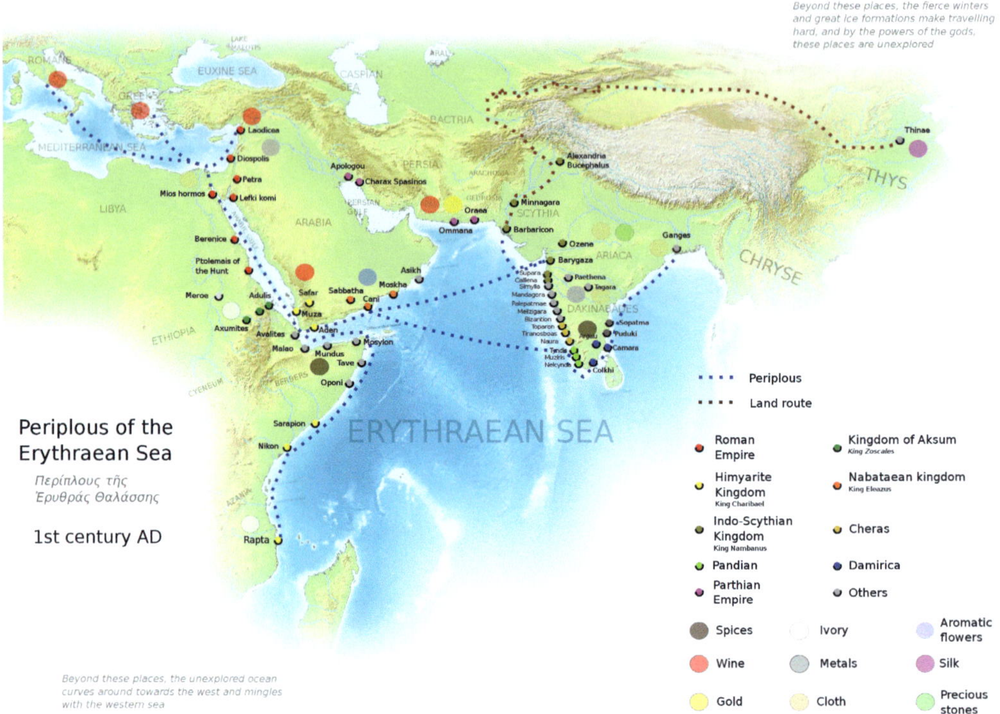


**Bild 3.80** Handelswege nach dem Periplus Maris Erythraei (Tsiagalakis, 2014)

**Bild 3.81** Darstellung des Ladens eines Tuchhändlers im 2. Jh. in Trier

Ein regelmäßiger Handel auf der Seidenstraße kam erst allmählich zustande, wie die vom griechischen Kaufmann Maes Titianos entsandte Expedition zeigt, die im Jahr 100 nach einjähriger Reise vom chinesischen Kaiser He empfangen und mit Seide beschenkt wurde. Sie war so außergewöhnlich, dass sogar der Geschichtsschreiber Claudius Ptolemaios darüber berichtete. Es gab verschiedene Versuche von chinesischer Seite, Handelsexpeditionen ins Römische Reich zu schicken, die aber meist unterwegs aufgaben. Die zahlreichen römischen und griechischen Münzen, die in Indien gefunden wurden, zeigen, dass über den Seeweg Waren nach Europa kamen, sicher auch Textilien, z. B. aus der in Indien kultivierten Baumwolle (Bild 3.83).

**Bild 3.82** Seidenstraßen und andere Handelswege in der Antike (Furfur, 2019)

**Bild 3.83** Römische Frauen in edler, vermutlich importierter Kleidung um 60 v. Chr. (Eugene, 2014)

Alle anderen Textilien (z. B. aus Flachs und Hanf) wurden in Europa und im Mittelmeerraum nur regional gehandelt oder in kleinen Mengen über größere Entfernungen hinweg transportiert. Zwar gibt es vereinzelt Grabfunde von besonders wertvollen Textilien, die wichtigen Personen zum Geschenk gemacht wurden und aus weit entfernten Gegenden stammen. Dies ist aber kein Hinweis auf einen ausgeprägten Handel. Der Bedarf der Bevölkerung an Textilien war relativ gering und wurde in der Regel durch eigene Heimarbeit gedeckt.

Im Gegensatz dazu war das Sekret der Purpurschnecke schon in der Antike ein begehrtes Mittel zur Rotfärbung und wurde deshalb auch über relativ große Entfernungen transportiert. Haupterzeuger waren die Phönizier in der Levante sowie später Städte in Südspanien. Der Handel blieb aber auf Europa und den Mittelmeerraum beschränkt. Oft wurde auch vor Ort gefärbt und daher nicht der Farbstoff, sondern das fertige Textil exportiert.

Mit dem Zerfall des weströmischen Reiches kam der Handel in Westeuropa weitgehend zum Erliegen. Städte verfielen, ebenso die Straßen und damit die Handelsrouten. Europa hatte durch das Vordringen der Araber in der Levante keinen direkten Zugang mehr zu Rohstoffen aus Asien. Konstantinopel als Hauptstadt des oströmischen Reiches kontrollierte diesen Handel bis ins 9. Jh.

## ■ 3.11 Mode

Die Bekleidung zur Bronze- und Eisenzeit war in den verschiedenen Kulturen, schon alleine wegen der unterschiedlichen klimatischen Bedingungen, sehr verschieden. Vollständige Kleidungsstücke sind nur selten überliefert. Daher ist es schwierig, aus den gefundenen Textilresten allgemeine Schlussfolgerungen auf die Textilien und die Mode der damaligen Zeit zu ziehen. Oft sind auch nur Accessoires erhalten, z. B. Gewandspangen, Fibeln, Nadeln etc. Daraus kann dann geschlossen werden, wie die Textilien ausgesehen haben mögen und wie sie getragen wurden. Allerdings ist hier der Raum für Spekulation groß. Dazu kommt, dass sich der kulturelle Hintergrund der Fundzeit vom 19. Jh. bis heute erheblich geändert hat, was unmittelbar Einfluss hat auf die Rekonstruktionsversuche antiker Kleidung. Aus manchen Kulturkreisen sind dagegen bildliche Darstellungen oder Statuen überliefert, die einen direkten Eindruck vom Aussehen der damaligen Kleidung vermitteln.

Im Altertum wechselte die „Mode“ nicht wie heute jedes Jahr. Vielmehr veränderte sich die Kleidung über zum Teil sehr lange Zeiträume kaum. Mit der zunehmenden Mobilität der Menschen und weitreichenden Handelsbeziehungen kam es erst um die Zeitenwende immer häufiger zu einer teilweisen Übernahme von Bekleidungsstilen aus anderen Völkern oder einer Vermischung der Stile.

Eine ausführliche Darstellung der bis 1990 gemachten Funde von Textilien aus dem Altertum gibt (Barber, 1991). Einen Vergleich der Kleidermode verschiedener Regionen in Europa und dem Nahen Osten zur Bronzezeit um 1400 v. Chr. gibt (Harris, 2012). (Batten,

2010) erläutert anhand zahlreicher Beispiele aus der Bibel, welchen Einfluss der Status einer Person auf ihre Kleidung hatte (und umgekehrt).

Im Folgenden wird die Mode der damaligen Zeit an ausgewählten Beispielen beschrieben. Häufig sind die Farben der Textilien nicht mehr erhalten, daher wird oft indirekt von Wandmalereien und schriftlichen Überlieferungen auf die Farbigkeit von Bekleidung geschlossen. Sicher waren die Textilien im Altertum viel farbenprächtiger, als wir uns das heute aufgrund der meist braunen oder schwarzen Bekleidungsreste vorstellen können. Auch griechische und römische Statuen und Tempel waren nicht alle weiß, wie sie sich heute präsentieren, sondern sehr bunt und farbenfroh, wie man mittlerweile weiß.

Bis ins frühe Mittelalter hinein gab es kaum Unterwäsche, wie wir sie heute kennen, sondern man trug die Oberbekleidung meist direkt auf der Haut (Bild 3.84). Dies gilt für nahezu alle bekannten Kulturkreise.

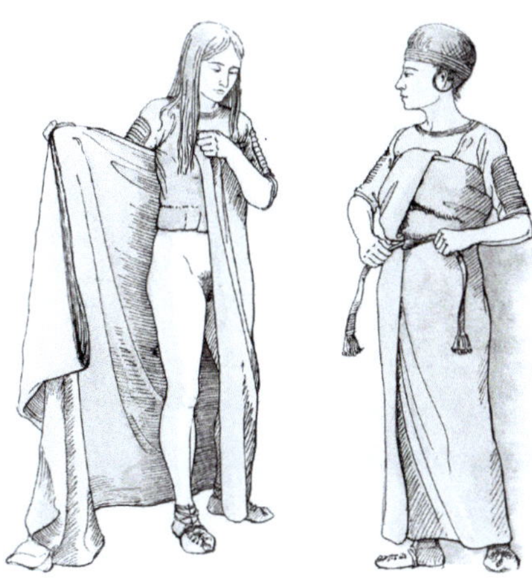

**Bild 3.84** Kleid von Skrydstrup (Dänemark) ohne Unterwäsche (WWW, 2010a)

## 3.11.1 Ägypter

Die ägyptische Standardbekleidung, sowohl von Männern als auch – als Untergewand – von Frauen aller sozialen Schichten, war seit dem Neolithikum und bis zur Antike das Lendentuch. Es war in der Regel ungefärbt und bestand aus Leinen.

Ägyptische Frauen trugen seit ca. 2700 v. Chr. als Standardgewand die von den Griechen später sogenannte Kalasiris, ein Leinengewebe. Wer es sich leisten konnte, trug sehr feine Stoffe, alle anderen eher grobe Textilien. Während die Kalasiris in bildlichen Darstellungen sehr körperbetont geschnitten ist (Bild 3.85), war der Schnitt in Wirklichkeit wohl etwas weiter und der Stoff meist ungefärbt, auch wenn es vereinzelt bunte Darstellungen gibt.

Für besondere Anlässe wurde – wohl vor allem von Sklavinnen – deutlich luftigere Kleidung getragen, wie Bild 3.86 beispielhaft in einer älteren Darstellung zeigt.

**Bild 3.85** Ägyptische Alltagskleidung und bunter Kalasiris (Pharos, 2017a)

**Bild 3.86** Tänzerinnen, ca. 1400 v. Chr. (Codex, 2012), und Netzkleid, ca. 2500 v. Chr. (Muhammed Amin, 2016)

**Bild 3.87** Kleidung der Königin Nefertari (13. Jh. v. Chr.), Pharao Taharqa mit Lendentuch (7. Jh. v. Chr.; Wiki, 2022) und Lendentuch Tutanchamuns (14. Jh. v. Chr.)

Besonders prachtvoll war die Kleidung der ägyptischen Pharaonen. Selbst die Lendentücher waren aufwendig gewebt und plissiert. Die Gewänder waren oft so fein gewebt, dass man durch sie hindurchsehen konnte („gewebter Wind"). Entsprechende Stücke wurden z.B. im Grab des Pharaos Tutenchamun in hervorragendem Erhaltungszustand gefunden (Bild 3.87).

Eine ausführliche Darstellung der ägyptischen Mode gibt (Vogelsang-Eastwood, 1993).

## 3.11.2 Persien

Die Kleidung in Persien war zum Teil aufwendig gemustert, wie eine Darstellung von Soldaten aus der Regierungszeit Dareios I. (5. Jh. v. Chr.) zeigt (Bild 3.88). Ob die Muster durch Drucken oder Sticken entstanden, ist unklar.

**Bild 3.88** Bunt gemusterte Tuniken persischer Soldaten aus dem 5. Jh. v. Chr. (Halun, 2015)

## 3.11.3 Minoer

Aus der Zeit der Minoer sind kaum textile Reste überliefert, daher stützt sich unsere Kenntnis vor allem auf Malereien und figürliche Darstellungen. Bei den Männern war ein Schurz üblich, den ab der Mitte des 2. Jt. v. Chr. der Kilt ablöste, der mit einem Gürtel zusammengehalten wurde. Der Schurz bzw. Kilt wurde im Winter mit einem langen Mantel kombiniert. Frauen trugen ein Miederleibchen, das die Brüste frei ließ, und einen bodenlangen Rock (Bild 3.89). Ob dies den Priesterinnen und der Oberschicht vorbehalten war oder allgemein üblich, ist unbekannt. Diese Form der Frauenkleidung wurde im 19. Jh. in Frankreich wieder modern („Wespentaille“).

**Bild 3.89** Frauenkleidung von Kreta, ca. 1500 v. Chr. (Evans, 1921), und Schlangengöttin, ca. 1600 v. Chr. (Chris, 2005)

Die Farbigkeit der Bekleidung zeigt Bild 3.90. Eine Besonderheit der Kleidung der Minoer war, dass sie keine Fibeln verwendeten wie z. B. die Griechen. Stattdessen trugen sie zugeschnittene Kleider und mussten daher nicht große Stoffbahnen um den Körper drapieren wie ihre Nachbarn.

**Bild 3.90** Minoische Frauen mit bunten Miedern mit großem Dekolleté (Hardwigg, 2011)

### 3.11.4 Germanen

Die Schafhaltung begann bei den Germanen schon um ca. 4500 v. Chr., ob die Fasern bereits zur Textilherstellung verwendet wurden, ist aber unsicher, weil keine entsprechenden Funde vorliegen. Wollstoffe können durch Verfilzen sehr dicht und fast lederartig werden. Damit entfällt die Notwendigkeit von Säumen und gestickten Kanten, und es kann materialsparend zugeschnitten werden. Aus den Resten, die bei der Herstellung bronzezeitlicher Männermäntel anfielen, konnten so vermutlich die Unterkleider der Männer gefertigt werden. Bild 3.91 zeigt die Garderobe eines dänischen Mannes aus Wolle aus der Älteren Bronzezeit, ca. 1200 v. Chr. Das Untergewand wurde von einem Gürtel zusammengehalten und weist nur einen einzigen Träger auf, der Mantel ist grob gewebt.

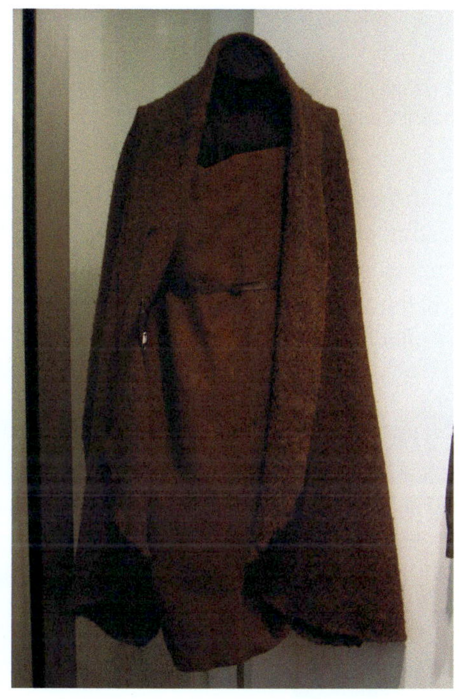

**Bild 3.91** Kleidung des Mannes von Trindhöj, 1200 v. Chr. (Bullenwächter, 2012a)

Eine besonders repräsentative Form des Rechteckmantels ist der sogenannte Prachtmantel (Bild 3.92). Er war von der Bronzezeit bis ins Mittelalter in Germanien weit verbreitet. Das meist aufwendig gemusterte Gewebe bestand oft noch zusätzlich aus abwechselnd Z- und S-gedrehten Garnen oder Zwirnen, um weitere optische Effekte zu erzielen. Häufig war der Rand mit einem Brettchengewebe gesäumt. Verschlossen wurde der in der Mitte geteilte Mantelstoff meist mit einer Fibel über der rechten Schulter. Wie experimentelle Untersuchungen zeigten, benötigten zwei Frauen rund ein Jahr, um einen solchen Mantel herzustellen. Ein besonders schönes Exemplar aus dem 2. Jh. mit einer Größe von 210 × 230 cm wurde 1859 im Thorsberger Moor gefunden. Dieser Mantel war ursprünglich komplett blau gefärbt.

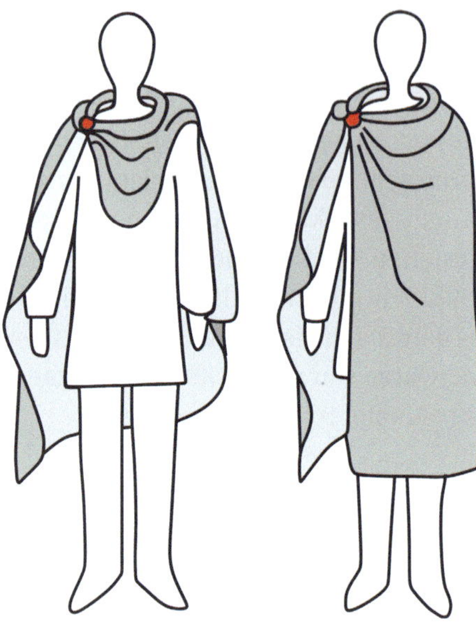

**Bild 3.92** Trageweise eines germanischen Prachtmantels nach (Seemann, 2022)

Die Oberbekleidung von Frauen wurde oft aus einem einzigen Stück durch Falten, Raffen und gelegentlich Zusammennähen hergestellt. Vielfach gefundene längliche dünne Bronzezylinder könnten Reste von Schnurröcken sein. Große Bronzescheiben werden als Gürtel gedeutet, entsprechende Textilien sind aber nur sehr selten erhalten. Frauen trugen offenbar eine Art von Bluse, während die Männerunterkleidung eher schlicht gehalten war (Bild 3.93).

**Bild 3.93** Kleidungsfunde aus Baumsärgen, ca. 14.–12. Jh. v. Chr. (Boye, 1895)

Die Kleidung der Frau von Huldremose (Dänemark) aus dem 2. Jh. v. Chr. besteht aus zwei Fellumhängen (Schaf, Ziege), einem ehemals blauen oder purpurfarbenen Wollrock, einem roten Schal und einer Mütze (Bild 3.94, rechts). Mit in ihrem Grab wurde ebenfalls ein Kleidungsstück aus Brennnesselfasern gefunden, was für diese Zeit wegen der ungünstigen Erhaltungsbedingungen sehr ungewöhnlich ist. Auch Reste von Flachs wurden in verschiedenen Gräbern gefunden, was auf die Nutzung dieser Fasern für Bekleidung hinweist.

Der seit dem Neolithikum in ganz Europa weit verbreitete Schnurrock ist aufgrund seines Aufbaus kein wärmendes Kleidungsstück, sondern diente wohl eher ästhetischen bzw. erotischen Zwecken. Er wurde vermutlich bauchfrei getragen (Bild 3.94, links und Mitte). Dafür spricht die Erwähnung eines entsprechenden Kleidungsstücks in der (Ilias 14.181): „Schlang dann umher den Gürtel, mit hundert Quasten umbordelt", als Hera versucht, Zeus zu verführen, um in den Trojanischen Krieg einzugreifen, was ihr damit auch gelingt. Diese Art von Kleidung widersprach dem Bild der „züchtigen" Germanin, das manche Forscher im 19. und 20. Jh. hatten, und daher wurden solche Funde meist eingelagert und nicht einer größeren Öffentlichkeit präsentiert. Heute wird damit unbefangener umgegangen. Im Rahmen eines Projekts an der Universität Innsbruck aus dem Jahr 2007 gelang es, einen Schnurrock aus über 200 Schnüren in rund 60 h herzustellen. Eine ausführliche Darstellung der Rekonstruktion findet sich in (Demant, 2017).

**Bild 3.94** Links: Kleid aus Egtved, ca. 1400 v. Chr. (Rekonstruktion, Foto: Markus Veit); rechts: Kleidung der Frau von Huldremose aus Wolle, 2. Jh. v. Chr. (Palnatoke, 2016)

Wurden in der frühen Bronzezeit die Stoffe oft in Leinwandbindung und grob gewebt (3-6 Fäden/cm), sind aus der späten Bronzezeit auch deutlich feinere köperbindige Gewebe bekannt mit bis zu 30 Fäden/cm. Im 2. Jh. wurden bis zu 40 Fäden/cm erreicht, oft in Kombination mit Diamantköper, der zu dieser Zeit sehr beliebt war. Auf der Trajanssäule (113 n. Chr.) werden Krieger mit eng anliegenden Hosen und Frauen in langen Leinenkleidern gezeigt (Bild 3.95). Ein wichtiger Exportartikel der Germanen ins Römische Reich waren nach Plinius d. Ä. Gewebe aus Leinen, manchmal in Mischungen mit Schussfäden aus Wolle.

Ein besonders gut erhaltenes Exemplar einer Hose aus dem 2.–4. Jh. wurde im Thorsberger Moor gefunden (Bild 3.96). Im Bereich des Bundes ähnelt sie heutigen Exemplaren, und im Gesamtdesign war sie richtungsweisend für die Beinkleider des frühen Mittelalters.

**Bild 3.95** Trajanssäule (113 n. Chr.) mit Germanen in Hosen (links) und Leinenkleidern (rechts) (Wiki, 2008)

**Bild 3.96** Hose aus dem Thorsberger Moor (Bullenwächter, 2011; 2020)

Generell ist zu beobachten, dass in der Bronzezeit Textilien oft zugeschnitten wurden, während in der römischen Eisenzeit die Kleidung vor allem in Form breiter Stoffe um den Körper drapiert war. Mit dem Einsatz neuer Webtechniken, die eine höhere Fadendichte ermöglichten, wurden Textilien wieder vermehrt geschnitten, und so entstand eine Mischung aus traditionellen und modernen Stilen. Eine ausführliche Darstellung der textilen Funde aus Nordeuropa geben (Gleba und Mannering, 2012).

## 3.11.5 Kelten

In der Bronzezeit dominierten vor allem einfarbige Textilien aus Wolle und Flachs, die Fäden waren relativ grob (ca. 1 mm). In Hallstatt wurden Gewebe in Köperbindung gefunden, manche mit Indigotin (aus Färberwaid) blau gefärbt. Eine gelbe Färbung wurde mit Luteolin und Apigenin (z.B. aus Färberwau) erzeugt. Aus verschiedenen Funden, u.a. aus dem Grab des Keltenfürsten von Hochdorf sowie aus Hallstatt, lässt sich ableiten, dass keltische Stoffe spätestens ab der Eisenzeit (ca. 750 v. Chr.) farbenfroh waren und zum Teil aufwendige Muster durch die Verwendung unterschiedlicher Materialien erzeugt wurden, Karos waren offenbar beliebt. Neben blauen, gelben, grünen, roten und braunen Farben wurden auch die natürlich vorkommenden Farbtöne der Wolle in den Mustern berücksichtigt. Kett- und Schussfäden wurden oft unterschiedlich gefärbt, und dadurch konnten über die Variation der Bindung viele Farbeffekte erzeugt werden. So wurden z.B. helle Flachsfäden mit dunklen Wollgarnen kombiniert und Fäden mit unterschiedlicher Drehrichtung (S bzw. Z) ergaben optische Effekte. Diese spezielle Technik wurde in vielen Teilen Mitteleuropas eingesetzt. Bild 3.97 zeigt eine Auswahl typischer Stoffe der frühen Eisenzeit aus Hallstatt. Bunt gemusterte Brettchengewebe bildeten häufig die Säume und Kanten der Textilien.

Die in den Gräbern gefundenen Textilien waren sicher meist herausragende Stücke. Daher ist es denkbar, dass es sich in vielen Fällen um Importware handelte und die dargestellten Muster nicht lokal hergestellt wurden.

Der griechische Geschichtsschreiber Diodor beschrieb im 1. Jh. v. Chr. die Kleidung der Kelten: „Sie kleiden sich sehr auffällig. Sie tragen gemusterte Hemden in unterschiedlichen Farben und lange Hosen, die sie bracas nennen.“ In Bild 3.98 sind entsprechende Beinkleider dargestellt; wobei unklar ist, ob es sich hier um ein- oder zweiteilige Hosen oder nur um Wickelbänder handelt.

Generell werden Kelten sehr oft in Hosen (lat.: bracae) dargestellt, und diese waren ein Synonym für ihr „Barbarentum“. Es galt als „unrömisch“, Hosen zu tragen, auch wenn z.B. römische Soldaten kürzere Hosen trugen (Feminalia), die bis über das Knie reichten (Bild 3.99). In den Provinzen stationierte Legionäre erkannten bald den Vorteil langer Hosen im Winter, sodass sie sich auch im römischen Militär verbreiteten. Das Wort „bracae“ hat im englischen „breeches“ bis heute überlebt.

**Bild 3.97** Textilien aus dem Salzbergwerk Hallstatt, 800–400 v. Chr. (Grömer, 2012)

**Bild 3.98** Keltische Krieger mit Hosen um 400 v. Chr. (NHM, 2023)

**Bild 3.99** Kelte mit Hose (Sailko, 2013) und römische Feminalia (Cichorius, 1896)

Man geht allgemein davon aus, dass als Oberbekleidung Hemden bzw. Blusen oder ein tunikaähnliches Gewand getragen wurden. Da entsprechende Funde aber fehlen und bildliche Darstellungen selten sind, ist dies nicht sicher. Der Keltenfürst von Hochdorf könnte ein solches Gewand getragen haben (vgl. Bild 3.74), jedenfalls sind keine Nähte erhalten (Banck-Burgess, 2012). Bild 3.100 zeigt Rekonstruktionen keltischer Alltagskleidung.

**Bild 3.100** Keltische Alltagskleidung (Fotos: Markus Veit)

Wie Bild 3.101 zeigt, wurden größere Bekleidungsstücke oft aus mehreren kleinen Stoffen zusammengenäht. Dies ermöglichte körpernähere, engere Schnitte als bei den Römern, die meist große Stoffbahnen um ihre Körper drapierten.

Die Kelten trugen wegen des häufig kühlen und feuchten Wetters Kapuzenmäntel, sowohl lange als auch kurze, und Kinder trugen ebenfalls dieses Kleidungsstück (Bild 3.102).

**Bild 3.101** Braunes Köpergewebe, aus sechs trapezförmigen Stoffstücken zusammengenäht, ca. 800–400 v. Chr. (Foto: Markus Veit)

**Bild 3.102** Links: Keltische Kapuzenmäntel (cucullatus) auf einem Grabstein des 2. Jh.; rechts: Bronzefigur eines Kindes aus dem 1. Jh. (Siren-Com, 2010)

Bild 3.103 zeigt die Darstellung eines plissierten Rocks aus dem Anfang des 1. Jt. v. Chr., die in Slowenien entdeckt wurde.

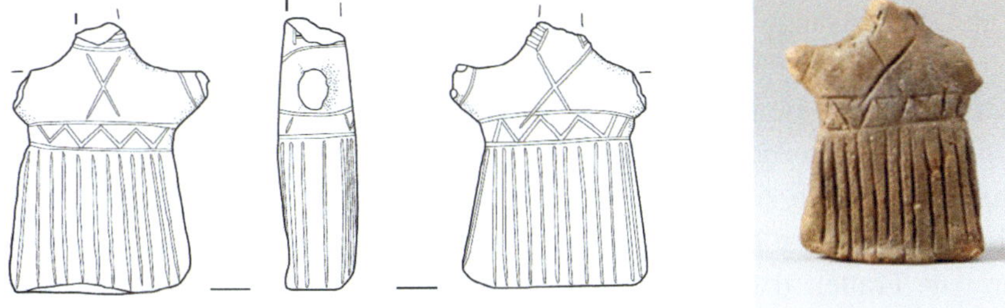

**Bild 3.103** Plissierter Rock aus Maribor, 1000–800 v. Chr. (Teržan et al., 2017)

### 3.11.6 Donauregion

Wie Bild 3.104 zeigt, haben sich manche Muster in den letzten 3000 Jahren in dieser Region nicht fundamental verändert. Dies deutet darauf hin, dass viele Muster im Altertum eine dezidierte Bedeutung hatten, die sich über die Jahrtausende in ihrer Formsprache erhalten hat, auch wenn uns dies heute nicht mehr bewusst sein mag. (Barber, 1991) gibt dazu zahlreiche Beispiele.

**Bild 3.104** Statuette aus Kličevac, ca. 1200 v. Chr. (Gmihail, 2014), und heutige Tracht (Ivan Honchar Museum, Kiew)

### 3.11.7 Griechen

Die Kleidung der Griechen bestand in der Regel aus Stoffbahnen, die drapiert und mit Fibeln zusammengehalten wurden. Seit dem 2. Jt. v. Chr. wurde Bekleidung vor allem aus Wolle erzeugt. Die Göttin Athene galt als Erfinderin der Wollverarbeitung. Der zunächst nur von Männern getragene Chiton stammt ursprünglich aus Assyrien und ist eine Abwandlung des Kthoneth. Das Hemdgewand ohne Schulternaht wurde über den Kopf gestülpt und war so schnell angezogen. Es war an der rechten Breitseite zusammengenäht und wurde mithilfe von Fibeln zusammengehalten. Meist blieb die rechte Schulter frei. Der Chiton reichte bei Männern bis oberhalb der Knie und wurde von einem Gürtel zusammengehalten. Die Frauen trugen einen längeren Chiton, der bis zu den Knöcheln reichte und an der Seite oft geschlitzt war (Bild 3.105).

**Bild 3.105** Anziehen eines Chitons (Stratz, 1905)

Die Männer trugen über dem meist leinenen Chiton (semitisch: „Leinen") im Winter Mäntel aus Wolle (Chlaina), die Frauen den langen Peplos, ebenfalls aus Wolle, der mit Fibeln und einem Gürtel zusammengehalten wurde. Ab dem 6. Jh. v. Chr. dominierten dann Gewänder aus Flachs. Wie Bild 3.106 zeigt, wurden die nicht mehr verwebten Kettfäden als modisches Accessoire in Form von Fransen im Gewebe gelassen.

Ab dem Ende des 6. Jh. tragen Männer und Frauen als Mantel das Himation, ein großes rechteckiges Wollgewebe, das ohne Befestigung um den Körper drapiert wurde. Frauen zogen das Himation über den Kopf, ähnlich einer Kapuze (Bild 3.107, links). Männer trugen einen Mantel, der kürzer war als das Himation und als Chlamys bezeichnet wurde. Es war knielang, wurde über die linke Schulter gelegt und auf der rechten mit einer Fibel befestigt. So blieb der rechte Arm unbedeckt (Bild 3.107, Mitte). Dieses Kleidungsstück wurde später in Byzanz von hochrangigen Personen getragen. Ab dem 5. Jh. kam bei Frauen der Peplos in Mode. Dieser rechteckige Wollstoff wurde so um den Körper drapiert und mit Fibeln befestigt, dass ebenfalls der rechte Arm frei blieb. Der wesentliche Unterschied zum Chiton war, dass der Stoff am oberen Ende umgeschlagen wurde.

**Bild 3.106** Militärkleidung mit Fransen, ca. 1200 v. Chr. (Zde, 2014)

Weil die griechischen Statuen meistens weiß erscheinen, wurde lange angenommen, dass die Kleidung der Griechen ebenfalls weiß bzw. naturbelassen war und nicht gefärbt wurde. Mittlerweile haben genaue Analysen gezeigt, dass die griechischen Statuen in der Regel bemalt waren, und somit ist davon auszugehen, dass auch die Kleidung gefärbt war (Brinkmann, 2008). Darauf deutet ein Erlass in Athen hin, der bei Herodot erwähnt wird, dass es verboten sei, im Theater oder an anderen öffentlichen Plätzen in gefärbter Kleidung zu erscheinen. Auf zahlreichen Vasen sind Gewänder mit aufwendigen Mustern dargestellt, die dies unterstreichen. Die in Bild 3.108 dargestellten Griechinnen tragen aufwendig gemusterte Obergewänder. Sie können nicht durch Drucken entstanden sein, weil dieses Verfahren noch nicht bekannt war, sondern wurden so gewebt. Es zeigt das hohe Niveau der Webkunst in der damaligen Zeit.

**Bild 3.107** Frauen im Himation (Gorski, 2003), Mann in Chlamys (Wiki, 1888) und Frau mit Peplos (Nguyen, 2007b)

**Bild 3.108** Griechinnen mit aufwendig gemusterter Kleidung, ca. 500 v. Chr. (AishaAbdel, 2017)

### 3.11.8 Etrusker

Auf der Thronlehne von Verucchio aus dem Ende des 8. Jh. v. Chr. ist eine Hochzeit dargestellt. Breiten Raum nimmt dabei die Herstellung von Textilien ein, was deren Bedeutung, möglicherweise für die Mitgift, unterstreicht (Bild 3.109). Im oberen Bildteil sind links und rechts symmetrisch zwei vertikale Webstühle zu sehen, an denen jeweils zwei Frauen weben.

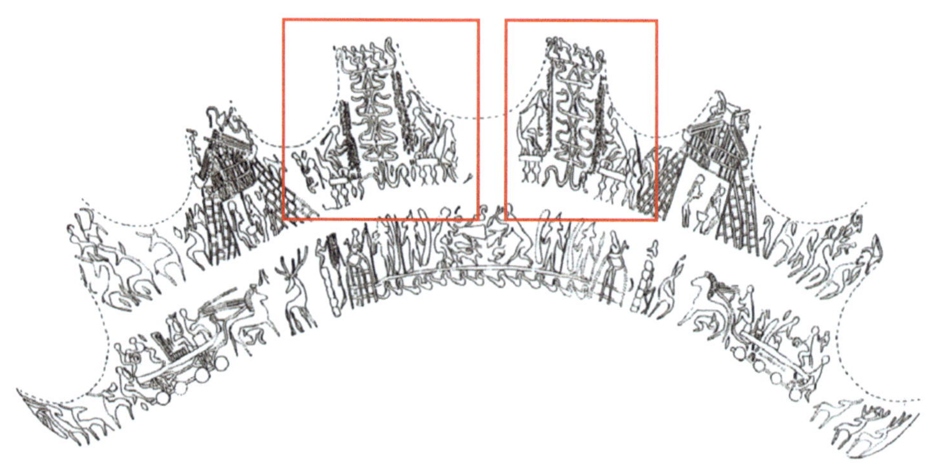

**Bild 3.109** Details der Thronlehne von Verucchio

Auf einem Bronzegefäß aus Pieve d'Alpago (Italien) aus dem 6. Jh. v. Chr. wird die Textilherstellung kombiniert mit dem Prozess von der Zeugung bis zur Geburt eines Kindes. Parallel zu den einzelnen Phasen wird zunächst ein Garn gesponnen und zum Schluss ein Gewebe erzeugt (Fath et al., 2019). Ob hier eine direkte Verbindung zwischen beiden Vorgängen hergestellt werden sollte oder es sich um die Darstellung eines Mythos handelt, die begleitet wird von Menschen, die ihrer täglichen Arbeit (spinnen, weben) nachgehen, ist ungeklärt.

Die Vielfalt der Muster und die Farbigkeit der etruskischen Bekleidung zeigt Bild 3.110 aus einem Grab des 5. Jh. v. Chr. Die Gewebe besitzen breite Borten, vermutlich aus Brettchengeweben.

**Bild 3.110** Tanzende Etrusker, ca. 470 v. Chr. (Wiki, 2005)

## 3.11.9 Römer

Die Mode der römischen Republik war anfänglich von etruskischen Einflüssen geprägt. Die Kleidung bestand zunächst vor allem aus Wolle, z. B. bei Tunika und Toga. Unter dem Einfluss der griechischen Kultur setzte sich im römischen Reich ab dem 3. Jh. v. Chr. Kleidung aus Leinenstoffen immer mehr durch, zunächst bei den vornehmen Damen, später auch bei den Männern. In der Kaiserzeit wurden ebenfalls Hasenhaare, z. B. aus Kappadokien, und Mischgewebe verwendet. Typische Fadendichten lagen bei 15–20/cm, für besonders feine Textilien wurden bis zu 40 Schussfäden/cm eingetragen. Insbesondere das Militär hatte einen großen Bedarf an standardisierter Kleidung, sodass Fabricae entstanden, große Werkstätten mit Hunderten von Arbeitern. Es gab auch Spezialisten für die Wollwäsche („lanilutores“) und professionelle Weber.

Die Tunika löste im 2. Jh. v. Chr. den Schurz ab und war die Unterbekleidung. Sie bestand aus einem Vorder- und einem Rückenteil, die seitlich zusammengenäht waren und einen Ausschnitt für den Hals frei ließen. Damit konnte sie einfach über den Kopf angezogen werden. Ursprünglich aus Vorderasien stammend, wurde sie zum dominierenden Kleidungsstück in der antiken Welt. Männer trugen sie meist knielang, Frauen länger. Die Tunika konnte mit und ohne Gürtel getragen werden, ab dem 3. Jh. erhielt sie Ärmel („tunica manicata“). In der römischen Kaiserzeit trugen alle Schichten eine Tunika, wobei diejenige der einfachen Leute aus Wolle bestand und keine Verzierungen aufwies, während die höheren Schichten durch unterschiedlich breite und bunte Streifen ihre Bedeutung unterstrichen („tunica praetexta“). Ab dem 4. Jh. kam die Dalmatica in Mode, ein knielanges Hemdgewand mit angenähten Ärmeln, das vermutlich von den Illyrern übernommen wurde. Es wird heute, ebenso wie die Tunika, von Würdenträgern der katholischen Kirche verwendet und ist der Vorläufer unserer Hemden und Blusen.

Die Toga war die Oberbekleidung der freien Römer, die sie von den Unfreien und von Fremden (Barbaren) unterschied. Sie ist das für die Römer typischste Kleidungsstück, das andere Kulturen nicht verwendeten. Sie bestand aus einem 5–6 m langen und 3–4 m breiten Stück Gewebe, das um den Körper drapiert wurde. Dies war aufwendig und erforderte daher die Hilfe eines Dieners. In der Frühzeit wurde die Toga auch von Frauen getragen, später war sie den Männern vorbehalten. Über die Stoffgröße und die damit verbundene Anzahl von Falten gab es modische Variationsmöglichkeiten. Im 3. und 4. Jh. wurde die Toga bei Männern allmählich vom Pallium, einem Mantel, abgelöst. Im Jahr 382 wurde er das offizielle Gewand der Beamten. Frauen trugen entsprechend eine Palla.

**Bild 3.111** Tunika ohne Ärmel (Veleius, 2018), Tunika mit Ärmeln (Colsu, 2014) und Toga, 1. Jh. (Nguyen, 2005)

Bild 3.112 zeigt links einen Römer mit Mantel (Pallium) und rechts die Vielfalt der Bekleidung, je nach Stand. Im unteren Teil sind Socken erkennbar (lt.: soccus), die von Soldaten in den Sandalen und ansonsten wie Hausschuhe getragen wurden. Sie wurden zunächst gewebt und erst in der Spätantike als Maschenware (in Nalbindungstechnik) hergestellt.

**Bild 3.112** Pallium (Giorces, 2006) und typische Männerkleidung (WWW, 2010b)

Die Oberbekleidung für Frauen war geprägt von einer großen Farbenvielfalt, wie Bild 3.113 beispielhaft zeigt. Als Unterkleidung an kalten Tagen konnte eine tunica intima (subucula) getragen werden, die ab dem 4. Jh. aus Leinen bestand. Die Kleidung von Kindern (Bild 3.113, rechts) unterschied sich erheblich von der der Erwachsenen. Das Kind trägt einen Kapuzenmantel (lt.: cucullus) aus Wolle, der besonders auf Reisen verwendet wurde.

**Bild 3.113** Bunte Frauenkleidung (ArchaiOptix, 2018) und Kind mit Mütze, 1.–2. Jh.

Im Gegensatz zu den Griechen betrieben die Römer Sport in der Regel nicht nackt, sondern, wenigstens teilweise, bekleidet. In Bild 3.114 ist die entsprechende Sportbekleidung von Frauen dargestellt, die heutigen Bikinis ähnelt. Sie bestand aus einem Slip (subligaculum) aus zwei Stoffstücken, die an der Hüfte zusammengebunden oder vernäht wurden. Er wurde vor allem, aber nicht nur beim Sport getragen. Das Oberteil bildet ein Brustband (lat.: fascia), das auch außerhalb des Sports getragen und mehrfach um die Brust gewickelt wurde. Es handelt sich daher nicht um einen „Bikini", auch wenn es auf den ersten Blick so aussehen mag.

**Bild 3.114** Römerinnen beim Sport, Villa Romana del Casale, ca. 350 n. Chr. (Forget, 2014; AlMare, 2006)

Auch eine Art von Socken war, insbesondere bei den römischen Legionären, verbreitet (Tibialia, Udones). Sie bestanden meist aus einem Stück gefilztem Wollgewebe, das um die Füße bzw. um die Schienbeine geschlungen wurde.

Bild 3.115 zeigt einen syrischen Schäfer mit kurzer Tunika, Mantel und Schuhen (möglicherweise mit Socken) aus dem 6. Jh. sowie Mitglieder der Oberschicht mit Toga. Die Mode änderte sich zum Ende der Antike im Vergleich zum 2. Jh. offensichtlich nicht oder nur wenig.

**Bild 3.115** Links: Schäfer auf einem Mosaik aus Syrien aus dem 6. Jh. (Foto: Markus Veit); rechts: Kleidung der Oberschicht im 5. Jh. (Sailko, 2016)

### 3.11.10 China

Zahlreiche textile Funde aus verschiedenen Ausgrabungen in den letzten Jahrzehnten zeigen die Vielfalt chinesischer Kleidung im Altertum. So waren neben Stoffbahnen, die um den Körper gewickelt wurden (z. B. Shenyi, Bild 3.116, links), auch Blusen, Röcke und sogar Hosen (Bild 3.116, Mitte) weit verbreitet, sowohl bei Männern als auch bei Frauen. Socken waren ebenfalls bekannt, genauso wie kaftanähnliche Kleidungsstücke (Bild 3.116, rechts). Da die Funde und die bildlichen Darstellungen meist nur Textilien von hochgestellten Personen zeigen, bleibt unklar, wie sich die einfache Bevölkerung kleidete. Seide war naturgemäß ein häufig verwendetes Fasermaterial, es wurde aber auch oft Wolle eingesetzt.

**Bild 3.116** Moderner Shenyi (Supersentai, 2009), Kaiser im Mantel mit Hosen (Guss, 2008), Kaftane (PericlesofAthens, 2016)

(Beck et al., 2014) fanden 2014 in der Senke von Turfan in Westchina Überreste einer rund 3000 Jahre alten Hose aus Wolle. Sie ist damit älter als vergleichbare Funde von den Skythen und gilt als älteste Hose der Welt (Wagner und Tarasov, 2018). Sie bestand aus drei Gewebestücken: den beiden Hosenbeinen, die aus je einem Stück bestehen und am Bund miteinander vernäht sind, und einem Zwickel, der beide Hosenbeine verbindet und dem Träger Bewegungsfreiheit gab. Die Hosenbeine wurden dabei passgenau für den Träger hergestellt und nicht aus einem größeren Stück herausgeschnitten. Die Qualität und Farbe von Webgarnen und Nähfäden stimmen überein, daher ist davon auszugehen, dass Weber und Schneider zusammenarbeiteten oder sogar ein und dieselbe Person waren. Die Hose wurde durch Kordeln am Bund festgezurrt. Sie wurde von einem Reiter getragen, was darauf hindeutet, dass dieses Kleidungsstück speziell für das Reiten eines Pferdes entwickelt wurde. Im Gewebe wurden sowohl Köper- als auch Ripsbindung verwendet, und durch Einsatz verschiedenfarbiger Garne wurde ein Muster erzeugt.

Dass diese Kleidungsstücke zusammengenäht werden mussten, ist offensichtlich. Es gibt aber nur wenige eindeutige Funde von Nähnadeln, meist aus Bronze und Eisen. Aus der

Han-Dynastie (2. Jh. v. Chr.–2. Jh. n. Chr.) sind Stahlringe bekannt, die als Fingerhut gedeutet werden. Sie gelangten entlang der Seidenstraße nach Westen, es dauerte allerdings noch rund tausend Jahre, bis solche metallenen Fingerhüte in Europa verwendet wurden (Holmes, 1985).

## 3.12 Technische Textilien

Zur Verschattung von großen Arenen wurden von den Römern Sonnensegel eingesetzt, sogenannte velaria. Dabei handelt es sich um streifenförmige Gewebestücke aus Flachs, die über Seile wie ein Dach über die Arena gezogen werden konnten (Bild 3.117). Es gibt von dieser Konstruktion nur wenige bildliche Darstellungen, allerdings wurden häufig Löcher in Steinen gefunden, die konzentrisch um eine Arena angeordnet waren, in denen die Haltestangen steckten.

**Bild 3.117** Links: Velarium des Amphitheaters in Pompeji (Rieger, 2009a); rechts: Modell des Amphitheaters in Arles mit ausgefahrenen Sonnensegeln (Waageberlin, 2019)

Zur Römerzeit wurden geknüpfte Fischernetze sowohl zum Fang von Fischen als auch von Gladiatoren (vom Retiarius) in der Arena eingesetzt (Bild 3.118).

Auch kunstvoll verzierte geflochtene Körbe mit Henkeln wurden hergestellt, die auf einem heutigen Markt nicht auffallen würden (Bild 3.119). Das Zaumzeug des Esels ist möglicherweise ebenfalls geflochten.

Medizintextilien waren ebenfalls bekannt. So wurden Binden aus Leinen schon bei den Griechen um 500 v. Chr. zur Wundbehandlung eingesetzt (Bild 3.120). Die Römer setzten Seidengewebe als Wundauflage ein. Seide ist biokompatibel, saugfähig und glatt, sodass sich das Textil später wieder gut abnehmen lässt.

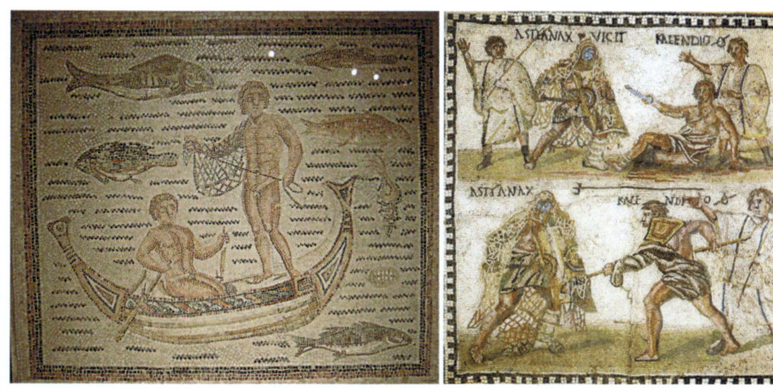


**Bild 3.118** Einsatz von Fischernetzen zum Fischfang (Clardy, 2008) und durch Gladiatoren in der Arena im 4. Jh. (Wiki, 2008)

**Bild 3.119** Mann mit Korb und Esel (FUB, 2005)

**Bild 3.120** Achilles verbindet Patroklos um 500 v. Chr. (Mharrsch, 2020)

# 3.13 Sagen und Märchen

Die Garn- und Gewebeherstellung hatte bei vielen Völkern eine besondere Bedeutung. So galt bei den Ägyptern die Göttin Isis als Erfinderin des Spinnens mit der Handspindel, bei den Etruskern und den Römern war es Minerva, die neben ihren sonstigen Aufgaben noch für die Weberei zuständig war, bei den Germanen war es Freia, und in China wurde die Frau des ersten Kaisers Jao entsprechend verehrt. Diese Auswahl zeigt, dass es stets Frauen waren, die beim Spinnen im Mittelpunkt standen, und dies entsprach wohl auch der Wirklichkeit, denn das Spinnen war überwiegend Frauenarbeit. Bei den Griechen waren es die Schicksalsgöttin Clotho (dt.: Spinnerin), die den Lebensfaden spann, und ihre Schwester Atropos, die ihn wieder zerschnitt. Bild 3.121 zeigt eine Darstellung aus dem 16. Jh.

**Bild 3.121** Die drei Schicksalsgöttinnen bei der Arbeit (Eugene, 2010)

Viele Mythen des Altertums haben die Textilherstellung als Hauptthema oder als wichtige Nebenhandlung. Hier wollen wir uns nur drei Beispiele ansehen.

### 3.13.1 Arachne und Athene

Arachne war die Tochter eines Purpurfärbers(!) und wurde wegen ihrer herausragenden Webfähigkeiten hochgeachtet. Hochmütig prahlte sie damit, dass sie geschickter weben könne als sogar die Göttin Pallas Athene, und forderte diese zu einem Zweikampf heraus. Athene wählte als Motiv für ihr Gewebe eine mythologische Szene, während Arachne die Götter bei ihren Liebesabenteuern darstellte. Athene musste zugeben, dass Arachne den Wettbewerb gewonnen hatte, und war darüber so zornig, dass sie Arachnes Gewebe zerriss und mit ihrem Webschiffchen auf sie einschlug (Bild 3.122). Arachne hängte sich daraufhin aus Furcht vor der weiteren Rache der Göttin auf, wurde aber von Athene gerettet, indem diese den Strick in ein Spinnennetz und Arachne in eine Spinne verwandelte. So wurden sie und ihre Nachkommen dazu verdammt, für immer zu weben und an Fäden zu hängen. In vielen romanischen Sprachen geht das Wort für „Spinne" auf die Stammform „Arachne" zurück, ebenso die Angst vor Spinnen (Arachnophobie).

**Bild 3.122** Pallas Athene schlägt Arachne mit dem Weberschiffchen, Gemälde von Peter Paul Rubens, 1636 (Botaurus, 2011).

### 3.13.2 Faden der Ariadne (Minotaurus)

Als der kretische König Minos erfuhr, dass sein Sohn Androgeos vom König von Athen, Aigeus, getötet worden war, zog er nach Athen und besiegte seinen Widersacher. Als Tribut mussten die Athener fortan alle neun Jahre sieben Jünglinge und sieben Jungfrauen nach Kreta schicken, wo sie in das Labyrinth des Minotauros geschickt und diesem geopfert wurden. Theseus, der Sohn des Aigeus, fuhr auf der 3. Tributfahrt mit nach Kreta, und Ariadne, die Tochter des Königs Minos, verliebte sich in ihn. Um ihn vor seinem grausamen Schicksal zu bewahren, spann sie einen Faden, den sie ihm mitgab, damit er sich im Labyrinth des Minotaurus zurecht- und nach getaner Arbeit (den Minotaurus zu töten) wieder herausfinde (Bild 3.123). Dies gelang, auch wenn die weitere Geschichte für Ariadne und Theseus kein Happy End hatte.

**Bild 3.123** Ariadne übergibt Theseus ihren Faden (Bambini, 1700).

### 3.13.3 Odysseus

Auch Odysseus erlebte mehrere „textile“ Abenteuer auf seiner Rückfahrt von Troja. So gelang ihm die Flucht aus der Höhle des geblendeten Riesen Polyphem, indem er und seine verbliebenen Gefährten sich an den Bauch von Schafen klammerten und so entkamen. Später begegnete er auf der Insel Aiaia der Zauberin Circe, die an einem von Göttern geschaffenen Webstuhl arbeitete und seine Gefährten in Schweine verwandelte. Odysseus ließ sich aber nicht „bezirzen“ und konnte fliehen. Nach weiteren Abenteuern gelangte er schließlich nach Hause. Die Geschichte seiner glücklichen Rückkehr zu seiner Frau Penelope ist Motiv zahlreicher bildlicher Darstellungen und wurde bereits in Abschnitt 3.2 erzählt. Die Odyssee ist damit der Prototyp antiker Geschichten, in denen häufig die alltägliche Arbeit des Spinnens und Webens von Frauen im Haushalt mit der eigentlichen Handlung „verknüpft“ wird.

## Literatur und Bildquellen

*Abulafia, D.* (2021), Das unendliche Meer. S. Fischer, Frankfurt a. M.

*Ahmadi, F.* (2014), *https://commons.wikimedia.org/wiki/File:Iranian_carpet_structure_(7).JPG*, CC BY-SA 3.0

*AishaAbdel (2017), https://upload.wikimedia.org/wikipedia/commons/f/f6/Women_fountain_Met_06.1021.77_resized_glare_reduced_white_bg.png?uselang=de*, CC BY-SA 2.5

*Aleks* (2006), *https://commons.wikimedia.org/wiki/File:M%C3%A1.png*

*Alfaro Giner, C.* (1984), „Tejido y Cesterıa en la Penınsula Iberica: Historia de su Tecnica e Industrias desde la Prehistoria hasta la Romanizacion“ [Weaving and Basketry from the Iberian Peninsula: History of Its Technique and Industries from Prehistory to Romanization]. Consejo Superior de Investigaciones Cientıficas, Instituto Espanol de Prehistoria, Madrid.

*AlMare* (2006), *https://commons.wikimedia.org/wiki/File:Villa_Romana_del_Casale_Bikini_Maedchen_modified.jpg*, CC BY-SA 2.5

*Almbauer, M.* (2015), *https://commons.wikimedia.org/wiki/File:Krapplack.JPG*, CC BY-SA 3.0

*Altamura, F., Angle, M., Cerino, P., De Angelis, A., Tomei, N.* (2013), „Latium pictae vestis considerat aurum“. Sepolcri a Colonna (Roma). In: *Ghini, G., Mari, Z.* (Eds.), Lazio e sabina, Quasar, Rom, S. 255–260.

*ArchaiOptix* (2018), *https://commons.wikimedia.org/wiki/File:Wall_painting_-_female_painter_-_Pompeii_(VI_1_10)_-_Napoli_MAN_9018.jpg*, CC BY-SA 4.0

*Augustyn, T.* (2007), *https://commons.wikimedia.org/wiki/File:Soay_ewe.jpg?uselang=de*, CC BY-SA 2.0

*Bambini, N.* (1700), *https://commons.wikimedia.org/wiki/File:Bambini,_Niccolo_-_Ariadne_and_Theseus.jpg?uselang=de*

*Banck-Burgess, J.* (2012), Mittel der Macht – Textilien bei den Kelten. Theiss, Stuttgart.

*Barber, E. J. W.* (1991), Prehistoric textiles. Princeton University Press, Princeton.

*Batten, A. J.* (2010), „Clothing and Adornment“, Biblical Theology Bulletin 40 (3), S. 148–159, Sage Publishing, Thousand Oaks.

*Bazzanella, M.* (2005), „Iron Age Textile Artefacts from Riesenferner“, in: *Bichler, P., Grömer, K.* (2005), Hallstatt Textiles – Technical Analysis, Scientific Investigation and Experiment on Iron Age Textiles. British Archaeological Reports Int. Series 1351, BAR Publishing, Oxford, S. 151–160.

*Beck, U., Wagner, M., Li, X., Durkin-Meisterernst, D., Tarasov, P. E.* (2014), „The invention of trousers and its likely affiliation with horseback riding and mobility: A case study of late 2nd millennium BC finds from Turfan in eastern Central Asia“, Quaternary International (348), S. 224–235, Elsevier, Amsterdam.

*Bihn, D.* (2022), *https://commons.wikimedia.org/wiki/File:Lydia_of_Thyatira.png*, CC BY-SA 4.0

*Bogensperger, I.* (2016), „How to Order a Textile in Ancient Times. The Step before Distribution and Trade“, in: Conference: Textile Trade and Distribution 2, Volume: Textiles, Trade and Theories: From the Ancient Near East to the Mediterranean, Kassel.

*Bohnsack, A.* (1993), Der Jacquard-Webstuhl, Deutsches Museum, München.

*Botaurus* (2011), *https://commons.wikimedia.org/wiki/File:Rubens_Arachne.jpg*

*Boye, V. C.* (1895), Fund af egekister fra bronzealderen i Danmark et monografisk bidrag til belysning af bronzealderens kultur, Volume 1, Kopenhagen.

*Brinkmann, V.* (2008): Bunte Götter. Die Farbigkeit antiker Skulptur. Katalog der Museumslandschaft Hessen Kassel, Bd. 40, Kassel.

*Bullenwächter* (2011), *https://commons.wikimedia.org/wiki/File:Thorsberg_Trousers.jpg*, CC BY-SA 3.0

*Bullenwächter* (2012a), *https://commons.wikimedia.org/wiki/File:Mens_clothing_Trindh%C3%B8j.jpg*, CC BY-SA 3.0

*Bullenwächter* (2012b), *https://commons.wikimedia.org/wiki/File:Woolen_diamond_twill.jpg*, CC BY-SA 3.0

*Bullenwächter* (2020), *https://commons.wikimedia.org/wiki/File:Thorsberg_Trousers_upper_part_IMG_3052.jpg*, CC BY-SA 4.0

*Burne-Jones, E.* (1861), *https://commons.wikimedia.org/wiki/File:Edward_Burne-Jones_-_Tile_Design_-_Theseus_and_the_Minotaur_in_the_Labyrinth_-_Google_Art_Project.jpg?uselang=de*

*Bustamante-Álvarez, M., Sánchez López, E. H., Jiménez Ávila, J.* (2019), „Redefining Ancient Textile Handcraft Structures, Tools and Production Processes", in: PURPUREAE VESTES VII Textiles and Dyes in Antiquity. Proceedings of the VIIth International Symposium on Textiles and Dyes in the Ancient Mediterranean World, Granada.

*Carter, W.* (2018), *https://commons.wikimedia.org/wiki/File:Vitt_yllegarn_v%C3%A4xtf%C3%A4rgat_med_orselj_fr%C3%A5n_lav.jpg*, CC0 1.0

*Chris* (2005), *https://commons.wikimedia.org/wiki/File:Snake_Goddess_Crete_1600BC.jpg*, CC BY-SA 3.0

*Christaras, A.* (2006), *https://commons.wikimedia.org/wiki/File:Olynthos-mosaic-floor.jpg*, CC BY-SA 2.5

*Cichorius, C.* (1896), *https://commons.wikimedia.org/wiki/File:010_Conrad_Cichorius,_Die_Reliefs_der_Traianss%C3%A4ule,_Tafel_X.jpg*

*Clardy, J.* (2008), *https://commons.m.wikimedia.org/wiki/File:3rd_century_CE_Roman_Mosaic_Marble_and_Glass_Panel_excavated_in_1897_in_Tunisia_Fisherman.jpg*, CC BY-SA 2.0

*Codex* (2012), *https://commons.wikimedia.org/wiki/File:Tombe-de-Nakht-119.jpg*, CC BY-SA 3.0

*Colsu* (2014), *https://commons.wikimedia.org/wiki/File:Villa_Romana_del_Casale-Ambulacre_de_la_Grande_Chasse-_Capture_et_transport_d%27une_autruche.jpg*, CC BY-SA 4.0

*Crawfoot, G. M.* (1937), „Of the Warp-Weighted Loom", The Annual of the British School at Athens, Vol. 37, Athen, S. 36–47.

*Cyron, M.* (2007), *https://commons.wikimedia.org/wiki/File:UsoEpinetron.jpg*, CC BY-SA 3.0

*Darafsh* (2013), *https://commons.wikimedia.org/wiki/File:Persepolis_Darafsh_2_(13).JPG*, CC BY-SA 3.0

*Dbc334* (2007), *https://commons.wikimedia.org/wiki/File:Marijuana.jpg*

*Demant, I.* (2017), „Making a Reconstruction of the Egtved Clothing", in: Archaeological Textiles Review (59), S. 33–43, University of Copenhagen.

*Den Toom, A. M.* (2008a), *https://commons.wikimedia.org/wiki/File:Knopen_001.jpg*, CC BY-SA 3.0

*Den Toom, A. M.* (2008b), *https://commons.wikimedia.org/wiki/File:Knopen_002.jpg*, CC BY-SA 3.0

*Eugene* (2014), *https://de.m.wikipedia.org/wiki/Datei:Roman_fresco_Villa_dei_Misteri_Pompeii_001.jpg*

*Elya* (2005), *https://commons.wikimedia.org/wiki/File:K%C3%B6perbindung_Fischgrat.jpeg*, CC BY-SA 3.0

*Eugene* (2010), *https://commons.wikimedia.org/wiki/File:Sodoma_001.jpg*

*Evans, S. J.* (1921), The Palace of Minos, Vol. 1, MacMillon & Co., Ltd., London.

*Fath, B., Ebrecht, D.* (2019), „Woven Stories: The Golden Thread in the Early Iron Age", Freiburger Studien zur Archäologie & Visuellen Kultur, Band 1, Universität Freiburg, Freiburg.

*Flohr, M.* (2017), „Beyond smell. The sensory landscape of the roman fullonica", In: *Betts, E. M.* (Hrsg.): Senses of the Empire: Multisensory Approaches to Roman Culture, S. 39–53. Routledge, London.

*Forget, Y.* (2014), *https://commons.wikimedia.org/wiki/File:Mosa%C3%AFque_des_bikinis,_Piazza_Armerina_(cropped_version).jpg*

*Franke, P. R.* (1969), „Pachten: Der älteste Baumwollfund nördlich der Alpen (300 n. Chr.)", in: Beiträge zur Archäologie und Kunstgeschichte. 16. Bericht der Staatlichen Denkmalpflege im Saarland 1969, Saarbrücken, S. 161 ff.

FUB (2005), *https://commons.wikimedia.org/wiki/File:Byzantinischer_Mosaizist_des_5._Jahrhunderts_002.jpg?uselang=de*

*Furfur* (2019), *https://commons.wikimedia.org/wiki/File:Silk_Road_in_the_I_century_AD_-_de.svg*, CC BY-SA 1.2

*Galli, M.* (2017), „Beyond frontiers: Ancient Rome and the Eurasian trade networks", Journal of Eurasian Studies 8, Elsevier, Amsterdam, S. 3–9.

*Giorces* (2006), *https://commons.wikimedia.org/wiki/File:Palliato.jpg?uselang=de*, CC BY-SA 3.0

*Gleba, M., Mannering, U* (2012), Textiles and Textile Production in Europe – From Prehistory to AD 400. Oxbow Books, Oxford.

*Gmihail* (2014), *https://commons.wikimedia.org/wiki/File:Kli%C4%8Devac_Idol,_13th-11th_c._BC,_Terracota,_Kostolac.jpg*, CC BY-SA 3.0 RS

*Gorski, H.* (2003), *https://commons.wikimedia.org/wiki/File:Delos_House_of_Cleopatra.jpg*, CC BY-SA 3.0

*Grömer, K.*, (2009), „Herstellungsprozesse, Arbeitsabläufe und Produktionsstrukturen im eisenzeitlichen Textilhandwerk“, in: Technologieentwicklung und -transfer in der Hallstatt- und Latènezeit, Naturhistorisches Museum, Wien.

*Grömer, K.* (2012), „Austria: Bronze and Iron Ages“, in: *Gleba, M., Mannering, U*: Textiles and Textile Production in Europe: From Prehistory to AD 400. Oxford, Oxbow Books, S. 27–64.

*Grömer, K., Saliari, K.* (2018), „Dressing Central European prehistory – the sheep's contribution: An interdisciplinary study about archaeological textile finds and archaeozoology“, Annalen des naturhistorischen Museums in Wien, Wien.

*Guss* (2008), *https://commons.wikimedia.org/wiki/File:Yellowemperor.jpg*

*Haklai, Y.* (2009), *https://fr.wikipedia.org/wiki/Fichier:Part_of_the_central_section_of_the_east_frieze-Parthenon-British_Museum.jpg*, CC BY-SA 3.0

*Hald, M.* (1980), Ancient Danish Textiles from Bogs and Burials – A Comparative Study of Costume and Iron Age Textiles. The National Museum of Denmark 11, Kopenhagen.

*Halun, J.* (2015), *https://commons.wikimedia.org/wiki/File:Berlin_-_Pergamon_Museum_-_Persian_warriors_-_20150523_6849.jpg*, CC BY-SA 4.0

*Hardwigg* (2011), *https://commons.wikimedia.org/wiki/File:Knossos_fresco_women.jpg*, CC BY-SA 2.0

*Harris, S.* (2012), „From the Parochial to the Universal: Comparing Cloth Cultures in the Bronze Age.“, European Journal of Archaeology 15 (1), S. 61–97.

*Hectonichus* (2007), *https://commons.wikimedia.org/wiki/File:Pinnidae_-_Pinna_nobilis.jpg?uselang=de*, CC BY SA 3.0

*Hill, J.* (2008), *https://commons.wikimedia.org/wiki/File:Fine_sea_silk_threads.JPG?uselang=de*, CY BY-SA 3.0

*Hillewaert, H.* (2008), *https://commons.wikimedia.org/wiki/File:Hexaplex_trunculus.jpg*, CC BY-SA 4.0

*Holmes, E. E.* (1985), A history of thimbles. Cornwall Books.

*Ismoon* (2011), *https://commons.wikimedia.org/wiki/File:Luoshenfu_Gu_Kai_Zhi.jpg*

*Ismoon* (2015), *https://commons.wikimedia.org/wiki/File:Silk_from_Mawangdui.jpg*, CC BY-SA 2.0

*Jackson, D.* (2010), *https://commons.wikimedia.org/wiki/File:BLW_Pair_of_socks.jpg*, CC BY-SA 2.0 UK

*Jastrow* (2006), *https://commons.wikimedia.org/wiki/File:Prologue_Hammurabi_Code_Louvre_AO10 237.jpg*

*Jettmar, K.* (1963), „Zum ‚Spielteppich‘ aus dem Pazyryk-Kurgan“, Central Asiatic Journal 8/1, Harrassowitz Verlag Wiesbaden, S. 47–53

*Johannsen, O.* (1932), Die Geschichte der Textilindustrie. Süd-Verlag, Stuttgart.

*Jymm* (2008), *https://commons.wikimedia.org/wiki/File:Roccella_fuciformis2.jpg*

*Kabel, M.* (2007), *https://commons.wikimedia.org/wiki/File:Edict_on_Maximum_Prices_Diocletian_piece_in_Berlin.jpg*, CC BY-SA 1.2

*Kcoyle* (2021), *https://commons.wikimedia.org/wiki/File:Greekurnwithweavers.jpg*, CC0 1.0

*Ken* (2009), *https://commons.wikimedia.org/wiki/File:Jason_Pelias_Louvre_K127.jpg?uselang=de*

*KoS* (2009), *https://commons.wikimedia.org/wiki/File:N%C3%A9fertari.png?uselang=de*

*Kropff, A.* (2016), „An English translation of the Edict on Maximum Prices, also known as the Price Edict of Diocletian“, Academia.edu

*Landes, C.* (2003), Les étrusques en France. Archéologie et collections, Catalogue de l'Exposition, University of Michigan, Ann Arbor.

*Lavinsky, R.* (2010), *https://commons.wikimedia.org/wiki/File:Tigers-Eye-Riebeckite-Hematite-214 889.jpg*, CC BY-SA 3.0

*Lefnaer, S.* (2014), *https://commons.wikimedia.org/wiki/File:Isatis_tinctoria_(s._str.)_sl2.jpg*, CC BY-SA 4.0

*Leslie, D. D., Gardiner, K. H.J.* (1996), The Roman empire in Chinese sources. Rome. Bardi Edizioni, Rom.

*Leuzinger, U., Rast-Eicher, A.* (2011), „Flax processing in the Neolithic and Bronze Age pile-dwelling settlements of eastern Switzerland“, Vegetation History and Archaeobotany, Springer, Berlin.

*Li, B. Liu, A., Li, Q., Yang, X* (2012), „Study on the evolution of the looms in ancient China“, Advanced Materials Research Online 627, Wiley Publishing, Hoboken, S. 449–455.

*Linard, T.* (2019), *https://commons.wikimedia.org/wiki/File:Roman_Empire_125_general_map_(Red_roads).svg*, CC BY-SA 4.0

*Maeder, F.* (2023), *https://muschelseide.ch/sprachliche-aspekte/#byssus*, Zugriff am 17.3.2023

*Mandeville, J.* (14. Jh.), *https://commons.wikimedia.org/wiki/File:Mandeville_cotton.jpg*,

*Manière, G.* (1971), „Une officine de tuilier gallo-romain du Haut Empire à Couladère, par Cazères (Haute-Garonne)“, Gallia 29/2, 191–199.

*Manske, M.* (2009), *https://commons.wikimedia.org/wiki/File:Paracas_mantle,_BM.jpg*

*Martensson, L., Nosch, M.-L., Strand, E. A.* (2009), „Shape of things: Understanding a loom weight“, Oxford Journal of Archeology 28(4), S. 373–398, Oxford.

*Met* (2012), *https://commons.wikimedia.org/wiki/File:Ancient_Egyptian_linen,_Late_Period.jpg*, CC0 1.0

*Mharrsch* (2020), *https://commons.wikimedia.org/wiki/File:Akhilleus_Patroklos_Antikensammlung_Berlin_F2278.jpg?uselang=de*

*Michel, G.* (2018), „Penelopes <Schwestern> – Zur Interpretation römischer Webstuhldarstellungen“, Archäologisches Korrespondenzblatt 48, Römisch-Germanisches Zentralmuseum, Mainz.

*Michleb* (2012), *https://commons.wikimedia.org/wiki/File:Justinien_représenté_sur_une_mosa ïque_de_l'église_San-Vitale_à_Ravenne.jpg?uselang=de*, CC BY-SA 3.0

MM (2007), *https://commons.wikimedia.org/wiki/File:UsoEpinetron.jpg*, CC BY-SA 3.0

*Müller, W.* (1997), Textilien. Kulturgeschichte von Stoffen und Farben., ecomed verlagsgesellschaft AG & Co. KG, Landsberg.

*Muhammed Amin, O. S.* (2016), *https://commons.wikimedia.org/wiki/File:Network_dress._Faience,_blue_and_black_cylinder_beads,_2_breast_caps_and_2_strings_of_Mitra_beads._5th_Dynasty._From_burial_978_at_Qau_(Tjebu),_Egypt._The_Petrie_Museum_of_Egyptian_Archaeology,_London.jpg*, CC BY-SA 4.0

*Nguyen, M.-L.* (2005), *https://commons.wikimedia.org/wiki/File:Tiberius_Capri_Louvre_Ma1248.jpg*

*Nguyen, M.-L.* (2007a), *https://commons.wikimedia.org/wiki/File:Woman_spinning_BM_VaseD13.jpg?uselang=de*, CC BY 2.5

*Nguyen, M.-L.* (2007b), *https://commons.wikimedia.org/wiki/File:Caryatid_Erechtheion_BM_Sc407.jpg*, CC BY 2.5

NHM (2023), Naturhistorisches Museum, Wien. *http://objekte.nhm-wien.ac.at/objekt/th452/ob457*

*NobbiP* (2008), *https://commons.wikimedia.org/wiki/File:Keltischer_F%C3 %BCrst_aus_Hochdorf_34.jpg?uselang=de*, CC BY-SA 3.0

*Palnatoke* (2016), *https://commons.wikimedia.org/wiki/File:Tekstilfund-fra-Huldremose_DO-2194_original.jpg*, CC BY-SA 3.0

*Parker, G.* (2002), „Ex oriente luxuria: Indian commodities and Roman experience“, Journal of the Economic and Social History of the Orient 45, Brill, Leiden, S. 40–95.

*PericlesofAthens* (2016), *https://de.wikipedia.org/wiki/Datei:Dahuting_mural,_Eastern_Han_Dynasty.jpg*

*Pharos* (2017a), *https://commons.wikimedia.org/wiki/File:Estate_Figure_MET_DP249 002.jpg*, CC0 1.0

*Pharos* (2017b), *https://commons.wikimedia.org/wiki/File:Terracotta_lekythos_%28oil_flask%29_MET_DT264.jpg*, CC0 1.0

*Plato* (375 v. Chr.), Res Publica, 369d.

*Plinius, d. Ä., G.* (50), Naturalis Historia 19 und 20. Irgendwo in Germanien.

*Raddato, C.* (2014), *https://commons.wikimedia.org/wiki/File:Front_of_the_sarcophagus_of_Titus_Flavius_Trophimas_with_scenes_of_craftsmen_at_work,_a_shoemaker_and_a_rope-maker,_found_in_Ostia,_National_Museum_of_Rome,_Baths_of_Diocletian_(13 271 306 584).jpg*, CC BY-SA 2.0

*Reese, D. S.* (1980), „Industrial Exploitation of Murex Shells: Purple-dye and Lime Production at Sidi Khrebish, Benghazi (Berenice)“, Libyan Studies (11), S. 79–93.

*Richthofen, F. F.* (1877a), China: Ergebnisse eigener Reisen und darauf gegründeter Studien (Band 1–5). Reimer, Berlin.

*Richthofen, F. F.* (1877b), „Über die zentralasiatischen Seidenstrassen bis zum 2. Jh. n. Chr.“, Verhandlungen der Gesellschaft für Erdkunde zu Berlin 4, S. 96–122.

*Rieger, W.* (2009a), *https://commons.wikimedia.org/wiki/File:Pompeii_-_Battle_at_the_Amphitheatre_-_MAN.jpg*

*Rieger, W.* (2009b), *https://commons.wikimedia.org/wiki/File:Pompeii_-_Fullonica_of_Veranius_Hypsaeus_1_-_MAN.jpg*

*Roland* (2013), *https://commons.wikimedia.org/wiki/File:Arch%C3%A4ologie_im_Parkhaus_Op%C3%A9ra_-_Horgener_Kultur_-_Webgewicht_2013-03-04_16-28-58_(P7700).jpg*

*Sailko* (2013), *https://commons.wikimedia.org/wiki/File:Sarcofago_di_s._elena,_335_ca.,_da_tor_pignattara,_06.JPG*, CC BY-SA 3.0

*Sailko* (2016), *https://commons.wikimedia.org/wiki/File:Mosaico_di_cristo_in_trono_tra_gli_apostoli_e_le_ss._prudenziana_e_prassede,_410_dc_ca._06.jpg*, CC BY 3.0

*Sauber, W.* (2009), *https://commons.wikimedia.org/wiki/File:Museum_Quintana_-_Webgewichte.jpg*, CC BY-SA 3.0

*Schierer, I.* (1987), „Ein Webstuhlbefund aus GarsThunau. Rekonstruktionsversuch und Funktionsanalyse”, Archaeologica Austriaca 71, Wien, S. 29–88.

*Schmitz-Scholemann, C.* (2016), *https://christophschmitzscholemann.de/archiv/essays-und-vortraege/literarisches/Textile-Motive-in-Homers-odyssee.pdf*

*Schreiber* (2007a), *https://upload.wikimedia.org/wikipedia/commons/b/b1/Pazyryk_carpet.jpg*

*Schreiber* (2007b), *https://commons.wikimedia.org/wiki/File:Scythiancarpet.jpg*

*Seemann, H.* (2022), *https://www.germanenleben.de/ausstattung/kleidung.html*

*Shuishouyue* (2011), *https://commons.wikimedia.org/wiki/File:The_Three_Fates_by_Paul_Thumann.jpg?uselang=de*

*Siim, S.* (2006), *https://commons.wikimedia.org/wiki/File:00054_3_cm_crocidolite_riebeckite.jpg*, CC BY-SA 3.0

*Siren-Com* (2010), *https://commons.wikimedia.org/wiki/File:Statuette_enfant_au_capuchon_MAN.jpg?uselang=de*, CC BY-SA 3.0

*Sokolov, M.* (2018), *https://commons.wikimedia.org/wiki/File:Journey_to_Punt.jpg?uselang=de*, CC BY-SA 4.0

*Song, B. L.* (2014), *https://de.wikipedia.org/wiki/Datei:Pont_du_Gard_BLS.jpg*, CC BY-SA 3.0

*Sridhar1000* (2012), *https://commons.wikimedia.org/wiki/File:A_Mughal_warrior_and_his_wife.jpg?uselang=de*

*SteinsplitterBot* (2016), *https://commons.wikimedia.org/wiki/File:Pompeii;_its_history,_buildings_and_antiquities_-_an_account_of_the_destruction_of_the_city,_with_a_full_description_of_the_remains,_and_of_the_recent_excavations_and_also_an_itinerary_for_visitors_(14 772 708 972).jpg*

*Štolcová, T. B., Grömer, K.* (2010), „Loom-weights, Spindles and Textiles – Textile Production in Central Europe from the Bronze Age to the Iron Age“, in: *Strand, E. A., et al.*, (Ed.), North European Symposium for Archaeological Textiles X. Oxbow Books, Oxford.

*Stratz, C. H.* (1905), *https://commons.wikimedia.org/wiki/File:Doric_Chiton.svg*

*Stueber, K.* (2005), *https://commons.wikimedia.org/wiki/File:Indigofera_tinctoria2.jpg?uselang=de*, CC BY-SA 4.0

*Supersentai* (2009), *https://commons.wikimedia.org/wiki/File:Shenyi_1.jpg*, CC BY-SA 3.0

*Tcheng-Ki-Tong* (1890), „Chinese Silk-Lore", Popular Science Monthly 36, Bonnier Corporation, Winter Park, Florida (USA).

*Tellenbach, M., Schulz, R., Wieczorek, A.* (2013), Die Macht der Toga – Dresscode im römischen Weltreich. Schnell+Steiner, Regensburg.

*Teržan, B., Mlaker, S.* (2017), „Ein hallstattzeitliches Gerät zur Bearbeitung von Textilien?", Studia Archaeologica Brunensia 22, Brno.

*Todd, G.* (2017), *https://www.flickr.com/photos/101 561 334@N08/36 137 603 430*, CC0 1.0

*Tsiagalakis, G.* (2014), *https://commons.wikimedia.org/wiki/File:Periplous_of_the_Erythraean_Sea.svg*, CC BY-SA 3.0

*Universität Innsbruck* (2007), *https://www.uibk.ac.at/archaeologien/forschung/arbeitsgemeinschaften/abt/aktivitaeten/abt.html*

*Van Mallery, K.* (1595), *https://www.metmuseum.org/art/collection/search/659 738*

*Veenhof, K. R.* (1972), Aspects of Old Varro, M. T. (36 v. Chr.), Rerum rusticarum in libres tres 2 (9; 6 ff.).

*Veleius* (2018), *https://commons.wikimedia.org/wiki/File:Relief_Tunika_Pula_2011.JPG*, CC0 1.0

*Vogelsang-Eastwood, G.* (1993), Pharaonic Egyptian Clothing. E. J. Brill, New York.

*Waageberlin* (2019), *https://commons.wikimedia.org/wiki/File:Amphitheater_Arles_(Model).jpg*, CC BY-SA 4.0

*Wagner-Hasel, B., Nosch, M.-L.* (2019), „Stoffkreisläufe und Textilproduktion", in: *Wagner-Hasel et al.* (Ed.): Gaben, Waren und Tribute. Stoffkreisläufe und antike Textilökonomie. Franz Steiner Verlag, Stuttgart.

*Wagner, M., Tarasov, P. E.* (2018), Die Erfindung der Hose. Nünnerich-Asmus Verlag & Media, Mainz.

*Wiki* (2008), *https://commons.wikimedia.org/wiki/Columna_Traiana?uselang=de#/media/File:066_Conrad_Cichorius,_Die_Reliefs_der_Traianss%C3 %A4ule,_Tafel_LXVI.jpg*

*Wiki* (2017), *https://commons.wikimedia.org/wiki/File:Terracotta_lekythos_(oil_flask)_MET_DT264.jpg*, CC0 1.0

*Wiki* (1888), *https://commons.wikimedia.org/wiki/File:Chlamys.PNG?uselang=de*

*Wiki* (1920), *https://commons.wikimedia.org/wiki/File:Excavations._Tell_Beit_Mirsim,_(Kirjath_Sepher)._Excavators_measuring_an_ancient_dye_vat,_1000_B.C._LOC_matpc.15 682.jpg*

*Wiki* (2006), *https://commons.wikimedia.org/wiki/File:Brocade_3.png?uselang=de*

*Wild, J.-P., Wild, F.* (2014), „Through Roman eyes: cotton textiles from Early Historic India", in: "A Stitch in Time: Essays in Honour of Lise Bender Jørgensen", Göteborg University, Göteborg.

*Wiki* (2005), *https://commons.wikimedia.org/wiki/File:Maler_der_Grabkammer_des_Menna_013.jpg*

*Wiesner, J.* (1959), „Eurasische Kunst im Steppenraum und Waldgebiet". Illustrierte Welt-Kunstgeschichte in 5 Bänden. Stauffacher, Zürich.

*Wiki* (2008), *https://commons.wikimedia.org/wiki/File:Astyanax_vs_Kalendio_mosaic.jpg*

*Wiki* (2020), *https://commons.wikimedia.org/wiki/File:Mawangdui_silk_banner_from_tomb_no1.jpg*

*Wiki* (2011a), *https://commons.wikimedia.org/wiki/File:At_a_spinning_wheel_making_a_skein_of_silk.jpg*

*Wiki* (2011b), *https://commons.wikimedia.org/wiki/File:F%C3 %A4rber-Wau_hohe_Feldrandpflanze_Detail_Bl%C3 %BCten.jpg*, CC BY-SA 3.0

*Wiki* (2012a), *https://commons.wikimedia.org/wiki/File:Forum_of_Nerva_(II)_(7 556 333 616).jpg*, CC BY 2.0

*Wiki* (2012b), *https://commons.wikimedia.org/wiki/File:Mawangdui_LaoTsu_Ms2.JPG*

*Wiki* (2013), *https://commons.wikimedia.org/wiki/File:Aeolipile_illustration.png*

*Wiki* (2017), *https://commons.wikimedia.org/wiki/File:Hero%27s_Aeolipile,_1st_century_AD,_Alexandria_(reconstruction).jpg?uselang=de*, CC BY-SA 4.0

*Wiki* (2022), *https://commons.wikimedia.org/wiki/File:Taharqa,_Louvre_Museum.jpg?uselang=de*

WWW (2010a), *https://web.archive.org/web/20 101 230 090 634/http://www.gallica.co.uk/bronzeage/skrydstrup.html*

WWW (2010b), *https://commons.wikimedia.org/wiki/File:Ancient_Times,_Roman._-_016_-_Costumes_of_All_Nations_(1882).JPG?uselang=de*

WWW (2019), *http://folkcostume.blogspot.com/2019/05/the-6-types-of-ukrainian-folk-costume.html*

*Yates, J.* (1873), The Textile Manufactures of the Ancients. Boston, Nachdruck durch Hansebooks GmbH, Norderstedt.

*Zahn, E.* (1968), Trierer Zeitschrift 31: für Geschichte und Kunst des Trierer Landes und seiner Nachbargebiete, Paulinus-Verlag, Trier. *https://de.wikipedia.org/wiki/Igeler_S%C3%A4ule*, CC BY-SA 4.0

*Zde* (2014), *https://commons.wikimedia.org/wiki/File:Pottery_soldiers_12_c_BC,_NAMA_1246_102 885.jpg*, CC BY-SA 3.0

*Zell, H.* (2009), *https://commons.wikimedia.org/wiki/File:Rubia_tinctorum_001.JPG*, CC BY-SA 3.0

*Zimbres, E.* (2006), *https://commons.wikimedia.org/wiki/File:Chrysotile_1.jpg*, CC BY-SA 2.5

*Zühmer, T.* (2023), *https://rlp.museum-digital.de/object/58871_12 084 946 290.jpg*, CC BY-SA 4.0

*Zyance* (2006), *https://commons.wikimedia.org/wiki/File:Cochenille_z02.jpg*, CC BY-SA 2.5

# 4 Mittelalter

Während die Textilproduktion in der Antike vor allem in Heimarbeit und oft von Frauen durchgeführt wurde, wandelte sich dies allmählich im Mittelalter. In den entstehenden Städten stellten viele Familien ihre Textilien nicht mehr selbst her, sondern verdienten ihr Geld auf andere Weise. Frauen spannen dennoch weiterhin Garn, dies wurde wegen der geringen Wertschöpfung nie ein Handwerksberuf. Ganz im Gegensatz zum Weben, das sich in vielen Städten zu einem blühenden Handwerk entwickelte. Bald entstanden spezielle Handwerksberufe auch im Bereich der Textilerzeugung. Es gab spezialisierte Färber, und die Weber wurden bereits unterschieden in die Woll-, Leinen- und Seidenweber.

Trotz mancher Krisen, z. B. durch die Normanneneinfälle vom 8.–10. Jh. und die Pestepidemie in Europa Mitte des 14. Jh., die rund ein Drittel der europäischen Bevölkerung dahinraffte, stieg der Bedarf an Textilien weiter an, und es entstanden lokale Zentren der Textilproduktion, die ihre Waren nach ganz Europa exportierten. Dazu gehörten z. B. Flandern mit Brügge und Gent sowie Oberitalien mit Venedig und Florenz. So wuchsen die Städte, und viele neue wurden gegründet.

Bild 4.1 zeigt alle wichtigen Phasen der Wolltuchherstellung. Die Wolle wird zunächst grob gereinigt (unten, Mitte), danach werden die Fasern kardiert, also parallelisiert (unten, rechts), dann mit der Handspindel ausgesponnen und schließlich gewebt. Dass dies nicht nur beim einfachen Volk, sondern auch beim Adel so aussah, zeigen die edlen Kleider der Damen sowie die Krone auf dem Kopf der Weberin. Gleichzeitig wird hier deutlich, dass die Textilherstellung im Haushalt für den eigenen Bedarf weiterhin vor allem Frauenarbeit war, wobei die höchstrangige Dame die komplexe Arbeit des Webens durchführte.

Durch den Aufbau neuer Handelsbeziehungen, die nach dem Untergang des weströmischen Reiches im 5. Jh. zunächst gekappt waren, und durch zahlreiche Kriege (z. B. die Kreuzzüge) gelangten Kenntnisse über neue Faserstoffe (z. B. Baumwolle) und Produktionstechniken (z. B. Spinnräder, metallene Fingerhüte) nach Europa.

Mit der Einführung von breiteren Horizontal-Trittwebstühlen konnte eine höhere Stoffqualität erzielt werden, und die Produktivität stieg. Dies führte ab dem 13. Jh. zu einer hochgradigen Arbeitsteilung, und es gab neben selbstständigen Handwerkern auch Lohnarbeiter, die z. B. für Kaufleute im Auftrag fertigten, wenn in der Landwirtschaft die Arbeit ruhte. Somit kam es erstmals zu einer Trennung von Arbeit und Kapital, womit der Frühkapitalismus begann.

**Bild 4.1** Textilherstellung in einem mittelalterlichen Haushalt

## 4.1 Faserstoffe

Die wichtigsten Faserstoffe in Europa blieben Flachs, Hanf und Wolle. Weiterhin wurden Seidenstoffe aus China importiert, und auch die Baumwolle wurde in Europa allmählich bekannt.

### 4.1.1 Baumwolle

Während die Baumwolle in Süd- und Mittelamerika schon seit Jahrtausenden zur Textilherstellung genutzt wurde, wurde sie in Nordamerika erst ab ca. 700 n. Chr. von der Pueblo-Kultur zu Stoffen verarbeitet. In Afrika war Baumwolle schon in der Spätantike bekannt (Nubien), und vermutlich wurde sie ab dem 10. Jh. in Westafrika (Niger, Tschad) kultiviert und zur Textilherstellung genutzt. Über Kamelkarawanen gelangten die Baumwollstoffe nach Nordafrika und in arabische Länder sowie nach Spanien. Karl der Große soll von einem arabischen Fürsten aus Spanien ein Gewand aus Baumwolle geschenkt bekommen haben.

Durch die Kreuzzüge (1096–1254) kamen die europäischen Ritter zum ersten Mal mit dieser für sie neuen Faser in Kontakt. Allerdings hatte man damals eine eher unklare Vorstellung von der genauen Herkunft dieser Fasern. Man nahm in Europa an, dass das „skythische Lamm" (auch Barometz oder Tartarenschaf genannt) auf biegsamen Bäumen wachse. Durch Hin-und-her-Pendeln fresse es das Gras unterhalb des Baumes. Eine andere Erklärung ging davon aus, dass das skythische Lamm aus einer am Kaspischen Meer wachsenden Melone hervorgehe. Auch diese Theorie hielt einer späteren wissenschaftlichen Überprüfung nicht stand. Möglicherweise waren die deutschen Ritter nicht die hellsten Kerzen auf der Torte, denn nur auf Deutsch und in den skandinavischen Sprachen wird bis heute von „Baum"wolle gesprochen. Überall sonst wird der arabische Begriff „al godon" in Abwandlungen verwendet.

In Ostindien wurden aus Baumwolle besonders feine Stoffe hergestellt, die von den Arabern nach Europa gebracht wurden. Vor allem beim Adel waren sie sehr begehrt, weil es in Europa ansonsten nur Bekleidung aus Flachs, Hanf und Wolle gab, die deutlich gröber war. Marco Polo rühmte 1298 die indischen „Kattune" von der Koromandelküste als die prachtvollsten, die er je gesehen habe. Untersuchungen zufolge hatten die feinsten Baumwollgarne eine Feinheit von 2,5 tex (Nm 400), was auch heute noch extrem fein ist. Weil die Baumwollstoffe mit Zitronensaft behandelt wurden (vermutlich, um sie zu bleichen), kamen die feinsten Musselinstoffe aus dem Süden Indiens, wo auch Zitronenbäume gedeihen. Zwar wurde aus Indien ebenfalls Rohbaumwolle exportiert, allerdings nicht die besonders feinen und langen Fasern, sodass es den europäischen Spinnern bis in die Neuzeit nicht gelang, so feine Garne herzustellen, wie sie aus Indien kamen.

In Spanien war wegen der Eroberung durch die Araber die Baumwolle schon früher bekannt als im Rest Europas. Seit dem 9. Jh. sind Baumwollmanufakturen bei den Mauren in Granada belegt, und ab dem 12. Jh. wurde die Produktion von Baumwollgeweben in Spanien und in Italien immer bedeutender. Sie machten der Wolle Konkurrenz, weil Baumwolle wesentlich einfacher aufzubereiten war als die Wollfasern, die gewaschen und getrocknet werden müssen. Allerdings besaßen die Baumwollfasern für viele Produkte nicht genug Festigkeit. Daher wurde Baumwolle oft in Kombination mit Leinen (Barchent) und Wolle (Zwillich) zu Mischgeweben verarbeitet, wobei die Baumwolle nur im Schuss verwendet wurde. Über Norditalien, wo die Barchentweberei ab dem 12. Jh. weit verbreitet war (u.a. Genua, Florenz, Mailand, Como), gelangte sie im 14. Jh. nach Süddeutschland, wo vor allem Augsburg und Ulm bald eine führende Rolle einnahmen. Der Ausdruck „Barchent" wurde aus dem arabischen „Barrakan" entlehnt, was „grober Stoff" bedeutet. Für die Europäer war der arabische „grobe Stoff" aber sehr „fein", was den unterschiedlichen Lebensstandard widerspiegelt. In der Folgezeit gibt es die ersten Gewebe aus reiner Baumwolle in Sachsen (Leipzig, Chemnitz) und der Schweiz. Dort wurden sie u.a. als Umwicklung für Brandpfeile eingesetzt, wie ein Bericht aus Luzern zeigt. Vom 14.–17. Jh. hatte Venedig eine Vormachtstellung beim Import von Baumwolle aus der Levante. Allerdings begannen im 14. Jh. die Barchentweber in Schwaben (vor allem in Augsburg und Ulm) damit, die italienischen Produkte zu kopieren. Da sie dazu billigere Baumwolle und lokal wachsenden

Flachs einsetzten, konnten sie deren Preise unterbieten. Weil sie zum Teil auch die Designs und sogar die Warenzeichen kopierten, waren die italienischen Barchentweber nur sehr verhalten froh und beschwerten sich 1373 über diese Praxis. Allerdings änderte sich dadurch nichts, weil der deutsche König Karl IV. ein Interesse daran hatte, dass die schwäbische Textilproduktion florierte, um Steuereinnahmen zu generieren. Als die billigen Barchentgewebe Anfang des 14. Jh. auch nach Spanien exportiert wurden, geriet das dortige baumwollverarbeitende Gewerbe, z.B. in Barcelona, in große Schwierigkeiten, und es blieben in kurzer Zeit von über hundert nur noch rund zehn Betriebe übrig. Daher wurde der Import von Barchentgeweben in Spanien kurzzeitig verboten. Weil aber dann zu wenige Stoffe vorhanden waren, wurde dieses Verbot bald wieder aufgehoben. Letztendlich produzierten die lokalen Barchentweber nur noch Segelstoffe, der Bekleidungsmarkt wurde ausschließlich von Importware bedient. Ähnliches geschah in Italien, wo versucht wurde, über hohe Importzölle die billige schwäbische Ware unattraktiv zu machen, was nur teilweise gelang. Ende des 14. Jh. wurde der Export von Garn und von Maschinenteilen aus Venedig untersagt. Dies half zwar Venedig, aber für die textilen Handwerker außerhalb der Stadtgrenzen verteuerte sich das Garn, und somit wurden ihre Produkte wiederum unrentabel. Im frühen 16. Jh. waren daher die einst florierenden baumwollverarbeitenden Textilbetriebe in Verona und Bologna durch die Billigprodukte aus Schwaben weitgehend verschwunden. Die Textilbetriebe in Mailand und Cremona überlebten diese Krise durch ihre überlegene Färbetechnik, sodass die Kunden bereit waren, für ihre Stoffe mehr Geld zu bezahlen. Eine ausführliche Darstellung dazu geben (Riello und Parthasarathi, 2009).

### 4.1.2 Flachs

Flachs war bei Weitem die wichtigste Faserpflanze. Vor allem Unterbekleidung und Textilien des täglichen Gebrauchs wurden daraus hergestellt. Gewebe, auf denen Bilder gemalt wurden, werden heute noch als „Leinwand" bezeichnet, und auch das englische Wort für Bettzeug, „Linen", ebenso wie unser „Leintuch" erinnern daran, dass Bettwäsche meist aus Flachsgeweben bestand. In Mischungen mit Baumwolle wurde Flachs zu Barchent verarbeitet (siehe oben).

Karl der Große hielt den Flachsanbau für so wichtig, dass er seine Untertanen in mehreren Dekreten aufforderte, Flachs anzupflanzen. Vom 13. bis zum 16. Jh. war die Blütezeit der Flachskultur. Schwäbische, flämische, schlesische und Oberlausitzer Leinenartikel waren begehrte Handelswaren und Konstanz am Bodensee eines der wichtigsten Handelszentren. Andere bedeutende Zentren in Europa waren Irland, Frankreich, das Gebiet des heutigen Belgien und die Niederlande. In Osteuropa gab es in Russland und im Baltikum große Erzeuger und Verarbeiter. In dieser Zeit war Leinen in Europa der bedeutendste textile Rohstoff. Für viele Regionen in Europa war der Flachsanbau wirtschaftlich so bedeutend, dass zum Teil bis heute in den entsprechenden Wappen daran erinnert wird. Bild 4.2 zeigt ausgewählte Beispiele.

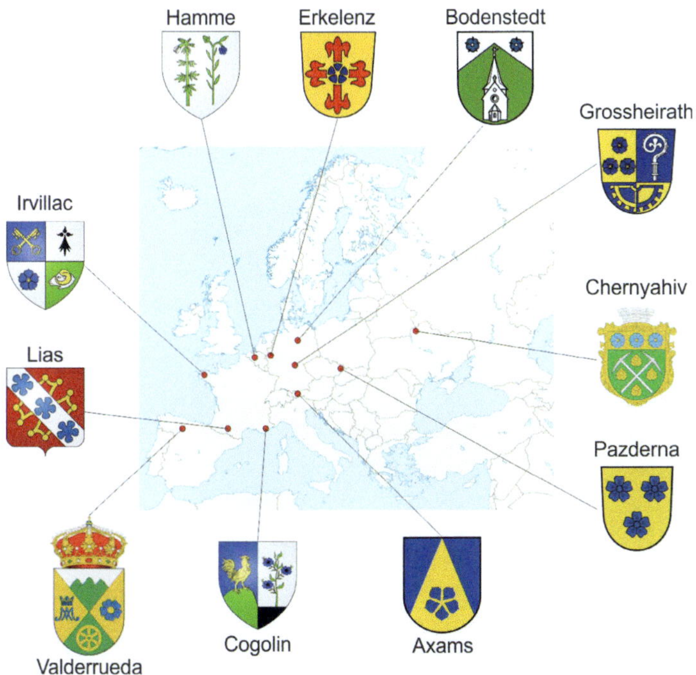


**Bild 4.2** Stadtwappen mit Flachssymbolen (Veit, 2023)

Eine Besonderheit bei der Flachsverarbeitung ist der Leinendamast. Dabei werden schuss- und kettbetonte Muster, meist in Atlasbindung, miteinander kombiniert, womit komplexe Muster möglich sind. Weil die Kettfäden dabei stark beansprucht werden, bestehen sie oft aus Flachs, auch Baumwolle und Seide wurden verwendet. Es gab auch rein leinene Damaste, wobei die Muster dann durch z. B. unterschiedliche Garndrehungsrichtungen je nach Lichteinfall hervortreten. Manchmal wurden unterschiedliche Farben für Kett- und Schussfäden eingesetzt. Besonders berühmt waren die Leinendamaste aus Flandern („Toile d'Ypres") und Perugia. Wurde Flachs in der Kette mit Wolle im Schuss kombiniert, so entstanden Beiderwande, die vor allem für Dekorationsartikel eingesetzt wurden.

Die Flachsstängel wurden meist komplett mit den Wurzeln herausgerissen („gerauft"), um einerseits die Fasern in den Wurzeln zu gewinnen und andererseits im Anschluss etwas anderes anzubauen, weil Flachs den Boden auslaugt („Leinmüdigkeit"). Die Leinsamen wurden durch Abstreifen der Flachsstängel durch einen speziellen Kamm gewonnen („riffeln"). Um die Flachsfasern anschließend freizulegen, wurde der Flachs „geröstet", wobei Mikroorganismen den Pflanzenleim auflösen. Dies geschah entweder langsam auf dem Feld (Tauröste) oder schneller in stehenden bzw. fließenden Gewässern (Wasserröste). Bei der Wasserröste wurden neben unangenehmen Gerüchen auch Giftstoffe freigesetzt, die zu Fischsterben führen konnten.

### 4.1.3 Hanf

Hanf war eine weitere wichtige Bastfaser für die Textilherstellung. Die Fasern wurden ähnlich wie Flachs durch einen Röstprozess gewonnen (Bild 4.3).

**Bild 4.3** Links: Wasserröste (Praefcke, 2006); rechts: Tauröste (Čebotarev, 2009)

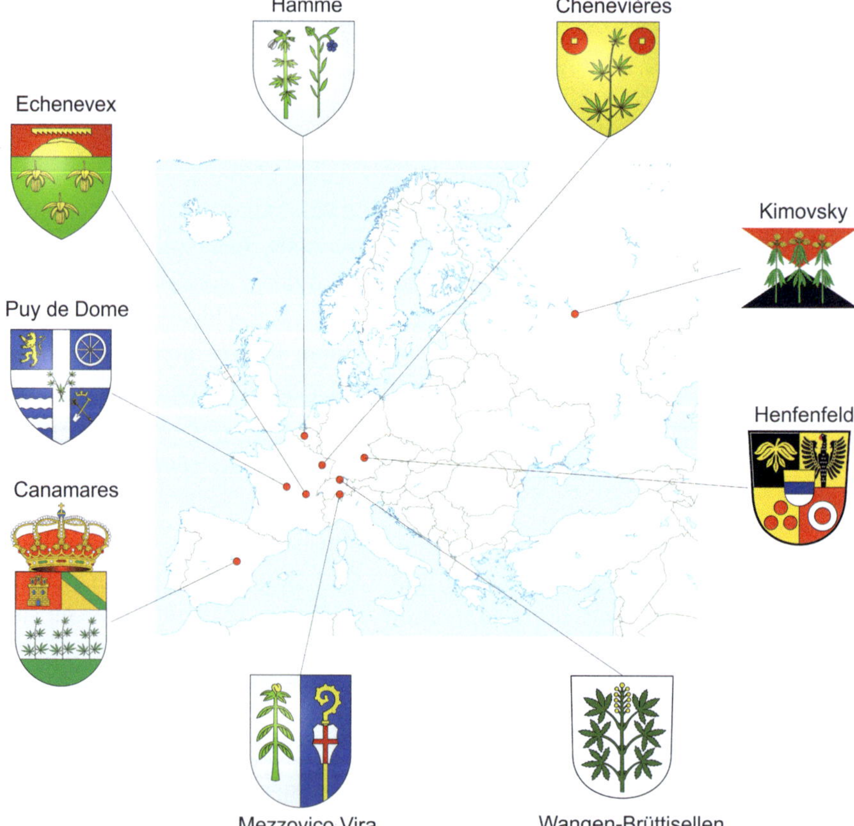


**Bild 4.4** Stadtwappen mit Hanfpflanzen (Veit, 2023)

Weil die Elementarfasern im Vergleich zu Flachs grob sind, wurden hauptsächlich grobe Gewebe daraus erzeugt, sowohl für Bekleidung als auch für technische Zwecke, z.B. als Segel.

Mit dem Aufkommen der Segelschifffahrt erlangte der Hanf wegen seiner hohen Nassfestigkeit (Taue, Segel) große Bedeutung und seine größte Verbreitung. Zur Ausstattung eines einzigen Segelschiffs wurden 50–100 t Hanf benötigt, die ca. alle zwei Jahre ersetzt werden mussten.

Für viele Regionen in Europa war der Hanfanbau wirtschaftlich so bedeutend, dass zum Teil bis heute in den entsprechenden Wappen daran erinnert wird (Bild 4.4). Die Stadt Hamme in Belgien hat sowohl Hanf- als auch Flachssymbole in ihrem Wappen, was sehr selten ist.

### 4.1.4 Wolle

Im Mittelalter fertigten Bauern und einfache Bürger ihre Kleidung aus Leinen, nur adlige Herren trugen Wollgewebe. Viele Regionen und Städte verdankten der Wollerzeugung und -verarbeitung oder dem Wollhandel ihren Wohlstand. Dazu gehören der Norden Frankreichs, Flandern, Brabant und das Gebiet zwischen Maas und Rhein. Ypern, Gent, Brügge, Maastricht, Aachen und Köln waren schon im 12. Jh. angesehene Tuchmacherzentren. Im 14. Jh. folgten Brüssel, Löwen und Mechelen, im 15. Jh. dann Leiden und Amsterdam.

Flämische Wollweber siedelten sich in Norddeutschland sowie in Sachsen und Thüringen an. In Bautzen werden 1281 die „Fläminger“ erwähnt, die aus ihrer Heimat Flandern technische Neuerungen in die Lausitz brachten und sich dort niederließen; eine frühe Form von Technologietransfer. Wegen ihrer Kenntnisse im mechanischen Walken, Ausrüsten und Färben von Tuchen entwickelte sich das Wollgewerbe dort ähnlich wie in England. So wurden Wollwaren bis nach Russland und Italien exportiert. Vor allem englische Wolle wurde verarbeitet (Bild 4.5), erst ab dem 17. Jh. dominierte die spanische Wolle, die deutlich feiner war und daher edlere Stoffe ermöglichte.

Im Mittelmeerraum waren Genua, Florenz und Venedig von großer Bedeutung. So waren in Florenz Mitte des 14. Jh. rund 30 000 Menschen im Wollgewerbe beschäftigt. Sie erzeugten 1308 rund 100 000 Ballen feines Tuch, und 1313 wurden auf der Tuchmesse in Brügge von Florentiner Kaufleuten 92 500 Ballen mit einer Länge von je 28 m ausgestellt (Müller, 1997). Dies entsprach der Wollproduktion von ca. 10 Mio. Schafen. Entscheidend für den Erfolg der italienischen Textilindustrie war die Arbeitsteilung bei den einzelnen Prozessstufen: So wurde die Wolle in Wäschereien mit der seit dem 12. Jh. durch die Kreuzzüge in Europa bekannten Seife gewaschen, danach von Spinnerinnen zu Garn und anschließend von einem Weber zu Stoff verarbeitet. Nach einem Walkprozess erfolgte zentral das Aufspannen und die Appretur des Tuchs, bevor es offiziell gesiegelt und für den Handel verpackt wurde.

**Bild 4.5** Schafherde im 13. Jh. und Scheren der Wolle auf dem Feld im 15. Jh. (Wiki, 2022a)

Wolle wurde zu edlem Tuch („gut betucht") oder – nach einem Walkprozess – z. B. in Form von Lodenstoff eingesetzt, meist für Oberbekleidung. Die Wikinger verwendeten schwere gewalkte Wollgewebe als Segel für ihre Drachenboote

In England löste der zunehmende Bedarf an Wolle ab etwa dem 11. Jh. die Subsistenzwirtschaft allmählich ab, und immer mehr Weiden wurden von adeligen Landbesitzern eingezäunt und exklusiv von ihnen zur Schafhaltung und Wollerzeugung genutzt. Dies erhöhte auf Kosten der Landbevölkerung die Produktivität und war eine wichtige Voraussetzung für die spätere, industrielle Erzeugung von Textilien. Einen anderen Weg ging man in Süddeutschland, wo sich ab dem 14. Jh. die Wanderschäferei etablierte. Dabei stellten die Gemeinden und Landesherren den Schäfern ungenutzte Weideflächen zur Verfügung. Wenn diese abgegrast waren, zogen die Schäfer mit ihren Herden weiter. Diese Art der Weidewirtschaft ist bis heute erhalten und wird auch in Spanien praktiziert (Bild 4.6). Dort heißen die Weidewege, die sich jedes Jahr ähneln, „Cañadas" und sind bis zu 75 m breit (Cañada Real). Je nach zurückgelegter Entfernung wird unterschieden zwischen „Transterminanz" (bis 100 km) und „Transhumanz" (über 100 km).

**Bild 4.6** Heutige Cañadas in Spanien in Anlehnung an (Wiki, 2009; Rohkarte: Wiki, 2018) und Cañada Real (Wiki, 2005)

In England genossen die Wollhändler und die Wollweber schon früh hohes Ansehen. Weil sie auch Finanziers vieler englischer Könige waren, wurden diese wiederum Mitglieder in den entsprechenden Zünften (u.a. Heinrich IV., V. und VII), was deren Macht und Einfluss weiter erhöhte. Die z.B. für East Anglia typischen und von reichen Wollhändlern vor dem 16. Jh. für ihr Seelenheil gestifteten „Wool Churches" symbolisieren deren Reichtum bis heute (vgl. Kapitel 5).

Als der englische König Richard Löwenherz 1192 vom österreichischen Herzog Leopold V. gefangen genommen wurde, musste ein großer Teil des Lösegeldes von 100 000 Pfund durch den Verkauf von Wolle aufgebracht werden. Dazu wurden insbesondere die Klöster (z.B. die Zisterzienser) angehalten, was diese auf Jahrzehnte hinaus wirtschaftlich belastete (St Clair, 2020). Die Einführung des „Woolsack" durch König Edward III. von England im Jahr 1346 als Sitzplatz für den Lordkanzler (seit 2006 für den Lord Speaker) im Oberhaus zeigt die große Bedeutung der Wolle für den Reichtum des Königreichs (Bild 4.7). War der Sack damals nur mit englischer Wolle gefüllt, so enthält er heute Wolle aus vielen Ländern des Commonwealth als Symbol für die Zusammengehörigkeit des ehemaligen Empire.

**Bild 4.7** Der Wollsack im House of Lords in der Bildmitte mit dem Lord Speaker (Harris, 2021)

Die Wolle wurde nach der Schur (Bild 4.8) oft vor Ort gewaschen und von groben Verunreinigungen befreit. Erst danach wurde sie weiterverkauft.

In Bild 4.9 (rechts) ist Kunrad Kemer („Kämmer") zu sehen, der mithilfe von zwei Kämmen Verunreinigungen und kurze Fasern aus der Wolle entfernt. Dabei werden die Fasern gleichzeitig parallelisiert. Dies ist der erste Arbeitsvorgang vor der Spinnerei, wenn feine Garne hergestellt werden sollen, und wurde in der Regel am Ort des Spinnens durchgeführt. Die „Kämmler" waren bis zur frühen Neuzeit nicht in Zünften organisiert, sondern arbeiteten direkt für die Tuchmacher.

**Bild 4.8** Wollgewinnung und Färben von Wolltuchen

**Bild 4.9** Links: Kämmende Frauen; rechts: professioneller Wollkämmer aus dem Nürnberger Hausbuch, 1425 (Tiergärtner, 2011a)

Das für die Wollschafzucht wichtige Merinoschaf stammt vermutlich aus den Gebieten um das Schwarze Meer. Von dort kam es mit den Arabern über Nordafrika nach Spanien. Die Zucht begann um 1280 und wurde durch die Westgoten und die Mauren sowie die Könige von Kastilien und Aragon gefördert. Die wichtigsten Merinoschafgattungen in Spanien waren das Eskurial-, das Paular-, das Infantados- und das Negretti-Schaf, die zum Teil heute noch gezüchtet werden. Ein strenges Ausfuhrverbot für lebende Schafe (passenderweise bei Todesstrafe) sicherte Spanien über Jahrhunderte die alleinige Erzeugung feiner Wolle. Der heutige Schafbestand in der Welt ist auf die intensive Zucht von Merinoschafen in Spanien sowie die Schafrassen in England zurückzuführen, deren wichtigste Lincoln, Leicester, Romney-Marsh, Cheviot und Southdown sind.

Wolle lässt sich in vielen leuchtenden Farben färben, daher entstanden bald spezielle Färberberufe (Bild 4.10).

**Bild 4.10** Wollfärber beim Färben von Wolltuchen

## 4.1.5 Seide

Konstantinopel lag am Ende der Seidenstraße und hatte daher eine besondere Bedeutung für die Produktion von und den Handel mit Seidenstoffen, die bereits ab dem 4. Jh. in den sogenannten Gynäceen hergestellt wurden. Ab dem 7. Jh. wurde in Konstantinopel auch die Seide selbst gewonnen, und in den folgenden Jahrhunderten gewann die Produktion von Seide und Textilien daraus immer mehr an Bedeutung. Großformatige Seidenstoffe waren allerdings dem Kaiserhaus vorbehalten. Seidengewebe gelangten ab der Merowingerzeit über syrische Kaufleute nach Mitteleuropa. Dazu zählt auch der Quadrigastoff im Aachener Domschatz aus dem 9. Jh. (Bild 4.11).

Bis nach Moskau wurden prachtvolle Seidenstoffe aus Konstantinopel exportiert, wo sie insbesondere in der orthodoxen Liturgie Verwendung fanden. Nach der Eroberung Spaniens durch die Araber ab dem 8. Jh. gelangte das Wissen um die Herstellung gewebter Seidenstoffe nach Europa (Bild 4.12), vor allem nach Andalusien. Allerdings waren die Muster zunächst arabisch geprägt (Bohnsack, 1993). In Cordoba waren im 14. Jh. rund 130 000 Menschen in der Seidenweberei beschäftigt (Müller, 1997).

In Persien lag die Blüte der Seidenstofferzeugung im 10.–12. Jh. Besonders berühmt waren die Seidengewänder aus Tabaristan und Isfahan („Tabriz"), die sogar in Spanien nachgeahmt wurden (Müller, 1997).

Bis ins 11. Jh. behielt Konstantinopel seine Vormachtstellung im Seidenhandel. Mit dem 4. Kreuzzug und der Plünderung Konstantinopels durch die Kreuzfahrer ging zu Beginn des 13. Jh. das Handelsmonopol an Venedig über, womit die Seide sich weiter nach Westen ausbreitete. In der Folge entstanden in Venedig, Lucca, Pisa und Genua Produktionsstätten für Seidenstoffe, deren Motive sich zunächst noch an byzantinischen und arabischen Motiven orientierten. Später entwickelte sich daraus ein besonderer italienischer Stil, der über mehrere Jahrhunderte vorherrschte. Während Venedig seine Seide aus dem Osten bezog, importierten die anderen italienischen Städte die Seide aus Spanien.

**Bild 4.11** Links: Quadrigastoff aus dem Aachener Domschatz (Wiki, 2022b); rechts: „Kaiserstoff von Mozac“ aus Konstantinopel aus dem 8. Jh.

**Bild 4.12** Seidenverarbeitung im arabischen Raum (Miniatur)

Schon im 12. Jh. wurde in Sizilien unter der Herrschaft von Roger II. Seide erzeugt und verarbeitet, was zu Auseinandersetzungen mit Venedig führte. In der Folge wurden griechische Seidenerzeuger und -weber nach Palermo angeworben und fertigten dort u. a. in der Seidenmanufaktur Hôtel de Tiraz die Krönungsmäntel der deutschen Kaiser. In Venedig wiederum siedelten sich im 13. Jh. Seidenweber aus der für seine feinen und in leuchtenden Farben gefärbten Stoffe bekannten Stadt Lucca („Drap de Lucque“) an, die von dort vor dem Bürgerkrieg flohen. Die Rohseide stammte zunächst aus Italien (Toskana, Lombardei), ab 1330 auch aus China. Ab 1265 ist in Venedig eine Zunft der Seidenweber nachweisbar. Als 1453 Konstantinopel von den Arabern unter Mehmed II. erobert wurde, übernahm Venedig endgültig die führende Rolle im Textilhandel im Mittelmeerraum, und im 15. Jh. wurden dort rund 10 000 Webstühle betrieben. Zählt man die Weber, ihre Gehilfen sowie alle, die an der Vorbereitung der Fäden aus der Rohseide beteiligt waren (Haspler, Zwirner, Färber, Schärer etc.), zusammen, so war im 15. Jh. mindestens ein Fünftel der ca. 150 000 Einwohner Venedigs mit der Produktion von Seidenstoffen beschäftigt. Dabei waren die Weber und Färber in der Regel Männer, die anderen Tätigkeiten wurden oft von selbstständig arbeitenden Frauen durchgeführt. Die Herstellung der Seidengewebe war im Verlagswesen organisiert: Kaufleute erwarben die Seide und vergaben die Produktionsaufträge der einzelnen Prozessschritte jeweils an die entsprechenden Handwerker. Von diesen erhielten sie deren Produkte, die sie an den nächsten Handwerker weitergaben, der den folgenden Schritt ausführte. Damit umgingen die Verleger die Auflagen der Zünfte, die oft die Anzahl der Maschinen, die ein Weber besitzen durfte, beschränkten. Dieses System funktionierte bei guter Auftragslage gut. Wenn allerdings der Absatz einbrach, dann hatten die Kaufleute keinerlei Verpflichtungen und die Handwerker entsprechend keine Arbeit und kein Einkommen. Somit wurden vor allem die Kaufleute reich.

Florenz war zu dieser Zeit schon berühmt für seine Seidendamaste. Pisa und Genua besaßen durch ihre Beteiligung an den Kreuzzügen zum einen Zugang zu Seidenproduktionsstätten in der Levante und gründeten zum anderen dort auch Handelsniederlassungen. Besonders bekannte Stoffe waren der Baldekino aus Bagdad, eine Kombination aus Seide mit Baumwolle und Flachs, der Lamocato, ein mit Gold durchwirkter Seidenstoff aus Bagdad und Ägypten, sowie der Kamelot aus Kamel- oder Ziegenhaar. In der Folgezeit entwickelten italienische Seidenweber ihren eigenen Stil mit naturalistischen Darstellungen von Tieren und Pflanzen und begründeten so die erste eigenständige europäische Mode bei den Seidenstoffen (Bild 4.13).

**Bild 4.13** Modische Damen mit Seidengewändern im 14. Jh.

Durch die Wiederentdeckung Amerikas 1492 verschoben sich die Machtzentren Europas in Richtung Westen, vor allem nach Spanien und Frankreich. Gleichzeitig wurde nach der Eroberung Konstantinopels 1453 durch die Türken der Handel mit dem Vorderen Orient schwieriger. Damit war die große Zeit der Seidenindustrie in Italien vorbei.

In Frankreich war die Seide seit den Kreuzzügen bekannt, und 1268 wurde in Montélimar der erste Maulbeerbaum gepflanzt. Mitte des 14. Jh. gab es Seidenwebereien in Montpellier und Marseille, ab 1466 wurden Seidengewebe in Tours erzeugt. Im Jahr 1450 erhielt Lyon durch ein Dekret von König Karl VII. aufgrund seiner verkehrsgünstigen Lage ein Monopol auf den Seidenhandel. Seit Franz I. (1494–1547) übernahm Lyon eine führende Stellung bei der Seidenerzeugung. Dabei wurde die Seide von Großhändlern gekauft und von den Seidenwebern oft in Heimarbeit, später in großen Manufakturen, zu hochwertigen Stoffen verarbeitet. König Ludwig XI. (1423–1483), genannt „der Kluge", ermutigte Seidenweber aus Venedig, Genua und Lucca, sich in Lyon anzusiedeln (Bild 4.14). Allerdings missfiel dies den Seidenhändlern in Lyon, und daher wurden die Seidenweber nach Tours umgesiedelt, in die Nähe der königlichen Schlösser in Plessis und Amboise (Bohnsack, 1993). 1553 waren in Lyon rund 1200 Arbeiter in den Seidenmanufakturen beschäftigt, davon etwa 250 Färber. Bis ins 17. Jh. blieb Tours führend in der Seidenverarbeitung, während Lyon vor allem durch den Seidenhandel reich wurde. Durch die nationale Seidenproduktion konnte der französische Staat zum einen Geld sparen, das bisher vor allem nach Italien für den Import von Seidenstoffen gezahlt wurde. Zum anderen erhielt er so zusätzliche Steuereinnahmen durch die Produzenten im eigenen Land.

**Bild 4.14** Seidenbrokat aus Lucca (14. Jh.)

Auch in den Niederlanden (Brabant) und Deutschland (Augsburg, Nürnberg) begann man mit der Seidenweberei, u.a. gefördert von Kaiser Karl V. Dabei entwickelten sich die Seidenmanufakturen entlang der Handelswege, über die die Seide aus Italien nach Norden kam (Augsburg, Nürnberg, Ulm). Insbesondere Köln gewann schnell an Bedeutung, und um 1500 stand die Zunft der Seidenweberinnen an der Spitze des Textilgewerbes. Die flandrische Seide aus Brabant hatte einen so guten Ruf, dass sogar Hersteller von Samt, einem besonders weichen Gewebe, aus Mailand ihre Ware nach Holland schickten, um sie dort mit einem Siegel von Brabant zu versehen und dadurch höhere Preise zu erzielen (Müller, 1997).

### 4.1.6 Metallfasern

Im Mittelalter wurden Metallfäden aus Ägypten und China, das sogenannte „cyprische Gold", in Prunkgewändern verarbeitet. Dabei wurden schmale Streifen getrockneter Darmhaut vergoldet und in Spiralen um einen feinen Faden aus Flachs, Seide oder Baumwolle gewickelt. Ab dem 12. Jh. werden in Europa (vor allem in Frankreich, Spanien und Italien) Gold- und Silbergespinste hergestellt. Dazu wird ein gezogener Golddraht flach gewalzt und um einen Seidenfaden gewickelt. Aus Preisgründen wurde reines Gold durch vergoldetes Silber und später durch versilbertes oder vergoldetes Kupfer ersetzt. In Spanien wurden vor allem „unechte" (Leonische) Metallfäden hergestellt.

In England wurden insbesondere vom 12.–14. Jh. Samt- und Leinengewebe mit goldenen und silbernen Fäden bestickt, hauptsächlich für liturgische Zwecke. Sie wurden Opus Anglicanum genannt (Bild 4.15).

**Bild 4.15** Opus Anglicanum (PKM, 2007a; Marshall, 2020)

# 4.2 Garnherstellung

Das Spinnen war im Mittelalter weiterhin vor allem Frauenarbeit. Es gibt zahlreiche Darstellungen von spinnenden Frauen, die währenddessen andere Tätigkeiten verrichteten und Kinder oder Tiere hüteten oder sich einfach mit anderen Spinnerinnen unterhielten.

## 4.2.1 Handspindel

Die Handspindel war im Mittelalter noch weit verbreitet. Sie wurde in der Regel von Frauen und sogar von Kindern benutzt, um Garn herzustellen. Weil das Spinnen sehr zeitaufwendig war, wurde ständig und überall gesponnen. Dabei konnte beim Einsatz eines Stocks, auf dem das vorparallelisierte Fasermaterial aufgewickelt war, mit beiden Händen das Garn gebildet werden. Der Stock („Rocken") mit den zu spinnenden Fasern konnte kurz (für unterwegs) oder lang sein. Die Herstellung eines Vorgarns war dann nicht notwendig. Typische Alltagsszenen zeigt Bild 4.16. Hier ist zu sehen, wie die Männer draußen arbeiten, während die Frauen daneben spinnen und z. B. das Kind hüten.

**Bild 4.16** Spinnen mit der Handspindel im 13. und 14. Jh.

Ritterlich gesinnte Frauen konnten ihren Spinnrocken auch zweckentfremden (Bild 4.17).

**Bild 4.17** Empörte Frau im späten 13. Jh. zweckentfremdet ihren Spinnrocken.

### 4.2.2 Handspinnrad

Ab dem 13. Jh. begann in Europa allmählich die Mechanisierung der Garnerzeugung mit einfachen Spinnrädern. Dies beraubte allerdings Katzen einer ihrer beliebten Freizeitbeschäftigungen und verärgerten Frauen ihrer „Waffe“ (Bild 4.18). Möglicherweise hängt der Ärger der Gattin mit der (ihr unbekannten?) Unterhose zusammen (vgl. Abschnitt 10.8.1), die auf dem Boden liegt.

Wie bereits in Kapitel 3 dargelegt, wurde das Spinnrad vermutlich in China erfunden, Darstellungen einfacher Spinnräder sind aus der Han-Zeit bekannt (206 v. Chr.–220 n. Chr.). Der Antrieb mithilfe eines Fußpedals scheint bereits bekannt gewesen zu sein, wie Funde aus Caozhuan zeigen. Von China gelangte das Spinnrad nach Japan, wo es weiter verbessert wurde zum Mehrspindler.

**Bild 4.18** Links: Die spinnt, die Katze (14. Jh. in England) (N. N., 1325); rechts: verärgerte Ehefrau (Van Meckenem, 1495)

1224 wurde in Venedig der Gebrauch eines Spinnrads erstmals in Europa erwähnt. Darin wird der Einsatz eines Spinnrads zur Garnherstellung bereits verboten. Dies könnte zum einen daran liegen, dass die Garne nicht die erforderliche Qualität erreichten, die mit der Handspindel möglich war. Darauf weist das Livre des métiers aus Brügge (ca. 1349) hin, in dem mit dem Handspinnrad gesponnene Wollgarne als zu schwach, ungleichmäßig und knotig (viele Fadenbrüche beim Spinnen) beschrieben werden. Zum anderen wird schon hier wie auch bei späteren Entwicklungen eine Rolle gespielt haben, dass die höhere Produktivität eines Spinnrades viele Handspinnerinnen arbeitslos machte und diese natürlich gegen dessen Einführung vorgingen.

Weitere Verbote sind für Bologna (1256), Paris (1268), Speyer (1280), Abbeville (1288), Siena (1292) und Douai (1305) belegt. In der Handwerksordnung der Weber von Speyer (1298) wird Garn vom Handspinnrad nur für die Herstellung von Schussgarn zugelassen, wo die Festigkeit im Vergleich zum Kettgarn nur eine untergeordnete Rolle spielt. In manchen Regionen blieb das Handspinnrad bis ins 16. Jh. hinein verboten.

Von 1270 stammt die Abbildung eines Spinnrades des chinesischen Künstlers Chien Hsuan. Die älteste Darstellung eines europäischen Spinnrades ist als Randminiatur im englischen Luttrell-Psalter von ca. 1325–1335 zu finden (Bild 4.19). Im rechten Bildteil ist eine Frau mit zwei Kratzen zu sehen, die Wollfasern parallelisiert. Vermutlich wurde also hier mit dem Handspinnrad Wolle versponnen und nicht Leinen oder Baumwolle. Das Spinnrad wurde mit der einen Hand angetrieben, und mit der anderen wurde der Garnbildungsvorgang gesteuert. Durch die große Übersetzung zwischen Antriebsrad (Durchmesser ca. 1 m) und der Spindel war das Verfahren etwa doppelt so produktiv wie das Spinnen mit der Handspindel. Typische Werte lagen bei 150–300 m/h, je nach Garnfeinheit und Drehungshöhe.

Das Spinnen erfolgte im Stehen, um das Schwungrad besser antreiben zu können. Gleichzeitig war so die Menge an Garn, die pro Arbeitsvorgang erzeugt werden konnte, größer, als wenn die Spinnerin sitzen würde.

**Bild 4.19** Handspinnrad im Luttrell-Psalter vom Anfang des 14. Jh. (S. 193r)

Dass zur gleichen Zeit auch noch mit der Handspindel gesponnen wurde, zeigt eine weitere Szene aus demselben Manuskript (Bild 4.20). Offenbar wurde weiterhin „unterwegs" Garn erzeugt, wie dies schon aus dem Altertum überliefert ist.

In den Dekretalien von Papst Gregor IX. ist eine sehr frühe Darstellung eines Spinnrads enthalten, dabei wurde auch von Männern gesponnen (Bild 4.21, unten). Anscheinend wird hier ein Vorgarn fein ausgesponnen und auf die Spindel gewickelt, denn ein Rocken mit Rohmaterial ist nicht erkennbar.

Der Spinnvorgang mit dem Handspinnrad kann in drei Phasen eingeteilt werden: Zunächst wird der entstehende Faden schräg zur Spindelspitze gehalten, und Fasern werden an das bereits gebildete Garn angedreht (Bild 4.22). Ist das Garnstück lang genug, wird es auf die Spindel aufgewickelt. Dabei wird der Faden rechtwinklig zur Spindelachse gehalten und durch Hin- und Herbewegen gleichmäßig aufgewickelt. Anschließend beginnt der Spinnprozess von Neuem.

**Bild 4.20** Frau mit Handspindel im Luttrell-Psalter vom Anfang des 14. Jh.

**Bild 4.21** Spinnerin und Spinner mit Spinnrad in den Dekretalien von Gregor IX. (Kopie aus den Smithfield Decretals von 1350)

Dieses Verfahren ist zwar deutlich schneller als das Spinnen mit der Handspindel. Es handelt sich aber immer noch um einen intermittierenden Prozess, bei dem Garnbildung und Garnaufwicklung wie bei der Handspindel getrennt voneinander ablaufen. Weil nur eine Hand die eigentliche Garnbildung kontrolliert, ist das Garn entsprechend ungleichmäßiger als das mit der Handspindel gesponnene.

Es wird angenommen, dass das Handspinnrad zunächst zur Erzeugung von Garnen aus den im Vergleich zu Wolle kurzen Baumwollfasern eingesetzt wurde, weil dies mit der Handspindel schwierig war. Vermutlich haben besonders die Barchentweber hier eine entscheidende Rolle gespielt. Sie waren ursprünglich oft Leinenweber, die im Schuss Baumwolle und in der Kette Leinen einsetzten.

**Bild 4.22** Spinnen mit dem Handspinnrad (Baines, 1835)

In Indien wurde schon seit dem Altertum in großen Mengen Baumwolle verarbeitet. Daher ist anzunehmen, dass das in Bild 4.23 dargestellte Handspinnrad (Charkha) dort schon im Mittelalter, möglicherweise sogar schon viel früher, erfunden und eingesetzt wurde. Zeitgenössische Darstellungen sind nicht bekannt, das Spinnrad wurde aber noch bis ins 20. Jh., u.a. von Mahatma Gandhi („home spun“, vgl. Kapitel 8), eingesetzt.

**Bild 4.23** Indisches Spinnrad (Charkha) (Baines, 1835)

Das Handspinnrad setzte sich wegen seiner hohen Produktivität schnell durch und wurde zum bevorzugten Werkzeug der Garnherstellung. In den meisten zeitgenössischen Bildern werden vor allem Frauen beim Spinnen gezeigt. Dies liegt daran, dass die Garnerzeugung nur selten in Zünften organisiert war und vor allem in Heimarbeit durchgeführt wurde. Damit war sie für Frauen prädestiniert, weil sie parallel zur Garnherstellung auch auf die Kinder aufpassen konnten.

Die große Bedeutung, die dem Spinnrad beigemessen wurde, zeigt sich in der Vielzahl mittelalterlicher Stadtwappen, die ein Spinnrad zeigen (Bild 4.24).

**Bild 4.24** Stadtwappen mit Spinnrädern

### 4.2.3 Seidenzwirnmaschine

Wenn man den Stand des Handspinnens in Europa im Mittelalter berücksichtigt, bei der Spinn- und Spuleinrichtungen immer nur eine einzige Spindel besaßen, so ist es erstaunlich, dass zur Seidenverarbeitung komplexe Maschinen entwickelt wurden. Dies ist möglicherweise darauf zurückzuführen, dass zum einen so weniger Mitarbeiter gebraucht wurden, die die Geheimnisse der Seidengewinnung weitergeben konnten, und zum anderen das kostbare Material besser und gleichmäßiger verarbeitet werden konnte (Bohnsack, 1993).

Im Jahr 1272 erfand der Italiener Borghesano in Bologna eine Seidenzwirnmaschine, die von wenigen Mitarbeitern bedient werden konnte. Dabei wurden die Fäden zunächst einzeln verdreht (z.B. in Z-Richtung) und anschließend mehrere miteinander verzwirnt (z.B. in S-Richtung). Die ersten Versionen waren noch relativ klein und wurden in kleinen Betrieben bzw. zu Hause verwendet. Bild 4.25 zeigt in einer einfachen Skizze eine entsprechende Seidenzwirnmühle im „Trattato dell'arte della Seta" von 1487.

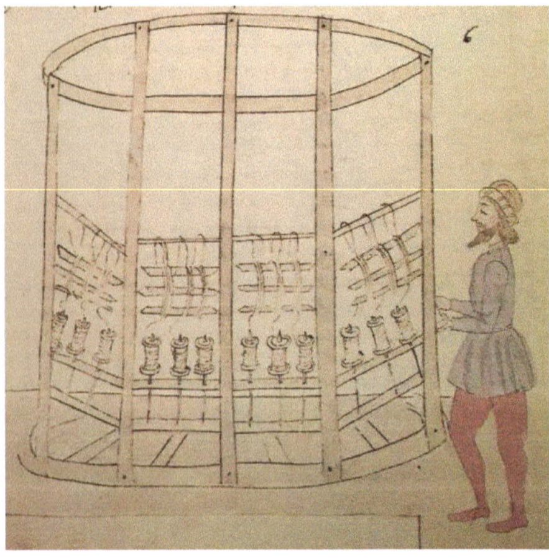

**Bild 4.25** Seidenzwirnmühle im 15. Jh. in Oberitalien

Weil die Seidenerzeugung ein lukratives Geschäft war, wurden die Verfahren der Seidenfadengewinnung und der Gewebeherstellung möglichst geheim gehalten. Daher gibt es kaum aussagekräftige zeitgenössische Darstellungen. Erst aus späterer Zeit, als sich die Technologie der Seidenverarbeitung allgemein verbreitet hatte, gibt es entsprechende Abbildungen. Es ist aber davon auszugehen, dass sich die Maschinen im 13. Jh. nicht wesentlich von denen im 16. und 17. Jh. unterschieden.

Bild 4.26 zeigt den Aufbau einer Piemonteser Seidenzwirnmaschine aus dem 17. Jh., bei der mehrere Dutzend Fäden gleichzeitig über ein komplexes Getriebe von der Haspel (oben) ab- und auf eine Spule darunter aufgewickelt werden konnten. Sie entspricht im Wesentlichen dem Aufbau der 400 Jahre älteren Maschine aus Bologna. Die Zwirndrehung konnte in Stufen eingestellt werden. Der Antrieb erfolgte bereits ab 1341 zum Teil mit Wasserkraft, wie Unterlagen aus Bologna zeigen. Damit veränderte sich auch das Landschaftsbild, weil nun große Fabrikgebäude entstanden, die die Umgebung prägten und die Industrialisierung architektonisch vorwegnahmen. Solche Produktionsstätten wurden als Seidenmühlen bezeichnet. Das englische Wort „mill" für „Fabrik" ist damit verwandt.

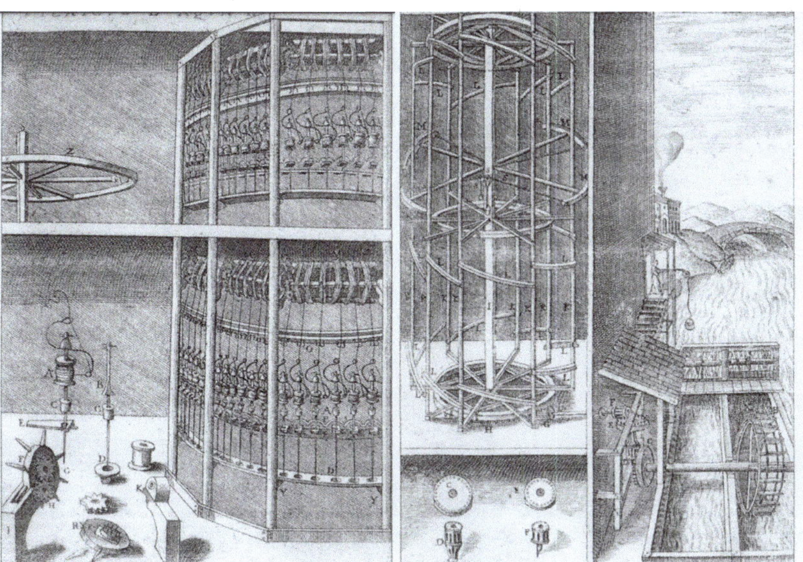

**Bild 4.26** Seidenmühle mit Wasserradantrieb (Zonca, 1607)

Der genaue Aufbau dieser Maschine konnte bis 1538 geheim gehalten werden. Dann kam die Technologie durch Bolzini und Fardini in andere italienische Städte, und damit war das Bologneser Monopol gebrochen. Zur Strafe wurden beide hingerichtet (Müller, 1997). Da schon in China bereits in der Han-Dynastie Seidenhaspeln eingesetzt wurden, ist davon auszugehen, dass die Idee dieser Maschine über den Seidenhandel nach Europa gelangte und nicht in Italien entstand.

## 4.3 Weben

Aus der Merowingerzeit sind Zweibaumgewichtswebstühle, z.B. aus Gräbern in Baden-Württemberg, erhalten. Einer der bekanntesten Funde in Nordeuropa ist ein Zweibaumwebstuhl aus dem Schiffsgrab von Oseborg (Schweden) aus dem 9. Jh. Er war 1,2 m hoch und 0,75 m breit und hatte vermutlich Vorbilder im Mittelmeerraum. Bis ins 10. Jh. war diese Technik in Europa noch weit verbreitet. Mit der Verbreitung des Trittwebstuhls, der Erfindung des Schiffchens und der beweglichen Schäfte zur Fachbildung stieg die Produktivität an, und das Weben wurde ein weit verbreiteter Handwerksberuf.

### 4.3.1 Brettchenweben

Das Brettchenweben war auch im Mittelalter noch weit verbreitet, wie zahlreiche Darstellungen zeigen (Bild 4.27). Es wurde vor allem zur Herstellung von Borten und Bändern eingesetzt.

**Bild 4.27** Brettchenweben in Bibelminiaturen

### 4.3.2 Schiffchen und Schäfte

Über den Orient kam die Technologie des Schiffchens als Träger des Schussmaterials in den Mittelmeerraum und von dort nach Europa. Zwar gibt es Funde von Schiffchen aus dem alten Ägypten durch Flinders Petrie (1917), diese sind aber ebenso wenig verifiziert und datiert wie die etwa zur gleichen Zeit entdeckten Riete, mit denen der Schussfaden an das Gewebe angeschlagen wurde. Das Schiffchen war stromlinienförmig gestaltet und konnte durch das Fach geworfen werden, was den Webvorgang erheblich beschleunigte. Das Fach eines Gewichtswebrahmens war für ein Schiffchen zu klein. Daher war eine andere Technik der Fachbildung erforderlich, was zu den noch heute verwendeten Schäften führte.

Mit zwei Schäften konnten Stoffe in Leinwandbindung hergestellt werden, mit drei und mehr Schäften Köper- und Atlasgewebe. Dies erlaubte, insbesondere in Kombination mit unterschiedlichen Materialien, Farben und Garnstärken, eine nahezu unendliche Vielfalt an Mustern.

### 4.3.3 Trittwebstuhl

Ab dem 11. Jh. wurde der senkrecht stehende Webrahmen allmählich ersetzt durch die sogenannten Trittwebstühle, in denen die Kette horizontal angeordnet ist. Die älteste Darstellung stammt aus dem Jahre 1425 und zeigt Hans Weber aus Nürnberg (Bild 4.28, links).

Hier kann man nun erstmals von einem Web„stuhl“ sprechen, da der Weber tatsächlich sitzt. Die Kettfäden sind horizontal angeordnet. Der wesentliche Unterschied ist die Art der Fachbildung, die nun nicht mehr über einen Litzenstab, sondern durch bewegliche Schäfte erfolgt (Bild 4.28, rechts). Sie werden über ein Trittholz mit den Füßen bedient. Der Schuss wird mit einem Riet angeschlagen. Durch den Einsatz eines Kettbaums, auf den die Kettfäden aufgewickelt sind, können nun längere Gewebe erzeugt werden. Die Schusseintragsgeschwindigkeit kann durch den Einsatz von Schiffchen ebenfalls gesteigert werden. Nun sind bis zu zwanzig Schusseinträge pro Minute möglich, was rund 6 m Gewebe pro Tag entspricht. Darüber hinaus sind durch den Einsatz mehrerer Schäfte kompliziertere Bindungen möglich, z. B. Köper. Die Kettvorbereitung fand in unmittelbarer Nähe des Webstuhls statt, wie Bild 4.29 zeigt. Hier werden Fäden parallel aufgespannt, aus denen später der Kettbaum hergestellt wird.

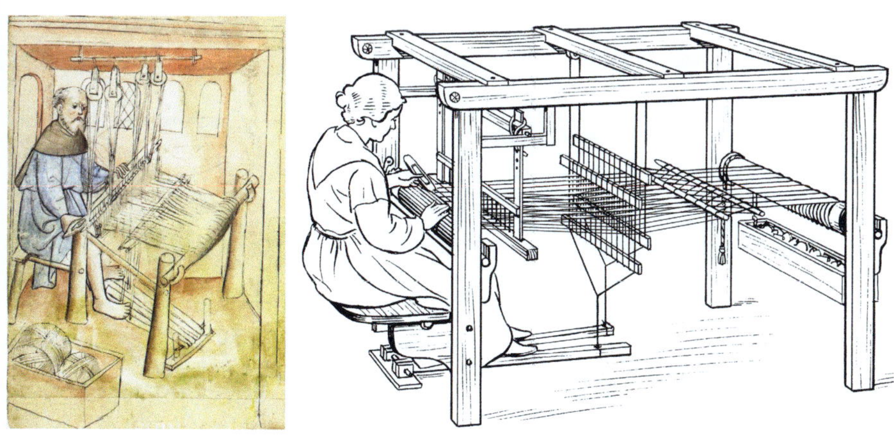

**Bild 4.28** Älteste deutsche Darstellung eines Trittwebstuhls (Tiergärtner, 2011b) mit vier Schäften und prinzipieller Aufbau (HLHJ, 2023)

**Bild 4.29** Vorbereitung der Kettbaumherstellung

Der Trittwebstuhl in breiter Bauweise wurde wegen des erforderlichen Kraftaufwands ausschließlich von Männern bedient. Somit entwickelte sich gleichzeitig der Handwerksberuf des Webers, der sich zum Teil bereits auf einen speziellen Faserstoff spezialisierte (Seidenweber, Wollweber, Leinenweber). Gewebt wurde also jetzt nicht mehr ausschließlich für den eigenen Bedarf, sondern für den Handel. Dadurch entstand nun eine wohlhabende Mittelschicht, deren reichste Vertreter oft mit Tuchen handelten. Für feine Tuche, z. B. aus Flandern, Aachen oder Italien, wurden dabei hohe Preise bezahlt. Der bis heute gebräuchliche Ausdruck „gut betucht" als Zeichen für Wohlstand spiegelt dies immer noch wider.

Für die Herstellung besonders breiter Gewebe arbeiteten zwei Weber zusammen. Das Schiffchen wurde dabei von einem Weber bis zur Hälfte der Fachbreite durchgereicht und dort an den zweiten Weber übergeben (Bild 4.30). Im Vordergrund ist ein Kind zu sehen, das die Spulen für das Schiffchen vorbereitet.

**Bild 4.30** Zwei Weber an einem Breitwebstuhl (aus dem „Ypres Book of Trades", ca. 1310)

Schmale Trittwebstühle hingegen wurden auch von jungen Damen eingesetzt, möglicherweise zur Herstellung ihrer Aussteuer (Bild 4.31, links). Mit dieser Technik konnten sehr feine und dünne Stoffe hergestellt werden, wie Bild 4.31, rechts, zeigt.

**Bild 4.31** Links: junge Dame mit Trittwebstuhl; rechts: Unterwäsche aus feinem Leinengewebe (um 1390)

### 4.3.4 Netzgewebe

Eine spezielle Webtechnik zur Herstellung von Netzstrukturen zeigt Bild 4.32. Dabei werden die Kettfäden in einen Rahmen eingespannt und miteinander verdreht. Das Muster entsteht gleichzeitig im oberen und im unteren Teil des Rahmens. Es wird am Ende durch Schussfäden fixiert.

**Bild 4.32** Netzweberin (Cranach d. Ä., 1510) und Textilstruktur

Diese Technik ist seit dem Altertum in Funden dokumentiert und wurde im Mittelalter z. B. zur Herstellung von Haarnetzen als Kopfbedeckung für feine Damen eingesetzt (Nutz et al., 2021).

### 4.3.5 Spezialisierung

Im ausgehenden Mittelalter wurde unterschieden zwischen Woll-, Leinen- und Seidenwebern. Ihnen war jeweils nur die Verwendung des entsprechenden Fadenmaterials erlaubt und der Einsatz anderer Fasern in reiner Form verboten. Bei den Wollwebern wurde darüber hinaus unterschieden zwischen den Loden- und den Tuchmachern. Verbreitet waren auch Mischgewebe, z. B. Barchent aus Baumwolle und Leinen (vgl. Abschnitt 4.1.1). Sie wurden zunächst vor allem in Schwaben, z. B. in Augsburg und Ulm, hergestellt, später auch in Thüringen und Norditalien.

Die Kombination von Wollschuss- und Leinenkettgarnen war zur Erzeugung von Decken und Teppichen weit verbreitet und den Deckwebern vorbehalten. Im Kölner Raum gab es ebenfalls Seidenweberei, wobei hier sogar Frauen Mitglieder der entsprechenden Zunft werden konnten.

Eine Besonderheit unter den Webern war der Leinenweber. Er zählte zu den „unehrlichen“ Berufen, wobei „unehrlich“ nicht „betrügerisch“ bedeutet. Vielmehr wurde die Leinenweberei oft von Tagelöhnern oder auf dem Land durchgeführt. Die Weber waren deshalb in der Regel nicht in Zünften organisiert. So mussten die Leinenweber u. a. den städtischen Galgen bauen. Falls es in einer Stadt eine Leinenweberzunft gab, dann waren zum Teil viele Frauen dort organisiert, was wohl daran lag, dass die Fasern meist von Frauen gewonnen wurden. Durch ihre Tätigkeit erwarben sie so eine gewisse Unabhängigkeit von ihren Männern und standen daher aus der Sicht der Männer oft in einem schlechten Ruf und galten als sittenlos.

Die im Mittelalter übliche Trennung der Geschlechter ist bis in die heutige Zeit im Wesentlichen unverändert geblieben. So arbeiten auch heute noch in den Spinnereien hauptsächlich weibliche Arbeitskräfte, in den Webereien dagegen vorwiegend Männer, obwohl die Körperkraft bei der Bedienung einer Spinn- oder Webmaschine mittlerweile eher von untergeordneter Bedeutung ist. Auch in den Familiennamen zeigt sich diese frühe Geschlechtertrennung in den Textilberufen. So gibt es die Namen „Weber“, „Wollweber“, „Seidenweber“ und „Färber“, aber nicht die Namen „Spinner“ oder „Garnmacher“.

In vielen Stadtwappen aus dem Mittelalter sind Weberschiffchen als Symbol für das Webereihandwerk abgebildet (Bild 4.33). Dies illustriert die große Bedeutung, die der Gewebeherstellung beigemessen wurde, viele Städte waren „stolz“ auf ihre Weber und zeigten dies nach außen.

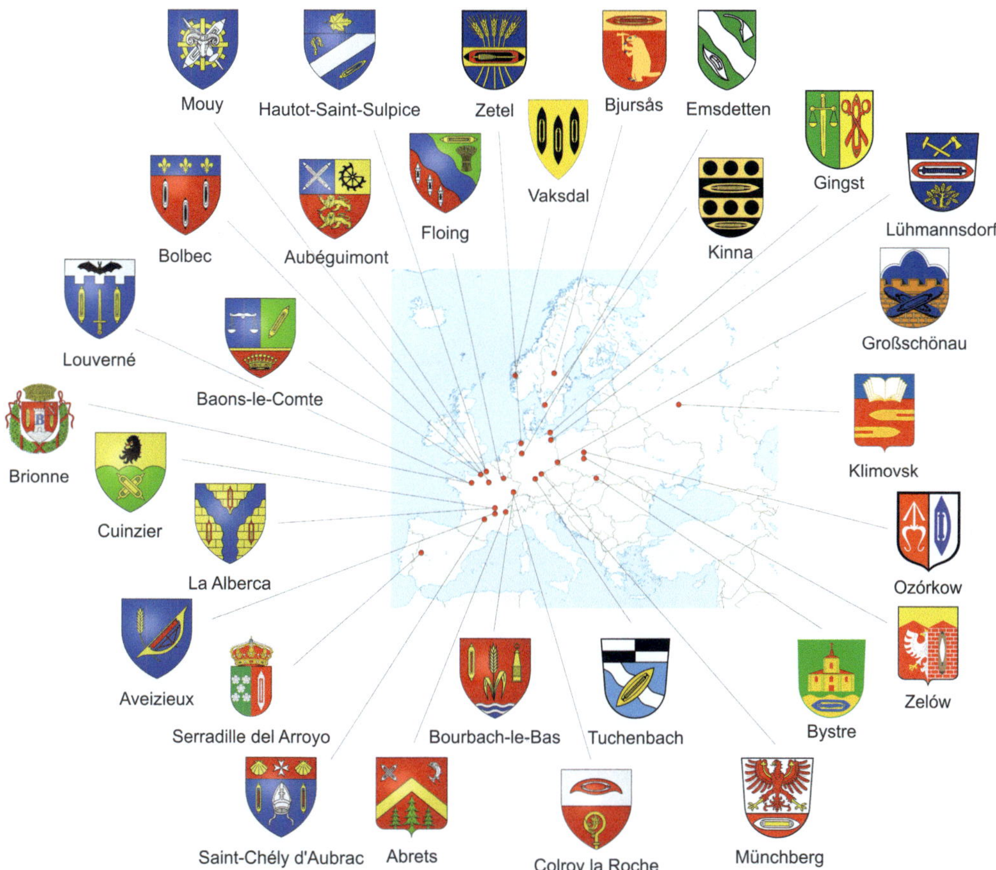


**Bild 4.33** Stadtwappen mit Weberschiffchen

## ■ 4.4 Stricken

Im Grab des Kronprinzen Ferdinand von Kastilien aus dem Jahr 1275 wurde ein gestricktes Kissen aus Seide gefunden (Bild 4.34). Es gilt als ältestes Gestrick in Europa.

Bild 4.35 zeigt eine gestrickte Socke aus dem 12./13. Jh. aus Ägypten. Sie hat auf der „Schauseite" nur rechte Maschen und besitzt verschiedenfarbige Bänder, die vermutlich mit indigogefärbtem Garn erzeugt wurden. Die Socke wurde in einem Stück hergestellt.

Ab dem späten Mittelalter wurden vor allem kleinere Textilien, z. B. Mützen, gestrickt. Dies geschah in Heimarbeit, nicht in Handwerksbetrieben. Papst Innozenz IV. (13. Jh.) soll gestrickte Handschuhe besessen haben, die ihm ins Grab mitgegeben wurden. Wie das Marienbild im Buxtehuder Altar von Meister Bertram (1345–1415) zeigt, war das Stricken im 14. Jh. schon weit verbreitet (Bild 4.36).

**Bild 4.34** Gestricktes Samtkissen von Ferdinand von Kastilien von 1275

**Bild 4.35** Socke aus Ägypten aus dem 12./13. Jh. (Rogers Fund, 1927)

**Bild 4.36** Maria strickt ein Kleid im Buxtehuder Altar von Meister Bertram (Ekenaes, 2017)

Es wird vermutet, dass die Stricktechnik mit Nadeln, wie sie hier dargestellt ist, aus Italien oder Nordafrika stammt. Das Stricken blieb zunächst eine zusätzliche Erwerbsquelle für die Landbevölkerung, ein Handwerksberuf entwickelte sich daraus erst im 15. und 16. Jh.

Strümpfe wurden nur in Ausnahmefällen gestrickt, z. B. für den englischen König Heinrich IV., Ende des 14. Jh., normalerweise wurden sie gewebt. Ein wesentlicher Grund dafür könnte sein, dass Gestricke sich auflösen, wenn ein Faden reißt. Daher waren feste und gleichmäßige Fäden für ein dauerhaftes Gestrick erforderlich, die aber so noch kaum hergestellt werden konnten. Bei Geweben bestand dieses Problem nicht, weil Löcher einfach geflickt werden konnten. Obwohl also der Aufwand, ein Gewebe herzustellen, ungleich größer war als der für ein Gestrick, wurden Gewebe den Gestricken vorgezogen. Gestricke passen sich aufgrund ihrer Elastizität der menschlichen Körperform viel besser an als Gewebe, daher wurden sie dennoch hergestellt, aber nicht auf einer Maschine, sondern bis ins 17. Jh. nur von Hand.

## 4.5 Teppiche

Handgeknüpfte Teppiche waren im Mittelalter in Europa ab der Zeit der späten Kreuzzüge im 12. Jh. bekannt. Im Orient wurden sie seit dem Altertum hergestellt, Kreuzfahrer brachten sie nun als „Souvenirs" nach Mitteleuropa. Auch aus dem islamischen Spanien wurden Teppiche exportiert, blieben aber lange ein Luxusartikel. In Spanien gab es ab dem 8. Jh. unter der Herrschaft der muslimischen Herrscher Teppichmanufakturen, von denen viele bis über das 15. Jh. hinaus nach der Reconquista weiterbestanden. In Frankreich, z. B. in Aubusson, wurden um 1300 die ersten Teppiche hergestellt.

## 4.6 Veredlung

Die bisher vor allem mühsam und mit zahlreichen Arbeitskräften von Hand durchgeführten Veredlungsprozesse wurden im Mittelalter zum Teil mechanisiert. Im Folgenden werden einige typische Beispiele vorgestellt.

### 4.6.1 Mechanische Veredlung

Nach dem Weben wurden die Stoffe oft gewaschen und Wollgewebe häufig gewalkt, um sie dichter und glänzend zu machen. Dabei wurden die Textilien mechanisch unter Zuhilfenahme von warmem Wasser verdichtet (Bild 4.37). Für Loden wurde dieser Prozess besonders intensiv durchgeführt, wodurch die Gewebe wasser- und winddicht wurden.

Erste Walkmühlen wurden schon im 8. Jh. eingesetzt, wie es z. B. von Einhard, dem Biografen Karls des Großen, überliefert ist. Aus dem 10.–12. Jh. sind zahlreiche weitere Walkmühlen bekannt, die vor allem von Klöstern betrieben wurden. Ihr Antrieb erfolgte durch Wasserkraft, was sie zu den ersten nicht von Menschenkraft angetriebenen Textilmaschinen macht. Die Achse des Wasserrades wurde verlängert und mit Nocken versehen. Diese hoben schwere Holzhämmer, die beim Herunterfallen in den mit der Walklauge und den Wolltuchen gefüllten Trögen die Tuche bearbeiteten. Eine Walkmühle ersetzte die Arbeit von ca. 25 Walkern. Im Jahr 1374 kauften die Rostocker Wollenweber eine Walkmühle, die sich ein einzelner Wollwalker nicht leisten konnte, als genossenschaftliche Produktionsstätte (Müller, 1997). Allerdings gab es auch Widerstände gegen zentrale Walkmühlen, wenn deren Besitzer diese – aus der Sicht der traditionellen Wollwalker – nur zu seinem Vorteil einsetzte und so die Kosten drücken konnte und Arbeitsplätze verloren gingen. Bild 4.38 zeigt eine Walkmühle aus dem 17. Jh., weil zeitgenössische Darstellungen aus dem Mittelalter fehlen. Das Funktionsprinzip ist aber weitgehend unverändert.

**Bild 4.37** Walken der Wolle als gesellige Gemeinschaftsarbeit (PKM, 2008)

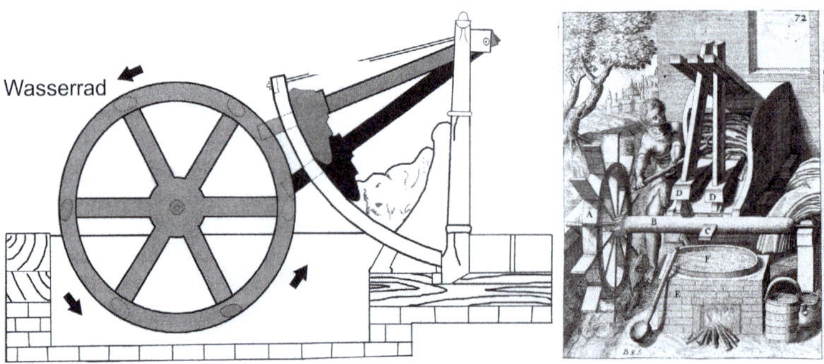


**Bild 4.38** Mechanisches Walken (Böckler, 1661)

Durch das Walken liefen die Stoffe etwas ein. Anschließend spannte man sie auf Rahmen und ließ sie trocknen (Bild 4.39, links). Danach wurden die Stoffe oft von Tuchrauern mithilfe von in Holzrahmen befestigten Kratzendisteln aufgeraut (Bild 4.39, rechts). Diese wiederum wurden von Kardenmachern hergestellt. Durch das Rauen wurde die Oberfläche vergleichmäßigt.

Um nach dem Walken die vom Gewebe abstehenden Fasern zu entfernen, wurden sie geschert (Bild 4.40), wodurch eine sehr gleichmäßige Oberfläche entstand, die Samt ähnelte. Auch der Tuchscherer war ein eigener Handwerksberuf, was 1193 erstmals in Florenz und 1346 in Augsburg nachgewiesen ist.

**Bild 4.39** Links: Aufspannen eines Tuchs zum Trocknen aus dem Hausbuch der Landauerschen Zwölfbrüderstiftung (Blecher, 1568); rechts: Tuchrauer aus dem Nürnberger Hausbuch, ca. 1425 (Tiergärtner, 2011c)

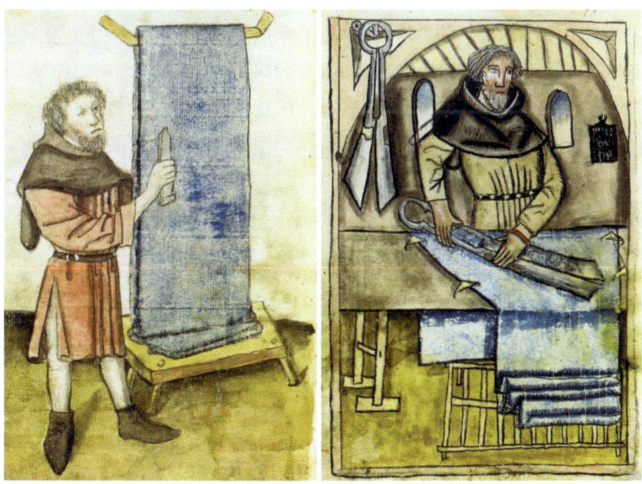

**Bild 4.40** Tuchscherer aus dem Nürnberger Hausbuch, 1425 (Tiergärtner, 2011d, e)

Falls während dieser Prozesse Löcher entstanden, wurden sie von Stopfern wieder geschlossen. Um einen besonderen Glanz zu erzielen, konnten die Gewebe auch noch geplättet werden.

### 4.6.2 Bleichen

Insbesondere für Gewebe aus Leinen war der Bleichprozess von großer Bedeutung. Ungebleichtes Leinen ist beige, was als Farbe oft unerwünscht war. Die Bleicher verwendeten Kalk, Waid- und Holzasche, um durch Einwirkung von Licht, Sauerstoff und Peroxid, das aus Milchsäure entstand, die Tuche aufzuhellen. Für andere Fasermaterialien war dieser Prozess unüblich.

### 4.6.3 Färben

Seit der Antike war ein großer Teil des Wissens um die Textilfärbung in Europa in Vergessenheit geraten. Durch die Kreuzzüge und die Araber selbst kamen deren Kenntnisse u. a. nach Spanien und verbreiteten sich ab dem 12. Jh. schnell im gesamten Mittelmeerraum. Vor allem in Italien entwickelte sich eine blühende Kultur der Textilfärberei. Ehemals bekannte Farbstoffe wurden wieder eingeführt, so z. B. Orseille um 1300 in Florenz, Rotholz wurde aus Indien importiert.

Das professionelle Färben von Textilien war lange nur den Färbern selbst bekannt, also einer, im Vergleich zu den Webern, kleinen Gruppen von Handwerkern. Die entsprechenden Färberezepturen waren streng geheim und wurden an Außenstehende nicht weitergegeben. Zwar gab es einzelne Bücher, in denen auch Farbrezepte beschrieben wurden, z. B. von Hrabanus Maurus (8. Jh.) und einigen Schriften des 10.–13. Jh. Aber erst die Erfindung des Buchdrucks um 1440 ermöglichte die weite Verbreitung von entsprechenden Büchern.

Durch die Verbreitung des Wissens um die Färberei, vor allem von Italien aus, wurde die mittelalterliche Mode schnell bunt. Dominant waren Schwarz- und Rottöne, aber auch Blau, Braun, Grau und Grün waren verbreitet. Gelb galt allgemein als ungeeignet für anständige Bürgersfrauen und war vor allem den Prostituierten vorbehalten.

Die Färber teilten sich auf in die Schwarz-, die Schön- und die Seidenfärber. Die Schönfärberausbildung dauerte mit vier bis sieben Jahren doppelt so lange wie die zum Schwarzfärber (die auch blau färbten) und konzentrierte sich auf feine, qualitativ hochwertige Stoffe.

Das Färben spielte insbesondere bei der Herstellung von Wollstoffen eine große Rolle. Dabei konnten entweder die Wollfasern, das Wollgarn oder das fertige Tuch gefärbt werden. Häufig waren die Weber gleichzeitig Färber. Manche Färber waren ebenfalls Verleger und kauften und färbten dann sowohl Wolle als auch Tuche.

#### 4.6.3.1 Blau

Für die Blaufärberei wurde wie schon im Altertum Waid eingesetzt das vor allem in Thüringen, Schwaben und im Kölner Raum angebaut wurde. Schon Karl der Große forderte seine Untertanen auf, Waid anzubauen, und sein Nachfolger Ludwig der Fromme verpflichtete bestimmte Dörfer, Waid an die königlichen Frauenhäuser abzugeben. In Thüringen begann der großflächige Waidanbau 1290, als Kaiser Rudolf von Habsburg auf den von ihm zerstörten 66 Raubritterburgen Waid anbauen ließ. Die Pflanzenteile wurden in Waidmühlen zerkleinert und anschließend in Haufen geschichtet, damit eine Gärung einsetzte. In Kugelform wurde die Waidmasse anschließend verkauft. Für die eigentliche Färbung wurde sie erneut in einer feuchten Gärung vorbereitet. Danach wurden die zu färbenden Stoffe in die Farblösung getaucht. Weil man dazu einen Behälter brauchte, der „Kufe" hieß, wurde diese Art der Färbung „Küpenfärbung" genannt. Allerdings braucht man zum Färben immer einen Behälter, daher ist diese Erklärung, die so in allen Fachbüchern steht, nicht wirklich befriedigend.

Marco Polo erwähnt den Indigoanbau in Gujarat (Indien), und im 12. und 13. Jh. taucht Indigo als Importartikel aus Bagdad auf, von wo er nach Italien, Frankreich und England exportiert wurde (vgl. Abschnitt 3.9.2).

#### 4.6.3.2 Rot

Der wichtigste Farblieferant für die Rotfärbung (Bild 4.42, rechts) war die Krappwurzel (Bild 4.41, links), mit der leuchtende Rottöne erzeugt werden konnten. Sie wird in zahlreichen Anleitungen zur Färberei erwähnt, u. a. in der Mappa clavicula (Ägypten, vermutlich 6. Jh., mit Erweiterungen im 12. Jh. auf mehr als 300 Färberezepte), der Mariegola die Tintori (Venedig, 1429), dem Bouck vor Wondre (Antwerpen, 1513) und dem Plictho von G. Rosetti (Venedig, 1548).

**Bild 4.41** Krapp (links; Krause, 1796) und Kermes-Schildlaus (rechts; Dupont, 2015)

Auch die Kermeslaus (Kermes ilicis, Kermes vermilio) war bekannt und eine europäische Alternative zu Purpur, dessen Import ab 1453, nach der Eroberung von Konstantinopel durch arabische Heere, schwierig wurde. Daher wurde von Papst Paul II. 1464 verfügt, dass Kardinalsgewänder nicht mehr mit Purpur gefärbt wurden, sondern mit Kermes. Dieser kam vor allem aus Südeuropa, Deutschland und Polen (Bild 4.41, rechts). Der Farbstoff wurde aus dem Chitinpanzer abgestorbener weiblicher Läuse gewonnen. Die Lackschildlaus (Coccus lacca) aus Indien wurde ebenfalls zur Rotfärbung verwendet. Ab dem 13. Jh. wurden die Flechten der Gattung Roccella, die im gesamten Mittelmeerraum wachsen, als Färbemittel eingesetzt. Durch einen Gärprozess mit Urin oder Ammoniak kann aus den getrockneten Flechten der rote Farbstoff Orseille gewonnen werden, der schon im Altertum bekannt war und als günstigere Alternative zu Purpur galt. Für 1 kg Wolle benötigte man 1,5 kg Kermesläuse oder Brasilholz (vgl. Abschnitt 5.7.1.3) oder 600 g Krappwurzeln.

Eine ausführliche Darstellung der Geschichte des Einsatzes von Krapp zur Rotfärbung gibt (Reinking, 1939).

### 4.6.3.3 Grün, Gelb und andere Farben

Eine grüne Färbung wurde z. B. erzielt durch eine Kombination aus Färberwaid (Blau) und Färberscharte (Gelb). Farbstoffe für eine direkte Grünfärbung wurden erst im 19. Jh. entwickelt.

Aus überlieferten Färberrezepten, z. B. aus dem Nürnberger Kunstbuch des Dominikanerinnenklosters St. Katharine, geht hervor, dass auch Eisenhydroxid (Braun), grüne Nussschalen (Dunkelbraun), Zinnober (Rot), Färberdistel bzw. Saflor (Rosa), Sanddorn (Gelb), Holunderbeeren (Blaugrün), Grünspan (Grün), Mastix und Gummi Arabicum verwendet wurden (Sauer, 2012).

Um die Färbung zu fixieren, wurden Zusatzstoffe eingesetzt. Dazu gehörten u. a. Alaun (Kaliumaluminiumsulfat) und Weinstein (Kalzium- oder Kaliumsalz) als Beizmittel.

### 4.6.3.4 Färber

Bild 4.42 zeigt zwei Färber bei ihrer Arbeit. Von besonderer Bedeutung war die Einhaltung der Färberezeptur, der Temperatur und der Zeit, die das Textil in der Färbeflotte (Wasser und Farbstoff) lag.

**Bild 4.42** Links: Färber im Nürnberger Hausbuch (Tiergärtner, 2011f); rechts: Färber im Hausbuch der Landauerschen Zwölfbrüderstiftung (Kohler, 1529)

### 4.6.4 Drucken

Ein koptisches Textil aus dem 9. oder 10. Jh. besteht aus blau gefärbtem Leinen mit einem Blütenmotiv in der Mitte. Da auch entsprechende Druckstempel (Durchmesser ca. 4 cm) gefunden wurden, ist dies das älteste sicher bedruckte Textil. Ein Leinengewebe aus dem Grab des Bischofs Cäsarius von Arles aus dem 6. Jh. ist zwar älter, seine Bedruckung ist aber umstritten. Gedruckt wurde vor allem in Klöstern, in denen auch Gold- und Silberdrucke hergestellt wurden. Dazu wurde eine leimartige Paste aufgetragen und anschließend mit Gold- oder Silberpulver bestreut.

Bild 4.43 zeigt einen Ausschnitt der nach ihrem früheren Besitzer aus Sitten (Sion) sogenannten Sittener Tapete. Sie wurde vermutlich Anfang des 14. Jh. mit dem Ölfarbendruckverfahren hergestellt. Dabei wurden Lampenruß und Rötel eingesetzt (Müller, 1997).

Entsprechende Rezepturen sind aus verschiedenen Quellen bekannt. Dazu zählen das „Libro dell'arte o trattato della pittura" des italienischen Malers Cennino Cennini (Cennini, 1400) sowie weitere Beschreibungen, z. B. von Margarete Holzschuher (frühes 16. Jh.) aus Nürnberg und des schwedischen Mönchs Peter Mansson, der eine Art Flockverfahren mit feinem Wollstaub beschreibt. In großem Umfang hat sich das Druckverfahren im Mittelalter noch nicht durchgesetzt, auch wenn es keine großen technischen Kenntnisse erforderte, wenn man mit einer geringen Druckqualität zufrieden war.

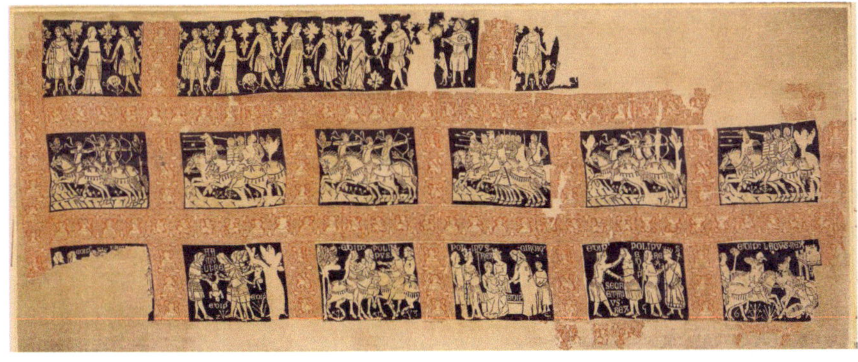

**Bild 4.43** Sittener Tapete mit gedruckten Motiven (© Historisches Museum Basel, Maurice Babey)

Bild 4.44 zeigt einen Zeugdrucker bei der Arbeit mit einer Flachdruckschablone. Dieses Verfahren wurde bis ins 20. Jh. in vielen Teilen der Welt verwendet, in Indien noch im 21. Jh.

**Bild 4.44** Zeugdrucker im 14. Jh. (Cennini, 1400)

### 4.6.5 Sticken

Eine Alternative zum Färben und Drucken zur Erzielung besonders komplexer Musterungen ist das Sticken. Dazu wird auf einem ungefärbten Grundgewebe, oft in Leinwandbindung gewebt, mithilfe bunter Garne das Muster aufgestickt.

Die Kunstfertigkeit der damaligen Sticker zeigt sich besonders eindrucksvoll im sogenannten Teppich von Bayeux, der vermutlich Ende des 11. Jh. in Südengland entstanden ist. Das rund 70 m lange und 0,5 m breite Gewebe aus Leinen zeigt in zahlreichen Szenen, die mit Wollfäden aufgestickt wurden, die Eroberung Englands durch die Normannen. Wegen der „gewöhnlichen" Fasermaterialien wurde er nicht zerschnitten und ist bis heute in weiten Teilen erhalten geblieben. Bild 4.45 zeigt einen Ausschnitt mit Rittern in der Mitte und im unteren Bereich Bauern bei der Feldarbeit.

Für den Teppich wurden Wollgarne, die in insgesamt zehn verschiedenen Farbtönen gefärbt waren (mit nur drei Farbstoffen), auf aneinandergenähte Leinwandstücke aufgestickt. Zum Sticken wurden drei verschiedene Stiche verwendet: Stiel- und Spaltstich für die Konturen und die Texte, der Bayeux-Stich für Flächen (Bild 4.46). Spätere Korrekturen wurden mit einem Kettenstich ausgeführt und sind daher leicht zu erkennen.

Der Krönungsmantel des sizilianischen Königs Roger II. aus dem Jahr 1133 wurde mit seidenen und goldenen Fäden bestickt und ist ein weiteres Beispiel für die herausragende Qualität mittelalterlicher Stickerei (Bild 4.47). Er entstand auf Sizilien, das die Normannen 1060 erobert hatten.

**Bild 4.45** Teppich von Bayeux (Ausschnitt; Wiki, 2022c)

**Bild 4.46** Details des Teppichs von Bayeux (PKM, 2007b) und Kettenstich (Christie, 1912)

**Bild 4.47** Krönungsmantel von Roger II. von Sizilien (Gryffindor, 2007)

## ■ 4.7 Schneider

Bis ins Spätmittelalter wurde Kleidung vor allem zu Hause hergestellt. Ab dann gab es auch Schneider, wie viele detaillierte Darstellungen (Bild 4.48) zeigen. Hier sind „moderne“ Scheren zu sehen, ein „Zollstock“ und Kleiderbügel.

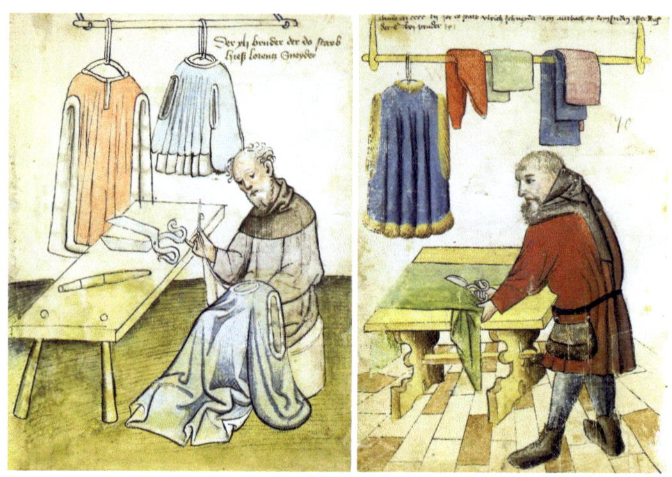

**Bild 4.48** Schneider aus dem Nürnberger Hausbuch, ca. 1425 (Tiergärtner, 2011 g, h)

1152 konstituierte sich die erste deutsche Schneiderzunft in Hamburg-Harburg, 1288 eine weitere in Berlin. Ihr Zunftzeichen war die Schere (Bild 4.50, rechts). Ab dieser Zeit sprach man nicht mehr von „Nähern“, sondern von „Schneidern“, was die Weiterentwicklung des Berufsbildes zum Ausdruck bringt. Es wurden jetzt Kleidungsstücke zugeschnitten und nicht nur viereckige Stoffe miteinander vernäht; wobei dies ausschließlich Männern vorbehalten war, während die Frauen bis zum 17. Jh. meist nur nähen, ausbessern und bügeln durften, sobald das Bügeleisen im 15. Jh. erfunden war. Dieser Handwerksberuf entwickelte sich zu einem beliebten Nachnamen in Deutschland, wobei „Schneider“ eher im Süden und „Schröder/Schröter“ (verwandt mit „schroten“, also klein schneiden) eher im Norden verbreitet war. Interessanterweise gibt es deutlich mehr „Schneider“ als „Schröder/Schröter“.

Weil Schneidern der Handel mit Stoffen verboten war, mussten die Kunden ihre eigenen mitbringen. Genäht wurde bis zur Erfindung der Stahlnadel im 14. Jh. mit Nadeln aus Knochen oder Horn.

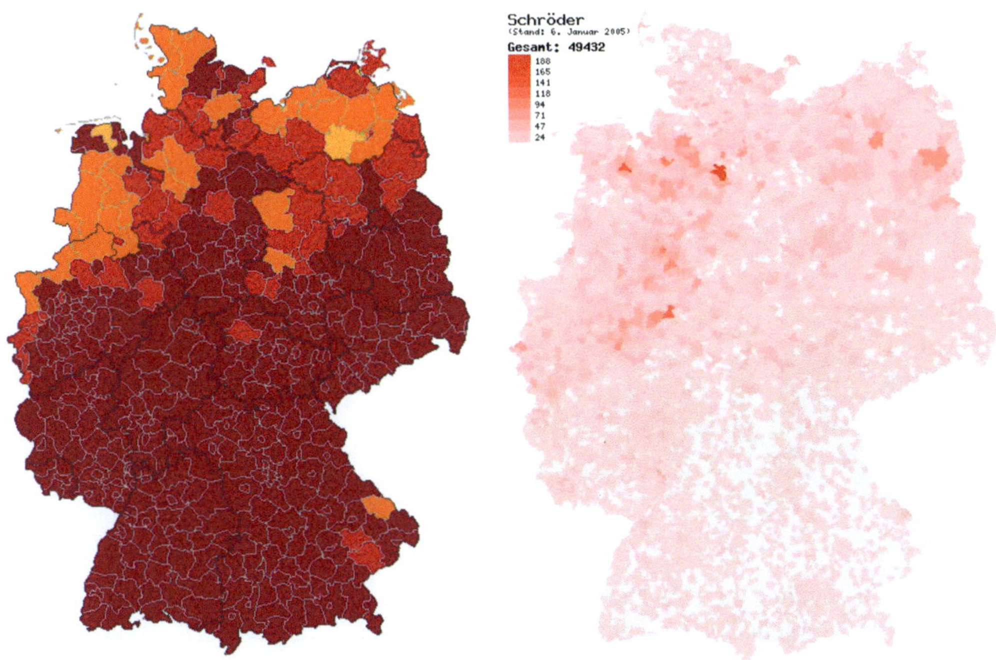


**Bild 4.49** Verteilung der Nachnamen „Schneider“ (links: Stöpel, 2010) und „Schröder“ (rechts: Baumgartner, 2005) in Deutschland

## ■ 4.8 Zünfte

Bis ins 10. Jh. lebten die meisten Menschen in Europa auf dem Land in kleinen Dörfern, Städte gab es nur wenige. Daher wurden Textilien vor allem in Heimarbeit oder von isoliert arbeitenden Handwerkern hergestellt. Konkurrenz zwischen ihnen gab es praktisch keine und daher auch keinen Anreiz, die handwerklichen Techniken weiterzuentwickeln oder neue Strömungen von außerhalb aufzugreifen. Ein Zusammenschluss mehrerer Handwerker zu einer Gruppe war mangels Masse nicht möglich. Daher blieben die Handwerker abhängig von ihrem Grundherrn.

Erst mit der Neugründung und dem Anwachsen von Städten änderte sich dies. Handwerk galt ab dem 12. Jh. als „ehrenhaft“ und nicht mehr als Tätigkeit für Unfreie, und so zogen im Zuge der allgemeinen „Landflucht“ viele Weber und Angehörige anderer textiler Berufe in die Stadt, um ihr Leben zu verbessern, denn „Stadtluft macht frei“. Weil dies nicht nur sozialen Aufstieg, sondern auch einen gewissen Wohlstand ermöglichte, entstanden schnell ganze Stadtviertel, in denen sich z.B. Weber niederließen. Dadurch kam es einerseits zu einer zunehmenden Konkurrenz um die besten Produkte und damit verbunden um die besten Herstellungstechniken. Zum anderen ergab sich aber durch einen Zusammenschluss für die Handwerker die Chance, ihre Interessen gegenüber den Stadtoberen und auch z. B. beim Einkauf der Rohstoffe durchzusetzen. Dies führte zur Gründung der Zünfte (Bild 4.50). Als älteste deutsche Zunft gelten die Bettziechenweber, die sich 1149 in Frankfurt a. M. zusammenschlossen und Bettzeug aus Leinen herstellten. In dieser Zunft waren, im Gegensatz zu den meisten anderen, auch Frauen vertreten. 1183 wurden die Gewandschneider in Würzburg und 1175 die Weber in Mainz erstmals urkundlich erwähnt. Die Zünfte errichteten eigene Gebäude, z. B. 1149 in Köln die Bettlakenweberbruderschaft.

**Bild 4.50** Zunftwappen (von links: Weber, Tuchmacher, Schneider; Chris, 2010)

Innerhalb der Zünfte war klar geregelt, welche Produktionstechniken eingesetzt werden durften, was naturgemäß den technischen Fortschritt erheblich behinderte. Weiterhin waren die Löhne, die Anzahl der Mitarbeiter je Betrieb (nur ein Betrieb je Zunftmitglied war erlaubt) und die Anzahl Maschinen, die Sozialleistungen und auch die Witwenrenten festgelegt. Zunftzeichen kennzeichneten die Mitglieder der jeweiligen Zunft, wobei die Ausübung eines Handwerks außerhalb der Zünfte generell verboten war (Zunftzwang). Dies führte dazu, dass z. B. die Handwerksbetriebe von Webern, die außerhalb der Stadt und damit der Zünfte lebten, immer wieder von ihren „zünftigen" Konkurrenten zerstört wurden.

Die Zünfte legten ebenfalls die Qualitätskriterien für ihre Produkte und die Preise fest. Dies war einerseits für die Kunden vorteilhaft, weil ein Mindeststandard garantiert war. Allerdings waren die Preise dadurch höher als in einer Marktwirtschaft mit echter Konkurrenz. Es handelte sich bei den Zünften daher um Oligopole, wie es sie auch heute noch für manche Produkte gibt.

Den Stadtoberen waren die Zünfte oft ein Dorn im Auge, weil sie im Laufe der Zeit immer mehr Mitbestimmung einforderten. Ein typisches Beispiel für den Konflikt zwischen Zünften und der Stadtregierung ist der Weberaufstand von 1369–1371 in Köln. Nach anfänglichen Erfolgen der Weber endete er mit ihrer totalen Niederlage und Vertreibung aus der Stadt. Vom Adel und manchmal auch vom König bzw. vom Kaiser mit Privilegien ausgestattet, entwickelten sich die Zünfte bis ins Spätmittelalter zu einem wichtigen Machtfaktor innerhalb der Städte. Damit einher gingen aber auch Verpflichtungen, z. B. zum Erhalt der Stadtmauer oder zur Teilnahme bei der Verteidigung der Stadt im Falle eines Angriffs. Ein Entzug der Privilegien oder gar ein komplettes Verbot der Zünfte, z. B. 1233 durch König Heinrich VII. und 1278 durch Kaiser Rudolf von Habsburg, war meist nur von kurzer Dauer, weil die Handwerker gebraucht wurden. Die meisten Zünfte trafen sich regelmäßig in ihrem Zunfthaus, von denen bis heute noch markante Beispiele vorhanden sind (Bild 4.51). Gottesdienste wurden oft von den Zünften gemeinsam besucht und entsprechend Altäre und andere Kirchenausstattung gestiftet.

**Bild 4.51** Ehemalige Zunfthäuser der Weber in Mindelheim (links; Tilman, 2007) und Augsburg (rechts; Luobo888, 2017)

Trotz vieler den technischen Fortschritt verlangsamenden Regelungen gab es durch die Zünfte immer wieder wichtige Neuerungen als Vorläufer einer industriellen Produktion. So wurden z. B. Walkmühlen gemeinschaftlich betrieben, und die Feststellung der Qualität der erzeugten Textilien wurde zentral und innerhalb Europas sogar nach den weitgehend gleichen Kriterien durchgeführt.

Auch außerhalb Deutschlands waren Zünfte bald weit verbreitet. In Venedig werden sie 1173 zum ersten Mal erwähnt, und aus dem Jahr 1278 gibt es ein Statut der Seidenweber, das die Gewebebreite sowie die Anzahl der Fäden je Längeneinheit vorschreibt. Weiterhin wird die Beimischung von Baumwolle verboten. Wurden Zuwiderhandlungen festgestellt, so wurden die Gewebe öffentlich zerstört. Der Corte de Paragon garantierte eine bestimmte Qualität der gehandelten Stoffe, was durch einen goldenen Faden symbolisiert wurde, der Anfang und Ende eines Gewebestücks kennzeichnete. Ein anderes Kontrollorgan, der Sazo, garantierte die Qualität der Färberei, insbesondere der Rottöne, das später sogenannte „venezianische Rot“. In Italien waren die Zünfte der Weber denen der Kaufleute gleichgestellt, was für die damalige Zeit ungewöhnlich war. Die rund 10 000 Seidenweber, die im 15. Jh. in Venedig ansässig waren, besaßen wegen ihrer schieren Anzahl offensichtlich eine erhebliche Macht, die es anderswo in Europa so nicht gab.

Im Gegensatz zu den Webern wurde den Färbern die Gründung von Zünften, zum Teil bis ins 15. Jh. (England) und sogar bis ins 17. Jh. (Danzig), verweigert, und so blieben sie meist abhängig von den ortsansässigen Webern. Dies führte zu zahlreichen Konflikten, z. B. 1371 in Florenz, wo die Färber gegen die Wollweberzunft aufstanden. Erst 1542 erhielten die französischen Färber durch König Franz I. die Erlaubnis, eine Zunft zu gründen, wobei zwischen Woll-, Leinen- und Seidenfärbern unterschieden wurde.

Bild 4.52 zeigt das Selbstbewusstsein der Zünfte beispielhaft an einem Kirchenfenster der Kathedrale von Semur-en-Auxois. Im Uhrzeigersinn sind von links oben ein Walker, ein Tuchrauer, ein Tuchglätter und ein Tuchscherer zu sehen.

Trotz ihres Zusammenschlusses auf lokaler Ebene blieb die wirtschaftliche Macht der Weberzünfte begrenzt. Die Tuchhändler erzielten durch den Handel mit Tuchen erheblich größere Gewinne und hatten durch ihre internationalen Beziehungen einen leichteren Zugang zu den Faserrohstoffen, vor allem Baumwolle und Seide, aber auch feiner Wolle. Dadurch gerieten die Weber in eine immer stärkere Abhängigkeit von den Tuchhändlerzünften, was dazu führte, dass die Tuchhändler zum Teil sogar die Webstühle besaßen und die Weber zu „Lohnarbeitern" degradiert wurden. Dies war der Vorläufer des Verlagswesens, bei dem der Tuchhändler die Rohstoffe einkauft, den Spinnerinnen verkauft, von diesen das Garn bezieht, dieses an die Weber verkauft, von diesen das Gewebe bezieht usf.; wobei der Tuchhändler zum Kauf der erzeugten Halbzeuge nicht verpflichtet war und die Spinnerinnen und die Weber somit dem Preisdiktat der Tuchhändler weitgehend machtlos ausgeliefert waren.

**Bild 4.52** Glasfenster der Walker und Tuchveredler in der Kathedrale Notre-Dame in Semur-en-Auxois (Département Côte-d'Or; Tristram, 2017)

Im Nürnberger Hausbuch (Nürnberg, 2009) und auch in anderen Werken werden die Mitglieder der Zünfte in zahlreichen Bildern umfassend dargestellt.

Neben den Zünften blieben auch die „Landweber" noch lange bedeutend. So wurde z. B. in England um 1400 noch rund die Hälfte der Wollgewebe außerhalb der Städte hergestellt (Müller, 1997).

## 4.9 Handel

Nach dem Ende des weströmischen Reichs verfielen viele Straßen und waren unbrauchbar geworden. Ab dem 8. Jh. wurden daher neue Wege, Straßen und Kanäle angelegt, um den Handel zu fördern. Karl der Große vereinheitlichte die Münzen, Maße und Gewichte, was den Handel erheblich erleichterte. In Westeuropa bestand die von ihm eingeführte Silberwährung für rund 500 Jahre (Hahn, 2009). So konnten Städte mit Stadtrecht ihr „eigenes" Geld prägen, das konvertierbar war mit dem Geld anderer Städte im Reich. Im 13. Jh. Wurden in Italien Goldmünzen eingeführt, und so entstand der Beruf des Geldwechslers. Gleichzeitig wurde der sogenannte Wechsel entwickelt. Kaufleute konnten damit bargeldlos „mit ihrem guten Namen" bezahlen und am Zielort den Wechsel einlösen. Dies vereinfachte den Handel, insbesondere von teuren Waren, wie z.B. Textilien aus Seide oder feiner Wolle.

Bis zum 12. Jh. wurden vor allem Rohmaterialien gehandelt, insbesondere Wolle und Seide, und nur in geringem Umfang Textilien. Für Wolle war England der wichtigste Exporteur, während Flachs und Hanf vor allem in Nordeuropa angebaut und nur wenig exportiert wurden.

Schon in karolingischer Zeit blühte die Textilherstellung in Klöstern, sowohl für den Eigenbedarf als auch in Form von Abgaben an den hohen Klerus und sogar den Papst. Der Abt und spätere Erzbischof von Fulda (847), Hrabanus Maurus, beschreibt in seinem Buch über den „Ursprung der Dinge" ausführlich zahlreiche Arbeitsvorgänge bei der Textilherstellung. Von den Klöstern ausgehend, verbreitete sich das Webergewerbe dann in den entstehenden Städten. Dass die Kundschaft zum Teil kritisch war, zeigt ein Schreiben von Karl dem Großen an König Offa von Mercia, in dem er sich über die nachlassende Qualität der englischen Wollmäntel beschwert. Es gab auch langfristige Lieferverträge, wie sie z.B. italienische Händler mit der Abtei in Kirkstall (Leeds) abschlossen. Sie verpflichteten sich, die gesamte Wollschur für zehn Jahre abzunehmen.

Die Stadt Birka auf der Insel Björkö im Mälarsee in Schweden war vom 8.–10. Jh. ein wichtiger Handelsplatz für Textilien aus Europa, Russland und dem Orient. Die Pracht der gehandelten Gewänder zeigen Funde von fein gezogenen Gold- und Silberfäden sowie von Stoffen aus Seide (Müller, 1997). In dieser Zeit verbreitete sich in Nord- und Westeuropa das Wanderkaufmannstum. Diese Kaufleute zogen umher und trafen sich auf Märkten, wo sie ihre Waren tauschten, u.a. auch Textilien. So waren friesische Mäntel aus Wolle ein begehrtes Handelsgut. Karl der Große gab einer Delegation zum Kalifen Harun ar-Raschid friesische Mäntel als Geschenk mit. Ob dieser davon beeindruckt war, ist nicht überliefert. Jedenfalls schickte er Karl dem Großen einen Elefanten, den dieser annahm und somit – unwissentlich – zum Vasallen des Kalifen wurde. Dies hatte allerdings keine weiteren politischen Auswirkungen, und der Elefant starb vermutlich 810 in der Nähe von Wesel. Friesische Händler kamen bis Worms, um dort ihre Waren zu verkaufen. Ab dem 9. Jh. handelten sie auch mit flandrischem Tuch, das zunächst in Klöstern hergestellt wurde und später von Tuchmachern in Städten. Dabei war von Vorteil, dass die wichtigsten Färbepflanzen Krapp, Waid und Wau in Flandern wuchsen und die Tuche daher vor Ort gefärbt werden konnten. Es wurden also sowohl hochwertige Produkte als auch einfache Gewebe „verhandelt".

Die Luxuskleider des Papstes, die dieser in Form von Abgaben aus dem gesamten Abendland erhielt, führten dazu, dass auch zahlreiche hohe kirchliche Würdenträger aufwendig hergestellte Kleidung trugen. Diese waren zum Teil so viel wert wie ein gesamtes Dorf. Im 12. und 13. Jh. waren viele Klöster berühmt für ihre dort hergestellten wertvollen Bekleidungstextilien und Teppiche (Bild 4.53).

**Bild 4.53** Dominikanerinnen beim Weben am vertikalen Webrahmen im Bamberger Passionsbuch, um 1500 (Diözesanmuseum Bamberg, Foto: Ingeborg Limmer)

Im Gegensatz dazu trug Karl der Große nach den Angaben seines Biografen Einhard noch eher schlichte Kleidung: „Auf dem Leib trug er ein leinenes Hemd und leinene Unterhosen, darüber ein Wams, das mit seidenen Streifen verbrämt war, und Hosen" (Müller, 1997). In einer Kleiderordnung von 808 wurde den Bauern das Tragen grauer oder schwarzer Hosen und Kittel vorgeschrieben, was auf vielen mittelalterlichen Darstellungen zu sehen ist.

In seinen Kapitularien förderte Karl der Große die Herstellung von Wollgeweben und ließ sogar Spinnschulen errichten. Im Aachener Kapitular von 812 werden die Rechte und Pflichten der Wollweber geregelt, was zur Entstehung von Wollgewebemanufakturen führte. Auch den Anbau von Färbepflanzen, z. B. Waid, Ginster und Wau, förderte der Kaiser. Ein entsprechender Garten am Aachener Dom erinnert bis heute daran. In Anlehnung an die großen Werkstätten in Konstantinopel entstanden im Frankenreich sogenannte Gynäceen, in denen vor allem Frauen mit der Textilherstellung beschäftigt waren.

In Burgen wurde ebenfalls gewebt, wie ein Ausschnitt aus dem „Iwein“ von Hartmann von Aue aus dem Jahr 1204 illustriert:

*„Ein Werkhaus, weit und groß,*
*von Holz und aller Zierde bloß*
*wie armer Leute Gemach:*
*Drin sah er durch ein Fenster sach*
*Weben wohl dreihundert Weiber,*
*die trugen Gewand und Leiber*
*von ärmlicher Gestalt,*
*Doch schien ihm keine alt.*
*Da war nach Ordnung und Zucht,*
*jeder ihr Tagwerk ausgesucht:*
*Viele wirkten beide*
*goldne Fäden und Seide,*
*viele webten am Rahm Gewebe,*
*schwere Arbeit, doch ohne Schande.*
*Die keins der beiden verstanden,*
*die lasen Garn, die wanden,*
*die brachen den Flachs, die schwangen ihn,*
*die mußten ihn durch die Hechel ziehn,*
*die nähten und sponnen,*
*und hatten doch nichts gewonnen,*
*denn ihre Mühsal nimer und nie*
*schützte die Armen hie.“ (Müller, 1997)*

Diese Praxis war weit verbreitet, wie zahlreiche Funde von entsprechenden Grubenhäusern in Burgen des 7. bis 10. Jh. zeigen. Manche dieser Gebäude besaßen Ausmaße von bis zu 30 m in der Länge und 6 m in der Breite. Daher ist anzunehmen, dass nicht nur für den eigenen Bedarf Textilien hergestellt wurden, sondern auch für den Verkauf und den Handel.

Durch die Heirat mit Kaiser Otto II. im Jahr 972 brachte die byzantinische Prinzessin Theophanu die byzantinische Mode und prächtige Gewänder an den fränkischen Königshof (Bild 4.54). Aus England kamen kunstgestickte, goldgewirkte Mäntel zu den Franken.

Tuchhändler kauften Tuche auf und vertrieben sie auf Märkten in anderen Städten. So gelangten beispielsweise englische Tuche über die Handelsplätze Antwerpen und Nürnberg nach Süd- und Osteuropa, während Textilien aus dem Orient bis zum 11. Jh. vor allem über Konstantinopel nach Europa verhandelt wurden. Als 1204 Konstantinopel im 4. Kreuzzug unter der Führung des venezianischen Dogen Dandolo von den Kreuzfahrern erobert wurde, fiel das Monopol der Stadt auf den Handel mit Textilien aus dem Orient, und er wurde in der Folgezeit von Venedig und seiner Handelsflotte dominiert. Dies führte zu einem starken Anstieg der Importe kostbarer Stoffe nach Europa. Auch Franz von Assisi (1181–1226) entstammte einer Tuchhändlerfamilie.

**Bild 4.54** König Otto II. und Königin Theophanu (Clio20, 2006)

Erst ab dem 14. Jh. wurden in größerem Umfang Stoffe über größere Entfernungen transportiert und auf Märkten verkauft. Wolle war dabei in Europa der wichtigste Rohstoff, weil sie ein gutes Preis-Gewichts-Verhältnis besaß.

Wie Bild 4.55 zeigt, exportierte der wichtigste Erzeuger von Wolle, England, bis Ende des 14. Jh. erhebliche Mengen an Rohwolle, die in der Folgezeit zunehmend von fertigen Wollstoffen abgelöst wurden. Hauptimporteure für Rohwolle und Wollgewebe waren zunächst die Niederlande, später auch Italien und Frankreich. Durch Embargos bzw. die Erhebung von Zöllen hatte der Wollhandel so erhebliche wirtschaftliche Bedeutung für die englische Krone. Ab dem 15. Jh. bekam England Konkurrenz durch die feinere Merinowolle aus Spanien (Wiki, 2022d).

Gewebe für den Handel mussten bestimmte Qualitätskriterien erfüllen. Dazu zählte die Qualität des Fasermaterials (z.B. der Wolle), die Feinheit der Fäden und die Fadendichte (5–30/cm), die Färbung und die Nachbearbeitung (z.B. Walken zur Oberflächenveredlung). Auch die Länge (ca. 20 m) und Breite (ca. 1 m) der Tuche waren festgelegt. Wobei natürlich noch nicht in Metern, sondern in lokalen Maßen, z.B. Ellen (ca. 0,6 m), gemessen wurde. In Bild 4.56 ist ein Tuchhändler mit Ellenstab zu sehen, der von einer Tuchrolle ein Stück abmisst.

Die Qualität der fertigen Tuche und zum Teil auch von Zwischenprodukten (z.B. vor dem Walken und dem Färben) wurde in städtischen Tuchhäusern von den sogenannten Beschauern durchgeführt. Diese wurden aus den Reihen der Zunftmeister ausgewählt. Erfüllte ein Tuch die Qualitätsanforderungen nicht und war deutlich schlechter als vorgegeben, so wurde es, manchmal öffentlich, zerstört.

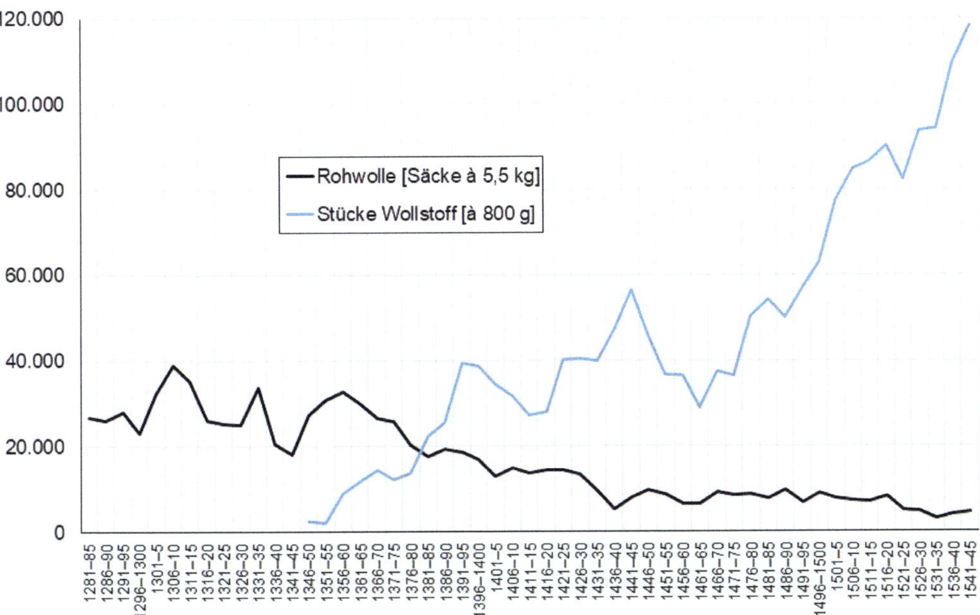


**Bild 4.55** Export von Rohwolle und von Wolltuchen aus England vom 13. bis 16. Jh. nach (Munro, 2003)

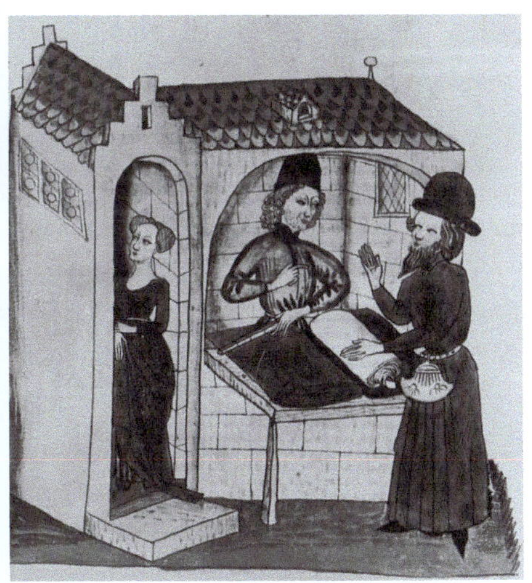

**Bild 4.56** Tuchhändler um 1467 und Kunde mit Geldbeutel

Durch den Tuchhandel wurden manche Städte reich. So war Gent im 10. Jh. die nach Paris größte Stadt Europas außerhalb von Italien, was im Wesentlichen an der lokalen Textilproduktion und seiner Rolle als Handelsplatz lag. Die gesamte Region Flandern um Gent herum entwickelte sich zu einem Zentrum der Textilherstellung. Der Export der populären Stoffe wurde erleichtert durch den nahe gelegenen Hafen in Brügge, bis dieser versandete, ebenso wie andere benachbarte Häfen. Nachdem England eine eigene vorindustrielle Wollverarbeitung aufgebaut hatte, wurden hohe Zölle erhoben, was den dortigen Absatzmarkt für flandrische Tuche unattraktiv machte und letztendlich zum Niedergang der dortigen Tuchproduktion führte.

Damit die Kunden nachprüfen konnten, ob die Maße der von ihnen gekauften Waren stimmten, gab es „öffentliche" Maßstäbe, wie z. B. die Tuch- oder Leinenelle am Stephansdom in Wien (Bild 4.57).

**Bild 4.57** Tuch- oder Leinenelle am Stephansdom in Wien (Foto: Markus Veit)

Bei asiatischen Völkern waren europäische Textilien begehrt. So verlangten im 13. Jh. die Mongolen als Tributzahlung von Konstantinopel und anderen unterworfenen Völkern Stoffe aus Seide, Baumwolle sowie solche mit Gold- und Silberfäden. Diese galten als Statussymbole, und so konnte sich die Oberschicht der Mongolen vom Rest des Volkes abgrenzen.

Auch in Afrika gab es einen Handel über große Entfernungen. So wurden Textilien aus dem Norden zu den Reichen Westafrikas (z. B. Ghana, Mali) gebracht und dort gegen Gold getauscht. Allerdings waren die gehandelten Mengen gering im Vergleich zum Rest der Welt.

Bild 4.58 zeigt wichtige Zentren der Textilherstellung und ausgewählte Land- und Seehandelswege für Textilien im Mittelalter in Europa. Insbesondere das Mittelmeer wurde intensiv für den Handel genutzt, z. B. zwischen Sevilla und Alexandria und zwischen Italien und dem Nahen Osten, wo es durch die Kreuzzüge regelmäßigen Schiffsverkehr gab. Den Handel mit den Ländern Nordeuropas übernahm die Hanse.

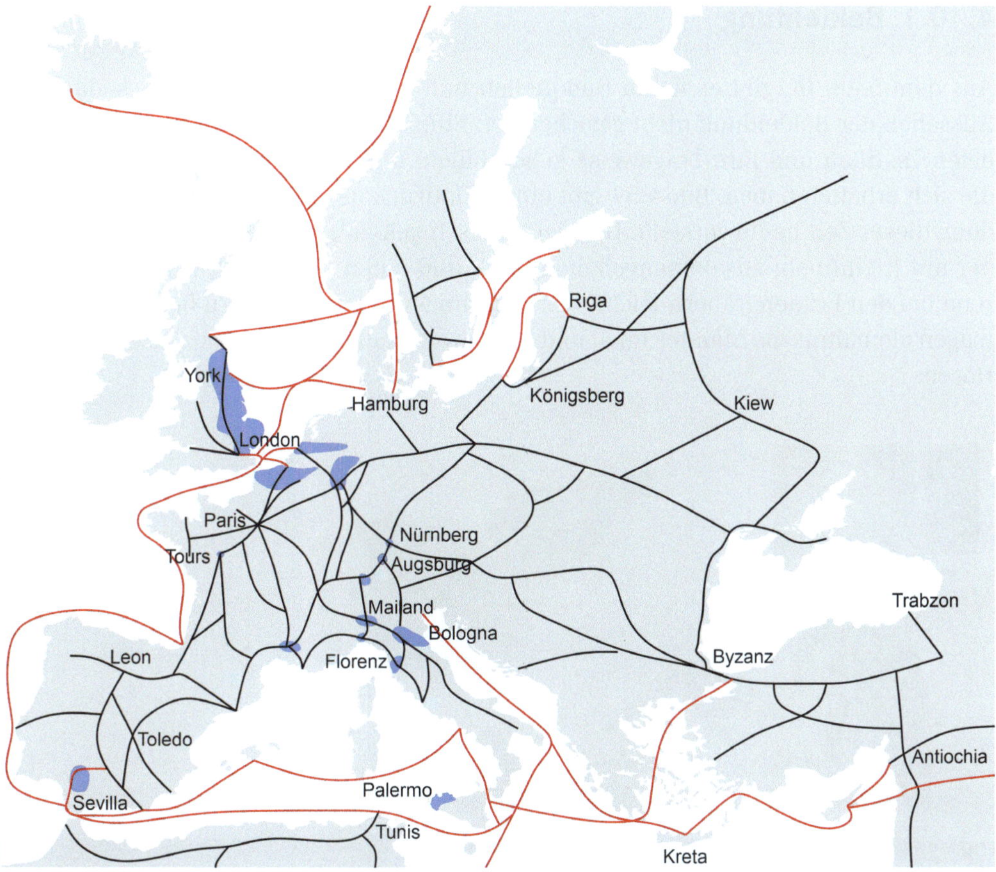


**Bild 4.58** Zentren der Textilherstellung und wichtige Handelswege in Europa

## ■ 4.10 Mode in Europa

Im frühen Mittelalter gab es zunächst noch keine Mode im heutigen Sinn. Die Mitglieder verschiedener Volksgruppen und Stämme kleideten sich oft unterschiedlich und übernahmen nur in Ausnahmefällen den Bekleidungsstil anderer Völker.

Die Oberbekleidung der oberen Schichten war oft gefärbt und bestand in der Regel aus Wolle, während die Unterbekleidung meist ungefärbt und aus Leinen hergestellt war. Die einfachere Bevölkerung trug meist nur Kleidung aus Leinen oder grobem Hanf in wenigen Farbtönen, oft Beige oder Braun.

## 4.10.1 Bekleidung

Aus dem 5.–8. Jh. gibt es kaum Bildquellen und nur wenige Textilfunde, sodass das Aussehen der Bekleidung nicht gesichert ist. Einige Indizien über die Art der verwendeten Textilien und ihre Trageweise geben Fibeln und andere metallene Accessoires, die sich erhalten haben. Bild 4.59 gibt einen Eindruck davon, wie man sich die Bekleidung dieser Zeit heute vorstellt. Die alemannisch gekleidete Frau trägt einen Umhang, der mit Kleinfibeln zusammengehalten wird, und einen Gürtel mit Anhängern. Während bei den Frauengräbern leichte Veränderungen der Kleidung zu beobachten sind, trugen alemannische Männer im 6. und 7. Jh. weitgehend das Gleiche, fast immer auch Hosen.

**Bild 4.59** Typische Bekleidung einer Alemannin im 7. Jh. (links; Halama, 2023) und alemannische Fibeln (rechts; Sauber, 2016)

Reste von gelben, blauen und roten Fasern zeigen, dass die Stoffe oft mehrfarbig waren. Rot wurde wohl aus der Kermeslaus gewonnen, aber auch Färberwaid wurde für blaue Farbtöne verwendet. Wenn die Bekleidung aus mehreren Schichten aufgebaut war, so wurde auf der Oberseite oft die dekorative Köperbindung eingesetzt, auf der weniger sichtbaren Innenseite dagegen einfache Leinwandbindung. Es gibt Funde von Geweben in Rauten-, Rippen- und Diamantbindung, die sich vermutlich nur wohlhabende Schichten leisten konnten. Weiterhin wurden Garne in S- und Z-Drehung für optische Zwecke verwendet, und auch Borten aus Brettchengeweben waren verbreitet. Während die meiste Bekleidung vor Ort hergestellt wurde, gibt es auch einzelne Funde von Seidenstoffen und anderen Textilien, die von weither importiert wurden. Dazu zählen Kleidungsstücke mit goldenen Fäden oder Goldborten.

Neben den vielfach genutzten Metallfibeln und Gewandnadeln wurden Verschlüsse in Form von Knebelknöpfen aus Bein und Knochen verwendet, und auch rein textile Schnurknöpfe waren verbreitet; Letztere sowohl in Ägypten als auch bei den Bajuwaren, insbesondere in ärmeren Bevölkerungsschichten (Bartel, 2005).

Die Kleidung vom 8.–12. Jh. orientierte sich noch sehr an der byzantinischen Mode und war häufig bunt. So wurden z. B. von den Franken noch knielange Tuniken (Gonelle) und rechteckige Mäntel, oft mit Gürtel, getragen, wie man aus Grabfunden und den Monatsbildern (Bild 4.60) weiß. Lange Socken bzw. Beinlinge waren ebenfalls weiterhin üblich, ebenso wie einfache Kappen im Winter.

**Bild 4.60** Kleidung der Landbevölkerung um 818 in Monatsbildern (Wiki, 2006)

Bild 4.61 (links) zeigt eine zeichnerische Rekonstruktion eines Franken mit gegürteter Gonelle. Rechts ist Kaiser Otto III. zu sehen, der in der Tradition Karls des Großen eine von römischer Kleidung inspirierte Tunika mit Überwurf trägt. Diese konnte beim Adel über dem Knie enden, bei der Geistlichkeit und der Damenwelt war sie bodenlang.

Später setzten sich langärmlige und fußlange Schlupfkleider (Cotta) durch, die von Männern und Frauen gleichermaßen getragen wurden. Sie bestanden aus zwei rechteckigen Stoffstücken, die an der Seite zusammengenäht waren, und eingesetzten Keilen in Hüfthöhe für die dort erforderliche Weite. Oft hatten sie an der Seite große Ausschnitte, die von der Geistlichkeit als „Teufelsfenster" bezeichnet wurden, weil sie die Männer auf unkeusche Gedanken bringen konnten. Die Cotta wurde über dem Unterkleid und unter dem sogenannten Surcot getragen. Wenn dessen Ärmel kürzer waren, blieb die Cotta sichtbar und wurde deshalb oft besonders gefärbt oder verziert. Im 13. Jh. entwickelte sich der Surcot zum Oberkleid, zum Teil mit Schleppe (Bild 4.62).

**Bild 4.61** Fränkische Gonelle im 8. Jh. (links) und höfische Kleidung zur Zeit von Otto III. um 1000 (rechts; Wiki, 1000)

**Bild 4.62** Links: kurzer Surcot (von Teufen, 1320); Mitte: lange einfache Variante (Meyer, 1888); rechts: Surcot mit Schleppe (Brabant, 1274)

Männer trugen oft langärmlige Kittel aus Wolle oder Leinen und darunter eine Art von Unterhose (Bruoch) aus Leinen. Diese gab es kurz und lang, und sie wurde im Sommer oft ohne Oberbekleidung getragen, z. B. bei der Feldarbeit (Bild 4.63).

Die Füße und Beine wurden bis ins 11. Jh. noch mit Binden umwickelt, danach setzten sich kurze und lange Strumpfbeine durch, sogenannte Beinlinge, die z. B. mit einem kurzen Kittel oder einer Art von Tunika kombiniert werden konnten (Bild 4.64).

Es gab auch schon Socken und Kniestrümpfe, die besonders bei Frauen beliebt waren (Bild 4.65).

**Bild 4.63** Links: Männer in Unterhosen (Boucicaut, 1415); rechts: Beinlingen (Wiki, 1244)

**Bild 4.64** Bauern im 11. Jh. in England (Sailko, 2008)

**Bild 4.65** Frauen mit Socken im 14. Jh.

Ab dem 11. Jh. trugen Frauen körperbetonende Obergewänder, die über der Taille geschnürt sein konnten. Die Ärmel sind beim Adel im 12. Jh. oft weit und lang, bei niedrigeren Ständen eng anliegend. In besonders weiten Ärmeln konnten auch Tiere mitgeführt werden (Bild 4.66, rechts).

**Bild 4.66** Links: Frauengewand mit extrem langen und weiten Ärmeln aus dem York-Psalter (ca. 1170); rechts: Vogel im Ärmel (Evangeliar Heinrichs des Löwen)

Ledige Frauen trugen das Haar offen, verheiratete dagegen bedeckt. Im 11. Jh. wurde ein Schleiertuch getragen, ab dem 12. Jh. wurde ein Stoffstreifen um den Kopf geschlungen, und ab dem 13. Jh. wird eine drei bis sechs Zentimeter breite Leinenbinde um das Kinn gewickelt. Dieses sogenannte „Gebende" wurde oft mit einer Haube oder einem Schleier kombiniert (Bild 4.67) und war bis ins 14. Jh. gebräuchlich. Wenn eine Frau „den Schleier nahm", dann ging sie ins Kloster und wurde Nonne.

**Bild 4.67** Sportbegeisterte Zuschauerinnen auf einem Ritterturnier mit und ohne Gebende (Codex Manesse, 1305)

Ab dem 10. Jh. entwickelte sich in den entstehenden Städten allmählich ein Stand von Handwerkern, und auch in den Klöstern wurden hochwertigere Textilien erzeugt. Durch den Import von byzantinischen und orientalischen Stoffen änderte sich der Geschmack der wohlhabenden Bevölkerung. Die oft ablehnende Haltung des Adels gegenüber einer Bevormundung durch den Klerus tat ein Übriges, und so entstanden neue farbenfrohe Kleiderstile, z. B. durch unterschiedlich gefärbte Hosenbeine (Bild 4.68).

**Bild 4.68** Bunte Kleidung im 12. Jh. (Moralia in Job, ca. 1111–1115 n. Chr.)

Durch Raffen der oft noch rechteckigen Stoffbahnen mit Bändern und Gürteln wurde die Kleidung körperbetonter. Nachdem die Kreuzfahrer von ihren Reisen im 13. Jh. die Technologie des Knopflochs nach Europa gebracht hatten (vorher gab es nur Schlaufen), konnten die Kleider enger geschnitten werden. Dies missfiel der geistlichen Obrigkeit, was sich in zahlreichen Kommentaren zum „unsittlichen" Verhalten und zur „unsittlichen" Kleidung der Damenwelt niederschlug. Wolfram von Eschenbach (1170–1220) schrieb dazu in seinem Minnestück Parzival und Titurel:

*„Ihr wißt, wie Ameisen pflegen*
*Um die Mitte schmal zu sein:*
*Noch schlanker war das Mägdelein."*

Auch die einfache Landbevölkerung begann nun, sich in Anlehnung an den Adel „modisch" zu kleiden. Dass dies weitverbreitet war, zeigt ein entsprechender Erlass in Bayern aus dem Jahr 1224, der verfügte, dass Bauern nur billige grau oder blau gefärbte Stoffe tragen dürfen (Müller, 1997). Ein Dekret von Philipp IV. („dem Schönen"), König von Frankreich, verbot 1297 den Bauern, Edelmannskleider zu tragen, und schrieb den Adeligen wiederum vor, pro Jahr nicht mehr als vier farbige Kleider zu kaufen. Andere Kleiderordnungen sahen zum Teil empfindliche Strafen bei Verstößen vor. Dazu zählt die Göttinger Kleiderordnung von 1354. Wurde dagegen verstoßen, so musste für den Unterhalt der städtischen Pferde aufgekommen, oder es mussten alternativ rund 3 m

Stadtmauer errichtet werden. Auch modebewusste Nonnen waren betroffen, denen auf den Kölner Synoden Mitte des 14. Jh. verboten wurde, vielfarbige Stoffe zu tragen. Auf dem Konzil von Konstanz (1414–1418) wurde beklagt, dass „die Geistlichen unter Vernachlässigung kirchlicher Standeskleidung wünschen, sich den Laien anzupassen, und das, was sie im Innersten bewegt, nach außen durch ihr Gewand zur Schau stellen" (Müller, 1997).

In der Mitte des 14. Jh. war in höheren Kreisen die sogenannten „Schellentracht" beliebt, bei der eine Reihe von Schellen um den Hals oder um Schulter und Rücken getragen wurde (Bild 4.69). Dadurch konnte der Träger nicht nur optische, sondern auch akustische Akzente setzen.

**Bild 4.69** Schellentracht (Wiki, 2011)

Leinenfasern besitzen aufgrund ihrer kompakten inneren Struktur (kaum Lufteinschlüsse) eine sehr hohe Wärmeleitfähigkeit. Daraus wiederum folgt ein geringes Wärmerückhaltevermögen von Leinenstoffen, wodurch sich der charakteristische „kühle" Griff ergibt. Schon die Ritter des Templerordens wussten dies zu schätzen. So heißt es in der 1128 von Bernhard von Clairvaux verfassten Ordensregel in Artikel 67: „Die Chorhemden sollen aus Wolle sein, aber wegen der großen Hitze in den östlichen Ländern darf jeder, der will, ein leinen Chorhemd tragen, von Ostern bis Allerheiligen; das leinene Chorhemd wird jedoch nur ‚aus Barmherzigkeit', nicht aber von Rechts wegen gestattet."

Im Hochmittelalter spielte die Kleidung eine immer wichtigere Rolle als Statussymbol quer durch alle Bevölkerungsschichten. Besonders wertvolle Kleidung wurde vererbt oder für das eigene Seelenheil von sündigen Menschen der Kirche gestiftet. Der bis dahin übliche Gesichtsschleier der Frauen verschwand im 15. Jh., stattdessen wurden vermehrt kunstvolle Frisuren getragen.

Im 14. Jh. wurde in Italien eine neue Stoffart hergestellt, der Samt. Dabei wurde ein weiteres Kettfadensystem genutzt, das im Gewebe Schlaufen bildete, die aufgeschnitten wurden (Bild 4.70, rechts). Wegen seines „samtweichen“ Griffs wurde der Samt schnell populär. Aus Persien kam etwa zur gleichen Zeit die Atlasbindung (Bild 4.70, links), die nur wenige Bindungspunkte aufweist. Daher war sie besonders für glänzende Fäden, z. B. aus Seide und Flachs, geeignet, die so besser zur Geltung kamen. Aus der Atlasbindung entwickelte sich der Damast (benannt nach Damaskus), bei dem sich schuss- und kettbetonte Bindungsmuster abwechseln.

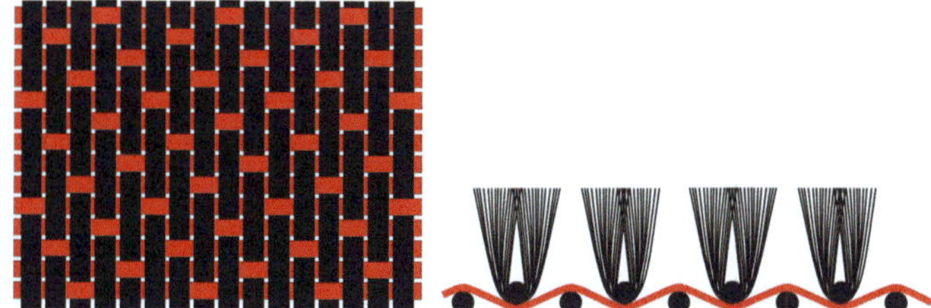

**Bild 4.70** Links: Atlasbindung (kettbetont); rechts: Struktur von Samt

Hochwertige Bekleidung war im Mittelalter ein Luxusgut, das sich nur wohlhabende Bürger leisten konnten. Oft wurde sie in Testamenten gesondert erwähnt und stellte einen wesentlichen Teil des Erbes dar. Luxuskleidung wurde nicht notwendigerweise ständig als Statussymbol getragen, sondern eher eingelagert und nur zu besonderen Anlässen hervorgeholt. Daher unterschied sich das Erscheinungsbild reicher Adeliger und einfacher Bürger im Alltag nicht allzu sehr. Beamte und Mitglieder der Stadtwache hatten oft einen Anspruch auf Ausstattung mit Kleidung durch ihren Arbeitgeber, z. B. jedes Jahr einen neuen Rock.

### 4.10.2 Mode und Klimawandel

Die klimatische Entwicklung im 14. Jh., die zu einer kurzen Eiszeit führte, veränderte die „Mode“ auf Grönland und Island. So hatten bis ca. 1300 die grönländischen Weberinnen vor allem kettbetonte Gewebe in Köperbindung hergestellt, danach stellten sie auf dichtere Gewebe mit einer deutlich höheren Schussdichte um. Diese Stoffe waren erheblich wärmer und winddichter und wurden auch nach Kontinentaleuropa exportiert. Dies ist der erste direkte Nachweis einer Beeinflussung der Textilherstellung und damit der Mode durch eine klimatische Änderung (Hayeur Smith, 2015).

## 4.11 Technische Textilien

Wie schon im Altertum wurde auch im Mittelalter weiterhin mit geknüpften Netzen gefischt (Bild 4.71).

**Bild 4.71** Fischer mit Netz im Queen Mary Psalter, ca. 1310

Bild 4.72 zeigt die älteste Darstellung einer Hängematte aus dem Luttrell-Psalter von ca. 1325. Sie war vermutlich gewebt und keine Erfindung der amerikanischen Ureinwohner, wie oft behauptet wird.

**Bild 4.72** Hängematte aus dem Luttrell-Psalter vom Anfang des 14. Jh. (S. 200r)

Daneben gab es natürlich weiterhin Seile, Taue und Segel in der Schifffahrt, und Zelte und Säcke waren ebenfalls weit verbreitet.

## Literatur und Bildquellen


*Baines, E.* (1835), The history of cotton manufacture in Great Britain. Fisher, Fisher & Jackson, London.

*Bartel, A.* (2005), „Fest verbunden, gut verknoten“, Archäologie in Deutschland (01/2005), Konrad Theiss Verlag, Stuttgart, S. 36–37.

*Baumgartner, W.* (2005), *https://commons.wikimedia.org/wiki/File:Verteilung_Nachname_Schr%C3%B6der_DE.png*, CC BY-SA 2.5

*Blecher, W.* (1568), *https://commons.wikimedia.org/wiki/File:Landauer_I_046_v.jpg?uselang=de*

*Böckler, G. A.* (1661), *https://commons.wikimedia.org/wiki/File:Fulling_mill_bockler.jpg?uselang=de*

*Bohnsack, A.* (1993), Der Jacquard-Webstuhl, Deutsches Museum, München.

*Boucicaut* (1415), *https://commons.wikimedia.org/wiki/File:Cathars_expelled.JPG?uselang=de*

*Brabant* (1274), *https://commons.wikimedia.org/wiki/File:MariaofBrabantMarriage.jpg?uselang=de*

*Čebotarev, A.* (2009), *https://commons.wikimedia.org/wiki/File:USO-xx_and_Zolotoniski-xx_hemp_strains_019.jpg*, CC BY-SA 3.0

*Cennini, C.* (1400), *http://www.noteaccess.com/Texts/Cennini/1.htm*

*Chris* (2010), *https://commons.wikimedia.org/wiki/File:Zunftwappen.svg*, CC BY 3.0

*Christie, G.* (1912), *https://commons.wikimedia.org/wiki/File:Chain_stitch.jpg*

*Clio20* (2006), *https://commons.wikimedia.org/wiki/File:Otton_II_et_Th%C3%A9ophano.JPG?uselang=de*, CC BY-SA 3.0

*Codex Manesse* (1305), *https://commons.wikimedia.org/wiki/File:Codex_Manesse_052rl.jpg?uselang=de*

*Cranach d. Ä., L.* (1510), *https://de.m.wikipedia.org/wiki/Datei:Oltarz_pani_crnach3.jpg*

*Dupont, B.* (2015), *https://commons.wikimedia.org/wiki/File:Scale_Insects_(Kermes_ilicis)_on_Holm_Oak_(Kercus_ilex)_(20164637762).jpg*, CC BY-SA 2.0

*Ekenaes* (2017), *https://de.wikipedia.org/wiki/Datei:KnittingMadonna.jpg*

*Gryffindor* (2007), *https://commons.wikimedia.org/wiki/File:Weltliche_Schatzkammer_Wienc.jpg*

*Hahn, B.* (2009), Welthandel – Geschichte, Konzepte, Perspektiven. Spektrum Akademischer Verlag, Heidelberg.

*Halama, R.* (2023), *https://commons.wikimedia.org/wiki/File:Historisches_Mittelalterlager_-_Burg_Vischering-5519.jpg?uselang=de*, CC BY-SA 4.0

*Harris, R.* (2021), *https://commons.wikimedia.org/wiki/File:Baroness_Evans_of_Bowes_Park_(51111527606).jpg, Copyright: House of Lords*, CC BY 2.0

*Hayeur Smith, M.* (2015), „Weaving Wealth: Cloth and Trade in Viking Age and Medieval Iceland“, Smithsonian Institution, Washington.

HLHJ (2023), *https://commons.wikimedia.org/wiki/File:Simple_treadle_floorloom,_line_drawing.png*

*Johnston, F. B.* (1915), *https://commons.wikimedia.org/wiki/File:Reproduction_of_print_showing_%22Lamb_Tree%22_LCCN2008675583.jpg?uselang=de*

*Kohler, F.* (1529), *https://commons.wikimedia.org/wiki/File:Landauer_I_020_r.jpg?uselang=de*

*Krause, E. H. L.* (1796), *https://commons.wikimedia.org/wiki/File:Rubia_tinctorum_Sturm12048.jpg?uselang=de*

*Kretschmer, A., Rohrbach, C.* (1882), Costums of all nations. H. Sotheran & Co., London.

*Luobo888* (2017), *https://de.wikipedia.org/wiki/Datei:20170911_044754038_iOS.jpg*, CC BY 4.0

*Luttrell, G.* (1325), *https://commons.wikimedia.org/wiki/File:Luttrell_Psalter,_Add_MS_42130,_f._200r_(Ausschnitt_01).png?uselang=de*

*Marshall, A. J.* (2020), *https://commons.wikimedia.org/wiki/File:Opus_Anglicanum_Example_in_the_care_of_the_Berne_Historical_Museum_in_Switzerland.jpg*, CC BY-SA 4.0

*Meyer* (1888), *https://commons.wikimedia.org/wiki/File:Surcot.jpg*

*Mgiganteus* (2011), *https://commons.wikimedia.org/wiki/File:Vegetable_lamb_(Lee,_1887).jpg?uselang=de*

*Müller, W.* (1997), Textilien. Kulturgeschichte von Stoffen und Farben., ecomed verlagsgesellschaft AG & Co. KG, Landsberg.

*Munro, J. H.* (2003), „Medieval Woollens: Textiles, Textile Technology and Industrial Organisation, c. 800–1500“, in: The Cambridge History of Western Textiles, Vol. 1, ed. von D. T. Jenkins, Cambridge University Press, Cambridge, S. 181–227.

*N. N.* (1325), The Maastricht Hours. Liège. *https://www.bl.uk/manuscripts/FullDisplay.aspx?ref=Stowe_MS_17*

*Nürnberg* (2009), *https://www.nuernberger-hausbuecher.de/*

*Nutz, B., Case, R., James, C* (2021), „A unique survival: A woman's fifteenth-century headdress from Lengberg Castle, East Tyrol, in: Crafted Textiles – Edited by F. Pritchard“, Oxbow Books, Oxford.

PKM (2007a), *https://commons.wikimedia.org/wiki/File:Embroidered_bookbinding_13th_century_Annunciation.jpg*

PKM (2007b), *https://commons.wikimedia.org/wiki/File:Bayeux_tapestry_laid_work_detail..jpg*

PKM (2008), *https://commons.wikimedia.org/wiki/File:Waulking_18th_century_engraving.jpg*

*Praefcke, A.* (2006), *https://commons.wikimedia.org/wiki/File:Theodor_von_H%C3%B6rmann_Hanfeinlegen.jpg?uselang=de*

*Reinking, K,* (1939), „Die Färberei mit Krapp von Altertum bis zur Neuzeit“, Melliand Textilberichte 20, S. 445–448, Deutscher Fachverlag, Frankfurt a. M.

*Rogers Fund* (1927), *https://www.metmuseum.org/art/collection/search/448138*

*Sailko* (2008), *https://commons.wikimedia.org/wiki/File:Calendario_(l%27aratura),_1000_circa,_miniatura,_cotton_ms._Tiberius_B._V.,_f._3r.,_Londra,_British_Library.jpg*

*Sauber, W.* (2016), *https://commons.wikimedia.org/wiki/File:ALMB_-_Lauchheim_Grab_66_Fibeln.jpg?uselang=de*, CC BY-SA 4.0

*Sauer, C.* (2012), Handwerk im Mittelalter, Primus Verlag, Darmstadt.

*St Clair, K.* (2020), Die Welt der Stoffe. Hoffmann und Campe Verlag, Hamburg.

*Stöpel, C.* (2010), *https://commons.wikimedia.org/wiki/File:Namensverteilung_Schneider.png*, CC BY-SA 3.0

*Tiergärtner* (2011a), *https://commons.wikimedia.org/wiki/File:Mendel_I_028_v.jpg*

*Tiergärtner* (2011b), *https://commons.wikimedia.org/wiki/File:Mendel_I_004_v.jpg*

*Tiergärtner* (2011c), *https://commons.wikimedia.org/wiki/File:Mendel_I_006_v.jpg*

*Tiergärtner* (2011d), *https://commons.wikimedia.org/wiki/File:Mendel_I_084_v.jpg*

*Tiergärtner* (2011e), *https://commons.wikimedia.org/wiki/File:Mendel_I_090_v.jpg*

*Tiergärtner* (2011f), *https://commons.wikimedia.org/wiki/File:Mendel_I_037_v.jpg*

*Tiergärtner* (2011g), *https://commons.wikimedia.org/wiki/File:Mendel_I_018_r.jpg*

*Tiergärtner* (2011h), *https://commons.wikimedia.org/wiki/File:Mendel_I_074_v.jpg*

*Tilman* (2007), *https://commons.wikimedia.org/wiki/File:Mindelheim,_Maximilianstra%C3%9Fe_26-003.jpg*, CC BY 3.0

*Tristram* (2017), *https://commons.wikimedia.org/wiki/File:Notre-Dame_de_Semure,_Detail.jpg*, CC BY-SA 4.0

*Van Meckenem, I.* (1495), *https://commons.wikimedia.org/wiki/File:Israel_van_Meckenem_-_Das_b%C3%B6se_Weib.jpg*

*Veit, D.* (2023), Fasern. Springer Vieweg, Berlin.

*Von Teufen, W.* (1320), *https://commons.wikimedia.org/wiki/File:Werner_von_teufen_Manessische_Liederhandschrift_1320.jpg*

*Wiki* (1000), *https://commons.wikimedia.org/wiki/File:Meister_der_Reichenauer_Schule_004.jpg*

*Wiki* (1244), *https://commons.wikimedia.org/wiki/File:Braies.jpg?uselang=de*

*Wiki* (2005), *https://upload.wikimedia.org/wikipedia/commons/b/b3/Cannada-real-vera-de-la-sierra.jpg*, CC BY-SA 2.1 (ES)

*Wiki* (2006), *https://commons.wikimedia.org/wiki/File:Monatsbilder_Salzburger_Handschrift_818.jpg*

*Wiki* (2009), *https://commons.wikimedia.org/wiki/File:Principales_vias_pecuarias.png*

*Wiki* (2011), *https://commons.wikimedia.org/wiki/File:Wandbehang_makffm_6809_04.jpg*

*Wiki* (2018), *https://commons.wikimedia.org/wiki/File:Reliefkarte_Spanien.png*, CC BY-SA 3.0

*Wiki* (2022a), *https://commons.wikimedia.org/wiki/File:Les_Tr%C3%A8s_Riches_Heures_du_duc_de_Berry_juillet_sheep_shearing.jpg*

*Wiki* (2022b), *https://commons.wikimedia.org/wiki/File:Shroud_of_Charlemagne_manufactured_in_Constantinople_814.jpg*

*Wiki* (2022c), *https://commons.wikimedia.org/wiki/File:Tapisserie_agriculture.JPG*

*Wiki* (2022d), *https://en.wikipedia.org/wiki/Medieval_English_wool_trade*

*Zonca, V.* (1607), „Novo teatro di machine et edificii". Pietro Bertelli, Padua.

# 5 Frühe Neuzeit (15.–17. Jahrhundert)

Der Geist der Renaissance (ca. 1400–1620) befreite die europäische Welt vom Mystizismus des Mittelalters. So wurden im 17. Jh. viele neue Maschinen erfunden und in zunehmendem Maße die Wasserkraft zum Antrieb eingesetzt, zum Teil bis ins 19. Jh. In der Folge entstanden große Produktionsbetriebe, die sogenannten Manufakturen. Die einzelnen Prozessschritte wurden dabei wie im Mittelalter voneinander getrennt durchgeführt, allerdings unter einem Dach und durchorganisiert, was die Produktivität erhöhte. Die Arbeitsmittel waren dieselben wie im Handwerk, jedoch wurden die Handwerker, die vorher oft im Verlagssystem gearbeitet hatten, nun zu abhängigen Lohnarbeitern. Dies führte immer wieder zu erheblichen Protesten der Zünfte, letztendlich konnte die Entwicklung hin zur Industrialisierung aber nicht aufgehalten werden. Beispielhaft für die juristischen Auseinandersetzungen ist die Klage der Posamentierer gegen die Einführung des Bandwebstuhls in Basel. Hier kam ein Gutachten zu dem bemerkenswerten Schluss, dass „Nutzen und Bestand einer Manufaktur nicht auf vielen Arbeitern und wenig Arbeit, sondern auf wenig Arbeitern und viel Arbeit beruht“ (Müller, 1997). Durch die Bildung von Nationalstaaten entstanden große Binnenmärkte mit immer weniger Handelsschranken, und der Bedarf an Textilien nahm schnell zu. Die Entstehung großer Armeen sorgte für eine verstärkte Nachfrage, weil die Soldaten regelmäßig neu eingekleidet wurden.

## 5.1 Fasern

Auch zu Beginn der Neuzeit im 15. Jh. wurden in Europa vor allem Wolle und Flachs zur Textilherstellung verwendet. Durch die beginnende Globalisierung des Handels gelangten vermehrt Textilien aus Baumwolle nach Europa, und der Konsum von Artikeln aus Seide nahm ebenfalls zu.

### 5.1.1 Baumwolle

Mit der erfolgreichen Umsegelung der Südspitze Afrikas durch den portugiesischen Seefahrer Vasco da Gama im Jahr 1498 wurde der Weg frei für den Siegeszug der Baumwolle auch in Europa. Baumwolle wurde nun in Europa in größeren Mengen versponnen und verwebt, so z. B. im 15. Jh. in Sachsen. Während es andere Naturfasern bis dahin nie geschafft hatten, weltweit als textiles Rohmaterial genutzt zu werden, wurde die Baumwolle nun in Europa in zunehmendem Maße verarbeitet, und die Stoffmuster der Gewebe aus Indien verbreiteten sich in den nächsten 200 Jahren über die gesamte Welt. Manche Wissenschaftlerinnen und Wissenschaftler sprechen vom „Beginn der Globalisierung", sowohl für Rohstoffe als auch für die Mode.

Bis ins 17. Jh. war Indien der Hauptlieferant von Baumwollstoffen in die gesamte damals bekannte Welt. Ein wichtiger Einfuhrhafen war Venedig, und dies wurde auch von Zeitgenossen schon erkannt, wie Bild 5.1 zeigt. Hier ist in der Bildmitte ein Bündel Baumwolle zu sehen, das dem Dogen von Venedig als Tribut überreicht wird.

**Bild 5.1** Die eroberten Städte bringen Tribute nach Venedig, u. a. Baumwolle (Palma, 1595).

Von Venedig aus verbreitete sich die Baumwolle in Mitteleuropa. Weil die daraus hergestellten Garne wegen der kurzen Fasern aber zunächst nicht die für Kettfäden erforderliche Festigkeit besaßen, wurden sie nur als Schussfäden eingesetzt und mit Leinen kombiniert. Diese Gewebe wurden Barchent genannt und waren sehr populär, weil sie deutlich weicher waren und weniger knitterten als reine Leinenstoffe (vgl. Kapitel 4). Schon die Araber kannten diese Textilien und nannten sie fustan, woraus das englische Wort „fustian" entstand. Bild 5.2 (links) zeigt ein typisches Barchentgewebe aus weißen Leinen- und blauen Baumwollfäden mit Pferdemuster aus Perugia, das als Tischtuch eingesetzt wurde (rechts).

**Bild 5.2** Links: Tischtuch mit Pferdemuster; rechts: Einsatz beim letzten Abendmahl (Ghirlandaio, 1480)

Dieser Stil war weit verbreitet und wurde als Perugia-Tischtuch (engl. perugia towel) bezeichnet. Der Farbeffekt aus Blau und Weiß konnte mit Geweben aus 100 % Leinen nicht erzielt werden, weil Baumwolle die blaue Farbe besser bindet. Dadurch konnten sich die Barchentweber gegenüber den reinen Leinenwebern einen Vorteil verschaffen. Anstatt Leinen wurde auch Hanf als Kettmaterial eingesetzt. Einige andere, besonders beliebte Gewebe wurden nach ihrem Herkunftsort benannt, z. B. Denim (de Nîmes) und Jeans (Genua).

Es gab sehr viele verschiedene Baumwollqualitäten, u. a. die beliebten und meist sehr bunten „Calico"-Stoffe, die ursprünglich aus Calicut in Indien stammten und aus reiner Baumwolle bestanden. Sie waren von mittlerer Feinheit und wurden 1631 erstmals nach England exportiert (Bild 5.3).

**Bild 5.3** Calico-Stoffmuster und Calico-Druck mit Modeln (N. N., 1827)

### 5.1.2 Flachs

Nach dem Dreißigjährigen Krieg (1618–1848) waren zahlreiche Felder verwüstet, und die Neukultivierung war schwierig. Erst allmählich nahm der Flachsanbau wieder zu und blieb bis ins 19. Jh. von Bedeutung, als Flachs von der Baumwolle weitgehend verdrängt wurde. Die Gewinnung der Flachsfasern war weiterhin vor allem Frauenarbeit (Bild 5.4).

**Bild 5.4** Brechen und Hecheln von Flachs im 16. Jh.

### 5.1.3 Wolle

Im 16. Jh. verbot die englische Regierung den Wollexport, um die heimische Textilindustrie zu stützen. Dies führte dazu, dass die Konkurrenz in Flandern und Italien auf spanische Merinowolle auswich, wodurch deren Produktionsmenge schnell anstieg. Während in Spanien vor allem vom Adel große Herden gehalten wurden (bis 25 000 Stück im 18. Jh.), gab es in England viele unorganisierte Schafzüchter mit entsprechend kleineren Herden. Daher gelang es zuerst in Spanien, gezielt durch Zucht, feinere Wollen mit einer Ausbeute von 2–4 kg pro Schaf zu erzeugen. Dennoch dominierte England bis ins 18. Jh. den Markt mit seiner großen Produktion gröberer Wolle.

Wool Churches, also Wollkirchen, ist die geläufige Bezeichnung für eine Reihe großer und prächtiger Pfarrkirchen im Süden Englands. Sie wurden meist im 15. und frühen 16. Jh. im Tudorstil errichtet und von reichen Kaufleuten aus den Einnahmen des Wollhandels finanziert. Sie sind insbesondere in Südengland verbreitet, u. a. in Gloucestershire, Norfolk, Suffolk und East Sussex. Bild 5.5 zeigt ein typisches Beispiel aus Suffolk. Diese Kirche ist für eine (heutige) Einwohnerzahl von rund 3000 völlig überdimensioniert und zeigt die immensen Gewinne, die mit dem Wollhandel erzielt werden konnten.

Die Wolle wurde weiterhin von Hand für das Spinnen vorbereitet, wie eine Darstellung aus dem Jahr 1517 im Dogenpalast in Venedig zeigt (Bild 5.6). Dabei wurde die gespannte Saite eines Bogens von Hand angeschlagen, und die entstehenden Schwingungen lösten die Faserflocken auf, sodass die Wollfasern leichter vereinzelt werden konnten. Ein ähnliches Verfahren wurde in Indien zur Vorbereitung von Baumwolle eingesetzt. Möglicherweise wurde es dort erfunden.

**Bild 5.5** Wollkirche Holy Trinity Church, Long Melford, Suffolk (Oxyman, 2007)

**Bild 5.6** Reinigung von Wolle mit einem Bogen (Dogenpalast, Venedig, 1517)

## 5.1.4 Seide

In Bild 5.7 ist die Übergabe der aus China herausgeschmuggelten Seidenraupeneier an Kaiser Justinian im Jahr 555 in Byzanz dargestellt. Im Hintergrund ist die Seidengewinnung im 16. Jh. zu sehen. Links sind die Regale, in denen die Seidenraupen aufgezogen wurden, rechts eine Haspel, mit der die Seidenfäden aufgewickelt werden konnten. Dies war noch mit viel Handarbeit verbunden und schaffte daher zahlreiche Arbeitsplätze. Die Automatisierung dieser Arbeitsschritte mithilfe einer Seidenzwirnmühle, wie sie in Italien schon lange eingesetzt wurden, verhinderten in Deutschland die Zünfte. So wurde z. B. der Antrag des Kölner Kaufmanns Walter Kesinger auf Errichtung einer Seidenzwirnmühle im Jahr 1413 vom Rat der Stadt abgelehnt, weil dadurch viele Menschen ihre Arbeit verlieren würden (Bohnsack, 2002).

**Bild 5.7** Übergabe der Seidenraupen an Kaiser Justinian, im Hintergrund Darstellung der Seidengewinnung und -verarbeitung im 16. Jh. (van der Straet, 1600)

Nachdem der französische König Heinrich IV. (1553–1610) ein Importverbot für Seidenstoffe verkündete, war die ausländische Konkurrenz ausgeschaltet, und die Seidenproduktion in Frankreich nahm einen schnellen Aufschwung. Im Jahr 1601 wurden in den Tuilerien in Paris 20 000 Maulbeerbäume gepflanzt. Im Auftrag des Königs und auf Anregung seines Gärtners François Traucat wurden darüber hinaus rund 4 Mio. Maulbeerbäume in der Provence und im Languedoc gepflanzt. 1602 wurde darüber hinaus ein Dekret erlassen, dass in jeder Gemeinde Maulbeerbäume angepflanzt und Seidenspinner gezüchtet werden sollten (Charlin, 2001). Insbesondere in der Umgebung von Lyon und Tours war dies auch erfolgreich. Durch diese Maßnahmen wurde Frankreich von Rohseidenimporten unabhängig. Um der Seide eine höhere Festigkeit zu verleihen, wurde ihr mithilfe einer einfachen Maschine eine Drehung erteilt (Bild 5.8). Weil dazu nur jeweils ein Faden eingesetzt wurde, handelt es sich nicht um einen Zwirn, der aus mindestens zwei Fäden besteht.

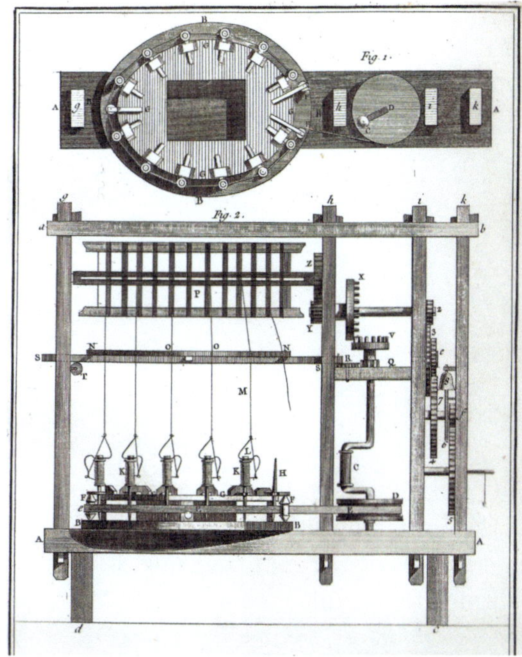

**Bild 5.8** Französische Seidendrehungserteilungsmaschine im 17. Jh.

1610 baute Claude Dangon (Abschnitt 5.3.2) in Lyon einen stark verbesserten Zugwebstuhl, der es ermöglichte, anstatt mit den bis dahin üblichen 800 nun mit bis zu 2400 Kettfäden großflächige Muster zu weben. Die Kettfäden wurden dabei einzeln von Kindern bewegt, die oben im Webstuhl saßen (siehe Abschnitt 5.3.3). Erst rund hundert Jahre später wurden die ersten Versuche unternommen, die Bewegung der Kettfäden zu automatisieren (siehe Kapitel 6).

Im Zuge dieser Entwicklung ging die Seidenproduktion in Venedig und anderen Städten Oberitaliens allmählich zurück. Im 16. Jh. wurden daher in Venedig nur noch 3000 Seidenwebstühle betrieben.

Waren die gewebten Seidenstoffe einfarbig, so wurden sie oft aufwendig durch Stickereien verziert. Dazu gab es den Beruf des Seidenstickers (Bild 5.9). Als Nachnamen gibt es ihn heute noch mehr als 250-mal alleine in Deutschland, vor allem in denjenigen Gegenden, in denen im 17. und 18. Jh. schon Seide verarbeitet wurde.

**Bild 5.9** Seidensticker (Garzoni, 1641b)

### 5.1.5 Metallfasern

Ab dem 15. Jh. wurden reine Gold- und Silberfäden zu schweren Brokatgeweben und Posamenten verwebt. Nach der Einrichtung der ersten Werkstatt zur Erzeugung „leonischer Fäden" 1569 in Nürnberg durch Anthoni Fournier, begann die Produktion von Metallgespinsten in Deutschland.

Der „Drahtmacher" stellte Eisendrähte her, indem er einen zunächst dicken Draht durch immer kleinere Löcher eines Zieheisens zog und so die Feinheit des Drahtes immer weiter vergrößerte (bzw. den Durchmesser des Drahtes verkleinerte). Wurden diese Drähte zu Schleifen geformt, so konnten daraus Kettenhemden hergestellt werden (Bild 5.10).

Im 15. Jh. wurde zunehmend die Wasserkraft eingesetzt, um Drahtzugmaschinen anzutreiben. In Bild 5.11 ist zu sehen, dass das Wasserrad den Draht aufwickelt und der Drahtzieher nur noch mit seiner Zange den Draht führen muss, was seine Arbeit erheblich erleichterte. Diese Art von Maschine wurde von den Handwerkern nicht bekämpft, weil sie keine Arbeitsplätze vernichtete, sondern ihre Arbeit vielmehr einfacher machte und sie mehr produzieren konnten. Durch den steigenden Bedarf an Drähten, z. B. für Nägel, Ketten, Siebe, Drahtbürsten etc., bot diese Maschine zusätzliche Verdienstmöglichkeiten. Diese Art der Fertigung wird als „industrielle Revolution des Mittelalters" bezeichnet.

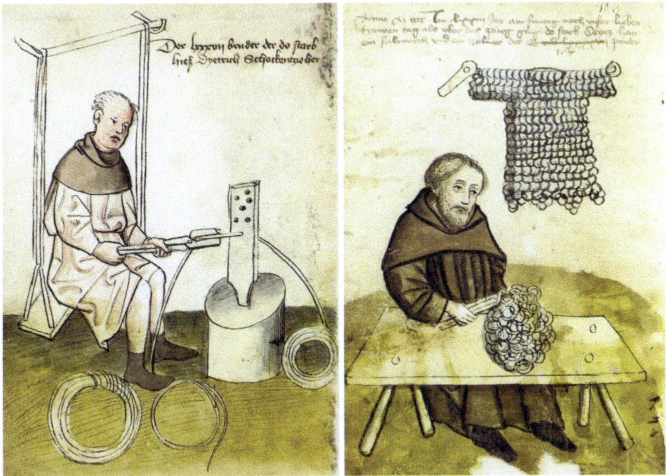

**Bild 5.10** Drahtzieher und Kettenhemdmacher, ca. 1425 (Tiergärtner, 2011d, e)

**Bild 5.11** Drahtziehmaschine mit Wasserantrieb (Biringuccio, 1559)

Viele Städte, z. B. Aachen und Augsburg, unterstützten diese Entwicklung durch den Aufkauf von Wasserrädern und von Grundstücken mit Fließgewässern, um durch den gezielten Einsatz von Wasserkraft die lokale „Industrie" anzukurbeln (Bayerl, 2013).

## ■ 5.2 Spinnverfahren

Die Garnherstellung war immer noch Frauenarbeit, allerdings wurden die Spinnräder weiterentwickelt und dadurch produktiver. Das Spinnen mit der Handspindel war weiterhin überall üblich, vor allem unterwegs oder auf dem Feld.

### 5.2.1 Handspindel

Das Spinnen mit der Handspindel gehörte zur normalen Beschäftigung von Frauen. Wie Bild 5.12 (links) zeigt, lässt sich sogar Eva nicht vom Spinnen abhalten, obwohl sie gleichzeitig Kain und Abel stillt. Auch die Frau eines Gauklers spinnt, während sie reitet und auf ihr Baby aufpasst (Bild 5.12, rechts).

Diese Beispiele zeigen, dass das Spinnen ständig und überall quasi „nebenher“ betrieben wurde und nicht die ausschließliche Beschäftigung einer Frau war. Eine „Spinnerin“, die nichts anderes tat, gab es praktisch nicht.

**Bild 5.12** Links: Adam bei der Feldarbeit, Eva stillt spinnend (von Kastav, 1475); rechts: Holzschnitt eines Gauklers mit seiner Frau um 1450

**Bild 5.13** Auch Kinder mussten beim Spinnen helfen (ca. 1500)

Dass Kinder bei der Garnherstellung helfen mussten, zeigt eine Darstellung der Heiligen Familie um 1500 (Bild 5.13). Während der Vater mit Holzarbeiten und die Mutter mit Spinnen beschäftigt ist, wickelt das Kind Garn von der Spule auf eine Kreuzhaspel für die Weiterverarbeitung.

Männer spannen im 15. Jh. nicht mehr mit der Handspindel, wie Bild 5.14 zeigt. Hier ist eine „verkehrte Welt" dargestellt, in der die Frau das Zepter schwingt (man beachte ihre Kniestrümpfe) und der Mann (mit Haarnetz) von einer Spule Garn auf eine Haspel wickelt. Während er spitze Schuhe trägt (vgl. Abschnitt 5.11.2), hat sie Füßlinge an und trägt einer Art von Sandalen. Dass man ihre Beine sehen kann, darf als skandalös gelten, denn Frauenbeine wurden bis ins 20. Jh. normalerweise nicht gezeigt.

**Bild 5.14** Verkehrte Welt (van Meckenem, 1490)

## 5.2.2 Handspinnrad

Das Handspinnrad wurde weiterentwickelt, und ab dem Beginn des 16. Jh. gab es erste Darstellungen eines Tretantriebs. Damit waren beide Hände frei für den eigentlichen Spinnvorgang, was die Garngleichmäßigkeit erheblich verbesserte (Bild 5.15, links). Wer diese Erfindung gemacht hat, ist unklar, eventuell kommt sie aus England (Müller, 1997). In der Bibel von Nikolaus Glockendon (ca. 1490–1533) aus dem Jahr 1524 aus Wolfenbüttel gibt es eine nicht ganz eindeutige Darstellung eines Tretradantriebs für ein Spinnrad, die aber auch als Fußstütze interpretiert wird. Möglicherweise wurde der Tretantrieb aus dem Antrieb einer Drechselmaschine abgeleitet, als ein Drechsler ein Spinnrad baute und die Idee des Antriebs per Fußtritt übernahm (Vogt, 2008).

Allerdings wurde weiterhin mit dem Handspinnrad mit Kurbelantrieb gesponnen, sogar weit bis ins 17. Jh. hinein (Bild 5.15, rechts).

**Bild 5.15** Spinnerinnen am Handspinnrad mit Tretantrieb (links; Maes, 1655) und mit Kurbelantrieb (rechts; Velázquez, 1656)

### 5.2.3 Flügelspinnrad

Die erste Spinnmaschine, bei der gleichzeitig ein Garn erzeugt (durch Einleitung von Drehungen) und aufgewickelt werden konnte, war das Flügelspinnrad. Aus dem späten 15. Jh. stammt die erste bildliche Darstellung im Hausbuch der Fa. Waldburg-Wolfegg (Bild 5.16, links). Leonardo da Vinci entwickelte eine verbesserte Version im Jahre 1493 (Bild 5.16, rechts), die aber wohl nie gebaut wurde. Bei beiden Erfindungen sind Vorbilder nicht bekannt, daher kann bei dieser Version mit selbstdrehendem Flügel von einer rein europäischen Entwicklung ausgegangen werden.

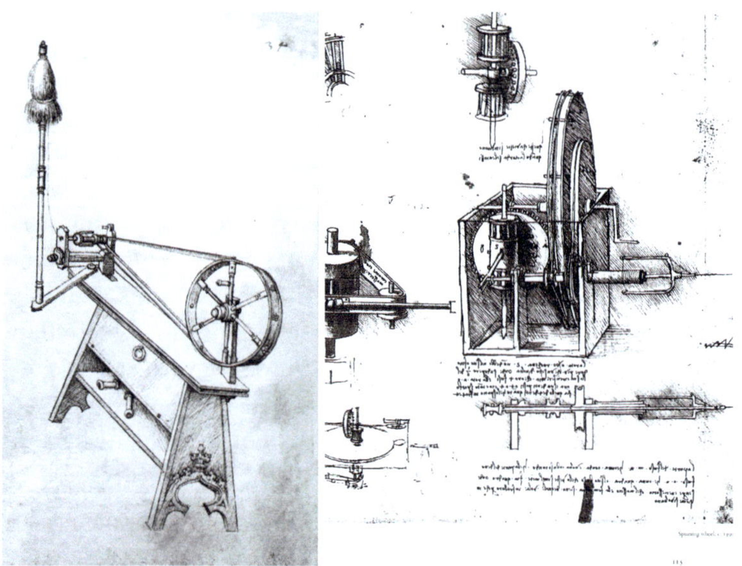

**Bild 5.16** Älteste Darstellungen von Flügelspinnrädern (links: Hausbuch der Familie Waldburg-Wolfegg, 1480, Praefcke, 2008; rechts: da Vinci, 1493)

Der Entwurf von da Vinci besaß einen Kurbelantrieb, der nicht nur die Spindel in Rotation versetzte, sondern sie auch translatorisch bewegte. Dadurch erfolgte die Aufwicklung des Garns kontinuierlich entlang der Spindelachse, und ein Umhängen des Fadens war nicht erforderlich (Bild 5.17). Diese Bewegung wurde später beim Ringspinnen über die Bewegung der Ringbank realisiert (Kapitel 7). Er war damit seiner Zeit auch in diesem Aspekt rund 400 Jahre voraus.

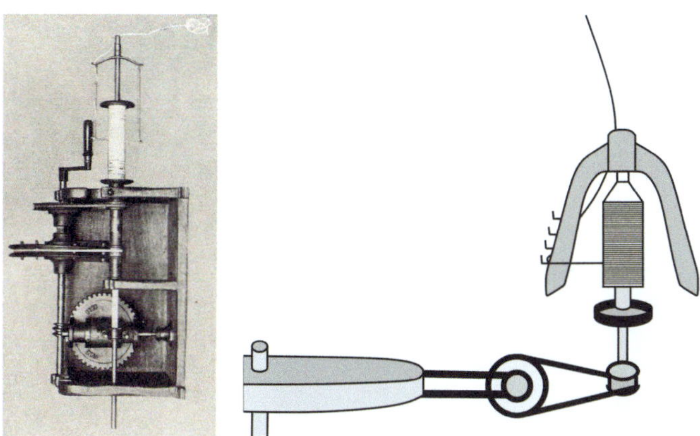

**Bild 5.17** Links: Modell von Leonardo da Vincis Spinnradantrieb (Johannsen, 1932); rechts: Detail des Flügelspinnrads

Der Garnbildungsprozess erfolgte nun kontinuierlich und war rund doppelt so schnell wie der mit dem Handspinnrad. Das Vorlagematerial wurde nicht mehr locker in der Hand gehalten und an das Garn angedreht wie beim Handspinnrad, sondern befand sich geordnet in einem Rocken, der fest mit dem Gestell verbunden war. Bild 5.18 zeigt das Funktionsprinzip. Über das Fußpedal (b) wird das Schwungrad (a) angetrieben, das über die Riemen (e) den Spinnwirtel (h) bzw. den Spinnflügel (i) antreibt. Letzterer rotiert und leitet so die Drehung in das unter Spannung stehende Garn ein. Damit das gebildete Garn dabei gleichzeitig aufgewickelt wird, muss die Umfangsgeschwindigkeit von Spinnwirtel und Spinnflügel unterschiedlich sein. In der Regel war der Durchmesser des Spinnwirtels kleiner, wodurch er sich schneller drehte als der Flügel. Alternativ konnten nur der Spinnwirtel oder der Flügel angetrieben werden und das jeweils andere Bauteil wurde passiv mitgeschleppt und über Reibung etwas abgebremst. Wurden gleichzeitig mit der Drehungserteilung kontrolliert Fasern zugeführt (g), so wurde fortlaufend ein Garn gebildet, Drehung eingeleitet und das Garn vom rotierenden Flügel auf die Spindel aufgewickelt. Die Drehungshöhe konnte über die Faserzufuhr eingestellt werden (mehr Faserzufuhr = weniger Drehung).

Eine alternative Konstruktion zeigt Bild 5.19. Dabei ist der Flügel nicht zwischen den beiden Spindelträgern angeordnet, sondern außerhalb, analog zum Handspinnrad. Sie wird auch als Picardie-Spinnrad bezeichnet.

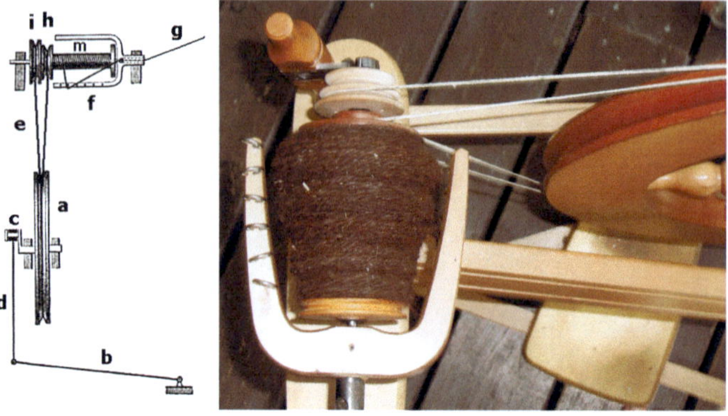


**Bild 5.18** Links: Getriebe eines Flügelspinnrads (Sobol2222, 2006); rechts: zweifädiger Spinnflügel (Loggie, 2007)

**Bild 5.19** Spinnrad mit Picardieflügel im 17. Jh. (Dou, 1645)

Die Fadenspannung war beim gleichzeitigen Aufwickeln des Garns höher als beim Handspinnrad. Daher konnten damit keine feinen Garne oder solche mit geringer Drehungshöhe hergestellt werden. Deshalb wurde das Flügelspinnrad vor allem für Flachs sowie für lange Wollfasern eingesetzt (Bild 5.20). Baumwolle und kurzstapelige Wolle wurden weiterhin und bis ins 18. Jh. auf dem Handspinnrad verarbeitet.

Die Spinngeschwindigkeit konnte mit dem Flügelspinnrad weiter erhöht werden, ohne dass sich die Garnqualität verschlechterte. Der Spinnvorgang konnte im Sitzen ausgeübt werden und wurde fast ausschließlich von Frauen in Heimarbeit ausgeführt. Gesponnen wurde dabei sowohl für den eigenen Bedarf als auch für den Verkauf an Weber. Auf Gemälden des 16. Jh. werden nur junge Frauen beim Spinnen mit dem Flügelspinnrad dargestellt. Dies deutet darauf hin, dass die neue Technik nicht sofort überall akzeptiert wurde. Im 17. Jh. werden dann auch ältere Frauen beim Spinnen mit Flügelspinnrad dargestellt, offenbar war sie jetzt überall verbreitet. Nun setzt sich auch der Fußantrieb zunehmend durch (Vogt, 2008).

Die Erfindung des Flügelspinnrads wird auch einem Johann Jürgen (bzw. Johann Spinnrad) zugeschrieben, der um 1530 ein solches in Braunschweig gebaut haben soll. Allerdings war das vierzig Jahre zu spät, um als Erfinder zu gelten. Dennoch erinnert bis heute das Wappen des Braunschweiger Vororts Watenbüttel an ihn, dort soll er gelebt haben (Bild 5.20).

**Bild 5.20** Wappen von Watenbüttel und Spinnerin am Flügelspinnrad mit Fußantrieb (Firmin, 1681)

In Thomas Firmins Brief „Proposals for the Imployment of the Poor" von 1681 ziert die Darstellung einer an einem Doppel-Flügelspinnrad arbeitenden Frau das Titelblatt. Sie spinnt zwei Garne gleichzeitig. Damit konnten rund 500 m Garn pro Stunde erzeugt werden. Firmin (1632–1697) stellte in London grobe Leinengewebe her und galt als Philanthrop, der Kinder u. a. dadurch unterstützte, dass sie in seiner Firma an dieser Art von Spinnrad arbeiten durften. Er zahlte höhere Löhne als üblich, später aus seinem Privatvermögen, weil sein Unternehmen nicht profitabel war, und versuchte, den von ihm beschäftigten Kindern eine einfache Bildung zu vermitteln.

# 5.3 Weben

In vielen Regionen der Welt wurden bis in die frühe Neuzeit Gewebe auf denselben Geräten hergestellt wie im Altertum und im Mittelalter. Dazu zählt insbesondere Mittelamerika, wo die technologischen Errungenschaften Asiens und Europas bis zum Anfang des 16. Jh. natürlich unbekannt waren. Weben war in Mittel- und Südamerika Frauensache (Bild 5.21).

**Bild 5.21** Webszene im Codex Mendoza aus dem 16. Jh. (Wiki, 2015)

In Europa wurden die vorhandenen Webverfahren weiterentwickelt, und es gab einige neue Erfindungen, wie z. B. Bandwebstühle und den Zugwebstuhl, die Produktivität und Mustervielfalt erhöhten.

## 5.3.1 Bandgewebe

Im Mittelalter wurden schmale Gewebe und Bänder noch auf Webrahmen gewebt. Um ca. 1602 erfand in Leiden (Belgien) van Sonneveld den Bandwebstuhl, mit dem zwölf Bänder gleichzeitig hergestellt werden konnten. Fachbildung, Schusseintrag und -anschlag waren mechanisiert und die Produktivität erheblich höher als bei den bis dahin üblichen Webrahmen (Bild 5.22). Dies führte zunächst zu erheblichen Protesten, z. B. in Brügge, wo der „Dutch Loom“ öffentlich verbrannt wurde. Dennoch waren schon 1610 in Leiden rund vierzig Bandwebstühle, die auch „Bandmühlen“ genannt wurden, in Betrieb.

In Augsburg bekämpfte die Zunft der Bandweber die Einführung der Bandmühle, allerdings ohne Erfolg. Bald arbeiteten auch Meisterfrauen und -töchter an den Bandwebstühlen, was zu Protesten der Zünfte anderer Städte führte. Daher wurde es ab 1693 den Frauen verboten, an Bandmühlen zu arbeiten (Bayerl, 2013).

In Sachsen war wegen des erheblichen Widerstands der örtlichen Handwerker der Bandwebstuhl von 1720–1765 generell verboten. Ähnlich war es in England. Der Wollweber Emanuel Hoffmann-Müller schmuggelte 1668 einen zerlegten Bandwebstuhl aus den Niederlanden nach Basel. Damit konnte er 16 Bänder gleichzeitig herstellen. Zwar wurde er von seinen Kollegen wegen der angeblich schlechten Produktqualität verklagt, jedoch ohne Erfolg. 1786 gab es bereits 2268 Bandwebstühle in Basel. Damit hatte die Stadt eine monopolartige Stellung in Europa für die Herstellung von schmalen Seidengeweben (Müller, 1997).

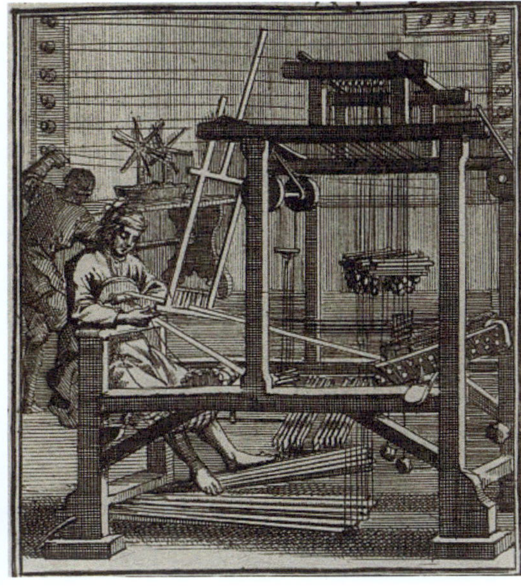

**Bild 5.22** Bortenwirker bzw. Bandweber im Ständebuch von Christian Weigel im 17. Jh. (Weigel, 1698)

Die Einführung der Bandmühlen zeigte erstmals, dass die mechanisierte Erzeugung von Textilien der handwerklichen Produktion ernsthafte Konkurrenz machen konnte und wird von Historikerinnen und Historikern somit als „Vorbote" der Auswirkungen der Industrialisierung auf die Textilherstellung gesehen.

Irreführenderweise wird der Bortenweber oft als Bortenwirker bezeichnet, analog zur Teppicherzeugung, wo ebenfalls von „wirken" gesprochen wird, obwohl es ein Web- oder Knüpfprozess ist (vgl. Abschnitt 5.6).

## 5.3.2 Trittwebstuhl

In Europa wurden wie im Mittelalter weiterhin vor allem Trittwebstühle eingesetzt. Oft arbeiteten die in der Regel männlichen Weber in Kellerräumen, und die Ehefrauen waren für die Versorgung mit Garn zuständig, wie Bild 5.23 beispielhaft zeigt.

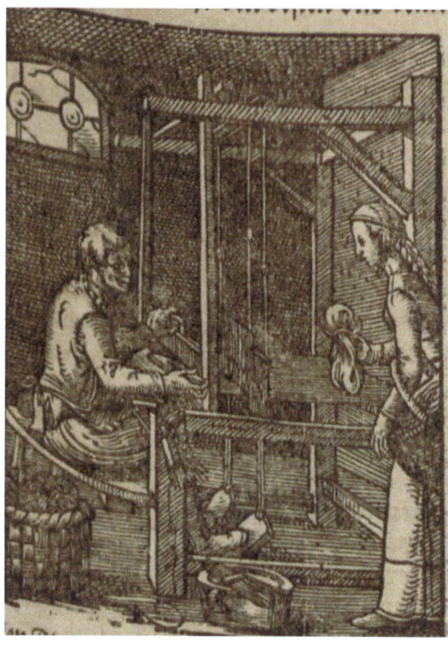

**Bild 5.23** Weber am Trittwebstuhl mit Frau, die ihm Garn bringt, im Piazza Universale (Garzoni, 1585)

Das Weben verlagerte sich wegen der ständig steigenden Nachfrage nach hochwertigen Geweben vom eigenen Haushalt in das Weberhandwerk, das hohes Ansehen genoss, wie die Meistertafel der Tuchfärber in Ulm zeigt (Bild 5.24). Die Zünfte nahmen auch Einfluss auf die Politik, was naturgemäß zu Spannungen mit den Kaufleuten u. a. „Honoratioren" der Städte führte.

**Bild 5.24** Meistertafel der Tuchfärber und Tuchmacher in Ulm, 16. Jh.

## 5.3.3 Zugwebstuhl

In China wurden schon seit Jahrhunderten Zugwebstühle eingesetzt, die von einem Weber und einem oder zwei Zugjungen zur Steuerung der Kettfäden bedient wurden (Bild 5.25). Dies war sowohl arbeits- als auch zeitaufwendig, allerdings konnten damit sehr komplexe

Muster hergestellt werden (z. B. Brokat). In Europa wurde daher intensiv darüber nachgedacht, diesen Prozess zu vereinfachen und damit die Produktivität zu erhöhen.

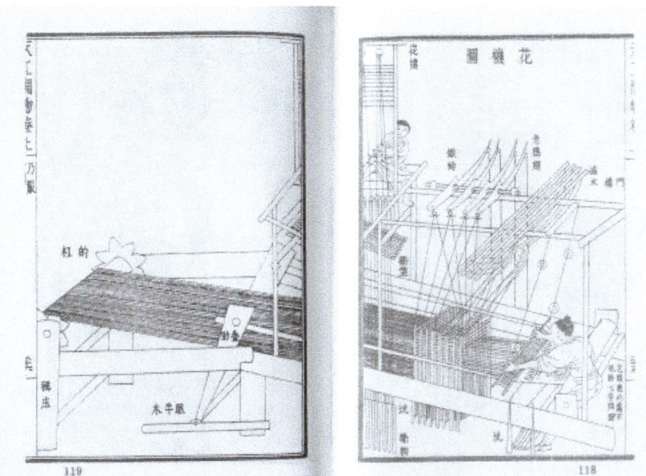

**Bild 5.25** Zugwebstuhl in China im 17. Jh. (Song, 1637)

Im Jahr 1605 erfand der Lyoner Weber Claude Dangon (1550–1631) einen Webstuhl, der anstatt der bisher üblichen 800 nun 2400 Harnischschnüre besaß (Bild 5.26). Über Griffe (Kegel) konnten die Hauptschnüre (H) angesteuert werden, die wiederum mit den eigentlichen Harnischschnüren verbunden waren, die die Kettfäden in den Litzen mustergerecht hoben oder senkten. Das Ziehen an einem einzigen Griff konnte dabei mehrere Harnischschnüre bzw. Kettfäden bewegen, je nach Muster. Diese Arbeit führte ein Webergehilfe aus und war auch von Kindern (Zugjungen) zu bewerkstelligen.

Damit konnten wesentlich komplexere und größere Muster erzeugt werden, und das Monopol der italienischen Weber auf solche Stoffe war gebrochen. Um 1610 wurden in Lyon bereits 200 dieser Webstühle betrieben.

Während bis dahin vor allem geometrische Designs dominierten, die in Italien beliebt waren, entwickelten die Lyoner Weber nun eigene Muster, die naturalistischer waren und z. B. Blumen darstellten. Solche Gewebe wurden sehr populär und in viele Länder exportiert. Weil es in Mode kam, die Wände mit Seidenstoffen mit floralen Mustern zu bespannen, stieg die Nachfrage nach diesen Stoffen sehr stark an. Insbesondere Philippe de Lasalle (1723–1804), ein Designer und Fabrikant von Seidenstoffen in Lyon, spielte eine entscheidende Rolle. Durch die Religionskriege und die Aufhebung des Edikts von Nantes im Jahr 1685 verließen allerdings viele Weber, vor allem Hugenotten, Frankreich, sodass von 12 000 Seidenwebern im Jahr 1685 nur noch 3000 im Jahr 1702 übrig blieben (Bohnsack, 1993). Die Seidenherstellung in Tours und Lyon kam dadurch fast komplett zum Erliegen, ebenso in vielen anderen Städten Frankreichs.

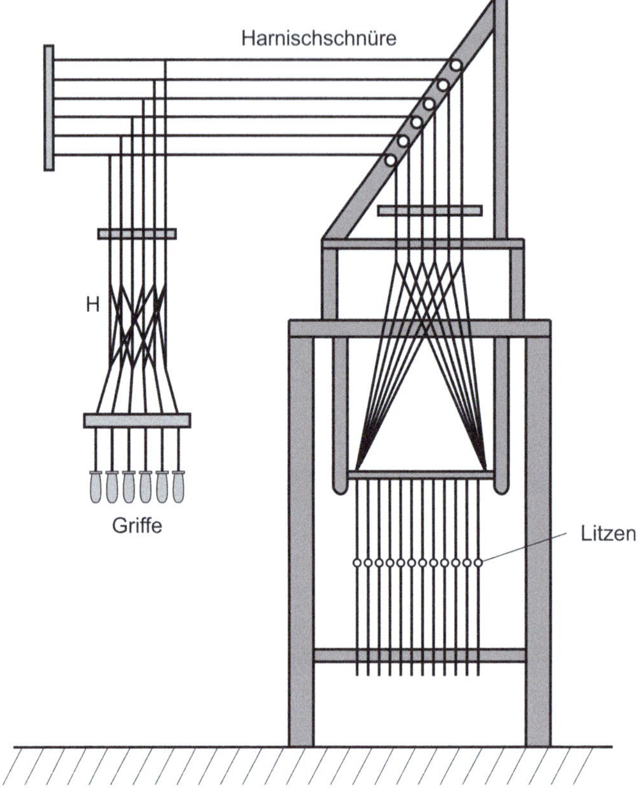


**Bild 5.26** Prinzip des Kegelstuhls von Charles Dangon

## 5.4 Stricken und Wirken

Im Jahr 1488 erließ das englische Parlament die etwas skurrile Verordnung, dass jeder, der nicht mindestens 1 Pfund Sterling als Rente erhielt, an Sonn- und Feiertagen, sofern er nicht auf Reisen war, eine in Britannien hergestellte Strickmütze zu tragen hatte (Bild 5.27). Damit sollte möglicherweise die soziale Stellung der Träger bzw. Nichtträger sofort erkennbar sein. Diese Verordnung wurde 1572, unter der Regentschaft Elisabeths I., erneuert, dieses Mal vermutlich um den Absatzmarkt der Mützenstrickerzunft sicherzustellten. Sie wurde im Jahr 1597 aber fallen gelassen, weil sie nicht mehr durchsetzbar war.

1527 wurde in Paris die Gilde der Strumpfstricker gegründet, und 1530 tauchte erstmals in England der Begriff „knit“ auf. König Heinrich VIII. trug 1539 gestrickte Strümpfe aus Seide (Bild 5.28). Seine Nachfolgerin Elisabeth I. trug ab 1561 ebenfalls solche Strümpfe.

Aus Deutschland stammt die erstmalige Erwähnung von gestrickten Strümpfen aus der Feder des Markgrafen Johann von Brandenburg an seinen Rat Berthold von Mandersloh: „Ich habe auch seiden Strümpf, aber ich trage sie nur sonn- und festtags." Zu dieser Zeit wurden Strümpfe fast nur von Männern getragen, weil deren Röcke sehr kurz waren. Im Gegensatz dazu trugen Frauen lange Kleider und hatten daher keinen Bedarf an Strümpfen. Ein Paar gestrickte Strümpfe kostete Mitte des 17. Jh. so viel wie 0,5–1 ha Weinberg. Daher verbreitete sich das Stricken schnell, und es entwickelte sich zu einem anerkannten Männerberuf. In der Straßburger Strickerzunftordnung wurde festgelegt, dass das Meisterstück „ein sauber rein paar Mannesstrimpf mit spanischem Zwicklein" sein müsse (Müller, 1997).

**Bild 5.27** Gestrickte Monmouth Cap im 16. Jh. (Jambamkin, 2012)

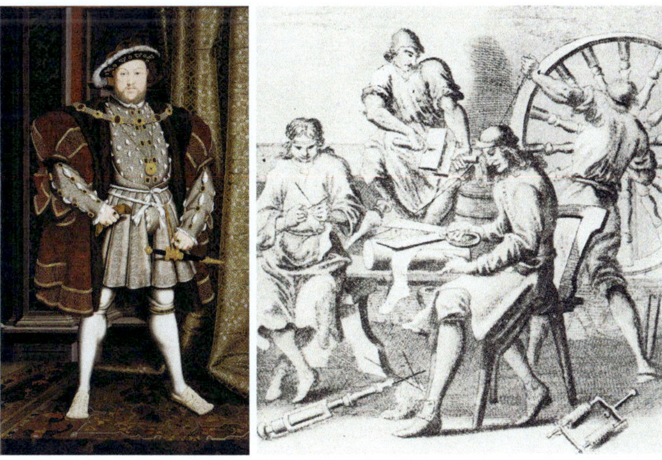

**Bild 5.28** Heinrich VIII. mit Seidenstrümpfen (Holbein, 1560) und Handstricker (1698)

Im Jahr 1589 konstruierte der Engländer William Lee (1563–1614) die erste Maschine, mit deren Hilfe Maschenwaren hergestellt werden konnten. Bei diesem sogenannten Handkulierstuhl waren die Spitzen an einem Ende der Nadeln umgebogen, sodass die Maschen deutlich schneller gebildet wurden. Dabei wurde einer gesamten Maschenreihe ein Faden vorgelegt und die Maschenreihe dann in einem einzigen Prozessschritt gebildet. Es handelt sich somit um einen Wirk- und nicht um einen Strickprozess.

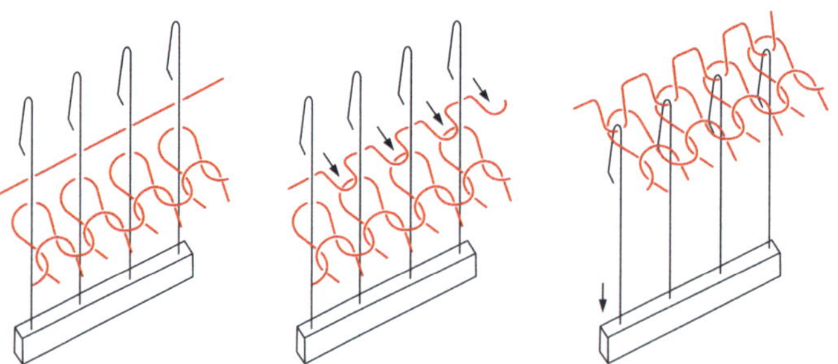

**Bild 5.29** Prinzip der Maschenbildung beim Kulierwirken nach (Weber, 2014)

Mit diesem Verfahren war es möglich, pro Minute rund 600, wenig später bis zu 1000 Maschen herzustellen (Bild 5.30). Allerdings waren die Strümpfe zunächst noch sehr grob. Erst als es William Lees Bruder James gelang, die Schlaufen enger zu bilden und somit die Maschendichte zu erhöhen, konnten auch feine Gestricke erzeugt werden. Bereits 1598 wurden mit dieser Maschine nicht nur Woll-, sondern auch Seidenstrümpfe hergestellt. Allerdings nicht als Schlauch, sondern als flache Ware, aus der die Strümpfe ausgeschnitten und anschließend zusammengenäht wurden.

**Bild 5.30** Wirkstuhl von William Lee (Johannsen, 1932)

In (N.N., 1795) heißt es dazu auf S. 194: „Alle Waaren, die der Strumpfstricker macht, verfertigt auch der Strumpfwirker auf einem von dem Engländer William Lee erfundenen Strumpfwirkerstuhle, welcher mehr als dritthalbtausend Theile hat, und alle Arbeiten mit Nadeln nähet. Die vornehmsten Theile dieses Stuhles sind die Platinen, die Presse, die Unden, das Roß, das Trittrad, die Schemel u.s.m." (Bild 5.31).

Der Legende nach kam William Lee die Idee zu seiner Erfindung, weil seine Frau viele Stunden mit Handstricken verbrachte und seiner Meinung nach nicht genug Zeit für ihn hatte (Bild 5.32). Ob dieser Missstand durch seine Erfindung behoben wurde, ist nicht überliefert. Jedenfalls wurde sein Antrag auf Erteilung eines Patents von Elisabeth I. abgelehnt, weil ihr die so hergestellten Strümpfe zu grob erschienen und sie die englische Handstrickzunft in Gefahr sah. Lee wanderte 1608 zusammen mit seinem Bruder nach Rouen in Frankreich aus und installierte dort neun seiner neuen Maschinen. 1610 begann die Produktion, allerdings starb William Lee 1614 in Paris, bevor er die Früchte seiner Erfindung ernten konnte.

**Bild 5.31** Links: Handkulierstuhl von William Lee (1589); rechts: Aufbau und Modell (Beniston, 2005)

James Lee kehrte daraufhin nach England zurück und errichtete in Nottingham eine Fabrik, die im Jahr 1650 bereits dreißig Kulierstühle besaß. Bis 1699 waren es schon rund 3000, 1750 schon 14000 (Müller, 1997). Weitere Fabriken entstanden u.a. in London, Buckingham, Leicester und Derby. England war damit der wichtigste Hersteller von gewirkten Strümpfen. Die Bedienung von Lees Maschine erforderte nicht nur Geschick, sondern auch viel Kraft, sowohl in den Armen als auch in den Beinen. Daher arbeiteten nur Männer mit ihr, während die Kinder und die Frau des Hauses die Garne vorbereiteten und die Strümpfe nach dem Ausschneiden säumten. Die Maschine erhöhte die Produktivität erheblich und machte gewirkte Ware somit auch für „einfache Leute" erschwinglich. Deshalb verbreitete sich die neue Technik schnell und wurde nicht bekämpft, wie später die Schnellschützenwebstühle und andere Erfindungen im 18. Jh. Im Jahr 1657 schlossen sich in London die sogenannten „Framework knitters" zu einer Art von Zunft zusammen. Meister konnten nun Lehrlinge ausbilden, wobei die Lehrzeit sieben Jahre betrug, bevor sie auf die Walz geschickt wurden, damit sie ihren Meistern nicht sofort nach der Lehrzeit Konkurrenz machen konnten.

Um technologisch aufzuholen, sandte Frankreich Jean Claude Hindret 1656 nach England, damit er die neuen Maschinen „kennenlernen" konnte. Dies war offenbar erfolgreich, denn 1664 wurden in Lyon, 1666 in Paris (mit um 1700 bereits 200 Kulierstühlen) und 1670 in Amiens Strumpfmanufakturen gegründet. 1672 wurde bereits die erste Fachschule für Wirkerei in Westeuropa eröffnet. Neben Wolle und geringen Mengen Baumwolle wurde mit einem Anteil von rund 50 % vor allem Seide verarbeitet. Während Amiens vor allem für Wollstrümpfe bekannt war, kamen die besten Seidenstrümpfe aus Lyon (Bild 5.33).

**Bild 5.32** Lee missmutig neben seiner Frau sitzend und den Wirkstuhl erfindend (links; Johannsen, 1932) und bei Elisabeth I., seine Strümpfe präsentierend (rechts)

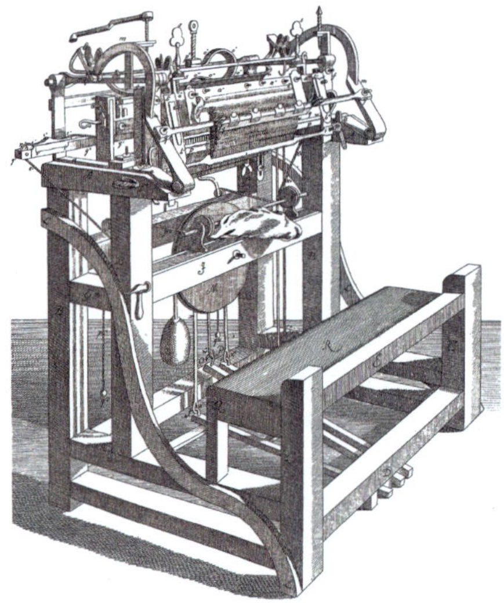

**Bild 5.33** Kulierwirkstuhl zur Herstellung von Strümpfen (Johannsen, 1932)

In Österreich und in Deutschland wurden in Folge des zunehmenden, vor allem modebedingten Bedarfs an Strümpfen (Männer zeigten Bein) und der merkantilistischen Politik eigene Manufakturen eingerichtet. So gab es 1689 in Chemnitz bereits eine Innung der Strumpfwirker. Insbesondere die Flucht der Hugenotten aus Frankreich ab 1685 führte zu einem Technologietransfer nach Thüringen und Sachsen. Daher standen 1690 bereits dreißig Wirkstühle in Weimar, und 1724 arbeiteten 171 Meister an 316 Strumpfwirkstühlen (Müller, 1997). Auch im Erzgebirge sowie in Chemnitz, Dresden und Umgebung entstanden Strumpfmanufakturen, und bald wurde damit begonnen, eigene Maschinen zu bauen. Insbesondere Johann Georg Esche (1682–1752) spielte dabei eine entscheidende Rolle (Bild 5.34). Der gelernte Kutscher lernte die französischen Strumpfwirkstühle kennen und baute sie günstiger in Holz nach. Ab 1719 betrieb er in Limbach die erste Seidenstrumpfmanufaktur Sachsens, deren Produkte sofort stark nachgefragt waren. Bereits 1764 wurde mit achtzig Wirkstühlen produziert. Später wurde die Fabrik nach Chemnitz verlegt, wo seit 1765 eine Zunft der Strumpfwirker bestand.

**Bild 5.34** Johann Georg Esche (Moschle, 2014)

In Süddeutschland begann man mit der Errichtung von Wirkmanufakturen, z. B in Pforzheim und Reutlingen. So wurden im Herzogtum Württemberg um 1700 bereits 300 Kulierwirkstühle betrieben.

In Preußen wurde die Armee zwar jedes Jahr neu eingekleidet, neue Strümpfe erhielten die Soldaten jedoch nur alle drei Jahre. Um diesem akuten Strumpfmangel abzuhelfen, wurde 1685 in Magdeburg und 1687 in Berlin die maschinelle Strumpfherstellung aufgenommen. Bis dahin war dies per königlichem Erlass weitgehend verboten, um die Handstrickerzünfte zu schützen. Insbesondere unter dem Einfluss der zugewanderten Hugenotten entwickelte sich in Berlin eine Strumpfwirkindustrie, weil die Einwanderer ihre französischen Wirkstühle, in Einzelteile zerlegt, direkt mitbrachten und diese nicht produziert werden mussten. Ab 1688 stellte der ein Jahr zuvor aus Frankreich eingewanderte Pierre Labry die ersten eisernen Strumpfwirkstühle in Magdeburg her, später auch in Halle und Berlin. 1694 verbot Kurfürst Friedrich August I. den Verkauf von Strumpfwirkstühlen aus Halle, damit „dergleichen Instrumente in benachbarten Ländern nicht gemein würden“ (Müller, 1997).

## 5.5 Spitzenklöppeln

Das Spitzenklöppeln ist eine Technik zur Herstellung von Borten und Bändern als Randbegrenzung flächiger Textilien und für Deckchen. Dabei werden Fäden auf kleinen Spulen („Klöppeln“) miteinander verdreht und verschlungen (Bild 5.35). Die entsprechenden Muster werden in sogenannten „Klöppelbriefen“ beschrieben, die die genaue Abfolge des Herstellungsprozesses vorgeben. Das Klöppeln ist eng mit dem Flechten verwandt, funktioniert im Detail aber anders.

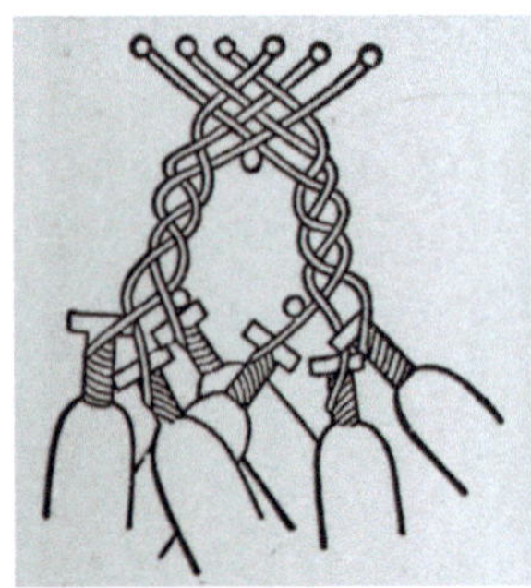

**Bild 5.35** Links: Prinzip des Spitzenklöppelns (Edkins, 2012); rechts: Klöppelkissen (Kaiser, 2006)

Vermutlich stammt die Technik des Klöppelns aus Italien, wo aus dem 16. Jh. die ersten Musterbücher bekannt sind. Das älteste davon ist „Le Pompe“, das 1557 in Venedig gedruckt wurde (Battista und Sessa, 1557). Während in Genua und Mailand vor allem klassische Spitzen erzeugt wurden, war Venedig für seine Spitzen, die mithilfe von Nadeln erzeugt wurden, bekannt (Bild 5.36).

Noch im 16. Jh. wurde in Spanien, den damals spanisch besetzten Niederlanden sowie in Frankreich geklöppelt. In Deutschland wurden zuerst im Erzgebirge, später auch in Franken und im heutigen Niedersachsen Spitzen hergestellt. Um 1600 sollen allein im Erzgebirge rund 10 000 Spitzenklöpplerinnen gearbeitet haben.

Im 17. Jh. verschob sich das Zentrum des Klöppelns ins belgische Flandern, und belgische Spitzen waren an allen europäischen Königshöfen gefragt („Brüsseler Spitze“). Zahlreiche Künstler, u. a. Jan Vermeer und Caspar Netscher, malten Frauen beim Spitzenklöppeln (Bild 5.37). In Frankreich wurden in Folge des Merkantilismus ab 1660 vom Staat eigene Spitzenmanufakturen gegründet. Dazu wurden von Jean-Baptiste Colbert, dem Finanzminister des „Sonnenkönigs“, Klöpplerinnen aus Italien und Flandern angeworben, was verständlicherweise dort für erhebliche Verärgerung sorgte. Auch die einzelnen Produktionsschritte wurden durch eine frühe Form von Industriespionage ermittelt und in den großen Manufakturen kopiert.

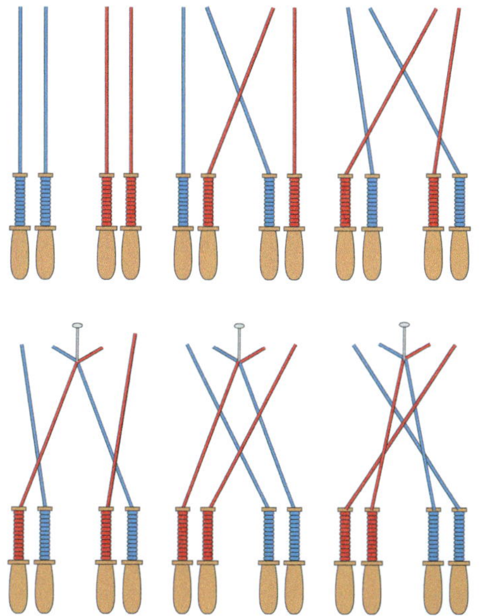

**Bild 5.36** Typische Schläge beim Spitzenklöppeln ohne und mit Nadeln nach (Wiki, 2022a)

**Bild 5.37** Links: „Die Spitzenklöpplerin" von C. Netscher (Netscher, 1662); rechts: geklöppelte Spitze als Deckchen (Wopauwel, 2017) sowie als Borte (Wiki, 2020)

Zunächst bestanden die Fäden in der Regel aus Leinen oder Seide, um durch die weiße Farbe und den Glanz der Spitzen einen Kontrast zum Stoff, den sie begrenzten, herzustellen. Später wurde auch schwarz gefärbte Seide verwendet, die wiederum mit schwarzen Stoffen (z. B. aus Seide) kombiniert wurde. Erhalten ist davon nur wenig, weil zur Schwarzfärbung eine Beize verwendet wurde, die die Seide brüchig machte und mit der Zeit zerstörte. Im Adel wurde es üblich, Spitzen aus Gold- und Silberfäden zu tragen. Dies fand aber nicht die Billigung aller Zeitgenossen, wie die Abhandlung „The Anatomie of Abuses" von Philipp Stubbes aus dem Jahr 1583 zeigt (Stubbes, 1583). Er schreibt: „Verunglimpft mit Gold-, Silber- oder Seidenspitze von stattlichem Preis, über und über mit Stickerei, funkelnd und glitzernd, hier und dort mit Sonne, dem Mond, den Sternen und vielen anderen Altertümern bedeckt, seltsam anzuschauen." In Frankreich nahm der Gebrauch solcher metallener Spitzen so überhand, dass der König sie verbot, weil das Metall zur Münzherstellung benötigt wurde (St. Clair, 2020). Besonders modisch erscheinende Zeitgenossen in ganz Europa trugen spitzengeklöppelte breite Halskrausen, wie Bild 5.38 beispielhaft zeigt. Insbesondere Männer zeigten gern „Spitze", sowohl als Halskrause wie auch an den Ärmeln. Darüber wurde zwar viel gespottet, dennoch hielt sich diese Mode bis ins 18. Jh.

**Bild 5.38** Links: Elisabeth I. (Hilliard, 1576); rechts: „Der lachende Kavalier" (Hals, 1624)

Bild 5.39 zeigt weitere typische Gewänder des Adels bzw. Klerus mit Spitzenbesatz aus dem 17. Jh.

Auch das Bürgertum war bald verrückt nach Spitzen, und so verbreitete sich diese Mode immer mehr. Bild 5.40 zeigt das damals typische Angebot, bestehend aus Spitzen u. a. aus Steinkerque (Flandern) und Sedan (Frankreich).

Die Preise für Spitze waren im Vergleich zu anderen Produkten und Dienstleistungen exorbitant hoch, wie ein Beispiel aus England zeigt. Der Landadelige James Master gab 1651 für anderthalb Meter Spitze aus Flandern die Summe von 3 Pfund Sterling aus. Seinem Angestellten zahlte er als vierteljährliches Gehalt jedoch kaum mehr als 1 Pfund (St. Clair, 2020). Auch die Hersteller der Spitzen erhielten nur einen kargen Lohn, das meiste verdienten die Händler.

**Bild 5.39** Porträt von Anna von Österreich vom Anfang des 17. Jh. mit Spitzenkragen (Tiberioclaudio, 2016) und Kardinal Jules Mazarin mit Spitzengewand (de Champaigne, 1650)

**Bild 5.40** Spitzenverkäuferin Ende des 17. Jh. (de Larmessin, 1695)

Mit dem Edikt von Nantes 1685 endete die Blüte der Spitzenklöppelei in Frankreich und Flandern. Zum einen wanderten viele hugenottische Klöpplerinnen aus, und zum anderen kam es infolge der sich anschließenden Finanzkrise zu einem erheblichen Rückgang des Bedarfs an Spitzen. In Venedig war der wirtschaftliche Niedergang weniger stark, weil Spitzen dort oft von sowieso schlecht bezahlten Nonnen hergestellt wurden und es reiche Mäzene gab, die weiterhin Spitze trugen.

## 5.6 Teppiche

Seit dem Ende des 15. Jh. wurden in Brüssel gewebte Teppiche als Schlingenware hergestellt. Beim Schusseintrag wurden dabei die oberen Kettfäden durch einen quer eingelegten Draht (Rute) zu Schlaufen geformt. Die Schlaufen (Velour) wurden anschließend mithilfe eines scharfen Messers aufgeschnitten (Bild 5.41).

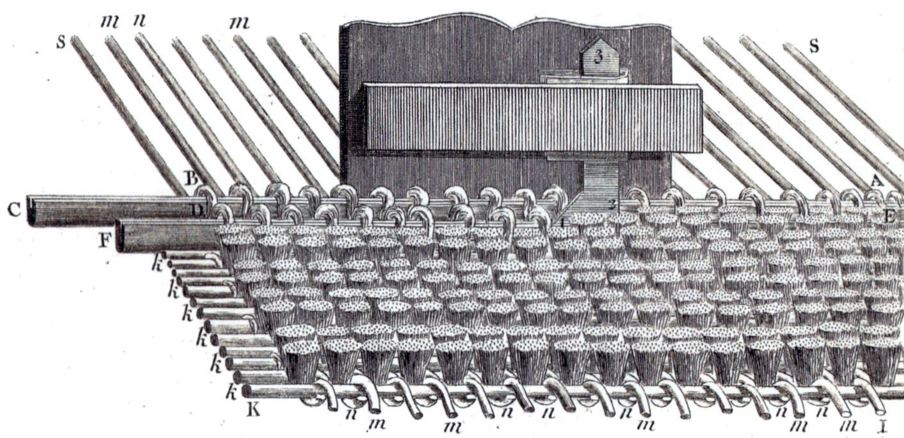


**Bild 5.41** Herstellung einer Schlaufenware (Velour) aus Seide

Bild 5.42 zeigt den Aufbau des Velours im Detail.

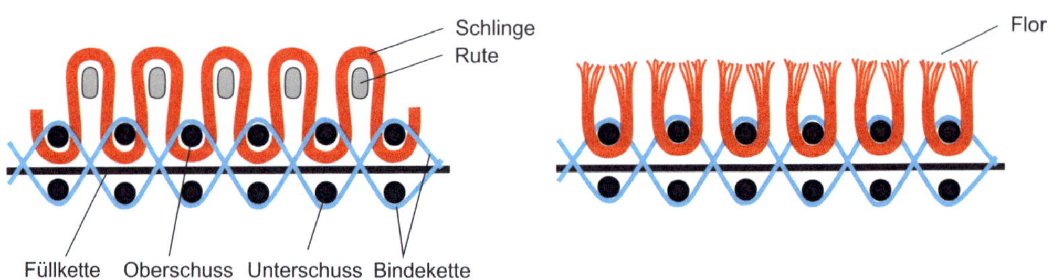


**Bild 5.42** Aufbau einer Schlingenware während des Webens (links) und nach dem Aufschneiden der Schlaufen (rechts)

Alternativ wurden Drähte eingesetzt, die eine scharfe Kante besaßen. Beim Herausziehen des Drahtes wurden die Schlaufen aufgeschnitten und die Oberfläche ähnelte einem geknüpften Teppich. Diese Technik wurde allerdings erst um 1740 in England umgesetzt.

Solche Bildteppiche wurden als „Brüsseler Teppich" bekannt und verbreiteten sich auch in anderen Ländern, z. B. in Frankreich. Sie wurden zur Wanddekoration eingesetzt und waren Vorläufer der späteren „Gobelins". In Bild 5.43 ist links der Teppichwirker im Verkaufsgespräch dargestellt, im Hintergrund rechts ist ein Teppichwirker zu sehen.

**Bild 5.43** Links: Teppichwirkerei (Weigel, 1698); rechts: belgischer Bildteppich in Schlingentechnik (van Aelst, 1535)

Zum Ende des 16. Jh. gab es in Europa mehrere Zentren der Teppichherstellung. Von den türkischen Eroberern Konstantinopels 1453 vertriebene Teppichknüpfer flohen nach Italien und bauten dort Teppichmanufakturen auf. Auch in Frankreich, vor allem in Aubusson und Beauvais, etablierte sich die Teppichherstellung als lokale Industrie. Im Jahr 1596 präsentierte Pierre DuPont, ein Teppichweber aus der Levante (heutiger Libanon) dem französischen König einen geknüpften Teppich „türkischer Art“ (Bild 5.44). Dieser war davon so beeindruckt, dass er im Louvre eine Teppichwerkstatt einrichten ließ, die um 1615 in eine ehemalige Seifenfabrik (franz.: savonnerie) umzog, weil sie mehr Platz brauchte. Bis 1768 blieb sie im Besitz der Krone, und ihre Teppiche mit asymmetrischen Knoten aus Wolle und Seide waren begehrte Geschenke des französischen Königs. Der Begriff „Savonnerie“ bezeichnet bis heute in Europa geknüpfte Teppiche.

**Bild 5.44** Links: Geknoteter Savonnerie-Teppich des 17. Jh. (Wiki, 2009); rechts: Detailaufnahme (PHGCOM, 2009)

In England und Irland wurden im 16. Jh. ebenfalls erste Teppichmanufakturen eingerichtet, die eigene Muster, u. a. mit floralen Designs, entwickelten. Im frühen 17. Jh. produzierten die Weber im englischen Kidderminster aus ihrer groben Wolle Webteppiche, die als Bodenbeläge in Burgen und Landhäusern Verwendung fanden. Sie waren deutlich billiger als geknüpfte Teppiche und machten diese Art von Bodenbelag populär.

Ab dem späten 17. Jh. wurden in Frankreich und Deutschland vom Staat große Teppichmanufakturen gegründet (vgl. Abschnitt 5.10.2 und Abschnitt 5.10.3) und die Produktion erheblich ausgebaut.

## ■ 5.7 Färben und Farbstoffe

Die Erfindung des Buchdrucks um 1440 ermöglichte die weite Verbreitung von Wissen in Form von Büchern. Das erste deutschsprachige Buch zur Färberei, „Allerley Matkel“, stammt von Peter Jordan aus dem Jahr 1532. Er beschreibt das Färben von Baumwolle und Leinen. Der „Plictho de l’arte de tentori“ von Giovanventura Rosetti aus dem Jahr 1560 gilt als erstes umfassendes Lehrbuch der Färberei. In ihm wird das Färben von Wolle, Baumwolle, Leinen und Seide anhand von 160 Rezepturen, vor allem für die Schwarz- und Rotfärbung, ausführlich beschrieben (Müller, 1997). Es kommt dabei auf 104 Seiten mit nur zwei Abbildungen aus (Bild 5.45).

**Bild 5.45** Färber bei der Arbeit (Rosetti, 1560)

Die Färber waren ein angesehenes Handwerk und organisierten sich in Zünften (Bild 5.46). Dabei entstanden schon spezialisierte Berufe, z. B. der Seidenfärber.

Von der Herkunft der exotischeren Farbstoffe, wie z. B. Purpur, hatte man eine eher unklare Vorstellung, wie Bild 5.47 zeigt. Wie der Gesichtsausdruck der Purpurschnecke zeigt, schienen der Künstler ebenso wie sein Modell aber immerhin zu ahnen, dass die Gewinnung des Farbstoffs eine für das Tier unerfreuliche Nebenwirkung hat.

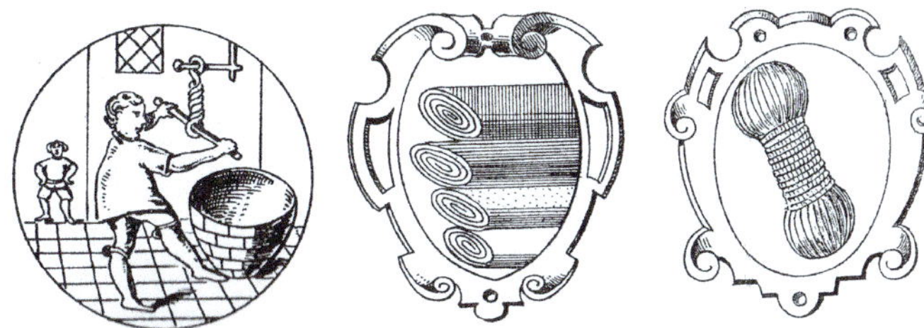

**Bild 5.46** Wappen der Färber in Memmingen (links) und Nürnberg (Mitte) sowie der Seidenfärber in Nürnberg (rechts) aus Siebmachers Wappenbuch im 17. Jh.

**Bild 5.47** Purpurschnecke aus dem Hortus Sanitatis 1491

## 5.7.1 Farbstoffe

Die Versorgung mit Farbstoffen in Europa wurde durch die Entdeckung neuer Länder erheblich einfacher. Zum einen gelangten so ganz neue Farbstoffe nach Europa, zum anderen ergaben diese oft eine deutlich bessere Ausbeute, weil sie einen höheren Farbstoffanteil enthielten. Gefärbt wurde von professionellen und gesellschaftlich meist angesehenen Färbern in großen Bottichen (Bild 5.48).

**Bild 5.48** Links: Färber in seiner Werkstatt (Garzoni, 1641c), im Hintergrund zum Trocknen aufgehängte Stoffe; rechts: Wollfärber (Anglicus, 1482)

Ab dem 17. Jh. wurde die Textilfärbung immer professioneller und oft vom Staat kontrolliert, um die Qualität und die Haltbarkeit der Färbungen zu verbessern. In Frankreich führte Colbert 1699 eine staatliche Aufsicht der Färbereibetriebe ein und erließ ein Gesetz, das die Färber in Schönfärber (bunt), Schlechtfärber (schwarz, braun) und Seidenfärber einteilte. Weiterhin wurde festgelegt, welche Voraussetzungen ein Färber mitbringen musste. Nach der Aufhebung des Edikts von Nantes im Jahr 1685 und der damit verbundenen Auswanderung der Hugenotten aus Frankreich verbreiteten sich die Kenntnisse der Färberei schnell in ganz Europa, vor allem in England und Deutschland.

Ende des 17. Jh. erschienen verschiedene Bücher, die sich mit der Thematik ausführlich beschäftigten und dem Färber Hinweise gaben, was zu beachten war. Dazu gehören die „Ars Tinctoria Fundamentalis oder Gründliche Anweisung zur Färbekunst“ von 1683 und die „Ars Tinctoria Experimentalis oder curiöse wollkommene Entdeckung der Färbekunst“ von 1685, die beide bald aus dem Deutschen in andere Sprachen übersetzt wurden.

#### 5.7.1.1 Waid

Anfang des 17. Jh. bestritten die Bewohner von rund 300 Dörfern in Thüringen ihren Lebensunterhalt mit der Erzeugung und dem Verkauf von Waid (Bild 5.49, links). Die vom Waidmeister auf ihre Qualität geprüften und gesiegelten Fässer mit Waid wurden vor allem innerhalb Deutschlands, nach Flandern sowie auf großen Messen in Frankreich verkauft. Anfang des 17. Jh. wurden für ein Fass Waid 60 Gulden bezahlt, das entspricht rund 500 €. Insbesondere Wolle wurde mit dem wertvollen Waid gefärbt (z. B. in Florenz, Köln, Aachen). Auch für die Schwarzfärbung von Leinen war Waid von Bedeutung. Für Letztere wurde zusätzlich noch Eisengallus eingesetzt, das aus dem Gallapfel gewonnen wurde.

#### 5.7.1.2 Indigo

Ab dem 16. Jh. wurde Färberwaid zunehmend von importiertem Indigo ersetzt, der schon mindestens seit dem 11. Jh. als Färbemittel bekannt war (Avicenna). Durch den nun nach der Entdeckung des Seeweges nach Indien deutlich günstigeren Transport von dort erzeugten Produkten nach Europa gewann er schnell an Bedeutung für die Blaufärberei (Bild 5.49). Von den Portugiesen wurde er „Anil“ genannt, nach dem altindischen Wort „nilah“ für „schwarzblau“, woraus sich später (Kapitel 7) der Ausdruck „Anilin“ entwickelte. Zu Beginn des 16. Jh. wurden dem Färberwaid oft ca. 10 % Indigo zugesetzt, um intensivere Farbtöne zu erzielen.

1516 begann zunächst Portugal mit dem Import von amerikanischem Indigo, ab 1586 auch Spanien. Ab dem 16. Jh. wurde Indigo ebenfalls über die Ostindien Compagnie eingeführt.

Indigo erlaubte zwar intensivere Blautöne, war aber deutlich teurer. Für 50 kg Indigo wurden 1409 rund 32 Dukaten bezahlt (Müller, 1997), was ca. 3500 € entspricht. Der Farbstoffgehalt von Indigofera tinctoria (Indien), Indigofera anil (Karibik) und Indigofera argentea (Afrika) ist allerdings um ein Vielfaches höher als der von Waid, was deutlich einfachere Färbungen ermöglichte.

**Bild 5.49** Links: Waidmühle in Thüringen 1752 (Wiki, 2022b); rechts: Indigogewinnung in Indien (Diderot und D'Alembert, 1770)

Um den unlöslichen Indigo in eine lösliche Form zu überführen, wurde zunächst Arsensulfid eingesetzt, wie es auch die indischen Färber taten. Problematisch dabei war, dass häufig Schwefelsäure verwendet wurde, wobei dem Färber die richtige Konzentration der Säure unbekannt war. Bei einer falschen Dosierung führte dies zu einer Zersetzung des Textils beim späteren Träger, was die Kundenzufriedenheit trübte.

Allerdings verätzte dies nicht nur die Fasern, sondern führte darüber hinaus zu erheblichen gesundheitlichen Problemen bei den Färbern. Später wurde Vitriolküpe aus Eisensulfat und Kalk eingesetzt. Dadurch wurden die Fasern jedoch brüchig, und das Gewebe war geschädigt. Daher wurde bereits 1577 die „fressende Teufelsfarbe" in einer kaiserlichen Verordnung in Deutschland verboten. 1588 verbot Frankreich die Indigofärbung unter Androhung der Todesstrafe, Gleiches geschah in Sachsen von 1650–1653.

Diese Maßnahmen standen sicher auch vor dem Hintergrund eines Schutzes der lokalen Färberwaidproduzenten. In England, wo kaum Waid angebaut wurde, gab es keine entsprechenden Erlasse. Die bisher bei Färberwaid meist eingesetzte Urinküpe, die besonders für Wolle geeignet ist, weil sie nur schwach alkalisch ist, wurde bei der Verarbeitung von indischem Indigo allmählich von anderen Küpen (z. B. mit Pottasche und Soda) ersetzt.

1617 wurde von einem Großhändler die erste Lieferung Indigo nach Erfurt transportiert, wo bis dahin der Waidanbau eine der Haupterwerbsquellen war. Der Siegeszug des Indigos ließ sich nicht aufhalten, und 1629 wurde Waid in Thüringen nur noch in 30 Dörfern angebaut.

Die Portugiesen als wichtigste Indigoimporteure Europas wurden in Indien durch die Holländer verdrängt, und mit der Gründung der Ostindischen Handelsgesellschaft im Jahre 1602 wurde die Indigoeinfuhr aus Indien und Indonesien nach Europa weiter gesteigert. Die Spanier führten die Indigopflanze in den von ihnen eroberten Gebieten in Mittel- und Südamerika ein, und so entstanden dort große Indigoplantagen. Frankreich förderte den Anbau auf Santo Domingo (heute: Haiti) in der Karibik, und die Engländer gründeten um 1700 die ersten Indigoplantagen in Carolina in Nordamerika. Damit war der Untergang des in Europa angebauten Färberwaids besiegelt. Dazu beigetragen hat auch der Dreißigjährige Krieg, infolgedessen ab 1618 große Flächen Ackerland in Zentraleuropa, das für den Waidanbau genutzt worden war, vernichtet wurden.

#### 5.7.1.3 Brasilholz

Das zur Rotfärbung eingesetzte Brasilholz (port. brasa: Feuer) wurde bis zur Entdeckung Brasiliens im Jahr 1500 vor allem aus Sri Lanka, Indien und Sumatra nach Europa importiert. Der erste schriftliche Nachweis stammt vom Ende des 12. Jh. aus Italien. Der Baum (Paubrasilia echinata) gehört zur Familie der Hülsenfrüchtler (Fabaceae) in der Unterfamilie der Johannisbrotgewächse.

Die Färbung mit Brasilholz ergibt zunächst ein Scharlachrot (Brasilin), verblasst aber nach kurzer Zeit zu einem rötlichen Braunton. Die Holzspäne werden mit Alaun, Zinn- und Chromsalzen gebeizt, und so können Baumwolle, Wolle und Seide gefärbt werden. Auch als Grundstoff für Druckfarben ist es geeignet.

Unmittelbar nach Beginn der portugiesischen Kolonisation wurde Brasilholz ein wichtiges Exportgut (Bild 5.50), und das neu entdeckte Land wurde nach ihm benannt (Terro do Brasil). Neben den Portugiesen nutzten es auch französische Händler aus der Normandie. Durch die intensive Abholzung der Brasilholzbäume wurden große Waldgebiete an der Atlantikküste Brasiliens vernichtet. 1978 wurde der „pau brasil“ zum Nationalbaum Brasiliens erklärt.

**Bild 5.50** Links: Brasilholzbaum (Kolonist, 2006); rechts: Karte Brasiliens mit Brasilholzbäumen von ca. 1500 (Shizhao, 2005)

#### 5.7.1.4 Rotes Sandelholz und Färbermaulbeerbaum

Eine Alternative zu Brasilholz war das seit dem 12. Jh. in Europa genutzte rote Sandelholz (Pterocarpus santalinus), das in Indien, Sri Lanka und Malaysia gewonnen wurde. Bei der Färbung war keine Beize nötig, die Fixierung des Farbstoffs (Santalin) erfolgte durch eine einfache Behandlung mit Säure.

Das Holz des Färbermaulbeerbaums (Maclura tinctoria) wurde ebenfalls zur Textilfärbung eingesetzt und ergab einen Gelbton. Dieser Baum wächst sowohl im Süden Brasiliens als auch in Mittelamerika.

#### 5.7.1.5 Blauholzbaum

Dieser Baum, der auch als Blutholzbaum (Haematoxylum campechianum) und Campechebaum bezeichnet wird, gehört wie das Brasilholz zu den Johannisbrotgewächsen. Er gedeiht vor allem in Mexiko in der Provinz Campeche. Das im Holz vorhandene Hämatoxlin wird bei Kontakt mit Luft rötlich und geht dann in den eigentlichen Farbstoff Hämatein über. Zunächst war es schwierig, diesen Blauton auf Textilien zu fixieren, was zum Ausbluten führte. Daher wurde bereits 1581 in England die Verwendung von Blauholz zur Textilfärbung untersagt. Zwar gelang es schon 1608, geeignete Fixiermittel in Form von Metallsalzen in einer Beize zu entwickeln, dennoch blieb das Verbot bis 1673 in Kraft. Preußen untersagte noch im Jahr 1778 den Einsatz von Blauholz (Müller, 1997), vermutlich in Unkenntnis der englischen Fortschritte. Blauholz kann zum Färben von Wolle, Baumwolle, Leinen und Seide sowie Wildseide verwendet werden. Je nach zugesetztem Metallsalz und pH-Wert entstehen verschiedene Blau- und Violett-Töne. Auch zur Schwarzfärbung ist Blauholz geeignet.

#### 5.7.1.6 Cochenille

Bei den Azteken Mittelamerikas war Cochenille der bevorzugte Farbstoff zur Erzielung intensiver Rottöne und ein (beim Empfänger) beliebter Tribut. Er wurde aus getrockneten Cochenille-Schildläusen (Dactylopius coccus) gewonnen (Bild 5.51). Kaiser Karl V. ließ 1523 die ersten Cochenilleläuse nach Kastilien bringen und dort ansiedeln, was mittelfristig erhebliche Transportkosten einsparte. Die Cochenille hat einen vielfach höheren Farbgehalt als die bis dahin in Europa einzig bekannte Kermeslaus. So benötigt man zum Färben von 1 kg Wolle rund 1,5 kg Kermesläuse, aber nur 70 g Cochenilleläuse. Darüber hinaus lassen sich Cochenilleläuse im Gegensatz zu anderen farbgebenden Schildläusen züchten, was die Farbstoffgewinnung erheblich erleichtert. Ab 1824 gelangte die Cochenillelaus nach Lanzarote und Fuerteventura.

Der Holländer Corelis Drebbel (1572–1633) entdeckte die Veränderung der Cochenillefärbung beim Einsatz von Zinkbeize, wodurch die Farbe brillanter wurde. Zusammen mit seinem Schwiegersohn Abraham Kuffler, der eine Färberei betrieb, gelang ihm 1630 die erstmalige industrielle Anwendung. Der Farbstoff wurde als „holländisches Scharlach“ bekannt und u. a. auch in Deutschland eingesetzt. Insbesondere zur Färbung von Uniformstoffen war Cochenille sehr beliebt. So wurden z.B. bereits 1736 rund 400t Cochenille aus Mexiko nach Europa importiert, genug, um 6000t Wolle zu färben. Bis zum Ende des 18. Jh. hatte Cochenille den Kermes ebenso verdrängt wie zuvor schon die anderen Lieferanten roter Farbstoffe, von Färberwau, Färberscharte und Färberdistel (Saflor).

**Bild 5.51** Cochenilleläuse (Zyance, 2006) und Ernte derselben (Alzate, 1777)

## 5.7.2 Bleichen

Bis zur Einführung der chemischen Bleiche im 19. Jh. wurden Garne und Textilien in der freien Natur gebleicht, wie es schon im alten Ägypten üblich war. In Mitteleuropa hatte sich das Bleichergewerbe im 14. Jh. zu einem eigenen Handwerk entwickelt. So wurde vier Bürgern in Chemnitz und Umgebung im Jahr 1357 das Privileg verliehen, eine Bleiche zur Verarbeitung von Flachsgarn und Leinenstoffen zu betreiben. Alle anderen Bürger durften nur für den eigenen Bedarf bleichen. Aus Wuppertal stammt der älteste schriftliche Nachweis einer Bleicherei aus dem Jahr 1400 von der Gräfin Anna von Waldeck. 1450 wurden in Barmen und in Elberfeld Garnbleichen eingerichtet. Das Siegel der Barmener Garnbleicher, das später zum Stadtwappen wurde, zeigt den bergischen Löwen auf zwei Garnbündeln (Bild 5.52).

Im Jahr 1527 erhielten die Bleicher von Elberfeld und Barmen gegen eine Zahlung von 861 Goldgulden von Herzog Johann III. das Privileg der „Garnnahrung". Damit hatten sie das Monopol zu bleichen und zu zwirnen, laut dem „nirgend in herzoglichen Landen gebleicht und gezwirnt werden" durfte als in Barmen und Elberfeld. Festgelegt wurden auch die jährliche Produktion an Bleichgarn und der Zeitraum, innerhalb dessen gebleicht werden durfte. Zur Überwachung der Vorschriften wurden vier Garnmeister und vier Beigekorene gewählt. Darüber hinaus wurde bestimmt, dass jeder nur „mit seinem eigenen properen Gelde [arbeiten dürfe, damit] das guth aufrichtig weiß, ehrlich und wohlgemacht und gebleicht werde und daß der kaufmann unbetrogen bleibe". Das Privileg gilt als entscheidender Faktor für die Entwicklung des Textilgewerbes in Barmen und Elberfeld (Bild 5.53).

**Bild 5.52** Bleichen von Leinengeweben im Freien (Bassenge, 1875) und Stadtwappen von Barmen mit gebleichten Garnsträngen (Krause, 2012)

**Bild 5.53** Bleichbetrieb in Schwelm (Müller, 1789)

Das Privileg endete erst 1810. Bis dahin sicherte es den Bleichern ihren Lebensunterhalt, verhinderte Überproduktion und garantierte die gleichbleibende Qualität der gebleichten Garne und Stoffe. In den folgenden Jahrhunderten kam es zu einer Blüte der örtlichen Textilerzeugung. So gab es 1690 schon 15 Garnbleichen, im Jahr 1774 bereits rund 100, und 1792 wurden 150 Bleichen betrieben. Eine einzelne Bleiche benötigte ca. 1 ha Landfläche, die entsprechend nicht zur Produktion von Nahrungsmitteln zur Verfügung stand. Üblicherweise wurden sechs bis zehn Arbeiter beschäftigt, die das Garn in die Bleichlauge tauchten, nach ein bis zwei Tagen herausnahmen, spülten und zum Trocknen auf einer Wiese auslegten (Bild 5.54). Dort wurde es regelmäßig mit Wasser übergossen, anschließend wieder in Lauge getaucht, wieder gespült usw. Weitere Behandlungsschritte, z. B. mit Buttermilch, schlossen sich an, bis der gewünschte Bleichgrad erreicht war. Dies konnte mehrere Monate dauern.

**Bild 5.54** Bleichfeld um 1600

### 5.7.3 Drucken

Die Entwicklung der Gesellschaft, insbesondere in den wachsenden Städten, führte dazu, dass sich die entstehenden höheren sozialen Schichten von den „einfachen Leuten" abheben wollten. Dies brachten sie u. a. durch das Tragen bunter Kleidung zum Ausdruck. Mit dem Aufkommen der Baumwollstoffe, z. B. aus Indien, und der Entwicklung der Drucktechnik wurde farbige Bekleidung, die bisher vor allem dem Adel vorbehalten war, auch für die „Mittelschicht" erschwinglich.

Um ihren Status zu wahren, versuchte die Obrigkeit, die Einfuhr von bedruckten Baumwollstoffen („Kattun") zu verbieten. Auch die einfachen Handwerker, die durch die billige Importware um ihre Arbeitsplätze fürchteten, leisteten Widerstand. Der Import von Rohbaumwolle war jedoch nicht verboten. Dies führte dazu, dass sich viele Menschen mit Möglichkeiten beschäftigten, aus Baumwolle Garne zu spinnen und Textilien herzustellen. So bereiteten sie wegen der ungebrochen hohen Nachfrage den Boden zur Mechanisierung der Textilherstellung und damit zur Industrialisierung. Auch die Zünfte, die sich weitgehend geschlossen gegen die neuen Stoffe und die Drucktechnik stellten, konnten diese Entwicklung nicht aufhalten.

Das Schwarzdrucken wurde von den Schwarzfärbern mit Ölfarben durchgeführt, während die anderen Drucker eigene Handwerksberufe darstellten (N. N., 1795). Weiterhin heißt es in derselben Quelle (S. 125): „Das Drucken geschieht mit hölzernen, oder welches noch besser ist, mit kupfernen Formen, und zwar auf allen zeugen auf einerley Art. Das meiste kömmt bey dem Drucke des Katuns und der Wolle auf die Zubereitung der Farben an, und aus diesem machen die Drucker und die Fabriken, in welchen sie arbeiten, ein großes Geheimnis."

Somit war die Entwicklung der Drucktechnik, auf die in Kapitel 6 noch ausführlich eingegangen wird, ein wesentlicher Baustein auf dem Weg zu einer industriellen Produktion, weil durch sie eine günstige Massenfertigung attraktiver Textilien möglich war und diese so für breite Käuferschichten erschwinglich wurden. Die entsprechend steigende Nachfrage führte dann zur Mechanisierung der Textilerzeugung.

## 5.8 Veredlung

Die Veredlung umfasst viele unterschiedliche Prozesse, u. a. auch das Färben. Im Folgenden werden einige ausgewählte Verfahren beschrieben.

### Waschen

Beim Waschen wurde das nasse Textil mit einer speziellen Kelle geschlagen, um den Schmutz zu entfernen. Es fand oft in der freien Natur statt, wenn eine Wasserquelle (z. B. Bach, See) zur Verfügung stand. Das Waschwasser wurde bei Bedarf in großen Kesseln erhitzt (Bild 5.55). In diesem Bild sind im Hintergrund auch Stoffe zur Bleiche ausgelegt.

**Bild 5.55** Wäschepflege im Freien im 16. Jh.

Die Bedeutung, die der regelmäßigen Wäschepflege beigemessen wird, zeigt ihre Darstellung auf Spielkarten (Bild 5.56). Hier scheint im linken Bild die Frau des Hauses dem Text nach mit der Arbeitsleistung ihres Mannes nicht vollständig zufrieden zu sein.

**Bild 5.56** Darstellung von Wäschepflege auf Spielkarten des 16. Jh.

## Bügeln

Im 15. Jh. wurde das Bügeleisen erfunden. Es bestand aus einer massiven Metallplatte mit einem Griff und wurde auf einer heißen Ofenplatte erhitzt. Bildliche Darstellungen sind nicht bekannt, allerdings änderte sich die Form des Bügeleisens bis ins 21. Jh. nur unwesentlich.

## Wollgewebe

Die Veredlungsschritte walken, rauen und mangeln wurden zum Teil. bereits mithilfe von Maschinen durchgeführt. Der Antrieb erfolgte über Wasserkraft oder über pferdegetriebene Göpel (Bild 5.57, unten).

Das Scheren von Wollstoffen, also das Abschneiden von überstehenden Fasern, um den Stoff zu glätten, wurde von Hand durchgeführt und war ein anerkannter Handwerksberuf. Die Scheren waren 100–140 cm lang, die Klingen ca. 60 cm. Das zu scherende Textil wurde über ein gewölbt aufgespanntes Gewebe drapiert, womit die abstehenden Haare sich aufrichteten und abgeschnitten werden konnten (Bild 5.58).

**Bild 5.57** Walk-, Rau- und Mangelmaschinen (Zonca, 1607; Vicn70, 2022)

**Bild 5.58** Scheren als Handwerksberuf (Garzoni, 1641a)

## ■ 5.9 Handel

Ab dem 14. Jh. wurden Textilien, vor allem Wollstoffe, aber auch Barchentgewebe aus Baumwolle (Kette) und Leinen (Schuss) und natürlich Seidengewebe in größeren Mengen und über zum Teil große Entfernungen gehandelt. Verkehrsgünstig gelegene Städte, wie z.B. Gent und Florenz, wurden dadurch reich. Auch die Hansestädte profitierten davon. Es entstanden Gilden und Zünfte der Händler, Geldwechsler und Bankiers.

Im 16. Jh. durften in England nur Barchentgewebe aus Ulm und Augsburg verkauft werden. Dies lag sicherlich neben der hohen Gewebequalität auch daran, dass die Fugger aus Augsburg eine beträchtliche finanzielle Macht besaßen und so eine Monopolstellung in England durchsetzen konnten. Dazu kam, dass die Fugger in dieser Zeit die größten Baumwollimporteure Europas waren und dadurch einen erheblichen Preis- und Mengenvorteil gegenüber der Konkurrenz hatten.

Die Händler standen überall in hohem Ansehen, weil sie nicht nur neue Güter in die Städte brachten, sondern auch die dort produzierten Waren im Ausland verkauften und so für zusätzliche Absatzmärkte für die lokalen Handwerker sorgten. Sie zählten daher in Italien zu den „höheren Künsten“, den „Arti maggiori“. Sowohl die Medici in Florenz als auch die Welser und Fugger in Augsburg gründeten ihren Reichtum auf dem Handel mit Textilien. Wobei die Kaufleute die Waren nicht selbst transportierten, sondern Unterauftragnehmer hatten, die die Waren entweder etappenweise („Rottfuhr“) oder über die gesamte Strecke (z.B. von Venedig nach Augsburg) zum Zielort brachten.

Diese Reisen waren nicht ohne Risiko, wie ein Kaufmann selbst beschreibt (Bild 5.59): „Ich aber bin ein Handelsmann / hab mancherley Wahr bey mir stan / Würtz /Arlas / Thuch / Wolln un Flachs / Sammat / Seiden / Honig und Wachs / Und ander Wahr hie ungenannt / Die führ ich eyn und aus dem Land / mit grosser Sorg und gfehrlichkeit / wann mich auch offt das Unglück reit.“

Die Waren wurden dann auf öffentlichen Märkten oder – häufiger – in örtlichen Geschäften verkauft (Bild 5.60).

Johann Fugger war ein Webermeister aus dem schwäbischen Graben, sein Sohn Hans zog 1367 nach Augsburg, wo er ebenfalls zunächst als Weber arbeitete. Dann begann er mit dem Handel von Textilien, u.a. mit Barchentgeweben, die einen größeren Tragekomfort boten als die steifen Leinenstoffe. Die Baumwolle erwarben die Fugger in Venedig und verkauften sie an die ortsansässigen Weber, oft gegen Kredit (Bild 5.61). Sie sorgten auch für den Verkauf der so erzeugten Mischgewebe in ganz Europa und führten damit das Verlagssystem ein, das bis ins 19. Jh. hinein Bestand hatte. Dies betraf vor allem die Weber in der Stadt, weil diese ihr Rohmaterial einkaufen mussten. Auf dem Land dagegen konnten die Weber ihr Leinen selbst erzeugen und blieben daher länger unabhängig von den Händlern.

Ich aber bin ein Handelsmann/
Hab mancherley Wahr bey mir stan/
Würtz/Arlas/Thuch/Wolln vñ Flachß.
Sammat/Seiden/Honig vnd Wachß/
Vnd ander Wahr hie vngenannt/
Die führ ich eyn vnd auß dem Land/
Mit grosser sorg vnd gfehrlichkeit
Wann mich auch offt das vnglück reit.

**Bild 5.59** Kaufmann (rechts) mit Verkäufer und Tuchballen

**Bild 5.60** Marktstraße im 16. Jh. mit verschiedenen Geschäften, rechts ein Tuchhändler

Im Jahr 1410 wurden in Augsburg bereits 85 000 Barchent- und Leinentuche hergestellt, bis zum Beginn des 17. Jh. stieg die Produktion auf mehr als 400 000 Stück (Häberlein, 2016) vor allem für den Export.

**Bild 5.61** Barchentweber in Augsburg (Tiergärtner, 2011 a)

Weil die Gewinne der Kaufleute erheblich größer waren als die der Weber, kam es schon 1397 und auch später wiederholt zu Unruhen, die die Situation jedoch nicht wesentlich änderten. Das Geschäft war so lukrativ, dass es sich sogar lohnte, Baumwolle aus der Türkei über Antwerpen und Köln nach Augsburg zu bringen, wenn durch Kriege der Handel mit Venedig nicht möglich war. Die Fugger und andere Kaufleute richteten Niederlassungen in ganz Europa ein, um den Handel immer mehr auszuweiten. Venedig versuchte diesen Handel zu beschränken und verpflichtete z. B. die deutschen Kaufleute dazu, ihre Waren zentral anzubieten in der Fondaco dei Tedeschi, die heute noch steht (Bild 5.62). Dabei umfasste der Begriff „Tedeschi“ nicht nur deutsche Kaufleute, sondern auch solche aus den Niederlanden, der Schweiz, Österreich, Ungarn und Polen. Diese waren verpflichtet, im Gebäude zu wohnen, und sämtliche Geschäfte mussten in Gegenwart eines venezianischen Maklers getätigt werden (Häberlein, 2016). Nach dem Rückzug der Welser und Fugger aus dem Textilhandel mit Venedig übernahmen viele kleinere Handelshäuser dieses Geschäft.

Bozen war seit mindestens 1202 ein wichtiger Handelsplatz für Baumwolle und Seide aus Italien bzw. für Woll-, Leinen- und Barchenttuche aus Mitteleuropa. Ebenfalls große wirtschaftliche Bedeutung hatte der Tuchhandel in England und den Niederlanden, und so wurde Gent durch seinen Tuchhandel zu einer der größten Städte Europas. Auch andere Städte profitierten und errichteten in der Folge prächtige Hallen für den Tuchhandel (Bild 5.63).

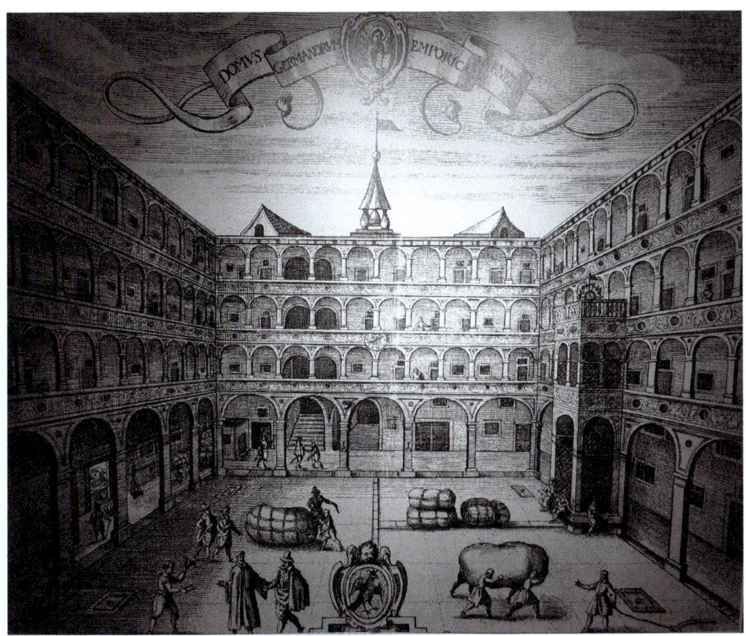


**Bild 5.62** Handelskontor deutscher Kaufleute (Fondaco dei Tedeschi) in Venedig (Custos, 1616)

**Bild 5.63** Tuchhalle in Ypern (Ryckaert, 2018)

Im 14. Jh. erhielten Zusammenschlüsse englischer Kaufleute von der englischen Krone Monopole auf die Ausfuhr von Tuchen in bestimmte Regionen, z. B. Calais, Brügge und Antwerpen. Diese Kaufmannsgilden sorgten durch ihre Tätigkeit für einen erheblichen Teil der Steuereinnahmen und hatten daher Einfluss auf die Wirtschaftspolitik der jeweiligen Herrscher. Im Laufe der Zeit überflügelten sie so die italienischen Händler.

In Deutschland wurden die Tuchhändler Gewandschneider genannt, und entsprechend wurde ihr Lagerhaus als Gewandhaus bezeichnet (Bild 5.64).

**Bild 5.64** Gewandhäuser in Zwickau (links; Aka, 2005) und Dresden (rechts; X-Weinzar, 2009)

Um den Verkauf ihrer Gewebe zu erleichtern, wurden für die Wollweber in England Verkaufsräume eingerichtet bzw. vorhandene Gebäude umgewidmet. Ein gutes Beispiel ist die Wool Hall in Lavenham, (Bild 5.65).

**Bild 5.65** Gebäude der Wollhändler im 17. Jh. in Lavenham (Smith, 2003)

Bild 5.66 zeigt wichtige Handelszentren und -routen für Textilien in Europa. Neben dem Landweg spielte der Seehandel eine große Rolle, insbesondere, wenn es zu kriegerischen Konflikten kam, die den Landweg versperrten.

Neben den überregionalen Kaufleuten gab es auch lokal arbeitende Händler, die z. B. mit Kurzwaren handelten („Bandlkramer"). Sie gab es im ländlichen Raum bis ins 20. Jh.

**Bild 5.66** Wichtige Handelsrouten in Europa (Lampman, 2009)

Die Globalisierung des Handels begann in der Frühen Neuzeit mit Textilien. So wurden Farbstoffe aus Asien, Mittel- und Südamerika nach Europa importiert, Baumwollstoffe aus Indien und Seidengewebe aus China. Hier bestimmte der Monsun, in welche Richtung (ost- oder westwärts) die Handelsschiffe jeweils fahren konnten. An diesen Zyklus passten sich die Schifffahrt und damit der Handel an. Auch aus Island kamen Wollgewebe nach Europa (Bild 5.67).

Eine besondere Herausforderung für die europäischen Kaufleute war der Handel mit China. Englische Wolltuche und Textilien aus Leinen fanden in China wenig Interesse, weil sie für den Geschmack der chinesischen Verbraucher zu grob waren. Daher mussten die Seidenstoffe mit Edelmetallen bezahlt werden. Weil es in China kaum einheimische Silbervorkommen gab, war Silber das bevorzugte Zahlungsmittel, Gold war weniger interessant, weil ausreichend vorhanden.

Bild 5.68 zeigt eine Marktszene in Goa, einem wichtigen Handelsplatz im Westen Indiens.

Eine ausführliche Beschreibung des Fernhandels von der Antike bis in die Frühe Neuzeit geben (Bohn et al., 2008).

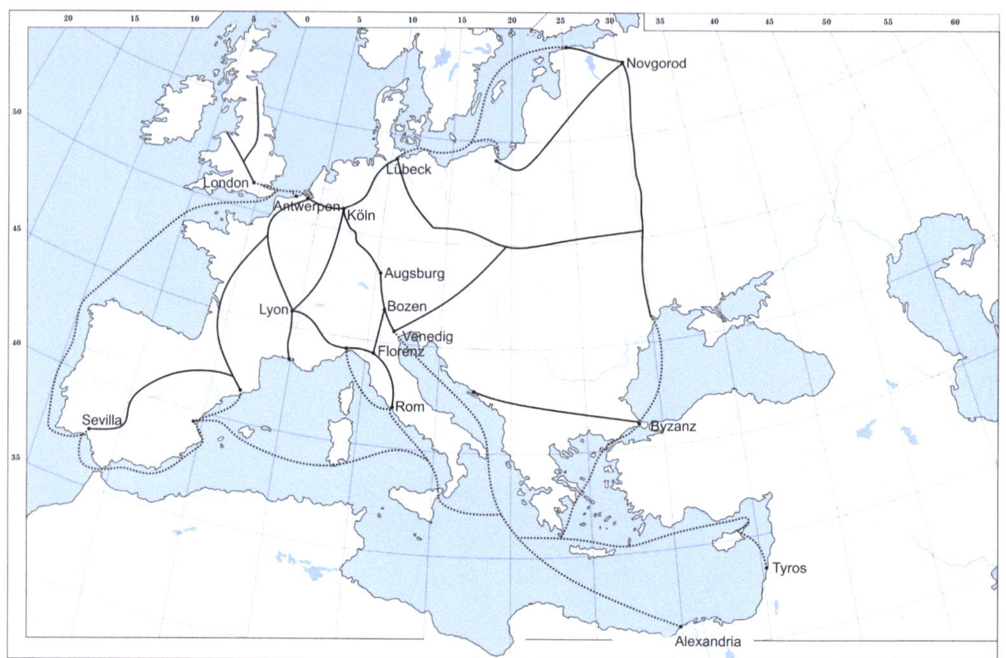


**Bild 5.67** Wichtige globale Handelsrouten für Textilien

**Bild 5.68** Marktszene in Goya am Ende des 16. Jh. (van Linschoten, 1596)

## 5.10 Entwicklung in ausgewählten Ländern

Während bis zum 17. Jh. die Textilherstellung in viele verschiedene Handwerke aufgeteilt war und die Zünfte die Produktion in Menge und Qualität kontrollierten und so einen technologischen Fortschritt weitgehend verhinderten, wurden nun, vor allem in Frankreich, große Produktionsbetriebe gegründet, die sogenannten Manufakturen. Damit begann die industrielle Produktion von Textilien. Viele Regierungen griffen parallel zu protektionistischen Maßnahmen, um ihre entstehende Textilindustrie vor „unfairem Wettbewerb“ zu schützen. Von Frankreich aus verbreitete sich in Europa die königliche „Mode“ und prägte den Kleidungsstil der wohlhabenden Bürger und des Adels in zahlreichen Ländern.

### 5.10.1 England

Die Verarbeitung von Wolle war für die englische Wirtschaft von großer Bedeutung. So erklärte im Jahr 1454 das englische Parlament: „The making of cloth within all parts of the realm is the greatest occupation and living of the poor commons of this land.“ Das Tragen von Wollkleidung war entsprechend weit verbreitet, im Gegensatz zu anderen Teilen Europas, wo vor allem Stoffe aus Leinen, rein oder in Mischung, getragen wurden. Sir John Fortescue bemerkte im 14. Jh.: „When comparing the clothes of the French middle class with the dress of the English commoners, we note the following: The French weryn no wollyn, but if it be a pore core, under their uttermost garment, made of grete canvas, and call it a frok, their hosyn be of like canvas, and passin not their knee; wherefor they be gartered, and their thighs bare. Their wifs and children goen bare fote. But the English wear fine wooled cloth in all their apparel. They have also abundance of bedcovering in their houses, and all other woollen stuffe.“

Im 16. Jh. brachten Einwanderer aus Wallonien und den Niederlanden die Technologie der Verarbeitung von Baumwolle nach England. Die Herstellung von Textilien aus Baumwolle und Leinen (Barchent) begann in Norwich, wo sich 4000 ausländische Weber niederließen, und anderen Städten. Ab dem Ende des 16. Jh. verdrängte die Barchentherstellung die Wollverarbeitung in Westlancashire. Gleichzeitig wurden Exportbeschränkungen erlassen und so die eigenen Textilhersteller geschützt. Die Weiterverarbeitung der Stoffe (Färbung, Appretur) fand Ende des 17. Jh. nicht mehr im Ausland statt, sondern wurde in England durchgeführt. Dies erhöhte die Wertschöpfung, und das erwirtschaftete Kapital durch den Handel mit anderen Ländern schuf die wirtschaftliche Grundlage für die industrielle Revolution im 18. und 19. Jh.

Für die weitere Entwicklung spielte insbesondere London eine entscheidende Rolle. Zum einen besaßen viele Adlige in London wenigstens einen Zweitwohnsitz, in dem sie einen Teil des Jahres verbrachten, um nahe am Königshof zu sein. Sie hatten selbst einen großen Bedarf an Textilien, der gedeckt werden musste. Zum anderen hatten viele Händler in London ihren Hauptsitz. Sie hatten das nötige Kapital, um in große Mengen Rohstoffe zu kaufen und in teure Maschinen zu investieren. In Lancashire, aber auch in anderen Regionen Englands, gab es wiederum viele billige Arbeitskräfte, und so etablierte sich schnell eine „Textilindustrie“ auf Basis des Verlagssystems. Der Kaufmann erwarb die Rohstoffe (Wolle, Leinen, später auch Baumwolle), beschäftigte freie Handwerker, die eigene oder vom Kaufmann gemietete Maschinen besaßen, oder von ihm direkt abhängige Lohnarbeiter für die Garn- und Gewebeherstellung. Die Veredlung geschah meist unter direkter Kontrolle des Verlegers, um die Qualität zu sichern. So konnte er große

Mengen an Textilien billig herstellen lassen und mit Gewinn verkaufen. War die Nachfrage nach Textilien gering, hatte der Kaufmann keine laufenden Kosten und die „freien“ Handwerker das Nachsehen (Bild 5.69).

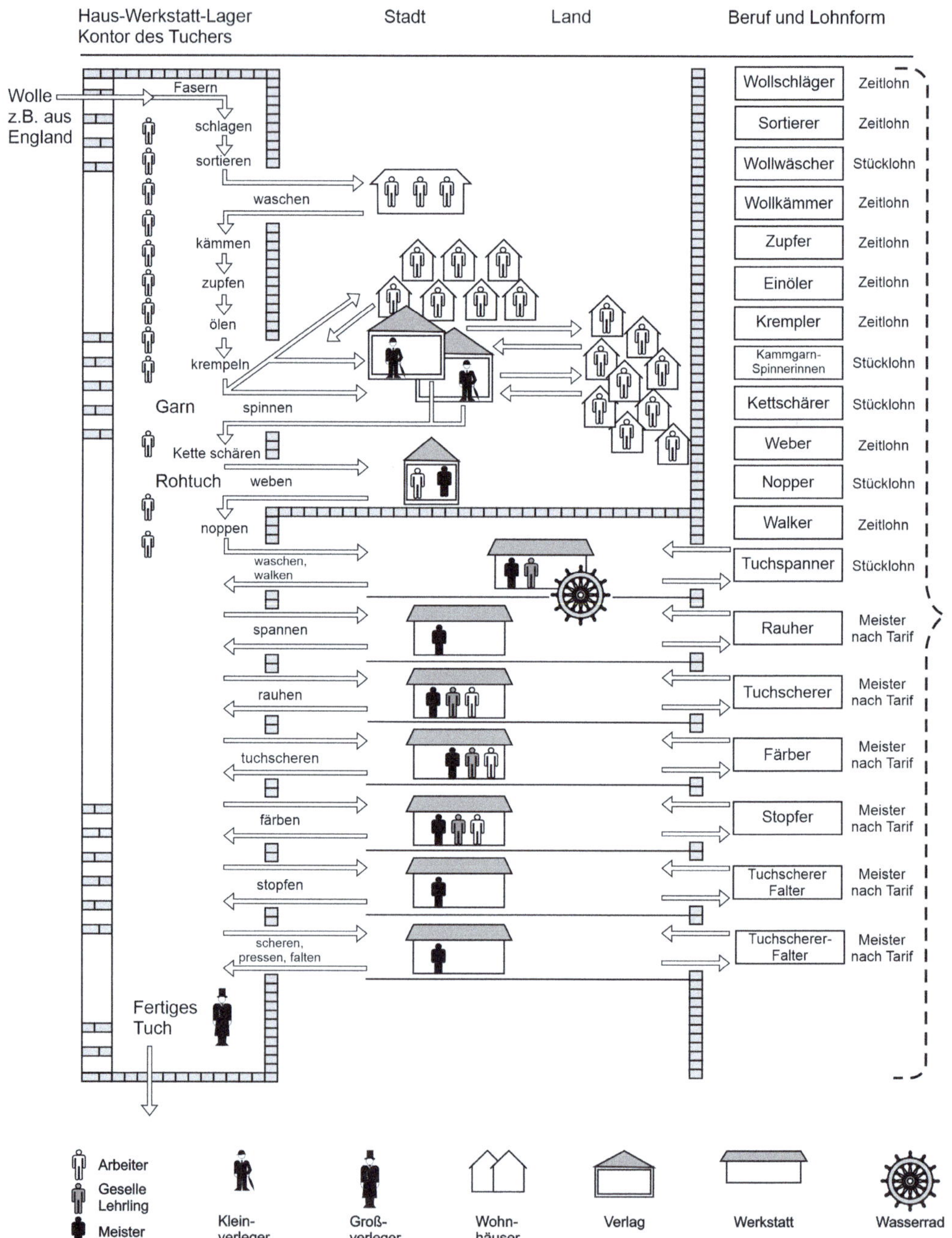


**Bild 5.69** Prinzip des Verlagssystems nach (Bohnsack, 2002)

Über London kamen viele technische Erfindungen ins Land, die dann ihren Weg ins Landesinnere fanden (Wadsworth und De Lacy Mann, 1931). Weiterhin führte das Verbot des Exports von Wolle durch James I im 17. Jh. dazu, dass Wolle in großen Mengen und günstig zur Verfügung stand. Dieses Exportverbot bestand bis 1824. Allerdings wurde es auch oft umgangen, und der Schmuggel von Wolle, die auf dem Kontinent zu höheren Preisen verkauft werden konnte als in England, war weit verbreitet.

Wie wichtig die Wollverarbeitung für die englische Wirtschaft war, zeigen zahlreiche Stadtwappen mit Symbolen von Wollsäcken (Handel) sowie der Wollverarbeitung (Schützen). Auch Kirchenbänke wurden mit entsprechenden Bildern verziert. In Bild 5.70 ist links ein Tuchveredler mit seinen Handwerkszeugen dargestellt. Vor ihm liegt das Gewebe, das er gerade bearbeitet. Auf beiden Gewebeseiten sieht man die Spannhakenmarken. Links oben befindet sich eine Halterung für Kratzendisteln (zum Aufrauen) und rechts oben ein Kamm. Rechts und links seines Kopfes befinden sich ein Schermesser und ein Haken zum Ausrupfen von Knoten. Im rechten Bild sind Schermesser sowie eine Halterung für Kratzendisteln inklusive der Disteln dargestellt.

**Bild 5.70** Kirchenbänke in England mit Bildern und Symbolen zur Wollverarbeitung

Ein weiterer wichtiger Grund für die schnelle Zunahme der Textilproduktion waren neue Modeströmungen. So gelangten ab der Mitte des 17. Jh. durch die Ostindien-Kompanie neue Stoffe aus Indien nach England, z. B. die sogenannten Chintz und Calicos. Sie ähnelten in ihrem Erscheinungsbild teuren Seidenstoffen und wurden zunächst als Luxusprodukt nach England importiert. Schnell entstand eine große Nachfrage nach diesen Stoffen, und so wurden sie in Indien gezielt nach dem Geschmack der englischen Kundschaft hergestellt. Auch die lokalen Textilhersteller richteten sich danach aus und stellten entsprechende Stoffe her.

**Bild 5.71** Chintz-Kleid aus Indien (Romaine, 2013)

Ab 1624 konnten Erfinder ein Patent anmelden (Statute of Monopolies), sodass Erfindungen vor Nachahmern für eine Zeit lang geschützt waren. Es bildete die Grundlage für viele spätere Patentgesetze und basierte auf einer entsprechenden Verordnung aus dem Jahr 1474 in Venedig. Bis zu diesem Zeitpunkt gehörten Erfindungen den Mitgliedern der Zunft, der der Erfinder angehörte, was den Anreiz, etwas Neues zu probieren, naturgemäß einschränkte.

Zum Ende des 17. Jh. hatte England eine führende Stellung bei der Herstellung von Wolltuchen, was einen Zeitgenossen 1683 zu der Feststellung brachte: „There are many more people employed and more profit made and money imported by the making of cloth than by all the other manufactories of England put together“ (Aspin, 2011).

### 5.10.2 Frankreich

Jean-Baptiste Colbert (1619–1683), der Sohn eines Tuchmachers aus Reims, revolutionierte die Textilherstellung in Frankreich. Dies führte zu einer kompletten Umstrukturierung der Textilproduktion im Sinne des Merkantilismus, der darauf abzielte, Importe zu reduzieren und Exporte zu fördern, umso einen Handelsüberschuss zu erzeugen und dadurch die Einnahmen des königlichen Hofs zu erhöhen.

Dazu unterstützte er zum einen bestehende Betriebe und gründete zum anderen neue staatliche Manufakturen. Er senkte die Einfuhrzölle für Rohstoffe und die Ausfuhrzölle für Fertigprodukte und förderte so die lokale Produktion. In Lyon stieg dadurch die Anzahl der Webstühle im Jahr 1685 auf über 12000. Besonderes Augenmerk legte er auf die Herstellung von qualitativ hochwertigen Waren, die auch im Ausland gegenüber der dortigen Konkurrenz bestehen konnten. Dazu erließ er 1669 die „Règlemens et statuts généraux pour les longueurs, largeurs & qualitez des draps, serges & autres étoffes de laine & de fil ...". Darin waren die äußeren Maße (Länge, Breite) und wichtige Qualitätskriterien festgelegt, die erfüllt werden mussten. Somit wurde ein Standard geschaffen, der in Europa Maßstäbe setzte und dazu führte, dass französische „Qualitätstextilien" überall nachgefragt wurden. Eine weitere Regelung zum Färben der Stoffe wurde 1671 erlassen. Zur Reduzierung der Kosten wurden Mischgewebe aus Baumwolle bzw. Leinen (Kette) und Seide (Schuss) hergestellt, die sogenannten Brokatelle. Sie wurden in Lyon und später auch in Paris erzeugt und z.B. für die Innenausstattung der königlichen Schiffe von Ludwig XIV. genutzt. Bis Ende des 17. Jh. konnten so die Seidenimporte aus Italien erheblich reduziert und die Stoffexporte deutlich gesteigert werden, und es entstand ein eigener französischer Stil bei Seidentextilien. Er wurde von vielen europäischen Königshöfen übernommen, und so begann der Siegeszug der französischen Mode, der bis heute anhält. Zur Wollgewebeerzeugung, die immer schon große Bedeutung in Frankreich hatte, wurden zahlreiche Manufakturen gegründet, u.a. in Abbéville, Rouen, Sedan und Caen. Dort wurden feine Tuche im flämischen und englischen Stil hergestellt und exportiert. Die Tuchmanufaktur in Abbéville beschäftigte rund 6000 Mitarbeiter (Müller, 1997).

Weil Colbert für das gesamte Textilgewerbe den Zunftzwang verfügte, wurde die Erzeugung von Textilien somit vom Rohmaterial bis zum Endprodukt durchgängig kontrolliert. Die Qualität der hergestellten Stoffe war entsprechend hoch, und so wurden französische Gewebe in ganz Europa geschätzt, sogar in England, wo Leinengewebe aus Frankreich als Segeltuch Verwendung fanden.

Im Jahr 1667 verstaatlichte er die 1607 gegründete Gobelinmanufaktur in Paris. Gobelins sind Bildteppiche (Tapisserie), bei denen der Schussfaden nicht über die gesamte Webbreite, sondern nur mustergemäß über mehrere Kettfäden eingetragen wird (Bild 5.72). Eine maschinelle Produktion war daher nicht möglich. Die Verstaatlichung führte zu einer Ausweitung der Produktion, und so wurden Gobelins nicht mehr nur für den königlichen Hof hergestellt, sondern auch im freien Verkauf angeboten.

**Bild 5.72** Links: J.B. Colbert (Arkesteijn, 2015); rechts: Besuch von Ludwig XIV. in der Gobelinmanufaktur, dargestellt auf einem Gobelin (Le Grand, 2005)

Zur Förderung der technischen Entwicklung gründete Colbert 1666 die Académie des Sciences, durch die gezielt die Prozesse der Färberei und der Chemie ganz allgemein untersucht und verbessert werden sollten. 1816 trat sie dem Institut de France bei, dessen Schirmherr heute der französische Präsident ist. Die Tapisserieproduktion war zwar noch reine Handarbeit und blieb dies noch für lange Zeit, allerdings wurden die einzelnen Produktionsschritte in einer einzigen Manufaktur durchgeführt und waren somit leicht aufeinander abzustimmen (Bild 5.73, Bild 5.74).

Wie Bild 5.75 zeigt, waren noch nicht alle Produktionsschritte in einer Manufaktur auf demselben technologischen Stand. Die Garnherstellung befand sich noch auf dem Stand des Frühmittelalters.

**Bild 5.73** Tapisserie (Diderot und D'Alembert, 1770)

**Bild 5.74** Großer Webstuhl für die Tapisserieherstellung (Diderot und D'Alembert, 1770)

**Bild 5.75** Spinnräder für Wolle (links) und Seide (rechts) (Diderot und D'Alembert, 1770)

Kurz nach dem Tod Colberts wurde 1685 das Edikt von Nantes von Ludwig XIV. aufgehoben. Die dadurch nicht mehr garantierte Religionsfreiheit führte u.a. zum Auszug der Hugenotten aus Frankreich, von denen viele in die Niederlande, nach England und Deutschland (z.B. Berlin) auswanderten (siehe Abschnitt 5.10.3). Dies führte zu einer schnellen Verbreitung der neuen Ideen und Technologien aus Frankreich in den Rest Europas und zu einem wirtschaftlichen Aufschwung in diesen Ländern.

## 5.10.3 Deutschland

Im 15. Jh. hatte die Augsburger Weberzunft mehr als 700 Mitglieder, also Webermeister, wozu noch Gesellen und Lehrlinge hinzukamen, sodass insgesamt rund 2000 Menschen mit der Herstellung von Geweben befasst waren. Bei rund 30 000 Einwohnern in dieser Zeit war dies ein erheblicher Prozentsatz.

Bereits im Dreißigjährigen Krieg fielen die Landsknechte durch ihre oft sehr bunten „Uniformen" auf, die natürlich noch nicht „uniform" waren, aber viel Stoff erforderten. Mit der Einführung großer stehender Heere zu Beginn des 17. Jh., vor allem in Preußen, entstand ein großer Bedarf an einheitlichen Textilien für die Soldatenuniformen. Wegen des merkantilistischen Prinzips kam eine Einfuhr dieser Stoffe aus Frankreich und den Niederlanden nicht infrage. Gleiches galt für textile Luxusgüter, die gemäß eines Reichsbeschlusses von 1676 nicht mehr aus Frankreich importiert werden durften. Durch das Edikt von Fontainebleau von Ludwig XIV. aus dem Jahr 1685 wurden alle nicht katholischen Bürger Frankreichs gezwungen, entweder zu konvertieren oder das Land zu verlassen. So flohen viele Hugenotten in kurzer Zeit aus Frankreich, rund 20 000 von ihnen wanderten nach Deutschland ein, insbesondere nach Brandenburg-Preußen und Berlin. Der Große Kurfürst Friedrich Wilhelm von Brandenburg erließ darauf das Edikt von Potsdam, in denen aus Frankreich eingewanderte Textilhandwerker ausdrücklich willkommen geheißen und ihnen Unterstützung versprochen wurde.

In § 8 heißt es (Müller, 1997): „Diejenige welche einige Manufacturen von Tuch/Stoffen/Hüten oder was sonsten ihre Profession mit sich bringet, anzurichten willens seyn, wollen Wir nicht allein mit allen desfals verlangeten Freyheiten, Privilegiis und Begnadigungen versehen, sondern auch dahin bedacht seyn und die Anstalt machen, daß inen auch mit Gelde und andern Nothwendigkeiten, deren sie zu Fortsetzung ihres Vorhabens bedürffen werden, so vielmüglich assistiret und an Hand gegangen werden sol."

Somit konnten die eingewanderten Handwerker und Fabrikanten nicht nur ihre Religion frei ausüben, sondern erhielten auch in vielen Fällen Startkapital vom Staat und günstige Arbeitsbedingungen. Friedrich der Große bemerkte dazu (Müller, 1997): „Als Friedrich Wilhelm zur Regierung kam, machte man in diesem Land weder Hüte noch Strümpfe, noch Serge [Seidenstoffe] und sonst ein wollenes Zeug. Alle diese Waren lieferte uns der Kunstfleiß der [eingewanderten] Franzosen [Hugenotten]" (Bild 5.76).

**Bild 5.76** Hugenotten zeigen Kurfürst Friedrich Wilhelm I. ihre Stoffe (Radierung von Chodowiecki, 1774)

Nachdem schon 1684 der Zunftzwang in Berlin aufgehoben worden war, gründete 1686 Piere Mercier die Berliner Tapisseriemanufaktur und erhielt dafür 2400 Taler Startkapital. 1737 stellten dort 283 Handwerker mit 28 Webstühlen Gobelins her (Müller, 1997).

### 5.10.4 Schweiz und Österreich

Eine ähnliche Entwicklung wie in Deutschland gab es in der Schweiz. Schon in der Mitte des 16. Jh. wanderten Glaubensflüchtlinge aus Frankreich ein und begannen mit der Herstellung von leichten Wollstoffen und Mischgeweben, z.B. Barchent (Leinen & Baumwolle). 1587 gründeten die Gebrüder Werdmüller und F. Turettini eine Seidenspinnerei, und Anfang des 17. Jh. gab es in Zürich rund 1500 Webstühle. Insbesondere die Seidenverarbeitung hatte in Zürich ein Zentrum. Auch die Mutter des Firmengründers der ehemaligen Sandoz AG (heute Teil von Novartis) war eine eingewanderte Französin. 1764 wurde das Unternehmen Geigy gegründet, das vor allem Farbhölzer importierte und Färbereien in ganz Europa damit belieferte. Neben Seidenstoffen wurden in der Schweiz auch Gobelins hergestellt sowie Baumwollstoffe bedruckt („Indienne“).

In Österreich gründete 1672 C. Sind eine Wolltuchmanufaktur, die im Jahr 1780 rund 46 000 Mitarbeiter hatte und damit die größte des Landes und eine der größten in ganz Europa war.

### 5.10.5 Niederlande

Die Wirtschaftskrise in den Niederlanden im 16. Jh. infolge des Kampfes gegen die spanische Herrschaft führte zu einem völligen Zusammenbruch der Tuchherstellung bis 1580. Infolge verschiedener Expeditionen nach Westafrika begannen die Niederlande mit dem Export von Leinenstoffen, die zum Teil zugekauft wurden, z.B. aus Schlesien, nach Westafrika. Dort waren sie begehrt, weil lokal nicht herstellbar, und brachten so große Gewinne in Form von Gold in die Staatskasse.

Vom 15. bis zum Ende des 17. Jh. verzehnfachte sich die Tonnage der niederländischen Handelsflotte, die damit dreimal so groß war wie die Englands. Somit entstand ein enormer Bedarf an Segeltuch aus Leinen und Tauwerk. Gleichzeitig kamen durch die niederländische Ostindien-Kompanie neue Waren ins Land. Um 1650 wurden in Leiden rund 100 000 Stück Wolltuch hergestellt, mehr als irgendwo sonst in Europa, und auch Seidenwebereien entstanden. Die Niederlande wurden so ein Zentrum der europäischen Textilherstellung.

### 5.10.6 Indien

Indien hatte große, für den Anbau von Baumwolle nutzbare Ackerflächen und eine ausreichend lange Trockenzeit. Durch die große Bevölkerung gab es zum einen genügend Arbeiter, um den mühsamen und zeitaufwendigen Prozess des Spinnens und Webens durchzuführen, und zum anderen war ein sehr großer lokaler Markt vorhanden, sodass sich die Produktion von Textilien auch ohne Export lohnte. Weil Indien zu einem großen Teil von Meer umgeben ist, war der Export über den Seeweg einfach, und so entwickelte sich schon im Altertum und verstärkt im Mittelalter ein reger Handel sowohl mit dem Westen (Afrika und Europa) als auch mit dem Osten (China). Bild 5.77 zeigt mit den heutigen Staatsgrenzen wichtige Handelswege für indische Textilien.

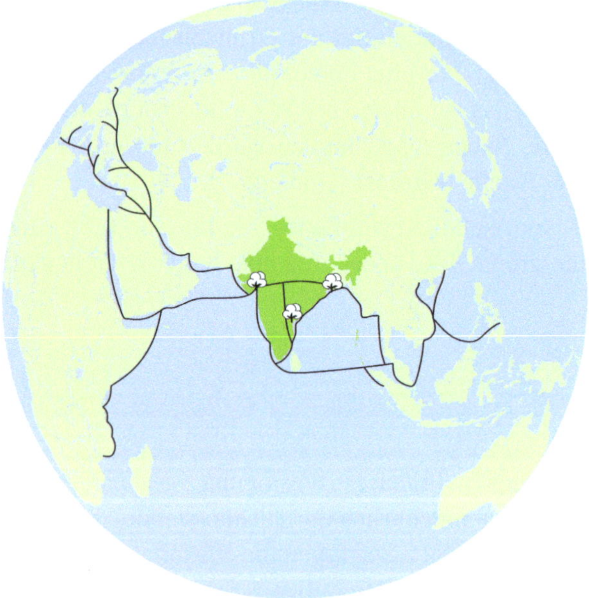

**Bild 5.77** Wichtige Handelswege für indische Textilien nach Europa, Afrika und Südostasien (Karte: mapswire, 2023)

Die meisten in Indien produzierten Textilien waren von mittlerer Qualität, oft einfarbig oder kariert oder mit einfachen Mustern aus Streifen oder mit floralen Motiven. Diese Textilien konnten zu geringen Kosten hergestellt und entsprechend billig in ausländischen Märkten verkauft werden, oft günstiger als dort lokal hergestellte Ware. Es wurden in Indien auch Luxustextilien, vor allem aus Seide oder aus besonders langstapeliger Baumwolle, hergestellt und exportiert. Die Textilherstellung war ab dem 15. Jh. in verschiedene Prozessstufen aufgeteilt, die in unterschiedlichen Regionen durchgeführt wurden (Bild 5.78). Die Spinner und Weber lebten meist in der Nähe der Baumwollfelder. Händler kauften die Rohgewebe auf und lieferten sie an die Färber und Drucker, die sich in der Nähe von Flüssen ansiedelten. Kaufleute erwarben die fertigen Stoffe und transportierten sie zu den in- und ausländischen Märkten. Über die Jahrhunderte hatten sie ein so gutes Verständnis für die Bedürfnisse ihrer Kunden entwickelt, dass sie sogar Muster aus dem Ausland zurück nach Indien brachten, damit kundenspezifische Wünsche erfüllt werden konnten.

**Bild 5.78** Baumwollreinigung mit Bogen (links) und Weben (rechts) aus (Sonnerat, 1806)

Mit dem Aufstieg des Islams, der sich nach Osten entlang der textilen Handelsrouten ausbreitete, kamen indische Baumwollstoffe in den arabischen Raum und ab dem 9. Jh. bis nach Südostasien. Sie waren dort sehr begehrt und wurden z. B. gegen Gewürze getauscht, die so auch nach Indien kamen. Seit dem 17. Jh. brachte die britische Ostindien-Kompanie indische Baumwollstoffe nach Europa. Im Vergleich zu den eher schlichten und groben Textilien aus Wolle und Flachs, die dort getragen wurden, waren die indischen Baumwollstoffe wesentlich leichter, farbenfroher und angenehmer zu tragen und daher sehr begehrt. Diese „Indiennes“ wurden bald in vielen europäischen Ländern verboten, um die lokalen Textilhersteller zu schützen, was aber nur mäßig erfolgreich war. Im Gegenteil wurde der Wunsch, diese feinen Stoffe in großen Mengen lokal herzustellen, eine der treibenden Kräfte der Industrialisierung in Europa. Das indische Handelsnetz, insbesondere in Ostafrika, wurde nach der allmählichen Unterwerfung Indiens ab der Mitte des 18. Jh. von den englischen Fabrikanten genutzt, um ihre eigenen Produkte zu vertreiben. Da sie dabei oft indische Designs kopierten, war das für die Kunden kein großer Unterschied.

### 5.10.7 China

In China wurden bis ins Mittelalter vor allem Flachs- und Ramiefasern sowie Seide verarbeitet. Spinnräder und einfache Webstühle wurden schon im Altertum erfunden, bis in die Neuzeit stetig verbessert und eingesetzt. Technologisch war China dem Rest der Welt hier lange voraus. Ab ca. 1300 wurde mit dem großflächigen Anbau von Baumwolle begonnen, was zu einem Anstieg der Textilproduktion führte. In seinem Buch „Nongshu“ beschreibt Wang Zhan schon im Jahr 1313 eine Vielzahl von Geräten und einfachen Maschinen zur Herstellung von Garnen, Seilen und Geweben. Diese waren noch bis ins 18. Jh. in Gebrauch. Wie im Rest der Welt, lag auch in China die Textilherstellung vor allem in den Händen von Frauen (Bild 5.79, links). Weil diese Arbeit aber ordentlich bezahlt wurde, erwarben sie sich dadurch einen – im Vergleich zu europäischen Frauen – hohen sozialen Status. Das Weben wurde in der Regel im eigenen Heim sowohl von Männern (Bild 5.79, rechts) als auch von Frauen ausgeführt.

**Bild 5.79** Frau am Spinnrad und Mann am Webstuhl (Wang, 1313)

Auch komplexere Maschinen, z. B. zum Abhaspeln von Seide (Bild 5.80) und zum Zwirnen (Bild 5.81), waren in China schon erfunden.

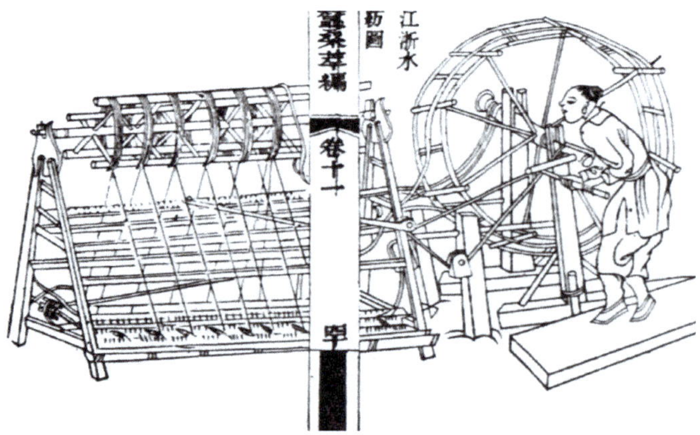


**Bild 5.80** Seidenhaspel im Nongshu (Wang, 1313)

**Bild 5.81** Zwirnmaschine im Nongshu (Wang, 1313)

Während im Norden die Baumwolle angebaut wurde, erfolgte die Verarbeitung zu Garnen und Geweben besonders im Süden. Dabei gab es drei verschiedene Produktionsweisen: zum einen die Herstellung von Textilien komplett in Heimarbeit, vor allem für den eigenen Bedarf. Hier waren die Frauen sowohl mit dem Spinnen als auch mit dem Weben betraut, was offensichtlich nicht immer einfach war, wie ein Gedicht von Dong Hongdu aus dem 17. Jh. zeigt (frei übersetzt):

*Hungrig, webt sie dennoch;*
*taub vor Kälte, webt sie dennoch;*
*Schuss auf Schuss auf Schuss;*
*Die Tage sind kurz, das Wetter kalt;*
*Jedes Stück ist schwer zu weben;*
*Die Reichen nehmen die Miete;*
*Der Beamte die Steuer;*
*Wiederholt und drängend klopfend;*
*Der Ehemann möchte sie antreiben;*
*Bringt es aber nicht übers Herz;*
*Er sagt nichts;*
*Und steht nur neben dem Webstuhl.*

In den Gebieten, in denen die Frauen vor allem in der Landwirtschaft tätig waren, gab es spezialisierte Weber, während die Frauen nur Garn spannen. In einigen Städten (z. B. Nanjing, Songjiang) gab es Textilwerkstätten, die von der Baumwollaufbereitung bis zum fertigen Textil alle Produktionsschritte umfassten. Hier wurden die besonders feinen Stoffe erzeugt, häufig mit komplexen Mustern (Riello und Parthasarathi, 2009).

Trotz der Einführung der Baumwolle und der entstehenden „Textilindustrie", die weitgehend ohne Mechanisierung auskam, kam es zu keinen nennenswerten technologischen Fortschritten, anders als in Europa. Die Gründe dafür werden in Kapitel 6 erläutert.

### 5.10.8 Mittel- und Südamerika

In den Staaten der Azteken und Inkas spielte die Herstellung von Textilien eine große Rolle und war überall verbreitet. Bei den Azteken war es üblich, dass die Mädchen anlässlich ihrer Namenszeremonie eine Handspindel bekamen, und ab einem Alter von drei Jahren wurden sie im Spinnen unterrichtet, ab 14 Jahren im Weben. Xochiquetzal, die Göttin der Fruchtbarkeit, soll den Azteken das Spinnen und Weben beigebracht haben, was eine Parallele in der antiken Welt des Mittelmeerraums hat. Volle Garnspulen waren ein Symbol für Fruchtbarkeit. Aztekische Herrscher erhielten bei ihrer Krönung neben einer Krone und dem Zepter auch einen Mantel als Zeichen ihrer Macht.

Wie zeitgenössische Darstellungen zeigen, waren die Stoffe der Azteken und Inkas bunt und zum Teil komplex gemustert (Bild 5.82). Als Fasermaterial wurde vor allem Baumwolle verwendet, die dort endemisch war. Zum Färben von Rottönen wurde die Cochenillelaus eingesetzt, deren Nutzung sich nach der Eroberung durch die Spanier schnell in Europa verbreitete.

**Bild 5.82** Links: Azteken mit Webrahmen und bei der Gewinnung von Cochenilleläusen (Codex Primeros Memoriales); Mitte, rechts: Azteken in bunten Gewändern (Adamt, 2007; EricKTErick, 2021)

Besonders feine Stoffe wurde als Geschenke zwischen Herrschern ausgetauscht oder waren Teil von Tributzahlungen. Auch bunt bedruckte Stoffe waren schon verbreitet, ähnlich denen in Indien (Bild 5.83).

Die spanischen Eroberer trugen im 16. Jh. zur Unterscheidung von den Einheimischen weiterhin ihre Kleidung aus Wolle, Leinen und Seide, die den ursprünglichen Bewohnern unter Strafandrohung vorenthalten blieb. Baumwolle wurde zwar auch verarbeitet, sie wurde aber vor allem an der Küste und damit weit entfernt von den Webereien im Hochland angebaut. Daher war die Logistik schwierig. Schafe konnten dagegen im Hochland in der Nähe der Textilzentren gehalten werden, deshalb dominierte die Wolle noch lange den lokalen Markt. Zum Ende des 16. Jh. etablierten sich allmählich erste Textilmanufakturen, die ihre Produkte aus Wolle und Seide nicht nur lokal verkauften, sondern auch nach Spanien exportierten. Im 18. Jh. wurden, vor allem von britischen Händlern, die günstigeren Baumwollstoffe aus Indien (Calicos) ins Land gebracht und ersetzten die teureren Baumwollgewebe aus Spanien. Dies wurde von der Kolonialverwaltung heftig – und weitgehend erfolglos – wegen des damit verbundenen Rückgangs der Steuereinnahmen bekämpft.

**Bild 5.83** Herstellung gefärbter und bedruckter Textilien bei den Azteken auf einem Wandgemälde von Diego Rivera (1886–1957) (Sauber, 2008)

### 5.10.9 USA

Die indigenen Völker Nordamerikas hatten die Baumwolle schon vor der Besiedlung durch Europäer zur Textilherstellung genutzt. Allerdings legten sie keine planmäßigen Pflanzungen an wie ab 1607 die Einwanderer in Jamestown (Virginia). Ende des 17. Jh. brachten Einwanderer Samen aus Zypern und der Türkei in die USA. Durch die Nähe zu den karibischen Baumwollplantagen lernten die amerikanischen Farmer, Baumwolle zu kultivieren, zunächst aber nur für den eigenen Bedarf. Die Produktion blieb zunächst bescheiden, und Textilien wurden in der Regel aus Europa eingeführt.

## 5.11 Mode

Die Ausgaben für Bekleidung nahmen seit dem 14. Jh. stetig zu, weil sich die reicheren Bevölkerungsschichten so von den ärmeren unterscheiden konnten. Es gab regelrechte Modeströmungen, was wiederum die Textilproduktion ankurbelte und für mehr Handel sorgte. In einer Aufstellung der Ausgaben des Ritters Hans von Honsperg aus dem Jahr 1474 werden

28 % für Kleidung und nur 17 % für Lebensmittel ausgegeben (Bohnsack, 2002). In vielen Ländern wurden von der Obrigkeit daher seit dem 14. Jh. sogenannte Kleiderordnungen erlassen, um die Einfuhr teurer Stoffe zu verringern, durch die viel Geld ins Ausland abfloss. Dies hatte schon Kaiser Tiberius im Römischen Reich durch entsprechende Anordnungen gegen das Tragen von Seidenstoffen versucht, allerdings mit überschaubarem Erfolg. Insbesondere im 15. und 16. Jh. gab es zahlreiche Erlasse in verschiedenen Städten, u. a. in Speyer, Frankfurt und Göttingen. In der Reichskleiderordnung von 1577 heißt es: „So wird durch die gülden Tücher, Sammet, Dammast, Atlaß, frembde Tücher, köstliche Baretten, Edelgestein, Untzgold, ein überschwenklich Geld aus teutscher Nation ausgeführet" (Petraschek-Heim, 1984). Teilweise waren die Vorschriften auch eher skurril, wie die Erlasse in Speyer und Frankfurt aus dem Jahr 1356, die Frauen lang herabfallendes, offen getragenes Haar verboten. 1370 gab es in Straßburg ein Verbot von Unterwäsche, die die Brüste anhob. In manchen Städten wurde das Tragen besonders edler Stoffe ganz verboten, so z. B. 1463 in Leipzig. In Spanien, Frankreich, Italien und England war es im 16. Jh. den meisten Bürgern untersagt, Gold- und Silberbrokate sowie Stickereien mit Gold- und Silberfäden zu tragen. So war ein weiterer erwünschter Effekt, dass durch die unterschiedliche Kleidung die gesellschaftliche Stellung der Träger und Trägerinnen nach außen hin sichtbar wurde.

Ab dem 16. Jh. wurde in sogenannten Trachten- und Kostümbüchern die Kleidung vieler Länder an zahlreichen Beispielen dargestellt. Sie spiegelte das Interesse der Zeitgenossen an fremden und exotischen Ländern wider, das nach dem Zeitalter der Entdeckungen in der Renaissance wieder geweckt wurde. Für den deutschsprachigen Raum waren vor allem die Werke von Sigmund Heldt, Jost Amman, Hans Weigel und Diebold Schilling von Bedeutung (Bild 5.84).

Ab den 1550er-Jahren wurden leichte Mischgewebe modern, die sogenannten nouvelles draperies. Sie wurden zunächst in Nordfrankreich und Flandern hergestellt und verbreiteten sich von dort in ganz Europa.

**Bild 5.84** Türkischer Soldat (links; Weigel, 1577a) und Sächsin (rechts; Weigel, 1577b) in Hans Weigels Trachtenbuch

Die Herstellung von Bekleidung für gehobene Ansprüche wurde von professionellen Schneidern durchgeführt, einem angesehenen Handwerksberuf. Häufig hatten Schneidermeister mehrere Mitarbeiter, entweder Gesellen oder Lehrlinge, die die einfachen Arbeiten durchführten, wie z. B. das Vernähen. Das Zuschneiden komplexer Konturen aus teuren Stoffen war Sache des Schneidermeisters (Bild 5.85).

Ein wichtiges Hilfsmittel beim Nähen waren Fingerhüte. In China waren einfache metallene Fingerhüte in Form von breiten Ringen schon im 2. Jh. bekannt, in Europa wurden sie aber erst rund tausend Jahre später eingesetzt (Holmes, 1985). Es gab sogar spezialisierte Handwerker, die sie produzierten (Bild 5.86).

**Bild 5.85** Schneidermeister mit Gesellen (Garzoni, 1641d)

**Bild 5.86** Fingerhutmacher im Hausbuch der Mendelschen Zwölfbrüderstiftung aus dem 15. Jh. (links; Tiergärtner, 2011c) und im Ständebuch von Jost Amann aus dem 16. Jh. (rechts; Kolossos, 2005)

Fingerhüte gab es aus Leder und aus Metall, das mit verschiedenen Methoden verarbeitet wurde (Bild 5.87).

**Bild 5.87** Fingerhüte aus dem 14.–16. Jh. (Llangefni, 2001, 2004, 2007)

## 5.11.1 Typische Kleidung

Die Mode in Europa, besonders in den höheren Kreisen, war bunt, und es wurden auch Beinkleider unterschiedlicher Farben miteinander kombiniert (Bild 5.88). Es herrschten weiterhin lange Gewänder vor, eine Kopfbedeckung gehörte ebenfalls zwingend zu einer vollständigen Garderobe. Besonders prächtig war die Mode im 16. Jh. in Burgund (Frankreich), sie setzte Maßstäbe für ganz Zentraleuropa, und viele eiferten ihr nach.

**Bild 5.88** Mode in höheren Kreisen in Burgund im 15. Jh. (Limbourg, 1410e, f)

Die einfachen Leute trugen deutlich schlichtere Kleidung, meist in gedeckten Farben, z.B. Grau, Braun und Weiß, es gab aber auch bunte Stücke (Bild 5.89). Bei Frauen waren Hemdkleider und bei den Männern Hemdkittel und weite Hosen beliebt. Allerdings besaß nicht jedermann eine Hose, wie eine Anordnung für die Schuhmachergesellen von Frankfurt a.M. aus dem Jahr 1469 zeigt: „Wenn Gesellen barfuß und ohne Hosen zur Messe oder woanders hin auf Anordnung der Bruderschaft gehen, müssen sie Wachs geben, es sei dann, daß einer keine Hosen oder Hosenbeine hat" (Thiel, 2010).

**Bild 5.89** Kleidung der Landbevölkerung im 15. Jh. (Limbourg, 1410a–d)

Zu Beginn des 16. Jh. wurde die Mode in den höheren Kreisen wieder schlichter und weniger farbenfroh (Bild 5.90), die Farben Braun und Schwarz dominierten. Nach der Niederschlagung der Bauernaufstände und mit dem Beginn der Gegenreformation wurde die Mode der oberen Schichten wieder farbenfroher und aufwendiger.

Einen sehr guten Einblick, sowohl in die Entwicklung der Kleidung im 15. Jh. als auch in die Kleiderstile des jeweiligen Lebensalters, gibt das Trachtenbuch von Matthäus Schwarz (1497–1574) aus Augsburg (Schwarz, 1560). Er ließ sich in verschiedenen Lebensphasen porträtieren und legte dabei besonderen Wert darauf, dass seine jeweilige Kleidung korrekt dargestellt wurde. Offenbar hatte er keine Hemmungen, sich bunt und modisch zu kleiden, und wurde erst in höherem Alter – nach heutigen Maßstäben – etwas seriöser (Bild 5.91).

**Bild 5.90** Links: Porträt von Claus und Margarethe Stalburg (Stalburg, 1504); rechts: deutsche Bürgertrachten (van Heemskerck, 1530)

**Bild 5.91** Bilder aus dem Trachtenbuch des Matthäus Schwarz (Schwarz, 1560)

Ab der Mitte des 16. Jh. verbreitete sich die Mode des spanischen Königshofs in großen Teilen Europas. Sie war gekennzeichnet von einer betont schmalen Taille und, um den Eindruck noch zu verstärken, oft ausgestopften Hosen (Pluderhosen) oder Kleidern, zum Teil über einem Reifrock aus Draht, Holz oder Fischgräten (Bild 5.92). Die Träger und Trägerinnen wirken auf Gemälden oft betont starr, was zur unflexiblen spanischen Hofetikette passt. Zu einer vollständigen Garderobe gehörten auch Halskrausen aus Spitze (vgl. Abschnitt 5.5).

**Bild 5.92** Spanische Mode im 16. Jh. (Clouet, 1566; Sánchez Coello, 1585)

Die Mode der in der 1. Hälfte des 17. Jh. allgegenwärtigen Landsknechte verbreitete sich schnell auch in der Zivilbevölkerung. Sie war geprägt von zahlreichen Schlitzen in der gesamten Kleidung, um die Bewegungsfreiheit zu erhöhen. Auch wurden wieder verschiedenfarbige Kleidungsteile miteinander zu einem Gesamtensemble kombiniert (Bild 5.93).

Diese Mode war schon seit dem Ende des 15. Jh. verbreitet und geht möglicherweise zurück auf den Sieg einer Schweizer Armee über Karl den Kühnen, Herzog von Burgund, im Jahr 1476. Die Sieger erbeuteten große Mengen an Seidenstoffen und anderen wertvollen Geweben. Sie teilten die Beute auf (wortwörtlich) und besetzten damit ihre Kleidung, um sie zu verschönern. Über Deutschland gelangte diese Modeströmung nach Frankreich und von dort weiter nach England.

Auch die Frauenmode trieb skurrile Blüten, wie Bild 5.94 beispielhaft in einer Zeichnung von Albrecht Dürer zeigt.

**Bild 5.93** Landsknechte im 17. Jh. (Stör, 1530a, b)

**Bild 5.94** Wintermode in den Niederlanden um 1521 (Dürer, 1521)

Im Spätmittelalter gab es regelrechte Modeströmungen, oft länderübergreifend. So waren in der Damenmode große Dekolletés in manchen Kreisen ebenso beliebt wie verpönt (Bild 5.95).

**Bild 5.95** Figurbetonende Damenmode (Wiki, 2022b)

Die immer kürzeren Röcke der Männer führten in Kombination mit den nun sehr engen und körperbetonten Hosen dazu, dass die Strümpfe länger und zu Strumpfhosen wurden. Weil immer die Gefahr bestand, dass die enge Bekleidung an den Nähten riss, wurden die Hosenlätze vergrößert. Dadurch entwickelte sich die sogenannte „Schamkapsel“, die das männliche Geschlechtsteil betonte (Bild 5.96). Dies wiederum rief die geistliche Obrigkeit auf den Plan und diese alle Gläubigen auf, die allgemeine Moral zu beachten. Was aber wohl nur wenige beeindruckte. Diese Mode hielt sich jedenfalls bis zum Ende des 16. Jh.

**Bild 5.96** Adelige und Bürgerliche mit Schamkapseln (Cranach, 1526; Pinturicchio, 1507)

Die allgemeine Erschöpfung nach dem Ende des Dreißigjährigen Krieges führte in Mitteleuropa zu einer völlig neuen Mode. Zunächst setzte sich der holländische Stil mit viel Samt und Seide durch. Das Wams wurde zu einem extrem kurzen Jäckchen, die Hosen hingegen weit und rockähnlich („Rheingrafentracht"), und das Hemd wurde betont (Bild 5.97, links). Nach dem Wiedererstarken des französischen Königtums dominierte bald die französische Mode (Bild 5.97, rechts). Dort wurde in adeligen Kreisen besonderer Wert auf die Frauenmode gelegt. Es entstand das Korsett als eigenständiges Bekleidungsstück, und das Dekolleté (fr.: „das Ausgeschnittene") wurde besonders hervorgehoben.

**Bild 5.97** Links: Rheingrafentracht um 1650 (Munnichhoven, 1653); rechts: Madame Pompadour mit Dekolleté und im Hintergrund Enzyklopädie von Diderot (de la Tour, 1749)

Die beginnende industrielle Herstellung von Textilien erlaubte die Produktion von großen Mengen gleicher Stoffe. Durch die Einrichtung eines stehenden Heeres in Frankreich etablierte sich dann erstmals ein einheitlicher Bekleidungsstil bei den Soldaten, und man konnte nun wirklich von einer „Uni"form sprechen, weil die nationalen Heere einheitlich eingekleidet wurden. Als neues Accessoire etablierte sich die Krawatte als Bestandteil der Bekleidung von Soldaten und später bei den höheren Ständen. Sie war allerdings keine Erfindung der Neuzeit, sondern wurde schon von römischen Soldaten und auch während der Han-Dynastie in China getragen. Lediglich ihr Name geht wohl auf kroatische Söldner in Diensten des französischen Hofs zurück.

## 5.11.2 Beinkleider

Beinlinge waren seit der Antike in Gebrauch. Sie bestanden aus zwei Röhren, die mit Bändern oder Holzstücken, die durch Ösen gezogen wurden, an der Unterhose befestigt wurden (Bild 5.98). Meistens bedeckten sie die Füße, selten besaßen sie nur einen Steg. Für das Tragen im Haus hatten sie eine Ledersohle, im Freien zog man Schuhe darüber.

**Bild 5.98** Befestigung von Beinlingen an der Unterhose (links: Bedford, 1420)

Lange Beinlinge wurden nur von Männern getragen und waren oft leuchtend rot gefärbt (Bild 5.99). Ab dem 15. Jh. wurden die Beinlinge nach oben immer länger und schließlich zusammengenäht wie eine Strumpfhose.

**Bild 5.99** Italienische Männerbeine in Beinlingen um 1470 (D'Antonio, 1472)

Beinlinge wurden im 15. Jh. oft mit Schnabelschuhen kombiniert, vor allem in England und Frankreich. Diese Schuhe waren allerdings äußerst unpraktisch und konnten zu Sticheleien mit dem Gegenüber führen (Bild 5.100).

**Bild 5.100** Schnabelschuhe am Ende des 15. Jh. in Burgund (links; PKM, 2007), spanisches Exemplar (oben rechts; Wiki, 2011) und als Teil einer Rüstung (unten rechts; Helmschmied, 1485)

## 5.11.3 Hüte

Gegen Ende des 15. Jh. waren gefilzte Hüte mit runder Krone für Männer modern. Ihre Außenseite war mit Filzzotteln besetzt. Neben Schleier- und Hutmachern war auch der Hutschnurmacher ein anerkannter Beruf (Bild 5.101).

**Bild 5.101** Hutmacherwerkstatt (Niederlande) von 1467 aus dem Codex Poetici et Philologici (links) und aus dem Ständebuch von 1641 (rechts; Garzoni, 1641a)

# 5.12 Technische Textilien

## 5.12.1 Flechten

Bild 5.102 zeigt eine flechtende Frau und ihre Helferin. Die dargestellte Flechttechnik ist das Fingerschleifenverfahren, das vom 12.–16. Jh. in Europa verbreitet war. Geflochten wurden meist Seile und Schnüre.

**Bild 5.102** Flechtende Frauen auf dem Altarbild Historia de la Virgen Maria von Nicolas de Zahortiga aus dem frühen 14. Jh.

## 5.12.2 Seilerei

Die Herstellung von Seilen war ein anerkannter Handwerkerberuf. Dabei hatte sich die Technologie seit dem Alten Ägypten (vgl. Kapitel 3) nicht wesentlich verändert (Bild 5.103).

In einem Buch des Dichters Georg Philipp Harsdörffer (1607–1658), das 1653 in Nürnberg erschien, beschreibt er eine Vorrichtung, die ein Seil mithilfe eines Flechtmechanismus erzeugt. Der Antrieb erfolgte über eine Handkurbel. Weitere Details der Maschine sind nicht überliefert.

In Frankreich werden Seile in Manufakturen erzeugt, was aber immer noch schwere Arbeit war, wie Bild 5.104 zeigt. Vier Männer sind nötig, um ein dickes Seil herzustellen.

**Bild 5.103** Oben: Seiler im 15. Jh. (Tiergärtner, 2011b); unten: Seil aus dem 16. Jh. (Crossman, 2009)

**Bild 5.104** Seilherstellung in der Corderie de Rochefort

## Literatur und Bildquellen

*Adamt* (2007), *https://commons.wikimedia.org/wiki/File:Kodeks_florentine_kob.jpg*

*Aka* (2005), *https://commons.wikimedia.org/wiki/File:Zwickau_Theatre.jpg*, CC BY-SA 2.5

*Alzate, J. A.* (1777), *https://commons.wikimedia.org/wiki/File:Indian_collecting_cochineal.jpg*

*Anglicus, B.* (1482), *https://commons.wikimedia.org/wiki/File:Dyeing_British_Library_Royal_MS_15.E.iii,_f._269_1482.jpg*

*Arkesteijn, J.* (2015), *https://commons.wikimedia.org/wiki/File:Colbert1666.jpg*

*Aspin, C.* (2011), The Woollen Industry, Shire Publications, Oxford.

*Bassenge* (1875), *https://commons.wikimedia.org/wiki/File:Theodor_Hosemann_Die_Bleiche.jpg*

*Battista, G., Sessa, M.* (1557), Le Pompe. Venedig.

*Bayerl, G.* (2013), Technik in Mittelalter und Früher Neuzeit. Theiss Verlag, Stuttgart.

*Bedford* (1420), Bedford Hours, Folio 17v, *https://en.wikipedia.org/wiki/Bedford_Hours*

*Beniston, J.* (2005), *https://commons.wikimedia.org/wiki/File:Stocking_Frame.jpg*, CC BY-SA 3.0

*Biringuccio, V. V.A.L.* (1559), De la Pirotechnia. Venturino Roffinello, Venedig.

*Bohn, R., Conermann, S., Kauz, R. et al.* (2008), Fernhandel in Antike und Mittelalter. Konrad Theiss Verlag, Stuttgart.

*Bohnsack, A.* (2002), Spinnen und Weben. Rasch Verlag, Bramsche.

*Boursse, E.* (1667), *https://commons.wikimedia.org/wiki/File:Esaias_Boursse_-_Interior_with_an_Old_Woman_at_a_Spinning_Wheel_-_WGA2957.jpg*

*Charlin, J.-C.* (2001), The Story of the Jacquard Machine. Daniel Faurite, Les Echtes.

*Chodowiecki, D.* (1774), *https://commons.wikimedia.org/wiki/File:Chodowiecki_Basedow_Tafel_57_b.jpg*

*Clouet, F.* (1566), *https://commons.wikimedia.org/wiki/File:Fran%C3%A7ois_Clouet_004.jpg*

*Cranach d. Ältere. L.* (1526), *https://commons.wikimedia.org/wiki/File:Lucas_Cranach_d.%C3%84._(Werkst.)_-_Herzog_Heinrich_der_Fromme_von_Sachsen.jpg?uselang=de*

*Crossman, P.* (2009), *https://www.wikiwand.com/de/Tauwerk#Media/Datei:MaryRose-rope_fragment.JPG*, CC BY-SA 3.0

*Custos, R.* (1616), *https://commons.wikimedia.org/wiki/File:GER_%E2%80%94_BY_%E2%80%94_Schwaben_%E2%80%94_Augsburg_%E2%80%94_%C3%84u%C3%9Feres_Pfaffeng%C3%A4%C3%9Fchen_23_(Fugger_und_Welser_Erlebnismuseum)_%E2%80%94_Custos,_Raphael_%E2%80%94_Fondaco_dei_Tedeschi_%E2%80%94_1616_%E2%80%94_Mattes_2022-02-05.jpg?uselang=de*, CC BY-SA 2.0

*D'Antonio, B.* (1472), *https://commons.wikimedia.org/wiki/File:Biagio_d%27Antonio_-_Scene_della_storia_degli_Argonauti.jpg?uselang=de*

*Da Milano, G.* (1365), *https://commons.wikimedia.org/wiki/File:Giovanni_Da_Milano_-_The_Birth_of_the_Virgin_-_WGA09405.jpg*

*Da Vinci, L.* (1490), *https://commons.wikimedia.org/wiki/File:%D0%9F%D0%BB%D0%B0%D1%81%D1%82%D0%B8%D0%BD%D1%87%D0%B0%D1%82%D1%8B%D0%B9_%D1%88%D0%BF%D0%B8%D0%BD%D0%B4%D0%B5%D0%BB%D1%8C.jpg*

*De Champaigne, Ph.* (1650), *https://commons.wikimedia.org/wiki/File:Kardinaal_Mazarin.jpg*

*De Larmessin, N.* (1695), *https://commons.wikimedia.org/wiki/File:Habit_de_ling%C3%A8re_2.jpg*

*De la Tour, M. Q.* (1749), *https://commons.wikimedia.org/wiki/File:Pompadour6.jpg*

*Diderot, D., d'Alembert, J.* (1770), Tapisserie de haute-lisse des Gobelins. Nachdruck, Inter-Livres, Paris 2002.

*Dou, G.* (1645), *https://commons.wikimedia.org/wiki/File:Gerard_Dou_-_Reading_the_Bible_-_WGA06644.jpg*

*Dürer, A.* (1521), *https://commons.wikimedia.org/wiki/File:DurerLivonianLadies.jpg*

*Edkins, K.* (2012), *https://commons.wikimedia.org/wiki/File:1911_Britannica_-_Lace_34.jpg?uselang=de*

*ErickTErick* (2021), *https://commons.wikimedia.org/wiki/File:Axayacatl.jpg*

*Firmin, T.* (1681), Proposals for the Imployment of the Poor, J. Grover, London.

*Garzoni, T.* (1585), Piazza Universale. Giovanni Battista Somascho, Venedig.

*Garzoni, T.* (1641a), *https://commons.wikimedia.org/wiki/File:Fotothek_df_tg_0007246_St%C3%A4ndebuch_%5E_Beruf_%5E_Fasergewinnung_%5E_Wolle.jpg*

*Garzoni, T.* (1641b), *https://commons.wikimedia.org/wiki/File:Fotothek_df_tg_0007212_St%C3%A4ndebuch_%5E_Beruf_%5E_Handwerk_%5E_Sticker_%5E_Seide.jpg*

*Garzoni, T.* (1641c), *https://commons.wikimedia.org/wiki/File:Fotothek_df_tg_0007219_St%C3%A4ndebuch_%5E_Beruf_%5E_Handwerk_%5E_Textilf%C3%A4rber.jpg*

*Garzoni, T.* (1641d), *https://commons.wikimedia.org/wiki/File:Fotothek_df_tg_0007255_St%C3%A4ndebuch_%5E_Beruf_%5E_Handwerk_%5E_Schneider.jpg*

*Ghirlandaio, D.* (1480), *https://commons.wikimedia.org/wiki/File:Domenico_ghirlandaio,_cenacolo_di_ognissanti_01.jpg*

*Häberlein, M.* (2016), Aufbruch ins globale Zeitalter, Theiss, Stuttgart.

*Hals, F. F.* (1624), *https://de.wikipedia.org/wiki/Datei:Hals_obraz_1.jpg*

*Helmschmied, L.* (1485), *https://commons.wikimedia.org/wiki/File:HJRK_A_62_-_Armoured_shoes_of_Maximilian_I,_1485.jpg?uselang=de*, CC BY-SA 3.0

*Hilliard, F.* (1576), *https://en.wikipedia.org/wiki/File:Nicholas_Hilliard_Elizabeth_I.jpg*

*Holbein, H.* (1560), *https://commons.wikimedia.org/wiki/File:Henry_VIII_Chatsworth.jpg?uselang=de*

*Holmes, E. E.* (1985), A history of thimbles. Cornwall Books.

*Jambamkin* (2012), *https://commons.wikimedia.org/wiki/File:Monmouth_ceramic_table4.jpg*, CC BY-SA 3.0

*Johannsen, O.* (1932), Die Geschichte der Textil-Industrie. Süd-Verlag GmbH, Stuttgart.

*Kaiser, N.* (2006), *https://commons.wikimedia.org/wiki/File:Frohnauer_Hammer_(15)_2006-11-04.jpg*, CC BY-SA 2.5

*Kolonist* (2006), *https://commons.wikimedia.org/wiki/File:Caesalpinia-echinata.jpg*, CC BY 2.5

*Kolossos* (2005), *https://commons.wikimedia.org/wiki/File:Fingerhueter-1568.png*

*Krause, J.* (2012), *https://commons.wikimedia.org/wiki/File:DEU_Barmen_COA.svg*

*Lampman* (2008), *https://commons.wikimedia.org/wiki/File:Late_Medieval_Trade_Routes.jpg?uselang=de*

*Llangefni* (2001), *https://en.wikipedia.org/wiki/File:Early_cylinder.jpg*, CC BY SA 3.0

*Llangefni* (2004), *https://commons.wikimedia.org/wiki/File:14c_Nurnberg_thimble.jpg*, CC BY SA 3.0

*Llangefni* (2007), *https://en.wikipedia.org/wiki/File:14c_brass_Nurnberg_thimble.jpg*, CC BY SA 3.0

*Le Grand, L.* (2005), *https://commons.wikimedia.org/wiki/File:Louis14-H.jpg*

*Limbourg, P.* (1410a), *https://commons.wikimedia.org/wiki/File:Detail_of_Les_tres_riches_heures_-_March.jpg?uselang=de*

*Limbourg, P.* (1410b), *https://commons.wikimedia.org/wiki/File:Les_Tr%C3%A8s_Riches_Heures_du_duc_de_Berry_juin_haymaking.jpg?uselang=de*

*Limbourg, P.* (1410c), *https://commons.wikimedia.org/wiki/File:Les_Tr%C3%A8s_Riches_Heures_du_duc_de_Berry_juillet_sheep_shearing.jpg?uselang=de*

*Limbourg, P.* (1410d), *https://commons.wikimedia.org/wiki/File:Sc%C3%A8ne_de_vendange_-_Septembre_-_Tr%C3%A8s_Riches_Heures_du_duc_de_Berry_(f.9).jpg?uselang=de*

*Limbourg, P.* (1410e), *https://commons.wikimedia.org/wiki/File:Les_Tr%C3%A8s_Riches_Heures_du_duc_de_Berry_Janvier.jpg?uselang=de*

*Limbourg, P.* (1410f), *https://commons.wikimedia.org/wiki/File:Les_Tres_Riches_Heures_du_duc_de_Berry_avril_detail.jpg?uselang=de*

*Loggie* (2007), *https://commons.wikimedia.org/wiki/File:Double_drive_wheel.JPG*

*Maes, N.* (1655), *https://commons.wikimedia.org/wiki/File:Nicolaes_Maes_008.jpg*

*Mapswire* (2023), *https://mapswire.com*

*Moschle* (2014), *https://commons.wikimedia.org/wiki/File:JohannEsche.jpg*

*Munnichhoven, H.* (1653), *https://commons.wikimedia.org/wiki/File:Magnus_Gabriel_De_la_Gardie_med_makan_Maria_Eufrosyne,_m%C3%A5lning_av_Hendrik_M%C3%BCnnichhoven_fr%C3%A5n_1653.jpg*

*Müller, F. C.* (1789), *https://commons.wikimedia.org/wiki/File:Bleicherei_in_Schwelm_(1789).jpg*

*Müller, W.* (1997), Textilien. Kulturgeschichte von Stoffen und Farben., ecomed verlagsgesellschaft AG & Co. KG, Landsberg.

*Netscher, C.* (1662), *https://commons.wikimedia.org/wiki/File:Caspar_Netscher_003.jpg*

*N. N.* (1795), Kurzgefaßtes Künstler und Handwerker Taschenlexicon in welchen die Professionen so auf Erwerb, Nahrung, Gesundheit, Unterhalt, Bequemlichkeit, Nutzen und Vergnügen abzielen. Joseph Gerold, Hofbuchdrucker, Wien.

*N. N.* (1827), The Book of English Trades and Library of Useful Arts. C. J. Rivington, London.

*Oxyman* (2007), *https://commons.wikimedia.org/wiki/File:Long_Melford_Holy_Trinity_Church_01.jpg*, CC BY-SA 2.5

*Palma, J.* (1595), *https://commons.wikimedia.org/wiki/File:Palma_il_Giovane_-_Doge_Francesco_Venier_Presents_the_Subject_Cities_to_Venice_-_WGA16 908.jpg?uselang=de*

*Petraschek-Heim, I.* (1984), „Kleiderordnungen“, in: *Lipp, F. C. et al.* (Hrsg.): Tracht in Österreich. Geschichte und Gegenwart, S. 212. Christian Brandstätter Verlag, Wien.

PHGCOM (2009), *https://commons.wikimedia.org/wiki/File:Savonnerie_carpet_detail.jpg*

*Pinturicchio* (1507), *https://commons.wikimedia.org/wiki/File:Pintoricchio_017.jpg?uselang=de*

PKM (2007), *https://commons.wikimedia.org/wiki/File:Arsen_5104_f14_detail2.jpg*

*Praefcke, A.* (2008), *https://commons.wikimedia.org/wiki/File:Hausbuch_Wolfegg_34r_Spinnrad_farbig.jpg*

*Riello, G., Parthasarathi, P.* (2009), The spinning world – A global history of cotton textiles 1200–1850. Oxford University Press, Oxford.

*Romaine* (2013), *https://commons.wikimedia.org/wiki/File:Jacket_and_shawl_in_chintz,_skirt_in_glazed_printed_cotton,_1770-1800._MoMu_-_Fashion_Museum_Province_of_Antwerp,_www.momu.be._Photo_by_Hugo_Maertens,_Bruges..jpg*, CC BY-SA 3.0

*Rosetti, G.* (1560), Plictho De Larte De Tentori Che Insegna Tenger Pani Tele Banbasi Et Sede Si per Larthe Magiore Come per la Comune. F. Rampazetto, Venedig.

*Ryckaert, M.* (2018), *https://commons.wikimedia.org/wiki/File:Ieper_Lakenhal_R02.jpg*, CC BY-SA 4.0

*Sánchez Coello, A.* (1585), *https://commons.wikimedia.org/wiki/File:Alonso_S%C3 %A1nchez_Coello_011.jpg*

*Sauber, W.* (2008), *https://commons.wikimedia.org/wiki/File:Murales_Rivera_-_F%C3 %A4rberei.jpg*

*Schwarz, M.* (1560), Trachtenbuch des Matthäus Schwarz.

*Shizhao* (2005), *https://commons.wikimedia.org/wiki/File:Brazil-16-map.jpg*

*Smith, C.* (2003), *https://commons.wikimedia.org/wiki/File:Lavenham_-_Old_Wool_Hall.jpg*, CC BY-SA 2.0

*Sobol2222* (2006), *https://commons.wikimedia.org/wiki/File:Kolowrotek_0211.png?uselang=de*

*Song, Y.* (1637), *https://commons.wikimedia.org/wiki/File:Tiangong_Kaiwu_Drawloom.jpg*

*Sonnerat, P.* (1806), Voyage aus Indes Orientales at a la Chine, fait par orde de roi. Dentu, Paris.

*Stalburg, C.* (1504), *https://commons.wikimedia.org/wiki/File:Claus_Stalburg_der_Reiche.jpg*

*Stör, N.* (1530a), *https://commons.wikimedia.org/wiki/File:Nobleman.jpg?uselang=de*

*Stör, N.* (1530b), *https://commons.wikimedia.org/wiki/File:Two_Military_Policemen.jpg?uselang=de*

*Stubbes, P.* (1583), The Anatomie of Abuses. Richard Jones, London.

*Thiel, E.* (2010), Geschichte des Kostüms. Henschel Verlag, Leipzig.

*Tiberioclaudio* (2016), *https://commons.wikimedia.org/wiki/File:Ana_de_Austria,_reina_de_Francia._(Museo_del_Prado).jpg*

*Tiergärtner* (2011a), *https://commons.wikimedia.org/wiki/File:Mendel_II_056_r.jpg?uselang=de*

*Tiergärtner* (2011b), *https://commons.wikimedia.org/wiki/File:Mendel_I_016_r.jpg*

*Tiergärtner* (2011c), *https://commons.wikimedia.org/wiki/File:Mendel_I_005_v.jpg*

*Tiergärtner* (2011d), *https://commons.wikimedia.org/wiki/File:Mendel_I_010_r.jpg*

*Tiergärtner* (2011e), *https://commons.wikimedia.org/wiki/File:Mendel_I_040_v.jpg*

*Van Aelst, P. C.* (1535), *https://commons.wikimedia.org/wiki/File:Pieter_Coecke_van_Aelst_001.jpg*

*Van der Straet, J.* (1600), *https://commons.wikimedia.org/wiki/File:De_kweek_van_de_zijderups_en_de_productie_van_zijde,_anoniem,_Museum_Plantin-Moretus,_PK_OPB_0186_009.jpg?uselang=de*, CC0 1.0

*Van Heemskerck, M.* (1530), *https://commons.wikimedia.org/wiki/File:Maarten_van_Heemskerck_-_Family_Portrait_-_WGA11 298.jpg*

*Van Linschoten, J. H.* (1596), *https://commons.wikimedia.org/wiki/File:Rua_Direita_na_Cidade_de_Goa.jpg*, CC0

*Van Meckenem, I.* (1490), *https://commons.wikimedia.org/wiki/File:90Israhel_van_Meckenenem_Verkehrte_Welt.jpg*

*Velázquez, D.* (1656), *https://commons.wikimedia.org/wiki/File:Velazquez-las_hilanderas.jpg*

*Vicn70* (2022), *https://commons.wikimedia.org/wiki/File:Fulling_mill.jpg*, CC BY-SA 4.0

*Vogt, S.* (2008), Geschichte und Bedeutung des Spinnrads. Shaker, 2008.

*von Kastav, J.* (1475), *https://commons.wikimedia.org/wiki/File:Hrastovlje_Fresken_-_Genesis_9.jpg?uselang=de, CC BY-SA 4.0*

*Wadsworth, A. P., De Lacy Mann, J.* (1931), The Cotton Trade and Industrial Lancashire, 1600-1780. Manchester University Press, Manchester.

*Wang, Z.* (1313), Nongshu – The book of agriculture.

*Weber, M. O., Weber, K.-P.* (2014), Wirkerei und Strickerei: Ein Leitfaden für Industrie und Handel. Deutscher Fachverlag, Frankfurt a. M.

*Weigel, C.* (1698), *https://commons.wikimedia.org/wiki/File:Fotothek_df_tg_0008633_St%C3%A4ndebuch_%5E_Beruf_%5E_Handwerk_%5E_Weber_%5E_Bortemacher_%5E_Posamentierer.jpg*

*Weigel, H.* (1577a), Habitus Praecipuorum Populorum, *https://commons.wikimedia.org/wiki/File:Weigel-Turkish_footsoldier.jpg*

*Weigel, H.* (1577b), Habitus Praecipuorum Populorum, *https://commons.wikimedia.org/wiki/File:Illustrierte_Geschichte_d._s%C3%A4chs._Lande_Bd._II_Abt._1_-_233_-_Kost%C3%BCmliche_Darstellungen.jpg*

*Weigel* (1698), Weigels Ständebuch. *https://commons.wikimedia.org/wiki/File:Fotothek_df_tg_0008630_St%C3%A4ndebuch_%5E_Beruf_%5E_Handwerk_%5E_Teppichweber_%5E_Weber_%5E_Teppichmacher.jpg*

*Wiki* (2009), *https://commons.wikimedia.org/wiki/File:Tapis_de_Savonnerie_Louis_XIV_apres_Charles_Le_Brun_pour_la_Grande_Galerie_du_Louvre.jpg*

*Wiki* (2011), *https://commons.wikimedia.org/wiki/File:Schnabelschuh_makffm_6076.jpg*

*Wiki* (2015), *https://commons.wikimedia.org/wiki/File:Annual_report_of_the_Board_of_Regents_of_the_Smithsonian_Institution_(1911)_(18 249 303 728).jpg*

*Wiki* (2020), *https://commons.wikimedia.org/wiki/File:Bobbin_Lace_(Bride_Ground)_Border_504.1915.a.jpg?uselang=de*, CC0 1.0

*Wiki* (2022a), *https://howdidyoumakethis.com/bobbin-lace-whole-stitch/*

*Wiki* (2022b), *https://commons.wikimedia.org/wiki/File:Master_Of_The_Fontainebleau_School_-_The_Lovers_-_WGA14 547.jpg?uselang=de*

*Wiki* (2022c), *https://commons.wikimedia.org/wiki/File:Schreber_woad_mill_1752.JPG*

*Wopauwel* (2017), *https://commons.wikimedia.org/wiki/File:Border_(ST285AB)_-_Lace-Bobbin_Lace_-_MoMu_Antwerp.jpg?uselang=de*, CC BY-SA 4.0

*X-Weinzar* (2009), *https://commons.wikimedia.org/wiki/File:Dresden_Gewandhaus_1.jpg?uselang=de*, CC BY-SA 2.5

*Zonca, V.* (1607), „Novo teatro di machine et edificii". Pietro Bertelli, Padua. *https://echo.mpiwg-berlin.mpg.de/ECHOdocuView?url=/permanent/library/UR271U6Y/index.meta&start=11&viewMode=thumbs&pn=10*

*Zyance* (2006), *https://commons.wikimedia.org/wiki/File:Cochenille_z02.jpg*, CC BY-SA 2.5

# 6 Das 18. Jahrhundert

Im 18. Jh. verdoppelte sich die Weltbevölkerung im Vergleich zum 17. Jh. (Bild 6.1). Die wesentlichen Gründe dafür waren vor allem Fortschritte in der Landwirtschaft, sodass mehr Lebensmittel produziert werden konnten, und eine bessere Gesundheitsversorgung. Der Bedarf an Bekleidung stieg weiter an, zum einen durch das Wachstum der Bevölkerung, zum anderen durch den zunehmenden Wohlstand, vor allem in den Städten.

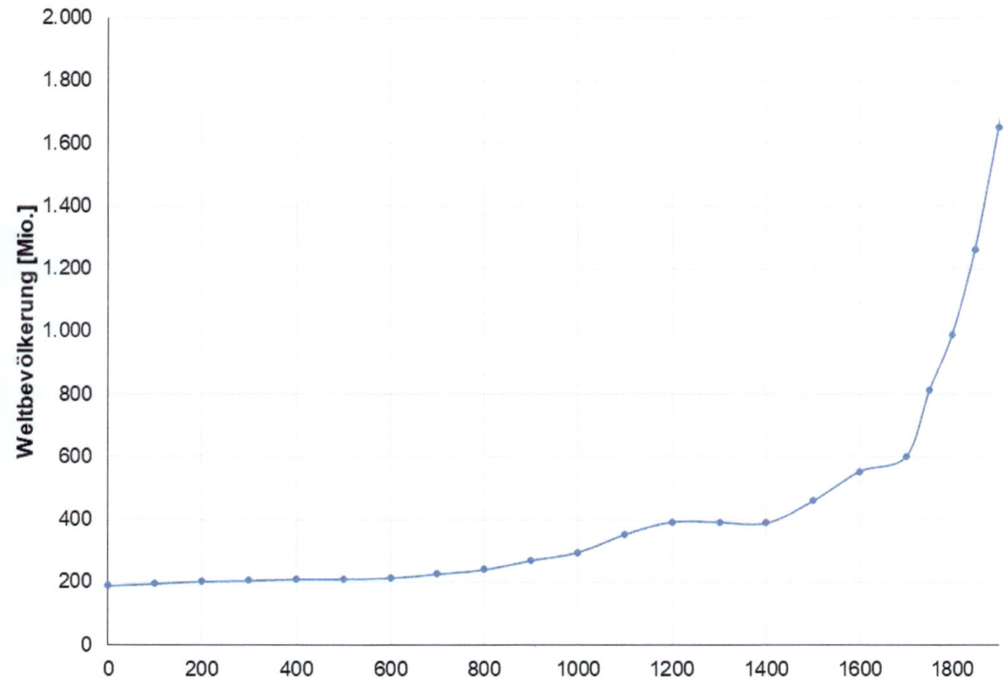


**Bild 6.1** Entwicklung der Weltbevölkerung bis 1900 (Statista, 2023)

Schon im Mittelalter hatten sich für die Textilerzeugung spezialisierte Handwerksberufe entwickelt, in der Frühen Neuzeit gab es schon erste größere Produktionsbetriebe (Manufakturen), und dieser Trend hin zu einer Massenproduktion setzte sich im 18. Jh. fort. Er ging einher mit vielen technischen Erfindungen, vor allem in England, wo keine Zünfte den technischen Fortschritt hemmten wie in vielen Teilen Europas. Weitreichende Handelsbeziehungen einer ersten Globalisierung verstärkten diese Entwicklung, sowohl durch den Austausch von Waren als auch von Ideen.

Der britische Naturwissenschaftler John D. Bernal (1901–1971) formulierte es so (Müller, 1997): „Die industrielle Revolution hatte ihren Ursprung nicht in der Entwicklung der Schwerindustrie oder des Transportwesens, sie entstand – und das war auch die einzige Möglichkeit – aus der Entwicklung innerhalb des wichtigsten Industriezweigs Englands, ja aller damaligen Länder: der Textilindustrie." Die Herstellung von Textilien in großen Stückzahlen versprach direkt große Gewinne, weil es sowohl einen großen lokalen Markt gab, als auch ihr Export per Schiff und später per Bahn relativ günstig war.

Diese Nachfrage konnte nur gedeckt werden, wenn die Textilherstellung wesentlich produktiver wurde, und so begann nun eine rasante Entwicklung auf allen Gebieten der Textilerzeugung. Darüber hinaus wurden neue Faserstoffe in großen Mengen kultiviert, allen voran die Baumwolle, die zunächst in der Karibik und später auf dem Gebiet der heutigen USA auf riesigen Plantagen angebaut wurde.

## 6.1 Fasern

Zunächst dominierten weiterhin Wolle und Flachs als Fasermaterial, die Baumwolle gewann aber zum Ende des 18. Jh. an Bedeutung, sowohl als Rohmaterial als auch in Form von importieren Stoffen, z. B. aus Indien (vgl. Abschnitt 6.8.5).

### 6.1.1 Wolle

Bis zum 18. Jh. war der Export von Merinoschafen, die besonders feine Wolle erzeugten, aus Spanien verboten. Im Jahr 1765 schenkte der spanische König Karl III. seinem Schwager Prinz Xaver von Sachsen 210 Merinoschafe, um eine eigene Zucht aufbauen zu können. Diese Schafe wurden bekannt als „Elektoral", weil der Prinzregent als Kurfürst bzw. „Elektor" den deutschen König wählen durfte. So entstand das „sächsische Merino", das feinste Wolle produzierte. Auch Friedrich II. von Preußen erwarb 300 Merinoschafe aus Spanien (1768), und so wurden nach der Eroberung Schlesiens und Teilen Polens dort wegen der guten Weiden Merinoschafe gezüchtet, und das Monopol Spaniens war Geschichte (Bild 6.2).

Nach der Besiedlung Südamerikas, Südafrikas und Australiens durch Europäer Ende des 18. Jh. erkannte man schnell, dass sich das dortige Klima hervorragend zur Schafzucht eignet. Die ersten Merinoschafe wurden schon 1797 über Südafrika nach Australien gebracht, 1810 begann die Schafzucht in Südamerika (Bild 6.3).

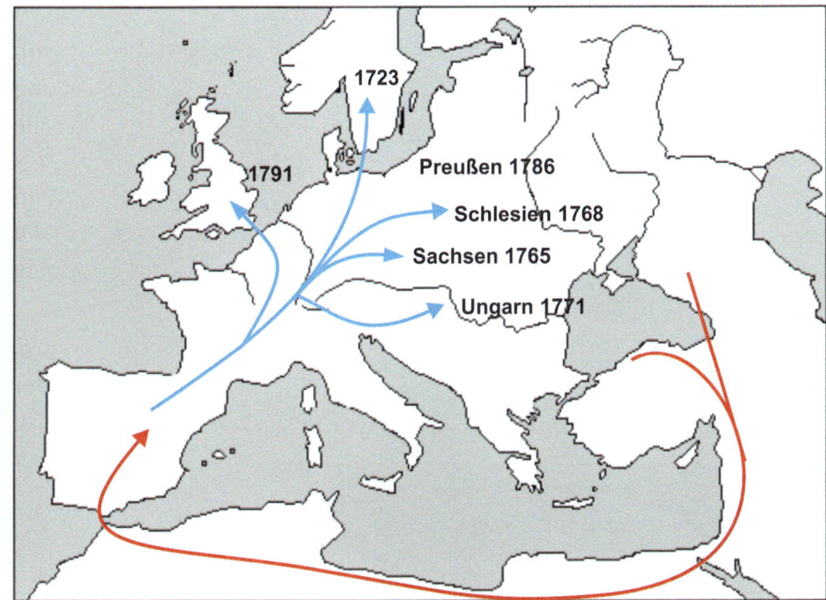


**Bild 6.2** Ausbreitung der Merinoschafe im 18. Jh. in Mitteleuropa

Die Entwicklung der verschiedenen Schafrassen ist abhängig von Klima- und Zuchtbedingungen und verlief daher unterschiedlich. So konnten sich z. B. die Merinoschafe in Schweden, England und Neuseeland nicht halten (zu kalt, zu feucht). In anderen Ländern dagegen entstanden riesige Herden (Australien, Südafrika).

Durch die Mechanisierung der Textilherstellung stieg die Produktion von Tuchen zulasten der Rohwollausfuhren an. Fast die Hälfte aller in England produzierten Wollwaren wurde exportiert, und 1750 waren im englischen Wollgewerbe ca. 1,5 Mio. Menschen beschäftigt. Zu dieser Zeit kam die in Kontinentaleuropa verarbeitete Wolle je zur Hälfte aus England und aus Spanien.

Die geschorene Wolle wurde zunächst grob gereinigt, indem die Wollflocken auf einen geflochtenen Rost gelegt und dort ausgeklopft wurden. Der Staub fiel dabei durch den Rost und wurde gesammelt, damit er sich nicht ausbreitete. Danach wurden die Flocken von groben Schmutzpartikeln gereinigt und Rohwollstücke, die bunt angemalt worden waren, um das Schaf zu kennzeichnen, entfernt (Bild 6.4, links vorne).

Anschließend wurde die Wolle schonend in einem sogenannten Wolf geschlagen (Bild 6.5). Dabei wurden die Flocken mithilfe von rotierenden Querhölzern (L), die mit Haken (M) versehen waren, aufgelöst. Der Antrieb erfolgte mit einer Handkurbel (K).

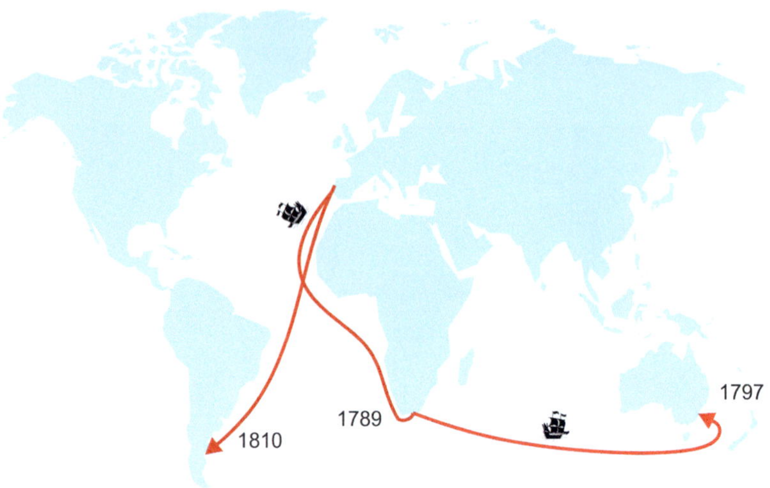


**Bild 6.3** Ausbreitung der Merinoschafe nach Südamerika, Südafrika und Australien

**Bild 6.4** Klopfen der Wolle (Duhamel du Monceau, 1766)

Der nächste Verarbeitungsschritt war das Schmälzen und anschließende Kardieren der Wolle (Bild 6.6). Dabei wurde die Wolle in einem flachen Becken ausgebreitet und mit Öl beträufelt (2. Arbeiterin von links). Danach wurde sie zu Bündeln zusammengefasst (links) und anschließend von einem an einem speziellen Apparat sitzenden Arbeiter mit Kratzen kardiert (Mitte, vorne). Die Lagerung erfolgte je nach Qualität in verschiedenen Kammern, in denen die Wolle auf Stangen ausgebreitet wurde (rechts).

Vor der Ausfuhr von Merinoschafen nach Übersee war die Züchtung von Schafen mit feiner Wolle eine Domäne vor allem von Deutschland, Spanien und Frankreich. Nach dem

Aufbau der Herden in Übersee Ende des 18. Jh. änderte sich dies jedoch schnell. Aufgrund der großen Futterplätze wurden dort riesige Herden gezüchtet und bald Wolle nach Europa exportiert.

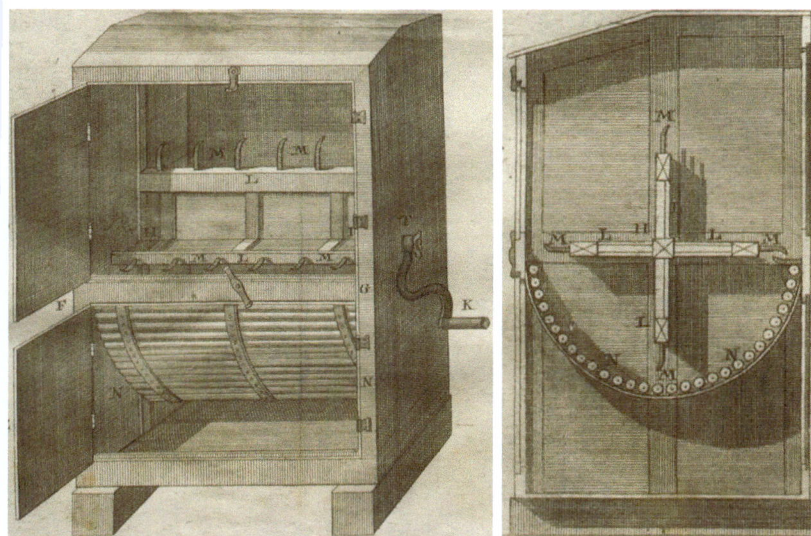


**Bild 6.5** Wollwolf (Duhamel du Monceau, 1766)

**Bild 6.6** Wolle schmälzen, kardieren und lagern (Duhamel du Monceau, 1766)

## 6.1.2 Seide

Die Seidenhauptstadt Europas war bis zum Ende des 18. Jh. weiterhin Lyon. 1787 wurden dort 14 000 Webstühle für die Herstellung von Seidenstoffen betrieben, nach den Wirren der französischen Revolution ab 1789 waren es nur noch 3000, und 1793 wurde die Stadt von den Jakobinern komplett zerstört, nachdem sie sich gegen die Revolutionäre erhoben hatte. Erst unter der Regentschaft Napoleons I. (1769–1821) und durch die Entwicklung des Jacquardwebstuhls kam es zu einem erneuten Aufschwung (Bohnsack, 1993).

Während bis ins 17. Jh. vor allem geometrische Designs dominierten, die in Italien beliebt waren, entwickelten die Lyoner Weber im 18. Jh. nun eigene Muster, die naturalistischer waren und z.B. Blumen darstellten. Sie wurden sehr populär und in viele Länder exportiert. Weil es in Mode kam, die Wände mit Seidenstoffen mit floralen Mustern zu bespannen, stieg die Nachfrage nach diesen Stoffen sehr stark an. Insbesondere Philippe de Lasalle (1723–1804), ein Designer und Fabrikant von Seidenstoffen in Lyon, spielte hier eine entscheidende Rolle (Bild 6.7). Durch die Religionskriege und die Aufhebung des Edikts von Nantes im Jahr 1685 verließen allerdings viele Weber, vor allem Hugenotten, Frankreich, sodass von 12 000 Seidenwebern im Jahr 1685 nur noch 3000 im Jahr 1702 blieben (Bohnsack, 1993). Die Seidenherstellung in Tours und Lyon kam dadurch fast komplett zum Erliegen, ebenso in vielen anderen Städten Frankreichs.

**Bild 6.7** Philippe de Lasalle (Sourny, 1872) und Beispiele seiner naturalistischen und floralen Muster (Lasalle, 1765, 1780)

Die Seidenherstellung in Japan war im 18. Jh. von großer wirtschaftlicher Bedeutung, und die erzeugten Seidenstoffe ein begehrtes Importgut in vielen Teilen der Welt. Bild 6.8 zeigt den Stand der Seidengewebeherstellung im späten 18. Jh.: Die frisch geschlüpften Seidenraupen werden abgebürstet und mit feinen Maulbeerblättern gefüttert (oben links). Im Bild oben Mitte werden die gewachsenen Seidenraupen mit Maulbeerblättern weiter gefüttert, bevor sie später auf die im Hintergrund dargestellten Bambusregale platziert werden. Die Abbildung oben rechts zeigt das Abhaspeln der Seidenkokons in kochendem Wasser, unter dem Topf wird mit Holz geheizt. In der unteren Bildreihe ist links das Trocknen der Haspelseide dargestellt, in der Mitte wird gewebt, und rechts wird überschüssige Seide aufgewickelt.

**Bild 6.8** Ausgewählte Prozessstufen der Seidenstoffherstellung in Japan im späten 18. Jh. (Kitagawa Utamaro)

## 6.1.3 Baumwolle

Seit 1730 wurde in England Baumwolle zunehmend für Strümpfe und andere Bekleidungstextilien eingesetzt. Der Import nahm bis zur Einführung der mechanischen Spinnmaschinen ab 1770 leicht zu, danach stieg er rasant an, wie Bild 6.9 zeigt.

Die Baumwolle wurde so in kurzer Zeit zum mengenmäßig wichtigsten Faserstoff in England, weil sie billig und in großen Mengen in der Karibik, den USA und in Indien erzeugt werden konnte. Die planmäßige Produktion in den USA begann 1621 in Virginia, 1733 in Carolina und 1734 in Georgia, zunächst wurden ostindische Baumwollsorten angebaut.

Die rasante Zunahme der Baumwollverarbeitung veranschaulicht ein Beispiel aus Rouen (Frankreich): In diesem Zentrum der Leinenverarbeitung arbeiteten zu Beginn des 18. Jh. rund 180 000 Bauernfamilien in Heimarbeit, um mit Spinnen und Weben zusätzliches Geld zu verdienen. 1760 arbeiteten nur noch 3 % im Flachsgewerbe, die anderen 97 % verarbeiteten Baumwolle. Dies wird auch an den Baumwollimporten nach Frankreich deutlich, die von 250 t (1700) auf 4000 t (1787) anstiegen und 1813 bereits 8000 t erreichten (Alcan, 1865).

Bis zum Ende des 18. Jh. kam die Baumwolle über zahlreiche Zwischenhändler vom Produzenten bis zum Verarbeiter. Um die Kosten zu senken, beschäftigten die entstehenden Fabriken ab ca. 1790 Makler, die den Ankauf, den Transport und die Qualitätsprüfung der Baumwolle anhand von Standards vom Anbaugebiet bis zur Verarbeitung in England übernahmen. Später stiegen auch die Banken in diesen Handel ein und vergaben Kredite.

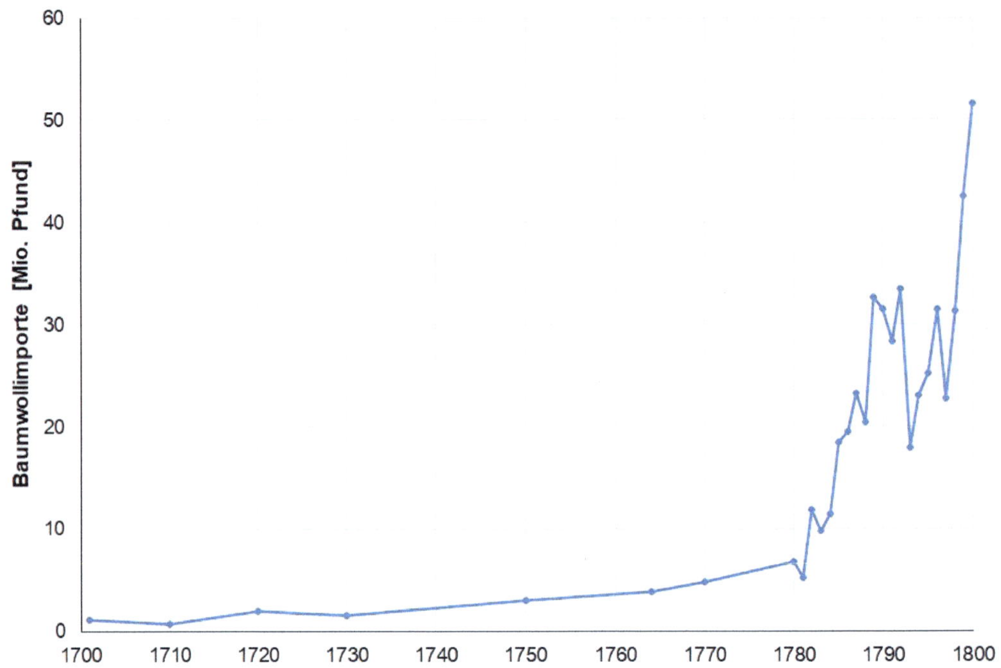


**Bild 6.9** Baumwollimporte nach England (Linder, 1967; Mann, 1860)

## 6.1.4 Flachs

Die Flachsverarbeitung war im 18. Jh. noch die gleiche wie im Mittelalter, wie Bild 6.10 beispielhaft zeigt. Vorne links werden die Flachsstängel gebrochen, dahinter wird gehechelt, und die dritte Frau schlägt die Schäben heraus. Die Frau vorne rechts vereinzelt die Flachsfaserbündel durch Schwingen. Im Hintergrund stehen die zum Trocknen und Rösten aufgestellten Flachsfaserbüschel auf dem Feld.

Im 18. Jh. wurden Taschentücher aus feinen Leinengeweben populär, bekannt waren sie schon seit dem Altertum (Bild 6.11). Sie waren noch weitgehend dem Adel vorbehalten, was allerdings nicht immer von Vorteil war, wie ein Ausspruch in Karl Georg Büchners „Dantons Tod" aus der Zeit der Französischen Revolution zeigt: „Was, er schneuzt sich nicht durch die Finger? Er hat ein Taschentuch – er muss ein Aristokrat sein. Hängt ihn auf!" Solche Artikel wurden vor allem in Flandern, den Niederlanden und Nordfrankreich hergestellt. Die Leinwandgewebe „Toile de Reims" waren berühmt, weil sie so fein seien wie die Stoffe aus Ägypten.

**Bild 6.10** Gewinnung der Flachsfasern (Basedow, 1774)

**Bild 6.11** Infantin von Spanien mit Taschentuch aus Leinen (Velázquez, 1652)

## 6.1.5 Hanf

Der Hanf kam über Spanien nach Chile und Nordamerika, wo er in Kentucky ab 1775 angebaut wurde. In großem Umfang wurde Hanf vor allem in Russland kultiviert, das dadurch eine beherrschende Stellung auf dem europäischen Markt erlangte. Die Verarbeitung hatte sich im Vergleich zum Mittelalter kaum verändert und war vollständig manuell.

## 6.2 Spinnen

Bis zur Mitte des 18. Jh. erfolgte die Garnherstellung in Heimarbeit und weiterhin mit der Handspindel und einem verbesserten Handspinnrad.

### 6.2.1 Handspinnrad

Das Handspinnrad wurde auch noch im 18. Jh. vielfach zu Hause zur Garnherstellung eingesetzt. Wie Bild 6.12 zeigt, waren die Spinnräder aber im Gegensatz zu früheren Zeiten nun zunehmend standardisiert, und es gab entsprechende Ersatzteile.

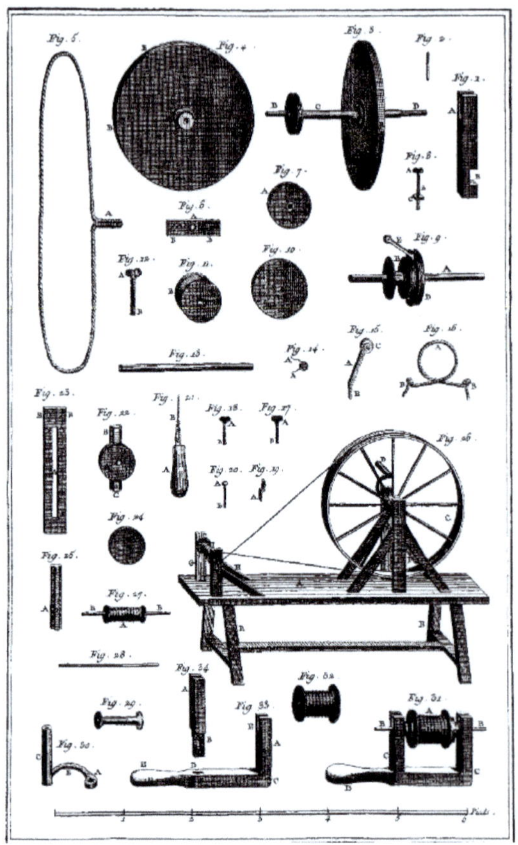

**Bild 6.12** Handspinnrad und seine Einzelteile (Diderot und D'Alembert, 1785)

Im Rokoko wurden kleine Spinnräder mit besonders schönem Design als Dekorationsobjekte eingesetzt. Das Flachsspinnen wurde wieder populär, auch in den feineren Kreisen. Dazu wurden spezielle Tischspinnräder gebaut (Bild 6.13), und auch kleinere Modelle, die man sich in den Gürtel stecken konnte, waren verbreitet. Besonders beliebt waren sie in der zweiten Hälfte des 18. Jh. in England, wohin sie zunächst aus Süddeutschland exportiert wurden. Später gab es auch englische Nachbauten. Diese Spinnräder wurden nur zum Zeitvertreib eingesetzt, eine relevante Garnproduktion war damit nicht möglich (Vogt, 2008).

Um 1799 sollen in Chemnitz noch rund 15 000 Handspinnerinnen im Verlagssystem gearbeitet haben. Dass nicht nur das einfache Volk, sondern auch die Damen der Bürgerschicht viel Zeit zu Hause mit dem Spinnen verbrachten, zeigt Bild 6.14. Typische Garnfeinheiten erreichten 30–37 tex (16's–20's).

**Bild 6.13** Feine Dame mit Tischspinnrad (Watson, 1764)

**Bild 6.14** Spinnende feine Damen (nicht zwangsläufig fein spinnend) in (Diderot und D'Alembert, 1785)

### 6.2.2 Seidenspinnen in Heimarbeit

Die Bedeutung der Seidenherstellung in Frankreich wird buchstäblich illustriert durch die 140 Abbildungen, die allein diesem Thema in der großen Encyclopédie des Handwerks und der Landwirtschaft gewidmet werden (Diderot und D'Alembert, 1785). Die meisten anderen Kapitel kommen mit zehn Abbildungen aus. Die Seidenverarbeitung war zu einem großen Teil mechanisiert, und es gab einfache Maschinen mit mehreren Arbeitsstellen. Sie war damit ein Vorbote der Entwicklung in der Baumwollspinnerei.

Ein Großteil der Seide wurde auch im 18. Jh. noch in Heimarbeit versponnen. Dazu wurde sie zunächst abgehaspelt und aufgewickelt (Bild 6.15).

**Bild 6.15** Abhaspeln der Seide (Diderot und D'Alembert, 1785)

Der vielseitige Erfinder (Abschnitt 6.3.10.2) Jacques de Vaucanson (1709–1782) verbesserte während seiner Tätigkeit als Chefinspekteur der französischen Seidenmanufakturen die Haspel (Bild 6.16). Seine Maschine besaß eine Torta (im Bild unten), bei der die abgehaspelten Fäden aneinander vorbeigeführt und so geglättet wurden. Gleichzeitig erhielten sie eine Drehung in Z-Richtung. Der Antrieb erfolgte über eine Handkurbel, sodass die Maschine von einer Person bedient werden konnte.

Die in Bild 6.17 dargestellte Maschine wurde zum Doublieren der abgehaspelten Seidenfäden in Heimarbeit eingesetzt. Dabei werden mehrere Seidenfäden miteinander kombiniert und gemeinsam aufgewickelt.

Eine andere Maschine konnte mehreren Fäden gleichzeitig eine Drehung erteilen und sie dabei aufwickeln. Sie ähnelt im Prinzip der Drehungserteilung der Water Frame (Abschnitt 6.3.5) und diente möglicherweise als ihr Vorbild. Der Antrieb erfolgte über eine Handkurbel, sodass diese Maschine ebenfalls in Heimarbeit verwendet werden konnte.

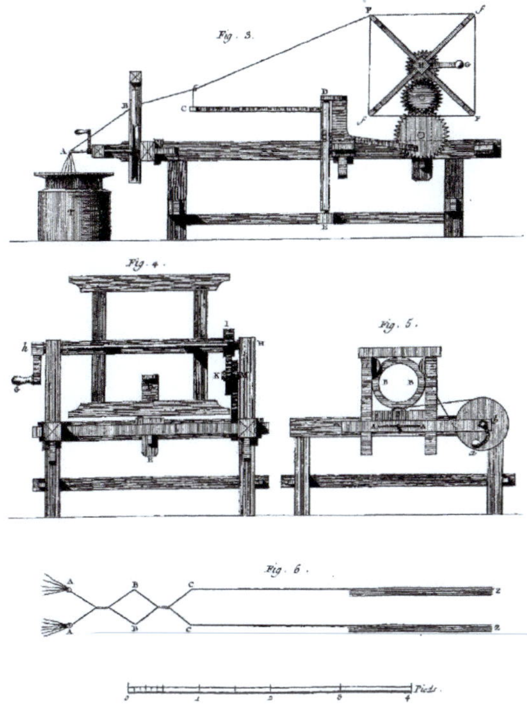

**Bild 6.16** Maschine zum Abhaspeln der Seide von J. de Vaucanson (Diderot und D'Alembert, 1785)

**Bild 6.17** Doublieren der Seide (Diderot und D'Alembert, 1785)

**Bild 6.18** Verdrehen der Seidenfäden (Diderot und D'Alembert, 1785)

### 6.2.3 Seidenzwirnmühle

Seidenzwirnmühlen waren schon seit dem 13. Jh. in Gebrauch und wurden technisch stetig weiterentwickelt. Ein Exemplar, das für die Arbeit zu Hause geeignet war, zeigt Bild 6.19. Natürlich war hier mehr Know-how erforderlich als bei den im vorigen Kapitel gezeigten Spinnmaschinen.

Die Kurfürsten von Sachsen waren bekannt für ihren luxuriösen Lebensstil. Dazu gehörten prunkvolle Kleider, zu deren Herstellung große Mengen an Seide benötigt wurden. Daher wurden seit ca. 1500 in Mahitzschen Maulbeerbäume gepflanzt und in einer Lehrpflanzung Seidenraupen gezüchtet. 1754 pachtete der Kammerrat Johann Christian Raabe zwei Wassermühlen, die er später für 4000 Taler kaufte. Damit konnte er sein Seidenfilatorium betreiben, wofür er 1751 von Kurführst Friedrich August das Privileg erhalten hatte (Bild 6.20). Es war das erste seiner Art in Deutschland. Die Investitionskosten lagen bei rund 50 000 Talern, was heute ca. 10–15 Mio. € entspricht.

Die Maschine, die auf Entwürfen entsprechender Maschinen in Bologna beruhte, besaß 80 000 Spulen, und zu ihrem Betrieb waren 14 Mitarbeiter, meist Kinder, erforderlich. Damit konnte so viel Seide verarbeitet werden, dass rund 500 Arbeiter ersetzt werden konnten.

Nach dem Siebenjährigen Krieg (1756–1763) und der Zerstörung der Maulbeerbäume zerfiel die Fabrik, wurde 1799 in Einzelteile zerlegt und verkauft. Die Arbeiter zogen nach Berlin, wo sich bald danach das preußische Seidengewerbe entwickelte (Müller,

1997). Ab 1786 wurden dort mithilfe von Wasserkraft in zahlreichen Betrieben große Mengen Seide verarbeitet.

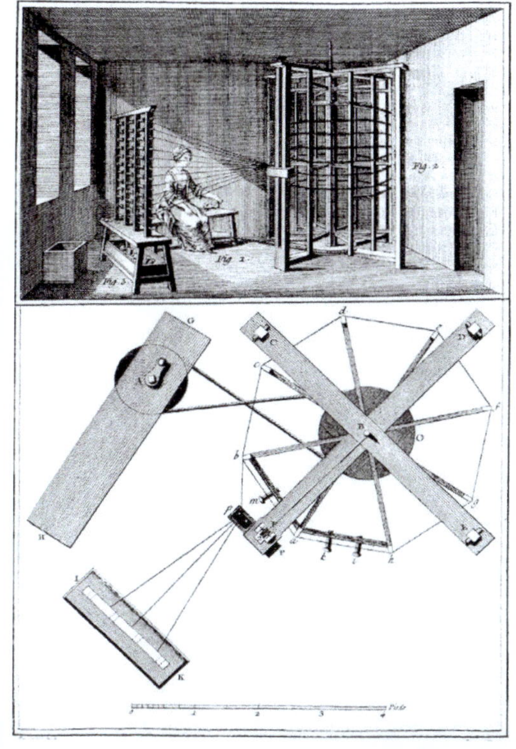

**Bild 6.19** Seidenmühle für den Hausgebrauch (Diderot und D'Alembert, 1785)

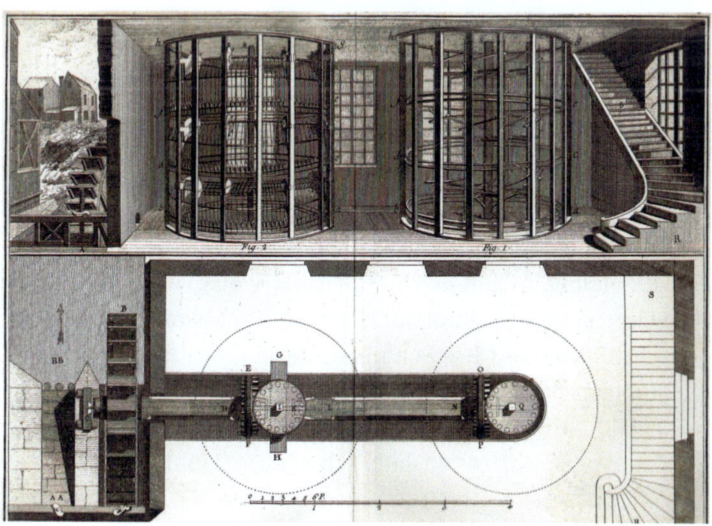

**Bild 6.20** Seidenmühle mit Wasserantrieb in Seitenansicht und Draufsicht (Diderot und D'Alembert, 1785)

Gegen die Einführung dieser Seidenmühlen bzw. Filatorien gab es zum Teil heftige Widerstände, weil durch sie viele Arbeitsplätze verloren gingen. So waren für den Betrieb einer kleinen Zwirnmaschine in Handarbeit jeweils zwei Arbeiter vor Ort erforderlich und rund zwanzig weitere, meist Frauen, die das Garn in Heimarbeit für das Verzwirnen vorbereiteten. Um nicht viele Arbeitsplätze durch die Einführung dieser Maschinen zu vernichten, wurde z. B. in Köln erst 1799 der Einsatz von Seidenmühlen erlaubt. In England, in das die Brüder Thomas und John Lombe in den 1720er-Jahren diese Maschinen eingeführt hatten, gab es noch 1735 Aufstände gegen sie. Dies wird verständlich, wenn man berücksichtigt, dass in dieser Zwirnmühle rund 20 000 Spindeln eingesetzt und diese mit Wasserkraft angetrieben wurden. Rund 300 Mitarbeiter waren in diesem fünfstöckigen Gebäude beschäftigt, das als erstes „Fabrikgebäude" Englands gilt und nicht nur ein Vorbote, sondern vielfach kopiert und ein Musterbeispiel für die bald einsetzende Industrialisierung war (Bild 6.21). Das Gebäude besaß in seinen fünf Stockwerken insgesamt 468 Fenster. Die Investitionskosten sollen rund £ 30 000 betragen haben.

**Bild 6.21** Lombes Seidenmühle in Derby (Walker, 1794)

Ebenfalls nicht untypisch für die damalige Zeit war die Art und Weise, wie John Lombe die italienische Seidenzwirntechnologie nach England brachte: durch simplen Diebstahl der Baupläne, vermutlich durch Einsatz von Bestechungsgeldern. Sein Biograf William Hutton schreibt, dass die piemontesischen Seidenspinner so erbost gewesen seien, dass sie eine „Artisan Woman" geschickt hätten, die Lombe zuerst verführen und dann vergiften sollte (Rosen, 2010). Möglicherweise starb er deshalb schon mit 29 Jahren, dies wurde nie abschließend geklärt.

Eine Ausweitung der Produktion als Reaktion auf die gestiegene Nachfrage war ohne Maschinen wegen des hohen manuellen Aufwands und der komplexen Logistik (Heimarbeit in

Kombination mit maschineller Produktion in der Fabrik) nicht möglich, und so setzte sich am Ende auch hier die Maschine durch. In einem zeitgenössischen Bericht steht über die Fabrik: „It has 26,000 wheels, 97,000 movements, which wind seventy-one yards of silk while the waterwheel which is eighteen feet high, makes one revolution, and that three are performed in one minute.“ (Bush, 1987) Dies entspricht einer Produktion von 190 m/min bzw. 180 km Seidengarn pro Tag (bei 16 Arbeitsstunden). Durch die zunehmende Normierung von Ersatzteilen und Spulkörpern konnten die anfangs hohen Instandhaltungskosten der aus Holz gebauten Maschinen erheblich reduziert und so die Gewinne erhöht werden.

Zwar hatte John Lombe 1718 ein Patent auf seine Seidenzwirnmaschine erhalten, dies wurde aber 1732 nicht erneuert. Vielmehr wurde er gezwungen, ein Modell seiner Maschine im Tower von London auszustellen, damit auch andere sie bauen konnten. So entstanden weitere Seidenmühlen: 1736 in Stockport, 1743 in Macclesfield und 1755 in Congleton, alle im Nordwesten Englands gelegen. Bild 6.22 zeigt eine Weiterentwicklung von Lombes Seidenzwirnmaschine. Dabei wird der abgehaspelte Seidenfaden, der meist aus sechs bis zwölf Filamenten besteht, mit einer Flügelspindel gedreht und aufgewunden. So erhält er eine höhere Festigkeit und wird gleichmäßiger.

**Bild 6.22** Seidenzwirnmaschine (ClemRutter, 2012)

Gewebt wurde vor allem in Spitalfields (London), Manchester und Norwich. Mit Ende des Siebenjährigen Krieges mit Frankreich im Jahr 1763 wurden Seidengewebe wieder aus Frankreich importiert, was zu einer Krise der Seidenweberei in England führte. Die Produktion verlagerte sich daher aus Kostengründen in ländliche Regionen. 1771 wurde der

Import von Seidenstoffen in England komplett verboten, um die eigene Industrie vor „Preisdumping“ zu schützen.

Schätzungen zufolge wurden Ende des 18. Jh. in Europa rund 1000 Seidenmühlen betrieben (Bayerl, 2013).

## 6.3 Mechanisierung der Produktion und Beginn der Industrialisierung

Im 18. Jh. setzte sich eine Entwicklung fort und nahm nun Fahrt auf, die schon im Mittelalter begonnen hatte, nämlich die Mechanisierung der Textilherstellung. Dies geschah in den Bereichen der Garn- und Flächenherstellung unterschiedlich schnell und erfolgte auch nicht „schlagartig“, sondern über einen Zeitraum von rund 150 Jahren. Daher wird in der Forschung oft nicht mehr von einer industriellen „Revolution“, sondern von einer industriellen „Evolution“ gesprochen. Manche Bereiche blieben noch lange rein manuell (z. B. die Kettbaumherstellung), während andere schon Wasserkraft oder Dampfmaschinenantriebe einsetzten. Noch 1861 waren 70 % der Beschäftigten in Großbritannien in Branchen tätig, die vom technischen Wandel nicht erfasst waren (Niemann, 2009).

### 6.3.1 Webereivorbereitung

Die Vorbereitung der Kettfäden, also das Schären (von „Fadenschar“), erfolgte auch im 18. Jh. noch rein manuell und ist in Bild 6.23 dargestellt. Rechts zieht eine Arbeiterin eine Schar von Fäden aus einem Spulengatter ab und wickelt sie als Strang auf ein Gestell. Die beiden Arbeiter vor dem Kamin tauchen die Stränge in einen Bottich mit Leim. Dadurch erhalten die Fäden eine Schutzschicht (Schlichte), die sie beim späteren Weben reißfester macht und gleichzeitig die Reibung an Fadenführungselementen reduziert. Die Arbeiterin links verknoten die Stränge (Details vorne links), damit sie anschließend korrekt auf den Kettbaum gewickelt werden können.

Den Einzug der Kettfäden zeigt Bild 6.24. Links werden die Fadenstränge in die Webmaschine eingezogen. Dabei werden sie bereits mustergemäß (hier: Leinwandbindung) getrennt. Ein Teil läuft über das Webstuhlgestell, der andere Teil darunter. Sind die Stränge komplett auf den Kettbaum gewickelt, kann mit dem Weben begonnen werden.

Bis ins 18. Jh. änderte sich trotz aller technischen Neuerungen im 17. Jh. der Alltag der meisten Weber kaum. Es dominierten weiterhin die Trittwebstühle (Bild 6.25) und einfache Stoffmuster. Waren die Webstühle breiter als ca. 1 m, so wurden zwei Weber benötigt, die sich die Schiffchen jeweils zuwarfen. Vorne links ist eine Arbeiterin zu sehen, die die Wechselspulen für die Schiffchen herstellt.

**Bild 6.23** Schären der Kettfäden (Duhamel du Monceau, 1766)

**Bild 6.24** Aufwickeln der Kettfäden auf den Kettbaum (Duhamel du Monceau, 1766)

**Bild 6.25** Zwei Weber und Spulerin (Duhamel du Monceau, 1766)

## 6.3.2 Gewebeherstellung mit dem Schnellschützen von John Kay

Die Industrialisierung beginnt im Jahr 1733 mit der Erfindung des Schnellschützen („flying shuttle“) durch den englischen Weber John Kay (1704–1780). Während bisher das Weberschiffchen mit dem Schussgarn von Hand durch das üblicherweise 70 cm breite Fach gereicht wurde, bei breiteren Webstühlen waren sogar zwei Weber dazu erforderlich, wurde nun das Schiffchen mit einer speziellen Vorrichtung durch das Fach „geschossen“, und man konnte erstmals von einem „Schussfaden“ sprechen. Auch waren breitere Gewebe möglich (bis 36 Zoll, also 0,9 m), ohne dass dafür zusätzliche Arbeitskräfte erforderlich waren.

Dazu erfand Kay eine Vorrichtung, bestehend aus zwei Holzklötzen („Picker“) und einer Schnur (Bild 6.26, I). Wenn an der Schnur nach rechts gezogen wurde, so schlug der linke Holzklotz auf den Schützen, der so nach rechts durch das Fach getrieben wurde. Durch einen Zug an der Schnur nach links wurde der Schütze entsprechend vom rechten Klotz nach links bewegt. Mit der anderen Hand konnte das Riet betätigt werden, und mit den Füßen wurden wie bisher auch die Schäfte bewegt (Bild 6.28).

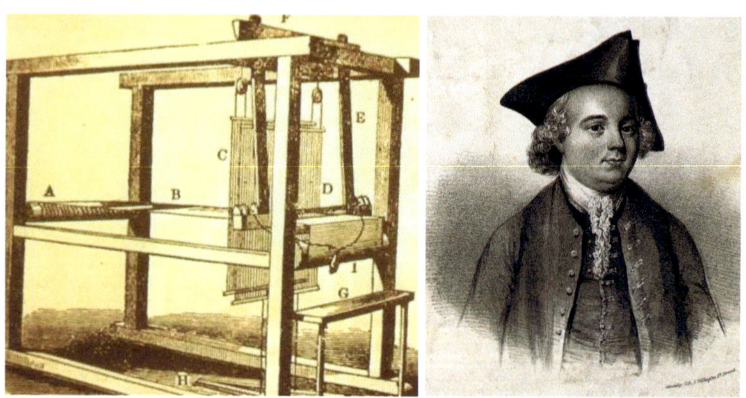


**Bild 6.26** Webstuhl mit Schnellschützeneinrichtung (Wiki, 2022a) und John Kay (Madeley, 1840)

Den Aufbau des Schützen zeigt Bild 6.27. Die Spindel (es kann direkt die Spinnspindel verwendet werden) wird über einen Dorn geschoben, dieser wird nach unten gedrückt und der Fadenanfang in die Fadenbremse an der Spitze des Schützen eingelegt. Rechts oben ist der Querschnitt durch den Schützen mit der eingelegten Spindel dargestellt. Beide Enden des Schützen sind mit Metallkappen verstärkt.

Durch dieses Verfahren konnte doppelt so schnell gewebt werden wie bisher, und ein Weber konnte 12–15 m Stoff pro Tag herstellen. Weil die Nachfrage nach Geweben zu Beginn weniger stark stieg als die Produktivität der Weber, sahen sich durch John Kays Erfindung viele Weber in ihrer Existenz bedroht. 1753 verwüsteten sie seine Werkstatt, woraufhin er nach Frankreich floh. Er kehrte nie nach England zurück.

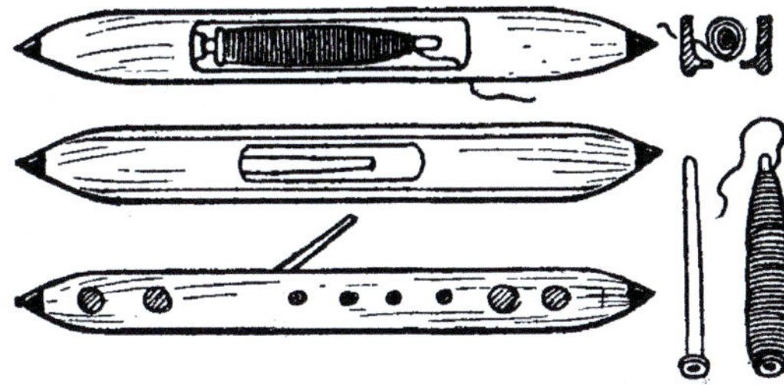

**Bild 6.27** Aufbau des Schützen (Hooper, 1910)

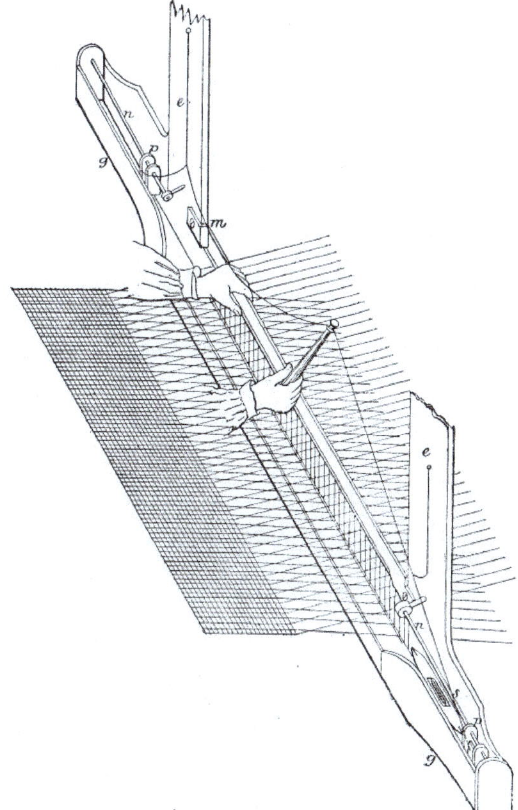

**Bild 6.28** Details der Schnellschützenvorrichtung von John Kay (Barlow, 1878)

Bereits vor der Erfindung des Schnellschützen war die Versorgung der Weber mit ausreichend Garn ein massives Problem, das nun weiter verschärft wurde. So benötigte vor John Kays Erfindung ein Weber rund neun Spinner, um ihn mit Garn zu versorgen. Es kam daher zum sogenannten „Garnhunger“, der vom Historiker Edward Baines später so beschrieben wurde: „The one thread wheel, though turning from morning till night in thousands of cottages, could not keep pace with the weaver's shuttle or with the demands of the merchant.“ Dies führte dazu, dass selbst Damen der feinen Gesellschaft in ihrer Freizeit Garne spannen, weil dafür Höchstpreise gezahlt wurden. Bild 6.29 zeigt drei davon mit ihren mobilen Gürtel-Handspinnapparaten, die jedoch sehr unproduktiv waren.

**Bild 6.29** Befriedigung des „Garnhungers“ durch feine Damen um 1785

Eine Aufstellung der Anzahl der erforderlichen Arbeitskräfte, um hundert Weber mit Garn zu versorgen, zeigt Bild 6.30. Danach gab es nicht nur einen enormen Bedarf an Garn, sondern auch alle anderen der Weberei vor- bzw. nachgeschalteten Prozessstufen waren unmittelbar betroffen, und es entstand ein erheblicher Bedarf an Arbeitskräften, der nicht gedeckt werden konnte. Daher wurde es zwingend erforderlich, auch die anderen Prozessstufen zu mechanisieren.

| | |
|---|---|
| Weavers | 100 |
| Wool sorters | 4 |
| Pickers | 10 |
| Combers | 20 |
| Spinners | 900 |
| Throwers | 4 |
| Twiners of the throwing mill | 4 |
| Thread makers | 4 |
| Doublers | 50 |
| Bobbin winders | 12 |
| Back-throw winders | 12 |
| Quill boys | 50 |
| Warpers | 5 |
| Dyers | 6 |
| Pressers | 6 |
| | 1187 |

**Bild 6.30** Erforderliche Arbeitskräfte, um hundert Weber mit Garn zu versorgen für den Anfang des 18. Jh. nach (Barlow, 1878)

### 6.3.3 Spinnmaschine von John Wyatt und Lewis Paul

John Wyatt (1700–1766) und Lewis Paul (?–1759) entwickelten gemeinsam eine erste kontinuierlich arbeitende Spinnmaschine, bei der das Verstrecken der Fäden durch ein Walzenpaar geschah. Die Drehungserteilung und die Garnaufwicklung erfolgten mithilfe einer Flügelspindel, ähnlich wie beim Handspinnrad. L. Paul erhielt darauf 1738 ein Patent. Leider funktionierte dieses Prinzip nicht stabil, weil die Verstreckung erst nach dem Walzenpaar erfolgte und dabei gleichzeitig Drehung eingeleitet wurde (Bild 6.31). Das führte wegen der hohen Fadenspannung im ungedrehten Faden häufig zum Fadenbruch am Walzenpaar. Erst die Trennung der Verstreckung von der Drehungserteilung und Aufwicklung in späteren Maschinen löste dieses Problem.

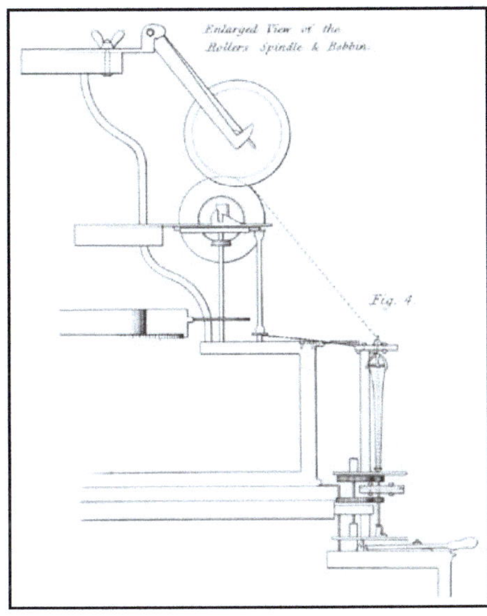


**Bild 6.31** Erste Spinnmaschine von Lewis Paul (Paul, 1758)

Edward Cave betrieb ab 1742 in Northampton fünf Spinnmaschinen mit jeweils fünfzig Spindeln, die nach diesem Patent arbeiteten (Bild 6.32). Mit jeder Spindel konnten täglich rund 1300 m Garn mit einer Feinheit von 40 tex (40 g/km) hergestellt werden, pro Maschine also rund 68 km (Catling, 1970). Dies war die erste mechanische Baumwollspinnerei der Welt mit Wasserradantrieb.

Sie kam mit ⅕ der sonst benötigten Arbeitskräfte aus, was zu großer Unruhe unter den Handspinnerinnen führte. Allerdings beklagte sich Cave 1743, dass er nicht genug Arbeitskräfte habe, um auch nur vier Maschinen laufen zu lassen, offenbar war die Bedienung kompliziert. Cave starb 1754, das Unternehmen ging dann durch verschiedene Hände, bevor die Spinnerei 1768 endgültig aufgegeben wurde. Ein kommerzieller Erfolg war sie nicht, und auch die Qualität der erzeugten Garne war unzureichend, insbesondere besaßen sie nicht die für Kettgarne erforderliche Festigkeit.

**Bild 6.32** Spinnerei von E. Cave (Noble and Butlin, 1746)

Im Jahr 1748 erfand Lewis Paul eine Kardiermaschine, die die Verarbeitung von Baumwolle in großen Mengen erleichterte (Bild 6.33). Auch ihr war wegen ihrer Komplexität und der Ungenauigkeit bei der Fertigung der Einzelteile kein Erfolg beschieden. Dennoch legte L. Paul die technologische Grundlage für alle später entwickelten Karden, die nach dem gleichen Grundprinzip arbeiten.

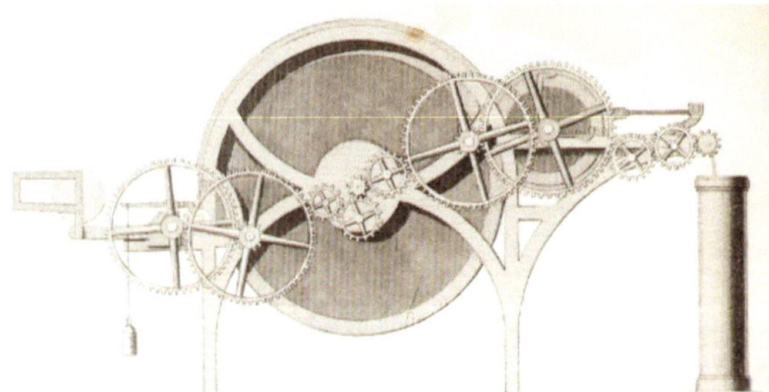

**Bild 6.33** Kardiermaschine von Lewis Paul in einer späteren Version von Richard Arkwright (Baines, 1835)

Die Karde von Paul besaß zunächst noch keine Einheit für die Abnahme der kardierten Fasern, weshalb die Bandbildung noch von Hand erfolgte. Dies wurde erst später mit dem sogenannten „Hacker", einem intermittierend arbeitenden Schläger bzw. einer weiteren Walze, dem „Abnehmer", mechanisiert.

### 6.3.4 Spinnmaschine von James Hargreaves

Alle Versuche, eine Spinnmaschine herzustellen, die mehrere Fäden in ausreichender Qualität gleichzeitig herstellen konnte, waren zunächst nicht erfolgreich, weder technologisch noch kommerziell. Während Friedrich der Große (1712–1786) alle „Hökerweiber" (Kleinhandel betreibende Frauen), Gefängnisinsassen, ehemalige Soldaten und alte Männer zum Spinnen mit der Handspindel verpflichtete, u. a., um auch im Winter produktiv zu sein, lobte die britische Royal Society 1751 einen Preis aus in Höhe von £ 50 für „die Erfindung einer Maschine, welche gleichzeitig sechs Fäden Baumwolle, Flachs oder Hanf spinnt, jedoch nur eine Person für die Bedienung braucht".

Mindestens sechs verschiedene Konzepte wurden eingereicht (Catling, 1970), und den Preis gewann schließlich 1764 der Weber James Hargreaves, der die erste funktionstüchtige Spinnmaschine baute. Diese Spinnmaschine wurde unter dem Namen „Spinning Jenny" weltberühmt. Der Legende nach benannte J. Hargreaves die Maschine nach einer seiner 13 Töchter. Allerdings hieß keine Jennifer, von daher ist diese Bezeichnung wohl eher eine Verballhornung von „Spinning Engine".

Sie arbeitete nach einem Zwei-Phasen-Prinzip, analog zum Handspinnrad. Dabei wurde zunächst aus einem Vorgarn (Bild 6.34, 12) das Garn durch Ausfahren eines einfachen Wagens gebildet und dabei verstreckt und durch die Rotation der Spindeln die Drehung erteilt. Der Antrieb erfolgte über ein Handrad (B). Es war im ersten Entwurf noch horizontal angeordnet und somit kaum zu bedienen. Dieser Konstruktionsfehler wurde aber schnell behoben und das Rad vertikal angebracht. Nach der Drehungserteilung erfolgte die Aufwicklung des Garns auf die Spindeln (4) in einem separaten Arbeitsschritt. Dazu fuhr der Wagen in die Ausgangsposition nahe der Vorgarnspindeln, und durch die Rotation der Spindeln im Wagen wurde das Garn aufgewickelt. Somit war das Prinzip des Handspinnrads erstmals vollständig mechanisiert. Die erste Maschine besaß acht Spinnpositionen, später wurden Maschinen mit über hundert Spindeln gebaut. Zunächst war der gleichmäßige Antrieb der einzelnen Spindeln durch ein zentrales Rad schwierig, der Einbau einer metallenen Welle löste das Problem.

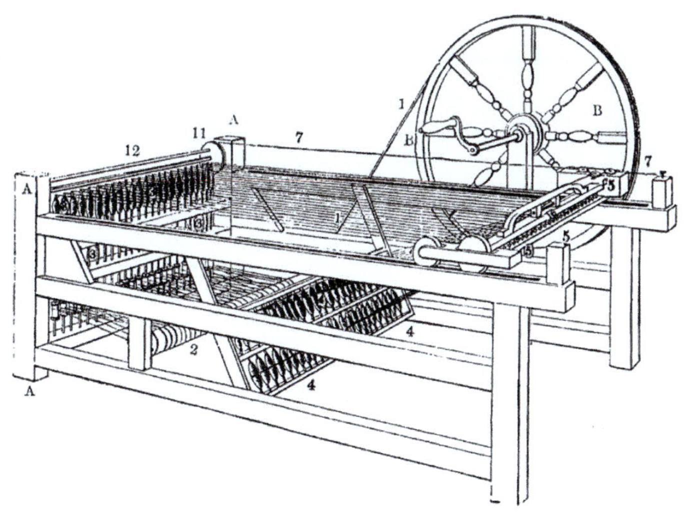


**Bild 6.34** Spinning Jenny von James Hargreaves (Ure, 1861)

Die Spinning Jenny verbreitete sich schnell, weil sie durch menschliche Muskelkraft angetrieben wurde und somit in Heimarbeit betrieben werden konnte. Eine Hand drehte das Antriebsrad, die andere bewegte den Wagen mit den Garnspindeln. Weil jedoch mehrere Fäden gleichzeitig gebildet wurden und der Spinner bzw. die Spinnerin nicht per Hand die Fadenspannung „erfühlen“ konnte, erforderte die Bedienung ein „Gefühl für die Maschine“. Dennoch wurde die Maschine schnell ein großer Erfolg und revolutionierte die Erzeugung grober Garne bis 30 tex (20's). Mit einer einzigen Maschine konnte so viel Garn erzeugt werden wie vorher von hundert Handspinnerinnen. Das Problem des „Garnhungers“ war damit gelöst; allerdings nur für weiche Garne mit wenigen Drehungen, für Kettgarne war diese Maschine ungeeignet, ebenso für Garne zum maschinellen Stricken. Sie setzte sich aber bald für die Erzeugung von Wollgarnen durch.

James Hargreaves profitierte von seiner Erfindung nur bedingt. Weil viele Handspinnerinnen durch sie arbeitslos wurden, wurde er von vielen Seiten angefeindet. Auf dem Höhepunkt stürmten aufgebrachte Weber (vermutlich die Ehemänner der arbeitslosen Spinnerinnen) seine Werkstatt und zerstörten seine Maschinen. Hargreaves floh daraufhin 1768 nach Nottingham, wo er heimlich weitere Jennys baute. Zwar erhielt er 1770 ein Patent auf seine Maschine, dies wurde aber weitgehend ignoriert, und so führte er bis zu seinem Tod 1778 zahlreiche Patentprozesse gegen die Hersteller von Nachbauten, allerdings mit mäßigem Erfolg. Ende des 18. Jh. waren alleine in England rund 20 000 Spinning Jennys in Betrieb und verdrängten somit fast vollständig das Spinnen mit der Handspindel (Bild 6.35).

**Bild 6.35** Spinning Jenny mit 16 Spindeln (Longbottom, 2005)

1771 stand bereits die erste nachgebaute Spinning Jenny in Frankreich, ab 1780 wurden diese Maschinen in Norddeutschland und Holland eingesetzt.

Die Anschaffung einer Spinning Jenny machte sich sehr schnell bezahlt. 1792 konnte eine vierzigspindelige Jenny für £ 6 gekauft werden. Sie ersetzte vierzig Handspinnerinnen, die pro Woche zwei bis drei Schillinge verdienten. Somit waren ihre Anschaffungskosten innerhalb von zwei Wochen amortisiert (May, 2011).

### 6.3.5 Water Frame von Richard Arkwright

Die nächste Entwicklungsstufe hin zu einer wirklich industriellen Großproduktion war die Mechanisierung des Maschinenantriebs. 1767 entwickelte Richard Arkwright (1732–1792) zusammen mit dem Uhrmacher John Kay (nicht identisch mit dem Erfinder des Schnellschützen) die sogenannte „Spinning Throstle" die zunächst mit Esel- oder Pferde-, ab 1771 dann mit Wasserkraft angetrieben wurde (Bild 6.36). Der Name leitet sich ab vom gleichmäßigen Surren der Spindeln, das den Namensgeber an den Gesang einer Singdrossel (engl.: throstle) erinnerte; offenbar ein Zeitgenosse mit viel Fantasie und wenig persönlichem Kontakt zu Singdrosseln. Die Maschine war eine mechanisierte Form des Flügelspinnrads aus dem 15. Jh. (vgl. Kapitel 5).

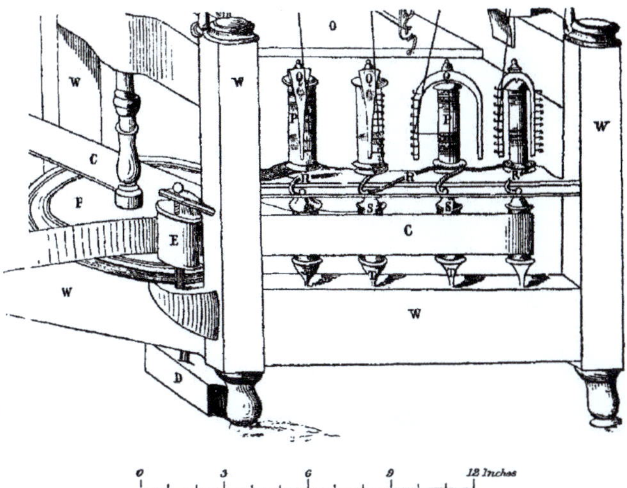


**Bild 6.36** Patentskizze der Water Frame von R. Arkwright mit vier Spinnpositionen

Die Maschine beruhte auf einer Erfindung von Thomas Highs, der von manchen auch als Ideengeber für die Spinning Jenny angesehen wird. Die wesentliche Neuerung war ein Walzenstreckwerk, mit dessen Hilfe das vorgelegte Band gleichmäßiger verstreckt werden konnte, als dies bisher möglich war (Bild 6.37), was die Garngleichmäßigkeit erheblich verbesserte.

Gleichzeitig konnten mit der Maschine festere Garne erzeugt werden, die sich somit als Kettgarn eigneten (Bild 6.38).

Diese Maschine wurde von Arkwright und seinen Mitarbeitern weiter verbessert, und 1775 erhielt er ein Patent auf die „Water Frame". Das verbesserte Walzenstreckwerk von Wyatt und Paul wurde kombiniert mit dem Dreh- und Aufspulmechanismus einer Flügelspindel, was der heute immer noch eingesetzten Flyermaschine zur Herstellung eines Vorgangs beim Ringspinnen entspricht (Bild 6.39).

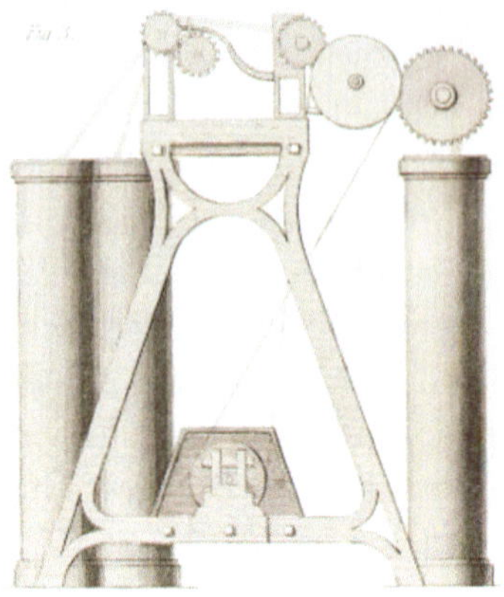

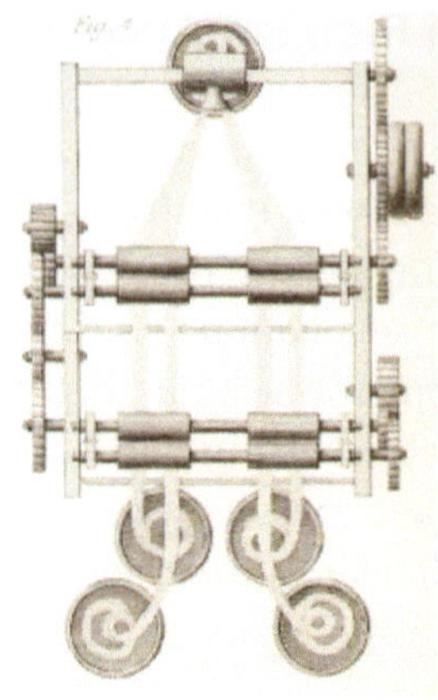

**Bild 6.37** Aufbau eines Streckwerks zum Verzug des Kardenbands (Baines, 1835)

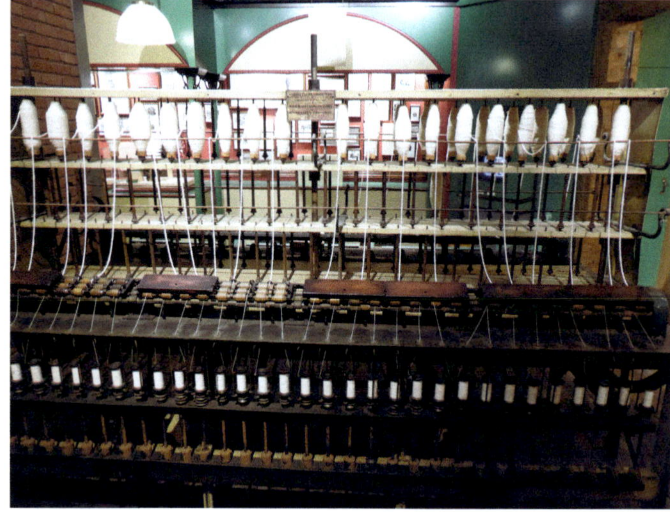

**Bild 6.38** Spinning Throstle von R. Arkwright (Z22, 2014)

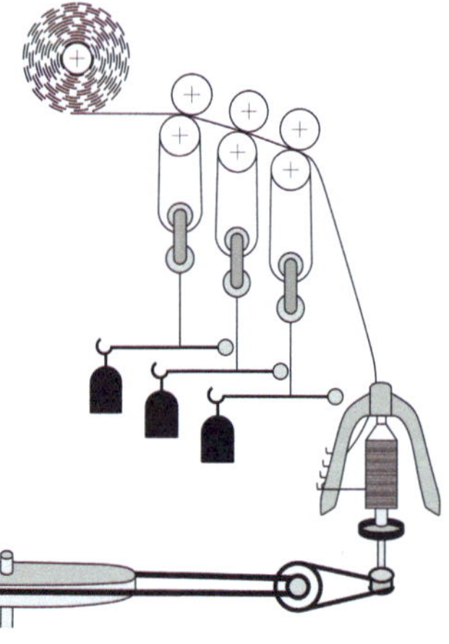

**Bild 6.39** Water Frame mit Walzenstreckwerk und Richard Arkwright (Daderot, 2013)

Der Garnbedarf in England war so groß, dass sich R. Arkwright entschloss, nicht nur Spinnmaschinen, sondern gleich eine ganze Spinnerei zu bauen. Zusammen mit dem Bankier Ian Wright und den Strumpffabrikanten Jedediah Strutt und Samuel Need errichtete er 1771 seine Fabrik in Cromford (Bild 6.40). Sie war architektonisch und in ihrer Konstruktion mit eisenverstärkten Mauern der Prototyp aller folgenden Industriegebäude. Ab ca. 1800 wurde sie mit Gaslampen beleuchtet. Als Antriebsenergie nutzte Arkwright erstmals in großem Stil die Wasserkraft. Auf dem Gelände errichtete er auch Unterkünfte für die Mitarbeiter, eine Schule und eine Kirche. Weil er die einfachen Handwerker und Heimarbeiter im Preis deutlich unterbieten konnte, blieb diesen kaum eine Wahl, als ihre Selbstständigkeit aufzugeben und Fabrikarbeiter zu werden. Innerhalb weniger-Jahre arbeiteten in Großbritannien 35 000 Menschen an Water-Frame-Spinnmaschinen (Catling, 1970).

**Bild 6.40** Die Textilfabrik von R. Arkwright in Cromford (Deryckère, 2006)

1774 gelang es Arkwright, dass der Importzoll auf Rohbaumwolle abgeschafft wurde, der ursprünglich die britische Wollindustrie schützen sollte. Dadurch kam es zu einem erheblichen Anstieg der Baumwollimporte, die für den wirtschaftlichen Betrieb großer Spinnereien unverzichtbar waren. 1775 erfand Arkwright eine verbesserte Karde, von der das gebildete Vlies mit einer Art „Hacker“ abgenommen wurde. Auch die Erfindung der sogenannten „Laternenbank“, eines Streckwerks, bei dem der Anpressdruck der Walzen eingestellt werden konnte, geht auf ihn zurück (Bild 6.41). Dabei kombinierte er drei Kardenbänder, sodass er gleichmäßige Vorgarne herstellen und damit die Qualität der Garne auf der Water Frame verbessern konnte. Der Abstand der Streckwerkswalzen konnte auf die Faserlänge angepasst werden, was ein entscheidender Fortschritt gegenüber dem unflexiblen (und erfolglosen) Entwurf von Wyatt und Paul war. Es war jedoch noch nicht möglich, das Vorgarn direkt auf Spulen aufzuwickeln, daher wurde es in Zykloiden in der „Laterne“ abgelegt und später manuell von Kindern auf Spulen gewunden, die der Water Frame vorgelegt wurden.

Mit seiner Maschinenkombination konnte Arkwright Garne bis zu einer Feinheit von 10 tex (60's) erzeugen, also deutlich feinere, als dies mit der Spinning Jenny (30 tex) möglich war. Er erkannte, dass das Vorlagematerial entscheidend für die Garnqualität ist, und wann immer diese nicht stimmte, hielt er seine Vorarbeiter an „look to your drawings", also „seht nach der Strecke".

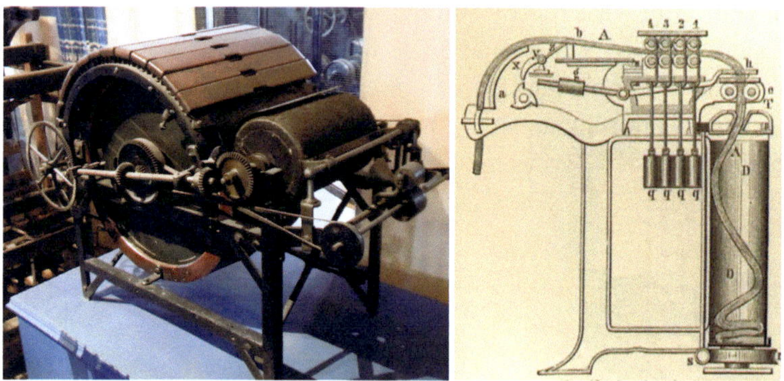

**Bild 6.41** Links: Karde von R. Arkwright (Ulrike Rübsam); rechts: Laternenbank späterer Bauart basierend auf Arkwrights Maschine (Schweiß, 2004)

Mit diesen Maschinen konnten nun in der Spinnereivorbereitung mehr und qualitativ hochwertigere Kardenbänder und Vorgarne hergestellt werden, womit die Grundlage für eine industrielle Produktion geschaffen war (Bild 6.42). Arkwright war der Erste, der die gesamte Spinnereivorbereitung mechanisiert hatte. Auch heute noch bieten die dominierenden Hersteller der Spinnereivorbereitungsmaschinen die gesamte Palette an, weil die Garnqualität entscheidend vom komplexen Zusammenspiel aller einzelnen Maschinen abhängt. Keiner stellt nur einen einzigen Maschinentyp her.

**Bild 6.42** Karderie (links) und Rovingherstellung (rechts) (Baines, 1835)

Bereits 1776 baute Arkwright in Cromford eine zweite Spinnerei mit sieben Stockwerken und weitere Fabriken in Manchester, Lancashire, Staffordshire und sogar in Schottland. Zwar wurden zwei Spinnereien in Lancashire 1779 durch eine aufgebrachte Menge („Maschinenstürmer") bzw. Brandstiftung zerstört, dennoch standen seine Mitarbeiter hinter ihm, und so blieben die anderen Spinnereien unbehelligt. Trotzdem hielt Arkwright für alle Fälle eine mit Schrot geladene Kanone bereit. Im Jahr 1782 beschäftigte Arkwright 5000 Menschen und hatte ein Vermögen von rund £ 200 000.

1782 stand die erste Water Frame in Lyon, und ein Jahr später kopierte der Deutsche Johann Gottfried Brügelmann mithilfe eines eigens nach England entsandten Spions, der ein Modell der Water Frame mitbrachte, die Technologie der Water Frame und gründete sein eigenes Unternehmen in Ratingen (bei Düsseldorf), das er nach seinem „Vorbild" entsprechend „Cromford" nannte. Ursprünglich aus Elberfeld stammend, gründete er seine Fabrik extra weit genug entfernt, weil er den Unmut der sich dort möglicherweise wegen des Garnnahrung-Monopols (vgl. Kapitel 5) bedroht fühlenden Handwerker fürchtete. 1784 erhielt er von Kurfürst Karl Theodor für zwölf Jahre das Monopol auf die mechanische Garnherstellung. Sein Unternehmen in Ratingen war die erste mechanische Spinnerei auf dem europäischen Festland und gilt als erste Fabrik überhaupt in Kontinentaleuropa. Somit lag der Ursprung der industriellen Revolution außerhalb Englands in einem Akt dreister Spionage, woran allerdings nur noch selten erinnert wird.

Nachdem ein englisches Gericht im Jahr 1785 entschieden hatte, dass Arkwrights Patent aus dem Jahr 1775 aus formalen Gründen ungültig sei, konnte es von seinen Konkurrenten ungestraft kopiert werden, was zu einer schnellen Verbreitung der Water-Frame-Technologie führte. Die Begründung für diese Gerichtsentscheidung war etwas skurril: Arkwright hätte in seiner Patentschrift bewusst einige Details seiner Erfindung verschwiegen, sodass Konkurrenten sie nicht nachbauen konnten. Der Sinn eines Patents, die Erfindung zu schützen vor Nachahmern, was Arkwright ja erreichen wollte, wird mit diesem Urteil ad absurdum geführt.

Im Jahr 1788 gab es in England mehr als 140 wasserkraftgetriebene Spinnereien, von denen einige im Besitz von R. Arkwright waren oder unter seiner Lizenz betrieben wurden und anderen Unternehmern gehörten. 1790 begann Arkwright in Nottingham mit der Nutzung von Dampfkraft als Antriebsquelle seiner Spinnmaschinen.

Bild 6.43 zeigt links die älteste erhaltene Water Frame, die vier Spindeln besaß. Im Bild rechts ist eine größere Ausführung zu sehen, die aber gleichzeitig so niedrig gebaut war, dass auch Kinder sie bedienen konnten.

In den Fabriken Arkwrights und seiner Konkurrenten herrschten aus heutiger Sicht miserable Arbeitsbedingungen mit täglichen Arbeitszeiten von 12–16 h und einem hohen Anteil von Kinderarbeit, die bereits ab einem Alter von fünf bis sechs Jahren beschäftigt wurden. Dies war der Beginn des „Manchester-Kapitalismus", der so lange funktionierte, wie abhängige, nichtorganisierte Arbeiter und Arbeiterinnen und ihre Kinder von Unternehmern ausgebeutet werden konnten.

Richard Arkwright wird heute als der erste „Großunternehmer“ angesehen, der mit seinen Ideen eine ganze Epoche prägte. Dass er nur über geringe Schulbildung verfügte, hinderte ihn nicht daran, der erfolgreichste Unternehmer seiner Zeit zu werden. 1786 zum Ritter geschlagen, verstarb er 1792 und hinterließ seinem einzigen Sohn Richard die enorme Summe von £ 500 000.

**Bild 6.43** Water Frame (Wiki, 2022b; Schweiß, 2022)

### 6.3.6 Spinning Mule von Samuel Crompton

Mit der Spinning Jenny und der Water Frame konnten noch keine so feinen Garne hergestellt werden, wie dies manuell möglich war. Durch den zunehmenden Bedarf an Textilien entstand jedoch die Notwendigkeit, auch feine Garne in großen Mengen erzeugen zu können. Dies gelang zum ersten Mal mit der Spinning Mule von Samuel Crompton (1753–1827), einem Barchentweber, im Jahr 1779. Dieser sogenannte „Wagenspinner“ war eine Kreuzung (daher „Mule“) aus der Spinning Jenny mit ihrem ausfahrbaren Wagen und dem vorgeschalteten Streckwerk der Water Frame. Das erste Exemplar besaß 48 Spindeln und wurde vom Spinner manuell angetrieben.

Bild 6.44 zeigt das Funktionsprinzip: Die Vorgarnspulen werden direkt auf das Maschinengestell aufgesteckt (links oben). Im Streckwerk (Str), das aus 5-über-5-Walzen besteht (1–5 bzw. I–V), wird das Vorgarn verstreckt, und gleichzeitig wird der Spinnwagen (Sp) nach rechts bewegt. Die Liefergeschwindigkeit des Streckwerks ist etwas niedriger als die Geschwindigkeit des Wagens. Dadurch wird das Garn bei der Vorwärtsbewegung des Maschinengestells (Ausfahrstellung) weiter verstreckt bis zur endgültigen Garnfeinheit. Gleichzeitig rotieren die – gekippten – Spindeln, und es wird über die Spindelspitze Drehung in das sich bildende Garn eingeleitet, das mit Hebel (δ) geführt wird. Dabei gelangt die Drehung bevorzugt in die dünnen Bereiche, wodurch die Gleichmäßigkeit des fertigen Garnes sehr hoch ist (Bild 6.45). Ist der Wagen vollständig ausgefahren, stoppt das Streckwerk, der Draht (α) klappt um, sodass sich zwischen Spindeln und Garn ein Winkel von ca. 90° bildet, und der Wagen fährt zurück in seine Ausgangsposition (Einfahrstellung). Dabei wird das gerade erzeugte Garne auf die weiterhin rotierenden Spindeln aufgewickelt. Ist die Anfangsposition des Wagens erreicht, stoppt der Wickelprozess, der Draht (α) kehrt in seine Ruheposition zurück, und der Prozess beginnt von vorne.

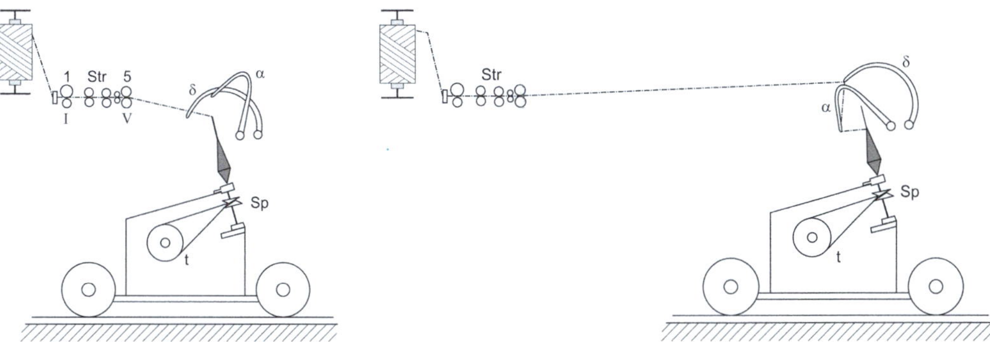


**Bild 6.44** Funktionsprinzip der Spinning Mule

Weil in die dünnen Garnstellen mehr Drehungen eingeleitet werden können (geringerer Drehungswiderstand), werden diese Stellen etwas dicker, während die dicken Stellen weniger gedreht werden. Dadurch kann eine hohe Garngleichmäßigkeit (konstante Masse über die Länge) erzielt werden (Bild 6.45).

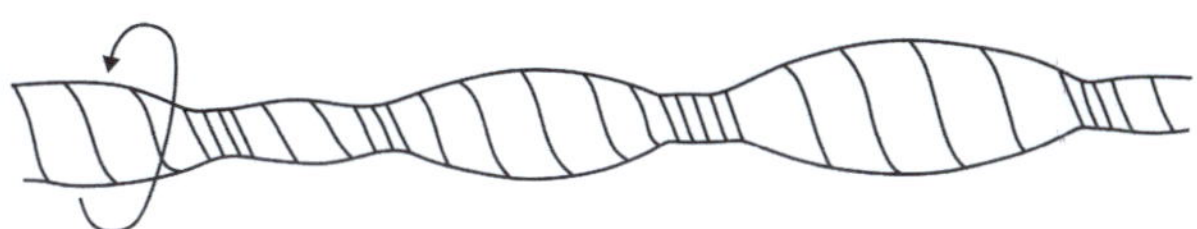

**Bild 6.45** Spinning Mule – Garn

Auch andere Erfinder hatten versucht, die Prinzipien von Spinning Jenny und Water Frame zu kombinieren. Sie waren allerdings daran gescheitert, dass einerseits die Bewegung des Spinnwagens beim Ausfahren und andererseits der Verstreckvorgang genau miteinander koordiniert werden müssen, um ein Abreißen des Garns, das zu Beginn nur wenig Drehung und somit nur wenig Festigkeit besitzt, zu verhindern. Crompton löste dieses Problem, indem er den Wagen auf Schienen setzte und die Getriebe von Wagen und Streckwerk mechanisch miteinander koppelte (Bild 6.47). Seine Erfindung wurde zunächst als „Hall i' th' Wood Wheel" bezeichnet, nach dem Namen des Hauses, in dem Crompton seine Maschine baute (Bild 6.46). Erst später setzte sich die Bezeichnung Spinning Mule durch, vermutlich war der andere Name nicht nur für Engländer kaum aussprechbar.

Samuel Crompton hielt seine Erfindung zunächst geheim und erzeugte nur Garn für seinen eigenen Bedarf als Weber. Es wurde aber schnell bekannt, dass er sehr feine Garne (bis 8 tex, also 80's) spinnen konnte, wie sie kein anderer Spinner in Großbritannien herstellte. Weil er sehr hohe Preise für seine feinen Garne erhielt (£ 2,10 pro Pfund, also 42 Schillinge bzw. 504 Pence), verlegte er sich auf das Spinnen und gab das Weben auf. Sein Einkommen war dadurch rund viermal höher. Weil Crompton kein Geld besaß, um seine Erfindung zum Patent anzumelden, suchte er die Hilfe eines Freundes, John Pilkington. Zusammen setzten sie 1780 einen Vertrag auf, der potenzielle Nutzer seiner Erfindung dazu verpflichtete, Crompton eine bestimmte Summe zu bezahlen. 82 Kunden konnte er so gewinnen, allerdings brachte ihm dies, weil viele nicht bezahlten, nur rund £ 60. Damit konnte er gerade eine neue Maschine bauen, die nur vier Spindeln mehr besaß (52) als seine erste, wie er später beklagte (Catling, 1970).

**Bild 6.46** Hall i' th' Wood, Cromptons Anwesen, in dem er die Spinning Mule erfand (Kapp, 2009)

**Bild 6.47** Samuel Crompton (Rémih, 2022) und älteste, noch existierende Spinning Mule (Pezzab, 2007)

Seine Maschine wurde somit vielfach kopiert, ohne dass er einen finanziellen Nutzen davon hatte. Sie verbreitete sich sehr schnell, weil sie nicht nur hochproduktiv war, sondern sowohl sehr feine als auch grobe und vor allem gleichmäßige und feste Garne erzeugen konnte. So konnte der Garnbedarf der Webereien endlich wirtschaftlich gedeckt werden. Für £ 38 konnte man eine Mule mit 180 Spindeln kaufen, bald gab es Maschinen mit 288 Spinnpositionen.

1787 wurden bereits 550 Spinning Mules mit rund 2 Mio. Spindeln betrieben, 1790 wurde die Spindelanzahl je Maschine auf 1800 erhöht, und im Jahr 1812 waren dann schon 4,5 Mio. Spindeln in 360 Spinnereien in Betrieb. Das entsprach einem Marktanteil von 90 % an allen mechanischen Spindeln, denn alle Spinning Jennys und Water Frames zusammen kamen nur auf 500 000 Spindeln. Die Bedienung einer Spinning Mule war sehr kompliziert und erforderte daher ausgebildete Fachkräfte. Da die Arbeit darüber hinaus körperlich anstrengend war, arbeiteten in den Spinnereien zu einem großen Teil Männer. Hilfstätigkeiten, wie z. B. das Aufstecken der Spulen, das Andrehen gerissener Fäden und das Säubern der Maschinen, wurden dagegen meist von Kindern ausgeführt (Bild 6.48). Dabei wurden z. B. 1835 an zwei Maschinen mit jeweils 684 Spindeln fünf Kinder beschäftigt, die vom Spinner entlohnt wurden.

**Bild 6.48** Fabrik mit halbautomatischen Spinning Mules

Schon 1788 stand die erste Spinning Mule in Amiens (Frankreich). 1791 gab Samuel Crompton das Spinnen auf und begann wieder zu weben, weil hier nun mehr Geld zu verdienen war. Allerdings hielt der Boom nicht lange an, und im Jahr 1800 beantragte er bei der Regierung eine Prämie für seine für die britische Textilindustrie so wichtige Erfindung. Er erhielt aber nur £ 5000, womit er seine geschäftlichen Schulden bezahlen und eine Bleicherei kaufen konnte. Am Ende seines Lebens wurde er von seinen Freunden finanziell unterstützt und teilte damit das Schicksal vieler Erfinder, die trotz ihrer Genialität keinen wirtschaftlichen Erfolg hatten.

Samuel Crompton machte keine Anstrengungen, seine Maschine selbst weiterzuentwickeln. Dies taten sehr bald u.a. Henry Stones, der erstmals Zahnriemen im Antrieb einsetzte, sowie William Kelly, der die erste Spinning Mule mit externem Antrieb baute und 1792 ein Patent für eine vollautomatische Spinning Mule beantragte. Für feine Garne blieb es aber noch bis in die zweite Hälfte des 19. Jh. beim Handantrieb, weil der externe Antrieb nicht gleichmäßig genug war und feine Fäden leicht brachen. In manchen englischen Spinnereien liefen noch bis 1964 handbetriebene Spinning Mules (Catling, 1970).

Die zunehmende Verbreitung der Spinning Mule in Kombination mit fallenden Baumwollpreisen, weil aufgrund der hohen Nachfrage immer mehr Baumwolle kultiviert wurde, führte in England zu einem dramatischen Einbruch der Garnpreise (Bild 6.49). Damit fielen allerdings auch die Löhne. Zwar wurden Textilien nun für einen größeren Teil der Bevölkerung erschwinglich, ein anderer Teil geriet aber in Armut.

| | Baumwollpreis | Garnpreis (8 tex, 80's) | Spinnkosten | Baumwollimporte [t] |
|---|---|---|---|---|
| 1780 | 27 | 504 | 477 | 2300 |
| 1785 | 24 | 342 | 318 | 8200 |
| 1790 | 21 | 258 | 237 | 14000 |
| 1795 | 27 | 136 | 109 | 12000 |
| 1800 | 33 | 117 | 84 | 25000 |
| 1810 | 26 | 51 | 25 | 60000 |
| 1830 | 11 | 31 | 20 | 120000 |

**Bild 6.49** Preisentwicklung für ein Pfund mit der Spinning Mule erzeugtes Baumwollgarn und Baumwollimporte (Catling, 1970)

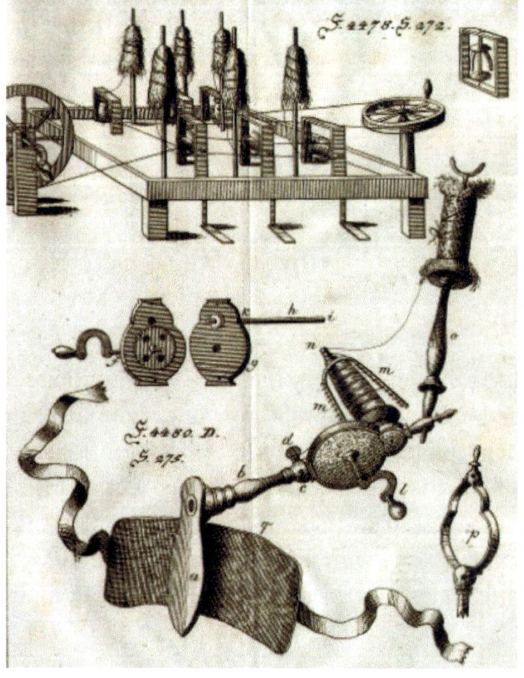

**Bild 6.50** Sonderbare Spinnmaschine (Krünitz, 1799)

### 6.3.7 Sonderbare Spinnmaschinen

Nicht alle Entwürfe neuer Spinnmaschinen waren erfolgreich. So gab es eine Reihe von Erfindungen, die prinzipiell nicht funktionierten, ein typisches Beispiel zeigt Bild 6.50. Hier wird beispielsweise die Garnzuführung zur Spindel nicht gesteuert.

### 6.3.8 Dampfmaschinen

Im Jahre 1769 erhielt James Watt ein Patent auf seine Dampfmaschine. Es gab schon einige Jahre früher erste Prototypen, u.a. von Thomas Newcomen, die jedoch nicht richtig funktionierten. Durch eine Verbesserung der Ventilsteuerung, die Beseitigung von Undichtigkeiten in Folge von Fertigungsungenauigkeiten und einige andere Veränderungen war diese Dampfmaschine die erste industriell einsetzbare Energiequelle, die Wärme in rotatorische Bewegungsenergie umsetzen konnte.

Zunächst bestand vonseiten der „Industrie" noch wenig Interesse, solche Maschinen einzusetzen. Erst als James Watt anbot, seine Maschine kostenlos aufzubauen, und nur aus dem zusätzlich erwirtschafteten Gewinn bezahlt werden wollte, gelang es ihm, den ersten Geschäftspartner von seiner Idee zu überzeugen. Die Maschine wurde ein großer Erfolg, und ab 1785 setzten die ersten Spinnereien solche Maschinen ein. Damit wurde die Textilproduktion unabhängig von einem nahe gelegenen Fluss, und viele Betriebe siedelten sich in den schnell wachsenden urbanen Zentren an. Bild 6.51 zeigt die älteste noch erhaltene Dampfmaschine von Boulton & Watt von 1785. Sie funktioniert bis heute und steht im Powerhouse Museum in Sydney, Australien. Zuletzt lief sie, für Australien nicht überraschend, in einer örtlichen Brauerei.

**Bild 6.51** Dampfmaschine von James Watt (Maciulaitis, 2014)

Zwischen 1787 und 1800 wurden in England insgesamt 84 Dampfmaschinen in Baumwollspinnereien installiert, und 1790 liefen neben 20 000 Spinning Jennys rund 8000 Water Frames mit Dampfantrieb. Die Produktivität der Spinnereien nahm dadurch erheblich zu, wie an der Menge der Baumwollimporte nach England leicht abzulesen ist (Bild 6.1).

Insgesamt arbeiteten Ende des 18. Jh. Rund 340 000 Arbeiter, davon 90 000 Frauen und 100 000 Kinder, in den Baumwollspinnereien Englands. Damit war England das am stärksten industrialisierte Land der Welt.

Allerdings kam es auch immer wieder zu unerwarteten Zwischenfällen, wie Bild 6.52 beispielhaft zeigt. Dies behinderte eine kontinuierliche Produktion und resultierte in einer schleppenden Akzeptanz der neuen Technik der Energiewandlung mittels Dampf. Die Überwachung der Dampfmaschinen durch offiziell autorisierte Kontrolleure führte später in Deutschland zur Gründung des Technischen Überwachungsvereins (TÜV).

**Bild 6.52** Dampfkesselexplosion in Eschweiler im Jahr 1881 (Manske, 2010)

Durch die industrielle Produktion von Garnen in großen Mengen wurde die Heimspinnerei nahezu komplett verdrängt. Darüber hinaus kam es nun zu einem Überangebot an Garn, sodass auch die Webmaschinentechnik weiter verbessert werden musste.

### 6.3.9 Gewebeherstellung mit mechanischen Webmaschinen

1760 hatte Robert Kay, der Sohn von John Kay, eine Schussgarnwechseleinrichtung erfunden, sodass bis zu drei verschiedenfarbige Schussfäden eingetragen werden konnten. Dies erhöhte die Akzeptanz des Schnellschützen seines Vaters erheblich, weil bunte Muster möglich wurden. Weitere Verbesserungen blieben jedoch zunächst aus.

#### 6.3.9.1 Edmund Cartwright und der mechanische Webstuhl

Der Pfarrer Edmund Cartwright (1743–1823) konstruierte und baute 1785 den ersten mechanischen Webstuhl, der ohne ausgebildeten Weber arbeitete. Der Antrieb erfolgte über einen Kurbeltrieb, der von zwei Männern gedreht wurde (Bild 6.53). Da die Maschine relativ störanfällig war, konnte sie sich jedoch nicht durchsetzen. Darüber hinaus legte Cartwright die Kettfäden nicht über einen Kettbaum vor, sondern zog sie direkt aus dem Spulengatter ab, was nicht praktikabel war. Ein Jahr später entwickelte Cartwright eine Webmaschine, bei der die Schäfte, der Schütze und das Riet über einen Exzenter mit Nockenwelle zentral angetrieben wurden. 1787 eröffnete er in Manchester seine eigene Weberei mit 19 mechanischen Webmaschinen, die zunächst von einem Ochsen, später von einer Dampfmaschine angetrieben wurden. Sechs Jahre später musste er sie aber wegen Unwirtschaftlichkeit wieder schließen. 1790 erfand Cartwright die erste Wollkämmmaschine, die zwanzig Wollkämmer ersetzte, und 1808 erhielt er vom englischen Parlament eine Prämie von £ 10 000 in Anerkennung seiner Verdienste.

**Bild 6.53** Mechanischer Webstuhl von Edmond Cartwright und sein Erfinder (Kelson,2005)

Im Jahr 1790 eröffnete Robert Grimshaw eine Weberei, die er mit 500 von Cartwrights Webmaschinen betreiben wollte. Als dreißig davon installiert waren, brannte die Fabrik nieder. Vermutlich waren aufgebrachte Handweber dafür verantwortlich, die um ihre Existenz fürchteten. Dies war nicht unbegründet, denn im Jahr 1790 verdiente ein Handweber rund 20 Schilling pro Woche, 1810 waren es nur noch 10 Schilling, Fabrikarbeiter wurden besser bezahlt (Rosen, 2010).

Es dauerte noch einmal ca. vierzig Jahre, bis sich mechanische Webstühle flächendeckend durchsetzten. Dies lag zum einen daran, dass einer Mechanisierung vonseiten der Handweber erheblicher Widerstand entgegengesetzt wurde. Zum anderen war eine mechanische Webmaschine sehr kompliziert aufgebaut. Weil sie zu großen Teilen aus Holz bestand, war eine präzise Fertigung nicht möglich, und daher war die Maschine störungsanfällig. Deshalb konnte jeder Arbeiter nur eine einzige Webmaschine bedienen, was einer rationellen

Gewebeproduktion nicht förderlich war. Hinzu kam der hohe Preis für eine solche Maschine. Daher war es zunächst ein erhebliches finanzielles Risiko, eine Weberei mit mehreren solcher Webmaschinen auszurüsten.

#### 6.3.9.2 Bandwebmaschine

In Frankreich wurde eine Bandwebmaschine entwickelt, die vollautomatisch fünf Bänder gleichzeitig herstellen konnte. Die Musterung erfolgte über Schäfte, der Schusseintrag mit einem Schützen und der Antrieb über ein Handrad (Bild 6.54). Damit wurde der Beruf des Bandwirkers deutlich leichter erlernbar, und es konnten auch ungelernte Arbeiter eingesetzt werden.

**Bild 6.54** Bandwebmaschine mit fünf Arbeitspositionen (Diderot und D'Alembert, 1770)

### 6.3.10 Zugwebstuhl

Bild 6.55 zeigt einen chinesischen Zugwebstuhl im 17. Jh. Der Weber sitzt links und bedient mit seinen Füßen die Schäfte. Ein Arbeiter sitzt oben im Webstuhl und zieht über Schnüre manuell einzelne Kettfäden nach oben, womit auch komplexe Muster, z. B. Bilder, gewebt werden konnten. Ein weiterer Arbeiter (rechts) repariert einen gebrochenen Kettfaden.

Da für jeden Bildpunkt die Kettfäden individuell gehoben oder gesenkt werden müssen, war diese Art der Weberei bereits für relativ einfache Muster sehr zeit- und arbeitsaufwendig. Wenn das Muster mehrere Tausend Fäden umfasste, konnte die Vorbereitung über ein Jahr dauern. Auch das Weben war extrem langsam, es wird von wenigen Zentimetern Stoff pro Tag ausgegangen. Daher wurde nach alternativen Möglichkeiten gesucht, die Kettfäden anzusteuern und die begehrten Bildgewebe herzustellen.

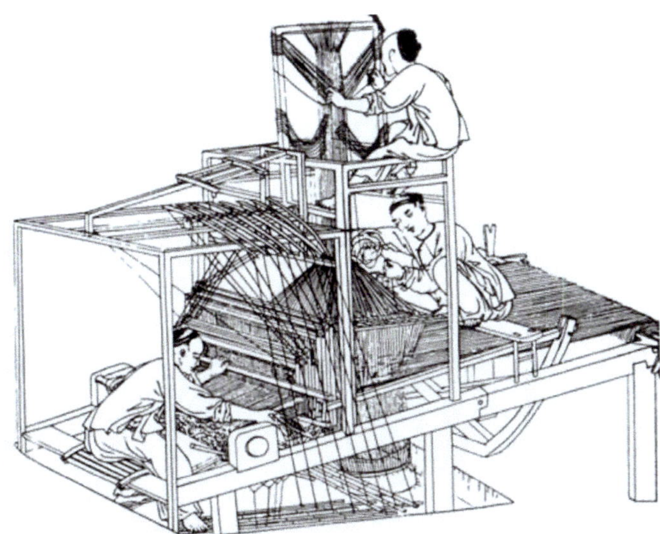

**Bild 6.55** Zugwebstuhl in China im 17. Jh.

Eine Weiterentwicklung dieser Technik ist der Zampelwebstuhl (Bild 6.56). Hier erfolgte die Ansteuerung der Kettfäden ähnlich wie beim Kegelwebstuhl (siehe Abschnitt 5.3.3), allerdings war das Zusammenfassen der Kettfäden zu Gruppen einfacher. Dennoch wurde weiterhin eine zweite Person benötigt, die die Mustereinrichtung über Handgriffe aus Holz (Zampel) bewegte, wodurch es zu Fehlern kommen konnte.

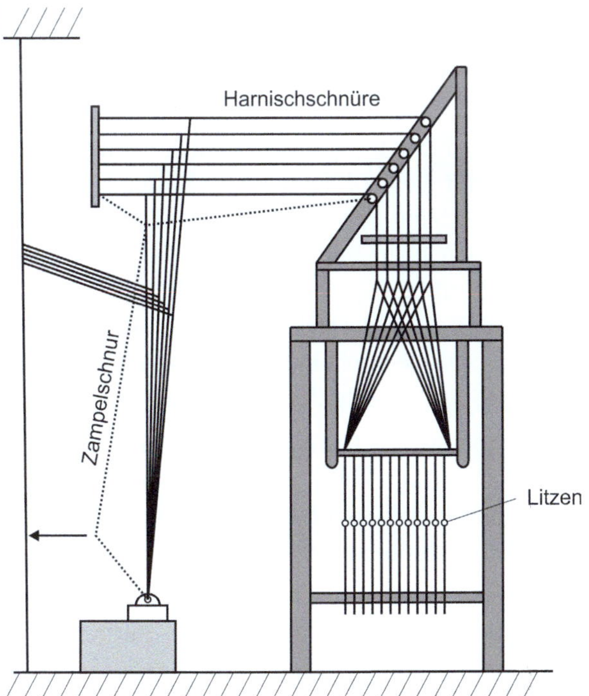


**Bild 6.56** Zampelwebstuhl

Bild 6.57 zeigt einen solchen Zampelwebstuhl für die Seidenweberei.

**Bild 6.57** Seidenwebstuhl mit Zampeleinrichtung (Diderot und D'Alembert, 1785)

### 6.3.10.1 Fachbildung mit Lochkarten – Bouchon und Falcon

Die Erfindung des mechanisch ansteuerbaren Kegelstuhls durch Charles Dangon 1605 wurde erst mehr als hundert Jahre später, 1727, von Basile Bouchon, einem Lyoner Weber, so weit verbessert, dass die Ansteuerung rein mechanisch und ohne eine zusätzliche Arbeitskraft erfolgen konnte (Bild 6.58).

Er setzte erstmals gelochtes Papier zur Steuerung der Harnischschnüre ein. Das Papier (L1, L2) wird abgerollt und schussweise an die mit den Harnischschnüren verbundenen Nadeln (N1, N2) gedrückt. Liegt ein Loch vor (L1), so bleibt die Nadel (N1) mitsamt ihrer Schnur im schmalen Teil der Strebe S, und der Knoten (K) blockiert den Schlitz. Durch Niederdrücken des Tritts T werden dann alle mit diesen Nadeln verbundenen Harnischschnüre von der Strebe S ausgehoben. Entsprechend bewegen sich alle Litzen, die mit diesen Harnischschnüren verbunden sind, nach oben und ebenso alle Kettfäden, die durch diese Litzen gehen. Liegt dagegen kein Loch im Papierstreifen vor (L2), so wird die Nadel (N2) nach rechts ausgelenkt, der Knoten (K) befindet sich im breiten Teil des Schlitzes der Strebe S und rutscht beim Anheben der Strebe durch diesen hindurch und verhindert so das Ausheben der damit verbundenen Harnischschnüre und Kettfäden.

Mit der Erfindung der Lochkarte durch Bouchon war die Grundlage gelegt für den ersten Computer, den Charles Babbage (1791–1871) im Jahr 1837 vorstellte („Analytical Engine") und dessen Steuerung über Lochkarten erfolgte. Somit ist diese Art der Kettfadensteuerung (0 = Loch, 1 = kein Loch) der Vorläufer der binär arbeitenden Computer.

Im Jahr 1728 verbesserte Jean-Baptiste Falcon diese Technik weiter. Die Knotenschnüre ersetzte er durch Drahthaken in mehreren Reihen und das Endlospapier durch miteinander verbundene Lochkarten aus dickem Pappkarton, wobei pro Schusseintrag eine Karte benötigt wird. Bild 6.59 zeigt den Aufbau der Steuerungseinheit. Die gelochten Karten werden gegen die Nadeln (N) gedrückt. Wenn die Karte an der Position einer Nadel ein Loch hat, wird die jeweilige Nadel nicht bewegt. Liegt kein Loch vor, so werden die Nadeln von der Lochkarte abgestoßen (in Bild 6.59 die 2. von unten). Durch einen Tritt des Webers wird der Aushubkasten (AK) nach unten bewegt. Alle Nadeln, die nicht von den Messern abgestoßen wurden (Loch in der Karte an dieser Stelle), werden von den Haken im Aushubkasten erfasst und nach unten bewegt. Entsprechend werden alle mit den ausgetriebenen Nadeln verbundenen Harnischfäden nach oben gezogen und analog alle mit den jeweiligen Harnischfäden verbundenen Kettfäden. Das Funktionsprinzip entspricht somit dem von Bouchon, das Gesamtsystem ist aber erheblich stabiler. Bis 1810 wurden rund hundert solcher Webstühle gebaut.

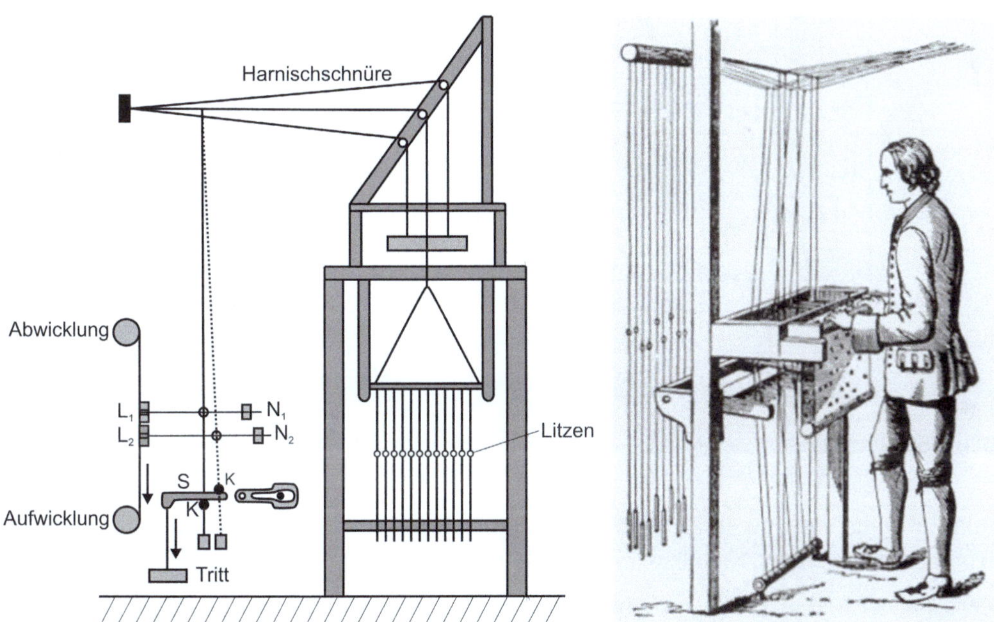


**Bild 6.58** Die mechanische Ansteuerung der Harnischschnüre (links) und Basile Bouchon an seiner Webmaschine mit Lochpapier

Zunächst war noch weiterhin ein Zugjunge erforderlich, der für jeden Schusseintrag eine perforierte Lochkarte gegen die Nadeln drückte. Weil diese Karten herunterfallen und somit die Lochkarten beim Wiederanlegen verkehrt herum gehalten werden konnten, war diese Art der Kettfadensteuerung nicht zuverlässig. Es lag am Zugjungen, die Karten in der richtigen Reihenfolge gegen die Nadeln zu drücken. Daher verband Falcon die einzelnen Lochkarten miteinander und führte ein Prisma zu ihrem Weitertransport ein, womit diese Fehlerquellen ausgeschlossen waren.

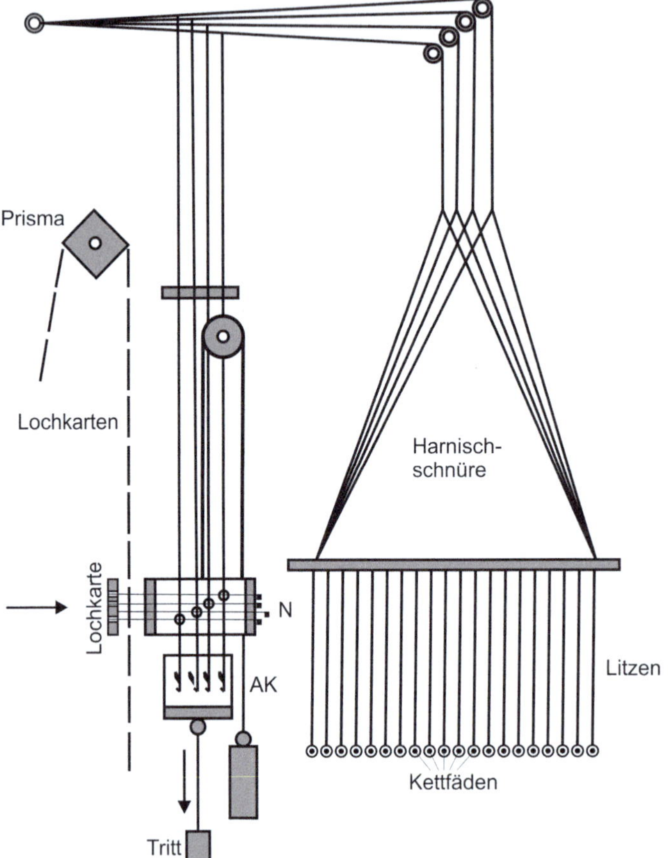


**Bild 6.59** Kettfadenansteuerung von J.-B. Falcon mit Prisma und Endloslochkarten

Bild 6.60 zeigt eine mit einer Falcon-Steuerung ausgestattete Webmaschine mit Prisma (I, H), Aushubkasten (E), Nadelkasten (D) und Tritt (G).

Zwischen 1730 und 1740 wurde in Nîmes von Reynier die sogenannte Trommelmaschine entwickelt. Sie wurde oberhalb der Webmaschine montiert und konnte daher vom Weber mit Fußtritten bedient werden. Die bisher notwendige zweite Arbeitskraft wurde damit nicht mehr benötigt. Die Trommelmaschine besaß eine Mustertrommel, auf deren Umfang sich für jeden Kettfaden bzw. jede Kettfadenschar Holzklötzchen befanden. Damit konnten Messer ausgehoben und dann vom Messerkasten angehoben werden (Bild 6.61). Der Kettrapport wurde durch die Länge der Walze begrenzt und lag bei maximal 200. Der Schussrapport wurde durch die Anzahl der Klötzchen auf dem Umfang der Walze vorgegeben und war daher erheblich kleiner. Deshalb wird angenommen, dass diese Maschine nicht zum Ansteuern individueller Kettfäden, sondern für Kettfadengruppen bzw. zur Schaftsteuerung eingesetzt wurde.

**Bild 6.60** Webmaschine mit Lochkartensteuerung von Falcon (Hewitt, 1895)

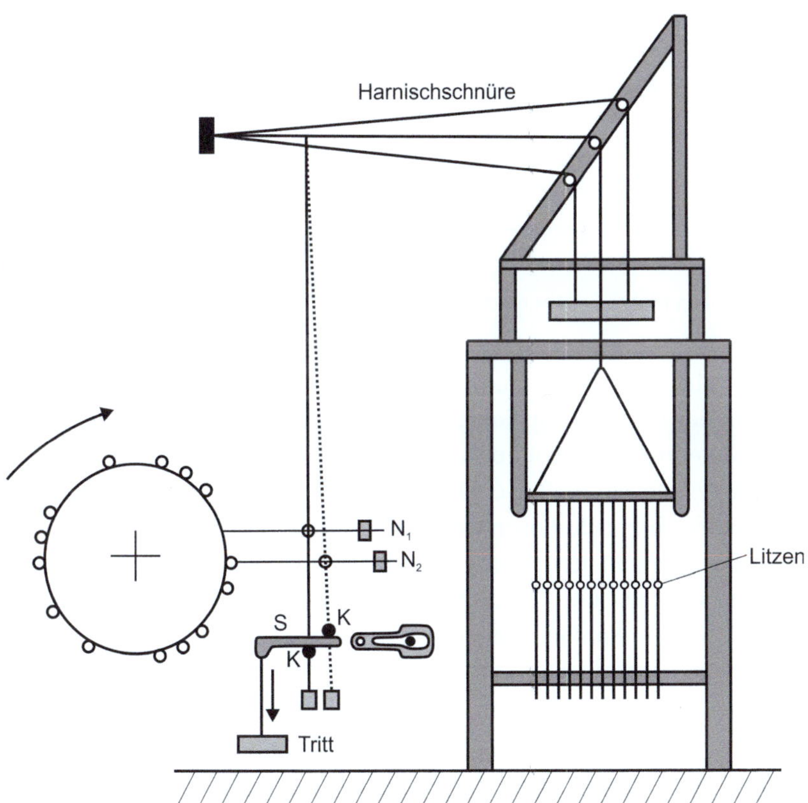


**Bild 6.61** Trommelmaschine von Reynier

Eine Weiterentwicklung war die Leinwandmaschine. Dabei waren die Holzklötzchen auf einem „endlosen" Leinwandstreifen aufgeklebt, was den Schussrapport erheblich erhöhte. Die Leinwände konnten platzsparend aufbewahrt werden, falls das Muster regelmäßig gebraucht wurde.

### 6.3.10.2 Erste automatische Webmaschine

Der Franzose Jacques de Vaucanson (1709–1782), der Sohn eines Handschuhhändlers in Grenoble, erfand 1738 den Vorläufer der später sogenannten Jacquardmaschine. Berühmt geworden ist er allerdings mit der von ihm aus rund 400 Einzelteilen konstruierten mechanischen Ente, die mit den Flügeln flattern, schnattern und Wasser trinken konnte. Sie konnte sogar Körner aufpicken und in einer chemischen Reaktion „verdauen" sowie anschließend naturgetreu wieder ausscheiden (Bild 6.62).

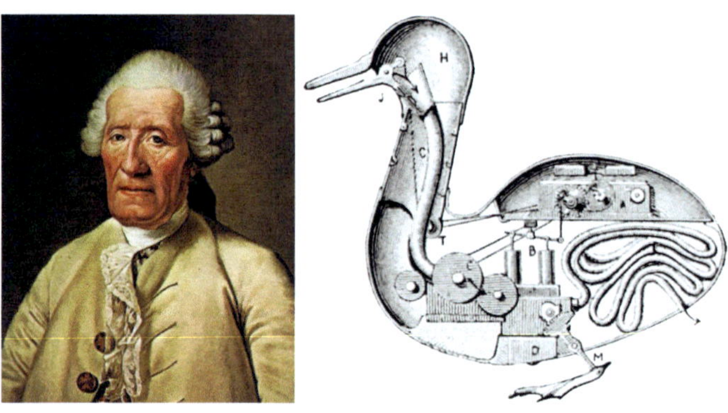

**Bild 6.62** Jacques de Vaucanson (Boze, 1784) und mechanische Ente (Konby, 1899)

Ab 1741 beschäftigte er sich in seiner Funktion als Chefinspekteur der französischen Seidenmanufakturen mit der Entwicklung von Textilmaschinen. Seine Erkenntnisse aus dem Bau der Ente und weiterer Automaten übertrug Vaucanson u. a. auf die Konstruktion einer vollautomatischen Webmaschine (Bild 6.63), die er 1745 vorstellte. Es sind drei wesentliche Neuerungen, durch die sich dieser Webstuhl gegenüber allen Vorläufern auszeichnete: Zum einen die Automatisierung des Antriebs des Webstuhls, die den Weber überflüssig machte, zum anderen die Programmierbarkeit der Steuerung, sodass das Muster schnell geändert werden konnte, was den Ziehjungen ersetzte, und darüber hinaus der automatische Schusseintrag. Somit brauchte diese Webmaschine keinen Bediener mehr.

Angetrieben wurde der Webstuhl mit einer Handkurbel. Dazu entwickelte Vaucanson ein komplexes System aus Nocken, Sperrklinken, Pleuelstangen und Zahnrädern. Die rotatorische Bewegung der Kurbel wurde dadurch in die für das Weben erforderlichen translatorischen Bewegungen übertragen. Die Steuerung der Musterungseinheit erfolgte über eine Walze, in die in regelmäßigen Abständen Löcher eingebracht waren (Bild 6.64, B). Um diese Walze wurde ein Karton gewickelt, in den mustergemäß Löcher gestanzt waren. Die Löcher im Karton und die Löcher in der Walze wurde dabei zur Deckung gebracht. Durch die Rotation der Walze konnte über ein Nadelsystem (D) das Muster abgetastet werden, und wie bei den oben beschriebenen Technologien wurden die so angesteuerten Kettfäden gehoben oder gesenkt. Durch den Umfang der Walze waren die Anzahl Löcher und damit der Kettrapport vorgegeben. Er war entsprechend klein, sodass nur einfache Muster gewebt werden konnten.

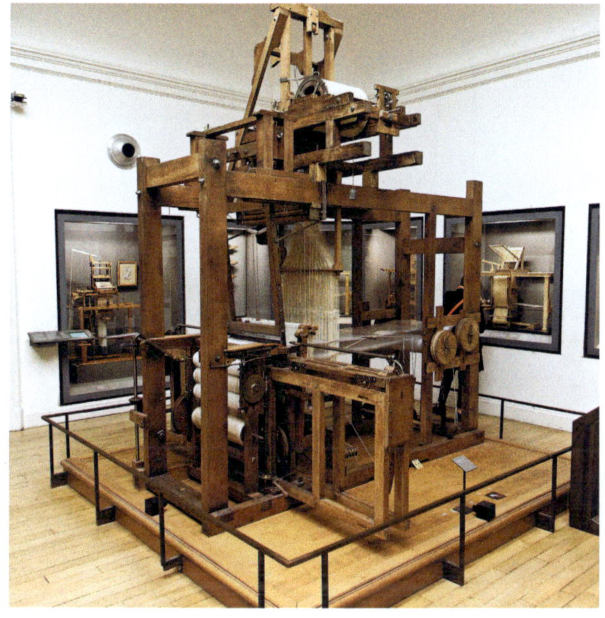

**Bild 6.63** Der vollautomatische Webstuhl von Vaucanson (Bisson, 2017a)

Für den automatischen Schusseintrag übertrug Vaucanson die Bewegung seines automatischen Flötenspielers in die Durchreichbewegung des Schiffchens durch den Weber. Dazu wurde der Schütze von zwei metallenen Klemmen gehalten und durch das Fach gereicht (Bild 6.65). Während bis dahin Schiffchen aus Holz mit Spitzen aus Metall hergestellt wurden, bestand der Schütze bei Vaucanson vollständig aus Metall.

Die für diese Maschine erforderliche hohe Präzision des Zusammenspiels der einzelnen Maschinenteile war mit der damaligen Fertigungstechnik noch nicht erreichbar. Darüber hinaus stieß seine Erfindung bei den Lyoner Webern auf großen Widerstand, weil sie durch die neue Maschine alle arbeitslos geworden wären. Daher wurde Vaucansons Webmaschine nie in Serie gebaut. So verließ Vaucanson Lyon und ging nach Paris, wo er dem „Konservatorium der Künste und Gewerbe" seinen Prototypen übergab, der aber schnell in Vergessenheit geriet. Allerdings erfuhr er zumindest von König Ludwig XVI. Anerkennung, denn er wurde von ihm geadelt („de" Vaucanson).

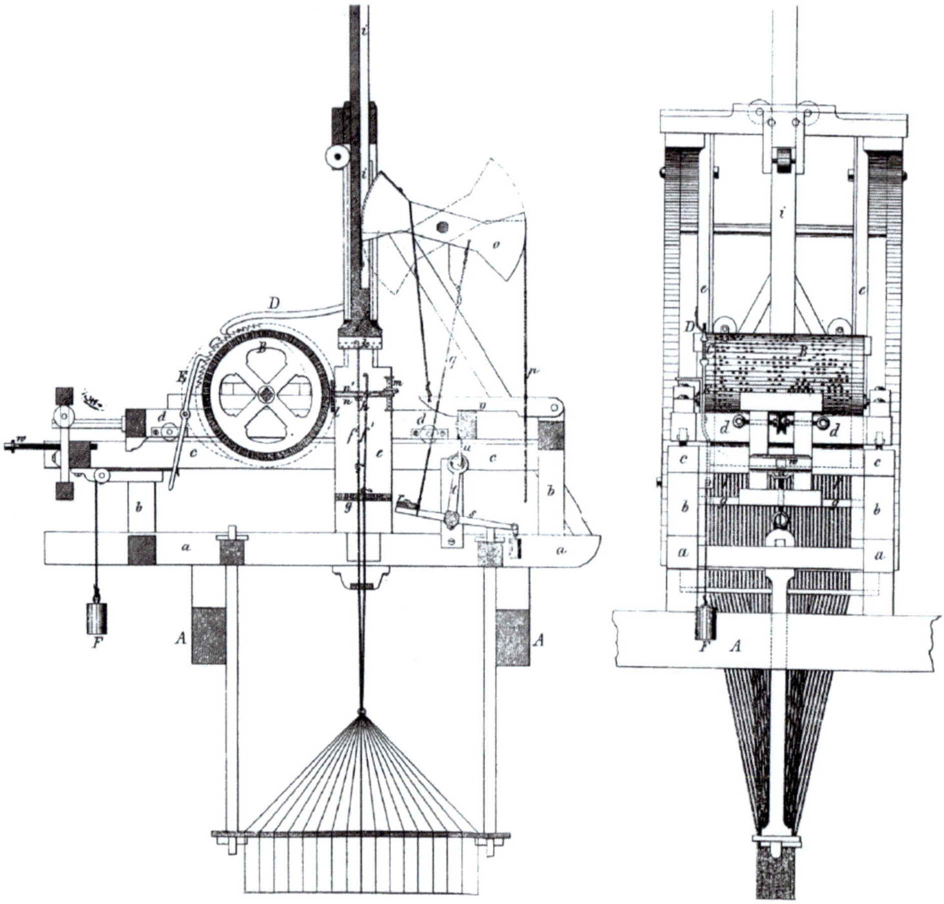

**Bild 6.64** Mustereinrichtung von Vaucanson

**Bild 6.65** Der vollautomatische Schusseintragsmechanismus von Vaucanson (Bisson, 2017b)

### 6.3.11 Entstehung der Textilmaschinenindustrie in England

Die ersten Spinn- und Webmaschinen wurden von den Textilproduzenten selbst gebaut. Komponenten wurden zunächst u. a. oft von ortsansässigen Schmieden produziert, eine Großproduktion von Maschinenteilen oder ganzen Maschinen gab es in den ersten Jahren jedoch nicht. Diese Entwicklung setzte sich in den USA fort, nachdem dorthin einige englische Mechaniker ausgewandert waren und die englischen Maschinen für ihren jeweiligen Arbeitgeber (Spinnereien, Webereien) nachbauten.

In England machten sich Ende des 18. Jh. die ersten Mechaniker selbstständig, die zuvor in Textilunternehmen gearbeitet hatten, und begannen, ganze Textilmaschinen herzustellen und zu verkaufen. Der berühmteste und erfolgreichste unter ihnen war Henry Platt, ein Schmied in Dobross, einem Dorf in der Nähe von Manchester. Er stellte zunächst Hufeisen und Werkzeuge her, später auch Spinning Jennys für einen Stückpreis von 18 Schilling und Kardenzylinder. Mit dem Wachstum der wollverarbeitenden Industrie in Yorkshire erweiterte er sein Unternehmen, u. a. um eine Eisengießerei, und begann mit der Herstellung von Textilmaschinen (Bild 6.66). Im Jahr 1843 nahm die britische Regierung das Verbot des Exports von Textilmaschinen zurück, und um 1854 waren die Platt Brothers, wie die Firma nun hieß, das größte Maschinenbauunternehmen der Welt. Sie produzierte pro Woche 300 Webmaschinen für die Herstellung von Calico, die für £ 10 verkauft wurden. Mit solchen Maschinen bauten Indien ab 1850, Brasilien ab 1860 und Japan ab 1870 kleine mechanisierte Textilindustrien auf. Zu Beginn des 20. Jh. hatte das Unternehmen 12 000 Mitarbeiter und war einer der größten Maschinenbauer weltweit.

**Bild 6.66** Webmaschine der Platt Brothers von 1929 (Vabedford1, 2014)

## 6.4 Warum begann die Industrialisierung in England?

China war seit dem Altertum und bis weit ins 17. Jh. technologisch den Europäern auf vielen Gebieten überlegen. Dennoch begann die Transformation zu industrieller Fertigung nicht dort, sondern in England. Warum? Auf diese Frage, die u. a. schon der Wissenschaftshistoriker Joseph Needham (1900–1995) stellte („Needham Question"), gibt es mehrere Antworten.

### 6.4.1 Hemmende Faktoren in China

China war ein geeintes Land, das zentral von einem Kaiser regiert wurde. Europa dagegen bestand aus vielen einzelnen Staaten, die miteinander konkurrierten. Technische Entwicklungen verschafften daher Vorteile gegenüber der Konkurrenz und wurden somit von den Herrschern unterstützt. In China war die Bevölkerung erheblich größer als in Europa, und fast das gesamte landwirtschaftlich nutzbare Land wurde zur Nahrungserzeugung eingesetzt. Dennoch gab es ständig die Gefahr von Hungersnöten. Diese große Anzahl Menschen musste beschäftigt werden und war schlecht bezahlt. Es gab daher keinen Anlass, durch eine Mechanisierung der Produktion Arbeitskräfte und damit Kosten einzusparen. Im Gegenteil wurden in China auch für „kleine" Arbeiten billige Arbeitskräfte eingestellt. Der Widerstand gegen jede Veränderung, die Millionen arbeitslos gemacht hätte, war daher in China groß. Während in Europa die Herrscherhäuser miteinander konkurrierten, basierte die Kultur im Reich der Mitte auf der Lehre des Konfuzius. Es gab klare Herrschaftsstrukturen, angefangen vom Kaiser bis in die niedrigsten gesellschaftlichen Schichten, und dies wurde allgemein akzeptiert. Die Anordnungen von „Autoritäten" wurden nicht nur akzeptiert, sondern von den Angehörigen der niedrigeren Schichten sogar erwartet. Es gab also kein Bestreben, die eigene Schicht zu verlassen, sondern der eigene soziale Status und das damit verbundene Schicksal wurden als unveränderlich betrachtet. Durch den Zentralismus erschien es allen erstrebenswerter, am kaiserlichen Hof zu arbeiten als für einen lokalen Adeligen, daher gab es keinerlei Innovation außerhalb von Peking. Unabhängige Studien waren generell verboten, nur unter kaiserlicher Aufsicht durfte „entwickelt" werden. Daher wurden einmal etablierte Prinzipien nicht infrage gestellt. Es wurde zwar viel Zeit und Aufwand in die Zusammenstellung des vorhandenen Wissens in Form von Enzyklopädien gesteckt, aber nur sehr wenig Neues erfunden. Im Gegensatz zu Europa gab es in China keine Mittelschicht, sondern der Kaiser und sein Hofstaat betrieben Mikromanagement.

In Europa lag die Wirtschaft in den Händen der Mittelklasse, und entsprechend entstand Konkurrenz, die nach dem Darwin'schen Prinzip zu technologischen Fortschritten führte. So wurde an vielen Stellen geforscht und entwickelt, und „die Gedanken waren frei". Weiterhin beschäftigte man sich in China vor allem mit den Geisteswissenschaften, während die Naturwissenschaften nur in geringem Ansehen standen. Mitte des 15. Jh. herrschte in China die Meinung, dass alles, was nützlich war, schon erfunden und u. a. durch die Theorien der fünf Elemente und von Yin und Yang ausreichend erklärt sei. Bei Aufnahmeprüfungen für den kaiserlichen Hof ging es vor allem darum, das vorhandene Wissen rezitieren zu können. Neues Wissen zu generieren war nicht erwünscht. Darüber hinaus galten Kaufleute als weniger wertvoll im Vergleich zu Bauern, weil letztere etwas „schufen“, was jeder brauchte. Entsprechend schlecht ausgebaut war die Infrastruktur, und es gab keine Banken. Lediglich Seide wurde exportiert, aber kaum andere Waren. Während Europa durch seine Kolonien billig an viele Rohstoffe kam und zugleich große Absatzmärkte für seine Waren hatte, besaß China keinerlei Besitzungen außerhalb des Reiches. Dies wurde aber auch nicht vermisst, und so herrschte in China das verbreitete Gefühl, dass man in einem goldenen Zeitalter lebe und keine Veränderung brauche.

Manche Wissenschaftler sind der Meinung, dass zwei weitere Faktoren von entscheidender Bedeutung waren: Zum einen gab es in China keine Technologie zur Herstellung von Glas, also konnten auch keine Teleskope oder Mikroskope produziert werden. Der „Heureka-Moment“, als der Engländer Robert Hooke 1667 zum ersten Mal eine Fliege unter ein Mikroskop legte, was allgemein für großes Aufsehen sorgte, fand in China nie statt. In Europa dagegen entstand so ein Interesse an der Natur und der Wissenschaft ganz allgemein, und in kurzer Folge gelangen zahlreiche Erfindungen. Weiterhin gab es in China keine leicht erreichbaren Kohlevorkommen. In England und Teilen von Kontinentaleuropa konnte Kohle im Tagebau gewonnen werden und war daher billig und in großen Mengen verfügbar. In China war dies nicht der Fall, und damit fehlte der Treibstoff für Dampfmaschinen.

### 6.4.2 Unternehmertum und Rechtssicherheit in England

In Europa war die Situation eine völlig andere, wobei die technische und soziale Entwicklung in den europäischen Ländern unterschiedlich schnell erfolgte. England war zunächst der Vorreiter. Die dortigen Adeligen und Landbesitzer strebten nicht danach, als Staatsdiener oder auf andere Weise ein „geruhsames Leben“ zu führen. Vielmehr galt es als förderlich für den eigenen sozialen Status, sich unternehmerisch zu engagieren. England war schon seit dem 16. Jh. ein wichtiger Hersteller von textilen Fertigwaren geworden. Somit war das nötige Kapital für Investitionen in teure Maschinen vorhanden. Ein weiterer wichtiger Aspekt war die relativ große Rechtssicherheit, sodass englische Unternehmer – im Gegensatz zu ihren Kollegen in Frankreich und Deutschland – nicht fürchten mussten, enteignet zu werden, wenn sie beim Herrscher in Ungnade gefallen waren oder der Herrscher Geld für Kriege benötigte. Auch war die Besteuerung gerechter und z. B. die Grundsteuer unabhängig vom Einkommen, das mit Grund und Boden erzielt wurde. Dies war ein Ansporn, sein Land zu „entwickeln“. Das Parlament in London bestimmte die Geschicke des Landes, und der König bzw. die Königin hatten nur noch eingeschränkten Einfluss. In Frankreich und Deutschland war dies anders. In Frankreich regierte ein starker, machtbewusster König, in Deutschland führte die Kleinstaaterei zwar ebenfalls zu Wettbewerb, aber mehr noch zu Eifersüchteleien zwischen den einzelnen Landesteilen, was einem freien Austausch von Gütern und Ideen nicht förderlich war. So blieb die Fertigung auf Manufakturen beschränkt.

Ein weiterer wichtiger Aspekt in England waren die relativ hohen Löhne. Sie erzwangen einerseits ständige Innovationen, um Arbeitskräfte einzusparen, andererseits führte die hohe Kaufkraft zu einem großen Binnenmarkt. Textilien mussten also nicht exportiert, sondern konnten lokal verkauft werden. So war die englische Industrie viel weniger vom Auslandsexport abhängig als z. B. die in Frankreich. Solange genügend Kunden vorhanden waren, kam es durch Rationalisierung nicht zu großer Arbeitslosigkeit, weil überall Fachkräfte gesucht wurden, um die große Nachfrage zu decken. Dies änderte sich erst im 19. Jh., als die ausländische Konkurrenz mit billigen Produkten der englischen Industrie massive Konkurrenz machte und daher auch die Löhne sanken, oft unter das Existenzminimum.

Wie eine Zählung im Auftrag der britischen Regierung durch Patrick Colquhoun ergab, wurde die Industrialisierung der Textilherstellung vor allem vorangetrieben von Unternehmern, die aus der Mittelschicht stammten. Nur sehr wenige kamen aus der Unterschicht und ebenfalls sehr wenige aus der Oberschicht. Eine typische Spinnerei, die mit Water Frames betrieben wurde, erforderte für 1000 Spindeln ein Investment von £ 3000, für 2000 Spindeln von £ 5000. Eine Walkerei war schon für £ 200 zu haben (Bild 6.67).

**Bild 6.67** Walkmühle (Weigel, 1711)

Schnell eröffneten einige Unternehmer mehrere Spinnereien und Webereien, sodass sich Großunternehmen bildeten, die die späteren technologischen Entwicklungen mitgehen und entsprechend investieren konnten. In diesem Zuge blieben viele Kleinbetriebe auf der Strecke, weil sie das dazu erforderliche Kapital nicht besaßen. Dies lag u.a. daran, dass es zunächst kein Bankensystem gab, bei dem auch Kleinunternehmer leicht an Kredite kamen. Somit waren sie oft darauf angewiesen, selbst genug Profit zu erwirtschaften, um diesen wieder zu investieren. Dies ging auch Großunternehmen so, wie zahlreiche Beispiele zeigen (Chapman, 1792). Eine andere Möglichkeit war die Rekrutierung „stiller Teilhaber", die gegen eine bestimmte Summe Anteile an der Firma erwarben. Dies konnten Freunde und Verwandte oder Bürger derselben Stadt sein. In Schottland war dies schon länger gängige Praxis, und auch in England war es nicht unüblich, dass ein Textilunternehmen hundert und mehr „Teilhaber" hatte. Die Teilhaberschaft beruhte mangels gesetzlicher Absicherung auf Vertrauen in den Unternehmer. Eine Aktiengesellschaft gab es erst mit dem „Limited Liability Act" im Jahr 1855. So kam es zu einer Reihe spektakulärer Pleiten auch großer und angesehener Firmen, was wiederum die Bereitschaft, neue Kredite zu geben, bei vielen Banken und „einfachen" Bürgern dämpfte. Insbesondere die Calico-Drucker hatten darunter zu leiden, weil der erste große Firmenzusammenbruch in dieser Branche schon 1788 stattfand (Livesey, Hargreaves & Co. in Blackburn). Die Bankenkrise von 1836–1837 tat später ein Übriges.

Größere Spinnereien verkauften ihre Garne über eigene Agenten in den jeweiligen Märkten. Kleinere Spinner beauftragten einen Broker, der dies für sie erledigte. So entstand ein sehr diverses Handelssystem.

Manchester war die größte Stadt in der Region Lancashire, daher eröffneten viele Handelshäuser dort eine Niederlassung. Textilfabrikanten und auch die vielen kleinen Textilhandwerker der Region nutzten diese einfache Möglichkeit, für ihre Produkte den besten Preis zu erzielen. So wurde Manchester zum Symbol der Industrialisierung, sowohl der guten Seiten als auch der schlechten („Manchester-Kapitalismus").

### 6.4.3 Technologie- und Ideenaustausch in Europa

Von England verbreiteten sich die neuen Technologien der Textilherstellung zunächst nach Frankreich, später nach Deutschland und andere Länder. Wie der französische Finanzminister Charles A. de Calonne (1734–1802) es ausdrückte: „Man kann ein Geheimnis in einer deutschen Fabrik bewahren, weil die Arbeiter gehorsam, vorsichtig und mit wenig zufrieden sind. Die englischen Arbeiter dagegen sind frech, streitsüchtig, abenteuerlustig und geldgierig. Es ist nie schwierig, sie aus ihrer Anstellung wegzulocken." So zogen viele englische Arbeiter nach Kontinentaleuropa, und die neuen Verfahren der Spinnerei und Weberei wurden auch dort bekannt. Dies wurde allerdings unterbrochen durch die Wirren der Französischen Revolution 1789, und erst ab 1830 fanden die englischen Erfindungen wieder ihren Weg nach Frankreich und in die Nachbarländer.

Parallel zogen viele europäische Händler nach Manchester, vor allem die aus Deutschland, den Niederlanden, der Schweiz, Frankreich und Italien, später auch Griechen, Spanier, Portugiesen und Russen. Dies lag nicht am Desinteresse der englischen Kaufleute, mit Kontinentaleuropa Geschäfte zu machen, sondern daran, dass die Textilindustrie schneller wuchs, als die englischen Kaufleute der entsprechend gestiegenen Nachfrage nachkommen konnten. Darüber hinaus gab es für die englischen Händler schon etablierte Absatzmärkte in den USA, Afrika und Indien (Chapman, 1972). Zu Beginn des 19. Jh. entstand ein System aus Textilherstellern, Überseekaufleuten und englischen Banken, die die Transaktionen absicherten. Vor allem die neuen Märkte in Indien, im Orient und in Lateinamerika wurden immer bedeutender, während die „alten Märkte", also Europa, die USA und Westindien, nur noch wenig wuchsen (Bild 6.68). Für die neuen Märkte wurden oft qualitativ minderwertige Produkte hergestellt, weil die dortigen Kunden meist ärmer waren als die Kunden in den etablierten Märkten. So stellte die englische Textilindustrie sowohl qualitativ höchstwertige als auch minderwertige Produkte her und eroberte dadurch bis ins späte 19. Jh. den Weltmarkt.

| | Gesamt | Baumwollprodukte | % |
|---|---|---|---|
| 1784 - 1786 | 12,7 | 0,8 | 6,3 |
| 1794 - 1796 | 21,8 | 3,4 | 15,6 |
| 1804 - 1806 | 37,5 | 15,9 | 42,4 |
| 1814 - 1816 | 44,4 | 18,7 | 42,1 |
| 1824 - 1826 | 35,3 | 16,8 | 47,6 |
| 1834 - 1836 | 46,2 | 22,4 | 48,5 |
| 1844 - 1846 | 58,4 | 25,8 | 44,2 |
| 1854 - 1856 | 102,5 | 34,9 | 34,0 |

| Alte Märkte | Neue Märkte | % Neue Märkte |
|---|---|---|
| 0,8 | 0,0 | 0,0 |
| 3,4 | 0,0 | 0,0 |
| 15,2 | 0,7 | 4,4 |
| 17,0 | 1,7 | 9,1 |
| 12,3 | 4,5 | 26,8 |
| 15,0 | 7,4 | 33,0 |
| 13,2 | 12,6 | 48,8 |
| 16,0 | 19,0 | 54,3 |

**Bild 6.68** Anteil der Textilien aus Baumwolle am Export Englands (in Mio. £) und Anteil alter und neuer Märkte (Chapman, 1972)

### 6.4.4 Rekrutierung von Arbeiterinnen und Arbeitern

Ein wesentliches Problem, das nahezu alle Unternehmer hatten, war die Rekrutierung von genügend Arbeitern zur Bedienung der Maschinen. Zum einen erforderte dies ein gewisses Maß an technischem Verständnis, zum anderen waren viele Menschen zögerlich, ihr freies Leben als Handwerker oder in der Landwirtschaft einzutauschen gegen Schichtarbeit in einer Fabrik, in der sie auch noch ständig überwacht wurden. Daher gelang es oft nur dem ersten sich ansiedelnden Unternehmen, genügend Arbeitskräfte zu rekrutieren, alle folgenden hatten das Nachsehen, wenn sie nicht höhere Löhne anboten. Charles Hulbert, der 1803 eine Baumwollfabrik in Shrewsbury gegründet hatte: „Many of our instructed workpeople, notwithstanding all were engaged at regular wages for three years, left us for Manchester, Stockport, etc. ... We soon found that if business must be carried on to any great extent where hand labour was required, it must be in the neighbourhood of like manufactories, where an advance of wages would speedily obtain the number of hands required". Somit stieg durch das Gleichgewicht von Angebot und Nachfrage der Durchschnittslohn, und 1834 war zu lesen: „Die Löhne in den Baumwollfabriken in Lancashire sind die höchsten, und der Anteil armer Leute ist der geringste in ganz

England" (Chapman, 1970). Das Problem war besonders groß für Fabriken, die nicht in großen Städten errichtet wurden. Daher musste z.B.R. Arkwright für seine erste Fabrik in Cromford einerseits ganze Familien einstellen (Kinderarbeit inklusive) und andererseits seinen Arbeitern u.a. einen Wochenmarkt und kleine Stücke Land zur Kultivierung von Obst und Gemüse anbieten. Eine Lösung dieses Problems war die Entsendung armer Kinder aus dem Süden in die Fabriken im Norden, um eine Ausbildung zu absolvieren und danach auch dort, meist für wenig Lohn, zu arbeiten. Diese Praxis war in England seit dem 14. Jh. üblich und brachte viele verwaiste oder bettelarme Kinder in die Abhängigkeit ihres Arbeitgebers.

Eine besondere Schwierigkeit bestand darin, dass die Arbeiter oft unpünktlich und unzuverlässig waren und wenig Wert auf einen sauberen, aufgeräumten Arbeitsplatz legten. Nur wenigen Unternehmern gelang es, erfolgreich gegenzusteuern, teils durch „militärischen Drill" und andere drastische Maßnahmen, wie z.B. kollektive Bestrafungen, Lohnkürzungen oder Entlassung. Andere versuchten es mit Belohnungen für die Einhaltung der strengen Vorschriften.

Insbesondere für die Bediener von jeweils zwei Spinning Mules galten andere Regeln. Für die Bedienung ihrer beiden Spinnmaschinen war neben großer Erfahrung vor allem Fingerspitzengefühl wichtig, weil keine Spinning Mule der anderen glich. Daher bauten die Spinner ihre Mules oft um, und es war nicht mehr möglich, sie auf anderen Maschinen einzusetzen. Dies verschaffte ihnen eine starke Verhandlungsposition, und entsprechend hoch waren ihre Löhne. Bereits 1795 gründeten sie in Manchester ihre eigene Gewerkschaft und schufen damit erstmals ein starkes Gegengewicht zu den Unternehmern. Für Weber galt dies nicht in gleichem Maße, sie waren eher austauschbar.

### 6.4.5 Vorreiter England

Der Motor für die Industrialisierung war im 18. und 19. Jh. somit das englische Königreich. In Frankreich und Deutschland und in allen anderen europäischen Ländern setzte diese Entwicklung mit deutlicher Verzögerung ein.

Dafür gibt es drei wesentliche Gründe:

- Zunächst einmal war England ein zusammenhängender und nicht zu großer Wirtschaftsraum. Es gab eine einheitliche Regierung und keine Kleinstaaterei, wie z.B. in Deutschland. Dadurch waren die Handelshemmnisse gering und Zölle kaum vorhanden. Dies war für den Handel mit Textilien, die keine sehr große Wertschöpfung hatten, von großer Bedeutung.
- Darüber hinaus gab es in England keine Zünfte mehr, wie sie noch in Deutschland verbreitet waren und in geänderter Form bis heute sind. Man denke an die Diskussion im Jahr 2003 um die Erlaubnis für Handwerksgesellen, sich auch ohne Meisterbrief selbstständig zu machen. Somit stand technischem Fortschritt nichts im Wege,

da es jedem selbst überlassen war, ein Gewerbe zu eröffnen und Maschinen einzusetzen, wie er das für richtig hielt. In Deutschland war dies aufgrund der strengen Zunftregeln unmöglich.

- Weiterhin hatte England mit den Kolonien in Amerika die Möglichkeit, billig an große Mengen von Faserstoffen (hauptsächlich Baumwolle) zu kommen. Eine industrielle Produktion auf Basis von Wolle und Flachs wäre wegen der enormen Mengen, die für eine rationelle Produktion erforderlich sind, nicht möglich gewesen. Gleichzeitig waren diese Kolonien ein großer Absatzmarkt für die in England erzeugten Textilien.

Andere europäische Länder hatten diese Möglichkeiten nicht. Somit begann die Industrialisierung zunächst in England und wurde in anderen europäischen Ländern erst deutlich später eingeführt. Neue Textilmaschinen wurden lange nur in England entwickelt und nach Europa exportiert oder oft dort einfach nur kopiert.

Erst mit der Abschaffung der Zünfte und der Schaffung einer Zollunion zu Beginn des 19. Jh. in Europa änderte sich dies allmählich. Heutzutage spielt die englische Industrie im Weltmaßstab keine Rolle mehr, weder für die Herstellung von Textilien noch von Textilmaschinen.

## 6.5 Stricken und Wirken

In England etablierte sich zu Beginn des 18. Jh. ein eigenwilliges System der nicht ortsgebundenen Wirkerei. So kaufte der Unternehmer die Wirkmaschine und verlieh sie an den Wirker. Ebenso verkaufte er ihm das Garnmaterial. Der Wirker konnte dann zu Hause arbeiten und, wenn er keine Aufträge mehr hatte, die Maschine zurückgeben. Die Leihgebühr richtete sich nach der Größe (15–30 Zoll) und Feinheit (24–70 Nadeln pro Zoll) der Maschine und nach der Leihdauer. Sie musste auch bezahlt werden, wenn der Wirker kein Garn hatte oder die Maschine kaputt war. Dies sorgte für häufige Konflikte zwischen den Wirkern und den Besitzern der Wirkstühle (Palmer, 1984). Die Leihgebühren waren so hoch, dass ein Wirkstuhl innerhalb von zwei bis drei Jahren durch die Leihgebühr abbezahlt und entsprechend ein gutes Geschäft für den Verleiher war. Vorteilhaft für den Unternehmer war ebenfalls, dass er keinerlei wirtschaftliches Risiko hatte, und für die Wirker, dass sie nicht in einer Fabrik arbeiten mussten. Auch Bäcker und Metzger kauften Wirkstühle und verliehen sie. Besonders geldgierige Verleiher verlangten vom Wirker zusätzlich Standmiete für ihre Wirkstühle, egal, ob die Wirkstühle bei ihnen oder im Haus des Wirkers standen. Entsprechend arm waren die Wirker, und in England hieß es „as poor as a stockinger".

Ab 1730 wurde versucht, Baumwolle zu Strümpfen zu verarbeiten, dies war aber wenig erfolgreich, und so blieben Strümpfe aus Seide vorherrschend.

Die in Preußen, z.B. in Berlin, von hugenottischen Handwerkern gebauten Strumpfwirkstühle hatten erhebliche Auswirkungen auch auf andere technische Bereiche und brachten wirtschaftlichen Fortschritt. So gab es 1740 in Berlin mindestens 44 Strumpfmanufakturen, in denen insgesamt 279 Strumpfwirkstühle liefen. Die Berliner Seidenstrümpfe waren von so guter Qualität, dass sie sogar nach Frankreich exportiert wurden. Der Preis pro Paar lag bei 10–28 Talern (Müller, 1997), was bei einem Wochenlohn von rund zwei bis drei Talern für einen Weber ein hoher Preis war.

Eine wichtige technische Verbesserung der Strumpfwirkstühle gelang 1759 dem englischen Fabrikanten Jedidiah Strutt. Er entwickelte eine Rändermaschine, womit gerippte Seidenstrümpfe hergestellt werden konnten, bei der sich rechte und linke Maschen abwechselten. Dazu ergänzte er Lees Wirkstuhl um eine weitere Nadeleinheit und konnte dadurch sowohl glatte als auch gerippte Waren herstellen. In seiner Manufaktur in Derby produzierte er die sogenannten „Derby Rips“, die er patentierte. Später finanzierte er Richard Arkwrights erste Spinnerei in Cromford. In Chemnitz konstruierte Daniel Friedrich Theunert 1789 eine andere Rändermaschine, sodass auch in Sachsen nahtlose Strümpfe hergestellt werden konnten. Bereits 1768 entwickelte Josiah Crane in Edmonton den Handkettenwirkstuhl, mit dem mehrere Fäden verwirkt wurden und so Längs- und Netzmuster möglich wurden. Durch ein Patent, das dem Engländer Butterworth 1781 erteilt wurde, konnten auch durchbrochene Stellen im Gewirk erzeugt werden, indem die Fäden auf den Nadeln mechanisch umgehängt wurden.

Um 1770 gab es mehrere Erfinder, u. a. aus England und Frankreich, die sich mit der Entwicklung eines Kettenwirkstuhls für aufwendige Muster, z. B. mit Netzcharakter, beschäftigten. Dabei wird nicht allen Nadeln derselbe Faden vorgelegt und zunächst mit Kulierplatinen zu Schlaufen geformt, bevor eine gesamte Maschenreihe in einem Schritt gebildet wird, wie beim Kulieren. Vielmehr wird jeder Nadel ein eigener Faden über eine Lochnadel vorgelegt (Bild 6.69). Dadurch entfällt der Prozess der Schlaufenbildung, weil die Fäden bei der Maschenbildung viel weniger gedehnt werden, denn jeder Faden bildet nur eine einzige Masche. Diese Fäden werden parallel auf einen Kettbaum gewickelt, analog zum Weben. Dieses „Kettenwirken“ ist entsprechend erheblich produktiver als das Kulierwirken.

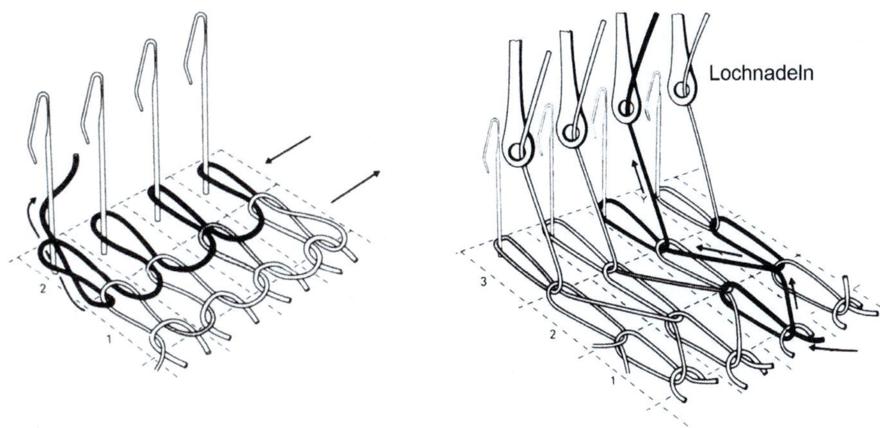


**Bild 6.69** Prinzipien des Kulierwirkens (links) und des Kettenwirkens (rechts)

Nach mehreren Patentstreitigkeiten wurde das Urpatent für diese Technik dem Engländer Josiah Crane für das Jahr 1768 zuerkannt. Die Arbeitsbreite betrug nach weiteren Verbesserungen 44 Zoll, also 112 cm. Damit wurden Stoffe für gemusterte Strümpfe hergestellt, die daraus ausgeschnitten wurden. Über einen Schussfadenführer konnten auch, ähnlich dem Weben, Querfäden eingelegt werden. Durch die Einführung mehrerer Barren mit Lochnadeln, die mithilfe einer Handkurbel jeweils um ein oder zwei Maschen wahlweise nach rechts oder links in Querrichtung verschoben wurden, konnte die Mustervielfalt erheblich gesteigert werden. Weil der Antrieb mit Handkurbel leicht fehlbedient werden konnte, wurde bald eine separate Ansteuerung der Legebarren entwickelt. Dadurch erfolgte ihre seitliche Versetzung über Kurvenscheiben mit Erhöhungen am Umfang, die das Muster repräsentierten.

Der Strumpfstricker, der eigentlich ein Strumpfwirker war, war ein anerkannter Handwerksberuf, wobei zwischen Woll- und Seidenstrumpfwirkern unterschieden wurde. 1782 gab es in England ca. 20 000 davon, wovon 90 % in ländlichen Regionen arbeiteten, weil es dort sonst kaum Arbeit gab. Im „Kurzgefaßtes Künstler und Handwerker Taschenlexicon“ (N. N., 1795) wird der Beruf des Strumpfstrickers auf S. 193 beschrieben: „Obgleich die Kunst, Strümpfe zu stricken, sehr bekannt und gemein ist, so giebt es doch einen eigenen Handwerker, der Strumpfstricker heißt und nicht nur selbst aus Schaafwolle allerley Strümpfe, Stauchen, Mützen u. s.m. verfertiget, sondern auch durch andere Personen stricken läßt, und sie alsdann nach seinen Handgriffen zum Verkauf zurichtet.“

Der in Bild 6.70 dargestellte Strumpfwirker sitzt am Fenster, um sein Gewirk besser sehen zu können, während seine Frau Garn abhaspelt.

**Bild 6.70** Handwerker beim Handwirken (links; Elkágyé, 2006)

In Strumpf- und Hosenstrickerordnungen wurde vorgeschrieben, wie viele Lehrlinge ein Meister gleichzeitig haben durfte, und auch die Anzahl seiner Wirkmaschinen war begrenzt (drei für „ordinäre“ und einen für „feine“ Ware). Weiterhin mussten Lehrlinge nach Abschluss ihrer drei bis sieben Jahre dauernden Ausbildung auf Wanderschaft gehen und eine hohe Gebühr zahlen, wenn sie in die Zunft aufgenommen werden wollten. Diese Regelungen sollten die zunehmende Mechanisierung der Wirkerei aufhalten und die Zünfte bewahren, letztlich aber erfolglos.

Falls Damen Strümpfe trugen, so blieben diese für die Öffentlichkeit unsichtbar, weil das Zeigen von Frauenbeinen als unschicklich galt. Die Herren dagegen betonten ihren sozialen Status durch das Tragen von – meist weißen – Seidenstrümpfen und „zeigten Bein“ (Bild 6.71).

**Bild 6.71** Strumpfträger (Gainsborough, 1785)

Der Bedarf an Strümpfen stieg im 18. Jh., vor allem modebedingt, weiter an, und die Handwerker, die Wirk- und Strickstrümpfe in Heimarbeit herstellten, gerieten durch die maschinell und viel günstiger produzierten Strümpfe aus Manufakturen immer mehr unter Druck. Dies führte dazu, dass es, wie auch in anderen Textilbranchen, ab 1780, z. B. in England, vereinzelt zur Erstürmung von Manufakturen durch aufgebrachte Handwerker kam, die ihre Existenz bedroht sahen und die Maschinen zerstörten. Zu großflächigen Aufständen „gegen die Maschinen“ kam es zu Beginn des 19. Jh. (vgl. Kapitel 7).

Trotz aller Erfindungen und einer zunehmenden Mechanisierung der Strumpfproduktion wurde die große Mehrzahl der Maschenwaren auch im 18. Jh. noch von Hand hergestellt (Bild 6.72).

**Bild 6.72** Französische Handstrickerinnen am Ende des 19. Jh. (Lesueur, 1793)

Neben Strümpfen wurden von den Hugenotten auch die in Frankreich schon länger populären Handschuhe produziert.

## 6.6 Teppiche

Zwei aus Frankreich von der Savonnerie, der königlichen Knüpfteppich-Manufaktur, abgeworbene Weber begannen um 1720 mit der Herstellung von „belgischen Teppichen", also Schlingenware, in Wilton, England. Die Drähte (Ruten), die die Schlingen formten, versahen sie zum Teil mit einer scharfen Messerkante, sodass die Schlingen beim Herausziehen aufgeschnitten wurden und die Oberfläche einem geknüpften Teppich ähnelte (Bild 6.73). Einige Jahre besaß die Wilton Teppichmanufaktur ein Monopol auf diese Technik und war damit sehr erfolgreich.

Eine Alternative zu dieser Technik waren doppeltgewebte Teppiche. Dabei wurden mit mindestens drei Kettfadensystemen und zwei Schussfadensystemen parallel zwei Flachgewebe erzeugt und durch Bindekettfäden eng miteinander verbunden, was der Struktur große Stabilität verlieh (Bild 6.74). Diese Teppiche waren zunächst nach ihrem ersten Produktionsort „Kidderminster-Teppiche" genannt worden, wurden aber bald nur noch als „Ingrain-Teppiche" bezeichnet (engl. ingrain: tief einprägen, verwurzeln). Die Farbfolge auf der Vorderseite ist dabei ein Negativ der Farbfolge auf der Rückseite.

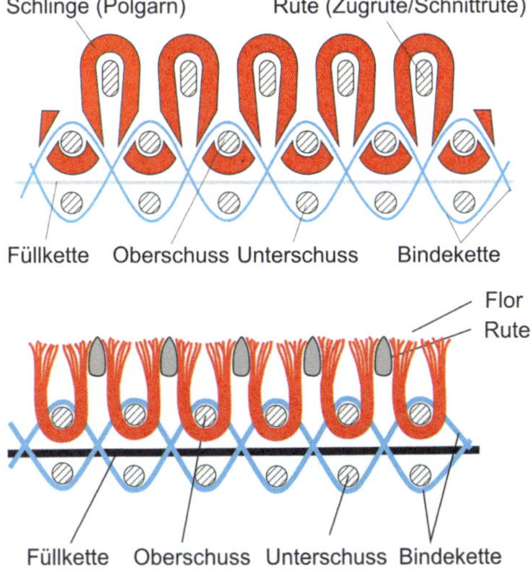

**Bild 6.73** Querschnitt durch eine Schlingenwaren mit geschlossenen (links oben) und aufgeschnittenen Schlingen (links unten) sowie entsprechende Oberfläche einer Schlingenware mit geschlossenen und aufgeschnittenen Schlaufen (rechts; Resch, 2018)

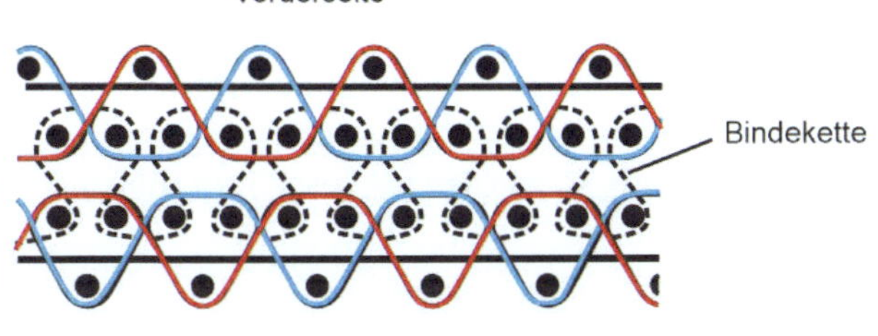


**Bild 6.74** Aufbau eines Ingrain-Teppichs (Doppelgewebe)

Im Jahr 1749 flohen zwei Teppichweber aus der königlichen Manufaktur in Paris nach London und eröffneten eine Teppichfabrik. Ein Weber aus Axminster, im Südosten Englands, Thomas Witty, besuchte die Fabrik und lernte, wie Teppiche mit dem symmetrischen („türkischen") Knoten geknüpft werden können. Er unterrichtete zunächst seine Töchter und begann dann mit der Teppichproduktion. Das Unternehmen war sehr erfolgreich und prägte den Begriff „Axminster-Teppich" für feine Teppiche mit einer samtartigen Oberfläche. In der Wirtschaftskrise nach den napoleonischen Kriegen musste die Firma 1835 schließen. Axminster-Teppiche werden heute auch maschinell in der Web- und Tuftingtechnik hergestellt und sind ein Synonym für edle langlebige Teppiche.

## 6.7 Veredlung

Die Veredlungsprozesse wurden insbesondere für Wolle in Manufakturen durchgeführt. Die jeweiligen handwerklichen Tätigkeiten ähnelten dabei weitgehend denen, die oft schon seit dem Altertum eingesetzt wurden.

Um Wolltuche weicher zu machen, wurden sie mit Kratzendisteln aufgeraut (Bild 6.75, links). Rechts im linken Bild bestückt eine Arbeiterin ein Holzkreuz mit neuen Disteln (Bild 6.75, rechts).

**Bild 6.75** Rauen der Wollstoffe (Duhamel du Monceau, 1766)

Sollten Wolltuche eine glatte Oberfläche bekommen, so wurden sie geschoren (Bild 6.76).

**Bild 6.76** Scheren des Wolltuchs (Duhamel du Monceau, 1766)

1787 baute der Engländer John Harmar aus Sheffield als Erster einen mechanisierten Schertisch, der mehrere Jahrzehnte in Gebrauch war. Im Jahr 1792 erhielt der Amerikaner Samuel Grissould Dorr ein Patent für eine Rotationsmesser-Schermaschine. Diese Technik setzte sich bis zur Mitte des 19. Jh. überall durch und verdrängte das manuelle Scheren. Das Funktionsprinzip von Spindelrasenmähern beruht darauf.

Nach dem Scheren wurden noch eventuell abstehende Fasern herausgezupft (Bild 6.77, links) und die Tuche dann auf Länge abgemessen und in Lagen aufeinandergelegt (rechts).

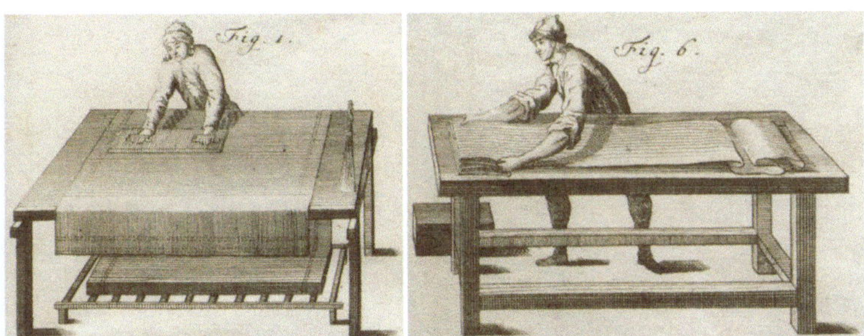


**Bild 6.77** Glätten und Zusammenlegen der fertigen Tuche (Duhamel du Monceau, 1766)

Mithilfe einer Ballenpresse (Bild 6.78) wurden die Tuche zusammengepresst und konnten so platzsparend transportiert werden.

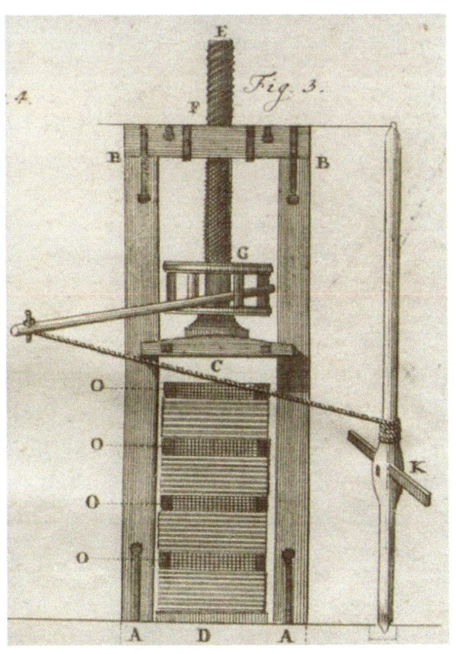


**Bild 6.78** Ballenpresse (Duhamel du Monceau, 1766)

# 6.8 Färben und Drucken

Die Färbeverfahren wurden weiterentwickelt, und durch verschiedene Bücher verbreitete sich das Wissen um die Färberei in ganz Europa. Die Entwicklung künstlicher Farbstoffe ermöglichte eine gleichmäßigere Färbung. Vor allem Frankreich hatte eine Vorreiterrolle durch seine systematischen Anstrengungen zur Erforschung der Vorgänge bei der Farbgebung.

## 6.8.1 Färbeverfahren

Aus den Erfahrungen, die viele Färber im 17. Jh. beim Einsatz neuer Farbmittel gemacht hatten, wurden zu Beginn des 18. Jh. allgemeingültige Vorschriften abgeleitet. Durch mehrere Fachbücher, die die Kunst des Färbens („ars tinctoria") detailliert beschrieben, wurden den Färbern die Kenntnisse vermittelt, die für eine gleichmäßige und dauerhafte Färbung notwendig waren. 1737 veröffentlichte der Physiker Charles François de Cisternay Dufay (1698–1739) sein Buch „Observations physiques sur le mélange de quelques couleurs dans la teinture". Weitere Bücher französischer Forscher folgten, in denen dargelegt wurde, dass Baumwolle und Wolle mit unterschiedlichen Farbstoffen gefärbt werden sollten.

Allerdings wurden auch strenge Vorschriften erlassen, die viele Aspekte bis ins Detail regelten. So legte eine schwäbische Färbeordnung aus dem Jahr 1706 nicht nur die erlaubten Farbstoffe und Preise fest, sondern schrieb ebenfalls vor, dass jeder Färber einen Tisch besitzen müsse und seine Ware nicht auf den Boden werfen dürfe. Der Farbkessel durfte nur einmal pro Tag verwendet werden, und wer Gesellen beschäftigte, dem war verboten, gleichzeitig Mägde zu beschäftigen. Witwen wiederum durften das Geschäft ihres verstorbenen Gatten weiter betreiben, aber keine Lehrjungen einstellen (Johannsen, 1932). Es war kompliziert.

## 6.8.2 Druckverfahren

Durch Drucken konnten farbige Textilien mit komplexen Mustern einfach hergestellt werden, was sonst nur mit sehr großem Aufwand möglich war, z. B. mit einem Zugwebstuhl. Preiswerte gedruckte Textilien erfreuten sich daher in breiten Kreisen der Bevölkerung großer Beliebtheit. Allerdings waren die benutzten Farben zunächst nicht dauerhaft fixierbar, und erst zum Ende des 18. Jh. wurde die Qualität der indischen Drucke erreicht.

Johann Michael Macklot veröffentlichte 1768 das erste deutschsprachige Fachbuch zum Textildruck mit dem für sich selbst sprechenden Titel „Vollständige Entdeckung des bisher so sehr geheimgehaltenen Cotton- oder Indiennen-Drucks nebst beygefügtem Unterricht von der sächsischen Schönfärberey auf Seide und Wolle, auch von der Ausbesserung der Cottonblumen, die durch vieles Waschen erloschen sind, mit noch andern hierher gehörigen Künsten". Damit wurden die bis dahin gewonnenen Erkenntnisse zum Textildruck einer breiten Öffentlichkeit bekannt, was die Entwicklung hin zu großen Manufakturen weiter beschleunigte. Bild 6.79 zeigt das bis dahin übliche Flachdruckverfahren.

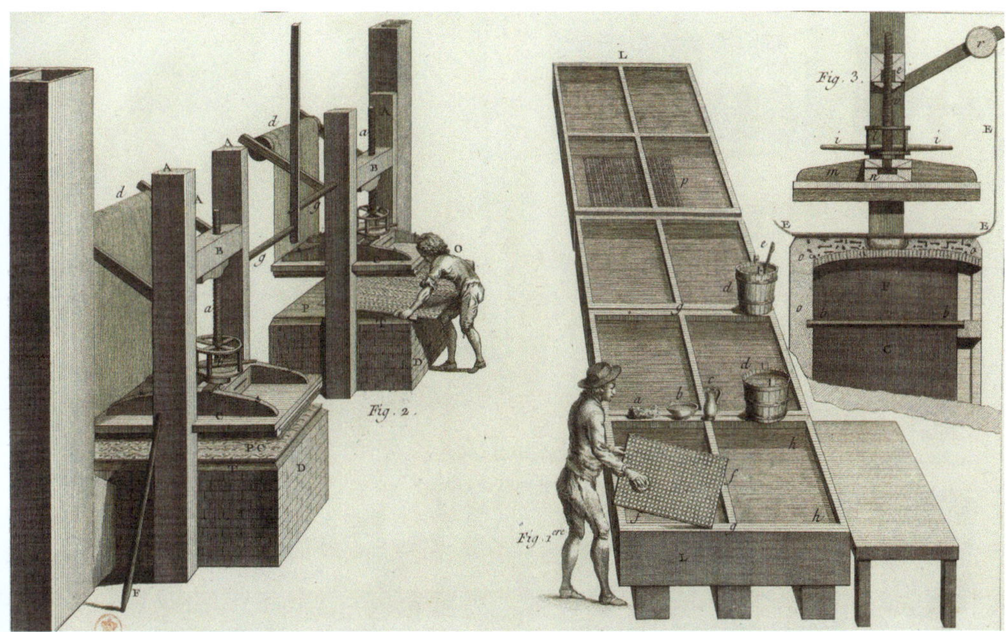

**Bild 6.79** Flachdruckverfahren für Wolle (Roland de la Platière, 1780a)

1783 erfand der Schotte Thomas Bell die Walzendruckmaschine, durch die die Produktivität des Druckens im Vergleich zum bis dahin dominierenden Flachdruckverfahren vervielfacht wurde. Für den Druck wurden bis zu sechs gravierte Kupferwalzen eingesetzt, in die, im Gegensatz zu groben Holzmodeln, sehr feine Muster eingraviert werden konnten. Diese Walzen wurden mit der Farbe gefärbt, danach wurde mithilfe einer scharfen Klinge (engl.: doctor blade) überschüssige Farbe entfernt. Das zu färbende Textil wurde um die Kupferwalze gelegt und gegen den Zylinder gedrückt, wodurch sich die Farbe auf das Textil übertrug (Bild 6.80). Zunächst wurde dieses Verfahren in Lancashire eingesetzt, um Baumwollstoffe bunt zu färben. Die Muster waren meist einfarbig mit Streifen oder Punkten.

Unmittelbar nach dem Druck wurde die Ware über mit Dampf beheizte Zylinder geführt und so getrocknet. Innerhalb von ein bis zwei Minuten war das Textil fertig, ca. zwanzigmal schneller als beim manuellen Flachdruck.

Die Hauptschwierigkeit bei diesem Verfahren bestand darin, bei Mehrfarbendruck die einzelnen Farbdrucke passgenau zu setzen. Jede Verschiebung ist im Muster sofort zu erkennen. Daher wurden zu Beginn einfache Muster gedruckt, bei denen Druckfehler nicht auffielen, z. B. Punktmuster (Bild 6.81).

**Bild 6.80** Walzendruckverfahren für Wolle (Roland de la Platière, 1780b)

**Bild 6.81** Textil mit Walzendruckmaschine, im Flachdruckverfahren gedruckt (Pharos, 2017)

Auch wenn das Patent für eine Maschine erteilt wurde, mit der sechs Farben gleichzeitig gedruckt werden konnten, so hat dies in der Praxis zunächst nicht gut funktioniert. Erst nach einer Verbesserung durch Adam Parkinson war die Druckmaschine praxistauglich. Dann war sie allerdings so produktiv, dass sie rund hundert Drucker ersetzte (Baines, 1835).

Das Verfahren setzte sich daher trotz aller anfänglichen Schwierigkeiten auf breiter Front durch, und ab 1840 wurden in England nahezu alle Baumwolldrucke mit der Walzendruckmaschine durchgeführt (Bild 6.82).

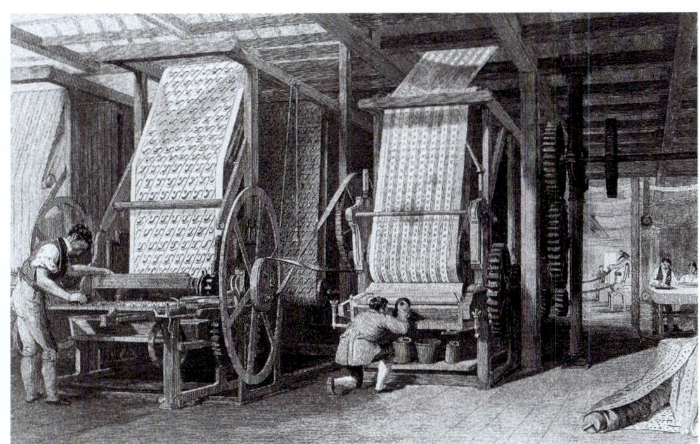

**Bild 6.82** Walzendruckmaschine mit einfachen Mustern (Baines, 1835)

## 6.8.3 Farbstoffe

Im 18. Jh. erhielten die bis dahin üblichen Naturfarbstoffe Konkurrenz durch chemisch erzeugte Farbmittel. Sie waren in der Regel einfach, in großen Mengen und günstiger herzustellen, und ihre Farbwirkung war meist deutlich gleichmäßiger als die von natürlich gewonnenen Farbstoffen. Daher setzten sie sich bald durch. Auch die Färbung als solche wurde wissenschaftlich untersucht, um die Prozesse zu verstehen und eine höhere Qualität der Färbung zu erreichen.

### 6.8.3.1 Rot

Die in Europa mit Krapp rot gefärbten Textilien aus Baumwolle besaßen im Vergleich zu rot gefärbten Stoffen aus Kleinasien und dem Orient eine deutlich geringere Farbbrillanz. Es blieb bis in die Mitte des 18. Jh. ein Geheimnis, wie dieser als „Türkischrot“ bezeichnete Farbton erzeugt werden konnte. Es war lediglich bekannt, dass eine Vielzahl von komplexen Arbeitsschritten über einen Zeitraum von bis zu einem Monat erforderlich war, um Textilien so zu färben. Der Engländer J. Wilson entsandte 1753 daher einen

Spion in die Türkei, der dem Geheimnis auf die Spur kommen sollte. Zwar brachte dieser neue Erkenntnisse mit, das brillante Rot der türkischen Konkurrenz wurde aber dennoch nicht erreicht. Wenige Jahre zuvor, 1747, gelang es den französischen Geschäftsleuten Goudard und Dharistoy Färber aus Adrianopel (heute: Edirne) und Smyrna (heute: Izmir) nach Frankreich zu locken, womit das Geheimnis der Türkischrot-Färberei in Frankreich bekannt wurde. 1765 wurde von der französischen Regierung dazu ein Buch herausgebracht (N. N., 1765) und damit das Verfahren allgemein zugänglich. In den folgenden Jahren wurden weitere Färbereien gegründet, u. a. in der Normandie (Rouen), in England (Manchester), der Schweiz (Sankt Gallen; Bild 6.83) und Deutschland (Wuppertal).

**Bild 6.83** Stoffbahnen an einer Türkischrot-Färberei in der Schweiz (Kelly, 1850) und mit Türkischrot gefärbtes Gewebe

Der berühmte Chemiker M. Berthollet wurde 1785 zum Direktor der französischen Färbereien ernannt und publizierte 1791 ein Fachbuch zum Thema (Berthollet, 1791). Darin stellt er die vorher nur aus handwerklicher Sicht betrachteten Arbeitsvorgänge erstmals auf eine wissenschaftliche Grundlage. Dabei und nach weiteren Forschungsanstrengungen stellte sich heraus, dass viele Teilprozesse der Türkischrotfärbung nicht notwendig waren. Dazu gehörte u. a. der Einsatz von Kuhkotbeize und Tierblut.

Diese enge Zusammenarbeit zwischen Wissenschaft und Industrie war in Deutschland noch nicht möglich, wie der Ökonom J. H. G. von Justi 1758 beklagt (von Justi, 1758): „Die deutschen Manufakturen sind so gut beschaffen, als sie in England und Holland, auch selbst in Frankreich sind; und wir würden es hierinnen noch viel weiter bringen, wenn die Akademien der Wissenschaften in Deutschland sich mit diesem wichtigen Gegenstand der Manufakturen beschäftigen sollten“ (Müller, 1997). Es dauerte noch bis ins 19. Jh. hinein, bis die Wissenschaft sich auch in Deutschland solchen Fragen widmete.

### 6.8.3.2 Blau

Der Färber Johann C. Barth löste 1743 in Großenhain erstmals aus Asien importierten Indigo in Schwefelsäure und erzeugte so einen Farbstoff, mit dem Wolle und Seide sehr gleichmäßig gefärbt werden konnten („Sächsisch Blau"). Die mit Indigo-Sulfonsäure erzielte Blaufärbung war jedoch nicht lichtecht, und die Säure griff die Textilien, vor allem Baumwolle und Leinen, an. Bei Wolle und Seide bestand dieses Problem weniger, weil sie amphoter sind und Säuren bis zu einem gewissen Grad neutralisieren können. Ab 1745 wurden die Matrosenuniformen in England mit Indigo gefärbt. Von einer kurzen Renaissance im Zuge der Kontinentalsperre unter Napoleon abgesehen, war die Farbstoffgewinnung aus Waid damit endgültig Geschichte.

### 6.8.3.3 Gelb und Orange

Der in den noch zu gründenden USA geborene Engländer Edward Bancroft (1744–1821) war ein Naturforscher (und später Doppelagent) und 1770 auf der Suche nach neuen Rohstoffen für Farbstoffe. In den östlichen Teilen Nordamerikas entdeckte er die Färbereiche (Quercus velutina) aus der Gattung der Buchenartigen und verkaufte ihre Rinde als Färbemittel (Bild 6.84). Nach dem amerikanischen Unabhängigkeitskrieg importierte er darüber hinaus die Rinde der gelben Eiche (Quercus muehlenbergii), ebenfalls aus der Familie der Buchenartigen, nach England und wurde damit reich. Mit dem daraus gewonnenen Quercetin konnten je nach den Reaktionsbedingungen lichtechte Färbungen von Gelb über Orange bis Grünoliv erzielt werden. Ab 1818 wurde die Färbereiche auch in Frankreich im Bois de Boulogne angepflanzt.

**Bild 6.84** E. Bancroft (Foxe, 2011) und Färbereiche (Willow, 2007)

Im Jahr 1794 veröffentlichte Bancroft das erste Handbuch in England zur Chemie von Farbstoffen (Bancroft, 1794). Er unterteilte Farbstoffe in substantive (z. B. Indigo, Purpur) und additive Farbstoffe, bei denen zur Entwicklung ihrer Farbwirkung ein Beizmittel benötigt wird. Interessanterweise enthält dieses Buch keine einzige Abbildung.

### 6.8.4 Bleiche

Die bis ins 18. Jh. hinein traditionell durchgeführte und sehr zeitaufwendige Bleiche von Garn wurde im Zuge der Entwicklung neuer chemischer Verfahren verbessert. Bereits 1756 hatte der schottische Arzt Francis Home (1719–1813) ein Buch zur Kunst der Bleicherei veröffentlicht (Home, 1756). Darin schlug er vor, die bis dahin verwendete Buttermilch durch gering konzentrierte Schwefelsäure zu ersetzen, die mittlerweile in großen Mengen und relativ günstig zur Verfügung stand. Dadurch konnte nicht nur Geld gespart, sondern auch die Bleichzeit auf rund einen Monat verkürzt werden.

Carl. W. Scheele (1742–1786) stellte 1774 erstmals Chlor her, erkannte aber nicht, dass es sich um ein neues Element handelte. Er bemerkte aber, dass Blumen und grüne Blätter von dieser neuen Substanz gebleicht werden. Claude-Louis Berthollet (1748–1822) schlug daher 1785 vor, Chlorwasser einzusetzen, um Leinen- und Baumwollstoffe damit zu bleichen. Unter der Bezeichnung „Lessive Berthollet" wurde die neue Substanz vermarktet. Ihre Anwendung in einem mehrstufigen Prozess, bei dem die Chlorkonzentration kontinuierlich verringert wurde, verkürzte die Bleichzeit auf nur noch einen Tag. Das 1789 entwickelte „Eau de Javel" war eine Weiterentwicklung einer Bleicherei im Pariser Vorort Javel, bei der Chlor in Pottasche eingeleitet wurde. Die Bleichwirkung bei Verwendung dieses Hypochlorits konnte so noch einmal gesteigert werden. Es wird in Frankreich bis heute als Reinigungs-, Bleich- und Desinfektionsmittel verkauft (Bild 6.85). 1795 veröffentlichte Berthollet seine gesammelten Erkenntnisse in einem Buch „Description du blanchissement", das bald auch ins Deutsche übersetzt wurde („Handbuch der Färbekunst"). Das neue Chlorbleichverfahren setzte sich so schnell in ganz Europa durch.

**Bild 6.85** Eau de Javel als Bleichmittel einst (Pixeltoo, 2022) und heute (Chianti, 2019)

Die neue Chlorbleiche war nur schwer zu transportieren und nicht einfach selbst herzustellen. Daher wurden andere Verfahren entwickelt, u.a. eine Kombination aus Chlor in Kalkmilch, später auch fester Chlorkalk, der in England als „Bleaching Powder“ verkauft wurde. Die Bleichzeit wurde in Kombination mit dem Auslegen der Ware im Freien mit der Chlorbleiche auf wenige Tage verkürzt.

Allerdings war der Bedarf an Chemikalien auch mit dem neuen Verfahren enorm. So wurden zum Bleichen von 1 t Baumwolle 5 kg Chlorkalk, 90 kg Schwefelsäure und 50 kg Soda ($Na_2CO_3$) benötigt. Es gab somit einen großen Anreiz, diese Substanzen in großen Mengen möglichst günstig herzustellen. Dies gelang bis zum Ende des 18. Jh., u.a. durch Nicolas Leblanc (1742–1806), der ein Verfahren zur großtechnischen Herstellung von Soda erfand. Gleichzeitig entwickelte sich in Europa nun eine chemische Industrie, was vielfältige Auswirkungen auch auf andere neu entstehende Branchen hatte.

## 6.8.5 Indiennes

Mit der Entdeckung des Seewegs um Afrika herum nach Indien durch Vasco da Gama 1498 gelangten zum ersten Mal feine Baumwollstoffe in größeren Mengen nach Europa. Die Gründung der Ostindien-Kompanien in England, den Niederlanden, Frankreich und anderen Ländern ab 1600 führte in Europa zum organisierten Import solcher gefärbten Stoffe, vor allem aus Indien. Diese sehr feinen Gewebe, die in Europa zuvor nahezu unbekannt waren, wurden als „Indienne“, „Chintz“ und „Calico“ bekannt und sehr schnell populär (Bild 6.86).

**Bild 6.86** Indienne-Geschäft in Barcelona (Planella i Conxello, 1824)

Am Anfang des 18. Jh. wurden die Indiennes von allen Schichten der Bevölkerung getragen, und die Nachfrage war entsprechend groß. Sie verdrängten daher die bisher lokal hergestellten und deutlich gröberen Stoffe, was in England dazu führte, dass die Weber 1685 das Haus der Ostindien-Kompanie stürmten, und 1689 wurde das Tragen von Baumwollkleidung auf die Sommermonate beschränkt. 1699 wurde gefordert, dass „alle Gerichtsbeamten, Richter, Studenten an den Universitäten sowie alle Professoren des öffentlichen und bürgerlichen Rechts ... aus Wolle hergestellte Talare tragen". Dies scheiterte zwar, aber schon 1701 wurde ein Gesetz erlassen, das es verbot „alle bemalten, gefärbten oder bedruckten Kattunstoffe, die in dieses Königreich importiert wurden oder werden, im Königreich England zu tragen oder anderweitig zu benutzen". Bei Zuwiderhandlung drohte der Kerker. Da dieses Verbot den Import rohweißer Baumwollstoffe nicht einschloss und die Nachfrage ungebrochen war, bildete sich schnell ein neuer Industriezweig, der sich mit dem Färben und Bedrucken importierter Baumwollstoffe beschäftigte. 1676 wurde die erste sogenannte Zeugdruckerei in Richmond on the Thames gegründet, im Jahr 1678 der erste Betrieb dieser Art in Amsterdam von Jacob ter Gouw. In den Niederlanden gab es bis zum Beginn des 18. Jh. rund dreißig weitere Indienne-Druckereien, bis 1750 waren es sogar achtzig Fabriken, in denen rund 5000 Menschen beschäftigt waren. 1689 wurde in Augsburg die erste Indienne-Färberei von den Gebrüdern Neuhofer gegründet, die die Technologie um 1680 in England kennengelernt und ihr Wissen nach Hause mitgebracht hatten. Sie setzten auf den Porzellandruck, bei dem mit einer speziellen Paste diejenigen Stellen bestrichen wurden, die weiß bleiben sollten, und das Textil anschließend blau gefärbt wurde. Der so entstehende Farbeindruck ähnelte dem von Porzellan, und das Verfahren wird als Reservedruck bezeichnet.

Im Jahr 1719 kam es in England zu großen Unruhen, weil die Wollweber ihre Existenz bedroht sahen, und es kam zu zahlreichen Ausschreitungen und Attacken gegen Menschen, die in Baumwollstoffe gekleidet waren. 1722 schließlich wurde das Tragen von Baumwollstoffen generell untersagt. Bis 1774 war nur das Bedrucken und Tragen von Barchentgeweben, also einer Mischung aus Leinenkette und Baumwollschuss, erlaubt. Das Verbot von Indiennes hielt mehrere Jahrzehnte, bevor es durch den Druck der Öffentlichkeit und der in ihrer Entwicklung gehemmten Textilbetriebe aufgegeben werden musste.

Eine ähnliche Entwicklung nahm Preußen, wo Friedrich Wilhelm I. im Jahr 1721 das Tragen von Indiennes bei einer Strafe von 100 Talern oder alternativ dem Tragen eines Halseisens für drei Tage verboten hatte: „Wir verfügen, dass nach Ablauf von 8 Monaten, keine gedruckte noch gemalte Cattune, sie mögen Namen haben wie sie wollen, bei 100 Reichstaler fiscalischer Straffe, oder bei dreitägiger Straffe mit dem Hals-Eisen, weiter getragen, sondern alle jetzt habende Cattunkleidung, Schlafröcke, Mützen, Schürzen, und was es sonst sein mag, innerhalb der gesetzten 8 Monate völlig aufgetragen und zerrissen werden sollen." Erst 1741 wurde unter Friedrich dem Großen das Verbot aufgehoben und in Berlin die erste Textildruckerei eröffnet, bis 1749 waren es schon neun Betriebe. In Sachsen stand man der neuen Technik aufgeschlossener gegenüber, und so wurde 1700 mit der Produktion von weißen Kattunstoffen und ab 1740 mit der Herstellung bedruckter Stoffe (in Zschopau) begonnen.

In Frankreich gab es nach der Vertreibung der Hugenotten durch die Aufhebung des Edikts von Nantes 1685 einen erheblichen Mangel an Fachkräften, was eine lokale Produktion erschwerte, und durch das auch hier geltende Verbot von Indiennes begann ein umfangreicher Schmuggel dieser Stoffe aus England nach Frankreich. Auch wurden in Frankreich bedruckte Mischgewebe erzeugt, die sofort wieder verboten wurden. Erst 1759 wurden die Regeln gelockert, und die Herstellung von bedruckten Kattunstoffen begann in vielen Manufakturen. Diese Entwicklung wurde unterstützt durch den Zuzug von Fachkräften aus Deutschland und den Niederlanden. Einer von ihnen, Christoph Philipp Oberkampf (1738–1815), der aus einer Schweizer Färber- und Druckerfamilie stammte, zog 1758 nach Frankreich und übernahm knapp zwei Jahre später bei Versailles eine Indienne-Druckerei, die er schnell zu einem großen Betrieb ausbaute. 1774 beschäftigte er bereits 900 Mitarbeiter (Bild 6.87, Bild 6.88).

**Bild 6.87** Textilbetrieb von C. P. Oberkampf in Jouy-en-Josas bei Versailles (Huet, 1807)

Durch seine rege Reisetätigkeit lernte er die neuesten Technologien des Textildrucks kennen, setzte diese konsequent um und erwarb sich so den Ruf, einer der besten Textildrucker Europas zu sein. 1783 wurde seine Firma eine „Manufacture royale", er selbst 1786 von Ludwig XVI. in den Adelsstand erhoben. Die Zeit der Französischen Revolution überstand er gut, und durch die Übernahme einer Baumwollspinnerei und einer Weberei wurde er unabhängig von Importen, was in Zeiten der Kontinentalsperre durch Napoleon (1806–1813) ein großer wirtschaftlicher Vorteil war, zeitweise beschäftigte er 2000 Arbeiter.

**Bild 6.88** C. P. Oberkampf (Goglins, 2016) und Indienne-Wandverkleidung aus Oberkampfs Haus (Stosskopf, 2007)

Befördert wurde die Herstellung der gefärbten Indienne-Stoffe ab ca. 1730 durch die Anwendung der von französischen Chemikern der Académie des Sciences gewonnenen Erkenntnisse und neuer Rezepturen. In Deutschland leistete dabei der Augsburger Unternehmer Johann Heinrich Schüle Pionierarbeit, für die er von den ortsansässigen Handwerkern und Zünften heftig bekämpft wurde. Seine Manufaktur mit rund 1500 Beschäftigten war die modernste seiner Zeit (Müller, 1997). 1784 kam es zu einem ersten Streik der Webergesellen, weil die ortsansässigen Kaufleute Stoffe aus Südostasien kauften anstatt der heimischen Waren, um sie zu bedrucken. Der Aufstand wurde mit Gewalt niedergeschlagen, und viele Gesellen verließen die Stadt. Zehn Jahre später stürmten rund 300 Weber das Rathaus, um einen Einfuhrstopp für ausländische Stoffe durchzusetzen. Die Auseinandersetzungen zogen sich bis in den November 1794 hin, und an Weihnachten wurde der Aufstand durch schwäbische Truppen endgültig niedergeschlagen. Die Soldaten blieben noch anderthalb Jahre in der Stadt, und die entstehenden Kosten mussten die Weber tragen.

In der Schweiz entstanden durch ausgewanderte Hugenotten, z.B. Köchlin und Dollfuss, Textildruckereien, u.a. 1746 in Mühlhausen (Elsass), das als freie Stadt mit der Schweiz verbunden war. Dieses Unternehmen stieg schnell zu einem der führenden Druckereibetriebe Europas auf und besteht als Spinnerei bis heute. Um 1780 waren in der Schweiz 9000 Handdrucker mit der Indienne-Herstellung beschäftigt. Wenn man die Bleicherei, Färberei und Stoffausrüstung hinzurechnet, dann waren weitere rund 30000 Menschen mit der Produktion von jährlich rund 18 Mio. Metern Baumwollstoff beschäftigt. Im Jahr 1810 war die Schweiz daher größter Exporteur von bedruckten Baumwollstoffen weltweit (Linder, 1967).

Auch in Böhmen und Spanien wurden entsprechende Unternehmen gegründet, so waren 1760 rund 12000 Arbeiter in Barcelona in Textildruckereien beschäftigt.

Mit dem Ende der Napoleonischen Kriege 1815 änderte sich die Mode schlagartig. Die farbenfrohen Baumwollstoffe waren nicht mehr gefragt, und die meisten Indienne-Manufakturen gingen schnell in Konkurs, wenn sie sich nicht auf die neue Mode mit schlichten Stoffen umstellten.

### 6.8.6 Wissenschaftliche Forschung zur Färberei

Seit 1740 war Jean Hellot (1685–1766) Generalinspekteur der französischen Färbereien, und im Jahr 1750 veröffentlichte er seine Färbetheorie (Hellot, 1750). Sie wurde weiterentwickelt von Pierre Joseph Macquer (1718–1784), der nach dem Tod von Hellot dessen Nachfolger wurde. Er hatte die Idee, das 1704 vom Schweizer Farbenhersteller Johann Jakob Diesbach in seiner Fabrik in Berlin entdeckte anorganische Pigment, das unter den Namen „Berliner Blau" bzw. „Preußisch Blau" bekannt war, zur Färbung von Textilien zu verwenden. Im 19. Jh. wurden mit Berliner Blau gefärbte Papiere beim Waschen hinzugefügt, um die Wäsche wieder weiß erscheinen zu lassen. Der Chemiker Louis-Nicolas Vauquelin (1763–1829), Mitglied der Académie des Sciences, setzte als Erster Chromverbindungen zur Beize ein.

Auf dem Gebiet der Wissenschaft und insbesondere im Bereich der Farbstoffe war Frankreich im 17. Jh. das führende Land Europas. Dies zeigte sich auch durch die „Encyclopédie ou Dictionnaire raisonné des sciences, des arts et des métiers“, einer Zusammenfassung allen wissenschaftlichen und technischen Wissens der Zeit, die von 1751 bis 1780 in 35 Bänden in Paris erschien. Herausgeber waren Denis Diderot und Jean Baptiste le Rond d'Alembert. Die folgenden Abbildungen zeigen ausgewählte Prozesse, die darin ausführlich beschrieben werden.

Weil Seide der damals wertvollste Faserstoff war und Fehler bei der Färbung wegen der guten Farbstoffaffinität der Seide kaum zu korrigieren sind, wurde Seide nicht in Heimarbeit, sondern in der Regel in Manufakturen „professionell“ gefärbt (Bild 6.89) und anschließend getrocknet (Bild 6.90). Somit wurden erstmals die neuesten Erkenntnisse aus der „Wissenschaft“ eingesetzt, um Textilien zu färben.

**Bild 6.89** Färben von Seidensträngen und -stoffen (Diderot und D'Alembert, 1785)

**Bild 6.90** Trocknen der gefärbten Seidenstränge (Diderot und D'Alembert, 1785)

Seidengewebe konnten auch stückgefärbt werden (z. B. schwarz), was ebenfalls in großen Betrieben von erfahrenen Färbern durchgeführt wurde (Bild 6.91).

**Bild 6.91** Stückfärbung von Seidenstoffen (Diderot und D'Alembert, 1785)

Nach dem Färben mussten Farbrückstände und Reste der Hilfsstoffe durch einen Waschprozess entfernt werden (Bild 6.92).

**Bild 6.92** Waschen der gefärbten Teppiche (Diderot und D'Alembert, 1785)

In Deutschland war der technologische Rückstand zu den führenden Nationen Frankreich und England erheblich, wie J. W. von Goethe in einem Gespräch mit J. P. Eckermann noch 1829 bemerkte: „Während aber die Deutschen sich mit der Auflösung philosophischer

Probleme quälen, lachen uns die Engländer mit ihrem großen praktischen Verstande aus und gewinnen die Welt." Dies änderte sich im Bereich der Chemie erst im 19. Jh.

## 6.9 Waschen und Bügeln

Das Waschen und Bügeln war weiterhin Heimarbeit und wurde mit ähnlichen Verfahren durchgeführt wie schon im Mittelalter, entweder zu Hause oder in gemeinschaftlich genutzten Waschhäusern, in denen auch die letzten Neuigkeiten besprochen werden konnten (Bild 6.93). Die Bügeleisen wurden dekorativer (Bild 6.94). Beide Tätigkeiten waren oft Gegenstand bildlicher Darstellungen.

**Bild 6.93** Waschszene (Chodowiecki, 1774)

**Bild 6.94** Waschende und bügelnde Frauen (Morland, 1775; 1770)

# 6.10 Nähmaschine

Ein flinker Schneider konnte bis zu dreißig Stiche je Minute nähen. Allerdings dauerte es immer noch sehr lange, bis die aufwendige Kleidung des 18. Jh. so hergestellt war. Bild 6.95 zeigt die wichtigsten Gerätschaften zum Sticken sowie zur Herstellung einer Kettenstichnaht. Das Öhr war noch wenig verbreitet, daher wurde der Faden meist mit einem Haken durch das vorher mit einer Ahle gestanzte Loch gezogen.

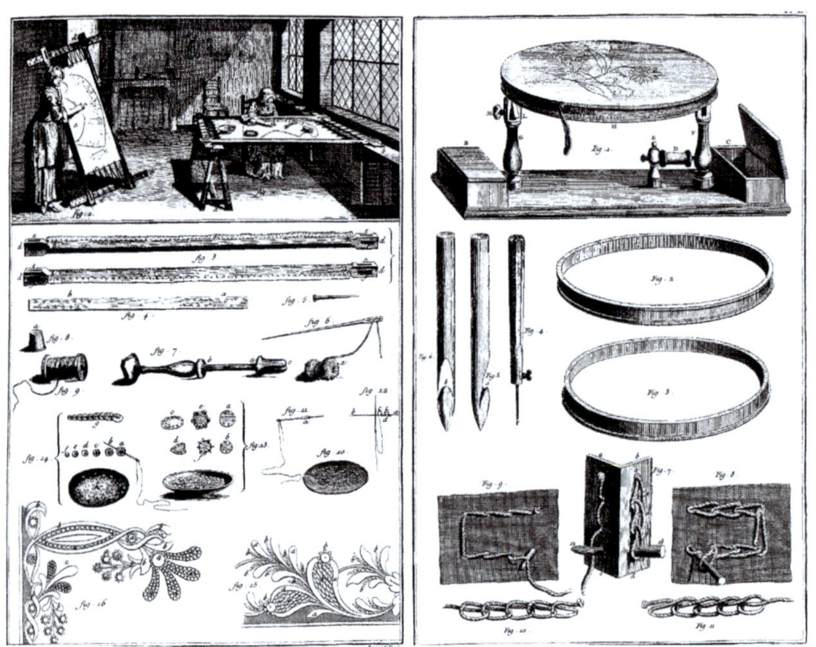

**Bild 6.95** Stickerei (links) und Utensilien zur Erzeugung eines Kettenstichs (rechts) (Diderot und D'Alembert, 1785)

## 6.10.1 Karl Friedrich Wiesenthal

Karl Friedrich Wiesenthal (1726–1789) erhielt 1755 ein britisches Patent (Nr. 701) auf eine Nähnadel mit zwei spitzen Enden und dem Auge in der Mitte (Bild 6.96). Seine Idee war, die Nadeln mit einer mechanischen Hand komplett durch das Textil zu stoßen, von einer zweiten mechanischen Hand zu übernehmen und so den manuellen Nähvorgang zu imitieren. Allerdings hätte dann der gesamte Fadenvorrat ebenfalls durch das Textil geführt werden müssen, was die Fadenlänge erheblich eingeschränkt hätte. Daher war seine Idee nicht in eine funktionsfähige Nähmaschine umsetzbar. Die

Nadel wurde jedoch später kopiert und von anderen Erfindern in ihren Maschinen eingesetzt.

**Bild 6.96** Karl Friedrich Wiesenthal und seine Nähnadel mit zwei Spitzen und Öhr

## 6.10.2 Thomas Saint

Im Jahr 1790 erhielt der englische Schreiner Thomas Saint ein britisches Patent (Nr. 1764) auf eine mechanische Kettenstich-Nähmaschine zum Nähen von Artikeln aus Leder. Zunächst wurde mit einer Ahle ein Loch in das Textil gebohrt. Dann wurde der Faden über dem Loch platziert, und eine Nadel mit gabelförmiger Spitze drückte den Faden durch das Loch. Auf der Unterseite übernahm ein Haken den Faden und bewegte ihn in Nahtrichtung weiter. Wenn der Faden durch das nächste Loch nach unten gedrückt wurde, wurde er mit der vorher gebildeten Schlinge verknüpft, und es entstand ein Kettenstich (Bild 6.97). Saint sah bereits eine Einrichtung zur Regulierung der Fadenspannung vor (Bild 6.98).

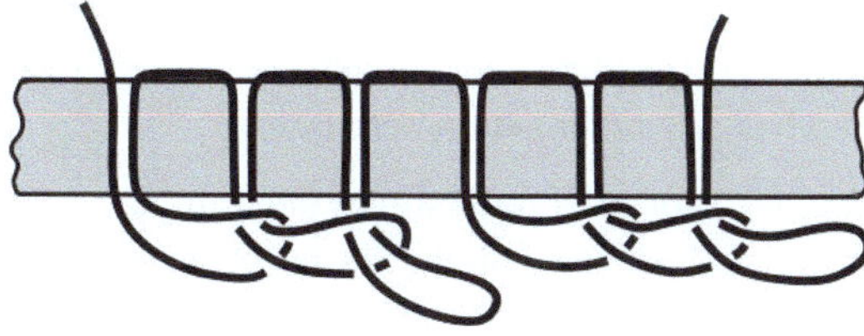

**Bild 6.97** Kettenstich

Sein Patent blieb über achtzig Jahre unentdeckt, weil er es unter der Sektion „Klebstoffe und Lacke" eingereicht hatte, um anderen Patenten aus dem Weg zu gehen, offenbar erfolgreich. Newton Wilson baute Saints Maschine 1873 nach und modifizierte sie so, dass sie auch funktionierte (Kapitel 7).

**Bild 6.98** Aufbau der Ledernähmaschine von Thomas Saint (1790) und Modell

## 6.11 Handel

Der Handel mit Textilien wurde im 18. Jh. immer mehr globalisiert. Rohmaterialien wurden über große Distanzen transportiert, z. B. Baumwolle. Die einzelnen Prozessstufen der textilen Fertigung wurden oft in denjenigen Regionen Europas durchgeführt, wo sie am billigsten waren.

Im 18. Jh. wurden in England sogenannte „Piece Halls" gebaut, die den Handel mit Wollstoffen vereinfachen sollten. „Piece" bezieht sich auf den Ausdruck für eine bestimmte Menge Wollstoff (1 piece = 30 yards ≈ 27 m), die jeweils verkauft wurde. Hier konnten die Handweber bzw. kleinen Händler direkt mit ihren Kunden in Kontakt treten, allerdings nur zu genau festgelegten Zeiten, z. B. samstags von 10:00–14:30 Uhr. Die in Bild 6.99 dargestellte Tuchhalle stammt aus dem Jahr 1779 und ist eines der letzten noch erhaltenen Gebäude dieser Art in England mit 315 Räumen auf einer Grundfläche von rund 8000 m². Solche Hallen gab es auch u. a. in Leeds, Huddersfield und Bradford sowie in anderen europäischen Ländern, dort sind sie aber nur noch selten erhalten.

England hatte bereits um 1650 mit dem Bau einer großen Handelsflotte begonnen, deren Volumen um 1750 dasjenige der bis dahin dominierenden niederländischen Handelsschiffe erstmals übertraf. Ende des 18. Jh. war die Flotte Großbritanniens größer als die der Niederlande, Frankreichs und Deutschlands zusammengenommen. Frankreichs Flotte wurde ab 1690 stark ausgebaut und war um 1800 die zweitgrößte, gefolgt von der niederländischen, die ab 1700 an Bedeutung verlor.

Mit der weiter zunehmenden Globalisierung des Handels stieg auch der Im- und Export von Fasern, Garnen und Textilien, trotz aller Hemmnisse (z. B. Zölle), die von einzelnen Ländern zum Schutz ihrer Industrie aufgebaut wurden.

**Bild 6.99** Markthalle für den Tuchhandel in Halifax (Green, 2017)

## 6.12 Die Entwicklung in ausgewählten Ländern

Ende des 18. Jh. verbreitete sich die Mechanisierung der Textilherstellung immer mehr, nicht nur in England, sondern auch in Frankreich und anderen Ländern. Dies wurde aber nur selten von der Bevölkerung begrüßt, weil sie ihre Lebensgrundlage durch die billiger produzierenden Fabriken bedroht sahen. Daher kam es zu zahlreichen Aufständen, in deren Folge zahlreiche Spinn- und Webmaschinen von aufgebrachten Bauern und Handwerkern zerstört wurden. Insbesondere in Frankreich wehrte sich die Bevölkerung, anfänglich beflügelt durch ihre Erfolge bei der Französischen Revolution 1789. In England kam es zwar auch zu ersten Wellen der Gewalt gegen Maschinen, z.B. 1740 gegen die Webmaschinen mit John Kays neuem Schiffchen („Flying Shuttle"), aber erst zu Anfang des 19. Jh. wurden die Proteste stärker und erfolgten landesweit. Als Vorbote künftiger Entwicklungen schlossen sich schon 1792 die Mule Spinner von Manchester und Stockport zusammen, und weitere Arbeitervereinigungen bildeten sich kurz danach.

### 6.12.1 England

Die Herstellung von Garnen und Geweben und alle anderen Fertigungsstufen erfolgten in England bis ins 18. Jh. in Heimarbeit (Bild 6.100), im sogenannten Verlagswesen.

**Bild 6.100** Handspinnrad und Handwebstuhl in England (Baines, 1835)

Reiche Kaufleute in Lancashire beschäftigten bis zu 5000 Handwerker, die für sie Textilien herstellten. Selbst die Erfindung der Spinning Jenny mit nur wenigen Spindeln änderte dies nicht, weil diese Maschine nicht besonders groß war und auch der Antrieb noch per Hand erfolgen konnte. Die Situation änderte sich grundlegend mit der Erfindung der Water Frame und der Spinning Mule. Diese Maschinen erforderten viel Platz, waren schwer und benötigten daher ein stabiles Fundament, und ihr Antrieb erfolgte über Esel-, Pferde- oder Wasserkraft (Dampf wurde erst später eingesetzt). Dies war zu Hause nicht mehr möglich, und so entstanden in kurzer Zeit große Fabrikgebäude, wie sie für die nächsten rund 200 Jahre in weiten Teilen Europas prägend werden sollten (Bild 6.101). Dies geschah so schnell, dass sich der Wert der aus Baumwolle erzeugten Textilien von 1766 von £ 600 000 bis 1787 mehr als verfünffachte auf £ 3,3Mio. Allein von 1784 bis 1787 verdoppelte sich die Menge der importierten Baumwolle von £ 11 Mio. auf £ 23 Mio., und bis zum Ende des 18. Jh. wurden £ 29 Mio. verarbeitet, das Zehnfache der Menge von 1750. Davon kam fast alles aus der Karibik (£ 10 Mio.), Brasilien (£ 8 Mio.) und dem Osmanischen Reich (£ 4 Mio.). 1787 waren in England, Wales und Schottland 143 Spinnereien registriert (41 davon alleine in Lancashire), und geschätzte 160 000 Menschen arbeiteten in der Baumwollindustrie (Baines, 1835). In manchen Regionen, so z. B. in Manchester, Oldham und Huddersfield, waren bis zu 85 % der Bevölkerung in der Textilindustrie beschäftigt (Chapman, 1972). Es entstanden große Gewebemanufakturen mit bis zu 200 Handwebstühlen und abhängigen Lohnarbeitern, auch wenn die Mehrzahl eher zwanzig bis hundert Webstühle besaß. Zunächst wurden noch gute Löhne gezahlt, sodass es nur vereinzelt zu Aufständen und Protesten kam (z. B. 1769 in Blackburn). Dies änderte sich im weiteren Verlauf der Industrialisierung jedoch schnell.

Meist wurden die Fabriken in unmittelbarer Nähe von Flüssen errichtet, zunächst für die Nutzung der Wasserkraft über Wasserräder, später als Wasserquelle für Dampfmaschinen. Auch als Transportwege für die erzeugten Textilien erwiesen sich Flüsse als nützlich.

**Bild 6.101** Typischer Gebäudekomplex einer Textilfabrik (Baines, 1835)

Der Großvater von Charles Darwin, Erasmus Darwin (1731–1802), ließ sich von einer Fabrik von R. Arkwright zu folgendem Gedicht inspirieren („Botanic Gardens“):

*„Where Derwent guides his dusky floods*
*Through vaulted mountains and a night of woods,*
*The nymph Gossypia treads the velvet sod,*
*And warms with rosy smiles the wat'ry god;*
*Hid pond'rous oars to slender spindles turns,*
*And pours o'er massy wheels his foaming urns;*
*With playful charms her hoary lover wins,*
*And wields his trident while the Monarch spins.*
*First, with nice eye, emerging Naiads cull*
*From leathery pods the vegetable wool;*
*With wiry teeth revolving cards release*
*The tangled knots, and smooth the ravell'd fleece;*
*Next moves the iron hand with fingers fine,*
*Combs the wide card, and forms th' eternal line;*
*Slow with soft lips the whirling can acquires*
*The tender skeins, and wraps in rising spires;*
*With quicken'd pace successive rollers move,*
*And these retain, and those extend, the rove;*
*Then fly the spokes, the rapid axles glow,*
*While slowly circumvolves the laboring wheel below."*

So waren in Lancashire und anderen von der Textilherstellung geprägten Gebieten Englands die Grundlagen gelegt für die Industrialisierung der Produktion, noch bevor die dafür entscheidenden Erfindungen gemacht waren (z. B. Kraftwebstühle, Selfaktor).

Nicht nur im Bereich der Baumwollverarbeitung, sondern auch bei der Herstellung von Wollstoffen, die in England eine jahrhundertelange Tradition hatte, hielten Maschinen Einzug. Die von R. Arkwright 1775 erfundene Karde wurde ab den 1780er-Jahren auch für die Wollkardierung eingesetzt, was allerdings auf erheblichen Widerstand stieß. So klagten 1786 in Leeds die Wollkardierer, dass durch die Einführung dieser Maschine 4000 Handwerker und 4000 Auszubildende ihre Arbeit verloren hätten. In Westengland waren zeitweise 10% der arbeitenden Bevölkerung nur mit dem Kardieren von Wolle beschäftigt, was die wirtschaftliche Bedeutung dieses Prozesses zeigt. Es kam zu Ausschreitungen, und 1795, nachdem mehrere Maschinen von aufgebrachten Handkardierern zerstört worden waren, musste sogar das Militär zu Hilfe gerufen werden, um die Situation zu beruhigen. Die Wollverarbeiter im Norden Englands waren gezwungenermaßen offener gegenüber den technologischen Neuerungen, weil sie in direkter örtlicher Konkurrenz zur aufkommenden Baumwollindustrie in Yorkshire und Lancashire standen. Die Auswirkungen dieser unterschiedlichen Haltung Maschinen gegenüber zeigt sich auch heute noch, denn Westengland ist eher agrarisch ausgerichtet, während der Norden bis heute das industrielle Zentrum Englands bildet (Crump, 2010).

Die Regierung unterstützte die wollverarbeitenden Unternehmen durch zahlreiche Gesetze, bis Ende des 18. Jh. waren es mehr als 300, die alle wichtigen Aspekte von der Schafschur bis zur Veredlung der fertigen Stoffe umfassten.

In der zweiten Hälfte des 18. Jh. änderte sich die Mode in England. Während man bis dahin der französischen Mode folgte, die von – meist unpraktischer – Bekleidung aus Seide dominiert war, wurde nun ein einfacher Stil bevorzugt, der auf eher schlichten Leinen- und Baumwollstoffen beruhte. Diese wurden bald lokal in großen Mengen hergestellt. Über das britische Kolonialreich verbreitete sich die neue Mode schnell auch in den USA, den britischen Kolonien und in Kontinentaleuropa. Die Nachfrage wurde noch verstärkt durch sinkende Preise infolge der Mechanisierung der Textilproduktion, was wiederum den technologischen Fortschritt beförderte, um mehr Textilien herstellen und verkaufen zu können.

Ein oft vergessener Aspekt der englischen Textilindustrie ist der Sklavenhandel mit Afrika. Auf dem Höhepunkt im 18. Jh. wurden Sklaven in Westafrika nicht nur mit Gold, sondern sehr häufig mit Textilien bezahlt. Bis 1720 waren diese vor allem aus Wolle und in England hergestellt. Danach wurden immer mehr Textilien aus Indien über England nach Westafrika gebracht und zum Ende des 18. Jh. sogar in den Mustern der westafrikanischen Weber produziert. Der Ausdruck „Guinea Cloth“ für bunte Stoffe aus Baumwolle war weit verbreitet (Krieger, 2009). Es ist ungeklärt, warum die westafrikanischen Sklavenverkäufer ausgerechnet diese Stoffe so begehrten, denn die heimischen Weber stellten sehr ähnliche Gewebe her, und diese waren auch nicht teurer als die importieren Textilien. In der zweiten Hälfte des 17. Jh. war die englische Flotte erstmals größer als die holländische, und so stieg England zur weltweit dominierenden Handelsmacht auf.

Nachdem durch die Unabhängigkeitserklärung von 1776 die USA als billiger Rohstofflieferant allmählich ausfielen und selbst mit der Verarbeitung von Baumwolle begonnen hatten, brauchte England einen neuen Lieferanten für Baumwolle. Der Blick ging nach Indien. Dort beherrschte schon seit der Mitte des 18. Jh. die englische Ostindien-Kompanie den Handel mit Textilien. Unter Androhung von Waffengewalt wurden die lokalen Textilhersteller gezwungen, ihre Waren unter Wert an die Kompanie zu veräußern, die sie mit hohem Profit in Europa weiterverkaufte. Ende des 18. Jh. wurde diese Politik weiter verschärft, und es wurde verboten, aus Indien Textilien auszuführen. Schließlich war die Herstellung von Garnen und Geweben vollständig verboten, und Indien wurde gezwungenermaßen zu einem Lieferanten billiger Baumwolle, eine jahrhundertealte Industrie war zerstört. Von 1740 bis 1770 wuchs die Produktion von Baumwollstoffen in Lancashire jährlich um 2,8 %, hat sich also mehr als verdoppelt in diesem Zeitraum (Niemann, 2009).

Aber auch in England verschwanden durch die zunehmende Mechanisierung der Textilherstellung ein jahrhundertealtes Handwerk und die damit verbundenen sozialen Strukturen. Weil insbesondere die Weber mit ihren Handwebstühlen nicht mehr konkurrenzfähig waren, wurden sie gezwungen, ihren Lebensunterhalt als Lohnarbeiter in den neuen Fabriken zu verdienen. Diese Form der Arbeit war vollkommen neu, weil ihr Alltag nun nicht mehr von den Jahreszeiten und der Natur bestimmt wurde, sondern vom Takt der Maschinen. Überall wurden öffentliche Uhren installiert, damit jeder wusste, wann er zur Arbeit zu erscheinen hatte. Entsprechend änderte sich auch das soziale Leben, und erstmals gab es feste Arbeitszeiten, deren Einhaltung durch Aufseher penibel überwacht und bei Missachtung empfindlich bestraft wurde. Im 18. Jh. war die Gesamtanzahl an Arbeitern, die für den Betrieb der Maschinen benötigt wurde, noch relativ gering. Mit der zunehmenden Mechanisierung der Textilproduktion wurde die Rekrutierung von genügend „willigen" Arbeitskräften jedoch immer schwieriger. Arbeiter schlossen sich zusammen, um höhere Löhne und bessere Arbeitsbedingungen zu erreichen, was immer wieder zu Zusammenstößen mit der Obrigkeit führte, die meist auf der Seite der Unternehmer stand.

### 6.12.2 Frankreich

Bis zum Ende des 18. Jh. entstanden zahlreiche Manufakturen zur Textilherstellung, insbesondere aus Seide. Sie boten zum einen neue Arbeitsplätze, stellten aber zum anderen eine große Konkurrenz zu den lokalen Handwerkern dar. Solange die Wirtschaft und damit der Bedarf nach den so erzeugten Textilien wuchsen, war dies noch kein Problem. Die Situation änderte sich schlagartig im Jahr der Französischen Revolution 1789. So wurden vor allem in der Normandie rund 700 Spinning Jennys und andere Maschinen zerstört.

Sie galt als die „englischste" Region Frankreichs. In Troyes wurden im Oktober nicht nur Maschinen zerstört, sondern auch der Bürgermeister ermordet, weil er „Maschinen bevorzugte". Die Kardierer in Lille zerstörten 1790 die Maschinen, 1791 traf es die Spinnmaschinen in Roanne, und 1796 beklagte die Verwaltung des Department Somme, dass die Kaufleute wegen ihrer Vorurteile gegenüber Maschinen das Interesse an der Baumwollindustrie komplett verloren hätten (Rosen, 2010).

## 6.12.3 Deutschland

Bereits zum Ende des 16.Jh. war mit dem Anbau von Maulbeerbäumen und der Seidenzucht begonnen worden, und 1687 entstand die erste Seidenweberei in Berlin. Jean Biet erhielt vom König 5000 Taler und betrieb 1689 bereits 18 Webstühle für die Produktion von Seidenstoffen. Weitere Betriebe folgten, wie z.B. 1747 die Seidenmanufaktur von Girard & Michelet, Seidenweber aus Lyon, die eine der größten Seidenwebereien Berlins wurde. 1793 wuchs die Anzahl der Seidenwebstühle in Berlin auf 4000 (Bild 6.102).

In Krefeld bildete sich ein weiteres Zentrum der Seidenverarbeitung in Deutschland, nachdem sich 1668 die Familie von der Leyen aus Antwerpen dort niedergelassen hatte. Ab 1720 stellte sie Nähseide her, ab 1731 auch Seidenstoffe. Im Jahr 1768 besaß das Unternehmen 18 Zwirnmühlen, 409 Webstühle, 197 Bandwebmaschinen und beschäftigte 3026 Arbeiter. Nach einem Besuch Friedrichs des Großen erhielt das Unternehmen ein Seidenmonopol, sodass 1785 bereits 3600 Seidenwebstühle betrieben wurden. Die Seide wurde aus Europa (Frankreich, Italien) und Asien (China, Indien) importiert. Insgesamt wurde die Seidenindustrie Brandenburg-Preußens mit rund 2 Mio. Talern gefördert, was zahlreiche Arbeitsplätze schuf und auch zunehmend Steuereinnahmen generierte (Müller, 1997).

**Bild 6.102** Gebäude der Seidenmanufaktur von André Simon in Köpenick (Arnold, 2013)

In Sachsen begann diese Entwicklung erst später, und so wurden im 18. Jh. Seidenmanufakturen in Plauen, Leipzig und Dresden gegründet, die zum Teil ausschließlich an den kurfürstlichen Hof lieferten. Darüber hinaus wurden Handwerker, u.a. aus Frankreich, angeworben und in großem Umfang Maulbeerbäume gepflanzt.

Die Wissenschaft beschäftigte sich mit der Seidenproduktion, und so veröffentlichte J.S. Halle 1762 sein rund 400 Seiten umfassendes Buch zu vielen Berufen seiner Zeit, wovon er 62 Seiten der Seidenerzeugung widmete, in denen er sich mit der Zucht der Seidenraupen ebenso befasste wie mit der Technologie der Webmaschinen (Halle, 1762).

Im Jahr 1730 gründete David Hirsch in Potsdam die erste Samtmanufaktur, die auch Woll- und Seidenplüschstoffe herstellte. 1743 besaß die Firma 144 Webstühle, die vor allem mit Meistern und Gesellen betrieben wurden, die aus den Niederlanden stammten. Mit dem zunehmenden Bedarf an Luxusartikeln aus Seide wurde auch der Anbau von Maulbeerbäumen ausgeweitet, und 1782 gab es bereits über 3 Mio. Maulbeerbäume in Brandenburg-Preußen (Müller, 1997).

Mit Friedrich Wilhelm I. begann ab 1713 eine neue Zeit und damit der Aufstieg der Wollverarbeitung. Die Armee wurde ab 1724 jedes Jahr neu eingekleidet, wodurch für die rund 56000 Mann der Infanterie jährlich 100000m blaues, 100000m weißes und gelbes Tuch sowie 140000 m Futterstoff benötigt wurden. Um diesen enormen Bedarf decken zu können, wurden verschiedene Maßnahmen getroffen. So wurde 1723 ein Gesetz erlassen, dass „alle Höker-Weiber und herrenloses Gesindel [verpflichtete] wöchentlich ein Pfund Wolle für die gewöhnliche Bezahlung" zu spinnen. In Preußen durfte nur heiraten und am Abendmahl teilnehmen, wer auch spinnen konnte. Aktive und ausgeschiedene Soldaten sowie ihre Ehefrauen und ihre Kinder waren verpflichtet zu spinnen. So sollte die Versorgung der Weber mit ausreichenden Mengen Garn sichergestellt werden. Weil gleichzeitig mit der Ankurbelung der Wollverarbeitung der Bedarf an Luxusgütern aus Seide zurückging, wanderten viele Handwerker aus Sachsen nach Preußen, um sich dort niederzulassen (Bild 6.103).

Bereits 1713 wurde von J.A. Kraut auf königlichen Befehl das Königliche Lagerhaus gegründet, das sich zu einer der größten Manufakturen Berlins entwickelte (Bild 6.104). Zunächst wurden vor allem grobe Wollstoffe erzeugt, dann wurden auch feine Garne gesponnen und entsprechend feine Tuche, vor allem für Offiziere, hergestellt. Die Spinner, die im Verlagssystem Garn erzeugten, das vom Lagerhaus aufgekauft wurde, erhielten einen um 25% höheren Lohn, als üblich war, um zusätzliche Arbeitskräfte anzulocken. Ein Ausfuhrverbot für einheimische Wolle im Jahr 1718 und ein Verbot des Imports ausländischer Wollerzeugnisse ab 1720 sollten ebenfalls die Wollwirtschaft in Preußen stärken. Insbesondere das Exportverbot führte allerdings dazu, dass das Lagerhaus die gesamte Wollproduktion Preußens aufkaufen musste, was zu erheblichen wirtschaftlichen Schwierigkeiten führte. Die Qualität der erzeugten Wolltuche war in der Anfangszeit nicht besonders hoch, und so wurden 1722 die jüdischen Kaufleute vom König dazu verpflichtet, fehlerhafte Stücke aufzukaufen. Trotz aller Probleme waren in den 1730er-Jahren rund 5000 Menschen im Lagerhaus beschäftigt, davon rund ein Viertel Kinder, die

10 h pro Tage arbeiten mussten. Bis 1787 behielt das Lagerhaus sein Monopol auf die Stofflieferung für Armeekleidung, erhielt aber zunehmend Konkurrenz durch private Tuchmanufakturen. So gab es in Berlin 1782 bereits über 300 Webereien mit rund 3000 Webstühlen. Im 19. Jh. drängten verstärkt Baumwollstoffe auf den Markt, wodurch das Lagerhaus letztendlich bankrottging.

**Bild 6.103** Im Textilgewerbe tätige Frauen und Männer, von links: Strickerin, Klöpplerin, Seiler (außerhalb des Hauses), Umspulerin (Chodowiecki, 1774)

**Bild 6.104** Links: Das Lagerhaus in Berlin (Seutter, 1750); rechts: Heimspinner (Leibl, 1892)

1782 wurden in Ernstthal im heutigen Thüringen die ersten Spinnmaschinen installiert. Sie waren illegale Nachbauten der Spinning Jenny, weil bis 1842 die Ausfuhr von Spinnmaschinen aus England verboten war. 1790 wurden in Mittweida 50 mechanische Webstühle für die Verarbeitung von Baumwolle in Betrieb genommen.

Auch in Schlesien nahm das Textilgewerbe einen großen Aufschwung, und es entstanden zwischen 1763 und 1786 über hundert Tuchfabriken, oft finanziert von Nürnberger Kaufleuten, die über das nötige Kapital, die Handelskontakte und den Zugang zum internationalen Markt verfügten (Niemann, 2009). So erhöhte sich der Wert der Tuchexporte von Preußen von 410 000 Talern (1781) auf 500 000 Taler (1793).

Zwischen 1732 und 1735 wurden alle Zunftsatzungen überarbeitet und ein einheitliches Gewerberecht geschaffen. Nachdem die Zunfteintrittsgelder abgeschafft waren und viele andere Maßnahmen das unternehmerische Tun erleichterten, waren in den meisten Provinzen Preußens im Jahr 1769 rund 90% der Beschäftigten im Textilgewerbe tätig (Müller, 1997). Die Textilherstellung war damit der mit Abstand wichtigste Wirtschaftszweig.

In Deutschland wurden in großen Teilen des Landes weiterhin im Verlagswesen Textilien hergestellt und nur vereinzelt in Manufakturen. Die einzige industrielle Fertigung erfolgte ab 1783 in Ratingen in der Textilfabrik Cromford, die Johann G. Brügelmann gründete. Dazu hatte er sich durch Industriespionage die Baupläne der von R. Arkwright erfundenen Water Frame besorgt und sie nachgebaut. Kühn, oder weil er Sinn für Humor hatte, benannte er sein Unternehmen nach dem Standort der Arkwright'schen Fabrik. Die Firma war sehr erfolgreich, und bis 1977 wurden dort Garne hergestellt. Heute ist sie ein sehenswertes Museum (Bild 6.105) mit funktionsfähigen Nachbauten der alten Spinnmaschinen.

**Bild 6.105** Textilfabrik Cromford in Ratingen (Schäfer, 2005)

In Deutschland entstand in Hamburg eine blühende Druckindustrie, insbesondere für Baumwollstoffe. Nach (Schedel, 1800) „[...] nimmt sich ihre Ware durch Lebhaftigkeit, Echtheit und Dauer der Farben, schöne Zeichnung, reinen Druck, gute Bleibe und saubere Zurichtung vorteilhaft aus. Sie drucken teils auf oberländische (Anm. d. Verf.: schwäbische), sächsische und dergleichen Kattune, teils auf ostindische, die sie von Amsterdam und Kopenhagen beziehen.“

### 6.12.4 Karibik

Als Christoph Kolumbus zum ersten Mal in Amerika landete, war das auf einer Insel der Bahamas in der Karibik. Sehr früh fiel ihm auf, dass dort Baumwolle wuchs und zur Herstellung von Textilien verwendet wurde. Aber erst im 18. Jh. nahm der Baumwollanbau in der Karibik („Westindien") einen enormen Aufschwung, insbesondere auf Saint-Domingue, dem heutigen Haiti. Seit rund 200 Jahren wurde dort schon Zuckerrohr angebaut, daher waren sowohl Erfahrung im Betrieb einer Plantage und das zum Betrieb notwendige Kapital als auch die entsprechenden Arbeitskräfte (Sklaven) für Anbau und Ernte vorhanden. Deshalb ergänzten viele Zuckerrohrfarmer die Produktion um die lukrative Baumwolle, und viele neue Pflanzer kamen hinzu, weil die Investitionskosten geringer waren als für die Zuckerrohrerzeugung. Dadurch vervierfachte sich die produzierte Menge von Baumwolle innerhalb von dreißig Jahren, wie Bild 6.106 am Beispiel der Exporte nach Großbritannien zeigt. Wobei insbesondere einige Inseln, auf denen vorher das Land brachlag, ihre Produktion vervielfachten. So stieg zum Beispiel die Ausfuhr von Baumwolle auf Barbados von 1768 bis 1789 von 100 t auf 1200 t, also um den Faktor 11 (Beckert, 2014). Das gesamte Produktionssystem beruhte auf der Ausbeutung von aus Afrika verschleppten Sklaven, die in ihrem Herkunftsland oft gegen Baumwollstoffe eingetauscht wurden. Die einheimische Bevölkerung in der Karibik war schon vorher weitgehend ausgerottet worden.

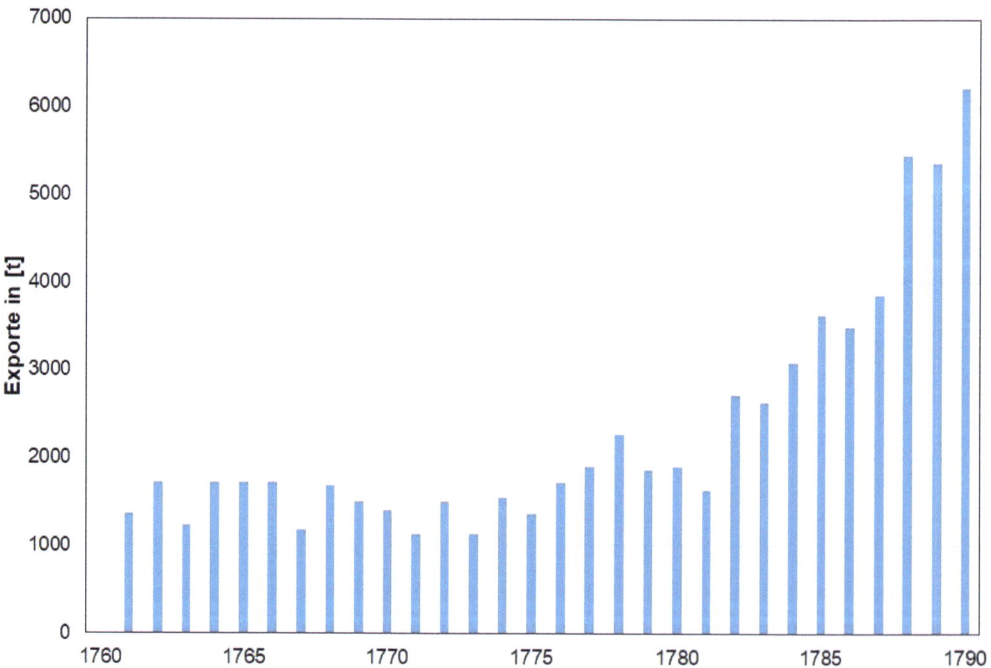


**Bild 6.106** Entwicklung der Baumwollexporte von der Karibik nach England (Daten: Beckert, 2014)

1791 kam es auf den Karibikinseln zu einem Sklavenaufstand, und die Baumwollproduktion kam weitgehend zum Erliegen. Der Aufstand auf Saint-Domingue führte dort zur Abschaffung der Sklaverei und zur Gründung des Staates Haiti. Durch den Krieg zwischen Frankreich und England im Jahr 1793 verschärfte sich die sowieso schon schwierige Versorgung der englischen Spinnereien mit Baumwolle, weil über die französischen Häfen keine Baumwolle mehr ins Vereinigte Königreich exportiert werden durfte.

Zum Glück für die Spinnereien befand sich aber in unmittelbarer Nähe ein Land, das im Süden sowohl ideale klimatische Bedingungen für den Baumwollanbau bot als auch über genügend Arbeitskräfte in Form von Sklaven verfügte, um die Baumwolle zu ernten und zu entkörnen: die USA.

### 6.12.5 USA

In den Jahren 1719 und 1750 wurden vom britischen Parlament Gesetze erlassen, die es den amerikanischen Kolonien verboten, Metall industriell zu verarbeiten oder entsprechende Maschinen zu importieren. Dieses Verbot wurde natürlich umgangen, schürte aber den Unmut der Kolonisten gegenüber ihren Kolonialherren und führte schließlich zusammen mit anderen Faktoren 1773 zur Boston Tea Party, dem Startschuss des Unabhängigkeitskriegs gegen England. Während des Kriegs (1775–1783) wurde Baumwolle verstärkt angebaut, um die eigenen Soldaten mit Uniformstoffen versorgen zu können, und 1775 wurde in Philadelphia die erste Spinnmaschine betrieben, die 24 Garne gleichzeitig erzeugen konnte. Im Jahr 1785 fuhr ein Schiff aus den USA in den Hafen von Liverpool ein. An Bord hatte es neben Tabak einige Säcke mit Baumwolle geladen. Als diese an die Firma Peel, Yates & Co. ausgeliefert werden sollten, schritt die Zollbehörde ein, weil sie annahm, es handele sich um Schmuggelware aus der Karibik. Dass die USA Baumwolle selbst erzeugen und exportieren könnten, galt als unmöglich (Beckert, 2014).

1786 wurde erstmals die „Sea Islands"-Baumwolle (Gossypium barbadense) von den Bahamas (daher ihr Name) in Georgia angebaut. Deren Fasern waren besonders lang und daher für feine Garne und Tuche besonders geeignet. Von 1790 bis 1800 stieg der Export dieser Fasern aus den USA fast um das Tausendfache von 4500 kg auf rund 3000 t. Durch die Revolution auf den karibischen Inseln im Jahr 1791 und den dortigen Produktionseinbruch verbunden mit dem gleichzeitig schnell wachsenden Bedarf an Baumwolle durch die britische Textilindustrie stiegen die Nachfrage und damit der Preis schnell an. Allerdings war der Anbau von Sea Islands-Baumwolle nur in den Küstenregionen von Georgia und South Carolina möglich. Daher wurde eine neue Sorte eingeführt, die Upland-Baumwolle (Gossypium hirsutum), die im Landesinneren (im „Hochland") gut gedieh. Problematisch war jedoch, dass ihre Fasern nur schwer vom Samen zu trennen waren. Als Catherine L. Greene und Eli Whitney (Bild 6.107) 1793 eine automatische Entkörnungsmaschine (genannt Cotton Gin) erfanden, war dieses Problem gelöst, und der Expansion des Baumwollanbaus stand nichts mehr entgegen.

**Bild 6.107** Links: Eli Whitney (King, 1825); rechts: Catherine Littlefield Greene (Frothingham, 1809)

In der Entkörnungsmaschine wurden die Baumwollflocken zwischen einer Walze und einem sogenannten Messer geklemmt und die Fasern vom Samen, der nicht hindurchpasste, getrennt (Bild 6.108).

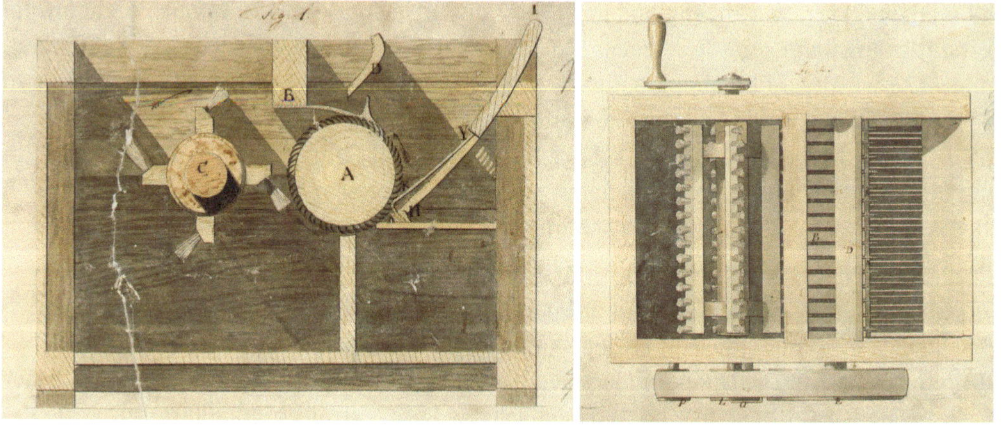

**Bild 6.108** Funktionsprinzip der Gin aus der Patentschrift (Whitney, 1794)

Innerhalb weniger Jahrzehnte wurde Baumwolle auch im Westen, in Alabama, Louisiana, Mississippi, Arkansas und im Süden in Texas angebaut, und es entstand der „Cotton Belt". Damit einher ging wegen des großen Bedarfs an Arbeitskräften, vor allem zur Ernte und Entkörnung, ein rasanter Anstieg der Anzahl Sklavinnen und Sklaven, die diese Arbeit ausführen mussten (Bild 6.109).

1788 führte der Schotte Joseph Alexander den fliegenden Schützen von John Kay ein, zunächst nur für die Handweberei. 1790 wurde in Pittsburg (Massachusetts) die erste Karderie aufgebaut, und im selben Jahr eröffnete der aus England ausgewanderte Samuel Slater (1768–1835) eine Spinnerei in Pawtucket (Rhode Island), in der er illegale Nachbauten von Richard Arkwrights Water Frame betrieb (Bild 6.110).

**Bild 6.109** Baumwollernte durch Sklaven (Blake, 1860)

**Bild 6.110** Spinnerei von S. Slater in Pawtucket (Dougtone, 2010) und S. Slater (Shibo77)

Damit war das englische Monopol auf die industrielle Herstellung von Baumwollgarnen gebrochen, und die Fasern mussten nicht mehr nach England transportiert und dort versponnen werden, bevor man sie als Garn zurück in die USA brachte. Zusätzlich wurde in den USA der Import von Baumwolle mit hohen Zöllen belegt, um die eigenen Baumwollfarmer zu schützen. So begann der Aufstieg der US-amerikanischen Baumwollindustrie, die bis zur Mitte des 20. Jh. eine dominierende Branche in den USA blieb.

### 6.12.6 Indien

In Indien war die Textilherstellung bis weit ins 19. Jh. hinein rein manuell. Dies lag vor allem daran, dass es zunächst an entsprechendem Kapitel fehlte, um in Maschinen investieren zu können. Später, als England Indien als großen Markt für seine Produkte erkannt hatte, setzte die britische Regierung alles daran, eine Industrialisierung der indischen Textilproduktion zu verhindern, um Konkurrenz auszuschalten. So wurde weiterhin mit der Churka entkörnt, die Baumwolle mit einem Bogen gereinigt, mit der Charkha von Hand gesponnen und auf dem Handwebrahmen gewebt (Bild 6.111, Bild 6.112).

**Bild 6.111** Churka zur Entkörnung von Baumwolle und Bogen zur Reinigung (Baines, 1835)

**Bild 6.112** Links: Handspinnrad (Charkha); rechts: Handwebstuhl (Baines, 1835)

Daher ging die erste Phase der Industrialisierung an Indien komplett vorbei.

## ■ 6.13 Mode

Das 18. Jh. wird auch als Zeitalter des Rokokos bezeichnet. Die Mode wurde die meiste Zeit von Frankreich dominiert, aber auch in England wurde ein eigener Stil entwickelt, der sich vor allem an praktischen Erwägungen orientierte, z. B. an der Möglichkeit, bequem ein Pferd besteigen zu können.

## 6.13.1 Europa

Zunächst wurde die Mode des 17. Jh. fortgeführt, als zusätzliches Element etablierte sich der Reifrock, der schon seit dem 15. Jh. bekannt und im 18. Jh. allmählich populärer wurde. Er war allerdings ein eher unpraktisches Kleidungsstück, vor allem wenn schmale Türen zu durchschreiten waren (Bild 6.113, links). Über den Reifrock wurde das Kleid gestülpt und darüber meist ein kleines Mäntelchen getragen. Das Dekolleté blieb sichtbar. Die Männer trugen zur Kniebundhose (fr.: culotte), Weste und Rock (Justaucorps), oft aus Samt oder Seide (Bild 6.113, rechts).

**Bild 6.113** Links: Reifrock (Delaunay, 1777); rechts: Justaucorps (van Loo, 1763)

Gegen Ende des 18. Jh. wurde die Bekleidung allmählich bequemer und weniger aufwendig, sowohl in den Schnitten als auch im Material. Als Deko-Element kam Chenille auf, das den Samt ersetzte. Die niederen Stände trugen bei den Frauen Rock und Jacke, die Männer trugen Hose, Rock und Jacke, wobei diese weit geschnitten waren, um mehr Bewegungsfreiheit zu ermöglichen (Bild 6.114).

Die Frisurenmode zum Ende des 18. Jh. sah für die Damenwelt hochgesteckte Haare vor, die von kleinen Hüten oder Blumen gekrönt wurden. Oft wurden dazu Perücken eingesetzt. Weil diese Gebilde sehr aufwendig hergestellt werden mussten, wurden sie oft wochenlang unverändert getragen. Dadurch nistete sich Ungeziefer ein, angeblich wurden sogar Mäusenester gesichtet (Bild 6.115).

Nach der Französischen Revolution war die Zeit der Modedominanz durch das französische Königshaus vorbei. Der vorher übliche höfische Prunk wurde aufgegeben, und die Mode orientierte sich an der Kleidung der Bauern und den Vorstellungen des Bürgertums. Zwar gab es während der Regentschaft von Napoleon I. eine kurze Renaissance des höfischen Prunks, nach seinem Sturz setzte sich die Mode des Volkes aber endgültig durch. Wurden bis zur Französischen Revolution bei den Frauen die Taille (Bild 6.117, links) und das Dekolleté betont, so änderte sich die Mode nun radikal.

**Bild 6.114** Küchenmagd um 1735 (Chardin, 1738) und bürgerliche Familie am Ende des 18. Jh. (Duvivier, 1790)

**Bild 6.115** Frisurenmode Ende des 18. Jh. (von links oben im Uhrzeigersinn: Holtzmann, 1779; Carmontelle, 1780; Roslin, 1780; Chojnicki, 1780)

Stilprägend in Frankreich waren die sogenannten „Sansculotten", also Bürger „ohne Kniehose" (stattdessen trugen sie lange Hosen), wie sie in Bild 6.116 (links) dargestellt sind. Dies sorgte für große Empörung seitens der Oberschicht, die diese langen Hosen als „Beleidigung des guten Geschmacks" ansah. Bald verstummte die Kritik, und die bis heute andauernde Ära der langen Herrenhosen begann. Die Kombination der Revolutionsfarben Blau, Weiß und Rot blieb in Frankreich bis in die 1820er-Jahre populär. Die Damen richteten sich nach der englischen Mode, und auch der einfache griechische Stil, der sich am Idealbild der Antike orientierte, wurde modern (Bild 6.116).

**Bild 6.116** Sansculotte (links) und Revolutionäre mit Kokarden (Wiki, 1912), Dame mit englischer Mode (Haube) (Mitte; David, 1795) und Dame im griechischen Stil (rechts; Wiki, 2005)

Weil die Kleiderstoffe sehr fein und entsprechend dünn waren, konnten Frauen ihre Habseligkeiten nicht mehr unter den Kleidern in einem Beutel „verstecken" und mussten stattdessen nun eine Handtasche nutzen, die in der Hand getragen oder über die Schulter gehängt wurde (Bild 6.117). Bis 1846 ähnelte sie immer noch einem Beutel, dann war das Metallgestell erfunden, und so entstand die auch heute noch gebräuchliche Form.

**Bild 6.117** Handtasche vor und nach der französischen Revolution (Collett, 1770; Wiki, 2011)

### 6.13.2 Musselin

Schon Titus Petronius Niger (27–66), ein römischer Schriftsteller und Höfling Kaiser Neros, beschrieb ein feines Baumwollgewebe: „Die Braut könnte genauso ein Kleid aus Wind anziehen oder gleich nackt bleiben, anstatt diesen Stoff aus Musselin zu tragen.“ Marco Polo berichtete 1298 von besonders feinen Textilien, die er in Mossul im heutigen Irak gesehen hatte. Dabei handelte es sich in beiden Fällen um in Leinwandbindung gewebte Baumwollstoffe, die so dünn waren, dass man durch sie hindurchsehen konnte (Bild 6.118).

**Bild 6.118** Inderin mit Musselingewand (Renaldi, 1789)

Die Baumwollfasern wurden mit großem Aufwand von Hand sehr fein ausgesponnen und verwebt, sodass Stoffe mit einem Flächengewicht von bis zu 13 g/m² entstanden. Haupterzeuger waren bis ins 18. Jh. Bengalen im heutigen Indien und Bangladesch. Vergleichbare Stoffe konnten in Europa nicht hergestellt werden, daher waren sie ein begehrtes Importgut.

Ab 1757 wurde die Musselinherstellung in Indien von der britischen Ostindien-Kompanie bekämpft, um den Markt mit billigen, maschinell hergestellten Baumwollstoffen aus England überschwemmen zu können. Zwar waren diese Stoffe deutlich gröber, letztendlich setzten sich die englischen Kaufleute durch die Anwendung von Gewalt aber durch. Mit der Erfindung der Spinning Mule konnten auch in Europa feine Musselinstoffe hergestellt werden. So wurden 1787 bereits 500 000 Stück in England produziert. Allerdings war das Tragen der feinen Gewebe mit Risiken verbunden, wie Bild 6.119 zeigt.

**Bild 6.119** Musselinstoff, brennend (Gillray, 1802)

Dennoch setzten sich die feinen und fast durchsichtigen Stoffe schnell durch und wurden auch von höheren Töchtern getragen, wie das folgende Zitat aus der Berliner „Zeitung für die elegante Welt“ zeigt: „Wer dies lieset, möget vielleicht glauben, es wären die Mädchen von zweideutigem Rufe, aber wir versichern hier redlich das Gegenteil, es waren alles äußerst wohlerzogene und sittliche Töchter anständiger und honetter Eltern. Man darf die Sittlichkeit unserer modernen Berlinerinnen keineswegs nach ihrer Kleidung beurteilen“ (Thiel, 2010). Auch manche Ärzte waren besorgt, dass sich die leicht bekleideten Damen „Fluß- und Nervenfieber“ zuziehen würden, aber auch dies konnte den Erfolg der „Nacktmode“ nicht mindern (Bild 6.120).

**Bild 6.120** Madame Récamier im fast durchsichtigen Musselin-Chemisenkleid und Detail des Dekolletés (Gérard, 1805a, b)

### 6.13.3 Bedruckte Stoffe

Durch die Einführung der Drucktechnik in Europa wurden Textilien zunehmend nicht mehr im Stück oder Garn gefärbt. Bild 6.121 zeigt als typisches Beispiel einen gemusterten Kapuzenumhang mit plissiertem Besatz. Solche Stücke waren deutlich günstiger herzustellen und damit für viel mehr Menschen erschwinglich.

**Bild 6.121** Mit Walzentechnik bedruckter Kapuzenumhang (Wiki, 1790)

## 6.14 Technische Textilien

Im 18. Jh. wurde die Schifffahrt immer wichtiger, und entsprechend stieg der Bedarf an Seilen und Segeln. Daher wurden nun insbesondere Seile in großen Mengen in Manufakturen hergestellt und entsprechend neue Maschinen entwickelt. Zum ersten Mal wurde eine Flechtmaschine erfunden, deren Funktionsprinzip bis heute die Grundlage der Maschinenflechterei ist.

### 6.14.1 Seilerei

Für die industrielle Herstellung von Seilen wurden die miteinander zu verdrehenden Stränge (in der Regel vier) ihrer Länge nach aufgespannt und an einem Rad befestigt. Dieses wurde so lange gedreht, bis die gewünschte Anzahl Drehungen im Seil erreicht war (Bild 6.122).

**Bild 6.122** Seilherstellung aus vier Strängen in einer Manufaktur (Diderot und d'Alembert, 1785)

Bild 6.123 zeigt das Prinzip der Seilherstellung von links nach rechts. Zunächst werden in Schritt 1 die zu verzwirnenden Garne von Spulen bis auf die gewünschte Länge abgezogen. Dann werden sie in Schritt 2 durch Drehen an der zentralen Kurbel von Hand so weit verdrillt, bis gerade noch kein Kringeln auftritt. Dabei werden die Garne etwas kürzer. In Schritt 3 werden die drei Stränge zunächst in den Haken des beweglichen Wagens eingehängt und dieser gelöst. Durch die hohe innere Spannung in den hoch gedrehten Garnen werden die drei Garne in Rotation versetzt und ebenfalls der Haken. Dadurch bilden sich im entstehenden Seil Drehungen, deren Richtung der der Drehung der Stränge entgegengesetzt ist. Der Seilmacher steuert die Seilproduktion, indem er den wandernden Punkt, an dem das Seil gebildet wird, kontinuierlich durch Drücken und Schieben bewegt, bis eine gleichmäßige Seilstruktur entstanden ist.

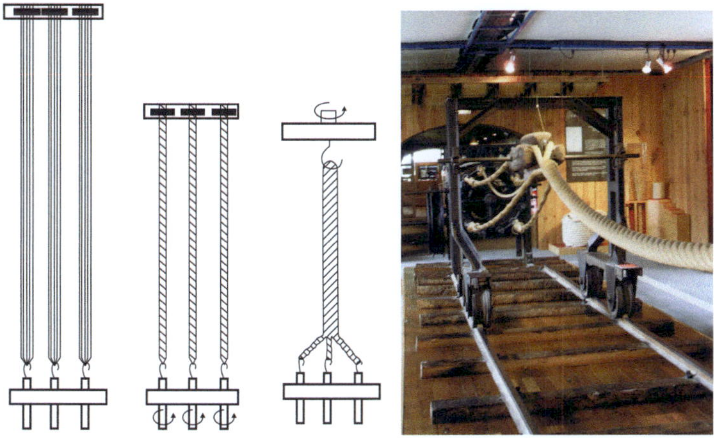

**Bild 6.123** Prinzip der Seilherstellung und Seilmaschine (Rotatebot, 2011)

Zahlreiche Straßennamen, wie „Reeperbahn“, „Ropewalk“, „Rua dos Cordoeiros“ und „Lijnbaan“, die bis heute existieren, zeigen, dass die Seilherstellung oft an der frischen Luft stattfand. Dadurch konnten Seile erzeugt werden, die mehrere Hundert Meter lang waren.

## 6.14.2 Flechtmaschine

Im Jahr 1748 erhielt Thomas Walford aus Manchester das erste bekannte Patent auf eine Flechtmaschine. Weitere Informationen zu ihrer Funktionsweise sind nicht bekannt. Sie wird aber nach dem in Bild 6.124 dargestellten Prinzip gearbeitet haben. Links ist die manuelle Flechttechnik zu sehen, die in eine mechanische Bewegung umgesetzt wurde (Mitte). Die Klöppel mit den Flechtgarnen laufen dabei auf Kreisbahnen. Durch die Verkreuzung der Fäden entsteht so das Geflecht. Dieses Prinzip wurde auch in der Litzenflechtmaschine von Perrault realisiert (rechts).

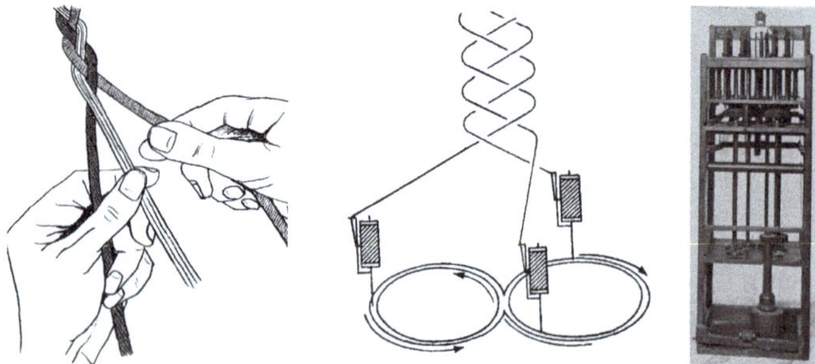

**Bild 6.124** Einfache Litzenflechtmaschine um 1785 (Perrault, 1785)

Dies Prinzip wird heute noch eingesetzt, auch wenn die Klöppelbahnen zum Teil deutlich komplexer sind, je nach gewünschter Flechtgeometrie.

### 6.14.3 Fluggeräte

Als am 5. Juni 1783 der erste Ballon, den die Brüder Joseph Michel und Jacques Étienne Montgolfier gebaut hatten, unter großer Anteilnahme der Bevölkerung in den französischen Himmel stieg, war dies nicht nur die Geburtsstunde der Luftfahrt, sondern auch das erste Mal, dass technische Textilien in einem Luftfahrzeug eingesetzt wurden. Denn die Hülle des Ballons bestand aus einem Leinengewebe, das auf der Innenseite mit Papier beklebt und so abgedichtet wurde (Bild 6.125). Ein ähnliches Material wurde später von den Gebrüdern Wright als Bespannung der Flügel des ersten Motorflugzeugs verwendet.

**Bild 6.125** Ballon der Brüder Montgolfier (Benj73, 2019)

## ■ 6.15 Wichtige Erfindungen

Bild 6.126 gibt einen Überblick über die wichtigsten Erfindungen in der Textiltechnik im 18. Jh. Während die ersten Erfindungen hauptsächlich die Weberei betrafen, folgten dann schnell neue Technologien zur Garnherstellung, um den durch die schneller laufenden Webmaschinen entstandenen „Garnhunger“ zu befriedigen.

| Jahr | Erfinder | | Spinnereivorbereitung | Spinnerei | Webereivorbereitung | Weberei | Maschenwaren | Veredlung | Farbstoffe | Nähmaschinen |
|---|---|---|---|---|---|---|---|---|---|---|
| 1704 | Johann J. Diesbach | Berliner Blau | | | | | | | x | |
| 1718 | John Lombe | Seidenzwirnmaschine | | x | | | | | | |
| 1727 | Basile Bouchon | Lochkarte | | | | x | | | | |
| 1728 | M. Falcon | Lochkarten aus Pappkarton | | | | x | | | | |
| 1730 | Reynier | Trommelwebmaschine | | | | x | | | | |
| 1738 | Jacques de Vaucanson | Lochkartensteuerung | | | | x | | | | |
| 1740 | John Wyatt | Walzenkarde | x | | | | | | | |
| 1738 | John Kay | Schnellschütze | | | | x | | | | |
| 1738 | John Wyatt, Lewis Paul | kontinuierliche Spinnmaschine | | x | | | | | | |
| 1743 | Johann C. Barth | Sächsisch Blau | | | | | | | x | |
| 1755 | Karl F. Wiesenthal | Nähnadel | | | | | | | | x |
| 1758 | Jedediah Strutt | Rippnadeln | | | | | x | | | |
| 1764 | James Hargreaves | Spinning Jenny | | x | | | | | | |
| 1767 | Thomas Highs | Drosselspindel | | x | | | | | | |
| 1768 | Josiah Crane | Handkettenwirkstuhl | | | | | x | | | |
| 1768 | Richard Arkwright | Water Frame | | x | | | | | | |
| 1769 | Richard Arkwright | Karde | x | | | | | | | |
| 1775 | Samuel Crompton | Mule-Jenny (48 Spindeln) | | x | | | | | | |
| 1779 | Richard Arkwright | Laternenstuhl (Vorgarn) | | x | | | | | | |
| 1780 | Thomas Bell | Walzendruck | | | | | | x | | |
| 1785 | Edmund Cartwright | 1. Mechanische Webmaschine | | | | x | | | | |
| 1785 | Elias Whitney, Catherine L. Greene | Entkörnungsmaschine | x | | | | | | | |
| 1785 | Claude-Louis Berthollet | Chlorbleiche | | | | | | x | | |
| 1790 | Thomas Saint | Kettenstichnähmaschine | | | | | | | | x |
| 1793 | Neil Snodgras | Baumwollreiniger | x | | | | | | | |

**Bild 6.126** Auswahl wichtiger Erfindungen zur Textilherstellung im 18. Jh.

## Literatur und Bildquellen


*Alcan, M.* (1865), Fabrication des étoffes: traité complet de la filature du coton. Paris.

*Arnold, M.A.* (2013), *https://commons.wikimedia.org/wiki/File:Freiheit_12a_b_2013-08-20_ama_fec.JPG*, CC BY-SA 2.5

*Baines, E.* (1835), The history of cotton manufacture in Great Britain. Fisher, Fisher & Jackson, London.

*Bancroft, E.* (1794), Experimental researches concerning the philosophy of permanent colours and the best method of producing them by dyeing, Calico-printing etc., Vol. I. Cadell & Davies, London.

*Barlow, A.* (1878), The History and Principles of Weaving by Hand and by Power. Searle & Rivington, London.

*Basedow, J.B.* (1774), *https://commons.wikimedia.org/wiki/File:Chodowiecki_Basedow_Tafel_57_a.jpg*

*Bayerl, G.* (2013), Technik in Mittelalter und Früher Neuzeit. Theiss Verlag, Stuttgart.

*Beckert, S.* (2014), King Cotton – Eine Geschichte des globalen Kapitalismus. C.H. Beck, München.

*Benj73* (2019), *https://commons.wikimedia.org/wiki/File:Montgolfiere_1783.jpg*

*Berthollet, M.* (1791), Elément de l'art de la teinture. Firmin Didot, Paris.

*Bisson, F.* (2017a), *https://commons.wikimedia.org/wiki/File:Mus%C3%A9e_des_Arts_et_M%C3%A9tiers_-_M%C3%A9tier_%C3%A0_tisser_les_fa%C3%A7onn%C3%A9s_de_Vaucanson_%2837317416980%29.jpg*, CC BY 2.0

*Bisson, F.* (2017b), *https://commons.wikimedia.org/wiki/File:Mus%C3%A9e_des_Arts_et_M%C3%A9tiers_-_M%C3%A9tier_%C3%A0_tisser_les_fa%C3%A7onn%C3%A9s_de_Vaucanson_%2836865771834%29.jpg*, CC BY 2.0

*Blake, W. O.* (1860), The History of Slavery and the Slave Trade, Ancient and Modern. H. Miller, Columbus (Ohio).

*Bohnsack, A.* (1993), Der Jacquard-Webstuhl, Deutsches Museum, München.

*Bohnsack, A.* (2002), Spinnen und Weben. Rasch Verlag, Bramsche.

*Boze, J.* (1784), *https://commons.wikimedia.org/wiki/File:Jacques_de_Vaucanson_rectangular.jpg*

*Bush, S.* (1987), The silk industry. Shire Publications, Oxford.

*Carmontelle, L.* (1780), *https://commons.wikimedia.org/wiki/File:Carmontelle_-_Germaine_Necker.JPG?uselang=de*

*Catling, H.* (1970), The Spinning Mule. Clarke Doble & Brendon Ltd., Plymouth.

*Chapman, S. D.* (1972), The Cotton Industry in the Industrial Revolution. Macmillan Education Ltd., London.

*Chardin, J. S.* (1738), *https://commons.wikimedia.org/wiki/File:Jean_Sim%C3%A9on_Chardin,_The_Kitchen_Maid,_1738,_NGA_41650.jpg*

*Chianti* (2019), *https://commons.wikimedia.org/wiki/File:Eau-de-Javel-deutsch-1.jpg*, CC BY-SA 3.0

*Chodowiecki, D.* (1774), *https://de.wikipedia.org/wiki/Datei:Chodowiecki_Basedow_Tafel_19_b.jpg*

*Chojnicki, J.* (1780), *https://commons.wikimedia.org/wiki/File:Chojnicki_Portret_damy.jpg?uselang=de*

*ClemRutter* (2012), *https://commons.wikimedia.org/wiki/File:Spinning_machine_or_engine.jpg*

*Collett, J.* (1770), *https://commons.wikimedia.org/wiki/File:John_Collet_Tight_lacing,_or,_Fashion_before_ease.jpg*

*Crump, T.* (2010), A brief history of how the industrial revolution changed the world. Constable & Robinson, London.

*Daderot* (2013), *https://commons.wikimedia.org/wiki/File:Sir_Richard_Arkwright_by_Mather_Brown,_1790,_oil_on_canvas_-_New_Britain_Museum_of_American_Art_-_DSC08979.JPG?uselang=de*

*David, J. L.* (1795), *https://de.wikipedia.org/wiki/Datei:Madame_Seriziat.jpg*

*Delaunay, R.* (1777), *https://commons.wikimedia.org/wiki/File:Les_Adieux_by_R._Delaunay_after_Jean-Michel_Moreau_le_Jeune.jpg*

*Deryckère, G.* (2006), *https://commons.wikimedia.org/wiki/File:Arkright%27s_Mill_-_Cromford_29-04-06.jpg*, CC BY-SA 1.2

*Diderot, D., d'Alembert, J.* (1770), Tapisserie de haute-lisse des Gobelins. Nachdruck, Inter-Livres, Paris 2002.

*Diderot, D., d'Alembert, J.* (1785), Recueil de planches sur les sciences les arts libéraux et les arts méchaniques, Bd. 11. Briasson, Paris.

*Dougtone* (2010), *https://commons.wikimedia.org/wiki/File:Pawtucket_slater_mill.jpg*, CC BY-SA 2.0

*Duhamel du Monceau, H. L.* (1766), Die Tuchmacherkunst – vornehmlich in feinen Tüchern. J. J. Kanter, Leipzig.

*Duvivier, J.-B.* (1790), *https://commons.wikimedia.org/wiki/File:Jean-Bernard_Duvivier_-_Portrait_of_the_Villers_Family_-_WGA06900.jpg*

*Elkágyé* (2006), *https://commons.wikimedia.org/wiki/File:Knitting_workshop_in_the_18th_century.jpg?uselang=de*, CC BY-SA 4.0

*Foxe, J.* (2011), *https://commons.wikimedia.org/wiki/File:EdwardBancroft.jpg*

*Frothingham, J.* (1809), *https://commons.wikimedia.org/wiki/File:Catharine_Littlefield_Greene.jpg*

*Gainsborough, T.* (1785), *https://commons.wikimedia.org/wiki/File:Gainsborough-Morgen.jpg*

*Gérard, F.* (1805a), *https://commons.wikimedia.org/wiki/File:Fran%C3%A7ois_G%C3%A9rard_-_Portrait_de_Juliette_R%C3%A9camier,_n%C3%A9e_Bernard_(1777-1849)_-_mus%C3%A9e_Carnavalet.jpg*, CC0

*Gérard, F.* (1805b), *https://upload.wikimedia.org/wikipedia/commons/c/c5/Juliette_R%C3%A9camier_%281777-1849%29.jpg*, CC0

*Gillray, J.* (1802), *https://commons.wikimedia.org/wiki/File:Muslin-Dresses-Gillray.jpeg*

*Goglins, F.* (2016), *https://commons.wikimedia.org/wiki/File:Christophe-Philippe_Oberkampf-portrait.jpg?uselang=de*

*Green, T.* (2017), *https://commons.wikimedia.org/wiki/File:Piece_Hall,_Halifax_(36239750242).jpg*, CC BY 2.0

*Halle, J. S.* (1762), Die eilfte Abhandlung der der Werkstäte der heutigen Künste – Die Seidenmanufaktur. Wendelin & Halle, Leipzig.

*Hellot, J.* (1750), L'art de la teinture des laines et des étoffes de laine en grand et petit teint. Avec instructions sur les debonilles. La Veuve Pissot, Paris.

*Hewitt, C.* (1895), *https://commons.wikimedia.org/wiki/File:Book_Illustration,_Jacquard_Weaving_and_Designing,_Falcon_Loom_of_1728,_Figure_12,_1895_%28CH_68766143%29.jpg*

*Holtzmann, C. F.* (1779), *https://commons.wikimedia.org/wiki/File:Von_Bose_by_Holtzmann.jpg?uselang=de*

*Home, F.* (1756), Experiments on Bleaching, Edinburgh.

*Hooper, L.* (1910), Hand-loom Weaving Plain & Ornamental. John Hogg, London.

*Huet, J.-B.* (1807), *https://commons.wikimedia.org/wiki/File:HuetManufacture.jpg*

*Johannsen, O.* (1932), Die Geschichte der Textilindustrie. Süd-Verlag, Stuttgart.

*Kapp, A. P.* (2009), *https://commons.wikimedia.org/wiki/File:Hall_i%27_th%27_Wood_-_geograph.org.uk_-_1223940.jpg*, CC BY-SA 2.0

*Kelly, E.* (1850), *https://commons.wikimedia.org/wiki/File:T%C3%BCrkischrotf%C3%A4rberei_und_-Druckerei_J.J.Kelly,_Mettendorf,_Gossau_SG,_Aquarell_von_Elisabeth_Kelly,_um_1850.JPG*

*Kelson* (2005), *https://commons.wikimedia.org/wiki/File:Edmund_Cartwright.jpg*

*King, C. B.* (1825), *https://commons.wikimedia.org/wiki/File:Whitney-Eli-LOC.jpg*

*Kitagawa Utamaro, https://de.wikipedia.org/wiki/Kitagawa_Utamaro*

*Konby, A.* (1899), *https://commons.wikimedia.org/wiki/File:MechaDuck.png*

*Krieger, C. E.* (2009), „Guinea Cloth': Production and Consumption of Cotton Textiles in West Africa before and during the Atlantic Slave Trade", *https://www.joycerain.com/uploads/2/3/2/0/23207256/guinea_cloth.pdf*

*Krünitz, J. G.* (1799), Oeconomische Encyclopädie, Bd. 76, Fig. 4478.

*Lasalle, Ph. de* (1765), *https://fr.wikipedia.org/wiki/Fichier:Textile_Panel_LACMA_M.59.1.jpg*

*Lasalle, Ph. de* (1780), *https://fr.wikipedia.org/wiki/Fichier:Textile_Panel_with_Birds_in_Floral_Wreaths_LACMA_M.66.41.1.jpg*

*Leibl, W.* (1892), *https://commons.wikimedia.org/wiki/File:Wilhelm_Maria_Hubertus_Leibl_010.jpg?uselang=de*

*Lesueur, J. B.* (1793), *https://commons.wikimedia.org/wiki/File:Lesueur_-_Tricoteuses.jpg*

*Linder, A.* (1967), Spinnen und Weben – einst und jetzt. C. J. Bucher, Luzern.

*Longbottom, B.* (2005), *https://commons.wikimedia.org/wiki/File:North_Mill_Museum_-_Hargreave%27s_Spinning_Jenny_-_geograph.org.uk_-_356495.jpg*, CC BY-SA 2.0

*Maciulaitis, D.* (2014), *https://commons.wikimedia.org/wiki/File:Boulton_%26_Watt_steam_engine,_Sydney_Powerhouse_Museum,_2014_(15240699214).jpg?uselang=de*, CC BY 2.0

*Madeley, G. E.* (1840), *https://commons.wikimedia.org/wiki/File:John_Kay._Line_engraving_by_G._E._Madeley_after_T._Brooker._Wellcome_V0003186.jpg?uselang=de*, CC BY 4.0

*Mann, J. A.* (1860), The Cotton Trade of Great Britain. Frank Cass & Co., London.

*Manske, M.* (2010), *https://commons.wikimedia.org/wiki/File:Dampfkesselexplosion_1881.jpg?uselang=de*

*May, T.* (2011), Victorian Factory Life. Shire Publications, Oxford.

*Morland, H. R.* (1770), *https://commons.wikimedia.org/wiki/File:Henry_Robert_Morland_(c.1716-1797)_-_A_Laundry_Maid_Ironing_-_N01403_-_National_Gallery.jpg*

*Morland, H. R.* (1775), *https://commons.wikimedia.org/wiki/File:A_Woman_doing_Laundry_by_Henry_Robert_Morland.jpg*

*Müller, W.* (1997), Textilien. Kulturgeschichte von Stoffen und Farben., ecomed verlagsgesellschaft AG & Co. KG, Landsberg.

*Niemann, H.-W.* (2009), Europäische Wirtschaftsgeschichte – Vom Mittelalter bis heute. Wissenschaftliche Buchgesellschaft, Darmstadt.

*Noble and Butlin*, 1746, *https://commons.wikimedia.org/wiki/File:Marvels_Mill_Northampton.jpg*

*N. N.* (1765), Mémoire contenant le procédé de la teinture du coton rouge-incarnat d'Andrinople, sur le coton file. L'imprimerie royal, Paris.

*N. N.* (1795), Kurzgefaßtes Künstler und Handwerker Taschenlexicon in welchen die Professionen so auf Erwerb, Nahrung, Gesundheit, Unterhalt, Bequemlichkeit, Nutzen und Vergnügen abzielen. Joseph Gerold, Hofbuchdrucker, Wien.

*Palmer, M.* (1984), Framework Knitting. Shire Publications, Oxford.

*Paul, L.* (1758), *https://commons.wikimedia.org/wiki/File:Paul_1758_Patent_Drawing.jpg*

*Perrault* (1785), *https://commons.wikimedia.org/wiki/File:M%C3%A9tier_%C3%A0_lacets._Perrault.jpg?uselang=de*

*Pharos* (2017), *https://commons.wikimedia.org/wiki/File:%22Les_Travaux_de_la_Manufacture%22_MET_DP266936.jpg?uselang=de*, CC0 1.0

*Pixeltoo* (2022), *https://commons.wikimedia.org/wiki/File:Madame_Lalloyau_la_belle_bouch%C3%A8re_(case_8)_1896.jpg*

*Planella i Conxello, G.* (1824), *https://commons.wikimedia.org/wiki/File:Botiga_d%27indianes.jpg?uselang=de*, CC BY-SA 4.0

*Pezzab* (2007), *https://commons.wikimedia.org/wiki/File:Mule-jenny.jpg*, CC BY-SA 3.0

*Rémih* (2022), *https://commons.wikimedia.org/wiki/File:Samuel_Crompton.jpg*

*Renaldi, F.* (1789), *https://commons.wikimedia.org/wiki/File:Renaldis_muslin_woman.jpg*

*Resch, L.* (2018), *https://commons.wikimedia.org/wiki/File:Man%27s_Vest_LACMA_M.2007.211.819_(2_of_2)_(detail_of_cut_and_uncut_velvet).jpg*

*Roland de la Platière, J.-M.* (1780a), *https://commons.wikimedia.org/wiki/File:L%27Art_d%27imprimer_la_laine_Pl_2.jpg?uselang=de*

*Roland de la Platière, J.-M.* (1780b), *https://commons.wikimedia.org/wiki/File:L%27Art_d%27imprimer_la_laine_Pl_6.jpg?uselang=de*

*Rosen, W.* (2010), The most powerful idea in the world – A story of steam, industry and invention. Random House, London.

*Roslin, A.* (1780), *https://commons.wikimedia.org/wiki/File:Portrait_of_a_Lady_2.jpg?uselang=de*

*Rotatebot* (2011), *https://commons.wikimedia.org/wiki/File:Seilerei_ansicht_01.JPG?uselang=de*, CC BY 3.0

*Schäfer, H. P.* (2005), *https://commons.wikimedia.org/wiki/File:Ratingen_industriemuseum_cromford_spinnerei.jpg*, CC BY-SA 3.0

*Schedel, J. C.* (1800), Allgemeines Journal für Handlung, Schiffahrt, Manufaktur und die darauf Beziehung habenden Gewerbe überhaupt. Breitkopf und Haertel, Leipzig.

*Schweiß, M.* (2004), *https://commons.wikimedia.org/wiki/File:Streckbank01.jpg*

*Schweiß, M.* (2022), *https://commons.wikimedia.org/wiki/File:Waterframe02.jpg*, CC BY-SA 3.0

*Shibo77* (2007), *https://commons.wikimedia.org/wiki/File:Samuel-Slater.jpg*

*Sourny, J.* (1872), *https://fr.wikipedia.org/wiki/Fichier:Philippe_de_la_Salle.jpg*

*Statista* (2023), *https://de.statista.com/statistik/daten/studie/1066248/umfrage/geschaetzte-entwicklung-der-weltbevoelkerung/*

*Stosskopf, R.* (2007), *https://commons.wikimedia.org/wiki/File:Indienne,_Wesserling.JPG*

*Thiel, E.* (2010), Geschichte des Kostüms. Henschel, Leipzig.

*Ure, A.* (1861), *https://commons.wikimedia.org/wiki/File:Havgreaves%27_Spinning_Jenny.jpg?uselang=de*

*Vabedford1* (2014), *https://commons.wikimedia.org/wiki/File:Jacquard_Loom_-_Platt_Brothers.jpg#%7B%7Bint%3Afiledesc%7D%7D*, CC BY-SA 3.0

*Van Loo, L.-M.* (1763), *https://commons.wikimedia.org/wiki/File:LouisXV-1.jpg*

*Velázquez, D.* (1652), *https://de.wikipedia.org/wiki/Taschentuch#/media/Datei:Diego_Vel%C3%A1zquez_030.jpg*

*Vogt, S.* (2008), Geschichte und Bedeutung des Spinnrads. Shaker Verlag, Aachen.

*Von Justi, J. H.G.* (1758), Vollständige Abhandlung von denen Manufacturen und Fabriken, Bd. 1. Kopenhagen.

*Walker, J.* (1794), *https://commons.wikimedia.org/wiki/File:Lombe%27s_Mill_print_Darley-Factory_p105.png*

*Watson, J.* (1764), *https://commons.wikimedia.org/wiki/File:Watson_after_Heillmann_-_Domestick_amusement_The_lovely_spinner.jpg*

*Weigel* (1711), Weigels Ständebuch, *https://commons.wikimedia.org/wiki/File:Walchm%C3%BChle.jpg?uselang=de*

*Whitney, E.* (1794), *https://commons.wikimedia.org/wiki/File:Patent_for_Cotton_Gin_(1794)_-_hi_res.jpg*

*Wiki* (1790), *https://en.wikipedia.org/wiki/File:Woman%e2%80%99s_hooded_cape_Provence_1785-1820.jpg*

*Wiki* (1912), *https://commons.wikimedia.org/wiki/File:Sansculottes.jpg*

*Wiki* (2005), *https://de.wikipedia.org/wiki/Datei:Madame_de_Verniac.jpg*

*Wiki* (2011), *https://commons.wikimedia.org/wiki/File:Woman%27s_muslin_dress_and_straw_bonnet_c._1830.jpg*

*Wiki* (2022a), *https://commons.wikimedia.org/wiki/File:Flyingshuttle_big.jpg?uselang=de*

*Wiki* (2022b), *https://commons.wikimedia.org/wiki/File:Awkright_water_frame_c1775.jpg*, CC BY-SA 4.0

*Willow* (2007), *https://commons.wikimedia.org/wiki/File:Quercus_velutina_001.jpg?uselang=de*, CC-BY 2.5

*Z22* (2014), *https://commons.wikimedia.org/wiki/File:Throstle_frame.JPG*, CC BY-SA 4.0

# 7 Das 19. Jahrhundert

Im 19. Jh. wurde eine Vielzahl von Erfindungen zur weiteren Mechanisierung und Automatisierung der Garn-, Gewebe- und Maschenwarenherstellung sowie der Näherei gemacht. Sie wurden konsequent in eine Massenproduktion von Textilien umgesetzt. Mit der Erfindung der zellulosischen Chemiefasern begann das Zeitalter der Chemiefasern. Zunächst dominierten noch Manufakturen mit einem hohen Anteil manueller Arbeit. Bald entstanden jedoch große Industrieunternehmen mit einer zunehmend mechanisierten und automatisierten Produktion. Dadurch veränderte sich die Lebenswelt der meisten Menschen radikal, vor allem in England, wo 1760 noch rund die Hälfte der Bevölkerung in der Landwirtschaft tätig war und ein Großteil als „kleine" Handwerker. Es begann die Zeit der Großbetriebe, was später als „Industrialisierung" bezeichnet wurde und unser aller Leben bis heute entscheidend prägt. Während vorher der Rhythmus der Bevölkerung in Europa vom Sonnenauf- und -untergang geprägt wurde, hatten sich nun alle in Fabriken arbeitenden Menschen an feste Arbeitszeiten zu halten und wurden bestraft, wenn sie es nicht taten. Die Maschinen gaben den Arbeitstakt vor, dem die Arbeiter und Arbeiterinnen zu folgen hatten.

Allerdings sollte man die „gute alte Zeit" auch nicht zu rosig sehen, denn wirklich unabhängig und selbstbestimmt waren die lokalen Handwerker auch vorher nur selten. Vielmehr erhielten sie meist ihr Rohmaterial von einem Kaufmann, der im Verlagswesen gleichzeitig der einzige Abnehmer ihrer Waren war. Und der Platz zu Hause war durch einen Web- oder Wirkstuhl auch extrem eingeengt, sodass das Arbeitsumfeld alles andere als schön war. Gleiches gilt für das Landleben, wo ständig Missernten drohten und die Arbeit ebenfalls hart war.

## 7.1 Naturfasern

Der weltweit dominierende Faserstoff wurde im 19. Jh. die Baumwolle. Wolle und Flachs blieben bedeutend, aber aufgrund des großen Landbedarfs zu ihrer Gewinnung konnten sie die Nachfrage nach immer mehr Textilien nicht decken.

### 7.1.1 Baumwolle

Bis in die zweite Hälfte des 19. Jh. versuchten die Baumwollfarmer in den USA, das Problem des enormen Personalbedarfs für die manuelle Gewinnung der Baumwollfasern (Ernte, Entkörnung) bei schwierigen klimatischen Bedingungen durch die Einfuhr von Sklaven aus Afrika zu lösen. Die durch Sklavenarbeit gewonnene Baumwolle und die daraus erzeugten Garne und Textilien wurden nach Europa exportiert und dort verkauft. Die Baumwollstoffe wurden zum Teil wieder nach Afrika exportiert, um Sklavenhändler für neue Sklaven zu bezahlen, die wiederum nach Amerika verschleppt wurden. Dieser Warenkreislauf wird auch Dreieckshandel genannt (Bild 7.1).

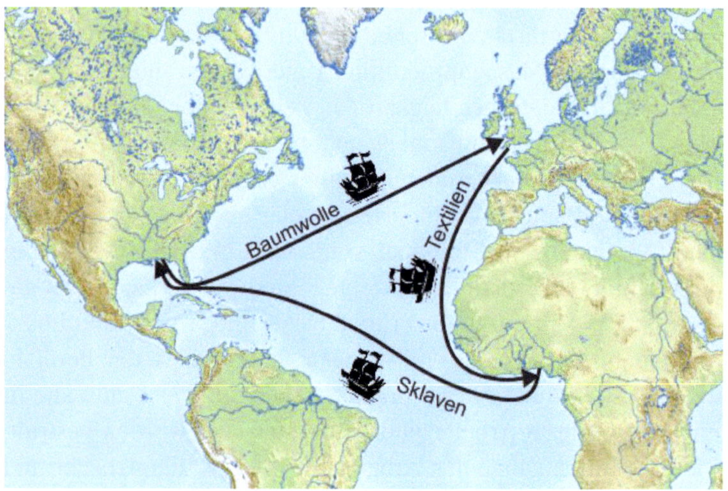


**Bild 7.1** Prinzip des Dreieckhandels

Im Jahr 1802 erfand der Schotte Neil Snodgras (1776–1849) eine verbesserte Öffnungs- und Reinigungsmaschine für Baumwolle. Sie besaß rotierende Metallschläger, die mit 4000–7000 U/min die im Baumwollballen zusammengepressten Flocken auflockerten und grobe Schmutzpartikel entfernten. Damit konnte der Durchsatz von 1,5 kg auf 60 kg pro Tag gesteigert werden.

Die Bedeutung der Baumwolle nahm u. a. dadurch rasant zu, wie die Importzahlen für Frankreich zeigen (Bild 7.2).

In Deutschland begann die Industrialisierung erst später, daher war die importierte Menge an Baumwolle entsprechend geringer. England verarbeitete das Zehnfache und war in seiner Entwicklung daher dem kontinentalen Europa um Jahrzehnte voraus.

Ab dem frühen 19. Jh. gab es sogenannte „Termingeschäfte“, die 1858 vom American Chamber of Commerce Liverpool in Musterverträgen definiert und geregelt wurden. Damit konnten Baumwollballen schon verkauft werden, bevor das Schiff mit ihnen im Hafen eingelaufen war. Später kamen noch „Optionen“ hinzu, also der Kauf von noch nicht einmal angepflanzter Baumwolle. Damit konnten unerwartete Preisschwankungen abgefedert werden, was das Risiko für Käufer und Verkäufer gleichermaßen reduzierte. Beides gibt es im Baumwollhandel bis heute.

| | Frankreich | Deutschland | England |
|---|---|---|---|
| 1700 | 250 | | |
| 1770 | 1.600 | | |
| 1787 | 4.000 | | |
| 1813 | 8.000 | | |
| 1820 | 20.000 | | |
| 1825 | 27.000 | | |
| 1836 | 34.000 | | |
| 1846 | 48.500 | | |
| 1856 | 86.000 | | |
| 1859 | 91.300 | 52.000 | 555.000 |

**Bild 7.2** Baumwollimporte in [t] nach Frankreich, Deutschland und England nach (Alcan, 1865)

Vor dem Ausbruch des US-amerikanischen Bürgerkriegs bezog England aus den USA 77 % der in England benötigten Baumwolle (280 000 t), Frankreich bezog 90 % (78 000 t), der Deutsche Zollverein 60 % (30 000 t) und Russland 92 % (42 000 t) der dort verarbeiteten Menge. Als diese enormen Mengen plötzlich nicht mehr geliefert wurden, geriet die Textilindustrie in diesen Ländern in eine schwere Krise.

Die Entwicklung der Baumwollproduktion und des Preises zeigt Bild 7.3. Deutlich zu erkennen ist der Einbruch der Produktion durch den amerikanischen Bürgerkrieg von 1861–1865. Die Vorkriegsproduktion wurde erst 1875 wieder erreicht. Der Preis für Baumwolle verzehnfachte sich in diesen Jahren.

Die ersten Kriegsmonate hatten keine großen Auswirkungen auf den weltweiten Baumwollhandel, weil zuvor erhebliche Überkapazitäten aufgebaut worden und die Lager, sowohl für Rohbaumwolle als auch für fertige Stoffe, entsprechend voll waren. Als der Krieg andauerte, wurde der Nachschub an Baumwolle für alle europäischen Staaten aber schnell knapp, und viele Betriebe mussten schließen. Dadurch verloren Hunderttausende von Arbeitern, z. B. in England, Frankreich, Deutschland und Russland, ihre Arbeit, und es kam zu sozialen Unruhen. Die Händler verdienten weiterhin gut an den extrem hohen Preisen und der weitverbreiteten Spekulation, die Lohnarbeiter gerieten aber schnell in absolute Armut und kämpften um ihr Überleben.

So versuchten die baumwollverarbeitenden Unternehmen, andere Lieferanten für die dringend benötigte Baumwolle zu finden. Frankreich blickte auf seine afrikanischen Kolonien (mit wenig Erfolg), England richtete sein Augenmerk auf Indien. Zwar war eine erste Initiative, dort mehr Baumwolle zu erzeugen, einige Jahrzehnte zuvor gescheitert, nun wurde jedoch ein neuer Anlauf unternommen, der von der englischen Regierung mal mehr und mal weniger unterstützt wurde. Ein wesentlicher Punkt war die Änderung des Vertragsrechts in Indien, sodass vertragsbrüchige Partner hart bestraft werden konnten. Nachdem dies erreicht war, konnten sich die Investoren, die den indischen Baumwollbauern ihre Ernte vorab abkauften, darauf verlassen, dass die Ernte auch eingebracht wurde. Dies schuf für die Käufer finanzielle Sicherheit und sorgte rasch für einen massiven Ausbau der Baumwollfelder. Allerdings gab es noch kleinere logistische Probleme zu überwinden. So schickte die Manchester Cotton Supply Association 1862 Baumwollentkörnungsmaschinen und Ballenpressen nach Indien. Als sie im Hafen von Sedashegur, nahe der Baumwollfelder, entladen werden sollten, stellte sich heraus, dass der Hafen noch nicht fertig war. Ein Entladeversuch in einem anderen Hafen war zwar erfolgreich, allerdings gab es keine Straßen von dort zu den Baumwollfeldern. Daher wurde nun viel Geld in den Aufbau der erforderlichen Infrastruktur investiert. Die neuen Straßen sollten auch dazu dienen, schnell Truppen verlegen zu können, falls es zu Aufständen kam. Die stark gestiegenen Preise für Baumwolle führten dazu, dass schon 1862 die Baumwollernte um 50% gesteigert wurde bei gleichzeitiger Reduzierung der Exporte nach China, bis 1866 verdoppelte sie sich im Vergleich zu 1861. Dadurch konnte nun England 75% seiner Baumwolle aus Indien beziehen, Frankreich immerhin 70% (Bild 7.4). Auch andere Länder vervielfachten ihre Produktion, u.a. Mexiko, Peru, Brasilien und das Osmanische Reich.

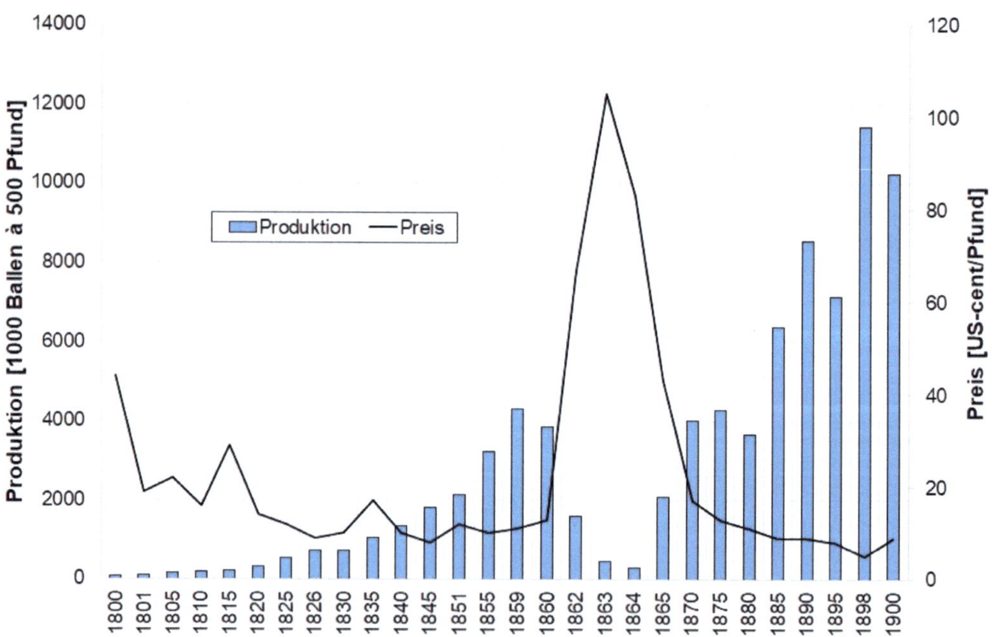


**Bild 7.3** Produktion und Preis von Baumwolle in den USA (Daten: Linder, 1967)

Nach dem Ende des US-amerikanischen Bürgerkriegs war die Welt eine andere. Hauptbaumwolllieferant blieb für viele Jahre Indien, bis die USA sich wirtschaftlich erholt hatten. Weder in Indien noch in China kam es zu einer industriellen Produktion, weil Großbritannien seine Interessen rücksichtslos durchsetzte und beide Länder als Rohstofflieferanten für die eigene Industrie und gleichzeitig als Absatzmarkt für deren Produkte sah und unterwarf. Ägypten wurde 1882 annektiert, womit eine Quelle für langstapelige Baumwolle erschlossen war. Auch Russland blieb nicht untätig und eroberte gegen Ende des 19. Jh. große Gebiete Zentralasiens, um seine Baumwollversorgung zu sichern.

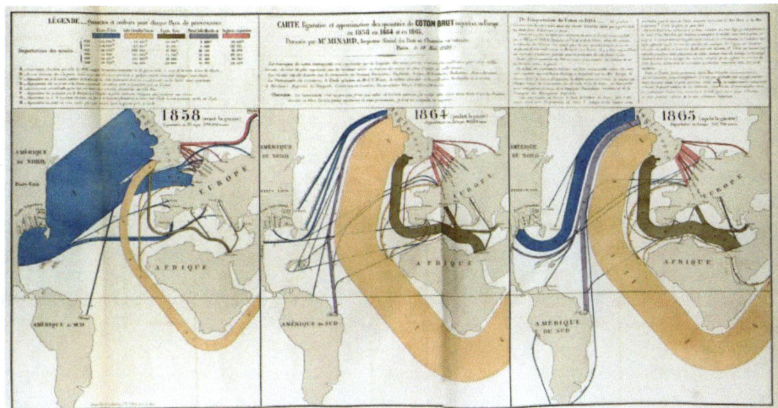


**Bild 7.4** Baumwollimporte nach Europa und Herkunftsregionen 1858–1865 (Minard, 1860)

## 7.1.2 Flachs

Flachs war zu Beginn des 19. Jh. noch einer der dominierenden Faserlieferanten zur Erzeugung sowohl von feinen als auch von groben Stoffen. Die Fasern wurden in der Regel noch zu einem großen Teil rein manuell gewonnen (Bild 7.5).

In England wurde erstmals versucht, Flachs industriell zu verarbeiten. Dazu wurden die groben Faserbündel auf einen Tisch nebeneinander in Reihen abgelegt und von zwei Walzenpaaren auf das 15- bis 40-Fache verstreckt. Das so erzeugte Vorgarn wurde in Kannen abgelegt und diente als Ausgangsmaterial für die Spinnmaschine (Bild 7.6). Zunächst konnten auf diese Weise nur grobe Garne gesponnen werden, daher blieb die Feinspinnerei bis ins 20. Jh. in großen Teilen noch manuell und wurde mit Spinnrädern durchgeführt. Für die mittelfeinen und groben Flachsgarne waren 1861 in England rund 1,8 Mio. Spindeln in Betrieb. Auf dem Gebiet des Deutschen Zollvereins waren es dagegen nur ca. 200 000, was den unterschiedlichen technischen Entwicklungsstand zeigt.

Ein Patent für ein Nassspinnverfahren, bei dem die Flachsfasern vor dem Streckwerk befeuchtet werden, was ihre Festigkeit erhöht, wurde 1814 dem Franzosen Philippe de Girard (1775–1845) erteilt. Seine praktische Umsetzung stieß aber auf viele Schwierigkeiten, daher wurde der neue Prozess, mit dem auch feine Garne erzeugt werden konnten, zunächst kaum eingesetzt.

Eine besonders große flachsverarbeitende Fabrik war Temple Mill in Leeds, die rund 2000 Mitarbeiter beschäftigte (Bild 7.7). Ihre Außenfassade erinnerte an einen ägyptischen Tempel, daher der Name.

**Bild 7.5** Hecheln von Flachs (von Herkomer, 1881)

**Bild 7.6** Flachsvorbereitung und Flachsspinnerei in England um 1840 (Holbeck, 1843)

Die sich schnell entwickelnde Textilindustrie zu Beginn des 19. Jh., die Mechanisierung der Verarbeitung und vor allem die Möglichkeit, Baumwolle in der gleichen Feinheit wie übliche Leinenkettgarne zu spinnen, verdrängten den Flachs nicht nur in Europa, sondern weltweit. War bis zum Ende des 18. Jh. der Flachs mit ca. 18 % Anteil am Faserverbrauch in Europa die wichtigste Pflanzenfaser und neben Wolle (ca. 78 %) der wichtigste textile Rohstoff, so war Ende des 19. Jh. der Baumwollanteil in Europa auf 74 % gestiegen, während der Anteil der Schafwolle auf 20 % und der des Flachs auf 6 % zurückgingen (Bild 7.8). Der amerikanische Bürgerkrieg (1861–1865) führte wegen der daraus resultierenden Baumwollknappheit noch einmal zu einem Aufschwung des Flachsanbaus, hauptsächlich in den Niederlanden, und der Flachsverarbeitung, vor allem in Irland (Belfast wurde „Linenopolis" genannt). Der Niedergang des Flachses als Faserpflanze konnte jedoch nicht dauerhaft aufgehalten werden.

**Bild 7.7** Flachsspinnerei Temple Hill in Leeds

Die Gründe dafür sind vielfältiger Natur:

- Die Erzeugung von Flachs ist stark wetterabhängig und aufwendig.
- Die Einsatzgebiete für Flachsfasern sind durch Knitteranfälligkeit, geringe Wärmeisolation, Schwere und Fäulnisanfälligkeit beschränkt.
- Der Rohstoff Leinen war in der benötigten Menge nicht verfügbar.

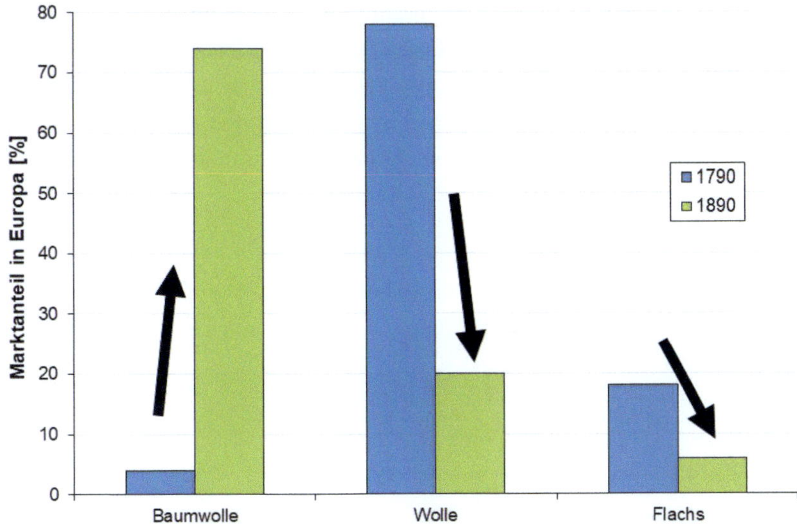


**Bild 7.8** Niedergang des Flachsanbaus im 18. und 19. Jh.

### 7.1.3 Jute

Jute wurde schon seit einigen Tausend Jahren in Indien zur Fasergewinnung, als Gemüsepflanze und für Heilzwecke angebaut. Ende des 18. Jh. wurde Jute auch in Europa bekannt, und von 1828 bis 1832 wurden mit der „neuen" Faser Versuche auf mechanischen Spinnmaschinen in Schottland durchgeführt. Durch den Krimkrieg (1854–1856) und den amerikanischen Sezessionskrieg (1861–1865) kam es zu Engpässen bei der Versorgung der Textilindustrie mit Baumwolle, Flachs und Hanf. Daher wurde vor allem aus Indien Jute eingeführt und verarbeitet. So entstand z. B. 1861 die erste deutsche Jutespinnerei in Vechelde bei Braunschweig.

Jute wurde nach Baumwolle die mengenmäßig wichtigste pflanzliche Naturfaser, die zur Herstellung von Garnen eingesetzt wurde. Diese wurden vor allem zu Säcken verarbeitet, die stark nachgefragt waren, um Waren aller Art über große Strecken transportieren zu können.

### 7.1.4 Wolle

1804 wurde in London die erste australische Wolle versteigert, und bis etwa 1870 wurden zwei Drittel der Wolleinfuhren aus Übersee über die Londoner Wollbörse abgewickelt. Ab 1865 wurde Wolle auch in Bremen gehandelt, und 1872 entstanden Lohnkämmereien in Leipzig, Hannover und im thüringischen Vogtland. 1883 wurde die Bremer Woll-Kämmerei (BWK) in das Handelsregister eingetragen.

Bis auf das Veredeln der Wolltuche in Walkmühlen seit dem 17. Jh. war die Wollverarbeitung (Sortieren, Waschen, Kämmen, Spinnen, Weben) ein manueller Vorgang. Die Mechanisierung der Wollindustrie verlief wegen der schwierigeren Verarbeitung der Fasern langsamer als in der Baumwollindustrie. Die ersten funktionsfähigen Kämmmaschinen zur Entfernung der kurzen Fasern wurden 1843 von Samuel C. Lister und 1853 von John H. Noble (Rundkämmmaschinen) bzw. 1845 von Josua Heilmann (Flachkämmmaschine) gebaut (Abschnitt 7.4). Die Kammgarnkrempel wurde 1820 erfunden, die Nadelstabstrecke 1834 und die Doppelnadelstabstrecke 1860. Die erste automatische Wollwaschmaschine wurde 1855 von Peltzer gebaut (Bild 7.9). Das Wasser läuft dabei von links ein (D) und zirkuliert um die Mittelwand (B).

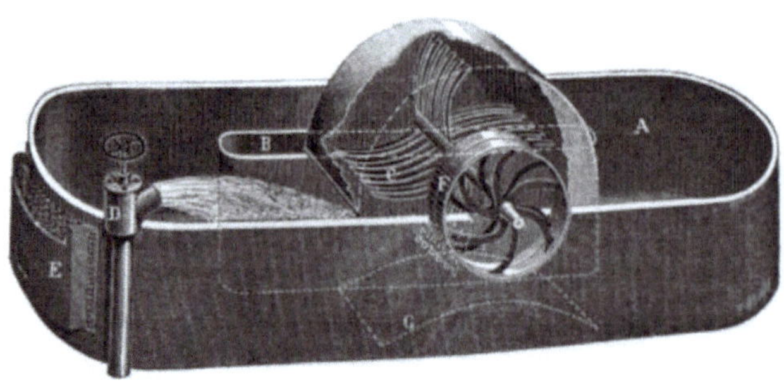


**Bild 7.9** Wollwaschmaschine von Peltzer (Kerl und Stohmann, 1879)

Sie wurde 1864 durch den Leviathan von J. Grand Ry-Kaivers ersetzt, der die nächsten Jahrzehnte dominierte und in moderner Form auch heute noch eingesetzt wird (Bild 7.10).

Um 1900 betrug der Anteil der Wolle am Welt-Fasermarkt ca. 20 % (Baumwolle 80 %), jährlich wurden 1 Mio. t produziert, was in etwa der heutigen Menge entspricht.

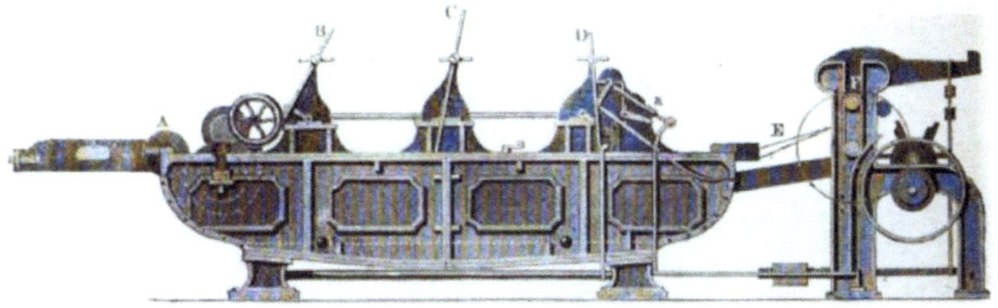

**Bild 7.10** Wollwaschmaschine Leviathan (Kerl und Stohmann, 1879)

## 7.1.5 Seide

Nach den Wirren der Französischen Revolution begann mit der Machtübernahme durch Napoleon I. im Jahr 1804 eine neue Blütezeit der französischen Seidenproduktion, vor allem in Lyon und Umgebung. Um den Glanz und Ruhm des französischen Hofs zu zeigen, waren alle Mitglieder des Hofs und des Adels angehalten, sich in Seidenstoffe und Samt zu kleiden. Auch Möbel wurden mit Seidengeweben bezogen. Diese Mode verbreitete sich schnell in ganz Frankreich und wurde auch in den Palästen der kaiserlichen Familien in Deutschland sowie den Königshäusern in Spanien und den Niederlanden gepflegt.

Insbesondere in Italien und Südfrankreich wurde in großen Manufakturen Seidengarn erzeugt, um den enormen Bedarf decken zu können (Bild 7.11).

In England wurde 1824 der Import von Seidenstoffen wieder erlaubt, allerdings mit einem Zoll von 30 % belegt. Rohseideneinfuhren wurden erleichtert, und so wurden viele neue seidenverarbeitende Betriebe gegründet. Allerdings wuchs der Markt nicht in gleichem Maße, und so kam es schnell zu einer Überproduktion, der Preis für Seidenartikel fiel und mit ihm die Löhne. Um die Kosten zu reduzieren, wurde die Anzahl der täglichen Arbeitsstunden erhöht. Die Regierung griff 1833 mit dem Factory Act ein, um die schlimmsten Auswüchse an Ausbeutung der Arbeiter zu bekämpfen. Es dauerte aber noch bis 1844, bis das Mindestalter für Kinder in Seidenmühlen auf neun Jahre festgesetzt wurde, was als große soziale Errungenschaft galt. Ab 1860 durften französische Seidengewebe zollfrei nach England importiert werden, was bald zum Kollaps der britischen Seidenindustrie führte.

**Bild 7.11** Seidenspinnerei in Italien (Migliara, 1828)

## 7.2 Zellulosische Chemiefasern

Seide gilt allgemein als Vorbild für die Herstellung künstlicher Fäden, insbesondere von Endlosfänden, den sogenannten Filamentgarnen. So soll schon 1000 v. Chr. in China versucht worden sein, durch Eintauchen einer Nadel Fäden aus dem Sekret der Seidenraupe künstlich herzustellen.

Als erster geschichtlich nachgewiesener Forscher beschreibt Robert Hooke (1635–1703) im Jahr 1665 ein Verfahren, um „eine leimartige Masse künstlich herzustellen, ähnlich der Substanz, aus welcher der Seidenwurm seine Fadenknäuel spinnt." Er formuliert auch bereits den Gedanken, Textilien herzustellen aus Fäden einer künstlich erzeugten Flüssigkeit, „if only very quick ways of drawing it out into small wires for use could be found" (Hooke, 1665). Aufgrund der damals unzureichenden technischen Möglichkeiten geriet seine Idee allerdings in Vergessenheit und wurde erst rund 200 Jahre später wieder aufgegriffen. Daher ist Robert Hooke meist nur wegen des „Hooke'schen Gesetzes" bekannt, das den Zusammenhang zwischen Spannung, Dehnung und E-Modul bei der Zugprüfung beschreibt.

René-Antoine Ferchau de Réaumur (1683–1757) postulierte, dass Seide ein ehemals flüssiger Gummi ist, der daraus durch Trocknung entsteht. Aus Lacken sollte es daher möglich sein, Fäden zu ziehen und diese zu Geweben zu verarbeiten, deren Glanz und Haltbarkeit Seide gleiche. Auch seine Idee wurde zunächst nicht weiterverfolgt, und so blieb er vor allem wegen der nach ihm benannten Temperaturskala in Erinnerung (Bild 7.12).

**Bild 7.12** R. Hooke (links) und R. A. F. Réaumur (rechts; Pizzetta, 1893)

1839 gelang es Anselme Payen (1795–1871), Zellulose aus Holz zu isolieren. Er gab ihr den heutigen Namen, weil ihn der Aufbau, den er unter dem Mikroskop sehen konnte, angeblich an Gefängniszellen erinnerte. Der Weg zur Herstellung von künstlichen Fasern auf Zellulosebasis wurde aber erst durch die Entdeckung frei, wie Zellulose gelöst werden kann.

## 7.2.1 Nitrozellulose

Christian Friedrich Schönbein (1799–1868) erfand im Jahr 1846 ein Verfahren, um aus nitrierter Baumwolle (sogenannter Schießbaumwolle) durch Lösen in Alkohol-Ether Zellulosenitrat herzustellen, den Ausgangsstoff für Nitratseide. Schönbeins Forschungen konzentrierten sich allerdings auf die Verwendung der Lösung in Geschossen. Wie Paul Schlack 1967 bei einem Vortrag im Deutschen Museum in München bemerkte, war Schönbein „an Fäden nicht besonders interessiert. Ihm war Knallen und Schießen wichtiger“ (Klare, 1985).

So war es der Schweizer Chemiker George Philippe Audemars, der 1855 als Erster Zellulosenitrat in Alkohol und Äther löste. Er patentierte sein Verfahren und schlug eine Faserherstellung mit einer Nadel und einer Wickelvorrichtung vor (Audemars, 1855). Der Prozess war allerdings für eine industrielle Produktion ungeeignet. Joseph W. Swan (1828–1914), der 1878 in England ein Patent für eine Glühlampe erhielt, stellte 1883 Glühlampenfäden aus in Essigsäure gelöster Nitrozellulose her. Die Fäden nannte er „artificial silk“, also Kunstseide (Swan, 1884). Seine Frau hat sie zu Heimtextilien verarbeitet, die er 1884 der Gesellschaft für chemische Industrie in London vorstellte (Bild 7.13).

**Bild 7.13** Payen (links; Wiki, 1870), Schönbein (Mitte; Hanfstängl, 1857), Swan (rechts; Wiki, 1907)

Etwa ab 1905 zeigte sich, dass das Nitrozelluloseverfahren sowohl wirtschaftlich als auch qualitativ nicht mit dem Kupfer- und dem Viskoseverfahren konkurrieren konnte (Becker, 1912).

## 7.2.2 Cuoxam-Verfahren (Kupferverfahren)

Nitrozellulose ist explosiv, und daher war die Faserherstellung gefährlich und die daraus hergestellten Textilien waren leicht entzündlich. Deshalb wurde nach einem alternativen Lösungsmittel gesucht. Matthias Eduard Schweizer (1818–1860) gelang es 1857, aus Baumwolle gewonnene Zellulose mit Kupferoxid und Ammoniak in Lösung zu bringen (Schweizers Reagenz, „Cuoxam“). Wobei möglicherweise auch seine Gattin eine entscheidende Rolle spielte, als sie der Legende nach seinen Laborkittel aus Baumwolle mit Cuoxam in Kontakt brachte und so durch Lösung der Zellulose ein Loch erzeugte. 1881 stellte William Crookes (1832–1919) aus Cuoxam Glühlampenfäden her. Allerdings dauert es bis 1890 (Louis Henry Despaissis) bzw. 1892 (Max Fremery und Johann Urban), bis daraus Verfahren zur Herstellung von Zellulosefäden für Textilien entwickelt wurden. Dabei konnte mit niedrigeren Temperaturen als bei Nitrozellulose gearbeitet werden, und der kostspielige Schritt der Denitrierung entfiel, weil die erzeugte Kupferseide („Cupro“) unmittelbar verwendbar war. Das entsprechende Patent wurde dabei nicht von Fremery und Urban angemeldet, sondern von Hermann Pauly, Chemieprofessor in Würzburg. So sollte vermutlich vermieden werden, dass die Konkurrenz auf das neuartige Verfahren aufmerksam wurde, und man verschaffte sich Zeit, die industrielle Produktion zu verwirklichen. Das Kupferoxidammoniak-Verfahren ist daher später unter dem Namen „Pauly-Patent“ bekannt geworden.

Im Jahr 1935 betrug der Marktanteil von Cuprofasern an den zellulosischen Chemiefasern rund 9 %. Die IG Farben stellte sie unter dem Markennamen Cuprama® her. Bis in die 1990er-Jahre wurden solche Fasern für Futterstoffe und für Membranen von Dialysatoren für die extrakorporale Blutwäsche eingesetzt. Heutzutage ist Cupro weitgehend ersetzt durch Viskose (Futterstoffe) und synthetische Faserstoffe.

### 7.2.3 Zelluloseacetat

Paul Schützenberger (1829–1897) löste Baumwolle in Essigsäureanhydrid und stellte so 1865 Zelluloseacetat her. Charles F. Cross (1855–1935) und Edward J. Bevan (1856–1921) entwickelten ein Verfahren zur Lösung von Zelluloseacetat in Chloroform. Dies war die Ausgangsbasis für die spätere Faserproduktion. Auch hier zeigte sich wieder, dass Chemiker wie Schweizer und Schützenberger nicht in der Lage oder willens waren, ihre Entdeckungen in eine industrielle Faserherstellung umzusetzen. Dies gelang erst mit erheblicher zeitlicher Verzögerung Ingenieuren.

### 7.2.4 Viskose

1892 entwickelten Charles F. Cross, Edward J. Bevan und Clayton Beadle die Viskose, bei der Zellulose in Zellulosenatriumxanthogenat gelöst wurde (Cross et al., 1893). Sie gründeten 1894 die Viscose Syndicate Ltd., die die Patente in den USA, Deutschland und Frankreich industriell umsetzte. Das Unternehmen Courtoulds produzierte nach diesen Patenten in Großbritannien. Wegen der Einfachheit des Verfahrens und Kostenvorteilen setzte sich die Viskose gegenüber allen anderen zellulosischen Fasern schnell durch.

### 7.2.5 Industrielle Produktion von Filamentgarnen

Für die industrielle Produktion künstlicher Fasern war entscheidend, dass es gelang, Zellulose nicht nur aus Baumwolle, sondern auch aus verholzten Faserzellen zu isolieren. Benjamin C. Tilghman (1821–1901) gelang dies 1866 in technischem Maßstab durch Aufschluss mit schwefliger Säure. Ab 1875 wurde Zellstoff nach dem daraus weiterentwickelten Sulfit-Verfahren von Alexander Mitscherlich (1836–1918) industriell hergestellt (Bild 7.14).

**Bild 7.14** Links: Alexander Mitscherlich (Richter, 2012); rechts: Graf Hilaire de Chardonnet (Wiki, 1899)

Der französische Graf Hilaire de Chardonnet (1839–1924) erhielt 1885 ein Patent zur Herstellung von Kunstseide aus Nitrozellulose (Chardonnet, 1891). Daraus hergestellte Gewebe und auch seine Kunstseiden-Spinnmaschine wurden 1889 auf der Weltausstellung in Paris vorgestellt. Die Vorderansicht der Maschine zeigt Bild 7.15. Die Spinnrichtung ist von unten (A: Spinndüsen) nach oben (T: Aufwicklung).

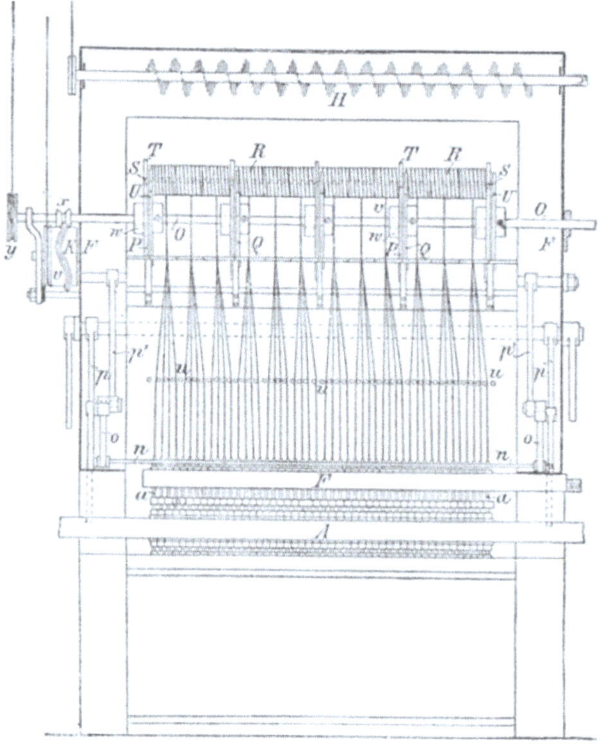

**Bild 7.15** Spinnmaschine von Graf H. de Chardonnet (Chardonnet, 1890)

1891 begann Chardonnet in seiner ersten Fabrik in Besançon mit der Produktion von Nitratseide. Zwar gelang es durch ein neues Denitrierverfahren, die Explosionsneigung der Nitrozellulose zu reduzieren. Allerdings verschlechterten sich dadurch auch die Festigkeits- und Dehnungswerte. Kommerziell war seine Unternehmung kein Erfolg, und so verstarb Chardonnet 1924 verarmt, nachdem er sein gesamtes Vermögen für die industrielle Herstellung von Nitrozellulose ausgegeben hatte. Durch Ausziehen des noch plastischen Fadens gelang F. Lehner zwar die Verfeinerung und eine Erhöhung der Festigkeit, und weitere Fabriken wurden in Europa gegründet, u. a. von Hugo Küttner in Pirna im Jahr 1908. Aber kommerzieller Erfolg war auch ihnen nicht beschieden. Küttner stellte schon 1910 aus wirtschaftlichen Gründen auf die Herstellung von Viskose um.

Bild 7.16 zeigt die Entwicklung der Weltproduktion von Nitrozellulose und ihren Marktanteil. Es ist offensichtlich, dass die Produktionsmenge zwar von 1896 bis 1928 um mehr als das Zehnfache gestiegen ist. Gleichzeitig fiel aber ihr Marktanteil von 100 % auf 4,5 %. Viskose wurde dagegen schnell die dominierende Faser, 1930 wurden schon 250 000 t erzeugt, und im Jahr 1935 gab es weltweit keine nennenswerte Produktion von Nitrozellulose mehr.

| | Nitrocellulose [t] | Marktanteil [%] | Cellulosische Chemiefasern insg. [t] |
|---|---|---|---|
| 1896 | 600 | 100 | 600 |
| 1909 | 2.400 | 48 | 5.000, davon Viskose: 800 |
| 1924 | 4.900 | 8 | 62.790, davon Viskose: 54.000 |
| 1928 | 7.040 | 4 | 158.460 |

**Bild 7.16** Produktion von Nitrozellulose (Klare, 1985)

1891 gründeten M. Fremery und J. Urban (Bild 7.17) mit einem Startkapital von 2 Mio. Mark in Aachen die Rheinische Glühlampenfabrik und nahmen wenig später in Oberbruch die Fabrikation von Zellulosefäden für Kohlefaden-Glühlampen auf. Diese wurden zunächst aus einer Lösung von Zellulose in Kupferoxidammoniak hergestellt. Aus der Firma entstand 1899 die Vereinigte Glanzstoff-Fabriken AG, später einer der größten Viskosehersteller der Welt.

**Bild 7.17** Von links: M. Fremery, J. Urban und E. Bronnert

# 7.3 Anorganische Chemiefasern

Bereits im Altertum wurde Asbest als anorganisches Fasermaterial eingesetzt. Im 19. Jh. wurden erstmals anorganische Fasern künstlich hergestellt: die Glas- und die Keramikfasern.

## 7.3.1 Glasfasern

Schon seit dem 16. Jh. wurden in Venedig Glasfäden als Fadendekor erzeugt, und im Jahr 1713 beschäftigte sich R.-A. F. de Réaumur mit dem Einsatz von Glasfasern für Textilien. Er postulierte, dass es bald möglich sei, Glasfasern so fein auszuspinnen, dass man daraus Gewebe herstellen könne. Dies gelang ihm selbst jedoch nicht. Im 18. Jh. wurde im Thüringer Wald im Stabziehverfahren das sogenannte Engels- oder Feenhaar produziert. 1822 wurden in England von A. und D. Gordon Lampendochte aus Glasfasern patentiert, 1830 ein Glasgewebe für den Sarg von Napoleon I. verwendet, und 1842 wurden die ersten gewebten Textilien aus Glasfasern in größerem Maßstab hergestellt (Wulfhorst et al., 1993).

1842 stellte der Seidenfabrikant Louis Schwabe (1798–1845) auf der Tagung der British Association in Manchester Glasfäden und daraus erzeugte Gewebe aus. Diese Fäden hatte er durch Ausziehen durch eine dünne Öffnung gewonnen, was somit die erste dokumentierte Anwendung einer Art von Spinndüse darstellt (Glocker, 1992). Diese Glasseidengewebe waren aber als Bekleidung ungeeignet. Schwabe forderte daher die Entwicklung einer anderen Substanz, aus der Fäden gezogen werden könnten, um daraus Textilien herzustellen. Dies gelang allerdings weder ihm noch anderen in den nächsten Jahren, und er beging 1845 Selbstmord.

Die erste Fabrik für die industrielle Glasfaserherstellung wurde 1866 in Wien gegründet. Sie stellte Glasfäden her mit Durchmessern von 6–12 µm für Perücken, Kappen und Brautschleier. Im Jahr 1893 verwendete Edward D. Libbey in den USA Glasschussgarne für ein Festkleid der Schauspielerin Georgia Cayvan. Als das Kleid der Öffentlichkeit vorgeführt wurde, war jedoch die Enttäuschung groß, weil der Stoff – natürlich – nicht durchsichtig war. Vermutlich war auch der Tragekomfort eher gering, denn Glasfasern sind steif und pieksen. Ein Exemplar dieses nur dreimal hergestellten Kleids befindet sich im Deutschen Museum in München (Bild 7.18).

**Bild 7.18** Georgia Cayvan in ihrem Kleid aus Glasfasern (Wiki, 1893)

### 7.3.2 Keramikfasern

Keramikfasern bestehen aus anorganischem, nichtmetallischem Material. Man unterscheidet oxidische und nichtoxidische Fasern. E. Parry stellte 1840 in Wales erstmals Mineralwolle aus Keramikfasern her. 1870 patentierte J. Player einen Herstellungsprozess für Keramikfasern in den USA, und 1871 begann die erste industrielle Produktion von Keramikfasern in Osnabrück. Dabei wurde ein schneller Luftstrom durch einen Vorhang aus flüssiger Schlacke geblasen, wodurch Fasern unterschiedlicher Feinheit und Länge entstanden. C. C. Hall entwickelte 1897 ein Verfahren, um aus einer Steinschmelze Fasern zu erzeugen, und begründete so die Steinwollindustrie in den USA.

# 7.4 Spinnereivorbereitung

Die wesentlichen Neuerungen in der Spinnereivorbereitung betrafen die Karde, deren Produktivität erheblich gesteigert wurde, und die Kämmmaschine, die das mühsame manuelle Entfernen der kurzen Fasern erstmals mechanisierte.

## 7.4.1 Karde

Die Karde wurde weiterentwickelt und erhielt nach dem Hacker, der das Vlies aus parallelisierten Fasern vom Tambour abnahm, eine Bandbildeeinheit (Bild 7.19).

**Bild 7.19** Karde

Bild 7.20 zeigt den Hacker zusammen mit der Bandbildeinheit. Links wird das abgenommene Vlies in einzelne Stränge getrennt, diese über ein Nitschelwerk (N) verdreht und einzeln auf eine Walze (A) aufgewickelt. Es entsteht ein „Slobbing“. Rechts wird das abgenommene Vlies durch zwei Walzen verdichtet und das gebildete Band anschließend aufgewickelt.

**Bild 7.20** Hacker und Bandbildeeinheit (links: feines Vorgarn; rechts: dickes Band)

Die Wickel werden anschließend einer Strecke vorgelegt, in der das noch relativ dicke Band mehrfach verfeinert wird, bevor es versponnen werden kann (Bild 7.21). Für feine Garne wird dies mehrfach nacheinander durchgeführt.

**Bild 7.21** Strecke mit sechs Arbeitspositionen

## 7.4.2 Kämmmaschine

Das Kämmen dient dazu, die kurzen Fasern (Kämmling) aus dem Rohmaterial (Baumwolle, Wolle) zu entfernen, umso mit den verbliebenen langen Fasern (Kammzug) ein besonders feines Garn spinnen zu können. Auch reduziert dies die Anzahl der abstehenden Fasern im Faden, die sogenannte „Haarigkeit".

Dieser Prozess erfolgte bis ins späte 18. Jh. rein manuell und erforderte viele Arbeitskräfte. Angaben aus 1800 zufolge wurden in England von 50 000 Handkämmern jährlich rund 40 000 t Wolle gekämmt. Darüber hinaus war die Qualität der Kammzüge nicht einheitlich. Im Jahr 1790 erfand der Pfarrer Edmund Cartwright eine erste Kämmmaschine, die er „Big Ben" nannte (Bild 7.22). Das Funktionsprinzip imitierte das manuelle Verfahren, wobei „S" die „Schulter" und „A" den Arm darstellt: In den horizontal rotierenden, mit nach innen gerichteten Nadeln versehenen Hauptkamm (KH) wurden die Wollfasern über einen Hebelapparat bündelweise eingeschlagen. Ein rotierender Kamm (KN) entfernte aus der Scheibe KH die nach außen abstehenden Fasern (Kämmling). Aus den verbliebenen Fasern im Inneren der Scheibe wurde über Abzugswalzen (Z) ein Band (Kammzug) gebildet und mit zwei Walzen (AW) abtransportiert.

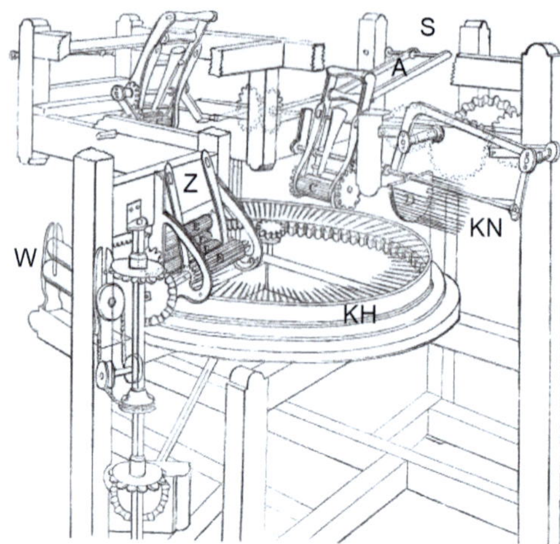


**Bild 7.22** Die „Big Ben" von E. Cartwright (Strickland, 1843)

Ihr Betrieb ersetzte 25–30 Handkämmer, erforderte aber immer noch eine manuelle Vorbereitung des Fasermaterials durch einen Arbeiter und drei Kinder. Die Maschine wurde von den Handkämmern heftig bekämpft und daher nie in größerem Umfang eingesetzt. Nach Vorarbeiten, u.a. von Donisthorpe & Lister sowie von Rawson & Holden, entwickelte 1853 James Noble eine weitere Kämmmaschine, die sich schnell durchsetzte und die Handkämmer damit endgültig arbeitslos machte (Bild 7.23). Er verwendete dabei die von Josua Heilmann (1796–1848) drei Jahre vor seinem Tod 1845 erfundene Zange, die die langen Fasern fixierte, damit sie nicht versehentlich ausgekämmt wurden. Darüber hinaus beheizte er einige Maschinenteile, was die Verarbeitung von Wolle deutlich erleichterte.

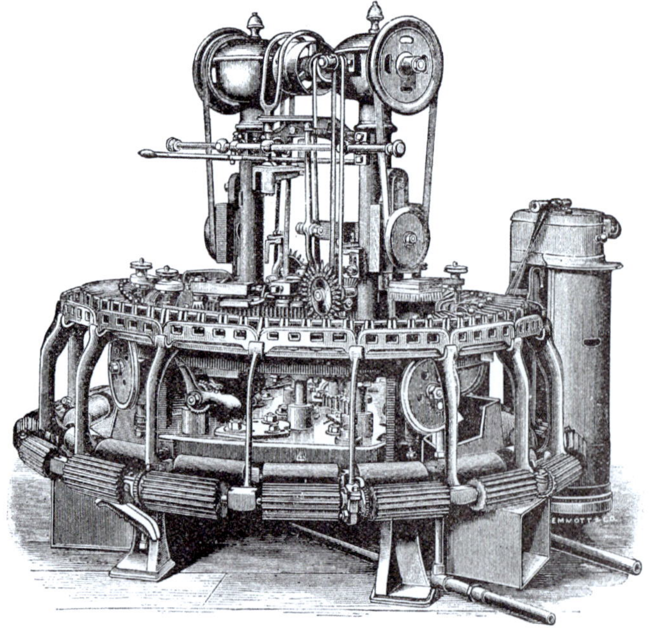

**Bild 7.23** Kämmmaschine von James Noble im Jahr 1891 (Wiki, 1891)

# 7.5 Spinnen

Auch im 19. Jh. war das Spinnen von Hand noch weit verbreitet, wie Bild 7.24 (links) zeigt. Hier sind sehr schön die Bildung des Fadens durch Herauszupfen einzelner Fasern aus dem Rocken und die gleichzeitige Drehung der Spindel mit der anderen Hand dargestellt. Bis zum Ende des 19. Jh. blieb die Handspindel in Gebrauch, und sogar 1903, bei einer Spinnerei-Ausstellung, die die Großherzogin Luise von Baden ausrichtete, beteiligten sich Spinnerinnen aus Baden mit ihren Handspindeln am Spinnwettbewerb (Vogt, 2008). Selbst Queen Victoria ist mehrfach am Spinnrad abgebildet.

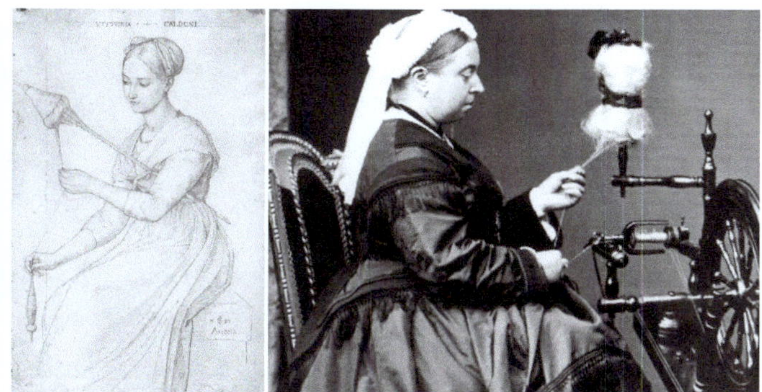

**Bild 7.24** Links: Vittoria Caldoni mit der Handspindel (Schnorr von Carolsfeld, 1822); rechts: Queen Victoria am Spinnrad

Das manuelle Kardieren der Wolle und das Spinnen mit dem Handspinnrad war ebenfalls in weiten Teilen der Welt, auch in Europa, nach wie vor üblich und verbreitet (Bild 7.25).

**Bild 7.25** Kardieren der Baumwolle und Handspinnrad am Anfang des 19. Jh. (Walker, 1814)

### 7.5.1 Selfacting Mule (Selfaktor) von Richard Roberts

Die Bedienung einer Spinning Mule erforderte großes Geschick seitens des Mitarbeiters. Da diese zum einen zunächst rar waren und zum anderen die vorhandenen Spinner immer höhere Löhne forderten, wurde nach Wegen gesucht, die Maschine zu automatisieren. Dies gelang, nach wenig erfolgreichen Versuchen durch William Kelly im Jahr 1790, erstmals Richard Roberts (1789–1864), der insbesondere den Aufwickelvorgang, der bisher von Hand gesteuert wurde, mithilfe eines komplexen Getriebes realisierte (Bild 7.26). Damit konnten erstmals Spulen hergestellt werden, die direkt ohne Umspulen als Schussfaden verwebt werden konnten. Weil die Maschine „selbst handeln" konnte, wurde sie als „Selfaktor" bezeichnet. Richards erhielt zwei Patente darauf, 1825 und 1830.

**Bild 7.26** Aufbau eines Selfaktors (Ikiwaner, 2006a)

Die folgenden Abbildungen zeigen den Ablauf des Spinnprozesses beim Selfaktor. Bild 7.27 zeigt den Selfaktor in der Ausgangsposition.

**Bild 7.27** Selfaktor zu Beginn des Spinnprozesses (Ikiwaner, 2006b)

In Bild 7.28 ist die Garnbildung zu sehen. Dabei rotieren die Spindeln und leiten so Drehung in das sich durch die Wagenbewegung bildende Garn ein. Durch das komplexe Getriebe rotieren die Spulen mit zunehmendem Durchmesser langsamer, sodass die Drehungshöhe im Garn konstant bleibt. Im 3-über-3-Walzen-Streckwerk betrug der Vorverzug 1,5, und der Hauptverzug konnte zwischen 4 und 8 eingestellt werden, sodass sich ein Gesamtverzug von 6–12 ergibt.

**Bild 7.28** Garnbildung (Ikiwaner, 2006c)

Ist der Wagen vollständig ausgefahren, ist die Garnbildung abgeschlossen (Bild 7.29).

**Bild 7.29** Selfaktor im ausgefahrenen Zustand (Ikiwaner, 2006d)

Anschließend wird ein Draht eingebracht, sodass durch die Rotation der Spindeln beim Zurückfahren des Wagens in die Ausgangsstellung das Garn aufgewickelt wird (Bild 7.30).

Dabei unterstützt ein zweiter Draht das Garn, wodurch beim Aufwickeln eine konstante Garnspannung erreicht wird. Danach beginnt der Prozess von Neuem. Dies geschieht bis zu viermal in der Minute, für feine Garne weniger oft. Typische Spindeldrehzahlen erreichten 10 000 U/min. Um eine volle Garnspule (Kops) zu erzeugen, sind rund 2400 Aus- und Einfahrvorgänge erforderlich, was für ein 8-tex-Garn (80's) bei zwei Arbeitszyklen pro Minute rund 20 Arbeitsstunden dauert. Während der ersten ca. 500 Arbeitszyklen wird der untere Teil des Kopses gebildet, was eine genaue Kontrolle der Maschine erfordert. Danach muss der Spinner kaum noch eingreifen. Im Jahr 1837 waren in England Selfaktoren mit insgesamt 500 000 Spindeln in Betrieb.

**Bild 7.30** Aufwickelvorgang (Ikiwaner, 2006e)

Bis 1839 hatte Richard Roberts £ 12 000 investiert und nur £ 7000 an Gebühren zurückerhalten. Daher wurde sein Patent um sieben Jahre bis 1846 verlängert, was die finanzielle Situation aber nicht grundlegend änderte. Am Ende gab Roberts das Spinnmaschinengeschäft deshalb auf und beschäftigte sich stattdessen mit anderen Technologien. So entwickelte er u. a. eine Plattenstanzmaschine.

Die Auswirkung seiner Erfindung auf den Preis eines feinen Baumwollgarns (100's, 6 tex) war dramatisch. Von 1786 bis 1832 sank er um 95 % (Bild 7.31).

1887 wurde der erste Fall von Hodenkrebs bei Selfaktorspinnern nachgewiesen, und 1926 wurde offiziell festgestellt, dass das Maschinenöl, mit dem die Spindeln bei der Baumwollverarbeitung geschmiert wurden, die Ursache war. Durch die schnelle Rotation der Spindeln wurde das Öl verspritzt und drang direkt in die Kleidung der Spinner ein, wenn sie vor der Maschine standen (Bild 7.32). Weil Selfaktoren aber sowieso in den 1920er-Jahren durch Ringspinnmaschinen ersetzt wurden, blieb das Problem ungelöst. Selfaktoren wurden für die Herstellung feiner Wollgarne noch bis in die 1990er-Jahre verwendet.

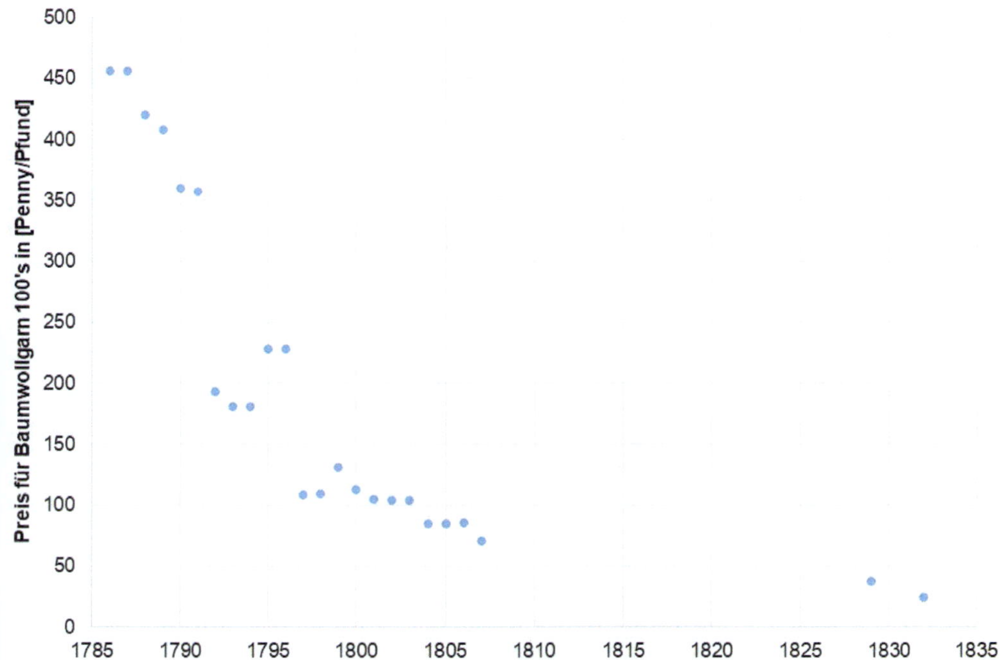


**Bild 7.31** Entwicklung des Preises für 1 Pfund feines Baumwollgarn (100's) (Daten: Baines, 1835)

**Bild 7.32** Selfaktor (Kohl, 1889)

## 7.5.2 Ring- und Capspinnen

Die US-Amerikaner Charles Danforth (1797–1876) und John Thorp (1784–1848) erhielten 1828 unabhängig voneinander Patente für einen neuen kontinuierlichen Spinnprozess.

Danforths Spinnmaschine ist eine Weiterentwicklung von Arkwrights Water Frame. Er ersetzte aber den rotierenden Flügel durch eine Kappe, daher hieß das Verfahren auch „Cap Spinning“ bzw. auf Deutsch „Topfspinnen“ (Bild 7.33 und Bild 7.34, links).

Das Garn läuft nach dem Streckwerk in einem sogenannten Ballon um die Kappe, an der Unterkante durch einen Fadenführer und wird dann auf den Kops gewickelt. Durch die Reibung des Garns an der Luft und am Fadenführer entsteht eine konstante Garnspannung, was die Aufwicklung erleichtert. Die Spindel mit dem Kops wird währenddessen auf- und abbewegt, wodurch sich ein gleichmäßiger Kopsaufbau ergibt. Zum Entnehmen des Kopses (doffen, von engl.: do off) muss die Kappe allerdings abmontiert werden, was den Prozess verkompliziert. Typische Drehzahlen lagen im Bereich von 6000–8000 U/min.

**Bild 7.33** Cap-Spinnmaschine (Cyclopedia, 1907)

John Thorp gilt als „Vater“ des Ringspinnens, allerdings hatte seine zum Patent angemeldete Maschine noch keinen Läufer, daher ist dies fragwürdig. Das Garn wurde in seiner Spinneinheit zwischen zwei miteinander verschraubten Ringen geführt und mithilfe eines sich in der Kerbe zwischen beiden befindenden Reifens in Drehung versetzt und aufgewickelt (Bild 7.34, rechts). Damit entfiel zwar das Entfernen einer Kappe beim Doffen, allerdings war das Einfädeln zu Beginn des Spinnprozesses schwierig.

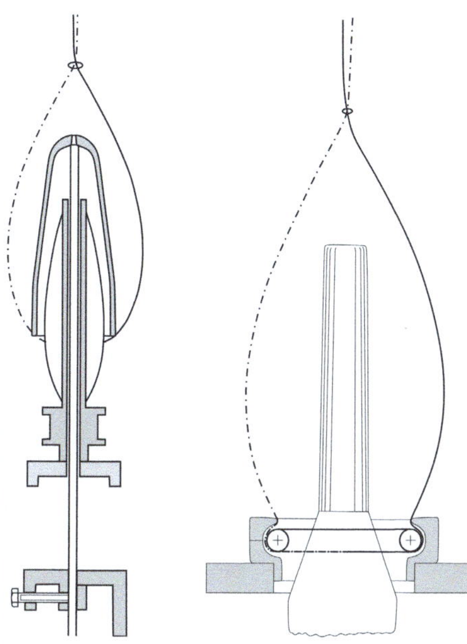

**Bild 7.34** Details der Einheit zur Drehungserteilung und Aufwicklung von Danforth (links) und Thorp (rechts) nach (Catling, 1970)

Danforths Maschine wurde 1829 in England vorgestellt, stieß dort allerdings auf Ablehnung, weil erst kurz zuvor R. Roberts den Mule Spinner erfunden hatte und viele Spinnereien auf diese lokal produzierte Maschine setzten. Topfspinnen wurde noch lange Zeit für die Herstellung gekämmter Wollgarne verwendet. Thorps Maschine wurde nie kommerziell eingesetzt.

Im Jahr 1829 erfanden Addison und Stevens in den USA den Läufer, und kurze Zeit später wurden in den USA die ersten Ringspinnmaschinen installiert. Das Garn wird dabei durch den frei auf dem Ring rotierenden Läufer geführt und aufgewickelt (Bild 7.35). Durch die Rotation der Spindel wird auch der Läufer, durch das Garn gehalten, in Rotation versetzt. Dabei bildet sich durch die Zentrifugalkraft auf das Garn ein Fadenballon, und der Läufer rotiert dadurch ein wenig langsamer (ca. 5 %) als die Spindel. Gleichzeitig werden vom Streckwerk parallele, auf Garnfeinheit verstreckte Fasern nachgeliefert, und in dieses Stück Faserband wird dann je Läuferumdrehung genau eine Drehung eingeleitet und so das Garn gebildet.

Typische Drehzahlen lagen anfangs bei 6000 U/min, übliche Ringdurchmesser bei 40 mm. Bei einer Lebenszeit von rund sechs Wochen legte der Läufer dann eine Strecke von mehr als 40 000 km zurück bei 800-facher Erdbeschleunigung.

Dies war das erste Mal, dass im Zeitalter der Industrialisierung eine Textilmaschine außerhalb Europas erfunden wurde. In den USA und in Europa dominierte das Ringspinnen sehr schnell die Garnherstellung (Bild 7.36), in England dauerte es noch vierzig Jahre, bis es in größerem Umfang eingesetzt wurde. Zwischen 1905 und 1914 wurden dort sogar noch 12 Mio. Selfaktor-Spindeln neu installiert (Catling, 1970).

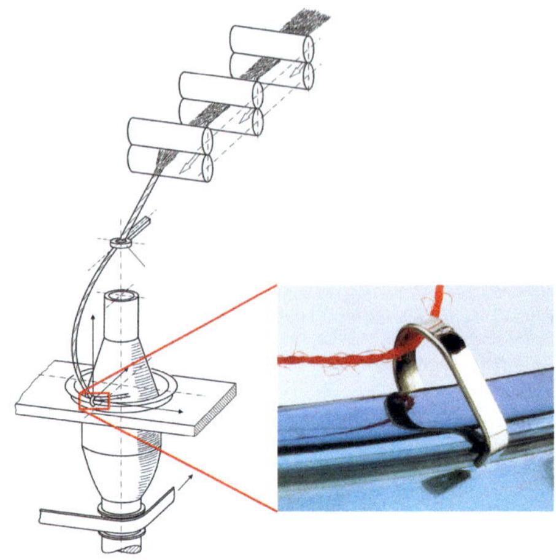

**Bild 7.35** Aufbau einer Ringspinnposition und Läufer mit Garn am Ring

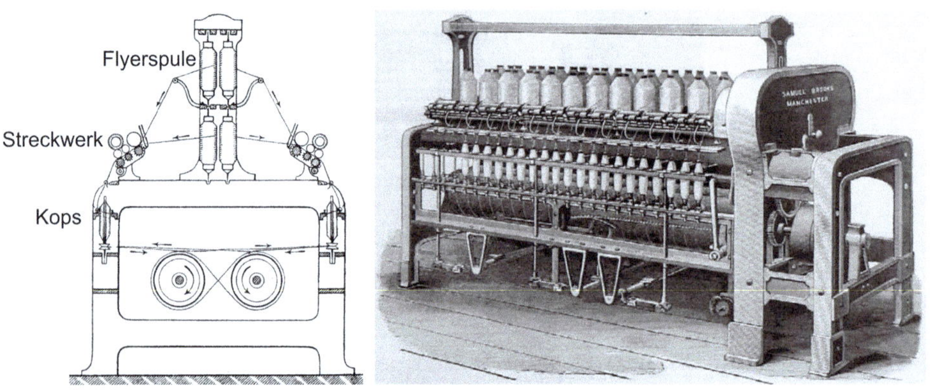


**Bild 7.36** Ringspinnmaschine im 19. Jh.

Bild 7.37 zeigt die sprunghafte Steigerung der Produktivität in der Spinnerei durch die Einführung der neuen, weitgehend automatisch arbeitenden Spinnmaschinen.

| | | Anzahl Arbeiter | Meter Garn pro Stunde | Index |
|---|---|---|---|---|
| Handspindel | bis 1800 | 1 | 143 | 1 |
| Handspinnrad | bis 1800 | 1 | 276 | 1,9 |
| Flügelspinnrad | | 1 | 115 | 0,8 |
| Spinning Jenny (Hargreaves), 16 Spindeln | 1767 | 1,5 | 816 | 6 |
| Water Frame (Arkwright), 16 Spindeln | 1769 | 1,5 | 1.156 | 8 |
| Spinning Mule (Crompton), 16 Spindeln | 1779 | 1,5 | 1.088 | 8 |
| Mule Jenny, 216 Spindeln | 1800 - 1830 | 4 - 5 | 4.080 | 29 |
| Selfaktor, 1000 Spindeln | 1880 | 20 | 22.100 | 155 |
| Ringspinnmaschine, 1000 Spindeln | 1900 | 9 | 56.780 | 397 |

**Bild 7.37** Entwicklung der Produktivität beim Spinnen nach (Linder, 1967)

Feine Garne, die auf einem Selfaktor hergestellt wurden, waren deutlich gleichmäßiger als entsprechende Ringgarne. Dies lag vor allem an der Verstreckung, die auf einer Ringspinnmaschine weitgehend unkontrolliert erfolgte. So war das Verstreckverhältnis beim Ringspinnen auf Werte von 7–10 beschränkt, während beim Selfaktor wesentlich größere Verstreckungfaktoren möglich waren. Dies liegt daran, dass die Drehungen beim Selfaktorspinnen vor allem in die dünnen Garnstellen eingeleitet werden (geringerer Widerstand gegen Verdrehung durch das geringere Flächenträgheitsmoment), die dadurch an Festigkeit gewinnen, und das Garn damit nicht so leicht bricht, auch bei hohen Verstreckungen. Beim Ringspinnen gab es diesen Effekt nicht, weil zuerst die Verstreckung erfolgte und erst danach die Drehungserteilung. Es wurde daher versucht, die Verstreckung im Streckwerk zu vergleichmäßigen, z.B. durch den Einsatz von Riemchen (Bild 7.38).

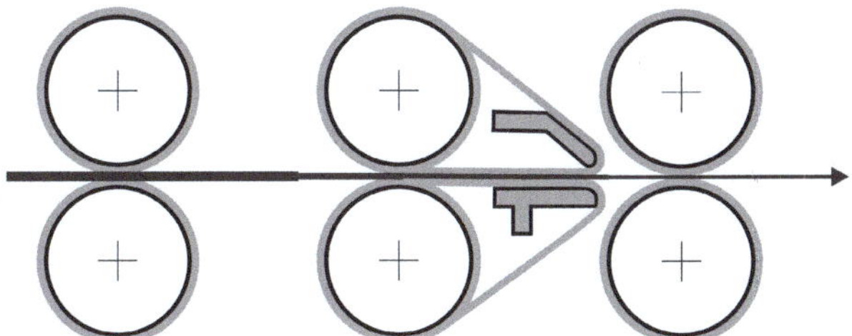

**Bild 7.38** Aufbau eines Zwei-Zonen-Streckwerks mit Doppelriemchen

Dennoch waren zur Verstreckung des Kardenbandes bis zum Vorgarn für das Ringspinnen drei bis sechs Verstreckungvorgänge erforderlich, weil die erforderliche Feinheit nicht in einem Verstreckschritt erzeugt werden konnte.

Ringspinnmaschinen konnten von Frauen bedient werden, während Selfaktoren zum Betrieb einen männlichen Arbeiter pro zwei Maschinen erforderten. Dies senkte die Lohnkosten, weil Frauen auch damals schon schlechter bezahlt wurden als ihre männlichen Kollegen.

### 7.5.3 Rotorspinnen

Im Jahre 1807 erhält Samuel Williams ein Patent auf eine Maschine, die einen Faserverband auflöst und diesen zu einem Garn verspinnt (Williams, 1807). 1875 patentierte Joseph Hibry eine Maschine zur Erzeugung von Wollgarnen, die der heutigen Rotorspinnmaschine ähnelt (Hibry, 1875). Dabei wird das Faserband über Rollen zu einer Auflösewalze transportiert, abgenommen, über eine Rotationsbewegung ausgesponnen und aufgewickelt. Keines dieser Verfahren wurde aber kommerzialisiert, u.a. war die erforderliche Fertigungsgenauigkeit noch nicht erreichbar.

### 7.5.4 Produktivität

Durch die Entwicklungen in der Spinnerei im 18. und 19. Jh. vervielfachte sich die Produktivität der Garnerzeugung. Mit der Spinning Jenny von J. Hargreaves versechsfachte sich die Produktion eines Arbeiters im Vergleich zum Handspinnen, durch den Selfaktor konnte mit einer Spinnposition das 150-Fache an Garn erzeugt werden, und die Ringspinnmaschine erhöhte den Faktor auf 400 im Vergleich zur Handspindel.

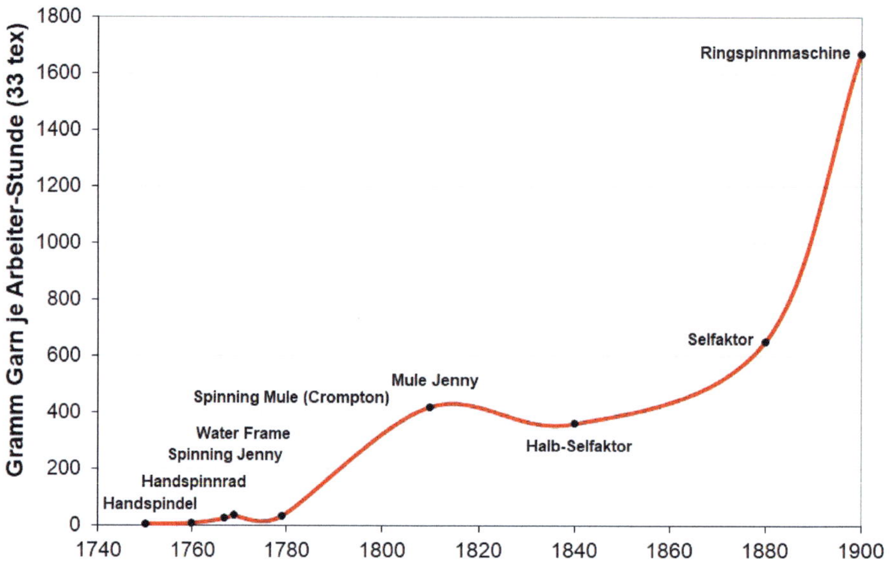


**Bild 7.39** Entwicklung der Produktivität der Spinnerei (Daten: Bohnsack, 2002)

## 7.6 Webmaschinen

Die Entwicklung der Webmaschinen konzentrierte sich im 19. Jh. auf den Antrieb (Dampfmaschine) und insbesondere die Einrichtungen zur Fachbildung, um auch komplizierte Muster automatisiert weben zu können.

### 7.6.1 Handwebstuhl

Trotz aller bahnbrechenden Erfindungen des 18. Jh. wurden in vielen Handwerksbetrieben noch immer die schon seit dem Mittelalter verwendeten Handwebstühle eingesetzt. Ein typisches Beispiel zeigt ein Gemälde von Vincent van Gogh von 1884 (Bild 7.40). Vor allem für Gewebe mit komplexen Mustern waren sie bis zum Ende des 19. Jh. unverzichtbar, weil die mechanischen Webmaschinen diese zu Beginn ihrer Entwicklung noch nicht herstellen konnten.

**Bild 7.40** Handwebstuhl in einer Webstube (van Gogh, 1884)

Es gab weiterhin eine große Anzahl von Webstühlen in den privaten Haushalten, die nun hauptsächlich von Frauen bedient wurden. Schon die Töchter wurden in jungen Jahren daran ausgebildet und leisteten so ihren Beitrag zum Familieneinkommen (Bild 7.41). Wobei dieses hier abgebildete Mädchen Glück hatte und nicht in der Fabrik arbeiten musste, wie viele andere Kinder oft schon ab einem Alter von acht Jahren.

In den USA gab es zudem eine Besonderheit. Neben den professionellen Webern und den meist von Frauen betriebenen Webstühlen zu Hause, gab es auch sogenannte „Wanderweber“. Sie zogen, zum Teil mit ihrem eigenen Webstuhl (in Einzelteile zerlegt), von Siedlung zu Siedlung und webten dann dort im Auftrag. Bei Bedarf wurde auf in den Häusern vorhandenen Webstühlen gewebt, wenn die Hausfrau dazu keine Zeit oder Lust hatte. Weil die Wanderweber viel herumkamen, waren sie überall meist gerne gesehen, denn sie brachten die neuesten Nachrichten mit (Broudy, 1979).

Irgendwann im 19. Jh. änderten sich die Lagerung und Befestigung des Webriets. Während sie über Jahrhunderte oberhalb des Webers befestigt und gelagert war, wurde nun das Design auf den Kopf gestellt und das Riet unten gelagert (Bild 7.42). Dies erlaubte die Konstruktion niedrigerer Webstühle, für die daher nicht mehr hohe Räume benötigt wurden.

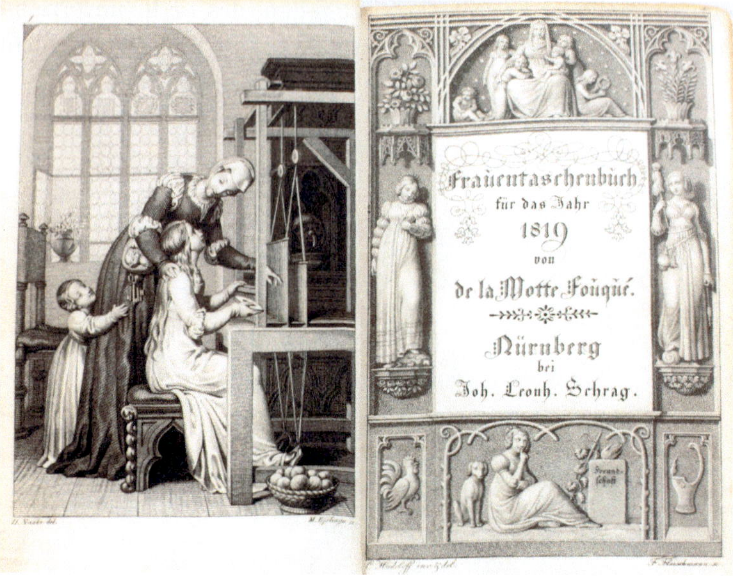


**Bild 7.41** Webstuhl im Frauentaschenbuch von 1819 (de la Motte Fouqué, 1819)

**Bild 7.42** Handwebstuhl mit Rietlagerung unten (Broudy, 1979)

## 7.6.2 Webereivorbereitung

Die Webereivorbereitung, also vor allem die Herstellung des Kettbaums, wurde nun mechanisiert. Das Grundprinzip ähnelt den im 18. Jh. verbreiteten Verfahren, war aber nun schneller und kam mit weniger Arbeitskräften aus. Die Fäden wurden aus dem Spulengatter abgezogen, zusammengefasst und unter einer definierten Spannung auf den Kettbaum gewickelt (Bild 7.43).

**Bild 7.43** Kettbaumherstellung (Cyclopedia, 1907)

### 7.6.3 Die Mustereinrichtungen von J.-M. Jacquard und J.-A. Breton

Joseph-Marie Jacquard (1752–1834) wuchs in Lyon als Sohn eines Webers auf. Eigentlich war sein Nachname „Charles", aber schon sein Vater hatte aus unbekannten Gründen den Spitznamen „Jacquard", unter dem er allgemein bekannt war. Der Sohn wählte daher später diesen Nachnamen, und „Charles" geriet in Vergessenheit. Der junge J.-M. Charles hatte zunächst kein Interesse an der Weberei und machte stattdessen eine Lehre als Buchbinder. Nach dem Tod seines Vaters übernahm er 1772 die elterliche Webmaschine, verließ aber nach einigen geschäftlichen Misserfolgen bald Lyon und arbeitete als Kalkbrenner. Nach einer eher unglücklichen Karriere beim Militär kehrte er 1795 nach Lyon zurück und begann mit ersten Versuchen einer Mechanisierung der Webtechnik. 1799 stellte er seine erste Litzenzugmaschine vor, die 1801 auf der Pariser Industrieausstellung gezeigt wurde, aber nicht zuverlässig funktionierte. Damit konnte ein Kettrapport von 8 erzielt werden, das erzeugte Muster wiederholte sich also nach acht Kettfäden.

Im Jahr 1804 erhielt er für eine Maschine zur Herstellung von Fischernetzen eine Goldmedaille und 3000 Francs sowie eine Anstellung im „Konservatorium der Künste und Gewerbe". Dort entdeckte er die in ihre Einzelteile zerlegte automatische Webmaschine von Vaucanson, setzte sie wieder zusammen und studierte ihren Mechanismus. Bis 1805 hatte er zusammen mit mehreren Mitstreitern (Dutilleu, ein Lyoner Seidenfabrikant, Culhat und Estienne, zwei Schmiede) die Musterungseinheit so weit verbessert, dass er einige Fabrikanten in Lyon gewinnen konnte, sie einzusetzen. Zum Patent angemeldet wurde diese Maschine jedoch nicht, und es existieren auch keine Zeichnungen dieses ersten Prototyps.

Bild 7.44 zeigt den Aufbau der Musterbildeeinheit. Sie baut auf ihren Vorgängern auf und verwendet dasselbe Funktionsprinzip, das auch schon Bouchon rund achtzig Jahre früher entwickelt hatte. Die Lochkarten (1) sind für jeden Schusseintrag zusammengebunden und werden über ein Prisma (2) nach jedem Schuss durch einen Fußtritt des Webers weiterbewegt. Ein Loch in der Karte bedeutet, die Nadel (3) wird nicht ausgetrieben, kein Loch bedeutet, dass die Nadel ausgetrieben wird. Die mit den nicht ausgetriebenen Nadeln verbundenen Harnischschnüre (4) werden durch die Messer (5) im Messerkasten (9) angehoben. Entsprechend werden alle mit diesen Harnischschnüren verbundenen Litzen (6, 8) und damit die jeweiligen Kettfäden angehoben. Nach jedem Schusseintrag dreht der Weber per Fußtritt und einem Hebelsystem das Prisma eine Lochkarte weiter, und die Nadeln (3) werden erneut eingelesen usw.

**Bild 7.44** Links: Aufbau der Jacquard-Einheit (Elkágyé, 2008); rechts: Doppel-Jacquardmaschine für komplexe Muster (Wiki, 2008)

Der Webvorgang selbst ist damit relativ schnell, allerdings muss für jeden Schusseintrag eine eigene Lochkarte hergestellt werden. Für einen Schussrapport von 250 Fäden sind also 250 Lochkarten erforderlich, die miteinander zu einem Endlosband verbunden werden. Diese können jedoch gelagert und später wiederverwendet werden. Darüber hinaus wurden bald sogenannte Kartenschlagmaschinen entwickelt, die den Prozess der Lochkartenherstellung erheblich beschleunigten.

Diese Technik, die sehr robust ausgeführt war, reduzierte die Anzahl möglicher Fehler beim Anheben der Kettfäden erheblich. War die Lochkarte korrekt gestanzt und wurde sie in der richtigen Reihenfolge vorgelegt, war die einzige Fehlermöglichkeit das verkehrte Verknüpfen der Harnischschnüre mit den Kettfäden.

Bild 7.45 zeigt einen Weber am Jacquardwebstuhl, der Schusseintrag, das Riet und die Jacquard-Mustereinrichtung bedient, ohne dass eine weitere Arbeitskraft erforderlich wäre. Die neue Musterbildetechnik war zunächst nur für stabile Wollfäden geeignet, erst nach einigen weiteren Verbesserungen, die insbesondere die Kraft auf die Kettfäden reduzierten, war auch die Verarbeitung von Baumwollgarnen möglich.

**Bild 7.45** Weber am Jacquardwebstuhl (Reulaux, 1879)

Die Jacquardmaschine legte die technischen Grundlagen für die Bildweberei der nächsten fast 200 Jahre, auch wenn ihr Namensgeber, J.-M. Jacquard, sie nicht allein erfand, sondern sein wesentliches Verdienst darin bestand, vorhandene Technologien aus dem Prototypenstadium zur Serienreife gebracht zu haben. Weil in der Regel J.-M. Jacquard die Maschine interessierten Käufern vorführte, wurde ausschließlich sein Name damit verbunden, auch wenn unklar ist, wie groß sein Anteil an der Entwicklung wirklich war. Jedenfalls erhielt er ein Jahr später von Napoleon I. eine Prämie von 50 Francs für jede Maschine, die er in den nächsten sechs Jahren produzierte. Allerdings stellte Jacquard bis 1811 nur 57 Maschinen her, sodass seine Prämie die Staatsfinanzen nicht übermäßig belastete. Seit 1804 zahlte ihm auch die Stadt Lyon eine jährliche Pension von 3000 Francs, im Gegenzug überließ Jacquard ihr alle seine Erfindungen. Diese Pension entsprach dem zehnfachen Lohn eines Seidenwebers bzw. dem Gehalt eines erfahrenen Beamten. Es dauerte aber noch weitere zehn Jahre, bis sich seine Maschine durchgesetzt hatte.

Es ist umstritten, ob J.-M. Jacquard und seine Maschinen tatsächlich so stark von den Lyoner Webern bekämpft wurden, wie dies kolportiert wird. Mit nur wenigen verkauften Maschinen, die noch dazu unzuverlässig arbeiteten, ist es unwahrscheinlich, dass dies einen so großen Einfluss auf die Weber hatte, dass sie sich gegen Jacquard wendeten. Vielmehr ist anzunehmen, dass die Unruhen eher sozialer Natur waren und ein Protest gegen die allgemein schlechte Bezahlung in Folge der Wirtschaftskrise nach der Julirevolution von 1830, die die Bourbonen zurück an die Macht brachte (Bild 7.46).

**Bild 7.46** Angeblicher Angriff auf J.-M. Jacquard durch Lyoner Seidenweber

Jacquard erhielt 1810 das Kreuz der Ehrenlegion und setzte sich zur Ruhe. Das von der Stadt Lyon angefertigte Porträt zeigt ihn in seiner Werkstatt zusammen mit seiner Erfindung (Bild 7.47, linker Bildrand). Das Bildnis wurde mithilfe seiner Maschine gewebt und so vielfach verbreitet.

Eine detaillierte technische Erläuterung der Jacquardmaschine gibt (Kinzer, 1900), während (Charlin, 1993) die Lebensgeschichte von J.-M. Jacquard ausführlich anhand zeitgenössischer Quellen beschreibt.

Jean-Antoine Breton (1775–1836) war ein Lyoner Zimmermann, der die Jacquardmaschine erheblich verbesserte und dafür 1815 und 1817 Patente erhielt. Er vereinfachte die komplexe Steuerung und stabilisierte die auszutreibenden Nadeln, die vorher oft aus ihren Halterungen sprangen. Das Einlesen der Lochkarten wurde von ihm ebenfalls verbessert, sodass die Maschine nicht nur leiser, sondern auch zuverlässiger arbeitete. Während die Originalmaschine von Jacquard auf einen Kettrapport von 648 Fäden beschränkt war, konnte dieser Wert durch die Erfindungen von Breton erheblich erhöht werden. Auch kommerziell war seine Weiterentwicklung erfolgreich. Allerdings strebte er im Gegensatz zu J.-M. Jacquard nicht nach Ehrungen, und daher gerieten seine Verdienste um die Jacquardmaschine in Vergessenheit. Wenn heutzutage „Jacquardmaschinen“ beschrieben werden, so sind es meistens eigentlich „Breton-Maschinen“.

**Bild 7.47** Joseph-Marie Jacquard (gewebtes Bild nach einer Lithografie)

## 7.6.4 Die Mustereinrichtungen von J. Verdol

Die Jacquardmaschine war trotz der Verbesserungen durch J.-A. Breton störungsanfällig und langsam. Daher versuchten mehrere Erfinder, diese Probleme zu beseitigen. Der Italiener Eugene Vincenzi reduzierte das Gewicht der Lochkarte erheblich und verringerte durch ein Federsystem die für den Austrieb der Musternadel erforderliche Kraft, was den Verschleiß der Lochkarte reduzierte. Dafür erhielt er 1869 ein Patent. Seine Maschine wurde noch im 20. Jh. eingesetzt.

Chevalier Gaetan Bonelli (1815–1877) war Generaldirektor der elektrischen Telegrafen im Königreich Sardinien. Er erhielt 1853 als Erster ein Patent auf die Ansteuerung der Musternadeln mit Elektromagneten und gilt daher als Vater der heutigen Jacquard-Technik. Es kam allerdings nicht über das Prototypenstadium hinaus, u. a., weil die gleichmäßige Stromversorgung der Elektromagneten nicht gewährleistet werden konnte. 1854 erhielt er ein weiteres Patent auf eine verbesserte Version, die mit Batterien arbeitete. Aus Kostengründen war aber auch dieser Erfindung kein kommerzieller Erfolg beschieden.

Verschiedene Erfinder versuchten, die schweren und unhandlichen Lochkarten durch Papierstreifen bzw. -bänder zu ersetzen. Skola, ein Maschinenbauer aus Lyon, erhielt 1819 ein Patent, allerdings war sein Mechanismus zu kompliziert für den praktischen Einsatz. Der Ingenieur Acklin aus Paris erhielt 1849 und 1855 Patente auf ein spezielles Papier, das als Lochkartenersatz dienen sollte. Es war allerdings so teuer in der Herstellung, dass sich dies nicht lohnte. Dennoch wurden einzelne Maschinen damit ausgerüstet, denn die Gewichtsersparnis war erheblich. Während eine klassische Lochkarte für 1000 Schuss rund 90 m lang war, kam Acklins Papierrolle mit 12 m aus (Charlin, 1993).

In weiteren Verbesserungen, z. B. durch Vincenzi, Junot & Blanchet sowie Paognon, Vaudaux und Gagnière, wurde versucht, das Einlesen des Musters von der Bewegung der Musternadeln zu trennen, die die Harnischschnüre ansteuerten.

Dies gelang aber erst Jules Verdol (1831–1904), dessen System sich schnell durchsetzte. Er erhielt 1883 ein Patent auf den in Bild 7.48 dargestellten Mechanismus. Wenn die Papierrolle (32) ein Loch aufweist, dann rutscht die entsprechende Fallnadel (29) nach unten und kann damit nicht mehr vom Schiebemechanismus (21) erfasst werden, wenn dieser sich mit jeder Umdrehung der Antriebswelle von links nach rechts bewegt. Wenn die Papierrolle (32) hingegen kein Loch aufweist, dann wird die Fallnadel vom Schiebemechanismus erfasst und bewegt sich nach rechts. Dadurch wird die senkrecht stehende Musternadel auf der rechten Seite ausgetrieben und nicht erfasst, wenn der Messerkasten nach oben fährt. Somit bedeutet ein Loch in der Papierrolle, dass der entsprechende Kettfaden angehoben wird, und kein Loch, dass der entsprechende Kettfaden im Unterfach bleibt.

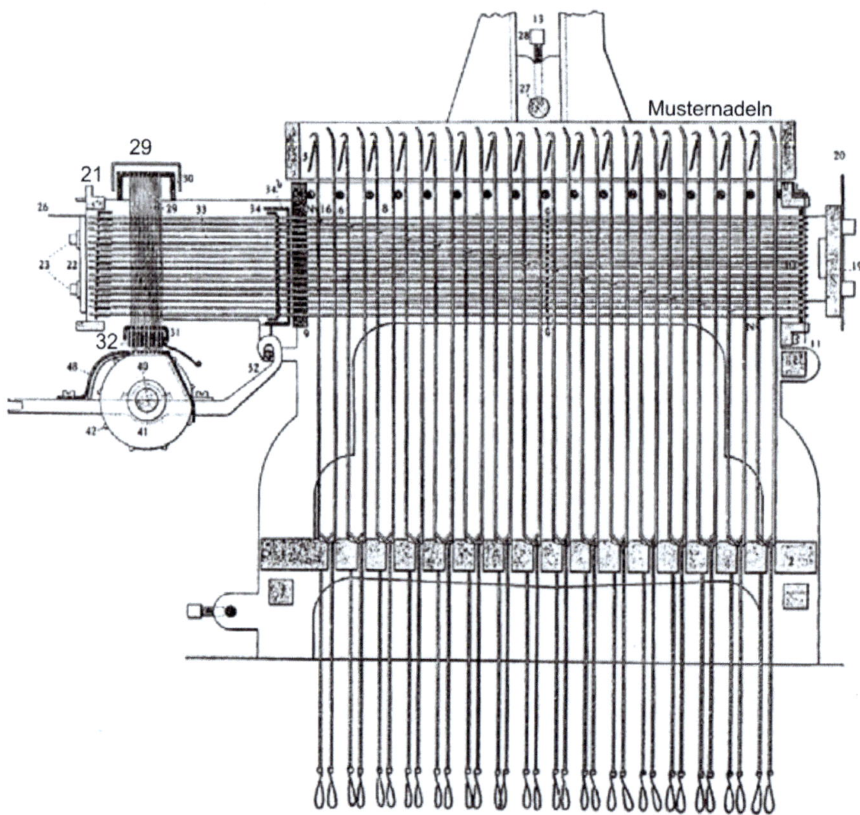


**Bild 7.48** Verdol-Steuerungsmechanismus

Damit waren das Einlesen des Musters und die eigentliche Auslenkung der Ziehnadel für die Harnischschnüre mechanisch voneinander getrennt, und die Lochkarte musste deutlich weniger Kräfte übertragen. Dadurch konnte zum einen anstatt des dicken Kartons dünnes Papier verwendet und zum anderen konnten die Löcher deutlich enger gesetzt werden. Somit ergab sich eine Gewichtsersparnis verbunden mit der Möglichkeit, mehr Nadeln auf gleichem Bauraum anzusteuern und so den Kettrapport erheblich zu vergrößern (Bild 7.49). Dies zeigt ein Vergleich mit dem Jacquard- und dem Vincenzi-System. Während diese für einen Kettrapport von 1000 und einem Einsatz von 1344 Haken jeweils Lochkarten mit einer Länge von 88 bzw. 70 m und einem Gewicht von 53 bzw. 15 kg benötigten, waren mit der Verdol-Technik nur noch 27 m Papierrolle mit einem Gewicht von 2 kg erforderlich. Dadurch waren höhere Schusseintragszahlen möglich, weil eine geringere Masse bewegt und geringere Kräfte aufgewendet werden mussten. J. Verdol erhielt zahlreiche Auszeichnungen für seine Erfindung, u.a. die Goldmedaille 1889 auf der Weltausstellung in Paris, zu der auch der Eiffelturm errichtet wurde.

**Bild 7.49** Die Verdol-Jacquardmaschine mit Papierrolle (Monniaux, 2006)

Die von J. Verdol gegründete Firma produzierte bis 1983 erfolgreich ihre Mustersteuerungsmaschinen, verbesserte insbesondere die eingesetzten Haken und die Mechanik (Bild 7.50) und wurde dann von der Stäubli AG, Horgen (Schweiz), gekauft.

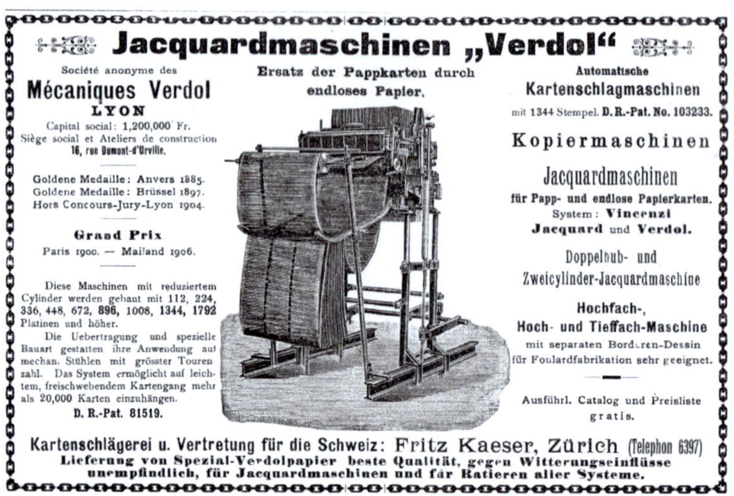


**Bild 7.50** Anzeige der Fa. Verdol

### 7.6.5 Power Loom

Im Jahr 1804 hatten William Radcliffe und Thomas Johnson ein neues Schlichteverfahren erfunden, zur Vorbereitung und Glättung der Kettfäden. Während der Schlichteauftrag bis dahin auf der Webmaschine erfolgte und dazu der Webprozess unterbrochen werden musste, konnte nun das Schlichten separat durchgeführt werden und der Webprozess entsprechend kontinuierlich erfolgen. Dies machte sich William Horrocks, ein Fabrikant aus Stockport in der Nähe von Manchester, zunutze und baute 1803 den ersten sogenannten Kraftwebstuhl (Bild 7.51). Er erfand dazu eine neuartige Gewebeaufwickelvorrichtung, ansonsten basierte seine Maschine auf dem Entwurf von E. Cartwright. Sie bestand komplett aus Eisen und war daher sehr robust. Weitere Patente 1805 und 1813 sicherten seine Erfindung ab.

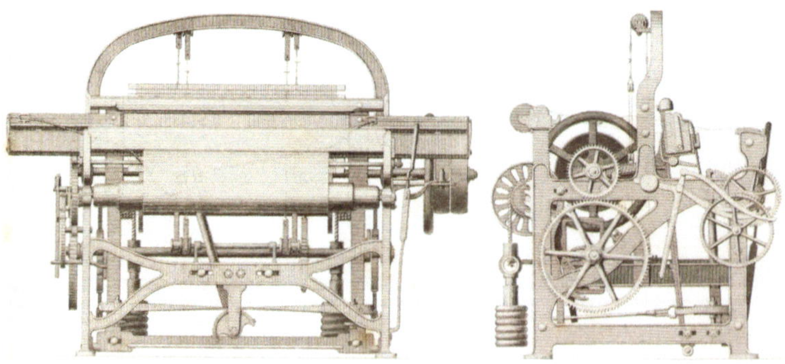

**Bild 7.51** Horrocks Kraftwebstuhl (Baines, 1835)

Bild 7.52 zeigt den Kraftwebstuhl von oben. Im oberen Teil ist der Kettbaum zu erkennen, rechts das Antriebsrad mit Verbindung zur Dampfmaschine, vorne der von W. Horrocks neu gestaltete Gewebeabzug und der Schusseintrag mit Schützen.

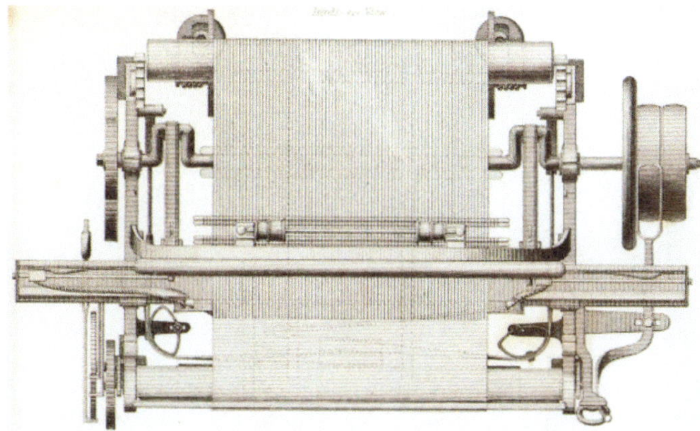

**Bild 7.52** Horrocks Kraftwebstuhl von oben (Baines, 1835)

Horrocks Kraftwebstuhl wurde ein großer Erfolg, allerdings nicht für ihn selbst, denn er ging den Weg vieler Erfinder vor und auch nach ihm und pleite. Dennoch wurden in England im Jahr 1813 rund 2400 Kraftwebstühle betrieben, 1820 waren es 14 000, 1829 bereits 55 000 und 1833 mehr als 100 000 allein für Baumwolle. Rund 1700 wurden für die Seidenverarbeitung und 2300 für Wollgewebe eingesetzt. Der schnell wachsenden Anzahl von Kraftwebstühlen standen immer noch rund 250 000 Handweber gegenüber.

Kraftwebstühle waren sehr laut, und daher war es in einer Weberei nahezu unmöglich, sich zu unterhalten. Deshalb wurde in Lancashire eine Art Lippenlese-Sprache entwickelt, die „Mee-mawing" genannt wurde. Damit konnte man sich auch über Distanzen von mehreren zehn Metern „unterhalten". Es soll dabei in jeder Weberei eigene „Dialekte" gegeben haben. Neben der Lärmbelästigung war der beim Weben entstehende Baumwollstaub gesundheitsgefährdend. Weil die Baumwollpartikel sehr fein und damit lungengängig sind, lösten sie ähnliche Erkrankungen aus wie später Asbest.

Richard Roberts (1789–1864) war ein Werkzeugmaschinenbauer aus Wales, der mit seinen Maschinen zur Metallverarbeitung die Grundlagen legte, präzise Bauteile in großer Stückzahl herzustellen. 1822 baute er seinen ersten Kraftwebstuhl, der einige Unzulänglichkeiten vorheriger Modelle behob. Eine wichtige Verbesserung von Roberts war, dass er den Kettablass so konstruierte, dass die Kettfäden immer die gleiche Spannung aufwiesen. Dazu koppelte er die Kettablassgeschwindigkeit an den Umfang des Warenbaums. So vermied er durchhängende Kettfäden, die beim Schusseintrag zerstört werden konnten. Weiterhin verfügten seine Webstühle über eine automatische Abschaltung, wenn der Schussfaden gerissen war. Innerhalb von drei Jahren stellte er jährlich 4000

Webmaschinen her, womit er einen Marktanteil von rund 13 % hatte, denn 1824 und 1825 wurden in Großbritannien rund 30 000 Webmaschinen pro Jahr neu installiert. Danach war der Markt überhitzt mit rund 100 000 in England laufenden Kraftwebstühlen, und bis 1833 wurde nur wenig investiert. Daher zog Roberts 1826 nach Mulhouse (Frankreich), wo er half, die französische Baumwollindustrie aufzubauen (Bild 7.53).

**Bild 7.53** Richard Roberts (Rippingille, 1864)

Ab 1830 wurden die ersten Kraftwebstühle mit einer Dampfmaschine angetrieben (Bild 7.54). Dadurch entstanden nun die ersten voll mechanisierten Webereien, zunächst in England, später auch in anderen europäischen Ländern. Dabei bediente jeder Arbeiter mehrere Maschinen. Es war nun ebenfalls möglich, nicht nur gelernte Weber als Maschinenführer einzusetzen, sondern auch ungelernte Arbeiter. Dies führte zu großen Unruhen, die auch in der Literatur behandelt wurden, z. B. in Gerhard Hauptmanns Werk „Die Weber".

**Bild 7.54** Kraftwebstuhl auf einer Ausstellung um 1862 (Fae, 2014a)

Die technische Entwicklung wird deutlich aus den Aussagen eines Textilfabrikanten (Baines, 1835): „Ein 25–30 Jahre alter Handweber kann zwei Gewebestücke zu je 8 m pro Woche herstellen. 1823 konnte ein 15-jähriger Arbeiter, der zwei Kraftwebstühle bediente, sieben solche Stücke weben, 1826 schon 15. Im Jahr 1829 kann ein 15–20 Jahre alter Weber zusammen mit einem zwölfjährigen Mädchen vier Webmaschinen bedienen und 18–20 solche Stücke weben." Die Tage der Handweber waren endgültig gezählt, und viele von ihnen wurden zusammen mit ihren Kindern schlecht bezahlte Fabrikarbeiter. Auch wurden nun erstmals Frauen und ältere Mädchen zur Gewebeherstellung eingestellt, weil die bisher erforderliche Kraft zum Eintrag des Schützen bzw. dem Anschlag des Riets von der Maschine übernommen wurde und die – besser bezahlten – Männer nicht mehr nötig waren. Ein männlicher Aufseher war dann für mehrere Webmaschinen und Arbeiterinnen zuständig und kümmerte sich darüber hinaus um die Wartung der Maschinen (Bild 7.55).

**Bild 7.55** Aufseher und Arbeiterinnen in einer Weberei mit dampfbetriebenen Roberts-Webmaschinen (Baines, 1835)

Die Mechanisierung schritt nach dem Fall der Zunftordnungen in fast allen Bereichen der Textilherstellung schnell voran. Es entstanden, vornehmlich an großen Flüssen (Transportweg, Wasser für die Textilveredlung) große Zentren der Textilherstellung. Typische Beispiele sind Manchester und Liverpool, Süddeutschland und der Aachen-Lütticher Raum. Daran angeschlossen waren oft Arbeitersiedlungen (Bild 7.56). Somit wurden die Arbeiter und ihre Familien komplett abhängig von den Fabrikbesitzern, die sowohl Arbeitgeber als auch Vermieter wurden. Die Belegschaft wurde daher insbesondere in der Frühphase dieser Entwicklung von den Fabrikbesitzern regelrecht ausgebeutet, und auch Kinderarbeit war weit verbreitet. Noch heute ist der sogenannte „Manchester-Kapitalismus" ein Synonym für ein nach heutigen Maßstäben unmenschliches Arbeitssystem.

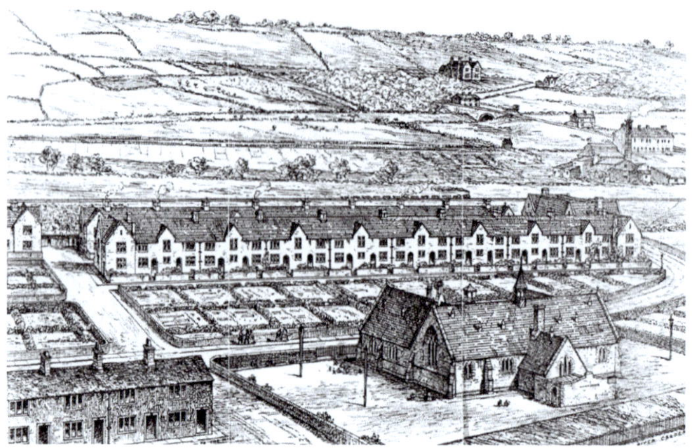

**Bild 7.56** Arbeitersiedlung mit Kleingärten in Copley um 1865

Das in Bild 7.57 dargestellte Gemälde mit dem kleinen Mädchen, das die Webmaschine bedient, wurde nicht gemalt, um Kinderarbeit anzuprangern. Vielmehr stellte es eine typische Szene der damaligen Zeit in Barcelona dar, wie sie in vielen anderen europäischen Ländern gang und gäbe war.

**Bild 7.57** Kind am Webstuhl (Planella i Rodriguez, 1882)

Die Fabrik in Bild 7.58 ist ein typisches Beispiel für die damalige Architektur und die Lage der Fabrik an einem Fluss für die Versorgung der Dampfmaschine und die Veredlung mit Wasser.

**Bild 7.58** Spinnerei und Weberei in Esslingen am Neckar

## 7.6.6 Die Hattersley-Schaftmaschine

Die Doppelhub-Schaftmaschine, die George Hattersley & Sons 1867 entwickelten, führte je Arbeitsspiel zwei Schusseinträge durch. Während der Zeit des ersten Schusseintrages wird die Stellung der Schäfte für das darauffolgende Fach eingelesen. Sie musste daher bei gleicher Schusseintragsleistung im Vergleich zur Einhub-Schaftmaschine nur mit der halben Drehzahl laufen und erlaubte somit höhere Schusseintragsleistungen von bis zu 200 Schüssen pro Minute.

## 7.6.7 Schützen mit Rollen

Im 19. Jh. wurden Schützen für breite Webmaschinen mit Rollen ausgestattet, damit ihr Weg durch das Webfach besser kontrolliert werden konnte. Gleichzeitig wurde die Reibung zwischen Schützen und Kettfäden reduziert (Bild 7.59).

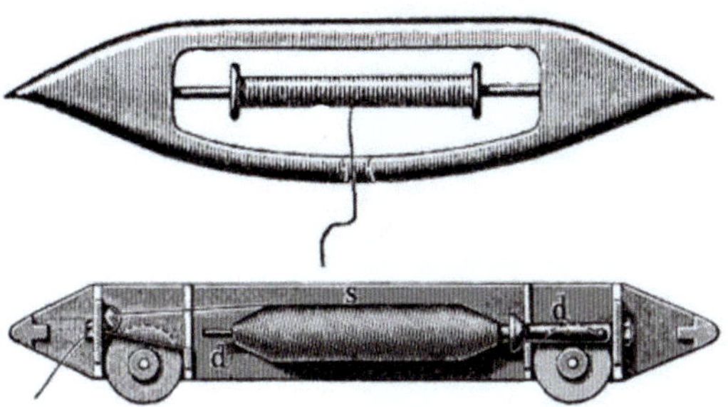


**Bild 7.59** Schützen ohne und mit Rollen

### 7.6.8 Automatischer Schussspulenwechsler von J. M. Northrop

Wenn die Schussspule im Schützen bei den bisher eingesetzten Webmaschinen aufgebraucht war, musste sie vom Weber von Hand gewechselt werden. Dies war zeitaufwendig, und wenn ein Weber mehrere Maschinen gleichzeitig bediente, konnte dies einige Zeit dauern und entsprechend nicht produziert werden. Dieses Problem löste im Jahr 1891 der in die USA ausgewanderte Engländer James Henry Northrop (1856–1940) mit der sogenannten „Northrop Battery" (Bild 7.60). Dabei wurden über einen Mechanismus leere Schussspulen aus dem Schützen geschlagen und durch volle ersetzt.

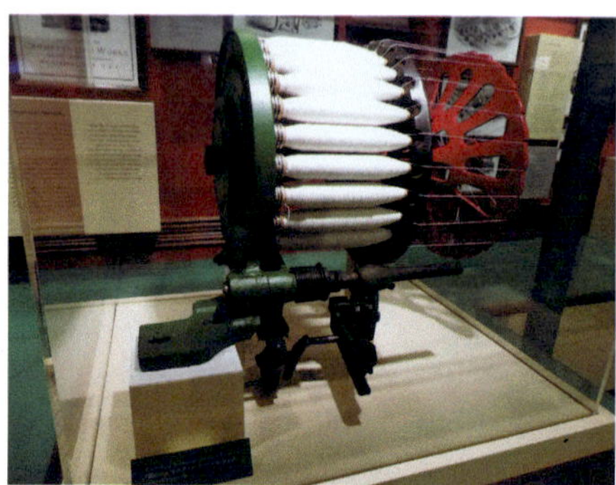

**Bild 7.60** Automatischer Schussspulenwechsler von Northrop (Z22, 2014)

Um einen Webstuhl voll automatisiert laufen lassen zu können, fehlte nun noch eine Einrichtung, die den Webvorgang stoppte, wenn ein Kettfaden brach. Nachdem Northrop diese bis 1894 entwickelt hatte, wurde die erste vollautomatisch laufende Webmaschine noch im selben Jahr ausgeliefert.

**Bild 7.61** Darstellung einer Weberei um 1890 (Christiansen, 1890)

Nun konnte ein Weber anstatt wie bisher acht Webmaschinen doppelt so viele gleichzeitig bedienen, wodurch sich die Lohnkosten halbierten. Allerdings war die neue Webmaschine teuer und lohnte sich nur, wenn die Löhne ein wesentlicher Kostenfaktor waren. In den USA war dies der Fall, und so wurden bis 1900 mehr als 60 000 Northrop-Webmaschinen hergestellt. Insgesamt wurden rund 700 000 Maschinen produziert, und in den USA hatten diese Maschinen im Jahr 1914 einen Marktanteil von 40 % (Bild 7.61). In England wurden die Weber deutlich schlechter bezahlt, und der Kostenvorteil war entsprechend geringer. Daher spielten diese Maschinen dort mit einem Anteil von 2 % keine Rolle.

### 7.6.9 Produktivität

Während mit einem Webstuhl mit Schnellschützen von John Kay etwa 1 m Gewebe pro Stunde hergestellt werden konnte, lag die Produktivität eines Kraftwebstuhls bei rund 5 m pro Stunde, und der Webautomat von Northrop konnte ca. 17 m Gewebe pro Arbeiterstunde erzeugen (Bild 7.62). Dies ist umso bemerkenswerter, als nun ein Weber gleichzeitig zehn Webstühle beaufsichtigte und die wöchentliche Arbeitszeit von 72 auf nur noch 60 h im Vergleich zu 1760 gesunken war.

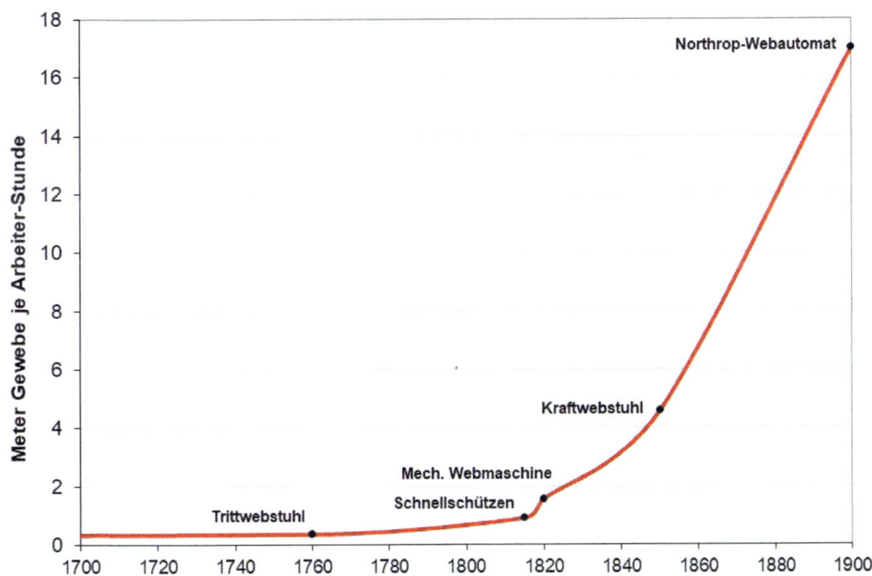


**Bild 7.62** Entwicklung der Produktivität der Weberei (Daten: Bohnsack, 2002)

Bild 7.65 zeigt das Grundprinzip: Zunächst wird der Faden gestreckt vorgelegt, dann mit Platinen zu Schlaufen geformt und daraus eine komplette Maschenreihe gebildet. Danach wiederholt sich der Vorgang.

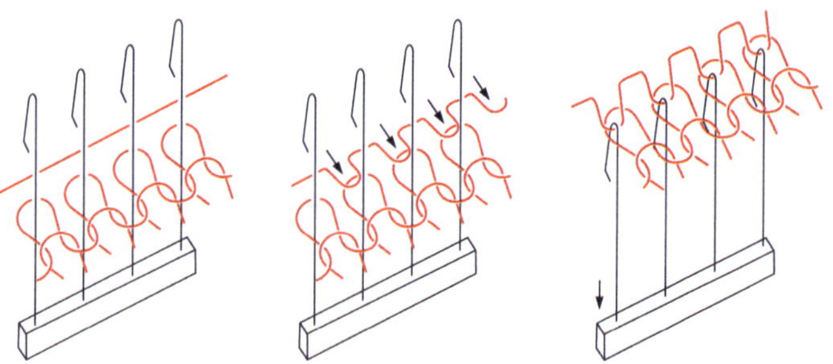

**Bild 7.65** Prinzip der Maschenbildung beim Kulierwirken nach (Weber, 2014)

Um den Maschinenlauf zu beruhigen, verlegte Cotton alle schweren Komponenten in den unteren Teil der Maschine, was die Konstruktion stabilisierte und unerwünschte Schwingungen reduzierte. Der Antrieb erfolgte über eine Dampfmaschine. Seine Maschinen stellte Cotton in großen Stückzahlen her, und sie wurden ein kommerzieller Erfolg (Bild 7.66).

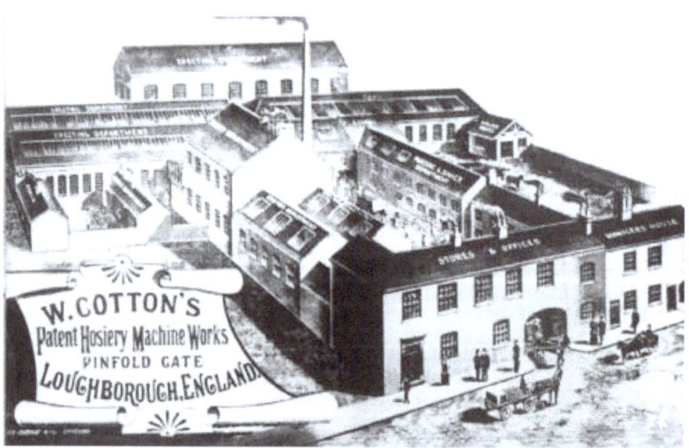


**Bild 7.66** Fabrik von William Cotton in Loughborough um 1880

Das Cotton-Patent wurde von deutschen Fabrikanten gekauft und für ihre eigenen Maschinenentwicklungen genutzt.

Der Handkettenstuhl wurde 1807 von S. Orgill weiterentwickelt. Er führte Hubscheiben ein, und der Antrieb der Maschine erfolgte über eine gekröpfte Kurbelwelle, die vom Ar-

weiter gedreht wurde. Damit konnten sowohl dichte Kettengewirke als auch durchbrochene Stoffe erzeugt werden. Besonders für Handschuhe wurde die Technik bald eingesetzt, und als erstmals vier Legebarren verwendet wurden, wurde auch die Mustervielfalt groß. Der Versatz der Legebarren zur Musterung wurde ab der Mitte des 19. Jh. über Kettenglieder realisiert, die abgetastet wurden. Dies erhöhte die Flexibilität in der Musterung noch einmal, weil zum einen die Kettenglieder schnell ausgetauscht werden konnten und zum anderen größere Rapporte (Musterbreiten) möglich waren (Bild 7.67). Ab dem Ende des 19. Jh. wurden Jacquardsteuerungen für Kettenwirkmaschinen entwickelt, was beliebige Muster erlaubte.

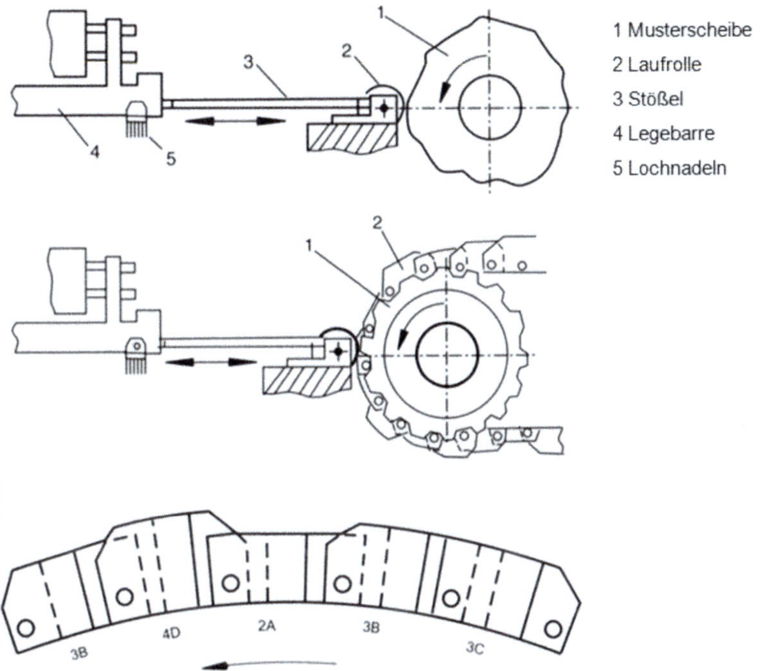


**Bild 7.67** Steuerung der Lochnadeln über Nockenscheiben (oben) und Musterketten (Mitte, unten)

Eine Abwandlung der Kettenwirkmaschine ist die Raschelmaschine. Sie wird Mitte des 19. Jh. entwickelt und besitzt zwei senkrechte, beweglich angeordnete Nadelbarren und häufig mehrere Lochnadelbarren. Damit sind ihre Musterungsmöglichkeiten sehr vielfältig. Die Firma Zimmermann & Sohn, Apolda, stellte ab 1855 darauf eine besondere Schalart (Spencer) her und nannte die Maschine nach der damals berühmten französischen Schauspielerin Élisa Rachel Félix „Raschelmaschine“ (Bild 7.68). So heißt diese Technik heute noch.

**Bild 7.68** Links: Raschelmaschine (Derbrauni, 2002); rechts: Rachel Félix (Kriehuber, 1850)

### 7.7.1.2 Rundwirkstühle

Der erste Rundwirkstuhl wurde vermutlich 1798 vom Franzosen Decroix erfunden, Details sind nicht bekannt. Auch M. I. Brunel, der Erbauer des Themse-Tunnels in London, wird als Erfinder genannt (1816). Sicher ist, dass die ersten Entwürfe nicht gut funktionierten und stattdessen 1808 der Uhrmacher Julien Leroi das Flügelrad (Mailleue) erfand. Am Umfang der Maschine ordnete er mehrere Flügelräder an, und durch Stahlplättchen, die zwischen den Nadeln der Flügelräder eingriffen, wurden die Fadenschleifen gebildet. So wurden bei jeder Maschinenumdrehung an jedem Flügelrad gleichzeitig Maschen gebildet. Die Flügelräder wurden beständig weiterentwickelt, besonders der Franzose Gillet ist hier hervorzuheben, der im Laufe von vierzig Jahren 19 verschiedene Konstruktionen vorlegte.

Durch die leichte Bedienung, die hohe Produktionsleistung und die vielfältigen Musterungsmöglichkeiten setzten sich die „französischen" Rundstühle schnell durch und wurden in vielen Ländern Europas eingesetzt (Bild 7.69).

Der französische Erfinder und Unternehmer Honoré Frédéric Fouquet (1800–1888) aus Troyes wurde 1851 von der Regierung Württembergs nach Stuttgart abgeworben, wo er ein Jahr später eine Fabrik für Rundwirkmaschinen baute. Ihn begleitete der zwanzig Jahre alte Werkmeister Charles Terrot (1832–1903), der 1862 sein eigenes Unternehmen in unmittelbarer Nähe gründete. Beide Firmen waren sehr erfolgreich, Terrot verlagerte 2002 die Produktion nach Chemnitz und ist heute einer der führenden Hersteller von Rundstrickmaschinen.

Neben diesen „französischen" Rundstühlen gab es eine „englische Variante". Durch die andere Anordnung der Nadeln war sie besonders für die Herstellung feiner Strümpfe geeignet und verbreitete sich daher ab der Mitte des 19. Jh. rasch.

**Bild 7.69** Rundwirkstuhl von 1863 und Maillaise (Bisson, 2017)

## 7.7.2 Stricken

Beim maschinellen Stricken werden die Maschen einer Reihe nacheinander gebildet (Bild 7.70), analog zum Handstricken. Wie beim Kulierwirken wird nur ein einziger Faden benötigt, es können aber auch mehrere Fäden eingesetzt werden, wenn eine Maschine mehrere Stricksysteme hat.

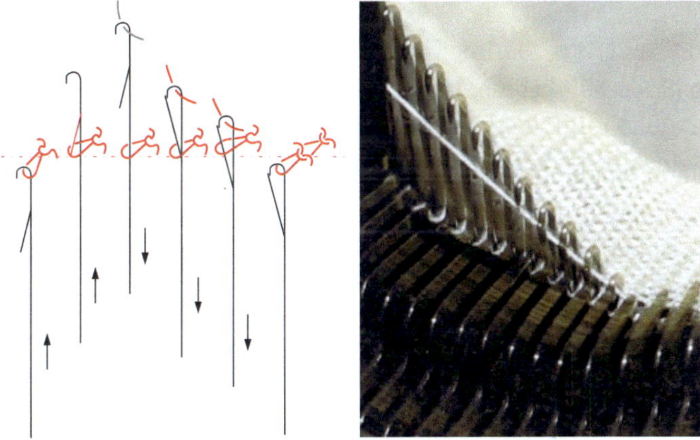

**Bild 7.70** Grundprinzip der Maschenbildung beim Stricken nach (Weber, 2014) und Detail einer Rundstrickmaschine (Ikiwaner, 2004)

1849 erhielt der Brite Matthew Townsend ein Patent auf die Zungennadel, die zunächst in Wirkmaschinen, bald auch in nahezu allen Strickmaschinen eingesetzt wurde (Bild 7.71).

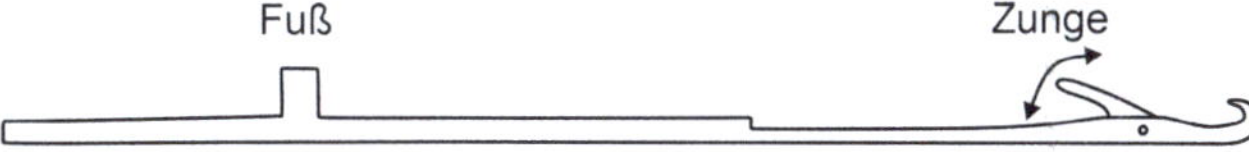


**Bild 7.71** Zungennadel

Ab den 1880er-Jahren wurden wie schon beim Weben Jacquardsteuerungen eingesetzt, und so war durch die individuelle Ansteuerung der Nadeln der Mustervielfalt keine Grenze mehr gesetzt. Weitere Verbesserungen betrafen die Öffnung der Nadeln mit einer Bürste, um den Verschleiß zu verringern, sowie Einrichtungen, um Schläuche stricken zu können. Im Jahr 1886 erfand Albin Beyer eine Einrichtung, mit der Maschen automatisch umgehängt werden konnten, was den Weg ebnete für eine vollautomatische Produktion mit Kraftantrieb. Die Firma Seyfert & Donner, Chemnitz, baute als erste eine solche Flachstrickmaschine, viele weitere Unternehmen folgten (Bild 7.76).

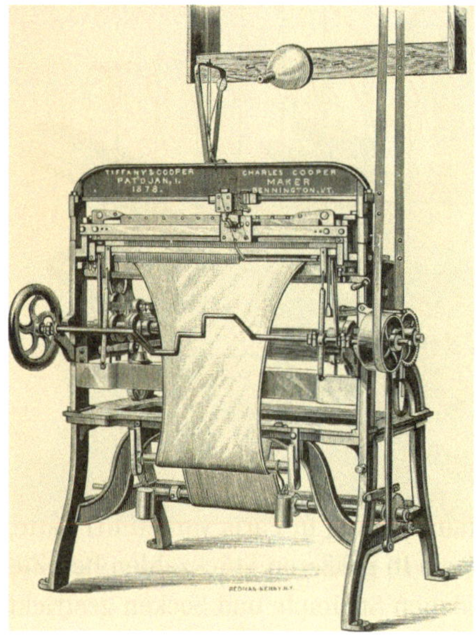

**Bild 7.76** Amerikanische Flachstrickmaschine von 1878 (Cooper, 1886)

Im Jahr 1891 legte Heinrich Stoll aus Reutlingen (Württemberg) durch sein Patent auf die erste mechanische Links-links-Flachstrickmaschine (Bild 7.77) die Grundlage für eines der erfolgreichsten deutschen Unternehmen des Textilmaschinenbaus (Stoll, 1891). Durch den Einsatz von Doppelzungennadeln löste er ein Problem, mit dem sich zahlreiche Erfinder über Jahrzehnte erfolglos beschäftigt hatten. Die so erzeugten Gestricke zeigten auf beiden Seiten nur linke Maschen und wurden als „Reutlinger Artikel" schnell bekannt.

**Bild 7.77** Links: Flachstrickmaschine für Links-links-Technik von Heinrich Stoll um 1895 (Ryj, 2007b); rechts: linke Seite eines Gestricks (Stilfehler, 2015)

### 7.7.2.2 Rundstrickmaschinen

Im Jahr 1816 erfand M.J. Brunel eine Rundstrickmaschine, die sich aber nicht durchsetzte. Erst ab den 1860er-Jahren wurden technisch ausgereifte Rundstrickmaschinen entwickelt, zunächst waren die Musterungsmöglichkeiten aber sehr beschränkt, und es wurden vor allem Schläuche hergestellt (Bild 7.78, links). Sie wurden als „Family Knitting Machine" beworben und für 40–65 US-$ zuzüglich Transport (1–9 US-$) verkauft. Diese Rundstrickmaschine war insbesondere in den Südstaaten der USA populär, wo die Kinder der Sklaven sie bedienten, wenn sie nicht auf dem Baumwollfeld gebraucht wurden.

**Bild 7.78** Rundstrickmaschine Mitte des 19. Jh. und Familienszene (Aiken, 1861)

Mit der Erfindung der Rippscheibe im Jahr 1878 durch Henry J. Griswold konnte auch gerippte Ware erzeugt werden, z. B. für Socken und Strümpfe. Sie wurde schnell ein kommerzieller Erfolg und prägte das Rundstricken bis weit ins 20. Jh. (Bild 7.79).

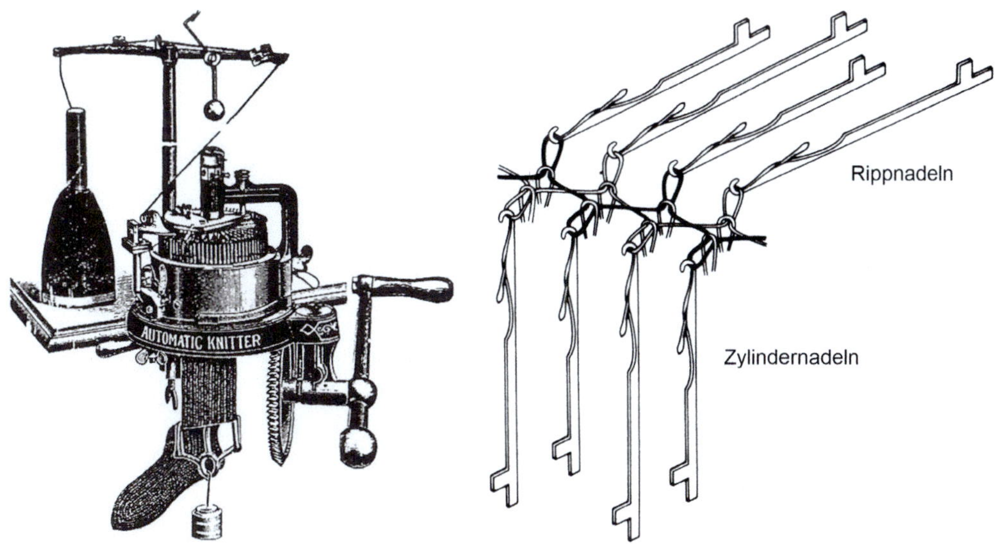


**Bild 7.79** Links: Rundstrickmaschine von Griswold (Elkágyé, 2019); rechts: Maschenbildung mit Zylinder- und Rippnadeln (Weber und Weber, 2014)

Das Rundstricken setzte sich schnell durch für die Erzeugung grober und mittelfeiner Strümpfe und Socken. Neben US-amerikanischen und britischen Maschinenherstellern etablierten sich auch eine Reihe deutscher Unternehmen in diesem Markt, vor allem in Sachsen (z. B. Hilscher) und Württemberg (z. B. Terrot).

### 7.7.3 Spitzen

Im Jahr 1808 erfand John Heathcoat (1783–1861) aus Loughborough eine mechanische Spitzenklöppelmaschine, die er „Bobbinetmaschine nannte (bobbin + net). Sie verarbeitete auf einer Arbeitsbreite von 18 Zoll (46 cm) vor allem Baumwollgarne. Zur Unterscheidung von späteren Modellen anderer Hersteller wurde sie „Old Loughborough" genannt. Mit dieser Technik konnten einfach gemusterte Spitzentextilien erzeugt werden, z. B. mit vier verdrehten und zwei überkreuzten Fäden. Die senkrechten Kettfäden werden von einem Kettbaum abgewickelt und können als Fadenschar nach rechts und links bewegt werden (Bild 7.80). Die Bobbinetspulen bewegen sich in einer Nut vor und zurück. Wenn also z. B. die Bobbinetspulen an ihrem vorderen Umkehrpunkt sind, werden die Kettfäden um eins nach links oder rechts bewegt, anschließend wandern die Bobbinetspulen zu ihrem hinteren Umkehrpunkt, und die Kettfadenschar wird erneut bewegt, bevor die Bobbinetspulen wieder nach vorne kommen. So umschlingen die Bobbinetfäden die Kettfäden und bilden ein regelmäßiges Muster. Die gebildete Spitze wird auf den Warenbaum nach oben aufgewickelt.

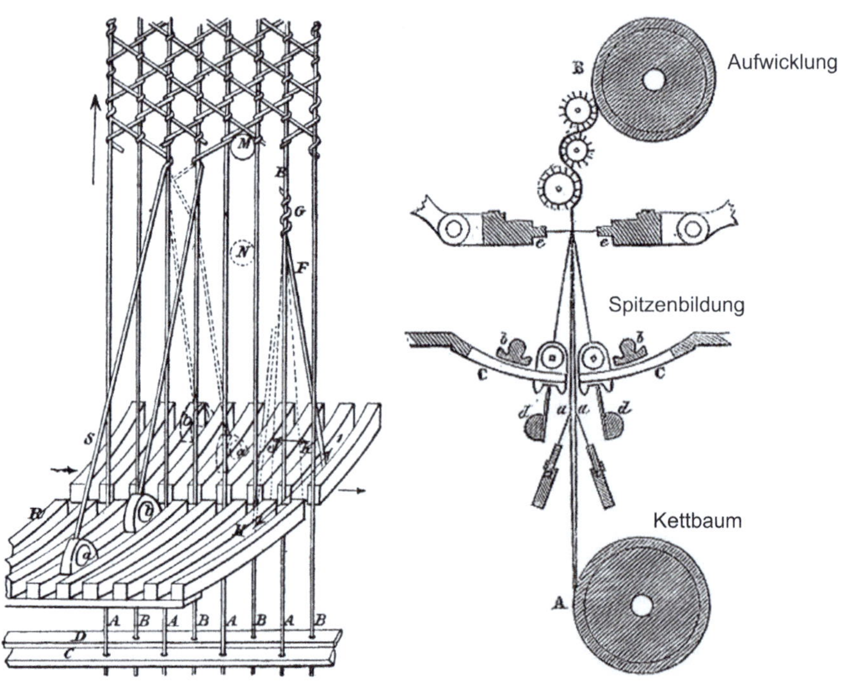


**Bild 7.80** Links: Prinzip eines Bobbinetstuhls (Barlow, 1878); rechts: Bobbinetmaschine (Lacroix, 1862),

Bild 7.81 zeigt typische Spitzen, die so hergestellt werden.

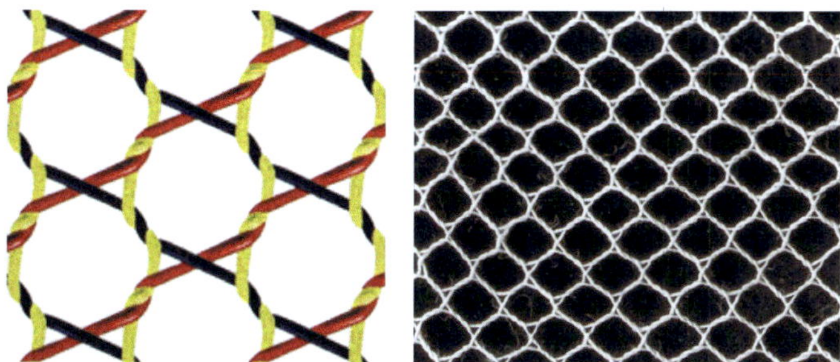

**Bild 7.81** Links: Struktur einer Bobbinetspitze (Eilbeck, 2006); rechts: Detail eines Tüllstoffs (Carolus, 2006)

Bobbinetspitzen („Tüll") erreichen ein minimales Flächengewicht von 6 g/m² und werden für Brautmoden, Unterwäsche u. Ä. eingesetzt. Auch als technische Textilien finden sie bis heute Verwendung, z. B. als Sonnenschutz in Autos und Zügen, Sicherheitsnetze, Teile von Fallschirmen und um Radarstrahlen zu reflektieren in militärischen Anwendungen.

In der Folgezeit wurde diese Maschine von anderen Erfindern weiterentwickelt, und so entstanden verschiedene Maschinentypen. Eine davon war die „Pusher"-Maschine, die 1812 von Samuel Clark und James Mart gebaut wurde. Bei ihr konnte jeder Klöppel („bobbin") einzeln bewegt werden, was nahezu beliebige Muster ermöglichte (Bild 7.82). Die Maschine war allerdings langsam, schwer zu bedienen und teuer und konnte nur kleinformatige Textilien produzieren (ca. 2 × 4 m). Sie wurde mehrfach modifiziert, war in den 1860er-Jahren sehr erfolgreich, wurde aber ab den 1880er-Jahren nicht mehr produziert.

**Bild 7.82** Spitzen von einer Pusher-Maschine (Mahin, 1922)

Im Jahr 1813 entwickelte der Engländer John Levers eine weitere Variante, die „Leavers"-Maschine genannt wurde. Das „a" wurde im Jahr 1906 ergänzt, damit der Name auch in

Frankreich ausgesprochen werden konnte. Die Kombination mit einer Jacquardmaschine ermöglichte komplex gemusterte Spitzen. Die Maschine hatte eine Breite von bis zu 120 Zoll (3,05 m) und konnte 12 000–50 000 Garne verarbeiten. Die Breite der erzeugten Spitzen ist immer ein Vielfaches von einem Viertel Yard (12 Zoll). Bei einem Maschinengewicht von 17 t ist ein stabiler Fußboden vorteilhaft. Nach einigen Verbesserungen setzte sich diese Technik gegenüber allen anderen durch (Bild 7.83).

**Bild 7.83** Leavers-Maschine (Goldenberg, 1904)

Vor 1909 gab es in den USA nur hundert solche Maschinen, weil ein Importzoll von 45 % erhoben wurde, um die eigene Industrie zu schützen. Nachdem die USA viele Soldaten infolge von Malariaerkrankungen verloren hatten, wurde erkannt, dass es günstig wäre, in großen Mengen Moskitonetze herstellen zu können. Daher wurde 1909 der Zoll für ein Jahr ausgesetzt, woraufhin sich die Anzahl der Maschinen schlagartig erhöhte, und das Problem gelöst werden konnte. Die Bedienung der Maschine war komplex, daher schrieb der Verband der Spitzenindustrie in den USA eine dreijährige Lehrzeit vor. Diese Technik verschmolz im 20. Jh. mit der Rascheltechnik zur Erzeugung von Wirkwaren.

## ■ 7.8 Vliesstoffe

Ende des 19. Jh. wurden verschiedene Verfahren patentiert, mit denen direkt aus Fasern textile Flächen hergestellt werden können, sogenannte Vliesstoffe. Nicht zu verwechseln mit „Fleece"-Stoffen, das sind Gestricke, deren Oberfläche extrem aufgeraut und so sehr weich gemacht wird. Die Vliesstoffherstellung wird erst im 20. Jh. bedeutend, daher wird sie in Kapitel 8 behandelt.

# 7.9 Teppichherstellung

Die Entwicklung der Jacquardmaschine wurde auch in der Teppichindustrie aufgegriffen. So installierten John Pearsall und John Broom im Jahr 1825 die erste Jacquardsteuerung auf einer Teppichwebmaschine zur Herstellung von Ingrain-Teppichen (vgl. Kapitel 6) in ihrer Fabrik in Kidderminster, England. 1839 baute Erasmus Bigelow in Massachusetts den ersten Teppich-Kraftwebstuhl für Ingrain-Teppiche, der bald von Teppichwebern in England und Schottland übernommen wurde (Bild 7.84). 1851 folgte der erste Kraftwebstuhl für Teppiche „Brüsseler Art".

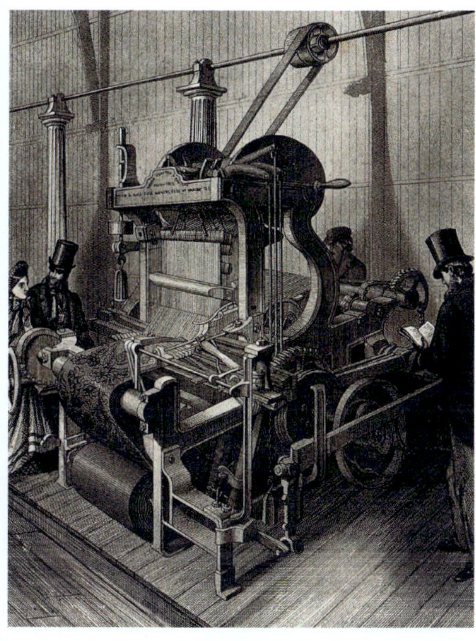

**Bild 7.84** Teppich-Kraftwebstuhl um 1862 und Besucher mit hohen Hüten (Wiki, 2014)

Der Schotte Richard Whytook (1784–1857) erhielt 1832 ein Patent für bedruckte Teppiche. Dabei färbte er die Kettfäden mustergemäß abschnittsweise und wickelte sie auf einen Kettbaum. Es musste sehr sorgfältig gearbeitet werden, damit die richtige Farbe an der vorgesehenen Stelle im Gewebe eine Schlaufe bildete. Dieser Prozess kam mit einer einzigen Kette aus und ging 1833 in Produktion. Die Schlaufen konnten bei Bedarf aufgeschnitten werden, sodass nun günstig sowohl Brüsseler Teppiche als auch Ingrain-Teppiche hergestellt werden konnten.

Im Jahr 1839 gründete der Schotte James Templeton in Glasgow eine Teppichweberei, die erstmals Chenillegarne (Bild 7.85) einsetzte. Durch Bürsten wurden alle Florfasern in eine Richtung orientiert, und so lag nahezu der gesamte Flor auf der Oberseite des Teppichs, und es ging auf der Rückseite kaum Material „verloren". Das Verfahren war allerdings aufwendiger als die anderen Teppichwebtechnologien, weil zuerst ein Chenillegarn erzeugt werden musste.

**Bild 7.85** Links: Chenillegarn (Madame, 2011); rechts: Chenille-Axminster-Teppichwebstuhl (Oelsnitz10, 2010)

Ein großer Vorteil dieses Prozesses war nach Angaben von (Cole, 1924), dass Teppiche passgenau hergestellt werden konnten, also auch oval oder rund. Dies ging aber nur, wenn der Weber jeden Schuss manuell eintrug, und war daher teuer. Insgesamt war der Prozess mit den steigenden Lohnkosten im 20. Jh. immer unwirtschaftlicher und wurde deshalb 1971 eingestellt. Das Gebäude ist heute ein Industriedenkmal und zeigt mit seiner außergewöhnlichen Architektur immer noch den großen Erfolg, den das Unternehmen hatte (Bild 7.86).

**Bild 7.86** Fabrik von J. Templeton in Glasgow von 1889 (Manske, 2011a)

Maschinell hergestellte Teppiche wurden zur Massenware, und es entstanden zahlreiche Fabriken. Dean Clough Mills in Halifax (West Yorkshire) besteht aus 16 ehemaligen Fabrikgebäuden, die zwischen 1803 und 1869 für die Firma John Crossley & Sons errichtet wurden. Bild 7.87 zeigt das rasante Wachstum des Unternehmens, das zeitweise der größte Hersteller von Teppichen weltweit war. Der gesamte Komplex ist ca. 8 km lang mit einer Nutzfläche von 116 000 m$^2$.

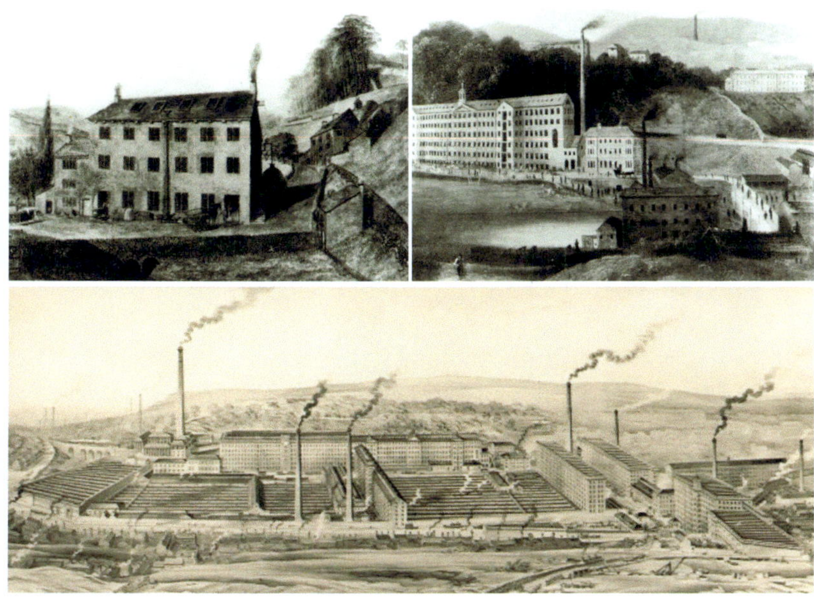

**Bild 7.87** Teppichfabriken von John Crossley & Sons (oben links: 1803, oben rechts: 1840 und unten: 1865)

Trotz der Konkurrenz der maschinellen Teppichherstellung wurden weiterhin handgeknüpfte Teppiche produziert (Bild 7.88). Insbesondere für komplizierte Muster und hochwertige Materialien war die Qualität dieser Produkte mit Maschinen noch nicht erreichbar. Ein wesentlicher Vorteil des Handknüpfens war, dass das Polmaterial fast vollständig an der Oberseite lag, während bei den maschinell gewebten Teppichen ein großer Teil des Polmaterials auf der Rückseite verschwand und somit nicht zu sehen war.

**Bild 7.88** Teppichknüpferinnen um 1880 (Meyer, 1880)

## 7.10 Flechten

Einfache Flechtgeräte wurden zur Produktion von Litzengeflechten eingesetzt, die Mehrzahl der Geflechte im 19. Jh. wurde aber auf Flechtmaschinen erzeugt (Bild 7.89). Sie arbeiteten nach dem gleichen Prinzip wie ihre Vorgänger im 18. Jh.

**Bild 7.89** Links: einfaches Flechtgerät zur Herstellung von Litzengeflechten in China, Mitte des 19. Jh. (Hedde, 1876); rechts: mechanische Flechtmaschine (Dvortygirl, 2010)

Es gab auch schon große Flechtmaschinen, die mit einer Handkurbel betrieben wurden (Bild 7.90).

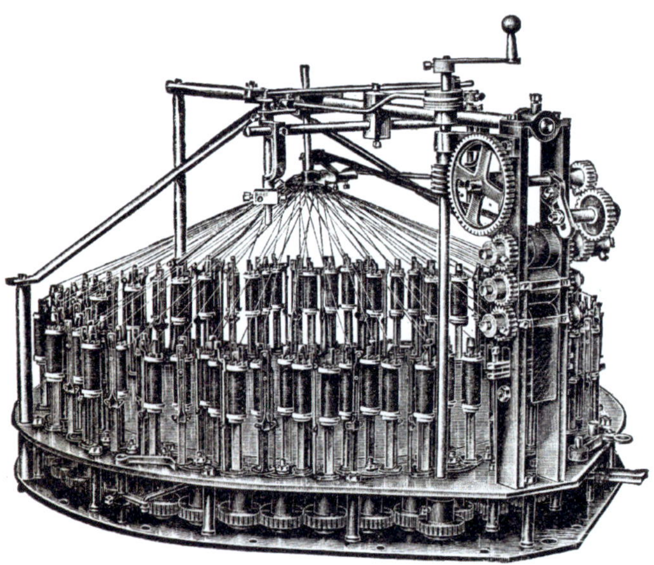

**Bild 7.90** Flechtmaschine mit Handkurbelantrieb

Viele flächige Geflechte, insbesondere Körbe, wurden aber noch rein manuell hergestellt. Bild 7.91 zeigt ein Beispiel aus einer Blindenwerkstatt.

**Bild 7.91** Herstellung handgeflochtener Körbe (Stomps, 1894)

## 7.11 Nähmaschinen

Die Entwicklung der Nähmaschine, die im 18. Jh. Begann, wurde im 19. Jh. Fortgeführt, und bald wurden Nähmaschinen für unterschiedliche Stiche in Serie hergestellt. Durch den erheblichen Zeitgewinn entstanden große Nähereien, und viele Schneider und Schneiderinnen wurden arbeitslos (Abschnitt 7.11.13). Dies ist der Beginn der Fließfertigung in der Textilproduktion.

### 7.11.1 Josef Madersperger

Josef Madersperger (1768–1850) entwickelte ab 1807 eine mechanische Nähmaschine, die er „Nähhand" nannte, weil sie die Nähbewegung einer menschlichen Hand nachahmte (Bild 7.92). Er erhielt darauf ein Schutzrecht, das er mangels Geld aber nicht aufrechterhalten konnte. So entstand aus seiner Erfindung auch keine Maschine. 1839 erfand er eine Maschine zur Erzeugung eines Kettenstichs, die ebenfalls nie gebaut wurde.

**Bild 7.92** Nähhand von J. Madersperger (links: 1814 und rechts: um 1830; Reinraum, 2013)

## 7.11.2 Barthélemy Thimonnier

Der französische Schneider Barthélemy Thimonnier (1793–1857) gilt als erster Nähmaschinenfabrikant. Seine 1830 entwickelte Maschine baute er ab 1831 in Paris in Serie. Sie war mit einer Hakennadel ausgestattet und erzeugte einen Kettenstich. Zehn Jahre später liefen in seinem Unternehmen schon 41 Maschinen, mit denen Uniformen für die französische Militärverwaltung hergestellt wurden (Bild 7.93). Durch weitere Verbesserungen konnte seine Maschine 200 Stiche pro Minute ausführen. Später wanderte er nach Manchester aus, wo er eine weitere Nähmaschinenfabrik gründete, jedoch 1857 verarmt starb.

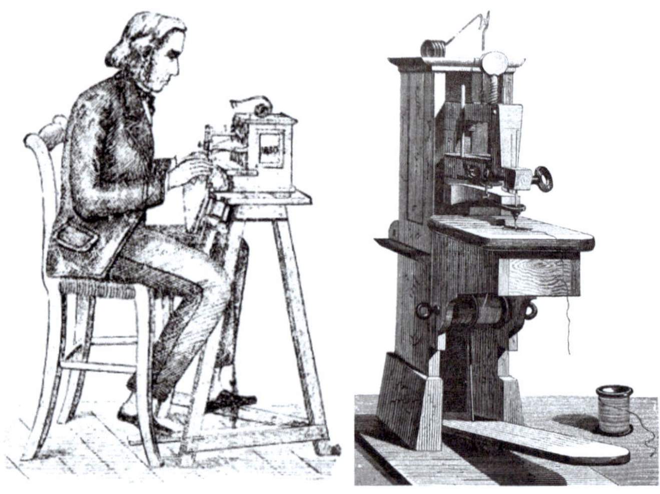

**Bild 7.93** Barthélemy Thimonnier (nähend) und seine erste Nähmaschine (Bachelor, 1891)

### 7.11.3 Walter Hunt

Der Amerikaner Walter Hunt (1796–1860) erfand 1834 als Erster eine Nähmaschine mit zwei Nähfäden, wie sie heute Standard ist. Er nutzte eine hin- und herlaufende Nadel mit Öhr in Kombination mit einem Schiffchen, das eine zweite Nadel bewegte (Bild 7.94). Damit erzeugte er einen Interlockstich. Hunt meldete seine Erfindung zunächst nicht zum Patent an, weil er befürchtete, dass er damit sowieso schon verarmte Näherinnen arbeitslos machen würde. Später war dies Anlass für gerichtliche Streitigkeiten mit Elias Howe, der diese Skrupel nicht hatte und daher für viele als Erfinder der Nähmaschine gilt (Abschnitt 7.11.5).

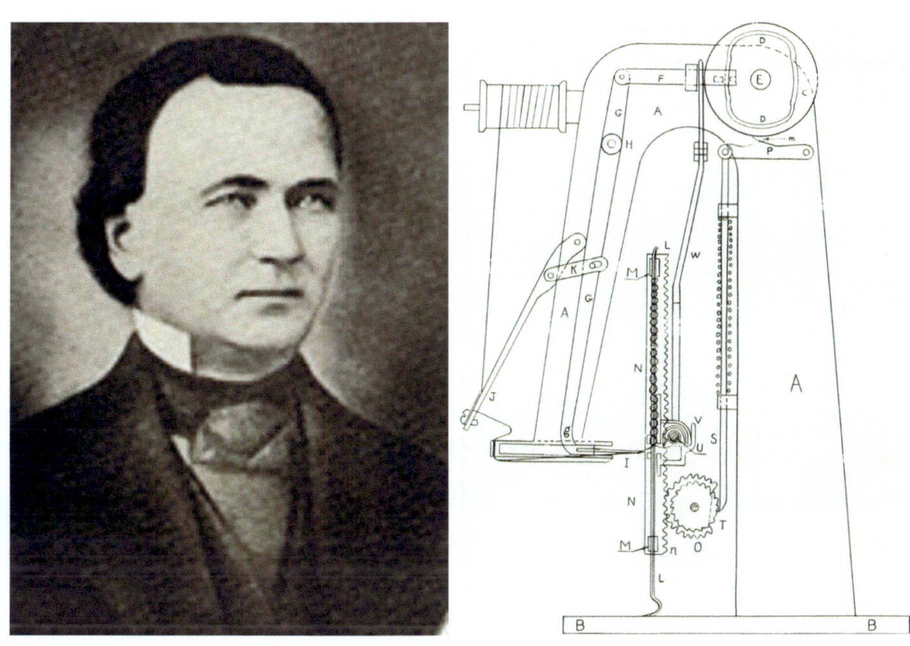


**Bild 7.94** Walter Hunt (links; Wiki, 1877) und seine Nähmaschine (rechts; Wiki, 1881)

Hunt ist auch der Erfinder der Sicherheitsnadel (US-Patent 6281; Bild 7.95) und vieler anderer mehr oder weniger nützlicher Gerätschaften.

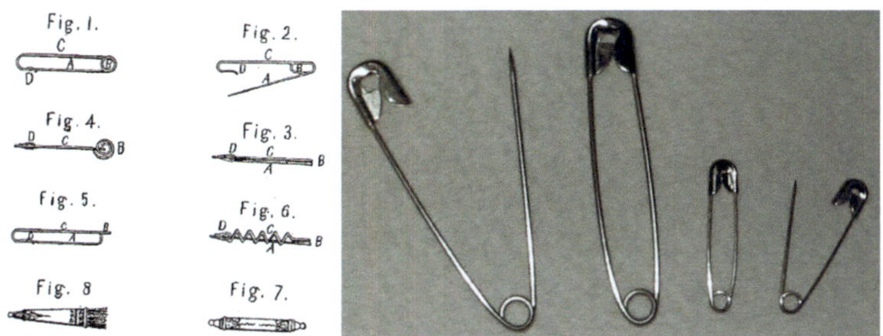


**Bild 7.95** Patent für eine Sicherheitsnadel von W. Hunt (links; Wiki, 1849) und moderne Ausführungen (rechts; Corny84, 2004)

### 7.11.4 John J. Greenough

Im Jahr 1842 erhielt John J. Greenough als erster Amerikaner ein Patent auf eine Nähmaschine für Leder (Nr. 2.466). Er nutzte die 1755 von Karl Wiesenthal entwickelte Doppelspitzennadel. Zunächst wurde mithilfe einer Ahle das Loch erzeugt. Danach wurde die Nadel mithilfe von zwei mechanisch öffnenden und schließenden Zangen durch das Material getrieben. Der Fadenvorrat musste für jeden Stich komplett durch das Loch, daher war die Fadenlänge kurz, und es musste ständig neu eingefädelt werden. Die Bewegung des Lederstücks erfolgte automatisch, und die Stichlänge konnte variiert werden. Bei Fadenbruch oder wenn das Ende des Lederstücks erreicht war, schaltete sich die Maschine ab. Der Antrieb erfolgte über einen Kurbeltrieb. Diese Maschine wurde nie kommerzialisiert, sondern existiert nur als Patentanmeldung. Bild 7.96 zeigt ein später gebautes Modell.

**Bild 7.96** Nähmaschine von John Greenough von 1842 (Smithsonian, 2023)

### 7.11.5 Elias Howe

Im Jahr 1846 erhielt der Amerikaner Elias Howe (1819–1867) ein Patent auf eine Nähmaschine mit einer gekerbten Nadel mit Öhr und Schiffchen. Diese Lockstitchmaschine ähnelte der von Hunt und konnte gerade Säume nähen, die genauso lang sein konnten wie die Grundplatte. Seine Maschine war in den USA kein Erfolg, daher ging er nach England und arbeitete mit einem Korsettmacher zusammen. Als er nach Massachusetts zurückkehrte, musste er feststellen, dass andere Fabrikanten seine Patente verletzt und eigene Nähmaschinen entwickelt hatten. Im Jahr 1856 hatte man sich gerichtlich geeinigt, und Elias Howe und seine Konkurrenten teilten sich die Patente im ersten Patentpool der Geschichte. Howe erhielt für jede Maschine, die Singer, Wheeler & Wilson sowie Grover & Baker u. a. verkauften, eine Prämie von 5 US-$. Als sein Patent im Jahr 1867 auslief, hatte er so rund 2 Mio. US-$ verdient (Bild 7.97).

**Bild 7.97** Elias Howe (links; Wiki, 2011) und seine Nähmaschine (rechts; Bachman, 1918)

Bis zu seinem Tod verkaufte er rund 75 000 Nähmaschinen. Elias Howe gilt darüber hinaus als Erfinder eines Vorläufers des Reißverschlusses (1851).

### 7.11.6 Isaac Merritt Singer

Der deutschstämmige Amerikaner Isaac Merritt Singer (1811–1875) arbeitete zunächst als Mechaniker und Schauspieler, bevor er um 1850 die erste wirklich funktionsfähige Nähmaschine entwickelte, deren Grundprinzipien auch heute noch angewendet werden. Seine Maschine war wesentlich stabiler als alle ihre Vorgänger und besaß einen Fußpedalantrieb anstelle einer Handkurbel. Weil er jedoch Teile verbaute, die von Elias Howe patentiert worden waren, u. a. dessen spezielle Nähnadel mit Spitze und Öhr, musste er diesem nach einem Rechtsstreit Tantiemen für jede verkaufte Maschine zahlen. Singers Maschine besaß einen Presserfuß, der das Textil gegen die von unten nach oben fahrende Nadel fixierte, und der Stoff konnte unter der oberen Nadel hindurch transportiert werden. Dadurch war die Nahtlänge unbegrenzt.

Seine Maschine war mit einem Preis von ca. 100 US-$ (= 3000 US-$ in Preisen von 2023) allerdings sehr teuer. Nachdem er rund 500–800 Nähmaschinen verkauft hatte, brachte Singer 1856 die erste Haushaltsnähmaschine unter dem Namen „The Turtle Back“ auf den Markt. Sie kostete nur noch 10 US-$ und wurde ein großer kommerzieller Erfolg (Bild 7.98). Noch im selben Jahr verkaufte er 2564 Exemplare, im Jahr 1860 schon 13 000 Stück. Isaac Singer expandierte nach Europa und baute 1867 ein Werk in Glasgow auf, wo er 1883 mehr als 12 000 Mitarbeiter beschäftigte. Im Jahr 1872 stellte er so 180 000 Nähmaschinen her und war der größte Produzent der Welt. Ein Teil seines Erfolgs war sein Verkaufsmodell. Potenzielle Käufer, die die Maschine nicht komplett bezahlen konnten, durften sie in Raten über einen bestimmten Zeitraum abbezahlen. Dies erhöhte Singers Gewinn durch Zinsen, machte es aber auch viel mehr Menschen möglich, seine Nähmaschinen zu erwerben.

**Bild 7.98** Isaac Singer (links; May, 1869) und seine Nähmaschine mit Fußpedal (rechts; Birmingham, 2005)

Angeblich war er der erste Unternehmer, der mehr als 1 Mio. US-$ pro Jahr für Werbung ausgab. Auch wenn dies nicht gesichert ist, so wird doch sein Name sofort mit der Nähmaschine verbunden, während die anderen Erfinder, die wichtige Vorarbeiten leisteten, weitgehend vergessen sind.

Isaac Singer verwirklichte sich den Traum vom Schauspieler zum Millionär, und bei seinem Tod hinterließ er ein Vermögen von rund 14 Mio. US-$. Wegen seines sogar für heutige Verhältnisse fragwürdigen Lebenswandels, er hatte mit fünf Frauen insgesamt 24 Kinder, wurde er von der feinen Gesellschaft aber nie akzeptiert.

## 7.11.7 William Newton Wilson

William Newton Wilson (1827–1894), der Sohn eines englischen Baumwollspinners, verkaufte ab 1857 aus den USA importierte Nähmaschinen, wobei er es mit den Patentrechten nicht allzu genau nahm und diese Maschinen als von ihm produzierte ausgab (Bild 7.99). Ab 1866 stellte er tatsächlich selbst Maschinen her, allerdings zunächst Kopien der Duplex von Elias Howe sowie der Singer Nr. 2. Deswegen musste er mehrere Gerichtsprozesse führen, die mal zu seinen Gunsten und mal gegen ihn ausgingen.

Kurz danach entwickelte er seine eigenen Nähmaschinen, die er unter den Namen Queen Mab für £ 3 und Cleopatra für £ 4 verkaufte. Die Queen Mab erzeugte pro Hauptwellenumdrehung zwei Kettenstiche, die Cleopatra sogar vier. Beide Maschinen wurden mit Zubehör und verschiedenen Boxen ausgeliefert, je nach Zielgruppe. Ein Jahr später entwickelte er das Modell Penelope für Doppelsteppstiche, das 1870 vom Modell Princess of Wales abgelöst wurde. Dies wurde seine bekannteste Maschine und war mit unterschiedlich verzierten Pedalantrieben (z.B. in Form eines Delfins) ausgestattet.

Weil er bei seinen Maschinen weiterhin bestehende Patente verletzte, führte er bis an sein Lebensende im Jahr 1894 Prozesse. Wilson war auch einer der ersten Fahrradfabrikanten Englands.

**Bild 7.99** Nachbau der Nähmaschine von Thomas Saint durch Newton Wilson (Panjigalli, 2015)

**Bild 7.100** Princess of Wales (Sewmuse, 2023)

## 7.11.8 Helen Augusta Blanchard

Die Amerikanerin Helen Augusta Blanchard (1840–1922) erhielt 1873 ein Patent für die erste Zickzackstich-Nähmaschine, mit der Säume verstärkt werden konnten (Bild 7.101).

**Bild 7.101** Helen A. Blanchard (links; Willard, 1893) und ihre Nähmaschine

Bis 1915 erhielt sie weitere 22 Patente für Erfindungen in Zusammenhang mit der Nähtechnik. Dazu zählen elastische Säume für Bekleidung und elastische Zwickel für Schuhe, ein Gehäuse für Garnspulen zum Schutz vor Verschmutzung, eine Nähnadel mit Schlitz, in die der Faden mit einer Hand eingefädelt werden konnte, eine chirurgische Nähnadel mit Lanzettespitze zur Reduzierung der Schmerzen beim Einstich, eine Nähnadel für mehrere Fäden und eine Hutnähmaschine. Sie erfand auch einen Bleistiftspitzer. Helen Blanchard war eine erfolgreiche Geschäftsfrau und gründete mehrere Unternehmen. 2006 wurde sie für ihre Erfindungen in die National Inventors Hall of Fame der USA aufgenommen.

## 7.11.9 Allen Benjamin Wilson

Der Amerikaner Allen Benjamin Wilson (1823–1888) ist der Erfinder des rotierenden Greifers für den Unterfaden (Bild 7.102). Dadurch läuft die Nähmaschine ruhiger und stabiler. Dieses Prinzip ist in allen modernen Haushaltsnähmaschinen bis heute in Gebrauch.

1849 erfand er seine erste Nähmaschine, die mit einem Schiffchen mit Doppelspitze ausgerüstet war und so bei einer einzigen Drehung der Hauptwelle zwei Doppelsteppstiche ausführen konnte: einen bei der Vorwärtsbewegung, einen bei der Rückwärtsbewegung des Schiffchens. Im Jahr 1851 wurde er Partner von Nathaniel Wheeler, mit dem er 1853 die Wheeler & Wilson Manufacturing Co. gründete. Ein Jahr später erhielt er das US-Patent Nr. 12 116 für seine „four-motion feed“. Dabei wurde die Zuführung nach oben, seitwärts in Nahtrichtung, nach unten und wieder zurück in die Ausgangsposition bewegt. So wurde die Naht fester, sehr eben auf beiden Seiten des Textils, und kein Faden schaute aus der Oberfläche heraus, sodass auch keiner durch Reibung o. Ä. herausgezogen werden konnte (Bild 7.103).

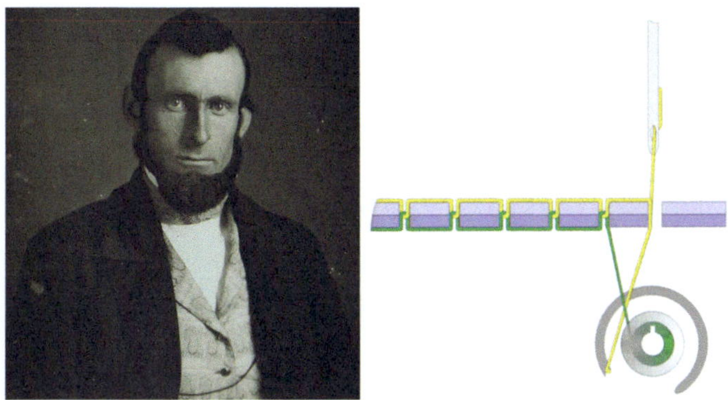

**Bild 7.102** Allan B. Wilson (links; nsnskz, 2020) und rotierender Greifer für den Unterfaden (rechts; HBR, 2008)

**Bild 7.103** Nähmaschine von Wilson mit „four-motion feed" (Griffindor, 2010)

1853 zog sich Wilson aus dem operativen Geschäft zurück, behielt aber seine Firmenanteile, auch als das Unternehmen 1856 nach Connecticut zog und weiter expandierte (Bild 7.104). Es war einer der Hauptkonkurrenten von Singer.

IMMENSE PLANT OF THE WHEELER & WILSON MANUFACTURING COMPANY COVERING FIFTEEN ACRES
Directors: S. H. Wheeler, M. H. Mallory, E. W. Harral, George M. Eames, R. I. Brewster, W. B. Wheeler, A. C. Wheeler, N. H. Hoyt, George Irving

**Bild 7.104** Nähmaschinenfabrik von Wheeler & Wilson (Wiki, 1905b)

## 7.11.10 Adam Opel

Der Deutsche Adam Opel (1837–1895) ging 1857 als Geselle auf Wanderschaft und arbeitete zeitweise in der französischen Nähmaschinenfabrik Journaux & Leblond. 1862 kehrte er in seine Geburtsstadt Rüsselsheim zurück und begann mit der Produktion von Nähmaschinen. Dabei entwickelte er keine eigenen Technologien, sondern baute Maschinen anderer Hersteller nach, u.a. auch von Singer (Bild 7.105). Im Jahr 1885 hatte sein Unternehmen 300 Arbeiter, die pro Jahr 18 000 Nähmaschinen produzierten.

**Bild 7.105** Werbeplakate für Adam Opels Nähmaschinen (oben: Wiki, 1863; unten: Apel, 2006)

Wegen der großen internationalen Konkurrenz stagnierte der Verkauf der Opel-Nähmaschinen, und nachdem 1911 das Firmengebäude abgebrannt war, stellte das Unternehmen Fahrräder und Automobile her.

### 7.11.11 Sonderbare Nähmaschinen

Es gab auch auf den ersten Blick eher sonderbar aussehende Nähmaschinen, wie Bild 7.106 zeigt. Der Erfinder S.B. Ellithorp erhielt für seinen Entwurf 1859 ein Patent, die Maschine wurde allerdings wohl nicht oder nur in sehr kleinen Stückzahlen gebaut. Die Motivation hinter diesem Entwurf, in den Worten von Ellithorp, war: „The ordinary gray squirrel so common throughout this country – an animal that is selected as a type of provident care and forethought, for its habits of frugality and for making provision for seasons of scarcity and want in times of plenty – and the different parts of the animal are each put to a useful purpose; the moving power being placed within its body, the needle stock through its head, one of its fore feet serving to guide the thread, and the other to hold down the cloth while being sewed, and the tip of its tail forming a support to the spool from which the thread is supplied.“ (Cooper, 1968)

**Bild 7.106** Die Squirrel Machine von (Ellithorp, 1885)

Eine Nähmaschine für unterwegs wurde 1863 von W.D. Heyer patentiert (US-Patent 40,622). Sie bestand im Wesentlichen aus einem komplex gebogenen Blech (Bild 7.107). Damit sollten grobe, einfache Nähte hergestellt werden, wenn beispielsweise auf Reisen eine Naht geplatzt war. Kein Exemplar hat überlebt, und es gibt keine Fotos, daher ist zweifelhaft, ob sie jemals gebaut wurde.

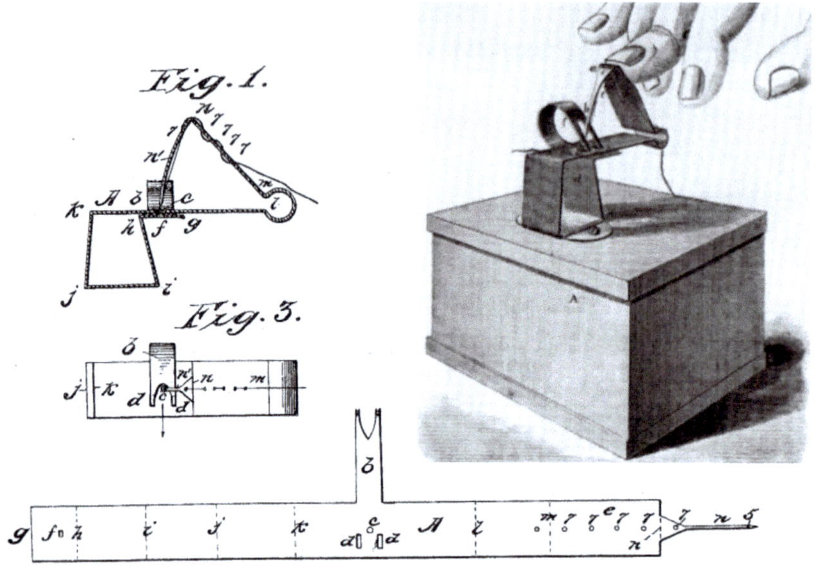


**Bild 7.107** Links: Illustration in der Patentanmeldung von Heyers Nähmaschine für die Handtasche (US-Patent 40,622); rechts: mögliche Bedienung mit einem Finger

Im selben Jahr inserierte die New Yorker Schneiderin Mme. Demorest ihre Nähmaschine mit Handkurbel, mit der leichte Stoffe „kinderleicht“ vernäht werden konnten (z. B. Seide). Sie wurde für nur 5 US-$ verkauft (Bild 7.108).

**Bild 7.108** Die Handnähmaschine von Mme. Demorest (Demorest, 1863)

Geriet die Dame des Hauses durch übermäßiges Nähen ins Schwitzen, so konnte sie sich dank einer Erfindung des Unternehmens James Morrison & Co. mittels Pedalantrieb kühlende Luft zufächeln (Bild 7.109, links). Dem offenbar verbreiteten Problem, dass zu Hause gerade nichts zu nähen war und die Hausfrau mit den Kindern gelangweilt herumsaß, nahmen sich die amerikanischen Erfinder George D. Garvie und George Wood an (US-Patent 267,874). Sie entwickelten ein Gestell für eine Nähmaschine, das per Fußpedal auch eine Musikbox antreiben konnte, womit das häusliche Glück gesichert war (Bild 7.109, rechts).

**Bild 7.109** Links: Nähmaschine mit kühlendem Fächer; rechts: Nähmaschine mit Musik

Insgesamt gab es zwischen 1842 und 1875 alleine in den USA mehr als 2000 Patentanmeldungen für mehr oder weniger sinnvolle Nadeln, Nähmaschinen und ihre Komponenten. Allerdings gab es auch zahlreiche echte Verbesserungen, und so konnte (Knight, 1882) in seinem Lexikon 68 verschiedene Stiche aufführen, die mit mechanischen Nähmaschinen erzeugt werden konnten (Bild 7.110).

Den typischen Aufbau einer Nähmaschine am Ende des 19. Jh. zeigt Bild 7.111. Der Oberfaden wird über einen Fadenspanner (konstante Fadenspannung) und den Fadengeber der Nähnadel zugeführt. Der Unterfaden befindet sich im Schiffchen und bewegt sich – je nach Stich – um den Oberfaden herum. Der Antrieb aller Teile erfolgt über einen Riemen, der die Hauptwelle in Rotation versetzt. Der Presserfuß hält das Textil während der Nahtbildung auf der Stichplatte.

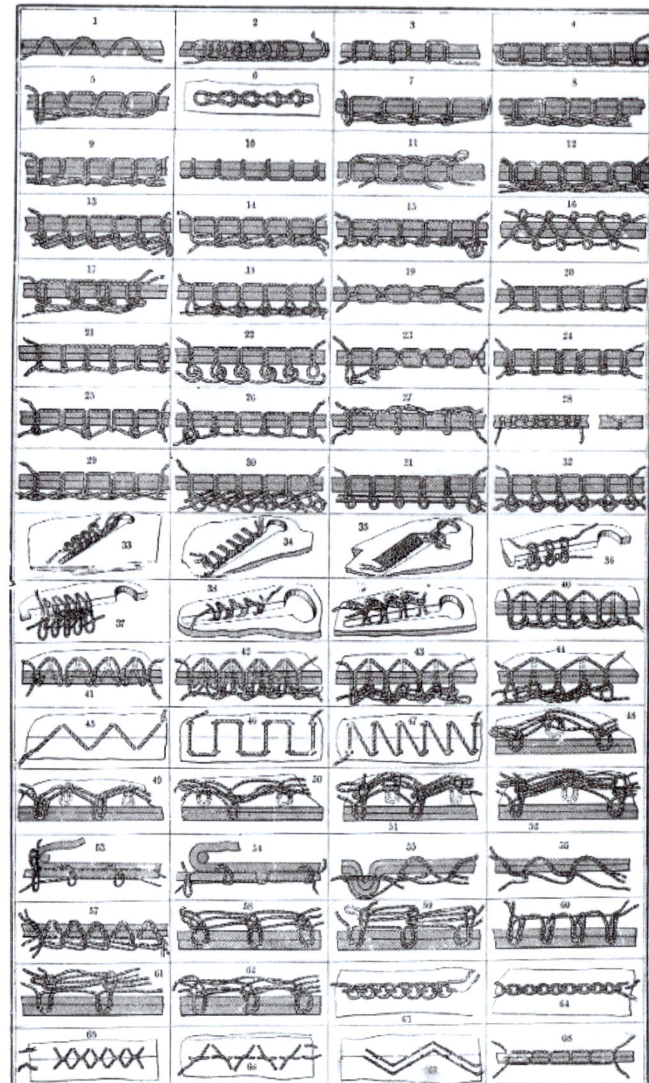

**Bild 7.110** Die 68 verschiedenen Stiche, die mit Nähmaschinen Ende des 19. Jh. hergestellt werden konnten (Knight, 1882)

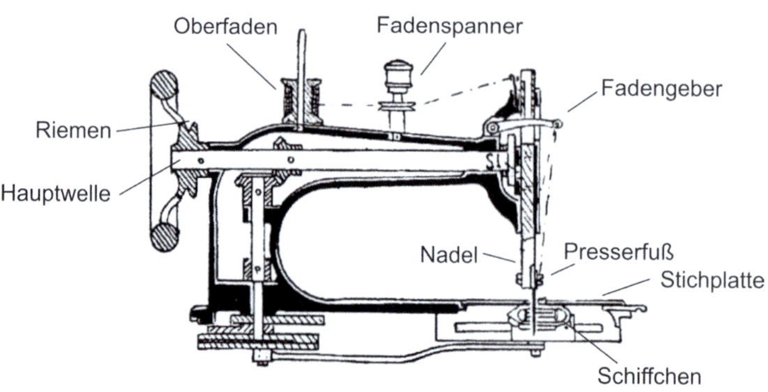


**Bild 7.111** Aufbau einer typischen Nähmaschine am Ende des 19. Jh. nach (Lueger, 1904)

### 7.11.12 Verkaufszahlen und -räume

Nicht nur die Nähmaschinen wurden immer ausgereifter, auch ihre Präsentation in speziell gestalteten Ausstellungsräumen genügte mittlerweile höchsten Ansprüchen, da auch die Damen der „feinen Gesellschaft" zu Hause nähten (Bild 7.112).

**Bild 7.112** Verkaufsraum von Wheeler & Wilson Nähmaschinen um 1870

Bild 7.113 zeigt die Entwicklung der Verkaufszahlen der drei großen Nähmaschinenhersteller Singer, Wheeler & Wilson und Howe Sewing Machines. Wurden 1853 erst 2500 Maschinen verkauft, so stieg diese Anzahl bis 1876 auf rund 580 000 Stück (Cooper, 1968). In den USA gab es zu dieser Zeit rund ein Dutzend Nähmaschinenhersteller, von denen die meisten allerdings weniger als 10 000 Maschinen pro Jahr produzierten.

Insgesamt wurden im 19. Jh. in den USA mehr als 180 Fabriken zur Herstellung von Nähmaschinen gegründet. Bild 7.114 zeigt für die USA den Zeitpunkt der jeweiligen Firmengründung und die Zeit bis zu ihrer Schließung. Zwei von drei aller Unternehmen bestanden fünf Jahre oder weniger, nur jedes vierte war länger als zehn Jahre im Geschäft. 1970 existierten aus der Gründerzeit noch sechs Firmen, heute noch eine (The Singer Company).

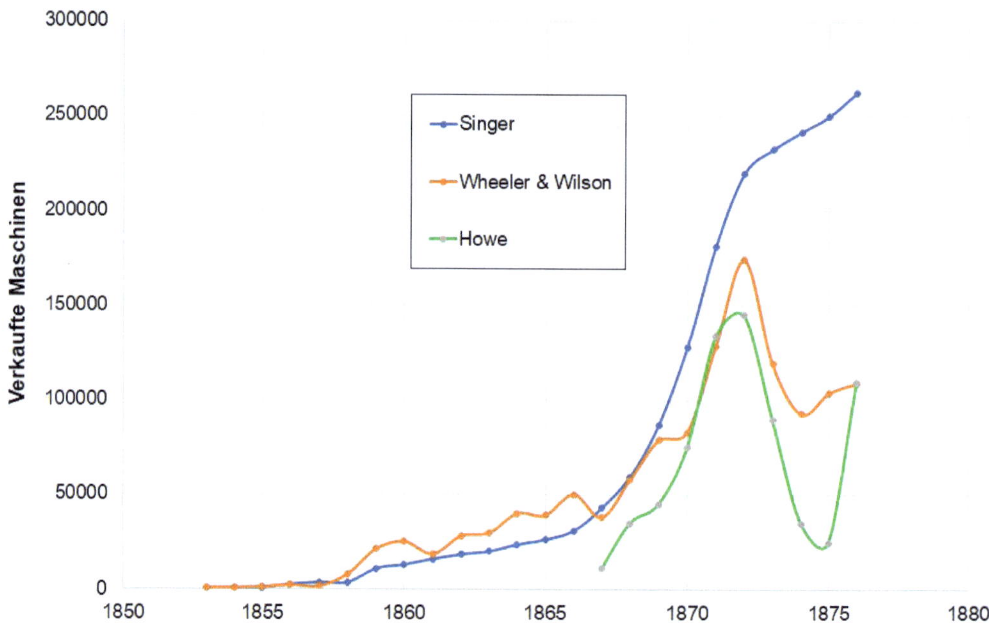


**Bild 7.113** Verkaufszahlen der drei großen Nähmaschinenhersteller (Daten: Cooper, 1968)

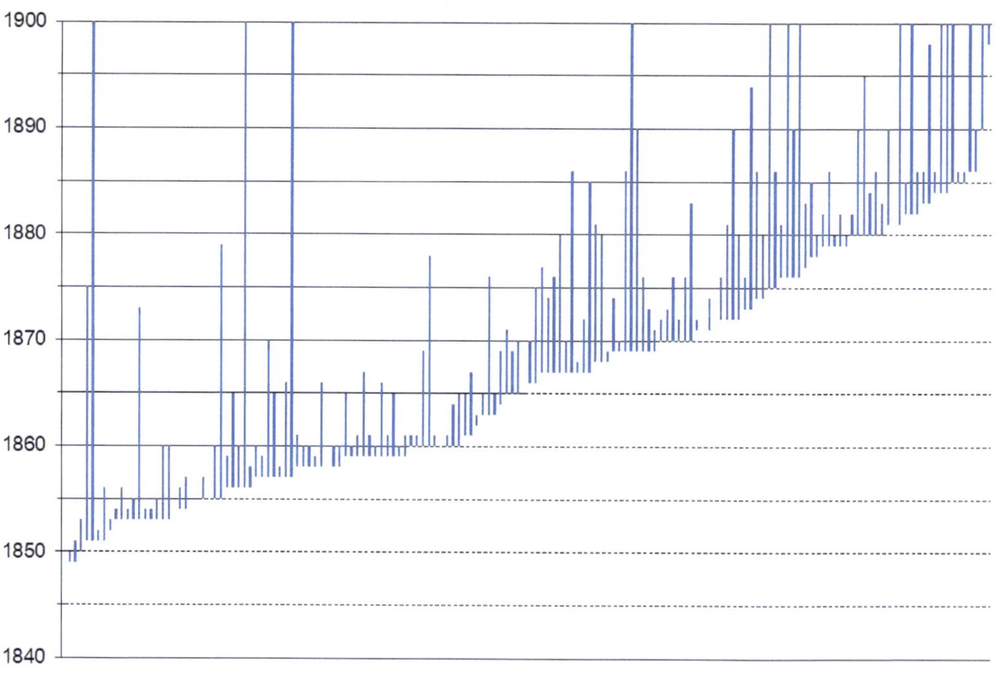


**Bild 7.114** Gründungen von Nähmaschinenfabriken in den USA und Dauer der Geschäftstätigkeit (Daten: Cooper, 1968)

## 7.11.13 Nähereien

Den erheblichen Zeitgewinn, den der Einsatz von Nähmaschinen im Vergleich zu manuellem Nähen brachte, zeigte eine Studie von Wheeler & Wilson aus dem Jahr 1861 (Bild 7.115). Dazu wurden die Zeiten ermittelt, die vier Handnäher und vier Arbeiter mit Nähmaschinen für die Herstellung von Nähten bzw. von Kleidungsstücken benötigten. Auch wenn die Zahlen im Sinne des Auftraggebers optimiert sein sollten, so ist der enorme Produktivitätsunterschied doch klar erkennbar.

| Anzahl Stiche pro Minute | *Manuell* | *Maschinell* |
|---|---|---|
| Lackleder, feine Stiche | 7 | 175 |
| Hutbänder | 33 | 374 |
| Schuhreparaturen | 10 | 210 |
| Nähen von feinem Leinen | 23 | 640 |
| Nähen von Seide | 30 | 550 |

| Zeit für ein Kleidungsstück | *Manuell* | *Maschinell* |
|---|---|---|
| Gehrock | 16 h 35 min. | 2 h 38 min. |
| Satinweste | 7 h 19 min. | 1 h 14 min. |
| Sommerhose | 2 h 50 min. | 0 h 38 min. |
| Calicokleid | 6 h 37 min. | 0 h 57 min. |
| Einfache Schürze | 1 h 26 min. | 0 h 9 min. |
| Herrenhemd | 14 h 26 min. | 1 h 16 min. |

**Bild 7.115** Vergleich der Nähzeit eines Schneiders und einer Nähmaschine (N.N., 1861)

Schon 1860 hatte Oliver F. Winchester, ein Hemdenfabrikant aus Connecticut, eine einfache Rechnung veröffentlicht: Er produzierte 800 Hemden pro Woche mit 400 Nähmaschinen und 400 Bedienern. Diese erhielten einen Lohn von 4 US-$/Woche, und somit entstanden Lohnkosten von 1600 US-$/Woche. Würde er seine Hemden von Hand nähen lassen, so bräuchte er dazu 2000 Näher, die pro Woche 3 US-$ Lohn erhielten. Damit entstünden Lohnkosten von 6000 US-$. Bei einem Maschinenpreis von 150 US-$ hätten sich die 400 Nähmaschinen somit innerhalb von 14 Wochen amortisiert (Cooper, 1968). Dabei waren nicht nur die Löhne der Arbeiter ein Drittel höher, sondern auch die Hemden billiger für die Kundschaft. Dies galt ebenfalls für fast alle anderen Kleidungsstücke, sodass nun eine echte Massenproduktion bei gleichzeitig fallenden Preisen möglich wurde. Kleidung wurde seitdem auch für die ärmeren Schichten der Bevölkerung erschwinglich.

Die Nähmaschine verbreitete sich nicht nur in industriellen Nähereien, sondern wurde auch bald zum Alltagsgegenstand in vielen privaten Haushalten, was bis heute so geblieben ist (Bild 7.116, links). Die Werbung für Nähmaschinen wurde bunter, und manche Unternehmen zeigten dabei ein größeres Selbstbewusstsein als andere (Bild 7.116, rechts).

**Bild 7.116** Links: Nähmaschine von Wheeler & Wilson im Haushalt (Wiki, 1888a); rechts: Werbung für Singer-Nähmaschinen (Wiki, 1900)

## 7.12 Die wissenschaftliche Erforschung der Farbstoffe

Sigismund F. Hermbstädt (1760–1833) war einer der ersten deutschen Chemiker, der die Erkenntnisse des französischen Wissenschaftlers Antoine L. de Lavoisier (1743–1794) aufgriff und versuchte, sie praktisch umzusetzen. 1802 publizierte er sein Buch „Grundriß der Färbereikunst“ (Bild 7.117; Hermbstädt, 1802). Auf Vorschlag Alexander von Humboldts wurde er 1810 als außerordentlicher Professor für Technologie (technologische Chemie) an die im selben Jahr gegründete Universität Berlin berufen. Das für sein Gehalt zuständige Innenministerium stand ihm jedoch zunächst reserviert gegenüber: „[Wir halten] es überhaupt nicht für gut, wenn Männer, die schon in andern Geschäfts Verhältnißen leben, Antheil an den, mit den ordentlichen Professuren in der Regel verbundenen, Facultäts-Arbeiten erhalten“ (GPK, 2022). Letztendlich klappte es dann doch, und so hielt Hermbstädt regelmäßige Vorlesungen für Chemiker zu Themen der Färberei.

Praktisches Lehrbuch
der
gesammten
Wollen- oder Schönfärberei,
zum Färben
sowohl
der losen Wolle als der Garne, der Tücher, Coatings, Flanelle und der nicht gewalkten Zeuge, wie Merino u. s. w.

Nach
eigener Erfahrung und den besten in Deutschland, den Niederlanden und in England üblichen Methoden
bearbeitet
von
Hermann Schrader,
Kunst- und Schönfärber, auch Inhaber der großen goldenen Ehren-Medaille der patriotischen Gesellschaft zur Beförderung der Künste und nützlichen Gewerbe in Hamburg.

Mit
Vorrede und Anmerkungen begleitet
vom
Geh. Rathe Dr. Hermbstädt
in Berlin.

Zweite, mit elf neuen Vorschriften vermehrte Auflage.

Berlin, 1844.
Druck und Verlag von Carl Friedrich Amelang.
(Brüderstraße Nr. 11.)

**Bild 7.117** S. F. Hermbstädt (rechts) und Titelblatt (links) seines Buchs zur Färbekunst (Lehmann, 1808)

1824 erschien die deutsche Übersetzung eines Buchs von Jean-Babtiste Vitalis über das Färben von Wolle, Seide, Baumwolle und Bastfasern (Vitalis, 1824). Darin fordert er, dass die bisherige Praxis des „Trial and Error" durch ein systematisches, wissenschaftliches Vorgehen ersetzt werden sollte: „Soll die Praxis der Färberei sicher und leicht sein, so müssen wir den Weg der Gewohnheit verlassen, die Grundsätze der Kunst erlernen und befolgen, ohne uns je davon zu entfernen."

Michel-Eugène Chevreul (1786–1889) gilt als einer der Väter der modernen Färbelehre durch sein 1839 erschienenes Buch „De la Loi du Contraste Simultané des Couleurs". Das Gesetz des simultanen Farbkontrasts geht auf ihn zurück: „Der Ton zweier Farbflecken erscheint bei nebeneinanderstehender Betrachtung unterschiedlicher als bei getrennter Betrachtung vor einem gemeinsamen neutralen Hintergrund."

## 7.12.1 Anilin

Um die Kosten für die teuren importieren Farbstoffe zu reduzieren, wurden ab den 1820er-Jahren Anstrengungen unternommen, Farbstoffe künstlich herzustellen. Eine ganze Gruppe neuer Farbstoffe wurde durch die Synthese des Anilins erschlossen. Otto

Unverdorben (1806–1873) gelang dies 1826 durch Destillation aus natürlichem Indigo. 1834 stellte Friedrich F. Runge (1794–1867) Anilin aus Steinkohlenteer her, was eine wesentlich billigere Methode war. Der Begriff „Anilin“ geht auf das portugiesische Wort für Indigo zurück und wurde vom Chemiker Carl J. Fritzsche (1808–1871) geprägt. Von welch entscheidender Bedeutung Anilin war, zeigt sich u. a. noch im Namen der BASF SE (Badische Anilin- und Sodafabrik), dem größten Chemieunternehmen der Welt. Die ersten Farbstoffe auf Anilinbasis waren allerdings weder dauerhaft haltbar noch farbecht und bleichten nach einigen Wäschen aus. „So flüchtig wie eine Anilinfärbung“ wurde ein geflügeltes Wort (LVR, 2011). Darüber hinaus enthielten diese ersten Farbstoffe oft noch giftige Begleitsubstanzen, was insbesondere der Gesundheit der Färber nicht zuträglich war.

### 7.12.2 Alizarin

Pierre-Jean Robiquet entdeckte 1826 zusammen mit Jacques-Jean Colin die färberischen Wirkstoffe von Krapp, Alizarin und Purpurin, einer oxidierten Form von Alizarin. Die von den beiden Forschern festgelegte Bezeichnung Alizarin leiteten sie ab vom arabischen al-ʿaṣāra, was „ausgepresster Saft, Extrakt“ bedeutet. Im Jahr 1868 gelang Carl Graebe (1841–1927) und Carl Liebermann (1842–1914) die synthetische Herstellung von Alizarin aus Antracen, das aus Steinkohlenteer gewonnen werden konnte. Damit wurde zum ersten Mal ein Naturfarbstoff auf synthetischem Wege hergestellt, und 1869 begann bei der BASF die industrielle Produktion. Innerhalb weniger Jahre verdrängte Alizarin alle natürlichen Rotfarbstoffe, insbesondere auch Krapp. Aus Alizarin ließ sich durch chemische Modifikation ein ganzes Spektrum von unterschiedlichen Farbtönen herstellen, sodass mit ihm auch Gelb, Orange, Braun, Blau und Grün gefärbt werden konnte.

### 7.12.3 Mauvein

William H. Perkin (1838–1907) entdeckte im Alter von nur 18 Jahren 1856 bei dem Versuch, Chinin synthetisch durch Oxidation von Allyltoluidin, das er aus Steinkohlenteer gewonnen hatte, herzustellen, die Mauvein-Farbstoffe (Bild 7.119). Der erste wurde unter den Namen Perkin-Violett und Anilinpurpur vermarktet. Dazu gründete er eine Anilinfarbenfabrik in Greenford Green, in der Perkin auch andere Farbstoffe, z. B. Britannia-Violett und Perkin-Grün, herstellte. Zunächst wurde das Mauvein nur zur Färbung von Seide verwendet, später ebenfalls für Baumwolle. Als Queen Victoria zur Hochzeit ihrer Tochter 1858 ein mit Mauvein gefärbtes violettes Samtkleid trug (Bild 7.118), löste dies einen Modeboom aus, der bis 1861 anhielt und als „Mauve Mania“ bezeichnet wurde. Die Satirezeitschrift Punch sprach von „Mauve Measles“ (Mauve Masern): „The eruption, which is of a mauve colour, soon spreads, until in some cases the sufferer becomes completely covered with it. Arms hands and even feet are rapidly disfigured by the one prevailing hue, and, strange as it may seem, the face even looks tinted with it. Like the other form of measles, the mauve complaint is very catching; indeed, cases might be cited, where the lady of the house having taken the infection, all the family have caught it before the week was out“ (Punch, 20.8.1859). Tatsächlich konnte es durch Kontakt der Haut mit Mauvein-gefärbten Textilien zu Irritationen kommen, weil die Chemikalien, die zur Farbfixierung verwendet wurden, noch nicht ausgereift waren.

**Bild 7.118** Queen Victoria mit violettem Samtkleid auf der Hochzeit ihrer Tochter 1858 (Phillip, 1860)

In den 1890er-Jahren wurde Mauvein wieder sehr beliebt, und es begann die sogenannte „Mauve Decade“. In den 1920er-Jahren erlebte die Farbe in Frankreich eine Renaissance. Auch die Penny-Briefmarken der britischen Post wurden damit lange farbig gedruckt. Heute spielt Mauvein keine Rolle mehr.

### 7.12.4 Fuchsin

1858 wurde Fuchsin vom deutschen Chemiker August Wilhelm von Hofmann und unabhängig davon in Frankreich von François-Emmanuel Verguin und in Polen von Jakub Natanson erstmals synthetisiert. Es ist nach der Fuchsie benannt, deren blaurote Blüten einen ähnlichen Farbton besitzen (Bild 7.119). Die damalige Arbeit im Labor zur Entwicklung neuer Farbstoffe war noch wenig systematisch und von Trial and Error geprägt. Der amerikanische Historiker John J. Beer bemerkte dazu, es handele sich um „wild experimentation that knew neither method nor theory“. Trotz noch bestehender Unkenntnis über den exakten Aufbau der Farbstoffmoleküle begann die industrielle Produktion in Deutschland im Jahr 1863 bei Bayer und Hoechst.

**Bild 7.119** Mauvein und Fuchsin in der Farbstoffsammlung Dresden (Jü, 2012)

## 7.12.5 Aldehydgrün

Im Jahr 1863 synthetisierte Eugen N. Lucius in Höchst erstmals Aldehydgrün, das - im Gegensatz zu seinen Vorläufern - lichtbeständig war. Als es dem Unternehmen gelang, größere Mengen davon nach Lyon zur dortigen Seidenmanufaktur zu liefern und die französische Kaiserin Eugénie ihre Vorliebe für diesen grünen Farbton entdeckte, wurde er schnell zu einer Modefarbe. Dieser Erfolg war für die Farbenindustrie von großer Bedeutung, denn bis dahin galten insbesondere Grüntöne als gefährlich für die Trägerin, weil sie meist auf Arsenbasis hergestellt wurden. Entsprechend oft soll es zu Vergiftungen gekommen sein, wie Karikaturen zeigen (Bild 7.120). Auch der Begriff „Giftgrün“ stammt aus dieser Zeit.

Eugen N. Lucius, Carl F. W. Meister und Adolf Brüning gründeten 1863 die später sogenannten Farbwerke Hoechst in der Nähe von Frankfurt a. M., und die Firma expandierte schnell (Bild 7.121). 1914 hatte sie mehr als 9000 Mitarbeiter.

**Bild 7.120** Links: der „Dance of Death“ in einer Karikatur von 1862 in der Zeitschrift Punch; rechts: Kaiserin Eugénie mit grünem Kleid (Billotte, 1870)

**Bild 7.121** Farbwerke Hoechst am Ende des 19. Jh. (Wiki, 1888b)

## 7.12.6 Azo-Farbstoffe

Der deutsche Chemiker Johann P. Grieß (1829–1888) entdeckte 1858, dass aromatische Amine mit salpetriger Säure reagieren, und schuf so eine völlig neue Farbstoffklasse, die Azo-Farbstoffe. Sie reagieren leicht und können mit weiteren Atomgruppen kombiniert werden, wodurch völlig andere Farbstoffe entstehen. Die ersten Azo-Farbstoffe waren besonders für die Färbung von Wolle und Seide geeignet, für Baumwolle war eine Beizbehandlung erforderlich. Nachdem auch dies behoben war („substantive“ bzw. „direkt aufziehende“ Farbstoffe), stand dem Siegeszug der Azo-Farbstoffe für ein breites Spektrum von Fasern nichts mehr im Wege. Ab 1858 in England tätig, verbrachte Grieß dort den Rest seines Berufslebens trotz mancher Angebote, nach Deutschland zurückzukehren.

### 7.12.7 Indigo

Nach einem langen wirtschaftlichen Kampf mit dem deutlich billigeren Indigo aus Indien, stellte 1820 die letzte Waidmühle in Europa ihren Betrieb ein, und der gesamte zur Blaufärbung verwendete Indigo kam fortan aus Asien. Im Jahr 1895 wurde Indigo dort bereits auf 700 000 ha Ackerfläche angebaut, und Indien exportierte mehr als 9000 t nach Europa, mit Kalkutta als wichtigstem Handelsplatz (Bild 7.122).

**Bild 7.122** Indigoerzeugung in Indien (Simpson, 2014)

Die Qualität des Naturprodukts Indigo war allerdings sehr unterschiedlich, und der Farbanteil variierte zwischen 20 % und 90 %. Ein deutscher Kaufmann handelte in St. Petersburg mit Indigo so erfolgreich, dass er u. a. dadurch zum Millionär wurde und später Troja ausgraben konnte: Heinrich Schliemann (1822–1890). Durch die hohe Nachfrage war Indigo teuer, und es wurde nach günstigen Alternativen gesucht. Ab 1865 begann der Hochschulprofessor Adolf von Bayer (1835–1917) damit, die Struktur von Indigo zu entschlüsseln. 1870 gelang ihm erstmalig dessen Synthese. Als Ausgangsstoff nutzte er Isatin, was wiederum aus Indigo hergestellt wurde, was daher technologisch und wirtschaftlich zunächst unsinnig war. Als man 1878 Isatin aus Phenylessigsäure gewinnen konnte, war jedoch eine wichtige Hürde genommen. 1880 gelang von Bayer die Erzeugung von Indigo aus Zimtsäure, wofür er ein Patent erhielt. Aber auch bei diesem Prozess waren die Kosten für die Rohstoffe und die Produktion höher als die von natürlichem Indigo. 1883 entschlüsselte von Bayer schließlich den atomaren Aufbau von Indigo, womit er seine Arbeiten abschloss. Bis dahin hatte der technische Direktor der BASF AG, Heinrich Caro, eng mit ihm zusammengearbeitet. Unter dessen Leitung wurde mithilfe der gewonnenen Erkenntnisse versucht, einen wirtschaftlichen Produktionsprozess zu entwickeln. Dies gelang aber erst, nachdem weitere Wissenschaftler alternative und günstigere Verfahrensrouten gefunden hatten. Eine besonders wichtige war die von Karl Heumann (1851–1894), die auf Anilin beruhte, was in großen Mengen und relativ günstig zur Verfügung stand. Damit waren Ausbeuten von bis zu 90 % Indigo möglich (Bild 7.123).

**Bild 7.123** Adolf von Bayer um 1905 (links; Wiki, 1905a) und Indigoproduktion um 1890 bei der BASF (rechts; Wiki, 2006)

Obwohl Heumann Schweizer war, verpasste die ortsansässige chemische Industrie die Chance, und seine Verfahren wurden stattdessen von der BASF AG sowie vom Unternehmen Meister, Lucius & Brüning (Vorläufer der Hoechst AG) patentiert. Die BASF versuchte, einen auf dem günstigen Naphthalin beruhenden Indigoprozess marktreif zu machen. Dazu wurde fast das gesamte Kapital investiert. Diese Entwicklung gelang aber erst, als der Zufall zu Hilfe kam. So zerbrach bei einem Versuch aus Versehen ein Quecksilberthermometer, und es stellte sich zur allgemeinen Verblüffung heraus, dass Quecksilber ein sehr guter Katalysator war. Damit war endlich ein wirtschaftlicher Herstellungsprozess möglich, und die BASF brachte im Juli 1897 das erste synthetisch hergestellte Indigo auf den Markt, das sehr schnell ein großer wirtschaftlicher Erfolg wurde (Bild 7.124). Johannes Pfleger entwickelte 1901 eine Variante der Heumann-Synthese, sodass auch die Degussa und die Farbwerke Hoechst nun synthetischen Indigo herstellen konnten. Weil damit das Monopol der BASF auf Indigo gebrochen war, fiel der Preis pro Kilogramm von 20 auf 4 Reichsmark. 1904 schlossen sich die BASF und die Farbwerke Hoechst in der „Indigo-Konvention“ zu einem Kartell zusammen, und der Marktpreis wurde auf 8 Reichsmark pro Kilogramm festgesetzt. Dies war billiger als der natürliche Indigo, und so wurde dieser innerhalb weniger Jahre fast vollständig vom Weltmarkt verdrängt. 1914 hatte er nur noch einen Anteil von 4 % (Bild 7.124).

1900 musste Deutschland noch für 20 Mio. Reichsmark Naturindigo importieren, doch schon 1905 erreichte der Export von synthetischem Indigo einen Wert von 25 Mio. Reichsmark und 1914 sogar von 400 Mio. Reichsmark (Müller, 1997).

Der wirtschaftliche Erfolg ermöglichte es der BASF AG ebenso wie den Farbwerken Hoechst, u. a. in die großtechnische Produktion weiterer Farbstoffe und auch anderer chemischer Grundstoffe zu investieren. Damit war es für die Textilindustrie deutlich einfacher und billiger, die von ihr benötigten Chemikalien einzukaufen, als sie selbst herzustellen, wie es bis dahin üblich war. Die BASF war im Jahr 1900 mit rund 6000 Mitarbeitern das größte Chemieunternehmen der Welt.

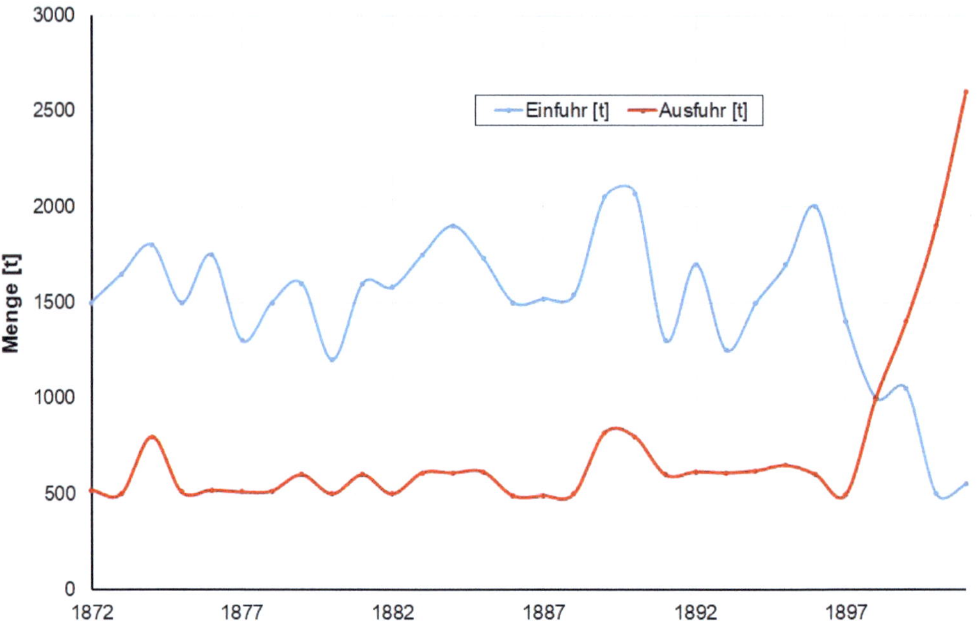


**Bild 7.124** Im- und Exportmengen von Indigo in Deutschland

## 7.12.8 Kostenvergleich

Mit der Erfindung der Teerfarbstoffe standen nun nicht nur Farbstoffe in großen Mengen zur Verfügung, auch ihr Preis lag meist erheblich unter dem der natürlichen Farbmittel (Bild 7.125). Mit zunehmender Industrialisierung der Produktion wurde dieser Kostenvorteil immer größer, und die natürlichen Farbstoffe wurden zu Anfang des 20. Jh. nahezu komplett vom Markt verdrängt.

| Farbstoff | Kosten [£/t Textilien] |
|---|---|
| Blauholz | 1 - 10 |
| Indigo | 20 - 80 |
| | |
| Cochenille | 20 - 300 |
| Krapp | 10 - 20 |
| Rotholz | 2 - 20 |
| Färberdistel (Saflor) | 60 - 200 |
| | |
| Quercitronrinde | 1 - 3 |
| | |
| Teerfarben | 1 - 10 |

**Bild 7.125** Kostenvergleich wichtiger Farbstoffe im 19. Jh. für England (Daten: Engel, 2009)

# 7.13 Veredlung

Für die Veredlung wurden im 19. Jh. zahlreiche Maschinen entwickelt, die die mühselige manuelle Bearbeitung der Stoffe überflüssig machten. So konnten Arbeitskräfte gespart werden, und die Qualität der Textilien wurde besser und gleichmäßiger. Im Folgenden werden einige typische Beispiele vorgestellt.

## 7.13.1 Waschen und Walken

Im Jahr 1833 erhielt der Engländer John Dyer ein Patent auf eine rotatorisch arbeitende Walkmaschine (Bild 7.126).

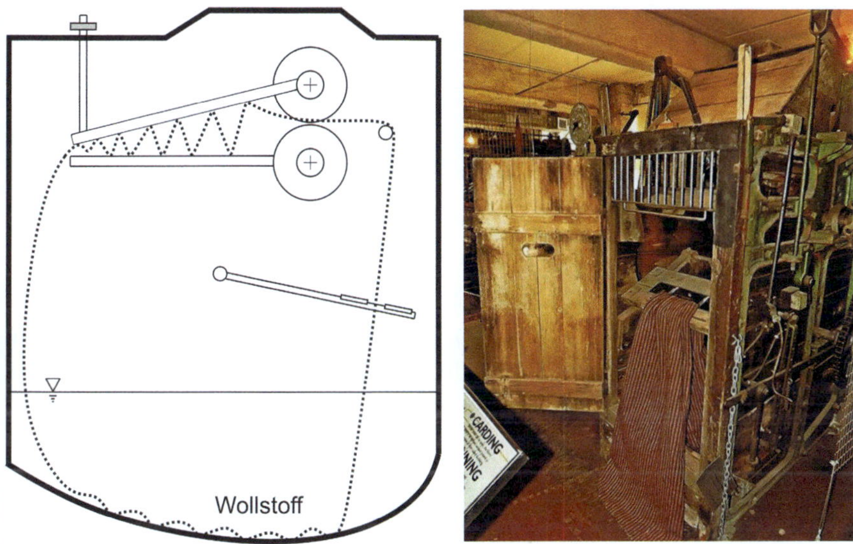


**Bild 7.126** Rotatorische Wollwalkmaschine von John Dyer (links nach: Aspin, 1981)

Damit konnten der Walkprozess besser kontrolliert und gleichzeitig die Prozessgeschwindigkeit erhöht werden. Auch der Energieverbrauch war geringer als bei den bisherigen Verfahren mit Hämmern, weil keine translatorische Abbremsbewegung erforderlich war. Ihr Funktionsprinzip wird heute noch in der sogenannten Haspelkufe eingesetzt, z. B. zum Waschen und zum Färben.

Die Walk- und Waschprozesse zur Veredlung von Wollstoffen wurden durch die fortschreitende Mechanisierung vor allem in großen Betrieben durchgeführt (Bild 7.127). Die Arbeitsbedingungen waren hart und Arbeitstage von 16 h und mehr keine Seltenheit (Aspin, 1981).

**Bild 7.127** Walk- und Waschmaschinen mit Dampfantrieb (Figuier, 1870)

Bild 7.128 zeigt eine Wollwaschmaschine im Detail. Von entscheidender Bedeutung war ein sanfter Materialfluss, damit die Wolle beim Waschen nicht verfilzte. Dazu wurden gekerbte Walzen eingesetzt. Bei Baumwolle oder Flachs war dies kein Problem. Das Waschwasser musste regelmäßig gereinigt bzw. ausgetauscht werden.

Das Waschen der eigenen Wäsche geschah entweder zu Hause oder in öffentlichen Waschhäusern, die in der Regel an fließenden Gewässern lagen (Bild 7.129). So bot sich auch die Gelegenheit, mit anderen zu plaudern und „schmutzige Wäsche zu waschen".

In Frankreich gab es geräumige überdachte Waschsalons mit großen Fenstern, die auch bei Wind und Wetter genutzt werden konnten (Bild 7.130). Nachteilig war hier, dass das Schmutzwasser von der nächsten Wäscherin wieder genutzt werden musste, was entsprechend unhygienisch war.

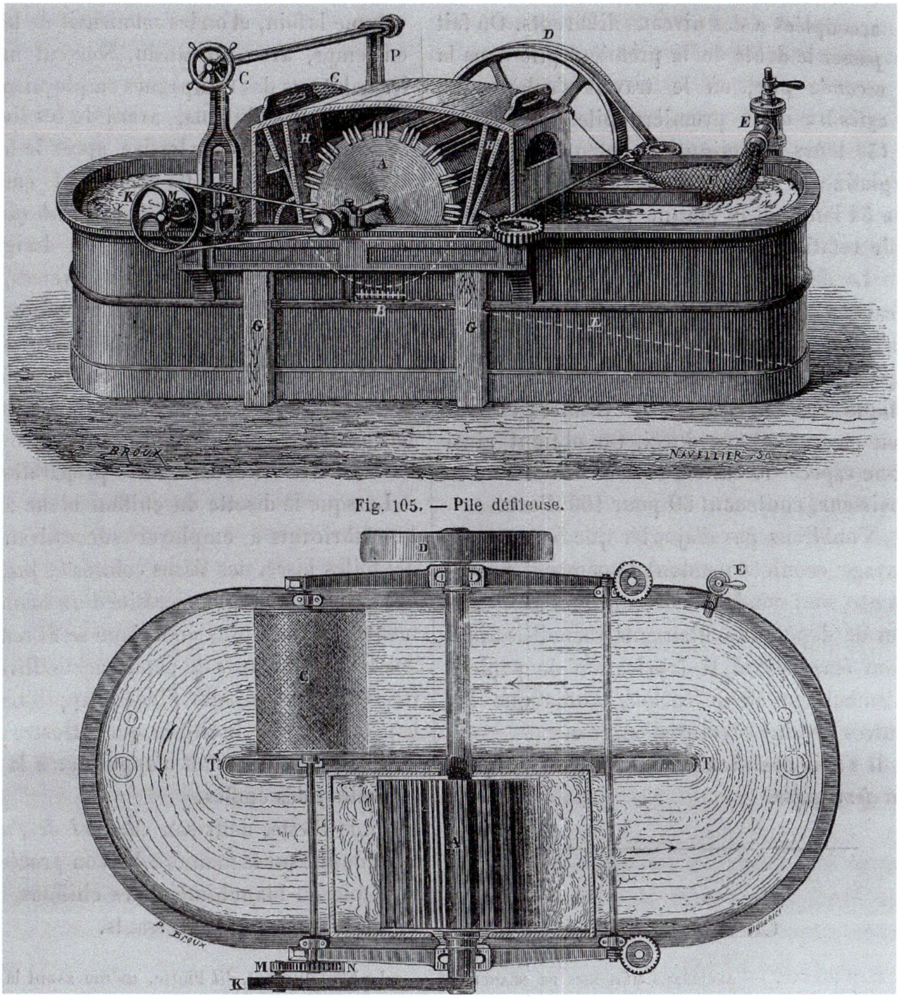

Fig. 105. — Pile défileuse.

**Bild 7.128** Wollwaschmaschine (Figuier, 1873b)

**Bild 7.129** Öffentliches Waschhaus in Straßburg 1840 (Saddler, 1840)

**Bild 7.130** Waschsalon in Frankreich im 19. Jh.

## 7.13.2 Bleichen

Die Bleiche von Stoffen erfolgte häufig noch wie im Mittelalter durch Auslegen der Textilien im Freien, obwohl es seit dem 18. Jh. schon chemische Bleichmittel gab, die den Prozess erheblich verkürzten. Dies betraf sowohl die „industrielle" Bleiche, die neben den Webereien bzw. Ausrüstungsbetrieben stattfand (Bild 7.131), als auch das Bleichen der frisch gewaschenen Wäsche (Bild 7.132).

**Bild 7.131** Industrielle Flachsbleiche bei einer Spinnerei in Sachsen (Wagner, 2019)

**Bild 7.132** Private Bleiche im Garten (Liebermann, 1882)

Das Bleichen wurde meist von Frauen durchgeführt, die dazu z. B. in Großbritannien aus Schottland in die Textilzentren in Mittelengland kamen, um dort zu arbeiten.

## 7.13.3 Färben und Drucken

Die Entwicklung des wertmäßigen Anteils wichtiger Farbstoffe zur Färbung von Textilien zeigt Bild 7.133 am Beispiel Großbritanniens. Farbhölzer hatten um 1700 den größten Anteil, daneben waren Krapp aus lokalen Quellen sowie der importierte Indigo von großer Bedeutung. Später wurde Cochenille zur Rotfärbung sehr wichtig, wobei es hier modebedingt und je nach Nachfrage und Angebot zu erheblichen Schwankungen kam. Ab 1860 verlor Indigo erheblich an Wert durch die allmähliche Einführung künstlicher Farbstoffe (vgl. Abschnitt 7.12).

Bild 7.134 zeichnet ein anderes Bild, hier ist der Mengenanteil der entsprechenden Farbstoffe am Gesamtverbrauch dargestellt. Es ist offensichtlich, dass die meisten Textilien mit Farbhölzern gefärbt wurden und Indigo nie über einen Anteil von 30 % hinauskam. Die teure Cochenille spielte mengenmäßig keine Rolle, während Krapp zur Rotfärbung einen relativ konstanten Marktanteil von 10 % besaß.

Bild 7.135 zeigt das Verhältnis aus Wert und Volumen der oben betrachteten Farbstoffe. Liegt der Faktor bei 1, so entspricht der Wertanteil dem Volumenanteil. Es ist offensichtlich, dass Cochenille extrem teuer ist, also viel Geld ausgegeben wurde für eine nur geringe Menge Farbstoff. Bei Farbhölzern ist es genau umgekehrt, und der relative Preis für Indigo stieg zur Jahrhundertmitte hin an, bevor er durch die Einführung des künstlichen Indigos extrem zurückging, was hier nicht mehr dargestellt ist.

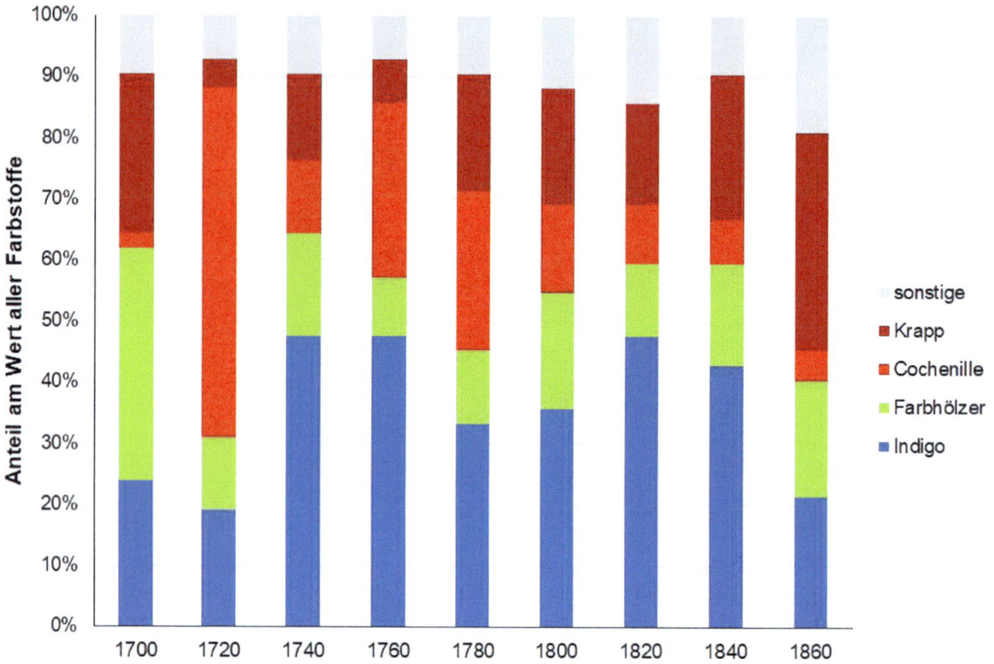


**Bild 7.133** Anteile wichtiger Farbstoffe in Großbritannien nach Wert (Daten: Engel, 2009)

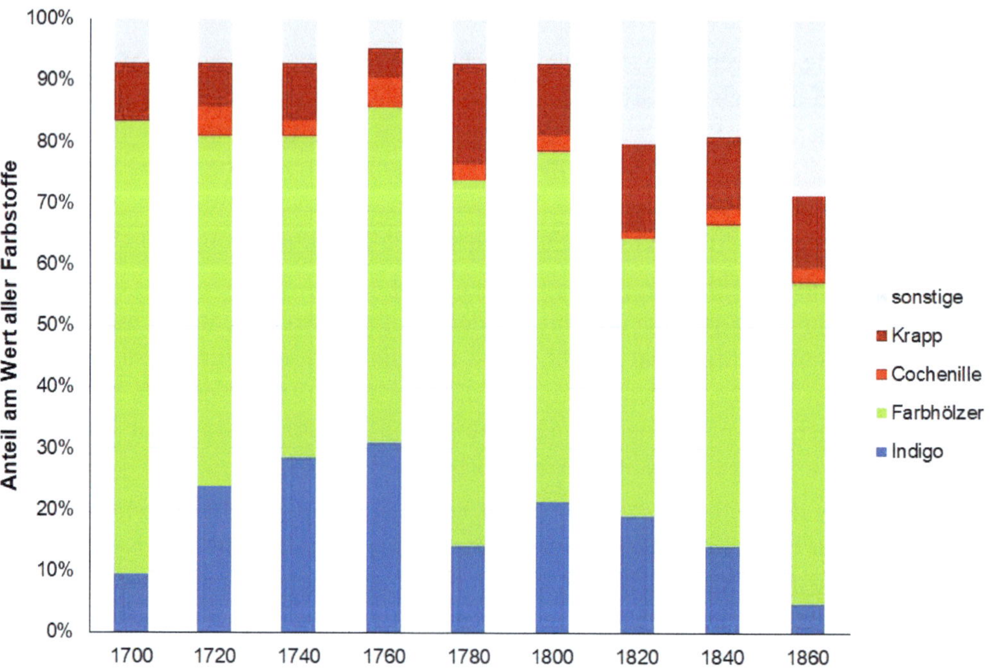


**Bild 7.134** Anteile wichtiger Farbstoffe in Großbritannien nach Verbrauch (Daten: Engel, 2009)

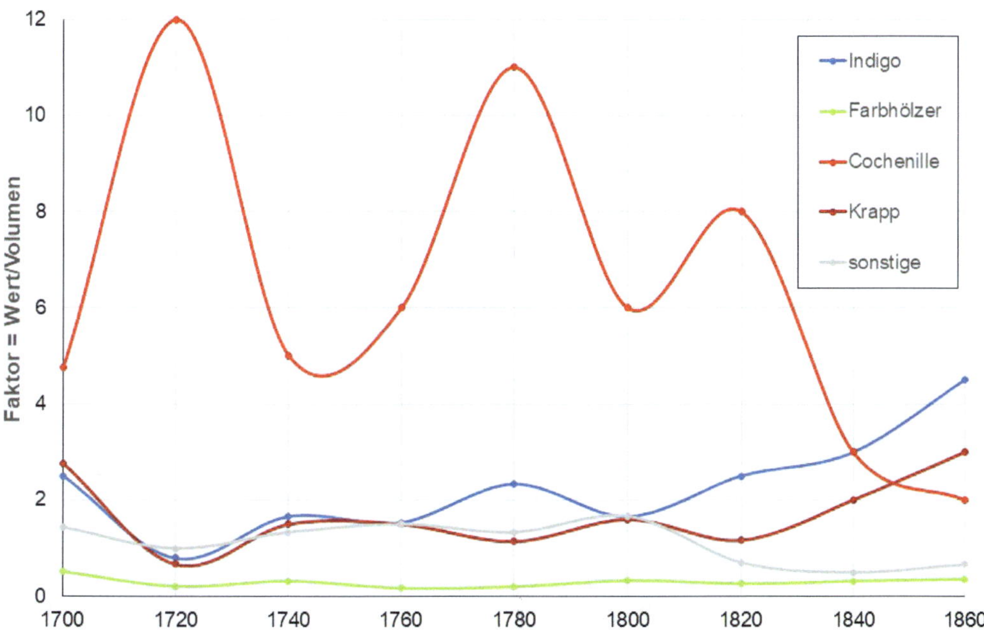


**Bild 7.135** Entwicklung des Wert- vs. Volumen-Faktors für Farbstoffe in Großbritannien (Daten: Engel, 2009)

#### 7.13.3.1 Färben

Das Färberhandwerk war auch im 19. Jh. noch oft Handarbeit, wie Bild 7.136 beispielhaft zeigt. Allerdings gab es schon Ansätze einer industriellen Produktion für die auf die Färbung folgenden Prozesse (Bild 7.137).

**Bild 7.136** Färberwerkstatt für Stückfärbung (links; Hazen, 1836) und Korb für die Indigofärbung von Wolle (rechts; Figuier, 1873d)

**Bild 7.137** Englische Waschmaschine für gefärbte Stoffe (Figuier, 1873e)

Im Anschluss konnte noch eine Appreturbehandlung erfolgen, um eine spezielle Oberfläche („Griff") zu erhalten (Bild 7.138).

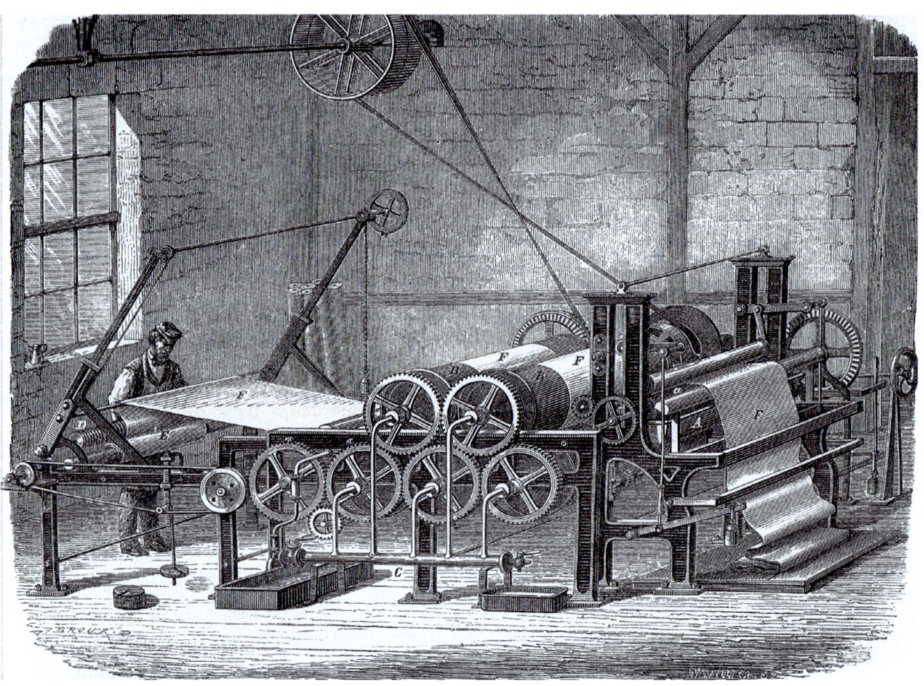

**Bild 7.138** Appreturmaschine für gefärbte Textilien (Figuier, 1873a)

#### 7.13.3.2 Drucken

Das Drucken war ein kostengünstiger Prozess, um auch komplexe Muster herzustellen. Dabei musste aber, insbesondere bei mehrfarbigen Drucken, sehr sorgfältig gearbeitet werden, damit die verschiedenfarbigen Muster auch zusammenpassten. Bild 7.139 zeigt eine Druckerwerkstatt mit Druckermeister und Gesellen oder Lehrling beim Bedrucken reinweißer Stoffe.

Für einfache Muster wurde ebenfalls der schon 1783 durch Thomas Bell erfundene Rotationsdruck eingesetzt.

**Bild 7.139** Handschablonendruck (Férat, 1873)

### 7.13.4 Scheren

Tuche aus Wolle wurden geschoren, um eine glatte Oberfläche zu erzielen. Dazu wurden Rotationsschermaschinen eingesetzt. Das Tuch wurde mit Walzen gespannt, zwischen einem feststehenden Messer und einer rotierenden Scherwalze durchgezogen und so von abstehenden Haaren befreit (Bild 7.140). Im unteren Bildteil ist eine Scherwalze zu sehen, in die Scherklingen schraubengewindeförmig eingebaut sind.

**Bild 7.140** Rotationsschermaschine und Schermesser um 1840

## 7.13.5 Rauen

Das Rauen von Wollstoffen, bis in die frühe Neuzeit mühselige Handarbeit, wurde im 19. Jh. endgültig mechanisiert. Die ersten Raumaschinen wurden im Zuge verschiedener Arbeiteraufstände noch oft zerstört, weil sie viele Handwerker um ihre Existenz fürchten ließen. Letztendlich setzten sie sich aber gegen Ende des 19. Jh. durch. Als „Raumaterial" wurden weiterhin – und auch oft noch bis heute, insbesondere für empfindliche Stoffe – Kratzdisteln eingesetzt (Bild 7.141).

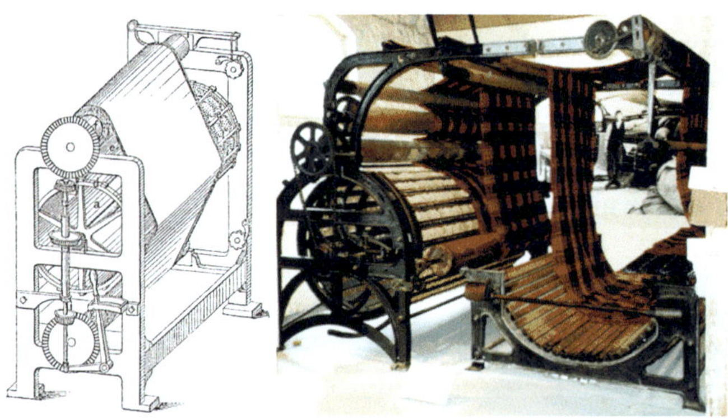

**Bild 7.141** Raumaschine (links: Mapmarks, 2019)

Eine größere Ausführung mit mehr Walzen, die hier mit Drahthäkchen versehen sind, zeigt Bild 7.142. Dieses Prinzip ist bis heute dominierend.

**Bild 7.142** Raumaschine am Ende des 19. Jh. (Cyclopedia, 1907)

### 7.13.6 Sticken

Das Sticken war jahrhundertelang eine rein manuelle Tätigkeit, bis 1828 Josua Heilmann aus Mülhausen eine Handstickmaschine erfand. Mithilfe einer an beiden Enden spitzen Nadel konnte seine Maschine einfache Stickereien ausführen (Bild 7.143).

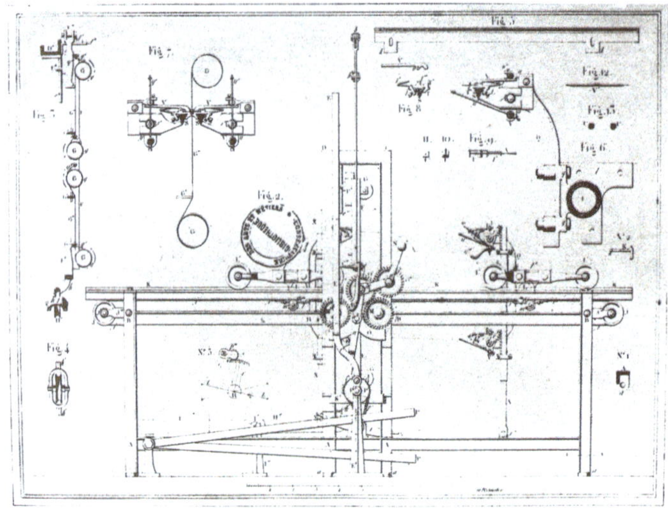

**Bild 7.143** Handstickmaschine von J. Heilmann (PaterMcFly, 2010)

1863 wurde die Kettenstichmaschine entwickelt und 1873 vom Schweizer Isaak Gröbli eine Schifflistickmaschine. Bei diesem Verfahren sticht die spitzöhrige Nadel nur teilweise durch das Material, und der Nadelfaden wird auf der Rückseite mit dem Schiffchenfaden verschlungen. Diese Maschinen wurden vor allem in Plauen und Chemnitz ab 1880 weiterentwickelt.

## 7.14 Industrialisierung und Textilherstellung

Der Motor für die weitere Industrialisierung war auch im 19. Jh. das englische Königreich. Neuartige Textilmaschinen wurden lange nur in England entwickelt und nach Europa exportiert oder manchmal dort einfach nur kopiert. Erst mit der Abschaffung der Zünfte und der Schaffung einer Zollunion in verschiedenen Ländern Europas zu Beginn des 19. Jh. änderte sich dies allmählich, und so setzte in Frankreich und Deutschland und auch in allen anderen europäischen Ländern diese Entwicklung mit deutlicher Verzögerung ein.

## 7.14.1 Warum begann die Industrialisierung in der Textiltechnik?

Der Hauptgrund dafür ist das explosive Bevölkerungswachstum nach dem Ende des Dreißigjährigen Krieges im 17. Jh. Die Landwirtschaft wurde in dieser Zeit immer effizienter, und so konnte eine größere Anzahl von Menschen versorgt werden. Gleichzeitig wuchsen die Städte immer mehr, da sie Sicherheit vor Überfällen und für viele Menschen auch Arbeit boten. So wurden viele ehemalige Bauern zu städtischen Handwerkern.

Deshalb stellten viele Menschen nicht mehr selbst ihre Bekleidung her, sondern mussten diese kaufen oder eintauschen. Alle anderen Dinge des täglichen Bedarfs, also Lebensmittel, Möbel etc., wurden weiterhin meist noch selbst produziert. Eine industrielle Produktion lohnte sich für diese Erzeugnisse nicht. Textilien dagegen waren auch damals schon ein „Verbrauchsartikel", sowohl durch Verschleiß als auch wegen der wechselnden Mode. In vielen Bevölkerungsschichten stellten sie darüber hinaus ein Statussymbol dar („gut betucht"). Daher entstand ein großer Bedarf an Textilien zu erschwinglichen Preisen, und dieser war nur durch industrielle Produktion zu befriedigen.

Andere Bereiche, wie z. B. die Waffenproduktion, hatten keine genügend große Nachfrage, sodass sich eine industrielle Produktion nicht lohnte. Darüber hinaus wären entsprechende Maschinen auch sehr kompliziert gewesen, und die damalige Fertigungsgenauigkeit war bei Weitem nicht ausreichend. Dies war z. B. auch bei den ersten Dampfmaschinen eines der Hauptprobleme, da es zu Undichtigkeiten kam, weil keine ideal runden Zylinder hergestellt werden konnten.

## 7.14.2 Industrialisierung in Deutschland am Beispiel von Aachen

Im Folgenden wird die Entwicklung der industriellen Textilproduktion am Beispiel Aachens gezeigt, einem Zentrum der Wollverarbeitung. Sie steht beispielhaft für viele andere Städte in Württemberg, Baden, Bayern, Sachsen und Thüringen, wo ebenfalls Zentren der Textilerzeugung entstanden.

### 7.14.2.1 Textilherstellung

Die günstige Lage in der Nähe wichtiger Handelsstraßen, die Marktrechte als freie Reichsstadt und die heißen Quellen schufen schon im Mittelalter in Aachen ideale Voraussetzungen für die Herstellung von Textilien, vor allem aus Wolle. Bereits um das Jahr 1000 ist der Tuchhandel urkundlich belegt. Im 12. Jh. ist ein Tuchmachergewerbe nachgewiesen, es gab also neben dem Handel auch Tuchproduktion. Begünstigt wurde dies durch die verkehrsgünstige Lage Aachens am Knotenpunkt verschiedener Fernstraßen und durch das Vorkommen von heißem Wasser, was für die Wollwäsche und das Färben ein großer Vorteil war.

Im 17. Jh. wurde die mittlerweile relativ wohlhabende Stadt Aachen mit der Reichsacht belegt, nachdem der Rat protestantisch geworden war (Bild 7.144). Aachen wurde von kaiserlichen Truppen besetzt, und viele protestantische Tuchfabrikanten flohen in die umliegenden Städte Vaals, Burtscheid, Düren, Monschau und Eupen. An einigen dieser Orte blühte die Textilindustrie förmlich auf. So beschäftigte um 1750 in Monschau der Tuchmacher Johann Heinrich Scheibler (der auch das „Rote Haus" erbaute) bereits 6000 Lohnarbeiter. Er exportierte bis in den fernen Orient und besaß ein eigenes Kontor in Konstantinopel. Grundlage der Tuchherstellung war das Verlagswesen, dessen Grundprinzipien bereits in Kapitel 5 dargelegt wurden. Dieses System brach mit der Besetzung Aachens durch französische Truppen 1794 zusammen, weil keine Wolle mehr aus Spanien importiert werden konnte.

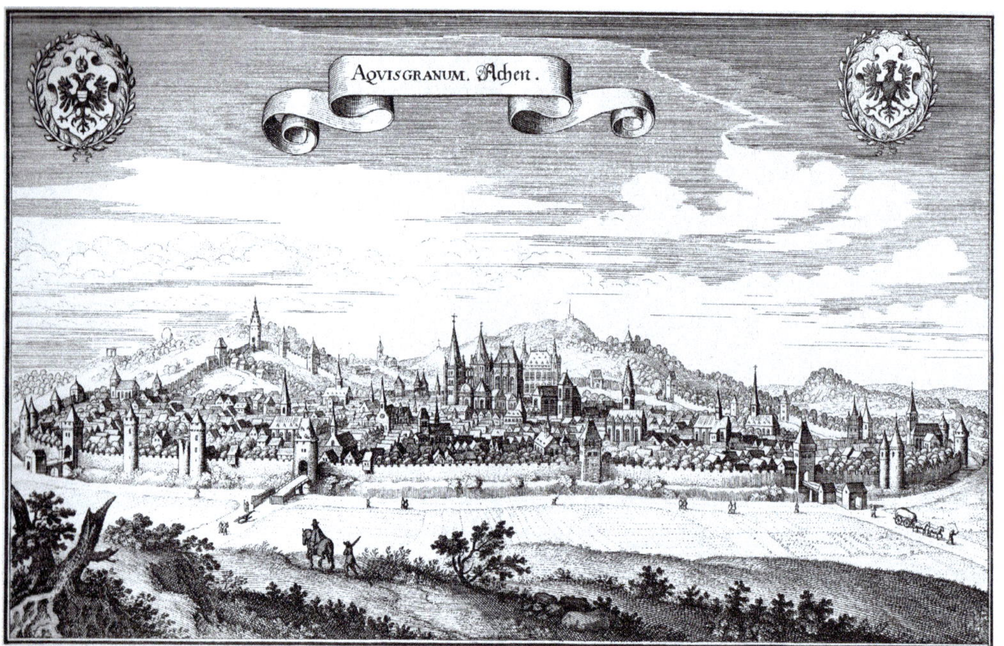


**Bild 7.144** Aachen um 1647 (Merian, 1647)

In der Folgezeit wurde Aachen zur Hauptstadt des Departments de la Roer, und 1798 wurden die Zünfte aufgehoben und die allgemeine Gewerbefreiheit eingeführt. Durch die Kontinentalsperre wurde England vom großen europäischen Markt ausgeschlossen, wodurch Aachen die Gelegenheit erhielt, seinen technologischen Rückstand aufzuholen. Im Jahr 1816 veröffentlichte das Aachener Intelligenzblatt ein Loblied auf den mittlerweile erreichten Stand der Technik (Rouette, 1992):

*„Der Wolle ungestalter Klumpen strickt*
*Der dichtgezahnten Walzen steter Umlauf*
*In ebene und schimmernd weiße Streifen,*
*Behutsam ziehen die gefurchten Rollen*
*Den Faden aus, den die behende Spule,*
*Die zarten Fibern emsig flechtend dreht*
*Und müßig steht von unsichtbarer Kraft,*
*Das Weberschiff schießt rastlos hin und her*
*Durch der bewegten Fäden Labyrinth,*
*Von keiner Hand gelenkt, und findet sicher*
*Wie vom Instinkt getrieben seine Bahn.*
*Das regende Gewühl der Fäden scheint*
*Sich selbst zum künstlichen Geweb zu fügen."*

Die Mechanisierung der deutschen Textilindustrie begann Anfang des 19. Jh. in Aachen, das „Einfallstor der Industrie" genannt wurde. Der Engländer James Cockerill war der erste Unternehmer, der eine industrielle Produktion wagte. Schon 1779 baute sein Vater William eine Spinnmaschine in Verviers, womit das englische Monopol auf diese Technik gebrochen war. 1807 beschäftigte Cockerill in Lüttich 160 Mitarbeiter, und 1813 kaufte James Cockerill die erste Dampfmaschine bei James Watt. Bald baute er u. a. eine Wollreinigungsmaschine („Wolf") und eine Wollkrempel. 1807 betrieb er in Aachen eine erste Spinnmaschine mit 40 Spindeln, die entsprechend Arbeitskräfte einsparte. Durch die Einheirat in die Aachener Tuchfabrikantenfamilie Pastor, zusammen mit seinem Bruder John ehelichten sie gleichzeitig zwei Töchter der Familie, wurde er vom Maschinenlieferanten zum Hersteller von Textilien. Die Einführung der Dampfkraft als Antriebsquelle führte zu einer Steigerung der Produktion, und viele Aachener Unternehmer folgten seinem Beispiel. So errichteten mehrere Kaufleute in ihren Gärten direkt neben ihren Wohnhäusern Textilfabriken (Bild 7.145). Andere kauften säkularisierte Klöster auf und installierten in den Räumen Spinn- und Webmaschinen.

**Bild 7.145** Tuchfabrik Kelleter (McGill, 2018a)

So stieg die Anzahl der Tuchfabriken von neun im Jahr 1800 auf 16 (1804) und 41 (1807), und im Jahr 1812 wurden bereits 93 sogenannte Volltuchfabriken betrieben mit 1358 Webmaschinen. Dort wurden 98 Tuchmachermeister, 1378 Weber, 1672 Spinner, 635

Stopferinnen, 53 Schermeister, 645 Scherarbeiter, 18 Färbermeister und 84 Färbereiarbeiter beschäftigt (Bruckner, 1949), womit sich die gesamte Produktionskette vom Garn bis zum fertigen Tuch „unter einem Dach" befand. Bei 37 000 Einwohnern insgesamt war die Tucherzeugung damit die dominierende Industrie in Aachen.

Mit der Niederlage Napoleons 1815 wurde Aachen preußisch, gleichzeitig fiel durch die neue Grenze zu Frankreich ein wesentlicher Teil des Marktes für die Aachener Tuchindustrie weg. Die Aufhebung der Kontinentalsperre verstärkte wiederum den Wettbewerb gegen die Konkurrenz aus England, und so standen die Aachener Textilhersteller vor großen Herausforderungen. 1817 wurde daher die erste Dampfmaschine von der Tuchfabrik Kelleter installiert, und so wurde das Verlagssystem durch eine industrielle Produktion nach englischem Vorbild schnell abgelöst.

Es gab allerdings auch Widerstand gegen die Dampfmaschinen, weil die Fabriken inmitten von Wohnhäusern errichtet wurden und die Bürger gegen die Belastung durch Rauch und Lärm protestierten, zum Teil mit Erfolg. Auch fürchteten manche die Gefahr einer Explosion der Dampfmaschinen, die aus Sicherheitsgründen meist außerhalb der Fabrikgebäude errichtet wurden (Bild 7.146).

1829 besaßen bereits zwölf von 51 Tuchfabriken in Aachen eine Dampfmaschine. Um die Kosten weiter zu senken, wurden schnellere Maschinen angeschafft und entsprechend Arbeiter entlassen. Als es 1830 in Paris zur Julirevolution kam und Arbeiter in Belgien Textilfabriken zerstört hatten, wurden die Aachener Arbeiter ebenfalls unruhig, weil sie immer schlechter bezahlt wurden und um ihre Existenzen fürchteten. Sie zerstörten das Wohnhaus von James Cockerill, den sie als einen der Schuldigen für ihre Misere ansahen. Der Aufruhr wurde allerdings noch am selben Tag niedergeschlagen, und die Rädelsführer wurden hart bestraft (Rouette, 1992).

**Bild 7.146** Tuchfabrik Startz von 1821 mit Kamin der externen Dampfmaschine (links) (Schnitzler, 2006)

Die Modernisierung der Tuchproduktion ließ sich allerdings nicht aufhalten und die Schaffung neuer Märkte, auch in den USA, führte zu einer weiteren Ausweitung der Produktion und schuf neue Arbeitsplätze. So entstanden zahlreiche neue Textilfabriken, sowohl mitten in der Stadt als auch in den Randgebieten (Bild 7.147). 1859 standen bereits 50 % aller Dampfmaschinen des Rheinlands und Westfalens in Aachen. Dies führte zu einem Anstieg der Luftverschmutzung durch den Rauch der Dampfmaschinen und einer erheblichen Lärmbelästigung der Anwohner.

**Bild 7.147** Tuchfabrik Neuwerk (McGill, 2018b)

Neben den Großbetrieben mit mehr als 1000 Beschäftigten gab es weiterhin kleine Tuchfabriken mit nur wenigen Mitarbeitern und im ländlichen Raum bis in die Nordeifel weiterhin Textilherstellung im Verlagswesen. Die großen Textilfabriken beschäftigten zunehmend Kinder, die deutlich schlechter bezahlt wurden als erwachsene Arbeiter. Im Krankheitsfall wurde der Lohn nicht gezahlt, und da es keinerlei soziale Absicherung gab, gerieten viele Familien in Existenznöte. Daraufhin wurden mehrere Orden gegründet, die den besonders bedürftigen Familien halfen. Ironischerweise waren die Ordensgründerinnen zum Teil Töchter der Textilunternehmer, die das Problem erst verursacht hatten. Dazu gehörten Franziska Schervier (1819–1876) von den Armen Schwestern vom heiligen Franziskus und Clara Fey, die die Kongregation der Schwestern vom armen Kinde Jesus gründete (Bild 7.148).

Mit den Sozialgesetzen von Otto von Bismarck wurde die Situation ab den 1870er-Jahren allmählich besser, dennoch waren die Arbeitsbedingungen hart. Gegen Ende des 19. Jh. wanderten Montagfrüh bis zu 22 000 Arbeiter aus den umliegenden Dörfern zur Arbeit nach Aachen, wo sie bis Samstag arbeiteten und in den Fabriken übernachteten (Rouette, 1992).

Die Einführung von Importzöllen durch die Reichsregierung schützte die Tuchindustrie vor „Billigimporten", z. B. aus England, und der Ausbau der Eisenbahn, z. B. nach Antwerpen, half der lokalen Industrie beim Export ihrer Waren. Unter diesen günstigen Randbedingungen wurden in Aachen zahlreiche Aktiengesellschaften gegründet, u. a. 1876 die heutige Henkel AG & Co. KGaA, die aber bereits zwei Jahre später nach Düsseldorf übersiedelte. Sie stand nur rund 400 m vom Aachener Dom entfernt und hatte daher keine Expansionsmöglichkeiten.

**Bild 7.148** Links: Franziska Schervier (1819–1876) (Sozi, 2006a); rechts: Clara Fey (1815–1894) (Sozi, 2006b)

Durch die zunehmende Komplexität der Spinn- und Webmaschinen kam es zu einem Fachkräftemangel, und so wurde 1883 die „Höhere preußische Textilschule" gegründet, aus der 1902 die „Textilingenieurschule Aachen" hervorging. Seit 1870 wurden an der Königlich Rheinisch-Westfälischen Polytechnischen Schule zu Aachen" (heute: RWTH Aachen University) Ingenieure ausgebildet, womit der Nachwuchs an qualifiziertem Personal gesichert war. Eigentlich sollte diese Schule in Köln errichtet werden, aber eine großzügige „Spende" der Aachener Industriellen an Kaiser Friedrich Wilhelm I. führte zu einer Korrektur der Standortwahl.

In Aachen wurden vor allem weiche Streichgarntuche erzeugt, ab 1870 auch edlere Tuche aus Kammgarn. Im Jahr 1897 gab es in Aachen und Burtscheid 151 Textilbetriebe, in denen 13 600 Menschen beschäftigt waren.

### 7.14.2.2 Textilmaschinenbau

Aachen ist bis heute berühmt für die Herstellung von Nadeln aller Art. Bereits 1830 wurden die ersten Nadelmaschinen aus England importiert. Als 1860 die Nähmaschine erfunden wurde (Abschnitt 7.11), führte dies auch in Aachen zu einem großen Aufschwung. Bis zum Ende des 19. Jh. gab es in Aachen bereits 29 Nadelfabriken mit 4000 Mitarbeitern, was 50 % aller Beschäftigten in dieser Industrie in Deutschland entsprach. Bis heute gibt es die „Rhein Nadel Maschinennadel GmbH".

1850 wurde von Severin Heusch in Aachen die erste Fabrik zur Herstellung von Rotationsschermessern in Deutschland gegründet. Er wurde bekannt durch die Entwicklung der nach ihm benannten „Heusch-Konkavspirale". Dabei handelt es sich um ein Schermesser, dessen Hauptvorteil darin besteht, dass sich sein Schnittwinkel im Verlauf des materiellen Verschleißprozesses nicht ändert (Bild 7.149). Dieses Unternehmen besteht bis heute.

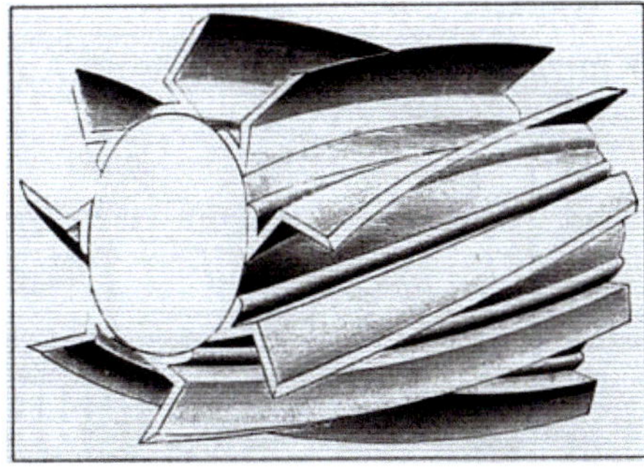

**Bild 7.149** Rotationsschermesser von Severin Heusch

Zur Wollverarbeitung ist eine Krempel erforderlich. Die entsprechenden Beschläge („Kratzen") bestanden zunächst aus Lederstreifen, in die in geringem Abstand Drahtzähne eingeschlagen waren. Damit konnte die Wolle entwirrt und gestreckt werden. Aachen besaß hier große Standortvorteile, weil mit zahlreichen Gerbereien in Belgien die Lederversorgung sichergestellt war. Darüber hinaus gab es auch schon Drahtfabriken, die nach englischen Verfahren arbeiteten. In diesem Bereich begann daher schon früh in Aachen die Maschinenherstellung. Im Jahr 1839 wurde die erste Kratzensetzmaschine gebaut, die ein automatisiertes Einsetzen der Drahthäkchen in das Leder ermöglichte. Um 1900 hatte Aachen in dieser Technik einen Weltmarktanteil von 16 % (in Deutschland von 50 %). Erst Ende der 1980er-Jahre schloss in Aachen die letzte Kratzenfabrik.

Auch im Bereich der Maschinen für die Textilveredlung hatte Aachen lange eine führende Position. Von großer Bedeutung ist hier die Fa. Krantz, die 1882 gegründet wurde und viele Jahre eine wichtige Rolle spielte. Sie stellte u. a. Wollwaschmaschinen her, wegen ihrer Größe „Leviathan" genannt (Bild 7.150).

**Bild 7.150** Wollwaschmaschine von Krantz

Die Textilbetriebe und Nadelfabriken lagen bis zum 20. Jh. zum großen Teil inmitten von Wohngebieten und nahe der Innenstadt (Bild 7.151).

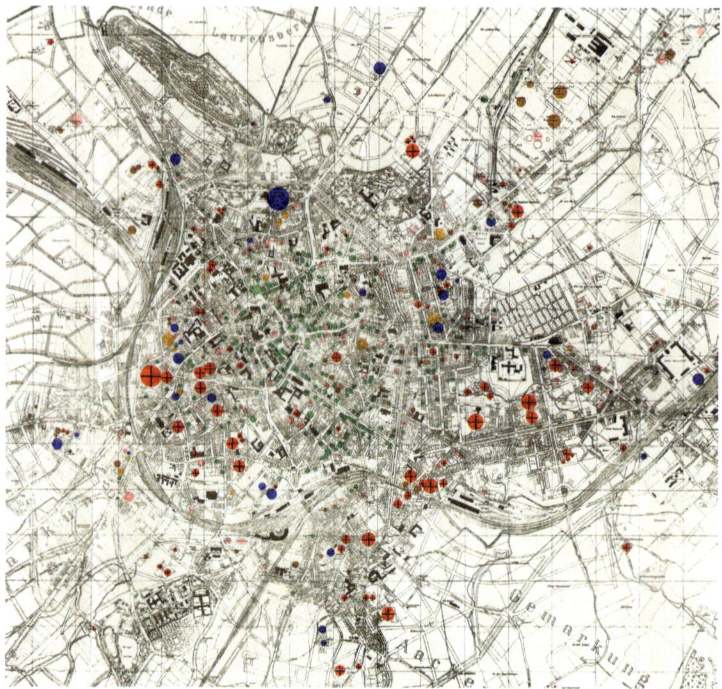

**Bild 7.151** Lage der Textilbetriebe (rot) und Nadelfabriken (blau) in Aachen um 1911

## 7.15 Recycling

Auf den ersten Blick überraschend in einem Zeitalter, das die Ressourcen in einem vorher nicht gekannten Ausmaß nutzte und die Luft extrem verschmutzte, gab es bereits erste Ansätze von Textilrecycling. Bild 7.152 zeigt eine mechanische Reißmaschine für Putzlappen, die mithilfe gezähnter Walzen wieder in ihre Faserbestandteile zerlegt wurden. Ähnliche Verfahren werden auch heute noch eingesetzt.

## 7.16 Soziale Auswirkungen

Seit dem Mittelalter waren die Spinn- und Webverfahren, die im Verlagswesen in Heimarbeit eingesetzt wurden, technologisch weitgehend unverändert. Dies lag an den sozioökonomischen Verhältnissen und der damit verbundenen Denkweise, vor allem der ländlichen Bevölkerung.

**Bild 7.152** Recyclingmaschine für Putzlappen (Figuier, 1873c)

Für sie stand im Vordergrund, ihren Lebensunterhalt durch die Landwirtschaft zu sichern. Wenn weitere Bedürfnisse nach Gütern bestanden, die sie nicht selbst herstellen konnten, so wurden diese gekauft. Das dazu notwendige Geld wurde in zusätzlicher Heimarbeit erwirtschaftet, z.B. durch Spinnen und Weben. Sobald sie genügend Geld verdient hatten, stellten die meisten Menschen ihre Arbeit ein. Daher war auch ein höherer Lohn kein Anreiz, um mehr zu arbeiten. Das heutige Wirtschaftssystem, in dem die Mehrheit der Bevölkerung möglichst viel Geld verdienen will und auch bereit ist, länger zu arbeiten, um noch mehr zu bekommen, hätten die meisten Menschen vor dem 20. Jh. als sehr merkwürdig empfunden. Daher gab es keinen Anreiz für eine technologische Weiterentwicklung der Spinnräder und der Handwebstühle. Die Kaufleute, die die Garne und Gewebe aufkauften, hatten ebenfalls kein Interesse an technischen Verbesserungen. Wenn die in Heimarbeit erzeugten Güter wegen der im Vergleich zur Produktivität zu hohen Löhnen zu teuer wurden, dann verlagerten sie ihre Produktion einfach in Gegenden mit niedrigeren Löhnen. Erst als dieses Modell nicht mehr funktionierte und der Markt durch die Massenproduktion in England mit billigen Garnen und Textilien überschwemmt wurde, setzte ein Umdenken ein. Das war aber zu spät, und so kollabierte das Verlagssystem innerhalb kurzer Zeit. Darüber hinaus wurden von den Unternehmen, die Maschinen einsetzten, nur geringe Löhne gezahlt, und so entstand eine gefährliche Mischung aus unzufriedener Landbevölkerung und ausgebeuteten Fabrikarbeitern, die zu zahlreichen Aufständen und infolgedessen zur Zerstörung vieler Maschinen führte.

Von besonderer Bedeutung war der nach einem der mutmaßlichen Anführer Ned Ludd sogenannte Ludditen-Aufstand von 1811–1814 in Mittelengland als Folge des wirtschaftlichen Niedergangs durch die Kontinentalsperre Napoleons, durch die die britischen Textilexporte um ein Drittel zurückgingen (Bild 7.153). Die Situation wurde noch verschärft durch die sogenannte „enclosure" von 1770 bis 1830. Dabei wurde rund die Hälfte des vorher der Allgemeinheit zur Verfügung stehenden Acker- und Weidelandes eingezäunt und ging in Privatbesitz über. Gleichzeitig verdoppelte sich der Brotpreis von 1800–1810, während sich die Löhne der Handweber halbierten. Mussten sie im Jahr 1800 4% ihres Wochenlohns für ein Brot ausgeben, waren es 1810 schon 14%.

Es ist unklar, ob es sich bei Ned Ludd um eine historische oder eine fiktive Figur handelt. Die Revolte der Textilarbeiter richtete sich gegen ihren sozialen Niedergang durch die Arbeit in den Fabriken, die schlecht bezahlt und gefährlich war und ihnen, z.B. durch die Einführung fester Arbeitszeiten (Stechuhr), fast jegliche persönliche Freiheit nahm. So wurden vor allem zahlreiche Spinnereien, Webereien und Strickereien gestürmt und die Maschinen zerstört. Auch gegen Richter (wegen der hohen Strafen) und gegen Lebensmittelhändler (wegen der hohen Preise) richtete sich der Zorn der Aufständischen. Erst durch den Einsatz militärischer Gewalt mithilfe von 12000 Soldaten gelang es, den Konflikt zu beenden.

Zwar gab es auch Verständnis für die Sache der Aufständischen (z.B. die Rede von Lord Byron im britischen Oberhaus), dennoch wurden die Aufrührer streng bestraft, viele hingerichtet und andere nach Australien deportiert.

**Bild 7.153** Links: Ludditen-Anführer (Settequattro, 2020); rechts: Zerstörung von Webmaschinen (Chialynn, 2019)

Vom 3. bis zum 6. Juni 1844 kam es in Schlesien zu einem Aufstand der Weber, der Niederschlag in zahlreichen Gedichten (u.a. von Heinrich Heine) und Theaterstücken (u.a. von Gerhart Hauptmann, 1894) fand. In Schlesien wurde im Verlagswesen gearbeitet (Bild 7.154). Die Weber machten, wenn überhaupt, nur einen sehr geringen Gewinn durch ihre Arbeit und waren dem Verleger nahezu ausgeliefert, weil sie in Schlesien oft noch einem Gutsherrn unterworfen waren. Diesem mussten sie u.a. einen Webzins, also Gewebe ohne Bezahlung, entrichten.

Ursache des Aufstands in Schlesien war eine Lohnkürzung, die den Baumwoll- und Leinenwebern die Lebensgrundlage entzog. Dadurch verdienten sie nur noch die Hälfte dessen, was sie Anfang des Jahrhunderts für ihre Arbeit erhielten. Dies war aus Unternehmersicht möglich, weil es deutlich mehr Arbeitskräfte gab, als Arbeit zu verteilen war. Die aufständischen Weber zerstörten zahlreiche Anwesen von Unternehmern, verschonten aber diejenigen, die faire Löhne zahlten. Nach drei Tagen griff die Armee ein und schlug den Aufstand nieder, wobei es elf Tote und 24 Schwerverletzte gab (Bild 7.155). Es blieb nicht der letzte Arbeitskampf der Weber in Schlesien und auch in anderen Regionen (z. B. Aachen) gegen ihre unsozialen Arbeitsbedingungen.

**Bild 7.154** Links: Handweber zum Ende des 19. Jh. (Jackson, 1890); rechts: Webstube mit haspelnden Frauen (Whelpley, 1893)

**Bild 7.155** Karikatur zum Weberaufstand und seiner Niederschlagung (Wiki, 1848)

Heinrich Heine, „Die schlesischen Weber“:

*„Im düstern Auge keine Träne,*
*Sie sitzen am Webstuhl und fletschen die Zähne:*
*Deutschland, wir weben dein Leichentuch,*
*Wir weben hinein den dreifachen Fluch -*
*Wir weben, wir weben!*
*Ein Fluch dem Gotte, zu dem wir gebeten*
*In Winterskälte und Hungersnöten;*
*Wir haben vergebens gehofft und geharrt,*
*Er hat uns geäfft und gefoppt und genarrt -*
*Wir weben, wir weben!*
*Ein Fluch dem König, dem König der Reichen,*
*Den unser Elend nicht konnte erweichen,*
*Der den letzten Groschen von uns erpreßt*
*Und uns wie Hunde erschießen läßt -*
*Wir weben, wir weben!*
*Ein Fluch dem falschen Vaterlande,*
*Wo nur gedeihen Schmach und Schande,*
*Wo jede Blume früh geknickt,*
*Wo Fäulnis und Moder den Wurm erquickt -*
*Wir weben, wir weben!*
*Das Schiffchen fliegt, der Webstuhl kracht,*
*Wir weben emsig Tag und Nacht -*
*Altdeutschland, wir weben dein Leichentuch,*
*Wir weben hinein den dreifachen Fluch,*
*Wir weben, wir weben!“*

Im Ergebnis sank die Anzahl eigenständiger Berufsspinner in Schlesien von 57 981 im Jahr 1849 auf nur noch 5906 im Jahr 1861 (Biller, 1906).

Der deutsche Gesellschaftstheoretiker Friedrich Engels (1820–1895) befasste sich ausführlich mit der Lage der Textilarbeiter in England. Selbst Sohn eines Textilfabrikanten aus Wuppertal, war er nach England gezogen und untersuchte die Situation in der englischen Textilindustrie. Er beklagte die Ausbeutung der dort arbeitenden Bevölkerung, ihre ärmlichen und häufig menschenunwürdigen Lebensverhältnisse und rief sie – zusammen mit Karl Marx – zur Revolution auf (Engels, 1892). Seine Analyse war in weiten Teilen zutreffend (Bild 7.156), änderte an der Gesamtsituation aber nichts.

Die Regeln der Helmshore Mill, Lancashire, aus dem Jahr 1836, illustrieren die harten Arbeitsbedingungen in einem typischen Textilbetrieb dieser Zeit (Bild 7.157). Selbst kleine Vergehen wurden mit drastischen Strafen belegt. Wer beispielsweise eine Minute zu spät kam und nicht rechtzeitig in die neu eingeführten Stechuhren einstempelte, erhielt 15 min. seiner Arbeitszeit nicht vergütet. Andererseits gab es kaum Maßnahmen zur Arbeitssicherheit, was zu vielen Unfällen führte, die meisten Unternehmer aber nicht weiter kümmerte.

**Bild 7.156** Karikatur der Zustände Mitte des 18. Jh. in der Zeitschrift Punch (Hamerton, 1843)

Vom Alltag in den Textilfabriken gibt es zahlreiche schriftliche Zeugnisse. So wird über eine Spinnerei berichtet: „Am anderen Morgen trat ich zum ersten Mal in meinem Leben mit in den Saal der Fabrik ein. Welch ein Anblick! Ängstlich sah ich mich um: das Getöse des Räderwerks, die schmalen Gänge durch die Maschinen, der üble Geruch von dem Ölen und Schmieren, der Staub von der Wolle und die Wärme. Aus den Abtritten, welche direkt in die Arbeitssäle mündeten, drangen die ekelhaftesten Dünste ein." Durch die mangelhafte Arbeitssicherheit kam es entsprechend zu zahlreichen Unfällen: „Der Spinner Meve, welcher damit beschäftigt war, den Riemen über das die Maschine treibende Rad zu machen, wurde von dem Rade am Kittel erfaßt und 3-4 mal mit herumgeschleudert, so daß ihm beide Beine zerschmettert sind und er außerdem noch erhebliche Verletzungen und Quetschungen erhalten hat. Der Unglückliche wurde sogleich ins städtische Krankenhaus geschafft und liegt hoffnungslos darnieder. An seinem Krankenlager jammern seine Frau und vier unmündige Kinder."

Es gab allerdings auch vereinzelt sozial eingestellte Unternehmer, wie z. B. Robert Owen (1771-1858). Er führte 1817 in seiner Textilfabrik in New Lanark in Schottland den Acht-Stunden-Tag ein nach dem Motto „eight hours labour, eight hours recreation, eight hours rest" und setzte sich stark für die arbeitende Bevölkerung ein, um ihre Situation zu verbessern (Bild 7.158).

# RULES

TO BE OBSERVED IN THE

# POWER-LOOM

## *Manufactory,*

OF

## W. & R. Turner, Helmshore.

WITH

*A List of FINES attendant on neglect thereof*

## APRIL 1836.

| | S. | D. |
|---|---|---|
| Any *Weaver or Spinner* being absent Five Minutes after the Bell Rings, | 0 | 3 |
| If absent more than Five Minutes, or entering the Room before the Bell Rings, | 1 | 0 |
| Any *Weaver or Spinner allowing Ends or Pullings to lay upon the floor,* | 0 | 3 |
| Any *Weaver or Spinner* allowing Bobbins to lay upon the Floor, or otherwise than in Skip or Jenny, | 0 | 3 |
| Any *Weaver* mixing the Warp Ends with the Weft Pullings, | 0 | 2 |
| Any *Weaver* taking away the Weft of another, | 0 | 3 |
| Any *Weaver* taking or exchanging Shuttles, | 0 | 3 |
| Any *Weaver* mixing empty Bobbins with full ones, | 0 | 2 |
| Any *Weavers* quarreling, each | 1 | 0 |
| Any *Weavers* fighting or striking each other, each | 1 | 0 |
| Any *Weaver or Spinner* leaving the Room between Bell Hours, except by leave, | 1 | 0 |
| Any *Weaver* after having downed or finished his or her Piece, neglecting to put in all the Pullings and rolling them up (Warp and Weft separate) in his or her Piece, | 0 | 6 |
| Any Weaver leaving his or her Loom and going to that of another, | 0 | 3 |
| Any Weaver neglecting to weave up his or her *Bobbins (except when they cannot be done, and the fault is in the Spinning, and in that case to be determined by the Overlooker)* per Bobbin, | | |

**Bild 7.157** Regeln der Helmshore Mill, Lancashire, im Jahr 1836

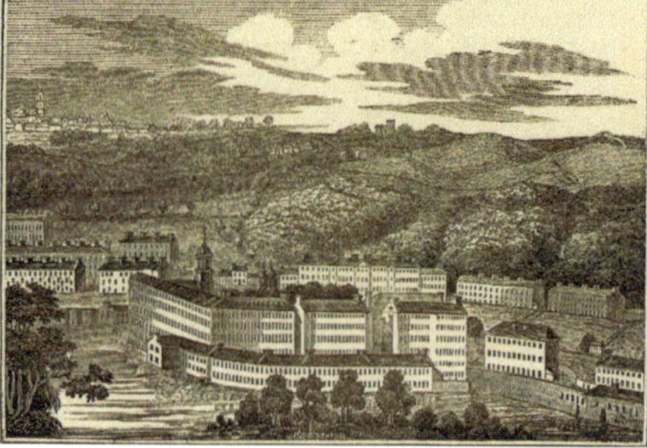

**Bild 7.158** Robert Owen (links; Cranch, 1845) und seine Textilfabrik in New Lanark

Trotz aller Reformen und einzelner sozial verantwortungsvoll handelnder Unternehmer hatte sich das Verhältnis eines großen Teils der Bevölkerung zur Erwerbsarbeit durch die Industrialisierung grundsätzlich verändert. Von Handwerkern, die zwar oft von ihren Abnehmern abhängig waren, aber dennoch weitgehend selbstbestimmt zu selbst gewählten Zeiten arbeiten konnten, wurden die meisten Menschen zu lohnabhängigen Arbeitern und Arbeiterinnen, die sich komplett in den Dienst einer Maschine zu stellen hatten. Sie bestimmte den Takt ihrer Arbeit. Stechuhren und pünktlich einzuhaltende Arbeits- und Pausenzeiten waren nun die Norm und sollten es bis ins 21. Jh. hinein bleiben. Die Gewinne strichen die Fabrikanten ein, die ihre wirtschaftliche Stellung in der Regel rücksichtslos ausnutzten, woraus der Begriff „Manchester-Kapitalismus" entstand, der eine besonders üble Form der Ausbeutung von Arbeitern durch Unternehmer beschreibt.

## 7.17 Handel

Der Handel wurde im 19. Jh. immer globaler. England hatte hier einen strategischen Vorteil, weil alleine das Volumen des Handels mit seinen Kolonien rund 30% so groß war wie sein gesamtes Bruttoinlandsprodukt, ein Wert, der von keinem anderen Land erreicht wurde. Der Anteil Englands am gesamten Welthandel betrug zum Ende des Jahrhunderts rund 25–30%. Betrachtet man ganz Europa, so wuchs der Handel im 19. Jh. etwa fünfmal so schnell wie das Bruttoinlandsprodukt, sodass das weltweite Handelsnetz immer enger wurde. England exportierte 60% seiner Textilproduktion und war daher der größte Exporteur von Textilien weltweit. Durch die Gewinne der Großunternehmen war das nötige Kapital vorhanden, um die Produktion in England weiter auszubauen, es entstand ein selbstverstärkender Effekt.

Der Handel wurde zu großen Teilen über den günstigen Seeweg abgewickelt, weil die schlechte Qualität der Straßen und zahlreiche Zollschranken an den Landesgrenzen einen günstigen Transport von Waren erschwerten. Dabei dominierte zum einen der Handel über den Atlantik zwischen Europa und Nord- und Südamerika (vor allem Brasilien), wobei in beide Richtungen sowohl Rohstoffe als auch Fertigprodukte gehandelt wurden. Mit Asien war der Handel wesentlich einseitiger, weil von dort vor allem Rohstoffe importiert, jedoch im Wesentlichen dorthin Fertigprodukte exportiert wurden.

Seit den 1870er-Jahren hatten alle wichtigen Handelswährungen ein festes Kursverhältnis zum Gold, wodurch weltweit Handelsgeschäfte relativ ungefährdet von Kursschwankungen und Inflationsrisiken abgeschlossen werden konnten.

In den 1870er-Jahren wurden Baumwollbörsen in New Orleans, New York, Liverpool und Bremen etabliert.

Ein weiterer wichtiger Faktor war die im Vergleich zum 18. Jh. erheblich verbesserte Kommunikation zwischen weit entfernten Weltregionen, z. B. durch Seekabel. Die Entwicklung und der Ausbau der elektrischen Telegrafie ab den 18030er-Jahren vereinfachten die Übermittlung von Nachrichten und damit auch den Handel.

# 7.18 Die Entwicklung in ausgewählten Ländern

In den ersten Jahrzehnten des 19. Jh. wurde die Textilherstellung in vielen Ländern Europas und den USA zunehmend konzentriert und mechanisiert. Neben vielen kleinen und mittleren wurden auch einige Großunternehmen gegründet, die schnell expandierten. Dem Vorbild Englands folgend, hatten viele europäische Staaten, z. B. Frankreich und Spanien, durch ihre Kolonien in Übersee die Versorgung mit günstiger Baumwolle sichergestellt. Als viele dieser Kolonien jedoch Anfang des 19. Jh. unabhängig wurden und sogar Zölle auf importierte Textilien erhoben (z. B. Mexiko, siehe Abschnitt 7.18.7), mussten die Textilbetriebe nicht nur höhere Preise für ihre Rohstoffe bezahlen, sondern es fiel auch ein wichtiger Absatzmarkt weg. Dies führte zu einer Krise der europäischen Textilhersteller, z. B. in Spanien, besonders in der Gegend von Barcelona, als die mittel- und südamerikanischen Staaten ihre Unabhängigkeit von Spanien erklärten. Die französische Textilindustrie hatte ihre größte Krise erst deutlich später nach dem verlorenen Krieg gegen Deutschland 1871, weil sie noch Rohstofflieferanten und Absatzmärkte in ihren Kolonien in Afrika hatte (Bild 7.159).

**Bild 7.159** Seidenweberwerkstatt in Lyon in der Wirtschaftskrise (Férat, 1877)

Viele Länder schützten ihre Industrie durch die Einführung von Schutzzöllen gegenüber Exporten aus England, so z. B. die USA 1816, Preußen und Österreich 1818, Russland 1820, Frankreich 1822, Italien 1824 und Bayern und Württemberg 1826. Im Jahr 1842 ging Frankreich einen Schritt weiter und verbot die Einfuhr von Baumwolltextilien komplett (Beckert, 2014). Viele Unternehmen versuchten durch mehr oder weniger staatlich geförderte Industriespionage in den Besitz der englischen Spinn- und Webtechnologien zu gelangen, und so entstand in einigen Ländern, z. B. den USA, Frankreich, der Schweiz und Sachsen, eine Textilmaschinenindustrie.

In vielen Ländern verdienten die meisten Menschen auch im beginnenden 19. Jh. noch ihren Lebensunterhalt durch Landwirtschaft und Heimarbeit. Um mehr Menschen für die Lohnarbeit in Fabriken zu mobilisieren, schränkten die Regierungen vieler Länder die Allmende ein. Damit schrumpfte die Landfläche, die der Allgemeinheit, u.a. zur Ernährung, zur Verfügung stand, und besitzlose Menschen waren gezwungen, sich etwas dazuzuverdienen, z.B. durch Arbeit in einer Fabrik. Zum Teil wurden Großgrundbesitzer zu Unternehmern und machten ihre Pächter zu ihren Lohnarbeitern, die damit ein großes Stück persönlicher Freiheit verloren. Menschen, die zuvor im Verlagswesen ihrem Handwerk nachgingen, waren nach dessen Zusammenbruch durch die billigere Konkurrenz aus den Industriebetrieben arbeitslos und hatten kaum eine andere Wahl, als sich als Lohnarbeiter zu verdingen. Dies betraf vor allem den ländlichen Raum, sodass es im 19. Jh. zu einer regelrechten Landflucht kam (vgl. Bild 7.169).

Zu Beginn wohnten die meisten Arbeiter noch in der weiteren Umgebung der Fabriken und mussten zu Fuß zur Arbeit und wieder nach Hause gehen. Die typische Arbeitszeit begann um 5:30 Uhr und endete um 20 Uhr. Daher wurde es bald üblich, die Fabrikarbeiter mit ihren Familien in der Nähe der Betriebe oder sogar auf dem Werksgelände anzusiedeln, oft mit einem kleinen Stück Land, damit sie Gemüse anbauen konnten. Gleichzeitig reduzierte sich entsprechend ihr Lohn, weil sie Miete zahlen mussten, was den Gewinn des Unternehmers wiederum vergrößerte. Bild 7.160 zeigt die – für damalige Verhältnisse – Vorzeigefabrik Quarry Bank Mill in Cheshire. Dort wurden die Arbeiter Anfang des 19. Jh. in einer eigenen Siedlung untergebracht, und die jugendlichen Auszubildenden hatten eine separate Unterkunft. Darüber hinaus wurden diese mehrmals in der Woche nach der zwölfstündigen Arbeit im Schreiben, Lesen und Rechnen unterrichtet, zum Teil sogar von Hannah Lightbody persönlich, der Gattin des Firmenbesitzers Samuel Greg. Weil die Auszubildenden aber oft aus den Armenhäusern der Umgebung zwangsrekrutiert wurden, war auch diese „Modellfabrik“ umstritten, und 1847 wurde das „Apprentice System“ aufgegeben.

**Bild 7.160** Arbeitersiedlung (links) und Auszubildendenheim (rechts) von Quarry Bank Mill (Martin, 2005; Fuller, 2008)

Sehr bald arbeiteten nicht nur beide Elternteile in der Fabrik, sondern auch viele Kinder, oft ab einem Alter von acht Jahren. Ein erschütternder Bericht über das Schicksal von Ellen Hootton aus Manchester aus dem Jahr 1833 zeigt, wie katastrophal deren Arbeitsbedingungen in jeder Hinsicht waren (Galbi, 1996). Schläge waren an der Tagesordnung, der Lohn verschwindend gering, und während des gesamten Tages gab es nur zwei kurze Pausen für Frühstück und Mittagessen. Viele Kinder und junge Lehrlinge liefen einfach davon, wenn sie nicht vorher wegen der mangelnden Arbeitssicherheit oder der generell miserablen Arbeitsbedingungen gestorben waren. Die Situation der Kinderarbeit wurde auch in Erzählungen thematisiert, z. B. in „The Life and Adventures of Michael Armstrong, the Factory Boy" von Frances Trollope aus dem Jahr 1839 (Bild 7.161) und „A Memoir of Robert Blincoe, an Orphan Boy" von 1832, auf dem Erstere beruhte.

**Bild 7.161** Kinderarbeit um 1840 in einer Spinnerei (Fae, 2014b)

Aber auch erwachsene Arbeiter waren den Unternehmern weitgehend ausgeliefert, wie der Master and Servant Act von 1823 in England zeigt. Den Arbeitgebern wurde es darin ausdrücklich erlaubt, „ihre Werkleute in Besserungsanstalten zu schicken und sie bis zu drei Monate Schwerstarbeit verrichten zu lassen, wenn sie gegen ihre Arbeitsverträge verstießen" (Beckert, 2014). Auch in anderen Ländern, z. B. Australien, gab es ähnlich drakonische Gesetze, die die Arbeiter dazu verpflichteten, unter Androhung von Gefängnisstrafen zur Arbeit zu erscheinen. Dennoch verließen viele Arbeiter nach einigen Wochen ihre Arbeitsstelle in der Fabrik, um z. B. auf dem Land wieder ein freieres Leben zu führen. Allerdings war dies wegen der sich schnell ändernden Rahmenbedingungen nicht dauerhaft möglich, und so entstand in wenigen Jahrzehnten ein riesiges Heer von Lohnarbeitern und -arbeiterinnen, und das heutige System der Organisation von Arbeit etablierte sich. Die Schichten von 14 bis 16 Stunden pro Tag von Montag bis Samstag erschienen offensichtlich niemandem als besonders attraktiv, sodass sich, z. B. ab 1840 in Spanien, 1844 in Lowell (USA) und ab 1872 in England, oft aus den Zünften, die Vorläufer der heutigen Gewerkschaften bildeten und für bessere Arbeitsbedingungen kämpften. Schon vorher kam es zu Protesten in vielen Ländern, u. a. 1807 in England (Streik der Handweber für einen Mindestlohn), 1824 in Rhode Island (Streik der Spinnerinnen) und 1854 in Spanien (Generalstreik der Spinner).

Wie Bild 7.162 zeigt, gab es im Jahr 1874 weltweit rund 1,2 Mio. Kraftwebstühle, wovon 1 Mio. in Europa betrieben wurden. In den USA wurden nach dem Vereinigten Königreich die zweitmeisten Webmaschinen betrieben. Auch in Indien liefen schon 11 000 Kraftwebstühle. Südlich des Äquators wurden Gewebe immer noch rein manuell erzeugt.

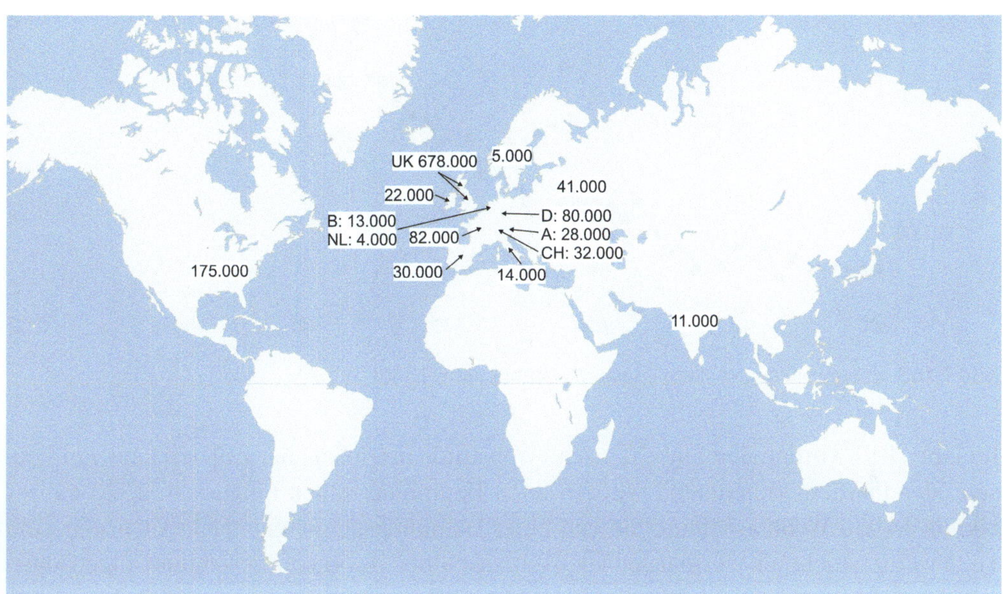


**Bild 7.162** Anzahl Kraftwebstühle im Jahr 1874 (Daten: Barlow, 1878)

Ähnlich ist das Bild bei der Anzahl Spindeln in Baumwollspinnmaschinen. Danach liefen ca. 40 Mio. in Großbritannien, 10 Mio. in den USA und 20 Mio. in Europa, davon jeweils rund 5 Mio. in Frankreich und Deutschland. Dazu kamen noch rund 1,2 Mio. Spindeln in Indien.

## 7.18.1 England

Die Menge der Baumwollimporte stieg nach dem Ende der napoleonischen Kriege ab 1815 weiter rasant an und erhöhte sich bis 1860 auf das Zwanzigfache im Vergleich zum Beginn des Jahrhunderts (Bild 7.163). Von 1825–1873 war Baumwolle das wichtigste Importgut Englands mit einem Anteil von 45 % am gesamten Handel zwischen 1831 und 1850 (May, 2011). Um 1825 hatten Produkte aus Baumwolle einen Anteil von fast 50 % an allen Exporten Englands, was ca. 8 % der gesamten Wirtschaftsleistung entsprach.

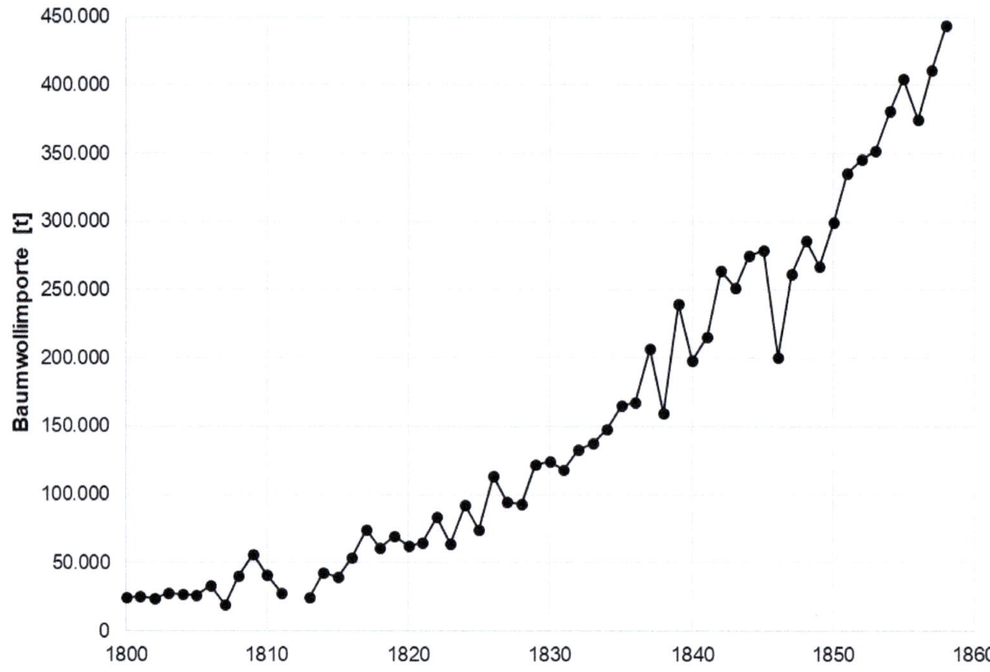


**Bild 7.163** Baumwollimporte nach England (Daten: Mann, 1860)

Im Jahr 1813 wurden 3500 mechanische Webstühle betrieben, der Antrieb kam von Ochsen oder Pferden, zunehmend wurden auch Dampfmaschinen eingesetzt. 1820 gab es bereits 14 050 Webmaschinen, die von einer Dampfmaschine angetrieben wurden, und 1835 werden mehr als viermal so viele Webmaschinen mit Dampfmaschinen angetrieben wie durch Wasserräder. Dies lag schlicht daran, dass es für die wenigen Flüsse zu viele Webereien gab. Darüber hinaus war Kohle gut verfügbar, und daher setzten sich die Dampfmaschinen schnell durch (Bild 7.164).

| | Wind | | Wasser | | Dampf | | Total |
|---|---|---|---|---|---|---|---|
| Jahr | PS | % | PS | % | PS | % | PS |
| 1760 | 10.000 | 11,8 | 70.000 | 82,3 | 5.000 | 5,9 | 85.000 |
| 1800 | 15.000 | 8,8 | 120.000 | 70,6 | 35.000 | 20,6 | 170.000 |
| 1830 | 20.000 | 5,7 | 165.000 | 47,1 | 165.000 | 47,1 | 350.000 |
| 1870 | 10.000 | 0,4 | 230.000 | 10 | 2.060.000 | 89,6 | 2.300.000 |
| 1907 | 5.000 | – | 178.000 | 1,8 | 9.659.000 | 98,1 | 9.842.000 |

**Bild 7.164** Installierte Leistung von Wind-, Wasser- und Dampfkraftanlagen in Großbritannien, 1760–1907 nach (Minchinton, 1989)

Ein Weber in der Fabrik bediente zu dieser Zeit zwei Webmaschinen gleichzeitig und konnte so pro Woche rund 150 m Tuch herstellen, was gegenüber 1815 eine Verdreifachung der

Produktion bedeutete. 1829 gibt es bereits 55 500 mechanische Webstühle, und 1833 waren es mehr als 100 000. Die wöchentliche Produktion einer solchen Webmaschine erreichte bis zu 400 m Stoff. Wegen der hohen Investitionskosten und des für den Betrieb einer solchen Maschine erforderlichen Know-hows gibt es dennoch weiterhin rund 250 000 Handweber (Linder, 1967).

1833 beschäftigen 151 Baumwollspinnereien insgesamt 48.645 Arbeiter. Davon waren 28 % Männer, 30 % Frauen und 42 % Kinder unter 18 Jahren. Pro Woche wurde an sechs Tagen insgesamt 69 h gearbeitet.

Bild 7.165 zeigt den Aufbau einer typischen Spinnerei am Ausgang des 19. Jh. Im rechten Raum standen zehn Öffner, links gab es 93 Karden, neun Strecken, 792 Grobgarnspindeln, 1716 mittelfeine Spindeln, 6689 Vorgarnspindeln (zur Herstellung von Rovings) und 86 868 Feingarn-Mulespindeln.

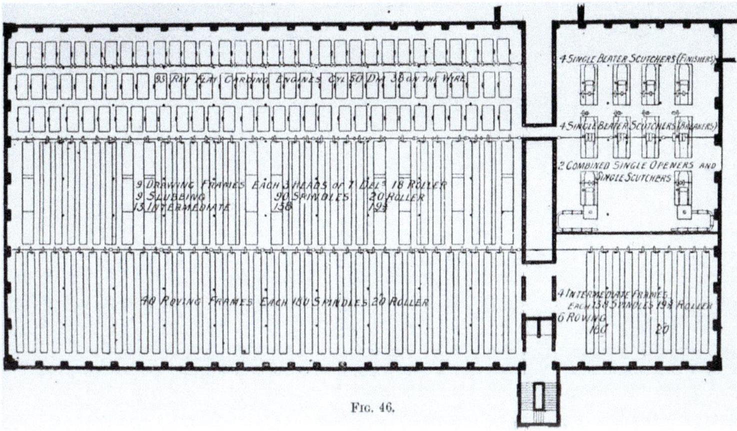


**Bild 7.165** Minerva Mill in Ashton-under-Lyne, nahe Manchester (Nasmith, 1895a)

Die Fertigungsprozesse waren in einzelne Schritte untergliedert, und jeder Arbeiter war für einen Teilschritt verantwortlich. Weil die Maschinen niemals stillstanden, war diese Arbeit aber dennoch fordernd und erlaubte keine Unaufmerksamkeiten. Auch Pausen waren nur zu festgesetzten Zeiten möglich. Die Getriebe waren in der Regel noch offen und die Maschinen kaum gekapselt. Daher war das Verletzungsrisiko sehr hoch, und es kam oft zu Unfällen.

Der Schornstein der Dampfmaschine ist links hinten zu sehen, das Gebäude selbst war, wie damals üblich, vierstöckig und hatte einen direkten Anschluss an den River Tame (Bild 7.166). Die Fabrik war bis 1920 in Betrieb und wurde 1937 abgerissen.

Auch bei der Wollverarbeitung entstanden schnell große Fabriken, vor allem für die Färberei und die Nachbearbeitung. Die entsprechenden Maschinen waren teuer und für einfache Handwerker nicht zu bezahlen. Weil die maschinelle Fertigung aber deutlich billiger war, wurden auch diese Produktionsschritte industrialisiert, und die Betriebe siedelten sich dort an, wo das Kapital war, also im Norden Englands, wo sich bereits die baumwollverarbeitenden Unternehmen befanden. Im Südwesten Englands blieb es mangels kapitalkräftiger Unternehmer bei der hauptsächlich handwerklichen Produktion (Bild 7.167). Einer der ersten Unternehmer im Wollsektor war Benjamin Gott (1762–1840), der 1792 in der Nähe von Leeds eine Fabrik zur Wollverarbeitung baute. Während er die Weberei schnell mit einer Dampfmaschine betrieb, blieb die Garnherstellung bis 1813 rein manuell mit Spinning Mules. Im Jahr 1819 beschäftigte die Fabrik 1000 Mitarbeiter. Da Gott ein Kaufmann war, bot er den lokalen Tuchmachern an, in seiner Fabrik die Wolle vorzubereiten und die Stoffe walken zu lassen. Die Endprodukte kaufte er auf und konnte so – nach eigenen Angaben – dreimal so viele Textilien verkaufen, wie er selbst herstellte (Crump, 2010).

**Bild 7.166** Minerva Mill in Ashton-under-Lyne (Nasmith, 1895b)

Insgesamt standen nach einem Bericht, der für das britische Unterhaus erstellt wurde, im Jahr 1874 rund 460 000 Webmaschinen in Baumwollfabriken, und auf rund 140 000 wurden Wollgewebe erzeugt.

In Bradford entstand ab 1836 ein besonders ungewöhnliches Unternehmen. Titus Salt (1803–1876) gelang es als Erstem, Alpakawolle maschinell zu verspinnen. Innerhalb von zwanzig Jahren baute er eine riesige Fabrik (166 m lang) mit einem 76 m hohen Kamin, 800 Häuser für seine Arbeiter, eine Kirche, ein öffentliches Bad und Waschhäuser, ein Armen- und ein Krankenhaus, ein Forschungsinstitut und einen Park zur Erholung (Bild 7.168). Fünf Dampfmaschinen lieferten den Antrieb für alle Maschinen über Riemen mit einer Gesamtlänge von 4,8 km. Besonderer Wert wurde auf gutes Licht, ausreichend Wärme und eine gute Durchlüftung gelegt. Sein Arbeiterdorf Saltaire galt als Vorzeigesiedlung für modernes Wohnen.

**Bild 7.167** Zentren der Textilherstellung in England und Wales zu Beginn des 19. Jh. (Karte: mapswire)

**Bild 7.168** Titus Salt (Howcheng, 2010) und Salt's Mill (Jalo, 2007)

Diese Entwicklung hin zu großen Produktionseinheiten in einigen zentralen Orten spiegelt sich im Bevölkerungsanstieg dieser Städte wider (Bild 7.169). Im Durchschnitt wuchs die Einwohnerzahl von 1770 bis 1831 um das 5,5-Fache. Gleichzeitig stieg die Anzahl der im Textilgewerbe beschäftigten Menschen von 40 000 (1760) auf 1,5 Mio. (1835) um das 37,5-Fache. Davon entfielen auf Spinnereien und Webereien je ca. 250 000, auf Spitzenfertigung und Stickerei rund 160 000, auf die Strumpfherstellung 33 000 und auf den

Calico-Druck weitere 45 000. Dazu kommen noch einmal rund 780 000 Arbeiterinnen und Arbeiter, die in der Veredlung und der Konfektion beschäftigt waren und Hilfstätigkeiten durchführten, die meist von Kindern verrichtet wurden (Baines, 1835). Das war ein erheblicher Anteil der rund 15 Mio. Menschen in England, die älter als neun Jahre waren. Natürlich wuchs auch die Menge der hergestellten Textilien stetig, in einigen Sektoren, z. B. beim Drucken, war die Produktivität auf das Hundertfache gestiegen im Vergleich zum 18. Jh. Entsprechend fielen die Preise, und mehr Menschen konnten sich mehr Textilien leisten, was wiederum die Nachfrage ankurbelte und für weiteres Wirtschaftswachstum sorgte.

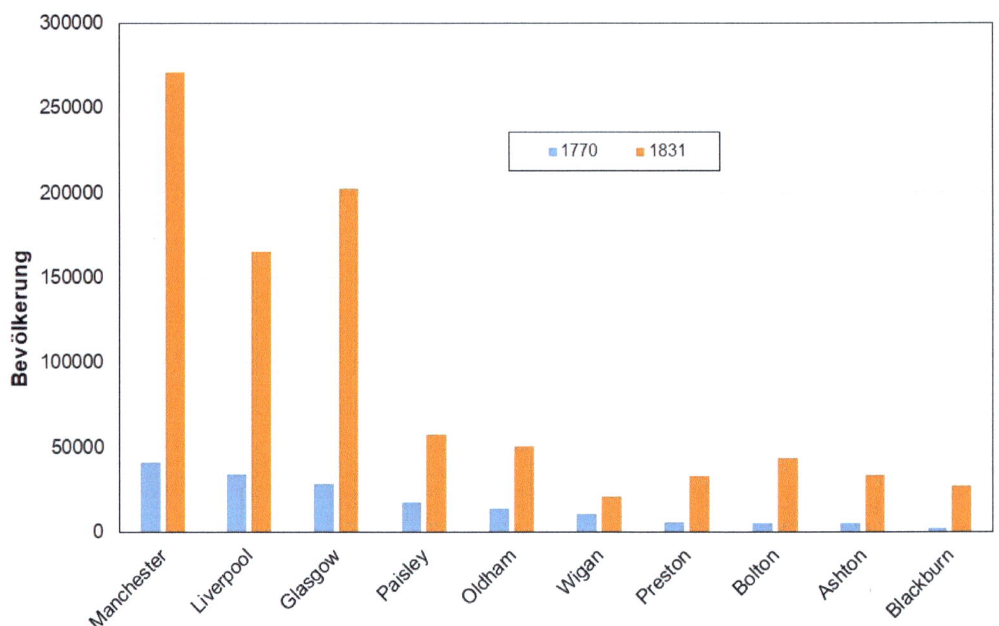


**Bild 7.169** Entwicklung der Einwohnerzahl ausgewählter Zentren der Textilindustrie in Großbritannien (Daten: Baines, 1835)

Mit der industriellen Entwicklung veränderten sich auch die Städte rasant und wurden bald von den Schornsteinen und Gebäuden der Textilunternehmen geprägt. Manchester wurde Cottonopolis genannt (Bild 7.170), Belfast als Zentrum der Leinenverarbeitung Linenopolis. Gemälde aus dieser Zeit sind häufig in sehr dunklen Farben gehalten, weil die Umwelt durch die Verbrennung großer Mengen Kohle stark verschmutzt und die Luft entsprechend schlecht war. Der preußische Stadtplaner Carl Friedrich Schinkel besuchte 1826 Birmingham und schrieb in sein Tagebuch: „Wie traurig ist der Anblick einer solchen englischen Fabrikstadt! Nichts, was das Auge hätte erfreuen können, stellte sich uns entgegen, und die Sonntagsstille hatte in dem sonst so betriebsamen, rührigen Orte von mehr als einhunderttausend Einwohnern etwas nahezu Unheimliches." Über die Unterbringung der Arbeiter schrieb der französische Politiker Alexis de Tocqueville 1835: „Unter diesen elenden Behausungen befindet sich eine Reihe von Kellern, zu der ein halb unterirdischer Gang hinführt. In jedem dieser feuchten und abstoßenden Räume sind zwölf bis fünfzehn menschliche Wesen wahllos zusammengestopft. Um dieses Elendsquartier herum schleppt einer der Bäche langsam sein stinkendes Wasser, das von den Industriearbeiten eine schwärzliche Farbe erhält."

**Bild 7.170** Ansicht von Manchester mit einem Wald von Schornsteinen (Wyld, 1852)

Diese Entwicklung von einer Produktion in manueller Heimarbeit zu riesigen Fabriken mit zum Teil mehreren Tausend Beschäftigten verlief nicht ohne Widerspruch und soziale Unruhen. Viele Menschen, die zuvor ein relativ selbstbestimmtes Leben führten, waren nun gezwungen, umzuziehen und für einen meist geringen Lohn zu vorgegebenen Zeiten zu arbeiten. Auch Kinderarbeit war weit verbreitet, um das Familieneinkommen aufzubessern (Bild 7.171).

**Bild 7.171** Kind am Selfaktor (Rutter, 2009)

Bild 7.172 zeigt beispielhaft die unterschiedlichen Löhne für die Beschäftigten einer Textilfabrik (Baines, 1835). Die Aufseher waren immer Männer und wurden erheblich besser bezahlt als alle anderen. Mule Spinner verdienten deutlich mehr als Water-Frame-Spinner, weil sie mehr Know-how besitzen mussten, um die Maschinen zu bedienen. Weber bekamen ein mittleres Einkommen, was mit zunehmender Automatisierung der Maschinen weiter sank. Im Vergleich zu anderen Berufen erhielten in einer Fabrik nur die Aufseher und die Mule Spinner ähnliche Löhne. Alle anderen mussten für deutlich weniger Geld arbeiten. Frauen erhielten meist den halben Lohn der Männer. Die Verhältnisse in anderen europäischen Ländern waren ähnlich.

| | | Pence/Woche | Männer | Frauen | Kinder |
|---|---|---|---|---|---|
| Reinigung | | 99 | x | x | (x) |
| Karde | Aufseher | 282 | x | | |
| | Arbeiter | 89 | | x | |
| Mule Spinning | Aufseher | 351 | x | | |
| | Spinner | 308 | x | (x) | |
| | Anknüpfer | 64 | | | x |
| | Reinigungspersonal | 35 | | | x |
| Water Frame | Aufseher | 268 | x | | |
| | Spinner | 93 | | x | x |
| Weben | Aufseher | 315 | x | | |
| | Kettbaumhersteller | 147 | x | x | |
| | Weber | 130 | x | x | x |
| | Einrichter | 360 | x | | |
| Aufwickler | | 95 | | x | x |
| Maschinist (Dampfmaschine) | | 246 | x | | |

| | | |
|---|---|---|
| Schneider | | 216 |
| Zimmermann | | 288 |
| Steinmetz | | 216 |
| Maurer | | 204 |
| Schmied | | 264 |

**Bild 7.172** Löhne in England um 1835 für typische Tätigkeiten in einer Textilfabrik und im Handwerk nach (Daten: Baines, 1835)

Vergleicht man die Löhne der Maschinenweber mit denen der Handweber (120 bis150 Pence/Woche), ist sofort klar, dass die Lohnkosten pro Gewebemeter in Fabriken aufgrund der vielfach höheren Produktivität erheblich geringer waren. Investitionen in Webmaschinen lohnten sich also, zumindest für den Fabrikanten. Ein Handweber konnte die dafür erforderlichen Geldsummen nicht aufbringen und war daher gezwungen, in der Fabrik zu arbeiten. Auch wenn die Löhne ähnlich hoch waren, so waren die Arbeitsbedingungen ungleich schlechter.

Betrachtet man die typischen Lebensmittelpreise (Bild 7.173), so wird klar, dass bei diesen Löhnen die Armut vorprogrammiert war.

| | Pence |
|---|---|
| Rindfleisch | 3 - 6 |
| Schweinefleisch | 5 |
| Speck | 7 |
| Mehl | 2 |
| Käse | 7 |
| Malz | 3 |
| Kartoffeln | 0,2 |
| Butter | 10 |

**Bild 7.173** Typische Preise für Lebensmittel (pro Pfund) in England um 1835 (Daten: Baines, 1835)

Entsprechend hoch waren die Summen, die von der Regierung zur Unterstützung der Armen aufgewendet wurden, meist in Form von Gutscheinen für Lebensmittel, Kohle etc. (Bild 7.174).

**Bild 7.174** Ausgabe von Gutscheinen für Lebensmittel in Manchester (Illustrated London News, 1862)

Wie Bild 7.175 zeigt, arbeiteten in den Textilfabriken vor allem Frauen und Männer jünger als 30 Jahre. Männer wurden auch darüber hinaus noch beschäftigt, vermutlich in leitenden Tätigkeiten, während die Frauen ab einem Alter von ca. dreißig Jahren nicht mehr in der Fabrik arbeiteten, sondern zu Hause die Kinder großzogen.

Die Gehälter von Männern und Frauen waren sehr unterschiedlich, wie Bild 7.176 zeigt. Dies lag u. a. an den unterschiedlichen Tätigkeiten, die sie jeweils durchführten, wie auch schon aus Bild 7.172 zu erkennen ist. Generell waren die Löhne fast überall sehr schlecht, sodass die meisten Lohnarbeiter mit ihren Familien in Armut lebten. Mangels Alternativen hatten sie aber zunächst keine Wahl, als sich in dieses Schicksal zu fügen, denn die Macht der Unternehmer war ohne das Gegengewicht von Gewerkschaften zu groß. Darüber hinaus war das Reservoir an Arbeitskräften bald groß genug, sodass auf einzelne unwillige Arbeiter verzichtet werden konnte.

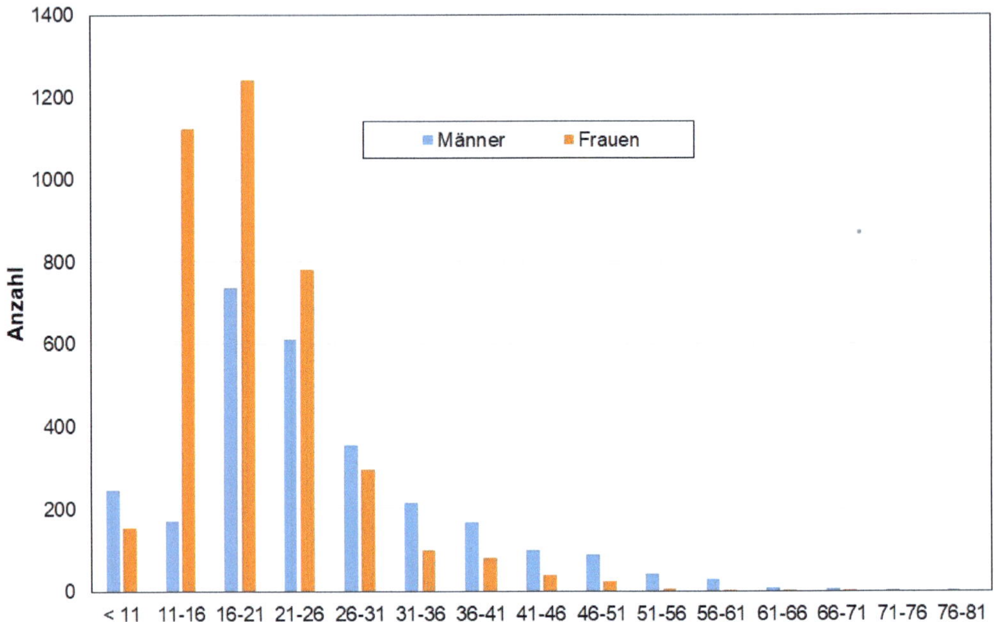


**Bild 7.175** Altersverteilung der Beschäftigten eines Textilbetriebs in England um 1835 nach (Daten: Baines, 1835)

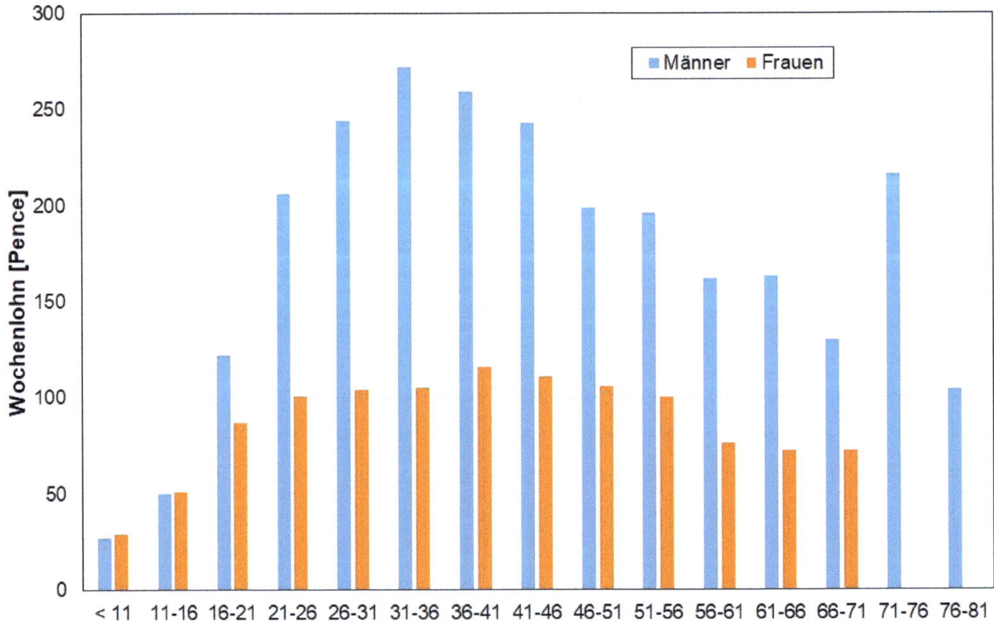


**Bild 7.176** Löhne eines Textilbetriebs in England um 1835 in Abhängigkeit von Alter und Geschlecht nach (Daten: Baines, 1835)

Mit der zunehmenden maschinellen Fertigung von Textilien sank der Bedarf an Importen von Fertigwaren ab ca. 1820 dramatisch ab (Bild 7.177). Mitte des 19. Jh. wurde die britische Ostindien-Kompanie, die bis 1813 ein Monopol für Großbritannien darauf hatte, schließlich aufgelöst.

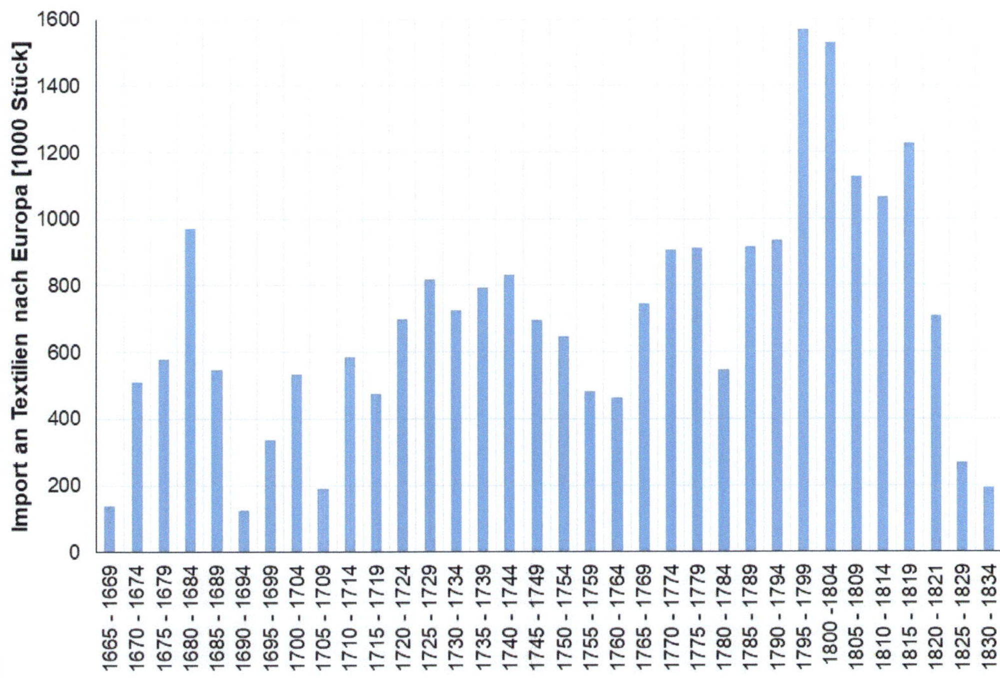


**Bild 7.177** Textilimporte durch die britische Ostindien-Kompanie aus Asien nach Europa (Daten: Riello und Parthasarathi, 2009)

Dafür wurden nun die Exporte, vor allem in die eigenen Kolonien (z. B. Indien) und nach China, massiv ausgeweitet (Bild 7.178).

1835 gab es mehr als 1500 Baumwollfabrikanten, bis 1860 war ihre Anzahl auf rund 4000 angewachsen, wobei viele mehr als einen Betrieb besaßen (Chapman, 1972). Die Verarbeitung der Baumwolle war für Englands Wirtschaft so wichtig, dass 1856 das Chamber of Commerce in Manchester sie als „weder an Größe noch an Nutzen von irgendeinem anderen Industriezweig übertroffen" bezeichnete. Mehr als 80 % der Spindeln und der Webmaschinen in England verarbeiteten Baumwolle. Der Anteil der Wolle lag nur noch bei 10 %. Um 1875 waren bei einer Gesamtbevölkerung von 25 Mio. rund 1 Mio. Menschen in 7250 Betrieben der Textilindustrie beschäftigt, rund 60 % davon Frauen (Barlow, 1878). 1794 wurden 159 t Baumwollgarn exportiert, im Jahr 1860 waren es 90 000 t, also das 560-Fache (Beckert, 2014). So hatten die Exporte von Garnen und Textilien aus Baumwolle Mitte des 19. Jh. einen Anteil von rund 50 % an allen Ausfuhren. 1880 war es noch ein Drittel und bis zum Ersten Weltkrieg immer noch rund ein Viertel. Bis 1938 blieben Baumwollartikel das wichtigste Exportgut und wurden erst dann von den Ausfuhren an Maschinen abgelöst.

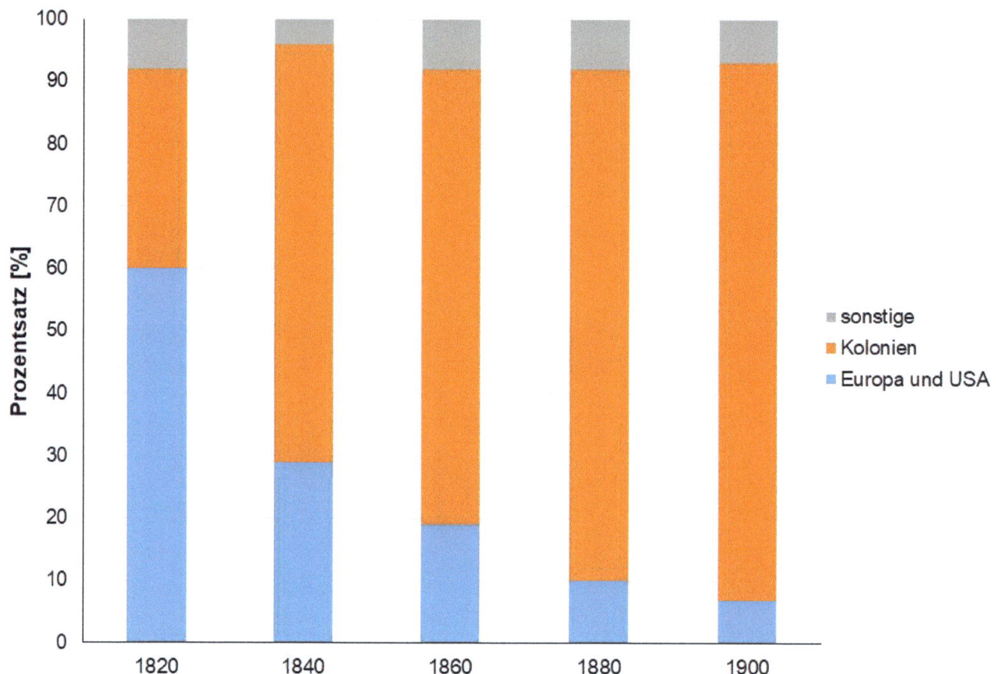


**Bild 7.178** Anteil der englischen Baumwolltextilexporte (Daten: Hobsbaum, 1969)

Ein wesentlicher Faktor für den Erfolg der britischen Textilindustrie war die gut ausgebaute Infrastruktur, insbesondere der Eisenbahn. In der zweiten Hälfte des 19. Jh. wurden viele neue Eisenbahnlinien gebaut und dadurch der Transport von Kohle für die Dampfmaschinen und von Textilien zu den Ausfuhrhäfen erheblich erleichtert (Bild 7.179). So wurde 1870 rund ein Drittel der weltweit industriell erzeugten Güter in England hergestellt, in den USA nur ein Viertel (May, 2011).

Ende des 19. Jh. wurden englische Spinn- und Webmaschinen in die gesamte Welt exportiert, nennenswerte Konkurrenz gab es keine. Diese Dominanz hielt bis zum Ersten Weltkrieg an, was einen englischen Maschinenhersteller veranlasste, 1920 festzustellen: „It is just as safe to say, as of England's possessions, that the sun never sets on her machinery, which some country or another is running continuiously the whole twenty-four hours" (Benson, 2008).

Zum Ende des 19. Jh. gab es in England fast 300 Städte und Ortschaften, in denen industriell Textilien oder Textilmaschinen hergestellt wurden (Bild 7.180). Sie konzentrierten sich auf Lancashire, Yorkshire und Cheshire (Aspin, 1981).

**Bild 7.179** Eisenbahnnetz in Großbritannien kurz vor 1900 (Pitman, 1898)

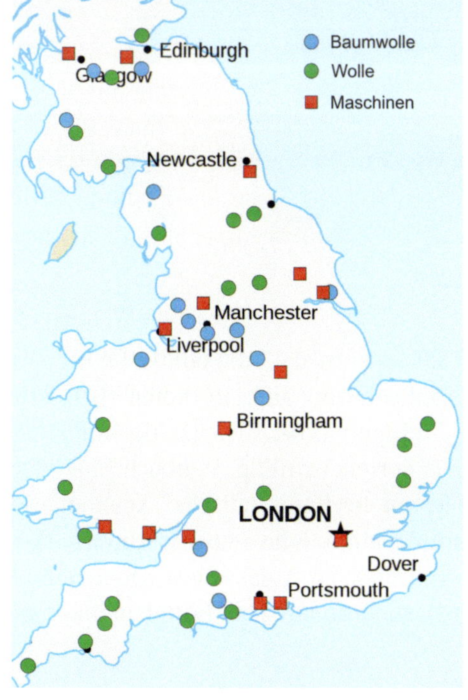


**Bild 7.180** Zentren der Textilindustrie in England bis 1850

## 7.18.2 Indien

Indien erzeugte Anfang des 19. Jh. mehr Baumwolle als jedes andere Land der Welt. Das meiste davon wurde lokal zu Stoffen verarbeitet, die exportiert wurden (Bild 7.181). Ein kleiner Teil der Baumwolle wurde als Fasern exportiert, vor allem nach China. Europa war als Zielland zunächst wegen der hohen Transportkosten nicht attraktiv. Dennoch gab es Bestrebungen, in Indien mehr Baumwolle anzubauen, und so wurden amerikanische Sorten importiert und kultiviert. Darüber hinaus wurden amerikanische Anbaumethoden eingeführt und versucht, mithilfe von Lohnarbeitern große Baumwollplantagen aufzubauen. Diese Vorhaben scheiterten vollständig, weil die klimatischen Bedingungen weder für die amerikanischen Baumwollsorten noch für deren Anbaumethoden geeignet waren. Auch waren indische Arbeiter nicht gewillt, gegen Lohn zu arbeiten, und bestellten lieber ihre eigenen Felder. Über viele Jahre stritten die englischen Kaufleute, die Regierung und die Ostindien-Kompanie um die Frage, wie der Export indischer Baumwolle gesteigert werden könnte, jedoch erfolglos.

**Bild 7.181** Indischer Stoffhändler mit Kunden (Basarat, 1850)

Englische Textilfabrikanten fürchteten Ende der 1850er-Jahre, dass die politische Lage in den USA instabil werden würde, und forderten ihre Regierung auf, auf Indien einzuwirken, sodass mehr Baumwolle von dort importiert werden würde. Gleichzeitig sahen sie Indien als großen Absatzmarkt für ihre billig produzierten Textilien. Dennoch blieb der indische Baumwollhandel bis in die 1860er-Jahre fest in der Hand indischer Agenten, die Bauern behielten die Kontrolle über die Felder, ihre Arbeit und die Anbaumethoden. Das Misstrauen gegenüber den europäischen Einkäufern war so groß, dass diese nicht einmal direkt bei den Bauern Baumwolle erwerben konnten, sondern nur über Mittelsmänner an den großen Handelsplätzen. Daher behauptete Indien seine Unabhängigkeit von europäischem Einfluss bis 1862.

Durch den Bau von Eisenbahnlinien wurden jedoch auch weit von der Küste entfernt liegende Gebiete für den Transport von Waren erschlossen. So konnten die billigen englischen Garne und Textilien in Regionen verkauft werden, die bisher nicht erreichbar waren (Bild 7.182). Die lokal hergestellten Stoffe waren dadurch nicht mehr konkurrenzfähig, und die Spinner und Weber wurden gezwungen, stattdessen Baumwolle anzubauen.

| | | Hergestellt in Dacca | Hergestellt in England |
|---|---|---|---|
| Jamdaní | Erste Wahl | 25 | 8 |
| | Zweite Wahl | 16 | 5 |
| Jamdaní, Mabíposh, | | 27 to 28 | 6 |
| Jamdaní, Diagonal pattern, | | 12 to 13 | 4 to 4½ |
| Jaconet Muslin, 40½ | Erste Wahl | 38 to 40 | 20 to 22 |
| | Zweite Wahl | 24 to 25 | 9 to 10 |
| Nyansook, 40 to 2¼, | | 8 to 9 | 5 to 6 |
| Cambric | | 13 to 14 | 6 to 9½ |
| Jamdaní mit blauen oder roten Zweigen | | 15 to 16 | 4 to 5 |
| Jamdaní Sarîs | | 12 to 13 | 5 to 5½ |
| Book Muslin | | 10 to 11 | 7 to 8 |
| Sahun | | 28 to 30 | 14 to 15 |

**Bild 7.182** Vergleich der Preise in Rupien für indische und britische Stoffe, ca. 1840 (Daten: Gilroy, 1845)

Durch Änderungen der Gesetzgebung und den massiven Zwang seitens der Kolonialverwaltung wurde die Baumwollerzeugung in der Folgezeit erheblich ausgeweitet, und Indien stieg wieder auf zum größten Produzenten weltweit (vgl. Abschnitt 7.1.1). Eine wesentliche Rolle spielte dabei die Umwandlung von der Allgemeinheit zur Verfügung stehenden Landes in Privatbesitz. So entstand eine neue Klasse von Großgrundbesitzern, und viele Menschen, die auf dem Land lebten, waren gezwungen, nun als Lohnarbeiter auf diesen Plantagen zu arbeiten. Dies war auch schon in England ein Jahrhundert zuvor eine erfolgreiche Strategie, um Menschen, die zuvor in Subsistenzwirtschaft ein gutes Auskommen hatten, zu abhängig beschäftigten Lohnarbeitern zu machen. Da gleichzeitig die Preise anzogen, war die Lohnarbeit für die Baumwollbauern zunächst lukrativ. Kurz nach Ende des amerikanischen Bürgerkriegs fielen jedoch die Preise wieder, und viele Baumwollpflanzer und die Feldarbeiter gerieten in wirtschaftliche Nöte.

Diese Entwicklung begann im Westen Indiens im Bezirk Berar, der als Modellregion für ganz Indien galt. Von 1861 bis 1863 verdoppelte sich die Anbaufläche von Baumwolle, bis 1880 noch einmal, und zwanzig Jahre später wurden in Berar rund 25% der gesamten indischen Baumwolle erzeugt. Was dreißig Jahre zuvor noch am Widerstand der indischen Bauern und Kaufleute gescheitert war, gelang nun: Die völlige Übernahme des gesamten Handels mit Baumwolle durch europäische Händler verbunden mit der weitgehenden Zerstörung der heimischen Textilindustrie. Indien wurde im Handel von einem der größten Textilexporteure der Welt zu einem reinen Rohstofflieferanten für die europäischen Textilunternehmen und gleichzeitig zu einem der größten Märkte für deren Produkte. Englische Importe hatten 1850 erst einen Marktanteil von 12 %, bis 1880 war er auf 60 % gestiegen. Die indischen Textilerzeuger stellten ihre Produkte weiterhin in Handarbeit her und verkauften sie nur noch auf dem indischen Markt. Dieser Prozess wird auch als Deindustrialisierung bezeichnet, wobei es in Indien gar nicht erst zu einer Industrialisierung kam, sondern diese schlicht verhindert wurde.

### 7.18.3 Deutschland

Rund 80 % der Bevölkerung in Deutschland und in vielen anderen Ländern waren zu Beginn des 19. Jh. ausschließlich in der Landwirtschaft tätig. Mehr als 50 % der Beschäftigten im Sekundärsektor produzierten Textilien und Bekleidung. In Deutschland waren dies rund 1,2 Mio. Menschen, von denen 900 000 im Verlagswesen, 185 000 im Handwerk und nur rund 70 000 in Manufakturen arbeiteten. Bei den Einfuhren hatten Textilien sowie die entsprechenden Rohstoffe einen Anteil von 65 %, bei den Ausfuhren, vor allem von Fertigwaren, von rund 60 % (Bohnsack, 2002).

Diese Situation wurde durch die Industrialisierung der Garn- und Textilproduktion in England nun massiv bedroht, und die Politik versuchte dem entgegenzuwirken. Durch die Gründung des Deutschen Zollvereins im Jahr 1833 entstand ein Binnenmarkt, der sich durch Zölle vor billigen Einfuhren, insbesondere aus England, schützte (Bild 7.183). Sie betrugen für grobe Garne (33 tex bzw. Nm 30) zunächst nur 10 %, stiegen aber bis 1856 auf 25 % und wurden später weiter erhöht.

Dadurch verdreifachte sich die Produktion von Geweben von 1836 (18 000 t) bis 1856 (50 000 t) und die Ausfuhren stiegen im gleichen Zeitraum von 3600 t auf 8500 t. 1861 gab es auf dem Gebiet des Zollvereins 77 915 Kleinbetriebe mit 80 387 Gehilfen und 151 451 Handwebstühlen sowie 940 Fabriken mit 113 008 Handwebstühlen und 23 491 Kraftwebstühlen (Oppel, 1902).

Das Verlagswesen wurde im 19. Jh. abgelöst durch Manufakturen („von Hand gemacht"), in denen vorindustriell produziert wurde. Dabei waren alle wichtigen Arbeitsschritte „unter einem Dach", allerdings erfolgten die einzelnen Prozessschritte noch weitgehend manuell. Der Vorteil für die Unternehmer war, dass sie so volle Kontrolle über alle Arbeiten hatten und gleichzeitig die Beschäftigten effizienter und effektiver einsetzen konnten, was die Kosten senkte. Für die Mitarbeiter gab es keine direkten Vorteile, abgesehen von der Tatsache, dass sie ein zu geringes Einkommen hatten, wenn sie nicht in einer Manufaktur arbeiteten. Sie hatten daher kaum eine Wahl. So entstanden bis zur Mitte des 19. Jh. in ganz Deutschland zahlreiche Textilmanufakturen, vor allem in den Regionen, in denen auch vorher schon Textilien hergestellt wurden. Dazu zählten u. a. das Rheinland, das Münsterland, Sachsen (Bild 7.184) und Thüringen sowie Teile Württembergs und Bayerns. Um 1850 arbeiteten immer noch fast die Hälfte aller Beschäftigten in Industriebetrieben in der Textilerzeugung.

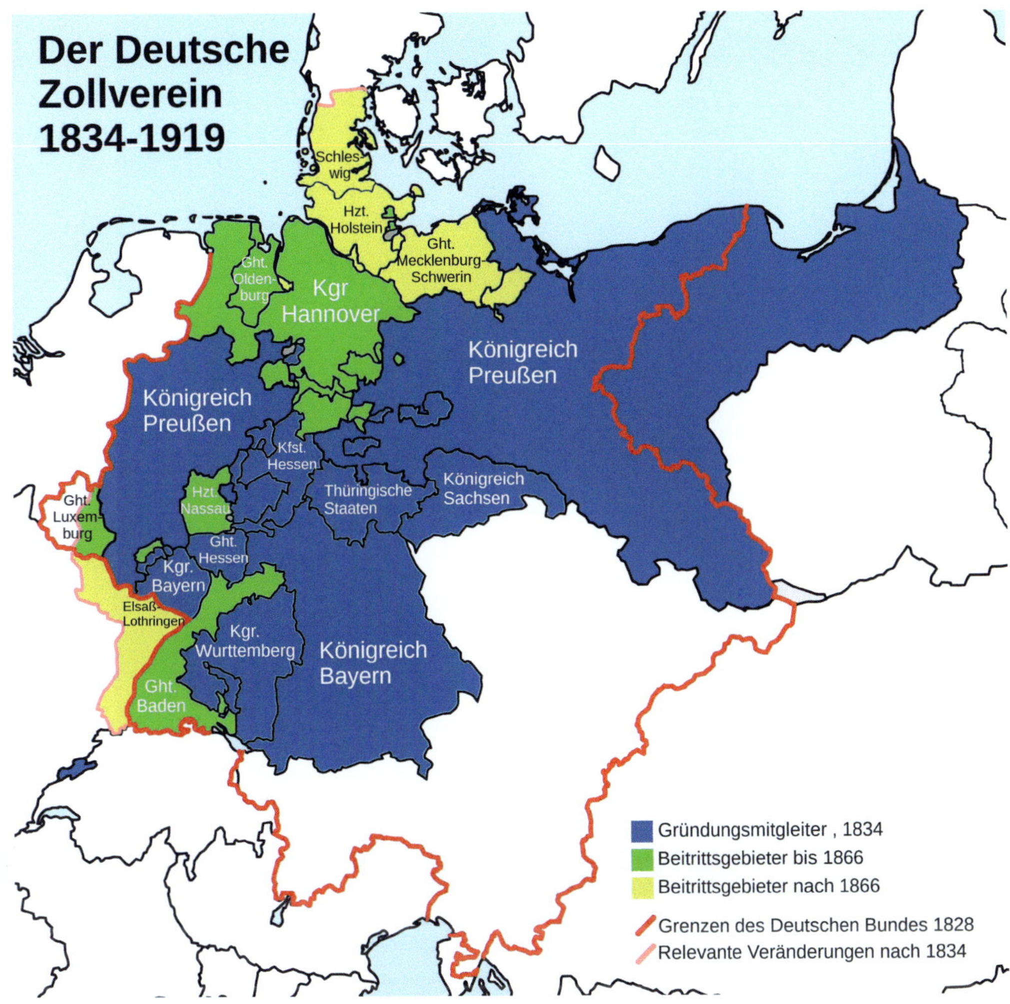


**Bild 7.183** Die Gebiete des deutschen Zollvereins von 1834 bis 1919 (Manske, 2011b)

Die territoriale Zersplitterung Deutschlands bis 1870 war mit zahlreichen Grenzen, unterschiedlichen Währungen, Gewichten und gesetzlichen Vorschriften verbunden. Darüber hinaus war das Eisenbahnnetz kaum ausgebaut, es gab keine Kolonien für billige Rohstoffe und anstatt freien Handels noch viele Zünfte, die an den alten Produktionsverfahren festhielten und versuchten, den technischen Fortschritt, der mit dem Verlust vieler traditioneller Arbeitsplätze verbunden war, aufzuhalten. Auch war Deutschland noch immer stark agrarisch geprägt. So waren die Randbedingungen für eine industrielle Revolution wie in England eher ungünstig.

Dennoch entstanden wegen des zunehmenden Kostendrucks durch die massenhaft und billig in England produzierten Textilien die ersten Industrieunternehmen vor allem in den gleichen Regionen, in denen auch bisher schon Textilien hergestellt wurden. Ein frühes Zentrum der Textilindustrie war Elberfeld (Bild 7.185).

**Bild 7.184** Kattunmanufaktur in Eilenburg (Sachsen) um 1840 (Flegel, 1840)

**Bild 7.185** Elberfeld (Rheinland) um 1870 (von Wille, 1870)

Am Ende des 19. Jh. gab es in Deutschland 205 292 Textilbetriebe mit 993 257 Beschäftigten, wovon 46% Frauen waren. Sie produzierten eine Vielzahl unterschiedlicher Produkte, von denen Bild 7.186 einen Eindruck gibt.

Während Rohwaren vor allem importiert wurden, konzentrierte sich der Export nun auf Fertigwaren, und so ergab sich im Jahr 1900 ein Handelsbilanzüberschuss für Textilien von rund 38 Mio. RM. Dem stand allerdings ein Defizit von rund 281 Mio. RM für Rohmaterialien gegenüber.

Schnell entwickelte sich in der zweiten Hälfte des 19. Jh. eine Industrie zur Herstellung von Textilmaschinen, vor allem in Sachsen, später auch in anderen Regionen. So wurden die vorhandenen Verfahren weiterentwickelt und die Herstellung von Textilien deutlich vereinfacht, weil die Lieferanten der Maschinen nicht mehr in England saßen, sondern vor Ort in der Nähe der Produktionsbetriebe. Der Aufbau einer chemischen Industrie ab den 1860er-Jahren beförderte diese Entwicklung (vgl. Abschnitt 7.12), und so wurde Deutschland einer der führenden Textilhersteller weltweit. Mehr als 2,4 Mio. Menschen arbeiteten 1893 in der Textilindustrie, was einem Anteil von rund 30 % an allen Industriebeschäftigten entsprach.

| | Produktion | Import | Export |
|---|---|---|---|
| Garn zum Weben | 474 | 78 | 56 |
| Garn zum Nähen, Häkeln, Sticken | 29 | 4 | 9 |
| Webwaren | 448 | 33 | 80 |
| Gemischte Webwaren | 115 | 4 | 83 |
| Gardinen | 13 | 0 | 1 |
| Wirkwaren | 141 | 1 | 82 |
| Posamenten | 104 | 1 | 43 |
| Stickereien | 53 | 14 | 40 |
| | 1.378 | 134 | 394 |

**Bild 7.186** Produktion der deutschen Textilindustrie 1897 in [Mio. RM] (Daten: Oppel, 1902)

### 7.18.4 Frankreich

Frankreichs Textilproduktion umfasste neben dem Verlagswesen und einem hohen Anteil an Heimarbeit auch zahlreiche, zum Teil sehr große Manufakturen. So hatten Textilien bis in die 1840er-Jahre einen Anteil von rund 50 % an allen Ausfuhren. Eine industrielle Produktion begann erst in der zweiten Hälfte des 19. Jh., und die Einführung neuer Technologien dauerte länger als in England. Dies lag teilweise daran, dass im Gegensatz zu den englischen Aristokraten, die früh in den Aufbau von Unternehmen investiert hatten und dadurch erhebliches soziales Ansehen genossen, die französischen Adeligen eher an traditionellen Werten und Vorstellungen festhielten und ihr gesellschaftliches Ansehen durch Investitionen in industrielle Unternehmungen nicht verbessern konnten. Der britische Unternehmergeist war in Frankreich nur wenig verbreitet.

Dennoch entstanden ab 1850 viele neue Unternehmen, die schnell expandierten und die zu Hause spinnende und webende Bevölkerung mit ihren billigeren Produkten zu großen Teilen arbeitslos machten (Bild 7.187). Dadurch waren die ehemaligen Handwerker gezwungen, ihren Unterhalt in den Fabriken zu verdienen, mit den gleichen Konsequenzen wie in England.

Manche Industrielle bauten für ihre Belegschaft Wohnsiedlungen mit Häusern und kleinen Gärten für die Selbstversorgung, ähnlich wie in England. So errichteten J. Dollfus und J. Zuber in Mulhouse ab 1853 rund 200 Wohneinheiten mit einer Größe von rund 50 m² pro Familie. Bis 1897 wuchs die Siedlung auf 1343 Häuser mit rund 10 000 Einwohnern (Bild 7.188).

**Bild 7.187** Spinnerei DMC in Mulhouse (Pedraglio, 1855)

**Bild 7.188** Arbeiterhaus für vier Familien in Mulhouse (Lancelot, 1855)

Auch in Frankreich kam es zu zahlreichen Aufständen, und viele Maschinen wurden von aufgebrachten Bürgern zerstört. 1831 und 1834 streikten die Seidenweber in Lyon und kämpften für höhere Löhne (Bild 7.189), in Roubaix streikten 1867 rund 25 000 Textilarbeiter gegen die Einführung mechanischer Webstühle, und 1870 gingen 15 000 Arbeiter in Mulhouse auf die Straße und forderten die Einführung des Zehnstundentags. Die Entwicklung ließ sich dadurch aber nicht aufhalten.

**Bild 7.189** Aufstand der Seidenweber 1834 in Lyon (Justelipse, 2007)

Weil die französische Industrie vor allem den Binnenmarkt bediente und gegen Ende des 19. Jh. immer weniger exportierte, war sie von der wirtschaftlichen Situation in Frankreich abhängig. Als sich das Bevölkerungswachstum zum Ende des 19. Jh. verlangsamte und gleichzeitig der Lebensstandard verringerte und damit der Bedarf an Textilien zurückging, wuchs auch die französische Textilindustrie langsamer. Ihr Anteil an allen Exporten lag ab 1880 nur noch bei rund 20 % (Bécuwe und Blancheton, 2018).

Dennoch entstanden in Frankreich eine kleine Textilmaschinenindustrie und auch chemische Werke, u. a. zur Herstellung von Farbstoffen, allerdings deutlich kleiner als in Deutschland.

Die Anzahl der Spinnereien und Webereien zum Ende des 19. Jh. zeigt Bild 7.190. Es ist offensichtlich, dass die wollverarbeitenden Spinnereien mit durchschnittlich je 3000 Spindeln erheblich kleiner waren als die baumwollverarbeitenden Unternehmen mit jeweils ca. 10 000 Spindeln. Die Seidenverarbeitung war sehr bedeutend mit nahezu 1000 Webereien. Es gab industrielle Zentren im Nordwesten für alle Fasern und im Südosten für Seide (Bécuwe und Blancheton, 2018).

| | Spinnereien | Anzahl Spindeln | Webereien | Spinnereien & Webereien |
|---|---|---|---|---|
| Baumwolle | 476 | 4.716.897 | 503 | 86 |
| Wolle | 864 | 2.867.341 | 682 | 369 |
| Seide | 164 | 810.832 | 978 | 78 |
| | 1504 | 8.395.070 | 2163 | 533 |

**Bild 7.190** Textilindustrie in Frankreich um 1882 (Daten: Statistique, 1882)

## 7.18.5 China

Bis zur Mitte des 19. Jh. blieb die chinesische Textilerzeugung auf dem technologischen Stand des 18. Jh. stehen, die Gründe hierfür wurden in Kapitel 6 schon dargelegt. Rund 45 % aller Haushalte webten selbst, was gelegentlich zu Problemen führen konnte (Bild 7.191, rechts).

**Bild 7.191** Links: Handweber am Gewichtswebstuhl (Danwon, 1780); rechts: Handweber mit Katzenproblem (Deuk-Sin)

Nach der Niederlage im Opiumkrieg 1842 gegen Großbritannien musste China der „Öffnung“ des Landes für unbeschränkte Importe von Waren aller Art zustimmen. In diesem Krieg war es Großbritannien weniger um die Legalisierung der Opiumimporte aus Indien gegangen. Vielmehr war das wesentliche Kriegsziel, China als Zielland für den Export britischer Waren zu erschließen. Zwischen 1842 und 1860 wurde deshalb China von europäischen Mächten eine Reihe von Verträgen aufgezwungen. Diese Verträge räumten den europäischen Mächten umfangreiche Privilegien ein, ohne dass sie dafür irgendwelche Gegenleistungen erbringen mussten. Dazu gehörten u. a.:

- ein sehr niedriger Einfuhrzoll für alle ausländischen Waren, der darüber hinaus von einer durch Ausländer kontrollierten Behörde überwacht wurde,
- das Recht für Europäer, sich in zahlreichen chinesischen Städten uneingeschränkt niederzulassen und Geschäfte zu tätigen,
- die Einrichtung sogenannter offener Häfen (Treaty Ports) mit geringen Zöllen und Steuern.

Diese einseitigen Abkommen werden in China als „ungleiche Verträge“ bezeichnet, was eine maßlose Untertreibung darstellt. Letztendlich handelte es sich schlicht um eine Erpressung der chinesischen Regierung, der diese zustimmen musste. Im Ergebnis war der riesige chinesische Markt nun offen für ausländische Importe, und China wurde von billigen britischen Stoffen regelrecht überschwemmt (Bild 7.193). Der Garnimport verzwanzigfachte sich innerhalb weniger Jahre, und die Stoffimporte verdoppelten sich zwischen

1880 und 1920 (Beckert, 2014). Rund 150 Jahre später sollte der umgekehrte Fall eintreten (vgl. Kapitel 9). Die chinesische Textilherstellung blieb Handarbeit, eine industrielle Fertigung entstand gar nicht erst. Die Garne wurden in der Folgezeit zu rund 65 % importiert, die Gewebeherstellung blieb aber noch im Land, und auch um 1930 wurden noch 70 % der Gewebe lokal erzeugt.

Der chinesische Unternehmer und Politiker Zhang Jian (1853–1926) erkannte am Ende des 19. Jh.: „Die Menschen sagen, dass ausländische Nationen vom Handel leben. Das ist eine oberflächliche Sicht. Sie wissen nicht, dass Reichtum und Stärke der ausländischen Nationen in ihrer Industrie liegen [...] Darum müssen wir uns einzig darauf konzentrieren, die Industrie zu fördern. [...] Man sollte Fabriken gründen, um jene ausländischen Waren zu produzieren, die in China den größten Absatz finden." (Beckett, 2014)

**Bild 7.192** Der chinesische Unternehmer und Politiker Zhang Jian (Wiki, 1926)

Jian gründete 1895 die Dah Sun Cotton Mill in der Nähe von Shanghai, die 1899 die Produktion aufnahm, und in der Folgezeit weitere Unternehmen, u. a. zur Seidenverarbeitung. Er initiierte auch die Schaffung mehrerer Forschungsinstitute, womit er die Grundlagen für die technische Ausbildung vieler junger Chinesen legte.

Es dauerte noch bis in die 1920er-Jahre, bis die Industrialisierung in China richtig Fahrt aufnahm und die Importe an Textilien zurückdrängte (Bild 7.193).

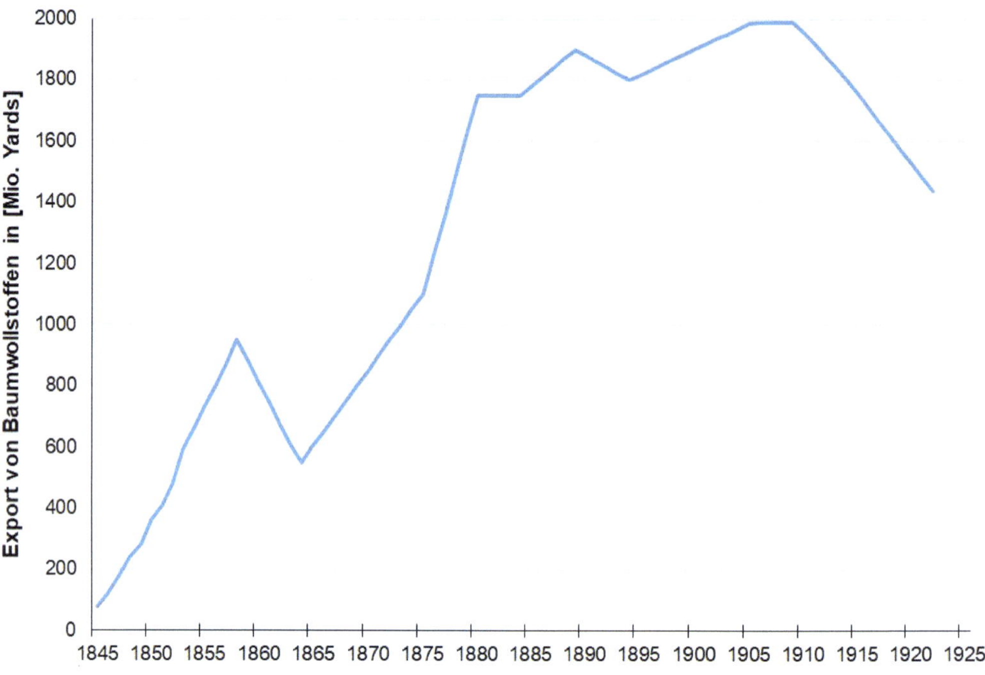


**Bild 7.193** Britische Textilexporte nach China (Daten: Beckert, 2014)

## 7.18.6 USA

Dass die Vorderseite vieler Dollar-Banknoten der Konföderierten Staaten von Amerika aus dem Jahr 1861 Sklaven beim Pflücken, Verarbeiten und Laden von Baumwolle darstellt, zeigt, wie wichtig der Baumwollanbau für die Südstaaten war (Bild 7.194).

**Bild 7.194** 100-Dollar-Note der Konföderierten mit Sklaven, die Baumwollballen laden (Godot13, 2015)

Allein im Bereich des Mississippi-Deltas waren 1859 mehr als 60 000 Sklaven beschäftigt, die 30 000 t Baumwolle erzeugten, fast zehnmal so viel wie auf Saint-Domingue im Jahr 1790. Dies zeigt den enormen Wettbewerbsvorteil, den die USA hier hatten (Bild 7.195).

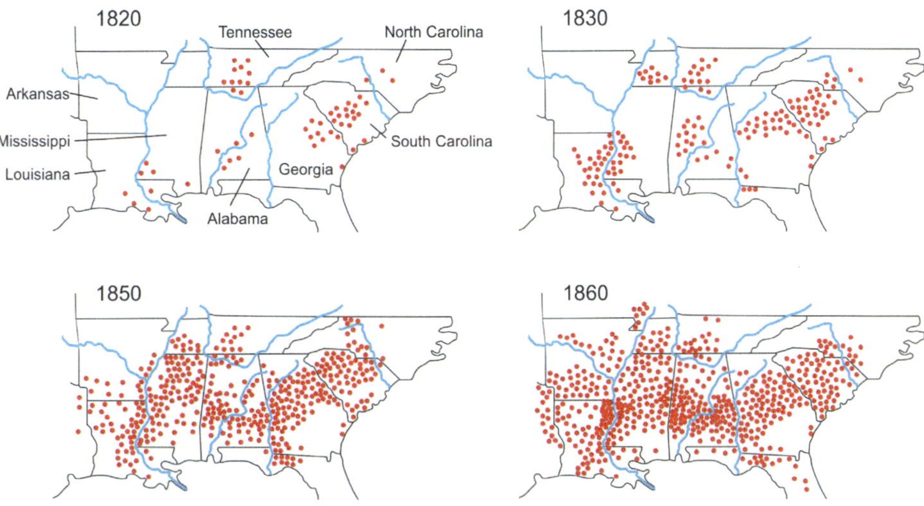


**Bild 7.195** Ausbreitung des Baumwollanbaus in den USA (1 Punkt = 1000 t) nach (Mitchell, 2008)

Nicht verschwiegen werden sollte eine weitere Schattenseite dieser Entwicklung. Die Gebiete, die sich für den Baumwollanbau eigneten, waren von den amerikanischen Ureinwohnern besiedelt, und diese wurden ab 1820 systematisch vertrieben, sowohl durch ungleiche Verträge als auch durch brutale Gewalt.

Nur wenige Jahrzehnte später waren die USA einer der wichtigsten Baumwolllieferanten für die englische Textilindustrie und einer der größten Erzeuger weltweit. Im Jahr 1831 wurden in den USA 46 % der weltweit angebauten Baumwolle produziert (Bild 7.196).

Die Upland-Baumwollfasern waren ideal geeignet für die relativ groben Garne und Stoffe, die die englische Textilindustrie in Massenproduktion erzeugte. Um 1840 hatte amerikanische Baumwolle in England einen Marktanteil von rund 75 %. Ohne sie wäre die englische Textilherstellung zum Erliegen gekommen.

Trotz der großen Mengen war die Wertschöpfung gering, und der Anbau war nur „rentabel“, wenn die Arbeitskosten so gering wie möglich gehalten wurden. Dies bedeutete eine Fortsetzung der Sklavenarbeit in den Südstaaten, als sie in anderen Teilen der Welt schon aufgegeben war, und war eine der Ursachen für den Bürgerkrieg (1861–1865). Bis dahin blühte das Geschäft mit der amerikanischen Baumwolle, und die Handelsbeziehungen zwischen den Südstaaten und ihren europäischen Kunden vertieften sich, was die Kosten senkte und die Baumwolle noch attraktiver machte, sodass noch mehr angebaut wurde. Besonders perfide war die Absicherung der kapitalintensiven Geschäfte gegenüber den Geldgebern (Banken etc.) durch Sklaven, die als eine völlig rechtlose „Ware“ behandelt wurden. Im Jahr 1820 machte Baumwolle mit einem Gesamtwert von 20 Mio. US-$ rund ein Drittel aller Exporte der USA aus, im Jahr 1860 war es über die Hälfte bei einem Wert von nun 192 Mio. US-$.

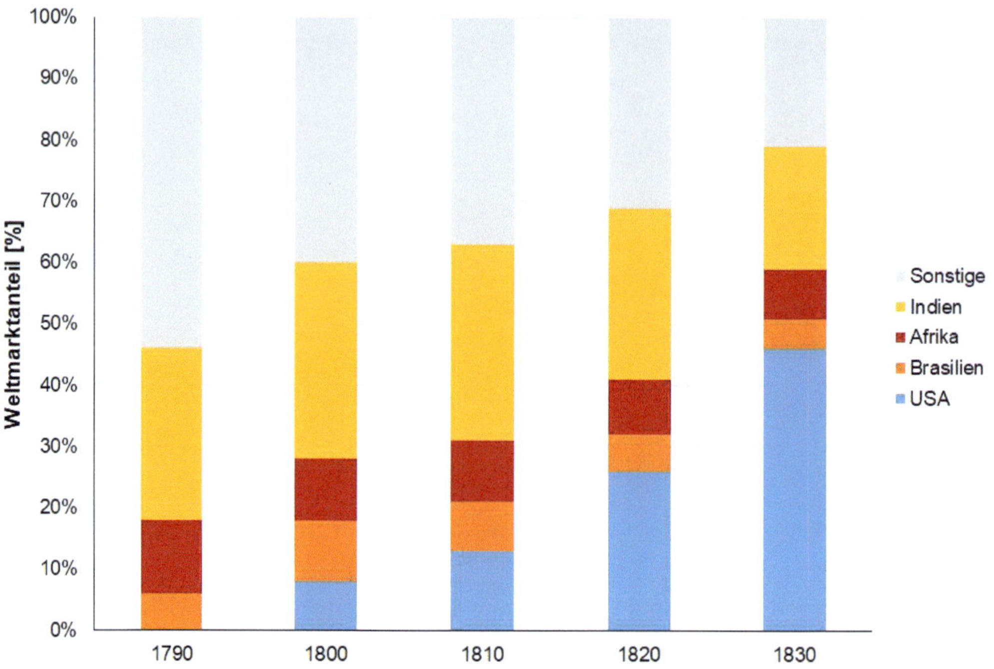


**Bild 7.196** Größte Baumwollerzeuger nach (Beckert, 2014)

Die Südstaaten waren sich sehr sicher, dass der Norden es nicht wagen würde, wegen der „Sklavenfrage“ einen Bürgerkrieg zu beginnen. Noch 1858 sagte der Baumwollpflanzer James H. Hammond (1807–1864) in einer Rede vor dem US-Senat: „In all social systems there must be a class to do the menial duties, to perform the drudgery of life... It constitutes the very mudsill of society...You dare not make war on cotton – no power on earth dares make war upon it. Cotton is king.“ Wie sich bald zeigen sollte, lag er hier falsch, und die Welt fiel nicht auseinander, als die Sklaverei abgeschafft wurde, und auch die Preise für Baumwolle explodierten nicht.

Durch die starken politischen Spannungen zwischen den eher landwirtschaftlich orientierten Südstaaten und den zunehmend industrialisierten Nordstaaten kam es 1861 zum Bruch und zum Bürgerkrieg. Die vormaligen Geldgeber der Baumwollpflanzer und viele Großhändler schlugen sich dabei auf die Seite der Nordstaaten, weil sie erkannt hatten, dass das „Geschäftsmodell“ der Südstaaten nicht mehr funktionierte. In der Folge brach die Baumwollproduktion ein und erreichte erst rund zehn Jahre nach Kriegsende wieder den Stand von 1861 (Bild 7.197).

Nach dem Ende des Bürgerkriegs blieben viele Sklaven weiterhin in den Südstaaten und bauten Baumwolle an (Bild 7.198). Sie hatten ja nichts anderes gelernt, und so änderte sich an der Menge der erzeugten Baumwolle in den USA mittelfristig wenig, und sie stieg nach einigen Jahren sogar wieder an. Da sie jedoch kein Geld zum Kauf des Landes hatten, arbeiteten die ehemaligen Sklaven häufig als Pächter auf denselben Plantagen wie früher, nun zu niedrigen Löhnen. Viele erhielten auf staatlichen Druck eigene kleine Parzellen Land, auf denen sie Obst und Gemüse anpflanzten. So mussten sie nicht mehr in Vollzeit auf den Baumwollplantagen ihrer früheren Besitzer arbeiten und wurden zu sogenannten „Teilpächtern“. Da sie kein eigenes Kapital hatten, mussten sie sich Geld von den Großgrundbesitzern leihen, zum Teil zu horrenden Zinsen von 25–35 %. So verschuldeten sich viele innerhalb kurzer Zeit und gerieten erneut in Abhängigkeit. Sie waren gezwungen, mehr Baumwolle anzubauen, und durch zahlreiche Gesetzesänderungen wurden ihnen viele Rechte wieder entzogen, u. a. sogar das Wahlrecht. Sie waren zwar immer noch frei, aber weitgehend rechtlos. Auch einige weiße Farmer begannen mit dem Baumwollanbau, allerdings waren ihre Verdienstmöglichkeiten wegen der relativ niedrigen Preise sehr beschränkt. Durch den Ausbau der Infrastruktur, insbesondere von Straßen und Eisenbahnen, waren nun auch Gebiete im Landesinneren gut erreichbar und wurden für den Baumwollanbau genutzt. So vergrößerte sich die Baumwollproduktion, was den Preis wieder auf das Vorbürgerkriegsniveau sinken ließ (Bild 7.198). Fiel eine Ernte schlecht aus und hatte sich ein Farmer vorher verschuldet, so verlor er sein Land und wurde zum Pächter. Dennoch erzeugten 1880 weiße Farmer rund die Hälfte der in den USA erzeugten Baumwolle, eine Verdreifachung ihres Anteils innerhalb von zwanzig Jahren. 1890 produzierten die USA 7,2 Mio. Ballen Baumwolle, was einem Weltmarktanteil von 66 % entsprach.

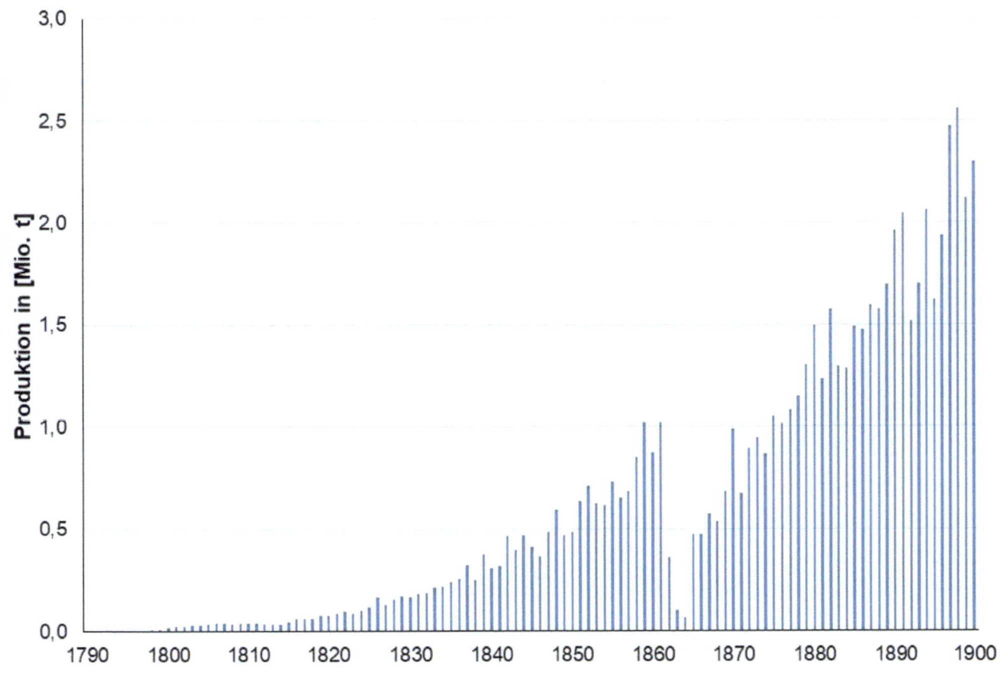


**Bild 7.197** Entwicklung der Baumwollproduktion in den USA (Daten: Mitchell, 1993)

**Bild 7.198** Ehemalige Sklaven als freie Pächter bei der Baumwollernte (Wiki, 1850a)

Auch Sträflinge wurden zur Baumwollernte eingesetzt, was allerdings umstritten war, weil sie sehr schlecht behandelt und bei Fluchtversuchen einige erschossen wurden.

Während der Süden der USA, und hier insbesondere die Staaten an der Golfküste, vor dem Bürgerkrieg voll auf den Ausbau der Baumwollplantagen setzte, wurde im Norden eine industrielle Fertigung zur Verarbeitung der Baumwolle zu Textilien aufgebaut. Dies wurde durch das Vorhandensein großer Städte und damit verbunden von Arbeitskräften sowie von kapitalkräftigen Geldgebern gefördert.

Bereits 1787 wurde in Beverly, Massachusetts, die erste Spinnerei gebaut, der bald weitere folgten. Großen Anteil an der nun einsetzenden Industrialisierung der USA hatte Francis Cabot Lowell (1775–1817), der u. a. mit dem Handel von Textilien sein Geld verdiente. Aus einer wohlhabenden Familie stammend, reiste er 1810 – angeblich aus gesundheitlichen Gründen, was angesichts des bekanntermaßen meist eher feuchten englischen Wetters fraglich erscheint – nach England und Schottland und studierte insbesondere in Lancashire die Funktionsweise der dort eingesetzten Webmaschinen. 1812 kehrte er in die USA zurück und begann dort mit dem Nachbau dieser Maschinen. Zusammen mit drei Schwagern und der finanziellen Unterstützung u. a. von Nathan Appleton gründete er 1814 die Boston Manufacturing Company (BMC) in Waltham, Massachusetts. Der nahe gelegene Fluss versorgte die wassergetriebenen Webmaschinen mit Energie. Die BMC war die erste Textilfabrik in den USA, in der alle Produktionsschritte von der Rohbaumwolle bis zum fertigen Textil durchgeführt wurden. Durch die Ausgabe von Aktien erhielt die BMC das nötige Kapital, um weiter zu expandieren, und wenig später baute sie eigene Webmaschinen, die an Kunden in anderen Städten der USA verkauft wurden. Die Stadt East Chelmsford, in der eine weitere Produktionsstätte, die Merrimack Mill, errichtet wurde, wurde nach seinem Tod in Lowell umbenannt. Die Merrimack Mill (Bild 7.199) umfasste neben der Fabrik (Bildmitte hinten), Verwaltungsgebäude und eine Färberei sowie sogenannte „Boarding Houses“, in der die Mitarbeiter wohnen konnten; Natürlich gegen Bezahlung, was den Gewinn der Fabrikbesitzer weiter erhöhte.

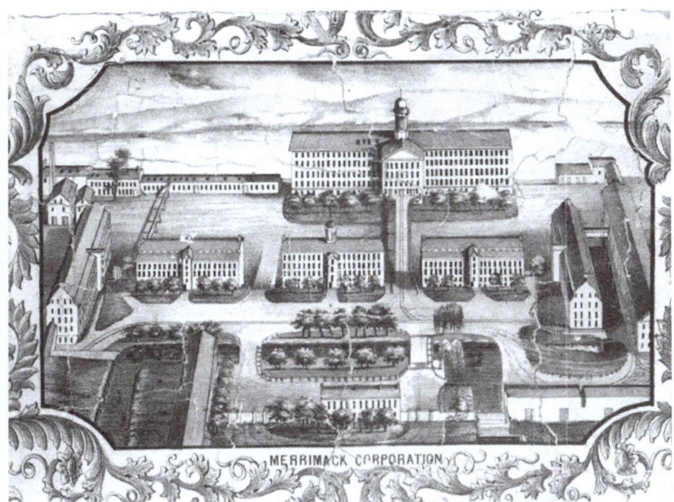


**Bild 7.199** Merrimack Mill in Lowell (Z22, 2015)

Lowell wurde ein Zentrum der Textilherstellung in den USA und hatte um 1900 rund 1000 Betriebe, die Textilien oder entsprechende Maschinen herstellten und mehr als 30 000 Menschen Arbeit boten (Bild 7.200). Heute wird an der dortigen Universität immer noch an textilen Themen geforscht.

**Bild 7.200** Stadtansicht von Lowell Anfang des 19. Jh. (Farrar, 1834)

1816 wurden die Zölle auf die Einfuhr grober britischer und indischer Textilien erhöht, und so konnte die Industrialisierung der Textilherstellung in den USA in einem geschützten Raum beginnen. Die Importzölle stiegen bis 1846 sogar auf 60–80 %, später wurden sie wieder gesenkt. Feine Stoffe, die lokal noch nicht hergestellt werden konnten, waren von den Zöllen nicht betroffen. William Gilmore errichtete in Waltham, Massachusetts, 1816 die erste mechanisierte Weberei mit Kraftwebstühlen und baute darüber hinaus eigene Maschinen, die er verkaufte. Da diese, u.a. wegen ihres einfacheren Antriebs, mit rund 70 US-$ deutlich günstiger waren als die der englischen Konkurrenz von W. Horrocks (300 US-$), wurden sie bald überall in den Neuenglandstaaten eingesetzt. 1825 folgte William H. Horstmann in Philadelphia, der die ersten Jacquard-Webmaschinen aus England importierte. Während in Heimarbeit auf einem Handwebstuhl pro Tag rund 4 m Stoff erzeugt werden konnten, war die Produktivität eines Kraftwebstuhls zehnmal so hoch. Berücksichtigt man, dass ein Weber drei bis vier Webmaschinen gleichzeitig bedienen konnte, war der Kostenvorteil noch deutlich größer. Daher war ab ca. 1830 die Heimarbeit im Bereich der Spinnerei und Weberei in den USA weitgehend verdrängt von industrieller Produktion. Dies wird auch am Beispiel des Preises für einen einfachen Baumwollstoff illustriert, der von 42 ct/yd (1815) auf 7,5 ct/yd (1830) fiel (Broudy, 1979).

Die Amoskeag Manufacturing Company in Manchester, New Hampshire, wurde im Laufe des 19. Jh. zur größten baumwollverarbeitenden Fabrik der Welt mit insgesamt dreißig Gebäuden (Bild 7.201). Sie war bis 1935 in Betrieb.

**Bild 7.201** Amoskeag Manufacturing Company (Clarke, 1875)

Trotz der zunehmenden Mechanisierung der Textilproduktion verlief die soziale Entwicklung in den USA zunächst anders als z.B. in England. Während in England der Großteil des Landes nur wenigen Grundbesitzern gehörte, besaßen die meisten Familien in den USA ein eigenes Stück Land, auf dem sie landwirtschaftliche Produkte anbauen oder Vieh halten konnten. Daher arbeitete anfangs oft nur der Mann in der Fabrik, während die Frau sich gar nicht oder nur stundenweise als Lohnarbeiterin verdingen musste. Kinderarbeit war daher in den USA unüblich, weil nicht zwingend notwendig. Auch mussten höhere Löhne als in England gezahlt werden, weil es Alternativen zur Arbeit in der Fabrik gab. Diese Situation änderte sich gegen Ende des 19. Jh., als immer mehr Einwanderinnen und Einwanderer in die USA kamen, sich in den großen Städten ansiedelten und kein Land mehr zur Verfügung stand.

Nach dem Ende des Bürgerkriegs begannen die reichen Baumwollhändler damit, im Süden eine Textilindustrie aufzubauen. Die dazu nötigen Arbeitskräfte standen nach der Befreiung der Sklaven in großer Anzahl zur Verfügung, und da sie nicht gewerkschaftlich organisiert waren, wurden nur geringe Löhne gezahlt, etwa 50 % weniger im Vergleich zu den Nordstaaten. Gleichzeitig war die Arbeitszeit im Süden mit bis zu 75 h pro Woche deutlich höher als im Norden. So nahm die Textilproduktion zwischen den 1880er-Jahren und 1910 um jährlich 14–19 % zu, während sie in den Nordstaaten nur um jährlich 4 % anstieg. Den Preis zahlten die Arbeiter und Arbeiterinnen, die in Verhältnissen arbeiteten, die heutigen „Sweatshops" in Asien ähneln (Bild 7.202).

**Bild 7.202** Bekleidungsfertigung in den USA um 1890 (N. N., 1890)

## 7.18.7 Mexiko

Seit der Unabhängigkeit von Spanien im Jahr 1821 bemühte sich die mexikanische Regierung, das Land zu industrialisieren. Durch die lange Tradition der Textilerzeugung lag es nahe, eine eigene Textilindustrie aufzubauen, was auch geschah. Die Unternehmen wurden durch hohe Zölle vor billigen Importen, insbesondere aus dem Nachbarland USA, geschützt und konnten sich so weitgehend ungestört von äußeren Einflüssen entwickeln. Die Baumwolle wurde im Land erzeugt, und daher war man unabhängig von Importen.

So gab es 1843 bereits 59 Textilfabriken mit rund 100000 Spindeln, die 3738t Garn erzeugten sowie 327000 Stücke Stoff (je 1 m breit, ca. 25 m lang). Bis 1870 hatten einheimische Firmen einen Anteil von 60% am Binnenmarkt. Im Jahr 1879 gab es 89 Textilfabriken mit 250000 Spindeln. Die Garnproduktion war zwar auf 2925t gesunken, allerdings wurden nun mehr als 3 Mio. Stücke Stoff erzeugt (Gómez-Galvarriato, 1999). Der Antrieb der Maschinen erfolgte 1843 noch zu 80% mit Wasserkraft, 1878 wurden rund 40% mit Dampfmaschinen betrieben (Busto, 1880).

## 7.18.8 Japan

Bis weit in die zweite Hälfte des 18. Jh. erfolgte die Textilherstellung noch weitgehend in Handarbeit (Bild 7.203). Damit war Japan zu dieser Zeit den entwickelten Industrieländern weit hinterher. Dies sollte sich aber bald ändern.

**Bild 7.203** Japanische Handweberinnen zu Beginn (links; Yanagawa, 1825) und am Ende des 19. Jh. (rechts; GaryD144, 2010)

Inoue Shozo vom japanischen Amt für industrielle Entwicklung reiste 1870 nach Berlin, um die deutsche Industrie zu studieren, und arbeitete für einige Zeit in einem wollverarbeitenden Unternehmen. Durch seine Studienreisen nach Deutschland gewann er eine wichtige Erkenntnis: „Ich will unser Land Europa und Amerika gleichstellen. [...] Nach einiger Lektüre über Weltgeschichte und Geografie auf meiner Suche nach der Quelle des Wohlstands, der militärischen Macht, der Zivilisation und der Aufklärung der heutigen westlichen Nationen habe ich erkannt, dass die Quelle in Technologie, Industrie, Handel und Außenhandel liegen muss. Um diese Grundsätze anzuwenden und unser Land reich und stark zu machen, müssen wir das Volk zunächst über die Industrie belehren. Dann können wir diverse Güter herstellen und exportieren, die uns fehlenden importieren und Wohlstand aus dem Ausland ansammeln“ (Beckett, 2014). Dies setzte er selbst um, indem er im Jahr 1879 die Senju Woolen-Cloth Factory gründete, die erste Wollweberei Japans (Bild 7.204).

**Bild 7.204** Wollweberei in Senju

1858 hatten die USA im sogenannten „Freundschafts- und Handelsvertrag“ (Harris-Vertrag) die Öffnung des japanischen Marktes für Einfuhren aus den USA erzwungen. Dadurch wurde es für Japan sehr schwierig, trotz einzelner Firmengründungen, selbst in die industrielle Herstellung von Textilien einzusteigen. Mit massiver staatlicher Hilfe, u. a. zur Einfuhr englischer Spinn- und Webmaschinen, gelang dies aber dennoch. Ein entscheidender Punkt war dabei, dass Japan in großem Stil billige chinesische Baumwolle importierte, was die Rohstoffkosten erheblich senkte. Ein weiterer war das japanische Produktionsmodell. Es gab Tag- und Nachtschichten von jeweils zwölf Stunden Dauer, sodass die Maschinen „rund um die Uhr“ laufen konnten, was sogar gegenüber Indien einen erheblichen Kostenvorteil brachte. Um die Löhne auf einem möglichst niedrigen Niveau zu halten, wurden besonders Frauen in den Textilfabriken beschäftigt. Dies wurde u. a. dadurch möglich, dass genau diese Spinnereien den Frauen, die zuvor mit dem Handspinnrad Garne produziert hatten, die Arbeit wegnahmen. Bereits 1895 gab es so gut wie keine Handspinnerei mehr, und der Ausbau der Webereien begann (Bild 7.205). Hilfreich war dabei auch die Ausbildung japanischer Ingenieure in England, die dadurch in der Lage waren, die komplexen Maschinen zu betreiben und später auch nachzubauen.

Nach Meinung japanischer Unternehmer war die chinesische Textilindustrie am Ende des 19. Jh. aufgrund ihrer geringen Produktivität und des noch schlechten Managements trotz der geringen Lohnkosten keine Bedrohung für die Profite der japanischen Textilerzeuger. Daher investierten japanische Kapitalgeber noch nicht in die Errichtung von Spinnereien und Webereien in China (siehe Kapitel 8), sondern bauten stattdessen die japanische Produktion aus. Sie sahen China noch bis in die 1910er-Jahre hauptsächlich als Rohstofflieferanten und Markt für ihre eigenen Produkte.

**Bild 7.205** Weberei in Japan mit Arbeiterinnen und Vorarbeiter (im europäischen Anzug!)

## 7.18.9 Ägypten

Muhammad Ali Pascha (1770–1849) war der Gouverneur von Ägypten, das zum osmanischen Reich gehörte (Bild 7.206). Im Jahr 1817 holte er vorausschauend den französischen Textilingenieur Louis Alexis Jumel ins Land, um eine konkurrenzfähige Baumwollindustrie aufzubauen.

**Bild 7.206** Muhammad Ali Pascha (Couder, 1841)

Jumel entdeckte in einem Garten in Kairo eine Baumwollpflanze mit besonders langen Fasern, die er in wenigen Jahren durch Zucht vermehrte und in ihren Eigenschaften verbesserte. Aus den ungewöhnlich langen Fasern der „Maco-Baumwolle“ konnten sehr feine Garne und Textilien hergestellt werden. Ali Pascha erkannte das große Potenzial dieser Baumwolle, und in kurzer Zeit entstanden daher, vor allem im Nildelta, zahlreiche Baumwollplantagen unter staatlicher Kontrolle. Die Regierung kontrollierte den gesamten Baumwollanbau bis zum Verkauf an europäische Händler, vor allem in Alexandria. Bereits 1830 trug der Verkauf der Baumwolle bis zu 25 % zum ägyptischen Staatshaushalt bei (Bild 7.207), und bis in die 1860er-Jahre blieben Baumwollanbau und -handel in ägyptischer Hand.

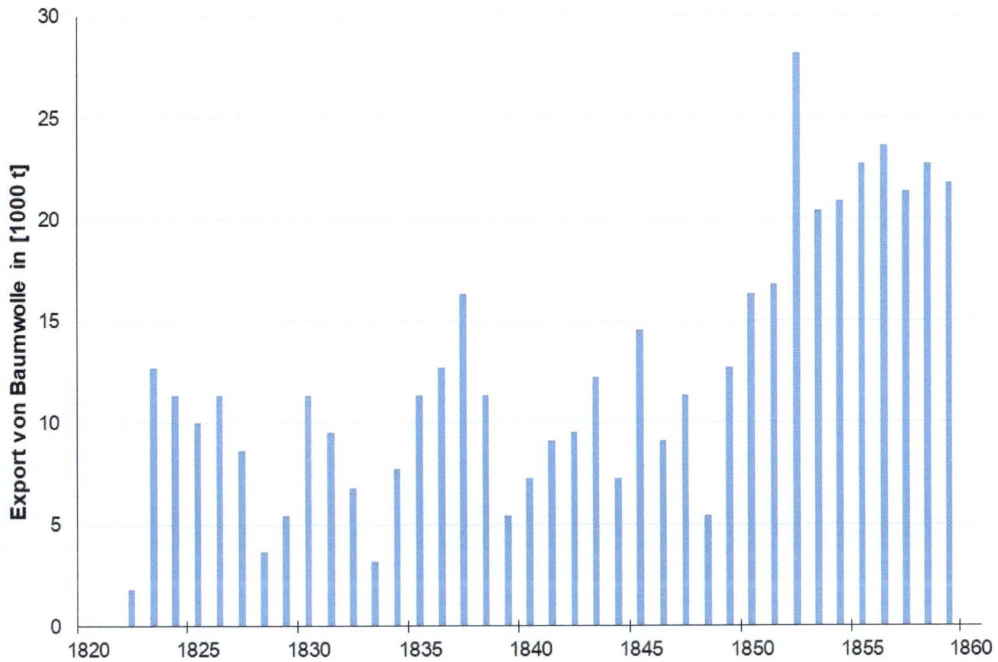


**Bild 7.207** Baumwollexporte aus Ägypten (Daten: Beckert, 2014)

1815 ging die erste mechanische Weberei in Betrieb, 1818 die erste Spinnerei mit Maschinen aus England, beide unter staatlicher Kontrolle. Im Jahr 1835 arbeiteten bereits 20 000 Arbeiter in dreißig Baumwollspinnereien mit rund 400 000 Spindeln. Die hergestellten Stoffe bedienten vor allem den lokalen Markt, wurden aber auch exportiert und machten den englischen Textilproduzenten Konkurrenz. Dies führte dazu, dass England seine politische Macht gegenüber dem Osmanischen Reich einsetzte und Ägypten dazu zwang, die Einfuhrzölle auf Textilien auf 8 % zu reduzieren. Damit war Ägyptens junge Textilindustrie nicht mehr vor den billigen Importen der Großbetriebe aus England geschützt und verschwand bis Ende der 1850er-Jahre. Ein weiterer wichtiger Faktor war, dass die Arbeiter von der Regierung in die Fabriken gezwungen wurden und daher die Arbeitsmoral und -effizienz gering war. Auch gelang es Ägypten nicht, genügend Kohle für Dampfmaschinen zu beschaffen, um die Industrie zu modernisieren. Damit war die Industrialisierung in Ägypten bis auf Weiteres beendet.

Zu einer Renaissance kam es nur zehn Jahre später durch den US-amerikanischen Bürgerkrieg. Insbesondere langstapelige Baumwolle war nun für englische Spinnereien nicht mehr zu bekommen. Schnell wurde daher die Infrastruktur in Ägypten ausgebaut, und der ägyptische Staat vergab große Mengen Land an wenige Großgrundbesitzer, wofür viele Dorfbewohner enteignet wurden. Daher mussten sie als Lohnarbeiter in der Landwirtschaft arbeiten und wurden vom Staat gezwungen, Baumwolle anzubauen. Die Produktion verfünffachte sich innerhalb von nur fünf Jahren auf 102 000 t im Jahr 1865, und so wurde auf 40 % der landwirtschaftlichen Nutzfläche Unterägyptens Baumwolle erzeugt. Wie schon in anderen Ländern, z. B. in Indien, war der Umbau der Wirtschaft auf den Baumwollanbau mit Krediten und bei Missernten entsprechend mit Schulden für die Bauern verbunden. Sogar der Herrscher von Ägypten, Ismail Pascha, der gleichzeitig auch größter Grundbesitzer war, geriet in so große finanzielle Nöte, dass er seinen Besitz an seine Gläubiger abtreten musste. 1882 ging schließlich der ägyptische Staat pleite und wurde von Großbritannien übernommen (Beckert, 2014).

## 7.19 Mode

Bis zur Zeit des Wiener Kongresses 1815 änderte sich die Mode in Europa kaum. Ab den 1820er-Jahren wurden in Frankreich zahlreiche Modezeitschriften verlegt, und so prägte in der Folgezeit die französische Damenmode wieder einen großen Teil Mitteleuropas. Die Herren bevorzugten hingegen ab 1815 den eher schlichten englischen Stil. Dessen bekanntester Vertreter war George Bryan („Beau“) Brummell (1778–1840), der als sogenannter „Dandy“ einen betont einfachen Kleidungsstil pflegte, bestehend aus einer gerade geschnittenen faltenfreien Hose und einem kurzen blauen Rock mit weißer Weste (Bild 7.208). Die Hosenform entspricht unserer heutigen, die Kombination einer gelben oder grünen Hose zum blauen oder schwarzen Rock galt als besonders chic. Erst nach seiner Flucht vor Gläubigern 1819 nach England wurde Herrenkleidung extravaganter und der „Dandy“ zum Inbegriff für „junge Leute, die in auffälliger Bekleidung Kirche oder Jahrmarkt besuchen“ (Kluge, 1883).

Die Befreiungskriege gegen Napoleon und die Bestrebungen, „Nationalstaaten“ zu gründen, führten zum Entstehen einer Vielzahl von National- und Volkstrachten, auch in Deutschland. Hier allerdings noch nicht einheitlich, denn ein „Deutsches Reich“ gab es erst ab 1871.

In der Zeit des Biedermeier, ab ca. 1830, wurden in Deutschland die Röcke weiter und die Taillen enger, bis hin zur sogenannten „Wespentaille“, die auch im Mittelalter hin und wieder zu sehen gewesen war. Diese Modeerscheinung führte nicht nur zu plötzlichen Ohnmachtsanfällen eng geschnürter Damen, sondern barg auch die Gefahr körperlicher Schäden durch die Deformation der Rippen und der inneren Organe. Im Kinofilm „Der Fluch der Karibik“ wird darauf angespielt, wenn die Tochter des Gouverneurs, Elisabeth, zu Beginn des Films auf einer Mauer steht und wegen ihres eng geschnürten Korsetts nicht mehr atmen kann, von einer Mauer ins Meer fällt und von Captain Sparrow gerettet wird. Die Herren trugen, wenn sie nicht gerade gefallene Frauen retteten, Hemden mit Krawatte zur langen Hose und kombinierten dies gerne mit einer Weste oder einem Frack (Bild 7.209).

**Bild 7.208** Beau Brummell, der Prototyp des englischen Dandys (Dighton, 1805)

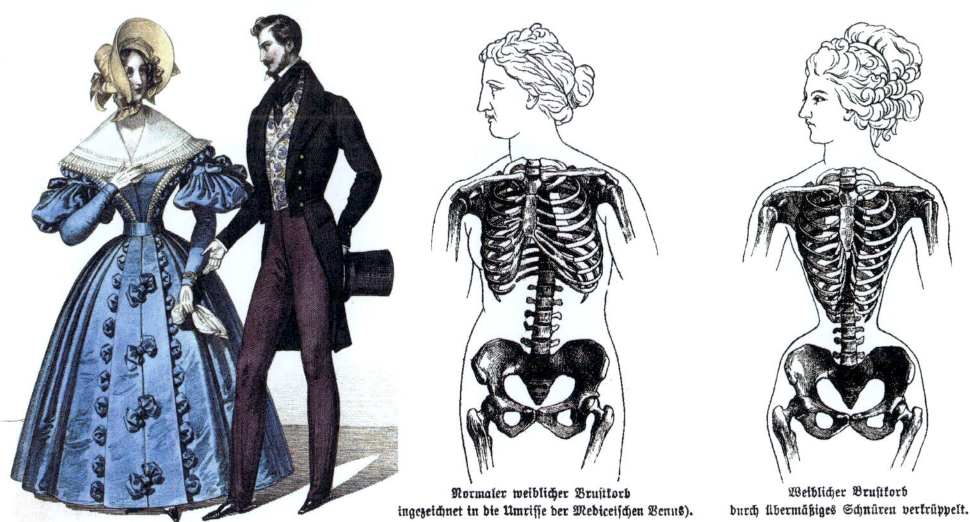


**Bild 7.209** Dame mit Wespentaille und Haube mit Herrn in bunter Hose mit Frack und Zylinder (links; Stöber, 1836) und mögliche körperliche Schäden der Wespentaille (rechts; Langkabel, 1892)

Zur Mitte des 19. Jh. wurde die Bekleidung für die Damen immer voluminöser und unpraktischer und verhüllte ihren Körper fast völlig (Bild 7.210). Damit war körperliche Arbeit unmöglich, und genau dies galt als Ideal der „feinen Gesellschaft".

**Bild 7.210** Modische Damen zur Mitte des 19. Jh. (Vibhijain, 2006)

Die Röcke wurden immer größer, und das Volumen entstand vor allem durch immer mehr Unterröcke. Die Beweglichkeit der Trägerinnen wurde dadurch immer weiter eingeschränkt, was 1856 zur Erfindung der Krinoline führte. Die Unterröcke wurden ersetzt durch ein Drahtgestell, was die Bewegungsfreiheit der Beine wiederherstellte (Bild 7.211).

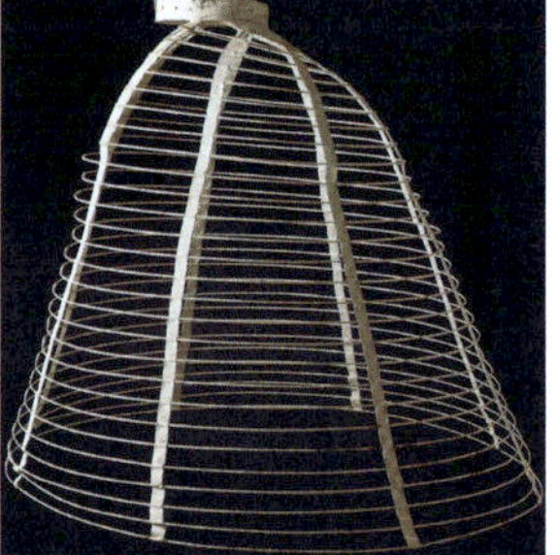

**Bild 7.211** Damen mit Krinoline (Wiki, 1865)

Allerdings war das Tragen der steifen Röcke für den galanten Herrn gelegentlich mit Schwierigkeiten verbunden, wie viele zeitgenössische Karikaturen zeigen (Bild 7.212).

**Bild 7.212** Galanter Herr mit Dame auf dem Weg zum Ball

Im Jahr 1851 schlug die US-amerikanische Frauenrechtlerin Amelia Jenks Bloomer (1818–1894) vor, dass auch Frauen Hosen tragen sollten anstatt unpraktischer weiter Röcke. Ihre Idee sorgte, besonders in der Männerwelt, für allgemeines Entsetzen, und es dauerte noch bis zum 20. Jh., bis sie wieder aufgegriffen wurde (Bild 7.213). Dennoch organisierte sich in den USA 1856 die National Dress Reform Association, die sich darum bemühte, Frauenkleidung bequemer zu machen. Ab 1870 entstanden in allen US-Bundesstaaten Vereine zur Förderung „vernünftiger Kleidung", es dauerte aber noch viele Jahre, bis sich diese Idee durchsetzte (vgl. Kapitel 8, Reformkleid).

**Bild 7.213** Links: Amelia Bloomer (Willard, 2017); rechts: Frauen in einer Bloomer's Hose (Wiki, 1850b; Madame, 2004)

Der Deutsche Gustav E. Jäger (1832–1917) widmete sich ab den 1860erJahren der Entwicklung „gesunder Kleidung", die er „Normalkleidung" nannte. Er setzte dabei auf wollene Stoffe, die er ab 1879 kommerziell vertrieb. Sein Credo war (1884): „Meine neue Erfahrung ist nun, daß jede Leinwand und Baumwolle und die weißen Unterbeinkleider und Unterröcke verderblich und gefährlich für den Gesundheitszustand sind, es muß alles an der Kleidung durchaus aus Schafwolle sein" (LVR, 2011). Gleichzeitig empfahl er „lindernde Waschungen" gegen die kratzende Wolle, was seiner Theorie etwas an Glaubwürdigkeit nahm. Inspiriert von Jägers Theorien gründete der Brite Lewis Tomalin 1884 das Bekleidungsunternehmen Jaeger mit Sitz in London. Es unterhielt 63 Geschäfte sowie Schafherden in Australien und wurde 2021 von der Kaufhauskette Marks & Spencer gekauft.

In der zweiten Hälfte des 19. Jh. wurde die Mode kurzlebiger, und kurze, lange, weite und enge Röcke lösten sich beispielsweise in der Damenmode in schneller Folge ab. Das Korsett wurde zunächst weitgehend abgeschafft, und die Ausschnitte wurden spitz, und reich verzierte Mieder kamen auf. Die Herrenmode war eher schlicht, und als modische Farben galten Schwarz, Grau, Braun und Blau. Wichtigste Neuerung war der „Cutaway", der den Gehrock ersetzte (Bild 7.214).

**Bild 7.214** Links: Damenmode (Toulmouche, 1883); rechts: Herren mit Cutaway (Årvasbåo, 2013)

Zum Ende des 19. Jh. wurden Teil-Reifröcke (Tournüren) mit Korsett wieder populär, die das Hinterteil der modischen Dame betonten (Bild 7.215). Es gab auch faltbare Tournüren, sodass die Frauen sich setzen konnten. Allerdings kam es dadurch gelegentlich zu Missverständnissen (Bild 7.215, rechts).

**Bild 7.215** Damen mit Tournüre (Haabet, 2008; Fliegende Blätter, 1886)

Werbung in Zeitschriften war ebenfalls verbreitet, z. B. für passgenaue Herrenhemden in allen Größen (Bild 7.216).

**Bild 7.216** Werbung für Herrenhemden um 1870 (Fae, 2018)

Gelegentlich mussten zögerliche Hausfrauen von ihren Ehemännern überzeugt werden, dass er die richtige Wahl, hier für Bettlaken, getroffen hatte (Bild 7.217).

**Bild 7.217** Werbung für Bettlaken um 1870 (Ooligan, 2021)

Es gab allerdings auch kritische Stimmen, insbesondere was die Damenmode betraf (Bild 7.218).

**Bild 7.218** „Modernes Kostüm und sein Vorbild“ in einer Satirezeitschrift von 1891 (Haabet, 2007)

# ■ 7.20 Technische Textilien

Im Jahr 1823 löste Charles Macintosh (1766–1843) mithilfe von Naphtha Gummi auf und beschichtete damit Mäntel aus Baumwollgewebe. So entstand der erste wasserdichte Regenmantel (Bild 7.219). Noch heute heißen solche Kleidungsstücke in England „Mackintosh“ oder „Mack“.

Neben den weiterhin üblichen Seilen, Tauen und Segeln wurden auch Treibriemen für Dampfmaschinenantriebe aus technischen Geweben hergestellt, als Alternative zu Leder (Bild 7.220).

**Bild 7.219** Charles Macintosh (links; Gilbert, 1842) und sein Regenmantel (rechts; Carson, 1893)

**Bild 7.220** Treibriemen in einer Baumwollweberei mit Northrop-Webmaschinen (Hoskyn, 1914)

# 7.21 Wichtige Erfindungen

Bild 7.221 gibt einen Überblick zu den wichtigsten Erfindungen in der Textiltechnik im 19. Jh. Zum einen wurden bestehende Verfahren weiterentwickelt, es gab aber auch einige komplett neue Verfahren, wie z. B. das Ringspinnen, mit dem heute 70 % aller Garne aus Baumwolle erzeugt werden, und die Greiferwebmaschine, die sich aber erst im 20. Jh. etablierte.

| Jahr | Erfinder | | Chemiefasern | Spinnerei | Weberei | Maschenwaren | Vliesstoffe | Veredlung | Farbstoffe | Nähmaschinen |
|---|---|---|---|---|---|---|---|---|---|---|
| 1803 | William Horrocks | Kraftwebstuhl | | | x | | | | | |
| 1804 | Joseph-Marie Jacquard | Lochkartensteuerung | | | x | | | | | |
| 1807 | Josef Madersberger | Nähmaschine | | | | | | | | x |
| 1808 | John Heathcoat | Spitzenklöppelmaschine | | | | x | | | | |
| 1810 | Jean-Antoine Breton | Verbesserte Jacquardmaschine | | | x | | | | | |
| 1816 | M. J. Brunel | Rundstrickmaschine | | | | x | | | | |
| 1825 | Richard Roberts | Selfaktor | | x | | | | | | |
| 1828 | Josua Heilmann | Handstickmaschine | | | | | | x | | |
| 1828 | John Thorp | Ringspinnmaschine | | x | | | | | | |
| 1832 | Timothy Baley | Kettenwirkmaschine | | | | x | | | | |
| 1842 | Louis Schwabe | Spinndüse | x | | | | | | | |
| 1845 | Elias Howe | Lockstitch-Nähmaschine | | | | | | | | x |
| 1850 | Isaac Merritt Singer | Nähmaschine | | | | | | | | x |
| 1858 | Johann P. Grieß | Azofarbstoffe | | | | | | | x | |
| 1860 | William Cotton | Kulierwirkmaschine | | | | x | | | | |
| 1863 | Isaac William Lamb | Flachstrickmaschine | | | | x | | | | |
| 1867 | George Hattersley | Doppelschaftmaschine | | | x | | | | | |
| 1880 | Adolf von Bayer | Synthese von Indigo | | | | | | | x | |
| 1883 | Jules Verdol | Papierkartensteuerung | | | x | | | | | |
| 1883 | Hillaire de Chardonnet | Nitratseide | x | | | | | | | |
| 1891 | Charles F. Cross, Edward J. Bevan, Clayton Beadle | Viskose | x | | | | | | | |
| 1891 | James Henry Northrop | Schussspulenwechsler | | | x | | | | | |
| 1891 | Heinrich Stoll | Flachstrickmaschine | | | | x | | | | |
| 1895 | Catherine Ewans | Tufting | | | | | x | | | |

**Bild 7.221** Auswahl wichtiger Erfindungen zur Textilherstellung im 19. Jh.

### Literatur und Bildquellen

*Aiken, J. B.* (1861), „On the art of Knitting with a history of the knitting loom comprising an interesting account of its origin and of its recent wonderful improvements". M'Farland & Jenks' Print, Corcord, N. H. (USA)

*Alcan, M.* (1865), Fabrication des étoffes: traité complet de la filature du coton. Paris.

*Apel, D.* (2006), *https://commons.wikimedia.org/wiki/File:Opel_N%C3%A4hmaschinen_1901.jpg*

*Årvasbåo* (2013), *https://commons.wikimedia.org/wiki/File:Bertil_Sigvard_Gustav_Adolf.jpg?uselang=de*

*Aspin, C.* (1981), The cotton industry. Shire Library, Bloomsbury Publishing, London.

*Audemars, G. P.* (1855), GB PS-283.

*Bachelor, P.* (1891), *https://commons.wikimedia.org/wiki/File:Machine_%C3%A0_coudre_de_B._Thimonnier.jpg*, CC BY-SA 3.0

*Bachman, F. P.* (1918), *https://commons.wikimedia.org/wiki/File:Elias_Howe_sewing_machine.png*

*Baines, E.* (1835), The history of cotton manufacture in Great Britain. Fisher, Fisher & Jackson, London.

*Barlow, A.* (1878), The History and Principles of Weaving by Hand and by Power. Searle & Rivington, London.

*Basarat* (1850), *https://commons.wikimedia.org/wiki/File:Brooklyn_Museum_-_Cloth_Merchant%27s_Shop_-_Basarat.jpg*

*Becker, F.* (1912), Die Kunstseide (Nachdruck). S. 343ff., Salzwasser Verlag, Paderborn.

*Beckert, S.* (2014), King Cotton – Eine Geschichte des globalen Kapitalismus. C. H. Beck, München.

*Bécuwe, S., Blancheton, B.* (2018), „French textile specialization in long run perspective (1836–1938): trade policy as industrial policy", Business History, DOI: 10.1080/00 076 791.2018.1 494 732.

*Benson, A. P.* (2008), Textile Machines. Shire Library, Bloomsbury Publishing, London.

*Biller, C.* (1906), Der Rückgang der Hand-Leinwandindustrie des Münsterlandes. J. B. Hirschfeld, Leipzig.

*Billotte, L.-J.* (1870), *https://commons.wikimedia.org/wiki/File:Nice009.jpg?uselang=de*

*Birmingham* (2005), *https://commons.wikimedia.org/wiki/File:Thinktank_Birmingham_-_object_1962S01 617(1).jpg*, CC BY-SA 3.0

*Bisson, F.* (2017), *https://www.flickr.com/photos/zigazou76/36 865 801 464/in/photostream/*, CC BY 2.0

*Bohnsack, A.* (2002), Spinnen und Weben. Rasch Verlag, Bramsche.

*Broudy, E* (1979), The Book of Looms. University Press of New England, Lebanon.

*Bruckner, C.* (1949), Aachen und seine Tuchindustrie. Mushakesche Verlagsanstalt, Horb.

*Busto, E.* (1880): Estadísticas de la República Mexicana: Estado que guardan la agricultura, industria, minería y comercio: Resumen y análisis de los informes rendidos a la Secretaría de Hacienda por los agricultores, mineros, industrials y comerciantes de la República y los agentes de México en el exterior en respuesta a las circulares del lo de agosto de 1877. Anexo número 3.

*Carolus* (2006), *https://commons.wikimedia.org/wiki/File:Carolus_-Private_Collection_-_tule.jpg*, CC BY-SA 3.0

*Carson* (1893), *https://commons.wikimedia.org/wiki/File:Carson,_Pirie,_Scott_%26_Co._Macintosh,_1893.jpg*

*Catling, H.* (1970), The Spinning Mule. Clarke Doble & Brendon Ltd., Plymouth.

*Chapman, S. D.* (1972), The Cotton Industry in the Industrial Revolution. Macmillan Education Ltd., London. Charlin, J.-C. (2001), The Story of the Jacquard Machine. Daniel Faurite, Les Echtes.

*Chardonnet, H. de* (1890), Deutsches Reichspatent Nr. 56 331, Maschine zur Herstellung künstlicher Seide, Reichspatentamt, Berlin.

*Chardonnet, H. de* (1891), Französisches Patent Nr. 165 349. Institut National de la Propriété Industrielle, Straßburg.

*Chialynn* (2019), *https://commons.wikimedia.org/wiki/File:Luddite.jpg*

*Christiansen, R.* (1890), *https://commons.wikimedia.org/wiki/File:V%C3%A6vesal_i_Rubens_Dampv%C3%A6veri.jpg*

*Clarke, J. B.* (1875), *https://fr.m.wikipedia.org/wiki/Fichier:Finlayson_Tampere_4.jpg*

*Cole, A. C.* (1924), „The Chenille Axminster Carpet Manufacture", The Quarterly Journal of Economics Vol. 39, No. 1, Oxford University Press, S. 136–144.

*Cooper, C.* (1886) *https://upload.wikimedia.org/wikipedia/commons/a/ad/Illustrated_and_descriptive_catalogue_of_automatic_knitting_machinery_%281 886 %29_%2 814 783 807 242 %29.jpg?uselang=de*

*Cooper, G. R.* (1968), The Invention of the sewing machine. Museum of History and Technology, Smithsonian Institution, Washington.

*Couder, A.* (1841), *https://commons.wikimedia.org/wiki/File:ModernEgypt,_Muhammad_Ali_by_Auguste_Couder,_lighter_colors.jpg*

*Corny84* (2004), *https://commons.wikimedia.org/wiki/File:Sicherheitsnadeln.jpg#mw-jump-to-license*, CC BY-SA 3.0

*Cranch, J.* (1845), *https://commons.wikimedia.org/wiki/File:Portrait_of_Robert_Owen_(1771_-_1858)_by_John_Cranch,_1845.jpg*

*Cross, F. C., Bevan, E. J., Beadle, C.* (1893), Herstellung eines in Wasser löslichen Derivats der Zellulose, genannt "Viskoid". Deutsches Reichspatent 70 999, Reichspatentamt, Berlin.

*Crump, T.* (2010), A brief history of how the industrial revolution changed the world. Constable & Robinson, London.

*Cyclopedia* (1907), Cyclopedia of Textile Work. American Technical Society, Chicago.

*Danwon, J.* (1780), *https://commons.wikimedia.org/wiki/File:Danwon-Jari.jjagi.jpg*

*De la Motte Fouqué* (1819), *https://commons.wikimedia.org/wiki/File:Frauentaschenbuch_1819_Titel.jpg*

*Demorest* (1863), Godey's Lady's Book, Bd. 66, S. 101.

*Derbrauni* (2002), *https://commons.wikimedia.org/wiki/File:Glockenmuseum_Apolda_03.jpg*, CC BY 4.0

*Deuk-Sin, K.*, *https://commons.wikimedia.org/wiki/File:Geungjae-Pajeokdo.jpg*

*Dighton, R.* (1805), *https://commons.wikimedia.org/wiki/File:BrummellDighton1805.jpg?uselang=de*

*Dvortygirl* (2010), *https://commons.wikimedia.org/wiki/File:Braiding_machine_arbetes_museum.jpg*, CC BY-SA 3.0

*Eilbeck, D.* (2006), *https://commons.wikimedia.org/wiki/File:Bobbinet_structure.jpg*, CC BY-SA 3.0

*Elkágyé* (2008), *https://commons.wikimedia.org/wiki/File:Jacquard_rajz.png?uselang=de*, CC BY-SA 3.0

*Elkágyé* (2019), *https://commons.wikimedia.org/wiki/File:Griswold%27s_stocking_knitting_machine.jpg?uselang=de*, CC BY-SA 4.0

*Ellithorp, S. B.* (1885), Sewing Machine News, Bd. 7, Nr. 11.

*Engel, A.* (2009), Farben der Globalisierung. Campus Verlag, Frankfurt a. M.

*Engels, F.* (1892), Die Lage der arbeitenden Klasse in England. Verlag J. H.W. Dietz, Stuttgart.

*Fae* (2014a), *https://commons.wikimedia.org/wiki/File:Textiles;_a_three-quarter_view_of_a_power_loom,_with_admirin_Wellcome_V0 024 096.jpg*, CC BY-SA 4.0

*Fae* (2014b), *https://commons.wikimedia.org/wiki/File:Child_apprentices_in_textile_factory._Wellcome_M0013538EA.jpg*, CC BY 4.0

*Fae* (2018), *https://commons.wikimedia.org/wiki/File:%22Advertisement_for_True_Fit_Shirts,_Proportioned_sizes%22,_showing_8_men_in_fashionable_dress_LCCN2 006 687 174.jpg?uselang=de*

*Farrar, E. A.* (1834), *https://commons.wikimedia.org/wiki/File:1834_Lowell_Massachusetts_by_Farrar_BPL_10 504.png?uselang=de*

*Férat, J.* (1873), *https://commons.wikimedia.org/wiki/File:Hand-block_printing_of_wallpaper._1873-77.jpg*

*Férat, J.* (1877), *https://commons.wikimedia.org/wiki/File:Atelier_canut.jpg*

*Figuier, L.* (1870), *https://commons.wikimedia.org/wiki/File:Workshop_of_beating_and_washing_engines.1873-77.jpg*

*Figuier, L.* (1873a), *https://commons.wikimedia.org/wiki/File:Les_merveilles_de_l%27industrie,_1873_%22Appr%C3%ABt_des_%C3%A9toffes_;_derni%C3%A8re_op%C3%A8ration_de_la_teinture%22._(4 727 249 160).jpg*, CC BY 2.0

*Figuier, L.* (1873b), *https://commons.wikimedia.org/wiki/File:Les_merveilles_de_l%27industrie,_1873_%22Coupe_de_la_pile_d%C3%A9fileuse%22_(4 723 595 733).jpg*, CC BY 2.0

*Figuier, L.* (1873c), *https://commons.wikimedia.org/wiki/File:Les_merveilles_de_l%27industrie,_1873_%22Coupeuse_m%C3%A9canique_des_chiffons%22._(4 727 165 110).jpg*, CC BY 2.0

*Figuier, L.* (1873d), *https://commons.wikimedia.org/wiki/File:Les_merveilles_de_l%27industrie,_1873_%22Cuve_pour_la_teinture_des_laines_par_l%27indigo%22._(4 726 565 349).jpg*, CC BY 2.0

*Figuier, L.* (1873e), *https://commons.wikimedia.org/wiki/File:Les_merveilles_de_l%27industrie,_1873_%22Rivi%C3%A8re_anglaise_pour_laver_les_%C3%A9toffes_teintes%22._(4 726 563 781).jpg*, CC BY 2.0

*Flegel, A.* (1840), *https://commons.wikimedia.org/wiki/File:Eilenburg_Kattunmanufaktur_Steinmetz_um_1840.jpg?uselang=de*

*Fliegende Blätter* (1886), Band LXXXIV, Nro. 2110 – 2135, S. 52, Verlag von Braun & Schneider, München.

*Fuller, P.* (2008), *https://commons.wikimedia.org/wiki/File:Apprentice_House,_Quarry_Bank_Mill_-_geograph.org.uk_-_734182.jpg*, CC BY-SA 2.0

*Galbi, D.* (1996), *http://www.galbithink.org/eyes.htm*

*GaryD144* (2010), *https://commons.wikimedia.org/wiki/File:Y%C5%8Dsh%C5%AB_Chikanobu_Filial_Piety.jpg*

*Gilbert, J. G.* (1842), *https://commons.wikimedia.org/wiki/File:Charles_Macintosh.jpg*

*Gilroy, C. G.* (1845), The History of Silk, Cotton, Linen, Wool, and Other Fibrous Substances. Harper & Brothers, New York.

*Glocker, W.* (1992), Glastechnik – Technikgeschichte im Deutschen Museum. Beck'sche Verlagsbuchhandlung, München.

*Godot13* (2015), *https://commons.wikimedia.org/wiki/File:CSA-T13-$100-1861%E2%80%9362.jpg*, CC BY-SA 4.0

*Goldenberg, S. L.* (1904), *https://commons.wikimedia.org/wiki/File:Lace_Its_Origin_and_History_Leavers%27s_Lace_Machine.png*

*Gómez-Galvarriato, A.* (1999), „Industrial development under institutional frailty: the development of the Mexican textile industry in the nineteenth century", Revista De Historia Economica, S. 191–223.

GPK (2022), Geheimarchiv Preußischer Kulturbesitz I, HA Rep. 76 V a Sekt. 2 Tit. IV Nr. 5, Bd. 1, Fol. 2 f.

*Griffindor* (2010), *https://commons.wikimedia.org/wiki/File:Wheeler_%26_Wilson_Sewing_Machine_1852.jpg*

*Haabet* (2007), *https://commons.wikimedia.org/wiki/File:ModernesKost%C3%BCm_und_seinVorbild.png*

*Haabet* (2008), *https://commons.wikimedia.org/wiki/File:GrandsMagasinsVilleDeStDenis1887page5.png*

*Hamerton, R. J.* (1843), *https://commons.wikimedia.org/wiki/File:Punch_1843_-_Reichtum_und_Armut.png*

*Hanfstängl* (1857), *https://commons.wikimedia.org/wiki/File:Christian_Friedrich_Sch%C3%B6nbein.jpg*

*Hazen, E.* (1836), The panorama of professions and trades. Uriah Hunt, Philadelphia.

HBR (2008), *https://commons.wikimedia.org/wiki/File:Lockstitch.gif*, CC BY-SA 3.0

*Hedde, I.* (1876), *https://commons.wikimedia.org/wiki/File:M%C3%A9tier_%C3%A0_lacets_chinois.jpg*

*Hermbstädt, S. F.* (1802), Grundriß der Färbereikunst. Fr. Nicolai, Berlin.

*Hibry, J.* (1875): Improvement in mechanisms for carding and spinning wool. Patentschrift US Patent 173290A, US Patent Office, Alexandria.

*Hobsbaum, E. J.* (1969), Industry and Empire. Penguin Books, Harmondsworth.

*Holbeck* (1843), *https://commons.wikimedia.org/wiki/File:Marshall%27s_flax-mill,_Holbeck,_Leeds_-_interior_-_c.1800.jpg*

*Hooke, R.* (1665), Micrographia. Royal Society, London.

*Hoskyn, E. L.* (1914), *https://commons.wikimedia.org/wiki/File:Cotton_mill.jpg?uselang=de*

*Howcheng* (2010), *https://commons.wikimedia.org/wiki/File:Titus_Salt_cph.3c28482.jpg*

*Ikiwaner* (2004), *https://commons.wikimedia.org/wiki/File:Rundstrickmaschine_Zungennadeln.jpg*, CC BY-SA 3.0

*Ikiwaner* (2006a), *https://commons.wikimedia.org/wiki/File:Selfaktor01.jpg*

*Ikiwaner* (2006b), *https://commons.wikimedia.org/wiki/File:Selfaktor_eingefahren.jpg*, CC BY-SA 3.0

*Ikiwaner* (2006c), *https://commons.wikimedia.org/wiki/File:Selfaktor_ausspinnen.jpg*, CC BY-SA 3.0

*Ikiwaner* (2006d), *https://commons.wikimedia.org/wiki/File:Selfaktor_ausgefahren.jpg*, CC BY-SA 3.0

*Ikiwaner* (2006e), *https://commons.wikimedia.org/wiki/File:Selfaktor_aufspulen.jpg*, CC BY-SA 3.0

*Jackson, F. W.* (1890), *https://commons.wikimedia.org/wiki/File:Hand_Loom_Weaver.jpeg*, CC BY-SA 3.0

*Jalo* (2007), *https://commons.wikimedia.org/wiki/File:Saltaire_from_Leeds_and_Liverpool_Canal.jpg*, CC BY-SA 3.0

*Jü* (2012), *https://commons.wikimedia.org/wiki/File:Mauvein_Fuchsin_und_Methylviolett_ERSTE_brauchbare_Teerfarbstoffe_P1 080 427.JPG*, CC0 1.0

*Justelipse* (2007), *https://commons.wikimedia.org/wiki/File:Revolte_des_Canuts_-_Lyon_1834_-_1.jpg*

*Kerl, B., Stohmann, F.* (1879), Encyklopädisches Handbuch der Technischen Chemie (3. Bd.: Farbstoffe und Färberei – Gummi, Friedrich Vieweg und Sohn, Berlin.

*Kinzer, H.* (1900), Technologie der Handweberei. II. Theil: Die Jacquardweberei. Karl Graeser, Wien.

*Klare, Hermann* (1985), Geschichte der Chemiefaserforschung. Akademie-Verlag, Berlin.

*Kluge, F.* (1883), Etymologisches Wörterbuch der deutschen Sprache. Trübner, Straßburg.

*Knight, E. H.* (1882), Knight's American Mechanical Dictionary, Bd. 3, Houghton, Mifflin & Co., Boston.

*Kohl, A.* (1889), *https://commons.wikimedia.org/wiki/File:Armand_Kohl22a.jpg?uselang=de*

*Kriehuber, J.* (1850), *https://commons.wikimedia.org/wiki/File:Rachel_Felix.jpg*

*Lacroix, E.* (1862), *https://commons.wikimedia.org/wiki/File:M%C3 %A9tier_bobin.jpg*

*Lamb, W. I.* (1863), „Improvements in knitting machines", US-Patent Nr. 39934A

*Langkabel, B.* (1892), *https://commons.wikimedia.org/wiki/File:Langkabel1892_Verkr%C3 %BCppelung_des_weiblichen_Brustkastens_durch_Korsett.jpg*

*Langsdorf, K. C., Wassermann, J. M.* (1805), Der Strumpfwirkstuhl und sein Gebrauch, J. J. Palm, Erlangen.

*Lancelot, D.* (1855), *https://commons.wikimedia.org/wiki/File:Carr%C3 %A9_Mulhousien_vers_1855.jpg*

*Lehmann, G. A.* (1808), *https://commons.wikimedia.org/wiki/File:Sigismund_Friedrich_Hermbst%C3 %A4dt._Line_engraving_by_G._A._Lehm_Wellcome_V0 002 712.jpg*, CC BY 4.0

*Liebermann, M.* (1882), *https://commons.wikimedia.org/wiki/File:Max_Liebermann_-_Die_Rasenbleiche_-_Wallraf-Richartz-Museum.jpg?uselang=de*

*Linder, A.* (1967), Spinnen und Weben – einst und jetzt. C. J. Bucher, Luzern.

*Lueger, O.* (1904), Lexikon der gesamten Technik. Deutsche Verlags-Anstalt, Stuttgart.

LVR (2011), Kleider, Körper & Dessous. Staatliches Textil- und Industriemuseum, Augsburg.

*Madame* (2004), *https://commons.wikimedia.org/wiki/File:Bloomercostume.jpg*, CC BY-SA 2.0

*Madame* (2011), *https://commons.wikimedia.org/wiki/File:Chenille_yarn.jpg*, CC BY-SA 3.0

*Mahin, A. C.* (1922), „Pusher Lace: An Early American Machine-Made Fabric", The Bulletin of the Needle and Bobbin Club (6), New York.

*Mann, J. A.* (1860), The Cotton Trade of Great Britain. Frank Cass & Co., London.

*Manske, M.* (2011a), *https://commons.wikimedia.org/wiki/File:Templeton_Building.jpg*

*Manske, M.* (2011b), *https://commons.wikimedia.org/wiki/File:ZollvereinBIG_1834.png*, CC BY-SA 3.0

*Mapmarks* (2019), *https://upload.wikimedia.org/wikipedia/commons/0/01/Meyers_b13_s0606_b1.png*

*Martin, D.* (2005), *https://commons.wikimedia.org/wiki/File:Cottages_and_path,_Styal_village_-_geograph.org.uk_-_416 390.jpg*, CC BY-SA 2.0

*May, E. H.* (1869), *https://commons.wikimedia.org/wiki/File:Edward_Harrison_May_-_Isaac_Merrit_Singer_-_Google_Art_Project.jpg*

*May, T.* (2011), Victorian Factory Life. Shire Publications, Oxford.

*McGill, A.* (2018a), *https://commons.wikimedia.org/wiki/File:Tuchfabrik_Kelleter.jpg*

*McGill, A.* (2018b), *https://commons.wikimedia.org/wiki/File:Tuchfabrik_Neuwerk.jpg*

*Merian, M.* (1647), *https://commons.wikimedia.org/wiki/File:Aachen-Kupferstich-Merian.png*

*Meyer, J.* (1880), *https://commons.wikimedia.org/wiki/File:Johannes_Meyer_Teppichkn%C3 %BCpferinnen.jpg*

*Migliara, G.* (1828), *https://commons.wikimedia.org/wiki/File:FilandaMyliusBoffalorasopraTicino-GiovanniMigliara.jpg*

*Minard, C.-J.* (1860), Tableaux graphiques et cartes figuratives.: [transports de voyageurs et marchandises en France et Europe, trains, péniches, navires, transports maritimes mondiaux, importations de coton, de houilles 1845-1870].

*Minchinton, W.* (1989), "The energy basis of the British industrial revolution, in: *Bayerl, G.* (Hrsg.): Wind- und Wasserkraft. Die Nutzung regenerierbarer Energiequellen in der Geschichte, S. 356, VDI Verlag, Düsseldorf.

*Mitchell, B. R.* (1993), International Historical Statistics: The Americas 1750-1988. Palgrave Macmillan, London.

*Mitchell, C. C.* (2008), The Development of Cotton from the Old World to Alabama: Chronological Highlights in Alabama Cotton Production. *https://aurora.auburn.edu/handle/11 200/4049*

*Monniaux, D.* (2006), *https://de.m.wikipedia.org/wiki/Datei:Jacquard_loom_p1 040 320.jpg*, CC BY-SA 3.0

*Müller, W.* (1997), Textilien. Kulturgeschichte von Stoffen und Farben., ecomed verlagsgesellschaft AG & Co. KG, Landsberg.

*Nasmith, J.* (1895a), *https://en.wikipedia.org/wiki/Minerva_Mill,_Ashton-under-Lyne#/media/File:Minerva_Mill,_Ashton-under-Lyne_(1895)_plan.png*

*Nasmith, J.* (1895b), *https://commons.wikimedia.org/wiki/File:Minerva_Mill,_Ashton-under-Lyne_(1895)_from_scan.png#%7B%7Bint%3Afiledesc%7D%7D*

*N. N.* (1861), Eighty Years of Progress of the United States, Bd. 2, S. 413–429, New York.

*N. N.* (1890), *https://en.wikipedia.org/wiki/File:Sweatshop-1890.jpg*

*Nsnskz* (2020), *https://commons.wikimedia.org/wiki/File:Defoe.tif*, CC BY-SA 4.0

*Oelsnitz10* (2010), *https://commons.wikimedia.org/wiki/File:Teppich-Museum_Oelsnitz_23.jpg*

*Ooligan* (2021), *https://commons.wikimedia.org/wiki/File:Dress_lining_dept._My_dear,_it%27s_all_right,_you_see_the_name,_%27Gilbert_M%27f%27g._Co.%27_on_the_selvage._(front).jpg?uselang=de*

*Oppel, A.* (1902), Die Baumwole. Verlag der Bremer Baumwollbörse, Bremen.

*Panjigalli* (2015), *https://upload.wikimedia.org/wikipedia/commons/a/a9/Saint2.jpg*, CC BY-SA 4.0

*PaterMcFly* (2010), *https://commons.wikimedia.org/wiki/File:Handstickmaschine-Konstruktionszeichnung-B.jpg?uselang=de*

*Pedraglio, J.* (1855), *https://commons.wikimedia.org/wiki/File:Filature_DMC_Mulhouse_J.Pedraglio.jpg*

*Phillip, J.* (1860), *https://commons.wikimedia.org/wiki/File:John_Phillip_(1817-67)_-_The_Marriage_of_Victoria,_Princess_Royal,_25_January_1858_-_RCIN_406819_-_Royal_Collection.jpg*

*Planella I Rodriguez, J.* (1882), *https://commons.wikimedia.org/wiki/File:La_petita_obrera.jpg*

*Pitman, I.* (1898), *https://commons.wikimedia.org/wiki/File:153_of_%27Pitman%27s_Commercial_Geography_of_the_World%27_(11 247 728 904).jpg*

*Pizzetta* (1893), *https://commons.wikimedia.org/w/index.php?curid=100 577*

*Reinraum* (2013), *https://commons.wikimedia.org/wiki/File:Sewing_Hand.jpg*, CC BY-SA 1.2

*Reulaux, F.* (1879), Das Buch der Erfindungen, Gewerbe und Industrie. Otto Spamer, Leipzig.

*Richter* (2012), *https://commons.wikimedia.org/w/index.php?curid=18 582 552*, CC BY-SA 3.0

*Riello, G., Parthasarathi, P.* (2009), The Spinning World: A Global History of Cotton Textiles 1200-1850, Primus Books, Delhi.

*Rippingille, E. V.* (1864), *https://commons.wikimedia.org/wiki/File:Richard_Roberts_portrait.jpg*

*Rouette, H.-K.* (1992), Aachener Textil-Geschichte(n) im 19. und 20. Jahrhundert. Entwicklungen in Tuchindustrie und Textilmaschinenbau der Aachener Region. Meyer & Meyer Verlag, Aachen.

*Rutter, C.* (2009), *https://commons.wikimedia.org/wiki/File:Jaggers_Cop_tubing_TM.png*

*Ryj* (2007a), *https://commons.wikimedia.org/wiki/File:11_PagetHilscher2font.jpg*

*Ryj* (2007b), *https://commons.wikimedia.org/wiki/File:04b_FlachLinksLinksStoll.jpg?uselang=de*

*Saddler, J.*, (1840), *https://commons.wikimedia.org/wiki/File:John_Saddler_-_Old_House,_Strasburgh_-_B1998.14.51_-_Yale_Center_for_British_Art.jpg?uselang=de*, CC0 1.0

*Schnitzler, N.* (2006), *https://commons.wikimedia.org/wiki/File:Aachen_Barockfabrik.jpg*, CC BY-SA 3.0

*Schnorr von Carolsfeld, J.* (1822), *https://commons.wikimedia.org/wiki/File:Schnorr_von_Carolsfeld,_Vittoria_Caldoni_with_a_spindle.jpg?uselang=de*

Scientific American (1869), „A one-needle family knitter", Vol. XXI, Nr. 1, *http://www.survivorlibrary.com/library/scientific-american-1869-07-03-v21-n01.pdf*

*Settequattro* (2020), *https://commons.wikimedia.org/wiki/File:Luddite.jpg*

*Sewmuse* (2023), *http://www.sewmuse.co.uk/newton%20wilson%20sewing%20machine.htm*

*Simpson, W.* (2014), *https://commons.wikimedia.org/wiki/File:Indigo-factory_Bengal4.jpg*

*Smithsonian* (2023), *https://americanhistory.si.edu/collections/search/object/nmah_1 071 138*, CC0

*Sozi* (2006a), *https://commons.wikimedia.org/wiki/File:Franziska_schervier.jpg*

*Sozi* (2006b), *https://commons.wikimedia.org/wiki/File:Zeichnung_clarafey.jpg*

*Statistique* (1882), Statistique Générale de la France, S. 404–411, Imprimerie Nationale, Paris.

*Stilfehler* (2015), *https://de.m.wikipedia.org/wiki/Datei:Strickmuster_-_Basismuster,_links.JPG*, CC BY-SA 2.5

*Stöber, F. X.* (1836), *https://commons.wikimedia.org/wiki/File:Viennese_fashion,_1836-15.jpeg*

*Stoll, H.* (1891), Flachstrickmaschine für Links- und Linkswaare, Patent Nr. CH4514A, Schweizerisches Patentamt, Bern.

*Stomps, B. W.* (1894), *https://commons.wikimedia.org/wiki/File:Benjamin_Wilhelmus_Stomps,_Afb_010 162 000 375.jpg*

*Strickland, M.* (1843), A Memoir of Edmund Cartright, Saunders & Otley, London.

*Swan, J. W.* (1884), Patentschrift 5,975, UK Patent Office, Newport, South Wales.

*Toulmouche, A.* (1883), *https://commons.wikimedia.org/wiki/File:Toulmouche_Le_Billet_1883.jpg*

*Van Gogh, V.* (1884), *https://de.m.wikipedia.org/wiki/Datei:Vincent_van_Gogh_-_Weaver_-_Google_Art_Project.jpg*

*Vibhijain* (2006), *https://commons.wikimedia.org/wiki/File:1844_fashion_Plate.jpg*

*Vitalis, J. B.* (1824), Lehrbuch der gesammten Färberei auf Wolle, Seide, Leinen, Hanf und Baumwolle. Nebst einem Anhange über Kattun – Druckerei. B. F. Voigt-Verlag, Weimar.

*Vogt, S.* (2008), Geschichte und Bedeutung des Spinnrads. Shaker Verlag, Aachen.

*von Herkomer, H.* (1881), *https://commons.wikimedia.org/wiki/File:Sir_Hubert_von_Herkomer_-_Carding_Wool_-_B2015.18.14_-_Yale_Center_for_British_Art.jpg#%7B%7Bint%3Afiledesc%7D%7D*

*von Wille, A.* (1870), *https://commons.wikimedia.org/wiki/File:Barmen_(1870).jpg*

*Wagner, A.* (2019), *https://commons.wikimedia.org/wiki/File:Gro%C3 %9Findustrie_Sachsen_T1_0271.jpg*, CC BY-SA 4.0

*Walker, G.* (1814), *https://commons.wikimedia.org/wiki/File:Spinning_and_carding_wool_-_The_costume_of_Yorkshire_%281 814 %29,_plate_XXIX,_opposite_69_-_BL.jpg*

*Weber, M. O., Weber, K.-P.* (2014), Wirkerei und Strickerei: Ein Leitfaden für Industrie und Handel. Deutscher Fachverlag, Frankfurt a. M.

*Whelpley* (1893), *https://upload.wikimedia.org/wikipedia/commons/5/55/Annie_Renouf_Whelpley_Frauen_in_der_Webstube_1893.jpg*

*Wiki* (1848), *https://commons.wikimedia.org/wiki/File:Elend_in_Schlesien.jpg*

*Wiki* (1849), *https://upload.wikimedia.org/wikipedia/commons/3/32/Patent_6281.jpg*

*Wiki* (1850a), *https://commons.wikimedia.org/wiki/File:Black_cotton_farming_family.jpg*

*Wiki* (1850b), *https://commons.wikimedia.org/wiki/File:Bloomers.jpg*

*Wiki* (1863), *https://commons.wikimedia.org/wiki/File:Opel_Werbeanzeige_1863.jpg?uselang=de*

*Wiki* (1865), *https://commons.wikimedia.org/wiki/File:Woman%27s_Cage_Crinoline_LACMA_M.2007.211.380.jpg*

*Wiki*, (1870), *https://commons.wikimedia.org/w/index.php?curid=2 573 381*

*Wiki* (1877), *https://upload.wikimedia.org/wikipedia/commons/9/92/Walter_Hunt.jpg*

*Wiki* (1881), *https://commons.wikimedia.org/wiki/File:Hunt_sewing_machine_sketch.jpg?uselang=de*

*Wiki* (1888a), *https://commons.wikimedia.org/wiki/File:Wheeler_and_Wilson_Mfg._Co._(3 092 823 855).jpg?uselang=de*

*Wiki* (1888b), *https://commons.wikimedia.org/wiki/File:Hoechst_1888.jpg*

*Wiki* (1891), *https://commons.wikimedia.org/wiki/File:PSM_V39_D313_A_noble_comb.jpg*

*Wiki* (1893), *https://commons.wikimedia.org/wiki/File:Georgia_Cayvan_in_her_glass_dress_1893.jpg*

*Wiki* (1899), *https://commons.wikimedia.org/wiki/File:Hilaire_de_Chardonnet.jpg*

*Wiki* (1900), *https://commons.wikimedia.org/wiki/File:%22The_cycle_of_a_century%22_1800-1900._Singer_sewing_machines_lead_all_others_LCCN2 003 666 948.jpg?uselang=de*

*Wiki* (1905a), *https://commons.wikimedia.org/wiki/File:Adolf_von_Baeyer_(1905).jpg*

*Wiki* (1905b), *https://commons.wikimedia.org/wiki/File:Wheeler_Wilson_1900.jpg*

*Wiki* (1907), *https://commons.wikimedia.org/w/index.php?curid=19 124 987*

*Wiki* (1926), *https://commons.wikimedia.org/wiki/File:Zhang_Jian.jpg*

*Wiki* (2006), *https://commons.wikimedia.org/wiki/File:Indigoproduktion_BASF_1890.JPG*

*Wiki* (2008), *https://commons.wikimedia.org/wiki/File:Deutsches_Technikmuseum_Berlin_February_2008_0014.JPG?uselang=de*, CC BY-SA 3.0

*Wiki* (2011), *https://commons.wikimedia.org/wiki/File:Elias_Howe_portrait.jpg*

*Wiki* (2012), *https://commons.wikimedia.org/wiki/File:Print_Works,_Amoskeag_Manufacturing_Company.jpg*

*Wiki* (2014), *https://commons.wikimedia.org/wiki/File:Textiles;_a_mechanical_carpet_loom,_three-quarter_view,_with_Wellcome_V0024155ER.jpg*

*Willard, F. E.* (1893), *https://commons.wikimedia.org/wiki/File:HELEN_AGUSTA_BLANCHARD.jpg*

*Willard, F. E.* (2017), *https://commons.wikimedia.org/wiki/File:AMELIA_BLOOMER.jpg*

*Williams, S.* (1807), Machinery for spinning wool, cotton, hemp and other filamentous substances. UK Patent No. 3027, London.

*Wulfhorst, B., Kaldenhoff, R., Hörsting, K.-H.* (1993), Glasfasern. Faserstofftabelle nach P.-A. Koch des Instituts für Textiltechnik der RWTH Aachen University, Deutscher Fachverlag, Frankfurt a. M.

*Wyld, W.* (1852), *https://commons.wikimedia.org/wiki/File:Manchester_from_Kersal_Moor_William_Wylde_(1857).jpg*

*Yanagawa, S.* (1825), *https://commons.wikimedia.org/wiki/File:Hand-block_printing_of_wallpaper._1873-77.jpg*

*Z22* (2014), *https://commons.wikimedia.org/wiki/File:Northrop_Battery.JPG*, CC BY-SA 4.0

*Z22* (2015), *https://commons.wikimedia.org/wiki/File:Merrimack_Mills_1850.gif*

# 8 20. Jahrhundert

Wer dachte, dass die Industrialisierung der Textilindustrie im 19. Jh. mit der Errichtung großer Fabriken und der Konzentration der Produktion in England und anderen Ländern Europas abgeschlossen sei, war auf dem Holzweg. Die beiden Weltkriege hatten dramatische Konsequenzen für die Textilherstellung in der ganzen Welt, und der Siegeszug der synthetischen Chemiefasern ab 1960 änderte erneut alles, bevor ab den 1990er-Jahren mit dem Aufstieg der asiatischen Länder die Textilproduktion zu großen Teilen in diese Region verlagert wurde. Technologisch gab es ebenfalls einige bahnbrechende Neuerungen. Dazu zählen das OE-Rotorspinnverfahren, vor allem für Baumwolle, und die Textilien aus Vliesstoffen, die heute beide unser Leben wesentlich bereichern. Die Mode wechselte einerseits immer öfter, andererseits wurde sie globaler, wie das Beispiel der Jeans zeigt.

## 8.1 Naturfasern

Zu Beginn des Jahrhunderts wurden etwa gleich viel Bastfasern und Baumwolle verarbeitet. In der Folgezeit stagnierte die Erzeugung von Bastfasern, während die Baumwollproduktion in der zweiten Hälfte des 20. Jh. rasant anstieg. Die industrielle Produktion von künstlich erzeugten Fasern in größerem Maßstab begann gegen 1900. Bis 1960 dominierten die zellulosischen Chemiefasern, ab 1950 kamen die Polyamide hinzu, bevor ab 1970 die Produktion von Polyester, vor allem PET, massiv zunahm (Bild 8.1). Die folgenden Jahrzehnte bildeten das Zeitalter der synthetischen Fasern, die die Welt veränderten wie keine Faserart zuvor.

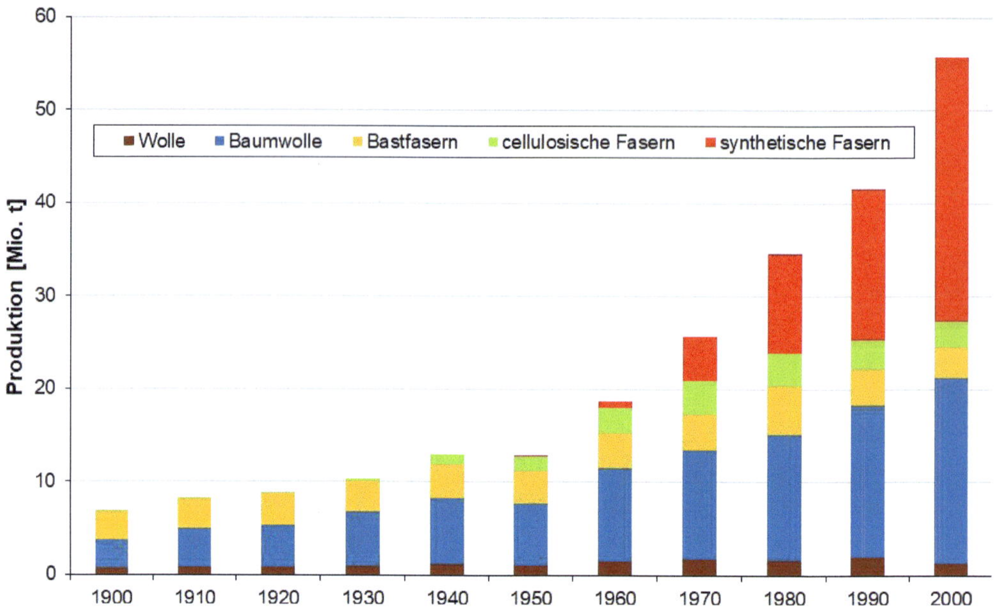


**Bild 8.1** Anteile wichtiger Fasern an der Weltproduktion (Veit, 2023)

1992 überholte PET die Baumwolle als mengenmäßig wichtigsten Faserstoff, und 1997 ist die insgesamt erzeugte Menge an Chemiefasern erstmals größer als die der Naturfasern (Bild 8.2).

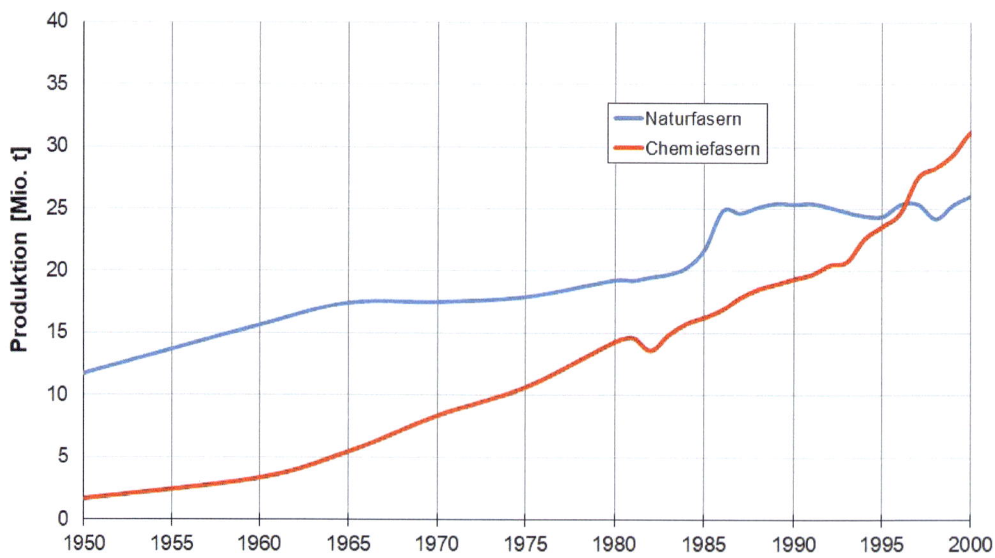


**Bild 8.2** Entwicklung des Verbrauchs von Natur- und Chemiefasern (Daten: The Fiber Year, 2021; CIRFS, 2021)

### 8.1.1 Baumwolle

Die Baumwolle wurde zu Beginn des 20. Jh. vor allem in den USA (65 %), Indien (15 %) und Ägypten (8 %) erzeugt. Andere Länder spielten nur eine untergeordnete Rolle (Bild 8.3).

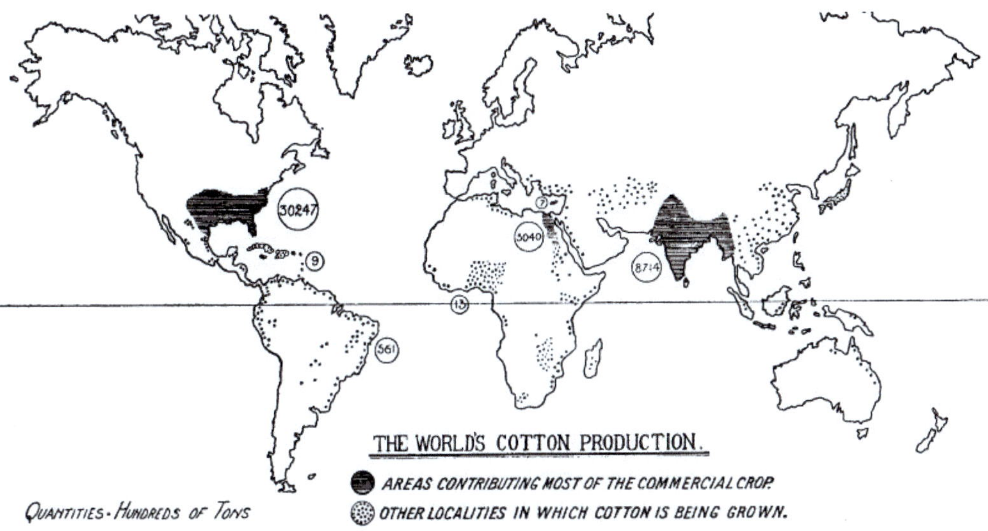


**Bild 8.3** Produktion von Baumwolle zu Beginn des 20. Jh. (Barker, 1920)

Während die Baumwollernte zunächst noch ausschließlich von Hand erfolgte, hielten ab der Mitte des 20. Jh. Erntemaschinen Einzug, und mittlerweile wird – außer in Indien und in Afrika – fast auf der ganzen Welt die Baumwolle maschinell geerntet. Zum Ende des 20. Jh. wurde China neben Indien der größte Produzent von Baumwolle, gefolgt von den USA, Pakistan, Brasilien und Australien (Bild 8.4). Im trockenen Usbekistan führte der exzessive Anbau von Baumwolle zum fast vollständigen Austrocknen des Aralsees und verursachte weitere Umweltschäden. Auch in anderen Ländern wird der Baumwollanbau wegen seines hohen Wasserbedarfs kritisch gesehen. Um den Einsatz von Giften zur Schädlingsbekämpfung zu reduzieren, wurden ab den 1990er-Jahren zunehmend gentechnisch veränderte Pflanzen angebaut, sogenannte Bt-Baumwolle (Bt = Bazillus thuringiensis). Es gelang dadurch, den Einsatz von Pestiziden zu verringern, allerdings wurden die Bauern vom Samenlieferanten abhängig, weil sich Bt-Baumwolle nicht nachzüchten lässt.

**Bild 8.4** Wichtige Anbaugebiete von Baumwolle am Ende des 20. Jh. (Veit, 2023)

## 8.1.2 Flachs

Die Flachsfasergewinnung erfolgte Anfang des 20. Jh. in der Regel manuell, und Gleiches galt für viele Schritte der Weiterverarbeitung bis zum fertigen Stoff, wie Bild 8.5 zeigt. Nach der Ernte wurden die Flachsbündel zur Fasergewinnung gebracht und maschinell gehechelt (obere Reihe). Danach folgte die Gewebeherstellung, entweder manuell oder mit Kraftwebstühlen, zum Schluss wurden die Stoffe auf dem Feld gebleicht.

Um 1910 war Irland der weltgrößte Flachserzeuger und -verarbeiter mit rund 900 000 Spindeln und 35 600 Webstühlen, gefolgt von Frankreich mit 550 000 Spindeln und 18 000 Webstühlen sowie Deutschland und Russland mit je 300 000 Spindeln und mehr als 7000 Webstühlen (Barker, 1920).

Nach dem Zweiten Weltkrieg wurde auf dem Gebiet der Bundesrepublik Deutschland dann kaum noch Flachs angebaut, und seit 1980 erscheint Flachs nicht mehr in den offiziellen Statistiken. 1951 wurde der Internationale Leinenverband CELC („Confédération Européenne du Lin et du Chanvre") gegründet. Er bemüht sich seither, das Image und die Vermarktung der Flachsfasern zu verbessern.

Flachs wurde 1961 in 32 Ländern angebaut (Bild 8.6). Die Produktionsmenge von im Mittel 700 000 t unterliegt seither großen Schwankungen durch Klimaeinflüsse und wechselnde Mode, und die Verarbeitung von Flachs ist weiterhin aufwendig. Daher verliert er im Fasermarkt zum Ende des 20. Jh. rapide an Bedeutung.

**Bild 8.5** Stufen der Flachsfasergewinnung und -verarbeitung bis zum fertigen Stoff (Maeyaert, 2018a–f)

Durch die Diskussion über ökologisch verträglichen Pflanzenanbau gewann der Flachs in den 1980er-Jahren kurzfristig wieder an Bedeutung. In Deutschland, vor allem in Brandenburg, kam es Mitte der 1990er-Jahre zu einer Renaissance des Flachsanbaus, weil er im Zuge des Aufbaus der Wirtschaft in den ostdeutschen Ländern subventioniert wurde. Die Produktion ist mittlerweile aber auf Mengen gesunken, die statistisch nicht mehr erfasst werden (Bild 8.7).

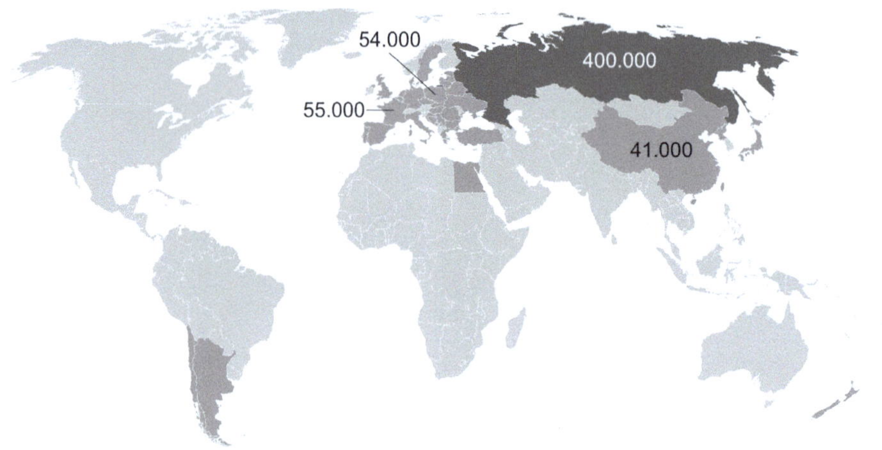


Bild 8.6 Produktion von Flachs 1961 in [t] (Daten: faostat, 2023)

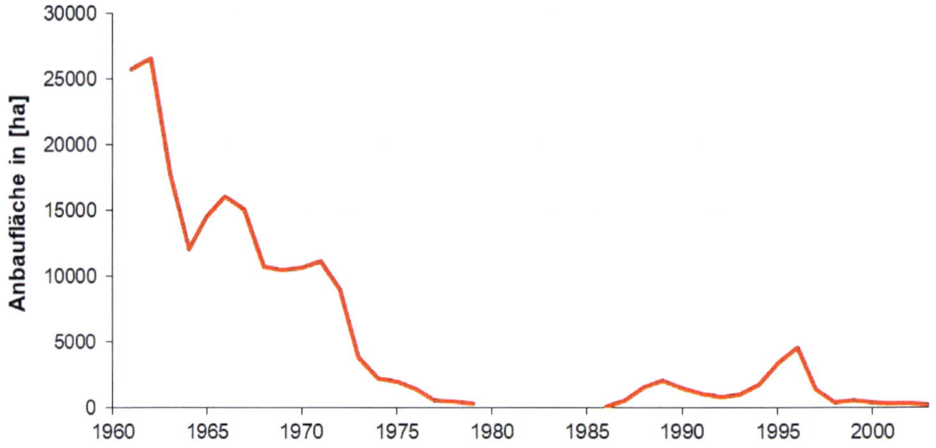


Bild 8.7 Anbaufläche von Flachs in Deutschland (Daten: statista, 2021; faostat, 2023)

## 8.1.3 Hanf

Im 20. Jh. verlor der Hanf durch das Vordringen der Baumwolle und die Einfuhr der billigeren Jute- und Sisalfasern allmählich an Bedeutung, auch wenn die ersten Jeans von Levi Strauss aus Hanf hergestellt wurden. Vor und während des Zweiten Weltkriegs erlebte der Hanf als kriegswichtiger Rohstoff noch einmal eine Renaissance (Bild 8.8). So betrug die Weltproduktion 1938 rund 500 000 t.

Hanf wurde vor allem zu Militäruniformen verarbeitet, wo seine natürliche bräunliche Farbe neben der Robustheit der Stoffe ein Vorteil war (Bild 8.9).

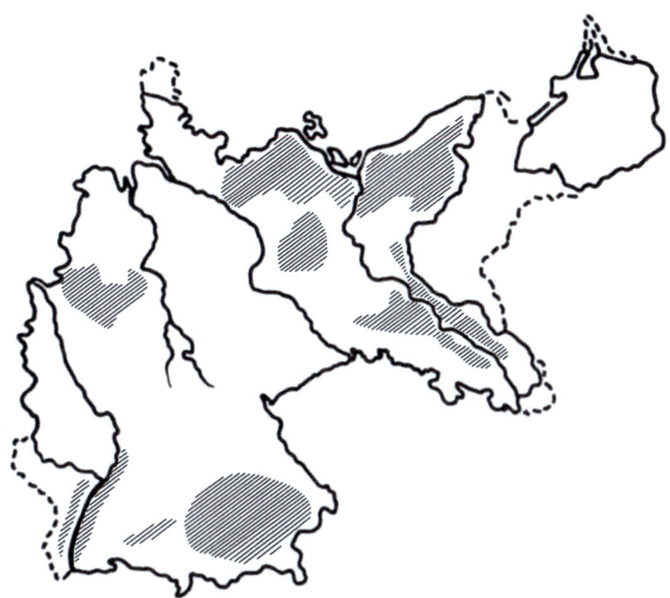

**Bild 8.8** Hanfanbaugebiete in Deutschland 1938

In der Zeit nach 1945 wurde der Anbau in vielen Ländern der Erde verboten, weil aus manchen Sorten Rauschmittel hergestellt werden können. In den USA war Hanf nicht generell verboten, es war allerdings strafbar, die Blüten, Kapseln oder Blätter von Hanfpflanzen zu besitzen, weil daraus Haschisch und Marihuana gewonnen werden können. Da es schwierig ist, Hanf ohne Blüten, Kapseln und Blätter anzubauen, gab es in den USA bis zum Ende des 20. Jh. somit keinen Hanfanbau mehr.

In den 1990er-Jahren entwickelte sich Frankreich zum wichtigsten Hanferzeuger. Die produzierte Menge liegt seither weltweit bei nur rund 100 000 t/Jahr und ist damit sehr klein im Vergleich zu anderen Fasern.

**Bild 8.9** Hanfverarbeitung in Füssen, 1940

### 8.1.4 Nesselfasern

Die Fasernessel ist weltweit in gemäßigten Klimazonen verbreitet und als kulturfolgendes Wildkraut und Arzneipflanze bekannt. Im Mittelalter wurden die langen festen Fasern zu Tauen, Schnüren, Fischernetzen und zu Nesselstoff verarbeitet. So tauchen sie auch in Märchen auf, z.B. in Hans-Christian Andersens Märchen „Die wilden Schwäne“. Die Nutzung der Baumwolle ab dem 18. Jh. verdrängte die Fasernessel bei der Herstellung von Textilien, sie wurde jedoch während der Zeit der beiden Weltkriege als heimischer Rohstoff in Deutschland wiederentdeckt, weil sie mit den für Baumwolle vorgesehenen Maschinen verarbeitet werden konnte (Bild 8.10).

Die Fasernessel ist außerordentlich anspruchslos. Dennoch sind nährstoffreiche Standorte mit guter Wasserversorgung von Vorteil, die Erträge sind mit rund 1000 kg/ha gut. Die Fasern werden wie bei fast allen Bastfasern durch Tau- und Kaltwasserröste gewonnen. Auch die Verwendung „grüner“ Fasern ist möglich, die durch einen mechanischen Entholzungsprozess, ähnlich wie bei Sisal, gewonnen werden. Die Fasernessel kann extensiv angebaut und bis zu zehn Jahre lang geerntet werden. Im Wettbewerb mit Baumwolle wurde sie von dieser aber ab der Mitte des 20. Jh. vollständig verdrängt. Der heute verkaufte „Nesselstoff“ besteht in der Regel aus Baumwolle.

**Bild 8.10** Links: Brennnessel (Thomé, 1903); rechts: Werbeplakat aus den 1940er-Jahren

### 8.1.5 Wolle

Die Wollproduktion blieb im 20. Jh. weitgehend konstant, auch wenn es hin und wieder zu starken kurzfristigen Produktionsschwankungen kam (vgl. Abschnitt 8.18.3). So lag der Preis im langjährigen Mittel bei 7,50 AUD/kg und stieg nur in der Koreakrise in den 1950er-Jahren zwischenzeitlich auf über 30 AUD/kg. Die Wollwäsche wurde weiterentwickelt, indem z. B. das ausgewaschene Wollfett verseift und wiederum zur Wäsche eingesetzt wird. Weil die absolut erzeugte Menge an Wolle bei rund 1 Mio. t/Jahr liegt und kaum gesteigert werden kann, verlor die Wolle an Bedeutung, zunächst gegenüber der Baumwolle, dann gegenüber den Chemiefasern. Zum Ende des 20. Jh. hatte sie nur noch einen Marktanteil von 1 %, und daher wurden nahezu alle Forschungseinrichtungen, die sich mit Wolle beschäftigt hatten, geschlossen oder widmen sich zukünftig anderen Themen.

### 8.1.6 Asbest

Asbest hat eine gute Temperaturbeständigkeit, eine hohe Festigkeit und einen geringen Preis (1–2 €/kg). Daher wurde er vor allem ab den 1930er-Jahren als Dämm- und Filtermaterial sowie insbesondere zur Verstärkung von Zementplatten („Faserzement", „Eternit") eingesetzt. Dort ist bis heute sein wichtigstes Einsatzgebiet. Auch für Alltagsgegenstände wurde sorglos Asbest verwendet (Bild 8.11).

**Bild 8.11** Bügeleisengriff mit Asbesteinsatz (links) und Werbung für Toaster mit Asbesteinlage (rechts)

Als in den 1980er-Jahren entdeckt wurde, dass das Einatmen von Asbeststaub nach einer zum Teil jahrzehntelangen Inkubationszeit insbesondere Lungenkrebs auslösen kann, wurde der Einsatz von Asbest in der EU ab den 1990er-Jahren verboten. In anderen Ländern, vor allem in Russland, wird er bis heute erzeugt und verarbeitet.

## 8.2 Chemiefasern auf Zellulosebasis

Die Produktion der in der zweiten Hälfte des 19. Jh. entwickelten Chemiefasern aus Zellulose wurde zu Beginn des 20. Jh. – für damalige Verhältnisse – massiv ausgeweitet. Sie wurden sowohl als Filamente (Endlosfasern) für Bekleidung und technische Artikel (z. B. Fallschirme, Reifencord) als auch als Stapelfasern in Mischungen mit anderen Fasern eingesetzt.

### 8.2.1 Industrielle Herstellung

Die 1891 gegründeten Vereinigten Glanzstofffabriken entwickelten sich in den ersten Jahrzehnten des 20. Jh. zum größten Hersteller von zellulosischen Chemiefasern, zunächst auf Cuoxam-Basis, bald darauf nach dem Viskoseverfahren (Bild 8.12).

**Bild 8.12** Glanzstoffwerk in Oberbruch im Jahr 1903 (Tonweya, 2007)

Es folgten Glanzstoff-Gründungen in St. Pölten (1904) und in Liverpool (1908). Insgesamt gab es 1906 bereits 22 Kunstseidenfabriken. Diese produzierten entweder direkt nach dem Viskoseverfahren oder stellten später ihre Produktion auf das Viskoseverfahren um (Glanzstoff 1916). Die 1900 gegründete J. P. Bemberg AG in Barmen behielt die Produktion von Kupferkunstseide noch Jahrzehnte bei (Bild 8.13).

**Bild 8.13** Spinnmaschine für Kupferseide (links) und für Viskose (rechts)

Leon Lilienfeld entwickelte Ende der 1920er-Jahre in Wien eine hochfeste Viskosefaser, die Festigkeiten von bis zu 30–60 cN/tex erreichte (im Vergleich zu „normaler“ Viskose mit 11–15 cN/tex). Dazu verwendete er als Fällbad hochkonzentrierte Schwefelsäure, was zu einer speziellen inneren Struktur der Viskosefaser führte, sodass eine hohe Verstreckung bis 100% möglich war. Dieses Verfahren setzte sich jedoch wegen der gefährlichen Produktionsbedingungen sowie wegen der sehr geringen Dehnung der „Lilienfeld-Seide“ nicht durch und wurde nach wenigen Jahren eingestellt.

Emil Bronnert betrieb 1905 eine kleine Versuchsanlage zur Herstellung von Spinnfasern. 1916 ging in Oberbruch eine erste Stapelfaserspinnmaschine in Betrieb, und 1917 baute die Vereinigte Glanzstoff-Fabriken AG in Sydowsaue bei Stettin eine Anlage für eine Produktion von 10 t/Tag. Diese Spinnfasern waren sehr ungleichmäßig und steif, weil lediglich Kunstseidefilamente in Stücke geschnitten wurden. In Premnitz begann 1920 die Köln-Rottweil AG mit der Produktion der Viskosespinnfaser Vistra®, die von vornherein als Stapelfaser entwickelt wurde. Nach anfänglichen Erfolgen, als insbesondere während des Ersten Weltkriegs Viskosestapelfasern als Ersatz für Baumwolle eingesetzt wurden, nahm die Produktion wieder ab, weil die erzielbaren Eigenschaften nicht den Erwartungen der Kunden entsprachen. Erst durch weitere Forschungsanstrengungen gelang es, eine konkurrenzfähige Viskose-Stapelfaser zu entwickeln. 1935 wurde für alle Chemie-Spinnfasern auf Zellulosebasis die Bezeichnung Zellwolle eingeführt. 1937 wurden wollähnliche Spezialtypen für Tuche und Kleiderstoffe entwickelt, 1938 hochnassfeste Typen für die Baumwollspinnerei. Es folgten spinngefärbte Zellwollen, Sondertypen für Möbelstoffe und Teppiche sowie grobe, hoch gekräuselte Kern-Mantel-Fasern und mantellose Rundfasern.

Charles Frederick Topham und der Uhrmacher Friedrich Eilfeld (1868–1942) erfanden Mehrloch-Spinndüsen aus Platin, die die bisherigen „Spinnbrausen“ ersetzten, die aus einzelnen Glaskapillaren bestanden und entsprechend aufwendig und teuer in der Herstellung waren. Auch waren sie sturzempfindlich. Platin ist erforderlich wegen seines hohen Korrosionswiderstands. Aufgrund seines hohen Materialpreises wurde bald nach Alternativen gesucht, und wiederum F. Eilfeld entwickelte Spinndüsen aus Tantal, die ab den 1930er-Jahren erfolgreich eingesetzt wurden. Bereits ab den 1940er-Jahren besaßen sie bis zu 15 000 Kapillare. Schon 1901 entwickelte C. F. Topham ein Regelorgan für die gleichmäßige Zuführung der Spinnmasse zur Düse, den Vorläufer der Spinnpumpe. Bild 8.14 zeigt die beiden zu dieser Zeit gängigen Verfahren. Links ist das Zentrifugenspinnverfahren nach Topham dargestellt, rechts das Kontinueverfahren nach E. Boos. Dabei sind alle Prozessschritte von der Erspinnung bis zur Aufwicklung des gewaschenen Fadens in einem einzigen Prozess zusammengefasst. Es bildet bis heute die Grundlage des Viskosespinnens.

Das Viskoseverfahren wird mehrfach modifiziert. Bereits 1898 erhält C.H. Stearn ein Patent für ein Spinnverfahren, wonach Viskose in Lösungen von Ammoniumsalzen, insbesondere Ammoniumchlorid, zum Koagulieren gebracht wird. Trotz aller Bemühungen waren die mechanischen Eigenschaften der Viskose noch nicht ausreichend, insbesondere die geringe Nassfestigkeit stellte ein großes Problem dar. Typische Werte für Kupferseide lagen bei 13 cN/tex, Viskose erreichte nur ca. 8 cN/tex. Die Nassfestigkeit betrug für beide ca. 3 cN/tex. Echte Seide erreicht dagegen Werte von 40 cN/tex (trocken) bzw. 35 cN/tex (nass). Auch der Schrumpf war noch viel zu hoch, was u.a. eine gleichmäßige Anfärbung erschwerte.

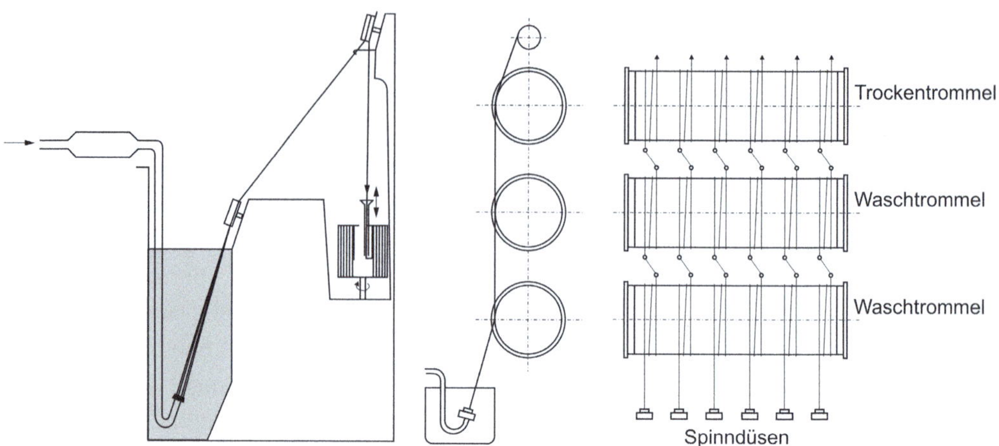


**Bild 8.14** Topham-Box (Zentrifugenspinnverfahren) und Boos-Kontinueverfahren

Das 1905 durch P. Koppe angemeldete Patent - ein auf M. Müller zurückgehendes Spinnbad (Müllerbad I), aus Schwefelsäure und Natriumsulfat bestehend - ermöglichte eine wirtschaftliche Herstellung von Viskosekunstseide mit verbesserten Eigenschaften. Die erste in Deutschland von Henckel von Donnersmarck gegründete Viskosefabrik bei Stettin arbeitete nach diesem Verfahren. Es wurde 1912 von V. Hottenroth durch das Müllerbad II verbessert. Dennoch gelang es erst E. Bronnert, durch Variation der Säurekonzentration im Spinnbad nicht nur grobe (7-12 dtex), sondern auch feine Fasern zu erspinnen (2-3 dtex), was mit dem Cuoxam-Verfahren durch den Thiele'schen Spinntrichter (Bild 8.15) schon länger möglich war.

Durch die Notwendigkeit, für die von Edison 1880 entwickelten Glühlampen haltbare und günstige Glühfäden zu erzeugen, gab es einen Markt für Zellulosefäden, der mit konventionellen Naturfasern nicht bedient werden konnte. Artur Eichengrün (1867-1949) gelang 1904 die Rückverseifung von Triacetat zum Sekundäracetat, aus dem mit dem Trockenspinnverfahren Filamente hergestellt werden konnten. Dabei wird das Lösungsmittel in einem Luftstrom abgeschieden, und die Maschine ist entsprechend hoch (Bild 8.15).

Die Herstellungskosten von Viskose betrugen 1926 ca. 12 Reichsmark/kg, für Nitrozellulose lagen die Kosten bei über 13 Reichsmark/kg. Der durchschnittliche Stundenlohn für Fabrikarbeiter lag 1910 bei ca. 0,50-0,80 Reichsmark. Bei Verkaufspreisen von 10-15 Reichsmark/kg war die Gewinnspanne bei Viskose groß, bei Nitrozellulose dagegen sehr gering, wenn überhaupt vorhanden (Bodenbender, 1929).

Daher verschwand in der Folgezeit Nitrozellulose praktisch vollständig vom Markt, und die industrielle Kunstseidenproduktion konzentrierte sich auf das Viskoseverfahren. Durch die 1925 zum ersten Mal kniefreie Damenmode war die Nachfrage nach Damenstrümpfen stark gestiegen, was zu einer schnellen Zunahme der Produktion führte. So erschloss sich die Kunstseidenproduktion einen breiten Markt, was sich u. a. im Buch „Das kunstseidene Mädchen“ (1932) von Irmgard Keun widerspiegelt. Die Herstellung von mattierter Kunstseide beginnt in größerem Umfang in den 1920er-Jahren, als die Mode sich änderte und hochglänzende Fasern nicht mehr gefragt waren. Als Mattierungsmittel wurde relativ schnell TiO2 eingesetzt, weil es günstig und einfach zu verarbeiten ist. Auch spinngefärbte Kunstseide kann nun hergestellt werden.

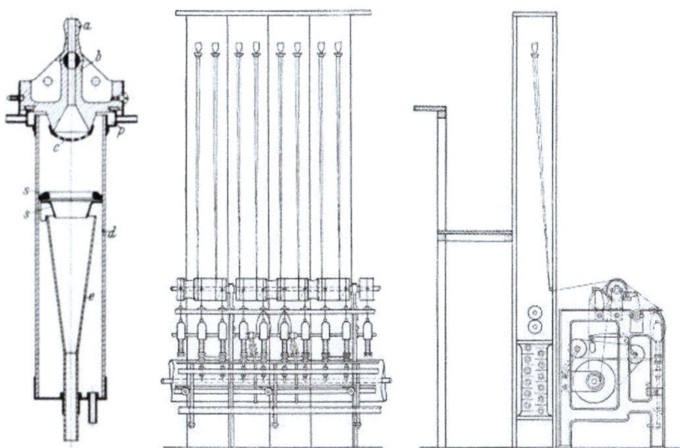

**Bild 8.15** Thiele'scher Spinntrichter (links) und Trockenspinnmaschine für Acetatseide (rechts)

Trotz aller technischen Erfolge sind die theoretischen Grundlagen der Zelluloseverspinnung zunächst nur unzureichend bekannt. Aus Gründen der Geheimhaltung wurde generell wenig publiziert, und es gab auch nur wenige Patentanmeldungen. So basierten die meisten technologischen Fortschritte auf Empirie. Dies änderte sich erst in den 1920er- und 1930er-Jahren. So wurde z. B. 1919 in Teltow bei Berlin ein Forschungsinstitut gegründet, das sich speziell mit der Entwicklung von Kunstseide beschäftigte. Insbesondere die ungleichmäßige Anfärbbarkeit stellte ein Problem dar, das erst gelöst wurde, nachdem man erkannte, dass eine gleichmäßige Anfärbung entscheidend von der Verstreckung abhängt.

Für den technischen Einsatz, z. B. Gewebeeinlagen für Autoreifen, wurde 1937 eine spezielle Cordkunstseide (Reifencord) entwickelt. Etwa ab 1948 erreichte die kontinuierliche Herstellung von Viskosefasern auch in größerem Maßstab Betriebsreife.

Auf die Bezeichnung Kunstseide („Artificial Silk") folgten 1924 in den USA der Begriff Rayon (in Frankreich Rayonne) und 1948 in Deutschland „Reyon". Zunächst galten sie als Oberbegriffe für alle drei Kunstseidenarten (Viskose-, Kupfer- und Acetatreyon), später nur für die Filamentgarne, die nach dem Viskoseverfahren erzeugt wurden.

Im Jahr 1935 wurden bei einer Gesamtproduktion von 489 000 t rund 87 % der Viskose zu Filamenten verarbeitet und nur 13 % zu Stapelfasern. Bereits fünf Jahre später hatte die Zellwolle die Filamente überholt, bevor sich 1950 das Verhältnis erneut umkehrte (Bild 8.16).

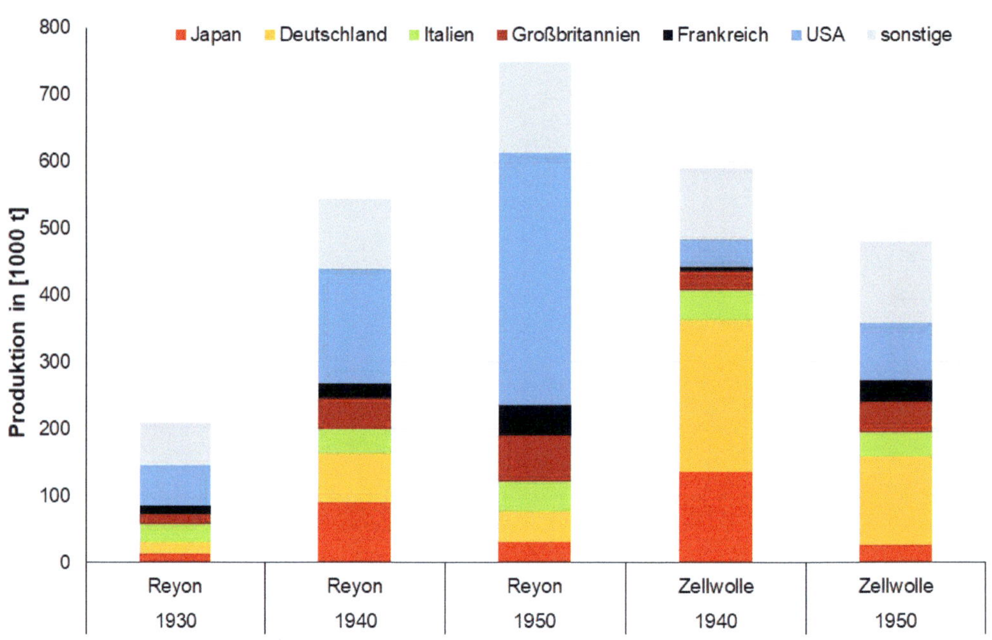


**Bild 8.16** Erzeugung von Filamentgarnen (Reyon) und Stapelfasern (Zellwolle) aus Viskose (Veit, 2023)

Bild 8.17 zeigt die typische Entwicklung der Chemiefasererzeugung aus Zellulose am Beispiel Deutschlands und wie zellulosische Chemiefasern ab ca. 1970 immer mehr durch synthetische Fasern, vor allem Polyester, ersetzt wurden. Eine ähnliche Entwicklung fand auch in den anderen westeuropäischen Ländern sowie den USA und Japan statt.

Von den 1960er-Jahren bis zum Ende des 20. Jh. stagnierte die Produktion von Viskosefasern bei rund 2 Mio. t, neue Anlagen wurden nicht mehr gebaut.

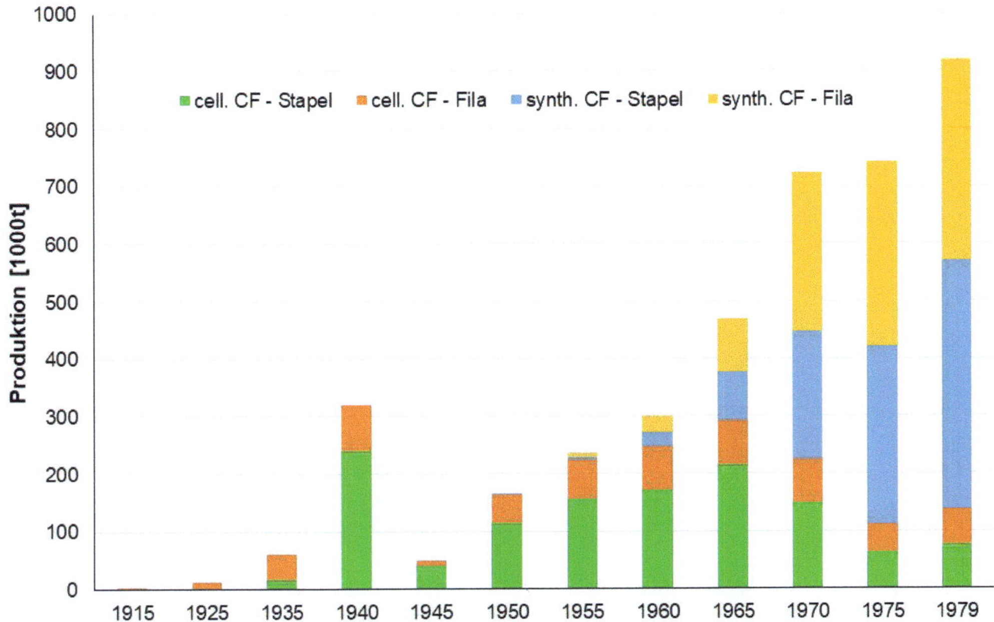


**Bild 8.17** Entwicklung der Chemiefasererzeugung in Deutschland (Daten: Wagner, 1981)

## 8.2.2 Bemberg-Kupferseide

1901 wurde das Kupferverfahren durch die Entwicklung des Streckspinnens mit dem von Edmund Thiele erfundenen Spinntrichter (Bild 8.15) wesentlich verbessert. Die Verstreckung des aus der Spinndüse austretenden Fadens erfolgte dabei durch ein in Spinnrichtung von oben nach unten strömendes Fällbad. Seine Anwendung erforderte eine hohe Viskosität der Spinnlösung, was bei Cuoxam gegeben ist. In den 1920er-Jahren waren die „Bemberg-Strümpfe“ begehrt, weil die Cuprofasern eine hohe Festigkeit besitzen. In den 1940er-Jahren wurden Cuprofasern vor allem zu Fallschirmen verarbeitet. Nach dem Ende des Zweiten Weltkriegs, in dem die Produktionsanlagen weitgehend zerstört wurden, wurde die Produktion von Kupferseide fast vollständig eingestellt.

Bild 8.18 zeigt die Preise für Kunstseiden in der Schweiz im Jahr 1929. Die Bembergseide ist im Vergleich zu den anderen zellulosischen Fasern deutlich teurer. Allerdings ist sie immer noch günstiger als Maulbeerseide, die pro Kilo rund das Sechsfache kostete.

Asahi Kasai, Japan, produziert seit 1929, damals als Kooperation mit der Vereinigte Glanzstoff-Fabriken AG bzw. der Bemberg AG, und bis heute unter dem Markennamen Bemberg™ Kupferseide und ist damit weltweit der einzige Hersteller mit einer Jahresproduktion von 16 000 t. Als Ausgangsmaterial wird Baumwolllinters eingesetzt.

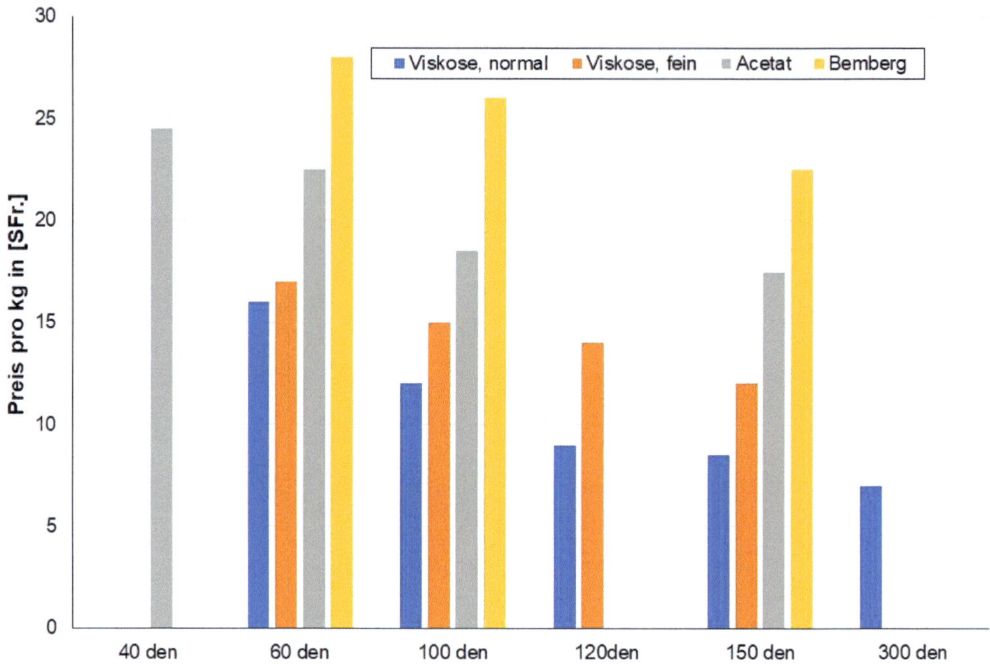


**Bild 8.18** Preise für Kunstseide 1929 in der Schweiz (Daten: Fierz-David, 1930)

### 8.2.3 Lyocell

Lyocell-Fasern sind zellulosische Chemiefasern, die durch Regenerieren der Zellulose in Faserform aus einer Lösung von Zellulose in einem organischen Lösungsmittel gewonnen werden („Lyo" abgeleitet von griech.: lyein = lösen, „Cell" von Cellulose). Es handelt sich dabei um ein rein physikalisches Verfahren, bei dem die Zellulose vorher nicht chemisch verändert wird. Als Lösungsmittel wird N-Methyl-Morpholin-N-Oxid (NMMO) verwendet. Das NMMO-Verfahren basiert auf der Fähigkeit von Aminoxid, unter bestimmten Bedingungen Zellulose zu lösen. Aus diesen Lösungen kann die Zellulose regeneriert werden. Es wurde 1969 zum Patent angemeldet.

Hauptprobleme waren zunächst die hohen Investitionskosten und die Schwierigkeit, das teure Lösungsmittel möglichst vollständig zurückzugewinnen. Nachdem dies gelungen war, wurde das Verfahren seit 1987 von Courtaulds plc in Großbritannien (ab 1991 auch in den USA) und seit 1997 von Lenzing in Österreich eingesetzt. Lyocell wird u. a. unter dem Markennamen Tencel® vertrieben, ursprünglich der Markenname von Courtaulds plc, das 2004 von Lenzing gekauft wurde. Lycell wird wegen seiner relativ umweltfreundlichen Produktion als nachhaltige Alternative zu Viskose angesehen.

Die Erzeugung von Lyocell-Fasern wird Ende des 20. Jh. ausgebaut, und im 21. Jh. sind sie als feste Größe im Fasermarkt etabliert.

## 8.3 Chemiefasern auf Proteinbasis

Die erste künstliche Eiweißfaser patentierte A. Millar 1894 in England. Er verwendete Gelatinelösung, aus der er mit dem Trockenspinnverfahren Fäden erzeugte. Auch mit Kasein und Albumin führte er Versuche durch. Allerdings waren sowohl die Nassfestigkeit als auch die Wasserbeständigkeit sehr gering, sodass die sogenannte Vandura®-Seide ein kommerzieller Fehlschlag war. Ab 1904 untersuchte Friedrich Todtenhaupt (1873–1919) erneut die Eignung von Kasein als Rohstoff für die Seidenherstellung. Er scheiterte aber ebenso wie Millar daran, dass Kasein keinen Schwefel enthält, wie er z. B. im Cystin der Wolle enthalten ist. Die dadurch entstehenden Schwefelbrücken sind für die Fadenbildung offenbar entscheidend. Auch die Versuche von Antonio Ferretti, aus Magermilch zunächst Kasein zu gewinnen (ca. 3 g/l) und eine Faser zu erzeugen, die er unter dem Namen Lanital™ (aus Lana italiana: italienische Wolle) vermarktete, scheiterten. Ein wesentliches Problem seines Prozesses war die extrem lange Produktionszeit von der Ausspinnung bis zur fertig getrockneten Faser von rund zwanzig Stunden. R. Wormell setzt die Versuche fort und verwendete als Ausgangsmaterial u. a. Erdnüsse, Rizinus- und Sojabohneneiweiß, Wollkeratin und Fischeiweiß. Auch er scheiterte an der nicht gegebenen Eignung der eingesetzten Eiweiße zur Fasergewinnung. Gleiches erfuhr ein polnischer Hersteller, der seine Fasern unter dem Namen Wipolan™ auf den Markt brachte. Die Q-Milk GmbH, Hannover, versucht seit einigen Jahren erneut, künstliche Eiweißfasern herzustellen.

## 8.4 Synthetische Chemiefasern

In (Klare, 1985) wird die Geschichte der Chemiefaserforschung von ihren Anfängen bis in die 1980er-Jahre sehr detailliert dargestellt. Eine gute Übersicht der wichtigsten Entwicklungen der Chemiefasern auf synthetischer Basis von 1950–2000 gibt (Anonymous, 2000).

### 8.4.1 Polyvinylchlorid

Der Chemiker Fritz Klatte (1880–1934) ließ sich 1913 die Herstellung von Fasern aus Polyvinylchlorid patentieren. Damit beginnt nach Ansicht vieler Forscher die Geschichte der synthetischen Faserstoffe. Es dauerte allerdings noch bis 1930, bis in der Filmfabrik Wolfen von Emil Hubert (1887–1945) mithilfe des Lösungsspinnens die ersten Fasern aus PVC erzeugt wurden. Daher könnte man auch das Jahr 1930 als den Beginn der Herstellung vollsynthetischer Fasern bezeichnen.

**Bild 8.19** F. Klatte, E. Hubert (links, Mitte; Wiki, 1944) und Werbebroschüre für PeCe-Fasern des VEB Filmfabrik AGFA in Wolfen (rechts; PeCe, 1934)

1934 gelang es, PVC-Fasern in Aceton nass auszuspinnen. Wegen ihres niedrigen Erweichungspunktes (unterhalb von 80 °C) sind die sogenannten PeCe-Fasern für Bekleidung jedoch ungeeignet. Sie wurden stattdessen für Fischernetze, säurefeste Kleidung und Filtertücher eingesetzt. Auch als Material für Rheumadecken fanden sie Verwendung, ebenso in Form von gefärbten Borsten (Bild 8.20).

**Bild 8.20** Musterkasten mit Borsten aus PeCe-Fasern der Filmfabrik Wolfen

## 8.4.2 Polyamide

Die Geschichte der Polyamidfasern beginnt Anfang des 20. Jh. In den Jahren 1899, 1902 und 1904 beschäftigten sich S. Gabriel, Th. M. Maass, A. Manasse und J. von Braun mit der Ringbildung von ω-Aminocapronsäure, die sich zu 20–30 % in Caprolactam überführen lässt, dem Grundstoff für Polyamid 6. Die Bedeutung für eine industrielle Verwendung wurde zum damaligen Zeitpunkt jedoch nicht erkannt.

Im Jahre 1929 begann Wallace Hume Carothers beim Chemiekonzern DuPont de Nemours & Co., USA, auf dem Gebiet der Polykondensation und Ringbildung bifunktioneller

Verbindungen zu arbeiten. Er kannte die Arbeiten des deutschen Chemikers Hermann Staudinger zur Theorie der Makromoleküle aus der zweiten Hälfte der 1920er-Jahre und wollte dessen Erkenntnisse durch die Synthese sehr großer Moleküle beweisen. Carothers stellte fest, dass durch Polykondensation einer Vielzahl bifunktioneller Verbindungen schmelzbare, fadenbildende Polymere entstehen, die bis dahin unbekannt waren. Mit der Veröffentlichung „An Introduction to the General Theory of Condensation Polymers" von Carothers im August 1929 beginnt ein neues Kapitel der Chemiefaserforschung (Carothers, 1929).

1932 erkannten Carothers und J. W. Hill, dass aus geschmolzenen Polyestern durch Molekulardestillation sogenannte Superpolyester entstehen, aus denen man Fäden ziehen kann, die an der Luft erstarren. Damit war das Prinzip der Herstellung synthetischer Faserstoffe gefunden, auch wenn die ersten Superpolyester wegen ihres geringen Schmelzpunktes von unter 100 °C für textile Zwecke unbrauchbar sind.

#### 8.4.2.1 Polyamid 66 und Polyamid 6

Schon 1930 gelang es Carothers, aus ε-Aminocapronsäure ein Polyamid herzustellen. Allerdings versuchte er offenbar nicht, daraus Fäden zu produzieren. Am 28. Februar 1935 gelang dann die Synthese des Polyamids aus Hexamethylendiamin und Adipinsäure. Als es Carothers schaffte, durch kalte Verstreckung die Festigkeit des Polyamids deutlich zu steigern, war dies der Durchbruch für die Herstellung synthetischer Fasern. Aufgrund der praktisch unbegrenzten Rohstoffbasis (Benzol und Phenol) wurde dieses Polyamid für die großtechnische Weiterentwicklung ausgewählt und am 9. April 1937 zum Patent angemeldet. Bekannt wurde es unter dem Namen PA 6.6 bzw. PA 66. 1938 veröffentlichte DuPont erstmals die Forschungsergebnisse, und die kleintechnische Produktion beginnt noch im gleichen Jahr. Carothers erlebte dies nicht mehr. Nachdem die Weiterentwicklung von PA 66 einer anderen Forschergruppe bei DuPont übertragen wurde, beschäftigte er sich mit anderen Polyamiden. Dabei stellte sich heraus, dass das ursprünglich eher zufällig ausgewählte PA 66 das bei Weitem am besten geeignete aller Polyamide ist. 1937 beging Carothers mit nur 41 Jahren Selbstmord.

Ohne etwas von den Arbeiten von Carothers zu wissen, beschäftigte sich Paul Schlack seit 1928 bei der IG Farben AG in Berlin mit der Herstellung einer synthetischen Faser, u. a. mit der Polymerisation von Caprolactam. Zuvor hatte Schlack versucht, die Grundstoffe für die Herstellung von PA 66 zu beschaffen. Dies gelang ihm aber wegen der schlechten Rohstoffsituation in Deutschland nicht. Carothers hatte in seiner 1930 veröffentlichten Arbeit die Polymerisation von ε-Caprolactam mit oder ohne Katalysator ausgeschlossen. Seine Versuche hatten nur zu einem Polyamid mit niedrigem Polymerisationsgrad geführt, aus dem keine Fäden spinnbar waren. Schlack jedoch arbeitete auf diesem Gebiet weiter. Am 29. Januar 1938 gelang es ihm, den Lactamring mithilfe von Aminocapronsäurehydrochlorid als Katalysator aufzuspalten und in ein lineares Polymer zu überführen. Das war die Geburtsstunde des Polyamids 6 (Bild 8.21).

Das Caprolactamverfahren wurde am 11. Juni 1938 zum Patent angemeldet (Schlack, 1938). Noch im selben Jahr wurde der erste Strumpf aus PA 6 hergestellt, zunächst unter dem Namen „Perluran" (Bild 8.22).

**Bild 8.21** Die Polyamidspinnmaschine von Paul Schlack (1938)

**Bild 8.22** W. H. Carothers (links), P. Schlack (Mitte) und die ersten PA 6-Fasern, die von Paul Schlack hergestellt wurden (rechts)

Im Juli 1938 machte sich daraufhin eine Delegation der IG Farben auf den Weg in die USA, um Dupont die neue Faser vorzuführen und über entsprechende Lizenzen zu verhandeln. Bereits auf hoher See, erfuhr die Delegation, dass sich eine Abordnung von DuPont auf dem Weg nach Deutschland befand, um die IG Farben zu besuchen und über Lizenzen zur Produktion einer neuen Kunstfaser zu verhandeln. Zu ihrem Erschrecken musste diese dann feststellen, dass die IG Farben nicht an der neuen Kunstfaser Polyamid 66 interessiert war, sondern mit Polyamid 6 eine eigene besaß, die auf einem anderen Monomer beruhte und patentrechtlich nicht von DuPont abgesichert worden war.

Daraufhin einigte man sich gütlich, tauschte die jeweiligen Polyamid-Patente aus und legte die weltweiten Absatzmärkte fest. Osteuropa und Asien fielen an die IG Farben, Westeuropa und Amerika dagegen an DuPont. Diese Aufteilung des Weltmarktes ist bis heute erkennbar: In Osteuropa und in Asien wird vor allem PA 6 und nur sehr wenig PA 66 hergestellt, während in den USA und Südamerika hauptsächlich PA 66 erzeugt wird.

Dass beide Unternehmen nichts von der Entwicklung des Konkurrenten wussten, lag daran, dass die Ergebnisse ihrer Forschungsabteilungen praktisch nicht veröffentlicht wurden. Lediglich für die wesentlichen Prozessschritte wurden Patente beantragt, wovon die jeweils andere Firma aber offenbar keine Kenntnis hatte.

1939 wurde von DuPont die industrielle Erzeugung von Nylon™, wie die Faser inzwischen hieß, aufgenommen. Die ersten Nylonstrümpfe kamen am sogenannten N-Day am 15. Mai 1940 in den USA auf den Markt. An diesem Tag wurden 5 Mio. Paar verkauft, an jede Kundin nur ein Paar. Bis zum Jahresende sollten es 64 Mio. Paar werden, und 1941 sind bereits rund 100 Mio. Paar verkauft (Bild 8.23).

**Bild 8.23** Schlange vor einem Geschäft für Nylonstrümpfe in den USA (links) und glückliche Konsumentin (rechts)

Die Herstellung erfolgte auf Cotton-Maschinen (Bild 8.24). Die Strümpfe waren noch recht grob und besaßen die typische Rücknaht. Erst ab den 1960er-Jahren, mit der Erfindung der Feinrundstrickmaschine, werden auch Feinstrumpfhosen aus Polyamid erzeugt.

Die Produktion konzentrierte sich bald ausschließlich auf militärische Einsatzgebiete, wie Fallschirmstoffe und hochfeste Fäden als Verstärkung für Reifen (Reifencord). Erst nach 1945 wird sie für zivile und industrielle Einsatzgebiete ausgebaut. Zum Kriegsende betrug die Produktion von Nylon™ bereits 15 000 t/Jahr. Schnell wurden die begehrten Nylonstrümpfe zu einem Zahlungsmittel für amerikanische Soldaten in Deutschland und verbreiteten sich so bald in Europa.

Mit der Produktion von PA 6 wurde von der I. G. Farben 1939 begonnen, gegen Ende des Jahres kamen erste Monofile unter dem Namen Perluran, später als Perlon L bezeichnet, auf den Markt. Die Großproduktion von Perlon-Filamentgarn begann 1943 im Werk Landsberg a. d. Warthe. Die im Bau befindliche Anlage in Premnitz (Westhavelland) konnte wegen des Krieges ihre geplante großtechnische Produktion von Perlon-Filamentgarn nicht mehr aufnehmen. 1946 wurde im Werk VEB Thüringisches Kunstfaserwerk „Wilhelm Pieck" in Schistza bei Rudolstadt die Herstellung von PA 6-Filamentgarn wiederaufgenommen, nachdem dort schon 1945 kleinere Mengen erzeugt worden waren. Im Jahr 1949 wurde in der Kunstseidenfabrik Bobingen bei Augsburg mit der Herstellung von Perlon-Filamentgarnen begonnen, 1950 folgte das Glanzstoffwerk Oberbruch.

Bis 1953 ließ sich die westdeutsche Chemiefaserindustrie den Handelsnamen Perlon® schützen, sodass sich die ostdeutschen Polyamidhersteller gezwungen sahen, einen neuen Namen zu kreieren. In Anlehnung an die Abkürzung des Arbeiter- und Bauernstaates entschied man sich für Dederon®. Dieses Produkt auf der Basis von PA 6 war bis zur deutschen Wiedervereinigung 1990 im Osten Deutschlands erfolgreich.

Ab den 1950er-Jahren wurde auch Oberbekleidung anstatt aus Baumwolle aus Polyamid hergestellt. Besondere Berühmtheit erlangte dabei das sogenannte „Nyltest"-Hemd. Es bestand aus 100 % PA 66 und war das erste pflegeleichte Oberhemd (Bild 8.24).

**Bild 8.24** Strumpfproduktion auf Cotton-Wirkmaschinen (links) und Werbung für Nyltest-Hemd (rechts)

#### 8.4.2.2 Aramid

Die ersten Aramidfasern wurden 1955–1965 entwickelt (DuPont, Monsanto). Der Name ist die Abkürzung für Aromatische Amide. H. Mark formulierte 1964, dass die Festigkeit und der E-Modul von aliphatischen Polyamiden gezielt erhöht werden könnten, wenn in die Kette aromatische Anteile integriert werden. Ab 1967 vermarktete DuPont seine bereits 1962 erstmals erzeugte m-Aramidfaser unter dem Handelsnamen Nomex™. Auch Monsanto und Unternehmen in der UdSSR stellten nun solche Fasern her. Nachdem schon 1966 Stephanie Kwolek erstmals die Synthese von p-Aramid gelungen war, begann DuPont 1971 mit der Produktion von p-Aramid in industriellem Maßstab unter dem Namen Kevlar™ (Bild 8.25).

**Bild 8.25** Stephanie Kwolek (1923–2014) (Wiki, 1986)

In Japan begann 1972 Teijin mit der Erzeugung von Conex™, einem m-Aramid, und 1975 folgte Enka Glanzstoff BV in Arnheim mit der Produktion von Tiston™, einem p-Aramid. Erste wichtige Anwendungen für m-Aramide waren insbesondere hochtemperaturbeständige Textilien, während p-Aramide vor allem zur Verstärkung von Reifencord und anderen Gummiprodukten eingesetzt wurden.

### 8.4.3 Polyester

Die Herstellung von linearen, fadenbildenden Polyestern durch eine Reaktion von aliphatischen Dicarbonsäuren und Glykolen wurde bereits von W. H. Carothers im Rahmen seiner 1928 begonnenen Arbeiten über Hochpolymere (und über Polykondensationsreaktionen im Besonderen) studiert. Die erste, 1931 von Carothers und Hill gezeigte synthetische Chemiefaser ist ein Polyesterfaden aus Sebacinsäure und Ethylenglykol. Wegen des niedrigen Schmelzpunktes dieses Polyesters und seiner Löslichkeit in vielen organischen Lösungsmitteln, die er als Nachteil erachtete, wandte er sich jedoch den für eine wirtschaftliche Nutzung aussichtsreicheren Polyamiden zu.

Auf den Forschungen von Carothers aufbauend, erkannten Schlack und Ludewig 1939, dass Terephthalsäure den Schmelzpunkt des Polymeren sowie die Steifigkeit und Sprungelastizität des Fadens erhöht. Sie setzten diese jedoch zunächst für die Polyamidherstellung ein. 1942 kondensierte Schlack Terephthalsäuredihalogenide und Terephthalsäureester mit Butylenglykol zu einem primären Polyester und diesen weiter mit Diisocyanaten zu stickstoffhaltigen Polyestern. Diese besitzen hohe Schmelzpunkte und sind unter Orientierung auf das Drei- bis Vierfache der Ausgangslänge heiß verstreckbar.

### 8.4.3.1 Polyesterterephthalat (PET)

Unabhängig davon entdeckte fast gleichzeitig 1939 der englische Forscher John R. Whinfield (1902–1966) gemeinsam mit seinem Mitarbeiter James T. Dickson (Bild 8.26), dass bei Ersetzen der aliphatischen Dicarbonsäure, die von Carothers als ungeeignet angesehen wurde, durch eine aromatische Dicarbonsäure die Löslichkeit des Polyesters in organischen Lösungsmitteln erheblich reduziert und sein Schmelzpunkt wesentlich erhöht werden (Whinfield und Dickson, 1941). Der von ihnen entdeckte Polyester aus Terephthalsäure und Ethylenglykol erhielt die Bezeichnung „Terylene“. Aus diesem Polyester stellten Whinfield und Dickson 1941 im Forschungslaboratorium der Calico Printers Association, Ltd. (C.P.A.), in Accrington, England, erstmals brauchbare Polyesterfäden her. 1944 wurden im Labormaßstab durch die Imperial Chemical Industries, Ltd. (ICI), Terylene-Garne erzeugt. 1947 einigten sich C.P.A. und ICI in einem Vertrag über die Patentrechte. Die ICI erhielten die Patentrechte für Terylene außerhalb der USA. Die Versuchsproduktion von Terylene-Garn beginnt 1947, die Großproduktion wurde 1953 aufgenommen.

Die Patentrechte für die USA wurden 1946 von der E.I. DuPont de Nemours & Co., Inc., Wilmington, Del., bei der C.P.A. erworben. Die C.P.A. hatte bereits 1944 Arbeiten mit Polyterephthalester unabhängig von ICI durchgeführt. Ab 1950 erzeugte DuPont de Nemours kleine Mengen von Filamentgarnen und Spinnfasern unter der Bezeichnung „Fiber V“. 1953 wurde die Produktion unter der Handelsbezeichnung „Dacron“ aufgenommen. In Deutschland beginnt die Polyesterproduktion Mitte der 1950er-Jahre unter den Handelsnamen „Trevira“ (Hoechst) und „Diolen“ (Akzo).

Die ICI hatten ihrerseits Produktionslizenzen für Polyesterfasern nach dem von ihr geschützten Verfahren an Faserhersteller in anderen Ländern vergeben. Ab 1954 begannen diese mit der Herstellung unter verschiedenen Markennamen. Die Grundpatente für die Produktion von Polyesterfasern liefen Ende des Jahres 1966 ab. Wenig später begann die Erzeugung von Polyester in großem Maßstab weltweit.

Seit Anfang der 1970er-Jahre wird PET auch als Grundstoff für Flaschen verwendet. Dies ist mittlerweile ein schnell wachsender Markt geworden, wobei PET mehr und mehr Glas verdrängt.

**Bild 8.26** Whinfield und Dickson in ihrem Labor

Die Produktionsmenge von PET-Fasern übertraf erstmalig 1992 die von Baumwolle, und so ist PET am Ende des 20. Jh. die dominierende Faser auf dem Weltmarkt.

### 8.4.4 Polyacrylnitril

Der deutsche Chemiker Fritz Klatte schlug 1913 vor, synthetische Rohstoffe zur Herstellung von Fasern zu nutzen. Seine Beschäftigung mit der Polymerisation von Vinylverbindungen mündete in eine Patentschrift, in der er u. a. die Verarbeitbarkeit der erhaltenen „hornartigen Masse" zu Fäden erwähnt (Klatte, 1913).

Lange Zeit galt das Acrylnitril als technisch bedeutungslos, weil es sich vor Erreichen der Schmelztemperatur zersetzt und in gängigen Lösungsmitteln unlöslich ist. 1929 schlug H. Fikentscher vor, Acrylnitril zur Faserherstellung einzusetzen. Erste Patente zur Herstellung von Polyacrylnitril stammen aus dem Jahr 1930. Otto Bayer und Peter Kurtz entwickelten 1939 die direkte Synthese des Acrylnitrils aus Blausäure und Acetylen, womit eine industrielle Produktion zwar möglich wurde, wegen der teuren Lösungsmittel aber zunächst noch unwirtschaftlich war.

1939 unternahm die IG Farben erste Versuche zur Herstellung von Filamenten aus Polyacrylnitril unter der Bezeichnung „PAN-Fasern". 1941 entdeckten H. Rein (Bild 8.27) und R. C. Houtz fast gleichzeitig Dimethylformamid (DMF), das wirtschaftlich am besten geeignete Lösungsmittel. In den USA stellte DuPont 1950 eine trockengesponnene Polyacrylnitrilfaser unter dem Namen Orlon™ her. In Deutschland kommen die ersten in industrieller Produktion entstandenen Polyacrylnitrilfasern 1952 unter den Bezeichnungen „PAN" und „Redon" auf den Markt. In Japan werden nach einem anderen Verfahren PAN-Fasern erzeugt und als Sinsen™ vermarktet.

In den 1950er- und 1960er-Jahren boomte die Produktion von Polyacrylnitrilfasern. Eine erste Faserkrise in der Mitte der 1970er-Jahre, hervorgerufen durch die Erdölkrise, sowie eine zweite zu Beginn der 1980er-Jahre wegen des veränderten Kaufverhaltens der Konsumenten, die sich den Naturfasern zu- und von den Chemiefasern abwandten, wirkten sich gravierend auf den Polyacrylnitril-Markt aus. Die Polyacrylnitril-Faserproduktion in Europa und Nordamerika ging zurück, in Asien hingegen stieg sie an. Bis zum Ende des 20. Jh. werden fast ausschließlich Stapelfasern erzeugt, rund 10% davon immer noch in Deutschland.

### 8.4.5 Polypropylen

Das Ethylen, als ein Vertreter der Polyolefine, galt lange Zeit als schwierig und nur unter hohem Druck polymerisierbar. Im Jahre 1953 wurde von Karl Ziegler (1898–1973) eine Methode zur Polymerisation von Ethylen bei niedrigen Temperaturen und unter Normaldruck mittels Übergangsmetall-Katalysatoren entwickelt. Das dabei entstehende Polyethylen ist im Gegensatz zu dem radikalisch polymerisierten, stark verzweigten Hochdruckpolyethylen (HD-PE) hochkristallin, ähnlich wie Polyamid. Durch diese Entdeckung wird der Grundstein für die industrielle Erzeugung von Polypropylenfasern gelegt. Giulio Natta (1903–1979) gelang 1954 die erste Herstellung von isotaktischem Polypropylen im Labor. Die durch Extrusion ausgesponnenen und im Anschluss verstreckten Monofile besitzen eine sehr hohe Festigkeit von 75 cN/tex. Natta und Ziegler werden 1963 für ihre Arbeiten mit dem Nobelpreis ausgezeichnet (Bild 8.27).

**Bild 8.27** Herbert Rein (links; Erkner, 2021), Karl Ziegler (Mitte) und Giulio Natta (rechts)

Bereits 1957 beginnt die industrielle Produktion von Polypropylen in Italien. Schon kurze Zeit nach der Markteinführung etablierte sich dieser neue Faserstoff neben den bis dahin industriell produzierten Chemiefasern Polyester, Polyamid und Polyacrylnitril. Ein noch schnellerer Aufschwung des neuen Faserstoffs wird einerseits durch die schlechten Färbeeigenschaften, andererseits aufgrund der Patentsituation verhindert, denn der italienische Montecatini-Konzern besaß nahezu alle Grundpatente in Europa für das Schmelzspinnen von PAN. Bis Anfang der 1970er-Jahre gab es für andere Firmen daher kaum die Möglichkeit, Polypropylenfasern industriell herzustellen. Erst nach Ablauf der ersten Patente begannen auch andere Hersteller mit der Produktion. Aufgrund der niedrigen Produktionskosten expandierte der Markt für diese Fasern sehr schnell, und PP wurde bald die mengenmäßig drittwichtigste synthetische Chemiefaser.

### 8.4.6 Polyethylen

Polyethylen wurde im Jahre 1898 vom Chemiker Hans von Pechmann entdeckt und 1933 erstmals in den ICI-Laboratorien in England industriell unter einem Druck von ca. 1400 bar und einer Temperatur von 170 °C hergestellt. Erst 1940 gelang die Entwicklung eines wirtschaftlichen Herstellungsverfahrens. Mithilfe von Ziegler-Natta- und Metallocenkatalysatoren kann PE auch bei Normaldruck erzeugt werden.

Eine für Technische Textilien besonders wichtige Type ist UHMW-PE. (UHMW: Ultra High Molecular Weight), die z. B. unter den Handelsnamen Dyneema™ von DSM (Niederlande) sowie Spectra™ von Honeywell (USA) vertrieben wird. Sie wurde 1968 von Albert Pennings entdeckt und 1979 patentiert. Seit 1990 wird sie in industriellem Maßstab produziert. Mit einer Festigkeit von bis zu 400 cN/tex ist sie das mit Abstand festeste Fasermaterial und übertrifft sogar Carbon- und Glasfasern darin um rund 100 %.

### 8.4.7 Polylactid

Polylactid (PLA) wird aus Milchsäure erzeugt. Dilactid wurde bereits 1833 (Gay-Lussac) und 1893 (Bischoff und Walden) produziert, bevor es 1932 Carothers gelang, erstmals ein Polymer aus Milchsäure herzustellen. Seit 1954 nutzt DuPont PLA-Fasern als Nahtmaterial und für Implantate. In Japan produziert u. a. die Shimadzu Corp. kleine Mengen von Gebrauchsartikeln aus PLA. Weil sich PLA hydrolytisch zersetzen lässt, wird es seit 1992 als Binder für zellulosische Vliesstoffe eingesetzt.

### 8.4.8 Kurze Zeitreise

Die folgenden Abbildungen zeigen das oben ausgeführte in kompakter Form (Veit, 2023). Die industrielle Herstellung von Chemiefasern auf zellulosischer Basis begann in den 1940er-Jahren, vor allem in Europa. In den USA gab es Eigenentwicklungen und Tochterfirmen europäischer Unternehmen, in Japan wurde ein eigener Weg mit proprietären Technologien eingeschlagen (Bild 8.28).

Durch die Zerstörungen im Zweiten Weltkrieg in Japan schrumpfte dort die Produktion erheblich. Gleiches gilt für einige Länder in Europa, wo die Produktion in Deutschland zurückging, in Frankreich und England jedoch anstieg (Bild 8.29).

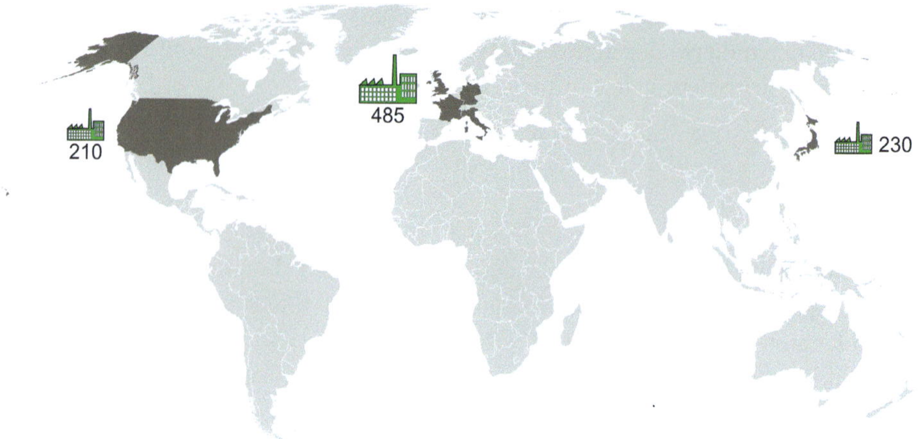


**Bild 8.28** Die wichtigsten Erzeugerländer von Chemiefasern 1940 (Angaben in [1000 t])

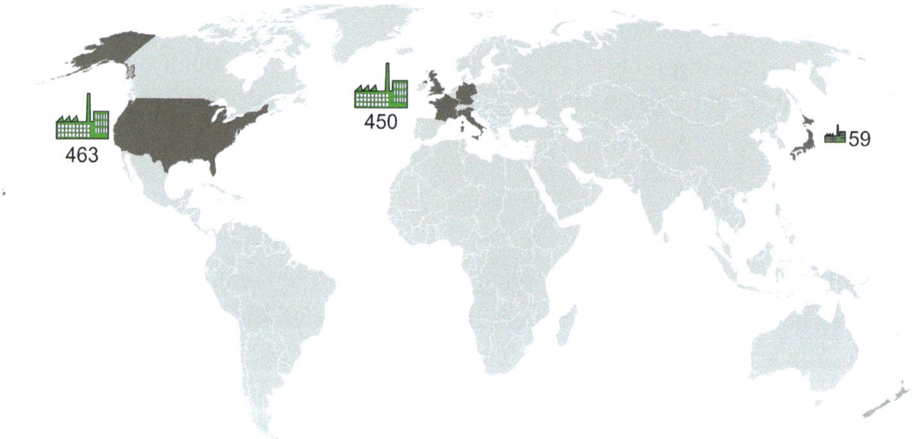


**Bild 8.29** Die wichtigsten Erzeugerländer von Chemiefasern 1950

In den 1960er-Jahren begann die Produktion von synthetischen Fasern in den USA, Europa und Japan. Gleichzeitig erhöhte sich die Menge an zellulosischen Chemiefasern, bei der West- und Mitteleuropa eine führende Rolle übernahmen. Auch in Osteuropa wurden in großen Mengen Viskose- und verwandte Fasern erzeugt. Für diese Region ist die Datenlage lückenhaft, was sich in einigen Abbildungen durch Nichtberücksichtigung widerspiegelt (Bild 8.30).

Bis in die 1970er-Jahre wurde die Produktionskapazität von Synthesefasern massiv ausgebaut, und die USA, Europa und Japan teilten sich den Weltmarkt. Gleichzeitig stieg die erzeugte Menge an zellulosischen Chemiefasern weiter an (Bild 8.31).

Bis 1980 nahm die Produktion synthetischer Chemiefasern weiterhin stark zu, vor allem in den USA und in Europa. Durch die geringere Nachfrage sank in vielen Ländern die Menge an erzeugten Zellulosefasern (Bild 8.32).

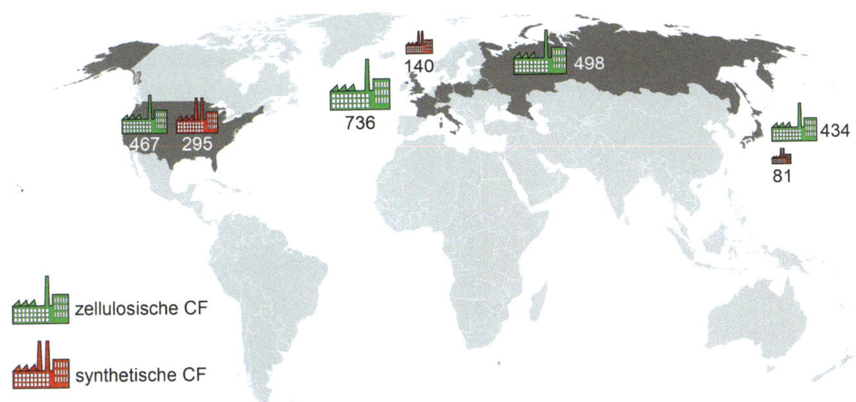


**Bild 8.30** Die wichtigsten Erzeugerländer von Chemiefasern 1960

**Bild 8.31** Die wichtigsten Erzeugerländer von Chemiefasern 1970

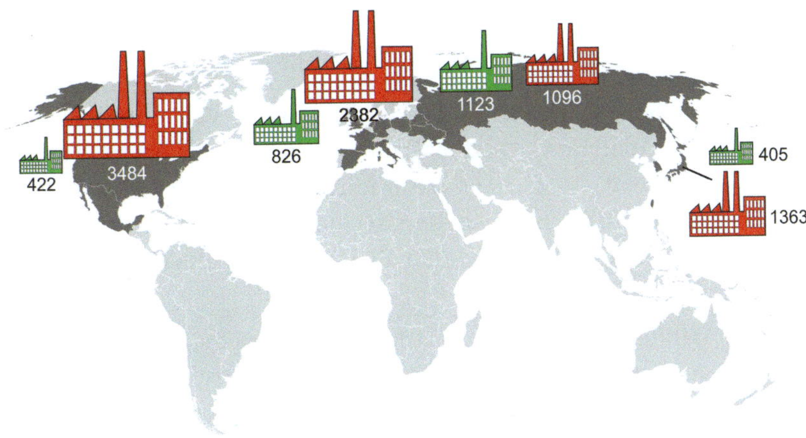


**Bild 8.32** Die wichtigsten Erzeugerländer von Chemiefasern 1980

Diese Entwicklung setzte sich fort bis in den Anfang der 1990er-Jahre, als China mit der Herstellung vor allem von synthetischen Chemiefasern begann. In Indien wurde die großtechnische Erzeugung von zellulosischen Chemiefasern aufgenommen (Bild 8.33).

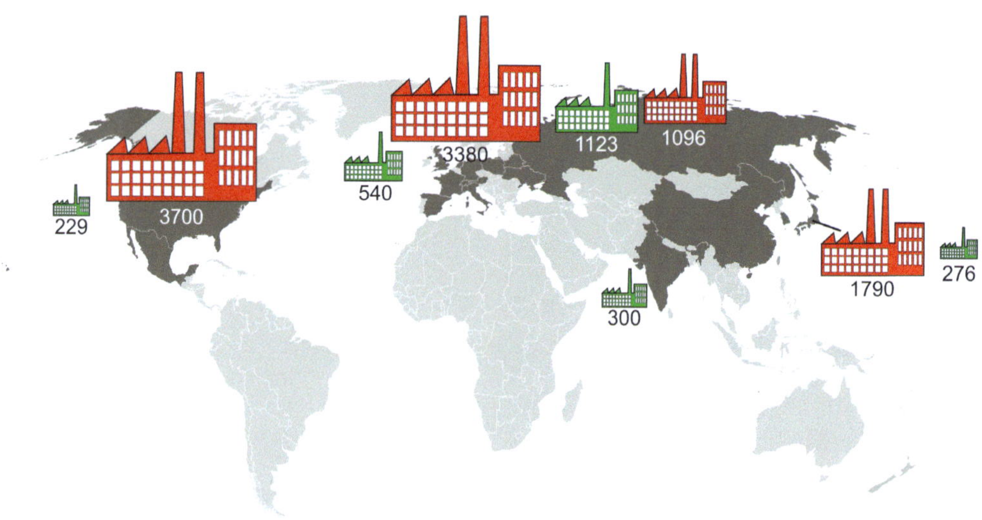


**Bild 8.33** Die wichtigsten Erzeugerländer von Chemiefasern 1990

## 8.4.9 Carbonfasern

Die Geschichte der Carbonfasern, die auch Kohlenstofffasern genannt werden, begann im Jahr 1860, als J. W. Swan, der Erfinder der „Kunstseide“, Carbonfasern für Glühlampen entwickelte (Swan, 1884). 1879 meldete Thomas A. Edison ein Patent zur Herstellung von Kohlenstofffäden für elektrische Glühlampen an. Als Ausgangsmaterial verwendeten beide Zellulose. Diese Glühlampendrähte wurden bald durch Wolfram ersetzt, und so gerieten Carbonfasern für die nächsten fünfzig Jahre weitgehend in Vergessenheit.

1958 erhielt William T. Soltes ein Patent für die Erzeugung von Carbonfasern aus Baumwolle (Soltes, 1961), William F. Abott ein Jahr später ebenfalls ein Patent für Carbonfasern aus Viskose (Abott, 1962). 1964 wurden von der amerikanischen Firma Union Carbide auf Zellulosebasis hergestellte Carbonfasern mit den Handelsnamen Thornel™ auf den Markt gebracht, sie konnten sich am Markt jedoch nicht durchsetzen.

1965 gelang es u. a. William Watt bei Royal Aircraft Establishment (RAE) in Farnborough, Großbritannien, Carbonfasern aus Polyacrylnitril herzustellen (Watt et al., 1971). 1966 wurde der von RAE patentierte Prozess an ein Konsortium aus drei britischen Firmen lizenziert, um Carbonfasern in industriellem Maßstab herzustellen. Im Jahr 1967 wurden so 1 t Carbonfasern hergestellt. Die Fasern wurden an verschiedene Unternehmen kostenlos abgegeben unter der Bedingung, dass sie Anwendungen dafür identifizierten. In den USA begann die Produktion von Carbonfasern nach diesem Patent 1971.

S. Otani begann 1965 Pech als Ausgangsmaterial für Carbonfasern zu erforschen, und 1970 wurde die erste Carbonfaser auf Basis von Polyvinylchlorid-Pech (PVC) von der Kureha Corporation, Japan, mit dem Handelsnamen Kreca™ auf den Markt gebracht. In der Folgezeit wurden Carbonfasern erstmals in Sportgeräten (z. B. Golfschläger, Angelruten) eingesetzt. Auch Bauteile für Flugzeuge aus carbonfaserverstärktem Kunststoff kamen nun auf den Markt.

Seit den 1980er-Jahren wurden immer neue Anwendungen für Carbonfasern entwickelt, vor allem für die Luft- und Raumfahrt.

### 8.4.10 Glasfasern

1908 wurden von W. v. Paczinsky grobe Glasfilamente erzeugt. Die industrielle Produktion von Glasfasern begann in den USA 1930 und in Deutschland 1939. Bereits 1932 entwickelte die Owens-Illinois Glass Company in Neistk rein zufällig den Düsenblasprozess, als ein Mitarbeiter (G. Slayter) einen Druckluftstrahl auf eine geschmolzene Glasmasse richtete und so Glasfasern erzeugte. Dieses Verfahren wurde 1933 patentiert und wird auch heute noch eingesetzt. Ab dieser Zeit werden erstmalig Faserverbundwerkstoffe mit Glasfasern verstärkt, z. B. für Tanks in Flugzeugen. 1938 entwickelte W. Schuller in Coburg aus dem Stab-Abziehverfahren das Stab-Trommel-Ziehverfahren, mit dem Stapelfasern aus Glas erzeugt wurden. Seit 1950 haben sich das Trommelziehverfahren zur Erzeugung von Stapelfasern und das Düsenziehverfahren zur Erspinnung von Filamentgarnen etabliert.

### 8.4.11 Keramikfasern

1942 wurde Keramiksteinwolle erstmals als Isolationsmaterial für Hochtemperaturanwendungen eingesetzt. Die industrielle Herstellung begann jedoch erst 1953. Seit den 1970er-Jahren nahm die Erzeugung von Steinwolle aus Keramik stetig zu. Keramikfasern wurden später meist durch Pyrolyse eines Precursors erzeugt, was die Fasereigenschaften im Vergleich zu früheren Verfahren verbessert.

# 8.5 Spinnereivorbereitungsmaschinen

Viele Maschinen zur Vorbereitung der Fasern auf die Garnherstellung werden im 20. Jh. weiterentwickelt, revolutionäre Neuheiten gibt es nicht.

## 8.5.1 Karde

Die wichtigste Maschine der Spinnereivorbereitung ist die Karde, mit der die Fasern gereinigt, parallelisiert und zu einem Vlies bzw. einem Band zusammengefasst werden, das versponnen werden kann. Die Vorlage besteht zunächst aus einem Faserwickel, daraus werden die Faserbündel herausgezogen und entwirrt. Danach werden sie dem Tambour zugeführt und zwischen den Sägezähnen des Tambours und den Haken der beweglichen Deckel parallelisiert und gereinigt. Nachdem sie mehrfach umgelaufen sind, werden die Fasern von der Abnehmerwalze abgenommen, zu einem Band zusammengefasst und dieses in einer Kanne in Zykloiden abgelegt (Bild 8.34).

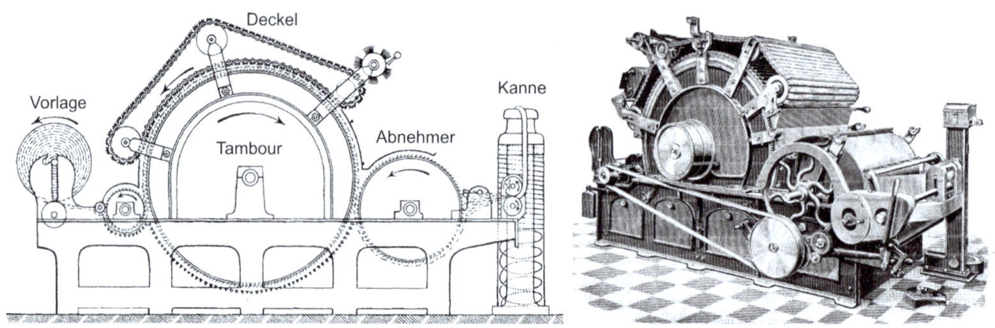


**Bild 8.34** Karde um 1900 nach (Elbers, 1909)

Die Kardierfläche wurde in den 1950er-Jahren vergrößert und die Geschwindigkeit der Bandablage erhöht (Bild 8.35).

Bild 8.36 zeigt eine moderne Karde. Das Grundprinzip ist unverändert, allerdings ist die Regelung der einzelnen Elemente erheblich aufwendiger, um ein möglichst gleichmäßiges Band (gleiche Anzahl Fasern im Querschnitt) zu erhalten, und die Bandablagegeschwindigkeit ist mit bis zu 500 m/min deutlich höher, und die Kannen zur Aufnahme des Bandes sind größer.

**Bild 8.35** Karden um 1950 (Trützschler)

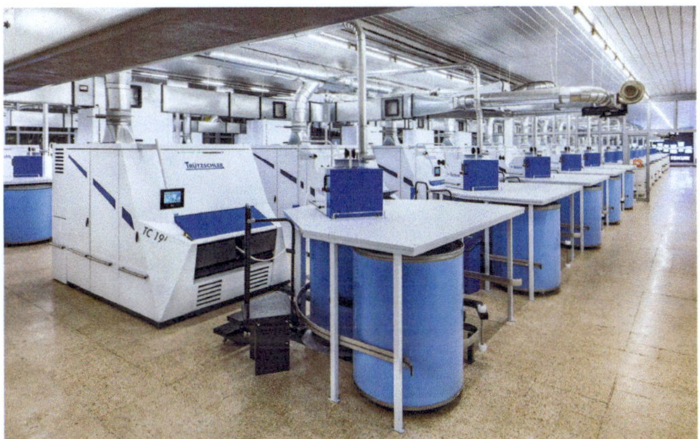

**Bild 8.36** Moderne Karden (Trützschler)

## 8.5.2 Strecke

Die Kardenbänder werden zu mehreren zusammengefasst (Mischeffekt) und dann gemeinsam in einer Strecke im Streckwerk in mehreren Stufen verstreckt. Dabei werden die Walzen in Produktionsrichtung immer schneller und so zunächst die Haftreibung überwunden und anschließend das Faserband verstreckt. Danach wird das so vergleichmäßigte Band in einer Kanne in einer Zykloide abgelegt (Bild 8.37).

Auch hier zeigt der Vergleich mit einer modernen Maschine (Bild 8.38), dass sich das Grundprinzip nicht geändert hat. Allerdings sind heutige Maschinen deutlich schneller (bis 1000 m/min) und die Bänder durch verschiedene Einrichtungen erheblich gleichmäßiger.

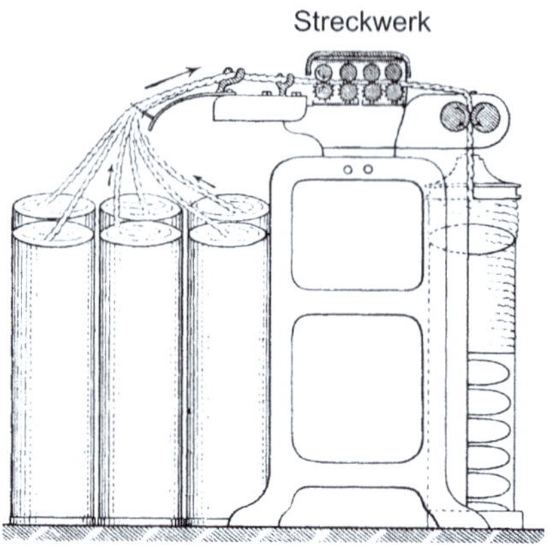

**Bild 8.37** Strecke um 1900 nach (Elbers, 1909)

**Bild 8.38** Moderne Strecke (Trützschler)

## 8.5.3 Kämmmaschine

Die Kämmmaschine wird insbesondere in Frankreich weiterentwickelt und ähnelt bereits heutigen Maschinen (Bild 8.39).

Es werden nun mehrere Faserbänder zunächst zusammengefasst und dann dem Rundkamm vorgelegt. Dieser kämmt die kurzen Fasern aus, während die langen Fasern an den Kammzug angelegt und mit diesem über Reibschluss verbunden werden (Bild 8.40). Die kurzen Fasern (Kämmling, engl.: noil) werden zu weichen Garnen verarbeitet (Streichgarn), der Kammzug wird zu Kammgarn ausgesponnen.

Die Kämmmaschine wurde kontinuierlich weiterentwickelt und besitzt heute bis zu zwölf Kämmpositionen, mit denen bei rund 600 Kämmspielen pro Minute ca. 150 kg Fasern pro Stunde verarbeitet werden können (Bild 8.41).

**Bild 8.39** Französische Kämmmaschine (Cyclopedia, 1907)

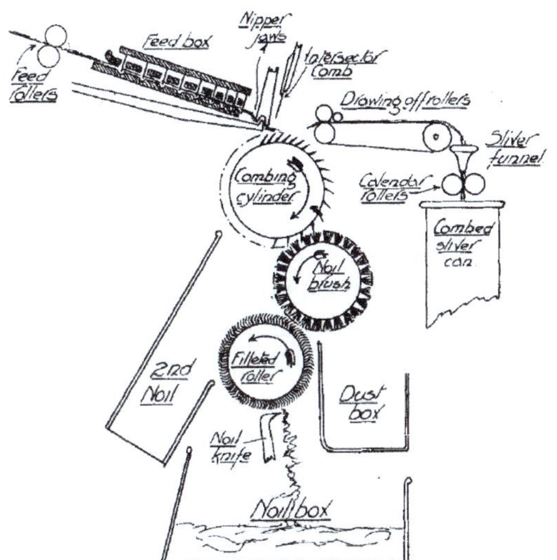


**Bild 8.40** Prinzip einer französischen Kämmmaschine (Cyclopedia, 1907)

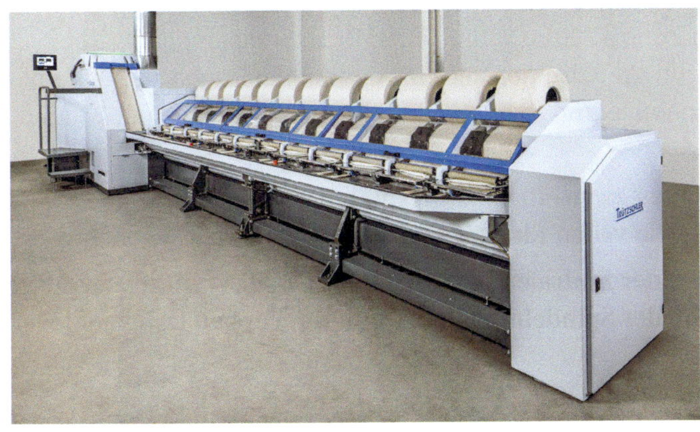

**Bild 8.41** Moderne Kämmmaschine (Trützschler)

Das Ringspinnen verdrängte bis ca. 1970 alle anderen Spinnverfahren nahezu vollständig. Die Maschinen wurden länger (heute bis über 2000 Spindeln) und schneller (15–25 m/min; Bild 8.44).

**Bild 8.44** Moderne Ringspinnmaschine (Saurer Spinning Solutions GmbH & Co. KG)

Eine weitere Verbesserung des Ringspinnens ist das sogenannte Kompaktspinnen, das ab ca. 1995 eingeführt wurde. Dabei werden die Fasern unmittelbar nach Verlassen des Streckwerks durch eine Absaugeinheit kompaktiert und der Spinnprozess so stabilisiert (Bild 8.45). Dies reduziert die Anzahl der Fadenbrüche, verändert allerdings auch den Garncharakter, weil die Haarigkeit erheblich reduziert wird und das Garn sich daher „härter" anfühlt (Pfeile).

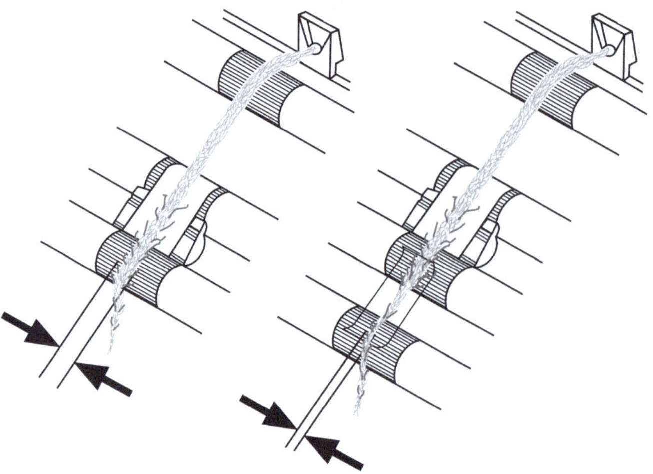

**Bild 8.45** Vergleich von Ring- und Kompaktspinnen

Zunächst gab es noch „Nachrüstsätze“ für bestehende Ringspinnmaschinen, bald nur noch „neue“ Kompaktspinnmaschinen.

### 8.6.3 OE-Rotorspinnen

1907 wurde in England an einen Mr. Williams (mehr als sein Name ist von ihm nicht bekannt) ein Patent für ein Offen-End-Spinnverfahren erteilt, und 1937 erhielt Berthelsen (Dänemark) ein Patent auf ein OE-Rotorspinnsystem (Bild 8.46). Dabei wird ein Faserband aufgelöst und aus den einzelnen Fasern in einem schnell drehenden Rotor ein Garn erzeugt. Der wichtigste Unterschied zu den bisherigen Verfahren, bei denen ein Faserband durch Verstreckung immer dünner wird, ist die Unterbrechung des Faserflusses durch die Auflösung des Bands. Daher spricht man von „Offen-End“-Verfahren, abgekürzt „OE“.

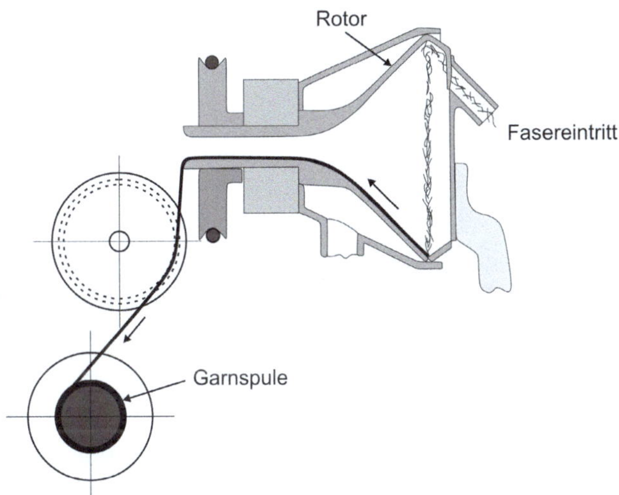


**Bild 8.46** OE-Rotorspinnvorrichtung nach Berthelsen

Von 1951–1965 wurde von Julius Meimberg (1917–2012) als freier Mitarbeiter von Spinnbau, Bremen, das sogenannte Kämmspinnverfahren entwickelt. Ein Prototyp der von ihm entwickelten Spinnvorrichtung, bei der der Rotor in Form einer Nadelwalze ausgebildet ist, wurde 1955 unter der Bezeichnung „eMKa-Spinner“ auf der 2. Internationalen Textilmaschinenausstellung (ITMA) in Brüssel vorgestellt.

Ende der 1950er-Jahre begann das tschechische Baumwollforschungsinstitut VUB in Usti nad Orlici mit der Entwicklung eigener OE-Rotorspinnmaschinen. Die KS 200 mit sechzig Spinnstellen wurde auf der Maschinenmesse in Brno 1965 vorgestellt. Sie sorgte für großes Aufsehen, weil von außen zunächst nicht erkennbar war, wie das Garn erzeugt wird. Die Rotordrehzahlen lagen bei 20 000 bis 30 000 U/min, womit Garne mit einer Feinheit von 25 tex gesponnen werden konnten. Dies entsprach einer Leistungssteigerung um 50 % gegenüber einer konventionellen Ringspinnmaschine. Allerdings war die Fadenbruchrate mit 100 pro 1000 Spindelbetriebsstunden mehr als doppelt so hoch wie beim Ringspinnen. Zum Betrieb von zehn Maschinen waren nur noch ein einziger Maschinenführer und ein Helfer erforderlich, was die Lohnkosten erheblich senkte. Eine Spindel kostete jedoch rund 225 US-$ und war damit erheblich teurer als eine Ringspinnposition. Auch die Fa. Rieter (Schweiz) stellte wenig später mit der G 5/1 eine Rotorspinnmaschine vor.

Auf der ITMA 1967 in Basel wird von Elitex (Tschechien) die erste industriereife Rotorspinnmaschine ausgestellt, die als Nachfolger der KS 200 mit der Bezeichnung BD 200 mit 200 Spinnstellen auf zwei Seiten auf den Markt kam (Bild 8.47). BD steht für „Bezvretenovy Dopradaci“ (spindelloses Spinnen). Anstelle des Streckwerks der KS 200 besaß diese Maschine bereits eine Öffnerwalze. Sie war die erste Rotorspinnmaschine für den industriellen Einsatz. In einer Spinnerei in Usti nad Orlici wurden im selben Jahr zehn Maschinen installiert und erfolgreich betrieben.

**Bild 8.47** BD 200 und Bediener

Die Maschine stellte eine Kreuzspule her, es musste also nicht, wie beim Ringspinnen, von einem kleinen Kops auf eine große Spule umgespult werden. Darüber hinaus konnten direkt Streckenbänder versponnen werden, sodass die Flyermaschine überflüssig war. In der Folgezeit wurden von Elitex verschiedenen Firmen in Japan und Italien Lizenzen zum Bau der BD 200 erteilt und die Rotordrehzahl auf 50 000 U/min gesteigert. Den Aufbau einer typische OE-Rotor-Spinnbox zeigt Bild 8.48.

1971 stellte die Spindelfabrik Suessen einen Rotorspinntester mit Twin-Disc-Lagerung vor, mit dem Rotordrehzahlen von 80 000 U/min erreicht wurden. Der Rotor wurde indirekt gelagert, und daher wurden die Lager weniger beansprucht und höhere Drehzahlen möglich (Bild 8.49, links). Das bisher nicht zufriedenstellend gelöste Problem des Behebens von Fadenbrüchen per Hand konnte nun automatisch erfolgen. Allerdings war die Qualität der auf Rotorspinnmaschinen hergestellten Kreuzspulen im Vergleich mit Ringgarnen immer noch nicht zufriedenstellend, sodass jeweils noch mit Spulmaschinen umgespult werden musste. Schlafhorst, als größter Hersteller solcher Spulmaschinen, begann daher aufgrund dieses Know-hows mit der Herstellung von OE-Rotorspinnmaschinen und präsentierte 1978 zusammen mit Suessen (Hersteller der Spinnbox) auf der Textilmaschinenausstellung ATME in den USA eine eigene Rotorspinnmaschine, die Autocoro. Der Anspinnvorgang und der Spulenwechsel erfolgten zum ersten Mal automatisch. Dies, zusammen mit der hohen Produktionsgeschwindigkeit, brachte nun den Durchbruch für diese Spinntechnologie (Bild 8.49, rechts).

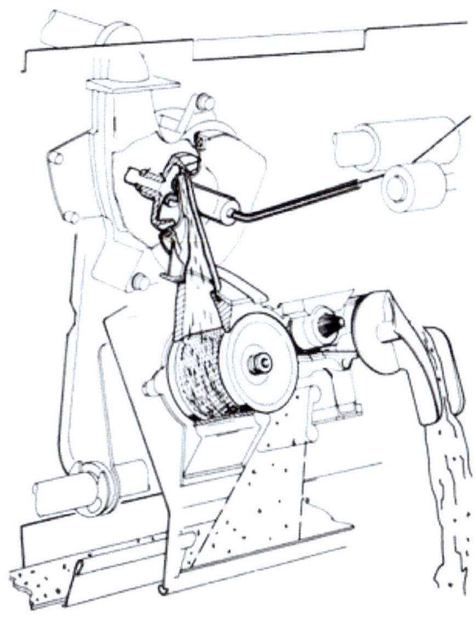

**Bild 8.48** Aufbau einer OE-Rotor-Spinnbox (Saurer Spinning Solutions GmbH & Co. KG)

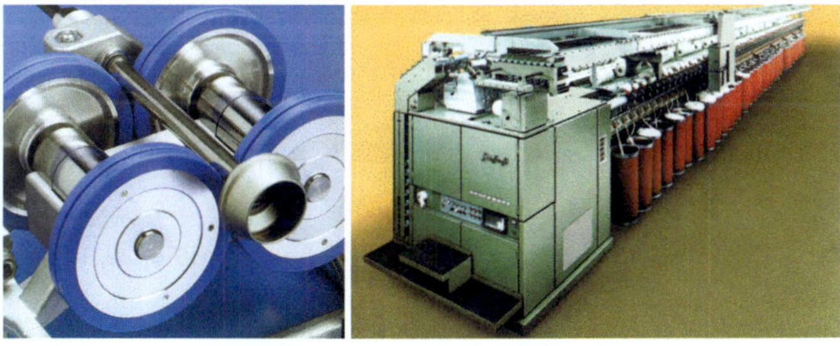

**Bild 8.49** Twin-Disc-Lagerung (links) und erste Autocoro-Maschine (rechts; 1978) mit automatischem Anspinnwagen (Saurer Spinning Solutions GmbH & Co. KG)

Die Rotordurchmesser liegen zu dieser Zeit bei ca. 56 mm, die Rotordrehzahlen bei rund 50 000–65 000 U/min im Dauerbetrieb. Die Anzahl der Spinnstellen je Maschine beträgt 168 (1971). Die Spinnboxen werden austauschbar, sodass auch ältere Maschinen mit einer modernen Spinneinheit ausgestattet werden können. Um den Verschleiß zu reduzieren, werden die Rotoren beschichtet. Im weiteren Verlauf der Entwicklung werden die

Spinngeschwindigkeit auf bis zu 200 m/min und die Anzahl der Spinnstellen auf über 700 erhöht. Durch Roboter erfolgt das Anspinnen heutzutage innerhalb von 10 min.

**Bild 8.50** Moderne OE-Rotorspinnmaschine (Saurer Spinning Solutions GmbH & Co. KG)

OE-Rotorgarne sind in ihrer Struktur völlig anders als Ringgarne und konnten sich nur am Markt etablieren, weil gleichzeitig zu ihrer Entwicklung ein neues Kleidungsstück seinen Siegeszug um die Welt antrat, für dessen Erscheinungsbild sie perfekt geeignet waren: die Jeanshose. Ihr „kerniger" Griff und ihre geringere Festigkeit geben der Jeans erst ihr typisches Aussehen und ihren Griff. Daher mussten OE-Rotorgarne die Ringgarne nicht verdrängen (was bis heute nicht gelungen ist), sondern ermöglichten der Textilindustrie neue Produkte, die heute auf der ganzen Welt verbreitet sind.

### 8.6.4 Luftspinnen

Dem Luftspinnen liegt die Idee zugrunde, dass das Faserbändchen mit einem Luftstrom in Rotation versetzt wird und die Drehungserteilung somit praktisch masselos erfolgt. Damit ist eine deutlich höhere Garnbildungsgeschwindigkeit möglich. Das erste Patent dazu wurde Konrad Götzfried 1959 erteilt. Bei seinem Verfahren wird das Streckenband bis zur Einzelfaser aufgelöst, die Fasern werden ausgerichtet und an das offene Garnende angedreht. Danach erfolgt die Aufwicklung.

Der daraus vom Institut Wlokiennictwa in Lodz (Polen) entwickelte Vortex-Spinner PF-1 erreichte 1975 Abzugsgeschwindigkeiten von 70–200 m/min und konnte Garne mit einer Feinheit von 20–83 tex, vor allem aus Viskose, Polyester und Mischungen mit Baumwolle bis zu einem Anteil von maximal 40 %, verspinnen. Die Garne konnten sich allerdings wegen ihrer schlechten Qualität hinsichtlich Festigkeit und Gleichmäßigkeit nicht im Markt durchsetzen. Auch kam es zu hohen Faserverlusten, weil Fasern verfahrensbedingt abgesaugt und nicht in das Garn eingebunden wurden.

Der nächste große Entwicklungsschritt wurde erreicht, als nicht mehr der ganze Faserverband in Rotation versetzt, sondern die Verfestigung vielmehr durch Umwinden des aus parallelen Fasern bestehenden Garnkerns mit abgespreizten Fasern erreicht wurde. Das Eindrehen dieser abgespreizten Fasern wird durch Zurückdrehen eines zuvor pneumatisch aufgebauten Falschdralls erreicht. Daher wird das Verfahren auch Luftfalschdraht-Spinnverfahren genannt. DuPont entwickelte 1963 auf diesem Prinzip die Rotofil-Maschine, die allerdings nicht erfolgreich war. Im Jahr 1982 brachte das japanische Unternehmen Murata die MJS-Maschine mit sechzig Spinnpositionen heraus, die solche Garne mit einer Geschwindigkeit von bis zu 200 m/min herstellen und kleine Marktanteile erobern konnte. Auch andere Firmen (Toyoda, Howa) stellten entsprechende Maschinen her.

Im Jahr 1996 erhielt Murata ein Patent auf eine neuartige Luftdüse zur Drehungserteilung und Garnbildung (Bild 8.51). Diese ist hinter einem Streckwerk angeordnet und besitzt eine Nadel sowie eine Hohlspindel mit Unterdruck. Die Fasern werden in die Hohlspindel gesaugt, dabei werden einige abgespreizt und von der Nadel umgelenkt, sodass sie sich um den weitgehend ungedrehten Garnkörper legen.

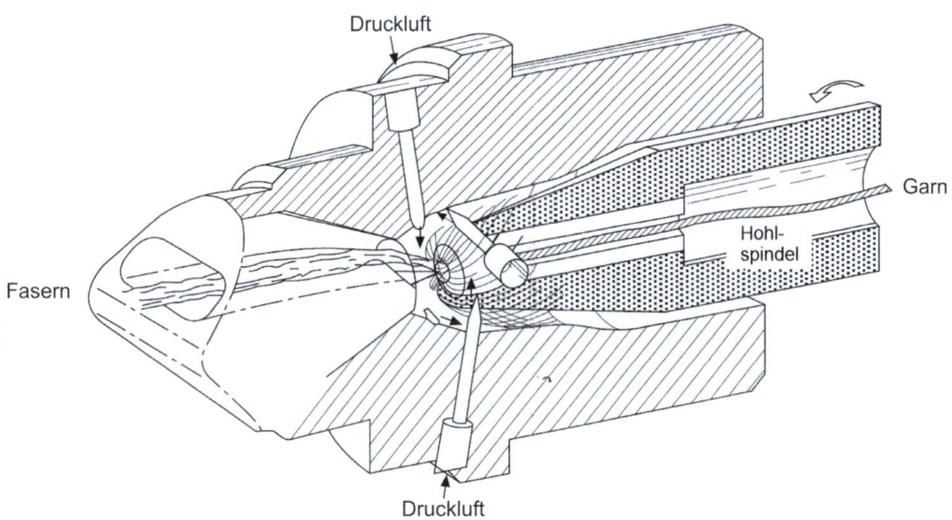


**Bild 8.51** Aufbau der Luftdüse beim Echtdraht-Luftspinnen

Die Anzahl der Umwindefasern ist viel höher als beim Falschdrallverfahren, und sie umgeben den gesamten Garnkörper (Bild 8.52). Man spricht auch vom Echtdrahtluftspinnen, und das entstehende Garn ähnelt im Aufbau einem Ringgarn.

Die maximal erreichbare Spinngeschwindigkeit lag zunächst bei 450 m/min, was alle anderen Spinnverfahren weit übertraf. Allerdings können noch keine Garne aus 100 % kardierter Baumwolle mit Eigenschaften ähnlich den Ringgarnen erzeugt werden, daher bleibt dieser Spinnprozess bis ins 21. Jh. ein Nischenverfahren, auch wenn er allmählich Marktanteile gewinnt und mittlerweile drei Textilmaschinenbauer entsprechende Maschinen anbieten.

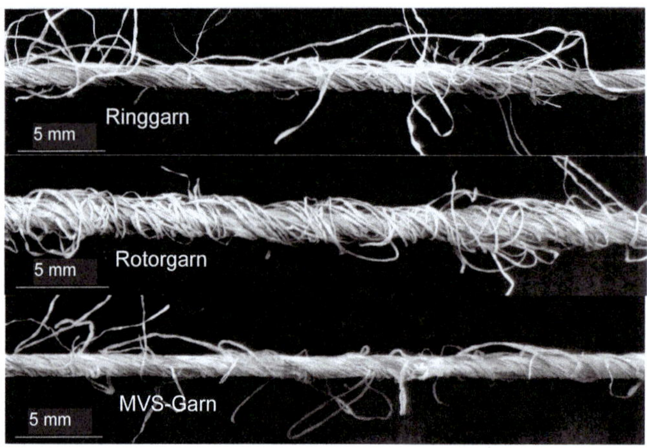


**Bild 8.52** Struktur von Ring-, OE-Rotor- und Luftechtdrahtgarnen (Weide, 2004)

**Bild 8.53** Moderne Luftspinnmaschine (Saurer Spinning Solutions GmbH & Co. KG)

## ■ 8.7 Webmaschinen

Die Weberei ist auch im 20. Jh. das dominierende Verfahren zur Textilherstellung, sowohl für Bekleidung als auch, besonders ab den 1990er-Jahren, für Technische Textilien. Die Maschinen werden breiter und komplexer mit mehr Musterungsmöglichkeiten (Bild 8.54). Weiterhin werden viele neue Schusseintragsverfahren entwickelt, wodurch die Produktionsgeschwindigkeit erheblich erhöht wird.

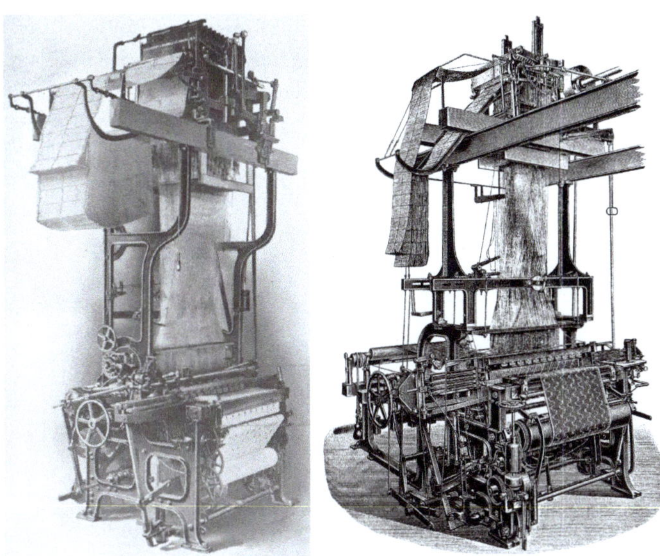

**Bild 8.54** Links: Automatischer Kraftwebstuhl mit Verdol- bzw. Jacquardeinheit (Cyclopedia, 1907); rechts: Kraftwebstuhl mit Jacquardmaschine und automatischem Schützenwechsler, Mitte des 20. Jh.

## 8.7.1 Automatisierung

Gab es 1869 erst 650 000 mechanische Webstühle, so stieg ihre Anzahl bis 1929 auf 3,2 Mio. Bild 8.55 zeigt die Entwicklung der weiteren Automatisierung der Weberei von 1930–1964.

| | Anzahl Webmaschinen | | davon automatisiert [%] | |
|---|---|---|---|---|
| | **1930** | **1964** | **1930** | **1964** |
| UK | 693.000 | 137.000 | 2 | 34 |
| Bundesrepublik Deutschland | 206.100 | 91.000 | 12 | 73 |
| DDR | | 38.000 | | 26 |
| Frankreich | 200.100 | 96.000 | 9 | 66 |
| Italien | 146.500 | 87.900 | 18 | 85 |
| Österreich | 13.900 | 9.900 | 12 | 68 |
| CSSR | 125.000 | 37.000 | 2 | 54 |
| Belgien | 54.400 | 27.900 | 0 | 44 |
| Niederlande | 54.800 | 27.800 | 5 | 64 |
| Schweden | 18.600 | 5.900 | 38 | 96 |
| Schweiz | 23.800 | 15.500 | 22 | 77 |
| Spanien | 81.000 | 53.900 | 0 | 36 |
| Polen | 41.100 | 41.500 | 0 | 17 |
| UdSSR | 159.000 | 265.000 | 0 | 57 |
| USA | 699.000 | 302.300 | 81 | 100 |
| Kanada | 21.600 | 60.300 | 52 | 72 |
| Brasilien | 77.950 | | 3 | |
| Japan | 80.000 | 377.000 | 23 | 14 |
| Indien | 179.700 | 208.000 | 1 | 10 |

**Bild 8.55** Automatisierungsgrad in der Weberei für ausgewählte Länder (Daten: Linder, 1967)

Während in den USA und den meisten Ländern Europas auf automatische Webmaschinen umgestellt wurde, änderte sich in Indien in diesem Zeitraum, u. a. wegen der deutlich geringeren Lohnkosten und der schwierigen Energieversorgung, nur wenig.

Bild 8.56 zeigt die Situation für die wichtigsten Weltregionen in den 1960er-Jahren. In Nordamerika sind die Webmaschinen fast alle automatisiert, weltweit im Durchschnitt die Hälfte.

| | Anzahl Webmaschinen | | |
|---|---|---|---|
| | gewöhnliche Webstühle | Automaten | Anteil [%] |
| Asien | 773.274 | 300.000 | 28 |
| Afrika | 14.611 | 29.480 | 67 |
| Südamerika | 92.229 | 74.260 | 45 |
| Nordamerika | 16.841 | 345.800 | 95 |
| Europa | 482.562 | 564.700 | 54 |
| | 1.379.517 | 1.314.240 | 49 |

**Bild 8.56** Automatisierungsgrad in der Weberei nach Kontinenten (Daten: Linder, 1967)

Heutzutage gibt es nur noch in Indien (ca. 2 Mio. Stück) und wenigen Ländern Afrikas einen nennenswerten Anteil „gewöhnlicher“ Webstühle. In allen anderen Ländern dominieren wegen der höheren Lohnkosten die vollautomatischen Webmaschinen, in Europa und Nordamerika zu 100 %.

## 8.7.2 Neue Schusseintragsverfahren

Durch das Abwickeln des Garns von der Schussspule im Schützen wird der Faden stark beansprucht. Wird die Schusseintragsgeschwindigkeit erhöht, droht ein Fadenbruch und damit verbunden ein Maschinenstillstand und ein Fehler im Gewebe. Seit dem 19. Jh. wurde daher versucht, den Schussfaden ohne Schützen einzutragen. Ziel war es dabei, Gewicht und somit Energie und Kosten zu sparen und gleichzeitig die Schusseintragsfrequenz zu erhöhen. Erst im 20. Jh. gelang die technische Umsetzung dieser Ideen, als die Fertigungstechnik die notwendigen Genauigkeiten ermöglichte.

Nachteilig bei allen Alternativverfahren ist, dass die Webkante Fransen aufweist, wenn der Schussfaden nach dem Eintrag nicht umkehrt und somit keine Schlinge („echte Webkante“) bilden kann. Daher müssen die Ränder stabilisiert werden, z. B. mit einer sogenannten „Dreherbindung“ oder durch Einlegen der Enden des eingetragenen Schussfadens (Bild 8.57).

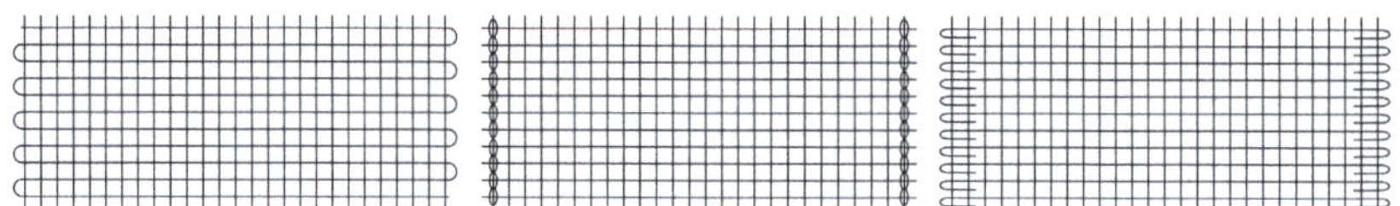

**Bild 8.57** Echte Webkante (links), unechte Webkante mit Dreherbindung (Mitte) und Einlegekante (rechts)

#### 8.7.2.1 Schützen

Im Jahr 1951 stellte das belgische Unternehmen Picanol aus Ypern eine vollautomatische Webmaschine vor, die neue Maßstäbe setzte. Sie verfügte über einen automatischen Schussfadenwechsler, sodass mehrfarbig gewebt werden konnte (Bild 8.58). Rund 160 000 Maschinen dieses Typs wurden in den nächsten Jahrzehnten weltweit verkauft.

**Bild 8.58** Schützenwebmaschine „President" mit automatischem Schützenwechsel für mehrfarbige Gewebe (Picanol Group)

Schützenwebmaschinen dominierten auch am Ende des 20. Jh. die weltweite Gewebeproduktion und wurden vor allem in Asien (z. B. Indien) eingesetzt.

#### 8.7.2.2 Projektil

Der erste Schritt zur Reduzierung des Gewichts des Schützen sind die sogenannten „Greiferschützen". Dies sind Projektile, an die der Schussfaden geklemmt und durch das Fach geschossen wird (Bild 8.59). Der Faden wird über einen Fadenspeicher von der Kreuzspule abgewickelt, und daher müssen nur das Projektil und der Faden beschleunigt werden. Das Projektil wird nach dem Schusseintrag außerhalb des Fachs zurücktransportiert, währenddessen wird von einem anderen Projektil bereits der nächste Schuss eingetragen. Rudolf Rossmann patentierte bereits 1925 ein solches Verfahren. Es dauerte aber bis 1953, als die Schweizer Firma Maschinenfabrik Rüti eine erste Projektilwebmaschine erfolgreich auf den Markt brachte. Das Verfahren ist für bis zu 6,5 m breite Maschinen geeignet. Die Projektile bestanden zunächst aus Stahl, später wurden sie aus Carbonverbundstoffen hergestellt, um Masse und damit Energie einzusparen. Typische Projektile sind ca. 90 mm lang und ermöglichen Schusseintragsfrequenzen von 1000/min und mehr.

Das Unternehmen Itema aus Bergamo (Italien) ist heute in der Nachfolge der Maschinenfabrik Rüti der einzige europäische Hersteller dieser Art von Webmaschinen.

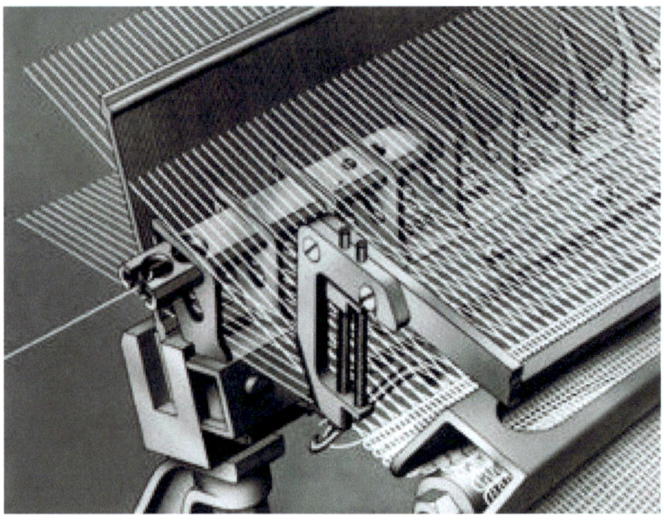

**Bild 8.59** Schusseintrag mit Projektil

### 8.7.2.3 Greifer

Bereits 1844 erhielt John Smith aus Manchester ein Patent auf ein schützenloses Webverfahren, 1855 erfanden Philippe und Maurice, 1869 W.S. Laycock und 1869 W. Glover darauf aufbauend weitere Technologien (Subhankar et al., 2012).

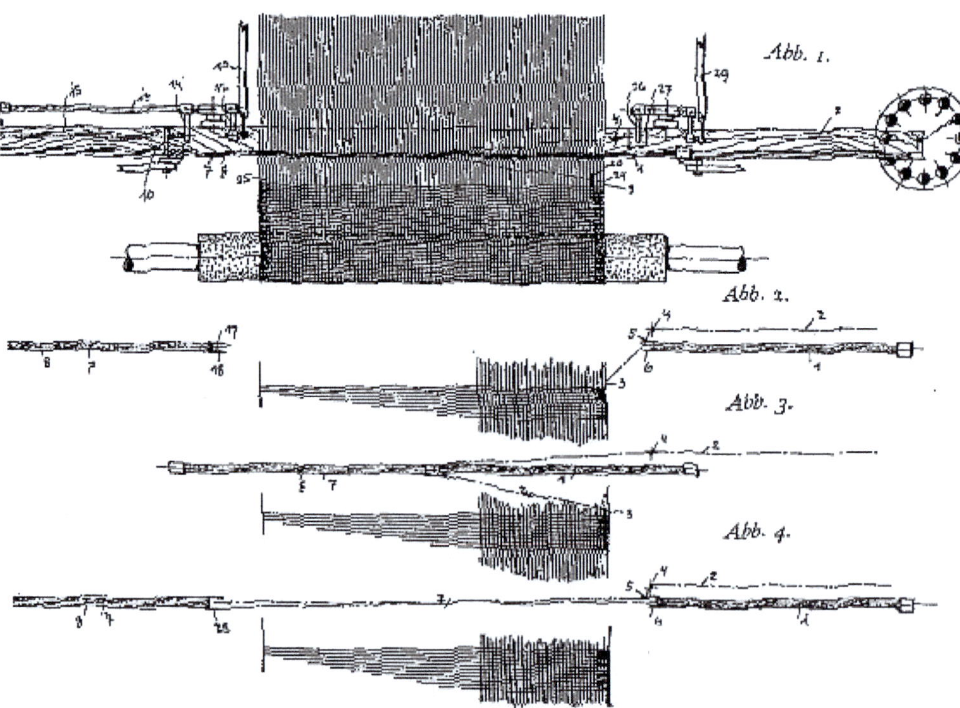


**Bild 8.60** Greiferwebmaschine von J. Gabler (Gabler, 1923)

Keine davon wurde kommerzialisiert. Otto Hallensleben patentierte 1902 einen Schusseintragsmechanismus mit zwei Zangen und beschrieb auch die Fadenübergabe in der Fachmitte (Hallensleben, 1902). Im Jahr 1923 erhielt Johann Gabler für einen zweiseitigen Stangengreifer, der eine Fadenschlaufe (also zwei Schussfäden) eintragen konnte, ebenfalls ein Patent (Gabler, 1923; Bild 8.60).

Ende der 1960er-Jahre produzierte die Firma Dornier in Lindau die ersten kommerziellen Greiferwebmaschinen, die sich u. a. wegen ihrer Flexibilität hinsichtlich der Schussfäden (Material, Feinheit) schnell durchsetzten. Bild 8.61 zeigt das Prinzip: Von links bringt der Gebergreifer den Schussfaden bis zur Fachmitte, dort übernimmt ihn der Nehmergreifer und zieht ihn durch das Fach. Danach erfolgt der Schussanschlag, und nach dem Fachwechsel beginnt der Zyklus erneut.

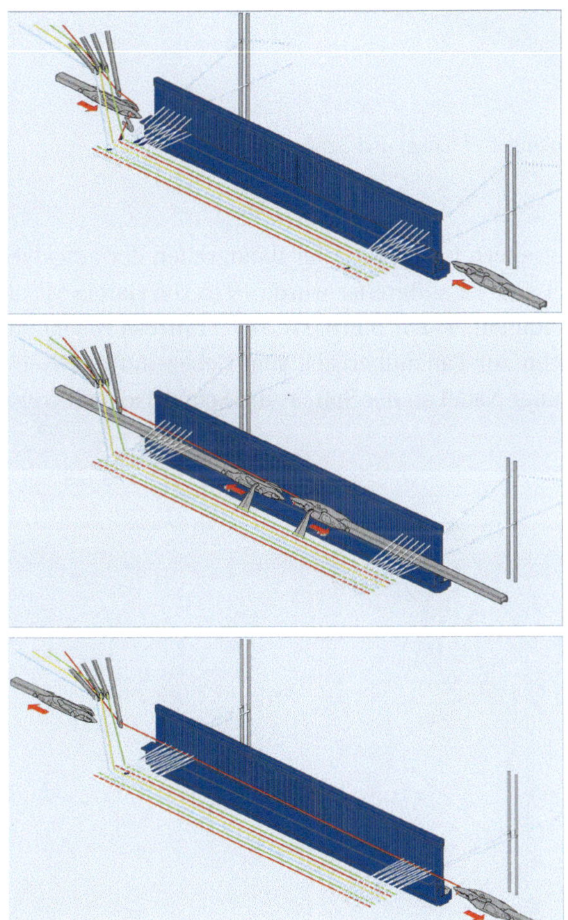

**Bild 8.61** Schusseintrag mit Stangengreifer (Lindauer Dornier)

Beim Einsatz von Stangengreifern müssen die Greifer komplett aus dem Fach herausfahren, daher ist die Maschine breiter als bei allen anderen Schusseintragsverfahren (Bild 8.62).

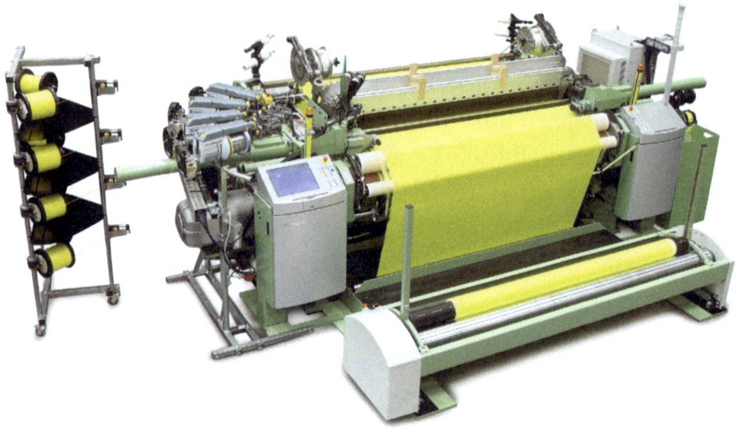

**Bild 8.62** Greiferwebmaschine mit Schussspulengatter (links) und Schusseintrag mit Doppelstangengreifer (Lindauer Dornier)

Eine Alternative zu den starren Stangengreifern ist ein flexibler Bandgreifer, der aufgewickelt werden kann und so Platz spart. Ein erster Bandgreifer wurde 1925 von Garcia Moya Ramon aus Barcelona entwickelt (Moya Ramon, 1925; Bild 8.63). Der Franzose Raymond Dewas erfand 1939 ein weiteres Verfahren zur Fadenübergabe vom Geber- auf den Nehmergreifer sowie ein flexibles Band mit einer Nadel an der Spitze zum Schussfadeneintrag.

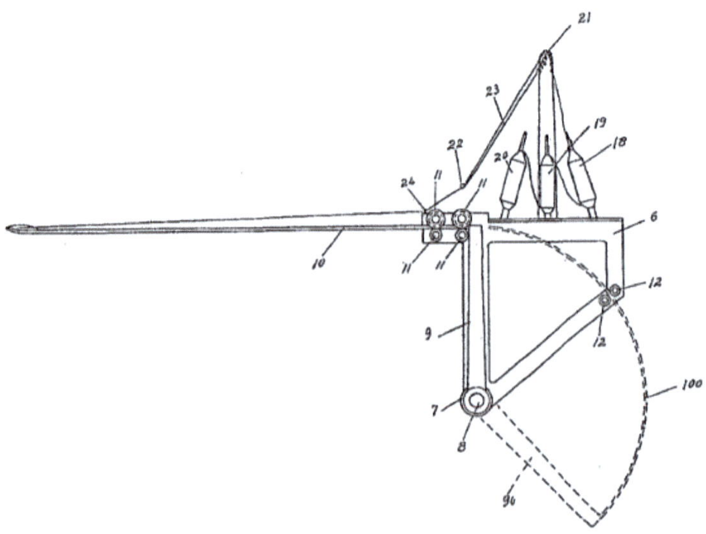

**Bild 8.63** Bandgreifer aus dem Patent von G. Moya Ramon (Moya Ramon, 1925)

Die Führung der flexiblen Bandgreifer ist etwas schwieriger als die der starren Stangengreifer. Dennoch setzte sich dieses Verfahren als Alternative am Markt durch. Es gab sowohl Systeme mit zwei Bandgreifern als auch mit nur einem Greifer, bei dem der Schussfaden nicht übergeben werden muss. Allerdings dauert der Schusseintrag dann doppelt so lang, weil der Greifer durch das gesamte Fach fahren muss.

#### 8.7.2.4 Luftdüsen

Der Brite John Brooks erhielt 1922 ein Patent auf eine Luftdüsenwebmaschine, 1947 der Schwede Max Pääbo. Die Schweizer Maschinenfabrik Rüti baute 1935 eine Luftdüsenwebmaschine, die Kommerzialisierung begann aber, u.a. aus fertigungstechnischen Gründen, erst in den 1950er-Jahren.

Bei diesem Verfahren wird der Schussfaden von der Schussspule abgezogen und gespeichert. Eine Hauptdüse beschleunigt den Faden, der von nacheinander blasenden Stafettendüsen durch das Webfach transportiert wird (Bild 8.64). Dort angekommen, wird der Fadenanfang angesaugt, dadurch der Schuss gestreckt und angeschlagen. Um die Schusseintragsfrequenz zu erhöhen, werden meist zwei oder mehr Hauptdüsen eingesetzt. Eine Schwierigkeit bei diesem Verfahren ist die exakte Ansteuerung der Stafettendüsen, damit sie nur dann blasen, wenn der Schussfaden jeweils optimal beschleunigt werden kann. Ansonsten besteht die Gefahr, dass der Schussfaden nicht durch das Fach gelangt oder zu viel Luft und damit Energie verbraucht werden.

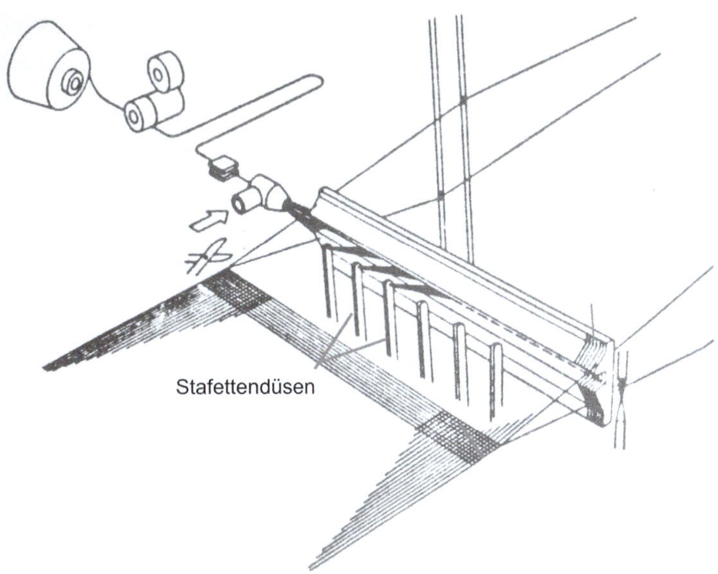


**Bild 8.64** Schusseintrag mit Luftdüsen (MaxxL, 2016)

Das belgische Unternehmen Picanol stellte 1980 seine erste Luftdüsenwebmaschine vor. Ende der 1980er-Jahre begann die Lindauer Dornier GmbH mit der Serienproduktion von Luftdüsenwebmaschinen und eroberte schnell erhebliche Marktanteile. Die Schusseintragsleistung dieser Technik war mit 1200 Schuss/min. erheblich höher als die aller anderen bis dahin entwickelten Verfahren, allerdings konnten damit keine groben Garne verarbeitet werden (Bild 8.65).

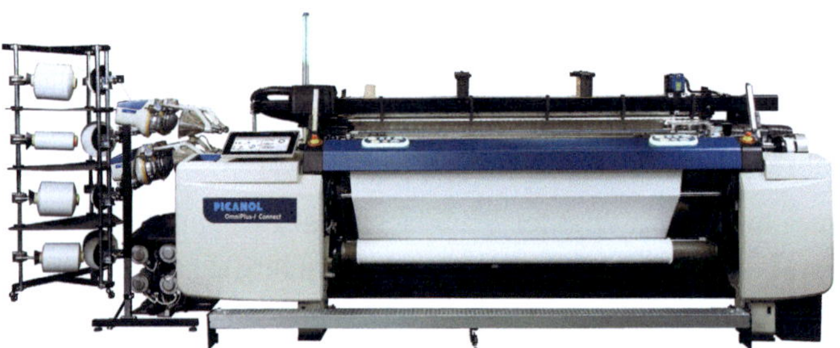


**Bild 8.65** Luftdüsenwebmaschine von Picanol (Picanol Group)

### 8.7.2.5 Wasserdüsen

Der Tscheche Vladimir Svaty entwickelte 1949 eine Wasserdüsen-Webmaschine für Chemiefasern, die er 1955 auf der Textilmaschinenausstellung in Brüssel vorstellte. Die Schusseintragsfrequenz lag bei 600/min bei einer Gewebebreite von 1 m. In den 1960er-Jahren wurde das Verfahren weiterentwickelt und kommerzialisiert. Das Funktionsprinzip ähnelt dem von Luftdüsenwebmaschinen, und pro Schusseintrag werden ca. 2 $cm^3$ Wasser benötigt. Es können nur Materialien verarbeitet werden, die das Wasser nicht aufsaugen (also keine Baumwolle), sondern nur an seiner Oberfläche binden, damit durch das Wasser genug Kraft in Fadenrichtung entsteht. Daher wird es vor allem für Polyamid und Polyester eingesetzt, die diese Voraussetzungen erfüllen. Nachteilig ist auch, dass das Gewebe getrocknet werden muss, was noch auf der Maschine durch Unterdruck erfolgt, unmittelbar vor der Aufwicklung. Die Maschine muss gekapselt werden, und weiterhin besteht die Gefahr von Rostbildung. Diese Schusseintragstechnik wird nur in Asien eingesetzt.

## 8.7.3 Bandwebmaschinen

Die Bandwebtechnik wurde weiterentwickelt und die Geschwindigkeit des Schusseintrags erhöht. Der Schuss wird entweder mit Schützen oder mit einer Nadel eingetragen (Bild 8.66). Beim letzteren werden dann immer zwei Schussfäden gleich abgebunden. In jedem Fall entsteht eine echte Webkante. Die Fachbildung erfolgt mit Schäften oder durch eine Jacquardeinrichtung.

**Bild 8.66** Schusseintrag mit Nadel (oben) oder Schiffchen (unten) (Mageba)

Bild 8.67 zeigt eine typische Bandwebmaschine moderner Bauart. Üblicherweise werden mehrere verschiedenfarbige Kettbäume eingesetzt, weil häufig bunte Bänder mit farbigen Schriftzügen gewebt werden. Typische Schusseintragsfrequenzen liegen bei bis zu 1500/min.

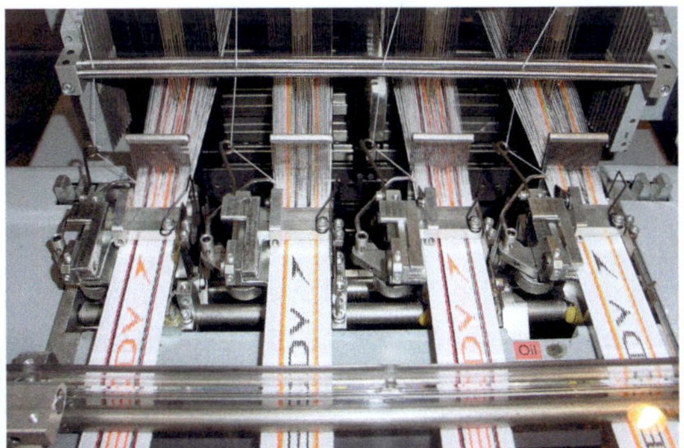

**Bild 8.67** Bandwebmaschine mit 4 Arbeitsstellen (Mageba)

### 8.7.4 Rundwebmaschinen

Zwischen 1934 und 1936 erhielt der Franzose J. Jabouley (1884–1965) vier Patente für die einzelnen Komponenten einer Rundwebmaschine (Bild 8.68), die er schon 1927 auf einer Messe in Lyon vorgestellt hatte. Sie besaß vier Kettbäume, und entsprechend konnten pro Umdrehung der Hauptwelle vier Schüsse eingetragen werden. Die Schussträger standen dabei still, während die Konstruktion mit den Kettbäumen rotierte, was angesichts des hohen Gewichts der Kettbäume etwas skurril erscheint. Zwar erhöhte das Verfahren die Produktivität im Vergleich zu konventionellen Webmaschinen dieser Zeit erheblich, allerdings konnten nur leinwandbindige Gewebe erzeugt werden. Auch war die Kontrolle der Fadenspannung schwierig und die Bedienung der Maschine kompliziert. Daher setzte sich diese Erfindung nicht durch. Weitere Erfindungen von Rundwebmaschinen in den nächsten Jahren waren ebenfalls nicht erfolgreich.

**Bild 8.68** Rundwebmaschine und Erfinder J. Jabouley

Im Jahr 1973 präsentierte das österreichische Unternehmen Starlinger eine neue Rundwebmaschine. Dabei sind außen an der Maschine die Schäfte kreisförmig angeordnet, die Kettfäden werden direkt von einem Spulengatter abgezogen und nur die Schussspulen rotieren, was energetisch viel sinnvoller ist. Bis zu acht Webschützen tragen je Maschinenumdrehung die Schüsse ein, bei einem maximalen Durchmesser des Gewebes von 1,20 m. Maximal sind 850 Schusseinträge pro Minute möglich (Bild 8.69). Das entstehende Gewebe ist leicht spiralförmig, und die Musterungsmöglichkeiten sind naturgemäß sehr begrenzt. Haupteinsatzgebiet sind Säcke aus Polypropylen-Folienbändchen, z. B. für Tierfutter, und Feuerwehrschläuche aus hochfesten Garnen.

**Bild 8.69** Rundwebmaschine FX 6.0 mit Spulengatter für die Kettfäden und Schusseintrag mit Schützen (Starlinger Gruppe)

## 8.7.5 Wellen- und Reihenfachwebmaschinen

In den 1970er-Jahren wurden von verschiedenen Webmaschinenherstellern sogenannte Wellenfachwebmaschinen vorgestellt, bei denen über die Gewebebreite gleichzeitig mehrere Schüsse phasenversetzt eingetragen werden konnten (Bild 8.70). Damit waren zwar deutlich höhere Schusseintragszahlen möglich und damit eine schnellere Gewebeproduktion. Allerdings gab es viele technische Probleme, z. B. aufgrund der unterschiedlichen Schussfadenspannungen und der Unmöglichkeit, einen Schussfadenbruch zu beheben. Daher blieben alle diese Maschinen erfolglos.

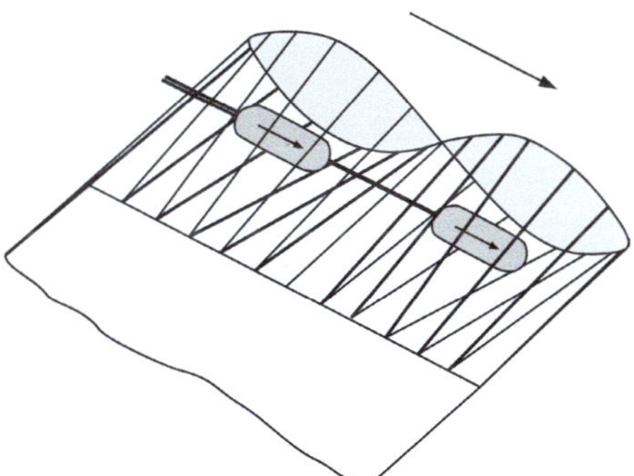

**Bild 8.70** Prinzip des Wellenfachwebens mit zwei Projektilen

Im Jahr 1995 stellte das Unternehmen Sulzer Rüti die Reihenfachwebmaschine M8300 vor, bei der entlang der Kettfäden mehrere Schüsse mit Luftdüsen gleichzeitig eingetragen werden können. Die Fachbildung erfolgt über eine Art von Legebarren, die auf einer rotierenden Trommel angeordnet sind. Der Schusseintrag erfolgt von der Seite mit Luftdüsen, der Schusskanal verläuft durch jede zweite „Legebarre“ (für Leinwandbindung). Bis zu vier Schüsse können gleichzeitig und parallel eingetragen werden. Die Musterungsmöglichkeiten sind naturgemäß begrenzt auf Leinwand- und später auch Köperbindung. Beim Bindungswechsel muss die Trommel ausgetauscht werden. Die Schussfadenbelastung ist im Vergleich zu anderen Eintragsverfahren deutlich geringer, und Schussfadenbrüche können im Gegensatz zum Wellenfachweben behoben werden. Bild 8.71 zeigt das Grundprinzip.

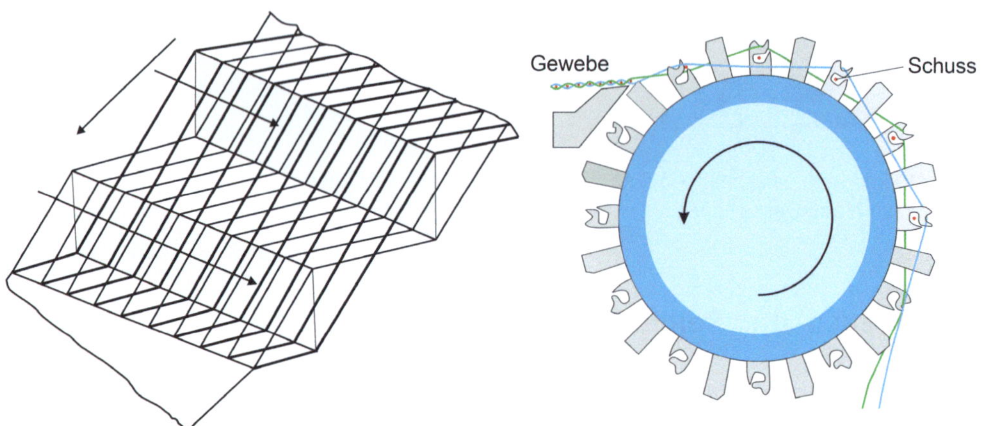


**Bild 8.71** Prinzip des Reihenfachwebens mit rotierender Fachbildeeinheit der M8300

Diese Maschine ist technisch hochkomplex und ein Meisterwerk schweizerischer Ingenieurskunst (Bild 8.72). Zum Zeitpunkt ihrer Einführung war die Textilindustrie aber weltweit in einer Krise, daher wurde ihre Markteinführung kein Erfolg und das Unternehmen wenige Jahre später vom italienischen Hersteller ITEMA übernommen.

**Bild 8.72** Reihenfachwebmaschine M8300 von Sulzer Rüti

### 8.7.6 Anknüpfapparat

Nicht nur die Webmaschinen wurden weiterentwickelt, auch die Arbeit des Webers sollte vereinfacht werden, damit „ungelernte“ Arbeiter eingesetzt werden konnten, was die Lohnkosten senkt. Dazu wurde schon zu Beginn des 20. Jh. eine Vorrichtung entwickelt, mit deren Hilfe jeder schnell einen „Weberknoten“ knüpfen konnte (Bild 8.73).

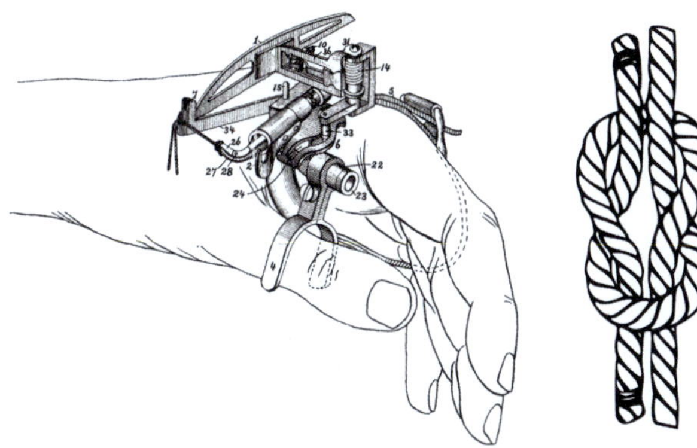

**Bild 8.73** Vorrichtung zur Herstellung eines Weberknotens (Posselt, 1905) und Weberknoten (Lucasbosch, 2011)

## 8.8 Strickmaschinen

Zu Beginn des 20. Jh. wurden Strickwaren immer beliebter, vor allem für Socken und Strümpfe. Dies zeigte sich auch im Aufruf des US-amerikanischen Roten Kreuzes, die eigenen Soldaten im Ersten Weltkrieg mit selbst gestrickten Socken zu unterstützen (Bild 8.74).

Der Trend zu Strickwaren hielt bis in die 1940er-Jahre an, viele Menschen strickten zu Hause, um Geld und Rohstoffe zu sparen. In der Damenwelt wurden Strümpfe beliebt, vor allem solche aus Kunstseide, Seide und - ab den 1950er-Jahren - aus Nylon (Bild 8.75). Es gab sogar Bestrebungen, Gewebe durch Gestricke zu ersetzen, z. B. für Herrenhosen und Herrenoberbekleidung, dies war aber nicht erfolgreich.

In den 1980er-Jahren erlahmte das Interesse an Gestricken in der Bekleidung, bevor es in den 1990er-Jahren zu einer Renaissance kam.

Bei den Strickmaschinen änderten sich die Prinzipien zu den im 19. Jh. entwickelten Technologien nicht mehr grundlegend. Allerdings wurde durch bessere Nadeln die Maschendichte bis 80/Zoll und mehr erhöht, was außerordentlich feine Gestricke ermöglicht. Bild 8.76 zeigt eine moderne Rundstrickmaschine mit 96 Stricksystemen (= Maschenreihen pro Umdrehung) und Details des Strickkopfs.

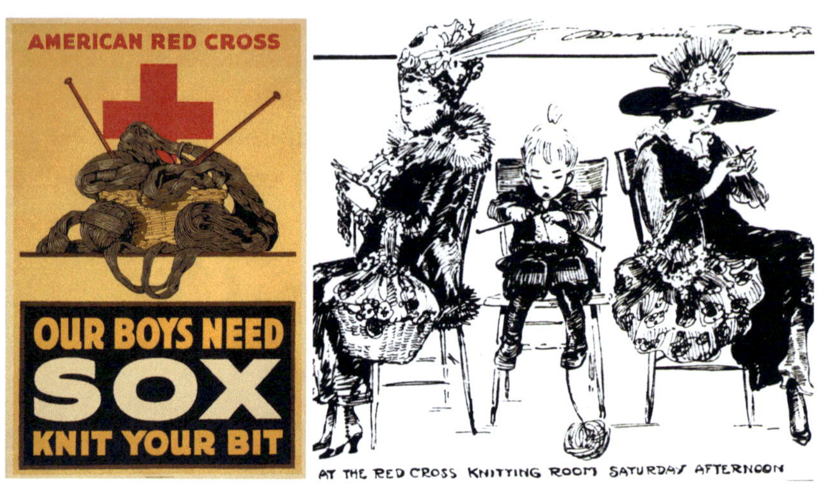


**Bild 8.74** Aufruf des Roten Kreuzes im Ersten Weltkrieg (links; Durova, 2008) und Socken strickende Frauen mit Kind (rechts; Martyn, 1917)

**Bild 8.75** Rundstrickmaschine um 1942 (links; SLQBot, 2011) und Rundstrickerei zu Beginn des 20. Jh. (rechts; Cyclopedia, 1907)

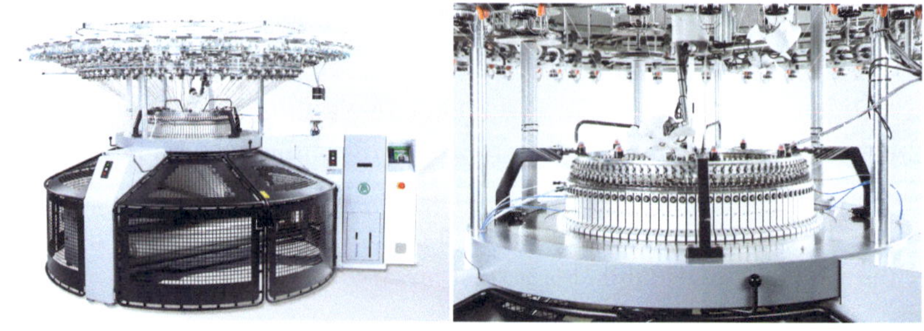

**Bild 8.76** Rundstrickmaschine (Mayer & Cie.)

Gegen Ende des 20. Jh. wurden „Fully fashioned“-Flachstrickmaschinen entwickelt, die z. B. einen Pullover durch Einsatz der Jacquardtechnik in einem Stück herstellen konnten, ohne dass ein Zusammennähen einzelner Stücke mehr notwendig war (Bild 8.77). Beim Rundstricken von Socken und Strümpfen war dies schon seit den 1960er-Jahren üblich.

**Bild 8.77** Strickerei mit Flachstrickmaschinen und Nadelbett mit Schloss im Hintergrund (Stoll AG & Co. KG)

## 8.9 Wirkmaschinen

Für die Herstellung von Wirkwaren, insbesondere von Strümpfen, wurde bis in die 1970er-Jahre die Cottonmaschine eingesetzt. Sie besaß eine Reihe von Wirkpositionen und konnte so mehrere gleichartige Artikel gleichzeitig erzeugen (Bild 8.78).

**Bild 8.78** Cottonwirkmaschine für Unterwäsche mit acht Arbeitspositionen und 130 Nadeln pro Zoll

Kettenwirkmaschinen am Ende des 20. Jh. besaßen mehrere Tausend Wirknadeln und stellten pro Minute mehr als 1500 Maschenreihen her (Bild 8.79). Bei Bedarf konnten sie mit einer Jacquardeinrichtung ausgestattet werden, was auch komplexe Muster ermöglichte.

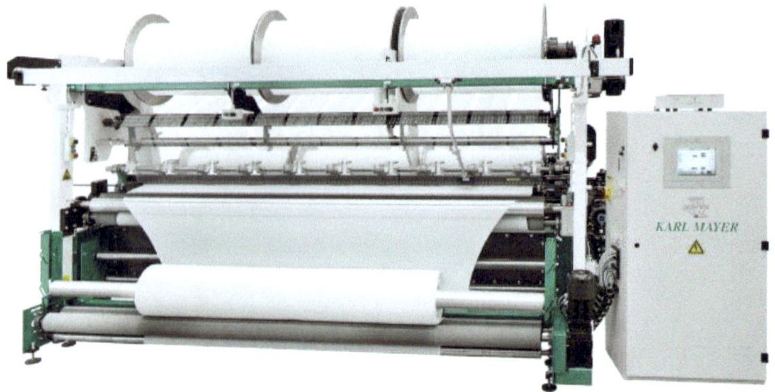


**Bild 8.79** Kettenwirkmaschine (Karl Mayer)

Neben dieser Bauweise gab es weiterhin Raschelmaschinen für komplizierte Muster und elastische Artikel. Auch Rundwirkmaschinen wurden gebaut, sie hatten aber nur geringe Marktbedeutung.

## 8.10 Vliesstoffe

Aufbauend auf Patenten vom Ende des 19. Jh., werden zu Beginn des 20. Jh. verschiedene Verfahren zur Erzeugung von sogenannten Vliesstoffen entwickelt und kommerzialisiert. Dabei wird auf die Erzeugung eines Garnes verzichtet, und stattdessen werden Fasern direkt zu einer textilen Fläche verarbeitet (Bild 8.80). Diese Strukturen bestehen entweder aus Stapelfasern (z. B. Baumwolle, geschnittene Chemiefasern) oder aus Filamenten (Endlosfasern, z. B. aus PET, PA und PP).

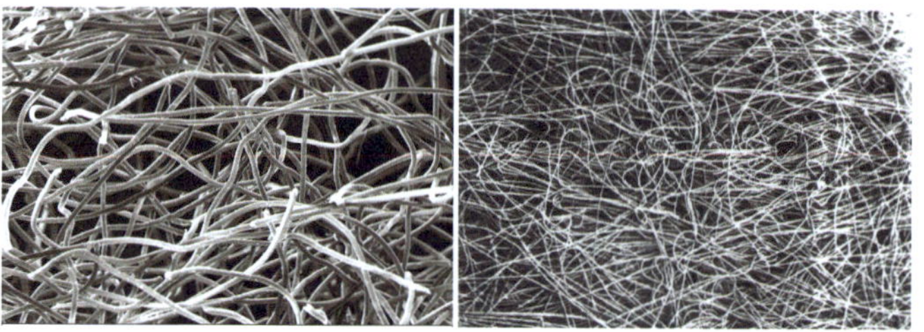

**Bild 8.80** Vliesstoffe (links: Stapelfaservlies; rechts: Spinnvlies)

## 8.10.1 Stapelfaservlies

Stapelfaservliese werden auf Krempeln erzeugt, ähnlich denen, die auch für die Wollverarbeitung eingesetzt werden. Die Fasern werden dabei orientiert und übereinander als Faserflor auf ein Transportband abgelegt. Es können auch mehrere Faserflore miteinander kombiniert werden, indem sie - um einen Winkel versetzt - mit einem sogenannten Querleger übereinandergelegt werden. Dadurch wird die Orientierung der Fasern im Idealfall im Durchschnitt isotrop (zufällig).

Diese Strukturen aus Fasern besitzen noch keinen guten Zusammenhalt und müssen daher verfestigt werden. Eine Möglichkeit ist das Durchstechen des Vliesstoffs mit einer großen Anzahl von Nadeln mit Widerhaken. Dadurch umschlingen sich einzelne Fasern miteinander und verfestigen so die Faserstruktur (Bild 8.81, links). Wird dies sehr häufig mit einer Vielzahl feiner Nadeln gemacht, so entsteht ein dichtes Gebilde, der Nadelfilz. Ein Patent auf eine solche Maschine (Bild 8.81, rechts) wurde bereits 1872 in den USA erteilt (Milton und Luther, 1872). Mit diesem Verfahren können grundsätzlich alle Arten von Fasern verarbeitet werden. Nadelvliesstoffe aus Jute und Sisal wurden erstmals in den 1890er-Jahren in England und den USA erzeugt und dienten als Teppichunterlage.

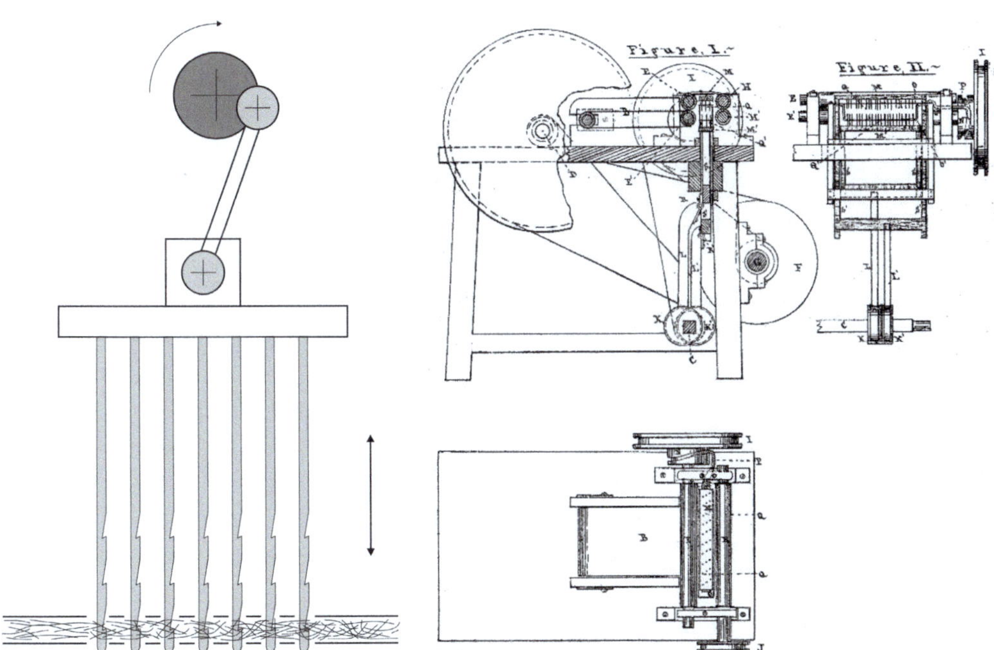

**Bild 8.81** Links: Verfestigung von Vliesstoffen durch Vernadeln; rechts: Zeichnung der Maschine aus Patent von Milton und Luther (1872)

Weitere Patente zu Anfang des 20. Jh. wurden für Verfestigungsverfahren mit Klebemitteln erteilt. Die so entstehende Vliesstruktur ähnelte Leder und wurde z. B. zur Herstellung von Schuhen verwendet.

Ab den 1930er-Jahren entwickelte Carl Ludwig Nottebohm bei der Fa. Carl Freudenberg, Weinheim, weitere Verfahren zur Herstellung von Vliesstoffen. Dabei setzte er Hanf- und Viskosefasern ein und verklebte sie mit Polyvinylacetat in Dispersion. So erhielt er einen Ersatz für das in den 1940er-Jahren in Deutschland knapp gewordene Leder (Bild 8.82).

**Bild 8.82** Herstellung von Vliesstoffen um 1938 mit Krempel und Ablageeinheit (Freudenberg & Co. KG)

Ab 1948 wurden solche Vliesstoffe als Einlagestoff unter dem Markennamen Vlieseline® ein großer kommerzieller Erfolg. Sie wurden z. B. zur großflächigen Versteifung von Petticoat-Röcken eingesetzt.

Die Reinigungskräfte bei Freudenberg sammelten die Abfälle von Versuchen mit Vliesstoffen ein und wischten damit den Boden. Dies fiel den Entwicklern auf, und so entstand bald aus den Abfällen ein Ersatzmaterial für Fensterleder und Bodentücher. Nachdem der Vliesstoff zur Verfestigung in Kautschuk getränkt wurde, fühlte er sich an „wie Leder". Daher wurde das neue Produkt „Vileda" genannt. Schon zwei Tage nach der Währungsreform in Deutschland, am 23. Juni 1948, erhielt Freudenberg den ersten Großauftrag über die damals enorme Summe von 300 000 DM. Die bestellten Fensterleder wurden mit einem von Ochsen gezogenen Lastwagen zum Bahnhof gebracht (Vileda, 2008). Später wurden auch Lkw eingesetzt. Das Fensterleder auf Vliesstoffbasis enthielt zunächst einen Weichmacher, der unter ungünstigen Bedingungen zur Selbstentzündung neigte. Nachdem mehrere Lager mit Bodentüchern unerwartet abgebrannt waren, wurde wird die Rezeptur geändert und das Problem dadurch gelöst. Ab den 1960er-Jahren wurden zahlreiche neue Reinigungsprodukte aus Vliesstoffen entwickelt, heute ist das Unternehmen Vileda in Deutschland und Europa einer der Marktführer für solche Artikel (Bild 8.83).

**Bild 8.83** Vileda-Werbungen 1950 und 1955 (Freudenberg & Co. KG)

Im Jahr 1933 wurden erstmals die Fasern der Blätter der Faserbanane (Manilahanf, Abacá) zu Teebeuteln verarbeitet. Später wurden aus Baumwollkurzfasern Taschentücher, Servietten und andere Einwegartikel aus Vlies produziert. Bald kamen als weitere Anwendungen Luft- und Flüssigkeitsfilter hinzu, und so etablierten sich Vliesstoffe als günstige Alternative zu garnbasierten Textilien in vielen Einsatzgebieten und wurden zum Ende des 20. Jh. in großen Mengen produziert.

Bild 8.84 zeigt eine typische Anlage für Stapelfaservliesstoffe im 21. Jh., bestehend aus einer Krempel, einem Querleger und einer Vernadelungseinheit.

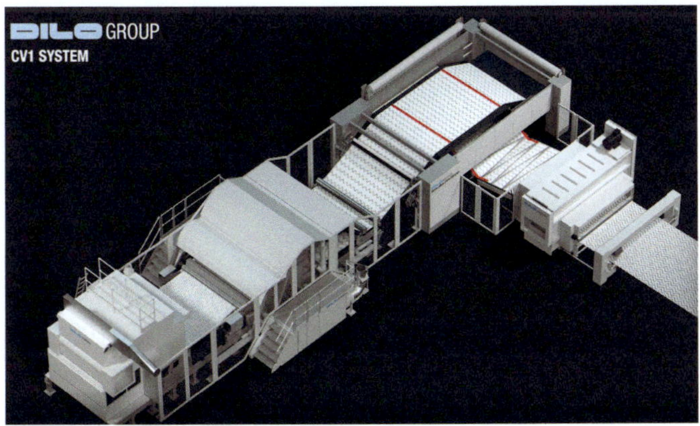


**Bild 8.84** Typische Vlieslinie mit Krempel, Querleger und Vernadelungsstuhl (Oskar Dilo Maschinenfabrik KG)

## 8.10.2 Spinnvlies

Der Chemiker Ludwig Hartmann entwickelte Ende der 1950er-Jahre eine alternative Technologie zur Herstellung von Vliesstoffen. Dazu nutzte er die noch junge Technik der Filamentspinnerei und legte einen Vorhang aus Filamenten auf ein Transportband ab (Bild 8.85). Die Verfestigung erfolgt bis heute meist mit beheizten Kalanderwalzen, die die Berührungspunkte der Filamentfasern durch Einwirkung von Druck und Wärme erweichen, wodurch diese miteinander verkleben. Typische Produktionsgeschwindigkeiten liegen im Bereich von 20–1200 m/min.

**Bild 8.85** Spinnvliesherstellung (links: Spinnvliesbildung auf dem Transportband; rechts: Spinnvliesanlage mit Aufwicklung rechts) (Freudenberg, Oerlikon Neumag)

Die erste Produktionsanlage für Spinnvliese wurde 1965 gebaut. Die daraus hergestellten Spinnvliesstoffe aus Polyamid wurden zu Damenkleidern konfektioniert, allerdings war deren Griff papierähnlich, was bei der Kundschaft nicht gut ankam. Der Einsatz dieser neuen Textilien als Bett- und Unterwäsche war aus demselben Grund ebenfalls nicht erfolgreich. Auch bedruckte Tischdecken waren nur für kurze Zeit beliebt. Erst als Spinnvliese aus Polypropylen als günstiges Trägermaterial für getuftete Teppiche (vgl. Abschnitt 8.11.2) eingesetzt wurden, war der Durchbruch geschafft. Später wurden Vliese aus PET als Dachbahnträger verwendet. Ende der 1970er-Jahre wurden PP-Spinnvliese als Windelabdeckung für Einwegwindeln eingesetzt und verdrängten die bis dahin übliche Stapelfaservliesabdeckung (N. N., 1999). Später wurden medizinische Masken aus diesem Material hergestellt.

Bild 8.86 zeigt typische Produkte aus Stapelfaser- und Spinnvliesen. Übliche Flächengewichte von Vliesstoffen reichen von 20–250 g/m$^2$.

Weil Vliesstoffe meist sehr voluminös sind, lohnt sich ein Transport über große Distanzen nicht, deshalb werden sie in der Regel lokal produziert. Seit den 1980er-Jahren entstehen daher auf der ganzen Welt zahlreiche neue Werke zur Herstellung von Vliesstoffen. Zum Ende des 20. Jh. wurden rund 4 Mio. t Vliesstoffe weltweit erzeugt, das entspricht einem Marktanteil von rund 7 % an allen Textilien.

Eine umfassende Darstellung der Vliesstofftechnik geben (Fuchs und Albrecht, 2012).

**Bild 8.86** Typische Produkte aus Vliesstoffen: Teebeutel, Luftfilter (Evitomotua, 2007) und Windel (Coop41, 2007)

# 8.11 Teppich

Die Teppichherstellung wurde im 20. Jh. revolutioniert. Zum einen wurden die Teppichwebmaschinen weiterentwickelt, zum anderen wurde eine neue Herstellungstechnik erfunden, das Tuften. So wurden Teppiche im 20. Jh. von einem Luxusartikel, den sich nur wohlhabende Bürger leisten konnten, zu einem Massenprodukt.

## 8.11.1 Webteppiche

Durch die steigenden Lohnkosten in Europa wurde die Teppichherstellung in vielen Ländern unrentabel. Daher wurde 1907 in London die Oriental Carpet Manufacturers of London (Bild 8.87) gegründet, um den zunehmenden Bedarf an Teppichen decken zu können. Sie konzentrierte sich insbesondere auf den Import von Teppichen aus der Türkei, später auch aus Persien und Indien. Die OCM koordinierte einerseits zu großen Teilen die Produktion von handgeknüpften Teppichen und baute andererseits die mechanische Fertigung in diesen Ländern systematisch aus. So kontrollierte sie 1912 allein rund 12 000 Webstühle in der türkischen Provinz Konya. Die Maschinen für die Herstellung der Webteppiche wurden u. a. aus Deutschland importiert. Die Designs wurden dem Geschmack der Kunden angepasst und die Garne häufig aus der näheren Umgebung der Manufakturen bezogen. 1986 wurde das Unternehmen in eines der Tochterunternehmen integriert.

SHARE WARRANT

THE ORIENTAL CARPET MANUFACTURERS LIMITED

incorporated under the Companies Acts 1862 to 1900

£5

Warrant N° 004224 K

Share N° 024086

SHARE 1 ACTION

SHARE CAPITAL
£1.000.000
DIVIDED INTO 200.000 SHARES OF
£5 STERLING EACH OR Fcs 125 OR Lt. 5.50

SHARE WARRANT TO BEARER
This is to Certify
that the Bearer of this Warrant is the proprietor of
ONE
fully paid-up Share of £5 Sterling or Fcs 125 or Lt. 5.50
numbered as above in the
ORIENTAL CARPET MANUFACTURERS LIMITED
subject to the Memorandum and Articles of Association and to the regulations of the Company for the time being in force with regard to Share Warrants.
GIVEN under the Common Seal of the Company in LONDON
this day of 19

CAPITAL SOCIAL
Fcs 25.000.000
DIVISÉ EN 200.000 ACTIONS DE
£5 STERLING CHACUNE OU DE Fcs 125 OU Ltq 5.50

CERTIFICAT AU PORTEUR
Le Porteur du Présent Titre est Propriétaire de
UNE
Action de £5 Sterling ou Fcs 125 ou Ltq. 5.50
entièrement libérée de l'
ORIENTAL CARPET MANUFACTURERS LIMITED
portant le numéro indiqué ci-dessus, soumise aux conditions des Statuts de la Société ainsi qu'aux règlements en vigueur à toute époque, au sujet des actions au porteur.
DIRECTORS
SECRETARY

**Bild 8.87** Aktie der OCM (Wleiter, 2016)

Der Spanier Jacinto Barrau y Cortes erhielt 1857 ein Patent auf ein Doppelgewebe, das er zunächst zur Herstellung von Samtstoffen einsetzte. Erst 1921 gelang es erstmals dem Belgier Michel Van de Wiele, dieses Prinzip auf die Teppichherstellung anzuwenden (Bild 8.88). Dabei wurden zwei Gewebe gleichzeitig hergestellt, zunächst mit nur einem Schusseintragssystem, später mit zwei oder drei. Noch auf der Maschine werden die Polkettfäden durchtrennt und die beiden Teppiche getrennt aufgewickelt.

Zu Beginn wurden zum Schusseintrag Schützen verwendet, später wurden auch Bandgreifer eingesetzt. 1993 wurde die Maschine mit einer Jacquardsteuerung ausgestattet, und seither sind der Mustervielfalt keine Grenzen mehr gesetzt.

Eine weitere wichtige Teppichwebtechnik ist der Axminster-Prozess (Bild 8.89). Dabei werden abgepasste Polfadenstücke mithilfe eines Greifersystems in das Grundgewebe eingebracht. Dies ermöglicht eine sehr große Musterungsvielfalt.

Bild 8.90 zeigt eine moderne Axminster-Teppichwebmaschine.

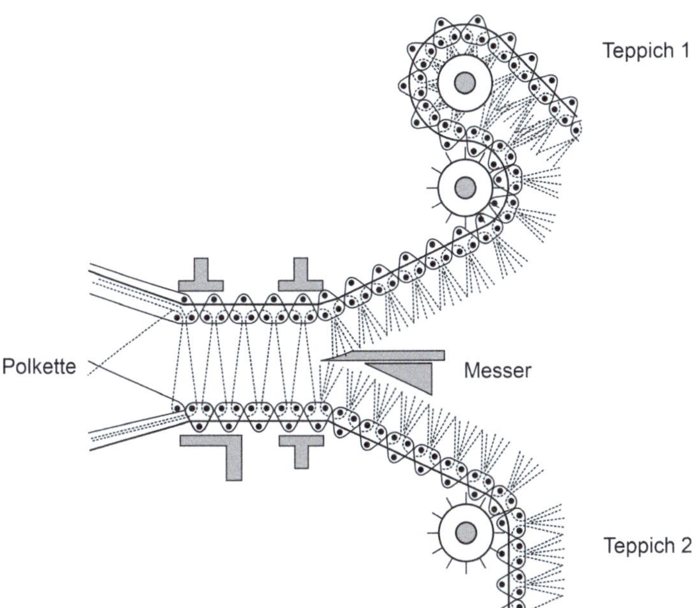


**Bild 8.88** Prinzip der Herstellung eines Doppelgewebes (Gries et al., 2018)

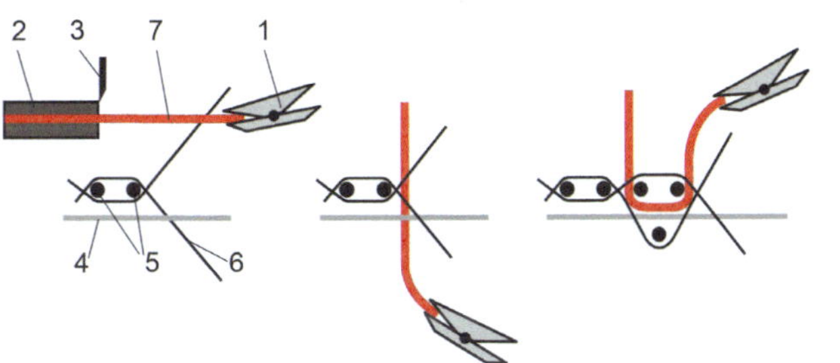


**Bild 8.89** Prinzip des Axminster-Verfahrens (Gries et al., 2018)

**Bild 8.90** Axminster-Webmaschine mit 16 Farben (Van de Wiele)

### 8.11.2 Tufting

Diese Technik, die heute die Teppichherstellung dominiert, wurde schon vor rund 2000 Jahren im Mittelmeerraum zur Herstellung von Textilien eingesetzt. Dabei war das Ziel, durch das Einbringen eines Flors einen tierfellähnlichen Charakter zu erzielen.

Die moderne Tuftingtechnik wurde 1895 von der damals erst 15 Jahre alten US-Amerikanerin Catherine Evans (1880–1964) entwickelt. Sie stellte eine Tagesdecke her, indem sie in ein ungebleichtes Baumwolltuch mustergemäß mit einer Nadel dicke Fadenschlaufen einbrachte (Bild 8.91). Diese schnitt sie auf, sodass eine samtartige Oberfläche entstand. Durch mehrmaliges Waschen in heißem Wasser schrumpfte das Baumwolltuch, und die Fadenschlaufen waren dadurch fest im Gewebe verankert. Die neuartige Decke fand schnell viele Käufer, und so begann sie mit der Produktion. Durch den Umbau von Nähmaschinen wurde der Prozess der Schlaufeneinbringung automatisiert, und bald konnte über die komplette Maschinenbreite eine gesamte Florreihe auf einmal erzeugt werden.

**Bild 8.91** Catherine Evans (1880–1964) mit ihrer getufteten Tagesdecke (Groz-Beckert)

Durch den New Deal, mit dem der US-amerikanische Präsident F.D. Roosevelt in den 1930er -Jahren die Wirtschaft ankurbeln wollte, stiegen die Löhne, und der arbeitsintensive Tuftingprozess geriet in Gefahr, zu teuer zu werden. Daher entwickelten die Brüder Albert und Joe Cobble eine automatisch arbeitende Tuftingmaschine mit einer Arbeitsbreite von 50 Zoll (1,27 m). Diese Maschine wurde kontinuierlich weiterentwickelt, und 1952 betrug die Arbeitsbreite bereits rund 4 m mit einem Abstand der Tuftingpunkte von 3/16“ (4,8 mm). Heutige Maschinenfeinheiten (Abstand der Tuftingnadeln zueinander) liegen bei bis zu 1/10“ bei einer Arbeitsbreite von 5 m. Moderne Tuftingmaschinen können sowohl Schlingenware (Bild 8.92) als auch geschnittene Florware (Bild 8.93) herstellen.

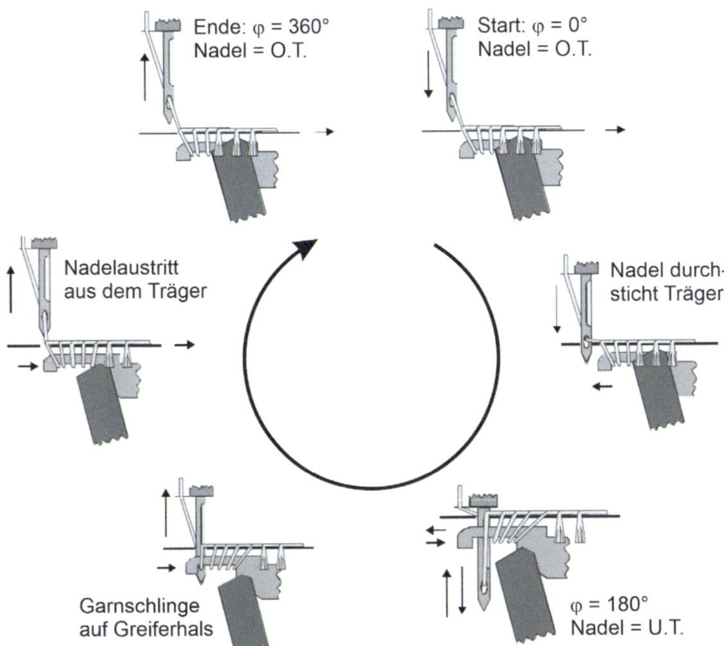


**Bild 8.92** Vollständiger Maschinenzyklus beim Tuften (Gries et al., 2018)

**Bild 8.93** Einbringen der Tufting-Polfäden für Kunstrasen (Van de Wiele)

Bild 8.94 zeigt das Funktionsprinzip einer modernen Maschine zur Herstellung von Schlingenware.

Die Tuftingpolfäden wurden auf der Rückseite zunächst mit einer Latexschicht fixiert, später auch mit Jutegeweben, und mittlerweile wird direkt in Spinnvliese aus Polypropylen oder Polyester (60–150 g/m$^2$) getuftet. Um eine gleichmäßige Oberfläche zu erzielen, werden geschnittene Florteppiche mit einer Schermaschine geschoren (Bild 8.95).

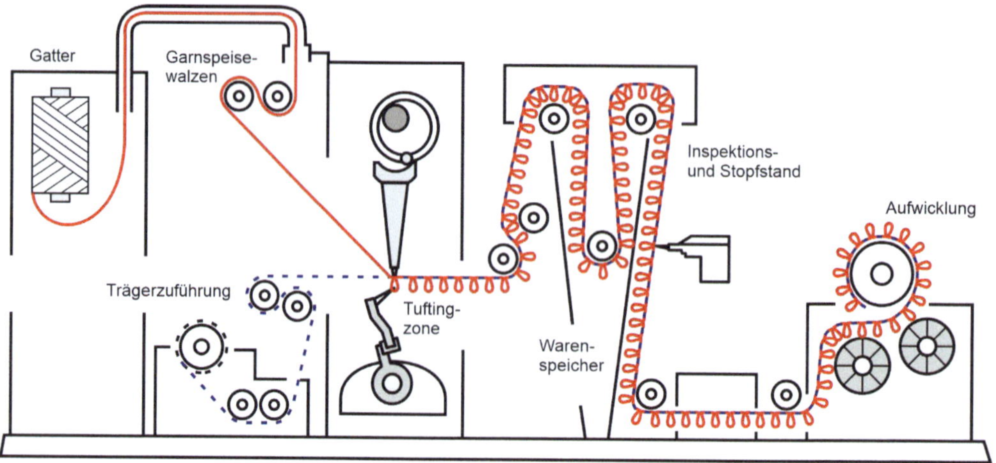


**Bild 8.94** Aufbau einer modernen Tuftingmaschine für Schlingenware (Gries et al., 2018)

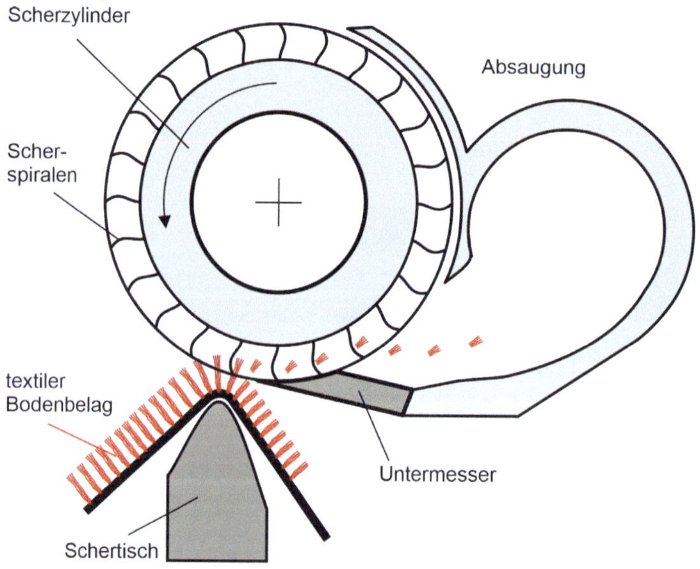


**Bild 8.95** Prinzip einer Schermaschine für Teppiche (Gries et al., 2018)

# 8.12 Flechtmaschinen

Der Flechtprozess der meisten Flechtmaschinen im 20. Jh. ähnelte dem der im 18. und 19. Jh. eingesetzten Maschinen (Bild 8.96). Es wurden aber, insbesondere für Technische Textilen, auch neue Prinzipien entwickelt. Eine sehr gute Übersicht dazu gibt (Kyosev, 2015).

**Bild 8.96** Flechtmaschine mit zwei Flechtpositionen (links, 1951) und die damals größte Flechtmaschine der Welt für Taue im Jahr 1961 (rechts; Herzog GmbH)

Typische Produkte von Flechtmaschinen sind Schnürsenkel, Taue, Kletterseile und andere Befestigungsmittel. Entsprechend der jeweiligen Produkte gibt es unterschiedliche Maschinentypen. Bild 8.97 zeigt links einen Kern-Mantel-Verbindungsflechter (ein innerer Flechtkreis mit 16 und ein äußerer Flechtkreis mit vierzig Klöppeln). Die Maschine rechts ist eine zwölfklöppelige Seilflechtmaschine mit einem Haspelaufwickler.

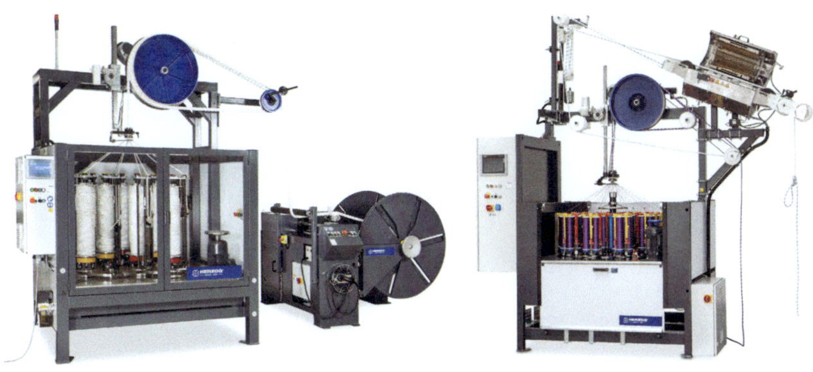

**Bild 8.97** Moderne Flechtmaschinen (Herzog GmbH)

## 8.13 Nähmaschinen

Die Nähmaschinen wurden flexibler, was die Nahtbildung angeht, und schneller. Die Grundprinzipien, die im 19. Jh. entwickelt wurden, gelten aber weiterhin.

1982 erklärt der US-Präsident Ronald Reagan den September zum „National Sewing Machine Month“, was ohne nennenswerte Folgen bleibt.

## 8.14 Veredlung

Im Bereich der Veredlung wurden im 20. Jh. alle bestehenden Verfahren weiterentwickelt und darüber hinaus zahlreiche neue Prozesse erfunden. Sie alle zu beschreiben, würde den Rahmen des Buchs sprengen. Daher werden nur einige Beispiele behandelt.

Die Vorbereitung und Sortierung der Wolle für die Wäsche erfolgte Anfang des 20. Jh. oft noch rein manuell (Bild 8.98).

**Bild 8.98** Wollwäsche Anfang des 20. Jh. in Frankreich (Gueldry, 1913)

Weil dies mit den steigenden Lohnkosten nicht mehr bezahlbar und die Arbeit unbeliebt war, wurden maschinelle Waschverfahren entwickelt (Bild 8.99).

Auch für den privaten Haushalt wurden neue Waschmaschinen entwickelt. In Bild 8.100 (links) ist eine, wie die aufkommende Werbung es ausdrückt, „Waschmaschine für die Familie“ dargestellt, die der Hausfrau das Leben erleichtern soll. Die Beladung erfolgt von oben, eine sich abwechselnd nach rechts und links drehende Stange mit senkrecht gelagerten Rollen bewegt die Wäsche in der Waschlauge und simuliert das Walken und Schlagen der Wäsche mit der Hand. Dieses Funktionsprinzip wird in Waschmaschinen – vor allem im angelsächsischen Raum – bis heute eingesetzt (Bild 8.100, rechts). Es ist wäscheschonend, allerdings ist die Waschwirkung suboptimal.

Zu Beginn des 20. Jh. standen Farbstoffe in großen Mengen und günstig zur Verfügung, und auch Färbe- und andere Veredlungsmaschinen wurden von zahlreichen Unternehmen angeboten (Bild 8.101).

**Bild 8.99** Wollwaschmaschine

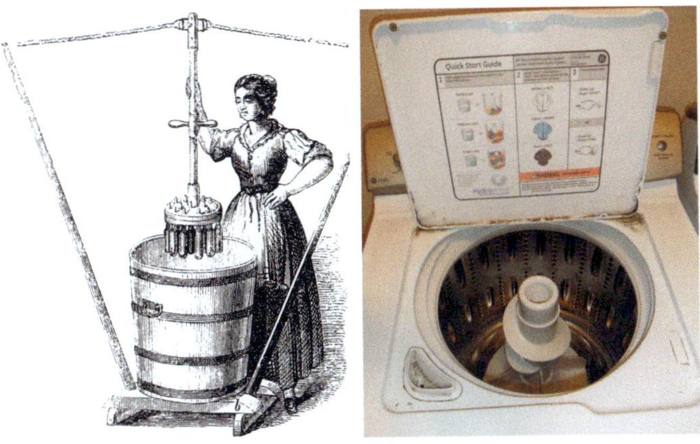


**Bild 8.100** Links: „Waschmaschine für die Familie“ vom Anfang des 20. Jh.; rechts: moderner Toplader (Flickr, 2011)

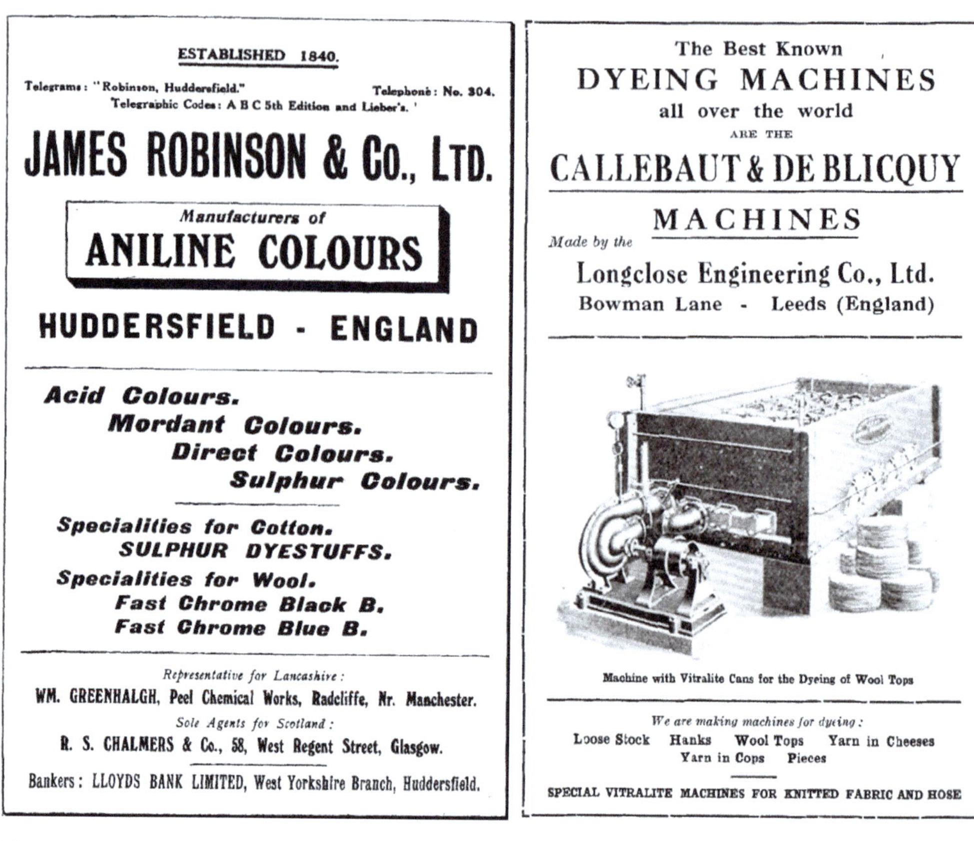


**Bild 8.101** Werbung für industriell hergestellte Farbstoffe und Färbemaschinen um 1910

## 8.15 Arbeitsalltag und soziale Auswirkungen

Den Arbeitsalltag in einer typischen Baumwollspinnerei in Süddeutschland in der Mitte des 20. Jh. beschreibt aus eigener Anschauung Rolf Veit. Die Arbeit war hart, aber die Arbeitsplätze boten auch viele Vorteile. Mit der Bildung von Gewerkschaften und den ersten Arbeitsniederlegungen beschäftigen wir uns am Ende des Kapitels.

### 8.15.1 Arbeitsalltag in einem Textilbetrieb in den 1950er-Jahren

„Ballenbrecher" war die Bezeichnung der ersten recht primitiven Maschine (nomen est omen!), mit der die Rohbaumwolle bearbeitet wurde. Dem voraus ging das Anordnen von etwa dreißig Baumwollballen um ein Lattentuch, auf das die zuvor in dünnen Schichten vom Ballen abgelöste Baumwolle gelegt wurde. Dem wiederum vorausgegangen war die

Stapelprüfung (auf Faserlänge und -festigkeit) jedes einzelnen Ballens durch den Betriebsleiter, um sicherzustellen, dass die Mischung auch, wie vorgesehen, zusammenpasste. Dieses sogenannte Stapelziehen ist eine Fertigkeit, die der Betriebsleiter sich durch jahrelange Übung aneignete und von der die Qualität des Endproduktes, je nach Verwendungszweck, stark abhing.

Der Bediener des Ballenbrechers, nennen wir ihn Wilhelm, hatte darauf zu achten, dass die vorgelegten Ballen gleichmäßig abgearbeitet werden. Jede Asymmetrie konnte das angestrebte Mischungsverhältnis stören. Das Lattentuch transportierte die dünnen Baumwollschichten horizontal zu einem mit vielen etwa 30 mm langen Metallstiften besetzten Steiglattentuch. Dort wurde es von einer rotierenden Walze abgestreift und in einen Trichter geworfen, der seinerseits das Ende einer Saugleitung war. Diese Saugleitung übernahm die Baumwollflocken und war in einem der sogenannten Wollenstöcke, die eine Etage über dem Standort des Ballenbrechers angeordnet waren. Es handelte sich um eine Art Lattenkäfig mit den Abmessungen (L × B × H) 6 × 4 × 4 m. Jeder dieser Wollenstöcke, die als Zwischenlager dienten, enthielt eine bestimmte und definierte Baumwollmischung, die Wilhelm und seine Kollegen von den anderen Arbeitsschichten bearbeitet hatten.

Um seine Tätigkeit nicht zu beneiden war Kollege Jakob, dessen Aufgabe es war, das mit der Saugleitung herangeschaffte Fasergut im Wollenstock durch Herumstampfen zu verdichten, damit mehr hineinpasste – eine staubige und anstrengende Tätigkeit. Jakob verwaltete aber auch die einzelnen Abteile des Wollenstocks und war verantwortlich dafür, dass die Mischungen nicht durcheinandergerieten und immer im richtigen Fach abgelegt wurden.

Vom Wollenstock wurde die Baumwolle – wieder über eine Saugleitung – dem Batteur zugeführt, der wiederum im Erdgeschoss, im Raum neben dem Ballenbrecher, aufgestellt war. Dem eigentlichen Batteur, einer dicht besetzten Nadelwalze, war mindestens ein Stufenreiniger vorgeschaltet. Dieser bestand aus fünf oder sechs mit ca. 150 mm langen Stahlstiften besetzten, rund 300 mm (Kerndurchmesser) dicken Wellen, über die die Baumwollflocken von unten bis in etwa 3 m Höhe geschleudert wurden, und zwar von Welle zu Welle, bis das Material oben ist. Bei dieser Prozedur wurde ein großer Teil der Schalenreste und sonstigen Verunreinigungen ausgeschieden (deshalb hieß er Stufenreiniger). Erst dann geriet das Material durch einen Füllschacht an die oben erwähnte Batteurwalze, die in einer Art Kämmvorgang die weitere Auflösung der Flocken in immer kleinere Faserbüschel bewirkte.

Der Batteur war eine für die Nummernkonstanz einer Garnpartie sehr wichtige Stufe. Die Flocken wurden zu einer Art Watte verdichtet und in Wickeln von ungefähr 800 mm Breite von der Maschine ausgestoßen, nachdem zuvor die Länge des zu wickelnden Materials eingestellt worden war – im Allgemeinen um die 20 bis 30 m. Jeder Wickel wurde auf eine Waage gelegt, und nur wenn sein Gewicht innerhalb einer Toleranz von z. B. ±2 % lag, wurde er als „gut“ eingestuft und senkrecht, einer neben dem anderen, auf den Boden gestellt.

Ein Kardenarbeiter holte die Wickel bei Bedarf ab. Um 5.45 Uhr, fünfzehn Minuten vor Schichtbeginn, betrat er – nennen wir ihn Hans – den Kardensaal. Sein erster Weg führte ihn an den Fenstersims, wo er, weil es weder eine Kantine noch einen Pausenraum gab, seine Vesperdose und die Mostflasche abstellte. Noch vor dem offiziellen Arbeitsbeginn inspizierte er seine 18 Karden, um zu sehen, welche Kannen als erste gewechselt werden mussten und wo die nächsten Batteurwickel aufzulegen waren. Sein Kollege Fritz von der Nachtschicht fegte währenddessen den Fußboden und reinigte die Maschinen von losem Fasermaterial, um Hans einen ordentlichen Arbeitsplatz zu hinterlassen. Das gehörte sich so.

Punkt 6 Uhr verließ Fritz müden Schrittes und mit vom permanenten Schlafmangel gezeichneten Gesicht, einen kurzen Abschiedsgruß murmelnd, den Saal, um mit dem schon bereitstehenden Betriebsbus und den Nachtschichtkollegen nach Hause zu fahren ins sieben Kilometer entfernte Upfingen auf der Schwäbischen Alb. Zu Hause angekommen, aß er etwas und fiel anschließend in einen maximal fünf Stunden dauernden, wenig erholsamen Schlaf, ständig unterbrochen von störenden Geräuschen im Haus und von der Dorfstraße.

Zurück zu Hans in die Karderie. Nachdem er sich einen Überblick verschafft hatte, ging er daran, neue Batteurwickel auf hinten an den Karden angebrachte, muldenförmig ausgewölbte Bleche abzulegen, einen an jeder der demnächst auslaufenden Karden. Das Auswechseln musste schnell gehen: Hans musste bereitstehen, wenn das Wickelende im Vorreißer verschwand. Dann musste der Anfang des neuen Wickels ohne sichtbare Verdickung in der Übergangsphase in den Vorreißer folgen. Wenn hier gemurkst wurde, verdünnte sich entweder das Band zwischen Abnehmer und Hacker (bei einer vorangegangenen Lücke in der Wickelvorlage) und riss oder (bei einer Überlappung der Wickelvorlage) es wurde zu dick und passte nicht mehr durch den Trichter am Kannenstock, was ebenfalls zum Bandbruch führte.

Neben einer Mehrarbeit für Hans bedeutete ein solcher Vorfall auch eine Bandnummerverschlechterung, die sich trotz folgender vielfacher Doublierung bis zum Garn auswirken konnte, dann stimmte dessen Feinheit nicht.

Neben dem Wickelauflegen war Hans zweite Haupttätigkeit das Auswechseln der vollen Kannen gegen leere. Das geschah ebenso wie das Wickelauflegen während des Betriebs der Karde und verlangte einige Geschicklichkeit. Er durfte die Kanne erst wechseln, wenn sie fast überzulaufen drohte, wozu es aber nie kommen durfte. Hans prüfte deshalb auf seinen Patrouillengängen durch Anfassen des Inhalts der scheinbar schon vollen Kannen, wie viel wohl noch hineinpasste. Vom gleichmäßigen Befüllen der Kannen hing auch der Arbeitsablauf der nachfolgenden Verarbeitungsstufe, den Strecken, teilweise ab. Dort wurden die Bänder von meist sechs Kannen einem Streckwerk zugeführt und verließen dieses wieder mit ungefähr gleicher Dicke bzw. Bandnummer, dadurch vergleichmäßigt, dass die sechs Bänder sechsfach verzogen wurden. Die Gleichmäßigkeit des so erzeugten Streckenbandes war wesentlich besser als die jedes einzelnen vorgelegten Kardenbandes.

Hans war mit der Bedienung seiner 18 Karden ausgelastet. Nur durch kluge Einteilung der Wickelvorlagen und des Kannenwechsels konnte er sich zehn oder fünfzehn Minuten freimachen für die Einnahme seines Vespers. Aber auch da musste er seinen Arbeitsplatz ständig im Auge behalten. Es gab zwar eine offizielle Vesperpause von zwanzig Minuten. Die galt aber nicht für Kardenbediener, denn Karden konnte man nicht einfach abstellen, sondern musste sie 24 Stunden am Tag laufen lassen. Es gab nur zwei Ausnahmen: beim Wechsel von Baumwolle auf Zellwolle und wenn der Zeitpunkt zum Nachschleifen der Kratzenbeschläge gekommen war.

Im zweiten Fall wurde die Karde vom Kardenschleifer, der auch eine Art Vorarbeiterfunktion innehatte, abgestellt, auslaufen gelassen und so weit demontiert, dass eine traversierende Schleifscheibe an die Kratzengarnituren von Tambour und Abnehmer herangebracht werden konnte. Tambour und Abnehmer liefen in dieser Zeit mit normaler Drehzahl, während die traversierende Schleifscheibe in Strichrichtung die einzelnen Häkchen wieder so weit nachschärfte, dass die Garnitur insgesamt anschließend wieder in der Lage war, die vom Vorreißer gelieferten Flocken bis zur Einzelfaser aufzulösen.

Zurück zu Hans: Seine Schicht dauerte bis 14.00 Uhr, also acht Stunden. Eine zusätzliche Belastung für ihn konnte sich noch dadurch ergeben, dass einige seiner Karden von Baumwolle auf Zellwolle umgestellt wurden. Neben dem Auslaufenlassen der Maschinen und dem Wiederbefüllen verursachte das Kardieren von Zellwolle immer eine Mehrbelastung dadurch, dass die Wickel nicht so sauber abliefen wie die aus Baumwolle. Die einzelnen Lagen trennten sich beim Ablauf oft nicht einwandfrei, sodass Hans häufig von Hand nachhelfen musste, indem er die Schichten vor dem Einlaufen in den Vorreißer zu trennen versuchte. Versäumte er das auch nur ein einziges Mal, konnte der ganze Wickel so beschädigt werden, dass er nicht mehr als Vorlage taugte und zum Batteur zurückgebracht werden musste – eine peinliche Situation für Hans, die er unbedingt vermeiden wollte. Gegen Schichtende reinigte Hans seinen Arbeitsplatz für seinen nachfolgenden Arbeitskollegen, wie es zuvor Fritz für ihn getan hatte (Bild 8.102).

**Bild 8.102** Karderie

Wie verbrachte Fritz, der Kollege von der Nachtschicht, den Tag? Nach dem Aufstehen um 12.00 Uhr nahm er sein Mittagessen ein und war anschließend als Nebenerwerbslandwirt tätig. Um 18.00 Uhr aß er sein Abendbrot und – zumindest im Sommerhalbjahr – betätigte sich nochmals draußen, bis er gegen 21.30 Uhr den Betriebsbus bestieg, der ihn wieder zur Spinnerei brachte. Dabei ging es Fritz noch gut im Vergleich zu seinen Eltern und Großeltern, die ihre Lebensarbeitszeit in derselben Spinnerei zugebracht hatten. Sie arbeiteten nicht acht, sondern zwölf Stunden am Tag (und in der Nacht!) und mussten den rund fünf Kilometer langen Hin- und Rückweg zu Fuß bewältigen – vor und nach der Arbeit, im Sommer ebenso wie im Winter, und dann noch bei Dunkelheit. Nur wenige haben das bis zur (sozialpolitisch erwünschten) Erreichung des Rentenalters mit 65 Jahren geschafft. Die meisten starben vorher oder waren ab Ende fünfzig nicht mehr arbeitsfähig und mussten den Rest ihres Lebens mit der spärlichen Frührente auskommen, was ohne Nebenerwerbslandwirtschaft kaum möglich war."

## 8.15.2 Die Arbeit an Strecke, Flyer, Ringspinn- und Spulmaschine

„Eine alte Spinnerweisheit besagt, dass die Qualität des Garnes in den Vorstufen bis zur Karderie entschieden wird. In den folgenden Verarbeitungsstufen kann man die Qualität nur noch im negativen Sinn beeinflussen, z. B. dann, wenn durch Schlamperei fehlerhaft gearbeitet wird. Eine Qualitätsverbesserung hingegen ist nicht möglich. Das war schon immer so. Früher war man aber von der Zuverlässigkeit der Maschinenbediener viel abhängiger als heute.

Bei der Strecke wurden meist sechs Bänder (von Karde oder Vorstrecke) sechsfach verzogen, umso das jeweils auslaufende Band zu vergleichmäßigen. Das geschah mindestens zweimal hintereinander, nämlich in der Vorstrecke und in der Ausstrecke, sodass am Ende das sogenannte Ausstreckenband herauskam, das aus 36-fach verzogenen Kardenbändern bestand. Obwohl es sich um zwei Versechsfachungen handelte, sprach man fälschlicherweise von Doublierung – als wären es nur jeweils zwei Bänder. Die Ausstrecke hatte wiederum sechs Abnahmestellen mit den entsprechenden Kannen. Man sieht: An der Strecke dominierte die Ziffer 6: Sechsfache Kardenbandvorlage, sechsfacher Verzug, als Zwischenergebnis sechs Vorstreckenbänder, diese wiederum sechsfach vorgelegt und sechsfach verzogen ergaben wiederum sechs Kannen mit Ausstreckenbändern.

Alles in allem war die Technologie der Strecken im Prinzip sehr einfach. Man musste, was die Qualität der gestreckten Bänder anbelangte, lediglich darauf achten, dass immer sechs Bänder zuliefen, was wiederum nicht schwierig ist, denn wenn ein Band im Zulauf fehlte, wurde die Maschine automatisch abgestellt – übrigens eine der ersten elektrischen Maschinenüberwachungssysteme in der Textilindustrie!

Die Strecken wurden fast ohne Ausnahme von Frauen bedient. Die Arbeit war körperlich nicht anstrengend, weil die Kannen mit einem Füllgewicht von maximal acht Kilogramm beim Auswechseln nicht angehoben werden mussten, sondern nur über den Fußboden gezogen und geschubst wurden.

Die Kannen der Ausstrecken wurden, nach Partien geordnet, in der Nähe der Grobflyer abgestellt. Der Grobflyer hatte die Aufgabe, das Ausstreckenband ungefähr zehnfach zu verziehen. Das daraus entstehende Zwischenprodukt ist die Grobflyerlunte. Je nach Feinheit des Endgarnes durchlief das Material ein, zwei oder drei Flyerstufen (Grob-, Mittel- und Feinflyer). Der Verzug in jeder Stufe lag zwischen zehnfach beim Grobflyer und zehnfach beim Feinflyer. Ein Flyer hatte zwischen achtzig und 160 Abzugsstellen. Hinter dem Streckwerk wird – wie auch heute noch – pro Abzugsstelle eine Kanne (beim Grobflyer) angestellt bzw. (beim Mittel- und Feinflyer) eine Vorgarnspule in Spulengattern über der Maschine aufgesteckt.

Auch die Flyer werden vorzugsweise von Frauen bedient, obwohl die Arbeit nicht leicht ist: Die je nach Luntenfeinheit zwischen ein und vier Kilogramm wiegenden Vorgarnspulen mussten von Hand abgenommen und in einen Spulenwagen gelegt werden (Bild 8.103). Belastend war auch das Aufstecken der Vorlagespulen an Mittel- und Feinflyer. Eine Todsünde beim Flyern war es, noch eine Lage Vorgarn auf die schon fertigen Spulen auflaufen zu lassen, weil der Bedienerin vielleicht der Zeitpunkt des simultanen Spulenwechsels gerade nicht passte. Dann aber war der Konusantrieb am Ende seiner Regelstrecke angelangt, und es gab einen völlig unkontrollierten zusätzlichen Vorgarnverzug unmittelbar beim Aufwickeln. Wer dabei ertappt wurde, musste mit fristloser Kündigung rechnen!

**Bild 8.103** Arbeiterin mit 14 Flyerspulen auf dem Weg zur Ringspinnmaschine

Die so gewonnenen Flyerspulen wurden in Spulentransportwagen von Hilfskräften in den Ringspinnsaal gefahren. Dort wurden sie von den Ringspinnerinnen – Männer gab es allenfalls in der Nachtschicht – von Hand in die Spulengatter ihrer Maschinen gesteckt, von denen sie bis zu sechs mit je 400 Spindeln allein bedienen mussten. Bei im Laufe der-Jahre immer größer und damit schwerer werdenden Flyerspulen ist das eine sehr belastende Arbeit. Hinzu kam, dass, solange eine bestimmte Partie auf einer bestimmten Maschine lief, kontinuierlich aufgesteckt werden musste. Eine Vorgarnspule lief – je nach Luntenfeinheit – zwischen zwei und zwanzig Stunden. Taktgeber bei der Garnproduktion ist nicht das Auslaufen der Vorgarnspulen, sondern allein der volle Spinnkops.

Wenn die Kopse auf der Ringspinnmaschine voll sind, wurde sie abgestellt. Das, was heute der Doffer macht, war früher die Aufgabe und der Daseinszweck einer Abziehkolonne: Sechs bis acht meist junge Leute, die noch nicht selbstständig eine Maschine bedienen konnten, wurden herbeigerufen, um die Kopse abzuziehen. Beim Wiederanlaufen der Maschine halfen die Spinnerinnen der benachbarten Ringspinnmaschinen beim Andrehen der gerissenen Fäden. Währenddessen liefen deren Maschinen ohne Aufsicht. Deshalb eilten sie so rasch wie möglich zurück an ihre Arbeitsplätze, um zu vermeiden, dass einzelne Kopse wegen nicht frühzeitig behobener Fadenbrüche deformiert wurden zu sogenannten Krüppelkopsen. Ein echter Segen waren die am Anfang der 1950er-Jahre eingeführten Einzelfaden-Absauganlagen. Zuvor wurde das ungedrehte Garn, wenn es aus dem Streckwerk kam und infolge des Fadenbruches nicht auf den Kops gewickelt wurde, von einer Plüschwalze über dem Vorderzylinder aufgenommen oder, wenn das nicht klappte, zu den Nachbarspindeln geweht – eine kleine Katastrophe!

Zwei Bedienungsschwerpunkte in Bezug auf die Schwierigkeit gab es in der Ringspinnerei: Erstens mussten während des Laufes gerissene Fäden bei laufender Spindel und Vorgarnlieferung so sauber repariert werden, dass möglichst keine Dick- oder Dünnstelle in Garn entstand. Vor allem Dickstellen sah man später im Gewebe oder Gestrick. Sie konnten zu Reklamationen des Garnabnehmers führen. Zweitens musste die Spinnerin den Überblick über die Vorgarnspulen behalten, die – pro Ringspinnmaschine gesehen – in Vierteln ausliefen. Ein solches Viertel konnte, je nach Spindelzahl, zwischen fünfzig und hundert Stellen umfassen, deren Spulen innerhalb einer halben Stunde zu Ende gingen. Hier sind Überblick und Behändigkeit gefragt, um Lieferunterbrechungen an den einzelnen Spinnspindeln zu vermeiden! Die Ringspinnerinnen genossen deshalb auch bei der Betriebsleitung ein etwas höheres Ansehen als die Bedienerinnen der Vorstufen (Bild 8.104).

Die abgezogenen Kopse werden in an der Maschine entlanggeführten kleine Kisten abgelegt und diese am Maschinenende gestapelt, von wo sie ein Spulenfahrer abholte. Danach gab es eine Zweiteilung: Die Kisten der einen Partie gelangten ohne Umweg in die Einlegerei, die Kopse wurden in große hölzerne Transportkisten umgepackt und versandt. Die Alternative, eigentlich der Normalfall, ist der Transport der kleinen Kisten in die Kreuzspulerei, denn nur wenige Garnabnehmer wollten ihrerseits selbst umspulen.

**Bild 8.104** Zwei Spinnerinnen beim Anspinnen eines gebrochenen Fadens

Die Arbeit an der Kreuzspulmaschine war geradezu geisttötend. Die Kopse wurden unten an der Maschine aufgesteckt und das Fadenende des Kopses mit dem der bis dahin aufgelaufenen Spulstelle mittels eines Handknoters verbunden. Dann setzte die Spulerin mit einem Hebeldruck die Kreuzspule wieder in Bewegung (Bild 8.105). Wenn die Spule voll war, wurde sie abgenommen und in eine große Transportkiste gelegt – und das acht (früher sogar zwölf) Stunden am Tag!

**Bild 8.105** Arbeiterin an einer Spulmaschine

Die Garnherstellung in der sogenannten Drei-Zylinder-Spinnerei war bis in die 1960er-Jahre hinein im Vergleich zu heute recht arbeitsintensiv und gab zahlreichen Menschen Arbeit, sowohl in Städten als auch auf dem flachen Land. Vor allem Menschen, die keine höherwertige Berufsausbildung hatten, konnten so ihren sehr bescheidenen Lebensunterhalt bestreiten. Vergleichbare Bedingungen herrschten in den anderen Zweigen der Textilindustrie: Kammgarn- und Streichgarnspinnerei, Weberei und seit circa 1900 in den Betrieben der Maschentechnik.

Die sozialen Verhältnisse sind im Vergleich zu heute eher bescheiden: Geringer Lohn, zwölf Tage bezahlter Urlaub (und das auch erst ab den 1930er-Jahren), Schichtarbeit (teilweise bei Nacht), sehr oft primitive Wohnverhältnisse in den Städten oder alternativ dazu Doppelbelastung durch Nebenerwerbslandwirtschaft auf dem Lande – das waren die Aussichten eines oder einer Dreizehnjährigen, wenn er/sie nach sieben Jahren die Volksschule verließ. Wesentlich besser erging es den Menschen, die eine vom Betrieb gestellte Werkswohnung hatten. Diese Leute sind deshalb in der Regel nicht unzufrieden: Ihr Arbeitsplatz galt ein Berufsleben lang als sicher, es gab lebenslange Wohn- und Arbeitsgemeinschaften und unter der Belegschaft eine oft ausgeprägte Solidarität, außerdem wenig Neid, weil alle gleich wenig hatten.

Eine Zäsur in Bezug auf die soziale Zusammensetzung der Arbeiterschaft war das Kriegsende 1945. Es kamen zahlreiche Heimatvertriebene, die, weil meist aus der Landwirtschaft stammend, in der Industrie nur Hilfsarbeiterfunktionen ausfüllen konnten. So passten sie genau in das Anforderungsprofil der Textilindustrie. Die Männer und Frauen waren jedoch dank ihres Fleißes und ihrer Bescheidenheit im Auftreten rasch integriert und als Kollegen und Kolleginnen anerkannt.

Aus der Sicht der Arbeitgeber betrachtet, stellte sich die Situation in den 1950er-Jahren folgendermaßen dar: Die Arbeiter und Arbeiterinnen standen in nahezu völliger Abhängigkeit zu ihrem Arbeitgeber, dies ganz besonders, wenn sie eine Werkswohnung hatten. Fünfzig Jahre Betriebszugehörigkeit waren keine Seltenheit! Wer den Betrieb verließ, musste die Wohnung – verständlicherweise – räumen. Rentner dagegen durften bleiben. Wie auch immer: Werkswohnungen waren eine gute Sache, gewissermaßen eine Win-win-Situation für beide Seiten. Sie waren typisch für die Textilindustrie in den Jahrzehnten um 1900.

Um den Arbeiternachwuchs brauchte man sich als Arbeitgeber damals keine Sorgen zu machen. Die meisten Kinder der eingesessenen Arbeiter fanden ihren Arbeitsplatz im selben Betrieb wie ihre Eltern. Für den Betrieb hatte das den Vorteil, dass die jungen Leute von Anfang an bemüht waren, ihren Eltern keine Schande zu machen und ihrerseits zu fleißigen und zuverlässigen Mitarbeitern zu werden. Die Gewerkschaften hatten es in diesem fast familiären Milieu schwer, Mitglieder zu gewinnen.

Diese – bei aller Mühsal – doch fast harmonische Welt der Arbeiter zerfiel im Verlaufe der 1960er- und noch mehr der 1970er-Jahre aus mehreren Gründen. Der – zeitlich gesehen – erste ist, dass der oben erwähnte Nachwuchs aus den eigenen Reihen größtenteils ausblieb. Die Kinder der Arbeiter bekamen eine bessere Schulbildung und strebten Handwerker- oder Büroberufe an; das galt auch für die Kinder der Heimatvertriebenen. Ersatz wurde durch die Einstellung von Gastarbeitern gefunden. Diese wurden zunächst häufig in Baracken untergebracht und zogen erst nach und nach in die frei werdenden Werkswohnungen. Dort konnten sie sich, vor allem wegen oft schlechter Sprachkenntnisse, aber kaum integrieren (im Gegensatz zu den Heimatvertriebenen zwanzig bis dreißig Jahre zuvor). Gleichzeitig begann das große Sterben der Baumwollindustrie in Mitteleuropa.

Aus sozialer Sicht lässt sich zusammenfassen: Die Textilindustrie (ohne die Bekleidungssparte) bot über die Jahrzehnte vom Ende des 19. Jh. bis in die 1970er-Jahre in Deutschland Hunderttausenden von Menschen mit geringer Schulbildung ein auskömmliches Leben in zwar bescheidenen, aber sozial sicheren Verhältnissen, wie es heute in keinem Industriezweig mehr vorstellbar ist."

### 8.15.3 Arbeiter – Gewerkschaften

Seit dem Ende des 19. Jh. organisierten sich immer mehr Beschäftigte in der Textilindustrie in Gewerkschaften. Diese Entwicklung begann in England und setzte sich u. a. in Frankreich, Deutschland, Spanien, den USA und Russland fort. In der Regel ging es um höhere Löhne, kürzere Arbeitszeiten und generell bessere Arbeitsbedingungen, denn die Arbeit in den Textilfabriken war laut, schmutzig und durch die schnell drehenden Maschinenteile sehr gefährlich. Insbesondere Kinder, die zum Teil ab einem Alter von zehn Jahren in den Spinnereien und Webereien arbeiteten (später wird das Mindestalter auf 14 Jahre erhöht), wurden oft verletzt oder verloren sogar ihr Leben. Erst 1960 wurde in Deutschland die Kinderarbeit verboten.

Ein typisches Beispiel ist der Aufstand der Textilarbeiterinnen im sächsischen Crimmitschau im Jahr 1903: Während in vielen Regionen Deutschlands die tägliche Arbeitszeit in den Textilfabriken bei 8 h lag, betrug sie in Sachsen bis zu 11 h. Der Frauenanteil unter den Beschäftigten lag bei rund 40 %, was für die verarbeitende Industrie ungewöhnlich hoch war. Um mehr Zeit für die Kinder und den Haushalt zu haben, forderten insbesondere die Arbeiterinnen in Crimmitschau, einem Zentrum der Textilherstellung, u. a. eine Reduzierung der täglichen Arbeitszeit auf 10 h. Nach ersten Streikmaßnahmen, auf die die Unternehmer nicht eingingen, kündigten am 20. August 1903 mehr als 500 Beschäftigte. Einen Tag später sperrten die Fabrikanten alle anderen, rund 8000 Arbeiter und Arbeiterinnen in den Crimmitschauer Textilunternehmen, aus und ein fünfmonatiger Streik begann (Bild 8.106). Beide Seiten fanden Unterstützung, wobei die Mehrheit der Bevölkerung auf der Seite der Streikenden stand. Die Produktionsausfälle, insbesondere in der Garnherstellung, machten sich deutschlandweit bemerkbar. Am 18. Januar 1904 wurde der Streik beendet, und die meisten Beschäftigten nahmen ihre Arbeit wieder auf, ohne viel erreicht zu haben. Die Unternehmen gründeten kurz danach einen Arbeitgeberverband, um zukünftigen Streiks besser begegnen zu können. Es dauerte noch bis 1918, bis der Achtstundentag allgemein und für alle Unternehmen in Deutschland festgeschrieben wurde. Der Arbeitskampf von Crimmitschau ging als der erste Streik in die Geschichte ein, an dem vor allem Frauen teilnahmen.

**Bild 8.106** Plakat zum Streik der Textilarbeiter in Crimmitschau (links; Cramer, 1903) und Solidaritätspostkarte (rechts; Wiki, 1904)

Durch die ständigen Auseinandersetzungen zwischen Arbeitern und Unternehmern, in Frankreich und Russland gab es in den 1910er-Jahren fast wöchentlich Streiks, und die Löhne in Europa und den USA stiegen immer weiter. Um die Produktionskosten zu senken, wurden daher von vielen Unternehmen neue Maschinen angeschafft, die schneller produzierten und von weniger gelernten Arbeitern oder sogar von ungelernten Kräften bedient werden konnten, die noch billiger waren.

Im Laufe der Zeit wurden insgesamt die Arbeitsbedingungen besser, weil die Textilindustrie ab den 1950er-Jahren in Konkurrenz mit anderen Unternehmen stand, die oft höhere Löhne zahlten und bessere Arbeitsbedingungen boten. Daher gab es ab dieser Zeit kaum noch Streiks wegen der schlechten Arbeitsbedingungen, sondern vor allem für kürzere Arbeitszeiten und höhere Löhne.

## ■ 8.16 Handel

Der Handel mit Textilien nahm im 20. Jh. weiter zu, ab den 1960er-Jahren kamen Textilien vermehrt aus Asien, und zum Ende des Jahrhunderts sprach man von „Globalisierung“, weil sowohl die Rohstoffe als auch die Zwischen- und Endprodukte über immer größere Entfernungen hinweg transportiert wurden, um die Produktionskosten möglichst gering zu halten.

### 8.16.1 1900–1930 – Aufbruchsstimmung und Wirtschaftskrise

Zu Beginn des 20. Jh. herrschte eine große Aufbruchsstimmung in Kombination mit einer großen Technikgläubigkeit. Die Mechanisierung der Produktion nahm weiter zu, und die Textilproduktion stieg. Mit dem Ausbruch des Ersten Weltkriegs ist diese Phase zu Ende, und in den 1920er-Jahren gab es nicht nur in Deutschland eine Wirtschaftskrise, die mit dem „Schwarzen Freitag“ im Oktober 1929 ihren Höhepunkt hatte. England dominierte die weltweite Textilproduktion bis in die 1930er-Jahre, danach begann der Niedergang der englischen Textilindustrie durch die Konkurrenz aus Asien und u.a. auch Deutschland (Abschnitt 8.18.1, Bild 8.120).

## 8.16.2 1930–1960 – Beginn der Globalisierung

Die Krisen- und Kriegszeiten in den 1930er- und 1940er-Jahre veränderten die Kräfteverhältnisse in der Textil- und Bekleidungsindustrie. War vor und unmittelbar nach dem Zweiten Weltkrieg England der europäischen Konkurrenz noch überlegen, so änderte sich dies in der Folgezeit radikal. Weil alle Maschinen in Deutschland zerstört oder als Reparationszahlungen abgebaut worden waren, wurde viel Geld in neue Technologien investiert, und die deutsche Textilindustrie erlebte einen Boom, während die Konkurrenz in England schnell völlig veraltet war und bald bedeutungslos wurde. Japan war neben Korea wegen seiner modernen Maschinen und der gleichzeitig relativ geringen Löhne in Verbindung mit langen Arbeitszeiten ein großer Konkurrent bei der Herstellung von Textilien und Bekleidung, sowohl der Europäer als auch der USA, die weiterhin einer der größten Textil- und Bekleidungshersteller waren. Daher wurden zunächst vor allem die manuellen und damit teuren Arbeitsschritte der Konfektion aus Europa und den USA in asiatische Länder verlagert. Später folgte die Textilherstellung, um die Transportwege zu verkürzen, und danach die Garnerzeugung, in den 1990er-Jahren auch die Chemiefaserproduktion. Dadurch wurde die Industrie Asiens von Importen unabhängig. Die Produktion war oft noch stark von manueller Arbeit geprägt, sodass in Asien selten vollautomatisierte Maschinen standen. Vollautomaten hätten sich zum einen wegen ihres höheren Preises nicht gelohnt, zum anderen fehlte meist noch das Know-how bei den Bedienerinnen und Bedienern. So wurde die gesamte Textilherstellung ab den 1960er-Jahren allmählich in die sogenannten „Billiglohnländer“ nach Asien verlagert. Afrika blieb außen vor, trotz niedriger Löhne, weil die Infrastruktur fehlte und die politische Lage zum Ende der Kolonialherrschaft oft instabil war. Auch war es politisch von den Industriestaaten nicht gewollt, dass afrikanische Länder eine eigene Textilindustrie aufbauten. Sie sollten nur die Rohstoffe für die europäischen und US-amerikanischen Unternehmen liefern und diesen keine Konkurrenz machen.

## 8.16.3 Handelsabkommen und Beschränkung des freien Handels

Seit den 1950er-Jahren übernahm Japan neben den USA eine führende Rolle in der Herstellung von Textilien und Bekleidung. Dies führte dazu, dass die amerikanische Textilindustrie sich vor „Billigimporten“ aus Japan schützen wollte. So wurde 1959 der Voluntary Export Restraint (VER) mit Japan abgeschlossen, mit dem die Einfuhr japanischer Baumwolltextilen in die USA begrenzt wird. „Voluntary" ist in diesem Zusammenhang wohl eher einseitig, denn diese Vereinbarung brachte für die japanische Industrie nur Nachteile. Dies hatte zur Folge, dass die japanische Textilindustrie in ernste Schwierigkeiten geriet (Bild 8.107) und andere Länder die entstehende Lücke nutzten (Bild 8.107). So versiebenfachten sich z. B. die Exporte von Hongkong in die USA von 1956 bis 1961.

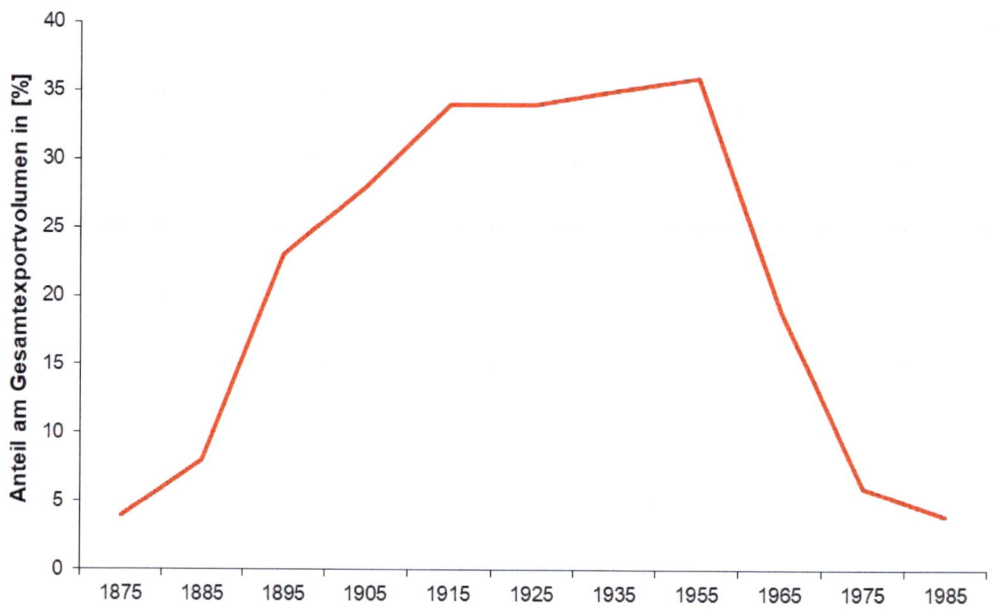


**Bild 8.107** Anteil der Textil- und Bekleidungsexporte am Gesamtexport Japans (Daten: Rivoli, 2006)

Diese Regelungen verstießen gegen die GATT-Vereinbarungen (General Agreement on Tariffs and Trade), die den Welthandel von Zollschranken und anderen Hindernissen befreien sollten. Obwohl die USA als ein Hauptexporteur eine treibende Kraft hinter den GATT-Vereinbarungen waren, galten diese Grundsätze aus innenpolitischen Gründen nicht für die US-amerikanische Textil- und Bekleidungsindustrie. Hier herrschte weiterhin der Geist des Protektionismus.

Das Wehklagen der amerikanischen Textilindustrie führte dann unter John F. Kennedy 1961 zum Short Term Arrangement on Cotton Textiles (STA), das es den USA erlaubte, mit anderen Ländern als Japan Importgrenzen für Textilien auszuhandeln. Nach einem Jahr folgte das Long Term Arrangement for Cotton Textiles (LTA), das bis 1967 in Kraft blieb. Hauptinhalt dieser Vereinbarung war die Begrenzung des jährlichen Importzuwachses, besonders aus asiatischen Ländern, auf 5 %. 1970 und 1973 wurde das LTA jeweils neu aufgelegt und umfasste dabei immer mehr textile Produkte und Länder.

#### 8.16.3.1 Das Multifaserabkommen (MFA)

Die direkte Folge dieser Importbegrenzungen für Baumwolle war, dass sich viele Handelspartner der USA auf Textilien aus Wolle und Synthesefasern konzentrierten. Dies führte dazu, dass der Import von Textilien aus Chemiefasern aus Entwicklungsländern in die USA zwischen 1964 und 1970 um das 24-Fache stieg. Dadurch wurde der Ruf nach einem Multifaserabkommen (MFA) immer lauter, das dann 1974 verabschiedet wurde.

Es war zunächst bis 1977 in Kraft und regelte die Textilimporte der USA aus fünfzig Staaten, was ca. 75% der US-Textilimporte entsprach. Das MFA wurde 1977 (MFA II) und 1981 (MFA III) verlängert und galt bis 1986. Das MFA IV wurde 1990 unterzeichnet und galt bis 1995. Es legte auch Quoten für Textilien fest, die in den USA gar nicht hergestellt wurden, z.B. aus Seide, Ramie und Flachs. Jute und Manilahanf (Abacá) waren die einzigen Fasern, die von den amerikanischen Einfuhrquoten befreit waren. Parallel dazu wurde der Einfuhrzoll für Textilien auf mehr als 20% festgesetzt, während er für die meisten anderen Produkte bei ca. 6% lag.

#### 8.16.3.2 Auswirkungen auf die Industrieländer

Das Inkrafttreten des MFA führte dazu, dass Garnhersteller in den Industrieländern, vor allem in den USA, nur noch unter großen Schwierigkeiten auf dem Weltmarkt Rohstoffe kaufen konnten. Gleiches galt für Weber, Textilveredler und Konfektionäre. Die Quotierung und damit der Schutz einzelner Industriezweige innerhalb der textilen Kette waren somit für die Textilindustrie der USA als Ganzes eher schädlich als nützlich.

Ein besonders skurriles Beispiel ist die „Yarn Forward"-Politik des CBTPA (Caribbean Basin Trade Partnership Act). Er schrieb vor, dass Kleidung nur dann „freien Eintritt" in den amerikanischen Markt erhielt, wenn der Stoff dazu in den USA aus amerikanischem Garn hergestellt worden war. Dadurch wurde amerikanischen Spinnern der Anreiz, ihre Ware in kostengünstigere Regionen, z.B. die Karibik, zu exportieren, genommen, weil ihre Kunden nicht mehr in die USA hätten exportieren können. Auch die amerikanischen Baumwollfarmer gehörten zu den Verlierern dieser Politik, weil sich ihre Exportchancen aus dem gleichen Grund verringerten.

#### 8.16.3.3 Auswirkungen auf andere Länder

Die Festlegung fester Importquoten auf bestimmte textile Produkte führte dazu, dass viele Länder versuchten, diese Quoten vor allem mit der Lieferung qualitativ hochwertiger Waren zu erfüllen. Dadurch gelangten Billigprodukte, z.B. aus asiatischen Ländern, oft nicht mehr in die Industrieländer. Stattdessen wurden teure Produkte mit hoher Wertschöpfung aus den Ländern der zweiten und dritten Welt in die Industrieländer exportiert. Dies führte in unmittelbarer Folge zu großen Absatzschwierigkeiten der dort heimischen Textilindustrie im Binnenmarkt, die auf genau diese Art von Produkten spezialisiert war.

Eine direkte Folge des MFA in vielen Entwicklungsländern, denen Quoten für Textilien zugeteilt wurden, war, dass diese durch den Aufbau einer Textilindustrie ihre Infrastrukturnetze stark ausbauten. Dazu zählten Straßen ebenso wie Kommunikation und Häfen sowie Handelsdienstleistungen aller Art. Somit war das MFA – mehr oder weniger gewollt – auch eine erfolgreiche Maßnahme der Entwicklungshilfe.

### 8.16.3.4 Auswüchse

Die Quoten auf bestimmte Textilien führten dazu, dass viele Firmen ihre Produktion ständig verlagern mussten. So verlegte z. B. die Esquel Group, einer der weltgrößten Produzenten von Baumwollhemden, in den 1970er-Jahren in Hongkong gegründet, ihre Produktion auf das chinesische Festland, nachdem keine Quoten für T-Shirts mehr für Hongkong zu bekommen waren. Mit der Verringerung der Quoten für T-Shirts aus China wanderten die Produktionsstätten weiter nach Malaysia, später Sri Lanka und nach Mauritius und schließlich auf die Malediven. Stets waren chinesische Arbeiter mit der Produktion beschäftigt, weil nicht genügend gut ausgebildete einheimische Arbeitskräfte zur Verfügung standen. Lediglich die Reisekosten und die Komplexität der Produktion nahmen ständig zu.

Die Zuteilung von Quoten für bestimmte Produkte an bestimmte Länder führte zu einem schwunghaften Handel mit Quoten. So kauften Händler Quoten für bestimmte Textilien auf und verkauften sie dann an den Meistbietenden weiter. Bild 8.108 zeigt Quotenpreise ausgewählter Artikel.

| Beschreibung | Quotenpreis (je Dutzend) |
|---|---|
| Damen- und Mädchen-Wollmäntel | $ 650,00 |
| Wollpullover | $ 170,00 |
| Damen-Wollhosen | $ 170,00 |
| Damen- und Mädchen-Kostüm, Kunstfaser | $ 67,00 |
| Baumwollröcke | $ 46,00 |
| Baumwollhemden, gestrickt, mit Kragen | $ 30,00 |
| Herren- und Knabenwollblazer | $ 21,00 |
| Baumwollhemden, gestrickt (T-Shirt) | $ 8,00 |
| Baumwollunterwäsche | $ 8,80 |

**Bild 8.108** Quotenpreise für ausgewählte Textilien im Jahr 2004 (Daten: Rivoli, 2006)

Eine weitere Möglichkeit bot ein „Swing"-Abkommen. Dadurch konnten Quoten für bestimmte Produkte auf andere Produkte übertragen werden. Beispielsweise war es möglich, die Quote für Taschentücher nach einem bestimmten Schlüssel mit der für Herrenhemden zu verrechnen.

Eine nahe liegende Alternative zu diesen Vorgehensweisen war das Einnähen eines Etiketts mit falschem Herkunftsort, was vor allem in chinesischen Unternehmen verbreitet war.

### 8.16.3.5 Agreement on Textiles and Clothing (ATC)

In den GATT-Gesprächen in Uruguay (General Agreement on Tariffs and Trade) von 1986 bis 1994 ist die Abschaffung des MFA eine zentrale Forderung der Entwicklungsländer. Dieser widersetzten sich allerdings die USA und die Länder der Europäischen Union, zunächst mit Erfolg. So wurde lediglich vereinbart, dass die Quoten auf Importe schrittweise verringert und dann ganz abgeschafft werden sollten. Das Agreement on Textiles and Clothing (ATC) trat 1995 in Kraft und regelte die Aufgabe der Quoten im Rahmen eines Zeitplans bis zum 31. Dezember 2004.

Das ATC umfasste allerdings auch Produkte, die gar nicht quotiert waren. Dies hatte zur Folge, dass mit den ersten beiden Quotenreduzierungen vor allem Produkte freigegeben wurden, die vorher gar keine Quote hatten. Die USA hoben so im ersten Schritt nur die Quote für Arbeitshandschuhe aus Kanada auf. Weitere freigegebene Produkte umfassten Fallschirme, Kelim-Teppiche, seidene Sporttaschen und Tupfer für die minimalinvasive Chirurgie. Massenprodukte aus Baumwolle und Polyester blieben weiterhin quotiert bis Ende 2004.

## 8.16.4 1960–2000

Ab den 1960er-Jahren entstanden in vielen asiatischen Ländern neue Unternehmen der Textil- und Bekleidungsindustrie. Diese Entwicklung begann in Korea, Singapur, Hongkong und Taiwan, wo zunächst für den eigenen Markt produziert wurde. Die Textilunternehmen konzentrierten sich auf die Herstellung von Bekleidung, für die nur geringe Investitionen erforderlich waren. Die Exporterlöse wurden dann in neue Textilmaschinen investiert, und so entstand bis in die 1980er-Jahre eine blühende Textilindustrie. Auch wurden in Asien zahlreiche neue Fabriken zur Herstellung von Chemiefasern errichtet, sodass 1980 bereits mehr als 20 % aller Fasern in Asien erzeugt wurden (vgl. Abschnitt 8.4.8).

So hatte sich seit den 1970er-Jahren die geografische Verteilung der textil- und bekleidungsproduzierenden Länder dramatisch verändert. Die Industrie aus den Hochlohnländern verlagerte aus Kostengründen ihre Produktion aus den USA und Europa in die Entwicklungsländer, vor allem nach Asien, das die dominierende Region für die Textil- und Bekleidungsherstellung wurde. Zum Teil waren es dieselben Hersteller, die nur zusätzliche Standorte eröffneten, es entstanden aber auch neue Unternehmen. Dadurch kam es in den USA und Europa zu erheblichen Verlusten an Arbeitsplätzen, in vielen Ländern um 50 % und mehr (Bild 8.109).

Allerdings entstand wesentlich mehr neue Beschäftigung in Asien, was vor allem auf den dortigen geringeren Automatisierungsgrad und die niedrigeren Löhne zurückzuführen war. Die Löhne im Jahr 1992 waren extrem unterschiedlich. So kostete eine Textilarbeiterstunde in Deutschland umgerechnet 18 US-$, in Frankreich 13 US-$, in China 4,20 US-$ und in Mexiko nur 1,70 US-$.

| Finnland | -71,7 | Mauritius | 344,6 |
|---|---|---|---|
| Schweden | -65,4 | Indonesien | 177,4 |
| Norwegen | -64,9 | Marokko | 166,5 |
| Österreich | -51,5 | Jordanien | 160,8 |
| Polen | -51,0 | Jamaika | 101,7 |
| Syrien | -50,0 | Malaysia | 101,2 |
| Frankreich | -45,4 | Mexiko | 85,5 |
| Ungarn | -43,1 | China | 57,3 |
| Niederlande | -41,7 | Iran | 34,0 |
| UK | -41,5 | Türkei | 33,7 |
| Neuseeland | -40,9 | Philippinen | 31,8 |
| Deutschland | -40,2 | Honduras | 30,5 |
| Spanien | -35,3 | Chile | 27,2 |
| Australien | -34,7 | Kenia | 16,1 |
| Argentinien | -32,9 | Israel | 13,4 |
| USA | -30,1 | Venezuela | 7,9 |

**Bild 8.109** Ab- bzw. Zunahme der Anzahl der Beschäftigten in der Textil- und Bekleidungsindustrie für ausgewählte Länder von 1980–1993 in Prozent (Daten: N. N., 1996)

Seit 1985 expandierten die Unternehmen und verlagerten ihre Produktion in die Philippinen, nach Indonesien, Thailand und Malaysia. Von dort wanderte die Industrie in die noch billigeren Länder Bangladesch, Pakistan und Sri Lanka ab, später auch nach Laos, Nepal und Vietnam.

Mitte der 1990er-Jahre arbeiteten rund 24 Mio. Menschen in der Textil- und Bekleidungsindustrie, weitere ca. 100 Mio. im Baumwollanbau. Davon entfielen rund 5,3 Mio. alleine auf China. Viele dieser neuen Arbeitsplätze entstanden aber nicht in Fabriken, sondern im Verlagssystem, wie im 17. und 18. Jh. in Europa. Entsprechend wurde dann auch nur für die gelieferte Ware bezahlt, und die Löhne waren noch geringer als in den großen Unternehmen. Kinderarbeit war ebenso weit verbreitet wie die Ausbeutung illegaler Immigranten in den großen Fabriken in Asien.

Bis 1990 war Deutschland der weltweit größte Exporteur von Textilien mit einem Marktanteil von rund 12 %, gefolgt von Italien mit 9 % und Hongkong mit 7 % vor China mit 6 %. Japans Textilindustrie kriselte in den 1980er-Jahren und verlor etwa die Hälfte ihres Marktanteils (Bild 8.110), bis 2000 erholte sie sich wieder etwas. Im Jahr 2000 war China mit 10 % vor Italien, den USA und Deutschland (je 6–8 %) der Weltmarktführer und ist es bis heute geblieben.

Die Entwicklung in ausgewählten Regionen zeigt Bild 8.111. Während die Produktion in Europa in den 1990er-Jahren auf hohem Niveau konstant blieb, wuchs sie in Asien weiter an. Die NAFTA-Länder und Afrika hatten und haben ebenso wie alle anderen Regionen keine nennenswerten Marktanteile.

Um 1990 begann China, sein Wirtschaftssystem von der unproduktiven Planwirtschaft hin zu einer mehr oder weniger staatlich kontrollierten Marktwirtschaft umzustellen. Durch den enormen Binnenmarkt wuchs die Produktion schnell an, und das Land erlebte eine Industrialisierung im Schnelldurchlauf. Bereits 1995 betrug der Anteil Chinas an der weltweiten Bekleidungsproduktion rund 13 %, bis 2000 stieg er auf 18 % (Bild 8.112). Mexiko baute im Zuge des NAFTA (North American Free Trade Agreement) seine Textilindustrie auf 8000 Unternehmen weiter aus und lieferte zunächst vor allem in die USA, später auch nach Europa.

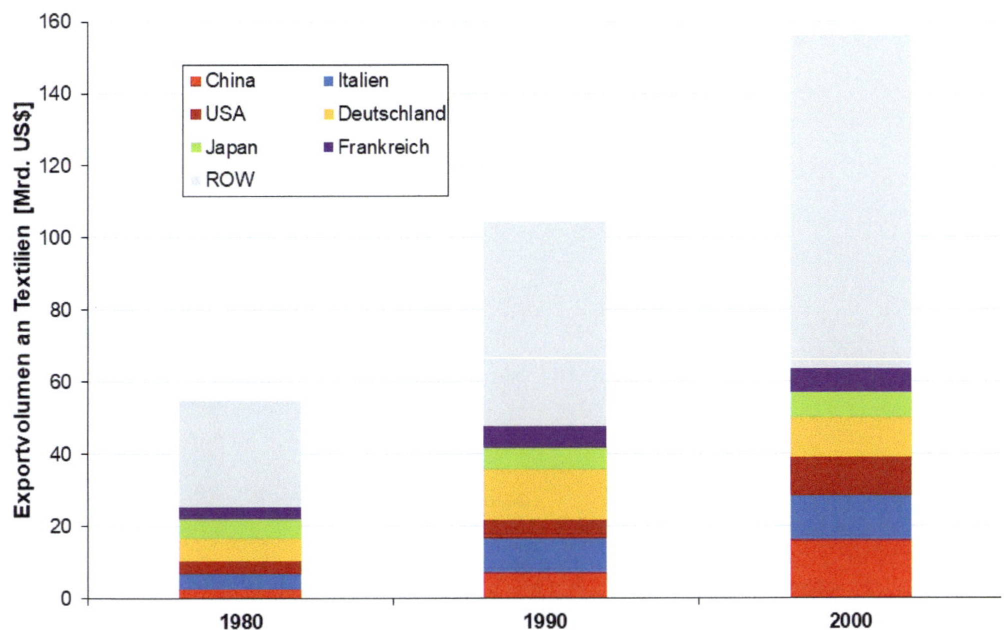


**Bild 8.110** Exportvolumen von Textilien (Daten: WTO, 2023)

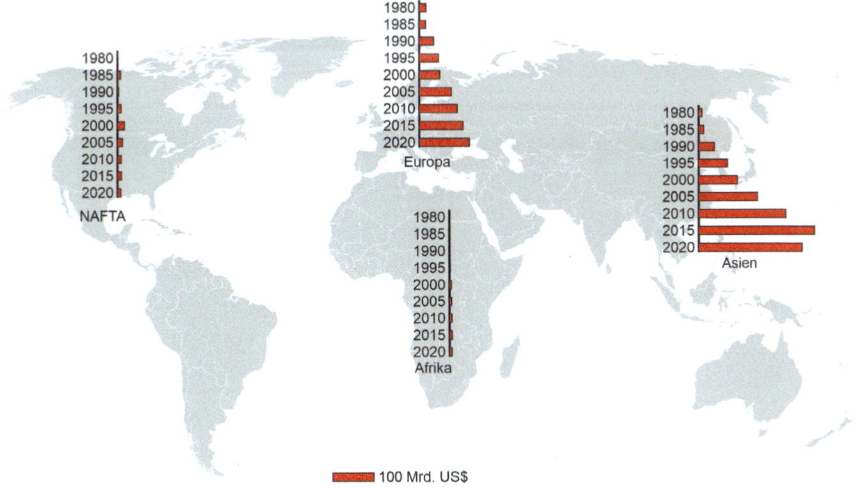


**Bild 8.111** Ausfuhr von Textilien nach Kontinenten (Daten: WTO, 2023)

Viele osteuropäische Staaten mit einer Tradition in der Textilindustrie vergrößerten nach dem Ende des Sozialismus ebenfalls ihre Textilproduktion, vor allem mithilfe westeuropäischer Unternehmen, die ihre Produktion verlagerten. Sie exportierten vor allem in die EU. In Nordafrika, besonders in Marokko und Tunesien, entstanden ebenfalls viele neue Betriebe, die ihre Waren meist nach Europa lieferten.

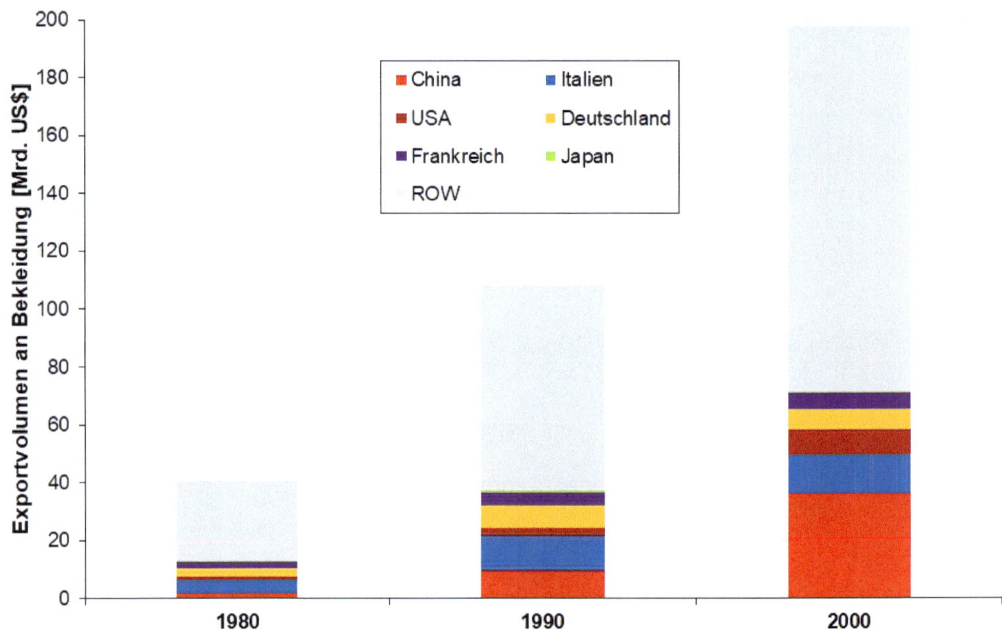


**Bild 8.112** Exportvolumen von Bekleidung (Daten: WTO, 2023)

Die Entwicklung der Bekleidungsexporte ausgewählter Länder zeigt Bild 8.113.

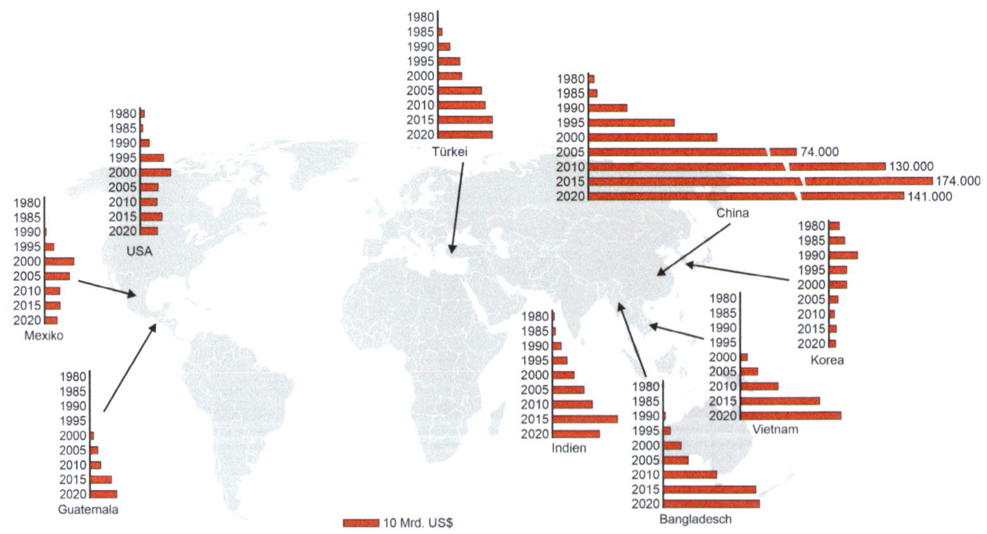


**Bild 8.113** Ausfuhr von Bekleidung ausgewählter Länder (Daten: WTO, 2023)

Die Herstellung und der Export von Bekleidung werden heute vor allem von Asien dominiert. Hier ist weiterhin China führend, ab 2015 wurde die Produktion in Länder mit noch geringeren Löhnen verlagert, wie z. B. Bangladesch und Vietnam. Europa ist immer noch ein wichtiger Standort für die Bekleidungsfertigung, Deutschland (z. B. Falke, Trigema) und Italien sind hier dominierend. Die NAFTA-Länder und Afrika spielen ebenso wie alle anderen Weltregionen keine große Rolle.

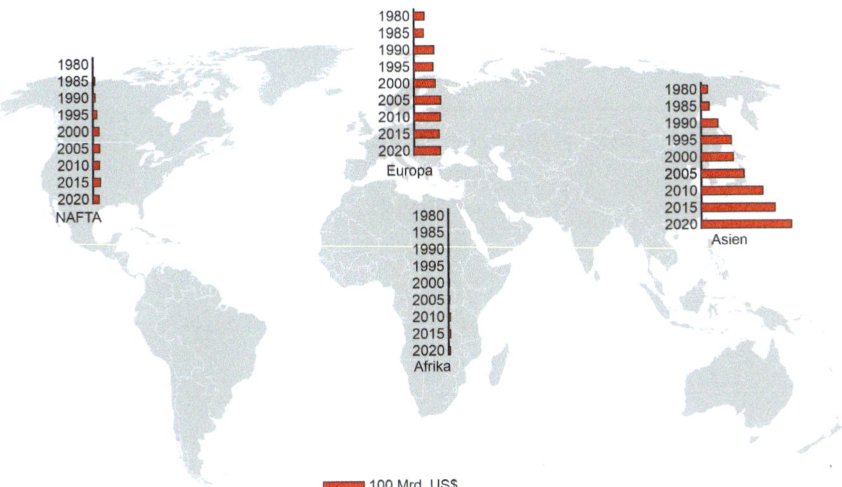


**Bild 8.114** Ausfuhr von Bekleidung nach Kontinenten (Daten: WTO, 2023)

Der besseren Übersicht halber werden hier auch schon die Marktentwicklungen zum Anfang des 21. Jh. gezeigt. Eine detaillierte Erläuterung der teilweise sehr skurrilen Ereignisse wird in Kapitel 9 gegeben.

## ■ 8.17 Entwicklung der Industrie

In der zweiten Hälfte des 20. Jh. kam es zu einer zunehmenden Konzentration der großen Textilunternehmen. So erwarb z. B. die Daun & Cie AG, Rastede, ab den 1980er-Jahren eine Vielzahl von Textilunternehmen und wurde zu einem führenden Textilkonzern. Eine ähnliche Konzentration erfolgte auch im Textilmaschinenbau, wie Bild 8.115 beispielhaft zeigt. Nach ersten Firmenzusammenschlüssen in den 1960er-Jahren fusionierten diese Unternehmen in den 1990er-Jahren zu größeren Einheiten, häufig, um das Portfolio zu vervollständigen. Seit den 2000er-Jahren ging dann China „auf Einkaufstour“, und ihre vom Staat gelenkten Unternehmen übernahmen auch große Konzerne.

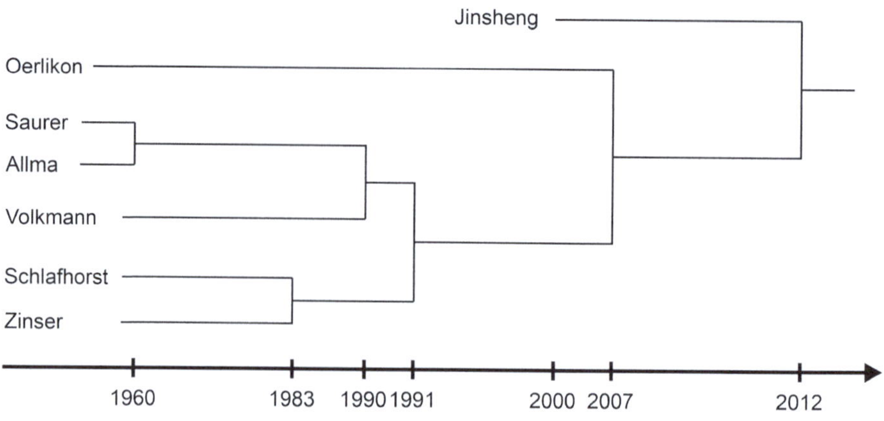


**Bild 8.115** Typische Fusionen im Textilmaschinenbau

## 8.18 Entwicklung in ausgewählten Ländern und Gebieten

Bis zum Ersten Weltkrieg änderte sich an den Verhältnissen der Textilherstellung wenig. Der Süden, vor allem Indien, lieferte die billige Baumwolle, im Norden, also in Europa und den USA, wurde sie zu Textilien verarbeitet, die wiederum im Süden verkauft wurden. Nach dem Ersten Weltkrieg begann sich die Situation zu wandeln. Die Arbeiter im industrialisierten Norden organisierten sich in Gewerkschaften und kämpften verstärkt für bessere Arbeitsbedingungen und höhere Löhne. Ein typisches Beispiel ist der Streik der Textilarbeiter in Lawrence, Massachusetts, von Januar bis März 1912. Nachdem die Regierung die wöchentliche Arbeitszeit um zwei Stunden auf 54 h reduziert hatte, kürzten die Unternehmer die Löhne entsprechend, trotz hoher Gewinne. Dadurch sanken die Löhne unter das Existenzminimum, und die vor allem weibliche Arbeiterschaft legte die Arbeit nieder (Bild 8.116). Am Ende einigte man sich auf bis zu 20% höhere Löhne. Im Zuge der Verhandlungen stellte sich heraus, dass viele Textilarbeiterinnen das Mindestalter von 14 Jahren noch nicht erreicht hatten und rund ein Drittel der Arbeiterinnen starb, bevor sie 25 Jahre alt waren. Dies war zu einem nicht geringen Teil auf mangelhafte Arbeitssicherheit zurückzuführen. Die Situation in anderen Fabriken in den USA und Europa war ähnlich, und so wurde der Ruf nach Veränderungen immer lauter. In Frankreich gab es 1909 insgesamt 198 Streiks mit 30 000 Teilnehmern (Beckett, 2014). Gleiches galt für England, wo sich Gewerkschaften der Kardierer, Spinner und Weber schon am Ende des 19. Jh. gebildet hatten und durch zahlreiche Streiks bessere Arbeitsbedingungen erkämpften. Daher stiegen in den nächsten Jahren die Löhne, was im Gegenzug die Konkurrenzfähigkeit der Unternehmen verschlechterte. So wurde die Arbeitszeit in Frankreich Anfang des 20. Jh. auf elf Stunden (für Frauen) verkürzt, in Deutschland wurde 1913 die 48-Stunden-Woche eingeführt und in Spanien im Jahr 1919 sogar der Achtstundentag.

Mit sinkenden Arbeitszeiten stiegen die Löhne von 1870 bis 1910 je nach Land und Tätigkeit um 40–200 %.

**Bild 8.116** Streik der Textilarbeiterinnen in Lawrence (1912)

In den Ländern des Südens waren die Lohnkosten wesentlich geringer, die täglichen Arbeitszeiten höher und die Arbeiter nicht gewerkschaftlich organisiert. So stand eine große Menge an billigen Arbeitskräften zur Verfügung, die einfach ausgebeutet werden konnten. Da durch Handel reich gewordene Kaufleute nun lokal in den Aufbau der Textilindustrie investierten, verlagerte sich die Produktion immer mehr in diejenigen Länder, die auch den Rohstoff erzeugten: nach Indien und China sowie nach Korea und Japan. Es entstanden neue „Manchester", z. B. Ahmedabad in Indien.

Allerdings war die Produktivität in den einzelnen Ländern sehr unterschiedlich, wie ein Vergleich von Daten aus dem Jahr 1929 zeigt (Bild 8.117). Die chinesischen Arbeiter erhielten zwar den mit großem Abstand geringsten Lohn, allerdings ist ihre Produktivität deutlich geringer als die in anderen Ländern.

| Land | Menge Garn pro Spindel und Stunde | Anzahl Spindeln pro Arbeiter | Menge Garn pro Arbeiter |
|---|---|---|---|
| US Südstaaten | 150 | 560 | 833 |
| England | 170 | 300 | 500 |
| Japan | 180 | 200 | 350 |
| China (jap. Firmen) | 150 | 110 | 167 |
| China (chin. Firmen) | 100 | 100 | 100 |

**Bild 8.117** Vergleich der Produktivität von Spinnereien im Jahr 1929 nach (Duus, 1989) normiert auf (China = 100)

Durch die zunehmende Automatisierung der Textilproduktion glichen sich die Unterschiede in der Produktivität, z.B. bei der Garn- und Gewebeherstellung, allmählich an. Der teuerste Schritt bei der Produktion von Bekleidung ist die Konfektion, wo bis heute fast ausschließlich Handarbeit eingesetzt wird (Bild 8.118).

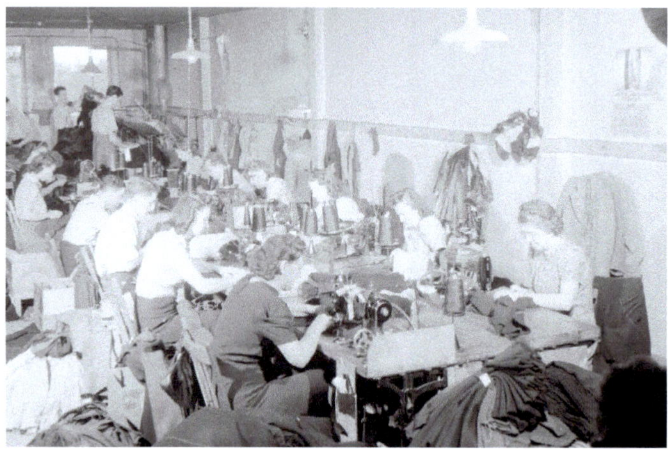

**Bild 8.118** Konfektion in Kanada 1941 (Leclerc, 2014)

Die dazu erforderlichen Arbeitskräfte sind ein wesentlicher Kostenfaktor. Daher wurden diese Produktionsschritte als Erstes in Niedriglohnländer, vor allem nach Asien, verlagert. Um Transportwege abzukürzen und die Logistik zu vereinfachen, folgten die vorgelagerten Prozessschritte, bis schließlich zum Ende des Jahrhunderts die gesamte Produktionskette in Asien war. Nach dem Ende der Sowjetunion und der Öffnung der osteuropäischen Staaten erfolgte die gleiche Entwicklung in kleinerem Maßstab für die noch in Westeuropa verbliebene Textil- und Bekleidungsindustrie. Ihre Fertigung wurde zu großen Teilen nach Osteuropa verlegt, wo die Löhne deutlich niedriger waren und es eine lange Tradition der Textilindustrie gab.

Um eine genügend große Anzahl gut ausgebildeter Mitarbeiter für die Textil- und Maschinenindustrie sicherzustellen, wurden in zahlreichen Ländern ab den 1920er-Jahren Textilforschungsinstitute gegründet. Parallel begann die Ausbildung von Ingenieurinnen und Ingenieuren an den Hochschulen, später auch an den Universitäten.

### 8.18.1 England

Die britische Textilindustrie exportierte im ersten Jahrzehnt des 20. Jh. rund 90 % der im Land hergestellten Garne und Gewebe. So wurden von den rund 7 Mrd. Yards Baumwollgewebe nur 0,7 Mrd. Yards im Vereinigten Königreich verbraucht. Davon wiederum wurde ein Teil zu Bekleidung verarbeitet und dann ebenfalls exportiert. In Großbritannien waren um 1910 rund ein Drittel aller Spindeln weltweit installiert (1860 waren es noch 61 %), 80 % davon in Selfaktoren (Catling, 1970). Bild 8.119 zeigt eine typische Weberei mit zentralem Dampfmaschinenantrieb, erkennbar an den Riemen, die jede Webmaschine mit Antriebsenergie versorgten.

**Bild 8.119** Englische Weberei mit Kraftwebstühlen um 1914 (Hoskyn, 1914)

Diese Dominanz hielt an bis zum Ende der 1920er-Jahre, wo rund 60 Mio. Spinnstellen in Betrieb waren. In der folgenden wirtschaftlichen Rezession in den 1930er-Jahren gingen viele Spinnereien pleite, und 1939 waren rund 36 Mio. Spindeln in Betrieb, immer noch ca. 70 % in Selfaktoren. Dies waren über 40 % weniger als noch zehn Jahre zuvor. Die Anzahl der Webstühle sank von 1919–1939 um 43 %, und in der gleichen Zeit reduzierte sich die Anzahl der Textilarbeiter um 45 %. Ein wesentlicher Grund dafür war das Wegbrechen der Märkte in Asien, u. a. durch die im Vergleich hohen Lohnkosten in England. Der Export nach Indien halbierte sich von 1919 bis 1939, der nach Holländisch-Ostindien ging um 55 % zurück und der nach China um 59 % (Beckett, 2014). Auch Importzölle von 20 % auf Gewebe und von 10 % auf Garne ab 1932 halfen nicht mehr. Ein weiterer wichtiger Grund für den Niedergang war die Zersplitterung der englischen Textilherstellung. So waren Spinnereien und Webereien fast immer unabhängige Unternehmen, während in Japan bereits „vertikale" Textilbetriebe die Regel waren, die die gesamte Produktion von der Faser bis zum Endprodukt unter einem Dach durchführten, was erhebliche Kostenvorteile hatte.

Unmittelbar nach Ende des Zweiten Weltkriegs wurden Textilien wieder ein wichtiges Exportgut, dieser Boom brach aber bereits 1951 wieder zusammen (Bild 8.120). Die britische Regierung unterstützte ab 1959 den Abbau von Überkapazitäten, und innerhalb von zwei Jahren wurden 12 Mio. Spindeln und 105 000 Webstühle stillgelegt. Dies ging einher mit einem Rückgang von 30% bei den Beschäftigten in der Textilindustrie. Im Jahr 1969 sind nur noch 300 000 Selfaktor-Spindeln in Betrieb gegenüber 3,7 Mio. Ringspindeln. Der weitere Niedergang der britischen Textilproduktion war nicht mehr aufzuhalten. Schon 1958 importierte Großbritannien zum ersten Mal seit dem 18 Jh. mehr Baumwolltextilien, als es ausführte.

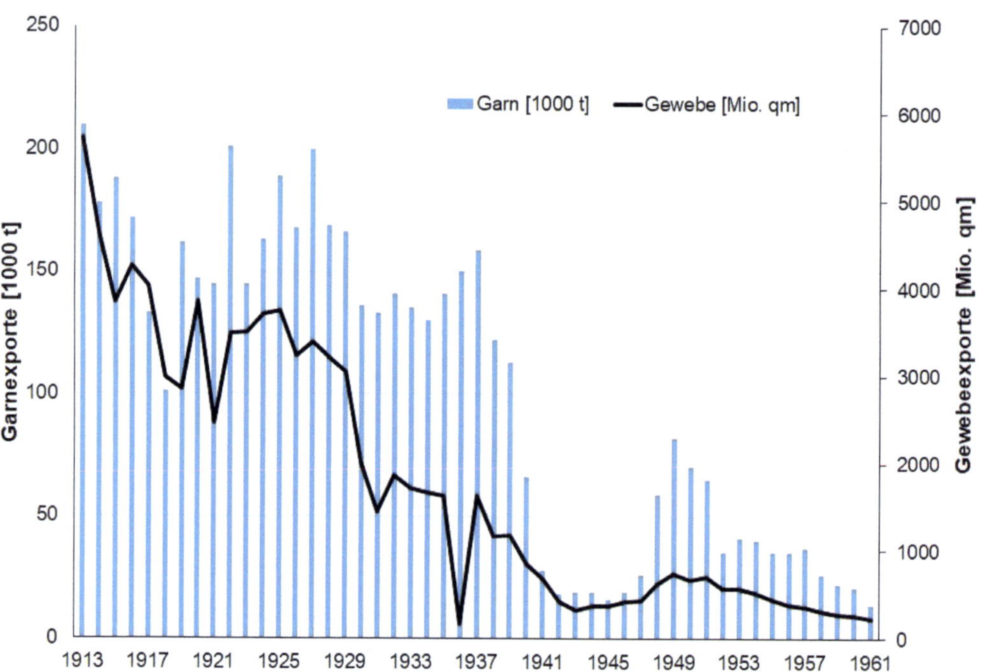


**Bild 8.120** Garn- und Gewebeexporte aus Großbritannien (The Cotton Year Book, 1962)

Spätestens seit den 1980er-Jahren spielte die britische Textil- und Bekleidungsindustrie auf dem Weltmarkt nur noch eine untergeordnete Rolle.

## 8.18.2 Deutschland

Die deutsche Textilindustrie war zu Beginn des 20. Jh. die drittgrößte der Welt und die größte in Kontinentaleuropa. Sie beschäftigte 1913 rund 400 000 Mitarbeiter, das entsprach etwa ⅛ der gesamten Arbeiterschaft. Die Textilherstellung war mit einem Umsatz von rund 1 Mrd. Reichsmark (1897) der größte Industriezweig, weit vor der Eisen- und Stahlindustrie. Textilien waren das wichtigste Exportgut Deutschlands, aber gleichzeitig war Rohbaumwolle mit einem Wert von 450 000 t (1902) das wichtigste Importgut. Daher stellte sich die drängende Frage, wie die Rohstoffversorgung stabil gehalten werden konnte und idealerweise in deutschen Händen lag. Der Politiker Ernst

Henrici (1854–1915) bemerkte dazu: „In dem großen wirtschaftlichen Wettkampf der Völker spitzt alles sich auf Massenerzeugung und Massenabsatz zu. Auch unsere Kolonien müssen, wenn sie dem Mutterlande von wirklichem Nutzen sein sollen, danach trachten, große Massen von Roherzeugnissen zu liefern, um wiederum Massen von Erzeugnissen der Industrie des Mutterlandes kaufen zu können." Ab 1888 wurde daher versucht, in der deutschen Kolonie Togo mithilfe von vier Söhnen ehemaliger Sklaven aus Alabama (USA) den Baumwollanbau auszubauen. Auch in Deutsch-Ostafrika (im Wesentlichen das heutige Tansania) wurden von verschiedenen Textilfabrikanten Baumwollplantagen angelegt. Beide Projekte lösten das Problem der Versorgung der deutschen Textilindustrie mit Baumwolle nicht (Abschnitt 8.18.12).

Nach dem Ersten Weltkrieg ist die Textilindustrie immer noch einer der größten Industriezweige mit rund 122 000 Unternehmen, davon alleine in der Wirkerei/Strickerei mehr als 50 000 und in der Spitzen- und Gardinenindustrie ca. 27 000.

Die deutsche Textilindustrie verlor im 20. Jh. zunehmend ihre Wettbewerbsfähigkeit durch höhere Löhne in Kombination mit immer kürzeren Arbeitszeiten. Um dem entgegenzuwirken, investierten viele Unternehmer in modernere, produktivere Maschinen, die mit weniger Personal bei gleichzeitig höherer Produktivität auskamen. So stieg von 1865 bis 1913 die von einem Arbeiter erzeugte Garnmenge um das Dreifache, bei der Weberei sogar um das Sechsfache (Kirchhain, 1973). Dadurch reduzierten sich die Lohnkosten in der Spinnerei zwischen 1800 und 1913 um die Hälfte auf 39 % und in der Weberei um ein Viertel auf 57 % der Gesamtkosten. 1913 arbeiteten 2,7 Mio. Menschen in der Textil- und Bekleidungsindustrie, was einem Anteil von rund 25 % an allen Beschäftigten entsprach.

Im Bereich der chemischen Industrie hatte Deutschland zu Beginn des 20. Jh. ebenfalls eine führende Position in der Welt. Insbesondere die Herstellung von Farbstoffen war ein wesentlicher Schwerpunkt, und so konnten 1920 von deutschen Unternehmen mehr als 10 000 verschiedene Farbtöne synthetisch erzeugt werden. Neben anderen revolutionierten die chemisch aus Teer erzeugten Anthrachinon-Küpenfarbstoffe (Indanthren, 1901; Thioindigo, 1905; Hydronblau,1908) die Färbung von Baumwolle. Damit waren die Voraussetzungen geschaffen, dass die Bekleidung bunter wurde als je zuvor. Insbesondere die BASF AG (Indigo), die Farbwerke Hoechst (Fuchsin, Alizarin, Aldehydgrün) und Leopold Cassella & Co. sowie die Bayer AG (Ultramarin, Alizarin) waren bedeutende Farbstoffproduzenten. Sie schlossen sich im ersten Jahrzehnt des 20. Jh. zu Zweier- und Dreierbünden zusammen, um konkurrenzfähiger zu werden. Im Jahr 1914 hatten sie daher zusammen mit ihren Tochterunternehmen im Ausland einen Marktanteil von 85 % an allen Farbstoffen weltweit.

Mit dem Beginn des Ersten Weltkriegs kam die Farbstoffproduktion weitgehend zum Erliegen und wurde erst ab Mitte der 1920er-Jahre wieder aufgenommen. Im Jahr 1925 schlossen sich mehrere große Chemieunternehmen zur Interessengemeinschaft Farbenindustrie AG, kurz IG Farben, zusammen (Bild 8.121). Der Firmensitz ist in Frankfurt a. M.

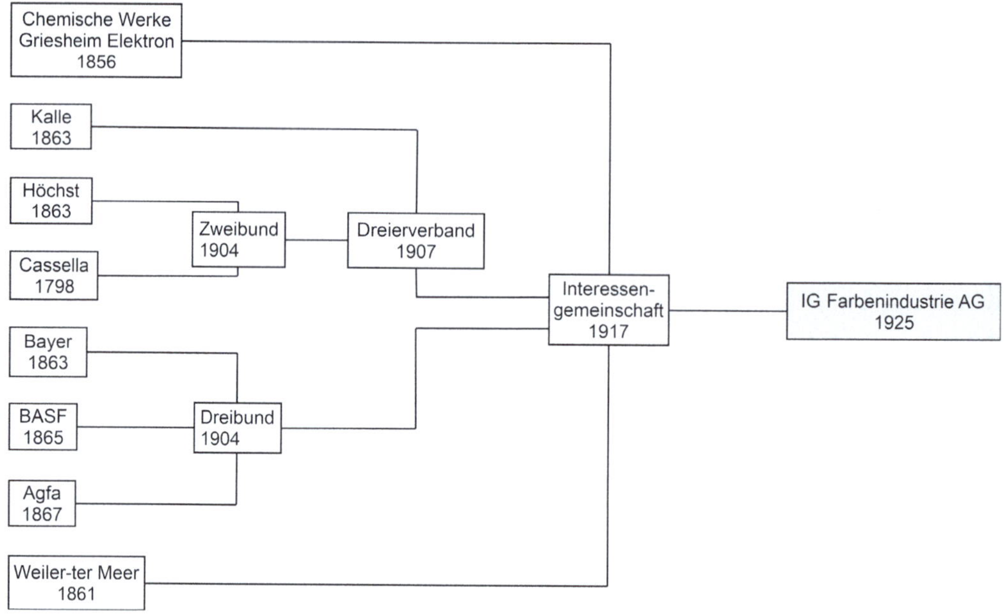


**Bild 8.121** Zusammenschluss großer Chemieunternehmen zur IG Farben

In den 1930er-Jahren wurde der Konzern, u.a. durch Enteignungen jüdischer Unternehmer, zum größten europäischen Unternehmen und größten Chemie- und Pharmaproduzenten weltweit. Mittlerweile hatte sich aber eine starke Farbindustrie in England, Frankreich den USA und anderen Ländern entwickelt, und die Dominanz der deutschen Industrie in diesem Sektor nahm allmählich ab.

Unmittelbar vor dem Zweiten Weltkrieg hatte Deutschland einen Marktanteil von rund 30 % an der europäischen Textilerzeugung, England von rund 60 %. Ende der 1940er-Jahre lag der Anteil Deutschlands bei 1 %, der von England bei rund 95 %.

In den 1950er-Jahren begann der Wiederaufbau, und ab den 1960er-Jahren hatte die deutsche Textil- und Bekleidungsindustrie wieder eine bedeutende Marktposition erlangt. Durch die starke Konkurrenz aus Niedriglohnländern, allen voran Korea und Japan, begann aber in den 1970er-Jahren der Niedergang, der sich bis in die 1990er-Jahre und zum Teil darüber hinaus fortsetzte. Die synthetischen Chemiefasern stellten vor allem die traditionellen Spinnereien, aber auch die Webereien, vor große Probleme, weil sie Garnen und Textilien aus Baumwolle und Wolle große Konkurrenz machten. Besonders traditionelle Stoffe aus Wolle wurden, vor allem für die Jugend, „altmodisch". War die Textilindustrie eng mit der Bekleidungsindustrie verzahnt, wie z.B. in Mönchengladbach, so veränderte sie sich mit der Mode (z.B. Mischgewebe) und war weiterhin konkurrenzfähig. Städte mit Webereien, die in Lohn färben ließen und keine ortsansässige Bekleidungsfertigung hatten, wie z.B. Aachen, hatten diese

Flexibilität meist nicht, und so verschwanden bis Ende der 1970er-Jahre dort die meisten Betriebe.

Ab den 1980er-Jahren stellten vorausschauende Unternehmer ihre Produktion auf technische Textilien um. In diesem Sektor hatte Deutschland Ende des 20. Jh. eine starke Stellung im Weltmarkt mit vielen erfolgreichen Unternehmen. In der klassischen Textil- und Bekleidungsindustrie gab es nur noch wenige, aber dafür meist sehr konkurrenzfähige Produzenten.

Im Textilmaschinenbau begann der Wiederaufstieg der deutschen Industrie ebenfalls ab den 1950er-Jahren, und seit den 1980er-Jahren war Deutschland mit Abstand der größte Exporteur von Textilmaschinen weltweit. Technologisch waren viele deutsche Firmen auf ihrem Gebiet Weltmarktführer durch ein sehr hohes Maß an Innovation und Kundenservice. In den 1990er-Jahren investierten die ersten Firmen in Tochterfirmen in China, um auf dem dort wachsenden Markt präsent zu sein. Dies stabilisierte einerseits ihre Geschäfte, andererseits kam es auch bald zu einem Abfluss an Know-how.

### 8.18.3 Frankreich

Seit dem Ende des 19. Jh. hatte Frankreich eine starke Textilindustrie, vor allem für die Herstellung von Seidenstoffen war sie in Europa führend. Bis zum Ersten Weltkrieg änderte sich dies nur wenig, danach geriet die Textilindustrie im Zuge der allgemeinen Wirtschaftskrise in Schwierigkeiten, und die Anzahl der Betriebe nahm weiter ab. Der Anteil an den Exporten lag in den 1930er-Jahren nur noch bei rund 10% und fiel in der Folgezeit weiter. Ab den 1960er-Jahren hatte die französische Textil- und Bekleidungsindustrie die gleichen Herausforderungen zu bewältigen wie die anderen Industrieländer in Europa. Frankreich etablierte sich allerdings neben Italien als wichtiges Land der Mode und setzte die Trends. Auch die Herstellung von Technischen Textilien wurde zu Ende des 20. Jh. vorangetrieben. 1990 waren immer noch 460000 Menschen in der Textilindustrie beschäftigt, vor allem im Nordosten des Landes.

### 8.18.4 USA

Vor dem Bürgerkrieg waren die USA vor allem ein Exporteur von Baumwolle, nur 20% wurde im Land selbst weiterverarbeitet. In den 1870er-Jahren stieg dieser Anteil auf 30% und erreichte zur Jahrhundertwende 50%. Die Produktion verlagerte sich dabei durch die Neugründung zahlreicher Unternehmen in die Südstaaten (vgl. Kapitel 7), während sie im Norden weitgehend stagnierte. Im Süden waren die Löhne geringer und die Arbeitszeiten länger, was einen enormen Wettbewerbsvorteil gegenüber der Konkurrenz in Neuengland darstellte. Kinderarbeit war weiterhin weit verbreitet (Bild 8.122).

**Bild 8.122** Belegschaft einer Spinnerei in Alabama um 1910 (Hine, 1910)

Durch die Billigkonkurrenz im eigenen Land mussten ab den 1920er-Jahren zahlreiche Fabriken im Norden schließen, sodass z. B. in Massachusetts von 1922–1928 rund 40 % der Arbeitsplätze in der Textilindustrie verloren gingen (Beckert, 2014).

Eine der größten Textilfabriken der Welt war die Amoskeag Manufacturing Company in Manchester, New Hampshire. Sie hatte 1911 rund 17 000 Mitarbeiter, 662 000 Spindeln, 24 200 Webstühle, dreißig Wasserräder, zwölf Dampfmaschinen und fünf Dampfturbinen. Damit wurden 217 Mio. Meter Baumwollgewebe pro Jahr hergestellt (Bild 8.123). Trotz ihrer Größe ging sie 1935 bankrott.

**Bild 8.123** Amoskeag Manufacturing Company um 1911 (Wiki, 2012)

Es gab allerdings auch erfolgreiche Neugründungen, wie z. B. Burlington Mills, die 1923 von Spencer Love gegründet werden. Von 200 Mitarbeitern wuchs das Unternehmen auf

6900 im Jahr 1933 und mehr als 60 000 Anfang der 1960er-Jahre. Die Firma umfasste die gesamte Textilproduktion von der Faser bis zum Endprodukt und kümmerte sich auch um den Verkauf der Fertigwaren. Sie bestand bis 2001.

Trotz dieser Ausnahmen verschwanden große Teile der US-amerikanischen Textilindustrie in den 1960er-Jahren, und billige Exporte aus Japan und anderen asiatischen Ländern überschwemmten den Markt. Um dies einzudämmen, wurden verschiedene Handelsabkommen geschlossen, die allerdings nur eingeschränkt ihre Wirkung entfalteten (vgl. Abschnitt 8.16.3).

## 8.18.5 Indien

1861 eröffnete in Ahmedabad eine erste Spinnerei mit 2500 Spindeln, 1865 liefen schon 10 000 Spindeln, und es gab hundert Webstühle. In den 1870er-Jahren wurden weitere Spinnereien gebaut, so 1877 eine von der Gujarat Spinning and Weaving Company mit fast 12 000 Spindeln und mehr als 200 Webstühlen. Das Kapital dafür kam von wohlhabenden Kaufmannsfamilien, die in der Textilherstellung große Gewinnmöglichkeiten erkannten. Sie wurden allerdings von der britischen Kolonialmacht ausgebremst, die Indien weiterhin vor allem als Absatzmarkt für die britische Textilindustrie sah und nicht als gleichberechtigten Handelspartner. Nachdem sich 1885 der indische Nationalkongress als Interessenvertreter der indischen Bevölkerung gegründet hatte, nahmen die Spannungen und Auseinandersetzungen zwischen den indischen Unternehmern und der Regierung stetig zu. Erstere beklagten sich, dass sie, im Gegensatz zu ihren Konkurrenten, z. B. aus Japan, von der Regierung keinerlei Unterstützung bei der Erschließung neuer Märkte, z. B. in Afrika, bekamen.

Seitdem die Ostindien-Kompanie ihre Vormachtstellung in Indien im 18. Jh. etabliert und die indische Textilindustrie weitgehend zerstört hatte, war Indien vor allem ein Lieferant billiger Baumwolle. Mahatma Gandhi erkannte in den 1920er-Jahren, dass eine Wiederherstellung dieser Industrie ein Schlüssel hin zu einer Unabhängigkeit Indiens von England war. So begann er seine „Homespun"-Kampagne und ermutigte seine Landsleute, ihr Garn selbst zu spinnen und keine englischen Garne mehr zu kaufen: „The call of spinning wheel is the noblest of all because it is the call of love and love is sistaj (‚Unabhängigkeit')." Auch Gewebe sollten wieder in Indien erzeugt werden. Die entsprechenden Stoffe hießen „Khadi", und Gandhi kleidete sich fortan nur noch darin (Yann, 2009; Bild 8.124). Dies war ein wichtiges Symbol für den Wiederaufbau der indischen Textilindustrie, aber der Weg war nicht ohne Hindernisse. 1925 wurde nach einem Generalstreik die Textilarbeitergewerkschaft von Bombay (heute: Mumbai) gegründet, die 1927 bereits 100 000 und 1938 schon 400 000 Mitglieder hatte.

**Bild 8.124** Gandhi an der Charkha, dem indischen Handspinnrad (Yann, 2009)

1926 fiel nach langen Auseinandersetzungen die sogenannte Verbrauchssteuer, die indische Produzenten auf ihre Erzeugnisse zahlen mussten. Im Jahr 1930 schrieb Gandhi (Beckett, 2014): „Die Textilindustrie ist ein wertvolles nationales Gut, das vielen Menschen Arbeit gibt und zum Wohlstand des indischen Volkes beiträgt; ihrer Sicherheit und ihrem Fortschritt muss weiterhin die stetige Aufmerksamkeit der indischen Kapitalbesitzer, Arbeiterführer, Politiker und Ökonomen gelten.“ Die indische Kongresspartei nahm das Spinnrad als Symbol für ihr Bestreben nach Indiens Unabhängigkeit in ihre Flagge auf. Später wurde das Spinnrad durch das Rad des Gesetzes (Darmacharkra) ersetzt, das auch heute noch Indiens Flagge ziert (Bild 8.125).

**Bild 8.125** Links: Indiens Flagge im Jahr 1931 mit Spinnrad (Nicolas, 2006); rechts: moderne indische Flagge

Nach der Unabhängigkeit Indiens im Jahr 1947 mussten die Textilunternehmer schnell erkennen, dass sie die Geister, also die Regierung, die sie zur Wahrung ihrer Interessen riefen, nicht mehr loswurden. So wurden zwar zunächst protektionistische Maßnahmen gegen billige Importe erlassen, allerdings kletterten auch die Löhne von 1950–1963 um

63 %, während die Inflation in diesem Zeitraum nur bei 18 % lag. Mithilfe von Fünfjahresplänen wurde versucht, die Wirtschaft zu steuern, was das freie Unternehmertum einschränkte. So entstand eine Mischung aus Sozialismus mit kapitalistischen Elementen, und Indiens Wirtschaft wuchs schnell. In der „Industrial Policy Resolution" von 1956 ordnete die indische Regierung die Wirtschaftszweige in drei Gruppen mit unterschiedlich starkem staatlichem Einfluss. Die Textilindustrie kam in die dritte Kategorie und behielt ihr bestehendes Produktionssystem ohne tiefgreifende staatliche Eingriffe. In der Folgezeit wuchsen die indische Wirtschaft und damit die Textilproduktion weiter bis zur großen Wirtschaftskrise 1989/1991. Seither wurde die staatliche Regulierung immer mehr gelockert, Zölle auf Importe wurden reduziert und andere Handelsschranken beseitigt, um mehr internationales Kapital ins Land zu locken. Die Produktion von Rohbaumwolle und die Erzeugung von Textilien daraus ist weiterhin ein wichtiger Wirtschaftszweig in Indien. Die indische Textil- und Bekleidungsindustrie trägt 2 % (ca. 70 Mrd. €) zum BIP des Landes bei und erzeugt 7 % der Industrieproduktion. Der Anteil von Textilien an Indiens Exporten liegt bei 11 %, womit Indien sechstgrößer Textilexporteur der Welt ist und einen Anteil am Weltmarkt von Textilien von 4 % hat. Auf der einen Seite ist Indiens Textilindustrie hochmodern, allerdings werden noch 95 % der weltweit handgewebten Stoffe in Indien erzeugt, und auch viele andere Tätigkeiten, die anderswo automatisiert sind, werden in Indien wegen der geringen Lohnkosten und des oft geringen Ausbildungsniveaus der Arbeiter von Hand erledigt. Die Textil- und Bekleidungsindustrie ist so der zweitgrößte Arbeitgeber mit rund 45 Mio. Beschäftigten und trägt mit dieser sehr großen Anzahl von Arbeitsplätzen zum sozialen Frieden bei.

### 8.18.6 Japan

Nach dem Sieg im Krieg mit China besetzte Japan ab 1895 große Teil Chinas, in denen Baumwolle angebaut wurde. Somit hatte es nun Zugang zu großen Mengen billigen Rohstoffs und gleichzeitig einen Markt für seine eigenen Produkte geschaffen. Bis 1929 ging rund die Hälfte aller von Japan exportierten Garne nach China.

1904 gründeten japanische Unternehmer die Vereinigung für den Baumwollanbau in Korea. Diese führte amerikanische Baumwollsorten ein und beriet die koreanische Regierung. Innerhalb kurzer Zeit gewannen die japanischen Textilhersteller die Kontrolle über den Baumwollanbau im Süden Koreas, und 1910 besetzte Japan die Halbinsel. Die Kolonialregierung förderte den Anbau von Hochlandbaumwolle, um Japan von den Importen aus Indien unabhängig zu machen, das von England kontrolliert wurde. Dadurch stieg die Baumwollerzeugung von 17 000 t (1904) auf 75 000 t (1916), und die japanische Textilindustrie hatte ihre eigene Rohstoffbasis geschaffen; auch wenn diese Größenordnungen kleiner war als die Großbritanniens.

Die japanische Regierung unterstützte den Ausbau der Textilindustrie massiv durch verschiedene kluge Maßnahmen. So wurden Forschungseinrichtungen gegründet, die die Unternehmen berieten, welche Textilien sie in welche Länder exportieren sollten. Vorbild waren England und Frankreich. Studierende wurden mit Stipendien versorgt und ins Ausland geschickt, um dort zu studieren und in Erfahrung zu bringen, wie die europäische Textilindustrie produzierte. Ein weiterer Faktor war die Bürgschaft der Regierung für Kredite, sodass Investitionen in neue Maschinen staatlich abgesichert waren (Nishi, 1911). Die Löhne in Japan betrugen nur rund 10 % der englischen, weil vor allem junge Frauen im Alter von 15–25 Jahren beschäftigt wurden. Da die Garnherstellung in Japan schon seit dem Altertum vor allem schlecht bezahlte Frauenarbeit war, setzte dies eine lange Tradition fort. Allerdings widersetzten sich viele Frauen den damit verbundenen Zwölf-Stunden-Schichten und verließen ihre Arbeitsplätze. Im Jahr 1897 kündigten nach Schätzungen rund 40 % der Fabrikarbeiterinnen innerhalb der ersten sechs Monate wieder (Nishi, 1011). Weil bis 1945 nur Männer wählen durften, blieben die Anliegen der ausgebeuteten Frauen jedoch unbeachtet, was der Textilindustrie erhebliche Kostenvorteile brachte.

Während des Ersten Weltkriegs boomte die japanische Textilindustrie, allerdings stiegen in der Folge auch die Löhne, die sich von 1914 bis 1919 nahezu verdreifachten (Männer: 0,44 ¥/Tag auf 1,12 ¥/Tag; Frauen: 0,32 ¥/Tag auf 0,87 ¥/Tag).

In den 1930er-Jahren begann Japan daher, seine Textilien auch nach Indien auszuführen. Dies wurde dadurch vereinfacht, dass die indischen Baumwollbauern einen großen Teil der Ernte nach Japan exportierten. So stieg der Export von Baumwollstoffen von Japan nach Indien von 6,4 Mio. Meter im Jahr 1914 auf 530 Mio. Meter 1933 (Beckett, 2014). Im Jahr 1933 exportierte Japan erstmals Baumwolltextilien nach England und in andere europäische Länder, und 1937 hatte es mit einem Marktanteil von 37 % an allen Baumwollstoffen England (27 %) überholt. Innerhalb kürzester Zeit gelang Japan so der Aufstieg zu einer industriellen Großmacht.

Nach dem Ende des Zweiten Weltkriegs gewann Japan trotz einer weitgehenden Zerstörung seiner Industrie und des Verlusts seiner Einflusssphären in China und Korea schnell wieder Marktanteile und machte vor allem der US-amerikanischen Textilindustrie Konkurrenz. Die Regierung der USA griff zu Gegenmaßnahmen (vgl. Abschnitt 8.16.3), was die japanische Industrie in Schwierigkeiten brachte. Die Wirtschaftskrise zum Ende des 20. Jh. tat ein Übriges, und so verschwand die japanische Textilindustrie weitgehend vom Weltmarkt. Im Bereich der Chemiefaserherstellung hatte Japan ab den 1970er-Jahren eine starke Stellung und behielt diese bis zum Aufstieg von Chinas Industrie Anfang des 21. Jh. Auch der Textilmaschinenbau hat weiterhin große Bedeutung.

### 8.18.7 Korea

Nach dem Ende der Besatzung durch Japan (siehe oben) entwickelte sich im Süden des Landes schnell eine eigenständige koreanische Textilindustrie. Unterstützt durch die im Vergleich zu Europa deutlich geringeren Löhne verdrängten sie ab den 1970er-Jahren viele europäische Unternehmen vom Markt, z. B. fast alle Tuchhersteller in Aachen.

## 8.18.8 China

In China gab es seit dem späten 19. Jh. Bestrebungen, die Textilindustrie zu mechanisieren. So wurde 1878 die erste chinesische Spinnerei, die Shanghai Cotton Club Mill, gegründet. 1882 erhielt sie von der chinesischen Regierung für zehn Jahre ein Monopol auf ihre Produkte. 1896 gab es in China schon zwölf Spinnereien mit 412 000 Spindeln (Beckert, 2014). Im Vertrag von Shimonoseki, mit dem der Krieg mit Japan beendet wurde, wurde festgehalten, dass ausländische Investoren in China Fabriken errichten durften. Ein Leitartikel in der Zeitschrift „Tokyo keizai zasshi" drückte es so aus: „Ah, die Schlacht der Waffen und der Männer ist zu Ende, und nun beginnt die Schlacht des Handels." (Duus, 1989). So investierten insbesondere japanische Kaufleute nun massiv in den Ausbau der Exporte nach China. Um 1914 gingen 92 % der exportierten Garne aus Japan nach China, bei Geweben lag der Anteil bei 70 %. Der Anteil der Textilexporte nach China betrug bis zum Ende der 1920er-Jahre über 50 % aller Exporte aus Japan (Bild 8.126).

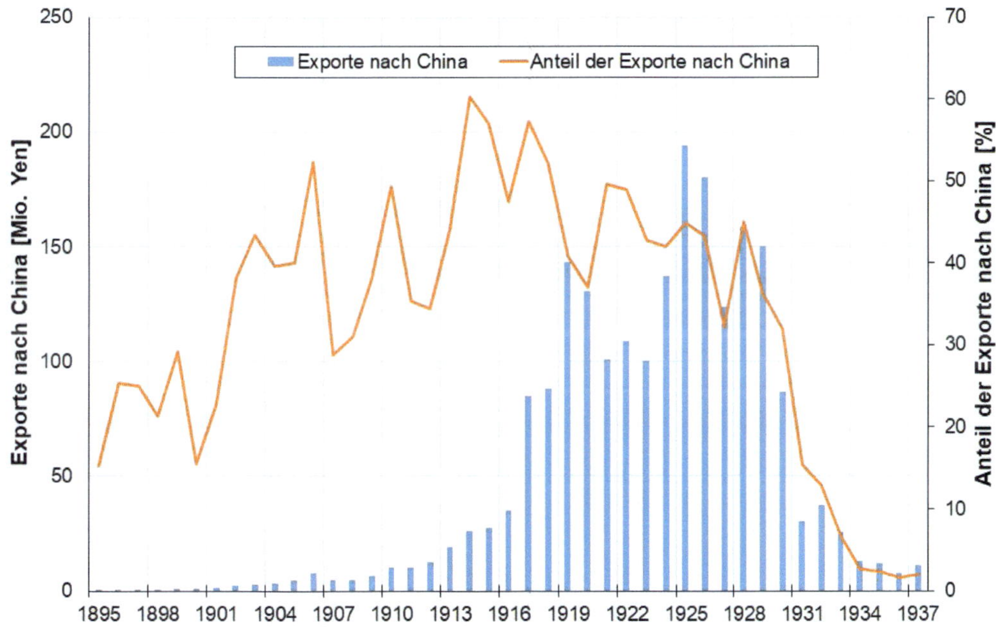


**Bild 8.126** Entwicklung der Exporte von Garnen und Textilien aus Japan nach China (Daten: Duus, 1989)

Ab ca. 1914 begann der schnelle Aufbau einer chinesischen Textilindustrie mit japanischem Kapital, vor allem im Bereich der Spinnerei, weil es in China sowohl billige Baumwolle als auch sehr billige Arbeitskräfte gab, die zu halb so hohen Löhnen wie die japanischen Arbeiter produzierten. Zum Teil wurden bestehende Unternehmen als Joint Venture geführt, zum großen Teil aber auch neue Betriebe in ausschließlich japanischem Besitz gegründet. Somit wurde China zum Billiglohnland für Japan, wie es schon die Südstaaten der USA für die Nordstaaten waren. Im Vergleich mit US-amerikanischen Arbeitern lagen die Arbeitskosten sogar nur bei rund 2 % der dort gezahlten Löhne. Darüber hinaus wurde nach dem bewährten japanischen Arbeitszeitmodell in zwei Schichten à zwölf Stunden gearbeitet, und nur am Sonntag war eine Schicht frei. Um die Kosten weiter zu senken, waren um 1900 rund 80 % der Arbeitskräfte Frauen und 15 % Kinder unter 14 Jahren. Um den Prozess der Mechanisierung der Textilherstellung zu unterstützen, griff auch der chinesische Staat mit Macht ein. So wurden Streiks unterdrückt und unliebsame Arbeiterführer erschossen. Unternehmer konnten günstige Kredite vom Staat erhalten. Anfang des 20. Jh. war die chinesische Textilindustrie durch diese Randbedingungen und Maßnahmen die am schnellsten wachsende der Welt. Zwischen 1913 und 1918 verdoppelte sich die Garnproduktion in China, und bis 1931 verdreifachte sich die Anzahl an Spindeln, während sie in Indien nur um 50 % stieg und in Europa, insbesondere in England, Deutschland und Russland, sogar stagnierte. Ab 1918 halfen auch die auf Garneinfuhren erhöhten Zölle dabei, Investoren zu ermutigen, in chinesische Spinnereien zu investieren und so die Zölle zu umgehen. 1927 ist eine Viertel Million Menschen in China mit der Baumwollverarbeitung beschäftigt, die Hälfte davon in Shanghai. 1940 hatten rund 50 % der Textilunternehmen in der Spinnerei ausländische Eigentümer (Bild 8.127).

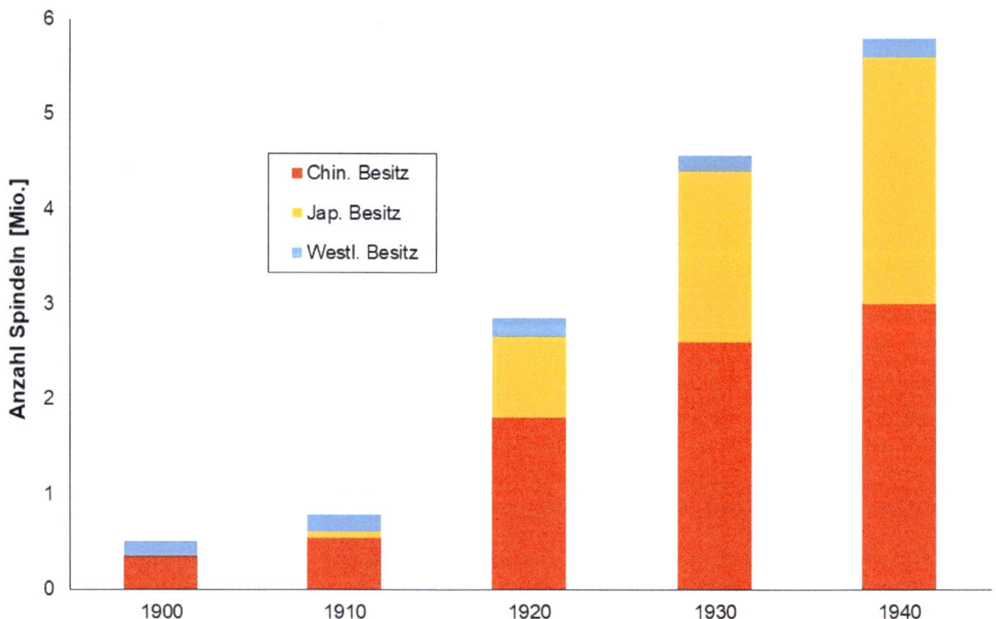


**Bild 8.127** Die Eigentümer der Baumwollspindeln in China (Daten: Duus, 1989)

Bei den Webmaschinen ergibt sich ein ähnliches Bild. Bis 1920 gab es kaum direkte japanische Investitionen in chinesische Webereien, danach begann durch die Gewinne, die während des Ersten Weltkriegs gemacht wurden, ein Boom, und 1936 stand die Mehrheit der Webmaschinen in China in japanisch geführten Unternehmen (Bild 8.128).

Mit dem Rückzug japanischer Unternehmen nach dem Zweiten Weltkrieg und der Übernahme der Regierung durch die kommunistische Partei spielte die chinesische Textilindustrie auf dem Weltmarkt keine Rolle mehr. Dies änderte sich mit der allmählichen Öffnung des Landes und einer liberaleren Wirtschaftspolitik in den 1980er- und 1990er-Jahren. Dadurch entstanden schnell zahlreiche neue Unternehmen, die den Weltmarkt mit ihren billigen Produkten bis zum Ende des Jahrhunderts eroberten (vgl. Kapitel 9).

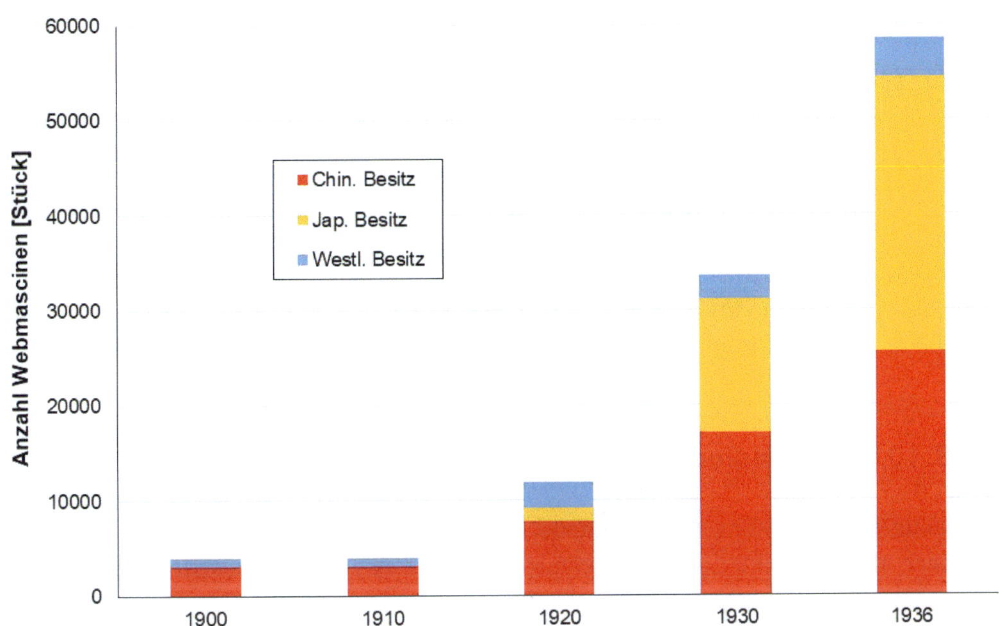


**Bild 8.128** Die Eigentümer der Webmaschinen in China (Daten: Duus, 1989)

## 8.18.9 Russland

Durch den Anstieg der Baumwollpreise war der Anbau von Baumwolle in Zentralasien in den 1860er-Jahren attraktiv geworden, und die Exporte nach Russland verfünffachten sich von 1861 bis 1864 auf 10 000 t. Deshalb und auf Drängen der russischen Textilindustrie eroberte die russische Armee in den nächsten Jahren große Teile Zentralasiens. Durch den Bau von Eisenbahnlinien wurde die nötige Infrastruktur geschaffen, und nachdem amerikanische Baumwollsamen in allen wichtigen Anbauregionen verteilt worden waren, nahm die Baumwollproduktion einen steilen Aufschwung. Um 1880 deckten die Baumwollexporte von Turkestan rund 25 % des russischen Bedarfs, um 1910 bereits die

Hälfte. Kleine Bauern erhielten Kredite, um Saatgut kaufen zu können, und verschuldeten sich entsprechend. Nach Missernten mussten sie ihr Land an ihre Gläubiger verkaufen, die so schnell zu Großgrundbesitzern werden. Auch wenn es länger dauerte als in anderen Ländern, so waren im Ergebnis zu Beginn des 20. Jh. die ehemaligen Besitzer des Landes nun meist Teilpächter von Großgrundbesitzern oder auch direkte Lohnarbeiter, ähnlich wie in den Südstaaten der USA. Der Baumwollanbau wurde wissenschaftlich begleitet und mit großer staatlicher Unterstützung vorangetrieben, und so entwickelte sich Russland zum fünftgrößten Baumwollerzeuger der Welt hinter den USA, Indien, China und Ägypten.

Allerdings gefiel diese Konzentration des Reichtums aus der Textilherstellung in den Händen weniger nicht allen. So kam es um die Wende vom 19. zum 20. Jh. zu vielen Streiks. Von 1895 bis 1900 gab es 188 entsprechende Aktionen, an denen sich 140 000 Arbeiter beteiligten. In den 1910er-Jahren gab es weitere Streiks mit mehr als 200 000 Teilnehmern, um kürzere Arbeitszeiten und höhere Löhne zu erreichen.

Mit der Übernahme der Regierung durch die kommunistische Partei und die damit verbundene Verstaatlichung aller Unternehmen verlor Russland seine Stellung im Weltmarkt. Es war weiterhin Lieferant von Baumwolle, vor allem aus Usbekistan, Textilien und Bekleidung waren im Weltmarkt aber kaum verkäuflich. Dies änderte sich auch nach dem Ende der Sowjetunion nicht wesentlich.

### 8.18.10 Zentralasien

Die völlige Umgestaltung der jahrhundertelang gewachsenen Subsistenzlandwirtschaft zu einer Massenproduktion von Baumwolle für die russische Industrie am Ende des 19. Jh. führte zu großen Verwerfungen. Zum einen waren die Bauern nun vom Weltmarktpreis der Baumwolle abhängig und damit von der Konjunktur, auf die sie keinen Einfluss hatten. Zum anderen mussten sie Lebensmittel nun importieren, anstatt sie selbst zu erzeugen. Dies führte zu einigen großen Hungersnöten, und die Bevölkerung schrumpfte in einigen Regionen (z. B. Turkestan) von 1914–1921 um ein Fünftel (Beckert, 2014). Nach dem Ende der Sowjetunion entwickelte sich in den Staaten Zentralasiens eine kleine Textilindustrie, die auf dem Weltmarkt aber kaum konkurrenzfähig war und ist.

### 8.18.11 Brasilien

Die brasilianische Textilindustrie entstand erst am Ende des 19. Jh. und erlebt dann von 1892 bis 1932 ihr „Goldenes Zeitalter". Durch den Baumwollhandel reich gewordene Kaufleute begannen, in den Aufbau von Spinnereien und Webereien zu investieren und Einfluss auf die Politik zu nehmen. So konnten sie hohe Schutzzölle (bis zu 100 % zur

Jahrhundertwende) für ihre Produkte durchsetzen und sich gegen die ausländische Konkurrenz behaupten. 1921 gab es 242 Textilunternehmen, in denen 1,52 Mio. Spindeln und 59.208 Webstühle liefen (Stein, 1957). Dies war gegenüber 1905 eine Verdopplung und führte dazu, dass in den 1920er-Jahren rund 80 % der in Brasilien verkauften Textilien im Land hergestellt waren. Die brasilianische Textilindustrie wuchs bis zum Ende des 20. Jh. zu einem „Global Player", unterstützt durch relativ geringe Löhne und die Verfügbarkeit von Baumwolle im eigenen Land. Das Produktionsniveau der asiatischen Staaten wurde aber nicht erreicht.

## 8.18.12 Afrika

Die europäischen Kolonialmächte begannen Ende des 19. Jh. mit dem Ausbau der Baumwollerzeugung in ihren afrikanischen Kolonien, um die heimische Industrie sicher und preiswert mit Rohstoffen versorgen zu können. Dadurch wollten sie von den politischen Entwicklungen in anderen Teilen der Welt unabhängig werden. Der US-amerikanische Bürgerkrieg war eine Warnung, wie schnell die Versorgung mit Baumwolle zusammenbrechen kann. Daher wurden nun viele neue Flächen für den Baumwollanbau erschlossen, zum Teil auf freiwilliger Basis, zum Teil unter Zwang. Von 1860 bis 1930 vergrößerte sich die Baumwollanbaufläche in Afrika auf 22 Mio. ha, wovon rund 17 Mio. ha neu hinzugekommen waren. 1930 wurden 1 Mio. t Baumwolle aus Afrika exportiert, davon 75 % aus englischen Kolonien. Eine Verarbeitung der Baumwolle zu Garnen oder Textilien vor Ort fand nicht statt, es ging ausschließlich um die Versorgung der europäischen Industrie mit billiger Baumwolle.

Ein typisches Beispiel dafür ist der Versuch Deutschlands, in Togo Baumwolle in großem Stil anzubauen. Zunächst wurde vom Kolonial-Wirtschaftlichen Komitee (KWK) eine Schule gegründet, um die Söhne der Bauern mit dem Baumwollanbau vertraut zu machen. Dann wurde Saatgut aus unterschiedlichen Ländern, u.a. den USA und Ägypten, verteilt, um zu untersuchen, welche Sorten am besten gedeihen. Baumwolle wurde schon zuvor in Togo angebaut, allerdings nur neben anderen Pflanzen, die als Nahrung dienten, und war eine Aufgabe der Frauen. Die Männer waren anderweitig beschäftigt. Zunächst schien das Projekt erfolgreich zu sein mit einer Baumwollproduktion von 14 500 kg im Jahr 1902, 108 000 kg 1904 und rund 500 000 kg im Jahr 1909 (Bild 8.129). Dies entsprach allerdings nur 0,5 % des Bedarfs der deutschen Industrie. Darüber hinaus sahen die togolesischen Bauern keinerlei Vorteil im Anbau von mehr Baumwolle, als sie selbst benötigten. Sie hatten durch das günstige Klima vier Ernten von Mais und Süßkartoffeln und waren damit vollauf zufrieden. Auch zahlten die deutschen Aufkäufer für ihre Baumwolle nur halb so viel wie die lokalen Spinner, es gab also keinen monetären Anreiz, Baumwolle für deutsche Händler anzubauen. 1914 musste Deutschland seine Kolonie aufgeben, und das Projekt war beendet (Zimmerman, 2005).

**Bild 8.129** Verladen von Baumwollballen im Hafen von Lomé (Wiki, 1885)

In anderen afrikanischen Ländern wurde mit wesentlich radikaleren Methoden versucht, die einheimische Bevölkerung zum Baumwollanbau zu bewegen. In der Elfenbeinküste mussten die Bauern auf speziellen Feldern unter der Aufsicht von französischen Kolonialbeamten Baumwolle produzieren, im Belgisch-Kongo waren die Bauern generell verpflichtet, Baumwolle anzubauen und unter dem Marktpreis zu verkaufen. Wer zu wenig Baumwolle erzeugte, wurde bestraft. Ähnlich war die Lage in Mali und Mosambik. Die englischen Kolonien erzeugten in der ersten Hälfte des 20. Jh. rund 75 % der aus Afrika exportierten Baumwolle (Bild 8.130). Die Methoden zur „Gewinnung" der Baumwolle waren die gleichen wie im Rest Afrikas: Unterdrückung und Ausbeutung der Bevölkerung, geringe Preise und Verschuldung der Bauern.

| | Togo | Deutsch-Ostafrika | Franz. Kolonien | Angola | Portug. Ostafrika | Ital. Kolonien | Engl. Kolonien |
|---|---|---|---|---|---|---|---|
| 1902 | 88 | 2 | | 226 | | | 260 |
| 1903 | 141 | 41 | | 151 | | | 2360 |
| 1904 | 476 | 545 | | 561 | | | 5523 |
| 1905 | 589 | 831 | 85 | 471 | 310 | 453 | 8460 |
| 1906 | 851 | 830 | 267 | 251 | 188 | 1260 | 11694 |
| 1907 | 1237 | 1019 | 763 | 413 | 241 | 2339 | 19466 |
| 1908 | 1844 | 1189 | 658 | 226 | 461 | 1683 | 18203 |
| 1909 | 2247 | 2284 | 996 | 341 | 303 | 2584 | 22864 |
| 1910 | 2044 | 2740 | 1443 | 635 | 292 | 3978 | 30383 |
| 1911 | 2277 | 4754 | 1625 | 547 | 444 | 4873 | 43676 |
| 1912 | 2424 | 8279 | 1894 | 428 | 655 | 2018 | 50846 |
| 1913 | 2215 | 9644 | 1944 | 761 | 2056 | 880 | 50184 |

**Bild 8.130** Baumwollproduktion in Afrika (außer Ägypten) in Ballen à 500 engl. Pfund (Daten: Todd, 2015)

In Ägypten gab es bis zur Unabhängigkeit von Großbritannien im Jahr 1922 kaum nennenswerte Textilindustrie, wenn man von rund hundert Kämmereien absieht, die die langstapelige Baumwolle für die englischen Spinnereien vorbereiteten. Es gab auch einige Textilbetriebe, die neu gegründet wurden, z. B. die Misr Spinning and Weaving Company von Tala'at Harb. Sie waren aber nur mäßig erfolgreich. Auch nach 1922 wurde weiterhin langstaplige Baumwolle angebaut und exportiert. Nach dem Militärputsch 1952 und der folgenden Verstaatlichung der Textilindustrie wurden die Arbeiter zwar besser bezahlt, allerdings funktionierte der Sozialismus auch in Ägypten nicht wie erhofft, und die ägyptische Textilindustrie wurde zunehmend weniger konkurrenzfähig, bis sie schließlich keine Rolle mehr im internationalen Wettbewerb spielte. Der Anteil der exportierten Baumwolle an allen Ausfuhren Ägyptens sank von 1952 bis 1970 von 84 % auf 46 % und bis 1989 weiter auf 10 %.

Die Anzahl der Webmaschinen betrug 1936 in ganz Afrika nur 3269, die meisten standen in Ägypten. Zum Vergleich: Allein in Norwegen standen zu dieser Zeit 2980 Webstühle. Bis 1952 vervierfachte sich die Anzahl auf 13.729 (Lübke, 1953), was aber im Vergleich mit Europa und Asien immer noch eine sehr kleine Anzahl war.

Nach der Entlassung der meisten afrikanischen Länder in die Unabhängigkeit durch die ehemaligen Kolonialmächte bis zum Ende der 1960er-Jahre stagnierte die Entwicklung. Die ehemaligen Kolonialmächte hatten kein Interesse am Aufbau einer Textil- und Bekleidungsindustrie, die ihren eigenen, bereits in Schwierigkeiten geratenen Unternehmen Konkurrenz machen könnte. Vielmehr wurde Afrika weiterhin als Lieferant von Rohstoffen angesehen und die Wertschöpfung im eigenen Land gehalten. Durch Bürgerkriege und die damit verbundene Rechtsunsicherheit sowie die mangelhafte Infrastruktur in weiten Teilen des Kontinents waren die Voraussetzungen für eine Industrialisierung denkbar schlecht. Daran änderte sich nichts Wesentliches bis zum Ende des 20. Jh.

### 8.18.13 Australien

Australien produzierte seit der Mitte des 19. Jh. einen großen Teil der Wolle, die weltweit vor allem zu Bekleidung verarbeitet wurde. Um die Farmer vor den häufig wechselnden Preisen zu schützen, führte die Regierung 1970 einen Mindestpreis (Floor Price) ein. Fiel der Marktpreis darunter, so kaufte die Regierung die Wolle zu diesem Preis auf in der Hoffnung, dass die Preise wieder steigen und sie so einen Gewinn erzielen konnte. Der Floor Price war aber zu hoch, und so lohnte sich der Verkauf der Wolle für den Farmer auch zum Mindestpreis, was dazu führte, dass viele unternehmerisch veranlagte Australier mit der Schafzucht begannen. So kam es schnell zu einem massiven Überangebot an Wolle, woraufhin der Markt zusammenbrach und der Preis weit unter den Floor Price fiel. Im Januar 1991 zog die australische Regierung die Notbremse und gab das Mindestpreissystem auf. Daraufhin fiel der Marktpreis über Nacht von 700 ct/kg auf 430 ct/kg, der Lagerbestand betrug 4,6 Mio. Ballen (zu je 250 kg), und die aufgelaufenen Schulden der Regierung lagen bei 2,7 Mrd. AUD. Es dauert viele Jahre, bis die Lagerbestände verkauft waren, und die australische Wollproduktion erreichte nie wieder die Höhe wie vor dieser Krise (Bild 8.131).

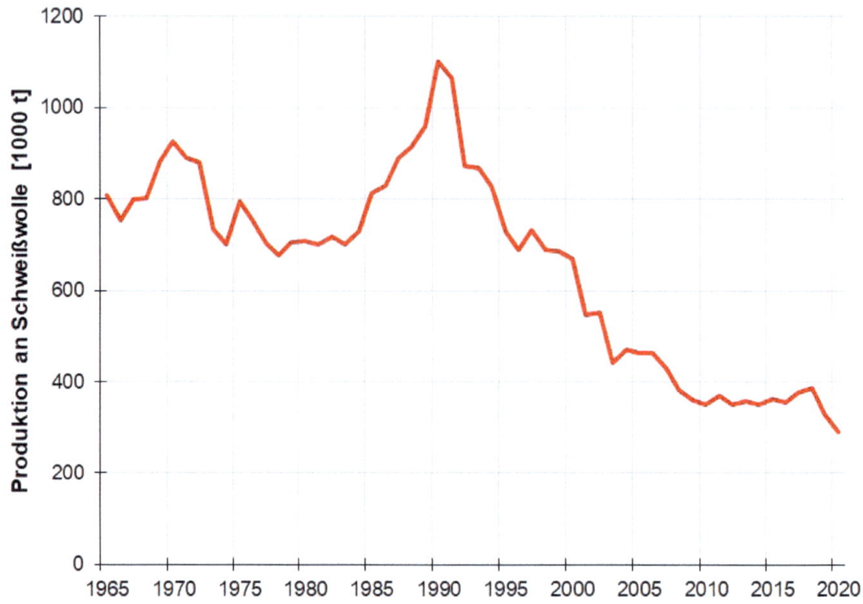


**Bild 8.131** Entwicklung der Wollproduktion in Australien (Daten: Faostat, 2023)

Alle Versuche, die australische Wolle im eigenen Land zu Textilien zu verarbeiten, scheiterten am zu kleinen Markt, hohen Lohnkosten und den logistischen Herausforderungen. Das Wollforschungsinstitut des CSIRO in Geelong wurde 2021 geschlossen, womit Australien nur noch Rohwolle liefert.

Australien ist ebenfalls ein wichtiger Erzeuger von Baumwolle. Weil das Klima aber sehr stark schwankt und Jahre mit viel Regen sich mit ausgedehnten Trockenperioden abwechseln, schwankt die Produktionsmenge erheblich. Staatliche Subventionen gibt es keine, sodass viele Baumwollfarmer noch andere Produkte anbauen, um ihren Lebensunterhalt zu sichern. Eine nennenswerte baumwollverarbeitende Industrie gibt es nicht, daher wird nur Rohbaumwolle exportiert.

## ■ 8.19 Mode

Es würde ein eigenes Buch füllen, auf alle Modetrends im 20. Jh. einzugehen. Solche Bücher gibt es schon (siehe Kapitel 14), und daher betrachten wir im Folgenden nur einige typische Beispiele.

Wie bereits in den vorangegangenen Kapiteln zu sehen war, trugen Männer bis in die Frühe Neuzeit häufig bunte Kleidung, insbesondere rote Hosen und Jacken. Jungen trugen oft rosa, als mildere Version von Rot, weil sie noch nicht erwachsen waren. Rot galt als „männlich" und „kraftvoll". Frauen dagegen wurden oft blau dargestellt, vermutlich in Anlehnung an Maria, die häufig so gezeigt wird. Blau galt als Symbol für „Treue" und ist die Farbe des Himmels (als Wohnort Marias, wie man damals glaubte). Matrosenanzüge sind immer schon blau und wurden natürlich nur von Männern getragen, vor dem Ersten Weltkrieg auch zunehmend von Jungen. Dann kam mit der Jeans, die zunächst eine Arbeitshose war und vor allem von Handwerkern getragen wurde, ein weiteres blaues Kleidungsstück, zunächst nur für Männer, hinzu. Gleichzeitig brachte die Firma Mattel die Barbie-Puppe auf den Markt, vor allem in einer rosafarbenen Verpackung und in rosafarbener Kleidung. Damit setzte ab den 1950er-Jahren ein radikaler Umschwung ein, und seither tragen Jungen und Männer blau, Mädchen bevorzugt rosafarbene Kleidung, zumindest bis sie ihren eigenen Geschmack entwickeln, und Frauen gerne Rot (Bild 8.132).

**Bild 8.132** Träger von roter und blauer Kleidung – einst und jetzt (Il Dottore, 2006; Jheald, 2014; Wiki, 2023; DCB, 2021)

### 8.19.1 Damenmode

Bereits 1896 wurde auf dem internationalen Berliner Frauenkongress das Thema Frauenkleidung in Deutschland diskutiert, was kurze Zeit später zur Gründung des „Vereins zur Verbesserung der Frauenkleidung“ führte. Erstmals wurde nun ernsthaft gefordert, dass Frauen auch Hosen tragen dürfen, allerdings war die Zeit dafür immer noch nicht reif. Zunächst wurde ab 1910 allmählich das Korsett abgeschafft, und Modeschöpfer wie z. B. Paul Poiret entwarfen, oft farbenfrohe, Hosenkleider (Bild 8.133). Sie verzichteten auf ein Korsett, und so waren die Trägerinnen erheblich beweglicher.

**Bild 8.133** Reformkorsett (links) (1971Markus, 2016) und Reformkleid (Fischer-Dückelmann, 1911)

Röcke wurden von Männern (meist kurz) und von Frauen (meist lang) schon seit der Antike getragen. Im 20. Jh. wurde der Rock zu einem Kleidungsstück von zentraler Bedeutung für die Damengarderobe, bis er dann von der Hose gegen Ende des 20. Jh. abgelöst wurde (vgl. Abschnitt 8.19.2).

Im September 1908 bestieg Edith Ogilby Berg in Frankreich als erste weibliche Passagierin ein motorisiertes Flugzeug und unternahm mit Wilbur Wright einen erfolgreichen Langstreckenflug von zwei Minuten Dauer. Damit ihr Rock durch den Fahrtwind nicht nach oben flog, befestigte sie ihn mit einer Schnur um ihre Waden. Beim Aussteigen nahm sie die Schnur zunächst nicht ab und wurde von einem französischen Modedesigner, möglicherweise Paul Poiret, dabei beobachtet, wie sie mit Trippelschritten davonging. Dies inspirierte ihn zum Entwurf des Hobble Skirts (Hoppelrock), der schnell populär wurde (Bild 8.134). Um ein unbeabsichtigtes Zerreißen des Saumes oder der Nähte zu vermeiden, wurden von manchen Frauen zusätzlich Fußfesseln aus Stoff getragen.

Die Popularität des Hoppelrocks nahm allerdings ab, als viele Frauen Treppen hinunterfielen oder nicht in Kutschen und Züge einsteigen konnten, wenn Stufen zu überwinden waren. In den 1950er-Jahren erlebte dieser Rocktyp ein Comeback in Form des Bleistiftrocks, der zu ähnlichen Herausforderungen für die Trägerinnen führte.

**Bild 8.134** Hoppelrock (links: Modell von 1911; Wiki, 2011; rechts: Edith Berg mit Hoppelrock beim Erstflug einer Frau; Wiki, 2021)

In den USA kreierte der Postkartenmaler Charles D. Gibson (1867–1944) das Idealbild der amerikanischen Frau, das als „Gibson Girl" bekannt und bald zum Schönheitsideal wurde (Bild 8.135). Entsprechend änderte sich auch die Kleidermode, und sie wurde körperbetonter. Ab den 1920er-Jahren wurde zunehmend auf das Korsett verzichtet, das über Jahrhunderte von Frauen getragen worden war. Als besonders modisch galten Kleider, bei denen Taille und Brüste nicht betont und die von einem Gürtel gehalten wurden. Zudem kam die Dauerwelle auf.

**Bild 8.135** Gibson Girls am Strand um 1900 (Gibson, 1900)

Ein Streitpunkt zwischen modisch gekleideten Frauen und der Obrigkeit, die die öffentliche Moral bedroht sah, war noch bis weit ins 20. Jh. die Rocklänge, die peinlich genau geprüft und überwacht wurde (Bild 8.136). War der Rock zu kurz, drohte eine Geldstrafe.

**Bild 8.136** Kontrolle der Rocklänge durch zwei Polizisten im Jahr 1921

1926 veröffentlichte George W. Taylor, ein US-amerikanischer Ökonom, die sogenannte Rocksaumtheorie (engl.: Hemline-Index). Danach würde nach einem wirtschaftlichen Aufschwung die Rocklänge bei Damenbekleidung abnehmen, bei einer Rezession dagegen zunehmen (Bild 8.137). In einer Untersuchung von (Van Baardwijk, und Franses, 2010) wurde festgestellt, dass die Rocklänge tatsächlich mit der wirtschaftlichen Entwicklung korreliert, allerdings mit einem zeitlichen Verzug von drei Jahren.

**Bild 8.137** Langer Rock (links, Rezession; Ball, 1902) und kurzer Rock (rechts, Aufschwung; Uthman, 1973)

Auch die Verkaufszahlen für Männer-Unterwäsche (Underwear-Index) sind ein Indikator für die wirtschaftliche Gesamtsituation (Mui, 2009). Je besser die Wirtschaft floriert, desto mehr Unterhosen kauft der Mann. Frauen sollten dies bei der Wahl der Weihnachtsgeschenke in Zeiten einer Rezession berücksichtigen.

In den 1930er-Jahren wird die Mode körperbetonter, die Kleider unterstrichen die Weiblichkeit und lehnten sich an die „Belle Époque" an. Zu Beginn des Zweiten Weltkriegs wurde dieser Hang zum Luxus durch staatliche Sparmaßnahmen abrupt beendet. Die Mode der 1940er-Jahre ist bestimmt vom Krieg. Es gab keinen Überschuss mehr. und alle Materialien wurden für Kriegszwecke eingesetzt, sodass selbst Seide nicht für Kleidung verwendet wurde, sondern für Fallschirme. Die Strumpfindustrie hatte daher kein Rohmaterial mehr, und so malten sich viele Frauen mit einem schwarzen Stift die Strumpfnaht auf die nackten Beine (Bild 8.138). Es gab sogar entsprechende Geschäfte, in denen dies professionell angeboten wurde. Umso begehrter waren die Strumpfhosen aus Nylon ab 1946, die vor allem in den USA produziert und nach Europa exportiert wurden.

**Bild 8.138** Frau mit Fake-Strumpfhose um 1942

In den 1950er-Jahren war das vorherrschende Motto „Weiblichkeit und Raffinesse", und Designer wie Christian Dior kreierten den „New Look". Ballonrock und Twinset (Jacke und Oberteil gleichfarbig) sind typische Kleidungsstücke, und flache Schuhe kamen in Mode. Die beginnende Konsumgesellschaft führte zu einem steilen Anstieg der Textilproduktion, und auch für die jüngere Generation der Teens und Twens wurde nun spezielle Kleidung entwickelt. In den 1960er-Jahren kam es zu einer sozialen und kulturellen Umwälzung, dessen prominentestes Kleidungsstück der Minirock war, der eher konservativ eingestellten Bevölkerungsteilen die Schamesröte ins Gesicht trieb (Bild 8.139). Was die Absicht der Trägerinnen war, denn sie wollten ja gerade gegen „das Establishment" protestieren und einen Gegenentwurf vorstellen.

**Bild 8.139** Die englische Band Paper Dolls mit Minirock (De Nijs, 1968)

Der Wettlauf zum Mond machte sich auch in der Mode bemerkbar, indem neue, „künstliche“ Materialien verwendet und miteinander kombiniert wurden, vor allem synthetische Fasern. Die „Moon Boots“ sind ein typisches Beispiel. In den 1970er-Jahren prägten Plateauschuhe wie schon im 17. Jh. lange das Bild, was allerdings, ebenso wie der Hoppelrock zu Beginn des Jahrhunderts, zu zahlreichen gefallenen Frauen und Mädchen führte (Bild 8.140).

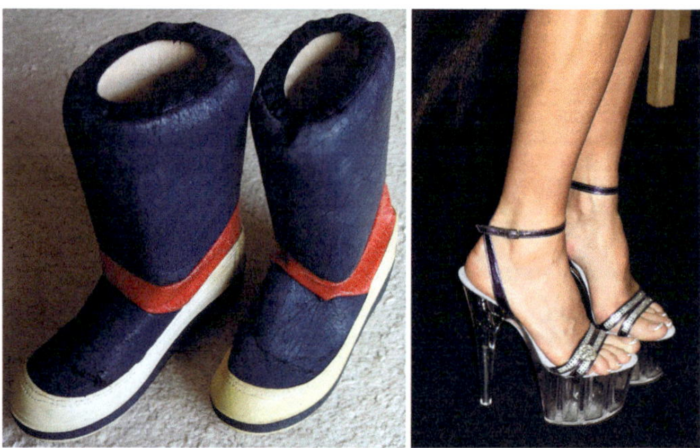

**Bild 8.140** Links: Moon Boots (Mabit1, 2021); rechts: Plateauschuhe (Wiki, 2008)

Aus den USA kam der Hippie-Look der späten 1960er nach Europa und setzte sich bei der experimentierfreudigen Jugend schnell durch. Diese „Antimode" umfasste auch Kleidung aus Leder und grell gefärbte Haare. (Bild 8.141)

**Bild 8.141** Hippie-Look (Manning, 1969; links) und (Zours, 2008; rechts)

Es gab auch modische Verirrungen, wie Bild 8.142 zeigt.

**Bild 8.142** Sonderbare Damenmode in den 1960er-Jahren

In den 1980er-Jahren boomte die Wirtschaft, und um seinen persönlichen Wohlstand zu zeigen, wurde teure Kleidung gekauft. Der Körperkult wurde wieder gepflegt, und Kleidung mit Elastan, die „zweite Haut", betonte den Körper. Die Röcke wurden sehr kurz und eng, und Kostüme waren wieder in Mode. Bekleidung war oft sehr farbenfroh (Bild 8.143).

**Bild 8.143** Moderne Kleidung für die junge Dame in den 1980er-Jahren (Pelo, 1986)

Die Jeans wurde ein zentraler Bestandteil der Bekleidung, sowohl für private als auch für offizielle Anlässe (vgl. Abschnitt 8.19.3).

Ab den 1990er-Jahren wurde die Mode immer vielfältiger und individueller. Es war die Zeit der großen Topmodels und der Modenschauen für Prêt-à-porter-Mode, auch für Spielzeug (Bild 8.144).

Seit dem Beginn der textilen Globalisierung in den 1990er-Jahren ist auch die Mode global geworden. Trends gehen um die Welt, und die Diversität der Bekleidung, wie sie bis weit ins 20. Jh. weltweit bestand, ist weitgehend verschwunden. Dies gilt noch mehr für die Herrenmode, die mittlerweile, von wenigen nationalen Eigenheiten abgesehen, universal geworden ist.

**Bild 8.144** Modisch gekleidete Barbiepuppen 1992 (Vaniljapulla, 1992)

## 8.19.2 Herrenmode

Zu Beginn des 20. Jh. wird die Herrenkleidung alltagstauglicher und chic. Zunächst sind große, auffällige Muster beliebt, z. B. Streifen und Karos. Die Sakkos wurden doppelreihig geknöpft, und man trug einen steifen Kragen zur Krawatte oder zur Fliege. Auch eine Schiebermütze galt als modisch.

Ab 1910 ging der Mann von Welt gerne im Gehrock und mit Gamaschen aus. Zylinder, Homburgs und die Melone, eine spezielle Hutform, galten als der letzte Schrei. Die Hosen hatten schmale Beine und oft Aufschläge (Bild 8.145).

**Bild 8.145** Elegante Herren um 1900 mit Zylinder und Homburg-Hut (links; Wiki, 1900) sowie um 1912 mit schmal geschnittenen Hosen und Melone (rechts; Wiki, 1912)

Ab 1920 trugen Männer Anzüge in gedeckten Farben, Manschettenknöpfe und Einstecktuch. Westen kam in Mode und ebenso der Trenchcoat („Grabenjacke") in Erinnerung an den Ersten Weltkrieg. Ab den 1930er-Jahren sind die Sakkos tailliert, wer es sportlich mochte, trug Kniebundhosen (engl.: Knickerbockers). Anzughosen sind weit geschnitten, und Hemden konnten mit einem Pullover kombiniert werden. Die oft schreienden Farben der 1920er machten im Angesicht der Depression zu Anfang der 1930er gedeckten Farben Platz (Bild 8.146).

Manchen Männern war dies immer noch nicht leger und individuell genug, und so beklagte die „Men's Dress Reform Party" schon 1927: „Men's dress has sunk into a rut of ugliness and unhealthiness from which – by common consent – it should be rescued. [...] Men's dress is ugly, umcomfortable, [...], unhealthy. Only through wider individual choice and variation will men's clothes be capable of healthy evolution and reasonable adaptation to progressive social, hygienic and aesthetic ideals. [...] All change should aim at improvement in appearance, hygiene, comfort and convenience." (Ross, 2008)

**Bild 8.146** Junger Mann (Ronald Reagan) mit Knickerbockers um 1922 (links; Wiki, 1922) und englischer Geschäftsmann mit steifem Kragen und Fliege um 1927 (rechts; Orpen, 1927)

In den 1940er-Jahren veränderte sich die Herrenmode angesichts des Krieges kaum. Uniformen in allen Schattierungen bestimmten das modische Bild dieser Zeit, weil viele Soldaten auf Heimaturlaub kamen Der Zoot-Suit setzte hier einen Kontrapunkt. Er bestand aus einer hoch sitzenden, in den Beinen weit geschnittenen und an den Füßen eng zulaufenden Hose, die mit einem langen Mantel mit weiten Ärmeln und wattierten Schultern kombiniert wurde. Dazu wurde oft ein Fedora-Hut getragen (Bild 8.147).

**Bild 8.147** Soldaten betrachten einen Zoot-Suit um 1942 (Ferrell, 1942)

In den 1950er- und 1960er-Jahren kam wieder Schwung in die Herrenmode. Insbesondere ein Kleidungsstück beginnt seinen Siegeszug, der bis heute anhält: die Blue Jeans (vgl. Abschnitt 8.19.3). Junge Männer trugen Turnschuhe und Ringelsocken wie ihre Vorbilder James Dean und Marlon Brando. Anzüge sind weiterhin in der Geschäftswelt verbreitet, Sakkos hatten breite Schultern und konnten doppelreihig geknöpft sein wie zu Beginn des Jahrhunderts. Durch die Erfindung des Nylons gab es eine Alternative zu Baumwolle und Leinen, das „Nyltest-Hemd" (Bild 8.148). Es bestand aus 100% PA 66 und war das erste pflegeleichte Oberhemd. Die Wasseraufnahme von PA ist ähnlich hoch wie die von Baumwolle, allerdings speichern Polyamidfasern die aufgenommene Feuchtigkeit. Dies führt dazu, dass der Träger eines solchen Hemds sehr schnell und sehr stark schwitzt und dann nach einiger Zeit anfängt zu stinken. Daher war dieser Artikel nicht sehr erfolgreich am Markt.

**Bild 8.148** Werbung für Nyltest-Hemd und Marlon Brando aus Plastik mit Jeans (López, 2007)

Ab den 1970er-Jahren wurde die Herrenmode bunt: mit Rüschenhemden, Schlaghosen und Ledersandalen. Jeans wurden gesellschaftsfähig und konnten sowohl in der Freizeit als auch bei der Arbeit getragen werden, ohne negativ aufzufallen (Bild 8.149).

**Bild 8.149** Junge Disco-Besucher in der DDR um 1977 (links; Nosko, 1977) und körperbetonendes T-Shirt (rechts; Light, 1983)

In den 1990er-Jahren wurden Flanellhemden populär, und Jeans wurden zur Alltagskleidung in jeder Lebensphase. Anzüge wurden noch getragen, waren aber nicht mehr zwingend erforderlich, auch nicht zu geschäftlichen Verabredungen.

### 8.19.3 Jeans

Die Jeans ist neben dem T-Shirt dasjenige Kleidungsstück, das sich in der ganzen Welt in allen Kulturkreisen verbreitet hat und überall und zu fast jeder Gelegenheit getragen werden kann. Während es zu Anfang nur dunkelblaue Jeans gab, gibt es mittlerweile eine Vielzahl von Blau- und auch Schwarz-, Grün- und sogar Rottönen, auch wenn Blau weiterhin dominiert.

Jeans werden gezielt zerstört durch Waschen mit Bimssteinen, mit Lasern oder auch gezielt zerrissen, um ihnen einen „used look" zu geben (Bild 8.150). Solche Hosen werden vor allem von der Jugend getragen, und mancher ältere Betrachter stellt sich die Frage, ob diese Mode nicht etwas sonderbar ist und warum die Hose kaputt teurer ist als „ganz".

**Bild 8.150** Verschiedene Jeans (links: skinny jeans, Dion75e; Mitte: zerrissene Jeans, Lucyin, 2018; rechts: Schlaghose, Bok, 2002)

Die Jeans war ursprünglich eine robuste Hose, möglicherweise zunächst aus Hanf, für Fabrik- und Minenarbeiter, Cowboys, Sklaven auf den Baumwollfeldern und Goldgräber in Kalifornien. Levi Strauss, der als Erfinder der Jeans gilt, war mit seiner Mutter 1847 aus Deutschland in die USA ausgewandert und gelangte 1853 nach San Francisco. Schnell erkannte er den örtlichen Bedarf an stabilen Hosen und begann mit dem Verkauf von Hosen aus robustem Baumwollstoff, dem „Denim" (de Nîmes, weil er u. a. aus Frankreich kam). Allerdings rissen die Nähte der Hosentaschen häufig aus, wenn z. B. die Goldgräber darin Steine transportierten. Der aus Lettland stammende Schneider

Jacob Davis hatte die Idee, die Ecken der Taschen mit Nieten zu verstärken. Aus Geldmangel tat er sich mit Levi Strauss zusammen, und so meldeten sie 1873 ein gemeinsames Patent darauf an (US-Patent 139121A). Ihre stabile Hose wurde sehr schnell populär, und zehn Jahre später hatte die Firma schon mehr als 500 Angestellte. Weitere Unternehmen griffen die Idee auf, z. B. Lee und Wrangler, und ab 1920 wurde die Jeans auch als Freizeithose genutzt. Bis in die 1950er-Jahre gab es fast nur Unisex-Modelle in nur wenigen verschiedenen Schnitten. Ab etwa 1955 wurde die Jeans besonders bei der Jugend populär, und bald gab es Jeans-Jacken und später auch Jeans-Röcke. Die Jeans wird zum Symbol der Protestbewegung in den 1960er- und 1970er-Jahren und danach ein von vielen genutztes Kleidungsstück, sowohl in der Freizeit als auch bei der Arbeit. Jeans wurden mittlerweile auch in Europa hergestellt (z. B. Mustang), und es gibt sie heute in vielen verschiedenen Schnitten, Stoffqualitäten und Farben. Weltweit werden jährlich rund 2 Mrd. Stück hergestellt.

### 8.19.4 T-Shirt

Das T-Shirt wurde bis ins 19. Jh. nur als Unterhemd getragen, nicht wie heute als Oberbekleidung und legere Alternative zum geknöpften Hemd. Es wird vermutet, dass Seeleute als Erste dieses Kleidungsstück nutzten. Das zunächst ärmellose Unterhemd („A-shaped undershirt) erhielt zu Anfang des 20. Jh. bei der Marine kurze Ärmel und wird so zum „T-Shirt“, wobei sich das „T“ auf die Form des Kleidungsstücks mit den beiden Ärmeln bezieht. In den 1950er- und 1960er-Jahren wurde das T-Shirt vor allem durch Kinofilme mit James Dean und Marlon Brando bekannt, die beide ein Unterhemd mit Ärmeln als Oberbekleidung trugen. Seit den 1970er-Jahren verbreitete sich das T-Shirt in fast allen Gesellschaftsschichten und wurde zu einem alltäglichen Kleidungsstück. Es gibt kaum spezielle Formen für Männer und Frauen, daher ist das T-Shirt ein Unisex-Artikel. T-Shirts bestehen fast immer aus 100 % Baumwolle, was einen guten Tragekomfort sicherstellt. Meistens sind sie bedruckt, oft mit Werbebotschaften oder mit Sehenswürdigkeiten der Region, in der sie als Souvenir verkauft werden.

### 8.19.5 Bikini

Der Bikini ist keine neue Erfindung, schon im Altertum wurden entsprechende Kleidungsstücke von Frauen beim Sport getragen (Kapitel 3). Im 20. Jh. wurde das Baden modern und entsprechende Kleidung entwickelt. Zunächst war sie noch sehr unpraktisch und verhüllte die Badewilligen nahezu vollständig (Bild 8.151, links). Dann wurde 1946 der zweiteilige Badeanzug „erfunden“, der nach den damals populären Atomversuchen im Bikini-Atoll benannt wurde. Sein Tragen in der Öffentlichkeit wurde zunächst in vielen Ländern verboten, erst in den 1960er-Jahren war er in der Bademode nicht mehr aufzuhalten, und heute ist der Bikini die Standardbekleidung für die modebewusste Schwimmerin (Bild 8.151 Mitte, rechts).

um 1900 um 1950 um 2010

**Bild 8.151** Bademode (von links: Haabet, 2005; GroupSixt, 2009; Manske, 2011)

Für Männer wurde der Mankini entwickelt und 2006 durch den Film „Borat" bekannt. Auf eine Darstellung wird aus ästhetischen Gründen hier verzichtet.

## 8.20 Technische Textilien

Die Technischen Textilien wurden im 20. Jh. immer wichtiger. Zunächst wurden ab den 1935er-Jahren Reifen mit Geweben verstärkt („Reifencord"), Fallschirme wurden in den 1940er-Jahren ebenfalls aus Geweben hergestellt, zunächst aus Seide, später aus Chemiefasern.

In den 1970er-Jahren kamen weitere Anwendungsgebiete hinzu, z. B. Schutzkleidung (kugelsichere Westen aus Aramidgeweben) und Dämmstoffe sowie Filter und ab den 1980er Jahren auch Faserverbundwerkstoffe, also mit Glas- und Carbonfasern bzw. -textilien verstärkte Kunststoffe, die im Leichtbau (Automobil, Flugzeug, Raumfahrt, Schiffbau) eingesetzt wurden. In den 1990er Jahren wurde erstmals Beton mit Textilien verstärkt. Bild 8.152 zeigt weitere Beispiele.

Eine ausführliche Darstellung der Anwendungsgebiete Technischer Textilien geben (Denninger, 2009), (Knecht, 2006) und Horrocks (2000).

**Bild 8.152** Technische Textilien (links unten: Transport for NSW, 2019)

## ■ 8.21 Werbung für Textilmaschinen

Im 20. Jh. beginnen viele Unternehmen der Textilindustrie, ihre Waren mit unterschiedlichen Methoden zu bewerben.

### 8.21.1 Anfang und erste Hälfte des 20. Jh.

Eine Auswahl der - aus heutiger Sicht - zum Teil skurrilen Werbebotschaften vom Anfang des 20. Jh. in Zeitungen und Büchern zeigen die folgenden Beispiele. Auffallend ist, dass in fast allen Anzeigen keine Kontaktadressen angegeben sind. Telefone sind bis in die Mitte des 20. Jh. nur wenig verbreitet, sodass in der Regel weder angerufen noch ein Gespräch angenommen werden konnte.

Bild 8.153 zeigt eine Reproduktion eines Kupferstichs von Samuel Wetherill, der bereits ab 1782 Werbung für seine Samt-, Jeans- und Barchentgewebe mit gedruckten Karten und Etiketten machte. Die Quelle der Glückseligkeit einer Frau lag für ihn offensichtlich in der Garnherstellung, denn „dann hat sie was Eigenes“ (frei nach Loriot).

Andere Hersteller betonten ihre lange Tradition und zeigten ihre schönen Fabrikgebäude mit rauchenden Schornsteinen, was bei heutigen Kunden wohl auf Stirnrunzeln stieße (Bild 8.154).

Einige Unternehmen zeigten ihre Maschinen oder warben damit, „die erste und grösste“ Fabrik zu sein, und nannten die Anzahl ihrer bisher ausgelieferten Maschinen (Bild 8.155).

Alternativ wurden auch Menschen bei der Bedienung einer Maschine dargestellt, ein sehr modernes Konzept, oder es wurden lokale Sehenswürdigkeiten gezeigt. Manche bevorzugten – aus Kostengründen? – eine eher minimalistische Variante (Bild 8.156, rechts unten).

**Bild 8.153** Samuel Wetherill, Philadelphia

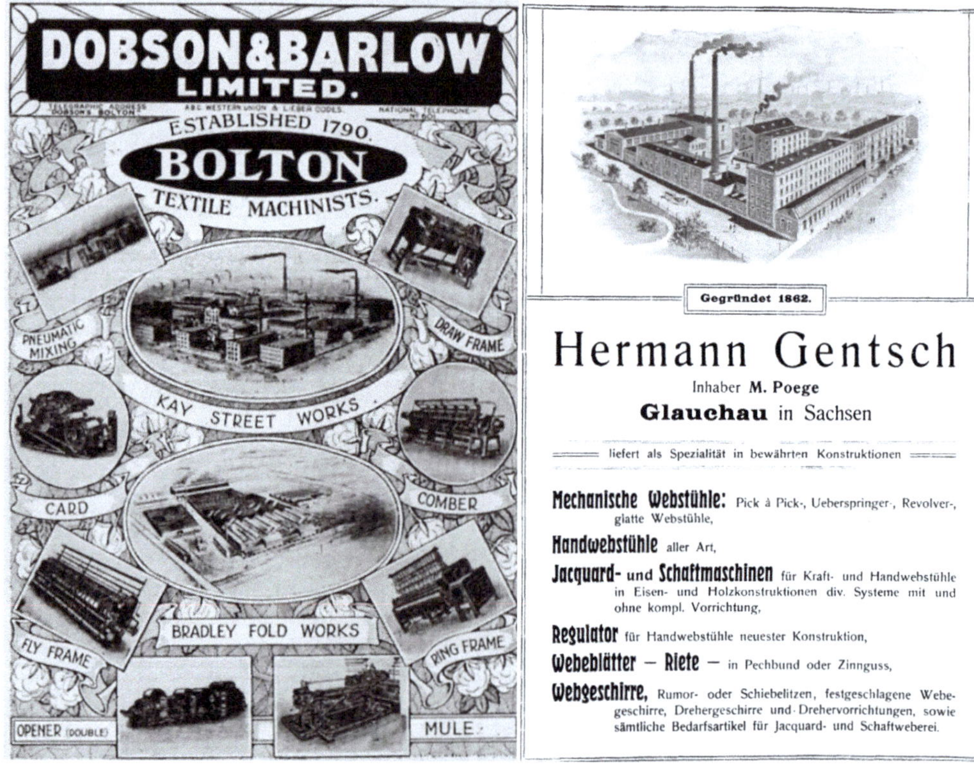


**Bild 8.154** Werbung mit Gebäuden und rauchenden Schloten

**Herm. Schroers Maschinen-fabrik, Krefeld**

Telefon Nr. 294 und 382.
Telegramm-Adresse: Maschinenfabrik Schroers.
Reichsbank-Giro-Konto.

Letzte Auszeichnungen:
COMO 1899: Höchste Auszeichnung Ehrendiplom.
DÜSSELDORF 1902: Höchste Auszeichnung Goldene Medaille.
DÜSSELDORF 1902: Silberne Staatsmedaille.

**Spezialitäten:**

**Mechanische Seidenwebstühle,** einschützige, ausgerüstet mit Trittwerk oder Gegenzugschaftmaschine.
**Mechanische Seidenwebstühle,** mehrschützige, mit 2-, 4-, 7-, bis 15-fach. Schützenwechsel.
**Mechanische Seidenwebstühle,** ein- und mehrschützig, kombiniert.
**Mechanische Brochierwebstühle,** ein- u. mehrschützig, mit beliebig vielfachem Broschierladenversatz.
**Bandwebstühle,** neuester Konstruktion, D. R. P.
**Samtbandwebstühle,** in einfacher und doppelter Konstruktion.
**Samt- und Plüschwebstühle,** ein- und mehrschützig, in vollendester Ausführung.

**Vorbereitungsmaschinen:**

**Windemaschinen,** verschiedener Konstruktionen, für Seide, Schappe und Baumwolle.
**Spulmaschinen,** für ein- und mehrfache Spulung.
**Kreuzspulmaschinen,** für Schussgarne.
**Dto.**, für Kettgarne, in Exzenter- u. Schlitztrommelsystem D. R. P.
**Bandspulmaschinen,** verschiedener Konstruktionen.
**Umlauf- und Trameputzmaschinen,**
**Scher- (Zettel-) und Bäummaschinen,** verschiedener Systeme, separat und kombiniert
**Scheuermaschinen,** für Seide u. Halbseide, patentiert i. d. meisten Staaten.
**Kantenstreckmaschinen.**
**Aufrollmaschinen.**

**Schaft- und Jacquardmaschinen:**

**Schaftmaschinen,** für Papp-, Holz- oder endlose Papierkarte D. R. P m Federzug „Gegenzug" od. Doppelhubkonstruktion in den verschiedensten Ausführungen.
**Jacquardmaschinen,** in allen Teilungen mit Hochfach-, gerader u. schräger Hoch- und Tiefach-, sowie verstellbarer Schrägfachbildung.
**Zweizylinder- und Doppelhub- sowie Doppelhub-Offenfach-Jacquardmaschinen.**
**Feinstich-Jacquardmaschinen f. endlose Papierkarte** in franz. Teilung D. R. P, sowie in eigener Teilung D. R. P.
**Levier-, Kopier- und Kartenlochmaschinen** in allen Teilungen.
**Kartenlochmaschinen für endlose Papierkarte,** D. R. P. a.
**Kartenschnürmaschinen** in verschiedenen Systemen

Lancierwebstuhl ausgestattet mit Gegenzug-Schaftmasch. für endlose Papierkarte.

**Eigene Ateliers zur Herstellung von Dessins, Patronen, Karten u. Harnischen, Vorrichten und Inbetriebsetzen resp. Anlernen durch eigene Webmeister.**

**Sächsische**
**Webstuhlfabrik**
(Louis Schönherr)
Gegründet 1852 **CHEMNITZ** 1550 Arbeiter

Erste und grösste Spezialfabrik
für
**mechanische Webstühle**
zur Herstellung von allen Arten

**Buckskin, Tuch, Filz, Teppichen, Decken, Möbelstoffen, Plüsch usw.** | **Baumwoll-, Leinen- u. Jutegeweben, Rosshaar- u. Frottierstoffen usw.**

**Vorbereitungsmaschinen**
**aller Art,**
Kettenscheer- und Bäummaschinen,
Schlicht- und Leimmaschinen verschiedener Systeme,
Spulmaschinen für Kette und Schuss,
Kreuzspulmaschinen, Copsmaschinen usw.

**Permamente Ausstellung**
**jederzeit betriebsfertiger Maschinen in der Fabrik.**

Lieferungen bis 1907:
**104000 Webstühle und Vorbereitungsmaschinen.**

**Bild 8.155** Werbung mit Maschinendetails

**Klaviatur-Kartenschlag-Maschine**
**für**
**Verdol-Karten**
**und**
**Vincenzi-Karten**

**Patentiert in fast allen Staaten!**

Diese Maschine kann nur genau passende Karten herstellen und kann sowohl von einem ungeübten Arbeiter oder Arbeiterin bedient werden, als auch von einem geübten Kartenschläger.

Leistungsfähigkeit bis zu 50% höher gegen Einleseverfahren.

Spezialität: **Rutenwebstühle** mit patentierter Rutenbewegung zur Herstellung aller florartigen Gewebe von 0,5 bis 25 mm Florhöhe und in jeder Breite.

**Mertens & Frowein, G. m. b. H., Elberfeld.**

Mechanische Treibriemen-Weberei und Gurtfabrik
von
**Mühlen Sohn, Rheydt (Rheinl.)**

**Gegründet 1880** **Gegründet 1880**

Feinste Referenzen aus der Textil-Industrie!

Weitgehende Garantie!

liefert
seit 1880
in unerreichter Qualität:

**Gewebte imprägn. Baumwoll- u. Kamelhaarriemen**
**für alle Zweige der Industrie.**
**Spezialitäten:**
Kamelhaarriemen aus reinem Kamelhaargarn, ohne Zusatz von Baumwolle. — Dichtgewebte Baumwoll-, Transport- und Elevator-Gurte, vorteilhaftester Ersatz für Hanfgurte, Kautschukbänder usw.
**Langjährig erprobte Riemenspanner — Riemenverbinder eigenen Systems.**
**D. R. G.-M. 51037 u. 54979. — Muster und Preislisten auf Verlangen.**

**Rheinische Spulenfabrik**
G. m. b. H.
**ST. GOAR a. Rh.**
Vorteilhafte Bezugsquelle für **Holzspulen jeder Art.**

**Bild 8.156** Werbung mit Menschen und Mühlen und minimalistisch

### 8.21.2 Zweite Hälfte des 20. Jh.

In der Nachkriegszeit betonte die Werbung besonders die Eigenschaften der Maschinen, und ab den 1980er-Jahren wurden die Werbematerialien allmählich bunt. Auch wurden Telefon- und Faxnummern angegeben. Manche setzten ungewöhnliche Perspektiven ein, andere warben mit den Maschinendaten, und wieder andere zitierten bedeutende und bekannte Kunden (Bild 8.157). Ende des 20. Jh. beginnt allmählich die Zeit der Online-Werbung über Websites, heute normal, damals revolutionär.

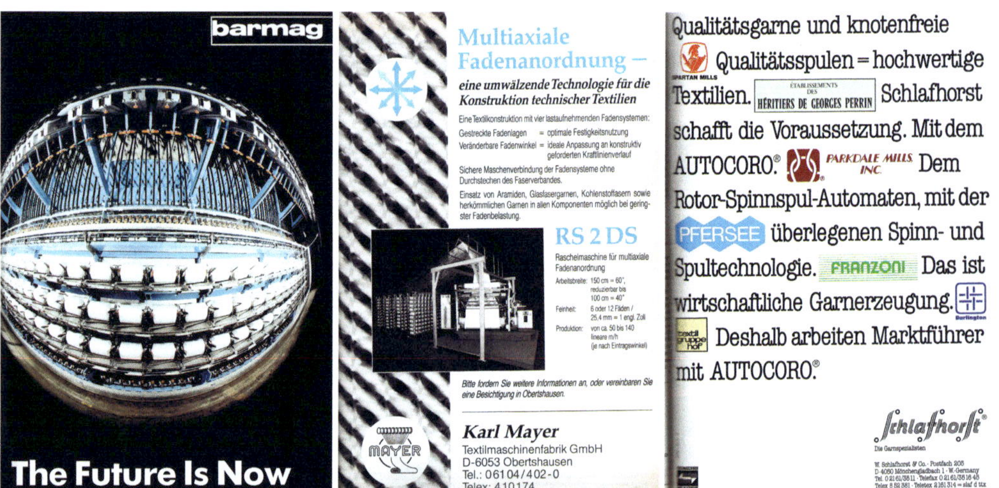


**Bild 8.157** Bunte Werbung für deutsche Textilmaschinen in den 1980er-Jahren

## ■ 8.22 Wichtige Erfindungen

Im 20. Jh. wurden im Bereich der Spinnerei und Weberei komplett neue Verfahren entwickelt, wodurch sich die Produktivität erheblich erhöhte. Weiterhin gibt es mit den Vliesstoffen, die nur aus Fasern bestehen und nicht aus Garnen, eine neue Klasse von Textilien, die vielseitig eingesetzt werden kann (Bild 8.158).

| Jahr | Erfinder | | Chemiefasern | Spinnereivorbereitung | Spinnerei | Weberei | Vliesstoffe |
|---|---|---|---|---|---|---|---|
| 1901 | C. F. Topham | Spinnpumpe | x | | | | |
| 1902 | Otto Hallensleben | Greiferwebmaschine | | | | x | |
| 1913 | Fritz Klatte | PVC-Fasern | x | | | | |
| 1918 | Johann Gabler | Stangengreifer | | | | x | |
| 1921 | Michel Van de Wiele | Doppelgewebeteppich | | | | x | |
| 1922 | John Brooks | Luftdüsenwebmaschine | | | | x | |
| 1923 | Francesco Cesoni, Arturo Lirussi | Hochverzugsstreckwerk | | x | | | |
| 1925 | Garcia Moya Ramon | Bandgreifer | | | | x | |
| 1925 | Rudolf H. Rossmann | Projektilwebmaschine | | | | x | |
| 1928 | Wallace Hume Carothers | Polyamid 6.6 (Nylon) | x | | | | |
| 1932 | G. Slayter | Düsenblasprozess | x | | | | |
| 1934 | J. Jabouley | Rundwebmaschine | | | | x | |
| 1937 | Svend Ejnar Berthelsen | OE-Rotorspinnen | | | | x | |
| 1937 | Paul Schlack | Polyamid 6 (Perlon) | x | | | | |
| 1938 | Otto Bayer, Peter Kurtz, Herbert Rein | Polyacrylnitril (PAN) | x | | | | |
| 1939 | W. Schuller | Trommelziehverfahren für Glasfasern | x | | | | |
| 1939 | John R. Whinfield, James T. Dickson | Polyethylenterephthalat (PET) | x | | | | |
| 1948 | Freudenberg | Vliesstoffe | | | | | x |
| 1948 | Karl Ziegler, Giulio Natta | Polypropylen (PP) | x | | | | |
| 1951 | Picanol | Vollautomatische Webmaschine | | | | x | |
| 1955 | Julius Meimberg | Kämmspinnen | | | x | | |
| 1955 | Joseph Shivers | Elastan (Lycra®) | x | | | | |
| 1959 | Konrad Götzfried | OE-Luftspinnen | | | x | | |
| 1965 | Courtaulds | Lyocell | x | | | | |
| 1965 | Ludwig Hartmann | Spinnvliesstoffe | | | | | x |
| 1995 | Sulzer Rüti | Reihenfachwebmaschine | | | | x | |
| 1996 | Murata | Luftspinnen | | | x | | |

**Bild 8.158** Auswahl wichtiger Erfindungen zur Textilherstellung im 20. Jh.

## Literatur und Bildquellen

*1971Markus* (2016), *https://commons.wikimedia.org/wiki/File:Macht_der_Mode_-_Reformkorsett_(2).jpg*, CC BY-SA 4.0

*Abott, W. F.* (1962), „Method for carbonizing fibers“, US Patent Nr. 3,053,775.

*Anonymous* (2000), „Chemical Fibers 1950 - 2000“, Chemical Fibers International 50, S. 104–105, Deutscher Fachverlag, Frankfurt. a. M.

*Ball, D.* (1902), *https://commons.wikimedia.org/wiki/File:Spencer-sisters.jpg?uselang=de*

*Barker, A. F.* (1920), Textiles. Constable & Co. Ltd., London.

*Becker, F.* (1912), Die Kunstseide (Nachdruck). S. 343 ff., Salzwasser Verlag, Paderborn.

*Bodenbender, H. G.*, „Selbstkostenberechnung in der Kunstseidenindustrie“, Melliand Textilberichte 10, S. 494–496, Heidelberg.

*Bok, M.* (2002), *https://commons.wikimedia.org/wiki/File:Jeans_%E2%80%9COnly%E2%80%9D,_sponge_wash_met_wijduitlopende_pijpen_en_gehaakte_applicatie,_objectnr_85321.JPG?uselang=de*, CC BY-SA 3.0

*Carothers, W. H.* (1929), „Studies on polymerization and ring formation. I. An introduction to the general theory of condensation polymers“, Journal of the American Chemical Society 51, S. 2548–2559, Washington.

*Catling, H.* (1970), The Spinning Mule. Clarke Doble & Brendon Ltd., Plymouth.

CIRFS (2021), *http://www.cirfs.org*

*Coop41* (2007), *https://commons.wikimedia.org/wiki/File:Disposablediaper.JPG*

*Cramer, G.* (1903), *https://commons.wikimedia.org/wiki/File:Crimmitschau_Belagerungszustand.jpg*, CC0 1.0

*Cyclopedia* (1907), Cyclopedia of Textile Work. American Technical Society, Chicago.

*De Nijs, J.* (1968), *https://commons.wikimedia.org/wiki/File:Aankomst_Paper_Dolls_,_Engelse_beatgroep,_op_Schiphol._De_Paper_Dolls,_Bestanddeelnr_921-4476.jpg*, CC0 1.0

*Denninger, F.* (2009), Lexikon Technische Textilien. Deutscher Fachverlag, Frankfurt a. M.

DCB (2021), *https://commons.wikimedia.org/wiki/File:AV0A9043_Lisa_Loch.jpg*, CC BY-SA 3.0

*Dion75e* (2015), *https://commons.wikimedia.org/wiki/File:24mg21s.jpg?uselang=de*, CC BY-SA 3.0

*Durova* (2008), *https://commons.wikimedia.org/wiki/File:Knityourbita.jpg*

*Duus, P.* (1989), „Zaikabo: Japanese Cotton Mills in China“, in: The Japanese Informal Empire in China, 1895-1937. Princeton University Press, Princeton.

*Elbers, W.* (1909), Die Bedienung der Arbeitsmaschinen zur Herstellung bedruckter Baumwollstoffe. Vieweg & Sohn, Braunschweig.

*Erkner* (2021), ChemieFreunde Erkner e. V., *http://www.chemieforum-erkner.de/chemie-geschichte/personen/rein_h.htm*

*Evitomotua* (2007), *https://commons.wikimedia.org/wiki/File:Kombifiltermedium_Kabinenluftfilter.jpg*, CC BY-SA 2.5

*Faostat* (2023), *https://www.faostat.fao.org*

*Ferrell, J.* (1942), *https://commons.wikimedia.org/wiki/File:Zootsuit2.jpg*

*Fierz-David, H.* (1930), „Die Kunstseide“ in: Neujahrsblatt der Naturforschenden Gesellschaft in Zürich auf das Jahr 1930, Beer & Cie., Zürich.

*Fikentscher, H., Heuck, C.* (1937), „Verfahren zur Herstellung von Polymerisationprodukten“, Patent DE654 989, Deutsches Reichspatentamt, Berlin.

*Fischer-Dückelmann, A.* (1911), *https://commons.wikimedia.org/wiki/File:Die_Frau_als_Haus%C3%A4rztin_(1911)_122_Reformkleid_R%C3%BCckansicht.png*

*Flickr* (2011), *https://www.flickr.com/photos/86 639 298@N02/8 559 740 473*, CC BY 2.0

*Fuchs, H., Albrecht, W.* (2012), Vliesstoffe – Rohstoffe, Herstellung, Anwendung, Eigenschaften, Prüfung. Wiley VCH, Weinheim.

*Gabler, J.* (1923), „Schusseintragsvorrichtung mittels Greifer für Webstühle“, Patent DE374353C, Deutsches Reichspatentamt, Berlin.

*Genas, M.* (1962), „Rilsan (Polyamid 11), Synthese und Eigenschaften“, Angewandte Chemie 74, S. 535–540, John Wiley & Sons, Inc., Hoboken.

*Gibson, C. D.* (1900), *https://commons.wikimedia.org/wiki/File:Gibson_Girls_seaside_-cropped-_by_Charles_Dana_Gibson.jpg*

*Glocker, W.* (1992), Glastechnik – Technikgeschichte im Deutschen Museum. Beck'sche Verlagsbuchhandlung, München.

*Götzfried, K.* (1959), „Verfahren und Vorrichtung zum pneumatischen Spinnen eines Fadens“, Patent Nr. DE1056018B, Deutsches Patentamt, München.

*Gries, Th., Veit, D.*, Wulfhorst, B. (2018), Textile Fertigungsverfahren. Hanser, München, 2018.

*GroupSixty* (2009), *https://commons.wikimedia.org/wiki/File:Bundesarchiv_Bild_183-20 403-0001,_Hiddensee,_Urlauberinnen.jpg*, CC BY-SA 3.0

*Gueldry, F.-J.* (1913), *https://commons.wikimedia.org/wiki/File:Roubaix_la_piscine_gueldry_triage_laine.jpg*

*Haabet* (2005), *https://commons.wikimedia.org/wiki/File:Badedragter_for_damer.jpg*

*Hallensleben, O.* (1902), „Means of inserting the weft into the shed in looms", Patent CA78187A, Schweizerisches Patentamt, Bern.

*Hine, L.* (1910), *https://commons.wikimedia.org/wiki/File:Some_of_the_spinners_in_Pell_City_Cotton_Mill,_grouped_for_me_by_the_overseer._Mr._E._A._Thompson,_Supt._of_the_Mill..._-_NARA_-_523 355.jpg*

*Horrocks, A. R., Annand, S.* (2000), Handbook of Technical Textiles. Woodhead Publishing, Cambridge.

*Hoskyn, E. L.* (1914), *https://no.m.wikipedia.org/wiki/Fil:Cotton_mill.jpg*

*Il Dottore* (2006), *https://commons.wikimedia.org/wiki/File:Les_Tr%C3 %A8s_Riches_Heures_du_duc_de_Berry_juin_haymaking.jpg?uselang=de*

*JHeald* (2014), *https://commons.wikimedia.org/wiki/File:Agricultural_labours_-_Livre_des_profits_ruraux_(late_15th_C),_f.305_-_BL_Add_MS_19 720.jpg?uselang=de*

*Kirchhain, G.* (1973), Das Wachstum der deutschen Baumwollindustrie im 19. Jh., Dissertation an der Universität Münster, Münster.

*Klare, Hermann* (1985), Geschichte der Chemiefaserforschung. Akademie-Verlag, Berlin.

*Klatte, F.* (1913), „Verfahren zur Herstellung einer auf Hornersatz, Filme, Kunstfäden, Lacke und dergleichen verarbeitbaren Masse", DRP 281 877, Deutsches Reichspatentamt, Berlin.

*Knecht, P.* (2006), Technische Textilien. Deutscher Fachverlag. Frankfurt a. M.

*Kyosev, Y.* (2015), Braiding Technology for Textiles. Woodhead Publishing, Cambridge.

*Leclerc, M. F.* (2014), *https://commons.wikimedia.org/wiki/File:Commercial._Clothing_Factory._St._Hubert_street,_Montreal._Maurice_Laniel_BAnQ_P48S1P06 570.jpg*

*Light, A.* (1983), *https://commons.wikimedia.org/wiki/File:Sylvester_Stallone_(1983).jpg*, CC BY 2.0

*Linder, A.* (1967), Spinnen und Weben – einst und jetzt. C. J. Bucher, Luzern.

*López, J.* (2007), *https://commons.wikimedia.org/wiki/File:Marlon_Brando_-_The_Wild_One_(Madame_Tussaud).JPG*

*Lucasbosch* (2011), *https://commons.wikimedia.org/wiki/File:Reef_knot.svg*, CC BY-SA 3.0

*Lucyin* (2018), *https://commons.wikimedia.org/wiki/File:Wa_addj_traw%C3 %A9_met%C3 %A5ve.jpg?uselang=de*, CC BY-SA 4.0

*Lübke, A.* (1953), Weltmacht Textil. Veria Verlag, Stuttgart.

*Mabel, J.* (2019), *https://commons.wikimedia.org/wiki/File:John_Doyle_Bishop%27s_batik_print_jacket_(cropped).jpg?uselang=de*, CC BY-SA 4.0

*Mabit1* (2021), *https://commons.wikimedia.org/wiki/File:Moonboots.jpg*, CC BY-SA 4.0

*Maeyaert, P.* (2018a), *https://commons.wikimedia.org/wiki/File:PM_110465_Liebig_Chromos.jpg*, CC BY-SA 4.0

*Maeyaert, P.* (2018b), *https://commons.wikimedia.org/wiki/File:PM_110466_Liebig_Chromos.jpg*, CC BY-SA 4.0

*Maeyaert, P.* (2018c), *https://commons.wikimedia.org/wiki/File:PM_110467_Liebig_Chromos.jpg*, CC BY-SA 4.0

*Maeyaert, P.* (2018d), *https://commons.wikimedia.org/wiki/File:PM_110468_Liebig_Chromos.jpg*, CC BY-SA 4.0

*Maeyaert, P.* (2018e), *https://commons.wikimedia.org/wiki/File:PM_110469_Liebig_Chromos.jpg*, CC BY-SA 4.0

*Maeyaert, P.* (2018f), *https://commons.wikimedia.org/wiki/File:PM_110470_Liebig_Chromos.jpg*, CC BY-SA 4.0

*Manning, R.* (1969), *https://commons.wikimedia.org/wiki/File:Woodstock-kids.jpg*, CC BY 3.0

*Manske, M.* (2011), *https://commons.wikimedia.org/wiki/File:Hot_Import_Nights_18.jpg?uselang=de*, CC BY-SA 2.0

*Martyn, M.* (1917), *https://commons.wikimedia.org/wiki/File:Drawing_by_Marguerite_Martyn_of_two_women_and_a_child,_all_knitting_for_the_ist_effort_in_St._Louis,_Missouri.jpg*

*MaxxL* (2016), *https://commons.wikimedia.org/wiki/File:Luftd%C3 %BCsen-Webmaschine.jpg*

*Milton, D. W., Luther, C.* (1872), „Improvement in the manufacture of wadding, batting and carpet lining", US-Patent 123 136, US Patent Office, Alexandria.

*Moya Ramon, G.* (1925), „Improvements in or relating to weft inserting devices in looms for weaving", Patent GB227865A, Britisches Patentamt, London.

*Mui, Y. Q.* (2009), „Blue Chip, White Cotton: What Underwear Says About the Economy", The Washington Post, Washington.

*Nicolas* (2006), *https://commons.wikimedia.org/wiki/File:1931_Flag_of_India.svg*

*Nishi, H.* (1911), Die Baumwollspinnerei in Japan. Dissertation an der Universität Leipzig, Leipzig.

*N. N.* (1996), Globalization of the footwear, textiles and clothing industries. Report for discussion at the Tripartite Meeting on the Globalization of the Footwear, Textiles and Clothing Industries: Effects on Employment and Working Conditions. International Labour Office, Genf.

*N. N.* (1999), 150 Jahre Freudenberg, Freudenberg & Co. KG, Druckhaus Beltz, Hemsbach.

*Nosko, E.* (1977), *https://commons.wikimedia.org/wiki/File:Fotothek_df_n-15_0000413_Disko.jpg*, CC BY-SA DE

*Orpen, W.* (1927), *https://commons.wikimedia.org/wiki/File:Charles_Lawrence,_1st_Baron_Lawrence_of_Kingsgate_by_William_Orpen.jpg*

*Paul, D.* (1921), „Filament composed of basalt", US Patent Nr. 1,438,428.

*PeCe* (1934), *https://de.wikipedia.org/wiki/Datei:W77_PeCe-Faser_Chemiepark.jpg*, CC BY 3.0 DE

*Pelo, R.* (1986), *https://commons.wikimedia.org/wiki/File:Viuda_e_Hijas_de_Roque_Enroll_1986.png*

*Pizzetta* (1893), *https://commons.wikimedia.org/w/index.php?curid=100 577*

*Posselt, E. A.* (1905), Textile Machinery – Wool, Cotton, Silk, Part 3. Sampson, Lowe, Marston,

& Co., London.

*Richter* (2012), *https://commons.wikimedia.org/w/index.php?curid=18 582 552*, CC BY-SA 3.0

*Rivoli, P.* (2006), Reisebericht eines T-Shirts. Ullstein, Berlin.

*Ross, R.* (2008), Clothing – A global history. Polity Press, Cambridge.

*Schlack, P.* (1938), „Preparation of polyamides", US Patent Nr. 2,241,321.

SLQBot (2011), *https://commons.wikimedia.org/wiki/File:StateLibQld_1_86524_Textile_factory_worker_Betty_Power,_Brisbane,_July_1942.jpg?uselang=de*

*Soltes, W. T.* (1961), „Electrically conducting fibrous carbon", US Patent Nr. 3,011,981

*Statista* (2023), *https://www.statista.de*

*Stein, S. J.* (1957), The Brazilian Cotton Manufacture. Harvard University Press, Cambridge (MA).

*Subhankar, M., Kunal, S., Mrinal, S.* (2012), „Recent Developments in Rapier Weaving Machines in Textiles", American Journal of Systems Science 1(1), S. 7–16, *http://article.sapub.org/10.5923.j.ajss.20 120 101.02.html*

*Swan, J. W.* (1884), GB-PS 5 975.

The Cotton Year Book (1962), Marsden & Co., Manchester.

The Fiber Year (2021), The Fiber Year GmbH, Roggwil, *https://www.thefiberyear.com*

*Thomé, O. W.* (1903), Flora von Deutschland, Österreich und der Schweiz. H. Bermüller Verlag, Gera.

*Todd, J. A.* (1915), The World's Cotton Crops. A & C Black Ltd., London.

*Tonweya* (2007), *https://de.wikipedia.org/wiki/Datei:Oberbruch_glanzstoff_1903.jpg*

Transport for NSW (2019), *https://commons.wikimedia.org/wiki/File:Crash-test-with-airbag-and-safty-belt.jpg*, CC BY-SA 4.0

*Uthman, E.* (1973), *https://commons.wikimedia.org/wiki/File:1970sgirls.jpg?uselang=de*, CC BY-SA 2.0

*Van Baardwijk, M., Franses, P. H.* (2010), „The hemline and the economy; is there a match?", Erasmus School of Economics, Econometric Institute Report 2010-40.

*Vaniljapulla* (1992), *https://www.flickr.com/photos/65 290 859@N05/5 995 356 002*, CC BY-ND 2.0

*Veit, D.* (2023), Fasern. Springer Nature, Berlin.

*Wagner, E.* (1981), Die textilen Rohstoffe. Deutscher Fachverlag, Frankfurt a. M.

*Watt, W., Johnson, W., Moreson, R.* (1971), „Production of carbon fibers", US-Patent 3,532,466A.

*Weide, T.* (2004), Analyse und Simulation des Garnbildungsprozesses beim Luftechtdraht-Spinnverfahren. Dissertation an der RWTH Aachen University, Aachen.

*Whinfield, J. R., Dickson, J. T.* (1941), „Improvements relating to the manufacture of highly polymeric substances", US Patent 578,079.

*Wiki* (1885), *https://en.wikipedia.org/wiki/File:Bundesarchiv_Bild_137-003 033,_Togo,_Lom%C3 %A9,_Verladen_von_Baumwollballen.jpg*, Bundesarchiv, Bild 137-003 033, CC BY-SA 3.0

*Wiki* (1900), *https://commons.wikimedia.org/wiki/File:Coats_Dec_1900.jpg*

*Wiki* (1904), *https://commons.wikimedia.org/wiki/File:Streik_Crimmitschau_postkarten12_gross.jpg*

*Wiki* (1907), *https://commons.wikimedia.org/w/index.php?curid=19 124 987*

*Wiki* (1912), *https://commons.wikimedia.org/wiki/File:BenjaminSuitsNOLARiverfront1912.jpeg*

*Wiki* (1944), *https://commons.wikimedia.org/w/index.php?curid=58 187 936*, CC BY 3.0 DE

*Wiki* (1922), *https://commons.wikimedia.org/wiki/File:Ronald_Reagan_in_Dixon,_Illinois,_1920s.jpg*

*Wiki* (1986), *https://commons.wikimedia.org/wiki/File:Stephanie_Kwolek_1986.TIF*, CC BY-SA 3.0

*Wiki* (2008), *https://commons.wikimedia.org/wiki/File:Acrylic_Heels.jpg*, CC BY 2.0

*Wiki* (2011), *https://upload.wikimedia.org/wikipedia/commons/b/be/HobbleSkirt.jpg*

*Wiki* (2012), *https://commons.wikimedia.org/wiki/File:Amoskeag_Manufacturing_Co.,_Panorama_Downriver.jpg*

*Wiki* (2021), *https://en.wikipedia.org/wiki/File:Edith_Berg.jpg*, CC BY 4.0

*Wiki* (2023), *https://pxhere.com/de/photo/622 354?utm_content=shareClip&utm_medium=referral&utm_source=pxhere* CC0

*Wleiter* (2016), *https://commons.wikimedia.org/wiki/File:Oriental_Carpet_Manufacturers_1913.jpg*

WTO (2023), *https://stats.wto.org*

*Yann* (2009), *https://de.m.wikipedia.org/wiki/Datei:Gandhi_spinning.jpg*

*Zaremba, S., Steffens, M., Wulfhorst, B., Hirt, P., Riggert, K. H.* (1997), Polyamid. Faserstofftabelle nach P.-A. Koch des Instituts für Textiltechnik der RWTH Aachen University, Aachen.

*Zimmerman, A.* (2005), „A German Alabama in Africa: The Tuskegee Expedition to German Togo and the Transnational Origins of West African Cotton Growers", The American Historical Review, Band 110, Ausgabe 5, S. 1362–1398.

*Zours* (2008), *https://commons.wikimedia.org/wiki/File:FrenchHippie.jpg*, CC BY 3.0

# 9 Das 21. Jahrhundert

Die Herstellung von Textilien ist im 21. Jh. eine der wichtigsten Industrien weltweit. Mehrere 100 Mio. Menschen in der Textil- und Bekleidungsindustrie erwirtschaften einen Umsatz von gegenwärtig mehr als 2500 Mrd. € pro Jahr. Das ist das Doppelte des weltweiten Umsatzes in der IT-Branche und 1000 Mrd. € mehr, als für Tourismus ausgegeben wird. Nur die Lebensmittelbranche ist mit rund 9000 Mrd. € noch größer. Insgesamt arbeiten rund 2,5 % der Weltbevölkerung im Textil- und Bekleidungssektor, entweder in der Produktion oder im Handel.

Wie viele andere bahnbrechende Entwicklungen zuvor begann auch die Globalisierung der Produktion in der Textilindustrie. Damit einher geht im 21. Jh. eine zunehmende Digitalisierung, Prozessdaten werden entlang der Herstellungskette ausgetauscht, und so beginnt die 4. industrielle Revolution, auch Industrie 4.0 genannt. Für viele Menschen in den Industrieländern wird eine nachhaltige Produktion von Textilien immer wichtiger, was sowohl Umwelt- als auch Sozialstandards (faire Löhne) umfasst. Die Digitalisierung ermöglicht erstmals die dazu erforderliche Rückverfolgung von Produkten entlang der gesamten Prozesskette.

## 9.1 Faserstoffe

Bei den Fasern dominieren weiterhin Polyester und Baumwolle, wie schon seit dem Ende des 20. Jh. (Bild 9.1). Es gibt allerdings Bestrebungen, Fasern nachhaltig zu erzeugen, z. B. den Polyester PLA (Polylacticacid) aus Nebenprodukten, die bei der Milchverarbeitung anfallen, oder nachwachsenden Rohstoffen (Bild 9.9).

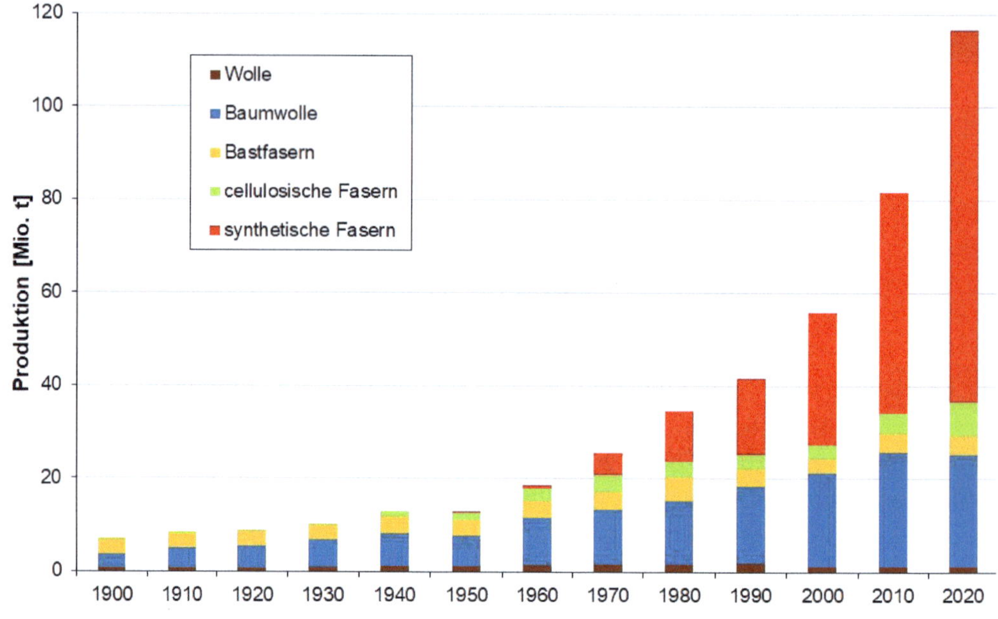


**Bild 9.1** Faserproduktion weltweit (Daten: u. a. The Fiber Year, 2023)

Jedoch sind die Produktionsmengen noch gering und der Preis vergleichsweise hoch. Darüber hinaus müssen bei der Erzeugung von Garnen und Textilien aus PLA die Weiterverarbeitungsprozesse geändert werden, was eine Einführung ebenfalls erschwert. Schließlich sind auch die Pflegeeigenschaften andere, sodass die Akzeptanz der Verbraucher fraglich erscheint.

Gleiches gilt für alle anderen sogenannten „Biomaterialien". Einzig die Erhöhung der Produktion von Viskose- und Lyocellfasern, die seit den 1930er- bzw. 1990er-Jahren weltweit bekannt und akzeptiert sind, verspricht mittelfristig eine Perspektive zum Ersatz von Polyester und anderen Chemiefasern aus Erdöl. Allerdings wird es noch Jahrzehnte dauern, bis entsprechende Produktionskapazitäten aufgebaut sind (vgl. Abschnitt 9.9.1).

Die zu Beginn des 21. Jh. dominierenden Fasern sind Polyester und Baumwolle, gefolgt von Polyamid, den Bastfasern (u. a. Jute, Flachs, Hanf), Kokosfasern und Wolle. Für technische Artikel sind Glas-, Metall- und Carbonfasern von Bedeutung (Bild 9.2).

### 9.1.1 Naturfasern

Bild 9.3 zeigt die für die Erzeugung der wichtigsten Naturfasern zurzeit relevanten Weltregionen. Abgesehen von den Polargebieten werden auf allen Kontinenten in nennenswerter Menge Naturfasern produziert. Schätzungen zufolge arbeiten 29 Mio. Menschen im Baumwollanbau, 6 Mio. in der Jute- und 5 Mio. in der Wollerzeugung (DNFI, 2021).

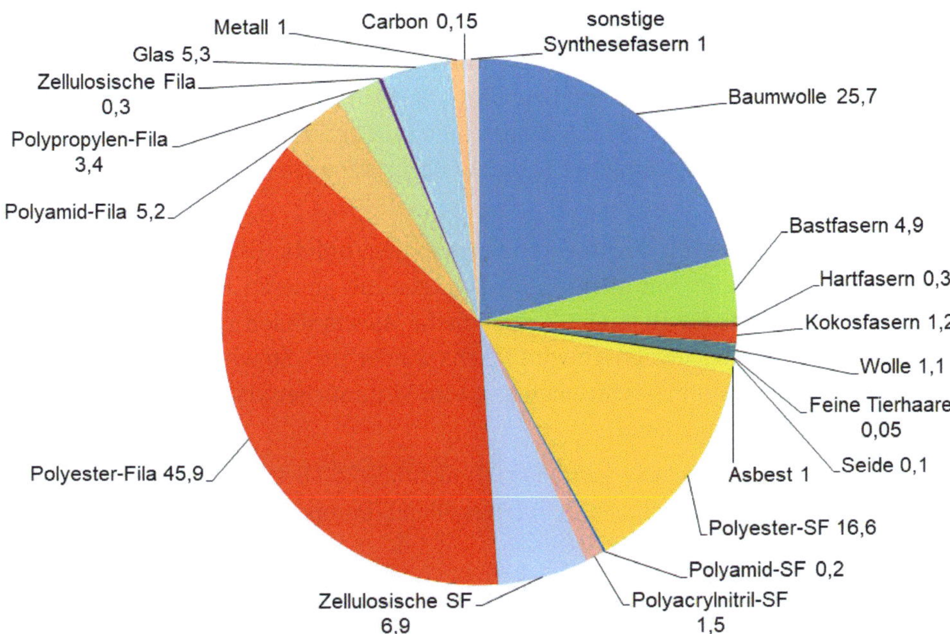


**Bild 9.2** Anteile wichtiger Fasern am Weltmarkt in [Mio. t]; SF = Stapelfasern, Fila = Endlosfasern (The Fiber Year, 2023; faostat, 2023)

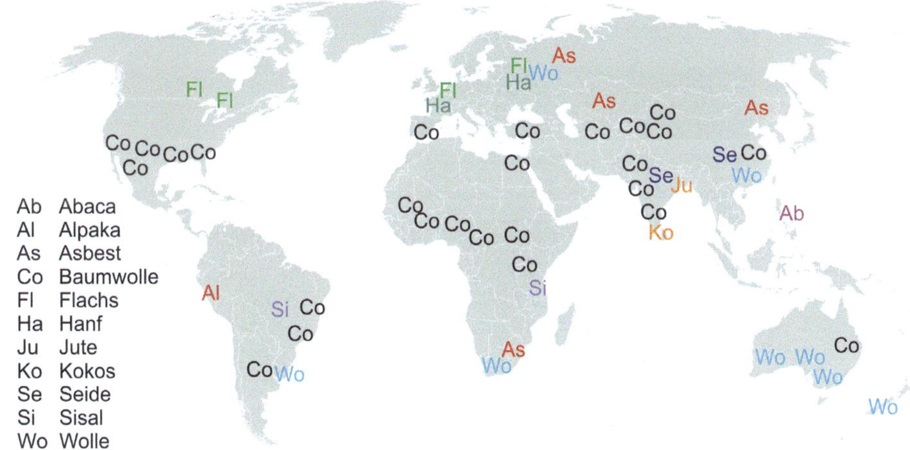


**Bild 9.3** Weltregionen mit bedeutender Naturfasererzeugung (Veit, 2023)

### 9.1.1.1 Baumwolle

Rund 95 % der heute etwa 25 Mio. t geernteten Baumwolle sind gentechnisch modifiziert (Bt-Baumwolle). Baumwolle bleibt damit die mengenmäßig mit großem Abstand wichtigste Naturfaser. Indien überholte 2015 China als größten Erzeuger und steht damit zum ersten Mal seit dem 19. Jh. wieder auf Platz 1.

### 9.1.1.2 Flachs und Hanf

Die wichtigsten Anbauländer von Flachs im Jahr 2022 zeigt Bild 9.4. Es dominiert Frankreich (85 %) mit weitem Abstand vor Belgien (9 %), Weißrussland und Russland mit je 4–5 % Weltmarktanteil. China, bis 2005 mit einer Produktion von bis zu 700 000 t führend, spielt, ebenso wie alle anderen ehemals flachserzeugenden Länder, keine große Rolle mehr.

In Europa werden große Anstrengungen unternommen, um die Erzeugung zu rationalisieren und der Flachsfaser, vor allem in Mischungen mit anderen Faserarten, im modischen Sektor ebenso wie für Heimtextilien, zu mehr Marktanteilen zu verhelfen. Auch in Zusammenarbeit mit Modedesignern wird Flachs wieder „in“. So wird z. B. seine Knitteranfälligkeit mit „Edelknitter“ beschrieben und vom Verbraucher als besonderes Kennzeichen von Flachsartikeln akzeptiert.

Wichtigster Verarbeiter von Flachs ist Italien mit mehr als 250 Betrieben, gefolgt von Frankreich (mehr als fünfzig Unternehmen) und Deutschland (European Linen & Hemp, 2021).

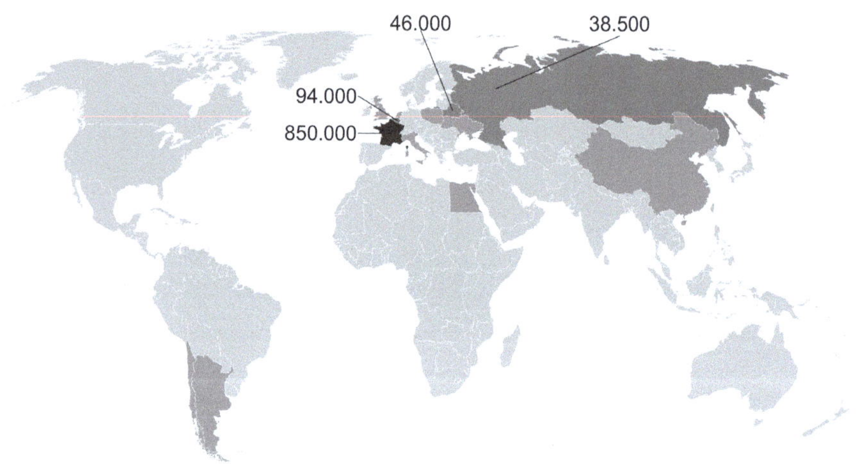


**Bild 9.4** Heutige Anbauländer von Flachs und Produktionsmengen in [t] (Daten: faostat, 2023)

Flachs und Hanf werden oft genannt als Alternative zu Baumwolle und Fasern auf Erdölbasis. Dies ist aber fragwürdig, weil zum einen ihre Eigenschaften sich von denen der heute genutzten Fasern erheblich unterscheiden und zum anderen die notwendigen Mengen nicht erzeugt werden können. Flachs beispielsweise kann ohne zusätzliche Düngung nur alle sieben Jahre auf demselben Feld angebaut werden, weil die Pflanze den Boden auslaugt („Flachsmüdigkeit“).

Die jährliche Produktionsmenge von Hanf liegt 2022 bei rund 180 000 t, Frankreich ist der Haupterzeuger (78 000 t) und einer der wichtigsten Verarbeiter. Hanftextilien besetzen somit nur eine Nische im Markt für nachhaltige Textilien.

#### 9.1.1.3 Wolle

Die Produktion von Wolle ist seit der Floor-Price-Krise in Australien Anfang der 1990er-Jahre bei rund 1 Mio. t (gewaschen) relativ konstant, und es ist zu erwarten, dass das so bleibt, weil die Nachfrage nach Wollprodukten schon lange stabil ist. Wolle kann auch nicht von anderen Fasern ersetzt werden.

### 9.1.2 Chemiefasern

Die im 20. Jh. entwickelten Chemiefasern, vor allem auf Erdölbasis, dominieren auch zu Beginn des 21. Jh. die Textilproduktion. Insbesondere der Polyester PET hat eine beherrschende Stellung aufgrund seines geringen Preises und der relativ leicht herzustellenden großen Mengen.

Nachdem die zellulosischen Fasern zum Ende des 20. Jh. nur noch geringe Marktbedeutung hatten, verdreifachte sich die Produktion von 2000 bis 2020. Im Jahr 2022 wurden rund 6,5 Mio. t Stapelfasern erzeugt gegenüber nur 0,5 Mio. t Filamenten. Dies liegt vor allem an der deutlich billigeren Konkurrenz von Polyester bei den Filamentgarnen. Stapelfasern hingegen werden häufig in Mischungen mit Baumwolle verarbeitet und bieten wegen der ähnlichen zellulosischen Struktur färberische Vorteile gegenüber Synthesefasern auf Erdölbasis.

#### 9.1.2.1 Entwicklung 2000–2020

Seit den 2000er-Jahren wurden die Produktionskapazitäten vor allem in Asien massiv ausgebaut (Bild 9.5). China ist der größte Hersteller, aber auch in Korea und Taiwan wurden große Produktionskapazitäten aufgebaut. Im Hochlohnland Japan nimmt die erzeugte Menge dagegen seit der Jahrtausendwende ab.

Ab 2010 dominierte China den Weltmarkt der Synthesefasern und erreichte einen Marktanteil von 60 % (Bild 9.6). Auch Indien baute seine Kapazitäten massiv aus und wurde zur Nr. 2 weltweit. Die Nachfrage nach zellulosischen Fasern nahm wieder stark zu, und die Kapazitäten wurden entsprechend ausgebaut, vor allem in China, Europa und den USA. In Japan wurde die Erzeugung von Synthesefasern massiv reduziert.

Ab 2010 wurden die Produktionsanlagen vor allem in China, zu einem kleineren Teil auch in Indien, stark ausgebaut (Bild 9.7). Indonesien stieg zum viertgrößten Chemiefaserproduzenten weltweit auf. Heutzutage werden 70 % der Synthesefasern und 60 % der zellulosischen Chemiefasern in China hergestellt. Die USA, Europa und Korea sowie Japan sind weiterhin wichtige chemiefasererzeugende Länder, vor allem für technische Fasern.

Besonders in Indien wurden in den letzten Jahren erhebliche Produktionskapazitäten für synthetische Fasern aufgebaut. In Indonesien wird verstärkt in Produktionsanlagen von zellulosischen Fasern investiert (Lyocell).

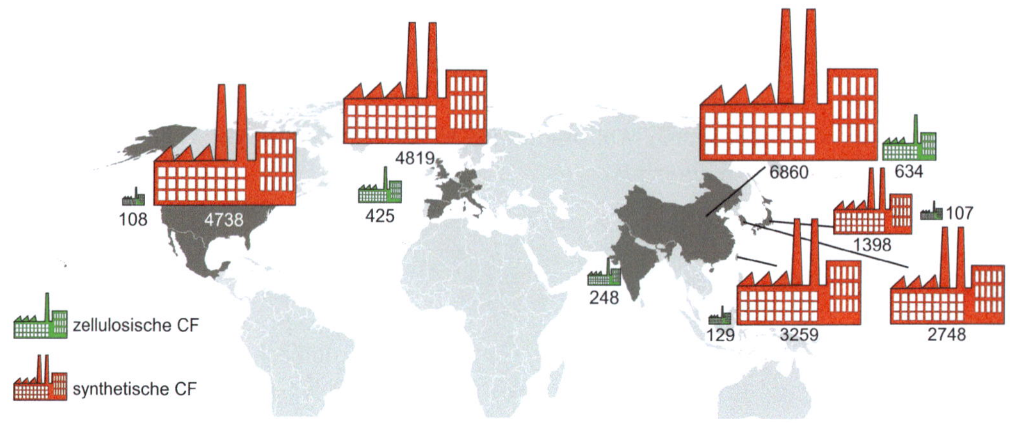


**Bild 9.5** Die wichtigsten Erzeugerländer von Chemiefasern 2000 (Veit, 2023)

**Bild 9.6** Die wichtigsten Erzeugerländer von Chemiefasern 2010 (Veit, 2023)

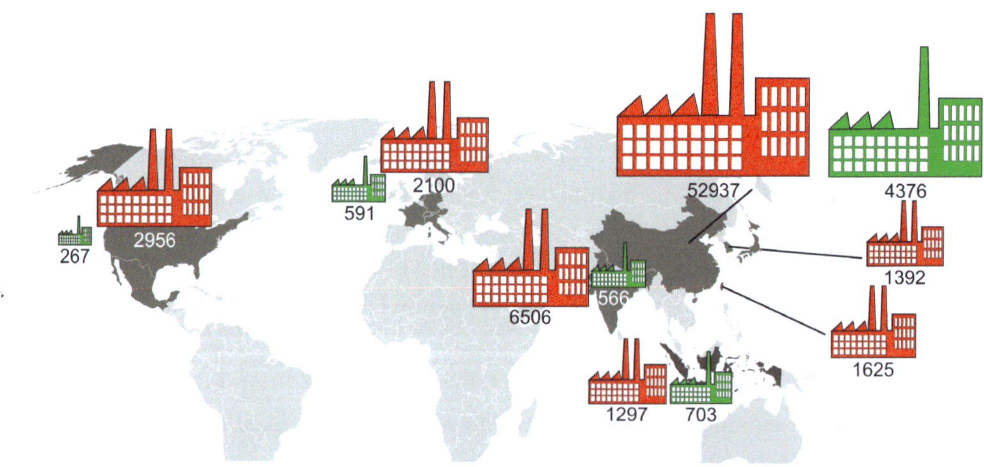


**Bild 9.7** Die wichtigsten Erzeugerländer von Chemiefasern 2020 (Veit, 2023)

### 9.1.2.2 Biopolymere am Beispiel PLA

Seit den 2010er-Jahren werden verstärkt sogenannte Biopolymere erforscht und, in vergleichsweise kleinen Mengen, hergestellt. Das mengenmäßig wichtigste Polymer ist der Polyester PLA (Polymilchsäure), der aus Molkereirückständen erzeugt werden kann. Die Weltproduktion beträgt zurzeit rund 400 000 t, davon fast 70 % in Asien. Allerdings wird nur ein Viertel davon zu Fasern verarbeitet.

Polymilchsäure (engl.: Poly Lactic Acid – PLA) gehört zur Gruppe der aliphatischen Polyester und ist trotz des Namens keine Säure (Bild 9.8).

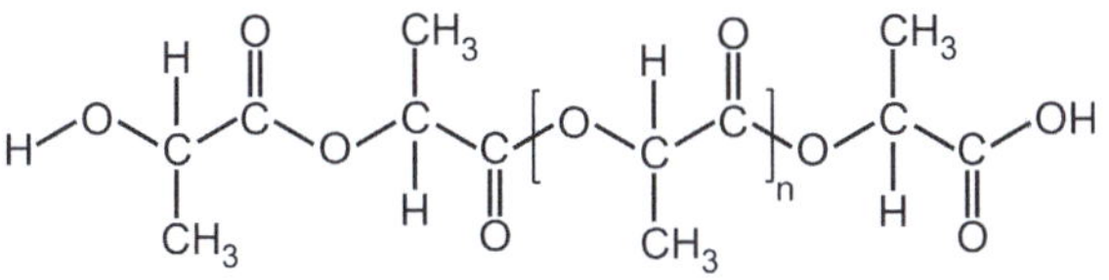

**Bild 9.8** Strukturformel von PLA und Wiederholungseinheit

Für die Faserherstellung wird PLA aus nachwachsenden Rohstoffen (Zucker, Stärke) produziert, daher wird PLA zu den Biopolymeren gerechnet (Bild 9.9). In dieser Gruppe der Biopolymere zählt PLA zu den Materialien, deren Ausgangsstoffe durch Mikroorganismen (Fermentation) erzeugt werden können und deren Makromoleküle biologisch abbaubar sind. Je nach molekularer Struktur des Polymers zersetzt sich PLA langsam bis schnell in Wasser und zerfällt in Kohlendioxid und Biomasse. Ein weiterer Vorteil ist, dass die Erzeugung von PLA klimaneutral erfolgt oder sogar $CO_2$ verbraucht, wenn man die Produktionskette vom Rohmaterial (Mais) bis zum Endprodukt betrachtet (Bogaert und Coszach, 2000).

Abhängig vom Herstellungsverfahren werden die Polymere unterschiedlich bezeichnet. Wird das Polymer direkt aus Milchsäure (engl.: Lactic Acid) erzeugt, wird es als Polylactic Acid bezeichnet. Ist jedoch das Polymer indirekt über Dilactid (engl.: Lactide) entstanden, spricht man von Polylactid.

In Bild 9.9 sind die Prozesswege zur Herstellung von PLA aus den verschiedenen Ausgangsmaterialien dargestellt. Für die zurzeit erzeugten 100 000 t PLA-Fasern werden minimal 16 000 ha (Zuckerrohr) und maximal 100 000 ha (Weizen) landwirtschaftliche Nutzfläche benötigt. Dies ist eine vergleichsweise geringe Fläche, denn alleine in der EU beträgt die landwirtschaftliche Nutzfläche 174 Mio. ha. Der Wasserverbrauch ist aber in jedem Fall erheblich größer als bei der Produktion von synthetischen Polymeren. Zur Herstellung von 1 t PET sind nur ca. 4 t Wasser erforderlich. Daher ist die Umweltbilanz von PLA durchwachsen, wenn künstlich bewässert werden muss.

Ein weiterer Trend ist der Einsatz von Rezyklaten bei der Erzeugung synthetischer Chemiefasern. Diese werden durch ein vorangestelltes „r“ gekennzeichnet, z. B. rPET.

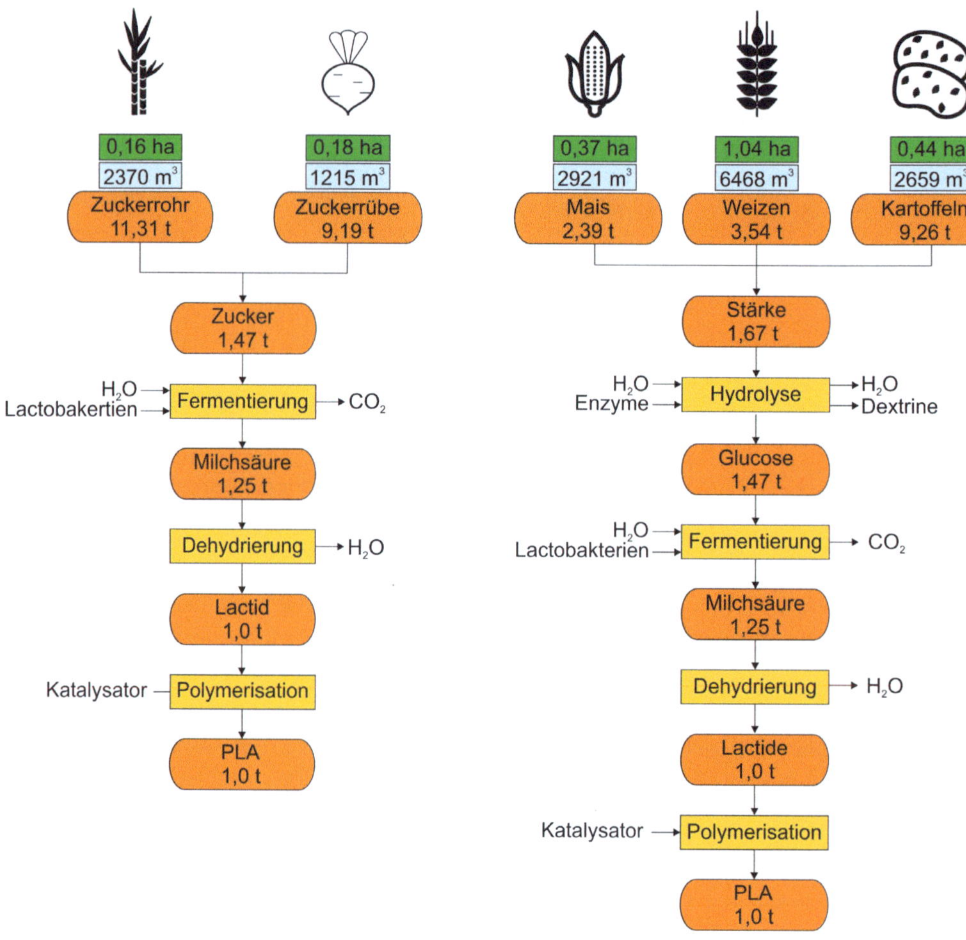


**Bild 9.9** Herstellung von PLA aus nachwachsenden Rohstoffen nach (IFG, 2021)

## 9.1.3 Carbonfasern

Mit dem Ausbau der Windkraftindustrie werden Textilien aus Carbonfasern zunehmend zur Verstärkung von Rotorblättern eingesetzt. Auch schnell laufende Maschinenteile werden aus Gewichtsgründen oft aus carbonfaserverstärkten Kunststoffen hergestellt, z. B. Legebarren im Tuftingprozess und beim Kettenwirken. Um die Produktionskosten zu senken, werden alternative Ausgangsmaterialien für Carbonfasern erforscht, z. B. Zellulose und Polyolefine.

## 9.2 Spinnmaschinen

Bei den Spinnverfahren ist weiterhin das Ringspinnen mit einem Marktanteil von ca. 70 % dominierend. OE-Rotorspinnen und Luftspinnen sind zwar deutlich produktiver, allerdings sind die Anforderungen an das Fasermaterial etwas höher, und auch die Bedienung der Maschinen ist komplexer.

### 9.2.1 Selfaktor

Auf der Internationalen Textilmaschinenausstellung (ITMA) im Jahr 2015 in Mailand wurde erstmals seit rund sechzig Jahren wieder eine neue Selfaktor-Maschine vorgestellt (Bild 9.10). Ob sie erfolgreich sein wird, bleibt abzuwarten.

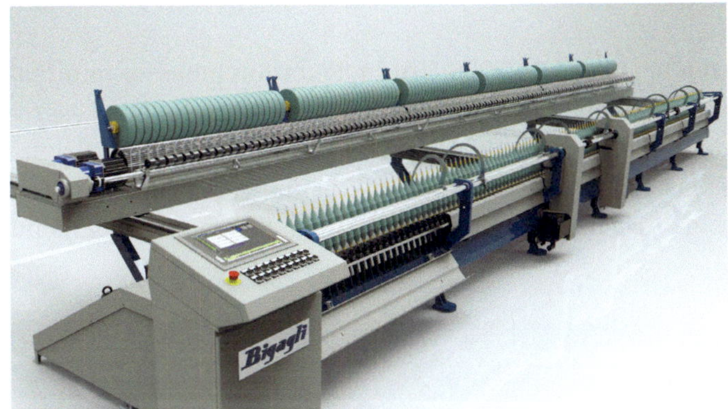


**Bild 9.10** Moderner Selfaktor (Proxima s.r.l. Bigagli, 2023)

### 9.2.2 Ringspinnmaschine

Die Ringspinnmaschinen werden immer länger und besitzen bis zu 2000 Spinnpositionen. Mit dem Kompaktspinnen (vgl. Kapitel 8) gibt es eine artverwandte Technologie, die mittlerweile einen Teil des traditionellen Ringgarnmarkts erobert hat und im Vergleich höhere Spinngeschwindigkeiten (bis 30 m/min) erlaubt.

### 9.2.3 OE-Rotorspinnmaschine

Das Anspinnen und der Spulenwechsel sind heutzutage voll automatisiert, die Garnreinigung (das Entfernen von Störstellen im Garn) erfolgt mittlerweile direkt während des

Spinnprozesses. Die Spinngeschwindigkeit erreicht heutzutage 250 m/min und damit das ca. Zehnfache einer Ringspinnmaschine (Bild 9.11). Der Marktanteil der Rotorgarne an allen Stapelfasern liegt weltweit bei ca. 25–30 %.

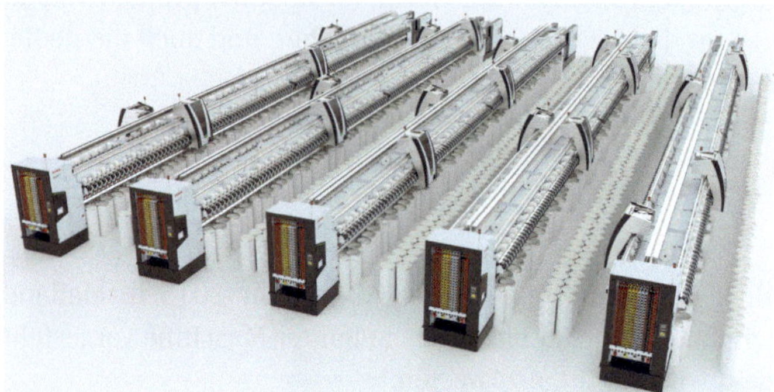

**Bild 9.11** Autocoro 10 (Saurer Spinning Solutions GmbH & Co. KG)

Typische Rotordrehzahlen liegen bei bis zu 160 000 U/min, Rotordurchmesser minimal bei 26 mm und die Anzahl der Spinnstellen je Maschine bei 600 und mehr. Die Losgrößen im Garnmarkt werden immer kleiner, um auf die schnell wechselnde Mode reagieren zu können. Daher werden Maschinen angeboten, die bis zu fünf verschiedene Garne gleichzeitig ausspinnen können. Solche Rotorspinnmaschinen kommen weitgehend ohne Bedienpersonal aus.

### 9.2.4 Luftspinnmaschinen

Diese Maschinen werden mittlerweile nicht nur vom japanischen Unternehmen Muratec, sondern auch von der Rieter AG (Schweiz) und Saurer Spinning Solutions GmbH & Co. KG angeboten. Typische Spinngeschwindigkeiten liegen bei bis zu 600 m/min, die Maschinen besitzen bis zu 200 Spinnpositionen. Diese Technologie erfordert eine Mindestlänge der Fasern, und noch ist es nicht möglich, Garne aus 100 % Baumwolle ohne einen vorherigen Kämmprozess herzustellen. Wenn diese Einschränkungen beseitigt sind, wird das Luftspinnen große Marktanteile gewinnen.

## ■ 9.3 Webmaschinen

Bei der Entwicklung von Webmaschinen liegt der Fokus nicht mehr auf einer Erhöhung der Schusseintragszahlen, um die Produktivität zu steigern. Die dazu notwendige Beschleunigung des Schussfadens erreicht Werte, die zum Fadenbruch und somit zum Maschinenstillstand führen. Bei rund 2000 Schusseinträgen pro Minute scheint eine technologische Grenze erreicht zu sein (Bild 9.12).

| Art des Webstuhls | Typische Breite [cm] | Anzahl Webmaschinen pro Weber | Arbeitsschichten | Wöchentliche Arbeitszeit [h] | Tägliche Arbeitszeit je Weber [h] | Schüsse [1/min] | Meter Gewebe pro Arbeiterstunde | Nutzeffekt [%] | Leistungsindex |
|---|---|---|---|---|---|---|---|---|---|
| 1760 Handwebstuhl Heimarbeit | 60 - 90 | 1 | 1 | 72 | 12 | 20 | 0,36 | 70 | 1 |
| 1815 Handwebstuhl mit Schnellschützen | 60 - 90 | 1 | 1 | 72 | 12 | 50 | 0,91 | 70 | 2,5 |
| 1815 mechanischer Webstuhl in England | 60 - 90 | 1 | 1 | 72 | 12 | 90 | 1,57 | 80 | 4,3 |
| 1850 Beginn der Mehrstuhlweberei in der Schweiz | 70 - 100 | 4 | 1 | 72 | 12 | 110 | 4,6 | 80 | 13 |
| 1900 Northrop-Automat | 70 - 100 | 10 | 1 | 60 | 10 | 150 | 17 | 86 | 47 |
| 1965 Schützenwebmaschine | 90 - 140 | 20 - 40 | 2 - 3 | 90 - 135 | 7,5 | 200 - 240 | 90 - 140 | 92 | 220 - 390 |
| 2020 Luftdüsenwebmaschine | 190 | 50 | 2 - 3 | 90 - 135 | 7,5 | 1500 | 1500 | 95 | 4200 |

**Bild 9.12** Entwicklung der Produktivität von Webmaschinen (Daten: u. a. Bohnsack, 2002)

Seit 2010 werden Systeme für eine automatische Warenkontrolle bereits auf der Webmaschine entwickelt, um Kosten zu sparen. Dazu werden Kamerasysteme und künstliche Intelligenz eingesetzt. Weil die Losgrößen immer kleiner werden, wird versucht, die Rüstzeiten (also die Vorbereitungszeit der Webmaschine auf ein neues Produkt) zu reduzieren. Auch der Energieverbrauch ist ein wichtiges Thema, weil insbesondere in asiatischen Ländern Strom nicht immer zur Verfügung steht und daher relativ teuer ist.

## ■ 9.4 Handel

Der Handel mit Textilien (361 Mrd. €) und Bekleidung (489 Mrd. €) ist seit Jahrzehnten für die Weltwirtschaft von großer Bedeutung. Dabei verlagern sich die wichtigsten Import- und Exportregionen immer wieder, wie schon in Kapitel 8 gezeigt wurde. Nachdem 2005 alle wesentlichen Schranken im Handel mit Textilien und Bekleidung fielen, nahmen die Exporte, insbesondere aus China und anderen asiatischen Ländern, schnell zu. Produktionsstätten wurden weiter verlagert, und so wird ein Bekleidungstextil bzw. seine Fasern und Garne heute buchstäblich mehrfach um die halbe Welt transportiert, bis es beim Endverbraucher landet (vgl. Bild 9.17). Dies führt zunehmend zu Kritik wegen der Umweltverschmutzung durch lange Transportwege, und die Covid-19-Pandemie hat gezeigt, wie verletzlich solche Lieferketten sind, wenn ein Glied herausbricht (z. B. China).

### 9.4.1 Handelsabkommen

Die allmähliche Aufgabe der Quoten des MFA (Multifaserabkommen, vgl. Kapitel 8) in den 2000er-Jahren führte nicht zum erwarteten Wachstum in den textilproduzierenden Entwicklungsländern, und auch die Produzenten in Europa und den USA standen schlagartig vor großen Herausforderungen.

#### 9.4.1.1 Entwicklungsländer

Unterwäsche aus Sri Lanka, Oberhemden aus Mauritius und Babykleidung von den Philippinen hatten auf dem Weltmarkt zuvor nur deshalb eine Chance, weil diese Länder entsprechende Quoten besaßen. Mit der Aufgabe der Quotierung wurde die Produktion solcher Textilien dorthin verlagert, wo sie am billigsten war. Und dies war zunächst China, wie Bild 9.13 zeigt. Dargestellt ist die Entwicklung der Textilexporte aus diesen Ländern in die USA von 2001 bis 2004 für 16 typische Produkte, deren Quotierungen zum 1. Januar 2002 völlig aufgehoben wurden.

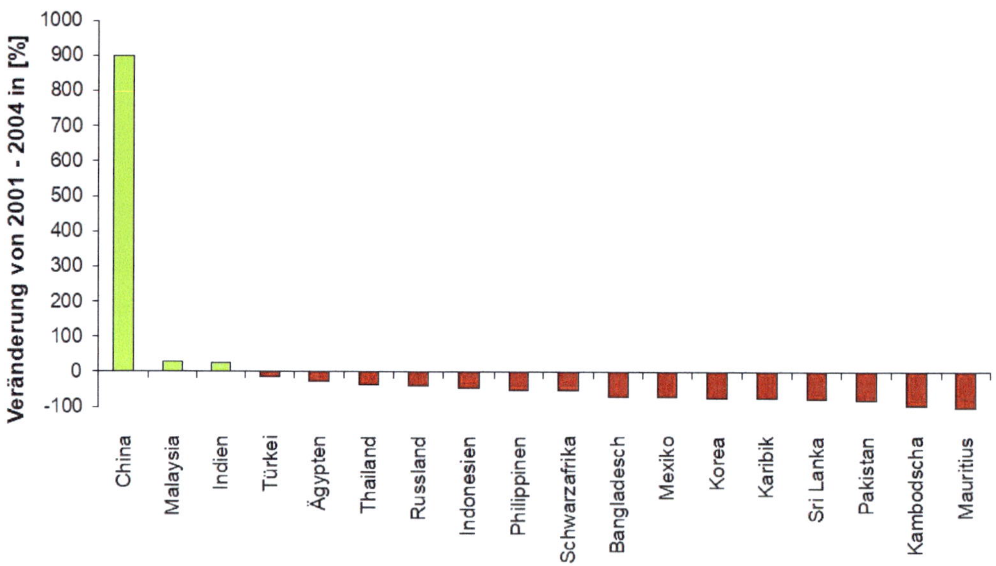


**Bild 9.13** Entwicklung der Textilimporte in die USA (2001–2004) nach (Rivoli, 2006)

Innerhalb kurzer Zeit steigerte China seinen Anteil am US-amerikanischen Importmarkt in den quotenbefreiten Kategorien von 24 % auf 86 %. Produktionsstätten außerhalb Chinas wurden sukzessive aufgegeben, diejenigen auf Mauritius z. B. 2004. Insbesondere für einige Länder Afrikas (z. B. Lesotho: 93 %) und Asiens (z. B. Bangladesch, Pakistan: 70 %; Sri Lanka: 65 %), deren Export zum größten Teil aus Textilien bestand, hatte die Aufgabe der Quotierungen verheerende Folgen. Schätzungen gehen vom Verlust von insgesamt 30 bis 50 Mio. Arbeitsplätzen in diesen Ländern aus; Bild 9.14 zeigt die Entwicklung beispielhaft für Bangladesch im Vergleich zu China.

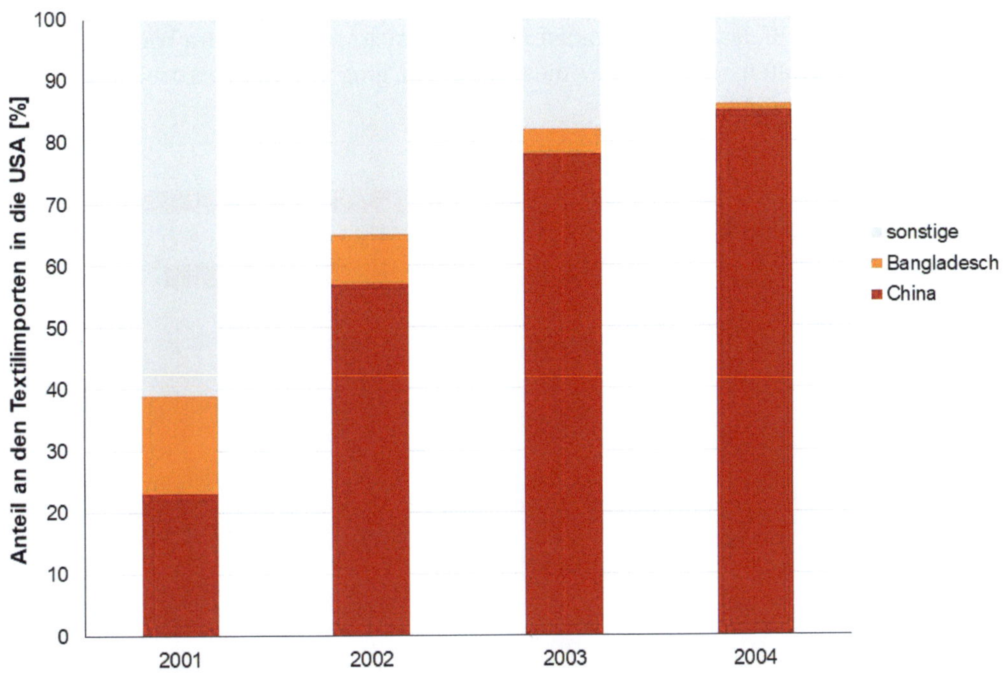


**Bild 9.14** Marktanteil an US-Importen bei Bekleidung, die 2002 von Quoten befreit wurden, nach (Daten: Rivoli, 2006)

In der Folge dieser Entwicklung wurde von den USA sofort eine Zusatzklausel des ATC (Agreement on Textiles and Clothing) in Kraft gesetzt, die es erlaubte, bis 2008 den jährlichen Anstieg der Exporte von Ländern wie z. B. China auf 7,5 % zu begrenzen.

### 9.4.1.2 Europa (EU) und USA

Die völlige Aufgabe von Importquoten für Textilien und Bekleidung zum 1. Mai 2005 führte bereits zu Beginn des Jahres 2005 zu einem Anstieg der Textil- und Bekleidungsexporte von China nach Europa um mehr als 100 % im Vergleich zum Vorjahr. Die von der Regierung kontrollierte Textilindustrie Chinas war vorbereitet und überschwemmte die Länder Europas und die USA mit ihren billigen Produkten.

Rund die Hälfte der Textilunternehmen Südeuropas, Frankreichs und die verbliebenen in England hatten weniger als 50 Mitarbeiter. Daher konnten sie mit den chinesischen Großunternehmen im Massenmarkt nicht konkurrieren und gerieten innerhalb kurzer Zeit in massive finanzielle Schwierigkeiten, viele gingen pleite. Deshalb beschloss die EU, den freien Handel wieder zu beschränken, um die heimische Textilindustrie zu schützen.

Letztlich fielen aber doch alle Handelsschranken, und in Bild 9.15 sind die Auswirkungen für ausgewählte Artikel auf dem europäischen Markt zu sehen, die innerhalb eines Jahres nach Aufgabe des MFA eintraten. So nahm die Menge an Pullovern aus China um 534 % zu, die Menge aus anderen Ländern um 30,7 % ab, und der Preis fiel um fast 22 %. Die britische Presse griff das Thema dankbar auf und sprach von einem „Bra War", weil auch Büstenhalter betroffen waren. Unter diesem Begriff ging der Handelsstreit in die Geschichtsbücher ein (Böttger, 2006).

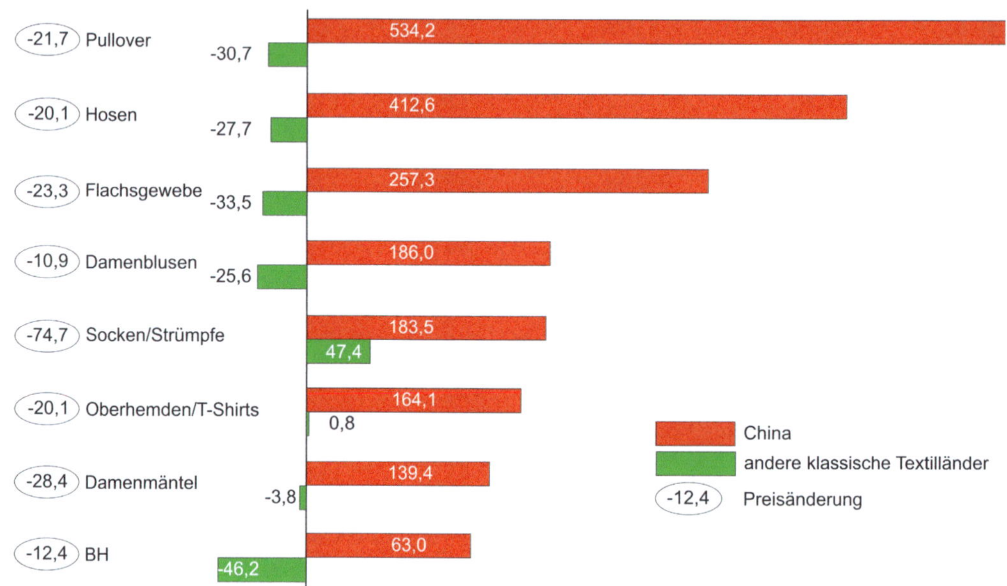


**Bild 9.15** Prozentuale Änderungen der Mengen und Preise für ausgewählte Artikel innerhalb eines Jahres nach Aufgabe des MFA

Als Konsequenz dieser Entwicklung wurden durch die EU zum Teil hohe Zollschranken gegenüber China errichtet. Diese waren allerdings in vielen Fällen immer noch geringer als die Zölle, die China auf europäische Waren erhob. Weiterhin galt für Importe in die EU ein jährlicher maximaler Anstieg von 10 %.

Als die EU dies bekannt gab, verschifften chinesische Textilhersteller so schnell wie möglich ihre Produkte nach Europa, was dazu führte, dass bereits im Sommer 2005 die Quoten für das gesamte Jahr erreicht waren. Mehr als 75 Mio. Stücke Bekleidung aus China lagen in europäischen Häfen fest. Im September 2005 wurde eine Vereinbarung getroffen, die den Handelsstreit beendete und wieder Importquoten festlegte. Diese liefen allerdings Ende 2008 aus. In der EU waren die traditionellen Textilhersteller Portugal, Italien, Griechenland und Frankreich besonders betroffen von den chinesischen Exporten, sie verloren große Marktanteile, und viele Unternehmen gingen bankrott. Die Ausfuhren asiatischer Hersteller mit einem ähnlichen Produktprogramm wie China brachen ebenfalls drastisch ein.

Die deutsche Textilindustrie geriet in Turbulenzen, allerdings hatten viele Betriebe ihre Produktion bereits vorher ins Ausland, vor allem nach Osteuropa, verlagert oder auf die Herstellung Technischer Textilien umgestellt, sodass die Auswirkungen weniger dramatisch waren. Für den deutschen Textilmaschinenbau bedeutete der Aufstieg Chinas zum wichtigsten Textilhersteller andererseits eine große Chance auf gute Geschäfte, was in den folgenden Jahren auch eintrat und bis heute anhält.

In Bild 9.16 sind die wichtigsten internationalen Textilhandelsabkommen zusammengefasst.

| | |
|---|---|
| 1961 | STA (kurfristiges Baumwolltextilabkommen) |
| 1962 | LTA (langfristiges Baumwolltextilabkommen) |
| 1967 | 1. Verlängerung des LTA |
| 1970 | 2. Verlängerung des LTA |
| 1973 | 3. Verlängerung des LTA |
| 1974 | MFA/WTA I (Multifaserabkommen/Welttextilabkommen) |
| 1978 | MFA/WTA II (Multifaserabkommen/Welttextilabkommen) |
| 1982 | MFA/WTA III (Multifaserabkommen/Welttextilabkommen) |
| 1986 | MFA/WTA IV (Multifaserabkommen/Welttextilabkommen) |
| 1991 | 1. Verlängerung des MFA WTA IV |
| 1993 | 2. Verlängerung des MFA WTA IV |
| 1994 | 3. Verlängerung des MFA WTA IV |
| 1995 | Integration von MFA/WTA IV in GATT durch ATC |
| 2005 | Aufgabe aller Quotierungen (theoretisch), Beginn der Übergangszeit |
| 2008 | Aufgabe aller Quotierungen nach Übergangszeit |

**Bild 9.16** Internationale Abkommen für den Handel mit Textilien und Bekleidung

Abschließend bleibt festzuhalten, dass die Aufgabe der Quotierungen nicht für Länder wie z. B. Belarus, Nordkorea und Vietnam gilt, weil sie keine WTO-Mitglieder sind. Darüber hinaus ist es nach wie vor erlaubt, Importzölle auf Textilien zu erheben, wie es z. B. die USA gegenüber Indien und China machen.

#### 9.4.1.3 WTO

Die Welthandelsorganisation (engl. World Trade Organisation, kurz: WTO) wurde 1994 gegründet. Sie ist die Dachorganisation verschiedener Handelsverträge, wie z. B. GATT (General Agreement on Tariffs and Trade). Das wesentliche Ziel der WTO ist der Abbau von Handelshemmnissen zwischen den WTO-Mitgliedsstaaten und somit die Liberalisierung des internationalen Handels mit dem Fernziel eines internationalen Freihandels. Den Kern dieser Anstrengungen bilden die WTO-Verträge, die durch die wichtigsten Handelsnationen ausgearbeitet und von ihren Vertretern unterzeichnet wurden. Die gegenwärtigen Verträge sind das Resultat der sogenannten Uruguay-Runde, in der der GATT-

Vertrag überarbeitet wurde. Die WTO hat zurzeit 164 Mitglieder, unter anderem die USA, Japan, China und die Mitgliedstaaten der Europäischen Union. China ist seit 2001 Mitglied der WTO und wurde dazu verpflichtet, seine Importzölle auf Textilprodukte drastisch zu reduzieren. Dies ist allerdings nur zum Teil erfolgt.

Ständiger Streitpunkt zwischen den Industrieländern und Billiglohnländern, wie z. B. China, ist Produktpiraterie. Dieses Problem soll durch die WTO angegangen und gelöst werden. Allerdings sind die bisherigen Erfolge im Kampf gegen Plagiate eher bescheiden und vor allem von medialer Wirkung.

#### 9.4.1.4 TMO

Der Textile Monitoring Body ist das Aufsichtsorgan für den Prozess der Integration des Textilhandels in das WTO-System. Seine Hauptaufgaben sind sowohl die Überwachung als auch die Lösung von Streitfragen.

Der TMO wurde in der Vergangenheit sowohl von den Industrieländern angerufen, die gegen Preisdumping protestierten, als auch von Ländern wie z. B. China, die sich gegen die Durchsetzung von Sozial- und Umweltstandards wehrten. In beiden Fällen können klagende Länder die Anwendung des „Transitional Safeguard Mechanism" beantragen. Dieser besagt, dass sich solche Länder gegen andere Länder schützen können, indem sie Importzölle erhöhen oder, zeitlich befristet, den jährlichen Anstieg der Importe aus bestimmten Ländern begrenzen.

### 9.4.2 Globalisierung

Zu Beginn des 21. Jh. produzierten nahezu alle Länder der Welt Fasern, Garn oder Textilien. Die arbeitsteilige Textilherstellung setzte sich weiter fort, und die einzelnen Produktionsschritte wurden und werden oft in die Länder verlagert, in denen die Bedingungen jeweils am günstigsten sind. So wird z. B. Baumwolle, die in den USA angebaut wurde, nach Indien gebracht, um sie dort zu Garn zu verspinnen. Wegen der oft gut ausgebildeten Arbeitskräfte dort und der geringen Löhne ist dies sinnvoll. Danach werden die Garne in China zu einem Gewebe verarbeitet und nach Bangladesch transportiert, wo daraus das Hemd genäht wird. Diese sogenannte Konfektion erfolgt vor allem manuell, und daher sind die geringen Löhne in Bangladesch ein entscheidender Faktor. Darüber hinaus gibt es dort kaum andere Arbeitsmöglichkeiten für die Bevölkerung. Anschließend wird in Marokko das Etikett eingenäht und das Hemd gebügelt und verpackt. Schließlich wird es nach Deutschland gebracht und verkauft (Bild 9.17). Von dort kommt es einige Zeit später über den Handel mit Alttextilien nach Nigeria, wo es erneut verkauft und weiterhin getragen wird. Ähnlich verhält es sich mit Hosen, T-Shirts und vielen anderen Bekleidungstextilien. Diese arbeitsteilige und über die ganze Welt verteilte Fertigung lohnt sich nur so lange, wie die Transportkosten und die Löhne in den produzierenden Ländern gering sind.

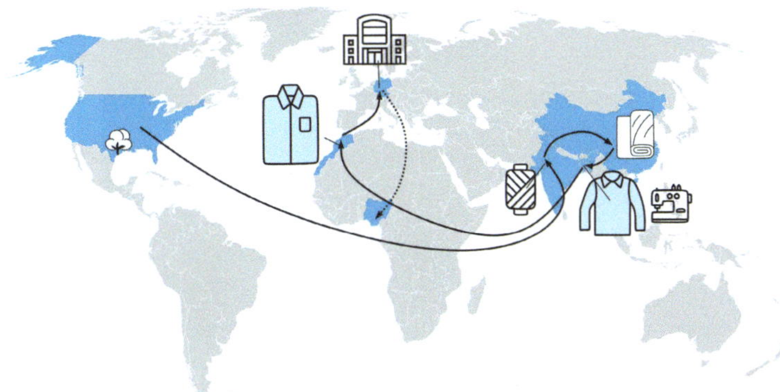

**Bild 9.17** Beispielhafte industrielle Vernetzung zur Herstellung eines Hemds

In Asien, vor allem in China, entstand seit den 1990er-Jahren eine starke Textil- und Bekleidungsindustrie, die die ganze Welt mit ihren Produkten beliefert (Bild 9.18); wobei die Länder der EU in den Handelsbilanzen immer noch eine große Rolle spielen und in Summe die zweitwichtigste Textilregion der Welt sind. Exportiert werden neben konventionellen Stoffen zunehmend vor allem in Europa erzeugte Technische Textilien.

| | Mrd. € |
|---|---|
| China | 135 |
| EU-27 | 56 |
| Indien | 13 |
| Türkei | 10 |
| USA | 10 |
| Vietnam | 9 |
| Korea | 7 |
| Pakistan | 6 |
| Taiwan | 6 |
| Japan | 5 |
| Hong Kong | 5 |
| UK | 3 |
| Thailand | 3 |
| Indonesien | 3 |
| Mexiko | 3 |

**Bild 9.18** Die wichtigsten Exportländer von Textilien im Jahr 2020 (Daten: Euratex, 2023)

Bei Bekleidung ist das Bild differenzierter, hier wird in Europa oft nur noch der letzte Prozessschritt ausgeführt, z. B. das Einnähen des Etiketts, womit das Bekleidungstextil „europäisch" wird (Bild 9.19). In Wirklichkeit ist also der Anteil der EU an der Bekleidungsproduktion (Garn, Textil) viel geringer als offiziell ausgewiesen.

| | Mrd. € |
|---|---|
| China | 124 |
| EU-27 | 110 |
| Vietnam | 25 |
| Bangladesch | 24 |
| Türkei | 13 |
| Indien | 11 |
| Malaysia | 9 |
| Hongkong | 7 |
| UK | 7 |
| Indonesien | 7 |
| Kambodscha | 7 |
| Pakistan | 5 |
| USA | 4 |
| Myanmar | 4 |
| Thailand | 4 |

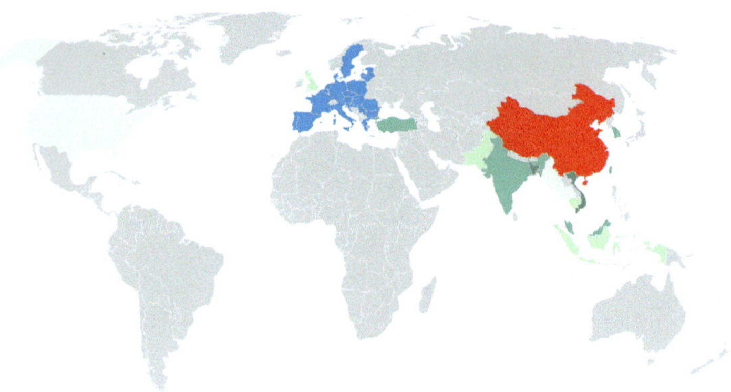

**Bild 9.19** Die wichtigsten Exportländer von Bekleidung im Jahr 2020 (Daten: Euratex, 2023)

Die EU-27 mit rund 450 Mio. Menschen ist der größte Importmarkt für Textilien und Bekleidung, gefolgt von den USA mit 330 Mio. Verbraucherinnen und Verbrauchern (Bild 9.20, Bild 9.21).

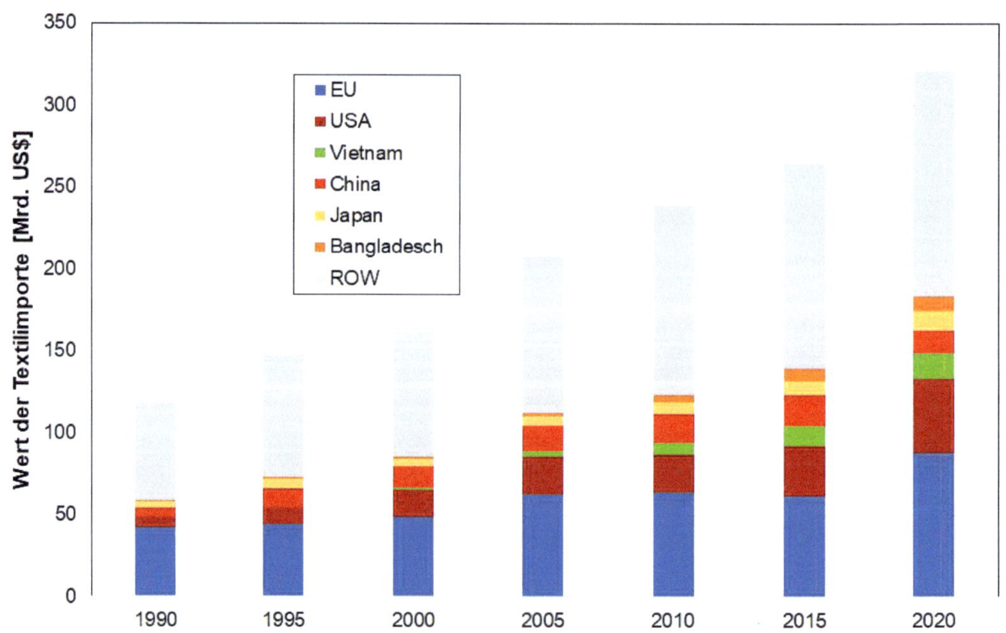


**Bild 9.20** Die wichtigsten Importländer von Textilien im Jahr 2020 (Daten: WTO, 2023)

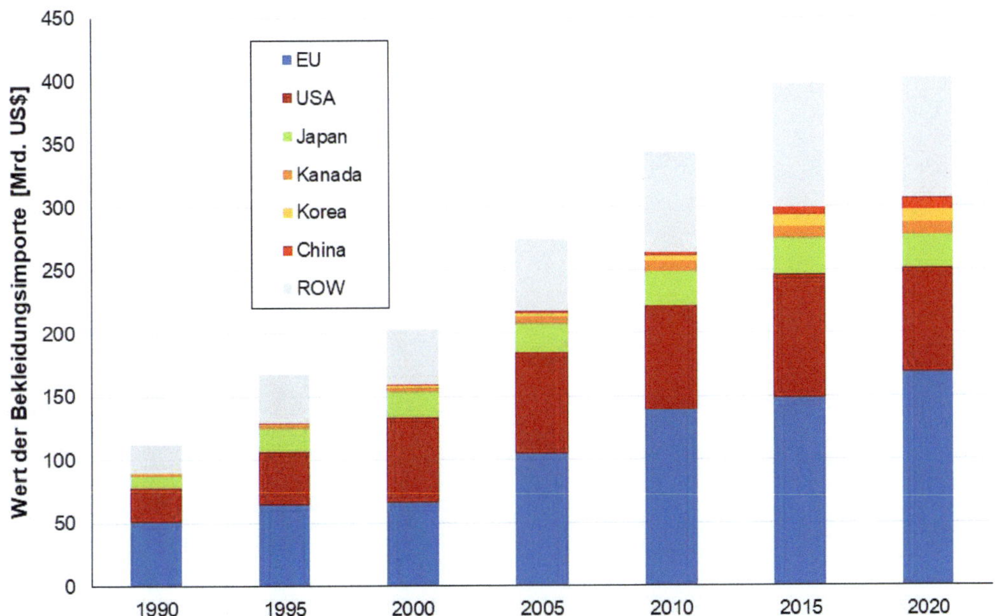


**Bild 9.21** Die wichtigsten Importländer von Bekleidung im Jahr 2020 (Daten: WTO, 2023)

Die Importe aus Drittländern in die EU haben seit 2009 um 60 % zugenommen, vor allem aus Asien (Bild 9.22).

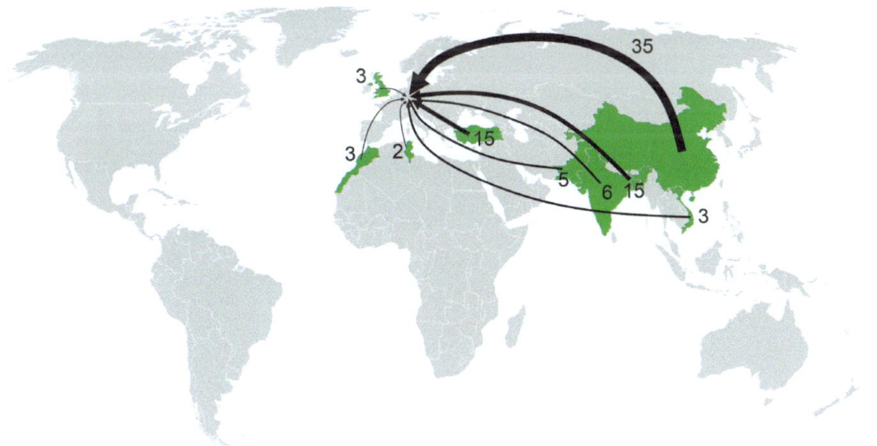


**Bild 9.22** Importe der EU aus ausgewählten Ländern im Jahr 2021 in Mrd. € (Daten: Euratex, 2023)

Die Exporte von Bekleidung verbleiben zu rund der Hälfte innerhalb der EU (Bild 9.23)

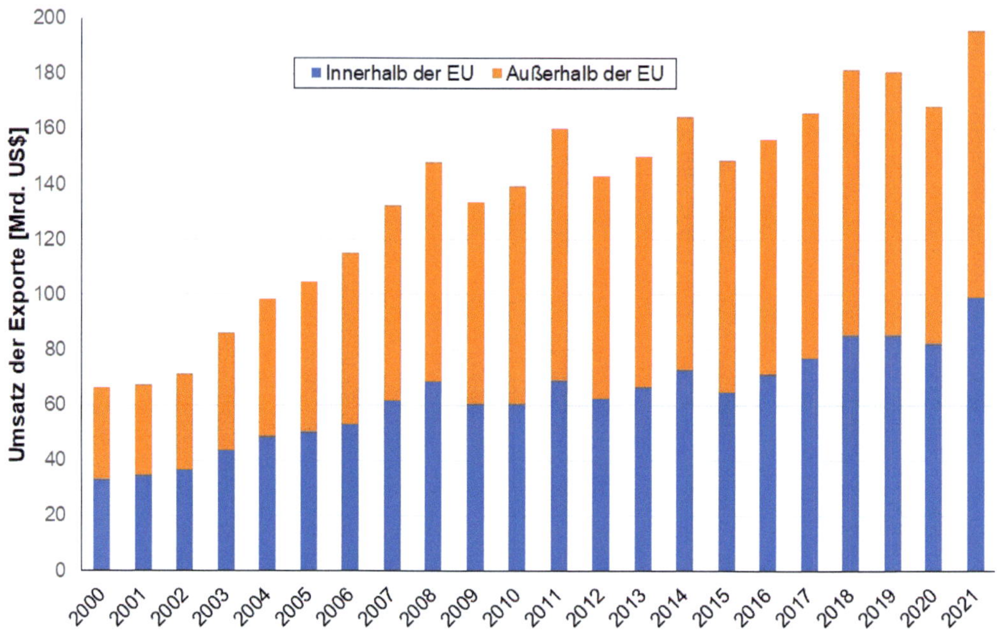


**Bild 9.23** Exporte der EU von Bekleidung (Daten: WTO)

Wichtigste Märkte für Textilien und Bekleidung aus der EU sind die USA, China und Großbritannien (Bild 9.24).

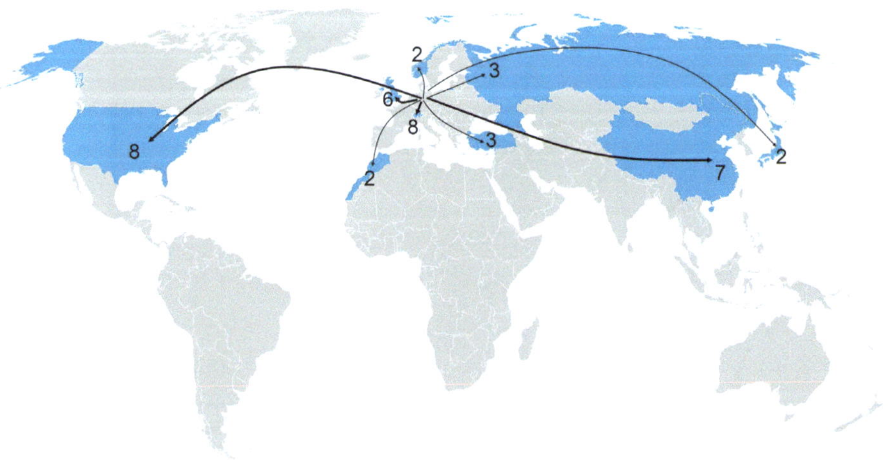


**Bild 9.24** Exporte von Textilien und Bekleidung aus der EU in ausgewählte Länder im Jahr 2021 in Mrd. € (Daten: Euratex, 2023)

## 9.4.3 Fast Fashion und Slow Fashion

Das Cambridge Dictionary definiert „Fast Fashion“ als „clothes that are made and sold cheaply, so that people can buy new clothes often“.

Während es im 20. Jh. in der Regel nur vier Kollektionen pro Jahr gab, sind es heute bis zu 24, d. h., alle zwei Wochen kann und soll die Kundschaft etwas Neues kaufen. Da sich die Kaufkraft jedoch nicht versechsfacht hat, muss die Kleidung billig sein und hat entsprechend nur eine geringe Haltbarkeit. Durch den zunehmenden Online-Handel ist es immer einfacher, neue Kleidung zu kaufen, weil dies nun bequem von zu Hause geht und man nicht mehr zwingend in ein Bekleidungsgeschäft zu gehen braucht. Passt die bestellte Kleidung nicht, kann man sie zurückschicken. Allerdings wird sie dann selten neu verpackt und erneut angeboten, weil sie jetzt schon nicht mehr „modern“ ist, denn alle zwei Wochen kommt ja etwas Neues heraus. Daher wandern die „Retouren“ oft direkt in den Müllkreislauf oder werden nach Afrika exportiert, wo sie immer weniger Abnehmer finden, weil ihre Qualität so schlecht ist (Thomas, 2020).

Um billige Kleidung produzieren zu können, müssen die Löhne niedrig gehalten werden, was dazu führt, dass die Bekleidungsindustrie, insbesondere in Asien, in Niedriglohnländer abwandert, wo oft sowohl die Umwelt- als auch die Sicherheitsauflagen niedrig sind. Somit werden nicht nur die Mitarbeiterinnen und Mitarbeiter ausgebeutet, sondern auch die örtliche Umwelt wird verschmutzt. Der Einsturz des Fabrikgebäudes „Rana Plaza“ in Bangladesch im Jahr 2013 mit 1135 Toten und 2458 Verletzten führte drastisch vor Augen, welche Folgen diese Art der Textilproduktion für die Beschäftigten haben kann (Bild 9.25). Die Empörung über diese Zustände war zunächst groß, ein wirkliches Umdenken setzte jedoch nicht ein.

**Bild 9.25** Links: Näherei in Bangladesch (Faisal, 2020); rechts: eingestürztes Rana Plaza (Ragib, 2013)

Diese Entwicklung führte zu Protestbewegungen in einigen Industrieländern, wo insbesondere Teile der 15- bis 25-Jährigen nicht mehr bereit ist, sich diesem Modediktat zu beugen. So gibt es einen Trend zu „Secondhand“-Textilien, für die es sowohl Online-Tauschbörsen als auch entsprechende Geschäfte gibt. Eine weitere Alternative ist „nachhaltige“ Kleidung, die aus nachwachsenden Rohstoffen und unter Beachtung von Sozial- und Umweltstandards produziert wird. Allerdings sind die Angebote an „Slow Fashion“ noch gering, und ihr Preis ist naturgemäß meist deutlich höher als der für „Fast Fashion“. Daher ist bisher nicht abzusehen, dass sich der Trend zu „Fast Fashion“ in naher Zukunft umkehren wird.

Gegenwärtig profitieren vor allem multinationale Großkonzerne vom Handel mit Bekleidung. Dazu zählten im Jahr 2018 u.a. Nike (3 Mrd. € Gewinn), Inditex (2,9 Mrd. €) und LVMH (2,3 Mrd. €).

### 9.4.4 Digitalisierung

Seit 2009 hat sich der Anteil des Online-Handels am Umsatz von 5 % auf 11 % mehr als verdoppelt, rund 60 % davon entfallen auf Bekleidung und Schuhe (Euratex, 2023).

Auch die Textilindustrie wird zunehmend digitalisiert. In modernen Betrieben werden Daten zwischen den einzelnen Prozessstufen ausgetauscht. So können Fehler frühzeitig erkannt und Kosten in späteren Prozessstufen vermieden werden. Eine „Fernwartung“ der Maschinen über das Internet durch den Maschinenhersteller ist bei modernen Anlagen schon gängige Praxis und spart Zeit und Kosten, wenn notwendige Wartungsarbeiten frühzeitig erkannt und so Ersatzteile rechtzeitig bestellt werden können (Gloy, 2020).

## 9.5 Ausgewählte Länder und Regionen

Die USA sind der größte Markt für Bekleidung weltweit, dicht gefolgt von China. Hier zeigt sich der Unterschied zu Indien, das eine ähnlich große Bevölkerung hat wie China, sein Markt ist aber 70 % kleiner (Bild 9.26).

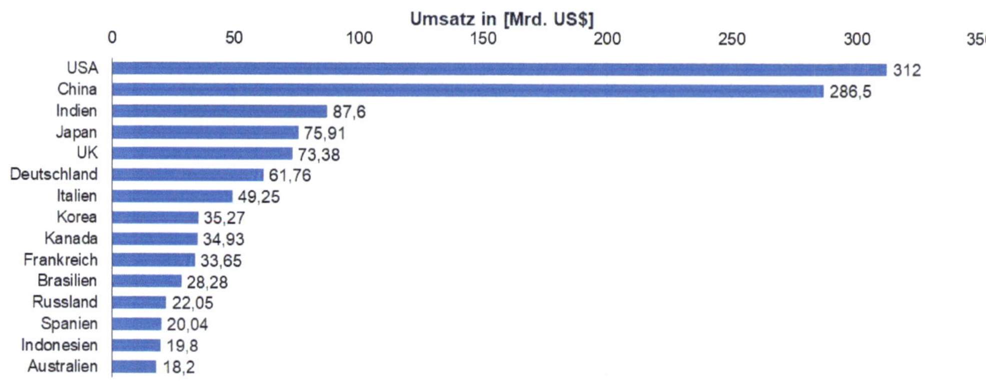


**Bild 9.26** Umsatz mit Bekleidung ausgewählter Länder 2022 (Daten: Statista, 2023)

### 9.5.1 Europa

In der europäischen Textil- und Bekleidungsindustrie waren 2021 insgesamt 1,3 Mio. Menschen in 223 000 Unternehmen beschäftigt und erwirtschafteten einen Umsatz von 147 Mrd. € (Bild 9.27), das sind 10 % des Bruttoinlandsprodukts der EU. Davon entfielen 56 % auf Textilien (davon 30 % auf Technische Textilien) und Chemiefasern, 44 % auf Bekleidung. Der Anteil der Exporte lag bei 40 %, 2014 betrug er erst 34 %.

| | Textilien | Bekleidung | Summe |
|---|---|---|---|
| Unternehmen | 48.343 | 94.591 | 142.934 |
| Mitarbeiter | 537.482 | 760.637 | 1.298.119 |
| Umsatz [Mrd. €] | 82 | 65 | 147 |
| Export [Mrd. €] | 25 | 33 | 58 |
| Import [Mrd. €] | 34 | 72 | 106 |

**Bild 9.27** Zahlen zur Textil- und Bekleidungsindustrie in Europa für 2021 (Euratex, 2023)

Von den 143 000 Unternehmen haben rund 89 % weniger als zehn Mitarbeiterinnen und Mitarbeiter, 11 % zwischen zehn und 249 und nur 0,2 % mehr als 250. Zwei Drittel sind in der Bekleidungsindustrie angesiedelt, ein Drittel in der Textilherstellung. Seit 2014 hat die Anzahl der Beschäftigten um 14 % abgenommen, gleichzeitig ist die Produktivität um 25 % gestiegen, vor allem durch den Einsatz moderner Maschinen und Automatisierung. Zu rund 70 % werden Frauen beschäftigt.

Die meisten Beschäftigten hat Italien, den größten Umsatz erzielt ebenfalls Italien vor Deutschland und Frankreich (Bild 9.28). Diese drei Länder produzieren qualitativ hochwertige Waren und erzielen daher gute Preise. Bei den Exporten dominiert ebenfalls Italien (27 %) vor Deutschland (19 %) sowie Spanien und Frankreich (je 11 %).

| | Mitarbeiteranzahl | |
|---|---|---|
| Italien | 285.586 | 22% |
| Rumänien | 142.793 | 11% |
| Polen | 142.793 | 11% |
| Portugal | 116.831 | 9% |
| Deutschland | 116.831 | 9% |
| Bulgarien | 90.868 | 7% |
| Spanien | 77.887 | 6% |
| Frankreich | 77.887 | 6% |
| Tschechien | 51.925 | 4% |
| Ungarn | 25.962 | 2% |
| andere | 181.737 | 14% |
| | 1.311.100 | 100% |

| | Umsatz [Mrd. €] | |
|---|---|---|
| Italien | 53 | 36% |
| Deutschland | 22 | 15% |
| Frankreich | 13 | 9% |
| Spanien | 10 | 7% |
| Portugal | 7 | 5% |
| Polen | 6 | 4% |
| Belgien | 4 | 3% |
| Österreich | 4 | 3% |
| Rumänien | 4 | 3% |
| Tschechien | 3 | 2% |
| andere | 19 | 13% |
| | 147 | 100% |

**Bild 9.28** Anzahl Mitarbeiter und Umsatz in der Textil- und Bekleidungsindustrie der wichtigsten Länder 2021 (konkrete Arbeitnehmerzahlen errechnet auf Basis von Euratex, 2023)

Insgesamt sind die süd- und osteuropäischen Länder führend in der Herstellung von Bekleidung, während die nord- und westeuropäischen Staaten insbesondere Technische Textilien erzeugen. Solange die Löhne im Süden und Osten niedrig sind, wird dies so bleiben, weil die Wege zum Markt kurz sind und auch kleinere Losgrößen wirtschaftlich hergestellt werden können. Die Produzenten in den asiatischen Ländern sind dazu meist nicht in der Lage.

Im Jahr 2021 wurden in Europa 5 Mrd. € investiert, wovon 60% auf die Textilindustrie, 30% auf die Bekleidungsherstellung und 10% auf die Chemiefasererzeugung entfielen. Rund 63% der Investitionen erfolgten in nur fünf Ländern. Italien führt hier mit 29% Anteil, vor Deutschland (13%), Frankreich (10%), Portugal (9%) und Rumänien (5%).

Im Durchschnitt gibt jeder EU-Bürger pro Jahr 490€ für Bekleidung aus (Stand: 2020), was einem Gesamtvolumen von 220 Mrd. € entspricht. Vor Covid-19 waren es 260 Mrd. €, und es ist zu erwarten, dass dieser Wert bald wieder erreicht wird. Wie (Bild 9.29) zeigt, gibt es große regionale Unterschiede.

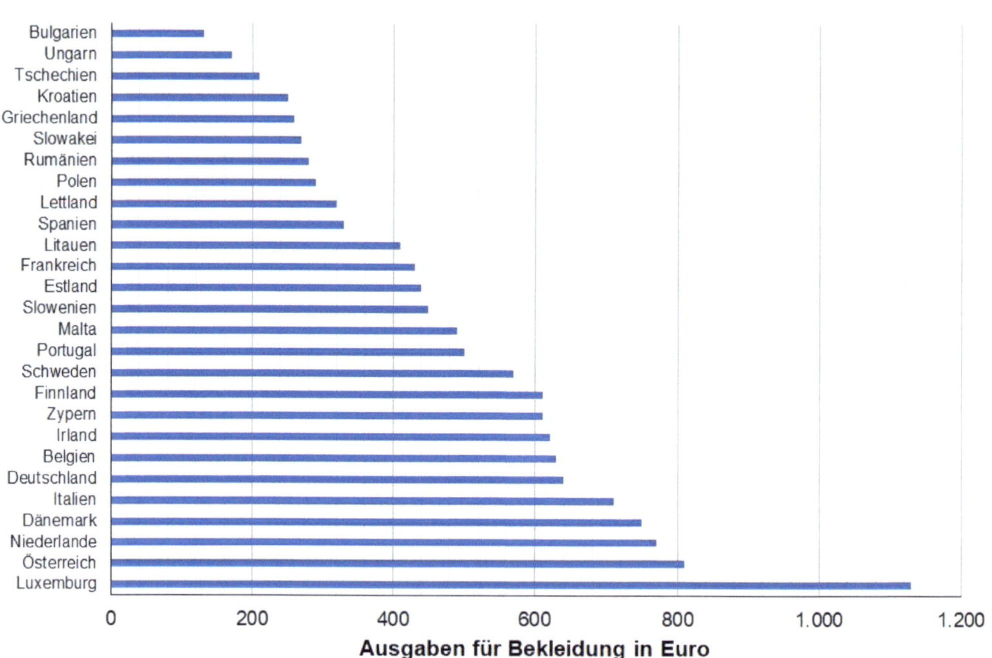


**Bild 9.29** Ausgaben für Bekleidung in der EU (Euratex, 2023)

Insgesamt ist die wirtschaftliche Situation der Textil- und Bekleidungsindustrie in Europa stabil, was insbesondere auf den großen EU-Binnenmarkt zurückzuführen ist.

Die Ausgaben für Bekleidung haben in den letzten fünfzig Jahren in Deutschland zwar deutlich zugenommen (Bild 9.30), allerdings ist ihr Anteil an den privaten Konsumausgaben gleichzeitig erheblich von 10 % (1970) auf nur noch 4 % (2022) zurückgegangen. Vor dem Hintergrund von Forderungen nach mehr „Nachhaltigkeit" in der Produktion ist also genügend Spielraum vorhanden, um höhere Preise für „bessere" Textilien zu verlangen.

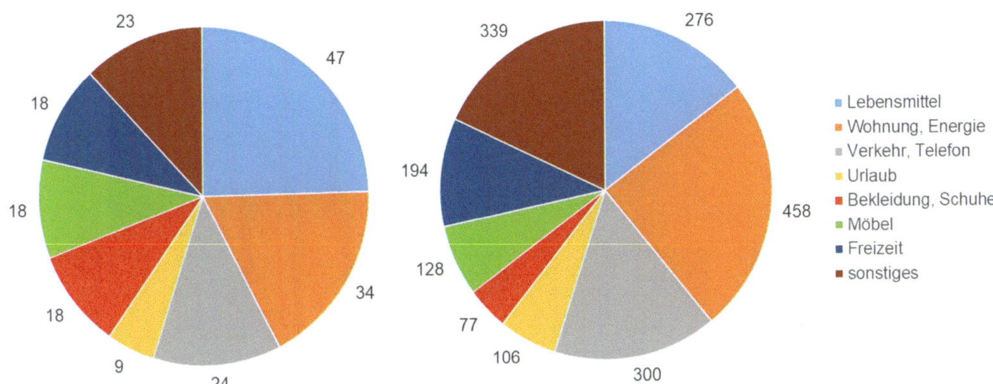


**Bild 9.30** Monatliche Ausgaben für privaten Konsum in Deutschland in Euro 1970 (links) und 2022 (rechts) (Daten: Statista, 2023)

## 9.5.2 Türkei

Aufgrund seiner Nähe zur EU entwickelte sich die Türkei zu einem der wichtigsten Hersteller von Textilien und Bekleidung für den europäischen Markt. 1980 lag der Umsatz der türkischen Textilindustrie bei rund 800 Mio. US-$, 2020 betrug er 25 Mrd. US-$. Schätzungsweise 40 000–70 000 Betriebe beschäftigen rund 1 Mio. Mitarbeiterinnen und Mitarbeiter, womit die Textilindustrie eine der wichtigsten Wirtschaftsbranchen in der Türkei ist. Darüber hinaus werden rund 10 % der weltweit erzeugten Bio-Baumwolle in der Türkei angebaut.

Nach der Öffnung der Weltmärkte 2005 geriet die türkische Textil- und Bekleidungsindustrie in eine schwere Krise, erholte sich davon aber mittlerweile wieder (Bild 9.31). Hilfreich für Exporte ist der geringe Wert der türkischen Lira im Vergleich zum Euro.

Die wichtigsten Absatzmärkte der Türkei sind die EU und die USA (Bild 9.32).

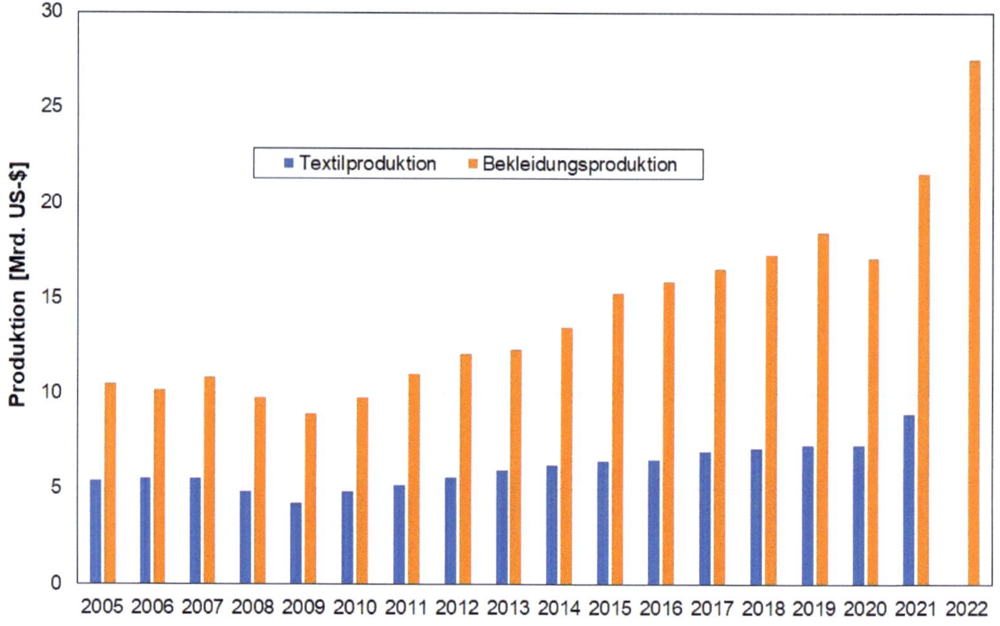


**Bild 9.31** Entwicklung der Textil- und Bekleidungsproduktion in der Türkei (Daten: Statista, 2023)

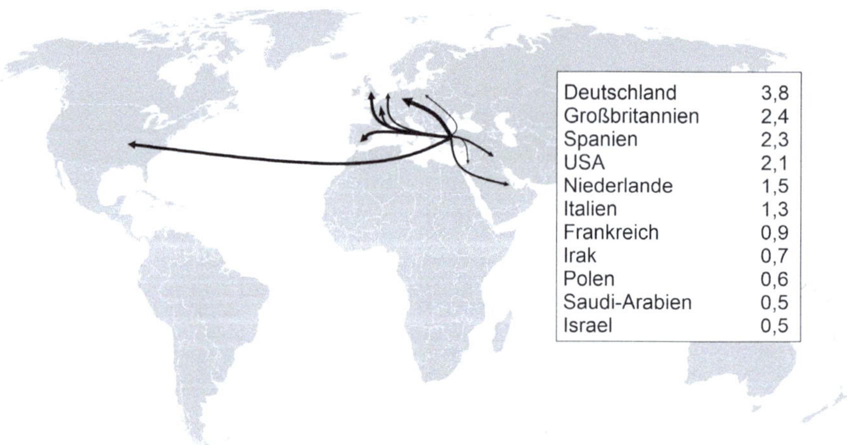


**Bild 9.32** Absatzmärkte für die türkische Textil- und Bekleidungsindustrie in [Mrd. US-$] (Daten: Statista, 2023)

### 9.5.3 China

China stieg seit den 1990er-Jahren zum größten Hersteller von Fasern, Textilien und Bekleidung auf. Die Entwicklung einer industriellen Produktion, wie sie in England im 18. und 19. Jh. ablief, dauerte in China nur rund 15 Jahre. Zum einen investierten westliche Unternehmen direkt in China (mit Minderheitsbeteiligung), zum anderen unterstützte die chinesische Regierung massiv den Auf- und Ausbau der Textil- und Bekleidungsindustrie. Dabei wurden dieselben Methoden angewendet, wie sie zu Beginn der Industrialisierung gang und gäbe waren, also Produktpiraterie und Patentverletzungen. So entstanden zahlreiche kleine und mittelständische Firmen sowie Großunternehmen.

Weil im Zuge der Industrialisierung Chinas viele neue Jobs in anderen Branchen entstehen, die oft besser bezahlt sind, werden auch im Textilsektor die Löhne steigen, was zu erhöhtem Kostendruck führen wird. Daher wird erwartet, dass der chinesische Textil- und Bekleidungssektor zwar weiterwächst, allerdings wurde seit den 2010er-Jahren die Produktion zunehmend in andere Niedriglohnländer verlagert, wie z. B. Vietnam und Bangladesch (vgl. Abschnitt 9.5.6).

Der Handelskrieg mit den USA schadet der chinesischen Wirtschaft. So können z. B. Baumwollprodukte, die aus der Provinz Xinjiang stammen, wo die chinesische Regierung das Volk der Uiguren unterdrückt und Schätzungen zufolge mehr als 1 Mio. in Umerziehungslagern inhaftiert hat, nicht mehr in die USA ausgeführt werden. Technische Textilien gewinnen an Bedeutung, werden aber noch nicht in großem Stil exportiert. Entsprechend sank zuletzt der Marktanteil Chinas im Bekleidungsmarkt, während er bei den Textilien weiter zunahm (Bild 9.33).

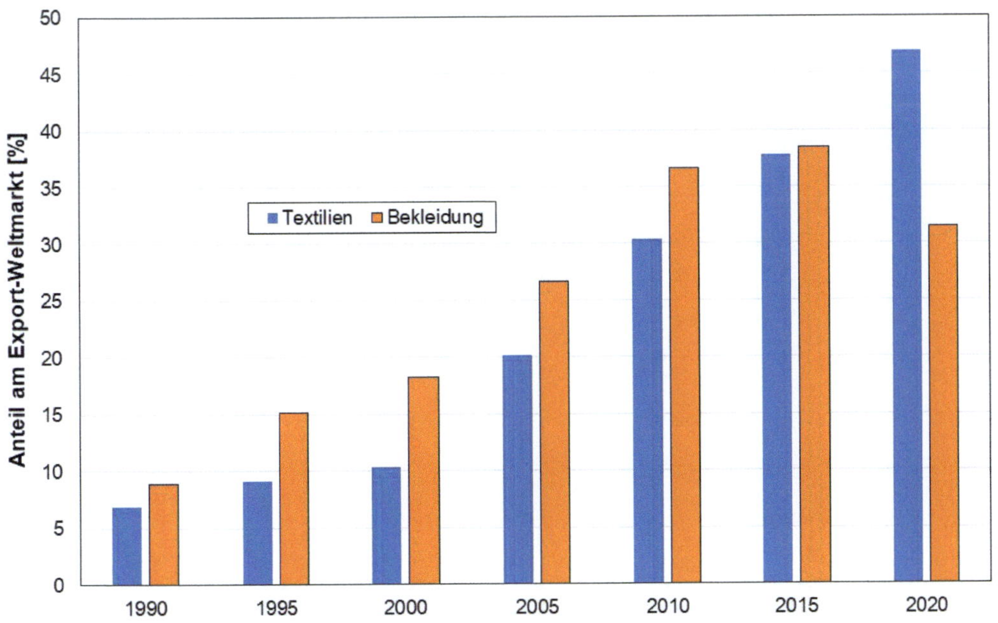


**Bild 9.33** Marktanteile Chinas am Export von Textilien und Bekleidung (Daten: WTO, 2023)

### 9.5.4 USA

Die Textil- und Bekleidungsindustrie der USA konzentriert sich auf die östlichen Staaten, aber auch in anderen Staaten sind kleine und mittlere Unternehmen vertreten. Ein Schwerpunkt, der sie von der europäischen Textilindustrie unterscheidet, ist ein großer Anteil der Produktion für die Streitkräfte.

Insgesamt sind im Jahr 2022 rund 540 000 Menschen in der Textil- und Bekleidungsindustrie beschäftigt, die Exporte belaufen sich auf rund 34 Mrd. US-$. Die Investitionen betrugen von 2012–2021 rund 20 Mrd. US-$. Wegen der ähnlichen Löhne wie in der EU ist zu erwarten, dass die Industrie in den USA einen ähnlichen Weg gehen wird wie die in Europa, also weg von klassischer Bekleidung und hin zu Technischen Textilien.

### 9.5.5 Indien

Indien ist einer der Gewinner der letzten Jahre (Bild 9.35, Bild 9.36). Ein großer Binnenmarkt und niedrige Löhne im Vergleich zu anderen asiatischen Ländern sind große Standortvorteile. Die politische Lage ist allerdings schwierig, und daher bleibt abzuwarten, ob das Wachstum der letzten Jahre anhalten wird. Die indische Industrie wird von einer hohen Anzahl von Kleinunternehmen dominiert, die jeweils nur eine einzige Prozessstufe in der textilen Fertigungskette abdecken. Vertikal integrierte Unternehmen, die die gesamte Produktion von der Faser bis zum Endprodukt unter einem Dach vereinen, gibt es nur wenige (Bild 9.34).

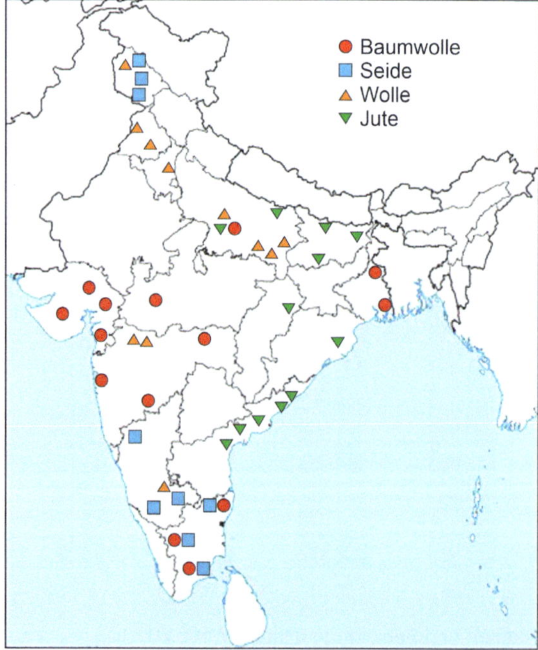


**Bild 9.34** Zentren der Textilherstellung in Indien nach Fasermaterial (Daten: Mol, 2023; Rohkarte: Bharathigwthm, 2021)

Nach der Landwirtschaft war die Textil- und Bekleidungsindustrie im Jahr 2021 der zweitwichtigste Wirtschaftszweig mit einem Umsatz von 278 Mrd. € (davon 223 Mrd. € Textilien), eine Verdreifachung innerhalb von zehn Jahren (Statista, 2023).

### 9.5.6 Bangladesch und Vietnam

Die Produktionsverlagerung aus China nach Bangladesch und Vietnam führte zu einem starken Anstieg der Exporte von Bekleidung aus diesen Ländern (Bild 9.35). Beide sind heute nach China die zweit- bzw. drittgrößten Exportländer. Die EU hat mit beiden Ländern Freihandelsabkommen geschlossen, sodass ihr Marktanteil voraussichtlich weiter steigen wird. Für Bangladesch sind die Bekleidungsexporte in die EU von entscheidender Bedeutung, denn sie machen 50 % aller Ausfuhren des Landes aus.

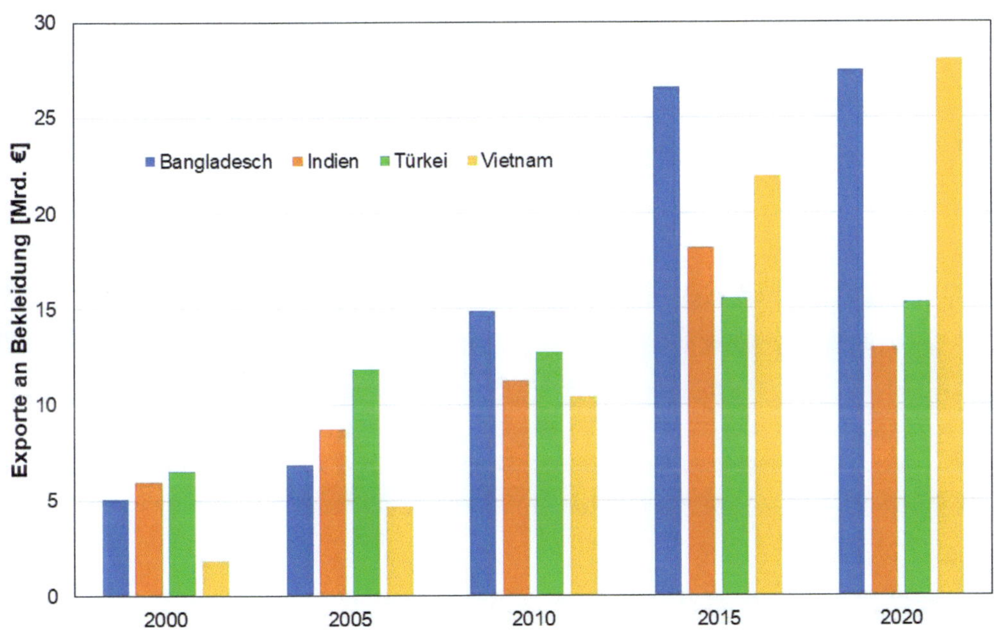


**Bild 9.35** Exporte an Bekleidung (Daten: WTO, 2023)

Beim Export von Textilien sieht das Bild anders aus. Hier hat Indien nach China und vor der Türkei den zweitgrößten Weltmarktanteil. Vietnam verzeichnet allerdings die größten Wachstumsraten, und es ist zu erwarten, dass es Indien bald überholen wird. Bangladesch spielt keine große Rolle in diesem Markt (Bild 9.36).

Sowohl in Bangladesch als auch in Vietnam sind die Löhne sehr niedrig, und die Produktion erfolgt oft unter menschenunwürdigen Bedingungen (Bild 9.37). Solange dies die Käuferinnen und Käufer in Europa und den USA nicht interessiert, wird sich daran kurz- bis mittelfristig nichts ändern.

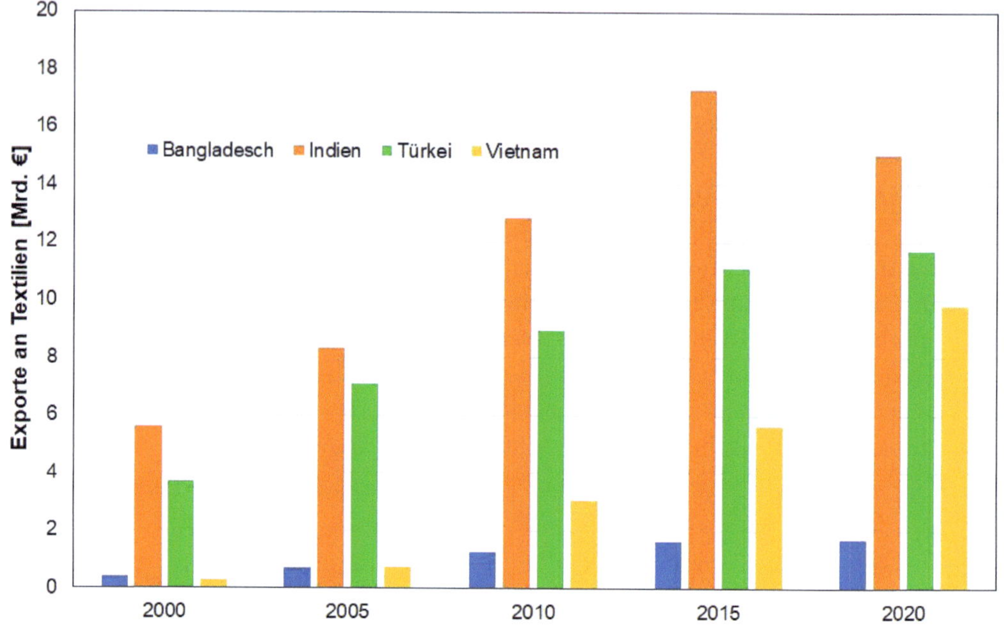


**Bild 9.36** Exporte an Textilien (Daten: WTO, 2023)

**Bild 9.37** Näherei in Bangladesch (Fae, 2014)

## 9.5.7 Afrika

2021 wurden auf einer Fläche von 3,3 Mio. ha rund 2 Mio. t (8,8 Mio. Ballen; 8% der Baumwolle weltweit) in Afrika erzeugt, vor allem südlich der Sahara und in Ostafrika (Bild 9.38). Mehr als 1,5 Mio. Haushalte erwirtschaften mit dem Anbau von Baumwolle ihren Lebensunterhalt.

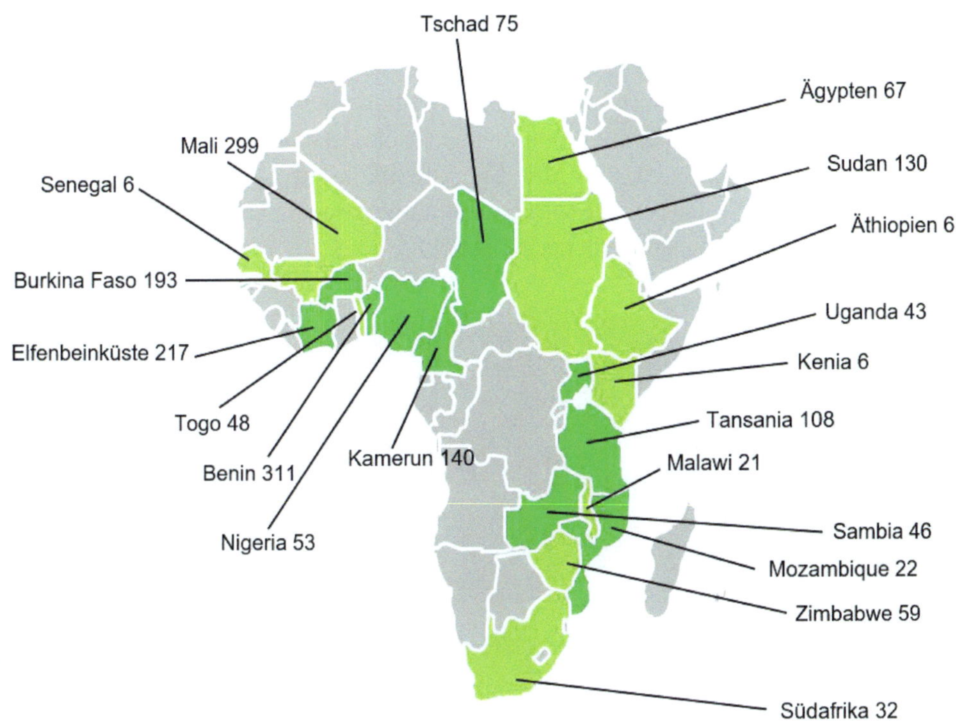


**Bild 9.38** Länder mit Baumwollanbau in Afrika und Produktion (1000 t) (Daten: ICAC, 2021)

Nur 5 % der in Afrika geernteten Baumwolle wird lokal weiterverarbeitet zu Garnen und Textilien. Rund 85 % wird direkt nach Asien exportiert. Daher findet die Wertschöpfung weitgehend außerhalb von Afrika statt. Chemiefasern werden in Afrika so gut wie keine hergestellt, und auch die Woll-, Hart- und Bastfasererzeugung ist unbedeutend.

Mit durchschnittlichen Erträgen von 400–600 kg/ha liegen die afrikanischen Baumwollbauern unter dem Weltdurchschnitt von rund 800 kg/ha. Deshalb und wegen der meist geringen Feldgrößen sind die afrikanischen Baumwollbauern auf dem Weltmarkt mit Ländern wie Indien und China nicht konkurrenzfähig.

Daher werden Anstrengungen unternommen, um eine Textil- und Bekleidungsindustrie aufzubauen. Im Rahmen der „African Cotton Development Initiative" der OECD werden z. B. Baumwollfarmer mit den Ginnereien und diese mit Spinnereien usw. vernetzt und die Bauern sowie die Mitarbeiterinnen und Mitarbeiter geschult. Die Initiative „Cotton Made in Africa" (CmiA), 2006 von der Aid by Trade Foundation in Hamburg gegründet, verfolgt das Ziel, die Baumwollproduktion nachhaltiger zu gestalten und den Bauern ein gutes Einkommen sowie besser Arbeits- und Lebensbedingungen zu ermöglichen. Durch gezieltes Marketing wird ein positives Image aufgebaut, und die Verbraucherinnen und Verbraucher werden mit dem Programm vertraut gemacht. Mittlerweile sind zehn afrikanische Länder beteiligt (Bild 9.38, dunkel markiert). Mehr als 1 Mio. Kleinbauern mit über 6 Mio. Familienmitgliedern erzeugen auf 1,8 Mio. ha jährlich rund 750 000 t nachhaltige Baumwolle im Rahmen dieses Programms (Stand: 2022).

Abnehmer der aus CmiA-Baumwolle erzeugten Textilien sind vor allem Verbraucherinnen und Verbraucher in Europa, die Produkte aus „ökologisch erzeugter Bio-Baumwolle" nachfragen. 2020 wurden so ca. 276 Mio. CmiA-Textilien auf den Markt gebracht. Zu CmiA zählen 260 Spinnereien und Textilproduzenten in zwanzig Ländern (davon acht in Afrika), mehr als dreimal so viele wie noch 2016 (Bild 9.39).

**Bild 9.39** Handernte in Afrika (links; Kielmann, 2021) und Logo der Initiative „Cotton made in Africa" (rechts; CmiA, 2021)

Es zeigte sich in den letzten Jahren, dass die Baumwollproduktion derjenigen Länder, die in der Initiative CmiA zusammengeschlossen sind, weiter anstieg, während sie in den Ländern, die nicht teilnehmen, stagniert. Darüber hinaus erzielt CmiA-Baumwolle auf dem Weltmarkt höhere Preise, und somit erhalten die Bauern ein besseres Einkommen.

Diese Initiativen sind erfolgreich, allerdings noch in kleinem Maßstab, und es ist noch ein langer Weg zu gehen. Insbesondere die oft mangelhafte Infrastruktur und die politische Instabilität in vielen Baumwolle erzeugenden Staaten sind schwierig zu lösende Probleme. Auch ist bisher kein Marktdruck vonseiten der Verbraucher spürbar, weil von vielen eine Textilproduktion in Afrika nicht als nachhaltige Alternative zu der in Asien gesehen wird.

## ■ 9.6 Recycling und Kreislaufwirtschaft

Nach einer aktuellen Studie wird von den 6 Mio. t Textilien, die jährlich in der EU als Hausmüll anfallen, rund ein Drittel gesammelt, und davon kommen 60 % in den Handel als Secondhand-Kleidung (Euratex, 2023). Rund 40 % davon, das entspricht ca. 0,8 Mio. t, könnten recycelt werden, entweder stofflich, chemisch oder thermisch (Müllverbrennung).

Entsprechende Betriebe gibt es in einigen EU-Ländern, allerdings ist ihr Marktanteil noch gering, und daher wird ein Großteil der nicht mehr genutzten Textilien vor allem verbrannt oder deponiert und nur zu einem kleinen Anteil stofflich aufbereitet und zu neuen Produkten verarbeitet. Das Ziel der EU ist es daher, durch entsprechende Vorschriften den Anteil an recycelten Textilien erheblich zu erhöhen, dies erfordert allerdings noch viel Zeit und Entwicklungsarbeit.

Ein besonders großes Problem des Textilrecyclings ist, dass Textilien häufig aus Fasermischungen (z. B. Baumwolle mit Polyester, das sogenannte PolyCotton) bestehen, um deren Eigenschaften optimal zu kombinieren. Allerdings ist eine Trennung der verschiedenen Fasermaterialien nahezu unmöglich oder nur mit großem chemischen und energetischen Aufwand zu erreichen. Dies ist ein wesentliches Hemmnis für ein flächendeckendes Textilrecycling, auch wenn es einige Forschungsansätze gibt, die das Problem mittelfristig zumindest teilweise lösen könnten. Ein Verbot von Fasermischungen wäre allerdings nicht zielführend, weil z. B. die Beimischung von Chemie- zu Naturfasern die Lebensdauer der Textilien oft erheblich verlängert im Vergleich zu reinen Naturfaserprodukten. Auch das ist „nachhaltig".

## 9.7 Mikroplastik

Der Anteil von Fasern an der Problematik des Mikroplastiks in der Umwelt liegt einer Studie zufolge (Fraunhofer UMSICHT, 2021) bei 2–4 % und ist daher nur von vergleichsweise geringer Bedeutung (Abrieb von Reifen: 30 %). Dennoch wird diese Thematik bei Verbraucherinnen und Verbrauchern immer wichtiger, sodass eine Antwort gefunden werden muss. Hier könnten Fasern auf natürlicher Basis eine große Rolle spielen, weil sie sich nicht über längere Zeit anreichern, sondern zersetzen. Auch synthetische Biopolymere sind eine Option. Allerdings sind sich selbst zersetzende Fasern nicht immer eine gute Lösung, wenn dieser Prozess bereits nach zehn bis zwanzig Jahren einsetzt, weil manche Textilien so lange getragen werden.

## 9.8 Das architektonische Erbe der Textilindustrie

Während die im 18. Jh. errichteten Textilfabriken vor allem funktionale Bauten waren, änderte sich dies im 19. und 20. Jh. Die dann erbauten Gebäude waren oft architektonische Highlights ihrer Zeit. Häufig waren sie mehrere Stockwerke hoch, und damit waren neue Bautechniken erforderlich, um stabile Strukturen zu errichten, die den Belastungen durch die schweren und hochdynamischen Maschinen standhielten. Viele dieser Bauten sind erhalten und werde heute nach umfangreichen Renovierungen anderweitig genutzt, wie die folgenden Beispiele zeigen.

Das Textilunternehmen Finlayson in Tampere, Finnland, wurde 1820 gegründet und expandierte insbesondere ab den 1830er-Jahren. Das architektonische Highlight war ein sechsstöckiges Gebäude, das mit Pfeilern aus Gusseisen gebaut wurde und das höchste Gebäude der Stadt war (Bild 9.40). Noch bis 1990 wurden dort Textilien hergestellt.

**Bild 9.40** Finlayson-Komplex (Monto, 2018)

Die im 20. Jh. größte Textilfabrik der Welt, die Amoskeag Manufacturing Company in Manchester, New Hampshire, USA, wurde ab den 1980er-Jahren renoviert und beherbergt heute Büros, Restaurants, Software-Firmen, verschiedene Colleges, Kunststudios, Apartments und ein Museum (Bild 9.41).

**Bild 9.41** Amoskeag Manufacturing Company (FSosio, 2009)

Ein Höhepunkt des Industriedesigns ist die Spinnerei Wallaert in Lille (Frankreich), die heute als Bürogebäude genutzt wird (Bild 9.42).

**Bild 9.42** Spinnerei Wallaert in Lille aus dem 20. Jh. (Velvet, 2021)

Der Komplex der ehemaligen Baumwollspinnerei E.I. Clauß Nachf., die älteste Spinnerei Sachsens, wurde ab 1809 errichtet und besaß die damals üblichen Ecktürme, die oft als Treppenhäuser dienten. Die Spinnerei war bis 1994 ununterbrochen in Betrieb und wurde danach in ein Einkaufszentrum umgewandelt (Bild 9.43). Erhalten ist auch der Schornstein der Dampfmaschine. Im 19. Jh. waren sie meist rechteckig gemauert, erst später gelang es, runde Schornsteine zu bauen.

**Bild 9.43** Baumwollspinnerei in Flöha von 1904 (Rohwedder, 2021)

Das Gebäude der Tuchfabrik Delius in Aachen, erbaut 1907, wurde nach der teilweisen Zerstörung im Zweiten Weltkrieg von einer Schokoladenfabrik übernommen („Trumpf“) und nach deren Schließung 1980 umgebaut. Heute ist es ein Mehrfamilienwohnhaus mit Apartments (Bild 9.44).

**Bild 9.44** Tuchfabrik Delius in Aachen von 1907 (Fotos: Sabine Veit)

Die Mechanische Baumwollspinnerei und Weberei Augsburg (SWA) wurde 1837 gegründet und bestand bis 1989. Auf ein erstes Gebäude folgten drei weitere, darunter der 1910 erbaute „Glaspalast“ (Bild 9.45), der heute ein Museum ist.

**Bild 9.45** Baumwollspinnerei Glaspalast in Augsburg heute (Mößbauer, 2002, 2004)

Manche Fabriken wurden von berühmten Architekten entworfen, wie z. B. das Gebäude der Verseidag in Krefeld von Ludwig Mies van der Rohe im Jahr 1931 (Bild 9.46).

**Bild 9.46** Gebäude der Verseidag, Krefeld, von Ludwig Mies van der Rohe (Berghaus, 2019)

Eine umfassende Übersicht zur Architektur von Textilfabriken geben (Oevermann et al., 2022).

## 9.9 Ausblick und Trends

Vor dem Hintergrund der geopolitischen Lage und der drohenden Konflikte zwischen den USA und der EU einerseits und China andererseits wird der Ruf lauter, die Textilherstellung wieder „nach Hause“ zu holen. Dies ist allerdings nur möglich, wenn die Verbraucherinnen und Verbraucher in den Industrieländern bereit sind, deutlich höhere Preise zu bezahlen, weil insbesondere die Konfektion kaum automatisierbar ist und daher hohe Lohnkosten anfallen würden; sofern das dazu notwendige Personal überhaupt vorhanden ist. Dennoch könnte dies zu einem gewissen Umfang stattfinden, weil Hersteller in den Industrieländern dem Kunden glaubhaft garantieren können, dass die Textilherstellung unter menschenwürdigen Bedingungen erfolgt und entsprechende Umwelt-, Sozial- und Sicherheitsstandards eingehalten werden. Dies ist insbesondere auf dem US-amerikanischen und dem europäischen Markt von zunehmender Bedeutung. Dort legen die Verbraucherinnen und Verbraucher oft großen Wert auf die Einhaltung solcher Mindeststandards, die von chinesischen und vielen anderen asiatischen Herstellern in der Regel nicht beachtet werden.

Im Jahr 2019 wurde vom Bundesministerium für wirtschaftliche Zusammenarbeit und Entwicklung in Zusammenarbeit mit der Deutschen Gesellschaft für Internationale Zusammenarbeit der sogenannte „Grüne Knopf“ eingeführt (Bild 9.47).

**Bild 9.47** Loge des grünen Knopfs (Wdwdbot, 2019)

Textilien, die dieses Siegel erhalten, sollen nach bestimmten ökologischen und sozialen Standards hergestellt worden sein. Dazu gehört das Verbot von gefährlichen Chemikalien ebenso wie das Verbot von Kinder- und Zwangsarbeit, Mindestlöhne und Arbeitsschutz. Allerdings wird bisher mit der Konfektion nur die letzte Stufe der textilen Prozesskette betrachtet und nicht die Faser- und Textilherstellung. Sie sollen jedoch ebenfalls in das Siegel einbezogen werden. Es ist umstritten, ob die Anforderungen des Siegels seitens der Bekleidungshersteller wirklich überprüft werden können.

Eine Übersicht zu relevanten Textilsiegeln gibt (GIZ, 2023).

### 9.9.1 Fasern

Der Anbau von Baumwolle erfordert große Mengen an Wasser und den Einsatz von Düngemitteln, Herbiziden, Pestiziden und Fungiziden. Der Einsatz effizienterer Bewässerungsmethoden, z. B. in Australien, sowie die Entwicklung gentechnisch veränderter Baumwollen (Bt-Baumwolle) konnten einen Teil der dadurch hervorgerufenen Umweltprobleme lösen. Allerdings entstanden, insbesondere durch den Anbau von Bt-Baumwolle, neue Probleme, die noch nicht gelöst sind. Dazu gehören die Entwicklung von Resistenzen bei den Schädlingen durch große Monokulturen und auch der Zwang für die Bauern, jedes Jahr neues Saatgut zu kaufen, weil sich Bt-Baumwolle nicht selbst vermehren lässt.

Ein möglicher Ausweg ist der nachhaltige Anbau von Baumwolle. Dazu wurden mehrere Siegel entwickelt, mit denen unterschiedliche Stufen des Baumwollanbaus nach bestimmten Kriterien zertifiziert werden. Die Einhaltung der Standards wird allerdings nicht immer streng überwacht und lässt daher Raum für Missbrauch. Es ist umstritten, ob diese Standards überhaupt geeignet sind, die Umweltbelastung durch den Baumwollanbau zu verringern und die sozialen Bedingungen beim Anbau und der Verarbeitung von Baumwolle zu verbessern.

Seit vielen Jahren wird versucht, die bis ins 20. Jh. weit verbreiteten Flachs- und Hanffasern wieder im Markt der Bekleidungstextilien zu etablieren. Subventionen für den Anbau führten zu jeweils kurzlebigen Renaissancen dieser Fasermaterialien, durchsetzen konnten sie sich aber im Markt nicht. Dies lag zum einen an ihrem nach wie vor im Vergleich zu Baumwolle höheren Preis und zum anderen an ihren Verarbeitungs- und Pflegeeigenschaften. Die Erzeugung von Garnen aus Bastfasern erfordert andere Maschinen als zur Verarbeitung von Baumwolle, die entsprechenden Investitionen sind daher kostspielig. Darüber hinaus unterscheidet sich die Weiterverarbeitung, insbesondere die Veredlung, erheblich von der von Baumwolle, sodass auch in späteren Stufen der Textilherstellung massiv investiert werden muss. Daher haben diese beiden und auch andere Bastfasern (z. B. Nesselfasern) im Bekleidungssektor nur Nischenmärkte erobern können. Diese sind allerdings stabil, und es ist zu erwarten, dass ihre Marktanteile weiter moderat steigen werden, weil Bastfasern in Europa lokal erzeugt werden können, was für eine nachhaltige Produktion vorteilhaft ist und bei lokaler Weiterverarbeitung auch Transportkosten spart.

Hartfasern werden zunehmend im Automobilbau eingesetzt, z. B. Kokosfasern in Sitzen und Abacáfasern in Strukturbauteilen. Damit werden Automobile zwar nicht wesentlich „nachhaltiger", es ist allerdings, besonders im Segment der Oberklassenfahrzeuge, ein Verkaufsargument in den Industrieländern Europas. Dieser Trend wird anhalten, auch wenn die so verarbeiteten Mengen im Vergleich zu anderen Fasern weiterhin klein bleiben werden.

Textilien aus Wolle sind weitgehend modeunabhängig und haben seit Jahrzehnten mit ca. 1 Mio. t einen stabilen absoluten Marktanteil.

Chemiefasern sind wegen ihrer Eigenschaften unverzichtbar, und es ist wegen des dazu enormen Flächenbedarfs nicht möglich, die gesamte Faserherstellung auf Naturfasern umzustellen. Daher werden in letzter Zeit vermehrt Anstrengungen unternommen, die Rohstoffbasis weg vom Erdöl hin zu nachwachsenden Rohstoffen zu verändern. Mittelfristig wird die Menge der jährlich erzeugten synthetischen Chemiefasern aufgrund des weltweiten Bevölkerungswachstums, des zunehmenden Wohlstands und des damit einhergehenden größeren Bedarfs an Textilien pro Kopf und wegen ihres vergleichsweise geringen Preises deshalb weiter zunehmen.

Das relative Wachstum der zellulosischen Fasern war in den letzten Jahren stärker als das der synthetischen Fasern. Dieser Trend wird weiter anhalten, weil zellulosische Chemiefasern als umweltfreundliche und nachhaltige Alternative zu synthetischen Chemiefasern angesehen werden und daher für viele Verbraucherinnen und Verbraucher attraktiv sind. Allerdings ist eine Ausweitung der Produktion mit großen Investitionen verbunden und wird daher viel Zeit benötigen. Dennoch wird sich das Wachstum weiter verstärken, und es ist zu erwarten, dass bis zur Mitte des 21. Jh. ca. 30 % aller Chemiefasern auf zellulosischer Basis erzeugt werden. Sollte der Ölpreis wieder auf die Rekordwerte von 2008–2015 steigen, so sind zellulosische Chemiefasern auch preislich konkurrenzfähig, was bisher im Massenmarkt nicht der Fall ist. Dann könnte sich die Entwicklung erheblich beschleunigen.

Die Produktion von Glasfasern wächst zurzeit um 5–8 % pro Jahr, vor allem für die Herstellung von Faserverbundwerkstoffen im Leichtbau. Würde dieses Wachstum anhalten, läge die Glasfaserproduktion im Jahr 2050 bei über 20 Mio. t, was unwahrscheinlich ist. Eine realistischere Annahme liegt bei 10 Mio. t, was immer noch einer Verdopplung gegenüber dem heutigen Stand entspricht. Das aktuelle Wachstum von Carbonfasern liegt bei 10–15 %, und es wird erwartet, dass es in dieser Größenordnung noch bis 2030 anhält. Hauptanwendungen für Carbonfasern werden Windkraftrotorblätter sein, gefolgt von Leichtbauprodukten, z. B. im Automobilbau. Zur Erreichung der Klimaziele wird es unerlässlich sein, die Windkraftnutzung weiter auszubauen und dabei nicht nur neue Anlagen zu errichten, sondern auch bestehende zu erneuern. Aus diesem Grund ist zu erwarten, dass die Produktion von Carbonfasern bis 2050 auf 500 000–800 000 t pro Jahr steigen wird.

## 9.9.2 Industrie 4.0

Unter dem Ausdruck „Industrie 4.0“ wird die zunehmende digitale Vernetzung der Produktionsketten verstanden. Die „4“ bezieht sich darauf, dass es bereits drei industrielle Revolutionen gegeben hat (Wasser- und Dampfkraft, Massenfertigung, Elektronik). Der Begriff ist allerdings umstritten, weil es sich eher um eine Weiterentwicklung vorhandener Technologien handelt als um eine wirkliche Umwälzung der bestehenden Verhältnisse, sei es in soziologischer oder in technologischer Hinsicht.

In der Textilindustrie werden die einzelnen Prozessschritte zunehmend miteinander verknüpft, indem zwischen den Maschinen Daten ausgetauscht werden. Dazu werden einheitliche Schnittstellen definiert und zum Teil künstliche Intelligenz eingesetzt, um Voraussagen über die zu erwartende Produktqualität treffen zu können.

Bei einer konsequenten Umsetzung über die gesamte textile Prozesskette hinweg vom Rohmaterial bis zum Endprodukt wäre eine lückenlose Dokumentation der Herstellungsgeschichte möglich und somit auch ein Nachweis über die Einhaltung von Sozial- und Umweltstandards. Bis dahin ist es allerdings noch ein sehr weiter Weg.

### 9.9.3 Die Welt im Jahr 2050

Wir werden uns auch 2050 noch zu einem großen Anteil in Baumwollstoffe kleiden, und Textilien aus Chemiefasern werden weiter erheblich an Bedeutung gewinnen. Es ist davon auszugehen, dass diese vermehrt aus Holz und anderen nachwachsenden Rohstoffen hergestellt werden und immer weniger aus Erdöl. Der Anteil an recycelten Fasern wird deutlich zunehmen unter der Voraussetzung, dass eine sortenreine Trennung möglich ist. Dies setzt ein anderes Design der Bekleidung voraus, als es heute üblich ist, also keine untrennbaren Fasermischungen. Die Frage der Sammlung und Sortierung von gebrauchten Textilien muss für die dann anfallenden großen Mengen gelöst werden.

Bild 9.48 zeigt eine Prognose der Entwicklung der Weltfaserproduktion bis 2050. Nach Schätzungen der UN und anderer Organisationen wird bis 2050 ein Anstieg der Weltbevölkerung auf ca. 10 Mrd. Menschen erwartet (Statista, 2023). Dieser Zuwachs wird vor allem in Asien und Afrika stattfinden, wo sich der Lebensstandard weiter erhöhen wird. Dadurch wird der Bedarf an Fasern dort stärker ansteigen als in den Industrieländern, wo sogar mit einem Rückgang der Bevölkerung gerechnet wird. Der Weltfaserbedarf wird somit bei ca. 200 Mio. t liegen, wenn wir davon ausgehen, dass der Faserbedarf pro Kopf ca. 20 kg jährlich beträgt. Das Wachstum der Baumwollproduktion wird moderat sein, weil die zur Verfügung stehenden Ackerflächen mit der Nahrungsproduktion konkurrieren und eine Produktionssteigerung nur über ertragreichere Sorten erfolgen kann. Die Erzeugung von Wolle wird konstant bleiben, weil eine Neuzüchtung von Schafrassen mit höherem Wollertrag nicht zu erwarten ist und weder in Afrika noch in Asien ein erhöhter Bedarf an Wollkleidung besteht.

Die politische Lage wird sich in den nächsten Jahrzehnten durch die wachsende wirtschaftliche Macht Chinas verändern. Falls es zu Handelskriegen mit Strafzöllen zwischen China, den USA und der EU kommt, so wird dies mittelfristig auch die Produktion von Textilien und Bekleidung beeinflussen. Es ist zu erwarten, dass die Produktion von Chemiefasern zwar weiterhin zu großen Teilen in Asien, vor allem in China, stattfinden wird. Südostasiatische Länder werden aber an Bedeutung gewinnen, z. B. Thailand und Indonesien, wo bereits jetzt große Anlagen neu gebaut werden, und auch Indien wird eine große Rolle spielen.

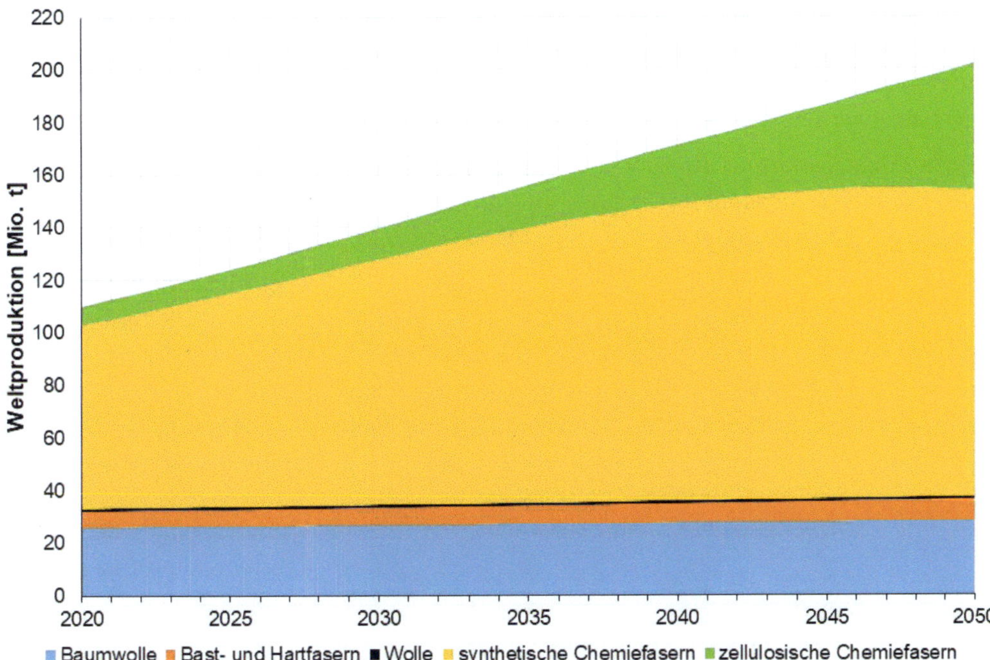


**Bild 9.48** Prognose der Entwicklung der Weltfasererzeugung (Veit, 2023)

Durch die Covid-19-Pandemie 2020–2022 wurden die Schwächen einer zunehmenden Globalisierung allgemein erkannt, und es wird daher zu einer teilweisen Renaissance einer regionalen Produktion von Fasern und Textilien kommen. Die zunehmende Forderung vieler Verbraucherinnen und Verbraucher in den Industrieländern nach einer nachhaltigen Produktion wird diesen Trend auch für Textilien verstärken. Es ist aber nicht zu erwarten, dass die Textilproduktion wieder zu großen Teilen in die Industrieländer zurückkehren wird, weil dazu die Lohnkosten dort für eine wirtschaftliche Produktion zu hoch sind, insbesondere in der Konfektion.

### 9.9.4 Fazit

Die Welt wird sich ändern, und wir werden mittelfristig mehr Textilien herstellen, die die Umwelt bei ihrer Erzeugung und bei ihrer Entsorgung weniger belasten als heute. Es ist zu erwarten, dass die „Wegwerfgesellschaft", soweit es Textilien betrifft, mindestens in Europa, bis 2035 der Vergangenheit angehören wird. Weiterhin werden die Produktionsschritte immer stärker vernetzt sein (Industrie 4.0), und es wird somit einfacher werden, den Prozess der Textilherstellung vom Fasermaterial bis zum Endprodukt transparent zu machen und zu verfolgen. Im Leichtbau werden Textilien als Verstärkungsmaterial von entscheidender Bedeutung sein, z. B. für E-Autos. Auch in der Medizintechnik werden immer mehr Implantate aus Textilien eingesetzt werden, weil ihre Herstellung in großen Mengen und vergleichsweise günstig zu realisieren ist. Der Bereich der Smart Textiles, der Elektronik und Textil kombiniert, wird weiterwachsen. Ob es ein großer Markt wird, bleibt abzuwarten, eine „Killeranwendung“ fehlt bisher noch.

Diesen Prognosen liegen verschiedene, aus heutiger Sicht plausible, Annahmen und Modellrechnungen zugrunde. Allerdings gilt auch hier das dänische Sprichwort, wonach „Prognosen schwierig sind, besonders, wenn sie die Zukunft betreffen“.

Ein Beispiel für eine gewagte Prognose aus dem Jahr 1900 zeigt Bild 9.49; damals eine verrückte Idee, mittlerweile aber erfolgreich umgesetzt. Zwar ist die Bekleidungsherstellung im Laden heute nicht der Standard, und auch die Mess- und Produktionseinrichtungen sehen anders aus. Allerdings wurde genau diese Idee im Jahr 2017 prototypisch in Berlin realisiert (Adidas, 2017). Textiltechnik ist und bleibt spannend.

**Bild 9.49** Der Schneider im Jahr 2000 aus der Sicht von 1900

## Literatur und Bildquellen

*Adidas* (2017), *https://www.stern.de/lifestyle/mode/adidas-testet-storefactory-mit-popup-store-in-berlin-7 358 108.html*

*Berghaus, M.* (2019), *https://commons.wikimedia.org/wiki/File:VerSeidAG_Krefeld.jpg*

*Bharathigwthm* (2021), *https://commons.wikimedia.org/wiki/File:India-outline-map.jpg*, CC BY-SA 4.0

*Bogaert, J. C., Coszach, P.* (2000), „Polylactic acids: New polymers for novel application.“, Nonwovens World, S. 83 - 91, MTS Publications, Kalamazoo (MI), USA.

*Böttger, T.* (2006), The „bra war“. GRIN Verlag, München. *https://www.grin.com/document/132 612*

CmiA (2021), Cotton made in Africa, Hamburg, *https://cottonmadeinafrica.org*

DNFI (2021), *https://dnfi.org/abaca/40-million-households-produce-natural-fibres_22 590/*

*European Linen & Hemp* (2021), *http://news.europeanflax.com*

*Euratex* (2023), *https://euratex.eu/wp-content/uploads/EURATEX_FactsKey_Figures_2022rev-1.pdf*

*Fae* (2014), *https://commons.wikimedia.org/wiki/File:Photo_by_Mona_Mijthab,_July_2011_(6 349 812 257).jpg*, CC BY-SA 2.0

*Faisal, F.* (2020), *https://commons.wikimedia.org/wiki/File:RMG_Bangladesh.jpg*, CC BY-SA 4.0

faostat (2023), *http://faostat.fao.org*

Fraunhofer UMSICHT (2021), *https://www.umsicht.fraunhofer.de/content/dam/umsicht/de/dokumente/publikationen/2018/kunststoffe-id-umwelt-konsortialstudie-mikroplastik.pdf*

FSosio (2009), *https://commons.wikimedia.org/wiki/File:Manch-mills-westside.jpg*

GIZ (2023), *https://www.siegelklarheit.de/en/siegel#/textilien;sort:rating_desc*

*Gloy, Y.-S.* (2020), Industrie 4.0 in der Textilproduktion. Springer Vieweg, Berlin.

ICAC (2021), „Production and trade subsidies affecting the Cotton Industry", *http://www.icac.org*

IFG (2021), *https://www.ifbb-hannover.de/files/IfBB/downloads/faltblaetter_broschueren/f+s/Biopolymers-Facts-Statistics-2020.pdf*

*Kielmann M.J.* (2021), Martin J. Kielmann für CmiA, *https://cottonmadeinafrica.org*

*Kraus* (1840), *https://commons.wikimedia.org/wiki/File:Litho_-_Augsburg_-_Baumwollspinnerei_-_Kraus_-_1840.jpg?uselang=de*

*MoI* (2023), *https://www.mapsofindia.com/maps/india/textile-industry-map.html*

*Monto, T.* (2018), *https://fr.m.wikipedia.org/wiki/Fichier:Finlayson_Tampere_4.jpg*, CC BY-SA 4.0

*Mäßbauer, A.* (2002), *https://commons.wikimedia.org/wiki/File:Augsburg_glaspalast_20 020 525.jpg?uselang=de*

*Mößbauer, A.* (2004), *https://commons.wikimedia.org/wiki/File:Glaspalast_Augsburg_Nordfront.jpg?uselang=de*

*Oevermann, H., Walczak B.M., Watson, M.* (2022), The Heritage of the Textile Industry. The Lodz University of Technology, Lodz.

*Rivoli, P.* (2006), Reisebericht eines T-Shirts. Ullstein, Berlin.

*Rohwedder, U.* (2021), *https://commons.wikimedia.org/wiki/File:Fl%C3 %B6ha_Alte_Baumwolle.jpg?uselang=de*, CC BY-SA 4.0

*Statista* (2023), *https://de.statista.com/statistik/daten/studie/1717/umfrage/prognose-zur-entwicklung-der-weltbevoelkerung/*

Textile Exchange (2021), Preferred Fiber & Materials, Market Report 2020, *http://textileexchange.org/wp-content/uploads/2020/06/Textile-Exchange_Preferred-Fiber-Material-Market-Report_2020.pdf*

The Fiber Year (2023), The Fiber Year GmbH, Roggwil, *https://www.thefiberyear.com*

*Thomas, D.* (2020), Unfair Fashion – Der hohe Preis der billigen Mode. riva Verlag, München.

Velvet (2021), *https://commons.m.wikimedia.org/wiki/File:Lille_filature_Wallaert_fil_au_louis_d%27or_cote.jpg*, CC BY-SA 4.0

*Veit, D.* (2023), Fasern. Springer Nature, Berlin.

*Wdwdbot* (2019), *https://commons.wikimedia.org/wiki/File:Gr%C3 %BCner_Knopf_logo.svg*

WTO (2023), *https://stats.wto.org*

# 10 Kleidungsstücke

In diesem Kapitel wird vom Kopf bis zu den Füßen die Geschichte ausgewählter Bekleidungstextilien vorgestellt. Viele Kleidungsstücktypen wurden schon in den vorigen Kapiteln beschrieben, daher werden diese hier nur am Rande behandelt. Im Literaturverzeichnis in Kapitel 14 gibt es eine Auswahl weiterführender lesenswerter Bücher und interessanter Weblinks.

## 10.1 Hut

In der Antike trugen die Völker Kleinasiens sowie die Griechen und Römer Hüte, wie sie beispielhaft in Bild 10.1 dargestellt sind. Handwerker bevorzugten Filzhüte (links), feine Damen besaßen schicke Sonnenhüte (Mitte). Modern mutet der Petasos an (rechts), der an einer Schnur auch im Nacken getragen werden konnte.

**Bild 10.1** Griechischer Pilleus (links; Nguyen, 2009) und Griechin mit Sonnenhut, beide im 4. Jh. v. Chr. (Mitte; Capillon, 2008), Grieche mit Petasos im 5. Jh. v. Chr. (rechts; Raddato, 2014)

Hüte galten bei den Römern als Symbol der Freiheit. Daher trugen Sklaven bei ihrer Freilassung oft einen Filzhut. Dieses Symbol verwendeten auch die Cäsar-Mörder Cassius und Brutus und prägten eine Münze mit dessen Antlitz auf der Vorderseite und einem Filzhut zwischen zwei Dolchen auf der Rückseite (Bild 10.2).

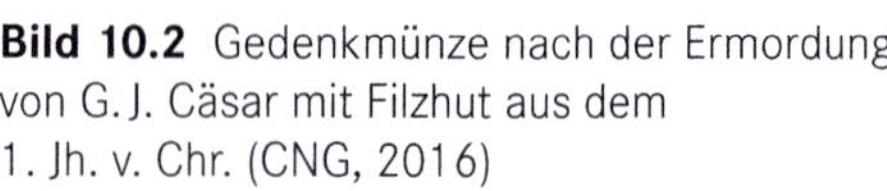

**Bild 10.2** Gedenkmünze nach der Ermordung von G. J. Cäsar mit Filzhut aus dem 1. Jh. v. Chr. (CNG, 2016)

Im Mittelalter sind Hüte in Deutschland seit dem 10. Jh. verbreitet. So waren z. B. Strohhüte bei den Sachsen beliebt. Zwischen 1350 und 1425 trugen Frauen einen speziellen Schleier, den sogenannten Kruseler (Bild 10.3). Er bestand aus mehreren dünnen Stofflagen, und seine Kanten waren gekräuselt. Er war so populär, dass sogar Spielfiguren aus Ton für Kinder hergestellt wurden. Die dargestellte Frisur mit Hörnchen kam ab 1410 in Mode und bestand aus zwei Drahtgerüsten in Form eines Kuhhorns, über die der Schleier drapiert wurde. Hauben waren im gesamten Mittelalter immer populär, wer „unter die Haube kam", der heiratete.

**Bild 10.3** Frau mit Kruseler (links; Packare, 2014) sowie Frau mit Haube und Hörnerfrisur (rechts; van Eyck, 1439)

Sowohl Frauen als auch Männer trugen die Gugel, die zunächst aus Wolle zum Schutz vor Witterung, später auch aus bunten Stoffstücken bestand und ein beliebtes modisches Accessoire wurde (Bild 10.4). Weil seine Form an die Gugel erinnert, heißt auch ein Napfkuchen „Gugelhupf".

**Bild 10.4** Gugel (links; Galle, 1572) und Wappen von Güglingen (rechts; Kjunix, 2008)

Ab dem 12. Jh. wurde von Männern und auch Frauen der sogenannte Chaperon getragen, der einem Turban ähnelte und eine Seidelbinde besaß (Bild 10.5, links). Diese wurde entweder an der Seite oder hinten oder - bei besonders modebewussten Herren - auch vorne getragen. In Bild 10.5 (rechts) wird der Übergang von der Kapuze, in die man den Kopf hineinsteckt, zum Hut, den man nur aufsetzt, deutlich.

**Bild 10.5** Mann mit Turban um 1433 (links; van Eyck, 1433), Philipp III. mit Turban und Seidelbinde (Mitte; Leys, 1863) und Hochzeit des Florentiners Boccaccio Adimari um 1450 mit Turbanen und Hüten (rechts; Guidi, 1450)

Besonders beliebt war im 15. Jh. der sogenannte Mailänder Hut, auch Myllan Cap und French Bonnet genannt (Bild 10.6, links). Der Hutmacher war im 16. Jh. bereits ein anerkannter Handwerksberuf.

**Bild 10.6** Mailänder Hut im 15. Jh. im Codex Manesse (links; Praefcke, 2012) und Hutmacher im 16. Jh. (rechts; Lacroix, 1568)

Gegen Ende des 16. Jh. wurden sowohl von Männern als auch von Frauen erstmals „richtige“ Hüte getragen, u.a. spitz zulaufende mit einer breiten Krempe und auch kleinere Modelle. Ebenso waren Halskrausen modern (Bild 10.7).

**Bild 10.7** König James I. von England um 1590 mit Spitzhut und Halskrause (links; Anonymus, 1590) und Dame mit Hut und Halskrause (rechts; Peake, 1592)

Im 17. Jh. wurden große breitkrempige Hüte populär, die oft aus Biberfilz (Kastorhut) hergestellt wurden. In Frankreich und Holland galten auch große Hüte mit herabfallender Straußenfeder als schick (Bild 10.8). Bei Straußen waren sie weniger beliebt.

**Bild 10.8** Breitkrempige Hüte im 17. Jh. (links; Duyster, 1625) und Hut mit Straußenfeder (rechts; Bartsius, 1630)

Im 18. Jh. wurde zunächst der Dreispitz, der vor allem von Militärs getragen wurde, modern. Er wurde vom Zweispitz abgelöst (Bild 10.9).

**Bild 10.9** Dreispitz (links; Jones, 2008) und Zweispitz (rechts; Abbott, 1799)

Im 19. Jh. wurden die Hüte der Damen höher und gerne mit Blumen geschmückt (Bild 10.10).

**Bild 10.10** Hohe Damenhüte (links; Wiki, 1887) und Hut mit Blumenschmuck (rechts; Thomas, 1885)

Bei den Herren war zu Beginn des 20. Jh. der Zylinder beliebt, die Damen bevorzugten eher lässige Kopfbedeckungen, zum Teil mit orientalischem Einschlag (Bild 10.11).

**Bild 10.11** W. Churchill mit Zylinder (links; Wiki, 1912) und Damenhüte (rechts; Kiehl, 1911)

Ein ab dem 19. Jh. besonders beliebter Hut ist der Fedora. Er besteht aus Wollfilz und hat eine breite Krempe (Bild 10.12). Er wurde zunächst von Frauen, später auch von Männern, vor allem von Gangstern (Al Capone) oder Schauspielern in Gangsterrollen getragen. Besonders populär war er bis in die 1940er-Jahre. Varianten sind der Trilby (mit schmalerer Krempe) und der Akubra in Australien.

**Bild 10.12** Fedora-Hut (links; Liftarn, 2007) und berühmter Träger (rechts; Griffiths, 2007)

Ab den 1960er-Jahren wurden Hüte immer seltener getragen, und heutzutage zeigen sich vor allem Frauen noch „gut behütet", wobei es keine spezielle „Hutmode" mehr gibt, sondern grundsätzlich alles „erlaubt" ist (Bild 10.13).

**Bild 10.13** Moderner Hut auf dem Melbourne Cup, Australien (Manske, 2014)

## 10.2 Krawatte

Zu diesem Kleidungsstück gibt es bereits eine ausführliche, mehr oder weniger wissenschaftliche Darstellung (Fink et al., 2000). Daher hier nur so viel: Es gibt 85 Möglichkeiten, eine Krawatte zu binden, allerdings sind nur fünf Krawattenknoten ästhetisch ansprechend.

## 10.3 Hemd

Das Hemd ist ein gewebtes Textil, das den Oberkörper bis zu den Schenkeln bedeckt. Es hat kurze oder lange Ärmel und einen Kragen (Bild 10.14), der sehr unterschiedlich gestaltet sein kann. Hemden sind in der Regel durch Knöpfe verschlossen, wobei der oberste Knopf oft offen bleibt. Meist wird unter einem „Hemd" das Herrenoberhemd verstanden, bei Frauen heißt das entsprechende Kleidungsstück Bluse. Weiterhin gibt es Unter- und Nachthemden.

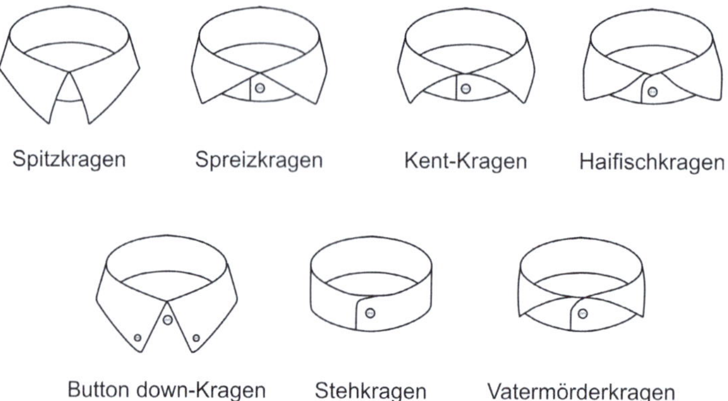


**Bild 10.14** Verbreitete Kragenformen moderner Hemden

Hemdähnliche Kleidungsstücke (Tunika) waren schon im Altertum verbreitet, meistens aus ungefärbtem Leinen. Im Mittelalter wurden solche Hemden als Unter- und auch als Oberbekleidung und von Männern und Frauen gleichermaßen getragen. Bild 10.15 zeigt links eine lange Version und rechts eine kürzere, die vorne offen war. Dennoch benötigte der Herr offenbar Hilfe beim Anziehen.

**Bild 10.15** Links: Mann im Hemd im 13. Jh. (PKM, 2007a); Mitte: vorne offenes Hemd mit Schlaufen im 14. Jh.; rechts: Mädchen mit Unterhemd im 14. Jh. (Boccaccio, 1350)

Seit dem 16. Jh. werden Hemden vor allem von Männern und in der heute üblichen Weise verwendet (Bild 10.16).

Während der Kragen bis ins 20. Jh. noch angeknöpft wurde, ist er seit der Mitte des 19. Jh. fest mit dem Hemd verbunden. Seit ca. 1900 besitzen Hemden eine durchgehende Knopfleiste und müssen nicht mehr über den Kopf gestülpt werden, um sie anzuziehen.

**Bild 10.16** Hemdträger im 16. Jh. mit Stehkragen (links; Galizia, 1596) und im 17. Jh. mit Schleife (rechts; Bourdon, 1650)

Die meisten Hemden bestehen seit dem 20. Jh. aus reiner Baumwolle oder aus einer Mischung von Baumwolle mit Leinen, manchmal auch mit Polyester. Während Leinen die Knitterneigung erhöht (und im Sommer kühlt), sind Hemden mit Polyesteranteil pflegeleicht (knitterarm). Die Herstellung von Hemden aus 100% Polyamid war kein Erfolg, weil die Träger wegen der geringen Wasseraufnahme des Fasermaterials stark schwitzten und entsprechend unangenehme Gerüche entwickelten (Bild 10.17).

**Bild 10.17** Werbung für Hemden aus 100% Polyamid („Nyltest“)

Ein weißes Hemd galt bei Männern als Statussymbol, weil es zum Ausdruck brachte, dass der Träger sich die Hände (und sein Hemd) nicht schmutzig machen musste. Arbeitete er im Büro, so waren Ärmelschoner (Aufnäher an den Ellenbogen) beliebt, weil das Hemd so länger hielt.

Hemden wurden bis weit ins 20. Jh. unter einer Weste oder einem Pullover getragen. Daher beschränkte sich die Mode auf die Änderung der Kragenform (Bild 10.18, links).

Seit den 1970er-Jahren werden Hemden auch „offen" getragen, daher wurde das Hemddesign bedeutsam. So gibt es heute eine Vielzahl von Mustern und Schnitten, wobei das einfarbige Hemd immer noch verbreitet ist, besonders bei Trägern von Anzügen. Bis vor einigen Jahren wurden sie bei wichtigen Anlässen immer mit einer Krawatte „veredelt", dies hat sich mittlerweile geändert, und oft wird heutzutage auf dieses Accessoire komplett verzichtet (Bild 10.18, rechts). Manschetten sind heute weitgehend aus der Mode.

**Bild 10.18** Hemd im 20. Jh. unter einer Weste mit Fliege (links; Pereira da Silva, 2022) und Hemdenträger ohne Krawatte (rechts; White House, 2013)

## 10.4 Nachthemd

In der Antike schlief man meist nackt, im Mittelalter auch, in der Regel zu mehreren im gemeinsamen Bett. Dadurch konnte man sich gegenseitig wärmen oder, wenn man sich nicht mochte, „die kalte Schulter zeigen". Die Kirche sah dies aus moralischen Gründen mit Missfallen, und so wurde in der Ordensregel der Benediktiner festgelegt: „Bekleidet sollen sie [die Mönche] schlafen, damit sie zur Stunde des Gebetes schnell bereit seien, und weil es sich nicht gehört, daß sie ihre nackten Gliedmaßen berühren, denn dies reget die Leidenschaften an." Auch Ritter Lanzelot aus der Artussage ließ zur Nacht einfach sein Hemd an, um einer ihn begehrenden Dame anzuzeigen, dass er kein Interesse habe. Dabei ging es im Mittelalter frivoler zu als im 18. Jh., und die damaligen Unterhemden für die Dame würden auch heute noch als chic durchgehen (Bild 10.19).

**Bild 10.19** Links: Sommerliches Unterhemd im 14. Jh. aus dem Codex Vindobonensis; rechts: Nachthemd für sie und ihn im 18. Jh. (Hunter, 2014)

Nachdem die Pest im 14. Jh. in Europa einen großen Teil der Bevölkerung dahingerafft hatte, wurde die Praxis des gemeinsamen Übernachtens meist aufgegeben, und es wurde in getrennten Betten geschlafen. Nachthemden kamen aber erst im 18. und 19. Jh. in Mode, während Schlafmützen schon im Mittelalter verbreitet waren, wie zahlreiche bildliche Darstellungen zeigen (Bild 10.20).

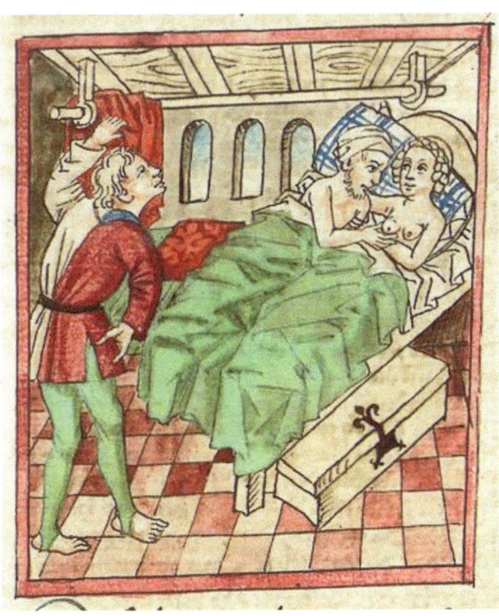

**Bild 10.20** Gestörte Schläfer, die mit Schlafmützen unter einer Decke stecken

## 10.5 Rock

Röcke wurden bis in die Neuzeit sowohl von Männern als auch von Frauen getragen. In einigen Weltgegenden ist dies heute noch der Fall, z. B. in Schottland und auf manchen Inseln in der Südsee.

Meist wird allerdings unter einem Rock ein offenes Kleidungsstück verstanden, das den unteren Teil des Körpers bedeckt und von Frauen getragen wird. Bis ins 19. Jh. gab es noch den Herren- oder Gehrock, der Männern vorbehalten war. Beide Kleidungsstücke entwickelten sich aus der römischen Tunika.

Bei den germanischen Völkern und bis ins Mittelalter war der Rock ein Obergewand mit Ärmeln. Er reichte bei den Männern bis zu den Knien, bei den Frauen oft bis zu den Knöcheln. Im 14. Jh. wurde der Männerrock immer kürzer und reichte nur noch bis zur Taille, für die Beine wurden Beinlinge entwickelt, die in den Rock eingehakt wurden (Bild 10.21, Abschnitt 10.9).

**Bild 10.21** Zwei Männer und eine Frau mit unterschiedlich langen Röcken im 14. Jh. im Tacuinum Sanitatis (Sailko, 2007)

Ab dem 15. Jh. entwickelte sich der Rock für Frauen als Untergewand in Kombination mit einem Mieder, das den Oberkörper stützte. Diese Art von Rock war keine neue Erfindung, sondern wurde schon im Altertum, auch von Männern, getragen. Allerdings nahm die Rockmode nun seltsame Formen an, wozu bereits ab dem 15. Jh. der sogenannte Reifrock gehörte. Er wurde von einem steifen Unterbau künstlich „aufgebläht" und gab der Trägerin mehr Volumen, was allerdings zunehmend unpraktisch wurde und die Beweglichkeit der Trägerin erheblich einschränkte (Bild 10.22).

Der Herrenrock entwickelte sich im 17. Jh. aus dem bis ins Mittelalter eher sackartigen Rock durch Verlängerung des Stoffes unterhalb der Taille, wodurch die sogenannten Schöße entstanden. Durch eine engere Schnürung bzw. gezielt gesetzte Nähte wurde er körperbetonter. Im 19. Jh. wurde daraus der Gehrock (Bild 10.23). Er ist heute weitgehend von der Jacke (nicht taillierter kurzer „Rock"), dem Sakko (Jacke mit Revers) oder einem Mantel (ebenfalls untailliert, aber länger als eine Jacke) verdrängt.

**Bild 10.22** Reifrock im 15. Jh. (links; De Benavarre, 1470) und bei Elisabeth I. im 16. Jh. (rechts; Decoetzee, 2009)

**Bild 10.23** Ludwig XIV. mit Justaucorps im 17. Jh. (links; Carolus, 2006) und Gehrock im 19. Jh. (rechts; Allen3, 2007)

Bis ins 20. Jh. blieb der Rock die Standardkleidung der Frau, erst ab den 1960er-Jahren setzte sich allmählich auch in der Damenmode die Hose durch. Röcke werden allerdings weiterhin getragen, in allen Längen und Formen (Bild 10.24).

**Bild 10.24** Rockformen im 20. und 21. Jh.: langer Rock (links; Gatimu, 2018), Minirock (Mitte; PM800, 2019), Microskirt (rechts; Macsurak, 2011)

## 10.6 Kleid

Schon im Altertum trugen sowohl Männer als auch Frauen sogenannte Hemdgewänder, mit und ohne Ärmel. Der Schnitt war mal körperbetonend, mal etwas lockerer, die Grundform aber immer die gleiche (Bild 10.25).

**Bild 10.25** Körperbetonendes Kleid einer Ägypterin, ca. 1500 v. Chr. (links; Wiki, 2005) und lockeres Kleid aus dem 2. Jh. v. Chr. der Frau von Huldremose aus Dänemark (rechts; Larsen, 1978)

Die Form der Kleider änderte sich; bei den Römern entstand beispielsweise eine kurze Form, die Tunika, die sich bis ins hohe Mittelalter großer Beliebtheit erfreute. Bild 10.26 aus dem Hortus Deliciarum zeigt tanzende Männer und Frauen im späten 12. Jh. Die Männer tragen eine kurze oder lange Tunika mit langen Ärmeln, die Frauen Kleider (Kotte) mit den damals typischen, extrem weit ausgeschnittenen Ärmeln.

**Bild 10.26** Kleider um 1180 (Landsberg, 1180)

Während die Männer ab dem 14. Jh. ihre Kleidung in Ober- und Unterbekleidung teilten (siehe Abschnitt 10.5), blieb das Kleid als typische Frauenbekleidung in einem Stück bis heute erhalten. Variiert wurden die Taillierung, die Länge des Kleides und die Größe und Form des Dekolletés.

**Bild 10.27** Kleider vom 14.–17. Jh. (Lanté, 1905a–d)

Im 18. Jh. wurden die Kleider der Damen der Oberschicht extrem ausladend und unpraktisch, während Ende des 19. Jh. die Kleider bereits unseren heutigen, eher eng taillierten ähnelten (Bild 10.28).

Seither hat sich die Mode mehrfach komplett geändert, und es gibt eine Vielzahl von gleichzeitig verwendeten Schnitten, Kleiderlängen und Kleidermaterialien (Bild 10.29).

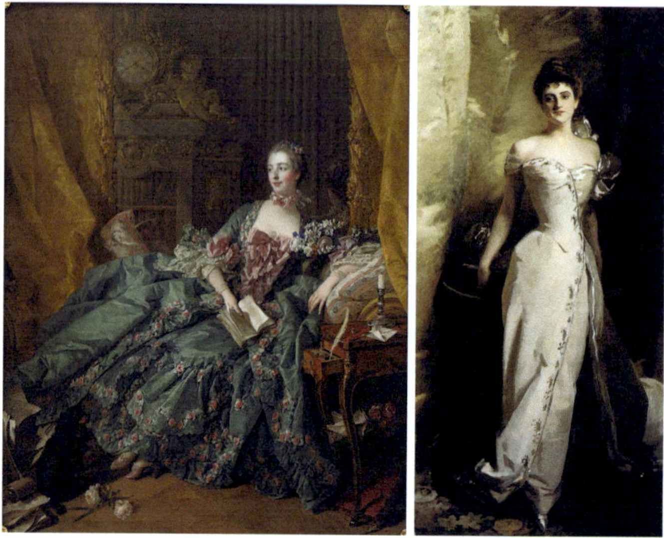

**Bild 10.28** Madame de Pompadour im 18. Jh. (links; Boucher, 1756) und elegante Dame am Ende des 19. Jh. (rechts; Singer Sargent, 1898)

**Bild 10.29** Von links: Kleider um 1920 (Wiki, 2008), 1940 (Cushman, 1948), 1960 (Durene, 1967), 1990 (Amerune, 2019) und kurzes Kleid im 21. Jh. (Rinaldi, 2013)

## 10.7 Hose

Mit dem althochdeutschen Wort „Hosa“ wurde ursprünglich die Bekleidung der Unterschenkel und der Füße bezeichnet. Im Gegensatz dazu nannte man die Bekleidung des Unterleibs und der Oberschenkel „bruch“ oder „bruoch“, was sich heute noch im englischen Wort „breeches“ (Hose) widerspiegelt. Mit dem Beginn der Neuzeit wurden die

Hosenbeine, auch „Beinlinge" genannt, mit der Bekleidung des Unterleibs verbunden, und der Ausdruck „Hose" bezeichnete nun die gesamte Bekleidung unterhalb der Hüfte. Im englischen Wort „hose" (Schlauch) steckt noch die ursprüngliche Bedeutung, denn die „Hose" war zunächst der Name für ein einzelnes Hosenbein. Auch im Deutschen trägt man noch „Hosen" und im Englischen grundsätzlich nur die Pluralform „trousers".

Die bisher älteste Hose wurde 2014 in China („Mann von Turfan") gefunden und bestand aus drei Teilen: den beiden Hosenbeinen sowie einem Zwickel, der alles zusammenhielt. Im Altertum trugen u.a. Kelten, Germanen, Perser und Skythen lange Hosen (lat.: bracae;), oft bunt gemustert (Bild 10.30). Damit unterschieden sie sich von den Völkern des Mittelmeerraums, und so bemerkte der griechische Geschichtsschreiber Herodot im 5. Jh. v. Chr. (Historien 5,49): „Die Männer ziehen mit kurzen Bögen und Speeren in die Schlacht, während ihr Körper nur von einem Hut und Hosen bedeckt ist."

**Bild 10.30** Kelten mit Hosen (links: Wiki, 2018; rechts: NHM, 2023)

Auch kurze Hosen, die bis zum Knie reichten (lat.: feminalia), waren verbreitet. Im 4. Jh. verbot der römische Kaiser Honorius das Tragen von Hosen in der Stadt Rom, um die „barbarischen" Germanen von den Römern abzugrenzen. Die Hose wurde im römischen Reich und den angrenzenden Gebieten später weitgehend durch die römische Tunika abgelöst, wobei sie in manchen Regionen Europas noch bis ins 14. Jh. getragen wurde.

Bild 10.31 zeigt Details der Trajanssäule (2. Jh.) mit Römern in Tunika und im Gegensatz dazu Daker in knöchellangen (links) bzw. knielangen Hosen (rechts).

Ab dem 11. Jh. wurden in Europa die sogenannten Beinlinge populär, röhrenförmige Gebilde, die an der Unterhose bzw. kurzen Tunika befestigt wurden (Bild 10.32, Mitte). Im 14. Jh. wurde das Obergewand kürzer und bedeckte oft gerade noch das Gesäß, dadurch wurden Unterhose und Strümpfe sichtbar. Die Strumpfhose wurde ab der Mitte des 15. Jh. zur Hose, ab dem 16. Jh. war sie so kurz, dass nun unterhalb des Knies Strümpfe getragen wurden (Bild 10.32, rechts).

**Bild 10.31** Römer mit Tunika (links) und Barbaren mit langen und kurzen Hosen im 2. Jh.

**Bild 10.32** Mann mit Beinlingen (links; Bedford, 1420) und Männer mit kurzen Tuniken und Strümpfen im 16. Jh. (rechts; Giorgione, 1510)

Im 16. Jh. wurde die Hosenmode vor allem vom spanischen Hof bestimmt und etwas wunderlich. Man betonte nun die männlichen Geschlechtsteile durch eine sogenannte „Schamkapsel", und die Hosen wurden kurz und ausgepolstert mit Rosshaar oder Stroh. Die Farbwahl war zuweilen eigenwillig (Bild 10.33).

Ab dem 17. Jh. wurden Röhrenhosen getragen, oft mit Bändern und Borten verziert. Die einfachen Leute trugen schlichtere Kleidung, z. B. Kniebundhosen in einer Kombination mit Strümpfen. Diese Mode blieb bis ins 19. Jh. populär, und auch heute tragen z. B. Bergwanderer solche Kleidung (Bild 10.34).

Die „langen" Hosen waren das Symbol der französischen Revolution, und es kam zu zahlreichen Versuchen, solche Beinkleider zu verbieten, letztlich erfolglos. Ab der Mitte des 19. Jh. wurden die Hosenfarben gedeckter (Grau, Braun, Schwarz, Blau), und die vorher verbreiteten Streifen- und Karomuster gehörten erst einmal der Vergangenheit an. Nach dem Zweiten Weltkrieg begann der Siegeszug der Jeans.

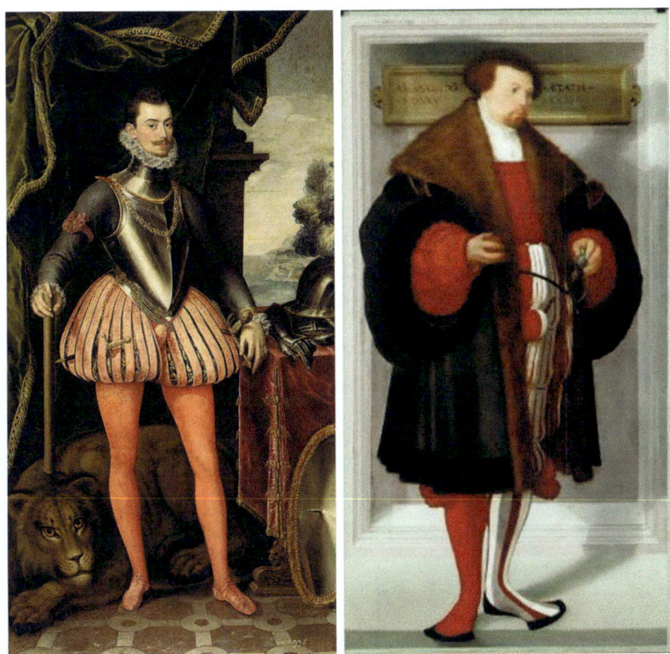

**Bild 10.33** Heerpauke (links; Pantoja de la Cruz, 1575) und Pluderhose mit Schamkapsel im 16. Jh. (rechts; Amberger, 1525)

**Bild 10.34** Kniebundhosen der einfachen Leute im 19. Jh. in den Niederlanden (Boughton, 1867)

Vereinzelt trugen Frauen bereits in der Antike Hosen, allerdings hörte dies im Mittelalter komplett auf, und erst im 20. Jh. wurden Hosen bei Frauen wieder populär. Heute haben sie in Europa Röcke und Kleider weitgehend verdrängt.

Im 19. Jh. setzte sich die amerikanische Frauenrechtlerin Amelia Bloomer für das Recht von Frauen, Hosen tragen zu dürfen, ein, allerdings zunächst erfolglos. Mit dem

Aufkommen der Fahrräder zogen auch Frauen vermehrt Hosen an, weil Kleider dafür völlig ungeeignet sind. Diese Hosenröcke durften in der Öffentlichkeit nur getragen werden, wenn man ein Fahrrad dabeihatte (Bild 10.35). Solche Hosen sorgten in konservativen Kreisen für Empörung, wie ein 1896 erschienener Beitrag in der Zeitschrift Wiener Mode zeigt: „Gegen das Radfahren bäumt sich in Deutschland vorzugsweise der conservative Geist auf, der die Bevölkerung in ihrer Majorität beherrscht. [...] Die heikelste Frage beim Radfahren der Damen ist zweifellos die Costumefrage. Es ist richtig, daß Frauen auch in gewöhnlicher Straßentoilette Zweirad fahren können [...] Aber es scheint, daß der Rock dazu verurtheilt ist, dem Beinkleid zu weichen. [...] Die amerikanischen Radfahrerinnen haben einen Congress abgehalten und darauf beschlossen, das männliche Costume anzunehmen. Die englischen Radfahrerinnen folgen diesem Beispiel und in Frankreich verschwindet der weibliche Rock gleichfalls allmählich auf den Stahlrossen [...] Ja, die Pariserinnen [...] lassen sich sogar schon im knappen, ach, oft nur allzuknappen Bicycle-Anzug öffentlich sehen, ohne Bicycle zu fahren."

**Bild 10.35** Frau mit Bloomers und Fahrrad sowie Bewunderer (Dadd, 1897)

Als Arbeitskleidung galten Hosen für Frauen in manchen Branchen als akzeptabel, z. B. in Minen und beim Fischen. Am Anfang des 20. Jh. kamen Hosenkleider in Frankreich in Mode, eine Vorstufe zur Damenhose (Bild 10.36).

**Bild 10.36** Pariserinnen mit Hosenkleidern zu Anfang des 20. Jh. (Bain, 1900)

Als im Ersten Weltkrieg viele Frauen in die Fabriken gingen, um die Männer, die an der Front kämpften, zu ersetzen, trugen sie meistens Hosen. Damit war der Bann gebrochen, und die Damenhose wurde allmählich als „normales“ Kleidungsstück akzeptiert, was eine begeisterte Trägerin so beschreibt: „Rascher, als man es ahnen konnte, hat sich infolge des Krieges die Sporthosentracht bei arbeitenden Frauen durchgesetzt, und es wäre eine dankenswerte Aufgabe, eine Rundfrage an diese Frauen zu erlassen, um zu hören, in welcher Kleidung sie sich wohler fühlen, in der Hose oder im Rock. Meine persönlichen Erfahrungen erstrecken sich nur auf einige Eisenbahnschaffnerinnen, die ihre Dienstkleidung geradezu als beglückend empfinden und nur bedauern, daß sie die Vorschrift haben, auf der Straße den lästigen Kleiderrock überzuziehen. Und dann weiß ich selbst aus der Turnstunde, was für eine Freude es auch uns nicht mehr jungen Frauen macht, wenn wir unsere Beine ungefesselt bewegen dürfen.“ (N.N., 1918)

Trotz allen emanzipatorischen Fortschritts wurden Frauenhosen erst Ende der 1960er-Jahre endgültig von der Mehrheit der Bevölkerung akzeptiert. Noch 1970 wurde vom Präsidenten des Deutschen Bundestags versucht, das Tragen von Hosen durch weibliche Abgeordnete zu verbieten. So sorgte Lenelotte von Bothmer am 14. Oktober 1970 für einen handfesten Skandal und wurde im Nachgang übel beschimpft, als sie als erste Frau im Bundestag eine Rede in einer Hose hielt. Und erst 2013 wurde eine 200 Jahre alte Verordnung aufgehoben, die es Frauen in Paris verbot, in der Öffentlichkeit eine Hose zu tragen.

Mittlerweile hat die Hose in vielen Teilen der Welt Rock und Kleid im Alltag und Berufsleben von Frauen weitgehend verdrängt, vor hundert Jahren noch undenkbar.

# 10.8 Unterwäsche

Die Geschichte der Unterwäsche ist so vielfältig wie die Entwicklung der Oberbekleidung. Eine detaillierte Übersicht geben (Willett und Cunnington, 1951). Die neuesten Funde aus dem Mittelalter werden ausführlich beschrieben in (Case et al., 2017).

## 10.8.1 Unterhose

In der Antike waren Unterhosen sowohl bei Frauen als auch bei Männern noch unbekannt, und man hatte unter der Oberbekleidung „nichts drunter". Allerdings trugen Frauen, z. B. im alten Rom, die Brüste stützende Bänder, sogenannte Strophia oder Fascia, wie Bild 10.37 beispielhaft für das 3. Jh. zeigt. Dies taten sie auch beim Sport, was zu der - falschen - Annahme führte, es hätte schon so etwas wie einen „Bikini" oder einen „BH" gegeben.

**Bild 10.37** Leda mit Schwan und ohne Unterhose auf einem Mosaik des 3. Jh. (links; Wiki, 2010) und Frauen ohne „Bikini" im 4. Jh. (rechts; Forget, 2014)

Bild 10.38 zeigt Feldarbeiter im Mittelalter mit Unterhose, die gleichzeitig ihre Oberbekleidung darstellt. Frauen trugen zu dieser Zeit immer noch keine Unterwäsche, ebenso wie der modisch gekleidete Herr rechts im Bild.

Ab dem 15. Jh. verbreitete sich allmählich das Tragen von Unterwäsche (Bild 10.39). Bei Männern ähnelte sie heutigen Slips, die Frauen trugen leinene Unterkleider.

Es gab auch gefärbte Unterhosen, und die Schnitte der damaligen Unterwäsche ähnelten bereits denen heutiger Modelle (Bild 10.40).

**Bild 10.38** Lange Unterhose im 13. Jh. (links; Il Dottore, 2012), kurze Unterhose im 14. Jh. (Mitte) und unbehoster Herr mit Beinlingen (rechts)

**Bild 10.39** Frauen und Männer in Unterwäsche im Jungbrunnen (Jaquerio, 1420)

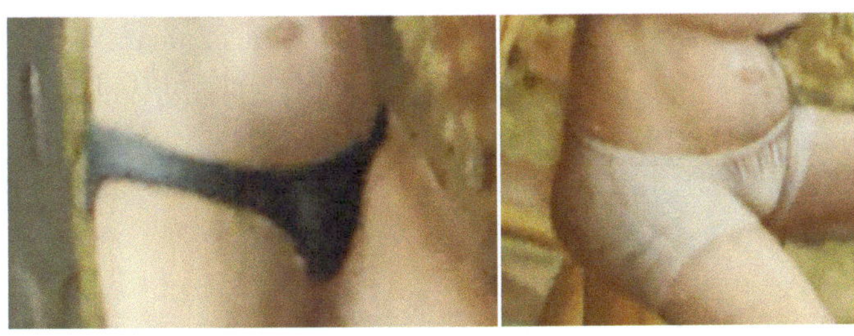

**Bild 10.40** Unterhosen im 15. Jh. (Yelkrokoyade, 2016)

Männer besaßen auch knapper geschnittene Unterhosen, wie Bild 10.41 zeigt. Rechts ist eine Unterhose aus Flachs in Leinwandbindung aus Schloss Lengberg, Tirol, zu sehen. Sie wurde dreimal ausgebessert, was ihren hohen Wert für den Träger zeigt. Eine ausführliche Beschreibung geben (Nutz und Stadler, 2015).

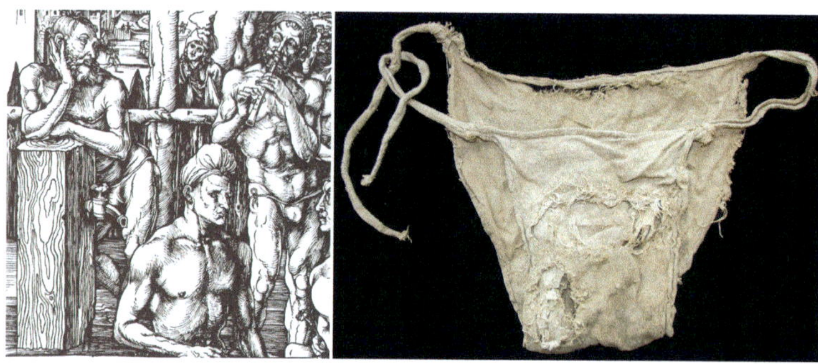

**Bild 10.41** Männer Ende des 15. Jh. mit Tanga (links; Dürer, 1496) und Unterhose aus Leinen (rechts; Foto: B. Nutz, Institut für Archäologien, Universität Innsbruck)

Über das Tragen von Unterhosen durch Mönche war der Klerus uneins. Während die Benediktiner sie nur auf Reisen benutzten, war sie bei den Cluniazensern wegen ihrer wärmenden Wirkung weit verbreitet, wohingegen die Zisterzienser sie als Zeichen der Verweichlichung ansahen und verboten.

Frauen besaßen bis in die Neuzeit nur selten Unterhosen. Es galt sogar häufig als Zeichen von „Unkeuschheit", wenn sie welche trugen. Erst ab dem 19. Jh. wurden die „Unaussprechlichen" ein Bestandteil der weiblichen Garderobe.

## 10.8.2 Büstenhalter

Bis 2012 wurde angenommen, dass der Büstenhalter (BH) erst 1889 in Frankreich erfunden wurde. Allerdings zeigt ein Fund von vier BHs aus Leinen mit Nadelspitze aus Schloss Lengberg in Tirol (Österreich), dass dies nicht stimmt (Bild 10.42). Es gibt bisher keine weiteren Funde dieser Art, sodass davon ausgegangen wird, dass es sich um Einzelstücke handelt und BHs nicht weit verbreitet waren. Eine Darstellung an einem Tempel in Indien aus dem 14. Jh. ähnelt ebenfalls einem BH, entsprechende textile Funde gibt es jedoch nicht.

Allerdings gibt es aus dem 15. Jh. ein satirisches Gedicht, das die Verwendung von „Tuttensecken", also vermutlich einer Art von BH, erwähnt, womit die Damen ihre Attraktivität erhöhen wollten (Nutz und Stadler, 2015):

*„Ir manche macht zwen tuttenseck*
*Damit so snurt sie umb die eck,*
*Das sie anschau ein ieder knab,*
*Wie sie hübsche tütlein hab."*

Die seit dem Altertum und bis ins 19. Jh. üblichen Brustbänder zeigt Bild 10.43. Üblicherweise wurde sie über den Brüsten und nicht darunter getragen.

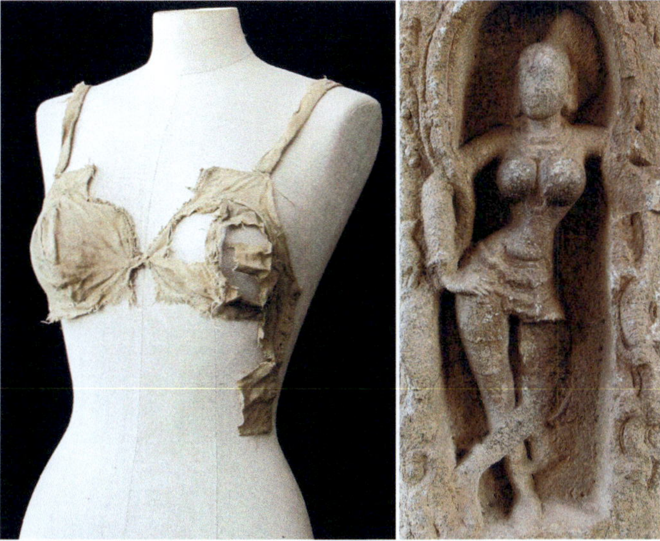

**Bild 10.42** Ältester erhaltener BH aus Schloss Lengberg (Österreich) aus dem 15. Jh. (links; B. Nutz, Institut für Archäologien, Universität Innsbruck) und BH-Darstellung aus Indien aus dem 14. Jh. (rechts; Argenberg, 2012)

**Bild 10.43** Olympia mit Brustband und Jupiter ohne (Romano, 1530)

Seit dem 16. Jh. trugen Frauen Mieder, um ihre Büste zu stützen, später auch versteifte Formen, das sogenannte Korsett (Bild 10.44). Je nach Form des Dekolletés wurden die Brüste mehr oder weniger nach oben gehoben und sichtbar.

Zu Beginn des 19. Jh. wurden von Frauen dann meist dünne Leibchen als Unterhemd getragen, durch die sich die Brustwarzen abzeichneten. Daher wurden wattierte „Brustverbesserer“ eingesetzt, um den Anstand zu wahren. Helen M. Millar erhielt 1873 ein Patent auf ein „Improvement in bosom pads“ (Millar, 1873), ihr Entwurf sah bereits aus wie ein heutiger BH (Bild 10.45, links). Hugo Schindler aus Böhmen meldete 1893 in der Schweiz ein Patent für einen „Büstenhalter“ an (Schindler, 1893). Dieser hatte zwei an einem Gürtel befestigte Kappen, die oben mit Bändern befestigt wurden.

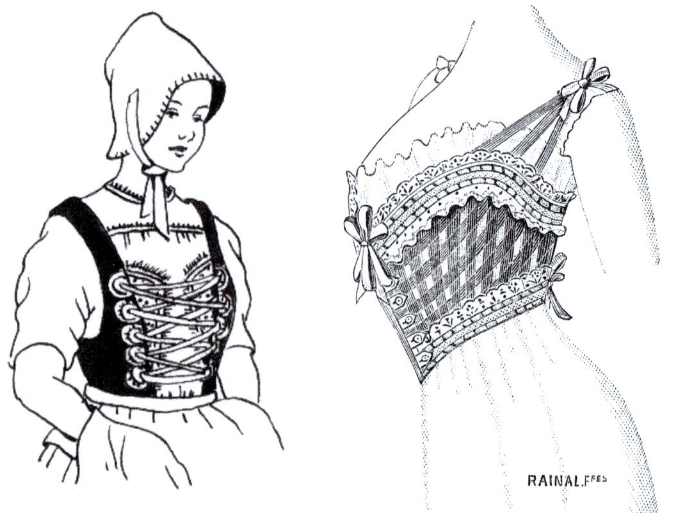


**Bild 10.44** Mieder (links; Foresman, 2007) und Korsett (rechts; Haabet, 2007)

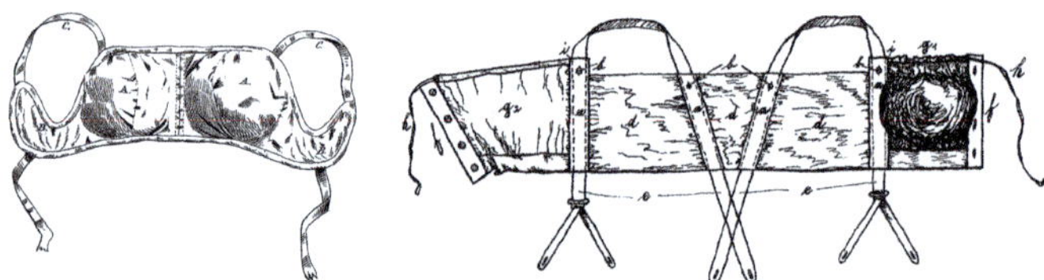

**Bild 10.45** Links: Brustverbesserer von (Millar, 1873); rechts: Büstenhalter von (Schindler, 1893)

Das erste Patent auf ein Frauenleibchen als Brustträger wurde von Christine Hardt aus Dresden 1899 angemeldet (Hardt, 1899). Es bestand aus zusammengeknüpften Taschentüchern und Männerhosenträgern und war verstellbar (Bild 10.46). Die Französin Herminie Cadolle erhielt im selben Jahr ein Patent auf einen ebenfalls einstellbaren Büstenhalter (Cadolle, 1899).

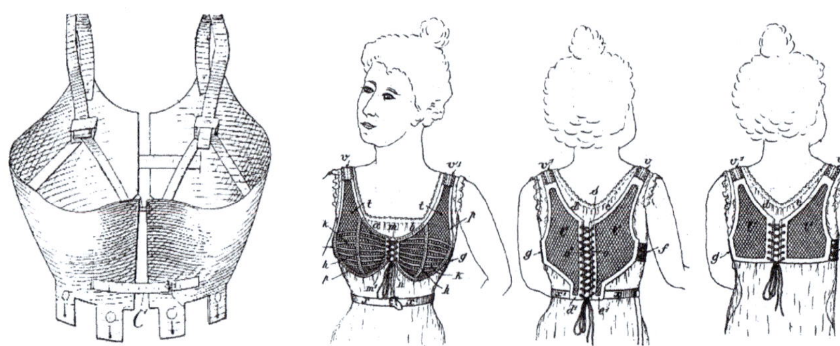

**Bild 10.46** Links: Brustträger von (Hardt, 1899); rechts: einstellbarer Büstenhalter von (Cadolle, 1899)

Sigmund Lindauer aus Bad Cannstatt produzierte ab 1912 die ersten BHs in Serie und nannte seine Marke „Prima Donna“. Sein BH aus Seide kam ohne Längs- und Querstützen aus Fischbein oder Knochen aus. Das Modell „Hautana“ wurde schnell weltweit ein Verkaufsschlager und existiert auch heute noch als Marke (Bild 10.47).

BHs lösten schnell das bis dahin übliche Korsett ab. Während die frühen Modelle aus Leinen bestanden, wurden bald Seide und später auch Kunstseide (Viskose) eingesetzt. Heutige BHs werden meistens aus Polyamid hergestellt. In den 1930er-Jahren wurden in den USA die auch heute noch genutzten Bezeichnungen für die Körbchengrößen eingeführt (A, B, C). Weitere Verbesserungen waren u. a. Metallbügel, verstärkte und wattierte Modelle sowie Push-ups.

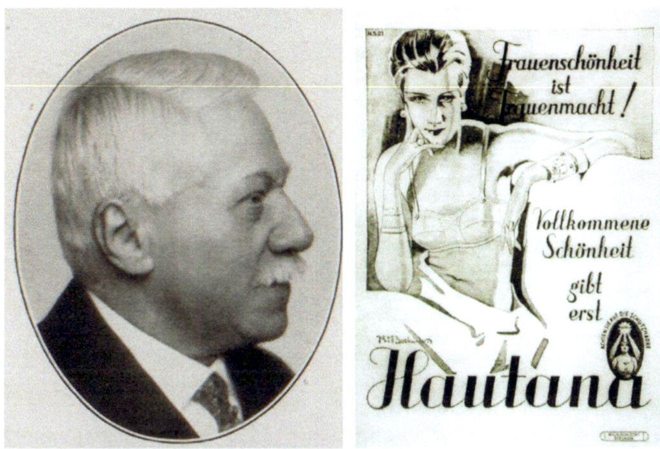


**Bild 10.47** Sigmund Lindauer (links; 1928) und Werbung für Hautana (rechts; 1913)

## 10.9 Socken und Strümpfe

Bis ins Mittelalter wurden kaum Socken oder Strümpfe getragen. Zum Schutz vor Kälte waren vor allem Fußlappen bekannt, Stoffstücke, die um den Fuß gewickelt wurden. In der Spätantike wurden Socken in Nadelbindungstechnik hergestellt (Bild 10.48).

In der christlichen liturgischen Bekleidung gab es Kniestrümpfe, die auch als Pontifikalstrümpfe bezeichnet wurden. Die im Mittelmeerraum verbreiteten Socken kamen ab dem 7. Jh. nach Zentraleuropa, wo sie, bedingt durch das kühlere Klima, zum sogenannten „Beinling“ verlängert wurden. Sie reichten bis zur Hüfte, waren oft mehrfarbig und der Vorläufer der heutigen Strumpfhose. Ab dem 15. Jh. entwickelte sich daraus die Hose. Diese wurde rund hundert Jahre später wieder kürzer und reichte nur noch bis zum Knie. So wurden wieder kürzere Strümpfe und Socken modern. Ab 1589, als der Strumpfkulierwirkstuhl von William Lee erfunden wurde, konnten sie maschinell erzeugt werden. Die Strümpfe für Herren wurden wieder einfarbig (meist weiß), während die Damen bunte Socken und Strümpfe trugen (Bild 10.49).

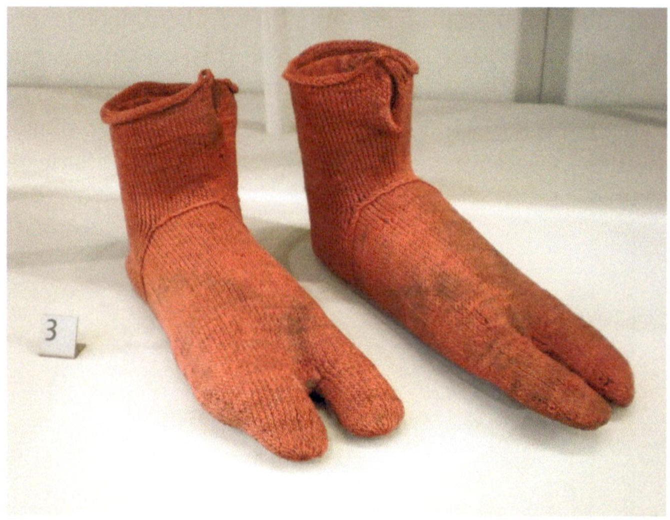

**Bild 10.48** Socken in Nadelbindungstechnik aus dem 3.–5. Jh. (Jackson, 2010)

**Bild 10.49** Herrensocken von der Antike bis in die Neuzeit

Mit der Erfindung der zellulosischen Chemiefasern im 19. Jh. wurden feine Strümpfe und Strumpfhosen nicht mehr aus Seide hergestellt, sondern aus der sogenannten „Kunstseide“ (Viskose), die deutlich billiger war. Mitte der 1930er-Jahre wurde das Polyamid entwickelt, und 1939 begann das US-amerikanische Unternehmen DuPont mit der industriellen Erzeugung von Nylon, wie die Faser inzwischen hieß. Die ersten Nylonstrümpfe kamen in den USA 1940 auf den Markt. Die Produktion konzentrierte sich aber bald ausschließlich auf militärische Einsatzgebiete wie Fallschirmstoffe und Cordseide für Flugzeugreifen und betrug 1940 ca. 5400 t. Erst nach 1945 wurde sie für zivile und industrielle Einsatzgebiete ausgebaut. Zum Kriegsende betrug die Produktion von Nylon bereits 15 000 t/Jahr, und 1950 erreichte sie 62 000 t. Schnell wurden die begehrten Nylonstrümpfe zu einem Zahlungsmittel für amerikanische Soldaten in Deutschland und verbreiteten sich so auch bald in Europa (Bild 10.50).

**Bild 10.50** Schlange vor einem Geschäft für Nylonstrümpfe in den USA in den 1950er-Jahren und Strumpfhose Leila

## ■ 10.10 Schuhe

Es wird angenommen, dass Menschen, die während der letzten Kaltzeit ab ca. 110 000 v. Chr. ihre Füße warm hielten, Felle darum wickelten. Funde von Pfriemen (dicke Ahlen zum Durchbohren von Fellen) deuten darauf hin. Durch das Tragen eines Schuhs werden Fuße anders belastet als beim Barfußgehen. Durch vergleichende anatomische Untersuchungen konnte an 40 000 Jahre alten Fußknochen nachgewiesen werden, dass deren Zehen entsprechend verformt waren (Trinkaus und Shang, 2005). Bei 30 000 Jahre alten Skelettfunden in Russland wurden im Bereich der Füße große Mengen an Elfenbeinperlen gefunden, die als Verzierung von Schuhen gedeutet werden.

Die ältesten Funde von Schuhen aus textilen Materialien stammen aus der Fort Rock-Höhle in Oregon (USA). Sie sind rund 10 000 Jahre alt und wurden aus Bast hergestellt (Bild 10.51).

In den Berner Alpen wurden Reste eines Lederschuhs gefunden, der auf 4300 v. Chr. datiert, und die Gletschermumie Ötzi (ca. 3300 v. Chr.) besaß Schuhe aus Verbundmaterial (Leder, Bast, Gras). Im Inneren waren sie mit Gras ausgepolstert, vermutlich auch zum Schutz vor Kälte (Bild 10.52).

**Bild 10.51** Bastsandale aus der Fort Rock-Höhle, ca. 8300 v. Chr.

**Bild 10.52** Ötzis Schuh mit Graspolster, ca. 3300 v. Chr. (Daderot, 2013)

Ägypter hatten rund 2000 Jahre später schon fein gearbeitete Sandalen aus Bast, die bereits einen Zehenspreizer besaßen und somit dem Fuß mehr Halt gaben (Bild 10.53).

Aus der Bronze- und Eisenzeit sind einige Schuhe von Moorleichen erhalten, die aus Leder bestanden. Diese sogenannten „Bundschuhe“ bestanden aus einem Stück Leder, das mit einem Riemen zusammengebunden wurde. Bei den Römern und anderen Völkern im Mittelmeerraum waren vor allem Sandalen, zum Teil auch über die Knöchel reichend, beliebt (Bild 10.54). Es ist anzunehmen, dass in kalten Gegenden dazu eine Art von Strümpfen getragen wurde.

**Bild 10.53** Ägyptische Sandalen, ca. 1370 v. Chr. (Pharos, 2017)

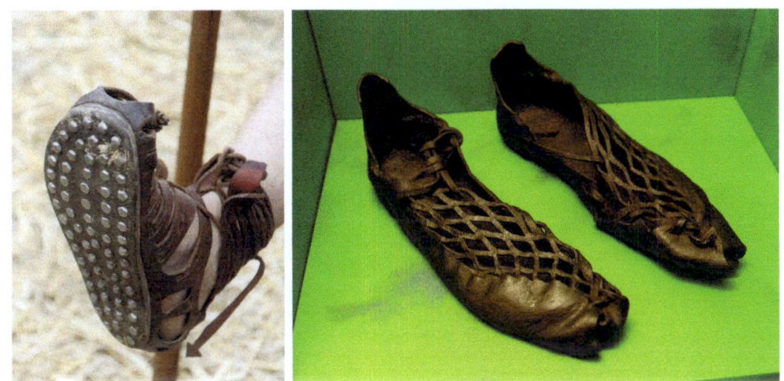

**Bild 10.54** Römischer Soldatenschuh aus dem 2. Jh. (linsk; Kabel, 2005) und germanischer Bundschuh aus dem 2.–4. Jh. (rechts; Bullenwächter, 2010)

Im Mittelalter wurden vor allem Wendeschuhe aus Leder getragen. Dabei wurde der Schuh nach dem Vernähen der Nähe umgestülpt („gewendet“), womit die Naht nach außen zu liegen kam. Die Schuhmode variierte innerhalb großer Zeiträume. So waren im 11. und 12. Jh. die Schuhe vorne oft spitz und wurden mit Schnüren, Knöpfen und Riemen verschlossen. Die Länge der Spitzen symbolisierte den gesellschaftlichen Rang des Trägers und war oft reglementiert. Später dominierten eher runde Schuhformen, bevor im 15. Jh. in der Oberschicht Schnabelschuhe modisch wurden, die sich vermutlich an Vorbildern im Orient anlehnten (Bild 10.55). Besonders in Burgund waren sie sehr beliebt.

Offenbar wurde schnell erkannt, dass diese Art von Schuh zum Gehen eher ungeeignet ist und die Träger zum Stolpern neigen. Daher wurden sehr bald wieder flache und breite Schuhe modern. Dies spiegelt sich in den Drucken des Kupferstechers Israhel van Meckenem (1445–1503) wider, in dessen Werken vor 1480 vor allem Schnabelschuhe und danach deutlich praktischere Modelle zu sehen sind. Gelegentlich wurden die Schuhe mit sogenannten Trippen kombiniert, Holzleisten, die unter den Schuh geschnallt wurden, um auch durch Schmutz gehen zu können (Bild 10.56).

**Bild 10.55** Schnabelschuhe um 1470 (links: van Meckenem, 1475; rechts: PKM, 2007c)

**Bild 10.56** Flache Schuhe um 1485 (links; van Meckenem, 1485) und Schuhe mit Trippen (rechts; van Meckenem, 1490)

Es wurde früher angenommen, dass die ländliche Bevölkerung im Mittelalter häufig barfuß ging oder in einfachen Holzschuhen. Funde großer Mengen einfacher Lederschuhe machen dies unwahrscheinlich. Darüber hinaus werden in verschiedenen mittelalterlichen Quellen Schuhzuteilungen an Knechte und Arbeiter erwähnt. Daher ist eher davon auszugehen, dass die Darstellung barfüßiger Bauern und vergleichsweise „edel" gekleideter Bürger deren jeweilige soziale Stellung betonen sollte.

Aus Spanien kamen für Damen im 16. Jh. Plateauschuhe in Mode, und seit dem frühen 17. Jh. sind Schuhe mit Absätzen auch bei den Herren modern, möglicherweise durch Vorbilder in Persien. Der Absatz gibt beim Reiten im Steigbügel mehr Halt. Sie setzten sich schnell durch, denn dadurch wirkten die Männer größer, und die Frauen hatten durch die veränderte Körperhaltung einen erotischeren Gang. Beide Effekte werden bis heute genutzt. Während durch die Kleidermode die Schuhe bei den Männern zu sehen und entsprechend schick gestaltet waren, konnten die Damen ihre Schuhe nur zeigen, wenn sie den Rock etwas anhoben (Bild 10.57).

**Bild 10.57** Dame mit Absatzschuh (links; Hollar, 1643) und König Ludwig XIV. mit Absätzen um 1700 (rechts; Rigaud, 1700)

Im Laufe des 17. Jh. wurden aus ungeklärten Gründen keine rechten und linken, sondern nur Paare mit gleichen Schuhen hergestellt. Die unausweichlichen Fußschäden beschrieb der holländische Arzt Peter Camper schon 1796, doch erst Mitte des 19. Jh. wurden die Schuhe wieder in rechten und linken Ausführungen produziert. Angeblich soll die Armee der Nordstaaten im US-amerikanischen Bürgerkrieg rechte und linke Stiefel getragen haben und so schneller und bequemer marschiert sein, während die Südstaaten „im Entengang" gehen mussten und daher den Krieg verloren. Dies erscheint aber fraglich.

Durch die zum Ende des 19. Jh. kürzer werdenden Röcke und Kleider der Frauen wurden nun ihre Schuhe schicker, und die Modellpalette nahm schnell zu. So gab es neben Stiefeln und Halbschuhen auch Sandalen und Pumps, Stiefeletten und vieles mehr. Durch die Herstellung von Schuhen in Fabriken ab der Mitte des 19. Jh. wurden sie deutlich billiger und damit auch für breitere Gesellschaftsschichten erschwinglich. Dennoch liefen die Kinder der Landbevölkerung noch bis ins 20. Jh. im Sommer barfuß, und nur Stadtkinder trugen Schuhe. Durch neue Gerbverfahren wurden Schuhe aus Leder geschmeidiger und konnten in mehr Farben gefärbt werden. Mitte des 20. Jh. konnte die Sohle an den Schaft anvulkanisiert werden, was den Preis noch einmal senkte.

Seit den 1960er-Jahren werden Sportschuhe modern und vor allem in den 1980er-Jahren auch im täglichen Gebrauch getragen. Zunächst bestanden sie noch aus Leder oder Kunstleder, heute werden Sportschuhe oft aus Textilien (Geweben und Maschenwaren) hergestellt (Bild 10.58), womit die Schuhherstellung wieder bei ihren Anfängen (vgl. Bild 10.51) angekommen ist.

**Bild 10.58** Schuhe aus Textilien (rechts: Blume, 2018)

## Literatur und Bildquellen

*Abbott, L. F.* (1799), *https://commons.wikimedia.org/wiki/File:HoratioNelson1.jpg?uselang=de*

*Allen3* (2007), *https://commons.wikimedia.org/wiki/File:Ashurst_frock_coat.jpg*

*Amberger, C.* (1525), *https://commons.wikimedia.org/wiki/File:Christoph_Amberger_007.jpg?uselang=de*

*Amerune* (2019), *https://commons.wikimedia.org/wiki/File:1991_Pierre_Cardin_%22Parabolic%22_evening_dress_and_hat_exhibited_at_the_Brooklyn_Museum,_2019.jpg?uselang=de*, CC BY-SA 2.0

*Anonymus* (1590), *https://commons.wikimedia.org/wiki/File:James_I_in_1590.jpg?uselang=de*

*Argenberg, V.* (2011), *https://commons.wikimedia.org/wiki/File:Hampi,_Achyutaraya_Temple,_Relief_2,_India.jpg?uselang=de*, CC BY 4.0

*Bain, G. G.* (1900), *https://commons.wikimedia.org/wiki/File:Trouser_skirt,_Paris_LCCN2014689091.jpg*

*Bartsius, W.* (1630), *https://commons.wikimedia.org/wiki/File:Willem_Bartsius_-_an_officer_wearing_gorget_with_commander_staff-SK-A-2214.JPG?uselang=de*

*Bedford* (1420), Bedford Hours, Folio 17v, *https://en.wikipedia.org/wiki/Bedford_Hours*

*Blume, M.* (2018), *https://commons.wikimedia.org/wiki/File:OutDoor_2018,_Friedrichshafen_(1X7A0548).jpg?uselang=de*, CC BY-SA 4.0

*Boccaccio, G.* (1350), Decamerone, Folio 387r. Venedig.

*Boucher, F.* (1756), *https://commons.wikimedia.org/wiki/File:Madame_de_Pompadour_by_Fran%C3%A7ois_Boucher.jpg?uselang=de*, CC BY-SA 4.0

*Boughton, G. H.* (1867), *https://commons.wikimedia.org/wiki/File:George-Henry-Boughton-Pilgrims-Going-To-Church.jpg*

*Bourdon, S.* (1650), *https://commons.wikimedia.org/wiki/File:Attributed_to_S%C3%A9bastien_Bourdon_-_Portrait_of_a_Man_Holding_a_Bust_of_Caracalla_-_Louvre.jpg?uselang=de*

*Bullenwächter* (2010), *https://commons.wikimedia.org/wiki/File:Schoes_of_Damendorf-Man.jpg*, CC BY 3.0

*Cadolle, V. H.* (1899), Improvements in or relating to Corsets. Patent GB189816955A, British Patent Office, London.

*Capillon* (2008), *https://commons.wikimedia.org/wiki/File:Altes_Museum-Tanagra-lady_with_fan.jpg*

*Carolus* (2006), *https://commons.wikimedia.org/wiki/File:Stichting_invalides.jpg*

*Case, R., McNealy, M., Nutz, B.* (2017), „The Lengberg Finds – Remnants of a lost 15th century tailoring revolution in: Archaeological Textiles – Links Between Past and Present – NESAT XIII“, S. 167–176, TU Liberec.

CNG (2016), *https://commons.wikimedia.org/wiki/File:Brutus_%26_L._Plaetorius_Cestianus,_denarius,_42_BC,_RRC_508-3.jpg*, CC BY-SA 2.5

*Cushman, W.* (1948), *https://commons.wikimedia.org/wiki/File:Dress_of_pure_silk_shantung_by_Larry_Aldrich,_1948.jpg?uselang=de*

*Dadd, S. T.* (1897), *https://commons.wikimedia.org/wiki/File:Ellimans-Universal-Embrocation-Slough-1897-Ad.png*

*Daderot* (2013), *https://de.wikipedia.org/wiki/%C3%96tzi#/media/Datei:%C3%96tzi_shoe_(replica),_bearskin_with_deerskin_upper,_internal_cage_of_twined_linden_bark,_padded_grass_insulation_-_Bata_Shoe_Museum_-_DSC00 004.JPG*, CC0 1.0

*De Benavarre, P. G.* (1470), *https://commons.wikimedia.org/wiki/File:Pedro_Garc%C3%ADa_de_Benabarre_St_John_Retable_Detail.jpg*

*Dcoetzee* (2009), *https://commons.wikimedia.org/wiki/File:Elizabeth_I,_Ditchley_portrait.jpg*

*Dürer, A.* (1496), *https://commons.wikimedia.org/wiki/File:D%C3%BCrer_-_Das_M%C3%A4nnerbad.jpg?uselang=de*

*Durene* (1967), *https://commons.wikimedia.org/wiki/File:Sweater_knit_dress_1967.jpg?uselang=de*

*Duyster, W. C.* (1625), *https://commons.wikimedia.org/wiki/File:DUYSTER,_Willem_Cornelisz_-_Card-Playing_Soldiers.jpg?uselang=de*

*Fink, T., Mao, Y., Schmidt, T.* (2000), Die 85 Methoden eine Krawatte zu binden. Hoffmann und Campe, Hamburg.

*Foresman, P. S.* (2007), *https://commons.wikimedia.org/wiki/File:Bodice_(PSF).jpg*

*Forget, Y.* (2014), *https://commons.wikimedia.org/wiki/File:Mosa%C3%AFque_des_bikinis,_Piazza_Armerina_(cropped_version).jpg*

*Galizia, F.* (1596), *https://upload.wikimedia.org/wikipedia/commons/d/de/Fede_Galizia_-_Portrait_of_Paolo_Morigia_-_WGA08 429.jpg?uselang=de*

*Galle, P.* (1572), *https://commons.wikimedia.org/wiki/File:Portret_Macropedius,_Philips_Galle.jpg*

*Gatimu, D.* (2018), *https://www.pexels.com/de-de/foto/frau-die-ihren-rock-beim-lacheln-halt-1 390 130/*

*Giorgione* (1510), *https://commons.wikimedia.org/wiki/File:Giorgione_011.jpg*

*Griffiths, J.* (2007), *https://upload.wikimedia.org/wikipedia/commons/3/3d/Indianajones4.jpg*, CC BY-SA 2.0

*Guidi, G.* (1450), *https://commons.wikimedia.org/wiki/File:Cassone_adimari.jpg*

*Haabet* (2007), *https://commons.wikimedia.org/wiki/File:CorsetLeonJulesRAINAL_Freres13a.png?uselang=de*

*Hardt, C.* (1899), Frauenleibchen als Brustträger. Patent DE110888C, Deutsches Reichspatentamt, Berlin.

*Harper, H.* (2008), *https://commons.wikimedia.org/wiki/File:Brassiere-white.jpg?uselang=de*, CC BY-SA 3.0

*Hield, J.*, (2014), *https://commons.wikimedia.org/wiki/File:Two_men_threshing_sheaf_-_Luttrell_Psalter_(c.1325-1335),_f.74v_-_BL_Add_MS_42 130.jpg*, CC0

*Hollar, W.* (1643), *https://commons.wikimedia.org/wiki/File:Wenceslas_Hollar_-_Winter.jpg*

*Hunter, J.* (2014), *https://commons.wikimedia.org/wiki/File:The_Life_of_John_Hunter;_nightgowns._Wellcome_L0 005 217.jpg*, CC BY 4.0

*Il Dottore* (2012), *https://en.wikipedia.org/wiki/English_medieval_clothing#/media/File:Brouche.jpg*

*Jackson, D.* (2010), *https://commons.wikimedia.org/wiki/File:BLW_Pair_of_socks.jpg*, CC BY 2.0 uk

*Jaquerio, G.* (1420), *https://commons.wikimedia.org/wiki/File:Giacomo_Jaquerio_%E2%80%94_Der_Jungbrunnen_%E2%80%94_c._1420.jpg?uselang=de*

*Jewell, J.* (2012), *https://commons.wikimedia.org/wiki/File:Mercedes_KV.jpg*, CC BY 2.0

*Jones, P.P.* (2008), *https://upload.wikimedia.org/wikipedia/commons/thumb/2/27/Fourth_grade_hero.jpg/751px-Fourth_grade_hero.jpg?uselang=de*, CC BY-SA 2.0

*Kabel, M.* (2005), *https://commons.wikimedia.org/wiki/File:Caligae_with_nails.jpg*, CC BY-SA 3.0

*Kiehl, H.A.* (1911), *https://commons.wikimedia.org/wiki/File:Mabel,_Miriam_Kiehl,_and_Alta_White,_Alki_Point,_Seattle,_Washington,_1911_(KIEHL_350).jpeg?uselang=de*

*Kjunix* (2008), *https://commons.wikimedia.org/wiki/File:Wappen_Gueglingen.svg*

*Lacroix, P.* (1568), *https://upload.wikimedia.org/wikipedia/commons/a/a7/Hatter_Book_of_Trades.png?uselang=de*

*Landsberg, H.* (1180), *https://commons.wikimedia.org/wiki/File:Meister_der_Reichenauer_Schule_004.jpg*

*Lanté, L.-M.* (1905a), *https://commons.wikimedia.org/wiki/File:La_Mode_par_l%E2%80%99Image_%E2%80%93_05_%E2%80%93_Laure_de_Noves.jpg?uselang=de*

*Lanté, L.-M.* (1905b), *https://commons.wikimedia.org/wiki/File:La_Mode_par_l%E2%80%99Image_%E2%80%93_20_%E2%80%93_Dame_de_la_famille_des_Ursins.jpg?uselang=de*

*Lantè, L.-M.* (1905c), *https://commons.wikimedia.org/wiki/File:La_Mode_par_l%E2%80%99Image_%E2%80%93_40_%E2%80%93_Ren%C3%A9e_de_Rieux_Chateauneuf.jpg?uselang=de*

*Lanté, L.-M.* (1905d), *https://commons.wikimedia.org/wiki/File:La_Mode_par_l%E2%80%99Image_%E2%80%93_59_%E2%80%93_Mademoiselle_de_Fontanges.jpg?uselang=de*

*Larsen, L.* (1978), *https://commons.wikimedia.org/wiki/File:Uldpeplos-fra-Huldremose_DO-834_original.jpg*, CC BY-SA 3.0

*Leys, H.* (1863), *https://commons.wikimedia.org/wiki/File:Filips_de_Goede,_Hendrik_Leys_(1863).jpg?uselang=de*

*Liftarn* (2007), *https://commons.wikimedia.org/wiki/File:Fedora_line_drawing.svg*, CC BY-SA 3.0

*Lindauer, S.* (1928), *https://commons.wikimedia.org/wiki/File:Lindauer-sigmund-1928-05-24-illustrirte-zeitung-bd170-nr4341-s0793.jpg*

*Macsurak, C.* (2011), *https://commons.wikimedia.org/wiki/File:Microskirt_(Karmen_Pedaru_at_Anna_Sui_crop).png*, CC BY 2.0

*Manske, M.* (2014), *https://commons.wikimedia.org/wiki/File:Chloe_Moo_of_Darwin_-_2013_Myer_Fashions_on_the_Field_(10 705 418 974).jpg?uselang=de*, CC BY 2.0 DEED

MHS (1910), *https://commons.wikimedia.org/wiki/File:Woman%27s_Mesh_Boned_Bust_Bodice.jpg?uselang=de*

*Millar, H.M.* (1873), Improvement in Bosom-Pads. Patent US143921A, US Patent Office and Trade Office, Alexandria.

*Nguyen, M.-L.* (2009), *https://commons.wikimedia.org/wiki/File:Man_pilos_Louvre_MNE1330.jpg*, CC BY-SA 2.5

NHM (2023), Naturhistorisches Museum, Wien. *http://objekte.nhm-wien.ac.at/objekt/th452/ob457*

*N.N.* (1918), Neue Frauenkleidung und Frauenkultur, Heft 1/2, G. Braun Verlag, Karlsruhe.

*Nutz, B., Stadler, H.* (2015), „Gebrauchsgegenstand und Symbol. Die Unterhose (Bruoch) aus der Gewölbezwickelfüllung von Schloss Lengberg, Osttirol", in: *Keupp, J.* (Hg.): Neue alte Sachlichkeit, S. 221–250, Jan Thorbecke Verlag, Ostfildern.

*Packare* (2014), *https://commons.wikimedia.org/wiki/File:Portret_Macropedius,_Philips_Galle.jpg*, CC0 1.0

*Pantoja de la Cruz, J.* (1575), *https://commons.wikimedia.org/wiki/File:Don_Juan_d%27Austria_1.JPG*

*Peake, R.* (1592), *https://commons.wikimedia.org/wiki/File:Unknown_Lady_Robert_Peake_c1592.jpg?uselang=de*

*Pereira da Silva, O.* (1922), *https://upload.wikimedia.org/wikipedia/commons/thumb/6/61/Oscar_Pereira_da_Silva_-_H%C3%A9rcules_Florence%2C_Acervo_do_Museu_Paulista_da_USP.jpg/1733px-Oscar_Pereira_da_Silva_-_H%C3%A9rcules_Florence%2C_Acervo_do_Museu_Paulista_da_USP.jpg?uselang=de*

*Pharos* (2017), *https://commons.wikimedia.org/wiki/File:Pair_of_Sandals_MET_10.184.1a-b_EGDP014941.jpg*, CC0

PKM (2007a), *https://commons.wikimedia.org/wiki/File:Man_in_shirt_and_coif.jpg*

PKM (2007b), *https://commons.wikimedia.org/wiki/File:3-piantagione_Taccuino_Sanitatis_Casanatense_4182_shirt..jpg*

PKM (2007c), *https://commons.wikimedia.org/wiki/File:Arsen_5104_f14_detail2.jpg*

PM800 (2019), *https://commons.wikimedia.org/wiki/File:Woman_wearing_blue_blouse_and_wool_mini_skirt.jpg*, CC BY 2.0

*Praefcke, A.* (2012), *https://commons.wikimedia.org/wiki/File:Codex_Manesse_113v_Hesso_von_Reinach.jpg?uselang=de*

*Raddato, C.* (2014), *https://commons.wikimedia.org/wiki/File:Drinking_bowl,_Theseus_plunges_Sciron_into_the_sea,_from_Vulci_(Italy),_attributed_to_the_painter_Douris,_around_480_BC,_Altes_Museum_Berlin_(13718490173).jpg*, CC BY-SA 2.0

*Rigaud, H.* (1700), *https://commons.wikimedia.org/wiki/File:Rigaud_Louis_XIV_1701.jpg*

*Rinaldi, E.* (2013), *https://commons.wikimedia.org/wiki/File:Isabel_Lucas_with_Sidney_Toledano_in_Sydney_2013_(2).jpg?uselang=de*, CC BY-SA 2.0

*Romano, G.* (1530), *https://commons.wikimedia.org/wiki/File:Jupiter-and-olympia-1178.jpg?uselang=de*

*Ross, R.* (2008), Clothing – A global history. Polity Press, Cambridge.

*Ryu, C.K.* (2008), *https://commons.wikimedia.org/wiki/File:Promotional_model_wearing_Adidas_sports_bra,_Taipei_Game_Show_20080124.jpg?uselang=de*, CC BY-SA 2.0

*Sailko* (2007), *https://commons.wikimedia.org/wiki/File:29-autunno,Taccuino_Sanitatis,_Casanatense_4182..jpg?uselang=de*

*Schindler, H.* (1893),). Büstenhalter. Patent CH6264A, Schweizerisches Patentamt, Bern.

*Singer Sargent, J.* (1898), *https://commons.wikimedia.org/wiki/File:Mrs_Ralph_Curtis.jpg?uselang=de*

*Souza, P.* (2013), *https://commons.wikimedia.org/wiki/File:Trade_and_Investment_meeting_at_G8_summit,_2013.jpg?uselang=de*

*Strawbridge & Clothier* (1883), *https://commons.wikimedia.org/wiki/File:Strawbridge_and_Clothier%27s_quarterly_(1883)_(14595808388).jpg?uselang=de*

*Thiel, E.* (2010), Geschichte des Kostüms. Henschel Verlag, Leipzig.

*Thomas, J.P.* (1885), *https://commons.wikimedia.org/wiki/File:The_London_and_Paris_ladies%27_magazine_(May_1885)_03.png?uselang=de*

*Trinkaus, E., Shang, H.* (2005), „Anatomical evidence for the antiquity of human footwear: Tianyuan and Sunghir", Journal of Archaeological Science 35 (7), S. 1928–1933, Elsevier, Amsterdam.

*Van Eyck, J.* (1433), *https://commons.wikimedia.org/wiki/File:Portrait_of_a_Man_in_a_Turban_(Jan_van_Eyck)_with_frame.jpg*

*Van Eyck, J.* (1439), *https://commons.wikimedia.org/wiki/File:Codex_Manesse_052rl.jpg?uselang=de*, CC BY-SA 2.0

*Van Meckenem* (1475), *https://commons.wikimedia.org/wiki/File:De_luitspeler_en_de_harpspeelster_Sc%C3%A8nes_uit_het_dagelijks_leven_(serietitel),_RP-P-OB-1134.jpg?uselang=de*, CC0

*Van Meckenem, I.* (1485), *https://commons.wikimedia.org/wiki/File:De_jongleur_en_de_vrouw_Sc%C3%A8nes_uit_het_dagelijks_leven_(serietitel),_RP-P-OB-1132.jpg?uselang=de*, CC0

*Van Meckenem, I.* (1490), *https://commons.wikimedia.org/wiki/File:De_kerkgangers_Sc%C3%A8nes_uit_het_dagelijks_leven_(serietitel),_RP-P-1990-162.jpg?uselang=de*, CC0

*Wang, A.* (2013), *https://commons.wikimedia.org/wiki/File:Black_Bralette.jpg*, CC BY 2.0

*Wiki* (1887), *https://commons.wikimedia.org/wiki/File:Soci%C3%A9t%C3%A9_des_journaux_de_modes_R%C3%A9unis,_1887,_Nr._2395_DT_Passementeries_et_Garnitures,_RP-P-2009-3728.jpg?uselang=de*, CC0 1.0

*Wiki* (1912), *https://commons.wikimedia.org/wiki/File:Winston_Churchill_verl_sst_das_Geb_ude_der_Admiralt_t_(1912).jpg?uselang=de*

*Wiki* (2005), *https://commons.wikimedia.org/wiki/File:Maler_der_Grabkammer_des_Minnacht_001.jpg?uselang=de*

*Wiki* (2008), *https://commons.wikimedia.org/wiki/File:1925_Stripes_and_Ladder.jpg?uselang=de*, CC BY-SA 1.2

*Wiki* (2010), *https://commons.wikimedia.org/wiki/File:Leda_mosaic.jpg*

*Wiki* (2018), *https://commons.wikimedia.org/wiki/File:Roman_Bronze_Statuette_of_a_Captive_Gaul,_2nd_Century_AD.jpg*, CC BY-SA 4.0

*Willett, C., Cunnington, Ph.* (1951), The history of underclothes. M. Joseph Ltd., London.

*Yelkrokoyade* (2016), *https://commons.wikimedia.org/wiki/File:Meister_der_Benediktbeurer_Kreuzigung.jpg*

# 11 Textile Sprichwörter und Redewendungen

Die Textilherstellung prägte über Jahrtausende den Alltag der Menschen. Daher fanden zahlreiche Ausdrücke, Begriffe und Redewendungen ihren Weg in unsere Alltagssprache. In diesem Kapitel wird daher geklotzt und nicht gekleckert, und der rote Faden ist hoffentlich gut zu erkennen. Und wenn Sie den Faden nicht verlieren und sich auch nicht verzetteln, dann haben Sie am Ende den Bogen raus, wenn es um die korrekte Anwendung textiler Begriffe geht.

Eine ausführliche Darstellung vieler weiterer textiler Begriffe, Redewendungen und Sprichwörter finden Sie in (Veit, 2024).

## 11.1 Rohstoffe

Bis in die frühe Neuzeit wurden in Europa große Mengen Flachs verarbeitet. Daher beziehen sich besonders viele Redewendungen und Ausdrücke auf die einzelnen Stufen der Flachsverarbeitung. Dazu zählt z. B. „durchhecheln“ (schlecht über jemanden reden bei der Flachsgewinnung) und zahlreiche andere, von denen viele heute noch verwendet werden.

### 11.1.1 Ins Blaue fahren

Wer einen Ausflug ins Blaue macht, der besucht Flachsfelder, die blau blühen (Bild 11.1).

**Bild 11.1** Blühendes Flachsfeld

### 11.1.2 Flachsblond

Dies bezieht sich auf die Farbe von Flachsfasern nach dem sogenannten „Hechelprozess" und wird als Bezeichnung für eine Haarfarbe zwischen gelblich und bräunlich benutzt (Bild 11.2). „Blond" bedeutet auf Französisch einfach „hell".

**Bild 11.2** Helle Flachsfasern und flachsblonde Millionenerbin (Schäfermaier, 2005)

### 11.1.3 Herumflachsen

Spinnen in Heimarbeit war im Mittelalter und bis in die Frühe Neuzeit meist Frauenarbeit. Es war eine Tätigkeit, die „nebenher" durchgeführt werden konnte. Man traf sich deshalb, um gemeinsam zu spinnen und Neuigkeiten auszutauschen. Wenn es beim Spinnen von Flachs, das der dominierende Faserrohstoff war, dabei fröhlich zuging, so wurde „herumgeflachst" (Bild 11.3). Offenbar ging es beim gemeinschaftlichen Spinnen oft recht lustig zu, sodass die Behörden in manchen Regionen Spinnstubenordnungen erließen, die das Zusammenleben regelten, um auch die kirchliche Obrigkeit zu beruhigen. In Kurhessen wurden 1726 Spinnstuben sogar ganz verboten. Dies sollte „unzüchtige Umtriebe" unterbinden, wenn die jungen Burschen die ebenso jungen Mädchen nach dem Flachsen abholten und nach Hause brachten oder – noch verwerflicher – sich mit ihnen in den Spinnstuben zum Tanz u. a. trafen.

Kinder, die im Herbst geboren wurden, also neun Monate nach dem Flachsbrechen in den Spinnstuben, wurden „Brechelkinder" genannt. J. W. von Goethe formulierte ihre Entstehung 1795 in seinem Gedicht „Die Spinnerin" gewohnt poetisch wie folgt:

*„Als ich still und ruhig spann,*
*Ohne nur zu stocken,*
*Trat ein schöner junger Mann*
*Nahe mir zum Rocken.*
*Lobte, was zu loben war,*

*Sollte das was schaden?*
*Mein dem Flachse gleiches Haar*
*Und den gleichen Faden.*
*Ruhig war er nicht dabei,*
*Ließ es nicht beim alten;*
*Und der Faden riß entzwei,*
*Den ich lang' erhalten.*
*Und des Flachses Steingewicht*
*Gab noch viele Zahlen;*
*Aber ach, ich konnte nicht*
*Mehr mit ihnen prahlen.*
*Als ich sie zum Weber trug,*
*Fühlt' ich was sich regen,*
*Und mein armes Herze schlug*
*Mit geschwindern Schlägen.*
*Nun, beim heißen Sonnenstich,*
*Bring' ich's auf die Bleiche,*
*Und mit Mühe bück' ich mich*
*Nach dem nächsten Teiche.*
*Was ich in dem Kämmerlein*
*Still und fein gesponnen,*
*Kommt – wie kann es anders sein? –*
*Endlich an die Sonnen."*

**Bild 11.3** Spinnstube (Reinsberg-Düringsfeld, 1863)

**Bild 11.4** Spinnende und herumflachsende Frauen (Veláquez, 1644)

### 11.1.4 Die Junk-E-Mail

Der schlechteste Flachs der Antike wuchs nach dem griechischen Geschichtsschreiber Strabon in der Nähe von Amporias in Spanien und war fast unbrauchbar. Es galt als Abart des Schilfs (lat. „iuncus“). Das Endprodukt wurde als junkarisches Leinen bezeichnet und entwickelte sich über ein Slangwort der Seeleute für schadhafte Taue und Seile zu engl. „junk“ („Müll“). E-Mails, die keiner haben will, werden daher so bezeichnet.

### 11.1.5 Schäferstündchen

Wenn ein Wanderschäfer auf Transhumanz durch die Lande zog und Rast machte, dann konnte es vorkommen, dass er in seinem Schäferkarren (Bild 11.5) von Mitgliedern der ortsansässigen weiblichen Bevölkerung besucht wurde. Ging die Begegnung zeitlich über die übliche Begrüßung hinaus und lernte man sich näher kennen, so sprach man von einem „Schäferstündchen“.

### 11.1.6 Am seidenen Faden hängen

Wenn etwas am seidenen Faden hängt, dann ist der Ausgang der Angelegenheit sehr unsicher und potenziell gefährlich. Diese Redensart geht zurück auf eine antike Erzählung, die von Cicero und Horaz überliefert wurde. Danach gab es am Hof des Tyrannen Dionysios I. von Syrakus (430–367 v. Chr.) einen Höfling mit Namen Damokles.

**Bild 11.5** Schäferkarren (Martinvl, 2016)

Dieser beneidete seinen Herrn um seinen Status und sein schönes Leben. Daraufhin überließ ihm Dionysios bei einem Bankett seinen Platz an der Tafel und ließ an einem Faden ein Schwert über seinem Kopf befestigen (Bild 11.6). Dies kurierte den Höfling von seinem Neid, weil er sich der Schattenseiten des Daseins als Herrscher bewusst wurde. Das Schwert hing der Legende nach nicht an einem Faden aus Seide, sondern aus Rosshaar. Dennoch heißt es „an einem seidenen Faden hängen", weil Fäden aus Seide besonders fein ausgesponnen werden können. Die Seide ist ein technisch endloser Faden (1–2 km lang), und daher werden weniger Fasern für ein Garn benötigt als z. B. bei Baumwolle oder Wolle. Die einzelne Seidenfaser ist dabei nicht feiner als eine Baumwoll- oder Wollfaser.

Die früheste Erwähnung befindet sich in den Annalen des Ennius (239–169 v. Chr.), in denen es heißt: „Hac noctu filo pendebit Etruria tota" bzw. dt.: „In dieser Nacht hing ganz Etrurien an einem Faden."

**Bild 11.6** Damokles unter dem Schwert (Westall, 1812)

## 11.2 Spinnerei

Das Spinnen erfolgte bis ins 19. Jh. vor allem manuell und war allgegenwärtig (Bild 11.7). Deshalb entstanden viele Redewendungen, die sich auf die Garnherstellung oder die Garne selbst beziehen.

**Bild 11.7** Spinnen mit der Handspindel draußen und drinnen

### 11.2.1 Eine Intrige spinnen

Wenn die Spinnerinnen Böses im Sinne hatten, dann konnten sie „eine Intrige spinnen", ohne dass die Außenwelt dies mitbekam (Bild 11.8).

**Bild 11.8** Möglicherweise Intrigen spinnende Frauen um 1478

Auch im Englischen ist der Ausdruck „Spinster" nicht unbedingt wohlwollend, sondern bezieht sich eher auf eine schrullige, in der Regel ältere Frau. Vielleicht spinnt sie ebenfalls Intrigen.

### 11.2.2 Der rote Faden

Der rote Faden, der sich durch eine Erzählung zieht und den Lesern Orientierung gibt, geht zurück auf eine Erfindung der englischen Marine. W. Falconer erwähnt in seinem Wörterbuch der Marine (Falconer, 1784) Taue und Seile, in die seit 1776 ein roter Faden integriert war: „Rogues-Yarn: a name given to a rope-yarn, of a particular construction, which is placed in the middle of every strand, in all cables and cordage in the king's service. It differs from all the rest, as being untarred, and twisted in a contrary manner, by which it is easily discovered. The use of this contrivance is to examine whether any cordage, supposed to be stolen or embezzled, has been formed for the king's service." Es handelte sich also um einen Schutz vor Diebstahl (engl. rogue: Dieb), weil der rote Faden nicht entfernt werden konnte, ohne das Tau bzw. Seil zu zerstören. J. W. von Goethe erwähnt in seinen „Wahlverwandtschaften": „Wir hören von einer besonderen Einrichtung bei der englischen Marine: sämtliche Tauwerke der königlichen Flotte, vom stärksten bis zum schwächsten, sind dergestalt gesponnen, daß ein roter Faden durch das Ganze durchgeht, den man nicht herauswinden kann, ohne alles aufzulösen, und woran auch die kleinsten Stücke kenntlich sind, daß sie der Krone gehören" (Goethe, 1809). Allerdings unterschied sich die Farbe des Fadens, je nachdem, wo das Tau hergestellt worden war. Rot waren die Fäden der Seile aus Portsmouth (Bild 11.9), gelb die aus Chatham, blau die aus Plymouth und grün die aus Pembroke.

**Bild 11.9** Seil mit rotem Faden (Angelsharum, 2014)

Wie wichtig Seile in England waren, vermutlich wegen der zahlreichen Seile auf einem Segelschiff, zeigt die englische Redewendung „to know the ropes", also „sich sehr gut auskennen mit etwas".

### 11.2.3 Alter Knacker

In Heimarbeit gesponnene Flachs- und andere Garne wurden auf spezielle Vorrichtungen aufgewickelt, um sie leichter weiterverarbeiten zu können. Dazu wurde eine Haspel verwendet, die mit einem Zählwerk ausgestattet war (Bild 11.10). Nach einer bestimmten Anzahl von Umdrehungen ertönte ein „Knacklaut". So konnte durch Zählen der Knacklaute einfach festgehalten werden, wie viel Garn sich auf der Spule befand. Weil diese Tätigkeit keine besonderen Fähigkeiten erforderte, wurde sie oft vom Großvater durchgeführt. Der „alte Knacker" saß dann in der Spinnstube und wickelte das Garn auf, während die Haspel knackte.

**Bild 11.10** Haspel mit Zählwerk (Flominator, 2005)

### 11.2.4 Sich verhaspeln

Wenn der Großvater einen Fehler beim Haspeln machte, so hatte er „sich verhaspelt". Dies war besonders problematisch, wenn er mehrere Stränge gleichzeitig auf eine Haspel aufwickelte und durch Abspringen eines Fadens so ungleich lange Stränge entstanden. Derselbe Ausdruck wird auch in der Seidenspinnerei verwendet, wenn beim Abwickeln (Abhaspeln) der Kokons die Anzahl der Fäden beim Zusammenführen zum Garn nicht stimmt (Bild 11.11).

**Bild 11.11** Seidengewinnung mit Haspeln

## 11.2.5 Kamel durch ein Nadelöhr

Unter anderem im Matthäusevangelium (19:24) wird davon gesprochen, dass „eher ein Kamel durch ein Nadelöhr geht, als dass ein Reicher in das Reich Gottes kommt". Hier handelt es sich nach Ansicht vieler Experten um einen Übersetzungsfehler. Das griechische Wort κάμιλος (kamilos, dt.: „Schiffstau", „Seil") wurde fälschlich als κάμηλος (kámêlos, dt.: „Kamel") übersetzt. Somit würde es richtig heißen: „Eher geht ein Seil durch ein Nadelöhr, als ...", was erheblich mehr Sinn ergibt als ein Kamel, das durch ein Nadelöhr kriecht. Bild 11.12 zeigt eine entsprechende Szene an der Bonifatius-Kirche in Dortmund.

**Bild 11.12** Ein Kamel beim Versuch, durch ein Nadelöhr zu kommen (Bigge, 2007)

### 11.2.6 Umgarnen

Wenn jemand „umgarnt“ wird, so wird er umschmeichelt, um ihn oder sie für sich zu gewinnen. Der Ursprung dieser Redensart stammt aus der Fischerei in der Bedeutung, etwas „mit Garn, also einem Netz, umwickeln“ und so zu fangen.

### 11.2.7 Leitfaden

Nach dem Motiv des Fadens der Ariadne, mit dessen Hilfe Theseus aus dem Labyrinth des Minotaurus auf Kreta entkam (Bild 11.13), wird seit dem 18. Jh. ein kleines Buch, das Orientierung in einer komplexen Materie (analog zum Labyrinth des Minotaurus) gibt, als „Leitfaden“ bezeichnet (Kluge und Seebold, 2011).

**Bild 11.13** Theseus mit Leitfaden (Burne-Jones, 1861)

### 11.2.8 Bindfäden und Katzen

Wenn es besonders große und viele Tropfen regnet, dann regnet es Bindfäden. Alternativ kann es im Süddeutschen Katzen hageln, wobei der Engländer es auch noch Hunde regnen lässt („it’s raining cats and dogs“).

### 11.2.9 Fäden und Mäuse

Wenn die „Maus keinen Faden abbeißt“, so ist etwas nicht zu ändern. Die Herkunft dieses Ausdrucks ist unklar. Nach einer Theorie bezieht er sich darauf, dass in Mausefallen der Köder an einem Faden aufgehängt war. Biss die Maus den Faden ab, so fiel die Klappe, und sie war gefangen. Tat sie es nicht, so wurde sie auch nicht gefangen. Es gibt aber auch noch andere Erklärungsansätze.

### 11.2.10 An einem Strang ziehen

Dieser Ausdruck stammt aus dem Transportwesen und ist seit dem 17. Jh. bezeugt. „Strang" bedeutet hier „Seil", und wenn z.B. alle Pferde an einem Strang ziehen, dann bewegt sich der Wagen. Tanzt eines aus der Reihe, dann „schlägt es über die Stränge", und der Wagen bewegt sich nicht. Daher sollte man nie „lockerlassen" (Bild 11.14). Und wenn die Pferde sich gut lenken lassen, dann laufen sie „wie am Schnürchen".

**Bild 11.14** An einem Strang ziehende Pferde (Cameron, 1887)

## 11.3 Gewebe

Schon seit Tausenden von Jahren stellen Menschen Gewebe her, indem sie Fäden senkrecht miteinander verkreuzen. Dies war bis ins Mittelalter hinein meistens Handarbeit, ab dann wurde es ein Handwerksberuf für Männer. Dennoch wurde auch oft weiterhin zu Hause gewoben, und so entstanden viele Redensarten rund um das Weben.

### 11.3.1 Schlichten

Dieser Ausdruck kommt aus der Webereivorbereitung. Hier werden die Kettfäden mit einer dünnen Schicht versehen, oft aus Stärke (Bild 11.15). Dadurch werden sie fester und glatter, wodurch sich die Reibung reduziert, wenn sie in späteren Prozessschritten verarbeitet werden. Im übertragenen Sinne werden beim Schlichten Unebenheiten ausgeglichen, wie es z.B. bei Tarifverhandlungen der Fall ist, wenn sich Arbeitnehmer und Arbeitgeber nicht einig sind und ein neutraler Schlichter helfen soll, eine Einigung zu erzielen.

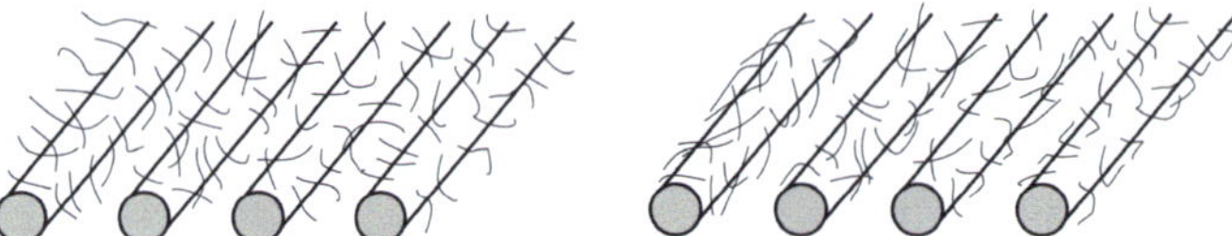

**Bild 11.15** Garne vor und nach dem Schlichten

## 11.3.2 Verzetteln

Bei der Herstellung von Geweben werden die Kettfäden aus einem Spulengatter abgezogen und gemeinsam auf einen Kettbaum gewickelt. Dieser Prozess wird als Zetteln bezeichnet (Bild 11.16). Dies geht nicht darauf zurück, dass mithilfe von Zetteln die Kettfadenscharen gekennzeichnet werden, wie manchmal behauptet wird. Vielmehr geht „zetteln“ auf das althochdeutsche Wort „zetten“ zurück, was so viel wie „ausbreiten“ bedeutet. Die Kettfäden werden also auf dem Kettbaum „ausgebreitet“, d.h., gleichmäßig und in einer bestimmten Reihenfolge verteilt. Wenn dabei Fehler passieren, stimmt bei farbigen Kettfäden das Gewebemuster nicht. Dann hat man sich „verzettelt“.

**Bild 11.16** Zettelmaschine mit Kettbaum (Stahlkocher, 2012)

### 11.3.3 Etwas anzetteln

Wenn der Kettbaum gezettelt wurde, so werden seine Fäden mit den Fäden des Gewebes auf der Webmaschine verbunden. Nach dem „Anzetteln“ kann mit dem Weben fortgefahren werden. Wer also etwas „anzettelt“, der beginnt etwas. In der Redensart startet dann meist etwas Unerfreuliches, z. B. ein Streit.

### 11.3.4 Über einen Kamm schären

Eine Alternative zum Zettelprozess ist das Schären. Dabei werden Fadenscharen zu Bändern zusammengefasst. Um die Fäden voneinander zu trennen und so zu verhindern, dass sich Fäden verkreuzen und dadurch ein falsches Muster entsteht, werden Kämme eingesetzt. Wenn Fäden in einer Schar durch denselben Kamm gezogen werden, so werden sie „über einen Kamm geschärt“ (Bild 11.17). Man spricht hier nicht von „geschoren“, das ist das Scheren von Wolle vom Schaf.

**Bild 11.17** Schärprozess mit Kamm (Rutter, 2013)

### 11.3.5 Den Bogen raushaben

Wenn der Schussfaden in ein Gewebe eingetragen wird, so geschah dies beim Handwebrahmen nicht geradlinig, sondern in einem Bogen (Bild 11.18). Der Schuss und die Kettfäden umschlingen einander, daher wird eine größere Länge benötigt, als das Gewebe breit ist. Wird der Schuss also in einem Bogen eingetragen, so kann die „überschüssige“ Länge dazu genutzt werden, dass der Schuss sich um die Kettfäden legen kann. Würde der Schuss dagegen gerade eingetragen, dann würde sich das Gewebe in der Breite zusammenziehen, um die durch die Umschlingung entstehende Spannung auszugleichen.

Wenn also ein Weber geschickt war und den Schussfaden entsprechend bogig eintrug und so Gewebe herstellte, die sich nicht zusammenzogen, dann „hatte er den Bogen raus".

Es gibt auch alternative Erklärungen aus der Artillerie und dem Bogenschießen, die aber Textilkundige nicht überzeugen.

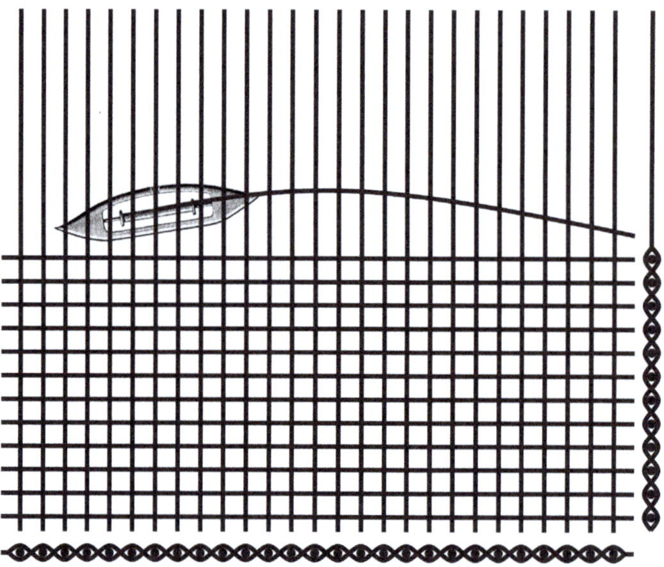

**Bild 11.18** Eintragen des Schussfadens in einem Bogen

### 11.3.6 Gut in Schuss

Beim Weben am Handwebstuhl wird der Schussfaden mithilfe eines Schützen, der die Schussfadenspule trägt, eingetragen. Der englische Weber John Kay erfand 1733 eine entsprechende Vorrichtung, bei der mithilfe eines Systems aus Schnüren und Holzkeilen der Schütze durch Ziehen an einem Seil sehr schnell eingetragen werden konnte. Bild 11.19 zeigt einen Weber, der mit der rechten Hand am Seil zieht und so den Schuss einträgt und mit der linken Hand mithilfe des Riets den Schuss an das Gewebe schlägt. Wenn der Weber diesen Prozess sehr gut beherrschte, dann war er „gut in Schuss".

Eine alternative Erklärung stammt aus der Militärgeschichte. Wenn die Artilleristen gut ausgebildet waren und viele Schüsse in kurzer Zeit abfeuern konnten, dann waren sie „gut in Schuss". Die textile Variante erscheint auch hier einleuchtender, denn gewebt wurde in fast jedem Haushalt im Mittelalter, mit Kanonen schossen dagegen nur wenige.

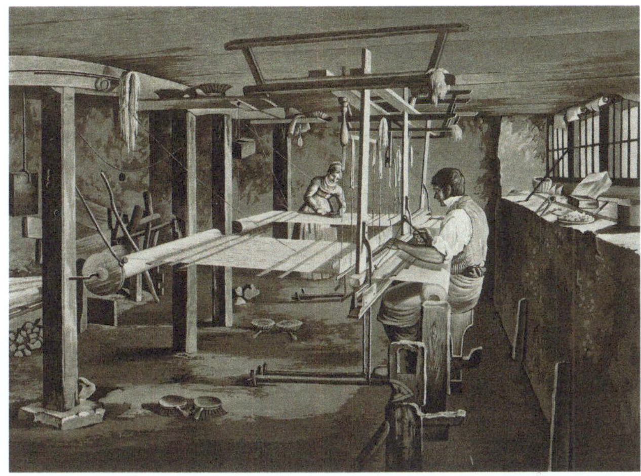

**Bild 11.19** Webstuhl mit Weber und Schusseintragssystem nach John Kay (Burkhardt, 1850)

### 11.3.7 Auf Tuchfühlung gehen

Dies geht darauf zurück, dass man im Mittelalter durch „Befühlen“ der Kleidung einer anderen Person einfach feststellen konnte, ob es sich um teures Tuch (in der Regel aus Wolle) handelte oder um einen billigen Stoff. Dies funktioniert auch heute noch, ist aber unüblich. Wenn Menschen heute „auf Tuchfühlung“ gehen, dann stehen sie sehr nah beieinander, z. B. in der U-Bahn, und ihre Kleidung berührt sich (Bild 11.20).

**Bild 11.20** Menschen auf Tuchfühlung (Schwen, 2005)

### 11.3.8 Fadenscheinig

Wenn ein Stoff stark abgenutzt ist, sodass bereits einzelne Fäden erkennbar sind und man fast hindurchsehen kann, so ist das Textil „fadenscheinig" (Bild 11.21). Früher ein Makel, ist es heute modern, und Jeans werden vor dem Verkauf extra bearbeitet, um sie „fadenscheinig" zu machen. Heute wird mit diesem Begriff meist ausgedrückt, dass Argumente oder Begründungen leicht zu durchschauen oder vorgeschoben sind und damit „fadenscheinig".

**Bild 11.21** Fadenscheinige Jeans (ProjectManhattan, 2014)

### 11.3.9 Stopfen

Wer heutzutage ein Loch „stopft", der weiß vermutlich nicht, dass dieser Ausdruck auf die Römer zurückgeht. Hanf wurde bei den Römern nicht nur für Segel und Taue eingesetzt, sondern auch, um Schiffsplanken gegeneinander abzudichten. Aus dieser Zeit stammt das deutsche Wort „stopfen", das auf lat. „stuppa" (Hanf) zurückgeht. Auch Kolumbus hatte auf seiner ersten Reise nach Amerika rund 50 t Hanf dabei, falls es etwas zu stopfen gäbe.

### 11.3.10 Teppiche

Wenn die Hausfrau (oder der moderne Hausmann) etwas unter den Teppich kehrt, dann macht sie nicht ordentlich sauber, sondern deponiert den Staub unter der Auslegeware. Damit verheimlicht oder vertuscht sie etwas. Wem der rote Teppich ausgerollt wird, der ist wichtig (Bild 11.22).

Wem das passiert, der sollte nicht abheben, sondern ganz bodenständig „auf dem Teppich bleiben".

**Bild 11.22** Wichtige Personen auf einem roten Teppich

## 11.4 Veredlung

An die Textilherstellung schließen sich verschiedene Prozessschritte an, bei denen die Textilien weiterbearbeitet werden, z. B. durch Färben oder Drucken.

### 11.4.1 Blaumachen und blau sein, ein blaues Wunder erleben

Wer „blaumacht", der arbeitet nicht. Dies geht zurück auf das Färben mit Indigo. Dabei musste das mit Indigo getränkte Textil für einen Tag an der Luft oxidieren, damit sich der blaue Farbton entwickelte. In dieser Zeit konnte entsprechend nicht gearbeitet werden. Wer sich nicht erklären konnte, wieso ein weißes Textil durch die Umwandlung des Farbstoffs mit der Zeit erst grünlich und dann blau wird, der erlebte „ein blaues Wunder". Weil für die Färbung große Mengen Urin gebraucht wurden, war es üblich, dass die Färbergesellen größere Mengen alkoholische Getränke konsumierten, um den dringend benötigten Rohstoff selbst herstellen zu können. Wer also „blau" war, der war nicht nur betrunken, sondern hatte vorher eine wichtige Funktion bei der Farbgebung von Textilien erfüllt.

### 11.4.2 Klotzen, nicht kleckern

Beim sogenannten Klotzen werden Textilien gefärbt, indem sie durch einen mit der Färbeflotte (Farbstoffe und Begleitsubstanzen) gefüllten Trog (Foulard) gezogen werden (Bild 11.23). Dabei nehmen sie sehr viel Farbstoff auf (z. B. 60 % ihres Eigengewichts). Wer also „klotzt" und nicht „kleckert", der macht eine Sache richtig und nicht nur halbherzig.

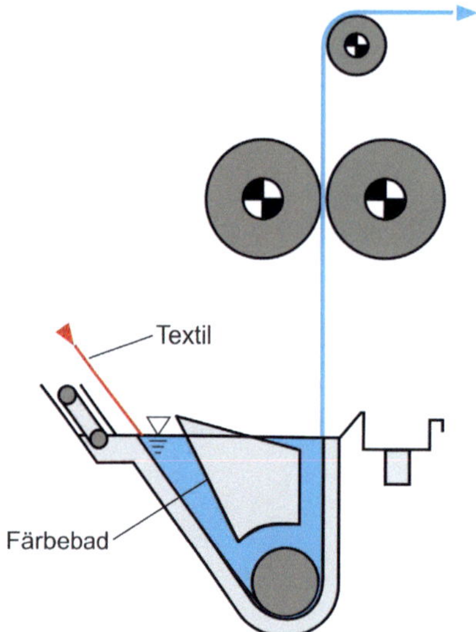


**Bild 11.23** Foulard

### 11.4.3 Etwas „kaschieren"

Beim Kaschieren (franz.: „verstecken", „verbergen") bzw. laminieren wird ein Textil mit einer Folie beschichtet und so veredelt. Damit ist die textile Struktur oft nicht mehr zu sehen. Gleiches passiert, wenn etwas umgangssprachlich „kaschiert" wird. Dabei werden meistens Fehler versteckt.

### 11.4.4 Schönfärberei

Im Mittelalter waren neben den Schwarzfärbern die Schönfärber eine eigene Berufsgruppe. Sie verstanden es, vor allem rot zu färben, was als besonders schwierig galt. Gelegentlich zählten auch die Blaufärber dazu (Bild 11.24).

**Bild 11.24** Zwei Schönfärber im Nürnberger Hausbuch (links; Tiergärtner, 2011a) und im Hausbuch der Landauer'schen Zwölfbrüderstiftung (rechts; Kohler, 1529)

Durch das Schönfärben konnten auch Stoffe minderer Qualität edel erscheinen, und dies ist ja auch heute noch so, wenn jemand eine eigentlich negative Angelegenheit in positivem Licht erscheinen lassen möchte.

Daneben gab es die „Schlechtfärber", sie durften nur Schwarz und Braun färben.

### 11.4.5 Mehrere Eisen im Feuer

Im Mittelalter wurde mit Pfanneneisen oder flachen Metallplatten die Wäsche geplättet. Von „bügeln" konnte man noch nicht sprechen, weil diese Utensilien keinen „Bügel" besaßen. Jedenfalls konnten sie die Hitze nicht lange halten, deshalb wurden immer mehrere auf dem Herd oder im Ofen warm gehalten, und man hatte „mehrere Eisen im Feuer", um seiner Arbeit ohne Unterbrechung nachgehen zu können.

Die Bild 11.25 zeigt einen Bügeleisenofen mit nummerierten Bügeleisen (mit und ohne Bügel) für eine professionelle Bügelei, z. B. bei Hutmachern und Schneidern.

In diesen Zusammenhang gehört auch der Ausdruck „ich bin geplättet", wenn man sich also wie ein frisch gebügeltes Wäschestück fühlt, das offensichtlich verblüfft ist, vielleicht, weil es keine Falten mehr hat. Auch das „Glattbügeln" bezieht sich darauf, dass etwas in Ordnung gebracht oder wenigstens so dargestellt wird, dass niemandem die Widersprüche, also die Falten, auffallen.

**Bild 11.25** Bügeleisenofen vom Anfang des 20. Jh. (Kürschner, 2008)

## 11.5 Konfektion

Wer aus dem Nähkästchen plaudert, der verrät Geheimnisse oder gibt unerlaubterweise Einblicke in bestimmte Dinge. Der Ausdruck wird im Roman „Effi Briest" von Theodor Fontane aus dem Jahr 1894 erstmals erwähnt. In dieser Geschichte findet ein betrogener Ehemann nach vielen Jahren die Liebesbriefe des Geliebten seiner Frau in ihrem Nähkästchen (Bild 11.26). Ob dies der tatsächliche Ursprung der Redensart ist, ist nicht gesichert.

Wer kein Nähkästchen besitzt, lagert seine Nähutensilien vielleicht in trockenem, geschnittenem Gras. Dann muss er vor dem Beginn der Näharbeit die Nadel im Heuhaufen suchen, was in der Regel zeitaufwendig ist.

Wer dagegen aus dem Schneider ist, der hat eine knifflige Situation überwunden. Dieser Ausdruck stammt aus den Kartenspielen Skat und Schafkopf, in denen diejenigen zum „Schneider" werden, die 30 oder weniger Punkte im Spiel erzielt haben. Die Zahl 30 bezieht sich darauf, dass Schneider verhältnismäßig wenig verdienten und daher nicht mehr als 30 Lot (1 Lot ≈ 16 g) wiegen würden, wie ein Spottvers behauptete.

Eine bequeme Sitzposition für Geübte ist der Schneidersitz, in dem man mit untergeschlagenen Beinen sitzt, genauso wie der Schneider im Mittelalter und auch heute noch beim Nähen bzw. Schneidern (Bild 11.27).

**Bild 11.26** Nähkästchen aus dem 19. Jh. (Bukietowa, 2022)

**Bild 11.27** Schneider im Schneidersitz im 16. Jh. (links; Rab, 1568) und im 20. Jh. (rechts; Charles, 2012)

## 11.6 Textilien in der Alltagssprache

Der Ausdruck „Gardinenpredigt" ist seit 1743 bezeugt und bezog sich ursprünglich auf eine Zurechtweisung des Ehemannes durch seine Gattin (Bild 11.28). Die Ehebetten waren in der Frühen Neuzeit oft mit Gardinen oder auch Bettvorhängen vor neugierigen Blicken geschützt. Wenn die Frau dann ihrem Mann eine „Gardinenpredigt" hielt, so geschah dies nicht in der Öffentlichkeit. Schon im Narrenschiff von Sebastian Brant von 1494 heißt es: „Die ander kyflet an dem Bett: – Der eeman selten fryd do hett – Musz hören predig ouch gar oft – So manch barfuszer lyt vnd schloft".

**Bild 11.28** Gardinenpredigt ohne Gardine (van Dornicke, 1520)

Wenn der Webmeister die Qualität eines Gewebes kontrollierte, so prüfte er die Oberfläche (den „Strich") und das Material (den „Faden"). Dies war also zunächst ein positiv besetzter Begriff und wurde erst im 19. Jh. zur Beschreibung besonders dreister Betrugsfälle verwendet (nach Strich und Faden betrügen). Wenn man keinen guten Faden an jemandem lässt, so redet man sehr schlecht über eine Person. Auch hier stimmt dann offenbar die „Qualität" nicht.

Wer vor etwas Manschetten hat, der fürchtet sich. Diese Redewendung geht auf die Studentensprache des 18. Jh. zurück. Die neue Mode großer Manschetten als Ärmelabschluss behinderte fechtwillige Studenten. Dies eignete sich natürlich ebenfalls als Ausrede für fechtunwillige Studenten, und daher wurde das Tragen dieser Accessoires ab dem 19. Jh. als Zeichen von Verweichlichung angesehen (Bild 11.29).

Im Mittelalter hatte Kleidung oft weite Ärmel (Bild 11.30). Daher konnten dort Dinge „verborgen" werden, die man dann unvermittelt aus dem Ärmel schütteln konnte. Heute machen das noch Clowns im Zirkus. Manche Spieler haben auch ein Ass im Ärmel, und fleißige Menschen krempeln die Ärmel hoch und beginnen gleich hoch motiviert mit der Arbeit, weil sie dann weniger ins Schwitzen geraten, wenn sie über die dann nackten Unterarme besser schwitzen können. Und wenn jemand hemdsärmelig ist, dann schert er sich nicht um die Etikette, sondern geht eine Sache „locker" an.

**Bild 11.29** Edelmann mit Manschetten (Arkesteijn, 2016)

Wer mit harten Bandagen kämpft, der verhält sich wie ein römischer Faustkämpfer in der Arena, deren Hände zum Schutz mit Leinenbinden umwickelt waren (Bild 11.31). Wer den Boxkampf verloren hatte, dessen Trainer „warf das Handtuch" in den Ring. Auch heute noch ist es ein Synonym für das Eingestehen einer Niederlage. Wenn dagegen etwas für jemanden wie ein rotes Tuch ist, dann reagiert er wie ein Stier in der Arena mit großem Missmut auf eine Sache.

**Bild 11.30** Vögel im weiten Ärmel (Evangeliar Heinrich des Löwen)

**Bild 11.31** Römische Faustkämpfer mit harten Bandagen im 4. Jh.

Während Männer Röcke anziehen durften, was bis ins 19. Jh. sogar als modern galt, war es Frauen bis ins 20. Jh. hinein verboten, Hosen zu tragen. Somit hatten nur Männer „Hosen an" und damit „das Sagen" in der Familie. Heutzutage können auch Frauen die Hosen anhaben, häufig wird dieser Ausdruck humoristisch gebraucht. Auch im Englischen ist diese Redewendung bekannt: „wearing the pants in one's family". Die Hose wird hier im Plural gebraucht, weil im Mittelalter mit „Hose" nur ein Bein des Kleidungsstücks bezeichnet wurde, was sich auch im englischen Wort „hose" für „Röhre" bzw. „trousers" für „Hose" wiederfindet. Wer also „die Hosen anhat", trägt nur eine und nicht mehrere. Auch heutzutage kaufen viele „ein Paar Hosen", auch wenn sie nur eine einzige Hose meinen.

Wer auf der Hut ist, der hat mit Hüten nichts am Hut (also zu tun). Vielmehr bedeutet dieser aus dem Mittelhochdeutschen stammende Ausdruck („huote") „Aufsicht" bzw. „Fürsorge". Als „hüten" im Sinne von „beschützen" (engl.: to heed), also z. B. Schafe oder kleine Kinder, ist er auch heute noch gebräuchlich (Bild 11.32). Auch die Redewendung gut behütet und der Ausdruck „Obhut" beziehen sich darauf.

Und wer schließlich den Hut in den Ring wirft, der bewirbt sich um ein Amt oder einen höheren Posten, z.B. in einer Firma. Die Redewendung stammt möglicherweise von Schauboxkämpfen und wurde erstmals 1805 bekannt. Wer daran teilnehmen wollte, warf seinen Hut in den Ring. Theodore Roosevelt soll 1912 seine Kampagne um die Präsidentschaft der USA mit den Worten begonnen haben: „My hat's in the ring."

Im 17. Jh. war es üblich, Jacken und Hosen aus demselben Stoff zu schneidern. Wenn etwas Jacke wie Hose ist, dann ist etwas egal und macht keinen Unterschied. Metallliebhaber benutzen stattdessen den Ausdruck „Topf wie Deckel". Auch hier sind beide aus demselben Material.

Wenn Fakten oder Geschehnisse miteinander verflochten sind, dann stehen sie in einem sehr engen Zusammenhang miteinander. Wenn man Ihnen dagegen einen Strick draus drehen kann, dann bezieht sich das auf die früher übliche Bestrafung durch Erhängen mittels eines Stricks. Es könnte also eine gefährliche Angelegenheit für Sie werden.

**Bild 11.32** Gehütete Schafe (Solá Vidal, 1901)

Sie sollten dann schnell Ihre sieben Sachen packen. Dann reisen Sie mit kleinem Gepäck und nehmen eine überschaubare Anzahl von Dingen mit. Die Zahl 7 hatte schon im Mittelalter mystische Bedeutung, z. B. bei den sieben Todsünden und den sieben Sternen (die den Großen Wagen bilden). Als Symbol für eine kleine Anzahl von Dingen geht sie auf den Priester Arnold zurück, der im 12. Jh. sein Gedicht „Von der Siebenzahl" schrieb und mit der „7" in eine Vielzahl von Themen und Begriffen Ordnung brachte.

## 11.7 Textile Wörter in der Alltagssprache

In vielen Sprachen gehen zahlreiche Wörter auf textile Fachbegriffe zurück, was die große Bedeutung der Textilherstellung in vielen Kulturen belegt.

Sowohl das Wort „Text" als auch das Wort „Textil" leiten sich beide aus lateinisch „texere", also „weben" ab. Ebenfalls aus dem Lateinischen kommt die Ordnung (engl.: order), die sich aus „ordior", also die Kettfäden ordnen bzw. zetteln, ableitet. Auch der französische Name für den Computer, ordinateur, stammt von diesem Wort ab.

Der Ausdruck „Fabrik" ist römischen Ursprungs in der Bedeutung „fabrica" für Gewerbe („fabrizieren") und Gewebe (engl.: fabric). Die Bezeichnung für einen religiösen Text auf Sanskrit, „tantra", stammt von „tantrum", Webstuhl. Auf Mandarin bedeutet „zuzhi" sowohl Organisation und anordnen als auch weben.

Die Bedeutung des Wortes kanon als Litzenstab am Webstuhl ist älter als spätere übertragene Bedeutungen und findet sich schon bei Homer. Der kanon sorgt für das regelmäßige Bindungsmuster des Gewebes, und sein Name ist auf die ordnenden und normierenden Werkzeuge der Musiker und Baumeister übergegangen. Das lateinische Wort für den Litzenstab, regula, kennen wir heute noch als Grundlage aller Wörter, die mit Regeln und Gesetzen zu tun haben. Und das Schiffchen, griechisch penion, heißt auf Latein radius. Für die Befestigung der Kettfäden am kanon benutzte man meist einen stabilen Leinenfaden, und dessen Name linum ging über auf die Wörter Linie (lat. linea) und Lineal (lat. regula).

## 11.8 Textile Nachnamen

Etwa ab dem 12. Jh. wurden in Deutschland von Süden nach Norden Nachnamen eingeführt. Oft wurden einfach die Berufe der männlichen Personen der Familie als Nachnamen verwendet. Nach der Internetseite *https://www.kartezumnamen.eu* gibt es in Deutschland aktuell 125 000 Familien mit dem Nachnamen „Schneider“, was ihn zum dritthäufigsten Namen macht. Auf Platz 5 liegt mit knapp 94 000 Familien „Weber“. „Schäfer“ liegt auf Rang 11 mit rund 66 000 Familien. Abwandlungen von Schneider sind Schröder bzw. Schröter mit 55 000 bzw. 20 000 Nennungen. Daneben gibt es eine unbekannte Anzahl Wollweber, Lein- und Leinenweber sowie Wollseifer. Familien mit dem Namen Seidensticker gibt es etwa 800 in Deutschland, Spinner ca. 1000. Das Missverhältnis zwischen der Anzahl „Spinner“ und „Weber“ zeigt deutlich, dass das Weben ein Handwerksberuf für Männer war, das Spinnen hingegen so gut wie nicht.

Während in Deutschland an der geografischen Verteilung der Nachnamen kaum noch zu erkennen ist, wo ehemals die Zentren der Textilherstellung waren, ist dies in Großbritannien noch gut sichtbar. So leben die meisten Menschen mit dem Nachnamen „Weaver“ immer noch in den Gebieten um Birmingham und Manchester, wo bis zur Industrialisierung die manuelle Textilherstellung ihre Zentren hatte.

## 11.9 Märchen

Neben vielen Sagen des Altertums, von denen einige in Kapitel 3 behandelt wurden, gibt es auch aus dem Mittelalter und der Frühen Neuzeit eine Vielzahl von Märchen mit textilem Bezug.

### Rumpelstilzchen

Dieses Märchen steht im Hausbuch der Gebrüder Grimm. Ein Müller behauptet von seiner schönen Tochter, sie könne Stroh zu Gold spinnen, und will sie an den König verheiraten. Der König lässt die Tochter kommen und verlangt von ihr, dass sie über Nacht eine Kammer voll Stroh zu Gold spinne. Das Mädchen ist verzweifelt, weil sie das natürlich nicht kann. Da taucht ein kleines Männchen auf und verspricht ihr, im Tausch gegen ihr Halsband und ihren Ring für sie das Stroh zu Gold zu spinnen (Bild 11.33). Gesagt, getan, der König ist beeindruckt, verlangt aber eine weitere Kammer voll Gold, wenn er die Müllerstochter heiraten soll. Wieder hilft ihr das Männchen, verlangt aber von der Tochter, ihm ihr erstes Kind zu überlassen, worauf sie eingeht. Nach der Hochzeit und der Geburt des ersten Kindes fordert das Männchen den versprochenen Lohn. Die Tochter kann sich aber nicht von ihrem Kind trennen und weint so herzzerreißend, dass das Männchen ihr verspricht, das Kind behalten zu dürfen, wenn sie seinen Namen nennen könne. Durch Zufall erfährt die Müllerstochter den Namen des Männchens, Rumpelstilzchen, und kann so ihr Kind behalten.

**Bild 11.33** Rumpelstilzchen besucht die spinnende Müllerstochter (Ford, 1889)

Diese Geschichte greift, wie viele andere, das Motiv der spinnenden Frau auf, wobei die Garnherstellung hier sogar im Mittelpunkt steht.

### Dornröschen

Diese Geschichte hat ebenfalls als zentrales Thema das Spinnen von Garn durch ein junges Mädchen. Sie wurde von den Gebrüdern Grimm ins Kinder- und Hausbuch der deutschen Märchen aufgenommen. Es handelt von einem Königspaar, das die Geburt seines ersten Kindes mit zwölf guten Feen feiert. Eine dreizehnte Fee wird nicht eingeladen, und diese belegt das Mädchen mit einem Fluch. Danach soll es sich im Alter von 15 Jahren an einer Spindel stechen und in einen hundertjährigen Schlaf fallen (Bild 11.34). Trotz aller Vorsichtsmaßnahmen (Verbrennen aller Spindeln im Königreich) trifft die Voraussage ein, und erst ein tapferer Prinz erlöst das Mädchen nach allerlei Wirrungen. Sich an einer Handspindel zu stechen ist schwierig, weil sie eigentlich keine Spitze hat, aber das wird hier nicht weiter vertieft.

**Bild 11.34** Dornröschen sticht sich an der Spindel (Zick, 1880).

### Die drei Spinnerinnen

In diesem Märchen, das ebenfalls von den Gebrüdern Grimm aufgeschrieben wurde, wird ein faules Mädchen von seiner Mutter geschlagen, weil es nicht spinnen will. Die vorbeifahrende Königin hört die Schreie. Aus Scham über die Faulheit der Tochter erzählt ihr die Mutter, sie könne ihre Tochter nicht vom Spinnen abhalten. Da nimmt die Königin die Tochter auf ihr Schloss mit und zeigt ihr drei Kammern voll Flachs. Wenn sie die zu Garn gesponnen habe, dann würde ihr Sohn sie heiraten. Als die Königin nach fünf Tagen wiederkommt und der Flachs noch nicht versponnen ist, redet sich das Mädchen noch heraus, denn sie habe vor lauter Heimweh mit dem Spinnen noch nicht anfangen können. Später kommen drei alte Frauen vorbei. Eine hat einen Plattfuß, eine andere eine große hängende Unterlippe und die dritte einen breiten Daumen. Die drei alten Frauen verspinnen den Flachs. Als Gegenleistung soll das Mädchen sie zu ihrer Hochzeit einladen. Als der Prinz die angeblichen Cousinen seiner Braut sieht, ist er erstaunt. Als diese ihm dann erzählen, woher sie ihre Verunstaltungen haben (den Plattfuß vom Treten des Spinnrads, die hängende Lippe vom Lecken des Flachses und den Daumen vom Fädenziehen), lässt der Prinz seine Frau nie wieder spinnen, womit alle am Ende zufrieden sind (Bild 11.35).

**Bild 11.35** Die drei Spinnerinnen bei der Hochzeit (Ubbelohde, 1909)

Dieses Motiv, dass der Bräutigam seine zukünftige Braut daraufhin prüft, ob sie auch spinnen kann, gibt es in zahlreichen Variationen in vielen Ländern. Oft tauchen drei meistens alte Frauen auf, also erfahrene Spinnerinnen, und helfen dem Mädchen.

### Weitere Märchen

In vielen weiteren Märchen spielen spinnende Frauen und Mädchen ebenfalls eine Rolle. In „Die faule Spinnerin" geht es um die Mühsal des Spinnens, und auch im Märchen von Frau Holle spielt das Spinnen eine Rolle: Die fleißige Tochter spinnt, während sie an einem Brunnen sitzt und ihr die Spindel hineinfällt, womit die Geschichte beginnt. In „Die Wassernixe" muss ein Mädchen ungeordnete Flachsfasern verspinnen, und in „Die Schlickerlinge" wirft ein schönes, aber faules Mädchen oft Flachs weg, der nicht leicht zu verspinnen ist. Ein Dienstmädchen spinnt aus den Fasern jedoch feine Garne und macht sich ein Kleid daraus. Darin tanzt es auf dem Polterabend des faulen Mädchens, die daraufhin ausruft: „Ach, wat kann dat Mäken springen - in minen Slickerlingen!" Als der Bräutigam dies hört, heiratet er konsequenterweise das Dienstmädchen, was zeigt, für wie wichtig das Spinnen für das Gelingen einer Ehe gehalten wurde. In vielen weiteren Märchen tauchen das Spinnen und Weben als Beschäftigung der Protagonistinnen auf, z. B. in „Die wilden Schwäne" von H. C. Andersen, in dem ein Mädchen seine elf Brüder durch ihre textile Fertigkeit erlöst. In Südamerika war die Spinne als Schöpferin und Kulturbringerin weit verbreitet. Wurden die Hände eines neugeborenen Mädchens mit Spinnweben bedeckt, so glaubte man, es würde später beim Weben nicht ermüden.

## Literatur und Bildquellen

*Angelsharum* (2014), *https://commons.wikimedia.org/wiki/File:Nylon_Rope.JPG*, CC BY-SA 3.0

*Anker, A.* (1883), *https://de.wikipedia.org/wiki/Spinnrad#/media/Datei:Anker_Die_Arbeitsamen.1883.jpg*

*Arkesteijn, J.* (2016), *https://commons.wikimedia.org/wiki/File:Portrait_of_a_33_years_old_man,_by_Jan_Albertsz_Rotius.jpg*

*Bigge, M.* (2007), *https://commons.wikimedia.org/wiki/File:Dortmund,_Bonifatius-Kirche,_Eingang_West.jpg*, CC BY-SA 1.2

*Bukietowa, H.* (2022), *https://commons.wikimedia.org/wiki/File:Sewingbox001.jpg?uselang=de*, CC0 1.0

*Burkhardt, K.* (1850), *https://commons.wikimedia.org/wiki/File:Webkeller_im_Kanton_Appenzell_(cropped).jpg?uselang=de*

*Burne-Jones, E.* (1861), *https://commons.wikimedia.org/wiki/File:Edward_Burne-Jones_-_Tile_Design_-_Theseus_and_the_Minotaur_in_the_Labyrinth_-_Google_Art_Project.jpg*

*Cameron, J.* (1887), *https://commons.wikimedia.org/wiki/File:%22Four_in_hand%22_LCCN2 001 699 185.tif*

*Charles, G.* (2012), *https://commons.wikimedia.org/wiki/File:A_Tailor_at_Work_(6 920 059 143).jpg*, CC0 1.0

*Van Dornicke* (1520), *https://commons.wikimedia.org/wiki/File:Jan_van_Dornicke_-_Amnon_Attacking_Tamar_-_Walters_37 779.jpg?uselang=de*, CC BY-SA 3.0

*Falconer, W.* (1784), An Universal Dictionary of the Marine. Cadell.

*Flominator* (2005), *https://commons.wikimedia.org/wiki/File:Noe_haspel.jpg*, CC BY-SA 1.2

*Ford, H. J.* (1889), *https://commons.wikimedia.org/wiki/File:Rumpelstiltskin.jpg*

*von Goethe, J. W.* (1809), Wahlverwandtschaften. Cotta, Tübingen.

*Kluge, F., Seebold, E.* (2011), Etymologisches Wörterbuch der deutschen Sprache, De Gruyter, Berlin.

*Kohler, F.* (1529), *https://commons.wikimedia.org/wiki/File:Landauer_I_020_r.jpg?uselang=de*

*Kürschner* (2008), *https://commons.wikimedia.org/wiki/File:Flat-iron-stove_2.jpg*

*Martinvl* (2016), *https://commons.wikimedia.org/wiki/File:Petworth_Shepherds_Hut.jpg?uselang=de*, CC BY-SA 4.0

*ProjectManhattan* (2014), *https://commons.wikimedia.org/wiki/File:Torn_jeans.jpg*, CC BY-SA 3.0

*Rab, G.* (1568), *https://commons.wikimedia.org/wiki/File:Fotothek_df_tg_0008090_St%C3 %A4ndebuch_%5E_Handwerk_%5E_Schneider.jpg?uselang=de*

*Reinsberg-Düringsfeld, O.* (1863), *https://upload.wikimedia.org/wikipedia/commons/7/71/Das_festliche_Jahr_img397_Spinnstube.jpg*

*Rutter, C.* (2013), *https://commons.wikimedia.org/wiki/File:QSMM_Beaming_2639c.JPG*, CC BY-SA 1.2

*Schäfermaier, P.* (2005), *https://commons.wikimedia.org/wiki/File:Paris_hilton_universal_photo_retouched.jpg*, CC BY-SA 2.5

*Schwen, D.* (2005), *https://commons.wikimedia.org/wiki/File:NYCSub_7_car_exterior.jpg*, CC BY-SA 1.2

*Solá Vidal, A.* (1901), *https://commons.wikimedia.org/wiki/File:1901-09-28,_Blanco_y_Negro,_El_pastor,_Andr%C3 %A9s_Sol%C3 %A1.jpg?uselang=de*

*Tiergärtner* (2011a), *https://commons.wikimedia.org/wiki/File:Mendel_I_037_v.jpg*

*Ubbelohde, O.* (1909), *https://commons.wikimedia.org/wiki/File:Otto_Ubbelohde_-_Die_drei_Spinnerinnen.jpg*

*Veit, D.* (2024), Gut in Schuss. Regionalia Verlag, Daun.

*Westall, R.* (1812), *https://commons.wikimedia.org/wiki/File:WestallDamocles.JPG*

*Zick, A.* (1880), *https://commons.wikimedia.org/wiki/File:Dornr%C3 %B6schen.jpg*

# 12 Museen

In Bild 12.1 ist eine Auswahl von Museen zusammengestellt, deren Schwerpunkt die Textilherstellung ist. In vielen weiteren Heimat- und Industriemuseen gibt es ebenfalls eine Abteilung für Textilien oder Textilmaschinen. Wie die Karte zeigt, befinden sich die meisten Museen in den Regionen, in denen auch die Textilindustrie ihre Zentren hatte, also vor allem im Westen, Osten und Süden Deutschlands.

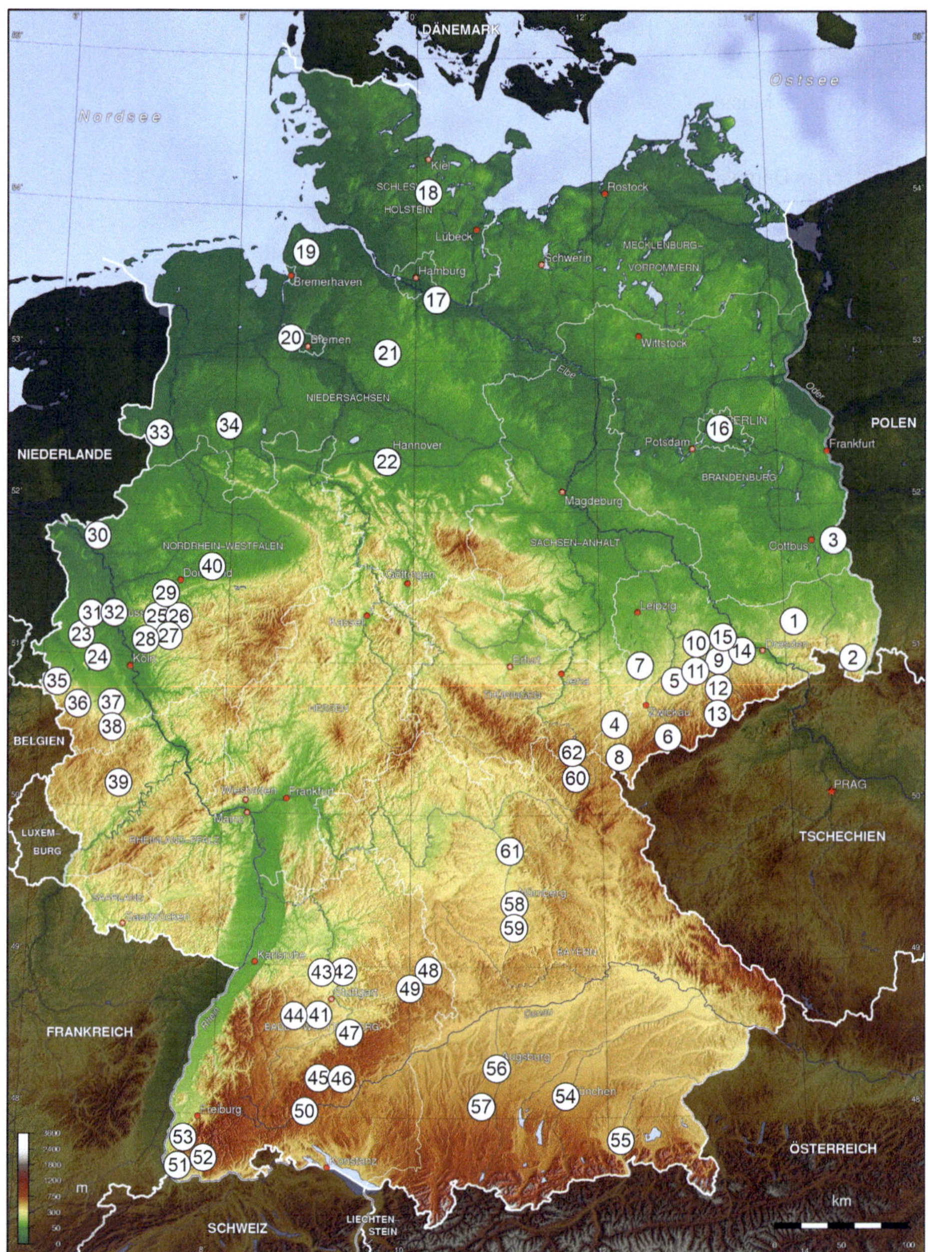


**Bild 12.1** Textilmuseen in Deutschland (Legende in Tabelle 12.1)

**Tabelle 12.1** Ausgewählte Textilmuseen in Deutschland

| | Name | Adresse |
|---|---|---|
| 1 | Technisches Museum der Bandweberei | Schulstraße 2<br>01 900 Großröhrsdorf |
| 2 | Deutsches Damast- & Frottiermuseum | Schenaustraße 3<br>02 779 Großschönau |
| 3 | Brandenburgisches Textilmuseum | Sorauer Straße 37<br>03 149 Forst (Lausitz) |
| 4 | Heimatmuseum & Textilschauwerkstatt | Unteres Schloss, Burgplatz 12<br>07 973 Greiz |
| 5 | Weberei- und Heimatmuseum Härtel-Haus | St. Jacober Hauptstraße 170<br>08 132 Mülsen Sankt Jacob |
| 6 | Stickereimuseum Eibenstock | Bürgermeister-Hesse-Straße 7<br>08 309 Eibenstock |
| 7 | Tuchfabrik Gebr. Pfau | Leipziger Str. 125<br>08 451 Crimmitschau |
| 8 | Plauener Spitzenmuseum | Altmarkt 2<br>08 523 Plauen |
| 9 | Sächsisches Industriemuseum | Zwickauer Str. 119<br>09 112 Chemnitz |
| 10 | Esche-Museum | Sachsenstraße 3<br>09 212 Limbach-Oberfrohna |
| 11 | Textil- und Rennsportmuseum | Antonstr. 6<br>09 337 Hohenstein-Ernstthal |
| 12 | Erstes Deutsches Strumpfmuseum | Rathausplatz 1<br>09 423 Gelenau/Erzgeb. |
| 13 | Posamentenschauwerkstatt | Schloss Schlettau<br>Schlossplatz 8<br>09 487 Schlettau |
| 14 | Die Weberei Museum Oederan | Markt 6<br>09 569 Oederan |
| 15 | Historische Schauweberei Braunsdorf | Inselsteig 16<br>09 577 Niederwiesa OT Braunsdorf |
| 16 | Deutsches Technikmuseum | Trebbiner Straße 9<br>10 963 Berlin |
| 17 | Kloster Lüne mit Textilmuseum | Am Domänenhof<br>21 337 Lüneburg |
| 18 | Tuch + Technik<br>Textilmuseum Neumünster | Kleinflecken 1<br>24 534 Neumünster |

**Tabelle 12.1** Ausgewählte Textilmuseen in Deutschland (Forts.)

| | Name | Adresse |
|---|---|---|
| 19 | Webereimuseum Ostfriesland | Achterlangsweg 9,<br>26 629 Westgroßefehn |
| 20 | Nordwestdeutsches Museum für IndustrieKultur | Am Turbinenhaus 10–12<br>27 749 Delmenhorst |
| 21 | felto – Filzwelt Soltau | Marktstraße 19<br>29 614 Soltau |
| 22 | Museum für textile Kunst e. V. | Borchersstraße 23<br>30 559 Hannover |
| 23 | Textilmuseum Die Scheune | Krickenbecker Allee 21<br>41 334 Nettetal-Hombergen |
| 24 | Flachsmuseum | Holtumerstr. 19<br>41 844 Wegberg |
| 25 | Bandwebermuseum Wuppertal | Wiesenstraße 118<br>42 105 Wuppertal |
| 26 | Bandwirkermuseum Ronsdorf | Remscheider Straße 50<br>42 369 Wuppertal |
| 27 | Johann Wülfing & Sohn Museum | Am Graben 2<br>42 477 Radevormwald |
| 28 | Tuchmuseum Lennep | Hardtstraße 2<br>42 897 Remscheid-Lennep |
| 29 | Bandwebereimuseum Elfringhausen | Felderbachstrasse 59<br>45 529 Hattingen |
| 30 | TextilWerk Bocholt | Uhlandstraße 50 bzw. Industriestr. 5<br>46 397 Bocholt |
| 31 | Haus der Seidenkultur Krefeld | Luisenstr. 15<br>47 799 Krefeld |
| 32 | Deutsches Textilmuseum Krefeld | Andreasmarkt 8<br>47 809 Krefeld |
| 33 | Stadtmuseum Nordhorn Museumsfabrik | Vechteaue 2 bzw. NINO-Allee 11<br>48 529 Nordhorn |
| 34 | Tuchmachermuseum Bramsche | Mühlenort 6<br>49 565 Bramsche |
| 35 | Tuchwerk Aachen | Strüverweg 116<br>52 070 Aachen |
| 36 | Museum Rotes Haus | Laufenstraße 10<br>52 156 Monschau |
| 37 | Tuchfabrik Müller | Carl-Koenen-Straße 25<br>53 881 Euskirchen |

**Tabelle 12.1** Ausgewählte Textilmuseen in Deutschland (Forts.)

| | Name | Adresse |
|---|---|---|
| 38 | Handwebmuseum Rupperath | Schulweg 1<br>53 902 Rupperath/Bad Münstereifel |
| 39 | Heimwebereimuseum Schalkenmehren | Mehrener Str. 5<br>54 552 Schalkenmehren |
| 40 | Stickereimuseum Ennigerloh | Liebfrauenstraße 6<br>59 320 Ennigerloh |
| 41 | Webereimuseum Sindelfingen | Corbeil-Essonnes-Platz 4<br>71 063 Sindelfingen |
| 42 | Modemuseum Ludwigsburg | Residenzschloss Ludwigsburg<br>Schlossstraße 30<br>71 634 Ludwigsburg |
| 43 | Keltenmuseum Hochdorf | Keltenstraße 2<br>71 735 Eberdingen-Hochdorf |
| 44 | Museum Wildberg | Klosterhof 2<br>72 218 Wildberg |
| 45 | Nähmaschinenmuseum | Auf Steingen 6<br>72 459 Albstadt |
| 46 | Maschenmuseum Albstadt | Wasenstr. 10<br>72 461 Albstadt |
| 47 | Textilhistorische Sammlung | Hochschule Reutlingen<br>Alteburgstr. 150<br>72 762 Reutlingen |
| 48 | Alamannenmuseum Ellwangen | Haller Straße 9<br>73 479 Ellwangen |
| 49 | Miedermuseum Heubach | Schlossstraße 9<br>73 540 Heubach |
| 50 | Textilmuseum Tuttlingen | Schwarzwaldstraße 56<br>78 532 Tuttlingen |
| 51 | Museum Weiler Textilgeschichte | Am Kesselhaus 23<br>79 576 Weil am Rhein |
| 52 | Brennet Textilmuseum Wehr/Baden | Im Hammer 2<br>79 664 Wehr |
| 53 | Wiesentaler Textilmuseum | Teichstraße 4<br>79 669 Zell im Wiesental |
| 54 | Kostümmuseum Oberschleißheim | Kemnatenstraße 50<br>80 639 München, Nymphenburg |
| 55 | Heimat- und Industriemuseum Kolbermoor | Bahnhofstraße 12<br>83 059 Kolbermoor |

**Tabelle 12.1** Ausgewählte Textilmuseen in Deutschland (Forts.)

| | Name | Adresse |
|---|---|---|
| 56 | Staatliches Textil- und Industriemuseum Augsburg | Provinostraße 46<br>86 153 Augsburg |
| 57 | Textilmuseum Mindelheim | Hermelestr. 4<br>87 719 Mindelheim |
| 58 | Germanisches Nationalmuseum | Kartäusergasse 1<br>90 402 Nürnberg |
| 59 | Fabrikmuseum Roth | Obere Mühle 4<br>91 154 Roth |
| 60 | Oberfränkisches Textilmuseum Helmbrechts | Münchberger Str. 17<br>95 233 Helmbrechts |
| 61 | Levi Strauss Museum | Marktstr. 31–33<br>96 155 Buttenheim |
| 62 | Das Klöppelmuseum | Klöppelschule 4<br>96 365 Nordhalben |

Auch in anderen Ländern gibt es zahlreiche Museen zur Textilherstellung sowie Textilien und Mode. Bild 12.2 bis Bild 12.24 zeigen eine Auswahl.

| **Australien** | |
|---|---|
| National Wool Museum | 26 Moorabool St<br>Geelong VIC 3220 |

**Bild 12.2** Textilmuseum in Australien

| **Belgien** | |
|---|---|
| Museé Mode et Dentelle | Rue de la Violette 12<br>1000 Bruxelles |
| Modemuseum Hasselt | Gasthuisstraat 11<br>3500 Hasselt |
| Centre Touristique de la Laine et de la Mode | Rue de la Chapelle 30<br>4800 Verviers |
| Technikmuseum Gent | Minnemeers 10<br>9000 Gent |

**Bild 12.3** Textilmuseen in Belgien

| **Bhutan** | |
|---|---|
| The Textile Museum Bhutan | Chubachu, Dechen lam<br>Thimphu |

**Bild 12.4** Textilmuseum in Bhutan

| China | |
|---|---|
| China Silk Museum | 73-1 Yuhuangshan Rd, Xihu, Hangzhou<br>Zhejiang, 310002 |

**Bild 12.5** Textilmuseum in China

| Dänemark | |
|---|---|
| Textilmuseum | Vestergade 20<br>7400 Herning |

**Bild 12.6** Textilmuseum in Dänemark

| Frankreich | |
|---|---|
| Musée de la Bonneterie | 4 Rue de Vauluisant<br>10000 Troyes |
| Le musée de la Soie | Place du 8 mai 1945<br>30170 Saint Hippolyte du Fort |
| Musée des Manufactures de Dentelles | 14, Avenue de la Gare<br>43130 Retournac |
| Musée du Textile | Rue du Doctor Roux<br>49300 Cholet |
| Le Musée de l'Impression sur Etoffes | 14, rue Jean-Jacques Henner<br>68100 Mulhouse |
| Le Musée Textile du Parc de Wesserling | Rue du Parc<br>68470 Husseren-Wesserling |
| Musée des Tissus<br>Textile Arts Museum | 34, Rue de la Charité<br>69002 Lyon |
| Manufacture des Gobelins | 42 Avenue des Gobelins<br>75013 Paris |
| Musée des Arts Décoratifs | 107, rue de Rivoli<br>75001 Paris |
| Musée de la Mode et du Textile | Paris, 3 Standorte |

**Bild 12.7** Textilmuseen in Frankreich

| Großbritannien | |
|---|---|
| American Museum & Gardens<br>Quilts & Textiles | Claverton Manor<br>Bath BA2 7BD |
| Bankfield Museum | Akroyd Park<br>Boothtown Road<br>Halifax, HX3 6HG |
| Bradford Industrial Museum | Moorside Mills, Moorside Road Eccleshill<br>Bradford, BD2 3HP |
| Coldharbour Mill Working Wool Museum | Cullompton<br>Devon, EX15 3EE |
| Colne Valley Museum | Cliffe Ash, Golcar, Huddersfield,<br>HD7 4PY |
| Cotswold Woollen Weavers | Filkins, Lechlade<br>Gloucestershire GL7 3JJ |
| Cromford Mill | Mill Lane<br>Derbyshire, DE4 3RQ |
| Dervent Valley Mills | Derbyshire |
| Fashion and Textile Museum | 83 Bermondsey Street<br>London SE1 3XF |
| Fashion Museum Bath | Zieht zurzeit um |
| Helmshore Mills Textile Museum | Holcombe Road, Helmshore<br>Rossendale, BB4 4NP |
| Leeds Industrial Museum | Canal Road<br>Leeds, LS12 2QF |
| Macclesfield Silk Museum | Paradise Mill<br>Park Lane, SK11 6TJ |
| National Wool Museum | Dre-fach Felindre, near Newcastle Emlyn<br>Llandysul<br>Carmarthenshire, SA44 5UP |
| Newton Textile Museum | 6 Commercial St.<br>Newtown, SY162BL |
| Quarry Bank Mill | Styal, Wilmslow<br>Cheshire, SK9 4HP |
| Queen Street Mill | Queen Street<br>Harle Syke, Burnley<br>Lancashire, BB10 2HX |
| Ruddington Framework Knitters Museum | Chapel Street<br>Ruddington, Nottingham, NG11 6HE |
| Saltaire Village | Salts Mill, BD17 7EF<br>City of Bradford |
| Science and Industry Museum<br>Textiles Gallery | Liverpool Road<br>Manchester M3 4FP |
| The Quilters' Guild Museum Collection | St Anthony's Hall<br>Peasholme Green<br>York, YO1 7PW |
| The Working Silk Mill | 28 Winchester Street<br>Whitchurch RG28 7AL |
| Trowbridge Museum | The Shires<br>Trowbridge BA14 8AT |
| Verdant Works | West Henderson's Wynd<br>Dundee DD1 5BT |
| Wigston Framework Knitters Museum | 42-44 Bushloe End, Wigston,<br>Leicestershire, LE18 2BA |
| Whitchurch Silk Mill | 28 Winchester Street<br>Whitchurch<br>RG28 7AL |

**Bild 12.8** Textilmuseen in Großbritannien

| Indien | |
|---|---|
| Calico Museum of Textiles | opp. Underbridge, Jain Colony,<br>Shahibag, Ahmedabad, Gujarat 380004<br>Indien |
| National Handicrafts and Handlooms Museum | Bhairon Marg<br>Pragati Maidan, New Delhi<br>Indien |

**Bild 12.9** Textilmuseen in Indien

| Italien | |
|---|---|
| Museo della Seta Como | Via Castelnuovo, 9<br>22100 Como |
| Museo del Merletto | Piazza Galuppi 187<br>30142 Burano |
| Museo del Tessile | Via Locatelli, 29<br>24026 LEFFE (BG) |
| Museo del Tessuto | Via Puccetti, 3<br>59100 Prato PO |

**Bild 12.10** Textilmuseen in Italien

| Island | |
|---|---|
| The Textile Museum Blönduós | Árbraut 29<br>540 Blönduós |

**Bild 12.11** Textilmuseum in Island

| Japan | |
|---|---|
| Yokohama Silk Museum | ?231-0023 Kanagawa, Yokohama, Naka Ward,<br>Yamashitacho, 1 ?????? 2? |

**Bild 12.12** Textilmuseum in Japan

| Kanada | |
|---|---|
| Textile Museum of Canada | 55 Centre Avenue<br>Toronto, ON, M5G 2H5 |

**Bild 12.13** Textilmuseum in Kanada

| Malaysia | |
|---|---|
| Muzium Tekstil NegaraNational Textile Museum | 26, Jalan Sultan Hishamuddin, City Centre<br>50000 Kuala Lumpur, Wilayah Persekutuan Kuala Lumpur |

**Bild 12.14** Textilmuseum in Malaysia

| Mexiko | |
|---|---|
| Museo Textil de Oaxaca | Hidalgo 917 Centro Histórico<br>Oaxaca de Juárez, Oax. |

**Bild 12.15** Textilmuseum in Mexiko

| Niederlande | |
|---|---|
| TextielMuseum | Goirkestraat 96<br>5046 GN Tilburg |
| Weverijmuseum Geldrop | Molenstraat 21,<br>5564HV Geldrop |

**Bild 12.16** Textilmuseen in Niederlande

| Norwegen | |
|---|---|
| Tekstilindustrimuseet | Salhusvegen 201<br>5107 Salhus |

**Bild 12.17** Textilmuseum in Norwegen

| Österreich | |
|---|---|
| Lebendes Textilmuseum | Museumsgasse 2<br>3812 Groß-Sieghart |
| Stickereimuseum Lustenau | Hofsteigstraße 21<br>6890 Lustenau |
| Textildruckmuseum Mittelweiherburg | Marktstr. 18<br>6971 Hard |

**Bild 12.18** Textilmuseen in Österreich

| Polen | |
|---|---|
| Centralne Muzeum W³ókiennictwa w £odzi<br>Central Museum of Textile in Lodz | ul. Piotrkowska 282<br>93-034 £ódŸ |

**Bild 12.19** Textilmuseum in Polen

| Schweden | |
|---|---|
| Jämtlimuseum | Museiplan 2<br>831 52 Östersund |
| Textilmuseet | Textilmuseet Skaraborgsvägen 3A<br>Borås |

**Bild 12.20** Textilmuseen in Schweden

| Schweiz | |
|---|---|
| Kunst- und Textilmuseum Abegg-Stiftung | Werner Abeggstrasse 67<br>3132 Riggisberg |
| Museum Baselland | Zeughausplatz 28<br>4410 Liestal |
| Textilmaschinenmuseum Neuthal | Im Neuthal 6<br>8344 Bäretswil |
| Textilmuseum St. Gallen | Vadianstrasse 2<br>9000 St. Gallen |
| Textilmuseum Sorntal | Sorntal 398<br>9246 Niederbüren |

**Bild 12.21** Textilmuseen in der Schweiz

| Spanien | |
|---|---|
| Centre de Documentació i Museu Tèxtil | Salmerón 25<br>08222 Terrassa |
| Museo de la Sade | Hospital 7<br>46001 València |

**Bild 12.22** Textilmuseen in Spanien

| Tschechien | |
|---|---|
| Umìleckoprùmyslové museum v Praze<br>Museum of Decorative Arts in Prague | ulice 17. listopadu 2<br>110 00 Praha 1 |

**Bild 12.23** Textilmuseum in Tschechien

| USA | |
|---|---|
| Boott Cotton Mills Museum | 115 John St.<br>Lowell, MA 01852 |
| Textile Museum | 701 21st St. NW<br>Washington, D.C. 20052 |
| Virginia Quilt Museum | 301 S Main St<br>Harrisonburg, VA 22801 |
| Southeastern Quilt and Textile Museum | 306 Bradley St. STE C<br>Carrollton, GA 30117 |
| Cotton Museum | 65 Union Avenue<br>Memphis, TN 38103 |
| San Jose Museum of Quilts & Textiles | 520 S. First Street<br>San Jose, CA 95113 |

**Bild 12.24** Textilmuseen in den USA

# 13 Zeitreise

Tabelle 13.1 zeigt eine Übersicht wichtiger Meilensteine bei der Entwicklung der Textiltechnik anhand ausgewählter Beispiele aus den Bereichen Chemiefasern, Spinnerei, Weberei, Maschenwaren und Vliesstoffe sowie Veredlung, Farbstoffen und Nähtechnik.

Es ist offensichtlich, dass zunächst in der ersten Hälfte des 18. Jh. in der Weberei wichtige Erfindungen gemacht wurden, die dann durch die Erhöhung der Produktivität der Webmaschinen zum „Garnhunger“ führten und damit zu Erfindungen in der Spinnerei ab ca. 1760. In der Folgezeit gab es in beiden Bereichen wichtige Fortschritte, bevor zu Beginn des 19. Jh. die Maschenwarenherstellung an Bedeutung gewann. Bald danach wurden die ersten synthetischen Farbstoffe entwickelt, und in der Mitte des 19. Jh. wurden die ersten Nähmaschinen gebaut. Um die Wende zum 20. Jh. begann die Entwicklung der Chemiefasern, und im 20. Jh. wurden besonders neue Synthesefasern und später neue Schusseintragsverfahren für Webmaschinen entwickelt. Im 21. Jh. kam das Luftspinnen als wichtige Technologie hinzu, und heutzutage stehen die Vernetzung und der Datenaustausch zwischen den einzelnen Prozessstufen im Vordergrund.

**Tabelle 13.1** Ausgewählte Meilensteine in der Entwicklung der Textiltechnik

| Jahr | Erfinder | | Chemiefasern | Spinnerei-vorbereitung | Spinnerei | Weberei-vorbereitung | Weberei | Maschenwaren | Vliesstoffe | Veredlung | Farbstoffe | Nähmaschinen |
|---|---|---|---|---|---|---|---|---|---|---|---|---|
| 1589 | William Lee | Wirkstuhl | | | | | | x | | | | |
| 1605 | Claude Dangon | Zugwebstuhl mit 2.400 Harnischschnüren | | | | | x | | | | | |
| 1704 | Johann J. Diesbach | Berliner Blau | | | | | | | | | x | |
| 1718 | John Lombe | Seidenzwirnmaschine | | | x | | | | | | | |
| 1727 | Basile Bouchon | Lochkarte | | | | | x | | | | | |
| 1728 | M. Falcon | Lochkarten aus Pappkarton | | | | | x | | | | | |

**Tabelle 13.1** Ausgewählte Meilensteine in der Entwicklung der Textiltechnik (Forts.)

| Jahr | Erfinder | | Chemiefasern | Spinnerei-vorbereitung | Spinnerei | Weberei-vorbereitung | Weberei | Maschenwaren | Vliesstoffe | Veredlung | Farbstoffe | Nähmaschinen |
|---|---|---|---|---|---|---|---|---|---|---|---|---|
| 1730 | Reynier | Trommelwebmaschine | | | | | x | | | | | |
| 1738 | Jacques de Vaucanson | Lochkartensteuerung | | | | | x | | | | | |
| 1740 | John Wyatt | Walzenkarde | | x | | | | | | | | |
| 1738 | John Kay | Schnellschütze | | | | | x | | | | | |
| 1738 | John Wyatt, Lewis Paul | kontinuierliche Spinn-maschine | | | x | | | | | | | |
| 1743 | Johann C. Barth | Sächsisch Blau | | | | | | | | | x | |
| 1755 | Karl F. Wiesenthal | Nähnadel | | | | | | | | | | x |
| 1758 | Jedediah Strutt | Rippnadeln | | | | | | x | | | | |
| 1764 | James Hargrea-ves | Spinning Jenny | | | x | | | | | | | |
| 1767 | Thomas Highs | Drosselspindel | | | x | | | | | | | |
| 1768 | Josiah Crane | Handkettenwirkstuhl | | | | | | x | | | | |
| 1768 | Richard Arkwright | Water Frame | | | x | | | | | | | |
| 1769 | Richard Arkwright | Karde | | x | | | | | | | | |
| 1775 | Samuel Crompton | Mule-Jenny (48 Spindeln) | | | x | | | | | | | |
| 1779 | Richard Arkwright | Laternenstuhl (Vorgarn) | | | x | | | | | | | |
| 1780 | Thomas Bell | Walzendruck | | | | | | | | x | | |
| 1785 | Edmund Cart-wright | 1. Mechanische Web-maschine | | | | | x | | | | | |
| 1785 | Elias Whitney, Catherine L. Greene | Entkörnungsmaschine | | x | | | | | | | | |
| 1785 | Claude-Louis Berthollet | Chlorbleiche | | | | | | | | x | | |
| 1790 | Thomas Saint | Kettenstichnähmaschine | | | | | | | | | | x |
| 1793 | Neil Snodgras | Baumwollreiniger | | x | | | | | | | | |
| 1803 | William Horrocks | Kraftwebstuhl | | | | | x | | | | | |
| 1804 | Joseph-Marie Jacquard | Lochkartensteuerung | | | | | x | | | | | |
| 1804 | William Radcliffe und Thomas John-son | Schlichteverfahren | | | | x | | | | | | |

**Tabelle 13.1** Ausgewählte Meilensteine in der Entwicklung der Textiltechnik (Forts.)

| Jahr | Erfinder | | Chemiefasern | Spinnerei-vorbereitung | Spinnerei | Weberei-vorbereitung | Weberei | Maschenwaren | Vliesstoffe | Veredlung | Farbstoffe | Nähmaschinen |
|---|---|---|---|---|---|---|---|---|---|---|---|---|
| 1805 | John Kennedy | Feinspinnmaschine | | | x | | | | | | | |
| 1807 | Josef Madersberger | Nähmaschine | | | | | | | | | | x |
| 1807 | S. Orgill | Handkettenwirkstuhl | | | | | | x | | | | |
| 1808 | John Heathcoat | Spitzenklöppelmaschine | | | | | | x | | | | |
| 1808 | Julien Leroy | Flügelrad (Rundwirkstuhl) | | | | | | x | | | | |
| 1809 | Philippe Henri de Girard | Flachsspinnmaschine | | | x | | | | | | | |
| 1810 | Jean-Antoine Breton | Verbesserte Jacquardmaschine | | | | | x | | | | | |
| 1815 | Konrad Altherr | Plattstichwebstuhl | | | | | x | | | | | |
| 1816 | M. J. Brunel | Rundstrickmaschine | | | | | | x | | | | |
| 1822 | A. und D. Gordon | Lampendochte aus Glasfasern | x | | | | | | | | | |
| 1825 | Richard Roberts | Selfaktor | | | x | | | | | | | |
| 1826 | Pierre-Jean Robiquet und Jacques-Jean Colin | Alizarin | | | | | | | | | x | |
| 1826 | Otto Unverdorben | Anilin | | | | | | | | | x | |
| 1828 | Charles Danforth | Topfspinnen | | | x | | | | | | | |
| 1828 | Josua Heilmann | Handstickmaschine | | | | | | | | x | | |
| 1828 | John Thorp | Ringspinnmaschine | | | x | | | | | | | |
| 1829 | Addison und Stevens | Läufer (Ringspinnen) | | | x | | | | | | | |
| 1830 | Nicolas Schlumberger | Flyermaschine | | | x | | | | | | | |
| 1830 | Barthélemy Thimonnier | Nähmaschine | | | | | | | | | | x |
| 1831 | Caspar Honegger | Webstuhl | | | | | x | | | | | |
| 1832 | Timothy Baley | Kettenwirkmaschine | | | | | | x | | | | |
| 1833 | John Dyer | Walkmaschine | | | | | | | | x | | |
| 1834 | Walter Hunt | Nähmaschine | | | | | | | | | | x |
| 1839 | Erasmus Bigelow | Teppich-Kraftwebstuhl | | | | | x | | | | | |
| 1840 | E. Parry | Keramikwolle | x | | | | | | | | | |

**Tabelle 13.1** Ausgewählte Meilensteine in der Entwicklung der Textiltechnik (Forts.)

| Jahr | Erfinder | | Chemiefasern | Spinnerei-vorbereitung | Spinnerei | Weberei-vorbereitung | Weberei | Maschenwaren | Vliesstoffe | Veredlung | Farbstoffe | Nähmaschinen |
|---|---|---|---|---|---|---|---|---|---|---|---|---|
| 1842 | Louis Schwabe | Spinndüse | x | | | | | | | | | |
| 1842 | John Smith | Greiferwebmaschine | | | | | x | | | | | |
| 1844 | Gaetan Bonelli | Elektromagnetische Kettfadensteuerung | | | | | x | | | | | |
| 1844 | John Smith | Greiferwebmaschine | | | | | x | | | | | |
| 1845 | Elias Howe | Lockstitch-Nähmaschine | | | | | | | | | | x |
| 1846 | Christian F. Schönbein | Zellulosenitrat | | | | | | | | | | x |
| 1849 | Matthew Townsend | Zungennadel | | | | | | x | | | | |
| 1849 | Allen Benjamin Wilson | Nähmaschine | | | | | | | | | | x |
| 1850 | Gottlieb Helbig | Walzenwirkstuhl | | | | | | x | | | | |
| 1850 | Isaac Merritt Singer | Nähmaschine | | | | | | | | | | x |
| 1854 | Eduard Schweizer | Cuoxam-Verfahren (Cupro) | x | | | | | | | | | |
| 1856 | William H. Perkin | Mauvein | | | | | | | | | x | |
| 1857 | Arthur Paget | Kulierwirkmaschine | | | | | | x | | | | |
| 1857 | Paul Schützenberger | Zelluloseazetat | x | | | | | | | | | |
| 1858 | Johann P. Grieß | Azofarbstoffe | | | | | | | | | x | |
| 1858 | August Wilhelm von Hofmann | Fuchsin | | | | | | | | | x | |
| 1860 | William Cotton | Kulierwirkmaschine | | | | | | x | | | | |
| 1860 | Joseph W. Swan | Carbonfasern | x | | | | | | | | | |
| 1863 | Isaac William Lamb | Flachstrickmaschine | | | | | | x | | | | |
| 1863 | Eugen N. Lucius | Aldehydgrün | | | | | | | | | x | |
| 1865 | Richard Hartmann | Verbesserter Selfaktor | | | x | | | | | | | |
| 1867 | George Hattersley | Doppelschaftmaschine | | | | | x | | | | | |
| 1870 | Joseph W. Swan | Kunstseide | x | | | | | | | | | |
| 1872 | Milton, D.W., Luther, C | Stapelfaservliese | | | | | | | x | | | |

**Tabelle 13.1** Ausgewählte Meilensteine in der Entwicklung der Textiltechnik (Forts.)

| Jahr | Erfinder | | Chemiefasern | Spinnereivorbereitung | Spinnerei | Webereivorbereitung | Weberei | Maschenwaren | Vliesstoffe | Veredlung | Farbstoffe | Nähmaschinen |
|---|---|---|---|---|---|---|---|---|---|---|---|---|
| 1873 | Helen Augusta Blanchard | Zickzack-Nähmaschine | | | | | | | | | | x |
| 1873 | Isaak Gröbli | Schifflistickmaschine | | | | | | | | x | | |
| 1875 | Joseph Hybri | Rotorspinnen | | | x | | | | | | | |
| 1880 | Adolf von Bayer | Synthese von Indigo | | | | | | | | | x | |
| 1883 | Jules Verdol | Papierkartensteuerung | | | | | x | | | | | |
| 1883 | Hillaire de Chardonnet | Nitratseide | x | | | | | | | | | |
| 1891 | Charles F. Cross, Edward J. Bevan, Clayton Beadle | Viskose | x | | | | | | | | | |
| 1891 | James Henry Northrop | Schussspulenwechsler | | | | | x | | | | | |
| 1891 | Heinrich Stoll | Flachstrickmaschine | | | | | | x | | | | |
| 1894 | A. Millar | Eiweißfasern | x | | | | | | | | | |
| 1895 | Catherine Ewans | Tufting | | | | | | | x | | | |
| 1901 | C. F. Topham | Spinnpumpe | x | | | | | | | | | |
| 1902 | Otto Hallensleben | Greiferwebmaschine | | | | | x | | | | | |
| 1908 | W. v. Paczinsky | Glasfilamente | x | | | | | | | | | |
| 1913 | Fritz Klatte | PVC-Fasern | x | | | | | | | | | |
| 1913 | J.P. Laetsch | Elektrisch betriebene Ringspinnmaschine | | | x | | | | | | | |
| 1918 | Johann Gabler | Stangengreifer | | | | | x | | | | | |
| 1921 | Michel Van de Wiele | Doppelgewebeteppich | | | | | x | | | | | |
| 1922 | John Brooks | Luftdüsenwebmaschine | | | | | x | | | | | |
| 1923 | Francesco Cesoni, Arturo Lirussi | Hochverzugsstreckwerk | | x | | | | | | | | |
| 1925 | Leon Lilienfeld | Hochfeste Viskosefasern | x | | | | | | | | | |
| 1925 | Garcia Moya Ramon | Bandgreifer | | | | | x | | | | | |
| 1925 | Rudolf H. Rossmann | Projektilwebmaschine | | | | | x | | | | | |
| 1928 | Wallace Hume Carothers | Polyamid 6.6 (Nylon) | x | | | | | | | | | |

**Tabelle 13.1** Ausgewählte Meilensteine in der Entwicklung der Textiltechnik (Forts.)

| Jahr | Erfinder | | Chemiefasern | Spinnerei-vorbereitung | Spinnerei | Weberei-vorbereitung | Weberei | Maschenwaren | Vliesstoffe | Veredlung | Farbstoffe | Nähmaschinen |
|---|---|---|---|---|---|---|---|---|---|---|---|---|
| 1932 | G. Slayter | Düsenblasprozess | x | | | | | | | | | |
| 1934 | J. Jabouley | Rundwebmaschine | | | | | x | | | | | |
| 1937 | Svend Ejnar Berthelsen | OE-Rotorspinnen | | | | | x | | | | | |
| 1937 | Paul Schlack | Polyamid 6 (Perlon) | x | | | | | | | | | |
| 1938 | Otto Bayer, Peter Kurtz, Herbert Rein | Polyacrylnitril (PAN) | x | | | | | | | | | |
| 1939 | W. Schuller | Trommelziehverfahren für Glasfasern | x | | | | | | | | | |
| 1939 | John R. Whinfield, James T. Dickson | Polyethylenterephthalat (PET) | x | | | | | | | | | |
| 1941 | Leesona Ltd. (USA) | Automatischer Schuss-spulenwechsler | | | | | x | | | | | |
| 1948 | Freudenberg | Vliesstoffe | | | | | | | x | | | |
| 1948 | Karl Ziegler, Giulio Natta | Polypropylen (PP) | x | | | | | | | | | |
| 1951 | Picanol | Vollautomatische Web-maschine | | | | | x | | | | | |
| 1955 | Stephanie Kwolek | Aramid | x | | | | | | | | | |
| 1955 | Julius Meimberg | Kämmspinnen | | | x | | | | | | | |
| 1955 | Joseph Shivers | Elastan (Lycra®) | x | | | | | | | | | |
| 1955 | Vladimir Svaty | Wasserdüsenwebma-schine | | | | | x | | | | | |
| 1959 | Konrad Götzfried | OE-Luftspinnen | | | x | | | | | | | |
| 1965 | Courtaulds | Lyocell | x | | | | | | | | | |
| 1965 | Ludwig Hartmann | Spinnvliesstoffe | | | | | | | x | | | |
| 1965 | William Watt, S. Otani | Carbonfasern aus PAN | x | | | | | | | | | |
| 1987 | Mayer & Cie. | Relanit-Strickmaschine | | | | | | x | | | | |
| 1995 | Sulzer Rüti | Reihenfachwebmaschine | | | | | x | | | | | |
| 1996 | Murata | Luftspinnen | | | x | | | | | | | |

# 14 Literatur und Websites

## 14.1 Bücher

Die folgende Liste sind Buchempfehlungen zum Thema „Geschichte der Textilherstellung“. Die Standardwerke bzw. besonders empfohlene Bücher zur jeweiligen Epoche sind hervorgehoben.

### 14.1.1 Steinzeit und Altertum


*Banck-Burgess, J.* (2012), Mittel der Macht – Textilien bei den Kelten. Theiss, Stuttgart.

***Barber, E.J.W.* (1990), Prehistoric textiles. Princeton University Press, Princeton.**

***Barber, E.J.W.* (1994), Women's work. The first 20,000 years. W.W. Norton & Co., London.**

*Böhme-Schönberger, A.* (1997), Kleidung und Schmuck in den römischen Provinzen. Schriften des Limesmuseums Aalen (50).

*Feldtkeller, A., Schlichtherle* (1987), „Jungsteinzeitliche Kleidungsstücke aus Ufersiedlungen des Bodensees“, Archäologische Nachrichten aus Baden, Bd. 38/39, Heidelberg.

***Gleba, M., Mannering, U* (2012), Textiles and Textile Production in Europe – From Prehistory to AD 400. Oxbow Books, Oxford.**

***Grömer, K.* (2010), Prähistorische Textilkunst in Mitteleuropa. Naturhistorisches Museum, Wien.**

*Gut, A.* (2020), Gut betucht – Textilerzeugung bei den Alamannen. Alamannenmuseum Ellwangen, Ellwangen.

*Hald, M.* (1980), Ancient Danish Textiles from Bogs and Burials – A Comparative Study of Costume and Iron Age Textiles. The National Museum of Denmark 11, Kopenhagen.

*Schier, W., Pollock, S.* (2018), „Die textile Revolution“, in: Innovationen der Antike. Verlag Philipp von Zabern, Darmstadt.

*Stalder, R.* (2014), Die Tracht der frühkeltischen Frau. Gesellschaft für Archäologie in Württemberg und Hohenzollern e.V., Stuttgart.

*Tellenbach, M., Schulz, R., Wieczorek, A.* (2013), Die Macht der Toga – Dresscode im römischen Weltreich. Schnell+Steiner, Regensburg.

*Teržan, B., Črešnar, M.* (2021), Pohorsko Podravje three millenia ago. Tradition and innovation in the late bronze and early iron ages. Katalogi in monografije 44, Narodni muzej Slovenije, Ljubljana.

*Vogelsang-Eastwood, G.* (1993), Pharaonic Egyptian Clothing. E.J. Brill, New York.

**_Vogt, E._ (1937), Geflechte und Gewebe der Steinzeit. Monographien zur Ur- und Frühgeschichte der Schweiz, Schweizerische Gesellschaft für Urgeschichte, Band 1. Verlag E. Birkhäuser u. Cie., Basel.**

*Wagner, M., Tarasov, P. E.* (2018), Die Erfindung der Hose. Nünnerich-Asmus Verlag & Media, Mainz.

*Wild, J.-P., Wild, F.* (2014), „Through Roman eyes: cotton textiles from Early Historic India", in: A stitch in time, Essays in Honour of Lise Bender Jørgensen, Gothenburg University.

*Wild, J.-P.* (1988), Textiles in Archaeology. Shire Publications, Aylesbury.

*Yates, J.* (1873), The Textile Manufactures of the Ancients. Boston, Nachdruck durch Hansebooks GmbH, Norderstedt.

*Zhao, F., Nosch, M.-L.* (2022), Textiles and Clothing along the Silk Roads. *https://unesdoc.unesco.org/ark:/48 223/pf0 000 382 993.locale=en*

## 14.1.2 Mittelalter

*Bayerl, G.* (2013), Technik in Mittelalter und Früher Neuzeit. Theiss Verlag, Stuttgart.

*Bohn, R., Conermann, S., Kauz, R. et al.* (2008), Fernhandel in Antike und Mittelalter. Konrad Theiss Verlag, Stuttgart.

*Sauer, C.* (2012), Handwerk im Mittelalter, Primus Verlag, Darmstadt.

*Scott, M.* 2007), Kleidung und Mode im Mittelalter. Konrad Theiss Verlag, Stuttgart.

## 14.1.3 Frühe Neuzeit und Industrialisierung

*Aspin, C.* (2011), The Woollen Industry, Shire Publications, Oxford.Baines, E. (1835), The history of cotton manufacture in Great Britain. Fisher, Fisher & Jackson, London.

*Becker, F.* (1912), Die Kunstseide (Nachdruck). S. 343 ff., Salzwasser Verlag, Paderborn.

**Beckert, S. (2014), King Cotton – Eine Geschichte des globalen Kapitalismus. C. H. Beck, München.**

*Bohnsack, A.* (1993), Der Jacquard-Webstuhl, Deutsches Museum, München.

*Bremm, K.-J.* (2014), Das Zeitalter der Industrialisierung. Theiss Verlag, Stuttgart.

*Catling, H.* (1970), The Spinning Mule. Clarke Doble & Brendon Ltd., Plymouth.

*Chapman, S. D.* (1972), The Cotton Industry in the Industrial Revolution. Macmillan Education Ltd., London.

*Charlin, J.-C.* (2001), The Story of the Jacquard Machine. Daniel Faurite, Les Echtes.

*Cooper, G. R.* (1968), The Invention of the sewing machine. Museum of History and Technology, Smithsonian Institution, Washington.

*Crump, T.* (2010), A brief history of how the industrial revolution changed the world. Constable & Robinson, London.

*Diderot, D., d'Alembert, J.* (1770), Tapisserie de haute-lisse des Gobelins. Nachdruck, Inter-Livres, Paris 2002.

*Diderot, D., d'Alembert, J.* (1785), Recueil de planches sur les sciences les arts libéraux et les arts méchaniques, Bd. 11. Briasson, Paris.

*Duhamel du Monceau, H. L.* (1766), Die Tuchmacherkunst – vornehmlich in feinen Tüchern. J. J. Kanter, Leipzig.

*Engels, F.* (1892), Die Lage der arbeitenden Klasse in England. Verlag J. H.W. Dietz, Stuttgart.

Essays in Honour of Lise Bender Jørgensen Föhl, A.; Hamm, M. (1988), Die Industriegeschichte des Textils. Technik, Architektur, Wirtschaft. VDI-Verlag GmbH, Düsseldorf.

*Föhl, A.; Hamm, M.* (1988), Die Industriegeschichte des Textils. Technik, Architektur, Wirtschaft. VDI-Verlag GmbH, Düsseldorf.

*Häberlein, M.* (2016), Aufbruch ins globale Zeitalter. Theiss, Stuttgart.

*Harari, Y. N.* (2013), Eine kurze Geschichte der Menscheit. Dt. Verl.-Anst., München.

*Hellot, J.* (1750), L'art de la teinture des laines et des étoffes de laine en grand et petit teint. Avec instructions sur les debonilles. La Veuve Pissot, Paris.

*Hobsbaum, E. J.* (1969), Industry and Empire. Penguin Books, Harmondsworth.

*Hooper, L.* (1910), Hand-loom Weaving Plain & Ornamental. John Hogg, London.

*Mann, J. A.* (1860), The Cotton Trade of Great Britain. Frank Cass & Co., London.

*May, T.* (2011), Victorian Factory Life. Shire Publications, Oxford.

*Mitchell, B. R.* (1993), International Historical Statistics: The Americas 1750–1988. Palgrave Macmillan, London.

***Oevermann, H., Walczak B. M., Watson, M.* (2022), The Heritage of the Textile Industry. The Lodz University of Technology, Lodz.**

*Palmer, M.* (1984), Framework Knitting. Shire Publications, Oxford.

*Peters, R.* (2020), Die Aachener Nadelindustrie: Weltmarktführer – Innovationsmotor – Auslaufmodell. Shaker Verlag, Düren.

*Riello, G., Parthasarathi, P.* (2009), The spinning world – A global history of cotton textiles 1200–1850. Oxford University Press, Oxford.

*Rouette, H.-K.* (1992), Aachener Textil-Geschichte(n) im 19. und 20. Jahrhundert. Entwicklungen in Tuchindustrie und Textilmaschinenbau der Aachener Region. Meyer & Meyer Verlag, Aachen.

*Rouette, H.-K.* (1996), Textilbarone – Industrielle (R)Evolution in der Mönchengladbacher Textil- und Bekleidungsgeschichte. Laumann-Verlagsgesellschaft, Dülmen.

*Rouette, H.-K.* (2019), Tuch & Thermen: 1000 Einblicke in Aachens älteste Wirtschaftszweige für Textil-Kunden und Spa-Kurgäste. GEV – Grenz-Echo-Verlag, Aachen.

*Rosen, W.* (2010), The most powerful idea in the world – A story of steam, industry and invention. Random House, London.

*Stubbes, P.* (1583), The Anatomie of Abuses. Richard Jones, London.

*Wadsworth, A. P., De Lacy Mann, J.* (1931), The Cotton Trade and Industrial Lancashire, 1600–1780. Manchester University Press, Manchester.

### 14.1.4 Mode

*Black, A. et al.* (2021), Schöne Künste. Mode: 3000 Jahre Trends, Stile, Designer. Die visuelle Geschichte. Dorling Kindersley Verlag, London.

*Bruhn, W., Tilke, M.* (2001), Kostümgeschichte in Bildern. Orbis Verlag, München.

*Fogg, M.* (2013), Fashion – The whole story. Thames & Hudson Ltd., London.

*Kretschmer, A., Rohrbach, C.* (1882), Costums of all nations. H. Sotheran & Co., London.

*Laver, J.* (1969), Die Mode. Verlag Fritz Molden, München.

LVR (2011), Kleider, Körper & Dessous. Staatliches Textil- und Industriemuseum, Augsburg.

*N. N.* (2019), Mythos Neue Frau – Mode zwischen Kaiserreich, Weltkrieg und Republik. LVR-Industriemuseum, Oberhausen.

***Peacock, J.* (1996), Kostüm und Mode – das Bildhandbuch. Thames & Hudson Ltd., London.**

*Rublack, U.* (2022), Die Geburt der Mode – Eine Kulturgeschichte der Renaissance. Klett-Cotta, Stuttgart.

*Schwarz, M.* (1560), Trachtenbuch des Matthäus Schwarz.

***Thiel, E.* (2010), Geschichte des Kostüms. Henschel Verlag, Leipzig.**

***Weckert, M. T., Kowalczyk, A.* (2019), Bekleidung – Das Wissensbuch. Deutscher Fachverlag, Frankfurt a. M.**

### 14.1.5 Textile Ausdrücke, Redewendungen und Märchen

*Büchmann, G.* (2000), Der neue Büchmann – Geflügelte Worte. Ullstein, München.

*Gobrecht, B.* (2007), Vom Schicksalsfaden zum Sternenkleid – Kleider und Textilien im Märchen. Schweizerische Märchengesellschaft, Winterthur.

*Kluge, F., Seebold, E.* (2011), Etymologisches Wörterbuch der deutschen Sprache. De Gruyter, Berlin.

*Schnatmeyer, S.* (2016), Am Rockzipfel – Redensarten rund um Kleidung und Stoff: 400 Redensarten. CPI books GmbH, Leck.

*Schnatmeyer, S.* (2019), Verflixt und Zugenäht – Textile Redewendungen gesammelt und erklärt. CPI books GmbH, Leck.

*Tillmann, W.* (2003), Von Plunder und Fallstricken. Verlag Zimmermann & Co., Viersen.

*Veit, D.* (2024), Gut in Schuss. Regionalia Verlag, Daun.

### 14.1.6 Sonstige lesenwerte Werke

*Barker, A. F.* (1920), Textiles. Constable & Co. Ltd., London.

*Barlow, A.* (1878), The History and Principles of Weaving by Hand and by Power. Searle & Rivington, London.

*Böttger, T.* (2006), The „bra war". GRIN Verlag, München. *https://www.grin.com/document/132 612*

*Benson, A. P.* (2008), Textile Machines. Shire Library, Bloomsbury Publishing, London.

*Blake, W. O.* (1860), The History of Slavery and the Slave Trade, Ancient and Modern. H. Miller, Columbus (Ohio).

***Bohnsack, A.* (2002), Spinnen und Weben. Rasch Verlag, Bramsche.**

*Broudy, E* (1979), The Book of Looms. University Press of New England, Lebanon.

*Brunello, F.* (1973), The art of dyeing in the history of mankind. Neri Pozza, Vicenza.

*Engel, A.* (2009), Farben der Globalisierung. Campus Verlag, Frankfurt.

*Gillow, J., Sentence, B.* (1999), Atlas der Textilien. Verlag Paul Haupt, Stuttgart.

*Gilroy, C. G.* (1845), The History of Silk, Cotton, Linen, Wool, and Other Fibrous Substances. Harper & Brothers, New York.

*Gloy, Y.-S.* (2020), Industrie 4.0 in der Textilproduktion. Springer Vieweg, Berlin.

*Hahn, B.* (2009), Welthandel – Geschichte, Konzepte, Perspektiven. Spektrum Akademischer Verlag, Heidelberg.

*Harris, J.* (2010), 5000 years of textiles. Smithsonian Books, Washington.

***Johannsen, O.* (1932), Die Geschichte der Textilindustrie. Süd-Verlag, Stuttgart.**

*Kinzer, H.* (1900), Technologie der Handweberei. II. Theil: Die Jacquardweberei. Karl Graeser, Wien.

***Klare, Hermann* (1985), Geschichte der Chemiefaserforschung. Akademie-Verlag, Berlin.**

*Kyosev, Y.* (2015), Braiding Technology for Textiles. Woodhead Publishing, Cambridge.

***Lübke, A.* (1953), Weltmacht Textil. Veria Verlag, Stuttgart.**

***Mecheels, St., Vogler, H., Kurz, J.* (2009), Kultur- & Industriegeschichte der Textilien. Wachter GmbH, Bönnigheim.**

**_Müller, W._ (1997), Textilien. Kulturgeschichte von Stoffen und Farben., ecomed verlagsgesellschaft AG & Co. KG, Landsberg.**

_Niemann, H.-W._ (2009), Europäische Wirtschaftsgeschichte – Vom Mittelalter bis heute. Wissenschaftliche Buchgesellschaft, Darmstadt.

_Postrel, V._ (2020), The fabric of civilization – How textiles made the world. Basic Books, New York.

_Rivali, P._ (2006), Reisebericht eines T-Shirts. Ullstein, Berlin.

_Ross, R._ (2008), Clothing – A global history. Polity Press, Cambridge.

_St Clair, K._ (2020), Die Welt der Stoffe. Hoffmann und Campe, Hamburg.

_Veit, D._ (2023), Fasern. Springer Vieweg, Berlin.

_Vogt, S._ (2008), Geschichte und Bedeutung des Spinnrads. Shaker, 2008.

## 14.2 Websites

Die folgenden Websites sind eine kleine Auswahl der vielen Seiten, die es im WWW zum Thema Textilien und Mode gibt. Eine sehr gute Online-Quelle für die Suche nach speziellen Themen ist auch Wikipedia.

### 14.2.1 Steinzeit und Altertum

_https://www.thoughtco.com/making-linen-history-neolithic-flax-processing-171 347_ (Flachsverarbeitung seit der Steinzeit)

_https://www.teenwitch.com/magick/supplies/twine.html_ (Hanf)

_https://www.thefbo.de/project-description_ (Prähistorisches Textilhandwerk am Bodensee)

_https://www.gutenberg.org/files/17 370/17 370-h/17 370-h.htm_ (Online-Buch von W. Holmes, 1881)

_https://www.hellenicaworld.com/Greece/Literature/HenryLingRoth/en/AncientEgyptianAndGreekLooms.html_ (Webgeräte im Altertum)

_https://ancientcivilizationsworld.com/clothing/_ (Kleidung im Altertum)

_https://www2.cs.arizona.edu/patterns/weaving/topic_ancient.html_ (Digitales Archiv zu Textilien im Altertum)

### 14.2.2 Mittelalter

_https://15thcenturyspinning.wordpress.com/2013/01/29/research-and-documenting-how-they-spun/_ (Handspindel)

_https://plymagazine.com/2020/07/a-womans-work-was-never-done-spinning-in-medieval-art/_ (Spinnen)

_http://marleina16thwardrobe.blogspot.com/2020/08/sprang-hairnet.html_ (Haarnetze)

### 14.2.3 Frühe Neuzeit und Industrialisierung

Shire library: *https://www.bloomsbury.com/uk/search/?q=textile* (Viele kleine Bücher zu textilhistorischen Themen)

*https://www.historic-uk.com/HistoryUK/HistoryofBritain/Cotton-Industry/* (Geschichte der englischen Textilindustrie)

*https://berufe-dieser-welt.de/die-tuchmacher/* (Tuchmacher)

*http://das-kloeppelmuseum.de/en/die-kloeppeltechniken/* (Klöppelmuseum)

*http://www.planches.eu/* (Bilder der Enzyklopädie von Diderot)

*https://www.roots.gov.sg/stories-landing/stories/cotton-commodity-how-indian-textiles-shaped-history/story* (Textilherstellung in Indien)

*https://ismacs.net/sewing_machine_articles/* (Nähmaschinen)

*https://www.gutenberg.org/files/32 677/32 677-h/32 677-h.htm* (Online-Buch von G. R. Cooper zur Nähtechnik)

*https://americanhistory.si.edu/collections/object-groups/patent-models-textile-and-sewing-machines* (Nähmaschinen im National Museum of American History)

*https://fibresofbeing.wordpress.com/2014/11/25/t1-e1p1-p1-s1-research-aztec-textiles/* (Textilien der Azteken)

### 14.2.4 Mode

*https://www.fashionandtextilemuseums.com*

*http://www.marquise.de/en/index.html* (Sammlung von Kostümen vom 14.–19. Jh.)

*https://www.mediafire.com/file/cbo3krr9x54rurn* (Trachtenbuch von Matthäus Schwarz aus dem 16. Jh.)

*http://www.fashionencyclopedia.com* (Online-Modelexikon)

*https://present5.com/by-lushkova-nastya-fabric-during-the/* (Mode im Mittelalter)

*https://mittelalter.fandom.com/de/wiki/Frauenkleidung* (Frauenkleidung im Mittelalter)

*http://postej-stew.dk/2016/11/medieval-commoners-clothing-1000-1550/* (Mode der einfachen Leute im Mittelalter)

*http://www.marquise.de/en/1500/index.shtml* (Französische Mode vom Mittelalter bis in die frühe Neuzeit)

*https://www.lovetoknow.com/life/style/europe-america-history-dress-400-1900-c-e* (Mode vom Altertum bis heute)

*http://muckley.us/1386/* (Mode im Mittelalter)

*https://www.battlemerchant.blog/unterwaesche-im-mittelalter/* (Unterwäsche im Mittelalter)

*https://postej-stew.dk/2016/11/medieval-mens-underwear/* (Männer-Unterwäsche im Mittelalter)

### 14.2.5 Sonstiges

*https://textilegeschichten.net/* (Textil-Blog mit Buch- und Ausstellungstipps)

*http://www.annatextiles.ch/* (Fundgrube für Freunde der Stickerei)

# Dank

Dieses Buch hätte nicht entstehen können ohne die Unterstützung vieler netter Menschen, die mir Fotos und sonstige Informationen zur Verfügung gestellt oder mir anderweitig geholfen haben.

In alphabetischer Reihenfolge sind dies folgende Personen, denen ich für ihre Unterstützung und unkomplizierte Hilfe herzlich danke:

Carmen Alfaro Giner, Depart. Historia Antigua, Universidad de Valencia, Spanien

Ramona Baltolu, Bayerische Akademie der Wissenschaften, München

David und Lin Best, *http://www.sewmuse.co.uk*

Lucia Cambi, Proxima s. r.l. Bigagli, Prato, Italien

Frederic Dryhoel, Picanol Group, Ypern, Belgien

Irene Ebneter, Amt für Archäologie, Kanton Thurgau, Schweiz

Sigrid Eder-Ince, Starlinger & Co. Gesellschaft m. b.H., Wien, Österreich

Nico Gheysen, Vandewiele nv, Marke, Belgien

Karina Grömer, Naturhistorisches Museum, Wien

Claudia Henkel, Oerlikon Neumag, Zweigniederlassung der Oerlikon Textile GmbH & Co. KG, Neumünster

Michael Horchler, Katharina Sattler, Freudenberg & Co. KG, Weinheim

Janpeter Horn, Sabine Klinkebiel, Herzog GmbH, Oldenburg

Edward Jolie, School of Anthropology, University of Arizona, USA

Josef Klingele, Florian Boch, Lindauer DORNIER GmbH

Viktoria Kutsuruk, Viktoria Kutsuruk, Ivan Honchar Museum, Kiew, Ukraine

Ludmila Kvapilová-Klüsener, Diözesanmuseum Bamberg

Kathrin Luber, Museumsverband Rheinland-Pfalz e. V., Ludwigshafen

Ulrike Lützow, geb. Rübsam, Covestro Deutschland AG

Dennis Mettler, Steven Gerner, MAGEBA International GmbH, Bernkastel-Kues

Marie-Hélène Moncel, Museum National d'Histoire Naturelle, Institut de Paléontologie Humaine, Paris, Frankreich

Beatrix Nutz, Institut für Archäologien, Zentrum für Alte Kulturen, Universität Innsbruck

Lena Peinelt, Marcus Mayer, Mayer & Cie GmbH & Co. KG, Albstadt

Mona Qaud, Uster Technologies, Uster, Schweiz

Kalliope Sarri, Vorgeschichtlerin und Gastwissenschaftlerin am Center for Textile Research, University of Copenhagen, Dänemark

Ulrike Schlenker, Christoph Peiner, KARL MAYER Verwaltungsgesellschaft mbH, Obertshausen

Jutta Schubert, Akademisches Kunstmuseum Bonn

Jeffrey C. Splitstoser, George Washington University, USA

Ute Stawicky, Oskar Dilo Maschinenfabrik KG

Daniel Suter, Historisches Museum Basel, Schweiz

Bettina Temath, Michael van den Dolder, Jan Hußmann, Trützschler Group SE, Mönchengladbach

Bibi Teržan, Universität von Ljubljana, Slowenien

Claudia van Bonn, Caroline Schauwienold, Deutscher Fachverlag GmbH, Frankfurt a. M.

Marcus O. Weber, Hochschule Niederrhein, Mönchengladbach

Hans-Peter Welzel, ChemieFreunde Erkner e. V., *http://www.chemieforum-erkner.de*

Andrea Wunder, Thomas Zühmer, Rheinisches Landesmuseum, Trier

Darüber hinaus haben über viele Jahre meine studentischen Mitarbeiterinnen Julia Webler, Inke Eley, Lena Gerten, Amrei Becker und Henrike Bensiek Daten zusammengetragen und Übersichten erstellt, die in vielen Kapiteln Verwendung fanden. Henrike Bensiek hat auch die Bildquellen überprüft und viele nützliche Hinweise gegeben. Meine Kollegin Roswitha Jacobs hat einige der komplexeren technischen Abbildungen erstellt.

Ein herzlicher Dank geht auch an meine Eltern, Rolf und Hedwig Paula Veit, die durch eine Reise zum Ägyptischen Museum in Berlin 1976 meine Begeisterung für die Archäologie geweckt und so letztlich die Grundlage für dieses Buch gelegt haben. Für die Schilderung des Arbeitsalltags in einer Spinnerei in den 1950er Jahren gebührt ihnen ebenfalls Dank (Kapitel 8).

Mein größter Dank geht an meine Frau Sabine und meine Kinder Markus (der auch viele Fotos beigesteuert hat) sowie Marion und Michael, die es geduldig hingenommen haben, wenn ich die letzten zwei Jahre abends und an den Wochenenden am Buch gearbeitet habe. Ohne eure Unterstützung wäre dieses Buch nicht entstanden.

Und zu guter Letzt bedanke ich mich sehr herzlich bei Dr. Philippa Söldenwagner-Koch und Tim Borck vom Hanser Verlag für die sehr gute Zusammenarbeit, viele hilfreiche Ratschläge und das sorgfältige Lektorat.

# Glossar

| | |
|---|---|
| Barchent | Ein Gewebe, das je zur Hälfte aus Baumwolle und Flachs besteht. |
| Bindung | Die Art der Verkreuzung der Fäden bei Textilien. Sie bestimmt das Muster. |
| Brettchengewebe | Schmale Gewebe, meist als Borte oder Gürtel eingesetzt. |
| Cuoxam | Verbindung aus Kupferoxid und Ammoniak zur Lösung von Zellulose bei der Herstellung von zellulosischen Chemiefasern („Kupferseide“). |
| Drehergewebe | Ein Gewebe, bei dem sich die Kettfäden paarweise umschlingen, bevor der Schuss eingetragen wird. |
| Fach | Die Kettfäden werden beim Weben zum Teil nach oben und zum Teil nach unten ausgelenkt. In die entstehende Lücke, das Fach, werden die Schussfäden eingetragen. |
| Faser | Die kleinste Einheit eines Textils. Alle Fäden bzw. Garne sind aus Fasern aufgebaut. |
| Filament | Endlosfaser. |
| Flocke | Ansammlung von Fasern. |
| Flyer | Vorgarn beim Ringspinnen. |
| Geflecht | Ein Textil aus mindestens drei Fäden, die sich nicht-rechtwinklig überkreuzen. |
| Gewichtswebrahmen | Senkrecht stehendes Gestell, bei dem die Kettfäden mit Hilfe von Gewichten gespannt werden. |
| Jacquardtechnik | Methode, um Kettfäden beim Weben einzeln zu bewegen. |
| Haspeln | Aufwickeln von Fäden auf eine Rolle. |
| Hecheln | Entfernen der kurzen Fasern bei der Hanf- und Flachsgewinnung und parallelisieren der Fasern. |

| | |
|---|---|
| Kämmen | Verfahren, um kurze Fasern auszuscheiden, vor allem bei Wolle. |
| Karde | In der Karde werden aus Faserflocken parallele Fasern gebildet. |
| Kettbetont | Ein Gewebe, das an der Oberseite vor allem die Kettfäden zeigt. |
| Kettdichte | Die Anzahl Kettfäden pro Längeneinheit. |
| Kette, Kettfaden | Die Kettfäden werden beim Weben von einer Rolle (Kettbaum) abgewickelt und mit den Schussfäden zum Gewebe kombiniert. |
| Klöppel | Kleine Spule, auf die der Faden aufgewickelt ist. |
| Klöppeln | Technik zur Herstellung schmaler Bänder, bei der die Fäden in einem bestimmten Muster miteinander verdreht und verkreuzt werden |
| Konfektion | Zuschneiden und Vernähen zur Herstellung des Endprodukts. |
| Köper | Webmuster, bei dem entweder die Kett- oder die Schussfäden mehrheitlich an der Oberfläche liegen. Typisches Beispiel sind Jeansgewebe, bei denen die blauen Kettfäden hauptsächlich an der Außenseite liegen und die Schussfäden vor allem an der Innenseite. |
| Kraftwebstuhl | Webmaschine mit Antrieb, meist zentral über Treibriemen. |
| Kulieren | Legen des Fadens in Schlaufen, die anschließend verwirkt werden. |
| Küpenfarbstoff | Ein Farbstoff, dessen Farbe erst durch eine Oxidation an der Luft entsteht. Ein typischer Vertreter ist Indigo bei der Jeans-Färbung. |
| Mühle | Frühform einer Fabrik (von engl.: mill). |
| Mule | Halb- oder vollautomatische Spinnmachine. |
| Plissierung | Ein in Falten gelegtes Textil. Die Falten werden thermisch fixiert. |
| Rapport | Kleinste Anzahl Fäden beim Weben, die ein Muster bilden. Der Rapport wiederholt sich normalerweise über die Gewebebreite und -länge. |
| Riet | Mit dem Riet werden beim Weben die eingetragenen Schussfäden an das Gewebe angeschlagen. |
| Ringspinnen | Verfahren zur Garnherstellung. |

| | |
|---|---|
| Rocken | Eine Ansammlung von Fasern, die meist auf einen Stock gesteckt wird. Die Fasern werden dann bündelweise herausgezogen, um sie zu verspinnen. |
| Röste | Verfahren zur Freilegung der Fasern bei der Flachs- und Hanfgewinnung. |
| Samt | Gewebe mit vielen abstehenden Fasern an der Oberfläche. |
| Schaft | Einrichtung an einer Webmaschine, in die ein Teil der Kettfäden eingezogen ist. Er wird bei der Fachbildung nach oben oder unten bewegt und damit auch die entsprechenden Kettfäden. |
| Schuss, Schussfaden | Der beim Weben quer zu den Kettfäden in das Fach eingetragene Faden. |
| Schussbetont | Ein Gewebe, das an der Oberseite vor allem die Schussfäden zeigt. |
| Schussdichte | Die Anzahl Schussfäden pro Längeneinheit |
| Schützen | Bauteil aus Holz, in die eine Spindel eingelegt wird zur Eintragung des Schussfadens ins Fach beim Weben. |
| Spindel | Holzstock mit Spinnwirtel, der in Drehung versetzt wird, um die Fasern bei der Garnherstellung zu verdrehen. Das Garn wird anschließend auf die Spindel aufgewickelt. |
| Spinnwirtel | Gewicht, das an der Spindel befestigt wird, um die per Hand erteilte Drehung über einen längeren Zeitraum aufrecht zu erhalten. |
| Stricken | Beim Stricken werden aus mindestens einem Faden nacheinander über die Maschinenbreite Maschen gebildet. |
| Tapisserie | Technik zur Herstellung von Geweben mit Bildmotiven, z. B. für Wandteppiche. |
| Trittwebstuhl | Ein Webstuhl, bei dem die Schäfte über eine mechanische Einrichtung mit den Füßen nach oben oder unten bewegt werden. |
| Tuch | Gewebe aus Wolle. |
| Vliesstoff | Textil aus Fasern (nicht aus Garnen). |
| Weben | Beim Weben werden die Fäden rechtwinklig miteinander verkreuzt. |
| Wirken | Beim Wirken werden aus den Fäden über die gesamte Breite der Maschine gleichzeitig Maschen gebildet. |

| | |
|---|---|
| Zugwebstuhl | Webstuhl, bei dem die Kettfäden mit Schnüren einzeln bewegt werden können. |
| Zweibaumwebstuhl | Ein Webstuhl mit zwei Kettbäumen. |
| Zweischaftwebstuhl | Ein Webstuhl mit zwei Schäften. |
| Zwirn | Mindestens zwei Fäden, die sich gegenseitig umschlingen. Die entstehende Struktur ist elastischer und fester als die einzelnen Fäden. |

# Index

## C

## G

## H

## K



## L

## Q



## R



## S

## Y



## Z